세계의 도시

세계의 도시

초판 1쇄 발행 2013년 12월 31일

엮은이 스탠리 브룬·모린 헤이스−미첼·도널드 지글러
옮긴이 한국도시지리학회

펴낸이 김선기
펴낸곳 (주)푸른길
출판등록 1996년 4월 12일 제16-1292호
주소 (152-847) 서울시 구로구 디지털로 33길 48 대륭포스트타워 7차 1008호
전화 02-523-2907, 6942-9570-2
팩스 02-523-2951
이메일 purungilbook@naver.com
홈페이지 www.purungil.co.kr

ISBN 978-89-6291-244-9 93980

*이 도서의 국립중앙도서관 출판시도서목록(CIP)은 e-CIP홈페이지(http://www.nl.go.kr/ecip)와 국가자료공동목록시스템(http://www.nl.go.kr/kolisnet)에서 이용하실 수 있습니다.(CIP제어번호: CIP2013028928)

세계의 도시

스탠리 브룬·모린 헤이스-미첼·도널드 지글러 엮음

한국도시지리학회 옮김

FIFTH EDITION

CITIES OF THE WORLD

WORLD REGIONAL URBAN DEVELOPMENT

푸른길

| 발간사 |

한국도시지리학회는 1996년에 창립된 이후 눈부신 성장을 이루어 왔다. 우선 1997년부터 발간된『한국도시지리학회지』를 구심점으로 활발한 연구 활동이 이루어지게 되었다. 연 3회 발간되는『한국도시지리학회지』는 한국연구재단 등재지로서 매년 40편 이상의 논문이 게재되어 전공자들 사이에 폭넓은 학술 교류의 매개체 역할을 톡톡히 하고 있다. 또한 학회를 중심으로 다양한 정책 연구를 수행하면서 학회의 친복 도모와 사회적 문제 해결에도 활발하게 참여하고 있다.

금번『세계의 도시』발간은 본 학회로서는 두 번째 학술 저서 발간 사업이다. 첫 번째 사업은 2000년에 출간한『한국의 도시』사업이었는데, 이 책은 우수학술도서로서 선정되었고, 해외도서전에도 출품되어 상을 받았다. 당시 집필을 주도하셨던 선배님들이 정년을 하셨거나 정년을 앞두고 계시고, 심부름을 하였던 본인이 학회장을 하고 있으니 이번 발간 사업은 후속 연구로서 뒤늦은 감이 없지 않다. 앞으로 지속적으로 학회 중심의 저술 활동과 발간 사업이 이어지기를 기대해 본다.

『세계의 도시』는 스탠리 브룬(Stanley D. Brunn), 모린 헤이스-미첼(Maureen Hays-Mitchell), 도널드 지글러(Donald J. Ziegler) 교수가 편집한 "Cities of the World"를 여러 회원들이 함께 번역한 책이다. 몇 년 전 이 책을 읽으면서 세계 각 지역의 도시의 발달과 성격, 도시화 과정을 폭넓게 다룬 지식의 폭에 매료되어 한국어로 번역되었으면 하는 생각을 하였다. 이번에 전남대학교 박경환 교수가 기꺼이 번역과 출판에 관한 궂은일을 맡아 주면서 한국어판을 발간하게 된 것은 감사하고 기쁜 일이다.

원저자들은 헌정사에서 "지구의 도시민들을 위하여, 사람들이 지리와 환경과 인간의 도시 생활을 창조하고 기쁘게 다룰 수 있기를 바라며"라고 적고 있다. 사실 세계 인구의 반 이상이 도시에 살고 있고, 도시가 필수적인 삶의 무대가 되고 있는 현대 사회를 도시의 시대라고 부르는 것은 자명하다. 도시지리학은 인간이 살고 있는 삶의 공간으로서의 도시를 공간적 시각에서 다룬다. 저자들도 본문에서 밝히고 있듯이 도시지리학은 도시라는 그릇 안에서 일어나는 사회·경제·정치·문화·환경 등의 제반 현상들에 관심을 가지고 있으며, 문제 해결을 지향하고 있다는 점에서 다양한 인접 계통 학문들과 그 내용을 공유하고 있다. 그러나 도시지리학이 다른 학문과 뚜렷하게 다른 점은 도시 발달, 도시 체계, 도시 구조, 도시 정책으로 대표되는 독특한 지리학적 시각을 갖추고 있다는 점이다. 도시의 입지, 도시와 도시 간의 관계, 도시 내부의 공간 배열, 도시문제에 대한 해결 방식을 종합적으로 고려한다는 점에서 도시지리학 공부는 매력 있는 일이 분명하다.

이 책은 도시의 발달을 이해하고, 대륙별·문화권별로 독특하게 이루어지는 도시화, 도시 구조, 도시 체계 등의 특징을 설명하고 있다. 제1장 도입부에서는 세계의 도시 발달, 도시지리학의 기초 용어에 대한 설명과 해설, 세계도시에 대한 소개와 같이 도시를 이해하기 위한 기초를 다루고 있다. 이어서 제2장부터는 미국과 캐나다, 중앙아메리카와 카리브 해, 남미, 유럽, 러시아, 중동, 사하라 이남 아프리카, 남아시아, 동남아시아, 동아시아, 오스트레일리아와 태평양 지역의 도시 발달을 자세하게 설명하고 있다. 내용 구성을 보면 각 지역마다의 도시 특징, 도시 발달사와 도시화 과정, 핵심 쟁점, 대표 도시들, 도시의 과제와 전망, 도시 구조 모델, 도시 체계, 도시 정책 등에 대한 다양한 이론과 사례를 언급하고 있다.

세계화된 오늘날 많은 사람들이 세계를 여행하면서 다양한 도시를 방문하고 있다. 도시를 여행한 많은 서적들이 출판되고 있으며, 도시에 대한 많은 다큐멘터리가 제작되어 사람들의 흥미를 끌고 있지만, 학술적인 시각에서 도시를 비교하고 도시를 이해하려고 시도한 것은 많지 않은 것이 현실이다. 이 책은 세계 여러 지역의 도시들을 둘러보고 그 유사점과 차이점을 생각해 본 사람들이 느꼈던 이런 학문적인 갈증을 해소해 줄 만큼 상세하면서도 체계적인 내용을 다루고 있다. 대학에서도 도시지리학이나 지역지리학 강의의 교재로서 사용하기에 충분한 도시지지적인 내용을 담고 있고, 세계 여행과 도시 정보를 필요로 하는 독자들에게도 유용한 정보를 충분히 제공할 수 있을 것이다.

이 책이 번역되어 나오기까지 많은 분들의 수고가 있었다. 먼저 번역을 기꺼이 허락해 준 저자들, 번역자 선생님들, 교정이라는 어려운 일을 기꺼이 맡아 주신 고려대 남영우 교수님, 편집 일을 도맡아 주신 전남대학교 박경환 교수님, 그리고 푸른길 출판사 담당자 여러분들의 노고가 없었다면 이 책은 출판되기 어려웠을 것이다. 지면을 빌려 모든 분들에게 감사의 인사를 전하는 바이다. 이 책이 한국도시지리학 연구의 조그만 보탬이 될 수 있기를 기원하며 발간사를 대신한다.

2013년 건국대학교 연구실에서
한국도시지리학회장 최재헌 배상

| 간행에 즈음하여 |

계통지리학 중에서 어느 것 하나 중요하지 않은 분야가 없지만, 도시지리학은 문명론(文明論)에 가장 잘 접근할 수 있는 분야라고 생각된다. 종래에는 경제지리학이나 문화지리학이 가장 폭넓은 분야인 것으로 인식되었지만, 그것은 도시지리학이 농촌지리학과 함께 취락지리학 분야로부터 독립되기 이전의 이야기일 뿐이다. 인류의 문명은 도시에서 만들어졌기 때문에 도시의 알고리즘을 이해하면 문명 발생의 메커니즘을 규명할 수 있다.

하버드 대학의 글레이저(E. D. Glaeser) 교수는 오늘날 세계 인구의 절반 이상이 도시에 살고 있지만 도시는 여전히 더럽고 반환경적이라는 오명을 혼자 뒤집어쓰고 있음을 안타까워한 적이 있다. 사실 알고 보면 지구가 오염되기 시작한 것은 인류가 농업화와 가축화를 시작하면서이다. 많은 사람들은 도시의 존재가 지구 환경을 그나마 보전하고 있음을 잘 깨닫지 못하고 있다. 많은 사람들이 도시에 살면서도 도시의 의미를 깨닫지 못하는 것이 현실이다. 우리는 인간의 문화, 더 나아가 문명이 어버니즘(urbanism)에 따라 형성되고 진화해 나아가고 있음에도 그 사실을 자각하지 못하고 있다.

얼마 전 신문에 '예술과 문화의 시대정신(Zeitgeist)이 살아 있는 도시' 순위가 발표되었다. 10위 안에 랭크된 도시들은 모두 글로벌 경제에 편입된 세계도시들이었다. 여기서 서울은 5위로 도약하였다. 1위는 런던이 차지하였고, 그 뒤를 홍콩, 마이애미, 상파울루가 차지했으며, 서울의 뒤를 이어 뉴욕, 리우데자네이루, 도쿄, 이스탄불, 베를린이 10위 안에 랭크되었다. 미국의 CNN은 지구인들의 느낌이란 것을 정량화한 특이한 자료로 이 순위를 평가한 바 있다. 구체적으로 CNN은 현재의 문화적 소양이나 사회변동성 등과 같은 여러 가지 정신들이 가장 잘 투영된 도시를 순서대로 나열한 것이라 평가하였다. 서울은 인터넷 문화 발달로 인한 글로벌 트렌드의 흡수가 빠른 것은 물론이고, 특히 예술적 측면 역시 전 세계 네트워크를 통하여 인지도를 높이고 있는 것으로 평가받았다.

『세계의 도시』의 내용은 도시지리학 교재이기도 하지만 본문을 읽다 보면 도시를 중심 테마로 한 지지서(地誌書)인 동시에 지역지리학 단행본임을 간파할 수 있다. 그러므로 이 책의 내용을 파악하면 세계지지와 지역지리를 종합적으로 이해할 수 있다. 이 책은 북미, 중미, 남미의 도시를 필두로 유럽 및 러시아의 도시, 중동 지역과 아프리카의 도시, 아시아의 도시, 오스트레일리아와 태평양 도서 지역의 도시 순으로 설명되어 있다. 29명에 달하는 지역 전문가들이 대륙별로 분담하여 집필한 이 책에서는 도시지리학자의 시각에서 도시의 역사, 문화, 사회, 경제 등은 물론 최신의 자료를 이용하여 세계화의 맥락에서 변화하는 모습을 설명하고 있다. 주로 젊은 학자들로 구성된 집필진의 경험적 한계로 지리적 이론을 풍부하게 서술하지 못한 점과 한국 도시에 관한 지리학자의 문헌을 참고하지 않은 점은 이 책의 제한점으로 지적받을 수 있을 것으로 보인다.

지지적인 내용을 장황하게 담다 보면 독자의 입장에서는 흥미가 배가될 수도 있지만, 그와 반대로 흥미를 상실할 수도 있다. 가령 남아메리카의 도시를 설명하는 내용 중에 브라질 리우데자네이루의 파벨라에 관한 설명은 중요하지만, 아마존 분지의 아크리·아마파·파라 등의 도시는 한국인으로서 암기할 필요도 없거니와 중요하지도 않다. 그럼에도 불구하고 그러한 설명이 필요한 이유는 이 책을 교재로 채택했을 경우 가르치는 교수가 언급을 하지 않으면 그만이겠지만 중남미 지역연구가에게는 긴요한 정보가 될 수 있다. 이러한 관점에서 보면 이 책은 해외 지역 정보를 필요로 하는 외교부 및 국정원 관리들에게도 참고가 될 수 있을 것이다.

우리나라의 도시지리학 역사는 아직 일천한 편이지만 짧은 기간에 장족의 발전을 일구어 냈으며, 사회에 기여하는 바도 많아졌다. 최근 들어 도시지리학의 접근법이 지리정보론의 방법론인 공간통계학의 남용으로 왜곡되는 사례가 목격되면서 우려의 목소리가 나오고 있다. 우리가 도시를 연구하는 궁극적인 목적은 "사람들은 왜 도시를 만들며, 왜 도시에 사는가? 사람들은 왜 도시로 모이는가?"에 있다고 본다. 그 목적이 이해되면 "사람들이 도시에 사는 의미는 무엇인가?"를 규명할 수 있으며, "그렇다면 도시란 무엇인가?"에 대한 해답을 얻을 수 있다고 생각된다. 이러한 해답은 소프트한 연구 방법으로는 도출하지 못한다. 뉴욕의 국제연합 본부 건물을 설계하고 인도의 찬디가르 도시계획을 입안한 르코르뷔지에(Le Corbusier)는 지리적 콘텐츠 없이 도시를 건설할 수 없다고 생각하였다. 찬디가르는 마두라이와 더불어 만다라 사상이 담겨지도록 설계되었다. 모든 도시에는 그와 같은 콘텐츠가 담겨져 있기 마련이다. 그것을 규명하기 위해서 지리학자는 종합적인 접근법으로 무장되어야 한다. 그것이 우리나라 도시지리학이 나아가야 할 정도(正道)라고 생각된다.

마지막으로 한국도시지리학회에서 이 책의 번역을 기획하고 추진한 최재헌 회장과 역자들의 노고를 높이 평가하고 싶다. 이 책은 다른 도시지리학 개론서와 달리 번역하기 곤란한 내용이 많다는 점에서 더욱 값진 학술적 성과라고 생각한다.

고려대학교 교수, 남영우

| 한국어판 서문 |

500년 전, 유럽의 대학들은 유럽 바깥 세계에 대한 유럽인의 탐험, 발견, 정착이 어떤 단기적, 장기적 영향을 가져올지에 대해 연구하기 시작하였다. 유럽의 대학들은 아프리카, 아시아, 아메리카에 대해 더 많이 알게 될수록 자신들이 세계사의 흐름을 변화시킬 수 있는 상업적, 지성적, 정치적 씨앗을 뿌리고 있음을 자각하게 되었다. 그들은 자신들이 유럽의 역사적 흐름을 바꿀 것이라고는 거의 생각하지 못하였다. 유럽의 문화, 경제, 법, 정치가 글로벌 스케일에서 영향력을 행사하는, 이른바 세계의 '유럽화'는 이렇게 시작되었다.

오늘날 아시아의 학생들은 지리적으로 멀리 떨어진 바다 '너머의' 세계를 바라보고 있지만, 이 세계는 시공간 네트워킹을 통해 더욱 가까워지고 있다. 특히 중국, 일본, 한국, 싱가포르, 말레이시아, 타이, 인도, 파키스탄과 같은 국가들은 동태평양의 캐나다와 칠레에서부터 남태평양의 오스트레일리아에 이르는 상업적, 지성적, 지정학적으로 새로운 세계를 향해 나아가고 있다. 남아시아, 동남아시아, 동아시아의 주요 도시에 본사를 둔 주요 기업은 원자재와 최종 완성품을 가공하고, 학생과 숙련된 전문가를 배출할 수 있는 '새로운 세계'를 탐색하고 있다. 아시아의 디아스포라가 형성한 여러 '지층들'은 오스트레일리아와 태평양, 남부 아프리카, 북아메리카와 남아메리카의 서쪽 전역의 도시들에 널리 퍼져 있다. 500년 전 '유럽화'가 세계에 강력한 영향력을 행사하였다면, 오늘날에는 유럽의 '지층'을 넘어선 '아시아화'가 진행되고 있으며, 다가오는 세기에는 아시아가 유럽이 세계 주요 지역에 미쳤던 것과 같은 강력한 영향력을 행사할 것이다.

종종 인용되곤 하는 "지금은 아시아의 세기이다."라는 문구는 점점 사실이 되고 있다. 사실, 우리 앞에는 '아시아의 세계'뿐 아니라 '도시적 아시아의 세계'가 다가오고 있다. 오늘날 남아시아, 동남아시아, 동아시아의 도시인구는 50% 미만이지만, 농촌으로부터의 이주와 함께 그 비율은 매년 증가하고 있고, 이는 특히 중국, 인도, 인도네시아, 필리핀, 타이, 방글라데시, 파키스탄에서 두드러진다. 오늘날 약 1억 5000만 명의 인구가 거주하고 있는 세계 7대 대도시 중 3개가 아시아 지역에 있으며, 2050년에 이들 도시에 거주하는 인구는 1억 7500만 명으로 증가할 것으로 예측된다. 아시아 지역은 100만 명 이상의 도시를 185개 가지고 있고, 이는 세계의 40%가량을 차지한다. 금세기 중반 우리는 도시 지역에 500만 명에서 750만 명의 인구 집적을 기대하고 있다. 인류 역사상 우리는 이렇게 엄청난 도시로의 집중과 광범위하게 퍼진 빈곤과 불평등을 경험해 본 적이 없다.

눈앞에 놓인 도시, 국가, 지역 내 문제는 매우 많다. 예를 들어 엄청난 인구의 식량문제를 어떻게 해결할 수 있을 것인가? 사람들이 사용할 수 있는 에너지 자원은 무엇이 있을까? 사람들은 어떻게 조직될 수 있을까? 다음 반세기 동안 성장이 기대되는 아시아 농촌 지역 사람들이 높은 삶의 질을 유지할 수 있는 방법은 무엇인가? 점점 발전해 나갈 것이라고 기대하는 사람들의 열망을 어떻게 만족시킬 수 있을 것인가?

해결책이 필요하지만, 이를 극복하는 것은 쉽지 않다. 유럽과 북미 지역에서는 아시아 도시에서 벌어지는 문제를 경험해 본 적이 없기 때문에 이들의 모델에 의존하는 것이 적절한 방식이 아니라는 것이 증명되고 있다. 아시아인의 혁신적인 정신이 (개인주의가 아닌) 집단주의, 환경보호, 인도적인 지속가능성을 지닌 소비자 윤리를 증진시킬 수 있을까? 도시는 인간을 즐겁게 하고, 인간의 상황을 진보시키며, 다양성을 존중하는 방향으로 계획되고 디자인되며 조직될 수 있을까? 새로운 대학은 과거 유럽 시기에 학문적으로 분절된 세계를 극복하고 건강, 복지, 안전, 권력 분산이 융합된 프로그램을 제공하도록 설계되거나 재발명될 수 있을까? 이는 아시아와 이외의 도시에 대한 우리의 생각을 넘어서길 요구하는 다음 세대의 아시아의 도시와 농촌 지역의 학생들이 직면하게 될 도전일 것이다.

스탠리 브룬, 모린 헤이스-미첼, 도널드 지글러

| 서문 |

세계의 도시를 연구해야 하는 이유는 크게 세 가지가 있다. 첫째, 오늘날 (2011년 중반 70억 정도로 추산되는) 세계 인구의 절반이 도시에 거주하고 있고, 2007년 중반 그 한계치에 도달하였다. 둘째, 경제·사회·정치·환경과 관련된 수많은 국제 문제가 도시와 관련되어 있고, 특히 이는 거대한 도시와 국가의 수도와 관련되어 있다. 셋째, 세계화의 영향은 도시에서 가장 현저하게 나타나며, 이는 메가시티뿐만 아니라 중소 규모의 도시에도 해당된다.

지난 5년간의 뉴스를 떠올려 보면, 이 중 대다수는 도시와 관련된 것이었다. 다음의 세 가지 사례가 이 점을 보여 준다. 첫 번째 주요 국제 문제는 금융 위기나 경기 후퇴였고, 현재도 지속되고 있다. 몇몇 학자들은 여전히 불황이라는 용어를 사용하기도 한다. 이러한 경기 후퇴의 영향은 가히 글로벌하다고 할 수 있는데, 뉴욕, 도쿄, 런던과 같은 주요 국제 금융 도시에 한정되지 않고 카이로, 싱가포르, 케이프타운, 시드니, 멕시코시티, 모스크바, 두바이, 뭄바이, 부에노스아이레스, 상하이, 서울 등 수없이 많은 지역의 중심 도시에도 영향을 미쳤다. 이러한 세계적 경기 후퇴의 지리에 관한 심층적인 연구는 금융 기구들과 통치 체제가 복잡한 대륙 간 네트워크를 세계 곳곳에 형성하고 있음을 드러낸다. 두 번째는 환경 위기와 관련된 것이다. 환경 관련 주제는 이 책에 소개된 각 지역에서 중요한 부분을 차지한다고 할 수 있다. 그리고 이러한 환경 위기의 중심에는 도시가 있다. 포르토프랭스(Port-au-Prince)에서 발생해 막대한 피해를 입힌 지진, 중부 유럽에서 발생한 이례적인 겨울 폭풍, 레이캬비크(Reykjavik) 동부에서 발생한 대규모 화산 폭발, 오스트레일리아 동부 도시에서 발생한 관목 지대 화재, 2011년 미시시피 강 인근에서 발생한 대규모 홍수, 2010년 멕시코 만 연안에서 발생한 석유 회사 BP의 석유 유출 사고 등 많은 사건이 도시에서 발생하였다. 그뿐만 아니라 2011년 초 일본에서 발생한 원자력 에너지 재해와 같은 기술과 관련된 위기가 일본 도시 전반에 막대한 경제적 파장을 일으켰다는 것도 빼놓을 수 없는 사실이다. 세 번째는 도시가 정치적, 사회적 갈등의 중심이었다는 점이다. 독재 정부나 세계화 및 서구화에 반대하는 시위 대다수와 분파주의적 성격을 띤 갈등은 주요 도시에서 발생한다. 카불과 바그다드는 이러한 뉴스의 중심지로 남아 있으며, 다른 도시 또한 지난 수년에 걸쳐 세계의 갈등 지도 위에 새롭게 부상하고 있다. 가령 2011년 '아랍의 봄(Arab Spring)'은 중동 지역 일대의 많은 도시와 관련되어 있다. 또한 미국 남부와 남부 유럽의 국경도시들은 또 다른 부류의 도시들로서, 이러한 도시에서는 난민과 망명 신청자들의 유입으로 인해 도시의 사회적, 정치적 구성이 변화 중에 있다.

　편집자로서 우리는 대부분 지역, 특히 주요 도시에서 중요하게 다루어지는 새로운 경제적, 사회적, 정치적 흐름에 주목한다. 또한 환경, 안전, 분쟁과 관련된 주제의 중요성이 증대되고 있음을 인식하고 있다. 이러한 점이 점차 중요해지고 있기 때문에, 우리는 이 책의 다섯 번째 개정판에서 위의 세 주제와 관련된 논의를 추가하기로 하였다. 우리가 기존에 제시했던 각 지역의 도시화 역사, 대표적이거나 독특한 도시에 관한 논의, 그리고 주요 도시 문제에 대한 논의는 계속 유지하였다. 각 지역을 담당했던 저자들이 추가하고자 했던 부분은 도시의 지속가능성과 환경 계획, 안전과 프라이버시 문제, 도시 갈등에 관한 내용이다. 갈등에 대한 논의는 저자에 따라 다르기는 하지만, (토지이용, 공간 이용 등의) 환경 갈등, 사회적 불평등과 사회 정의 또는 폭력이나 무장 분쟁에 대해 다룰 것이다. 이러한 논의와 아울러 기존에 제시하지 않았던 새로운 지도와 사진을 추가하였고, 도시 생활 및 주거에 관한 새로운 글상자도 추가하였다. 또한 사진 등의 시각 자료를 사용하고자 했는데, 이는 도시의 경제, 사회, 미래에 대한 통찰력을 제공하는 데에 중요하다.

　이번 개정판의 구성은 지난 개정판과 유사하다. 이 책의 주춧돌이라 할 수 있는 제1장과 제13장에서는 각각 현대 도시의 도시화와 미래의 도시에 대해 다룬다. 나머지 11개 장은 세계 주요 지역별 도시화와 도시를 다루는데, 이 구성은 기존의 세계지리 텍스트의 체제와 같다. 각 장의 첫 페이지에는 주요 도시의 위치를 보여 주는 지도, 각 지역의 도시와 도시화에 관한 기본적 통계 정보와 10개의 핵심 주제를 제시하였다. 각 장의 끝에는 학생이나 교사가 특정 지역이나 도시에 관한 추가 정보를 찾아볼 수 있도록 참고 문헌을 제시하였다.

　본 개정판 집필에는 새로운 저자들이 추가되었다. 이들은 미국과 캐나다, 중앙아메리카와 카리브 해 지역, 유럽, 러시아, 중동, 사하라 이남 아프리카, 남아시아, 동남아시아, 동아시아의 9개 장의 집필을 담당하였다. 모든 저자들은 지역지리 전문가들로서, 대부분 해당 지역에 대한 폭넓은 현장 답사를 수행하였고, 농촌과 도시를 통틀어 광범위한 여행 경험을 갖고 있다. 이 개정판에 이바지한 29명의 저자(이 중 14명은 여성이다)들에게 깊은 감사를 드린다.

　대학에서 글로벌, 국제적 주제에 대한 관심 및 프로그램이 증가하는 이 시점에 이 책은 다양한 강좌의 교재로 사용될 수 있을 것이다. 세계의 도시화, 세계의 도시, 도시계획, 세계경제, 글로벌화, 세계 지역지리 등의 강좌를 담당하고 있는 교수들은 이 책을 통해 도시화와 글로벌 환경문제에 관심을 가질 수 있을 것이다. 또한 각각의 장은 도시 역사, 글로벌화,

개발도상국의 도시, 지역개발, 환경의 지속가능성, 공중 보건, 인간의 안전, 도시의 미래에 관한 강좌에서도 사용될 수 있을 것이다. 지역인류학, 역사학, 경제학, 지리학 강좌들 또한 몇몇 장을 활용할 수 있을 것이다.

마지막으로 출간에 맞춰 훌륭한 원고를 집필해 준 각 저자들에게 감사한다. 이전 개정판에 참여했던 일부 저자들과 아울러 새롭게 참여한 저자들을 환영한다. 또한 이 개정판이 빛을 볼 수 있도록 도와주신 많은 분들께 감사드린다. 특히 이번 개정판에 이르기까지 오랫동안 도움을 준 Rowman & Littlefield 출판사의 수전 매캐언에게 감사한다. 그녀는 개정판이 나올 수 있도록 지지와 격려를 아끼지 않았고, 학생과 교수들에게 내용이 더 잘 전달될 수 있도록 편집해 주었다. 출판사 관계자들은 양질의 개정판이 나올 수 있게 도와주었다. 개정 작업에 있어 그들의 값진 헌신이 없었다면 본 개정판의 출간은 불가능했을 것이다. 또한 훌륭한 지도 작업을 해 준 올드 도미니언 대학의 돈 에밍거와 각 장의 앞과 부록에 제시한 통계 정보를 제공해 준 콜게이트 대학의 레슬리 패리시에게도 깊이 감사한다. 이들의 적절한 도움과 세심한 배려는 더 훌륭한 책을 위한 밑거름이 되었다. 마지막으로 이 책의 출간을 위해 열정적이고 헌신적인 지원을 아끼지 않은 가족들에게 깊이 감사한다.

늘 그렇듯 우리는 학생과 교수의 피드백을 언제든지 환영한다. 우리는 이를 이후의 개정판에서 반영함으로써, 세계의 도시와 도시화에 대한 학습이 보다 유용하고, 매력적이며, 도전적이며, 보람 있도록 만들 것이다.

스탠리 브룬, 모린 헤이스–미첼, 도널드 지글러

CITIES OF THE WORLD

| 차례 |

15

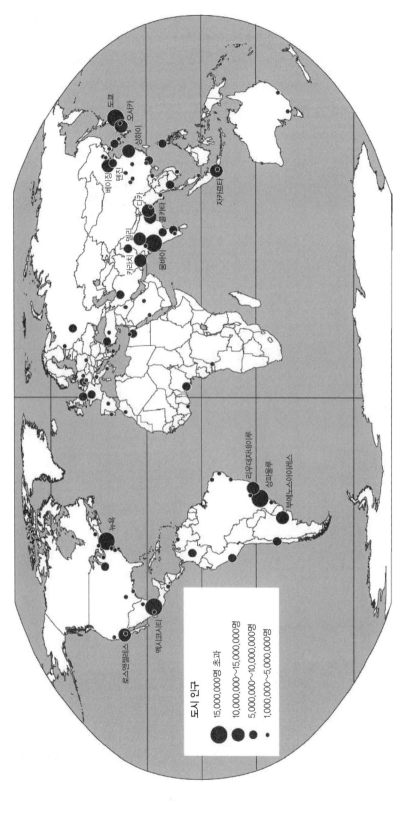

그림 1.1 세계의 주요 도시, 2005. 출처: UN, *World Urbanization Prospects, 2005 Revision.* http://www.un.org/esa/population

————— 1 —————
세계의 도시 발달

주요 도시 정보

총인구   71억 명

도시인구 비율   51%

전체 도시인구   36억 2000만 명

도시화율이 높은 국가(100%)   앙골라, 버뮤다, 케이맨 제도, 지브롤터,
                                    바티칸 시국, 모나코, 나우루, 싱가포르

도시화율이 낮은 국가   부룬디(11.0%), 우간다(13.3%),
                                    리히텐슈타인(14.3%), 스리랑카(14.3%),
                                    트리니다드토바고(14.3%), 에티오피아(16.7%),
                                    니제르(17.1%)

연평균 도시 성장률

    2000~2005   1.18%

    2005~2010   1.11%

메가시티의 수   21개

인구 100만 명 이상급 도시   442개

가장 큰 도시 집적   도쿄(3670만 명), 델리(2220만 명),
                                    상파울루(2030만 명), 뭄바이(2000만 명),
                                    멕시코시티(1950만 명)

세계도시   50개

글로벌도시   3개(뉴욕, 런던, 도쿄)

핵심 주제

1. 2007년 지구는 다수가 도시에 거주하는 행성이 되었는데, 도시에 사는 인구 비중은 부룬디의 10%에서 싱가포르의 100%에 이르기까지 다양하다.

2. 세계 인구는 빠르게 증가하고 있는데, 세계 도시인구는 이보다 4배 이상 빠르게 증가한다.

3. 인구가 1000만 명 이상인 메가시티는 그 수가 증가하고 있는데, 오직 개발도상국에서만 증가하고 있으며, 현재 20개 가장 거대한 도시 밀집 중 13개를 차지한다.

4. 지리학, 그리고 이 하위 분야인 환경·경제·정치·문화지리학은 도시를 이해하는 데 전체적인 틀을 제공한다.

5. 도시화의 스케일은 세계 여러 곳에서 연담도시(conurbation)와 메갈로폴리스의 등장에서 보이는 것처럼 증가하고 있다.

6. 몇몇 나라의 도시화 패턴은 도시 순위 규모 법칙을 따르지만, 다른 나라는 종주도시 또는 이중의 종주성으로 특징지어진다.

7. 도시의 진화는 전산업도시, 산업도시, 후기산업도시의 3단계 과정으로 가장 잘 이해될 수 있다.

8. 도시는 보통 시장 중심, 교통 중심 또는 특화된 서비스 중심의 기능으로 구분된다.

9. 4가지 고전적 모델이 도시 내 토지이용의 공간 조직을 설명하기 위해 제안되었는데, 동심원 모델, 부채꼴 모델, 다핵심 모델, 역동심원 모델이 그것이다.

10. 도시 관리 문제는 무엇보다 인구 규모, 성장률, 그리고 지리적 분포, 통치와 서비스 공급, 세계화의 수용, 자연환경을 중심으로 논의가 된다.

    1900년과 2012년의 세계지도를 비교해 보면, 독립국가의 급격한 증가, 도시의 수와 크기의 빠른 확산이라는 두 가지 변화가 놀랍게도 분명해진다. 한 세기 이전의 세계는 약 12개 정도의 주요 제국으로 나누어져 있었는데, 오늘날의 세계는 194개의 독립국가가 존재하며, 이들은 대다수 이전의 제국이 분할되어 만들어졌다. 계속된 제국 영역의 붕괴는 가장 최근 새롭게 독립한 남수단과 수도인 주바(Juba)를 등장시켰다. 마찬가지로 한 세기 전에 세계의 주요 도시는 그 수가 적고 유럽, 북미, 일본과 같은 산업국가에 집중되어 있었다. 오늘날,

도시는 그 수가 엄청나게 많고, 가장 큰 도시들은 개발도상국의 과거 식민화되었던 지역에서 나타난다(그림 1.1). 1800년대 전후 세계 인구의 약 3%가 5,000명 이상의 도시 지역에 살았다. 이 비율은 1900년에는 13% 이상 증가하였고, 2000년에는 급격히 증가해 47%에 달하였다. 2007년 당시 우리가 살고 있는 '푸른 구슬*'은 '도시 구슬'이 되었다. 인류 역사에서 처음으로 지구 인구의 반 이상이 도시 지역에 거주하게 되었다. 교통과 통신의 기술적 진보로 도시는 세계화되었다. 우리의 도시 구슬은 점진적으로 사람, 상품, 서비스, 그리고 자본의 흐름이 도시들을 상호 연결시키며 서로 결속되었다. 21세기 경제지리의 특징인 세계화는 도시 체계에 의해 추동되었다. 하지만 우리의 도시 구슬은 또한 인간–자연 상호 접촉에서 발생하는 문제로 넘쳐 난다. 여기에는 공기의 질과 같은 특정 지역의 문제에서 물 부족의 지역 문제, 기후 변화의 결과로 드러나는 지구 차원의 문제까지 다양하다.

그럼에도 점진적으로 문제들은 다양한 스케일에서 접근될 필요성을 드러낸다. (비록 차별적이지만) 기후 변화는 세계적으로 발생하고 있으나, 기후 변화의 결과는 해수면 상승을 맞이하고 앞으로 1세기 동안 평균 기온 상승을 경험할 해안 도시와 같이 소지역 차원에서 느껴질 것이다. 예를 들어 시카고는 이미 그늘을 더 많이 만들고, 온난 기후에 잘 적응하는 나무 심기를 지원하고 있다. 또한 학교에 에어컨 설치를 고려하고 있다.

현재의 전 세계적인 도시화 상황은 이전의 농업과 산업 혁명 때처럼 문명화의 역사에 혁명적 결과를 가져오고 있다. 국제연합(UN)이 선진국(More Developed Countries, MDCs)이라고 부르는 유럽, 북미, 아시아 일부, 그리고 오스트레일리아 산업국가는 산업화의 결과로 도시화가 뒤따랐다. 유토피아와는 거리가 멀지만, 이 지역의 도시는 수백만 명의 사람들에게 이전에 꿈꾸지 못했던 번영과 긴 수명을 가져다 주었다. 산업과 경제성장은 급격한 도시화와 더불어 감소하는 인구 성장이라는 인구 변화를 가져왔고, 도시를 경제 발전과 더불어 공간적으로 팽창하게 하였다. 개발도상국(Less Developed Countries, LDCs)라고 할 수 있는 라틴아메리카, 아프리카, 그리고 아시아 대다수의 개발도상국에서는 도시화가 오직 일부 산업과 경제성장의 결과로 나타났고, 많은 국가에서는 주로 농촌 사람들이 빈곤으로부터 탈출을 기대하는 도시로의 이주로 인해 이루어졌다(그리고 종종 이를 충족시키지 못하였다). 이러한 도시로의 행진은 최근까지 인구의 자연 증가가 상당히 감소하지 않은 개발도상국에

---

* 역주: 푸른 구슬(The Blue Marble)은 1972년 12월 7일 거리 45,000km 떨어진 아폴로 17호 우주비행선 승무원이 찍은 지구 사진으로, 지구가 유리구슬 같은 모습이어서 붙여진 이름이다.

서 도시가 팽창하는 결과로 이어졌다.

도시국가는 경제적으로 발전하고 정치적 권력을 갖는 경향을 보인다. 이러한 관계는 몇몇 지역에서는 나타나지 않는데, 남아메리카가 대표적으로 도시화 수준이 북미와 유럽 수준에 달하지만 사회복지 지표는 이에 비례하는 수준에 다다르지 못한다. 그러나 상당히 도시화된 대다수 국가는 개인소득이나 기타 생활 기준으로 측정하더라도 삶의 수준이 높게 나타난다. 아직도 도시화의 사다리를 올라가고 있는 국가들에게 도시화율을 경제성장률과 같게 하는 일이 과제가 될 것이다.

그러나 대다수의 도시 거주자는, 개발도상국의 도시에서 사는 사람과 비교할 수 없을 정도로 잘 사는 선진국 거주자조차 도시의 미래에 대해 심각한 근심이 있다. 예를 들어 도시의 적정 규모는 어느 정도인가? 도시는 대체로 효율적인 행정과 살기에 인간적이고 향상된 도시환경을 보장하기에 너무 큰가? 메갈로폴리스 또는 거대 연담도시는 21세기의 규범인가? 계속 확대되는 도시 집적이 인간 사회, 생명을 유지하는 환경 체계, 자원 발전, 그리고 증가하는 사회 불평등, 문화다원주의, 정치적 의사의 다양성을 맞고 있는 정부에 미치는 영향은 무엇인가? 도시화와 지속가능한 발전은 모든 지구 거주자의 삶을 향상시키기 위해 긴밀히 작동할 수 있는가?

세계도시 체계

21세기가 20년째로 들어서며, 세계 인구는 거의 70억 명에 도달하였다. 그러나 1800년이 되어서야 인구는 10억 명째에 도달하기 직전이었다. 20억 명에 도달하는 데에는 130년이 걸렸는데, 30억 명이 되는 데에는 오직 11년이 걸렸다. 1950년에서 2008년 사이 세계 인구는 2.5배 이상 증가하였고, 세계의 도시인구는 거의 4.5배 증가하였다(그림 1.2). 도시인구의 증가는 세계 전역에서 나타났으나, 도시 변화의 속도는 개발도상국, '남반구'에서 가장 빠르게 나타났다(그림 1.3).

UN에서 발간한 『세계도시화 전망: 2009년 수정판』은 도시화 경향의 전체적인 개요를 가장 잘 제공한다. 주요 결과는 다음과 같다.

1. 세계의 인구는 농촌보다 도시에 거주하지만 개발도상국 인구 절반이 도시 지역에 거

주하기 위해서는 아직 10년 이상이 더 소요될 것이다.

2. 세계의 도시인구는 2009년 34억 명에서 2050년에는 63억 명으로 84% 증가할 것으로 기대된다. 세계 인구 증가는 사실상 개발도상국 도시 지역에 집중될 것으로 기대된다.

3. 세계 농촌 인구는 2020년 35억 명으로 최대에 도달하고 이후 감소해 2050년에 29억 명이 될 것으로 기대된다. 이러한 세계적 경향은 대다수 개발도상국의 농촌 인구 증가로 인해 발생한 것이다.

4. 세계 도시인구의 증가율은 낮아지고 있다. 1950년과 2009년 사이, 세계 도시인구는 연평균 증가율 2.6%로, 이 기간 동안 거의 5배 증가하였다.

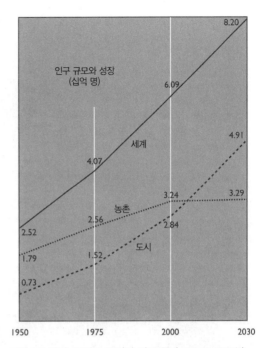

그림 1.2 세계, 그리고 도시의 인구 증가, 1950~2030년.
출처: UN, *World Urbanization Prospects: 2005 Revision*, http://www.un.org/eas/population/publications/WUP2005/2005wup.htm

2035~2050년 동안 도시 성장률은 연 1.3%로 더욱 감소할 것으로 보인다. 지속되는 도시인구의 증가는 농촌 인구 증가의 현저한 감소와 더불어 도시 지역에 거주하는 인구 비율을 증가시키고 있다. 전 세계적으로 도시화 수준은 2009년 50%에서 2050년 69%로 증가될 것으로 기대된다.

5. 세계의 도시인구는 여러 규모의 도시에 불균등하게 분포한다. 세계 도시 거주 인구의 반 이상인 34억 명은 50만 명 이하가 거주하는 도시나 읍에 살고 있다.

6. 2009년 10만 명 미만의 도시가 세계 도시인구의 1/3인 11억 5000만 명을 가진다. 50만 명 미만의 도시는 도시인구의 51.9%를 가진다.

7. 반대로 세계 21대 최소 1000만 명의 거주 인구를 가진 메가시티는 세계 도시인구의 9.4%를 차지한다. 메가시티의 수는 2025년에 29개가 되고, 세계 도시인구의 10.3%를 설명할 것으로 예측된다.

8. 1975년까지 세계에는 뉴욕, 도쿄, 멕시코시티 3개의 메가시티만이 있었다. 오늘날에

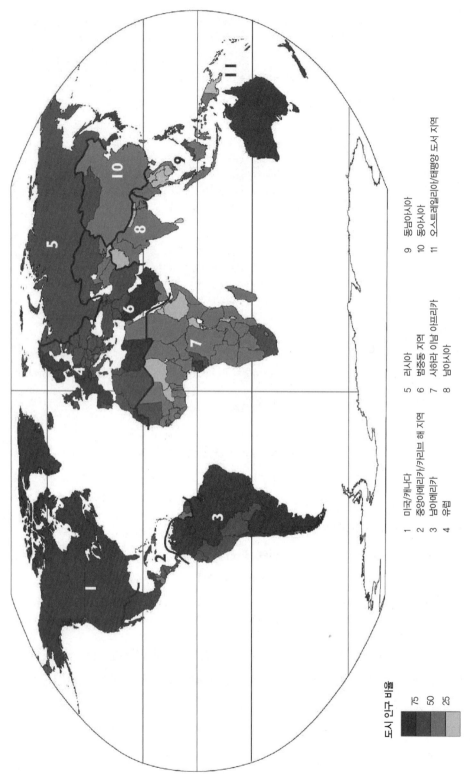

도시 인구 비율

75
50
25

1 미국/캐나다
2 중앙아메리카/카리브 해 지역
3 남아메리카
4 유럽

5 러시아
6 범중동 지역
7 사하라 이남 아프리카
8 남아시아

9 동남아시아
10 동아시아
11 오스트레일리아/태평양 도서 지역

그림 1.3 국가별 세계 도시화, 2005년. 출처: UN, *World Urbanization Prospects: 2005 Revision*, http://www.un.org/eas/population/publications/WUP2005/2005wup.htm

는 11개의 메가시티가 있는데, 라틴아메리카에 4개, 아프리카, 유럽, 북미에 각 2개가 있다. 2025년에는 메가시티의 수가 29개에 이를 것으로 예측된다.

9. 일본의 수도인 도쿄는 오늘날 가장 인구가 많은 도시 집적체이다. 만일 도쿄가 국가였다면 인구 규모에서 35번째가 될 것이다. 메가시티 도쿄는 실제 도쿄 시와 87개의 주변 시와 읍을 포함한 도시 집적체이다.

10. 도쿄에 이어 다음으로 가장 거대한 도시 집적체는 인도의 델리로 2200만 명이 거주하며, 브라질의 상파울루와 인도의 뭄바이가 각 2000만 명의 거주자를 보이고, 멕시코의 멕시코시티와 미국의 뉴욕—뉴어크에 각 1900만 명이 거주하고 있다.

11. 2025년, 도쿄의 인구는 3700만 명으로 비록 인구가 거의 증가하지 않지만 가장 인구가 많은 도시 집적체로 예측된다. 다음으로는 인도의 두 주요 메가시티인 델리가 2900만 명, 뭄바이가 2600만 명으로 뒤를 잇는다.

12. 메가시티는 매우 다른 인구 변화 비율을 경험한다. 2009년 21개 메가시티 중 9곳의 인구는 2009~2025년 사이 매우 낮은 연 0.02%에서 최대 0.51%의 인구 성장률은 나타낼 것으로 기대된다. 이렇게 상대적으로 낮은 인구 성장률을 보이는 메가시티는 선진국에 속하는 모든 곳과 라틴아메리카의 4곳이 포함된다.

13. 메가시티는 인구 규모에 따른 도시 분포의 극단을 보인다. 뒤를 이어 인구 규모 500만 명에서 1000만 명 미만에 이르는 도시가 2009년에 32개였으나, 2025년에는 46개가 될 것으로 예측된다. 이러한 '미래 메가시티'의 3/4은 개발도상국에 위치한다.

14. 인구 100만 명 이상 500만 명 미만인 다음 규모 계층의 도시는 수가 많고(2009년 374개에서 2025년 506개로 증가), 도시인구의 22%를 설명한다. 인구 50만 명에서 100만 명에 이르는 적은 도시는 그 수가 더 많지만, 전체 도시인구의 단지 10%만을 설명한다.

15. 도시 규모 계층별 도시인구의 분포는 주요 지역에 걸쳐 다양하다. 유럽은 예외적으로 도시 거주자의 67%가 인구 50만 명 미만의 도시 중심부에 살고, 500만 명 이상의 도시에는 8%만이 산다. 아프리카의 도시 규모별 인구 분포는 유럽의 모습을 따른다. 아시아, 라틴아메리카, 카리브 해 지역과 북미에서는 도시인구의 집중이 대도시에서 나타나는 특징을 보여, 매 5명의 도시 거주자 중 1명은 큰 도시 집적체에 거주한다.

16. 역사적으로 급격한 도시화 과정은 오늘날의 발전된 지역에서 처음 시작되었다. 1920년 30% 미만의 인구만이 도시에 거주하고, 1950년에는 절반 이상의 인구가 도시에 거주하였다. 2009년에는 80% 이상의 높은 수준의 도시화가 오스트레일리아, 뉴질랜드,

표 1.1 선진국(MDRs)과 개발도상국(LDRs)의 도시 패턴, 1950, 2000, 2005년(만 명, %)

	1950년			2000년			2005년		
	전체 인구	도시인구	도시화	전체 인구	도시인구	도시화	전체 인구	도시인구	도시화
세계	2,500	730	29	6,100	2,840	47	6,500	3,150	49
선진국	800	420	52	1,200	870	73	1,200	900	74
개발도상국	1,700	310	18	4,900	1,970	40	5,300	2,250	43

출처: UN, *World Urbanization Prospects: 2005 Revision*, http://www.un.org/eas/population/publications/WUP2005/2005wup.htm

북미를 특징짓는다. 유럽은 73%의 인구가 도시에 거주하는데, 발전된 지역에서 가장 최소로 도시화된 주요 지역이다.

17. 저개발 지역 중 라틴아메리카와 카리브 해 지역은 유럽보다 높은 예외적인 도시화 수준(79%)을 보인다. 반대로 아프리카와 아시아는 각각 40%와 42%로 대다수 인구가 농촌에 거주하는 지역으로 남아 있다. 21세기 중반에 이르러서도 아프리카와 아시아는 여전히 발전된 지역 또는 라틴아메리카와 카리브 해 지역보다 도시화 수준이 낮을 것으로 기대된다.

세계의 발전된 지역은 1950년과 2010년 모두 도시 인구의 비율이 더 높다. 그러나 절대 수치로 보면 1950년에는 발전된 지역의 도시 거주자가 많았지만, 20세기 말에는 바뀌었다 (표 1.1). 불행하게도 중미와 남미, 아프리카, 그리고 중동과 대다수 아시아에 걸쳐 도시 발전은 도시 성장을 따라가지 못하였다. 예를 들어 라틴아메리카와 카리브 해 지역은 선진국의 도시화 수준에 도달했지만(현재 79%), 경제 발전, 건강관리, 교육은 뒤떨어져 있다. 사하라 이남 아프리카는 가장 도시화되지 않은, 그리고 가장 발전되지 않은 지역으로 남아 있다. 라틴아메리카의 도시인구 폭발은 이제 끝이 난 듯하지만, 아프리카, 인도, 중국의 도시인구 폭발은 계속되고 있다. 중국은 2010년에야 도시인구가 농촌 인구보다 많은 상태에 도달하였다.

이제는 가장 많은 수의 도시와 가장 많은 수의 큰 도시(300만 명 이상)가 개발도상국에서 나타난다(그림 1.4). 이는 또한 세계의 메가시티 지역 목록에서도 보이는데, 이러한 도시의 수는 선진국보다 개발도상국에서 더 많다(표 1.2). 1950년의 20대 큰 도시 집적 중 13개는 선진국에, 7개는 개발도상국에서 나타난다. 2000년에는 20대 큰 도시 집적 중, 5개만이 선

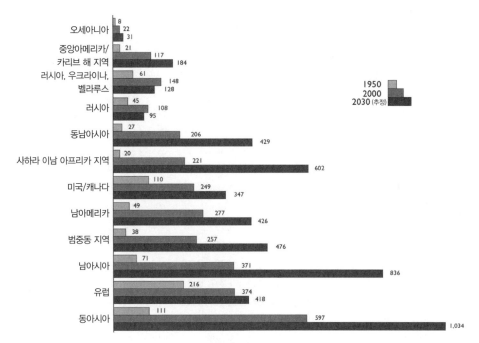

그림 1.4 세계 지역의 도시인구, 1950, 2000, 2030년. 출처: UN, *World Urbanization Prospects: 2005 Revision*, http://www.un.org/eas/population/publications/WUP2005/2005wup.htm

진국에서 나타나고, 이들은 일본(도쿄와 오사카)과 미국(뉴욕과 로스앤젤레스), 프랑스(파리) 세 국가에만 위치한다. 멕시코시티는 세계 독립국가 인구 규모의 3/4 이상이다. 1975년 이래 개발도상국은 1975~2000년과 2000~2015년 두 시기 동안 도시 거주 인구 규모 계층에서 선진국과 비교했을 때 훨씬 더 빠른 속도로 도시화가 진행되었다(그림 1.5). 도시화는 2단계 의 과정으로 첫 번째 단계는 농촌에서 주로 비농업 직종에 종사하는 도시로의 인구 이동이 고, 두 번째는 농촌을 떠난 결과 나타난 생활양식의 변화를 포함한다.

개념과 정의

지리학자들은 도시 연구를 지리학 주요 하부 분야로서 환경지리학, 경제지리학, 정치지 리학, 문화지리학처럼 다루면서 접근한다(그림 1.6). 이들은 모두 도시지리학에서 사용하는 개념과 정의에 대한 이해를 필요로 한다.

표 1.2 인구 규모 순으로 가장 거대한 30개 도시 집적, 1950~2015(천 명)

	1950년			1975년	
순위	집적과 국가	인구	순위	집적과 국가	인구
1	뉴욕–뉴어크, 미국	12,338	1	도쿄, 일본	26,615
2	도쿄, 일본	11,275	2	뉴욕–뉴어크, 미국	15,880
3	런던, 영국	8,361	3	멕시코시티, 멕시코	10,690
4	상하이, 중국	6,066	4	오사카–고베, 일본	9,844
5	파리, 프랑스	5,424	5	상파울루, 브라질	9,614
6	모스크바, 러시아 연방	5,356	6	로스앤젤레스–롱비치–산타아나, 미국	9,926
7	부에노스아이레스, 아르헨티나	5,098	7	부에노스아이레스, 아르헨티나	8,745
8	시카고, 미국	4,999	8	파리, 프랑스	8,630
9	콜카타, 인도	4,513	9	콜카타, 인도	7,888
10	베이징, 중국	4,331	10	모스크바, 러시아 연방	7,622
11	오사카–고베, 일본	4,247	11	리우데자네이루, 브라질	7,557
12	로스앤젤레스–롱비치–산타아나, 미국	4,046	12	런던, 영국	7,546
13	베를린, 독일	3,338	13	상하이, 중국	7,326
14	필라델피아, 미국	3,128	14	시카고, 미국	7,160
15	리우데자네이루, 브라질	2,950	15	뭄바이(봄베이), 인도	7,082
16	상트페테르부르크, 러시아 연방	2,903	16	서울, 대한민국	6,808
17	멕시코시티, 멕시코	2,883	17	카이로, 이집트	6,450
18	뭄바이(봄베이), 인도	2,857	18	베이징, 중국	6,034
19	디트로이트, 미국	2,769	19	마닐라, 필리핀	4,999
20	보스턴, 미국	2,551	20	톈진, 중국	4,870
21	카이로, 이집트	2,494	21	자카르타, 인도네시아	4,813
22	맨체스터, 영국	2,422	22	필라델피아, 미국	4,467
23	톈진, 중국	2,374	23	델리, 인도	4,426
24	상파울루, 브라질	2,334	24	상트페테르부르크, 러시아 연방	4,325
25	버밍엄, 영국	2,229	25	테헤란, 이란(이슬람 공화국)	4,273
26	선양, 중국	2,091	26	카라치, 파키스탄	3,989
27	로마, 이탈리아	1,884	27	홍콩, 중국, 홍콩 SAR	3,943
28	밀라노, 이탈리아	1,883	28	마드리드, 스페인	3,890
29	샌프란시스코–오클랜드, 미국	1,855	29	디트로이트, 미국	3,885
30	바르셀로나, 스페인	1,809	30	방콕, 타이	3,842

표 1.2 (계속)

	2000년			2015년	
순위	집적과 국가	인구	순위	집적과 국가	인구
1	도쿄, 일본	34,450	1	도쿄, 일본	35,494
2	멕시코시티, 멕시코	18,066	2	뭄바이(봄베이), 인도	21,869
3	뉴욕-뉴어크, 미국	17,846	3	멕시코시티, 멕시코	21,568
4	상파울루, 브라질	17,099	4	상파울루, 브라질	20,535
5	뭄바이(봄베이), 인도	16,086	5	뉴욕-뉴어크, 미국	19,876
6	상하이, 중국	13,243	6	델리, 인도	18,604
7	콜카타, 인도	13,058	7	상하이, 중국	17,225
8	델리, 인도	12,441	8	콜카타, 인도	16,980
9	부에노스아이레스, 아르헨티나	11,847	9	다카, 방글라데시	16,842
10	로스앤젤레스-롱비치-산타아나, 미국	11,814	10	자카르타, 인도네시아	16,822
11	오사카-고베, 일본	11,165	11	라고스, 나이지리아	16,141
12	자카르타, 인도네시아	11,063	12	카라치, 파키스탄	15,155
13	리우데자네이루, 브라질	10,803	13	부에노스아이레스, 아르헨티나	13,396
14	카이로, 이집트	10,391	14	카이로, 이집트	13,138
15	다카, 방글라데시	10,159	15	로스앤젤레스-롱비치-산타아나, 미국	13,095
16	모스크바, 러시아 연방	10,103	16	마닐라, 필리핀	12,917
17	카라치, 파키스탄	10,020	17	베이징, 중국	12,850
18	마닐라, 필리핀	9,950	18	리우데자네이루, 브라질	12,770
19	서울, 대한민국	9,917	19	오사카-고베, 일본	11,309
20	베이징, 중국	9,782	20	이스탄불, 터키	11,211
21	파리, 프랑스	9,692	21	모스크바, 러시아 연방	11,022
22	이스탄불, 터키	8,744	22	광저우, 중국	10,420
23	라고스, 나이지리아	8,422	23	파리, 프랑스	9,858
24	시카고, 미국	8,333	24	서울, 대한민국	9,545
25	런던, 영국	8,225	25	시카고, 미국	9,469
26	광저우, 중국	7,388	26	킨샤사, 콩고공화국	9,304
27	테헤란, 이란(이슬람 공화국)	6,979	27	선전, 중국	8,958
28	산타페데보고타, 콜롬비아	6,964	28	산타페데보고타, 콜롬비아	8,932
29	리마, 페루	6,811	29	런던, 영국	8,618
30	톈진, 중국	6,722	30	테헤란, 이란(이슬람 공화국)	8,432

출처: UN, *World Urbanization Prospects: 2005 Revision*, http://www.un.org/eas/population/publications/
WUP2005/2005wup.htm

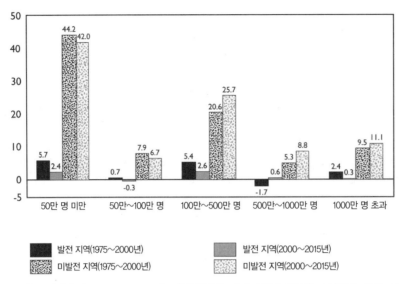

그림 1.5 도시 주거지의 규모, 1975~2015에 따른 선진국 대비 개발도상국의 도시인구. 출처: UN, *World Urbanization Prospects: 2001 Revision*, http://www.un.org/eas/population/publications/wup2001/wup2001dh.htm

어버니즘

어버니즘(Urbanism)은 일반적으로 도시적 생활양식의 모든 면모인 정치, 경제, 사회를 망라하는 광범위한 개념이다. 어버니즘은 도시 성장 과정이 아니라 도시화의 최종 결과이다. 도시적 생활양식은 농촌 생활양식과 모든 면에서 매우 다르다고 제안된다. 사람들이 농촌을 떠나 도시로 이주하며 이들의 생활 방식과 생계는 변한다.

도시화

도시화(Urbanization)의 첫째 단계의 중요한 변수는 인구밀도와 경제 기능이다. 도시라는 장소는 농업의 바탕인 흙으로부터 일자리를 분리할 때까지 도시라고 할 수 없다. 무역, 제조업, 그리고 서비스 제공이 도시의 경제를 지배한다. 도시화의 둘째 단계의 중요한 변수는 사회, 심리 행태이다. 예를 들어 인구는 점차 도시화되며 자녀에 대한 가치관이 변하기 때문에 가족 규모가 작아진다.

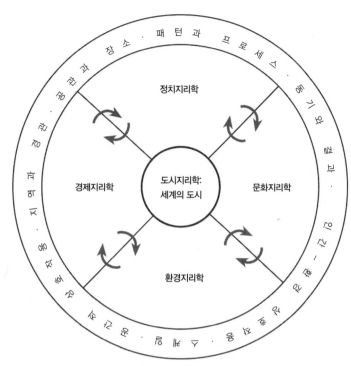

그림 1.6 도시지리학: 모든 것이 모이는 곳. 출처: 저자

도시

한 장소의 인구가 증가하게 되면, 결국 경제도 농업이나 다른 제1차 산업으로 한정되지 않고 거대한 규모로 성장한다. 이때 농촌은 도시(Urban Place)가 된다. 농촌과 도시를 인구로 구분하는 최소한의 규모는 나라마다 매우 다양하다. 덴마크와 스웨덴은 도시로 구분되는 데 단지 200명이면 되고, 뉴질랜드는 1,000명, 아르헨티나는 2,000명, 가나는 5,000명, 그리스는 10,000명이다. 미국은 최소 2,500명의 인구를 가지면 인구조사국에 의해 도시로 규정된다. 이보다 작은 장소는 농촌으로 규정된다.

시

시(City)라는 용어는 거대한 인구가 밀집한, 법적으로 지방자치단체로 독립된 장소를 일컫는 본질적으로 정치적인 지정이다. 그러나 작건 크건 어떤 규모의 취락이건 스스로 시라고 부를 수 있다. 읍은 일반적으로 시보다 작다.

메가시티

'메가시티(Megacity)'는 일반적으로 도시 중심과 주변의 확장된 지역을 개념화한 매우 거대한 도시 장소들을 형식적이기보다는 일상적으로 지정할 때 사용된다. 1000만 명 이상의 거주자를 지닌 도시는 메가시티로 불린다. 1950년에는 뉴욕만이 1000만 명을 넘었다. 오늘날에는 세계 21개 도시가 이 범주에 속하며, 20명 중 1명은 메가시티에 살고 있다.

세계도시는 세계경제의 명령과 통제 중심지로 기능한다(글상자 1.1). 이들은 앞선 지식 기반, 특히 회계, 보험, 광고, 법률, 기술 전문가, 그리고 창조예술 분야에 생산자 서비스(사업을 서비스하는 사업)를 제공한다. 금융 중심성에서 상층 도시는 **글로벌 도시**(global cities)라고 불리는데, 뉴욕, 런던, 도쿄가 이에 해당한다. 아래의 두 번째 층의 **세계도시**(world city)로는 파리, 프랑크푸르트, 로스앤젤레스, 시카고, 홍콩, 싱가포르 등이 있다(그림 1.7과 1.8). 이외에도 특정의 거대 지역 또는 문화적, 경제적 지위로부터 강점을 드러내는 도시로는 암스테르담, 모스크바, 시드니, 토론토, 샌프란시스코 등이 있다. 메카, 예루살렘과 같은 도시도 세계도시로 불릴 수 있는데, 특정 종교적 지위 내에서는 이들의 영향이 세계적으로 감지되기 때문이다.

도시 지역(Urban Area)

도시가 확장되면서 도시와 농촌의 경계는 특히 자동차 교통이 도시 확장(sprawl)을 불러일으킨 산업국가에서 점차 모호해지고 있다. 따라서 도시 또는 도시화된 지역은 건물, 도로, 그리고 필수적으로 도시 토지이용이 지배적인 도시와 읍의 정치적 경계도 넘어서는 개발 지역으로 정의된다. 도시 지역은 기본적으로 도시와 주변 교외 지역이다.

연담도시

유럽에서 생겨난 20세기 단어이다. 따라서 네덜란드의 란드스타트(Randstad)나 독일의 루르(Ruhr)의 연담도시(Conurbation)를 말하는 것이 일반적이다. 미국에서 댈러스포트워스 도

세계화와 세계도시

피터 테일러(Peter Taylor)

'세계' 또는 '글로벌' 도시에 대한 많은 문헌이 있지만, 무엇이 실제 이들 도시들을 그렇게 중요하게 하는지, 이들과 세계 전역에 걸친 다른 도시들과의 연계에 대해서는 증거가 수집되어 있지는 않다. 따라서 세계도시들이 실제 세계화의 교차로라면, 우리는 어떻게 도시 간 관계를 측정할 것인가에 대해 심각하게 고려할 필요가 있다.

- 도시 연계 비교 연구: 선택된 도시가 특정 사건에 반응하는 것처럼 도시 간의 관계에 초점을 맞춘다. 한 연구는 싱가포르, 뉴욕, 런던이 1997년 아시아 금융 위기 때 서비스 부문이 반응했던 방식을 비교하였다. 다른 연구에서는 유로화가 사용된 이후의 결과에 런던과 프랑크푸르트 간의 관계를 다루었다. 이 연구는 도시의 경쟁적 과정은 민간 부문 내 사무실 네트워크를 통해 이루어진 협력적 과정보다 훨씬 덜 중요하다는 공통적인 결과를 도출하였다.
- 도시 간 엘리트 노동 이주: 숙련 노동력이 다른 세계도시로 이주하는 것은 자신들의 사업을 세계도시 네트워크로 편입시키려는 금융 회사에게는 핵심적인 세계화 전략으로 나타난다. 예를 들어 런던 회사들은 규칙적으로 직원을 파리, 암스테르담, 프랑크푸르트로 보내 유럽 도시 간에 '끊김 없는' 서비스를 제공한다. 이 연구의 가장 중요한 결과는 국가 간 흐름의 공간은 기업들이 금융 지식을 누적시키는 데 필수적인 선행 조건으로 생겨난다는 것이다.
- 도시의 세계 네트워크 연계: 세계도시 네트워크는 금융과 사업 서비스 회사의 사무실 연계의 합성물이다. 이 네트워크는 세 가지 수준이 있는데, 세계경제에서의 도시 간 네트워크 수준, 세계 서비스 중심지로서의 도시의 결절 수준, 그리고 세계도시 네트워크의 주요 생성자인 세계 서비스 기업의 하위 결절 수준이 그것이다. 이러한 구체화는 세계도시의 세계 네트워크 연결성을 계산하는 데 필요한 자료 수집의 방향을 제시한다. 이 결과는 세계 316개 도시의 100개 기업을 대상으로 2000년에 수집한 거대한 자료에 기초한다.

세계화와 세계도시(GaWC) 연구는 세계도시 형성을 넘어 세계도시 네트워크 형성으로 연구를 확대하고 있다. 초점은 경제 세계화 내에서 복잡한 과정에 맞춰진다. 전체적인 세계도시 분석을 위해서는 다른 중요한 세계화 갈래에 대한 앞으로의 연구가 요구된다. 연구단체 웹사이트는 www.lboro.ac.uk/gawc이다.

시 지역이 연담도시에 해당하는 좋은 사례이다. 도시 지역은 확장하면서 확장 지역 내 소규모 도시를 삼켜 버리고, 인근 읍 지역을 자격을 갖춘 도시로 변화시키며, 때때로 새로운 도시를 발전시키고, 다른 확장하는 도시와 마주치게 된다.

메갈로폴리스

메갈로폴리스(Megalopolis)는 북미에서 등장한 20세기 단어이다. 이 용어는 1961년 지리학자 장 고트만(Jean Gottmann)이 미국의 보스턴에서 워싱턴에 이르는 북동부 연안의 도시 지역에 처음 적용하였다. 이 신조어는 새로운 규모의 도시화에 초점을 두고 만들어 졌다. 오늘날 메갈로폴리스는 지역적 스케일에서 나타나는 대도시(metropolis) 지역의 도시 연합(coalescence)을 지칭하는 일반적 용어이다. 이 연합은 한 도시를 다른 도시와 연결하는 교통 회랑을 따라 생긴다. 이는 메갈로폴리탄 회랑을 따라 이루어지는 차량 통행, 전화 통화, 이메일 교환, 그리고 항공 교통의 규모에서 분명히 확인된다. 대도시와 메갈로폴리스는 모두 도시의 고대 그리스 단어, 폴리스(polis)로부터 파생되었다.

대도시와 대도시 지역

대도시(Metropolis)라는 용어는 원래 국가, 정부 또는 제국의 '모(母)도시'를 의미하였다. 오늘날에는 대도시를 말하는 용어로 보편적으로 사용된다. 대도시 지역(Metropolitan Area)은 중심의 한 도시(또는 여러 도시)와 (보통 통근 패턴으로 측정되는) 도시 중심과 통합된 모든 주변을 둘러싼 영토(도시 또는 농촌)를 포함한다. 미국에서는 공식적으로 대도시 지역이 세 가지 형태로 사용되는데, 대도시 통계 지역, 종주 대도시 통계 지역, 그리고 통합 대도시 통계 지역이다. 미국 통계청은 1950년 이래 대도시 지역을 설정하였다. 이후 용어와 기준이 변하기는 했지만 핵심 정의는 동일하게 남아 대도시는 최소 5만 명의 도시 중심을 가지고, 중심과 사회적, 경제적으로 통합된 주변의 도시와 농촌 영토를 포함하며, 군(county)(또는 군에 해당하는) 지역에 기초한다. 캐나다에는 이에 해당하는 공식적인 총조사 대도시 지역이 있는데, 도시 중심은 최소한 10만 명이어야 한다.

자연적 입지 속성과 상대적 입지 속성

왜 도시는 현재의 위치에 입지하는가? 어떻게, 그리고 왜 이들은 성장하는가? 이러한 질문에 대답하기 위해 도시지리학자는 **자연적 입지**(Site)와 **상대적 입지**(Situation)라는 개념을 사용하였다. 위치는 도시가 시작되고 발달한 장소의 물리적 특징을 말한다. 지표 지형, 기반 지질, 해발고도, 물의 특성, 해안선 형태, 그리고 다른 자연 지리가 위치의 특징으로 고려된다. 예를 들어 몬트리올의 위치는 역사적으로 바다로 나가는 상업의 상류 한계인 래친 래피즈(Lachine Rapids)를 경계로 한다. 파리의 위치는 센 강의 섬을 경계로 하는데, 시테 섬(Ile de la Cite)으로 알려진 이곳은 파리를 방어하는 데 유리하고, 센 강을 건너는 다리를 건설하기에 편리한 지점이다. 뉴욕의 자연적 입지는 깊은 수심의 항구로 특징지어지는데, 이 도시의 기원은 종종 자연적 입지 특성으로 포장된다.

반대로 장소는 도시의 상대적 속성을 뜻한다. 이는 도시와 다른 장소 및 주변 지역과의 연결성을 의미한다. 몇몇 도시는 무역로의 교차지 중심에 위치하고 다른 도시는 고립되어 있다. 도시의 성장과 쇠퇴는 위치 특성보다는 장소에 더 의존한다. 실제로, 좋은 상대적 입지 또는 장소는 빈약한 위치를 보상할 수 있다. 예를 들어 베네치아는 르네상스의 중심이었는데, 이는 (지반이 침하하고 수향 경관을 이루는) 위치 때문이 아니라 아드리아 해의 상단에 위치해 알프스로 이어지는 접근성이 좋은 통과 지점이었기 때문이다. 뉴욕은 19세기 초에 미국에서 가장 인구가 많은 도시로 등장했는데, 이는 우수한 위치 때문이 아니라 장소 때문이다. 1825년 이리 호 운하가 개통됨에 따라 뉴욕은 오대호를 통해 자원이 풍부한 미국 내륙으로의 접근이 쉬워졌다.

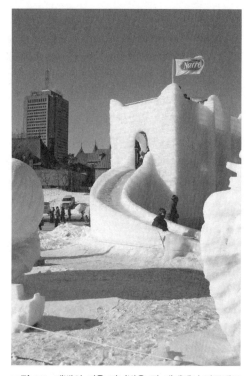

그림 1.7 퀘벡의 겨울 카니발은 전 세계에서 방문객들을 불러들여 겨울 관광 산업을 활성화시킨다. 아브라함 평원의 얼음으로 지어진 **건조환경**(built environment). (사진: Donald Zeigler)

도시경관

　도시경관(Urban Landscapes)은 보이건 보이지 않건 인간의 생각, 행위, 그리고 행동의 표현이다. 도시경관은 이를 만든 사람의 경제, 문화, 정치적 가치에 대한 실마리로 채워져 있다(그림 1.7). 지리학자는 거시적 규모에서는 경관의 수직적, 수평적 측면(도시의 스카이라인과 도시 확산)을 볼 것이다. 미시적 규모에서는 건축 양식, 도로 표지, 번잡한 교차로에서의 행동 패턴 또는 도시의 식생활을 볼 것이다(글상자 1.2). 경관을 해석하고 분석하고 비판하는 것은 도시지리학의 전통적 주제이다.

글상자 1.2

도시의 요리

티모시 키드(Timothy C. Kidd)

　도시의 요리(gastronomy) 장면은 종종 민족집단 구성의 변화, 미각 선호도의 변화, 그리고 이용 가능한 재료의 변화를 배열적으로 보여 주는 중요한 문화적 표식이다. 세계의 여러 도시들은 종종 독특한 요리, 레스토랑, 음료, 길거리 음식을 가지고 있다. 길거리 음식은 이스탄불의 도너 케밥(doner kebab)*, 뉴욕의 핫도그, 마닐라의 발루트(balut)**에 이르기까지 다양하다. 이들은 일반적으로 도시의 도보 통행이 매우 많은 구역에서 가판이나 차량에서 판매되며 바로 먹을 수 있다. 2007년 식량농업국(The Food and Agriculture Administration)은 거리 음식이 식당 음식보다 빠르고 저렴하기 때문에 하루에 2500만 명이 먹는다고 추정하였다. 세계가 점차 도시가 되며, 거리 음식 행상인의 수가 늘고 이들이 파는 물건은 다양해지고 있다. 기업적 패스트푸드 가맹점이 확산되며 빠른 포장 음식의 본질도 확실히 바뀌었다. 외국의 패스트푸드 메뉴는 종종 지역별로 다양하지만 음식 자체에서 종업원의 유니폼, 배치 가구, 식당 간판은 아직 통일된 느낌을 준다. 런던과 같은 경우 이러한 식당들은 인구 변화와 더불어 전통적인 거리 음식 상인에게는 해가 될 수 있다.

　런던의 역사적인 빈곤 지역인 이스트엔드(East End)에는 독특한 영국식 패스트푸드의 흔적이 아직 남아 있다. 아마 모든 전통 음식 중 장어, 특히 젤리 장어(jellied eel)가 가장 유명하다. 템스 강 삼각주는 장어에게 훌륭한 서식처를 제공하고, 장어통발인 물고기 덫은 이들을 잡기 위해 수로에 줄 서 있다. 수많은 장어가 가난한 이민자인 이스트엔드 주민에게 맛있는 먹거리가 되었다. 1600년대 후반이 되자 네덜란드 장어 배가 주요 장어 공급원이 되었다. 빌링스게이트(Billingsgate)와

---

* 역주: 고기를 익혀 얇게 저민 것. 보통 피타(pitta) 빵과 함께 먹는다.
** 역주: 부화 직전의 오리 알을 삶은 필리핀 요리.

그림 1.8 젤리 장어는 런던 이스트엔드의 문화 경관의 일부로 남아 있다. (사진: Donald Zeigler)

스피탈필드(Spitalfields)와 같은 큰 시장에서는 생선 장수가 식당과 '파이 파는 사람'으로 알려진 거리 행상인에게 장어를 판다. 장어 파이 또는 젤리 장어를 파는 행상인의 가판은 어디에서나 볼 수 있게 되었다. 그러나 1800년대 전반에는 런던의 산업 확대가 템스 강 어업에 치명적으로 부정적인 영향을 미친 심각한 오염을 일으켰다.

어획고의 감소는 새로운 이스트엔드의 저녁 식사 전통인 장어, 파이와 매쉬* 가게를 시작시켰다. 이들 음식점은 소고기로 만든 고기파이 또는 리커(liquor)라고 불리는 양고기 파슬리를 넣은 녹색 장어 국물을 적셔 짓이긴 감자('매쉬') 메뉴가 있다. 종종 이 식당들은 경기장 타일의 바닥과 벽, 대리석 계산대, 나무 의자로 장식한 실내가 유사하다. 장어, 파이, 매쉬 가게는 빅토리아 시대부터 제2차 세계대전까지 번창하였다. 오늘날 아직 많은 파이와 매쉬 가게가 이스트엔드에 있지만 그 수는 아마 100곳 이하이고, 많은 메뉴는 (채식 파이와 같은) 전통적인 파이 메뉴보다 적다.

이스트엔드의 요리 경관은 20세기에 상당히 바뀌었다. 상당수의 방글라데시 사람들이 이 지역으로 유입되었고, 저녁 메뉴에 곧바로 영향을 미쳤다. 곧바로 커리와 케저리(kedgeree)**가 전통 젤리 장어보다 더 유명해졌다. 그러나 1990년대와 2000년대에는 램지(Gordon Ramsey)와 같은 유명 요리사가 고소득층을 위한 음식을 차리면서 전통적인 영국 음식이 작으나마 르네상스를 맞이하였다. 그동안에 템스 강은 깨끗해지고 장어 어획도 늘었다. 불행하게도 이 좋은 뉴스는 런던동물원협회가 2010년에 2005~2010년 사이 템스 강 삼각주 어족이 98% 감소해 유럽 장어는 멸종 위기에

* 역주: 으깬 감자, 삶은 감자를 으깬 뒤 흔히 버터와 우유를 섞은 것.
** 역주: 쌀, 달걀, 양파, 콩, 향신료 따위를 재료로 한 인도 요리로 유럽에서는 여기에 생선을 곁들인다.

있다고 발표하면서 금방 끝이 났다. 이러한 급격한 감소의 원인은 확실하지는 않지만 장어 파이 및 젤리 장어의 소비자와 생산자에게 환영받을 뉴스가 될 수는 없었다.

젤리 장어는 아직 영국의 해변 마을과 런던 이스트엔드의 몇 안 되는 거리 가판에서 찾을 수 있다. 뼈째 한 입 크기로 잘게 잘라 허브를 넣고 끓인 장어는 젤리와 함께 식혀 칠리 식초를 곁들여 먹는다. 이 음식은 소금에 절인 청어와 비슷한 맛이다. 아마 피자, 햄버거 또는 닭 티카(tikka)*의 선호는 가장 전통적인 영국 요리보다 젊은 세대에게 보다 대중적이 되었다. 그럼에도 이스트엔드의 거리 음식 유산은 알드게이트(Aldgate) 근처 터비 아이작(Tubby Isaac)과 같은 행상인과 함께, 문화적으로 유명한 트위커넘(Twickenham)의 장어 파이 섬(Eel Pie Island)과 같은 지명, 그리고 기타 리스트인 후(The Who)의 타운젠드(Pete Townsend)에 의해 설립된 장어 파이 녹음 스튜디오(Eel Pie Recording Studios)와 같은 음악에도 살아 있다.

* 역주: 고기나 채소를 양념에 절여 두었다가 익힌 남아시아의 요리.

수도

'수도(Capital City)'는 라틴어 '머리', *caput*에서 왔다. 수도는 말 그대로 '머리 도시'로 정부 기능의 본사이다. 모든 나라는 한 개의 수도를 가지며, 한 개 이상의 수도를 가진 곳도 몇 나라 있다(예를 들어 남아프리카공화국, 네덜란드, 볼리비아). 수도는 정치권력, 의사 결정 중심, 그리고 국가 주권의 중심지이다. 이들의 경관은 실제이건 상상이건 결속의 상징으로 차 있다. 박물관은 국가의 다락방이고, 이들의 위치는 국가 도시 체계에서 중심적 역할을 하는 상징성을 갖는다. 몇몇 나라에서 국가 수도는 지방의 수도와 권력을 공유한다. 도시의 한 계층으로서 이들은 세계에서 가장 잘 알려져 있다.

전산업도시

종종 전통 도시라고 불리는 전산업도시(Preindustrial City)는 19세기와 20세기의 산업화가 도래하기 전에 생겨나 성장한 도시를 말한다. 따라서 일반적으로 산업도시와는 상당히 다른 특징을 보인다. 전통 도시의 요소는 이제 순수한 전산업도시에 남아 있지 않지만 아직 도시경관의 일부로 특히 개발도상국에 남아 있다. 전통 도시의 흔적은 (유럽에 왕성하게 생존하고 있으며, 미국에서는 다시 유행하는) 중앙 시장, 차량에게는 너무 좁은 도로의 보행자 구역, 과거의 시각적 흔적인 벽과 문, 그리고 산업화 이전의 위협적인 건축(궁전과 성당)을 포함한다.

산업도시

산업도시(Industrial City)는 제조된 상품, (음식, 섬유, 신발과 같은) 종종 가벼운 산업 생산품, 그리고 (자동차, 가전제품, 선박, 기계와 같은) 무거운 산업 생산품의 생산에 기초하는 경제를 보인다. 공장과 주물 공장이 도시경관으로 눈길을 끈다. 소규모 제조업은 전산업도시의 특징이기도 하지만, 증기기관의 발명은 더 큰 공장, 그리고 이들에게 노동력과 서비스를 제공하는 도시를 발전시켰다.

후기산업도시

상대적으로 새로운 도시 형태가 특히 선진국에서 나타났다. 이들은 후기산업도시(Postindustrial City)로, 경제는 제조업 기반과 관련되지 않는 대신 서비스 부문에 높은 취업을 보인다. 도시는 주로 연구 개발, 건강과 의료, 관광/레크리에이션으로 특화되어 있는 기업 본사나 정부, 정부 간 조직의 중심지이다. 제3차와 제4차 산업 직종, 특히 금융, 건강, 레저, 연구 개발, 교육, 통신 및 다양한 정부 기관에 종사하는 사람이 증가하며, 이러한 기능이 경제 기반인 도시는 산업 기반 경제에서 시작한 도시와는 뚜렷한 대조를 보인다.

종주도시

크기와 기능만으로 정의된 도시 형태가 **종주도시**(Primate City)이다(그림 1.9). 이 용어는 1930년대에 지리학자 마크 제퍼슨(Mark Jefferson)에 의해 국가들이 예외적으로 거대하고, 경제적으로 지배적이며, 문화적으로 국가 정체성을 드러내는 한 도시를 가지는 경향을 언급하며 등장하였다. 진정한 종주도시는 최소한 두 번째 큰 도시보다 2배 이상 크며, 그 차이는 종종 더 크게 나타난다. 예를 들어 파리는 두 번째 큰 도시인 리옹(Lyon)보다 7배 크다. 그러나 일반적으로 종주성은 개발도상국에서 보다 전형적으로 나타난다. 몇몇 경우에는 두 메가시티가 지배적인 역할을 공유하는 이중 종주성(dual primacy)이 나타나는데, 브라질의 리우데자네이루와 상파울루가 그 예이다. 한 국가에 종주도시가 있다는 것은 일반적

그림 1.9 멕시코의 종주도시이며 세계에서 가장 거대한 도시 중 하나인 멕시코시티는 영원히 확산할 것 같다. 큰 규모는 또한 큰 문제를 동반한다. (사진: Robert Smith)

으로 종주도시인 발전하는 중심과 그 주변, 그리고 종주도시가 자원과 이주 노동자에 의존하는 낙후된 주변의 불균형 발전을 암시한다. 중심과 주변은 종종 기생하는 관계로 본다.

도시 순위 규모 법칙

순위 규모 법칙(Rank-Size Rule)은 종주성의 대안을 나타낸다. 이 개념은 한 국가 내에서 다른 인구 규모를 가지는 도시 간의 관계에 대한 실증 연구로부터 발전하였다. 간단히 말해 이 법칙에서 특정 도시의 인구는 그 국가의 가장 큰 도시의 인구를 순위로 나눈 값을 말한다. 즉 한 국가의 5번째 큰 도시는 가장 큰 도시인구의 1/5이어야 한다는 것이다. 이 순위에서 벗어나는 것은 도시 체계가 불균형하다는 것을 의미한다.

식민 도시

식민 도시(Colonial City)는 이제 지구에서 사실상 사라졌지만, 세계 여러 곳의 도시 패턴에 1500년경부터 19~20세기 초까지 유럽 제국주의 권력이 지구를 지배하던 정점기까지 엄청난 영향을 미쳤다. 식민 도시는 상업적 기능에 대한 특수한 관심, 독특한 입지적 요구, 서구의 도시 형태와 전통적인 토착 정착과의 기묘한 혼합으로 인해 독특하다. 원래 또는 토착 거주지에 비한 유럽 또는 식민 거주지의 기간에 따라 식민 도시는 두 가지 형태로 구분된다. 한 형태는 다른 중요한 도시가 존재하지 않던 곳에 거의 새로이 유럽 도시를 건설하는 것이다. 이 도시는 이후 식민 지배 아래 생겨난 경제 기회를 찾아 지역 주민들이 유입된다. 이러한 사례로는 뭄바이(봄베이), 홍콩, 나이로비를 들 수 있다. 다른 형태는 기존의 토착 도시로 유럽 도시가 융합되고, 원래의 토착 중심지의 규모나 중요도를 삼켜 버리거나 압도해 이 도시를 지배적인 성장거점으로 만드는 것이다. 이러한 사례로는 상하이, 델리, 튀니스가 있다. 어떤 형태의 식민 도시이건 결국 한 부분은 현대적, 서구적이고 다른 부분은 보다 전통적이고 토착적인 **이중** 도시로 발전한다.

사회주의 도시

구소비에트 연방, 동유럽, 중국, 북한, 동남아시아, 그리고 쿠바의 공산주의 정권 아래 성장한 도시는 사회주의 도시(Socialist City) 개념을 드러낸다(글상자 1.3). 공산주의는 경제에 상당한 정부 간섭과 사적 토지 소유권, 자유 시장이 없는 것으로 특징지어진다. 공산주의는 형태, 기능, 내부 공간 구조에서 독특한 도시를 만들었다(그림 1.10).

그림 1.10 러시아 노보시비르스크 오페라하우스 앞에 있는 영웅상은 구사회주의 도시의 일반적 모습이다. 조각상, 그림, 포스터는 모두 대중에게 개인의 안락한 생활을 국가 복지를 위해 희생할 것을 고무시킬 목적으로 설계된다. (사진: Donald Zeigler)

소비에트의 도시 영향은 언제, 어디서 끝이 날 것인가?

제시카 그레이빌(Jessica Graybill)

사람들은 구소비에트 연방을 종종 러시아 연방에 의해 점령되었던 영토를 상상한다. 비록 러시아는 서쪽 유럽에서부터 동쪽으로 태평양, 남쪽으로 반건조 사막과 스텝 지역, 북쪽으로 북극에 이르는 세계에서 가장 거대한 국가이지만, 이의 영토 범위와 영향은 과거 수 세기 동안 처음에는 러시아, 이후에는 소비에트 제국에 의해 확장하였다. 강력한 소비에트 정치 연합은 동부 유럽, 캅카스, 중앙아시아, 쿠바를 포함하였다. 다른 아시아, 아프리카, 라틴아메리카 국가들 또한 공산주의를 세계에 확산시키려는 노력으로 소비에트의 지원을 받았다. 1991년 소비에트 연방이 붕괴된 이후, 구소비에트 국가들은 이제 종종 독립국가 연합(Commonwealth of Independent States: CIS) 또는 신생 독립국가(Newly Independent States: NIS)라고 불린다. 오늘날 서부와 동부의 구소비에트 공화국은 세 주요 지역에 위치하는데, 동유럽(에스토니아, 라트비아, 리투아니아, 벨라루스, 우크라이나, 몰도바), 캅카스(그루지야, 아르메니아, 아제르바이잔), 그리고 중앙아시아(카자흐스탄, 투르크메니스탄, 우즈베키스탄, 타지키스탄, 키르기스스탄)가 그들이다. 이들을 광범위한 정치 영역인 소비에트 연합과 혼동해서는 안 된다.

공산주의 통치 아래 소비에트 연방은 이상적으로 충실한 공산주의 발전으로 이어질 사회주의 원칙에 기초한 새로운 세계 질서를 만든 만큼, 새로운 도시 거주 형태가 소비에트 영토에 걸쳐 등장하였다. 대다수 농촌 영토가 산업화된 것에 더해 소비에트는 지역을 5년과 10년 개발 계획에 따라 개발하며 사회주의화된 상품과 서비스(예를 들어 주택, 약품, 교육)를 모든 시민, 특히 도시 지역에 발전시켰다. 급격한 산업화는 급격한 도시 성장을 필요로 하였으며, 전체 도시를 대상으로 하는 계획이 중앙(모스크바)에서 발전하였고, 소비에트 연방에 채택되도록 배포되었다. 많은 경우에 이들은 또한 이념으로뿐만 아니라 경제가 밀접히 묶여 있는 소비에트 연합 국가에서도 사용되었다. 산업 공장의 네트워크는 넓은 지역의 도시 성장에서 요구되는 보편적인 건설 재료를 생산하였다. 일반적으로 미리 가공된 거대한 콘크리트 판으로 만들어진 고층의 아파트 건물이 도시로 이주하는 사람들에게 무료 주택과 소비에트 정부를 위한 값싼 건물을 공급하였다. 전체 **마이크로라이언**(microrayons*: 그림 6.7 참조)에 대한 중앙으로부터의 계획은 같은 모양의 도시 건조환경을 만들었고, 오늘날에도 구소비에트 연합에 걸쳐 소규모와 대규모의 모든 도시에 남아 있다.

* 역주: 소비에트 연합의 주거지 건설 기본 구조인 소구역(microdistrict)으로, 일반적으로 10~60ha의 면적에 보통 고층 아파트인 주거지와 공공 서비스 건물을 포함한다. 자동차 도로가 소구역 간 경계를 이루며, 도로와 공공건물 건설을 최소화하려는 방식으로 평가받는다.

구소비에트 영향 아래 있었던 많은 국가들은 1991년 이래 새로운 정치적, 경제적 또는 문화적 충성을 발전시켰으나 도시경관은 유사하게 몇몇 장소에서는 변화되지 않고 남아 있다. 아파트는 (질 나쁜 건설과 재료로 인해) 자주 부서지고, 슬럼 같은 모양이지만 많은 거주자들이 개인이나 정부가 후기사회주의 변화에서 겪는 경제적 어려움으로 인해 그곳에 살고 있다. 아주 간단히 말해 기존 정부 소유의 아파트를 사유화하는 것이 새로운 아파트나 교외 주택에 자금을 공급하는 것보다 가계 경제에 더 낫다. 사람들이 구소비에트 상태에 남아 있는 것처럼, 기본적인 정부 서비스와 (우체국과 의원, 식료품점과 같은) 매일매일의 생필품을 조달하는 기업들도 그러하다. 이러한 이유로 건조 환경에 미친 소비에트 도시의 영향은 오늘날의 러시아 경계 외부에도 남아 있고, 한동안 지속될 것으로 보인다.

비록 대다수 공산주의 정권이 20세기 후반에 붕괴했지만, 중앙정부의 계획과 명령에 따른 경제는 도시경관에 지속되는 가시적인 인상을 남겼다. 그러나 이제 대다수의 사회주의 도시는 급격한 변화를 경험하고 있으며, 후기사회주의 도시가 등장하고 있다. 비록 중국이 아직 공산당 통치 지역이기는 하지만, 경쟁적 기업이 도시경관을 변화시키고 있다. 오직 북한과 어느 정도 쿠바가 공산주의 원칙 아래 도시를 유지하고 있다.

후기사회주의 도시(Post-Socialist city)

후기사회주의 정권 아래 성장한 도시는 공산주의자/사회주의자 정부에 의해 엄격하게 강제된 도시계획으로부터 벗어나고 있다. 사회주의의 주로 조밀하게, 종합적으로 계획된 도시는 내부적, 지역적으로 자족적이게 구조화되었지만, 이는 오늘날 개인과 기업이 자유로워진 시장경제에서 주거와 사업 입지를 스스로 결정할 수 있어, 변화하고 있다. 세 가지 성장 경향이 후기사회주의 도시의 형태, 기능, 공간 구조를 바꾸고 있다. 이러한 경향은 건조 환경에 더해 사회경제적, 정치적 과정을 개혁하고 있다. 첫째, 새로운 주택, 쇼핑과 산업 발전이 도시 내 교외 또는 준교외 입지에 생겨나는 것처럼, 새로이 등장한 토지 시장과 상업용 부동산은 도시 구조를 변형시킨다. 둘째, 자동차와 화물 트럭 소유가 증가하며 도시 내부와 주변에 새로운 이동, 특히 도시로의 이동에 따른 교통 체증을 유발시킨다. 셋째, 교외 성장이 이루어지며, 이전에 종종 방사형 또는 사변형인 밀집된 후기사회주의 도시는 경제 활동이 도시로부터 주변 농촌을 연결하는 간선 도로를 따라 이루어지면서 선형으로 바뀐다. 도시 중심에서 주변으로의 재개발과 성장은 종종 순서적으로 발생해 도시 내부가 먼저 재개발되고, 주변과 교외가 뒤를 따른다. 따라서 후기사회주의 도시 성장은 도시 중심과 주변에서 새로운 방식으로 산업, 상업, 그리고 주거 발전을 통합하며 수직적(상향)이자 수평적(외향)으로 이루어진다.

신도시(New Town)

협소한 의미의 **신도시**(New Town)는 20세기의 현상으로 처음부터 경제 기반과 모든 도시 서비스와 시설을 조성해 가능한 한 완비되도록 종합적으로 계획된 도시 공동체를 말한다. 신도시는 대도시의 과밀 해소, 도시 확산의 통제, 거주자에게 최적의 생활환경 제공, 주변 지역의 발전을 위한 성장거점으로 역할, 국가 또는 지방의 수도 건설이나 이주와 같은 여러 가지 이유로 등장하였다. 현대적인 신도시 운동은 영국에서 시작되었고, 나중에 다른 유럽 국가, 미국, 소비에트 연방, 그리고 제2차 세계대전 이후에는 많은 다른 신생 독립국가로 확산되었다. 이상적인 신도시 형태는 최소한 서구에서는 관리 가능한 인구 규모, 고치(pod) 모양의 주택지, 근린 서비스 센터, 혼합된 토지이용, 넓은 녹지 공간, 보행자 도로, (전근대적 마을과 유사한) 자족적인 취업 기반을 강조하는 영국의 전원도시 개념을 따르는 양상이다. 그러나 1세기 동안의 실험 이후, 대다수 국가는 신도시를 건설하고 유지하는 것이 매우 어렵다는 사실을 발견하였다. 세 가지 신도시 형태인 (1) 미국 버지니아 레스턴(Reston)과 같은 교외 고리 모양 도시, (2) 브라질의 브라질리아와 같은 새로운 수도, (3) 베네수엘라의 시우다드과야나(Ciudad Guyana)와 같은 경제적 성장거점이 일부 성공적으로 발전하였다.

녹색 도시

녹색 도시(Green Cities)는 환경적 지속가능성으로 진행 중인 도시이다. 아직 녹색 도시는 없지만 세계 수천 개의 도시들이 화석연료 멀리하기, 온실가스 배출 저감, 소비 저감, 도시 쓰레기 재활용, 물 보전 기술의 활용, 에너지 효율적인 건물, 대중교통 체계 되살리기, 걷기와 자전거 타기 권장, 도시 확산을 줄이기 위한 인구밀도 증대, 나무와 꽃 심기 등 개방 공간의 확장, 지역 식품 배달 의존도 장려로 환경 영향을 줄이고자 노력하고 있다. 브라질의 쿠리치바는 종종 최초의 환경적으로 지속가능한 도시로 고려된다. 미국에서는 오리건, 포틀랜드, 워싱턴, 시애틀이 초기 선도적인 녹색 도시이다.

세계도시화: 과거 경향

초기 도시화: 고대에서 5세기까지

인류 역사에서 최초의 도시는 아마 B.C. 4000년경 티그리스 강과 유프라테스 강을 따라 메소포타미아에 위치하였던 것으로 보인다. 도시는 B.C. 3000년경에는 나일 강 계곡, B.C. 2500년경에는 인더스 강 계곡(현재의 파키스탄), B.C. 2000년경에는 중국 황허 강 계곡, 그리고 A.D. 500년경에는 멕시코와 페루에 세워졌다. 이들 초기 도시의 규모는 비교적 작았을 것으로 추정된다. 예를 들어 메소포타미아 저지대의 우르(Ur)는 6,000년 전에는 세계에서 가장 큰 도시였지만, 인구는 아마 20만 명이었을 것이다. 실제 고대의 대다수 도시는 2,000명에서 2만 명 사이의 거주자 규모였고, 도시의 수는 크게 증가하지 않았다. 가장 거대한 고대 도시는 로마이며, 피터 홀(Peter Hall)은 이를 '세계 역사에서 최초 메가시티'라고 불렀다. 2세기 로마는 100만 명의 인구로 세계 최초의 메가시티가 되었다. 그러나 2~9세기 사이 로마의 인구는 20만 명 이하로 감소하였다. 실제 A.D. 100년에 세계의 가장 거대한 도시는 A.D. 1000년의 가장 거대한 도시와는 완전히 달랐다(그림 1.11과 표 1.3).

고대 도시는 자연, 그리고 경작자 자신과 가족이 필요로 하는 것보다 더 많은 식량 및 다른 필수적인 상품을 생산할 수 있는 기술 수준이 있는 곳에서 생겨났다. 이 잉여품은 전문화된 직업의 노동 분화와 상업적 교환의 시작을 부추겼다. 도시는 농업 생산이 필수적이지 않은 사회의 구성원이 채택한 주거 형태이다. 이곳은 종교적, 행정적, 정치적 중심지이다. 이들 고대 도시는 새로운 사회 질서를 드러냈으나, 역동적으로 농촌 사회와 연계된 것이었다. 이러한 고대 도시에는 제사장과 서비스 노동자와 같은 전담 전문가, 예술과 계산, 글쓰기에 기호를 사용할 줄 아는 사람이 거주하였다. 이러한 초기 도시는 세금, 외부 무역, 사회 계층, 그리고 작업 배분에서 성별 차이와 같은 다른 특징을 보였다. 각 도시는 농장, 마을, 읍의 농촌으로 둘러싸여 있었다. 고대 도시는 전문화의 등장을 예고하였다. 농촌의 삶은 상품, 아이디어, 사람의 교환, 그리고 기술의 복잡화와 노동 분화에 한계가 있었다. 따라서 무역은 비교적 복잡한 생산과 분배 체계이자 종교적, 군사적, 경제적 제도에 의해 주변의 농촌 지역과 다른 도시를 연결하는 고대 도시의 기본 기능이었다(그림 1.12).

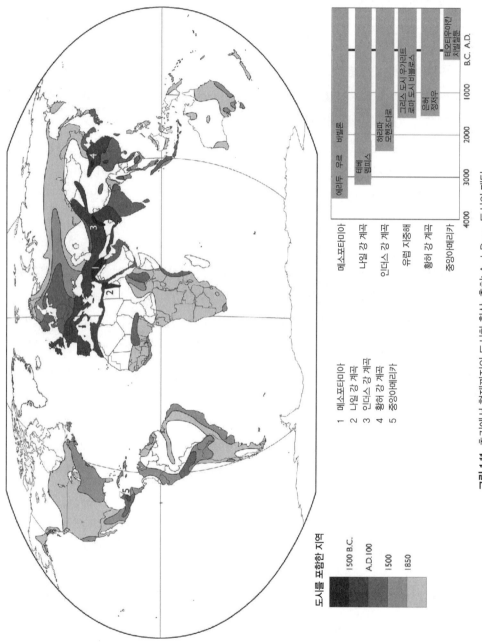

도시를 포함한 지역

	1500 B.C.
	A.D.100
	1500
	1850

1 메소포타미아
2 나일 강 계곡
3 인더스 강 계곡
4 황허 강 계곡
5 중앙아메리카

메소포타미아   에리두 우르 바빌론

나일 강 계곡   티베 멤피스

인더스 강 계곡   하라파 모헨조다로

유럽 지중해   그리스 도시 우가리트 로마 도시 비블로스

황허 강 계곡   은허 장자우

중앙아메리카   테오티우아칸 치첸춘툰

4000   3000   2000   1000   B.C. A.D.

그림 1.11 초기에서 현재까지의 도시화 확산. 출처: A. J. Rose, 도시의 패턴

표 1.3 역사적 메가시티(천 명)

순위	100년의 거대한 도시	인구	순위	1000년의 거대한 도시	인구
1	로마	450	1	코르도바, 스페인	450
2	뤄양, 중국	420	2	카이펑, 중국	400
3	(티그리스의) 셀레우키아, 이라크	250	3	콘스탄티노플(이스탄불), 터키	300
4	알렉산드리아, 이집트	250	4	앙코르, 캄보디아	200
5	안티오크, 터키	150	5	교토, 일본	175
6	아누라다푸라, 스리랑카	130	6	카이로, 이집트	125
7	페샤와르, 파키스탄	120	7	바그다드, 이라크	125
8	카르타고, 튀니	100	8	니샤푸르(네이샤부르), 이란	125
9	쑤저우, 중국	자료없음	9	알하사, 사우디아라비아	110
10	스미르나, 터키	90	10	파타(안힐와라), 인도	100

순위	1500년의 거대한 도시	인구	순위	2000년의 거대한 도시	인구
1	베이징, 중국	672	1	도쿄, 일본	34,450
2	비자야나가르, 인도	500	2	멕시코시티, 멕시코	18,066
3	카이로, 이집트	400	3	뉴욕—뉴어크, 뉴욕	17,846
4	항저우, 중국	250	4	상파울루, 브라질	17,099
5	타브리즈, 이란	250	5	뭄바이(봄베이), 인도	16,086
6	콘스탄티노플(이스탄불), 터키	200	6	상하이, 중국	13,243
7	구아, 인도	200	7	콜카타, 인도	13,058
8	파리, 프랑스	185	8	델리, 인도	12,441
9	광저우, 중국	150	9	부에노스아이레스, 아르헨티나	11,847
10	난징, 중국	147	10	로스앤젤레스—롱비치—산타아나, 미국	11,814

출처: Historical cities: Tertius Chandler, *Four Thousand Years of Urban Growth: An Historical Census* (St. David's University Press, 1987); http://geography.about.com/library/weekly/aa0120.htm; 2000년 출처: UN, *World Urbanization Prospects: 2005 Revision*, http://www.un.org/esa/population/publications/WUP2005/2005wup.htm

중간기 도시화: 5세기에서 17세기까지

로마 제국이 멸망한 이후 17세기까지, 유럽의 도시는 매우 더디게 성장하였다. 몇 개의 큰 도시는 규모와 기능에서 쇠퇴하였다. 따라서 5세기 서로마 제국의 몰락은 600년 이상 서부 유럽의 도시화가 실제적으로 끝났음을 나타냈다.

도시 쇠퇴의 주된 이유는 공간 상호작용의 감소였다. 로마의 몰락과 지배하던 제국의 붕괴 이후, 도시는 서로 고립되었고 생존하기 위해 자족적이 되었다. 도시는 처음부터 농촌

그림 1.12 수많은 고대 도시는 사진의 중국 신장(新疆) 지역의 도시 폐허와 같았다. 이 도시는 한때 유명한 실크로드 상의 번창하는 상업 중심지였으나, 이 경제 기반이 사라지자 도시는 쇠퇴하고 소멸되었다. (사진: Stanley Brunn)

배후 지역과 다른 주변 지역, 멀리 있는 도시와 무역을 하며 생존하였고 규모가 커졌다. 로마의 교통 체계 분열, 7~8세기 이슬람의 전파, 9세기 스칸디나비아인(Norse)의 약탈 공격은 거의 완전히 도시 간 무역을 없애 버렸다. 이러한 사건과 더불어 북부의 독일과 다른 민족의 정기적인 공격은 도시와 농촌의 상호작용을 거의 완전히 분열시켰다. 농촌과 도시의 인구는 모두 감소하였으며, 교통 네트워크는 악화되었고, 전체 지역이 고립되었으며, 사람들은 방어와 생존에 여념이 없었다.

비록 도시는 로마 제국이 멸망한 후 600년이 지나 요새화된 주거와 교회 중심지를 통해 재생되었지만 인구와 생산의 성장은 아주 미미하였다. 그 이유는 교환이 한정적이었기 때문이다(주로 바로 인근 지역 사람과만 이루어졌다). 대다수의 도시 거주자는 도시 내 성곽 안에서 생활을 영위하였다. 따라서 도시 공동체는 매우 긴밀한 사회 구조를 발전시켰다. 권력은 봉건 영주와 종교 지도자 간에 공유되었다. 경제적으로 활발한 인구는 길드(공예가, 기술자, 상인 등의 조합)로 조직되었다. 개인의 사회적 지위는 길드, 가족, 교회, 그리고 봉건 지배에서의 지위로 결정되었다. 성별 역할 또한 잘 규정되었다. 상인과 길드는 공동체 내에서 자신의 완전한 잠재력에 도달할 수 있는 '자유 도시'에서 혁신의 가능성을 보았다.

시간이 지남에 따라 상업은 확장되었고, 도시를 확대되는 정부 권력과 연계시켜 **중상주의**라 불리는 체계로 이어졌다. 중상주의의 목적은 정부의 권력을 사용하여 국가의 경제 잠재력과 인구의 발전을 돕는 것이었다. 중상주의 정책은 무역 보조 통제, 무역 독점의 형성, 그리고 상업 이익을 방어하기 위한 강력한 군사력의 유지를 통해 상인의 이익을 보호하는 것이었다. 도시는 중상주의의 성장 중심지였고 전문화와 무역은 이 체계의 활동을 유지시켰다.

중상주의는 새로운 경제 방식에 기초하지만 이전 시기와 한 가지 중요한 요소를 공통으로 가지고 있다. 이는 개인 상인을 사회의 필요를 위해 제한하고 통제한 점이다. 그러나 새롭게 등장한 상인과 무역상으로 이루어진 중산층은 자신들의 이익을 위해 어떤 제약도 반대하였다. 이들은 경제 규제에 반대하고, 커지는 권력을 정부 통제로부터 자유를 요구하는 데 사용하였다. 이들은 중상주의의 종결을 원하였다. 자본가의 권력이 증가하면서 경제의 목표는 도시 성장의 기능인 경제적 이윤을 위한 팽창이 되었다. 새로운 시장경제가 사회적 인정을 받았지만 사회적 비용은 컸다. 가장 큰 어려움은 가장 적은 혜택을 받는 사람들(여성, 빈곤한 농부, 늘어나는 산업 노동자 계층)의 몫이었다. 새로운 자본주의는 마지막 봉건 생활의 흔적을 밀치고 새로운 도시의 중심 기능인 산업화를 시작하게 하였다. 산업혁명을 선도하고 산업도시의 등장으로 이어지도록 한 것은 자본주의이다. 유럽이 도시의 쇠퇴와 재탄생을 겪고 있는 동안, 비서구 세계의 지역은 매우 다른 양상을 경험하였다. 예를 들어 동아시아 도시는 중세 유럽에서 겪은 쇠퇴를 겪지 않았다. 중국에는 서기가 시작되기 전에 생겨난 수많은 도시들이 수 세기 동안 지속적으로 사람이 거주하고, 경제적으로 생존력이 있었다. 더욱이 유럽의 어떤 도시가 다시 고대 로마에 견줄 만한 규모로 성장하기 훨씬 전에 매우 큰 도시가 동아시아에서 번창하였다. 예를 들어 장안(현재의 시안)은 잘 알려진 것처럼 7세기 당나라의 수도였을 당시, 100만 명이 넘는 인구를 가졌다. 교토는 고대 장안을 모델로 하여 1,000년 이상 동안 일본의 수도였으며, 18세기 중반 100만 명이 넘는 인구를 가졌다. 비록 대다수 아시아 고대 도시의 인구가 100만 명 이하였지만, 유럽의 도시보다 상업/산업혁명이 일어나기 전까지 훨씬 컸다. 이러한 도시 성장의 역사적 패턴에 대한 주요 설명은 매우 다른 문화와 아시아 문명화의 지리적 환경에서 찾을 수 있다. 비록 아시아에서 제국은 유럽처럼 흥망했지만, 아시아의 전근대 도시는 정치적 지배, 문화와 종교적 권위, 그리고 농업 잉여 산물 시장으로서의 절대적 중심지 역할을 지속하였다. 이들 사회와 도시들이 위협을 받은 것은 서구 식민주의가 시작되면서부터이다. 수 세기에 걸친 유럽의 식민주의는 아시아 지역의 전통 도시에 융합되거나 이 지역의 미개척지에 새롭게 서구의 상업도시를 더하였다. 어떤 형태이건 이 새 도시는 결국 동아시아의 도시경관을 지배하였다. 이 지배는 최근까지 지속되고 있다.

범중동(Greater Middle East) 지역의 전통 도시도 유럽이 이 지역의 일부를 식민 영토로 주장하기 오래전 수 세기 동안 존재하고 번성하였다. 그러나 식민주의가 이 지역을 지배하면서 동아시아의 경험과 유사한 결과물로 융합된 또는 새로운 서구 상업 도시가 등장하였다.

사하라 이남 아프리카와 라틴아메리카의 도시 경험은 아시아와 중동의 경험과 다소간 차이가 난다. 라틴아메리카의 경우 전통 도시(그리고 이 도시를 만든 마야인, 잉카인, 그리고 아즈텍 사회)는 스페인의 정복과 식민화로 말살되었다. 따라서 스페인과 포르투갈은 라틴아메리카의 넓은 영역에 새로운 도시, 유럽의 문화를 반영한 도시를 세웠다. 사하라 이남 아프리카에는 말리, 송하이, 악숨, 짐바브웨와 같은 여러 아프리카 왕국의 토착 도시가 수 세기 동안 존재하였으나, 이들 역시 유럽 식민주의의 영향을 받았다. 19세기가 되면서 이들은 대다수 파괴되었고, 유럽인들은 새로운 상업 도시를 해안에 세웠다. 이들 도시는 빠르게 성장하여 이 지역을 지배하였다.

그러므로 유럽에서 도시가 등장한 이래 1500년 후, 식민 제국의 형성으로 수출한 유럽인이 만든 도시는 전 세계의 도시 성장과 발전의 모델이 되었다. 몇몇 지역의 토착 사회는 북미와 남미, 오스트레일리아, 태평양에서와 같이 전멸되거나 밀쳐지길 강요당하였다. 아시아, 중동, 아프리카 대다수의 도시에서처럼 토착 문화와 도시 생활의 오랜 역사를 가진 지역에서는 토착 도시와 같이 존재하거나, 이들을 변모시켰다.

산업과 후기산업도시화: 18세기에서 현재까지

1750년경에 시작된 산업혁명 이후에야 중요한 도시화가 발생하였다. 그러나 19세기가 되어서야 도시들이 인구 집중의 중요한 장소로 등장하였다. 1900년에는 오직 한 국가, 영국만이 거주자의 절반 이상이 도시에 사는 도시화된 사회로 고려될 수 있었다. 그러나 20세기 동안 도시화된 국가의 수는 엄청나게 늘어났다. 미국에서는 1920년 인구총조사에서 처음으로 미국인의 대다수가 도시에 사는 것으로 나타났다. 오직 아프리카와 아시아의 일부만이 도시화의 세계 추세에 약간 뒤쳐져 있었다.

도시는 정지된 존재가 아니라 변화하는 체계이다. 도시 내 어떤 부문은 투자가 보류되면 쇠퇴하고 사라지며, 투자가 증가하면 다른 부문이 성장하고 번성한다. 도시 기능의 모든 변화는 긍정적, 그리고 부정적 승수 효과를 모두 가진다. 변화한 상황에 대한 적응은 천천히 이루어진다. 만일 변화가 기능의 축소이면, 실업이 도시 전체에 누적적으로 확산되어 일반적으로 빈곤 수준이 증가하며, 어떤 근린지구에서는 다른 지구에서보다 더 큰 결과가 초래된다. 도시가 성장하건 쇠퇴하건, 오래된 근린 지역의 쇠퇴, 가난한 농촌 가구나 외국으로부터의 이민자 유입, 자동화에 따른 노동 분할, 새로운 교외 또는 위성도시의 발전, 교외로의 기업과 산업 이전은 도시 내 공간 변화를 가져온다. 기회, 기술 또는 교통 접근성이 없는 사람은 시장 체계 작동에서 버려질 것이다. 시장 체계가 언제, 그리고 어디에서 작동하건 빈곤층보다는 부유층에 도움이 된다. 따라서 도시화의 문제는 주변화된 사람과 관심을 기울이지 않았던 의견의 문제이다.

도시 기능과 도시경제

도시 기능

몇몇 도시는 방어의 필요한 전략적 입지로 인해 등장하고, 다른 도시는 무역과 상업의 수요에 종사하며, 또 다른 도시는 정부 행정 또는 종교적 순례의 수요를 충족시키고, 기타 또 다른 도시는 1차 원료를 제조된 상품으로 바꾸는 수요를 충족시킨다. 지리학자는 전통적으로 도시를 지배적인 기능에 기초해 세 가지 범주로 분류했는데, 첫째, 시장 중심지(무역과 상업), 둘째, 교통 중심지(교통 서비스), 셋째, (정부, 레크리에이션 또는 종교 순례 등) 특화된 서비스 중심지가 그것이다. 미국 남동부의 '직물 도시'와 같이 몇몇 도시는 한 가지 기능만 담당하지만, 기능의 다양성이 더 자주 나타난다.

시장 중심지로 분류된 도시는 주변 지역에 다양한 소매 기능을 수행하기 때문에 역시 중심지로 알려져 있다. 중심지는 식료품점과 주유소에서 학교와 기업 본사에 이르는 다양한 상품과 서비스를 제공한다. 소규모 중심지 또는 시장 중심지는 장소의 특징에 의존하기보다 시장 지역의 중심에 위치하는지가 더 중요하다. 이들 중심지는 메가시티의 교역권 내에 위치하는 경향을 보이고, 소규모 도시에 거주하는 사람들은 자신들의 지역에서 구입할 수 없는 구매를 위해 큰 도시로 가야 한다. 따라서 주거지와 기능적 조직에 공간적 질서가 나타난다. 1930년대에 지리학자인 크리스탈러(Walter Christaller)는 규칙적인 규모, 거리와 기능을 보이는 도시 주거의 예를 비옥한 농업 지역에 분포하는 것처럼 설명하는 중심지 이론을 제시하였다. 중심지 이론은 가장 거대한 도시 또는 고차 중심지는 중간 규모 도시로 둘러싸여 있고, 중간 규모 도시는 다시 소규모 도시로 둘러싸여, 이들은 공간적으로 조직화되고 포섭된 계층의 통합을 보인다. 시장 중심지의 입지 성향은 교통과 특화 기능 도시의 입지 성향과 상당히 다르다.

교통 도시는 화물 분기점 또는 교통 분기점 기능을 수로, 기차 또는 고속도로를 따라 수행한다. 원료 또는 반제품이 한 교통수단에서 다른 교통수단으로, 예를 들어 수운에서 기차 또는 기차에서 고속도로 운송으로 바뀌는 곳에, 처리 또는 적환 중심지로 도시가 등장한다. 입지의 규칙성이 시장 원리로 설명되는 중심지와는 달리 교통 중심지는 철도, 해안 또는 주요 강을 따라 선형으로 입지한다. 빈번히 주요 교통 도시는 두 가지 이상의 교통수단 중심이다. 예를 들어 해안 도시는 철도, 고속도로, 그리고 운송 네트워크의 중심이다. 물론 오늘날에는 거의 모든 도시가 여러 교통 연계를 가진다. 예외는 시베리아의 광산 중심지와 같은 고립된 지역으로 오직 항공 또는 철도 연계 또는 원시적인 외부로의 특정 계절에만 이용이 가능한 도로만이 있는 경우이다.

한 가지 기능, 예를 들어 레크리에이션, 광업, 행정 또는 제조업을 수행하는 도시는 특화 기능 도시라고 불린다. 하나 또는 두 가지 활동에 참가하는 인구 비율이 매우 높다는 것은 전문화의 증거이다. 영국의 옥스퍼드는 대학 도시, 버지니아 노포크는 군사도시, 오스트레일리아의 캔버라는 행정 도시, 멕시코의 칸쿤은 관광 도시이다. 전문화는 또한 자원 채취 또는 처리가 주요 활동인 도시에서도 드러난다. 광업과 제조업 도시로 분류되는 도시는 다양한 경제 기반을 가진 도시보다 특화되어 있다.

경제 부문

도시의 경제 기능은 노동력의 구성에 반영된다. 전산업 사회는 농촌 경제와 관련 있고, 이 경제는 노동력의 가장 높은 비율이 제1차 부문에 종사하고 있다. 제1차 경제활동은 농업, 어업, 임업과 광업이다. 전산업도시는 역사적으로 주류적인 농촌 기반의 인구에서 상업 활동의 중심이었다. 산업혁명은 제조업 지향의 도시를 등장시켰다. 제조업의 다른 이름인 제2차 부문이 확장되었고, 공장에서 일하는 노동자의 수요 또한 증가하였다. 인구의 더

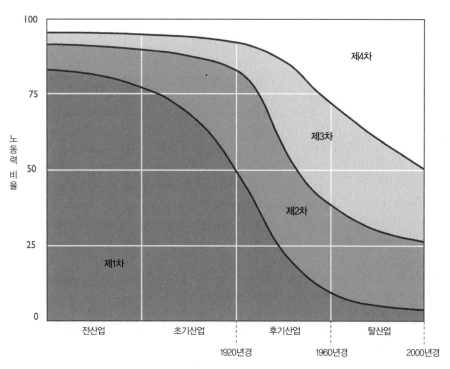

그림 1.13 인류의 여러 역사 단계에서의 노동력의 구성. 출처: 로널드 알버 외, *Human Geography in a Shrinking World* (Belmont, Calif.: Wadsworth, 1975), 49.

많은 비율이 도시에 살기 시작하였고, 소매, 교통, 그리고 모든 종류의 서비스가 번성하기 시작하였다. 서비스 부문 또는 제3차 경제활동은 전체 노동력의 비율에서 감소한 제1차와 제2차 부문의 희생으로 증가하였다. 제4차 부문은 서비스 부문의 보다 진보된 단계로 정보와 지식 집약적인 서비스로 구성되는데, 세계경제에서 점차 중요한 역할을 수행하고 있다. 도시 지역에서 제1차, 제2차, 제3차, 그리고 제4차 활동의 혼합은 시간이 지남에 따라 변화하였으며, 이는 또한 인류의 경제적 진화의 구체적 단계를 확인시켜 준다(그림 1.13).

도시화와 공업화의 연계는 유럽, 북미, 일본, 오스트레일리아, 그리고 뉴질랜드의 특징이었다. 즉 도시와 공업은 서로 동시에 성장하였다. 아프리카, 아시아와 라틴아메리카의 최근 점차 도시화되는 많은 국가에서는 이에 상응하는 제조업 증가를 경험하지 못하였다. 오히려 서비스 부문이 늘어나는 도시인구에게 일자리를 제공하였다. 서비스 부문 취업은 소규모 소매업, 정부 공무원, 교사, 전문가, 은행가 등을 포함된다. 또한 많은 서비스 노동자가 주차된 차를 감시하거나 세차와 같은 임시직과 거리 행상, 청소, 건설 현장 노동과 같은 비숙련직의 비공식 부문에 종사하였다. 비공식 부문에는 물물교환과 서비스 교환이 종종 금전적 거래를 대신해 정부 회계와 세금을 회피한다.

기반과 비기반 경제활동

경제 기능은 도시 성장의 열쇠이다. 경제 기반 개념은 도시의 성장에 필수적인 것과 우선적으로 이 필수 기능을 보충하는 두 가지 형태의 활동 또는 기능의 존재를 말한다. 전자는 기반 경제 또는 도시 형성 활동이라 불린다. 여기에는 제조업, 가공 또는 상품 무역 또는 시 경계 외부에 위치한 시장에 서비스 제공을 포함한다. 도시에 서비스를 제공하는 속성의 경제 기능은 비기반 기능이라 불린다. 식료품점, 식당, 미용원 등은 비기반 경제활동인데, 이들은 주로 도시 내 거주자의 요구에 응하기 때문이다(그림 1.14).

두 가지 기능 중, 기반 기능은 경제성장과 번영의 열쇠이다. 자동차, 가구, 전자 기기와 같은 제품의 생산에 종사하는 노동자 비율이 높은 도시는 시 경계를 넘는 판매를 통해 벌어들이는 돈에 의존한다. 이러한 산업 상품의 판매로 벌이들인 소득은 이 산업에 종사하는 사람들이 식료품, 자동차 연료, 보험, 위락, 그리고 다른 일상의 필요를 구매하면서 도시의 비기반 부문으로 흘러 들어간다.

몇몇 도시의 경제 기반은 경제의 제2차 부문인 제조업에 기초를 두고 있다. 영국 맨체스터, 미국 펜실베이니아의 피츠버그는 오랜 공업 도시의 주요 사례로서 이들의 성장과 번영은 면직물과 철강과 같은 세계 시장에 의존하였다. 제2차 세계대전 이후 두 도시는 제조업 기반을 잃었고, 더 큰 시장이 형성된 서비스 산업을 찾기 위한 도전을 하였다. 실제로 후기 산업도시의 경제 기반은 제3차와 제4차 산업에 있다. 실리콘밸리는 20세기 후반 컴퓨터 산업의 수요에 부응해 발전하였다. 21세기 초반, 생명과학이 경제 기반의 선택으로 등장하였다. 제네바, 싱가포르, 샌프란시스코, 보스턴과 같은 도시는 생명 기술 기업을 자신들의 지역으로 유치하기 위해 경쟁하였다. 생의학과 제약 연구로부터의 자금은 기술과 지식을 첨단 수준에 적용하는 산업의 경제 기반을 제공하였다. 은행, 회계, 건축과 광고는 일부 도시가 경제 기반으로 의지하고 있는 또 다른 서비스 산업이다.

도시의 경제 기반이 늘어나면, 공동체 전체에 승수 효과를 가져온다. 성장(그리고 역으로 쇠퇴) 누적적 과정으로, 성장은 성장을 불러온다. 이것이 **순환누적인과론**(Principle of circular and cumulative causation)이다. 예를 들어 도시가 과거에 성장하는 주요 방식의 하나는 더 많

그림 1.14 중국 카스(喀什)의 이 섬유 소매상은 주로 지역 주민을 대상으로 하지만, 여행업이 도움이 되기도 한다. 세계화의 상징인 휴대전화가 소유주의 경쟁력을 높여 준다. (사진: Stanley Brunn)

은 제조업체를 유치하는 것이었다. 도시 지역의 새로운 공장 하나는 전반적 경제성장과 인구 성장을 자극하였다. 기업의 산출은 제품에 대한 더 큰 수요로 증가하였다. 이윤의 증가는 저축을 증가시키고, 투자 증대로 이어진다. 생산성 증대는 더 큰 부를 불러왔다. 인구 증가는 새로운 수준 또는 한계에 도달해 새로운 수요 단계로 이어진다. 대도시는 소규모 도시보다 더 많은 수와 종류의 서비스를 제공할 수 있다. 역으로 도시의 산업과 인구 손실은 부정적 순환누적적인과를 만들어 하향 나선을 그리며 정체한다. 따라서 왜 시장과 상공회의소가 그렇게 열심히 투자와 새로운 기업이 선호하는 입지로 홍보하기 위해 노력하는지 쉽게 이해할 수 있다.

도시 내부 공간 구조 이론

도시의 기원과 성장에 더해 지리학자들은 오랫동안 도시의 내부 공간 구조에 흥미를 가졌다. 이 구조의 요소는 공업 구역, 상업 구역, 늘어선 창고, 주거 지역, 공원과 개방 공간,

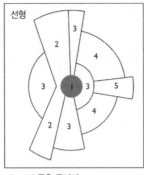
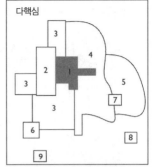

1 중심업무지구	5 고소득층 주거지
2 도매업, 경공업	6 중공업
3 저소득층 주거지	7 외곽업무지구
4 중산층 주거지	

8 교외 주거지	
9 산업 교외 지역	
10 통근 지역	

그림 1.15 도시 내부 구조의 일반화된 패턴. 출처: 여러 자료로부터 재구성

교통로 등을 포함한다. 여러 이론이 도시 내 토지이용 패턴과 인구 집단의 분포를 기술하고 설명하기 위해 발전되었다. 네 가지 도시 구조의 이론 또는 모델이 가장 보편적으로 언급되는데, 동심원 모델, 선형(부채꼴) 모델, 다핵심 모델, 역동심원 모델이 그들이다(그림 1.15). 이들은 모두 여러 도시에 걸쳐 다른 토지이용자들이 무작위가 아닌 예측 가능하게 분포하고 있는 도시경관을 관찰하며 발전하였다.

동심원 모델

동심원 모델은 처음 19세기 중반 엥겔스(Friedrich Engels: 『공산당 선언』의 공동 저자)에 의해 개념화되었다. 엥겔스는 1844년 영국 맨체스터의 인구가 계층에 따라 주거지가 분화되어 있는 것을 관찰하였다. 사무실과 도소매업과 같은 상업 지역은 맨체스터의 중심에 위치하고 모든 방향으로 약 0.8km 정도 확대되어 있다고 언급하였다. 맨체스터는 상업 지역 외에 그 주변으로 2.3km에 달하는 노동자 숙소만이 있었다. 외곽으로 확장되는 다음에는 상류층 부르주아의 쾌적한 시골집이 있었다. 엥겔스는 이러한 일반적 패턴이 모든 산업도시에서 어느 정도 보편적이라고 믿었다.

엥겔스는 이 패턴을 처음 기술했지만, 대다수의 사회과학자는 시카고 대학교 사회학자인 버제스(E. W. Burgess)를 동심원 모델의 아버지로 간주한다. 버제스에 따르면 도시의 성장은 중심으로부터 방사형 확장을 통해 이루어지며, 일련의 포섭된 동심원 고리가 전문화된 도시 토지이용 구역을 연속적으로 만들게 된다. 자동차가 시카고를 변형시키기 전인 1920년 대 버제스는 5구역, 즉 중심업무지구(CBD) 및 소매와 도매 지대, 침체와 사회적 황폐로 특징지어지는 점이지대, 공장 노동자의 주거 지대, 단독 주택과 아파트를 포함한 양호한 주거 지구, 시 경계를 넘어 교외와 위성 지역으로 확대된 통근 지대를 기술하였다. 이러한 동심원 고리를 설명하기 위해 버제스가 사용한 과정은 침입(invasion)과 천이(succession)이다. 내부 구역의 개별 토지이용 형태와 개별 사회경제적 집단은 인접 외부 지역을 침입하며 확대된다. 도시가 성장하고 확대되며, 인구 집단은 주거지와 직업에서 공간적으로 재분배된다. 많은 사회적 특징은 도심으로부터 외곽으로 가면서 공간적으로 일련의 경사를 이루며 분포한다. 이러한 특징으로는 외국 태생 집단, 빈곤, 범죄 비율을 들 수 있다. 이들은 도시 중심에서 외곽으로 가면서 감소하는 추세를 보인다.

선형 모델

선형 모델은 1930년대 경제학자인 호이트(Homer Hoyt)에 의해 발전하였다. 그는 142개 미국 도시의 주택 임대료의 공간 변화를 검토하며, 주택 가격의 일반적 패턴은 모든 도시에 적용되고, 이 패턴은 동심원이 아닌 부채꼴 형태를 보이는 경향이 있다고 하였다. 호이트에 따르면, 주거 토지이용은 고속도로를 따라 나타나 중심업무지구로 이어져 토지이용 패턴이 편향성을 보인다. 임대료가 높은 주거지는 전체 도시를 그 방향으로 확대시키기 때문에 도시 성장을 설명하는 데 가장 중요하다. 새로운 주거 지역은 도시를 외곽에서 에워싸지 않고, 몇 개의 교통축을 따라 더욱더 바깥으로 확장되어 토지이용 지도가 파이를 여러 조각으로 잘라 놓은 모습으로 나타나게 한다. 부채꼴 형태의 도시 성장은 일부 여과 과정으로 설명될 수 있다. 새로이 건설된 주택은 주로 높은 임대료 지구의 외곽에 위치한다. 공동체 지도자의 주택, 새로운 사무실, 상점들은 같은 지역으로 모여 든다. 도시 내부와 중산층 지역이 버려지며, 저소득 집단은 이 버려진 곳으로 이주한다. 이러한 과정으로 도시는 시간이 지남에 따라 확대되는 높은 임대료 주거지구 방향으로 성장한다.

다핵심 모델

1945년 지리학자인 해리스(Chauncy Harris)와 울만(Edward Ullman)은 도시 토지이용 패턴의 세 번째 설명인 다핵심 모델을 발전시켰다. 이 이론에 따르면 도시는 하나가 아닌 여럿의 독특한 결절 주변에서 성장하는 경향을 보여, 중심이 많은 다핵심 패턴을 형성하게 된다. 다핵심 패턴은 다음의 요인으로 설명된다.

1. 특정의 활동은 매우 전문화된 수요로 인해 특정 장소에 한정된다. 예를 들어 소매지구는 접근성을 필요로 하기 때문에 중앙 입지에서 가장 잘 나타나는 반면, 제조업지구는 교통 시설을 필요로 한다.
2. 특정의 관련된 활동 또는 경제 기능은 밀집되었을 때 보다 효율적이어서 같은 구역에 집적하는 성향이 있다. 자동차 판매상, 자동차 수리점, 타이어점, 자동차 유리점을 예로 들 수 있다.
3. 특정 관련된 활동은 본성적으로 서로 저항한다. 상류층 주거 지역은 일반적으로 중공업 지구로부터 떨어진 지역에 입지할 것이다.
4. 특정 활동이 높은 임대료를 지불할 충분한 소득을 얻을 수 없는 경우 접근성이 떨어지는 지역으로 이전될 것이다. 몇몇 전문점이 그 사례이다.

도시 내부에 생겨난 독특한 핵심의 수는 도시 규모와 최근의 발전과 함수 관계를 보일 것이다. 자동차 지향 도시는 종종 수직적보다 수평적 모습을 보이는데, 공업 단지, 지역 쇼핑센터, 교외 지역이 주민 연령, 소득, 주택 가격에 따라 계층을 이루고 있다. 도시 확산의 만연은 주변 지역에 공업, 상업, 주거 지역이 혼재되는 패턴에서 나타난다. 지리학자 루이스(Peirce Lewis)는 이와 같이 팽창하는 도시경관에서 핵심의 형성이 별과 행성의 은하계를 닮아서 은하형 메트로폴리스라고 설명하였다. 이렇게 형성된 핵의 일부는 교외 지역에서 도시로 발전하는데, 이들은 에지시티(edge city)라고 불린다. 실제로 이 에지시티는 오래된 중심 도시를 둘러싼 교외 지역에 흩어져 있는 새롭게 등장하는 도시 중심지의 중심업무지구이다. 이 패턴은 대다수 미국 도시의 전형적인 공간 모델로 기술되는 도넛 모델을 보강한다. 이 모델은 도넛의 구멍이 중심 도시(대다수 백인이 아닌 빈곤한 블루 컬러 노동 계층으로 다수가 사회복지에 의존, 감소하는 세금 기반과 경제)이고, 도넛의 고리는 교외 지역(대다수 백인인 부유한 중·상류층, 화이트 컬러 직업, 확장하는 세금 기반과 경제)이다. 쇠퇴하는 제조업은 종종 구멍에서 발견되고, 새로운 첨단 기술 제조업은 종종 교외 지역, 에지시티에 입지하는 성향을 보인다. 그러나 21세기에는 중심 도시는 더 많은 주거 지역을 건설하고, 기반시설을 향상시키고, 쇼핑을 포함해 쾌적함을 높이고, 혼합된 토지이용을 강조하는 등 스스로 변모를 꾀하고 있다.

역동심원 모델

전술한 세 개의 도시 공간 구조 이론은 주로 발전된 국가, 특히 미국 도시에 적용된다. 개발도상국의 많은 도시는 다소 다른 패턴을 보인다. 동심원 모델의 반전인 역동심원 패턴이 자주 나타난다. 이 패턴이 나타나는 도시는 전산업도시라고 불렸는데, 즉 이들은 주로 행정 및 종교 중심지이거나 발견된 당시 중심지였다. 이러한 도시의 중심 지역은 엘리트 계층이 거주하는 장소이다. 빈곤 계층은 주변에 거주한다. 발전된 국가의 대다수 도시와는 달리 이곳의 사회 계층은 도시 중심으로부터 거리가 역으로 나타난다.

이러한 패턴이 형성되는 이유는 두 가지로, 첫째는 적절하고 의존할 만한 교통 체계가 부족한 까닭에 엘리트 계층을 도시 중심으로 제한하여 직장과 가깝도록 하고, 둘째는 주로 행정과 종교적·문화적인 도시 기능은 정부 건물과 문화 기관, 예배 장소와 함께 엘리트에 의해 통제되고, 도시 중심에 집중되기 때문이다.

많은 개발도상국이 공업화를 시작하면서 새로운 성장 산업을 도시 중심이 아닌 주변, 종종 정부가 국내와 국외 투자를 유인할 목적으로 설립한 산업지구 또는 기업유치지구에 입지시키는 경향을 보인다. 도시 중심은 어느 정도 규모의 산업 시설이 들어서기에는 너무 번잡스럽다. 더군다나 도시 중심의 엘리트는 종종 거대한 공업 시설이 자신들의 직장과 주거 지역 가까이 위치하는 것을 원하지 않는다. 따라서 개발도상국의 많은 대도시에서 서서히 새로운 공업지구가 핵을 보강하는 다핵심 모델 패턴이 등장한다. 달리 말하면 아직 많은 개발도상국에서 역동심원 패턴이 유효하지만 다핵심 패턴과 합쳐지고 있다.

이 네 가지 모델은 유용하지만 도시 내 요인들이 매우 복잡하게 혼합된 상황에 대한 일반화로는 조심스럽게 고려해야 한다. 일반적으로 한 도시에는 한 가지 모델 이상의 요소들이 발견될 수 있다. 더군다나 각 모델은 동적으로 보아야 할 것이다. 경제 기능, 사회와 행정 서비스, 교통, 인구 집단은 항상 변화하고 있으며, 이는 특정 부문 또는 구역의 크기와 형태를 변화시킬 것이다(그림 1.16). 더군다나 이 이론을 적용할 때의 복잡함은 비서구 문화와 경제 체계를 다룰 때 몇 배 더 증가한다. 중국과 동유럽의 구공산주의 국가는 여러 가지 형태의 소위 사회주의 도시를 만들었고, 그 내부 공간 구조는 앞에서 언급한 네 가지 이론에서

그림 1.16 프롱트낙(Frontenac) 호텔은 캐나다 태평양 철도에 의해 지어졌다. 퀘벡의 가장 잘 알려진 특징적 경관으로, 대다수 관광객이 이제 철도를 이용하지 않지만 아직도 관광객을 모으는 역할을 하고 있다. (사진: Donald Zeigler)

기술한 것과는 상당한 차이가 있어 복잡함이 그 어느 곳보다도 분명히 드러난다. 이들 사회주의 패턴의 유산은 자유 시장의 힘이 이들 도시를 변형시키는 것만큼이나 좀처럼 없어지지 않고 있다.

도시의 도전

인구 규모와 성장 관리

도시 지역이 인구와 지리적 영역 모두에서 과도하게 규모가 큰 것은 그 자체가 문제라기보다는 문제의 원인으로 보는 것이 더 적절하다. 이는 특히 도시의 경제 기반이 인구가 점차 증가하면서 생겨나는 스트레스에 대처하기에 적절하지 않은 개발도상국에서 심각한 도전이 되고 있다. 과도한 도시 규모에 수반된 것은 너무 좁은 공간에 너무 많은 사람이 거주하는 과밀이지만, 이것이 항상 인구밀도와 같은 것은 아니다. 특정 문화는 다른 문화보다 고밀도에 더 잘 적응한다. 그러나 미국인이나 유럽인은 정말 심각한 도시 과밀의 크기와 결과를 완전하게 이해하기는 어렵다. 마닐라, 상하이 또는 카이로와 같은 대도시에서 발견할 수 있는 사람들의 인파를 보거나 그 인파에 휘말리는 것은 절대 잊지 못할 과도한 도시 규모에서 비롯된 생생한 교훈이다.

인구 성장이나 감소 비율 또한 도시에 도전거리를 제공한다(글상자 1.4). 몇몇, 특히 개발

글상자 1.4

퇴락한 도시

데브라 포퍼, 프랭크 포퍼(Deborah E. Popper and Frank J. Popper)

디트로이트는 도시인구 감소의 전형적인 상징이다. 360km²의 1/30이 비어 있다. 2010년 인구조사에서 미시간의 이 유력한 도시는 2000년 인구의 1/4이 감소하는 국가 신기록을 세워 시와 잠재적 민간과 공간 부문 투자에 커다란 감소를 불러왔다.

디트로이트는 공업 시대 인구 감소의 거대한 이상값인가, 아니면 단지 극적인 사례인가? 클리블랜드는 인구의 17%, 버밍햄은 13%, 그리고 버팔로는 11%가 감소하였다. 이들의 인구 손실과 펜실베이니아의 브래독, 일리노이의 카이로와 같은 소규모 도시의 손실은 단순한 인구 감소를 넘어선다. 최근 수십 년간 주택, 기업, 직장, 학교, 전체 근린 지역, 그리고 희망이 계속 사라지고 있다.

이런 쇠퇴는 계획, 의도 또는 통제 없이 발생하고 있다. 이들은 우연히, 순간적으로, 그리고 기대하지 못한 변화였으므로 큰 위험을 야기한다. 반대로 인구의 성장 또는 안정은 관리 가능하고 정치적으로 바람직하게 보인다. 그러나 미국의 어떠한 도시계획, 토지이용 제한 또는 환경 규제도 쇠퇴를 기대하지 않았다. 도시는 버려진 집이나 공장을 사고 이를 사용하도록 되돌려 줄 수 있다. 그러나 어떤 사용을 말하는가? 도시가 해결할 수 없다면 얼마나 오랫동안 도시가 이들을 해결하기 전까지 이 주택과 공장을 놀려야 하는가? 포기가 구획 규모의 해법 대신에 체계적인 근린지구 또는 도시 전체의 해법이 필요하기 전에 얼마나 널리 행해지는가? 쇠퇴한 도시는 제2차 세계대전 이후 절정을 이루었던 소비 경기의 호황 이래 2~3세대 동안 분투하였다. 수백 개의 도시에서 수천 개의 근린지구가 아메리칸 드림을 잃었다.

국가는 어떻게 대응해야 하는지에 대한 아이디어가 없다. 쇠퇴한 도시는 인구의 절반이 떠날 때까지 아무런 협력 행동을 시작하지 않았다. 첫 번째 큰 손실과 실제 행동 사이에는 몇 세대가 지나야 한다. 보통 새로운 지역 리더십은 이에 반하는 것보다 손실과 더불어 작업하며 나타나야 한다.

그때쯤 세금 기반, 공공 서비스, 재정 결핍, 그리고 사기는 차마 볼 수 없는 수준일 것이다. 오랜 악순환을 역전시키기 위해서는 대단한 노력이 요구된다.

쇠퇴한 도시는 자신의 운명에 대한 통제를 되찾기 위해 부단히 노력해야 한다. 이는 주민들에게 새로운 위치적 가치와 그곳에서 발견된 문제에 가치를 부여하고, 구원하며 복구하고, 판매하도록 훈련시키면서 시작될 수 있다. 방치된 근처의 빈 집이 아이를 해칠 수 있으므로 빠르게 대처하여 마약 없는 학교 구역을 '쇠퇴–행동 구역'으로 보완할 수 있다. 몇 그루의 나무를 심는 것만으로 버려진 구획을 개선할 수 있다.

쇠퇴한 도시는 비어 있는 많은 구역에 정원을 권장해야 한다. 마을 정원은 사람들에게 시정에 대한 반대보다 긍정적인 지역으로 인식시켜 준다. 식물은 종종 땅에 심어지거나 들어 올린 모판에 직접 심을 수 있다. 마을 정원은 식량 공급을 늘리고, 사업과 사회적 기술을 가르쳐 주며, 주택 수리를 위해 빌려줄 수 있는 공구를 제공하고, 새로운 창업을 가능하게 할 수도 있다.

쇠퇴한 도시의 도심, 중심 대로, 그리고 공동 작업은 아직 걷기에 적합함, 대중교통, 효율적인 에너지 사용을 간절히 필요로 한다. 이들은 오락, 소매, 서비스를 뒷받침한다. 도심 주변의 정리된 구역에는 새로운 공원, 야외 원형 극장, 운동 시설을 만들 수 있다.

쇠퇴한 도시는 과거 또는 사람들의 공헌을 망각해서는 안 된다. 예전 구조물인 공장은 식당, 아파트, 기업 부지가 되고, 소매 도로는 도보 여행길로 바꾸어 다시 사용해야 한다. 황폐에 대한 해결책은 사라질 것이라고 모른 체 하지 말고 현장에서 쇠퇴를 받아들이는 것에서부터 시작된다.

그림 1.17 도시 농업은 종종 '쇠퇴한 도시'에서 이용 가능해진 토지 자원을 활용할 수 있다. '통합의 정원'으로 장려된 '일하는 지구의 도시 농장(Earth Works Urban Farm)'. (사진: Deborah Popper)

도상국의 도시는 너무 빨리 성장해서 경제 발전이 이를 따라 갈 수 없다. **초도시화**(Hyper-urbanization)라는 용어는 세계에서 가장 **빠르게** 성장하는 도시에서 발생하는 일을 기술하기 위해 사용된다. 반대로 발전된 국가의 일부 도시는 인구가 정체 또는 감소한다. 정체 도시의 문제는 러시아, 독일 또는 미국에서 매우 비슷하게 발생한다. 이곳의 기업은 종종 낡은 기술, 높은 생산 비용, 높은 노동 비용, 노화된 노동력으로 특징지어진다. 개발도상국에서 이러한 도시는 일반적으로 탈산업화의 희생양으로, 제조업에서 서비스 기반 경제로의 변천을 따라잡지 못한다.

도시 서비스의 관리

도시가 너무 많은 인구를 가진 경우, 도시정부는 주민들이 필요로 하는 교육, 건강관리, 의약, 깨끗한 물, 하수 처리, 쓰레기 수거, 경찰과 화재 예방, 재해 구조, 공원, 대중교통과 수많은 필수적인 서비스를 모두 제공해야 하는 일이 힘들어지게 된다. 매 10년 정도마다 인구가 2배 증가하는 개발도상국의 도시는 새로이 유입되는 인구, 특히 이들 새 거주자가 빈곤층일 경우, 서비스를 제공하기 위한 경제성장을 어떻게 유지하는가? 이러한 문제는 세계 어디에나 있지만 발전된 국가의 도시는 이에 대처할 자원을 가진 경우가 많다. 그러나 세계에서 가장 발전한 국가에서도 팽창하는 에너지 비효율적인 교외와 준교외 지역에 서비스를 제공하는 것은 시 예산에 무리가 따른다.

슬럼과 무단 점유지 관리

세계 대다수의 도시는 발전 과정에 사회적 또는 경제적으로 완전히 통합되지 않은 빈곤 지역 사회인 슬럼과 무단 점유지(squatter)를 포함한다(그림 1.18). 세계 어디에서든 슬럼은 도시 내부의 오래되고 황폐한 지역에, 때로는 종종 역설적으로 매우 비싼 땅에 생겨난다. 무단 점유지는 전형적으로 새로운, 그러나 임시의 집이 소유하지 않은 땅에 공식적인 허가 없이 세워진다. 무단 점유지는 보통 개발도상국에서 도시 외곽에 위치한다. 이들은 판지(cardboard), 양철, 진흙 벽돌, 돗자리, 마대 등의 재료로 만들어지고, 전기와 같은 필수적인 서비스가 없는 경우가 많다. 불법 주거지는 나라마다 다른 이름으로 불리는데 페루에서는 바리아다(Barriada), 브라질은 파벨라(Favela), 터키는 게제콘두(gecekondu), 인도는 버스티(Bustee),

구프랑스 식민지에서는 비돈빌(Bidonville)라고 불린다.

사회문제의 관리

세계 어디에서든 과잉 도시화가 점진적으로 미치는 영향은 아마 사람들의 사회적 책임감의 감소일 것이다. 점점 더 많은 사람이 공간과 서비스 경쟁을 하며, 경쟁은 반사회적, 사회적대적 태도가 생겨나는 성향을 나타낸다. 도시 생활은 인간 행동에서 가장 최악을 드러낸다. 사람들은 서비스를 받기 위해 줄서기를 거부할 때, 즉 아무 생각 없이 공공재산을 약탈하고, 교통 규정을 무시하고 또는 동료 시민의 권리를 무시하는 사회병리를 드러낸다. 대도시는 공동체 의식이나 경찰에 대한 주의가 결핍된 만큼 범죄는 증가한다. 농촌 지역에서 사람들을 제재하는 사회적 규범이 도시에는 없는 경우가 많다.

실업의 관리

도시와 연결된 실제 모든 것은 어떤 방식으로든 인구의 경제적 활력과 관련되고, 경제적

그림 1.18 가로 청소부들이 손수레를 밀며 마닐라의 한때 악명 높았던 슬럼, 계속 타는 쓰레기로부터 이름을 딴 스모키 마운틴(Smokey Mountain)의 불법 주거 판자촌을 지나고 있다. 최근 이곳은 재개발 대상지가 되었다(제10장 참조). (사진: James Tyner)

복지는 직업을 가진 사람에게 의존한다. 그러나 자본주의 경제에서 취업은 보장되지 않는다. 그 결과는 종종 실업과 불완전 고용이다. 개발도상국에서는 너무 많은 사람이 너무 적은 일자리를 놓고 경쟁하며, 노동비를 낮추게 된다. 발전된 국가에서는 도시인구의 상당수가 첨단 서비스 부문 경제에서 필요로 하는 기술이 부족하다. 그 결과는 종종 불완전 고용으로 이어진다. 즉 사람들이 일자리를 얻더라도 그 일자리가 노동자의 기술과 상응하지 않는 경우가 나타난다. 이러한 일자리는 생계 임금보다 낮아 생존하기 위해 하나 이상의 일자리를 가져야 하거나, 소득을 보충하기 위해 오랜 노동과 연금이 없는 비공식 부문 경제에서 일해야 한다. 개발도상국 도시에는 30~40% 이상의 실업률이 흔하다. 여성과 아이, 새 이민자와 노인은 종종 취업과 실업의 문제에서 가장 고통을 겪는다.

민족 집단 문제의 관리

실업, 불완전 고용 등의 요인은 다양한 민족성과 계층 지위와 관련한 부차적인 문제를 유발시킨다. 예를 들어 미국의 경제적 번영은 주로 멕시코와 다른 라틴아메리카 국가로부터 보다 나은 삶을 위해 불법 이민자가 걷잡을 수 없이 밀려들게 하였다. 이들은 합법적 이민자, 난민과 더불어 보통 쿠바 난민이 플로리다 마이애미에 정착하는 것처럼 도시로 유입되었다. 난민과 새 이민자는 자신들의 권력이 약화되는 것을 발견한 공동체 엘리트, 일자리 경쟁을 하는 집단(종종 다른 소수 집단), 완전히 다른 언어, 종교, 세계관을 가진 주류 집단과 갈등을 유발하기도 한다. 세계 곳곳에 위치한 많은 도시는 문화적 다양성 때문에 발생하는 극심한 원심력을 관리해야 한다.

그림 1.19 지열 수영장으로 유명한 도시 로터루아 (Rotorua)의 광장은 마오리 예술의 현대적 연출을 통해 생기를 불어넣고 있다. 서구 세계에 로터루아는 뉴질랜드에 있지만, 마오리 원주민에게는 아오테아로아 (Aotearoa)에 있다. (사진: Donald Zeigler)

현대화와 세계화의 관리

세계의 도시, 특히 대도시를 휩쓸고 있는 한 현상은 서구화와 비견되는 현대화의 딜레마이다. 개발도상국이 맞이하는 문제는 어떻게 전통적인 문화와 생활 방식을 완전히 버리지 않으면서 삶의 기준을 높이는가에 있다. 전통과 현대는 조화되지 않기 때문에 현대화는 변화를 수반하고, 이 변화는 서구화 형태가 될 것이라고 주장할 수 있다. 틀림없이 세계의 주요 도시에 고층 빌딩, 현대적 건축, 자동차 사회, 광고, 고급스런 대량 소비 등에서 동질화 또는 세계화라고 불리기도 하는 서구화의 많은 조짐을 볼 수 있다. 그럼에도 불구하고 개발도상국 도시에서 한동안 살던 사람은 전통 문화와 생활양식이 가장 현대화된 대도시에서조차 지속될 수 있음을 증명할 수 있다.

거의 전 세계의 농촌과 도시가 세계화된 경제의 변화에 적응하고 있다. 세계화는 상품, 자본, 정보, 인재가 대규모로, 낮은 비용으로, 적은 시간 내에 전 세계적으로 이동하는 것을 의미한다. 시장과 의회는 이제 세계적으로, 그리고 광역적으로 생각해야 한다. 회사는 제품을 고장 또는 지역이 아닌 세계 시장을 위해 생산해야 한다. 자본은 유럽에 있는 주요 금융 중심지에서 아시아, 북부에서 남부로 전산을 통해 송금된다. 국가 간 무역 장벽은 줄어들고 있다. 다국적기업과 비정부 기구(NGO)는 '국경 없는 세계'를 홍보한다. 그 최종 결과는 사람, 신용을 포함한 자본, 상품이 한때 다른 이념과 경제의 구분선인 국경을 넘어 쉽게 이루어지는 이동이다. 이 모든 것에 승자와 패자가 있고, 사회의 적응이 요구된다. 그리고 변화는 쉽게 오지 않기 때문에 잠재된 문제를 수반한다.

사생활의 관리

무선 통신의 촉수는 우리의 사생활에 깊숙이, 특히 우리에 대한 점점 더 많은 정보가 '클라우드'라고 알려진 사이버 공간의 컴퓨터 서버, 정보의 저수지에 저장되며 침투된다. 오늘날 우리는 자발적으로 많은 정보를 적절히, 안전하게 사용될 것을 가정하고 공공 및 민간 부문에 제공한다. 그러나 한번 '제공된' 정보는 우리의 통제 밖에 있게 된다. 마찬가지로 비자발적인 정보 수집 방법 또한 존재한다. 예를 들어 우리는 시에서 각 거주자를 파악하기 위해 생체 자료를 제공해야 할 수도 있다. 휴대전화와 같은 전자 추적 기기는 우리가 거의 하루 24시간 어디에 있었는지에 대한 정보를 만들어 내고, 지리정보체계는 우리에 의해서

가 아니라 모르는 다른 사람이 이를 지도화하고 영구히 저장한다. 더욱이 도시에서의 감시는 점점 더 일반적이 되고 받아들여지고 있다. 우리는 거리의 CCTV 카메라가 우리를 안전하게 해 줄 것으로 느끼기 때문에 이에 친숙해지고 있다. 그러나 이들은 또한 우리의 사생활을 빼앗고 있다(그림 1.20).

환경 관리

대기오염과 수질오염, 과도한 소음, 가시적인 황폐 지역, 도시 확장을 위한 언덕의 개발은 세계 어디에서나 발생하는 많은 도시들의 심각한 환경문제이다(글상자 1.5). 더군다나 지구의 기후 변화는 물이 점차 귀해지고, 열파가 더 빈번하고 오래가고 혹독해지며, 해수면이

그림 1.20 뱅크시(Banksy)는 아무도 보지 않는 도시경관을 구현하는 잘 알려진 그래피티 예술가로, 그의 CCTV에 대한 공인되지 않은 비판이 밤새 런던의 우편국 건물에 등장하였다. (사진: Donald Zeigler)

글상자 1.5

도시환경문제에 대한 지리정보체계의 대처

조셉 커스키(Joseph J. Kerski)

사람들은 항상 자신들의 집인 지구에 대한 조사에 매력을 느꼈다. 수 세기 동안 지도는 상상력을 일깨웠고, 알려지지 않은 것에 대한 탐구를 고무시켰다. 바빌로니아 사람이 3,500년 전 니푸르(Nippur) 시를 처음 지도로 그린 이후 수 세기 동안 지도학은 확장하는 도시와 상업 지역로를 탐험하는 도시 지도를 만드는 데 자연스럽게 적용되었다. 그러나 20세기 후반 복잡하고 서로 연계된 도시 지역의 속성은 예전 '도시 거리 지도'를 효과적인 계획 도구로 이용하는 데 한계를 드러냈다. 지리정보체계(GIS)와 이와 관련된 지리정보기술, 특히 위치정보체계(GPS)와 원격탐사는 도시가 환경, 교통, 토지 구역, 그리고 다른 계획 문제를 관리하는 방식을 변모시켰다. GIS 덕분에 발생한 조직적 변모는 또한 모든 도시 부서의 공동 지도 작업 틀로부터 중복을 제거하고 도시정부 내 부서와 대도시의 여러 정부 간의 효율성을 증대시켰다. GIS가 이러한 조직의 내부 정보 기술 하부 구조로 자리 잡으면서 의사 결정이 점차 이에 의존하게 되었다.

GIS의 등장이 도시환경문제를 해소한 것은 아니지만, 기술자와 관리자는 이제 인구 성장, 인구 특성, 기후, 식생, 지형, 수계, 지하 케이블, 토지이용, 토양, 자연 위험, 범죄, 안전, 그리고 다른 도시 기반시설의 요소 간의 관계를 시각화할 수 있게 되었다. 여기에 더해 이 기반시설이 어떻게 변화하는지를 모델화할 수도 있다. 21세기가 시작되면서 인터넷에 기반을 둔 GIS 도구가 전 세계적인 고해상도 벡터와 래스터 자료와 결합된 지리정보기술은 도시환경문제를 확인하고 다루기 시작하였다. 사람들은 자료와 공간 분석 과정의 모델이 상호 관심사를 다루기 위해 공유되면서 얻을 수 있는 효율성을 깨닫기 시작하였다. 이러한 문제는 지역, 반구, 지구 전체의 스케일에서 작동한다. 예를 들어 한 메갈로폴리스에서의 대기오염은 수 킬로미터 떨어진 사람들의 건강에 영향을 줄 수 있으며, 한 국가의 도시 확산은 이 팽창하는 지역에 새로운 주택을 건설하기 위해 나무가 필요하기 때문에 멀리 떨어진 지역의 삼림 소멸에 영향을 끼칠 수 있다.

GIS를 이용하는 연구자는 여러 방법으로 자료를 수집하고, 이 자료를 분석하고, 자료를 교환한다. 자료 수집은 대기 질에서 자동차 대수에 이르지만, 모든 자료는 도로 주소, 경위도, 마일 또는 킬로미터 표시 또는 다른 방법으로 지역에 기초해 기록되어 지도로 제작되고 이해될 수 있어야 한다. 자료 분석은 100년만의 홍수에 침수될 주택의 수에 대한 의문에서부터 지구 온도가 40년 후 섭씨 1도가 올라가면 집을 냉방하는 데 필요한 추가적인 에너지 사용량의 조사범위까지 포함된다. 분석은 정확한 공간 자료와 도시 내와 도시 간 세계적인 연계에 걸쳐 지속적으로 발생하는 변화를 연구하는 여러 모델 적용에 의존한다. 예를 들어 GIS에서 그려낸 해수면이 50m 상승하면 침수될 수 있는 북대서양 남서부에 있는 도시를 보여 주는 지도를 고려해 보라(그림 1.21). 이 지도는 한 구체적인 기후 변화 모델에 의해 디지털 고도 정보와 공간 자료 기준 아래 수집된 해안선 정보에 기초해 그려졌다. 만일 이 모델과 자료가 변화할 때, GIS는 이러한 변화를 반영할 수 있어야 한다.

자료 공표는 아직 GIS로부터 만들어진 종이 도면과 대중 발표를 통해 이루어진다. 점차 고정된 지도를 볼 수만 있도록 게시하는 것에서 시작하여 나중에 다른 사람이 사용하고 수정할 수 있는 공간 자료를 제공하는 인터넷 사용이 늘고 있다. 이러한 발전은 세계적 도시 공간 정보 기반의 시작을 알리는 것이다.

따라서 GIS는 도시, 그리고 도시 간 모두에서의 정보 기반 구축을 권장한다. 도시환경문제는 학제 간 속성을 가지며, GIS는 학제 간 문제 해결 도구로 만들어졌기 때문에 도시환경 분석에서 자연스런 의존처로 간주된다. 도시 분석에서 지리정보자료는 점차 지면 통제소와 연동되고, 집합적으로는 도시와, 확대되어서는 지구의 '신경 체계'를 형성하고 있다. GIS를 사용하는 목표는 지속가능한 도시의 미래를 만들기 위한 보다 나은 종합된 의사 결정을 하려는 것이다.

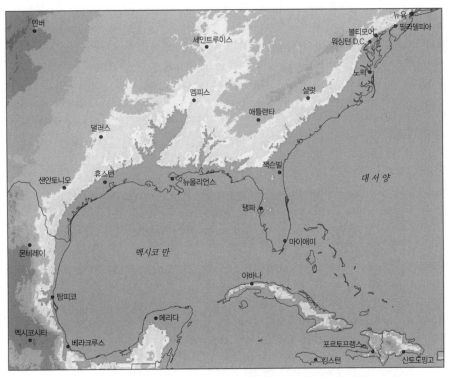

그림 1.21 북미의 카리브 해와 대서양 해안에 미치는 가상적인 50m 해수면 상승의 영향. 출처: Joseph J. Kerski

상승하는 등의 도시가 경험하는 환경문제에 새로운 면모를 더하고 있다. 적어도 세계 부유 지역의 도시는 이러한 문제에 대처할 수단을 가지고 있지만, 빈곤 국가의 도시는 더 급박한 생사의 문제 앞에서 이러한 문제를 덜 중요한 관심사로 분류한다. 예를 들어 대기오염이 가장 심각한 도시는 '거대한 매연(Big Smoke)'이라고 불리던 런던과 '스모그 본부(Smog central)' 라고 불리던 로스앤젤레스가 아니라, 상하이, 멕시코시티, 상파울루이다. 추가적인 환경문제는 도시 지역이 인근의 농업 생산이 이루어지는 지역으로 확장하며 발생한다. 중국은 매년 809,600ha, 미국은 거의 404,600ha의 농지를 도시 확장에 빼앗기는 것으로 추정하고 있다.

교통 관리

도시화의 또 다른 영향은 대다수 자동차의 증가로 생겨난 교통 체증이다. 표면적으로 이는 실업, 주택, 사회 서비스와 같은 생존 수준의 문제보다는 훨씬 덜 악화된 상태인 단지 불편함 정도로 볼 수 있다. 그럼에도 교통 체증은 사람과 상품의 이동을 정지시켜 많은 도시를 질식시키는 심각한 문제이다. 시간과 자원의 손실 등 경제적 비효율성, 사회적 스트레스, 그리고 오염의 결과는 모두 도시 발전의 가능성을 감소시킨다(그림 1.22).

그림 1.22 포틀랜드의 오리건은 자가용 의존도를 낮추기 위한 노면전차 체계를 포함해 성공적인 도시 발전의 많은 면모를 보여 준다. (사진: Judy Walton)

도시 통치 관리

세계 여러 곳의 도시정부는 수입과 지출의 균형과 관련한 도전을 맞고 있다. 모든 수요를 충족시킬 재원을 가진 정부는 없기 때문에 우선순위가 설정되어야 한다. 우선순위는 종종 권위주의적인 상위 정부에 의해 설정될 수 있고 또는 지역 차원에서 민주적 과정에 의해 설정될 수 있다. 어떤 경우이든, 급성장하는 도시를 통치하거나 관리하는 일은 뉴욕이건 뭄바이이건 쉽지 않다. 미국과 같은 나라에서는 도시 지역이 너무 많이 파편화되어 일부 관할 구역이 중복되어 나타나기도 한다. 많은 개발도상국의 정부 관료 체제는 너무 많은 고용으로 부풀려 있고, 엘리트만을 위해 일하는 게 아닌가 의심받으며, 절박한 도시문제에 대처하는 데 일반적으로 어려움을 겪고 있다.

문제 또는 관리의 도전?

세계의 개발도상국 몇몇 국가, 선진국의 상당수는 도시의 삶과 도시 성장 문제를 성공적으로 공략하고 있다. 시도되거나 계획된 해법은 너무 많고 복잡해 요약해서 제시하기 어렵다. 인류의 도시 불행을 해결하기에는 너무 늦었다고 확신을 가지고 주장하는 비관론자가 있다. 낙관론자는 그렇지 않다고 희망을 가진다. 다음의 장들은 세계 주요 지역 어버니즘의 문제와 희망 모두를 다루어 볼 것이다.

■ 추천 문헌

• Ash and Nigel Thrift. 2002. *Cities: Reimagining the Urban*. Cambridge, England: Polity, 2002. 현대의 도시는 국가와 구분되어 있고, 새로운 어버니즘 모델을 제시한다는 의견에 도전하고 있다.

• Caves, Roger W. 2005. *Encyclopedia of the City*. London, New York: Routledge. 많은 학문 분야의 전문가들이 도시를 정의하고 해석한다.

• Davis, Mike. 2007. *Planet of Slums*. New York: Verso. 개발도상국 도시의 빈곤에 대해 다루고 있다.

• Hall, Peter. 1998. *Cities in Civilization*. New York: Pantheon. 세계 메가시티의 황금기를 문

화, 혁신, 예술을 강조하며 검토한다.

- Knox, Paul I., and Linda M. McCarthy. 2005. *An Introduction to Urban Geography*. Upper Saddle River, NJ: Prentice Hall. 시도에 대한 기본 교재로 도시화와 도시지리학 양자의 활력을 다룬다.
- LeGates, Richard T., and Frederic Stout. 2011, eds. *The Cith Reader*. New York: Routledge. 도시의 역사, 디자인 계획, 사회, 환경문제에 대한 고전과 현대의 글을 선별해 놓은 책이다.
- Lynch, Kevin. 1960. *The Image of the City*. Cambridge, MA: M.I.T Press, 1960. 도시의 '시각적 특성'과 도시경관을 어떻게 읽는가에 대한 초기 연구이다.
- Sassen, Saskia. 2001. *The Global City: New York, London, Tokyo*, 2nd ed. Princeton, JH: Princeton University Press. 세계 3대 주도적 중심지의 국제 거래와 이들이 세계도시 계층에 미치는 영향을 탐구한다.
- Soderstrom, Mary. 2006. *Green City: People, Nature and Urban Places*. Montreal: Véhicule. 11개 도시와 이들의 자연환경과의 상호작용을 검토한다.
- Vance, James E., Jr. 1990. *The Continuing City: Urban Morphology in Western Civilization*. Baltimore, MD: Johns Hopkins University Press. 서구 사회에서 도시의 역할과 시간이 지나며 변화하는 형태를 탐구한다.
- Whitfield, Peter. 2005. *Cities of the World: A History in Maps*. Berkeley: University of California Press, 2005. 도시 자체가 어떻게 시간이 지나며 인식되었는가를 지도를 통해서 본다.

■ 추천 웹사이트

- 국제지구과학정보네트워크(CIESIN), www.ciesin.columbia.edu 인구와 환경, 특히 기후 변화에 관한 자료와 연구를 제공한다.
- Cities.com, www.cities.com 전 세계도시에 관한 최신 뉴스를 보여 준다.
- 도시인구(City Population), www.citypopulation.de 전 세계 도시들의 인구 통계와 지도를 제공한다.
- Cyburbia, www.cyburbia.org 계획, 건축, 어버니즘, 성장, 팽창, 그리고 건조 환경의 다른 특성에 대한 인터넷 자료를 제공한다.
- Demographia, www.demographia.com 도시와 도시 과정에 대한 여러 자료와 전문 보고서를 제공한다.
- ESRI Community Showcase, resources.esri.com/showcase/ ESRI와 시와 지역정부가 만들고

유지하는 웹기반 지리정보체계 자료의 전시장이다.

- GaWC-지구화와 세계도시, www.lboro.ac.uk/gawc/ 세계도시, 발표, 특정 도시에 대한 논평, 학자의 관심 논문의 목록을 포함한다.
- Geographically Yours, www.geographicallyyours.blogspot.com 이 책에서 언급한 다수의 도시를 포함해 세계의 여러 경관 사진을 제공한다.
- NASA "Search the Cities from Space" Collection, city.jsc.nasa.gov/cities 미국항공우주국(NASA)의 우주 비행사가 우주 비행 중에 찍은 세계의 도시들에 대한 컬러 사진. 세계도시화 전망에 대한 연간 보고서를 포함한 인구에 대한 방대한 정보를 제공한다.
- U.S. Bureau of the Census, www.census.gov/ 미국의 읍과 도시에 대한 자료를 제공한다.

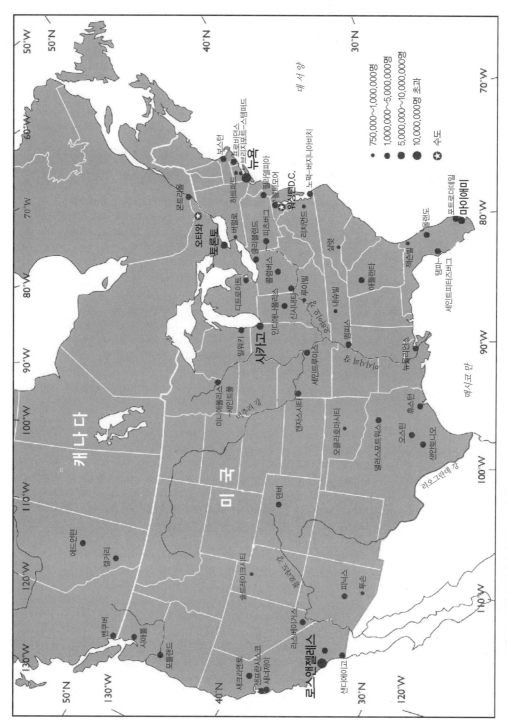

그림 2.1 미국과 캐나다의 주요 도시. 출처: UN, *World Urbanization Prospects: 2009 Revision*, http://esa.un.org/umpd/wup/index.htm

2
미국과 캐나다의 도시

주요 도시 정보

총인구	3억 5200만 명
도시인구 비율	82%
전체 도시인구	2억 8900만 명
도시화율이 높은 국가	미국(82.3%)
도시화율이 낮은 국가	캐나다(80.6%)
연평균 도시 성장률	1.20%
메가시티의 수	2개
인구 100만 명 이상급 도시	48개
3대 도시	뉴욕, 로스앤젤레스, 시카고
세계도시	뉴욕, 로스앤젤레스, 시카고, 워싱턴 D.C., 샌프란시스코, 애틀랜타, 마이애미, 토론토, 몬트리올, 밴쿠버
글로벌 도시	뉴욕

핵심 주제

1. 1950년 이후 미국과 캐나다는 메트로폴리탄 사회로 변모하여 인구의 대부분이 메트로폴리탄 지역에 거주하게 되었다.

2. 미국과 캐나다는 세계에서 도시화가 가장 많이 이루어진 지역이라고 할 수 있다. 소규모, 중규모, 대규모의 도시는 물론이고, 인구 100만 명 이상급 도시가 다양하게 분포하며, 그 이상의 메가시티도 여러 개 분포하고 있다.

3. 도시적 토지이용 패턴은 매우 다양하지만 대체로 중심부가 쇠퇴하고, 교외 지역이 팽창하는 패턴이 가장 뚜렷하다. 하지만 일부 도시에서는 중심부가 다시 부활하고 있다.

4. 미국과 캐나다의 도시는 최근 경제의 세계화가 강화되고, 글로벌 도시 계층의 경쟁이 심화되면서 그 모습이 바뀌어 가고 있다.

5. 자동차 의존도가 높으며, 대중교통에 대한 투자는 제한적으로 이루어지고 있다. 이에 따라 도시의 인구밀도는 낮은 수준에 머물러 있으며, 이는 도시 스프롤 현상으로 이어지고 있다.

6. 미국과 캐나다의 도시는 관광, 스포츠, 역사지구, 문화 행사 등을 통한 투자가 증대될 수 있도록 다양한 재개발 계획을 추진함으로써 1980년대 이후의 경제 변화에 대응하고 있다.

7. 오랜 기간 동안의 산업화로 인해 대기오염, 토지오염, 수질오염 등 수많은 환경문제가 대두되고 있으며, 이 때문에 일부 도시에서는 거주자들의 삶의 질이 저하될 수 있다는 위기감이 고조되고 있다.

8. 과거보다 훨씬 더 다양한 국가로부터 유입되고 있는 이민자들에 의해 북미의 수많은 도시가 큰 변화를 겪고 있다. 새로운 이민자들은 과거 오랫동안 이민자들의 목적지로서 자리 잡아 왔던 기존의 대도시로 모여들기도 하지만, 또한 새롭게 부상하고 있는 관문 도시(gateway cities)로도 모여들고 있다.

9. 9·11 테러 이후에 안전 문제에 대한 관심이 고조되어 보안 카메라가 설치되고, 특정 공간의 보안성이 강화·요새화되는 등 도시 공간의 변화가 이루어지기 시작하였다.

10. 2008년에 시작된 주택 압류 위기로 말미암아 광범위한 경제 침체가 이어졌고, 많은 도시에서 건설 경기가 급락하고, 주택 가격은 폭락하게 되었다.

많은 도시 연구가들은 현재의 세계가 제3의 도시 혁명(third urban revolution)의 한가운데에 와 있다고 보고 있다. 20세기 중반에 시작된 이 복잡한 현상의 가장 뚜렷한 특징은 도시 인구가 절대 수나 상대적 비율에 있어서 엄청나게 증가하고 있다는 점, 메가시티와 거대 메트로폴리탄 지역이 발달하고 있다는 점, 그리고 글로벌 차원에서 경제활동의 재분배가 활발히 이루어지고 있다는 점 등이다. 예전의 제조업 도시들이 쇠퇴하면서 신산업도시와 서비스 부문 중심지, 기술도시(tech-poles) 등이 다른 곳에서 출현하고 있다. 미국과 캐나다의 도시들은 이러한 제3의 도시 혁명이 지니고 있는 역동적이고 도전적인 추세를 구체화시키고 있다(그림 2.1). 양국에서 도시 거주 인구의 비율은 점점 더 증가하고 있다. 2010년에는 미국 인구의 82%가 도시 지역에 거주하고 있다. 캐나다의 경우, 2006년 현재 81%의 인구가 도시 지역에 거주하고 있고, 그중 절반가량은 토론토, 몬트리올, 밴쿠버 등 캐나다 3대 도시에 거주하고 있다. 북미 인구의 3/4 정도가 도시에 살고 있는데, 전문가들은 이 비율이 2030년에 이르면 87%로 높아질 것으로 전망하고 있다. 미국과 캐나다*에서 어버니즘은 이제 확실히 삶의 표준이 되고 있다. 북미 도시는 이러한 제3의 도시 혁명으로 변모를 거듭하고 있다. 중심 도시(central cities)는 새로운 도시 스펙터클이 펼쳐지는 곳이 되었고, 내부 도시(inner cities)는 젠트리피케이션의 르네상스와 더불어 만연된 빈곤과 범죄로 점철되었으며, 도심의 인접 교외도 쇠퇴의 조짐을 보이고 있다. 반면에 준교외(exurban)가 빠르게 발달하면서 폐쇄공동체(gated communities)와 혼합적 토지이용이 과거 농촌 지역이었던 곳으로 확산되고 있다. '포스트모던', '글로벌', '네트워크', '혼성', '조각난' 등 북미 도시를 묘사하기 위해 출현한 새로운 어휘들은 제3의 도시 혁명이 얼마나 복잡하고 모순적인가를 암시해 준다. 그러나 21세기 북미 도시를 특징짓는 새로운 어버니즘 양식을 이해하기 위해서는 더 많은 논의가 이루어져야 한다.

대규모 도시 지역은 국가 경제 및 글로벌 경제를 발전시키는 데 필요한 새로운 구성 요소로 부상하고 있다. 미국에서 가장 대규모의 도시 지역은 북동부의 도시화된 해안 지대이다. 고트망(Jean Gottman)은 이곳을 메갈로폴리스라고 명명하였다. 메갈로폴리스는 워싱턴 D.C. 남부에서 시작해 북쪽으로 볼티모어, 필라델피아, 뉴욕 등을 거쳐 보스턴의 북부까지 이어지고 있다. 이곳은 국내총생산의 20%를 담당하고 있다. 1950년에 이곳의 인구는 3200만 명이었는데, 2010년에는 5000만 명 이상으로 증가하였다.

고트망의 메갈로폴리스 이후에 개념적으로 모델화된 북미의 메갈로폴리탄 지역은 인구 1000만 명 이상의 메트로폴리탄 지역이 군집하여 네트워크를 형성하고 있는 곳으로 정의된다. 적어도 2개 이상의 메트로폴리탄 지역이 서로 맞닿아 있으면 메갈로폴리스라 할 수 있다. 하나의 메갈로폴리탄 지역은 대도시들이 합쳐져서 거대한 도시 네트워크를 구성할 때 만들어진다. 북미에는 11개의 메갈로폴리탄 지역이 존재하는데(표 2.1), 그 면적은 다 합해야 전체의 20%에 불과하지만, 인구는 전체의 67%를 차지한다. 또한 이곳은 2010년부터

---

* 역주: 이후 이 장에서는 미국과 캐나다를 '북미(North America)'로 칭하고자 한다.

표 2.1 미국과 캐나다의 메갈로폴리스 지역

지역	거점 도시
캐스캐디아(Cascadia)	밴쿠버, 시애틀, 포틀랜드, 유진
북캘리포니아(NorCal)	샌프란시스코, 새너제이, 오클랜드, 새크라멘토
사우스랜드(Southland)	로스앤젤레스, 샌디에이고, 라스베이거스
피닉스 메트로폴리스(Valley of the Sun)	피닉스, 투손
I-35 회랑(I-35 Corridor)	캔자스시티, 오클라호마시티, 댈러스, 샌안토니오
멕시코 만 연안(Gulf Coast)	휴스턴, 뉴올리언스, 모빌
피드몬트(Piedmont)	버밍햄, 애틀랜타, 샬럿, 롤리
플로리다 반도부(Peninsula)	탬파, 올랜도, 포트로더데일, 마이애미
중서부(Midwest)	시카고, 매디슨, 디트로이트, 인디애나폴리스, 신시내티
북동부(Northeast)	리치몬드, 워싱턴 D.C., 필라델피아, 뉴욕, 보스턴
온타리오 일대(Golden Horseshoe)	토론토, 해밀턴, 버펄로

출처: 버지니아 공과대학 메트로폴리탄 연구소

2040년까지 인구 및 건설 분야의 성장 예측치의 약 3/4을 차지하고 있다.

그런데 글로벌 투자와 정교해진 통신 연결, 그리고 광범위해진 기업 및 개인 이동성은 북미 도시들을 새로운 유형의 도시 형태로 변형시키고 있는데, 이를 묘사하는 다른 용어가 바로 **글로벌 도시-권역**(global city-region)이다. 세계화 시대의 도시는 점점 더 글로벌 경제의 결절로서 기능한다. 그리고 도시 또는 도시 네트워크는 로컬의 맥락이 아닌 지역적 맥락에서 바라보는 것이 더 적절하다. 세계화의 결과로서 로스앤젤레스, 샌디에이고, 시애틀, 뉴욕 등과 같은 도시 지역은 국가 경제의 수도 또는 지역 경제의 수도로부터 벗어나 보다 통합적인 세계도시로 바뀌어 가고 있는 중이다. 전통적으로 캐나다의 동-서 축을 아우르며 경제와 문화의 중심점으로 자리 잡아 왔던 토론토는 이제 북미자유무역협정(NAFTA)으로 조성된 남북 축의 경제적 기회에도 점점 더 많은 관심을 기울이고 있다. 글로벌 도시-권역의 뚜렷한 특징은 사회경제적으로 엘리트 지향적이고 글로벌 지향적인 회랑으로 바뀌고 있다는 점이며, 이는 사회적 약자층이 거주하는 고립된 도시와 극명한 대조를 이루고 있다.

현대 북미 도시에서 일어나고 있는 다양한 변화는 북미 도시에 대해 지금껏 회자되어 온 오래된 신화와는 사뭇 대조를 이룬다. 그 신화 중 하나는 미국과 캐나다의 도시가 역사적 특성이 부족하다는 점이었다. 하지만 여러 도시, 가령 사바나, 찰스턴, 보스턴, 몬트리올, 퀘벡 등의 도시는 활발한 도시 보존 및 복원 프로그램을 운영하고 있다. 또 다른 신화는 북미 도시의 형태와 기능에 관한 일반화인데, 가령 고층 건물의 보편화, 고속도로, 쇼핑몰, 업

그림 2.2 시카고의 리글리 빌딩(Wrigley Building) 같은 마천루는 철제 골조 틀로 세워진 빌딩으로 도시 상업의 요새가 되었으며, 엘리베이터의 개발에 힘입어 훨씬 더 높은 빌딩으로 디자인될 수 있었다. (그림: Donald Zeigler)

무단지 파크, 획일적인 모습의 '박스형' 교외 등은 북미 도시가 지닌 '독특한' 특성으로 인용되곤 한다. 그러나 세계화 시대를 맞이하여 이러한 모습은 세계 전역의 도시에서 발견할 수 있게 되었다.

지역 스케일에서의 도시 패턴

미국과 캐나다 도시의 규모와 형태, 자산 등은 무척이나 다양하다. 최근 미국에서는 서부와 남서부의 도시가 견고한 성장을 이어가고 있으나, 반면에 디트로이트, 버펄로 같은 동부와 중서부의 여러 도시는 경제적 침체와 인구 감소를 경험하고 있다. 캐나다에서 가장 빠르게 성장하고 있는 메트로폴리탄 지역은 캘거리와 에드먼턴이다. 도시 지역 내의 로컬 수준에서는 중심 도시 인구의 탈중심화가 진행되고 있고, 교외와 준교외(가령 과거 농촌 지역)의 성장과 발전이 진행되고 있다. 북미 도시의 가장 두드러진 특징은 그 규모가 엄청나게 크다는 것이다. 뉴욕 메트로폴리탄 지역은 2200만 명, 로스앤젤레스는 1800만 명, 시카고는 1000만 명의 인구를 보유하고 있다. 500만 명 이상의 인구를 가진 메트로폴리탄 지역은 마이애미, 애틀랜타, 토론토, 휴스턴, 워싱턴 D.C., 필라델피아 등이며, 200만 명 정도의 인구를 가진 메트로폴리탄 지역은 덴버, 포틀랜드(오리건 주), 볼티모어, 밴쿠버, 오타와 등이다. 또한 100만 명 정도의 인구를 가진 메트로폴리탄 지역은 털사(Tulsa), 내슈빌, 캘거리, 위니펙, 에드먼턴 등이다. 북미 도시의 발전은 세계의 도시 역사의 견지에서 보았을 때, 비교적 최근에 이루어진 일이다. 거의 모든 도시들이 300년도 채 안 되는 역사를 가지고 있으며, 많은 도시가 기껏해야 최근 100년 동안에 형성·발전되었다. 현대의 북미 도시는 근본적으로 19~20세기 산업 발전의 산물인 것이다.

식민주의적 중상주의: 1700~1840년

16세기 후반에 이르러 영국인, 프랑스인, 스페인인, 네덜란드인 등은 북미 동부 지역에 식민지를 건설하였다. 식민주의적 중상주의는 유럽 국가들이 지속적인 번영을 추구하면서 얻게 된 결과이다. 북미의 유럽 세력들은 상업과 공업에 대해 지배력을 행사하였고, 지역 시장에 개입하였다. 이러한 조정의 결과로 수출을 기반으로 한 시장이 생겨나게 되었다. 예를 들어 설탕, 목재, 기타 원료 제품 같은 미국 상품의 생산은 유럽의 소비 패턴 변화를 충족할 수 있도록 디자인되었다. 식민지 시대의 도시는 인구와 크기에 있어서 매우 작은 수준이었다. 당시의 도시는 유럽으로 가져갈 생선, 모피, 목재, 농산물 등 원료 제품의 수출 중심지인 교역 중심지로서 기능하였다. 그 당시 최대의 도시들은, 가령 보스턴과 필라델피아처럼 대서양 연안을 따라 분포하였고, 퀘벡과 몬트리올처럼 하천을 따라 분포하였다. 세인트로렌스 강의 관문이었던 몬트리올은 북미의 중심으로 들어가는 북쪽 경로를 통제하였고, 미시시피 강의 관문이었던 뉴올리언스는 대륙으로 들어가는 남쪽 경로를 통제하였다.

식민지 시대 도시의 성장은 그 주변 지역에서 나오는 수출품의 종류에 따라 큰 영향을 받았다. 퀘벡은 1608년에 샹플랭(Samuel de Champlain)이 세운 도시이다. 처음에는 프랑스인 취락이 드문드문 형성되어, 주로 무역과 종교 전도를 위한 기지로 기능하였다. 프랑스인 정착자는 알곤킨(Algonquin) 원주민과 상호 우호적인 관계를 맺었었는데, 그 원주민은 금속

칼, 도끼, 의류, 기타 물품들을 얻기 위해 비버 가죽을 넘겨 주었다. 비버 가죽은 유럽 시장에서 값비싼 귀중품으로 취급받았고, 따라서 비버 포획이 더욱 가속화되었다. 퀘벡의 모습은 영국 정복자가 세운 도시 성벽을 따라 좁고 구불구불한 거리로 이루어졌고, 성벽에는 곳곳에 감시탑이 설치되었다.

뉴올리언스는 미시시피 강으로 인해 생성된 도시이며, 경제적 근거 역시 미시시피 강에 두고 있다. 프랑스 무역업자, 예수회 성직자와 직원 등은 미시시피 강을 따라 이동하면서 가죽과 전도 대상자 등을 찾아 나섰다. 이 도시는 1718년 프랑스 상업회사가 창건했는데, 미시시피 강 하구 가까이에 무역 도시를 건설하는 과정에서 거대한 삼각주, 반습지, 반진흙, 뗏목처럼 둥둥 떠다니는 스펀지 같은 식생 등 습윤한 지리환경을 극복해야만 하였다. 이 도시는 미시시피 강과 멕시코 만이 만나는 지점으로부터 120km 상류의 폰차트레인 호수(Lake Ponchartrain) 근처에서 'ㄱ'자로 크게 꺾이는 지점에 위치하게 되었다. 이 지점은 폰차트레인 호수로부터 바로 물자를 받을 수 있는 상대적으로 유리한 위치이다. 즉 이 호수를 통해 물자를 수송하여 호수 변의 이 도시로 바로 가져오는 것이 변화무쌍한 미시시피 강 하구를 거슬러 오르며 수송하는 것보다 훨씬 유리했었던 것이다. 이 도시는 아메리카에서 아프리카와 아시아로 이어지는 글로벌 식민지 네트워크의 한 부분으로서 프랑스 제국의 전진기지였다. 하지만 도시의 성장은 느리게 진행되었다. 1764년의 지도를 보면 도시 블록의 1/3이 비어 있었다. 한 가지 특이한 점은 토지가 정사각형이나 불규칙한 모양으로 구획되지 않고, 모든 토지가 하천에 맞댈 수 있도록 좁고 길게 구획되었다는 점이다. 이는 프랑스 전통의 '장방형 구획지'로서 현재에도 이 도시 일대에 널리 분포하고 있다.

프랑스의 영향을 받은 뉴올리언스나 퀘벡 같은 경우와는 대조적으로 필라델피아 같은 경우는 처음부터 4개의 커다란 시장 광장과 함께 격자형 구획 체계로 설계되었다. 1681년 잉글랜드계 퀘이커교도 취락으로 시작된 필라델피아는 델라웨어(Delaware) 강과 스퀼킬(Schuylkill) 강이 합류하는 지점에 자리 잡았다. 이 도시의 창건자인 펜(William Pen)은 고향 마을 런던의 무질서를 염두에 두고 이와 반대되는 계획적 도시를 구상하였다. 균형과 질서를 갖춘 그의 도시계획은 필라델피아가 계속 성장해 가는 데 있어서 기본판으로 작용하였다. 이 도시는 외부에서 들어오는 (원료, 식량, 담배 등 영국으로 갈) 상품과 내부에서 생산한 (총기류, 대형 포장마차 등의) 물품이 집산되는 분주한 운송항이 되었다. 또한 주요 은행 중심지가 되었고, 최초의 미국 주식시장(1790)이 개장하는 도시가 되었다.

식민지 시대의 북미 도시는 '도보 도시'의 특성을 갖추었다. 면적은 기껏해야 수 제곱킬로

미터 정도였고, 인구도 많아야 10만 명 정도였다. 많은 북미 도시가 물길과 지세 등 지리적 입지 제약 요인 때문에 외곽으로 팽창하는 데 한계가 있었다. 일부 도시에서는 고지대로 도시가 확장될 수 없었는데, 그 이유는 용수를 끌어올리기 어려웠고, 말을 이용한 소방 서비스를 적용하는 것이 불가능했기 때문이었다. 수레나 마차 같은 초기 형태의 대중교통으로 가파른 언덕을 오르내리기란 쉽지 않은 일이었다. 나중에 경제성장에 따른 새로운 형태의 교통수단이 등장한 이후에야 도시는 외곽으로, 그리고 고지대로 확장할 수 있게 되었다.

산업 자본주의: 1840~1970년

산업 자본주의 시대에 이르러 미국과 캐나다의 경제는 자연자원 교역에 의존하는 경제로부터 벗어나 원료를 가공하고 공산품을 생산하는 경제로 변형되었다. 산업 경제는 기계화된 공장 생산품이 주가 되는 경제이다. 1800년에는 미국 인구의 약 7%가 도시에 거주하였다. 1900년에는 40% 이상으로 증가하게 된다. 도시의 성장은 경제의 산업화와 나란히 이루어졌다. 석탄 광산의 개발과 철제품의 급속한 생산 증가, 그리고 육중한 기계 동력, 즉 증기기관의 활용 등은 산업도시가 성장할 수 있는 경제적 기초가 되었다. 이러한 산업화는 수많은 도시에서 전례 없는 빠른 인구 증가를 수반하였고, 도시 면적의 확장으로 이어졌다. 1830년에는 뉴욕, 필라델피아, 볼티모어 등의 도시가 미국의 주요 산업도시가 되었고, 나중에 캐나다로 편입될 지역에서는 토론토, 몬트리올 등이 산업 발전을 주도하게 되었다. 도시 내부의 발전은 산업 팽창에 의해 가속화되었다. 하천과 호수를 따라 자리 잡았던 도시들은 운하와 철도 같은 교통 기술의 진전을 적극 활용해 물자 수송의 중요한 허브로 성장하였다(그림 2.3). 1860년대가 되면서 버펄로, 피츠버그, 세인트루이스, 시카고, 신시내티 등의 도시가 핵심적인 관문 도시로 부상하게 되었다. 같은 시기 캐나다에서는 위니펙이 서부 철도 서비스의 허브 도시가 되었고, 1870년대에는 에드먼턴과 캘거리가 주요 지역 서비스 중심지로 부상하게 되었다.

1885년부터 1935년까지 미국 경제는 농업 및 상업 기반의 경제로부터 산업 자본주의의 경제로 변형되기에 이른다. 20세기 초에 강력한 국가기업과 대규모 조립-라인형 제조업이 등장하면서 경제성장은 더욱 활발하게 진행되었다. 규모가 큰 도시는 여전히 북동부 지역에 위치하고 있었지만, 시카고, 디트로이트, 클리블랜드 등 중서부 도시는 1920년대까지 핵심적 산업 중심지로 성장하였다. 같은 시기에 캐나다 경제도 산업 자본주의로의 변형과

그림 2.3 뉴욕 주 시러큐스 도심을 관통하는 이리 운하는 뉴욕이 미국 최대 항구도시로 성장하는 데 결정적인 역할을 하였다.

서부의 도시 성장을 경험했는데, 이는 캐나다의 제조업 성장과 캘거리와 에드먼턴 같은 도시에서의 석유 및 천연가스 산업의 급속한 성장에 힘입은 바가 크다.

산업화는 단순히 공장이 늘어가는 것 이상의 의미를 지닌다. 여러 중요한 발명 기술로 말미암아 도시의 외관이 바뀌고 공간적 패턴은 변형되었다. 건축 부문에서 철제와 철강 제품이 사용됨으로써 마천루의 시대가 열렸다. 1880년대에는 전차—트롤리가 대중교통의 시대를 가능하게 하였고, 이는 20세기 이후 도시 교외화의 초석이 되었다. 이제 사람들은 도시 중심부에서 멀리 떨어져 거주할 수 있게 되었다. 결과적으로 대부분의 산업도시는 수평적으로는 그 경계 바깥으로 확장해 갔고, 도시 중심부에서는 고지대로의 확장이 이루어지게 되었다.

제2차 세계대전이 끝나면서 북미 도시는 중요한 전환점을 맞이하게 된다. 미국과 캐나다의 많은 국가기업들이 합병하여 대형 다국적기업으로 변모하면서, 북미 시장의 주도권을 장악하게 되었다. 미국은 이제 세계에서 가장 크고 부유한 경제를 지닌 국가로 부상하게 되었다. 1930년대 말에 이르러 자가용 소유와 교외화의 시대가 펼쳐지기 시작하였다. 자가용 의존도가 높아지고 대중교통 투자는 줄어들면서 도시의 인구밀도는 낮아지고 도시 스프롤 현상이 확대되었는데, 이는 특히 서부 도시에서 두드러지게 나타났다. 로스앤젤레스, 샌디에이고, 휴스턴, 피닉스, 댈러스, 덴버, 밴쿠버 등의 도시는 수평적으로는 물론이고 수직적으로도 크게 성장하였다. 1950년 이후로도 미국의 도시화와 교외화는 계속해서 함께 진행되었다. 도시 지역이 계속 성장하면서 중심부에서 외곽 지역으로 이동하는 인구 유출 현상도 이어졌다. 교외의 인구를 다시 도시로 끌어들이기 위해 지역 자치 단위에서는 거대한 도시 재생을 추진하고, 고속도로, 교각, 시민 센터 등을 포함하는 기반시설 프로젝트를 시행하였다. 하지만 1960년대 말에는 북미 전체의 도시에 심대한 변화를 가져오게 될 세 가지의 중요한 변화, 즉 세계화, 탈산업화, 탈중심화 등이 구체화되기 시작한다.

후기산업 자본주의: 1975년~현재

우리는 글로벌 자본주의가 만들어 낸 새로운 시대에 진입하고 있다. 1970년대에 이르러 많은 기업들이 북미로부터 빠져나가 저렴한 노동비와 세금 우대 혜택을 누릴 수 있고, 더 큰 이윤과 더 넓은 시장을 확보할 수 있는 개발도상국으로 이전해 갔다. 피츠버그, 시러큐스, 버펄로, 애크런, 클리블랜드, 디트로이트 등의 도시에서는 회사가 노동자들을 해고하거나 재배치하고 공장을 닫아버린 후, 그 지역을 빠져 나가거나 아예 미국을 빠져 나가 다른 곳으로 이전해 가는 일들이 벌어졌다. 이러한 도시들은 '산업지구'에서 '녹슨지구(Rustbelt)'로, 다시 말해 생동감 넘치던 제조업 중심지에서 절망의 유령 도시로 변해 버렸다. 심지어는 로스앤젤레스와 샌프란시스코 같이 성장하는 도시도 제조업 기반 고용의 감소라는 사회경제적 결과에 대처하기 위해 많은 노력을 기울이게 되었다. 이러한 쇠퇴는 북미 경제의 결정적인 변화라고 할 수 있다. 마이클 무어 감독의 1989년 다큐멘터리 영화, "로저와 나(Roger and me)"는 제너럴모터스(GM)의 본거지인 미시간 주, 플린트(Flint) 시의 대규모 일자리 감소와 공장 폐쇄를 묘사하고 있다. 제너럴 모터스는 1980년에서 1989년 사이 플린트 시에서 4만 명을 해고했는데, 이는 플린트 시의 제너럴 모터스 노동력의 절반을 차지하는 수치로서 미국 역사상 가장 대규모의 해고였다. 플린트 시는 계속해서 고난의 시간을 마주하게 되었다. 2010년에는 플린트 시의 실업률이 약 13%였는데, 이는 전국 평균을 훨씬 웃도는 수치였다. 수많은 산업도시의 높은 실업률은 계속해서 지역 경제에 악영향을 미쳤다. 이러한 가운데, 정치 및 경제 지도자들은 고용과 투자를 늘리려는 전략을, 특히 서비스업과 관광업 같은 분야에서 이를 늘리려는 전략을 만들어 갔다.

이처럼 미국의 많은 도시가 경제적 쇠퇴를 경험하는 반면에 다른 도시는 급속한 성장을 경험하게 된다. 시애틀, 올랜도, 마이애미, 피닉스, 샌디에이고 같은 도시는 기존의 산업 기반을 팽창하는 서비스업 부문과 성공적으로 결합시켜 갔다. 애틀랜타, 샬럿, 댈러스포트 워스, 실리콘밸리(샌프란시스코와 새너제이 사이의 도시 테크노폴) 등의 신흥 도시 지역은 바로 이 시기에 각각의 위치를 공고히 하게 된다. 실리콘밸리는 애플과 휴렛 패커드의 본거지가 되었고, 1980년대 이후 부상하게 된 하이테크 산업 부분의 선도 주자가 되었다.

이 시기 동안 많은 도시들은 경제적으로나 인구의 측면에 있어서 탈중심화를 경험하였다. 탈중심화는 도시의 중심부가 인구와 일자리를 잃어 가면서 나타나게 된다. 세금 기반이 줄어들면서 사회 서비스의 재원이 한계에 봉착하고, 결국 교육과 기반시설에 대한 투자가 중단되는 지경에 이르렀다. 도시 거주자와 일자리는 도시 중심부를 떠나 교외 지역이나 다른 메트로폴리탄 지역, 또는 비(非)메트로폴리탄 지역으로 향하게 되었다. 1970년은 도시 중심부의 인구가 줄어드는 첫 번째 해가 되었으며, 1980년까지 그러한 경향은 심화되었다. 많은 사람들이 교외로 재입지하게 되었다.

서비스업 부문의 성장은 도시 발전에 결정적인 역할을 하였다. 도소매업, 금융, 보험, 부동산, 정보통신 기술, 교육, 의료 서비스 등이 도시경제의 핵심 분야로 자리 잡아 제조업 고용을 대체해 갔다. 반면 최저 임금을 겨우 넘는 수준의 저급, 저임금 서비스 일자리도 늘어 갔다. 이러한 일자리에는 데이터 입력, 청소 서비스, 의류 회사 GAP 매장의 점원이나 식당 접객 직원 같은 소매상 점원 등이 포함된다. 제4차 산업 활동이라고 간주되는 다른 일자리들, 즉 연구 개발, 중개 서비스, 은행, 의약, 법률, 광고, 컴퓨터 공학, 소프트웨어 개발 등과 같은 일자리들에는 더 높은 임금이 지급된다. 플로리다(Richard Florida)는 그러한 형태의 서비스 부문 일자리에 종사하는 사람들을 '창조 계급'이라고 지칭하였다. 이제 도시들은 이 '창조 계급'을 끌어들이기 위해 지대한 노력을 기울이고 있다(글상자 2.1).

플로리다에서 캘리포니아에 이르는 선벨트는 지난 30년 동안 가장 급속한 성장을 보여 왔다. 선벨트라는 용어는 절대적인 지리적 지역을 지칭하는 것이 아니라, 남부와 서부와 태평양 북서부의 도시들을 표현하기 위해 사용되는 용어이다. 선벨트 도시는 경제가 빠르게 성장하였고, 인구 역시 급속히 증가해 왔으며, 도시 계층에서 상징적 중요성도 크게 증가하였다(그림 2.4). 선벨트 도시의 성공 요인은 기본적으로 그 경제가 다양화되어 있고, 전통적인 제조업에 의존하고 있지 않기 때문이었다(그림 2.5). 선벨트 지역의 성장은 근본적으로 서비스업 부문의 팽창의 결과로 이루어졌으며, 항공우주 산업(휴스턴, 시애틀, 로스앤젤레스),

글상자 2.1

북미의 '창조' 도시

대량 생산과 중공업을 기반으로 하는 포드주의 경제가 1980대 북미에서 쇠퇴의 길을 걷게 되면서, 자치정부들은 하이테크 산업, 지식 기반 서비스, 창조적 예술 등의 육성을 위한, 글로벌 경제에서 경쟁력을 갖출 수 있는 방법을 모색하기 시작하였다. 플로리다(Richard Florida)의 유명한 이론에 근거해, 여러 지리학자 및 경제학자들은 그러한 경제 부문의 성장에 핵심이 되는 열쇠가 천부적 재능과 높은 교육 수준을 갖춘 인재를 끌어들이는 것이라고 주장한다. 이를 위해 도시는 지식 기반 부문뿐만 아니라 도시환경에도 투자를 할 필요가 있는데, 이는 표면상 '창조' 계급 인력이 좋은 환경에서 일할 수 있도록 하는 유인책인 것이다. 이처럼 '창조 도시' 이론은 미국과 캐나다 도시의 발전 계획에서 강력한 힘을 발휘하고 있다. 재능(Talent)과 기술(Technology)과 인내력(Tolerance)을 지칭하는 '3T'에 걸맞는 곳으로 만들기 위해서 많은 도시들이 위락, 식도락, 박물관, 갤러리 등의 시설 및 기타 편의 시설을 갖춘 다채로운 보헤미안 도시로의 탈바꿈을 시도하고 있다.

많은 도시에서는 자치정부와 경제 개발 연합체가 함께 연합해 도시를 '멋지고' '창조적인' 곳으로 만들기 위한 계획을 추진하고 있다. 가령 토론토는 '창조 도시를 위한 문화 계획'과 '창조 도시계획 체계'를 만들었는데, 이는 예술과 과학의 발전에 있어서 탄력을 받을 수 있게 하고, '2군 도시'에서 '세계도시'로의 도약을 가능하게 하려는 계획이라고 할 수 있다. 토론토는 온타리오 아트 갤러리, 왕립 온타리오 박물관, 누이 블랑쉬 아트 페스티벌(Nuit Blanche arts festival), 수변 공간 재개발, 그 외 문화를 '네 번째 중심'으로 자리매김하려는 여타 프로젝트 등에 거액을 투자하였다. 미시간 주 주택개발국에서는 '멋진 도시 이니셔티브'를 발주해, 디트로이트에서 앤아버에 이르는 후기산업 도시를 대상으로 도심 재개발 프로젝트, 고품격 콘도 건설, 영화 페스티벌, 등을 촉진하기 위해 노력하고 있다.

창조 도시 이론은 최근 지리학자들에 의해, 엘리트주의를 부추기고 오도된 발전을 조장하는 모호한 개념에 불과하다고 비판받고 있다. 많은 도시가 도심에서의 삶과 도시 생활의 문화적 요소에 새로운 관심을 보여 주고 있기는 하지만, 비판적인 관점에 서 있는 사람들은 창조 도시 이론이 교육 수준이 높고 부유하며 이동성을 갖춘, 특정 계급의 사람들만을 위한 발전을 조장하고 있으며, 반면에 무특권 집단은 방치되고 있다는 점을 지적하고 있다. 또 어떤 이들은 소규모의 도시들의 경우, 경기장(공연장), 갤러리, 테크노파크, 기타 창조 도시의 전형적인 것들에 대한 투자 재원이 부족한 현실에서 창조 도시로서 경쟁력을 갖추는 것이 사실상 불가능하다는 점을 주장한다. 실로 창조 도시의 전제는 수정이 불가피해 보인다. 변동이 심한 글로벌 경제와 실업률의 증가, 그리고 도시 지역에서 점증하고 있는 자연환경의 압박이라는 맥락 속에서, 도시의 활력과 지속성을 증진할 수 있는 방안을 마련하는 데에 주력할 필요가 있다. 주택 보유량과 대중교통을 증대 및 개선시키고, 반면에 생태 발자국은 줄여 가는 것이, 궁극적으로는 경기장(공연장)이나 콘도를 추가로 건설하는 것보다 더 좋은 투자가 될 수 있음이 증명되고 있다.

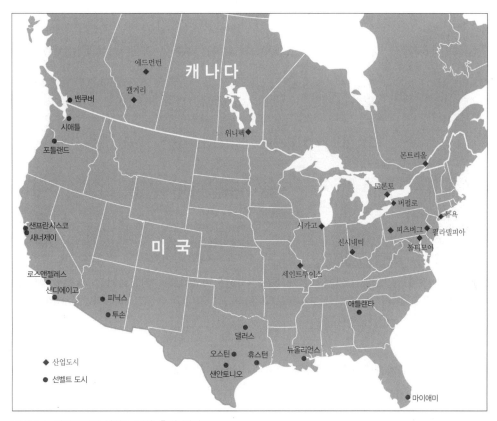

그림 2.4 산업도시와 선벨트 도시. 출처: 저자

석유화학 산업(휴스턴, 댈러스), 정보기술 산업(실리콘밸리, 리서치트라이앵글파크, 노스캐롤라이나)에 대한 정부의 대규모 투자에 힘입은 바가 크다.

도시 구조 모델

도시 내의 무언가가 왜 그곳에 입지하고 있는지를 완전히 설명할 수 있는 단일한 모델은 없다. 하지만 우리는 도시적 토지이용의 패턴을 일반화할 수는 있다(글상자 2.2). 대다수의 북미 도시에 적용할 수 있는 두 가지의 일반적 현상이 있는데, 하나는 격자형 체계이고, 다른 하나는 도시의 발전이 중심으로부터 수평적으로 확대되는 도시 스프롤 현상이다. 이는

그림 2.5 선벨트 도시의 교외 지역에서 골프 카트는 많은 이에게 '제2의 자동차'이다. 플로리다 주, 올랜도에서 한 시간가량 북쪽으로 떨어져 있는 마을들은 부유한 은퇴자들의 교외 커뮤니티이며, 골프장에 둘러싸인 계획적으로 조성된 마을이다. (사진: Kathy Schauff)

도시가 중심부에 밀집되어 개발된 채 그 패턴을 계속 유지하고 있는 세계의 다른 도시들과는 사뭇 다른 점이다.

　미국과 캐나다의 도시는 평균적으로 주거지(30%), 공업/제조업(10%), 상업(4%), 일반도로 및 고속도로(20%), 공용 토지 및 정부 건물과 공원(15%), 공지 또는 미개발지(20%) 등으로 구분되는 토지이용 패턴을 보인다. 이러한 다양한 토지이용 범주의 배열은 도시의 역사에 따라 상이하다. 가령 1840년 이전에 시작된 도시는 대단히 조밀하고 밀집한 중심부를 지니고 있다. 20세기 이후에 발전된 도시에서는 산업 활동이 도시 중심부 바깥에 입지하는 경향이 있고, 그래서 철도 같은 교통 시설의 발전을 잘 이용하고 있다. 1950년 이후에 발전한 다른 도시들은 중심부의 탈중심화가 더욱 심화되어 진행되고 있으며, 자동차와 교외의 출현으로 인해 발생한 고가의 주거 지역을 지니고 있다. 그러나 북미 도시의 대부분은 중심부 내에 고가와 저가의 주거지를 모두 갖고 있으며, 교외화가 계속 진행됨에 따라 단독주택의 가격은 상승하고 크기는 증가하는 경향을 보이고 있다. 도시 팽창과 토지이용의 패턴은 흔히 동심원 모델을 따른다.

　도시 공간을 정방형의 격자형 가로로 구획한 격자형 패턴의 기원은 고대 시대로 거슬러 올라간다. 몇몇 최초의 계획도시들은 격자망을 사용해 건설되었다. 격자망은 각 도로를 서

커뮤니티 관리에 활용되는 지리정보체계

지리정보체계(GIS)는 도시지리의 혁명을 불러일으키고 있다. 컴퓨터화된 공간 분석인 GIS는 지리학자들이 도시 지역 내와 그 너머의 공간적 패턴과 추이를 파악하는 데 도움을 주고 있다. GIS는 문화 현상(주거, 이민, 젠트리피케이션), 흐름과 연계(통근 흐름, 이주), 정치(게리맨더링), 경제활동(소매업, 제조업, 서비스업) 입지 등을 분석하는 데 활용되며, 도시-농촌 경계, 교외화, 토지이용 변화 같은 도시 공간 구조를 파악하는 데에도 활용된다. 또한 도시 지역, 특히 도시 변두리의 변화 구조를 탐구하는 데에도 활용될 수 있다. 나대지와 농지가 주택 개발지로 바뀌는 모습을 보여 주는 토지이용 변화 지도는 교외화 패턴을 확실하게 보여 준다.

또한 지리학자들은 GIS를 활용해 도시 내부 구조를 연구할 수 있다. 가령, GIS를 활용해 위험한 폐기물 시설의 입지가 저소득 또는 소수자 근린 지역과 어떻게 관련이 있는지를 파악할 수 있다. 즉 자연환경의 패턴과 과정, 오염 물질이 삶의 질에 영향을 미치는 방식 등을 연구하는 데 GIS가 도움을 줄 수 있다. 그뿐만 아니라 인구 센서스 자료와 센서스 조사 구역에 대해 GIS 기술을 적용해 소득, 민족성, 주택 소유, 빈곤 비율 등 다양한 인구 특성 변화 추이를 밝힐 수 있다.

도시지리를 공부하는 학생들은 GIS를 활용하면서 예상치 못한 공간 관계를 확인할 수도 있다. 그림 2.6은 조지워싱턴 대학의 도시지리 수업에서 학부 학생들이 자원봉사 학습 프로젝트의 일환으로 만든 것이다. 이 자원봉사 학습 프로젝트를 통해 수강생들은 무료 급식소, 노숙자 쉼터, 그 외 다른 서비스 시설 같은 주요 사회 서비스들을 지도화하여 이를 비영리 커뮤니티 기관인 소 아더 마이트 이트(So Other Might Eat)에 제공하는 과제를 수행하였다. 학생들은 팀을 구성하여, 위성항법장치(GPS)를 이용해 현장의 데이터를 수집했고, 이를 모두 활용한 다양한 주제도를 만들었으며, 이를 그 기관에 제공하였다. 합성 지도인 그림 2.6을 살펴보면, 사회 서비스 시설이 도심 지역에 집중되는 경향이 있는 것을 알 수 있다. 하지만 워싱턴 D.C.에서 가장 가난한 지역은 도심의 동쪽에 펼쳐져 있다. 워싱턴 D.C.의 근린 구역을 지도화하는 데 사용한 기술은 아주 간단한 것이지만, 이처럼 기초적인 GIS 기술을 사용함으로써 도시에 관한 좀 더 상세한 정보를 뽑아 낼 수 있다. 또한 이는 관련 커뮤니티의 문제점을 명확하게 드러내 주어 훌륭한 정책적 대안을 제시해 줄 수도 있다. 학생들은 그러한 GIS 프로젝트가 새롭고도 더욱 정보화된 방식으로 도시를 바라보게 해 주었다고 호평하였다.

로 직각으로 교차시켜 토지를 할당하는 간단하면서도 합리적인 구획 방식이었다. 지리, 지세, 고도, 위도 등이 복합적으로 얽혀 있지만, 많은 도시는 공통적으로 격자형 디자인의 모

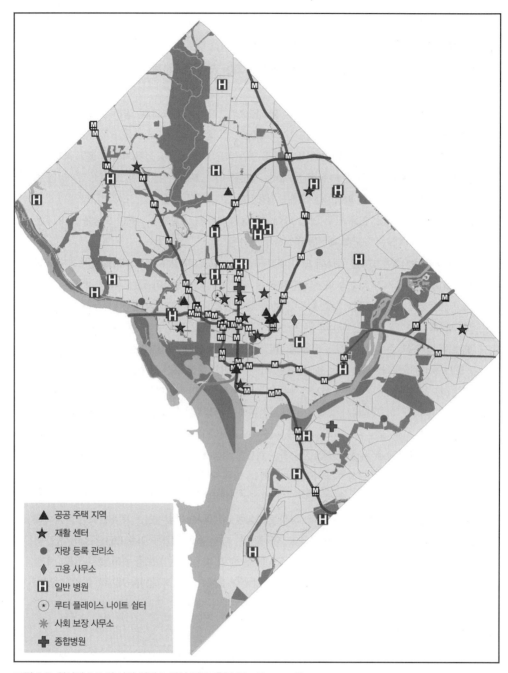

그림 2.6 워싱턴 D.C.의 사회 서비스 시설 지도, 출처: Lisa Benton-Short

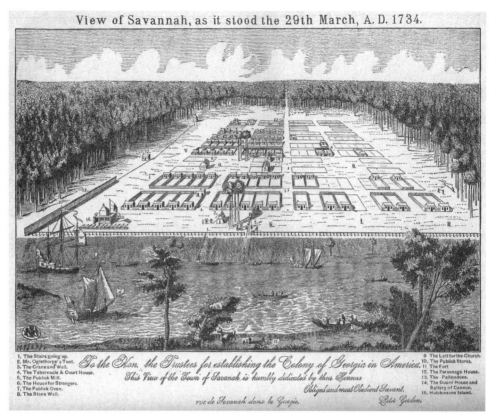

그림 2.7 '1734년 3월 29일, 사바나(Savannah)의 모습'. 출처: Report on the Social Statistics of Cities, George E. Waring, Jr 편집; U.S. Census Office, Part II. 텍사스 대학 도서관 사용 승인(http://www.lib.utexas.edu/maps/historical/savannah_1734.jpg)

습을 공유하며 규칙적인 도시계획을 적용하였다. 자연환경을 세심하게 고려하지 않은 채 지세와는 무관하게 직선에 초점을 맞춘 격자형 계획, 즉 지리를 무시한 기하학을 적용하였는데, 이는 도시 공간을 통제할 수 있는 능력을 우선시한 결과이다. 사바나의 1734년 지도를 보면, 격자형 계획이 엄격하게 적용되었음을 확인할 수 있다(그림 2.7). 마찬가지로 샌프란시스코도 다른 어떤 북미 도시보다 험준한 지세를 지니고 있음에도 불구하고 격자형 계획이 그대로 적용되었다.

유럽 문화의 영향으로 인해 격자형 계획은 미국과 캐나다에서 새로운 타운이나 도시를 건설할 때 거의 전형적인 기준이 되었다. 격자형 계획을 채택함으로써 대규모의 토지를 빠르게 분할하는 것이 가능해졌다. 미국의 도시가 외곽으로 성장해 감에 따라, 특히 20세기 중반 이후부터는 격자형 계획의 적용이 줄어들기 시작하였다. 교외 지역의 성장은 좀 더 유기적인 패턴을 보이게 되었고, 때로는 옛날식 구불구불한 도로로 디자인되기도 하였다. 그 결과 많은 교외 지역은 격자형 계획도시와 분명한 대조를 보여 주게 되었다. 교외가 도시와 합쳐지면서 격자 체계는 일련의 원형 도로, 커브 도로, 개방 공간 등과 결합되었고, 격자 체계는 원래의 모습을 잃기 시작하였다.

이와는 대조적으로 최근에 개발된 일부 교외 지역은 뉴어버니즘(New Urbanism)의 영향으로 다시 격자형 체계로 돌아가고 있다. 뉴어버니즘은 상실된 공동체의 복원과 과거의 고밀도 도시의 재건을 염원하고 있다. 뉴어버니즘적 디자인의 원칙은 도보 가능성, 다목적 '타운 중심지', 주거 지역의 밀도 상승 등을 강조한다. 도시 스프롤 현상에 대한 반성에서 비롯된 뉴어버니즘은 도시 전체를 다시 디자인하는 데 영향을 미치기보다는 교외를 다시 디자인하는 데 더 큰 영향을 미친다. 뉴어버니즘의 대표적 사례는 플로리다 주의 셀리브레이션 (Celebration)인데, 이 도시는 디즈니사에서 처음 계획하고 건설한 커뮤니티이다. 이 도시의 디자인 요소 중 대표적인 것을 꼽아 보자면, 차고지를 주택의 뒤쪽에 배치하는 저층 고밀도 거주지, 보행자의 이동을 보장하는 인도와 건물 사이의 통로, 생동감 넘치고 차 없는 거리로 조성된 다목적 도심 등이 포함된다.

에지시티(Edge City)라고 하는 또 다른 도시 구조 모델도 출현하고 있다. 에지시티는 주로 중심부를 탈피해 위치하고 있는 대규모 바닥 면적을 가진 사무실 공간으로 구성된다. 언론인 조엘 가로(Joel Garreau)는 이 에지시티라는 용어를 만들고, 그것을 다음의 것들을 지닌 도시로 정의하였다.

- 5만 명 이상의 사무실 종사자들을 수용하기에 충분한, 464,515.2m² 이상의 면적을 가진 사무실 공간(전통의 도심 면적만큼의 수준)
- 중간 규모의 쇼핑몰 규모인 55,741.8m²의 소매업 공간
- 가정의 침실 수보다 많은 일자리
- 1960년 이전에는 전혀 도시의 모습을 갖추고 있지 않았던 곳

이러한 에지시티는 주간 시간 동안은 수많은 서비스업 부문 종사자들로 북적이지만, 야간 시간에는 주거 구역이 별로 없기 때문에 텅 비어 버린다. 가로는 123개의 전형적인 에지시티를 찾아냈는데, 로스앤젤레스 대도시권의 24개, 워싱턴 D.C. 대도시권의 23개, 뉴욕

대도시권의 21개 등이 이에 포함된다. 워싱턴 D.C.의 서쪽에 위치한 버지니아 주의 타이슨즈 코너(Tyson's Corner)가 그 한 예이다. 다른 사례들도 댈러스포트워스, 올랜도, 애틀랜타 등에서 찾아볼 수 있다.

그러나 에지시티는 20세기에만 한정되어 나타나는 현상일지도 모른다. 에지시티는 주요 고속도로의 교차점과 그 주변에서 형성되기 때문에 교통 체증이 큰 문제였다. 또한 보행자의 접근이 어렵고, 대중교통은 거의 없다는 문제점도 안고 있다. 아이러니하게도, 자가용보다 대중교통을 이용해 통근하려는 사람들의 욕구가 점점 커지면서, 그러한 문제를 안고 있는 에지시티보다는 오히려 중심에 있는 도심부를 재개발하려는 움직임이 일고 있다. 더욱이 에지시티와 그 인근 지역의 개발이 계속 진행되면서, 에지시티의 주거 지역과 상업/비즈니스 활동 지역이 모두 메갈로폴리탄 지역으로 '합병'될 가능성이 높아지고 있다.

미국과 캐나다 도시의 특성 변화

세계화와 도시 계층

현대 도시 변화의 근간을 이루는 주요 요인은 도시가 글로벌 차원의 변화 추이와 결합하고 있다는 점이다. 지난 20여 년간 글로벌 스케일에서의 도시 간 경쟁은 더욱 치열해지고 있다. 세계화는 도시를 공간적으로 재구조화시키고 있다. 가장 경쟁력을 갖추고 있는 성공적인 세계도시에서는 새로운 금융지구, 호화 거주지구 등이 조성되고, 전례 없는 부동산 붐이 형성되고 있다. 이는 그 도시가 부여받은 세계화의 혜택과 도시 계층에서의 경쟁력 있는 지위를 잘 보여 준다. 세계의 거의 모든 도시가 세계화의 영향을 받고 있다고 할 수 있지만 모든 도시가 세계도시가 되는 것은 아니다. 예를 들어 많은 도시 발전 담당자들은 단지 국내 기업의 유치를 목표로 도시를 매력 있게 가꾸어 가는 데 초점을 맞추는 것이 아니라 국제적인 투자를 확보하기 위해 노력하고 있다. 어떤 도시가 국제 은행, 국제 백화점, 기타 국제 소매 지점 등을 갖추고 있다는 것은 세계화의 족적을 보여 주는 시각적 표식이라고 할 수 있다.

먼저 경제 전문지『포춘(fortune)』이 선정한 500대 기업 본사의 도시 입지 변화를 살펴보자. 1950년대와 1960년대에는 시카고, 보스턴, 필라델피아, 피츠버그, 토론토 등 북동부와 중서부의 대도시에 세계 최대 기업들의 본사가 입지해 있었다. 1960년대 뉴욕에는 『포춘』이 선정한 500대 기업의 본사 중 10위권 안의 6개, 즉 스탠다드오일(Standard Oil), 제너럴일렉트릭(General Electric), U.S. 스틸(Steel), 모빌오일(Mobil Oil), 텍사코(Texaco), 웨스턴일렉트릭(Western Electric) 등의 본사가 입지해 있었다. 그러나 오늘날 뉴욕에 입지한 『포춘』 선정 500대 기업 본사의 수는 절반으로 줄었다. 제너럴일렉트릭과 제록스(Xerox) 등의 회사는 교외로 또는 선벨트 지역으로 이전해 갔다. 최근에는 시애틀에 본거지를 두었던 보잉(Boeing)도 본사를 시카고로 이전하기로 했으며, 폭스바겐의 본사도 디트로이트를 떠나 워싱턴 D.C.로 이전하기로 발표하였다. 기업 본사 유치로 가장 큰 성과를 올린 도시는 올랜도, 웨스트팜비치, 그린즈버러, 애틀랜타, 댈러스, 휴스턴 등이다. 이러한 지리적 분포 변화는 기업의 재입지, 로컬 회사의 성쇠, 기업의 합병 등 여러 가지 요인이 작용한 결과이다. 웨스트팜비치나 그린즈버러 같은 중규모 도시가 제공하는 사무실 공간과 저렴한 주택 비용은 기업 이전의 또 다른 요인이 되고 있다. 하지만 대부분의 기업은 적어도 100만 명 이상의 메트로폴리탄 지역을 선택하고 있다.

세계화의 주요 무대는 유럽, 북미, 동아시아 등에 집중되어 있으며, 따라서 이 지역의 도시들이 글로벌 도시 계층을 지배하는 경향이 있다. 마이애미, 피닉스, 샌디에이고, 로스앤젤레스, 샌프란시스코, 워싱턴 D.C., 토론토, 밴쿠버 등의 도시는 글로벌 경제와 북미 도시 계층에서 핵심적인 도시로 부상하고 있다. 일부 도시들은 세계화의 혜택을 입어 다른 경쟁 도시들보다 우위를 점하고 있다. 예를 들어 많은 기업의 본사가 몬트리올에서 토론토로 이전해 갔는데, 토론토는 캐나다와 국제 자본시장 간을 연결하는 통로가 되어 왔다. 또한 캘거리와 에드먼턴의 경우는 매우 특화된 국제 석유산업과 밀접하게 연결되어 있는 핵심적인 역할을 수행하고 있다. 퀘벡은 훨씬 더 다양성을 갖춘 후기산업 경제도시로 바뀌어 가고 있는 중인데, 1992년 북미자유무역협정(NAFTA) 이후 이 도시의 대미 수출은 크게 증가하였다. 퀘벡은 예전부터 견고하게 유지해 온 항공우주 산업의 바탕 위에 관광, 정보기술, 생명공학 등의 산업들을 육성해 경제의 건실성을 이어가고 있다.

경쟁력을 잃고 도시 계층에서 뒤쳐져 가는 도시들도 있다. 디트로이트, 클리블랜드, 버펄로, 피츠버그 등의 도시는 전통의 공장들이 문을 닫으면서 도시 전체가 쇠퇴를 경험하고 있다. 이러한 도시는 경제 회생을 보장하는 글로벌 연계와 네트워크를 갈망하며 경쟁력 강화를 위해 애쓰고 있다. 캐나다에서는 선더베이, 세인트존스, 핼리팩스 등이 자연자원에 기반한 도시경제 발전이라는 과제를 달성해 보고자 노력하고 있다.

도시 계층에서는 다양한 특화 기능의 도시들이 구체화되어 외부와 연결된다. 어떤 도시는 주식시장, 은행, 다국적기업의 본사, 기타 자본 거래 등 금융 중심적 기능을 통해 경쟁력을 확보하고 있다. 이러한 금융 기능의 측면에서 볼 때, 뉴욕은 가장 중요한 도시이며, 시카고와 토론토가 그 뒤를 잇고 있다. 다문화 지배적 중심지 같은 다른 특화 기능이 구체화되기도 하는데, 밴쿠버, 마이애미, 로스앤젤레스 등이 이에 속한다. 이런 중심지들은 이민자 인구를 통해 다른 지역과 밀접하게 연계된다. 어떤 도시는 글로벌 항공 네트워크를 통해 중요한 항공교통 환승지를 건설함으로써 도시 계층의 적소(niche)를 차지해 왔다. 가령 토론토, 로스앤젤레스, 시애틀, 멤피스(페덱스의 본사 입지), 애틀랜타(UPS 본사 입지), 앵커리지(군사 항공과 북극 횡단의 기착지) 등이 그 예이다. 쇠퇴해 가던 도시가 부흥의 전기를 마련하여 도시 계층에서 제자리를 찾아가고 있는 경우도 있다. 가령 탈산업화로 인해 경제 쇠퇴와 대규모 일자리 상실을 경험했던 클리블랜드와 피츠버그는 자신들의 경제를 글로벌 시장에서 성공적으로 재조정해 가고 있다. 과거의 산업회사 중 일부가 아직 건재해 있고, 새롭게 국가적 명성을 얻고 있는 의료 건강 시설들이 운영되면서 도시경제가 개편되고 있다. 이에 따라 클리블랜드와 피츠버그는 비록 매우 특화된 기능에 의존하고 있기는 하지만 도시 계층상에서 어느 정도 재상승의 추세를 이어가고 있다.

도시와 국제 스펙터클 행사

세계 수준의 도시로 부상하기 위해 많은 도시가 월드컵 축구 경기나 세계 박람회 또는 올림픽 경기 같은 국제적 이벤트를 개최하기도 한다. 어떤 경우에는 도시가 의도적으로 스펙터클한 국제 행사를 개최해 그 도시 자체를 국제 청중들에게 보여 주려고 애쓰기도 한다. 이제 도시는 물리적으로도 다른 세계 지역들과 연결되고 있으며, 긍정적인 이미지를 매스미디어를 통해 유포시키고 있다. 스펙터클한 국제 행사를 개최함으로써 도시는 글로벌한 인지도를 갖게 되며, 관광과 투자의 증대 가능성을 높일 수 있게 된다.

가령 뉴욕은 '패션 주간'이라는 행사를 반년마다 개최해 세계 수준의 패션 디자이너들에게 자신의 가을·겨울철 및 봄·여름철 컬렉션을 전시할 기회를 제공한다. 1933년에 시작된 이 행사는 처음에는 브라이언트 파크(Bryant Park)의 텐트 속에서 진행되었다. 그런데 참가자들이 점점 늘어 가자 뉴욕은 이 행사를 링컨 센터 단지에 있는 댐로쉬 파크(Damrosch Park)로 이전해 개최하였다. 이 링컨 센터 단지는 뉴욕 메트로폴리탄 오페라와 아메리칸 발레 극장의 본거지이기도 하다. 이 행사가 링컨 센터에서 처음으로 개최된 2010년에는 10만 명 이상의 참가자들이 레드카펫 위로 올려졌으며, 파슨즈 디자인 스쿨 같은 뉴욕의 패션 스쿨에 다니는 일부 인턴들이 무대 뒤에서 자원봉사자로 일하는 행운을 잡기도 하였다. 로컬의 패션 애호가들은 비록 직접 참가할 수는 없었지만 로컬 TV 채널 25번을 틀면 모든 장면들을 시청할 수 있었다. 이 채널에서는 이 행사를 방영하는 데 150시간 이상을 할애하였다.

올림픽은 전 세계적으로 TV 시청자를 끌어모을 수 있기 때문에 개최지로 선정되려는 도시 간의 경쟁이 아주 치열하다. 최근에 벌어진 일을 보면 뉴욕이 2012년 하계올림픽을 유치하기 위해 노력했지만 런던에 밀려 물거품이 되었고, 2010년에 있었던 2016년 하계올림픽 유치 경쟁에서는 시카고가 열심히 노력했음에도 불구하고, 리우데자네이루가 개최지로 확정되었다. 북미의 도시는 유럽의 도시만큼이나 올림픽을 자주 개최해 왔는데, 이는 이들 도시가 글로벌 도시 계층에서 큰 명성과 영향력을 가지고 있음을 입증한다.

월드컵, 무역 박람회, 올림픽 등과 같은 주요 이벤트를 개최하는 것은 창조적인 비전의 제시뿐만 아니라 도시의 물리적 재구조화의 추진 및 도시 재생의 기회 획득과도 관련이 있다. 그러한 변화를 위해서는 항상 기반시설에의 엄청난 투자가 요구된다. 올림픽촌의 건설, 새로운 도로와 하수 체계 같은 프로젝트의 시행, 역사 공원과 광장의 조성 또는 개선 사업 등을 통해 도시의 재생이 이루어지게 된다.

그러한 이벤트가 성공적일 것이라고 흔히들 생각하지만, 밴쿠버의 2010년 동계올림픽은 그 지리적 특성으로 인해 여러 가지 측면에서 어려움을 겪었다. 동계올림픽 대부분이 추운 곳, 고산지 또는 고위도 기후 지역에서 개최되어 왔지만, 밴쿠버와 그 주변 지역은 상대적으로 온화하고 습윤한 기후대에 위치하고 있다. 휘슬러(Whistler)의 스키장은 올림픽이 임박한 시기가 되어도 눈이 전혀 오지 않았는데, 이는 별로 놀랄 만한 일이 아니었다. 비록 눈 제조기가 그날그날 경기를 치를 수 있도록 눈을 만들어 낼 수는 있었지만, 천연의 눈은 내리지 않고 스키장은 진흙탕으로 변하면서 밴쿠버의 소위 '녹색 올림픽'은 빛이 바래 버렸다. 많은 이들이 이 동계 올림픽을 주저 없이 '갈색 올림픽'이라고 부르곤 하였다. 해수면 수준인 밴쿠버의 고도 역시 일부 경기를 운영하는 데 지장을 초래하였다. 고지대의 저산소 환경에서 훈련하고 경기하는 데 익숙해져 있던 스피드 스케이팅 선수들은 예전 올림픽에서의 기록에 훨씬 미치지 못하는 저조한 기록을 보였다.

이 지역의 독특한 지형 조건도 일부 교통 문제를 야기하는 데 한 몫 하였다. 가장 어려웠던 점은 스키 경기에 참여하는 선수와 임원들을 밴쿠버에서 휘슬러까지 이동시키는 것이었는데, 123km의 짧은 거리이지만 609m의 급격한 고도 변화를 이겨 내야만 하였다. 이 두 곳을 잇는 경로는 바다에서 하늘로의 고속도로라고 불릴 만큼 급경사를 이루고 있어, 대규모 교통량을 수용하려면 엄청난 개수 작업이 필요하였다. 불안정한 기상 조건과 빈발하는 교통사고로 이미 악명이 높았던 이 도로는 결국 노선을 넓히고, 전자 기상 감시 장치를 설치하며, 교량을 보강하고, 추월선을 신설하는 등의 작업을 통해 개수되었다. 이러한 작업으로 브리티시컬럼비아 주의 GDP는 2010년에서 2015년 사이에 3억 캐나다 달러 이상의 성장을 이룰 것으로 전망되었다.

하지만 2010년의 이 올림픽과 관련된 여러 발전 전망은 많은 논란을 불러일으켰다. 지나치게 높은 주택 가격과 동시에 동부 저지대의 고질적인 노숙자, 마약, 빈곤 문제로 이미 악명 높았던 이 도시의 많은 주민은 선수촌의 건설과 수많은 장소 개조 사업에 정부 기금을 투자하는 것이 그러한 도시문제의 해결에는 별 효과를 거두지 못하고 있음을 결국 깨닫게 되었다. 개최 전 수년 동안 반복적인 저항 운동이 일어났으며, 이에 밴쿠버 조직위원회는 올림픽을 지지하고 긍정적인 분위기를 고조시킬 의도로 시행되는 대규모 행사까지도 포함시켜 모든 대중 행사를 금지하기에 이르렀다(그림 2.8). 올림픽 기간 동안 대규모 방해 사건이 일어나지 않도록 하기 위해 경찰은 중무장한 채 만일의 사태에 대비하였고, 1,000개에 달하는 폐쇄회로 감시카메라가 도시 전역에 설치되었다. 올림픽 광고도 비판에 직면하였다. 과거 원주민들을 제압하는 데 앞장섰던 국가에서 이누이트족(Inuit)의 상징 중 하나인 이누크슈크(Inukshuk)를 올림픽 로고로 채택하고, 원주민 토템 신앙의 나무기둥과 의례용 의복, 그리고 그들의 '신비적' 자연 해석을 묶어서 올림픽에 내세웠는데, 이는 원주민 문화를 유용한 것이라는 비판으로 이어졌다. 이누이트족과 캐나다 원주민 문화의 진정한 맥락은 도외시한 채, 올림픽이 그 일부만을 떼어 내어 소비자와 선수를 위해 재포장하였다는 비판이 거세게 일었던 것이다.

대규모의 값비싼 시설들을 올림픽이 끝난 후 어떻게 활용할 것인가의 문제도 수면 위로 부상하였다. 1996년 애틀랜타 올림픽의 경우에는 8만 5000석 규모로 특수하게 건설된 올림픽 주경기장이 5만 2000석 규모로 축소되어 애틀랜타 브레이브스 프로야구단의 홈구장으로 바뀌었다. 1만 5000명 수용 규모의 올림픽선수촌은 조지아 주립 대학의 학생 주택으로 변신하였다. 또한 여러 공공 공간들도 올림픽의 유산으로 남게 되었다. 그중 가장 유명한 것은 애틀랜타 도심 한가운데에 조성된 센트럴 올림픽 파크였다. 올림픽이 끝난 후 이 공원은 조지아 주정부로 넘겨져 인기 있는 공원으로 자리 잡게 되었다. 이곳은 연간 약 160

그림 2.8 밴쿠버 주민들은 올림픽촌 건설에 공공 기금을 사용하는 것에 반대했는데, 그들은 이것이 공공 사회 주택이 아니라고 보았다. (사진: Elvin Wiyl)

개의 행사가 개최되고 100만 명의 방문객을 끌어 모으는 도심 활동의 중심이 되고 있다.

그러나 모든 도시가 성공적으로 올림픽 시설과 장소를 활기찬 도시 중심으로 바꾸어 놓은 것은 아니었다. 몬트리올에서는 주요 올림픽 경기장들이 노후화되고 있으며, 그저 값비싼 행사를 치른 기념물 정도로 인식되고 있을 뿐이다(그림 2.9). 애석하게도 이러한 쇠퇴는 그저 특이한 현상이 아니다. 이 도시는 자체 프로야구 연고팀이었던 엑스포스를 붙잡아 두는 데 어려움을 겪고 있었는데, 2005년에 최첨단 시설의 경기장을 약속하면서 연고팀을 잡아 두려고 노력했지만 결국 워싱턴 D.C.로의 이전을 막아 내지 못하였다.

국제적 스펙터클 행사는 한 도시의 재생과 환경 개선, 그리고 도시 기반시설의 개설 및 증진 등을 가져와 그 도시가 세계 무대에서 더욱 경쟁력을 갖출 수 있도록 촉매제 역할을 할 수도 있다. 또한 상상적 글로벌 공간상에서 그 도시를 다시 자리매김하는 데 도움을 줄 수도 있다. 성공적인 행사는 그 도시의 긍정적인 글로벌 이미지를 형성시키고 관광객과 투자를 유치하는 데 도움을 준다. 국제 행사를 개최하는 것은 세계의 도시 정치 지도자들의 중요한 목표가 되고 있다. 왜냐하면 그러한 행사가 거대한 개발의 기회를 가져다 주고, 아울러 도시에 대한 인식을 변화시킬 수 있기 때문이다.

그림 2.9 1976년 하계올림픽을 위해 지어진 몬트리올의 올림픽 시설과 장소들은 현재 방치된 채 남겨져 있다. (사진: John Short)

녹색 도시 만들기

1970년대 이전에는 생태 환경이 도시계획과 경관 디자인에 별다른 영향을 미치지 못하였다. 그러나 1980년대에 들어서면서 도시계획가는 도시 자연의 중요성에 주목하게 되었고, 생태 환경이 도시 디자인과 도시 건설 및 관리 방식에 심대한 의미를 지닌다는 점을 깨닫게 되었다. 도시경관 내에서 자연 세계를 다시 연결시켜 보려는 시도는 많은 사례를 통해 확인할 수 있다. 녹색 도시 만들기는 나무 심기 프로그램, 전통 유산 보존, 스마트 빌딩, 도시 농업과 도시 숲, 생태계 복원, 자전거 친화적 도시, 재활용 프로그램의 제고, 자동차 사용 제한, 개발 금지된 공공용지의 확대 등과 관련이 있다. 녹색 도시, 지속가능한 도시라는 이름으로 알려진 미국과 캐나다의 오늘날 도시계획은 도시 생태 환경을 더욱더 광범위하게 끌어안고 있다.

규칙적으로 만들어진 네모반듯한 빌딩과 지속가능한 디자인은 오랫동안 서로 분리된 채 각각 다른 구역에서 존재해 왔다. 하지만 최근에는 녹색 건축가와 건설업자, 그리고 인테리어 디자이너들이 녹색 빌딩들, 작게는 녹색 주택들을 짓기 위한 아방가르드적 디자인을 창조해 가고 있다. 규모가 큰 건물은 건축 시에, 그리고 완공 후에 유지하는 데 엄청난 양의 지구 자원을 소비하기 때문에 녹색 건물이야말로 혁신적이고 생태 환경 친화적인 디자인을 과시할 수 있는 기회인 것이다. 녹색 건물은 여름철 오후의 태양열 수용은 억제하고, 겨울철 태양열 수용은 최적화하는 환경 친화적 특징을 잘 보여 주고 있다. 일부 건물들은 화석연료의 대체물로서 태양에너지를 사용하고 있으며, 환경을 파괴하지 않고 생산된 녹색 건축 재료를 사용해 재활용이 가능하도록 하고 있다. 또한 많은 녹색 건축업자들은 내부 공기의 질을 높이기 위해 포름알데히드나 유해 화학물질 없이 만들어진 천연재료를 사용하고 있다. 또 다른 예는 지면을 포장하지 않고 자연 조경을 그대로 설치하는 것이다. 지면을 포장하면 폭우가 왔을 때 물이 지표 속으로 스며들지 못하는 문제점이 있기 때문이다. 내부 장식도 대나무 바닥재나 코르크 타일 같은 높은 수준의 재생성 또는 재활용성을 지닌 물질을 사용한다. 시애틀, 포틀랜드, 밴쿠버 등은 녹색 빌딩의 선도 도시로 주목받고 있다. 시애틀에만 30개가 넘는 녹색 빌딩이 들어서 있다. 시카고와 토론토는 진전된 기술의 녹색 지붕으로 수많은 상을 수상하였다. 토론토는 '건강한 도시를 위한 녹색 지붕(Green Roofs for Healthy Cities)'이라는 프로그램을 시작하였고, 일련의 '녹색 벽(Green walls)' 사업을 진행시켜 빌딩의 측면에 식생이 자라도록 하는 일을 추진하고 있다. 위에서 언급한 도시 이외에도 내셔널지오그래픽의 "그린 가이드(Green Guide)"가 선정한 가장 환경 친화적인 도시에 오스틴, 볼더, 매디슨, 미니애폴리스, 오클랜드, 샌프란시스코 등이 포함되었다. 40개의 미국 도시가 오늘날 종합적인 지속가능성 계획을 갖고 있는데, 대기오염, 수질오염, 공원과 개발이 금지된 개방 공간, 기후 변화, 도시 농업, 커뮤니티 정원 등과 같은 광범위한 환경문제에 주목하고 있다.

미국과 캐나다의 많은 도시는 1960년대부터 수변 공간 재개발을 추진해 시민에게 수변 공간을 '되찾아' 주려고 노력해 왔으며, 이는 1980년대에 더욱 가속화되었다. 탈산업화가 시작되면서 창고는 버려졌고, 도시 수변에 있던 항구 시설은 더 이상 사용되지 않게 되었다. 넓은 컨테이너 공간을 확보하고 있었던 과거의 수많은 항구 시설들은 새로 개발된 관련 기술에는 걸맞지 않는 쓸모없는 것이 되어 버렸다. 도시는 이제 새로운 경제적 변화에 적응해야만 했고, 과거의 산업 부지로부터 새로운 공간을 창조해 내야만 하였다. 빈 땅들은 기회가 되었다. 오늘날 수변 재개발은 널리 확산되고 있다(그림 2.10). 많은 도시가 수변 공간을 생동감 넘치는 공공 공간으로 변형시켜 지역 주민들과 관광객을 끌어모으고 있다. 볼티모어의 내항은 흔히 미국 수변 공간 재개발 프로젝트의 모델 사례로 인용된다. 그곳은 사람

그림 2.10 리도 운하(Rideau Canal)의 북쪽 터미널에 있는 수문은 오타와 쪽 강변에 위치해 있다. 반면에 제지 공장(왼쪽)과 문명박물관(오른쪽)은 가티노(Gatineau) 쪽 강변에서 볼 수 있다. 컨페더레이션(Confederation) 거리는 보행자들로 하여금 오타와 강의 양쪽 측면에 자리한 역사 지점과 명소들에 접근이 가능하도록 해 주고 있다. (사진: Nathaniel Lewis)

들이 모이는 도시의 명소가 되었다. 국립 수족관과 두 개의 스포츠 경기장, 호텔, 레스토랑, 박물관, 고층 콘도 등이 자리 잡게 되었다. 보스턴, 피츠버그, 토론토, 밴쿠버에서 수변 공간은 스포츠 경기장, 레스토랑, 호텔 등으로 가득 찬 새로운 축제의 공간이 되었다. 오타와, 시러큐스, 버펄로, 사바나, 빅토리아, 찰스턴, 오스틴, 클리블랜드 등 상대적으로 작은 규모의 도시도 그 항구와 호수와 하천변을 새롭게 바꾸어 갔다.

재개발이 아무런 논란이 없이 순조롭게 진행되는 것은 물론 아니다. 이러한 수변 공간을 무슨 목적으로 어떻게 재개발할 것인가의 문제는 치열한 논쟁을 불러일으켰다. 또한 이는 엄청난 비용 없이는 불가능한 것이었다. 볼티모어 내항의 재개발 건설에는 29억 달러가 소요되었다. 일부에서는 사회적 비용도 엄청나게 소요된다는 점을 비판하였다. 볼티모어 내항에 자금을 쏟아 부은 점은 볼티모어의 열악한 공교육 시스템 및 많은 공공 서비스의 감소와 크게 대조된다. 어떤 경우에는 수변 공간 개발이 특정 부분의 도시경관 가격을 상향 고정시켰고, 따라서 사회복지 프로그램의 희생 위에 부동산 이익을 끌어올린 꼴이 되었다. 볼티모어 내항은 화려하게 꽃을 피웠지만 도시 내부의 여러 근린들은 높은 범죄율과 인구 감소, 주택 포기 등을 경험하며 계속 어려움에 처해 있다.

실질적인 비용이 얼마나 소요되었는지의 문제는 차치하고, 수변 공간의 변용은 경제적으로, 환경적으로 도시 재탄생에 관한 극적인 이야기를 보여 준다. 새로운 호텔과 수족관이 들어선 볼티모어의 수변 공간은 그 위를 통과했던 93번 주 연결 고속도로의 일부 오래된 구간을 제거하면서 새롭게 탄생하였다. 지상의 일부 고속도로 구간이 폐쇄되는 대신에 널리 알려진 '빅 딕(Big Dig)'이라는 이름처럼 지하로 파고 들어간 새로운 고속도로가 조성되어 연결되었다. 이 때문에 생겨난 지상의 넓은 개방 공간은 로즈 케네디 그린웨이(Rose Kennedy Greenway)라는 이름의 직선형 공원이 되었다. 수변 공간 재개발은 도시 중심부를 경제적, 사회적, 생태적 중심으로 복원하는 데 이바지하고 있다.

독특한 도시

뉴욕: 글로벌 메트로폴리스

뉴욕은 미국에서 가장 큰 도시이며, 미국의 문화 및 경제의 수도로 알려진 도시이다. 인구는 840만 명이며 메트로폴리탄 지역 전체의 인구는 1900만 명에 달한다. 인구에 관한 한 뉴욕은 아시아와 라틴아메리카의 메가시티에 필적할 만한 북미의 유일한 도시인 것이다. 진정한 '글로벌 도시'인 뉴욕은 글로벌 경제의 추이를 외부로 확산시키고 있는 중심 지점이다. 하지만 최근의 사건들을 보면 뉴욕도 다른 도시와 마찬가지로 결코 세계 제일의 글로벌 도시로서 확고한 안정성을 갖추고 있는 것이 아님을 알 수 있다. 2001년 9월에 세계무역센터가 공격받은 사건, 2003년 8월의 대규모 정전 사태, 2008년과 2009년의 부동산 위기 등은 글로벌 연결성과 명성을 지닌 뉴욕에서의 삶도 외부적 요인들에 의해 교란될 수 있음을 보여 주었다.

그러한 혼란이 있기는 하지만 뉴욕은 여전히 제2차, 제3차 산업 분야에서 세계를 선도하고 있다. 또한 뉴욕 주 및 뉴저지 주의 항구로서, 한때는 이리 운하를 통해 대서양과 세인트로렌스 해로를 연결시키는 중요한 역할을 담당하였다. 현재는 미국에서 세 번째로 많은 화물량을 처리하고 있고, 세계적으로는 상위 20개의 가장 분주한 항구 중 하나가 되었다. 뉴욕은 로스앤젤레스와 함께 2만 개가 넘는 업체를 보유해 미국의 제조업 기반 산업을 지배하고 있다. 뉴욕은 특히 최근 20년 동안 큰 명성을 얻게 된 소위 '창조 산업'을 크게 발전시켜 나가고 있다. 이러한 창조 산업은 각 업종별로 도시의 서로 다른 구역에 공간적인 집중을 이루는 경향이 있는데, 가령 타임스퀘어의 음악 및 영화 업종, 가먼트 지구의 패션 업종, 첼시와 소호 지구의 실내 장식 및 건축 업종, 매디슨 가의 광고 업종 등이 그 예이다. 이러한 업종은 음악으로 명성 높은 줄리아드, 디자인으로 명성 높은 프랫 예술대학(Pratt Institute), FIT(Fashion Institute of Technology) 등 근처에 자리 잡고 있는 교육기관으로부터 재능 있는 인재들을 공급받고 있다. 또한 도시정부에서도 텔레비전과 영화 업종 부문에 세금 인센티브를 부여해 관련 산업 발전에 공헌하고 있다.

뉴욕은 뉴욕 주 내륙 지역이 대서양, 롱아일랜드, 코네티컷 주 서남부, 뉴저지 주 북동부 등과 만나는 전략적으로 중요한 위치에 자리 잡고 있다. 이 지역은 흔히 '3개 주 지역(tri-state area)'으로 불린다. 맨해튼 섬을 구성하고 있는 견고한 변성암은 뉴욕을 특징짓는 마천루 같은 집중도 높은 수직적 경관이 형성되는 자연적 조건이 되고 있다. 20세기 진보 시대의 도시 공원 운동의 산물인 센트럴 파크는 맨해튼 섬의 유일한 대규모 미개발 공공용지이다. 맨해튼 섬에는 앨곤퀸(Algonquin)족 원주민들이 처음 거주했는데, 이후 1624년에 네덜란드인들이 이를 구매해 정착하기 시작하였다. 1800년이 되면서 뉴욕은 인구 6만 명을 보유한 미국 최대의 도시가 되었다. 그 후로 이러한 최대 도시의 지위는 계속 유지되었고, 보스턴~워싱턴 연담도시의 중심으로 자리 잡게 되는데, 후에 지리학자 고트망은 이를 메갈로폴리스라고 명명하였다. 도쿄, 런던과 함께 뉴욕은 세계 무역, 상업, 금융, 주식 거래의 중심 역할을 수행하는 3대 전통 '글로벌 도시' 중 하나가 되었다.

뉴욕은 더욱더 글로벌한 연결성을 갖게 되면서 사회적, 경제적, 공간적으로 다양한 방식의 파편화가 이루어지고 있다. 세계도시로서 위상을 갖고 있기는 하지만 뉴욕은 늘 열악한 위생 문제와 높은 범죄율로 인해 어려움을 겪고 있다. 많은 지리학자들은 이러한 문제들이 완전히 해결되지 않고, 단순히 은폐되거나 위치만 바뀐 채 계속되어 왔다고 주장한다. 도시 내 특정한 장소에서는 이러한 문제가 전혀 해결되지 않고 계속되고 있다. 뉴욕은 환경적으로 유해한 공공사업을 입지시킬 장소를 계속 물색해 왔는데, 가령 브롱크스(Bronx)나 선셋 파크 같은 가난하고 특정 인종이 모여 사는 근린 지역에 고속도로와 쓰레기 소각장 등을 입지시켜 왔다. 그러한 지역들은 대중적인 주목을 덜 받고 있는 곳이며, 내부적 저항도 그리 강하지 않기 때문에 그런 일들이 자행되고 있는 것이다. 뉴욕은 또한 안전하고 활기 넘치는 도시 및 관광 도시로 재구성하고자 노력하고 있다. 줄리아니(Rudolph Giuliani)가 시장직을 맡았던 1994년부터 2001년까지, 뉴욕은 구걸 행위와 노숙자를 범죄로 간주하는 '삶의 질'

법안을 집행하였고, 마약 밀매가 빈번하게 이루어지는 공공 공간은 폐쇄회로 카메라를 설치해 치안을 강화하고 안전을 확보해 나갔다. 시청 계단 같은 과거에 대중 저항 집회가 벌어지던 중요한 지점에는 울타리를 쳐서 접근을 차단하는 경우가 많아졌다.

젠트리피케이션은 확실히 뉴욕을 파편화로 몰아가고 있다. 젠트리피케이션은 근린의 재산을 점진적이고 전면적으로, 그리고 현지 사정에 맞게 개선하는 작업으로 흔히 알려져 있지만, 2000년 이후 뉴욕의 많은 젠트리피케이션은 기업 개발자와 행정 기관의 이익에만 초점을 맞추어 추진되어 왔다. 예를 들어 뉴욕도시개발법인은 타임스퀘어의 여러 자산을 강제적으로 사들여 재개발을 진행하였다. 요즘은 개인이 운영하는 비즈니스 개선 지구들(Business Improvement Districts: BID)을 통해 도시 미화나 신호 체계 개선 등 뉴욕의 많은 공공 공간의 개선 사업이 진행되고 있다. 여러 경제지리학자들이 살펴본 바와 같이 뉴욕에 자리 잡고 있는 창조 산업의 이점은 그것이 입지해 있는 근린 자체를 '브랜드화'하고 있다는 점이며, 아울러 그 브랜드화의 효과가 긍정적으로 발휘되고 있다는 점이다. 그 결과 도시 내부의 근린들 간의 경쟁이 치열하게 전개되고 있는데, 가령 맨해튼의 정육 포장 구역이나 브루클린의 윌리엄스버그처럼 쇠퇴 일로에 있던 근린들이 빠르게 젠트리피케이션되거나 밤 문화의 중심지 또는 도시 예술의 중심지가 되기 위해 노력하고 있다. 이러한 과정은 상류층 또는 상승하고 있는 계층이 이용할 수 있는 생활공간을 확장시키고 있는 것이 사실이지만, 브루클린의 파크 슬로프(Park Slope), 맨해튼의 할렘, 동부 저지대(Lower East) 등의 근린에 사는 중산층 거주자들은 오히려 자기 땅에서 내몰리게 되는 상황이 벌어지고 있다. 젠트리피케이션을 비판하는 목소리들은 급속한 개발, 보안화, 도시 공간의 브랜드화 등이 주민들보다는 관광객이나 비즈니스 세입자들을 우선시하는 '디즈니화된(Diseneyfied)' 환상의 도시, '위락 기계(entertainment machines)'를 만드는 데 이바지하고 있다고 주장한다.

이민은 뉴욕의 정체성은 물론이고 각 근린지구의 개별 정체성에도 매우 중요한 역할을 하고 있다. 19세기 말에서 20세기 초에 이르는 기간 동안 1200만 명 이상의 이민자들이 아일랜드, 독일, 이탈리아, 폴란드, 그리스, 기타 여러 국가로부터 뉴욕으로 들어왔다. 지난 30년 동안에는 라틴아메리카와 아시아로부터의 이민자들이 압도적 다수를 차지하고 있다. 뉴욕은 미국에서 인종·민족 집단의 다양성이 가장 높은 도시이지만 차별적 공간 분리 현상은 여전히 지속되고 있다. 도시 자산의 문지기 역할을 수행하고 있는 부동산 중계업자들은 새로운 이민자들을 특정 인종 및 민족 집단이 지배적으로 분포하고 있는 근린지구에 맞게 분급해 주고 있다. 그러한 관행은 공간적 분리의 경향을 지속시키고 있다. 가령 브롱크스의 푸에르토리코인 집단, 워싱턴 하이트의 도미니카인 집단 등의 민족 게토를 강화시키고, 더 나아가 집단 간 상호 반감을 강화시키고 있다. 이처럼 뉴욕은 여전히 극과 극을 보유한 도시로 남아 있다. 상대적으로 작은 규모의 지역이지만 그 내에서 극단의 부유층과 극단의 빈곤층이 공존하고 있으며, 글로벌 통합과 동시에 로컬의 파편화도 진행되고 있다. 공적인 차원에서는 공공 공간에 대한 관리와 조정이 진행되는 가운데, 사적인 차원에서는 각 개인들이 서로 나란히 병존하면서 개별적으로 경제 기회를 잡으려고 노력하고 있다. 이러한 뉴욕의 이분화 특성들은 매력적인 지리학 연구의 대상으로서 차후에도 많은 연구가 뒤따를 것으로 기대된다.

로스앤젤레스: 하나의 도시를 추구하는 50개의 교외

로스앤젤레스는 뉴욕과 분명한 대조를 이루는 도시이다. 엄청난 규모로 계속 확대되고 있는 이 도시는 1,290km²의 면적을 갖고 있으며, 할리우드, 비벌리힐스 등 수많은 비즈니스 구역을 보유하고 있다. 또한 복잡하고 체증이 심한 도로망 체계가 도시의 수많은 '핵'을 연결하고 있다. 콘크리트 구조물과 초고속도로(superhighways), 그리고 저지대를 따라 진행되는 주거지 개발과 스트립몰과 같은 상업지의 개발 등으로 특징지어지는 도시 스프롤 현상은 로스앤젤레스에서 가장 전형적인 모습으로 진행되고 있다. 북쪽으로는 흔히 '밸리(the Valley)'라고 불리는 샌페르난도밸리를 지나 도시가 계속 확장 중에 있으며, 동쪽으로는 '인랜드 엠파이어(Inland Empire)'라고 불리는 샌버너디노 카운티와 리버사이드 카운티를 향해 진행되고 있다. 로스앤젤레스 메트로폴리탄 지역의 인구는 2009년 현재 1290만 명이며, 1980년대에 이르러 시카고를 제치고 미국에서 두 번째로 큰 도시가 되어 오늘에 이르고 있다. 하지만 뉴욕과 마찬가지로 로스앤젤레스는 극과 극의 특성들이 대조를 이루고 있는 도시이다. 엄청난 부를 누리고 있는 비벌리힐스와 만성적인 빈곤과 무질서로 신음하는 중남부 지역은 미국의 매스미디어와 미국적 문화 상상에서 단골로 등장하는 장면이 되었다. 자유주의적 정치 성향을 갖고 있는 예술과 연예 부문의 젊은 인구 집단은 오렌지카운티에 거주하는 공화당 성향의 가족 집단 및 미국 드라마 "진짜 주부들(Real Housewives)"에 나타난 과시적 소비 집단과 극명한 대조를 이룬다. 또한 뉴욕, 보스턴, 시카고 등의 도시와 비교했을 때, 특정 사회 계층이나 가문의 영향력이 상대적으로 적은 로스앤젤레스에는 부를 보호하고 유지하기 위한 폐쇄공동체가 곳곳에 많이 분포하고 있다. 그러나 인공적인 도시 개발은 지진, 산불, 산사태 등과 같은 자연재해의 영향으로 그 규모가 제한을 받고 있으며, 따라서 개발 속도가 저하되는 문제를 안고 있기도 하다.

로스앤젤레스와 주변의 땅은 본래 쇼숀(Shoshone)족 원주민들이 거주하던 곳이었는데, 18세기 스페인인들이 정착하기 시작하면서 이곳을 포시운쿨라 천사들의 여왕 마을(El Pueble Nuestra Señora la Reina de Los Angeles de Porciùncula)이라고 명명하였다. 이 지역은 1848년까지 스페인의 땅이었는데, 그 해에 미국은 미국-멕시코 전쟁(Mexican-American War)에서 승리한 후, 과달루페 이달고 조약(Treaty of Guadalupe Hidalgo)을 체결해 신속하게 이 지역 일대를 병합하였다. 이후 19세기 중반에 미국 동부에서 유럽계 백인들이 들어와 정착했지만, 그 규모는 19세기 말까지도 기껏해야 2,000명 수준을 넘지 못하였다. 그런데 1876년, 이리 운하의 역할과 매우 유사한 남태평양 열차 노선과 1885년에 산타페 열차 노선이 뉴욕으로부터 이곳까지 도달하면서 폭발적인 인구 증가가 이루어져 1900년에는 인구가 10만 명에 달하게 되었다. 그러나 뉴욕, 필라델피아 같은 상업 중심지와 시카고, 디트로이트, 피츠버그, 클리블랜드 같은 여러 산업 단지 등과 비교했을 때, 초기의 로스앤젤레스가 미국 경제에서 차지하는 역할은 상대적으로 미약한 편이었다.

그러나 1914년 산페드로에 항구가 건설되어 교통의 큰 발전이 이룩되면서 로스앤젤레스는 명실상부 뉴욕 및 필라델피아에 필적할 만한 서부 해안의 메트로폴리스로 성장하였다. 현재 로스앤젤레스-롱비치로 알려진 이 항구는 커져 가는 서부의 석유산업을 위한 수출 허브로 기능하였고, 크루즈 여객선과 아시아로부터의 수입품을 처리하는 중계항으로 기능하고 있다. 스타인벡의 『생쥐와 인간(Of Mice and Men)』 같은 문학작품에서 묘사된 것처럼 남캘리포니아는 1930년대 대공황기에 실직한 수많은 노동자의 목적지가 되었다. 이러한 국내 이주자들은 주로 가뭄과 기근으로 황폐화되었던 오클라호마 주, 캔자스 주 및 기타 '황진 지대(Dust Bowl)'를 떠나 유전, 화학 공장, 자동차 공장 등에서 일하기 위해 남캘리포니아로 유입되었다. 제2차 세계대전 중에는 미국의 태평양 군사 활동의 중심지로서 기능했으며, 그 후에는 미국 서부의 중심 도시로 군림하게 되었는데, 샌디에이고, 샌프란시스코, 포틀랜드, 시애틀을 따라 새롭게 부상한 제2차, 제3차 산업 중심의 서부 해안 경제에서 중심지로서 자리 잡게 된 것이다. 온화한 기후, 교외 주택지의 발달, 사치적 소비와 위락 산업의 성장 등에 힘입어 로스앤젤레스는 1945년 이후 미국의 대표적인 라이프스타일 중심 도시로서 확고한 지위를 갖게 되었다.

오늘날 로스앤젤레스는 미국 국내 제조업(특히 의류와 사치품)의 선두 주자로 알려져 있고,

항공우주 산업, 영화 및 TV 산업에서는 글로벌 선두 주자로 알려져 있다. 이 도시의 항구는 미국의 다른 어떤 항구들보다도 일본, 동남아시아, 오세아니아, 라틴아메리카 등과 많은 교역을 시행하고 있으며, 로스앤젤레스 국제공항은 미국 전체에서 시카고 오헤어 공항, 애틀랜타 하츠필드 공항에 이어 세 번째로 분주한 공항으로 자리 잡고 있다. 로스앤젤레스의 견고한 산업 기반과 교통 네트워크는 관광, 컨벤션, 연방정부 계약 일자리, 성형수술을 포함한 의료 서비스 등 여러 부수적인 영역의 고용을 끌어모으고 있다.

로스앤젤레스는 뉴욕에 비해 상대적으로 짧은 국제 이민의 역사를 갖고 있는데, 1960년대 이전에 이 도시로 들어온 대다수의 이주자는 미국의 다른 지역에서 유입된 국내 이주자들이었다. 하지만 이 도시는 현재 미국에서 가장 높은 수준의 이주자 다양성을 갖춘 도시가 되었다. 인구의 1/3 이상이 외국 태생이고, 라틴아메리카(특히 멕시코)와 아시아에서 최근의 이민 물결을 타고 온 사람들이 큰 비중을 차지하고 있다. 신이주자들이 많다는 점은 로스앤젤레스가 안고 있는 문제이자 과제이다. 대부분의 이민자들은 영어 사용이 서툴기 때문에 로스앤젤레스와 캘리포니아 정부에서는 외국어, 특히 스페인어를 학교 교육과정과 도로 안내판에 계속 포함시켜야 할지, 영어를 유일한 공식 언어로 해야 할지에 대해 계속 고민하고 있다. 로스앤젤레스 지역의 신이민자들은 대체로 가난하며, 주거, 고용, 학교 등에서 차별을 경험하고 있다. 이러한 이민자들이 정원 관리에서 세탁업에 이르기까지 다양한 서비스 산업에서 궂은일을 담당하고 있는데, 바로 이 점 때문에 중·상류층의 소위 '남캘리포니아 생활양식'이 궁극적으로 가능할 수 있는 것이다. 하지만 이들은 동부 로스앤젤레스와 콤프턴 같은 경제적으로나 공간적으로 주변화된 근린에 집중 거주하고 있다.

로스앤젤레스는 교통 체증, 환경오염 문제 등 여러 가지 환경문제를 안고 있다는 점에서도 주목할 만하다. 스프롤 현상이 계속 진행 중인 자동차 의존형 도시에서 대부분의 주민들은 자동차로 통근하고 있으며, 10명 중 7명은 나홀로 통근족이다. 로스앤젤레스의 전차 노선은 고속도로 개발에 밀려 1963년 모두 폐쇄되었다. 1990년에는 통근열차 시스템을 다시 도입했지만 오직 5개의 노선만이 도심에서 주변 교외로 탑승객을 실어 나르고 있다. 하지만 얼마 안 되는 이 노선들만으로는 자동차 교통으로 야기되는 여러 문제점들을 적절히 극복하는 것이 여전히 불충분하다.

교통 체증은 분지라는 불리한 입지 조건 및 건조한 기후 조건과 한데 어우러져 이 도시를 미국에서 가장 스모그가 심한 도시로 만들고 있다. 과거에는 일 년에 약 100회 정도 발령되던 로스앤젤레스의 스모그 경보는 1970년대 이후로 많이 줄어들기는 하였지만, 미국폐협회(National Lung Association)는 이 도시를 여전히 미국에서 첫 번째 또는 두 번째로 오염이 많이 된 도시로 순위를 매기고 있다. 로스앤젤레스는 또한 거대한 규모의 거주민들에게 공급할 수자원의 확보에 어려움을 겪고 있다. 북캘리포니아와 콜로라도 강으로부터 물을 끌어오는 것은 이제 한계에 도달하였다. 빈발하는 가뭄의 문제를 아울러 고려한다면 유일한 대안은 용수 절약과 바닷물의 용수 전환일 것이다. 1990년에는 캘리포니아 해안에 최초로 탈염류 정수소가 가동되기 시작하였다. 마지막으로 주목해야 할 것은 이 도시가 지진의 상시적 위협에 처해 있다는 점이다. 비록 현재는 낮은 등급의 지진이 이어지고 있지만, 지진 참사의 가능성이 현실화되고 있어 학교나 사업장, 경찰에서는 위급 상황 대처 계획이 최우선 과제가 되고 있다.

디트로이트와 클리블랜드: 위축되는 도시

미국의 국가 경제는 대체로 성장과 번영을 구가해 왔다. 그러나 일부 도시들은 경제의 정체 또는 쇠퇴와 인구의 감소를 경험하고 있다. 1950년에 클리블랜드 시의 인구는 90만 명이었으나, 2010년에는 39만 7000명으로 급감하였다. 디트로이트는 굴지의 자동차 회사 GM과 포드의 본거지로서, '자동차 도시(Motor City 또는 Motown)'로서의 위상을 드높였다. 하지만 1950년에 180만 명에 달하던 인구는 2010년에 71만 4000명으로 역시 급감하였다. 과거 도시 산업의 거인으로 이름을 날렸던 이 두 도시의 운명은 급격히 바뀌어 버렸다.

디트로이트에서는 고소득 제조업 일자리가 줄어들었고 실업률은 높아졌다. 이에 많은 주민들이 자신들의 주택을 잃고 쫓겨나게 되었다. 아울러 높아진 실업률은 도시를 병들게 했는데, 1980년대와 1990년대에는 마약이 널리 퍼져 관련 폭력과 재산 범죄가 증가하였다. 결국 디트로이트는 북미에서 가장 범죄에 찌든 도시라는 끔찍한 오명을 얻게 되었다. 고통스러운 도시의 현실은 계속되었다. 2010년에는 도시 면적의 약 1/3에 달하는 104km²가 텅 비어 버렸다. 디트로이트에서 유일하게 잘 되고 있는 사업은 건물 파괴 산업이라는 우스갯소리도 퍼져 있다.

1990년대 이후로는 재개발의 움직임이 일어나고 있지만 그 전략은 복합적 결과로 이어지고 있다. 1990년대 중반에는 3개의 카지노가 디트로이트 도심에 문을 열었다. 2000년에는 코메리카 파크(Comerica Park)에 있던 오랜 역사를 지닌 타이거 스타디움이 새롭게 지어져 프로야구팀, 디트로이트 타이거스의 홈구장으로 쓰이고 있다. 2002년에는 미식축구 프로구단인 디트로이트 라이언스도 도심에 있는 포드 필드(Ford Field)로 돌아왔다. 2004년에 문을 연 '컴퓨웨어(The Compuware)'는 최근 10년 동안 도심에 처음으로 지어진 오피스 빌딩으로서, 도심에 활기를 불어넣고 있다. 디트로이트는 2005년에 미국 메이저리그 야구 올스타 경기를 개최하였고, 2006년에는 미식축구 40회 슈퍼볼을 개최하였다. 이 두 경기는 모두 도심 지역의 개

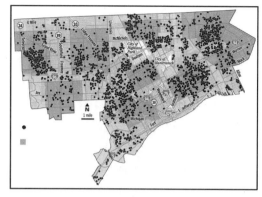

그림 2.11 허물기로 되어 있는 주택의 지도(미시간 주 디트로이트). 출처: Lisa Benton-Short

발을 촉진하였다. 현재 디트로이트는 디트로이트 강 바로 건너편에 있는 캐나다 온타리오 주, 윈저에 이미 만들어져 있는 수변 산책로 공원과 유사한 공원을 건설 중에 있다. 이 건설 작업을 통해 과거 열차 노선과 몇몇 방치된 빌딩들이 없어지고 수 마일에 이르는 연속적 공원 지역이 탄생하게 될 것이다.

그러나 새로운 기반시설을 구축한다고 해서 반드시 경제성장이 이룩되는 것은 아니다. 2009년에는 주민의 1/3 이상이 빈곤 기준선 이하로 살아가고 있고, 76%의 아프리카계 미국인, 17%의 백인, 7%의 히스패닉으로 구성된 다인종 인구는 여전히 높은 수준으로 서로 격리된 채 살아가고 있다. 버려진 주택의 문제는 이 도시가 계속 고통을 겪고 있는 가장 큰 문제이다. 2010년에는 총 7만 8000호의 주택이 비어 있거나 버려져 있었고, 그중 5만 5000호는 압류된 상태이다(그림 2.11). 1980년대와 1990년대에 이미 버려진 주택문제로 큰 어려움에 직면했던 디트로이트는 2008년 주택 압류 위기를 가장 심하게 경험해야만 했던 도시 중 하나가 되었다(글상자 2.3). 버려진 재산 문제로 위기에 봉착한 디트로이트 시장은 2013년까지 1만 호의 버려진 주택을 허물어 버리는 목표를 설정하였다.

클리블랜드도 탈산업화의 암울한 유산을 극복해 좀 더 경쟁력 있는 글로벌 경제를 창안해 나가고자 노력해 왔다. 클리블랜드의 재건을 위한 계획은 새로운 박물관, 스포츠 경기장, 컨벤션 센터, 수변 공간 등을 만들어 내는 것과 과거 산업 창고 지구를 고급 주택과 상업 시설로 개조하는 것 등 다른 많은 도시가 채택했던 공식과 크게 다를 바 없었다. 전문가들은 이러한 노력을 '클리블랜드의 컴백(the Cleveland Comeback)'이라고 명명하였다. 가장 성공적인 프로젝트는 1995년에 문을 연 로큰롤 명예의 전당 및 박물관(Rock and Roll Hall of

주택 시장 위기에 관한 블로그

다른 사람들처럼 저도 우리가 은행과 죄 없는 주택 소유자들 모두를 결국은 구제하게 될 것이라는 전망에 등골이 오싹합니다. 전문가들은 법을 준수하고 세금 잘 내는 우리들이, 악당과 같은 그들과 무능력자들을 보조해 주고 있다는 생각을 하면서 현장을 돌아보고 있는 중입니다. 그런데 우리가 크게 분노하는 이유는 우리의 경제적 사리사욕이 그러한 개입으로 침해받고 있다는 잘못된 생각 때문입니다. 이러한 개인주의적인 이념은 특히 미국에서 강합니다. 무모한 사적 행위들을 공적으로 보조해 주는 도덕적 해이가 바로 진짜 문제인 것입니다. 그러나 또한 우리는 재정 안전성과 경제 건전성이 절대적으로 바로 우리에게 달려 있다는 점도 알아야 합니다. 예를 들어 주택 시장 위기를 생각해 봅시다. 개별 소유 및 점유자로서 저는 내 집의 가치에 관심이 많습니다. 하지만 그 가치는 개별적 거주 특성뿐만 아니라 이웃 주택들의 가격 변동에 따라서 달라집니다. 이웃 주택들의 가격이 하락하면 내 주택도 마찬가지이지요. 어떤 주택의 가격은 그 주변의 주택에 따라 변하는 법입니다. 우리는 이것을 근린 효과라고 부를 수 있습니다. 압류 때문에 버려진 재산이 늘어나게 되면 이에 따라 주위의 주택 가치도 함께 떨어지게 됩니다. 비록 당신이 압류의 영향을 받지 않는 근린 내에 살고 있고, 위기 상황이 더 악화될 가능성이 별로 없더라도 주택시장은 길게 이어진 연쇄적 구매의 영향력 내에 있습니다. 주택 판매는 시장의 상층부에서 하층부로 사슬처럼 연결되어 있는 상황에 처해 있습니다. 어떤 이가 주택 시장에 처음으로 들어와 주택을 구매한다면, 그 주택의 기존 소유자는 그것을 팔고 더 비싼 주택을 구매하게 됩니다. 연쇄적으로 그 소유주는 이제 더 비싼 다른 주택을 구매하게 되는 것이지요. 이러한 연쇄적 구매 사슬의 한 부분이 끊어지게 된다면 그 위의 사슬에도 악영향을 미치게 됩니다.

근린 효과와 주택 사슬의 영향으로 우리 개별 주택 소유주들과 구매자들은 광범위하게 형성된 연계망 속에 포섭되어 있습니다. 우리가 이 점을 기억한다면, 정부의 개입 원리를 본질적으로 나쁜 것으로 보는 그런 논의보다는 압류를 근절하기 위한 상세한 방안과 근린 효과를 최소화할 수 있는 방안 등에 관한 좀 더 효과적인 논의가 이루어질 수 있을 것입니다. 경제 정책에 대한 많은 비판의 밑바탕에는 우리가 경제적으로 고립되어 있다는 잘못된 가정이 있습니다. 우리는 자본주의 경제가 지닌 사회적 특성을, 특히 자본주의 경제의 작동 특성을 잘 알아야 합니다.

출처: http://Johnrennieshort.blogstpot.com/2009_03_01_Archive.html. 최초 출간일은 2009년 3월 3일

Fame and Museum)이었다. 이리 호 주변에 위치한 이 빌딩은 클리블랜드 수변 공간 재개발에 핵심적인 역할을 하였다. 프로팀들을 위해 새롭게 건설된 도심의 스포츠 경기장들도 도

시 재생에 큰 공헌을 하였다. 게이트웨이 스포츠 콤플렉스(Gateway Sports Complex)의 건설에는 3억 6000만 달러의 비용이 소요되었는데, 야구 경기를 위한 야외 경기장과 농구 경기를 위한 실내 경기장를 포함하고 있다. 현재는 주민과 관광객 모두가 찾는 명소가 될 수 있도록 이리 호와 쿠야호가(Cuyahoga) 강을 따라 수변 공간이 재개발되고 있는 중이다. 클리블랜드는 경제성장을 이룩하기 위해 지역 내의 풍부한 교육 및 의료 시설을 활용함으로써 건강 서비스 산업에 있어서 지역적, 국가적으로 선도적 위상을 갖게 되었다. 클리블랜드 클리닉과 대학병원들은 심장 센터, 암 센터, 새로운 소아과 병원 등 새로운 시설을 갖추는 데 엄청난 액수의 자금을 투자하고 있다. 하지만 이러한 노력에도 불구하고 일부 전문가들은 클리블랜드의 컴백이 한계에 부딪쳤다고 주장한다. 2000년에서 2007년 사이에 클리블랜드는 전국에서 가장 큰 폭의 비율로 인구 감소를 경험하였다. 즉 약 8%의 인구가 감소하여 어려운 상황에 처하게 되었다. 클리블랜드의 많은 근접 교외는 계속해서 쇠퇴하고 있고, 도시 성장은 대체로 변변치 못한 수준에 머물러 있다(글상자 2.4). 디트로이트와 클리블랜드의 사례를 통해 두 도시 모두 경제를 재편성하고 재생하기 위해 노력하고 있으며, 그 결과는 여러 가지 복합적인 방식으로 전개되고 있음을 파악할 수 있다.

글상자 2.4

위기에 봉착한 교외 지역

2009년 10월, 클리블랜드 바깥에 있는 교외 도시, 가필드하이츠(Garfield Heights)는 오하이오 주정부에 의해 재정 위기 도시로 선포되었다. 이 도시는 340만 달러의 적자를 안게 되었는데, 도시정부가 세금 수입을 과다 지출한 것이 원인이었고, 결국 파산하게 되었다. 시장은 재정 위기의 원인을 실업 증가 때문에 발생한 소득세 감소와 주택 압류 때문에 발생한 재산세 체납 때문이라고 책임을 전가하였다.

가필드하이츠는 1970년대 이래로 쇠퇴의 길을 걷고 있었다. 빈곤은 점차 증가하였고, 소득 수준은 과거 40년 동안 감소해 왔다. 가필드하이츠의 인구는 1970년에 41,417명으로 정점을 찍은 이래로 꾸준히 감소해 왔는데, 이는 거주자들이 클리블랜드 메트로폴리탄의 외곽 쪽으로 더욱더 멀리 이주해 나갔기 때문이다.

가필드하이츠의 이야기는 특이한 것이 아니다. 이는 많은 교외가 겪고 있는 인구 감소와 경제적 정체라는 거대한 흐름의 한 부분인 것이다. 특히 미국 도시에 바로 인접한 교외의 경우는 그러한 현상이 더욱 심하게 일어나고 있다. 제2차 세계대전 이후, 가필드하이츠 같은 내부 교외의 주택은 호황을 누렸다. 이 시기는 대규모 교외화가 진행되던 시기였다. 그러나 60년 이상이 지나면서 전후 교외의 주택 시설들은 구식이 되어 버렸으며, 따라서 재생을 위해서는 대규모의 자본이 필요하게 되었다. 쇠퇴하는 교외는 메트로폴리탄 중심부 가장 가까이에 위치한 전형적인 내부 교외가 주를 이루고 있다. 필라델피아, 볼티모어, 애틀랜타, 디트로이트, 시카고, 클리블랜드, 캠던, 로스앤젤레스, 마이애미 등의 도시에서 교외의 쇠퇴가 본격화되고 있다.

가난한 도시가 부유한 교외와 병립하고 있는 것이 미국 메트로폴리탄의 전통적인 모델로서 자리 잡아 왔다. 그러나 이러한 모델은 가난과 쇠퇴의 지리적 변화와 함께 그 특성이 희미해지고 있다. 중산층 및 상류층 가족으로 구성되었던 이른바 '교외적 생활양식(suburbia)'은 이제 그 특성이 희미해지면서 새로운 메트로폴리탄의 모습이 출현하기 시작하였다. 물론 일부 교외는 아직도 풍요로운 성공을 구가하고 있지만, 다른 교외는 점점 더 가난해져 위기에 봉착하게 되었고, 이에 따라 그 해결을 위해 분투하고 있다. 과거 10년 동안 빈곤율이 높은 근린들의 지리적 분포는 도심으로부터 교외로 바뀌어 가고 있다. 2005년 센서스 자료에 대한 브루킹스연구소의 최근 분석에 따르면, 미국 역사에서 처음으로 교외 지역의 빈곤 거주자의 숫자가 도심 지역의 빈곤 거주자의 숫자보다 더 많아졌다. 한때 중심에 위치한 도시에 집중되었던 빈곤의 문제는 이제 교외 지역의 현실이 되어 버렸다.

출처: Hanlon, Bernadette, John Rennie Short, and Thomas Vicino, *Cities and Surburbs: New Metropolitan Realities in the US*(New York: Routledge, 2010), 175–177.

노바스코샤 주의 핼리팩스: 변화하는 소도시

북미의 도시 중에는 앞에서 언급한 것처럼 축소되고 있는 도시들이 있는 반면, 또한 성장을 경험하고 있는 도시도 있다. 캐나다 동부 해안에 있는 중규모의 도시인 핼리팩스(Halifax)는 전략적으로 중요한 지점에 위치하고 있는데, 이는 군사적, 상업적으로 그동안 겪어 온 풍부한 역사를 통해 증명되어 왔다. 그러나 'MTV(몬트리올, 토론토, 밴쿠버)' 신드롬이 절대적인 영향을 미치는 캐나다에서 중소 도시들이 문화, 산업, 이민, 전통 유산 등의 분야에서 차지하는 역할은 쉽게 간과되곤 한다. 3대 대도시에 대한 깊이 있는 연구가 선호되고 있어 상대적으로 관심을 덜 받고 있는 것이다. 핼리팩스는 풍부한 역사 자원에 기초하여 경제를 발전시키고 있으며, 신선한 방식의 도시 발전 및 보존 전략을 추구하면서 MTV 도시들과는 대조적인 모습으로 발전해 나가고 있다. 핼리팩스와 주변 지역을 합한 핼리팩스 지역 자치단위(Halifax Regional Municipality)의 인구는 약 40만 명이며, 이 중 핼리팩스 시만의 인구는 28만 2000명이다. 이는 밴쿠버를 제외한 캐나다의 해안 입지 도시 중에서 가장 큰 규모이다.

핼리팩스와 그 주변 지역에는 원래 미크맥(Mik'maq 또는 Micmac)족 원주민이 살고 있었는데, 1749년에 영국인들이 정착하기 시작하였다. 영국은 이 지역에서 영향력을 확대해 가는 프랑스 세력을 제어하기 위해 강력한 점령지를 건설할 필요가 있었다. 특히 영국은 노바스코샤(Nova Scotia)의 북쪽, 케이프브레턴(Cape Breton) 섬의 루이스버그(Louis burg)에 있던 프랑스 요새를 눈엣가시처럼 여기고 있었다. 7년 전쟁(1756~1763)을 치르고 승리를 거두게 된 영국은 그 일대에 정착하고 있던 아카디언(Arcadian)이라고 불리던 프랑스인들을 추방해 버렸다. 이에 따라 그들은 루이지애나와 같은 다른 프랑스의 식민지로 이주하게 되었다. 핼리팩스는 경제적 목적보다는 군사적 목적을 위해 세워졌기 때문에 퀘벡이나 온타리오 등에 있던 다른 산업 중심지에 비해 느리게 성장해 갔다. 비록 핼리팩스가 뉴욕이나 몬트리올처럼 대규모 이민의 유입을 경험하지는 않았지만, 18세기에서 19세기에 이르는 오랜 기간 동안 이민자들이 꾸준히 이 도시로 유입되었다. 이들은 대부분 영국, 아일랜드, 독일, 미국 등에서 이주해 왔는데, 그중 많은 미국 출신 이주자들은 (미국 독립에 반대해) 영국 왕위에 계속 충성을 다하고자 했던 백인들이었고, 또한 비밀지하철도(Underground Railroad)*를 통해 자유를 찾아 올라온 흑인 노예들이었다. 1870년대에는 캐나다의 다른 지역으로 진짜 철도가 연결되면서 마침내 핼리팩스는 면화 가공, 설탕 정제, 기타 산업 활동의 중심지가 되었다. 유럽, 북미, 카리브 지역을 잇는 대서양 경제의 '삼각 무역'의 주요 도시로 자리 잡게 된 것이다.

바다의 영향은 핼리팩스의 발전에 항상 중요한 역할을 하였다. 대서양의 대구잡이 어장인 캐나다 동부 해안은 운송, 조선, 해양 기반 군사 활동의 중심지가 되었다. 제1차 세계대전 중에는 핼리팩스가 퀘벡, 온타리오 등지에서 제조한 군수품의 수출 기지로 기능했을 뿐만 아니라, 독일군이 유럽 국가들과의 교역 연결을 대부분 봉쇄했을 때에는 영국으로 이어지는 생명선과도 같은 역할을 담당했었다. 이처럼 연합군의 전쟁 활동 중심지로서 자리 잡았지만, 이는 또한 핼리팩스에 불행하고도 예상치 못한 결과를 초래하기도 했다. 1917년, 핼리팩스 항을 통해 폭탄을 운반하던 프랑스 선박이 벨기에 선박과 충돌하는 일이 벌어졌

---

* 역주: 이는 실제 철도가 아니라 19세기 노예 상태의 미국 흑인들을 국경 넘어 캐나다 또는 흑인의 자유를 인정한 미국의 다른 주로 인도해 자유를 찾아 주려고 했던 비밀 통로 네트워크 조직을 말한다. 이 조직은 19세기 초에 처음 결성되었으며, 미국 남북전쟁을 전후로 한 시기인 1850년대와 1860년대에 가장 활발한 활동을 벌여 약 3만 명의 흑인들을 탈주시켜 자유를 안겨 주었다.

다. 이 폭발 사고로 2,000명이 사망하였고, 그 파편들이 수마일 떨어진 핼리팩스 시내로 날아가 이 도시의 북쪽을 파괴하였다. 도시 재건 운동으로 캐나다 최초의 사회 주택 프로젝트인 하이드로스톤(Hydrostone) 개발과 같은 혁신적인 사업이 진행되기도 했지만, 이후 30년간 핼리팩스는 상대적인 저성장의 시기를 보내야만 하였다.

1950년대 이후, 핼리팩스는 도매 유통업, 교통 및 운송, 행정, 교육, 해양 연구와 같은 해양 관련 산업들의 중심지로 변모하고 있다. 하지만 핼리팩스에 있는 기업 대부분은 토론토 등 캐나다의 다른 곳에 위치한 본사의 관할하에 있는 지사이다. 변두리에 위치한 전진 기지에서 대서양의 메트로폴리스로 위상이 변하면서, 핼리팩스의 도시 형태는 변하고 있다. 1955년 맥도널드 대교와 1970년 맥케이 대교가 핼리팩스 항구를 가로질러 건설되면서 다트머스(Dartmouth) 지역이 핼리팩스와 연결되었다. 맥케이 대교의 건설은 핼리팩스 바깥의 흑인 커뮤니티인 애프릭빌(Africville)을 강제로 소개하고 파괴하는 불행한 결과를 초래하기도 하였다. 1970년대와 1980년대에는 도시 변두리에 방치된 저렴한 땅과의 접근성을 개선해 중요한 산업 단지를 개발하였고, 중심부의 연결성을 높여 여러 고층 오피스빌딩을 건설하였다. 아마도 핼리팩스에서 최근에 일어난 가장 큰 변화는 정치지리의 변화일 것이다. 다른 여러 캐나다 도시들처럼 핼리팩스도 1996년에 50개가 넘는 주변의 타운과 농촌 지역을 합병해 핼리팩스 지역자치구를 만들었다. 이 자치구는 면적이 6,094 km²이고, 1명의 시장과 23명의 시의원으로 구성된 지역자치기구의 통치를 받고 있다.

과거의 시행착오와 최근의 성장과 상관없이 핼리팩스는 전통 유산과 역사 보전에도 계속 힘을 쏟고 있다. 토론토 같은 여러 캐나다 도시와는 달리 핼리팩스는 해면 공간을 따라 고속도로를 건설하려는 계획을 무산시키고, 대신 위락 및 관광 공간을 조성하는 계획을 선택하였다. 이 도시는 또한 계속해서 도심 쇼핑 구역을 만들어 가고 있는데, 도심 바깥의 쇼핑 장소들과 경쟁력을 갖출 수 있도록 무료 주차 같은 편의시설을 제공하는 복합 쇼핑 구역을 만들어 가고 있다. 가장 최근에는 이 도시의 댈하우지(Dalhousie) 대학, 마운트세인트빈센트(Mount Saint Vincent) 대학, 세인트메리(St. Mary's) 대학 등에서 성과를 거두고 있는 건강, 기술, 공학, 기타 분야에서의 혁신을 활용해 지식 산업 분야의 선도 도시로 자리매김하고 있다. 역시 큰 성공을 거두고 있는 음악 산업 분야는 이 지역의 켈트 문화 전통을 가미하고 있는데, 경쟁력 높은 토론토와 몬트리올의 상업 음악 부문의 대안으로 부상하고 있다. 핼리팩스는 캐나다 도시지리 연구에서 간과되는 경우가 많지만, 나름대로의 발전 경로를 따라 활기 넘치는 중규모 도시로서 성장하면서 캐나다 대도시의 대안이 무엇인지를 보여 주고 있다.

오타와: 타협의 수도

경제적 붐타운에 아닌 정치적 타협의 도구로서 발전한 캐나다의 수도, 오타와는 프랑스와 영국, 도시와 농촌, 어퍼 캐나다(Upper Canada: 온타리오 주)와 로어 캐나다(Lower Candad: 퀘벡 주와 대서양 연안 주), 연방 관료의 이익과 발전하는 기술 부문의 이익 등 여러 측면의 캐나다 정체성을 적절하게 타협해 내기 위한 결합체로서 오랫동안 그 역할을 담당해 왔다. 오타와와 그에 인접한 퀘벡 주 소속의 가티노(Gatineau)는 캐나다에서 네 번째로 큰 센서스메트로폴리탄 지역(CMA; census metropolitan area)으로서 113만 명의 인구를 가지고 있다.

오타와는 1857년 영국의 빅토리아 여왕에 의해 캐나다의 수도로 지정되었다. 캐나다는 1867년 연합이 이루어지기 전까지 대영 제국의 일부분으로 남아 있었다. 그 당시 이곳은 이미 오타와 강과 온타리오 호를 연결하는 리도 운하의 북쪽 종착지에 위치한 중요한 목재 타운이었는데, 미국 국경에서 멀리 떨어진 전략적 방어 지점이라는 점과 토론토와 퀘벡의 중간 지점인 온타리오–퀘벡 경계 상에 위치하고 있다는 점 때문에 결국 수도로 낙점받았다. 타협의 지점에 위치한다는 점은 오늘날 오타와–가티노 지역의 언어적 다양성을 통해서도 확인된다. 인구의 약 40%는 스스로 영어–불어 이중 언어 구사자라고 밝히고 있고, 45%는 영어만을, 15%는 불어만을 사용하고 있다고 밝히고 있다. 양쪽 주에 걸쳐 있는 도시 지역에서 주민들의 삶은 여러 가지 해결해야 할 과제들을 안고 있다. 많은 주민이 한 쪽 주에 거주하면서 동시에 다른 쪽 주에서 일하고 있다. 교통법, 세입 관행, 세금 구조도 양쪽 주가 서로 다른 경우가 적지 않아 자주 타협의 과정을 거쳐야 한다. 이 도시 지역에는 법률적, 언어적 차이뿐만 아니라, 도심 오타와 거주자와 2001년에 합병된 교외 및 농촌 지역 거주자 사이에 정치적 차이도 존재한다. 웨스트칼턴(West Carleton), 오스구드(Osgoode), 그릴리(Greely) 및 다른 타운에 사는 오타와의 정치인들은 정치적으로 보수색이 강한 거주자들을 자극할 수 있는 프로젝트나 개발은 피하는 경향이 있는데, 이러한 타운의 거주자들은 오타와 자치정부에 세금을 내고는 있지만, 그에 상응하는 서비스를 제대로 받지 못하는 경우가 있기 때문이다.

또 다른 문제는 지역 개발에 있어 연방정부가 갖고 있는 지배력의 문제이다. 오타와–가티노 메트로폴리탄 지역은 국가 수도권(National Capital Region)의 일부이기도 한데, 이는 국가수도위원회(National Capital Commission: NCC)라고 불리는 기관의 관리를 받는 연방정부의 관할 구역이다. 이 위원회는 이곳에 넓게 포진하고 있는 연방정부의 재산을 관리하고 있는데, 일부에서는 이 위원회가 오타와를 세계 수준의 도시로 발전시켜 나가는 데 오히려 방해가 되고 있다고 보고 있다. 건물의 높이는 국회의사당 높이를 초과할 수 없다. 대부분의 개발은 곳곳에 공원을 설치하고, 주변에는 숲과 농지 벨트를 조성해 '녹색 수도'를 만들어 가는 데 도움이 될 수 있도록 추진되어야 한다는 규제를 받고 있다. 어쨌든 이런 한계를 안고 오타와는 그 역사적, 국가적 상징물들을 재단장해 발전의 중심 요소로 삼으려고 노력하고 있다. 2006년에는 컨페더레이션 대로(Confederation Boulevard)를 조성해, 사람들이 국회의사당, 리도 운하 수문, 가티노 문명 박물관 등 오타와 강 양쪽 면에 흩어져 있는 명소들을 도보로 편리하게 접근할 수 있도록 하였다. 오타와 도심의 중심에 있는 역사 명소인 바이워드(Byward) 시장은 재생된 도심의 밤 문화 및 쇼핑문화의 중심으로 자리 잡게 되었다. 이 바이워드 시장은 원래 오타와 주변의 목재 캠프에 공급하는 보급품의 집합소였다.

오타와에서 가장 주목할 만한 협력 관계는 아마도 정부와 산업계가 손을 잡고 이 도시를 '실리콘밸리 노스(Silicon Valley North)'라고 알려진 테크노폴로 재단장해 온 것이 아닐까 싶다. 정보 기술, 원격 통신, 나노 기술 등에 초점을 맞추고 있는 오타와-가티노 첨단 기술 부문은 과거 10년간 매년 5만~8만 5천 명의 노동자를 고용해 왔으며, 코렐, 노르텔, 어도비 등 굴지의 기업들을 포함하고 있다. '정부 타운'이라고 하면 당연히 기술과 혁신을 권장하는 개방 시장 환경과는 거리가 먼 것으로 보는 경향이 있지만, 캐나다 연방정부는 실제로 이 지역의 테크노폴을 발전시키는 데 중심 역할을 하고 있다. 연방정부는 이 지역에서 정보 기술을 가장 많이 사용하고 있을 뿐만 아니라, 국립 연구위원회의 실험실에서 진행되고 있는 첨단산업 연구와 혁신 기술 개발에 많은 지원금을 대고 있다. 오타와-칼턴 연구소와 오타와 자본 네트워크 같은 여타 공·사 연합체도 지원금 및 지원 프로그램을 제공해, 그 성과로 나타나게 될 로컬의 혁신이 로컬의 신생 기업을 탄생시키는 데 지렛대 역할을 할 수 있도록 노력하고 있다. 이러한 네트워크와 오타와의 고학력 인재 풀(30%가 학사 학위 소지자)을 활용하여 이 도시는 독특한 버전의 실리콘밸리, 즉 로컬에서 연구와 개발과 재투자가 이루어지는 특유의 테크노폴을 발전시켜 나가고 있다.

워싱턴 D.C.: 새로운 이민자 관문 도시

최근의 국제 이주자들은 과거 19세기와 20세기 초에 이민자로 크게 팽창했던 기존의 대도시만을 이주의 목적지로 삼고 있지 않다. 21세기에 들어서 많은 이민자는 그동안 이민이 상대적으로 적게 이루어졌던 새로운 도시들로 이주해 정착하고 있다. 그런데 그러한 도시들은 경제성장을 견인할 고숙련 노동자들을 필요로 하는 것은 물론이고, 아울러 많은 저숙련 노동자들도 필요로 하고 있다. 워싱턴 D.C.는 지난 15년간 수십만 명의 새로운 이민자를 받아들였다. 2008년의 전반적인 경기 후퇴에도 불구하고 워싱턴 D.C.는 정보 기술 부문의 성장과 연방정부의 일자리 및 계약 노동자의 증가로 인해 오히려 완만한 경제성장을 경험하였다. 노스롭─그루만(Northop-Grumman)과 록히드 마틴(Lockheed Martin) 같은 우주항공 기업들은 미군의 지원을 받아 운영되고 있으며, 미국 국방성과 가까운 이곳, 워싱턴 D.C.에 동부 해안 지구(East Coast) 본부들을 설치하고 있다. 가장 최근에는 북버지니아에서 서쪽으로 덜레스 국제공항에 이르는 덜레스 '하이테크 회랑(High Tech Corridor)'이 설치되어 고숙련 소프트웨어 기술자와 기타 첨단 기술 노동자들이 모여들고 있다. AOL사는 이곳에 본사를 두어 5,000명의 직원을 고용하고 있다. 1990년대에는 고숙련 노동자가 부족해, 특히 컴퓨터 관련 분야의 외국인 학위자를 겨냥한 H1 비자 제도가 신설되었다. 그 결과 이 시기에 인도, 한국, 홍콩, 중국 본토 출신의 많은 고숙련 이민자가 워싱턴 D.C. 지역으로 들어왔다. 이 같은 이 지역의 번영은 동시에 가사 노동자에 대한 수요도 증가시켰다. 엘살바도르, 볼리비아, 페루, 브라질, 멕시코, 과테말라 출신의 많은 이민자들도 가정부, 정원사, 건설노동자 등으로 일하기 위해 또는 호텔 및 서비스 업종에서 일하기 위해 이곳 워싱턴 D.C.로 들어왔다.

워싱턴 D.C.는 매우 다양한 국가로부터 수많은 이민자를 끌어모으는 자석과도 같은 곳이 되었다. 1970년에는 워싱턴 D.C. 인구의 4.5%만이 외국 태생 인구로 구성되었는데, 2009년에는 약 20%에 달하는 100만 명의 외국 태생 인구가 이 도시에 살고 있다. 이외에도 미국과 캐나다에는 새로운 관문 도시들이 등장하고 있다. 가령 라스베이거스는 21세기 초를 거치면서 인구가 크게 증가했는데, 2009년 라스베이거스 메트로폴리탄 인구는 190만 명에 달하였고, 그중 40만 명 이상이 외국 태생이었다. 워싱턴 D.C.와 마찬가지로 라스베이거스의 새로운 이민자 대부분은 1990년 이후에 유입되었다. 1970년에 라스베이거스의 외국 태생 인구는 3.9%에 불과했으나, 2009년에는 경제 위기가 휩쓸었음에도 불구하고 약

그림 2.12 이주자들은 다양한 방식으로 그들의 존재를 알린다. 이 사진을 보면, 워싱턴 D.C. 외곽의 한 침례교회가 브라질 출신 이주자들을 위한 예배 시간을 마련하고 있으며, 이를 통해 많은 브라질 출신 이주자가 이 주변에 거주하고 있음을 알 수 있다. (사진: Lisa Benton-Short)

22%로 급증하였다. 이러한 도시들이 경험하고 있는 이민자들의 급증은 전례 없는 현상이었다. 이처럼 워싱턴 D.C., 라스베이거스를 위시해 샬럿, 올랜도, 애틀랜타 등의 도시들은 이민자들이 모여들고 있는 새로운 관문 도시로 떠오르고 있다.

그러나 이러한 새로운 관문 도시들이 뉴욕, 시카고 등 기존의 전통 관문 도시에서 전개되었던 이민자들의 정착 과정과 패턴을 똑같이 밟고 있는 것 같지는 않다. 이민자들이 처음에는 차이나타운이나 리틀 이탈리아 같은 동포들이 모여 있는 도시 중심부의 엔클레이브(enclave)에 정착하고, 이후 그곳을 떠나 교외로 이주하여 사회적 지위를 상승시키고, 더 넓은 집에 기거하게 된다고 가정하는 전통의 공간적 동화 모델과는 달리, 워싱턴 D.C.와 라스베이거스의 많은 이민자들은 처음부터 도시 중심부가 아닌 교외에 정착하여 자신들의 삶을 이어가고 있다. 따라서 이러한 새로운 관문 도시에서 이민자들은 교외의 미래를 형성해 가는 데 중요한 요인이 되고 있다. 더군다나 워싱턴 D.C.로 들어온 많은 이민자들은 가난한 근린이 아닌 중·상류층 근린에 처음부터 정착하여 살아가고 있는 모습을 보이고 있다. 이들 이민자들은 불과 30년 전에는 거의 대부분 백인들로 구성되고, 외국 태생 이민자는 거의 없었던 장소에 정착하고 있다. 이것이 함축하고 있는 의미는 흥미롭다. 워싱턴 D.C.의 역사적 이미지는 '흑인과 백인' 간의 극명한 양극화였지만, 이제는 그 이상의 다양성을 보여주고 있다. 이에 따라 도시 정책 및 관리의 주체들과 기존 거주자들은 다양성의 증가가 자신들의 커뮤니티에 얼마나 영향을 미칠 것인가에 촉각을 곤두세우고 있다(그림 2.12).

뉴올리언스: 자연재해의 피해가 큰 도시

자연재해를 경험한 도시를 통해 우리는 많은 도시가 자연환경의 위력에 휩쓸릴 수 있다는 점을 깨닫는다. 뉴올리언스에서 허리케인과 홍수는 이미 익숙한 자연현상이다. 이 도시는 미시시피 강이 멕시코 만으로 유입되는 길목으로, 폰차트레인 호수 근처에서 크게 굽이치는 지점에 처음 자리 잡았다. 이 최초의 지점은 상대적으로 고도가 높은 곳이었는데, 프랑스 상인들은 미국 원주민들의 통로였던 바로 이곳에 캠프를 차렸다. 후에 이곳이 바로 그 유명한 프렌치쿼터(French Quarter)가 된다. 이곳의 지하수면은 낮았고, 따라서 도시를 건설하기가 무척 어려웠다. 정기적인 범람으로 이 도시는 늘 위험에 처해 있었다. 20세기 초에 배수 기술이 발달하면서 도시의 저지대 개발이 촉진되었고, 이렇게 개발된 곳에는 노동자 계층, 가난한 계층, 소수집단 인구가 정착하게 되었다. 하지만 이 도시의 경제에 중요한 부분을 차지해 왔던 미시시피 강은 여전히 이곳을 환경 재앙으로 몰아넣을 태세를 갖추고 있었다.

2005년에 뉴올리언스 시는 허리케인 카트리나로 초토화되었다. 허리케인 카트리나는 30시간 동안 630mm가 넘는 폭우를 이 도시에 쏟아 부었고, 광풍이 불어 건물과 구조물들을 쓰러뜨리고 멀리 날아가게 했으며, 도로가 유실되거나 홍수에 잠겨 버리고, 전력선이 끊어져 버리는 등 사회 기반시설을 파괴하였다. 광풍을 동반한 폭풍우는 이 도시의 수위를 평균 해수면보다 6.96m 이상 상승시키면서 거대한 홍수를 유발하였다. 대부분의 해안 도시에서 홍수는 심각한 문제를 일으킨다. 해수면 이하에 있는 도시는 항상 재앙이 닥칠 위험성을 안고 있다. 뉴올리언스의 많은 부분이 바로 해수면 이하에 위치하고 있었던 것이다.

이 도시가 파괴된 것은 허리케인 카트리나가 단지 격렬한 광풍을 몰고 왔기 때문이 아니며, 도시 내의 제방들을 무너뜨린 엄청난 폭풍우를 동반했기 때문이다. 17번가와 인더스트리얼 운하의 제방 일부가 붕괴되자 도시는 물에 잠기게 되었다. 전체 도시의 약 80%가량이 물에 잠겼고, 어떤 경우에는 물의 깊이가 6.1m에 달했다. 약 1,000명이 사망했는데, 그들 대부분은 급격히 차오른 물에 익사하였다. 허리케인에 이어 엄습한 대홍수는 도시의 많은 부분을 파괴해 버렸다.

얼핏 보기에 허리케인 카트리나는 자연재해처럼 보인다. 허리케인이 자연환경적 원리에 의해 만들어진 엄청난 위력을 갖고 있었기 때문이다. 하지만 아무리 엄청난 위력을 지닌다고 할지라도 그 영향력과 효과는 사회−경제적 조건을 다면적으로 적절하게 갖춤으로써 완화시킬 수 있다. 도시가 홍수에 잠겨버

그림 2.13 허리케인 카트리나는 뉴올리언스의 로어 나인스 구역 일대를 초토화시켰다. (사진: Lisa Benton−Short)

린 것은 예측 가능한 폭풍우의 공격을 견뎌낼 수 없었던, 잘못 설계된 제방 때문이었다. 제방은 불안정한 토양에 말뚝을 박은 채 엉성하게 건설되었다. 말뚝의 높이는 해수면보다 적어도 5.22m는 넘어야 하지만, 3.7~4.0m에 불과한 것들이 많았다. 홍수를 불러일으킨 것은 카트리나 그 자체가 아니라 부실한 공법과 조잡한 설계 때문이었으며, 또한 그토록 중요한 공공 작업에 충분한 자금이 투여되지 못했기 때문이었다.

카트리나가 뉴올리언스에 접근해 오자 마침내 대피령이 내려졌다. 자동차를 갖고 있는 사람들은 도시를 탈출할 수 있었지만, 보호가 필요한 가장 취약한 거주자들에게는 도움의 손길이 미치지 못하였다. 사유 교통수단을 이용할 수 없는 사람들은 방치되었다. 장애인, 빈곤자, 흑인, 노인 등은 도시에 갇혀 버렸다. 허리케인이 도시를 강타하고 제방이 무너졌을 때, 약 5만~10만 명의 사람들이 도시에 남아 있었다. 일부는 슈퍼돔(대형 스포츠 경기장)과 컨벤션 센터로 들어갔는데, 며칠 만에 3만~5만 명이 모여들었다. 여러 날들을 거기에 머물면서, 그들은 심각한 사회적, 인종적 불평등의 폐해를 감내해야만 하였다.

허리케인 카트리나가 이 도시에 가져다 준 결과는 이미 사회적으로, 인종적으로 결정되어 버린 피할 수 없는 것이다. 홍수는 이 도시의 가장 가난한 동네를 주로 덮쳤다. 프렌치쿼터, 오듀본 파크(Audubon Park), 가든 디스트릭트(Garden District) 등 백인들이 주로 모여 사는 부유한 동네는 높은 곳에 자리 잡고 있었기 때문에 홍수 피해를 크게 받지 않았다. 반면에 홍수가 덮친 지역은 80%가 비백인 구역이었다. 빈곤 지수가 높은 대부분의 구역은 홍수에 잠겨 버렸다. 이 도시의 인종 불평등, 소득 불평등은 홍수 피해 양상을 통해 극명하게 드러났다. 좀 더 자세히 살펴보면, '자연'재해라는 것이 또한 사회적 재해일 수 있음이 분명하다. 환경적 재해는 그것이 어떻게 다루어지느냐에 따라 사회적 재해가 될 수 있으며, 그

재해의 결과는 사회적 차이를 반영해 분포하게 마련이다.

　카트리나 이후 5년이 지난 2010년에도 그 피해는 여전히 남아 있다. 버려진 집들과 아직 돌아오지 않는 집주인들, 방치된 상점들과 그 앞 공터들, 도시 재건 방법에 대한 지속적인 토론 등 그 후유증은 여전히 계속되고 있다. 뉴올리언스의 재건은 아직도 갈 길이 멀다. 긍정적인 소식도 들린다. 약 12만 명의 주민들이 뉴올리언스로 돌아왔다고 한다. 경제의 핵심 부분을 차지하는 관광 산업은 카트리나 이전 수준을 거의 회복하고 있는 중이다. 공식적인 폐허지 통계, 즉 뉴올리언스 전체 주소에서 비어 있는 상태의 주거지와 공지의 주소가 얼마나 되는가에 관한 통계는 34%에서 27%로 줄어들었다. 또한 2010년에는 뉴올리언스 주민들이 좋아하는 미식축구팀 뉴올리언스 세인츠가 슈퍼볼 챔피언으로 등극하였다. 우울한 소식도 많다. 뉴올리언스의 인구는 현재 카트리나 이전 수준에 비해 약 10만 명이 적은 상태이다. 로어 나인스 구역(Lower 9th Ward)의 여러 곳들이 여전히 비어 있다. 무성한 갈대와 콘크리트 잔해들이 주택이 있던 자리에 어지럽게 흩어져 있다(그림 2.13). 갈피를 못 잡는 정부의 재건 노력이 지지부진한 가운데, 오히려 비영리 조직들이 재개발 과정에 중요한 부분을 담당하고 있다. 유명 배우, 브래드 피트가 만든 메이크 잇 라이트 노라 재단(Make It Right NOLA Foundation)은 재해 현장에서 여러 작업을 수행하면서 큰 성공을 거두고 있다. 이 재단은 노동자 계층의 가족들에게 적당한 주택을 재건축해 주는 일에 초점을 맞추고 있다. 2010년에 이 재단에서는 50개 이상의 환경 친화적 주택을 재건축하여 200명이 넘는 사람들이 이 구역으로 돌아올 수 있도록 도와주었다.

미국과 캐나다 도시가 직면한 과제

자연과 도시

　도시 연구는 흔히 자연적 특성을 소홀히 다루는 경향이 있다. 도시 연구에서는 생태적 요인보다 사회적, 정치적, 경제적 요인을 중시한다. 그러나 도시는 생태적 시스템이다. 이러한 생태적 시스템은 도시의 사회적, 정치적, 경제적 영역에 영향을 미친다. 도시 그 자체는 하나의 생태계라고 간주될 수 있는데, 여기에는 에너지와 물이 투입되고, 소음, 온실가스, 오폐수, 쓰레기, 대기오염 물질 등이 산출된다. 예를 들어 물은 특히 도시 내에서 생명 유지

그림 2.14 자연과 스포츠와 여가 활동의 가치를 소중히 하는 캐나다의 휘슬러(Whistler)는 친환경 지향적인 이미지를 보여 주고 있다. 이 커플은 휘슬러 산의 정상으로 자전거를 타고 올라가 그곳에서 결혼식을 거행하였다. (사진: Kathy Schauff)

에 필수적인 요소이다. 맑고 접근이 용이한 물을 가진 도시와 값비싸고 접근이 불가하고 오염된 물을 가진 도시 간에는 큰 차이가 있기 마련이다. 많은 북미 도시는 엄청난 공학 프로젝트를 가동해 저렴하고 맑은 물을 공급하고자 노력하고 있다. 도시가 성장할수록 집수 범위는 도시의 바깥으로 확장되고 있으며, 집수된 물을 도시로 운반하는 송수 체계 기술은 더욱 정교해지고 있다. 신선한 물의 이용 가능 여부는 도시 성장의 한계를 결정짓는 중요한 인자이다. 가령 건조한 미국 서부 지역에서는 도시의 성장 가능성 여부가 도시민들에게 신선한 물을 저렴한 비용으로 공급할 수 있는 연방정부의 대규모 지원과 값비싼 공학 프로젝트가 얼마나 성공적으로 수반되느냐에 달려 있다. 그 혜택을 받은 도시는 라스베이거스, 투손, 피닉스, 로스앤젤레스 등이다. 이러한 기술적 도움을 받은 도시의 생태적 한계는 환경이 허락하는 절대적 한도보다 좀 더 유연적일 수 있으나, 그 한도가 무한하지는 않다. 미국의 건조 지역에서는 이미 '용수' 공급이 한계에 달해 도시 성장이 계속될 수 없는 지경에 처하게 되는 경우가 많아지고 있다.

도시는 환경을 개조하면서 발전해 나간다. 도시의 인간 활동은 오염 물질을 생산해 낸다. 산업화와 자동차 엔진은 탄소와 황산화물, 탄화수소, 먼지, 그을음, 납 등을 포함한 오염 물질을 배출한다. 예를 들어 1190만 명의 인구를 가진 캐나다의 온타리오 주에서는 대기오염으로 인하여 주민들이 병원과 응급실을 사용하게 되고, 결근으로 일처리에 차질을 빚는 등 10조 원 이상의 지출을 감수하고 있다고 한다. 2005년, 토론토에서는 건강에 유해한 '스모그 일수'가 48일에 달했으며, 이는 1993년 이래로 최대의 수치이다. 도시의 오염 인자는 개인의 건강에 악영향을 미칠 뿐만 아니라, 훨씬 더 광범위한 피해를 일으킨다. 비록 그 영향력이 부분적이라고는 하지만, 도시 자체가 지구온난화와 오존 감소의 주요 원인이 되고 있는 것이다.

도시는 자연을 필요로 한다. 북미에서는 19세기 이래로 도시 공원 확장 운동을 명시적으로 전개해 왔다. 옴스테드(Frederick Law Olmstead) 같은 경관 건축가들은 도시에 영구적인 유산을 남겨 왔다. 센트럴 파크 없는 뉴욕, 금문교 없는 샌프란시스코, 스탠리 파크(Stanley Park) 없는 밴쿠버, 내셔널 몰(National Mall) 없는 워싱턴 D.C. 등을 상상하는 것은 어려운 일이다. 오늘날 도시 공원은 도시의 미관을 갖추려는 목적은 물론이고 여가적 목적을 충족시키기 위해 조성되고 있다. 도시계획가들은 자연을 도시 내에 성공적으로 안착시키는 것이 올바른 환경을 창조하는 중요한 요소라는 것을 깨닫고 있다. 이는 경제 발전의 약속과도 연결되곤 한다. 점점 더 많은 도시 거주민이 구명조끼 같은 소중한 공원, 도시 정원, 녹색길, 옥상 정원 등의 소규모 자연에서 대규모의 광활한 거대 공원에 이르기까지, 다양한 스케일의 자연을 갈망하고 애용하고 있다. 남캘리포니아의 해변, 시카고의 호수 변, 밴쿠버의 공원, 몬트리올의 커뮤니티 정원 등 자연을 도시적 생활양식으로 수용하는 것은 도시 생활에 있어서 매력적인 모습으로 자리 잡고 있다. 자연은 도시 이미지와 메트로폴리탄의 경험들을 결정하고 강화하는 중요한 역할을 하고 있는 것이다(그림 2.14).

이주와 다양성의 증대

수많은 경제적 이주자는 세계 곳곳의 도시에 정착하고 있으며, 따라서 이민은 도시 및 글로벌 네트워크의 재구성을 바라볼 수 있는 창이다. 우리는 흔히 이주자가 국가 대 국가로 이주하는 것으로 생각하는 경향이 있지만 사실상 그들은 대부분 목적지 국가의 특정한 도시로 유입된다. 비록 이러한 로컬리티 또는 '이주자 관문'들이 상이한 형태를 지니고 있지만, 공통적으로 매우 높은 다양성과 초국가적 네트워크를 통해 글로벌한 연결성을 갖추고 있다. 초다양성(hyper-diverse)을 갖춘 이민자 도시란, 외국 태생 거주민의 비율이 전국 평균을 웃도는 도시인 동시에 어떤 하나의 기원국이 아닌 수많은 다양한 기원국으로부터 이민자들이 유입된 도시를 말한다. **이민자 관문 도시**(immigrant gateway cities)의 숫자가 증가하고 있는 이유는 세계화와 이주의 가속화가 소득 차별화, 사회 네트워크, 다양한 국가 정책 등으로 추동되고 있기 때문이다. 다양한 국가 정책이란 이민 유입국 정부에서 숙련 및 비숙련 노동자를 임시 체류 노동자와 영구 정착자로 선발하려는 정책을 말한다(글상자 2.5).

수많은 외국 태생 거주자와 독특한 민족성을 가진 사람이 뒤섞이면서 도시는 글로벌한 차이를 축하받으면서 동시에 그 주체들이 경합을 벌이는 독특한 장소가 되고 있다. 이민자들은 도시의 다양성과 잠재적 능력을 제고시키고, 이로 인해 글로벌 시대에 좀 더 경쟁력을 갖춘 장소를 창출해 냄으로써 도시의 글로벌 경쟁력 향상에 도움을 줄 수 있다. 최근 미국과 캐나다는 공히 출산율이 떨어지고 있는 상황이기 때문에 이주는 차별적 도시 성장(또는 쇠퇴)에 대단히 중요한 요소가 되고 있다.

이민이 글로벌 현상인 것은 분명한 사실이다. 그런데 세계의 일부 지역은 다른 지역보다 훨씬 더 많은 이민자를 받아들이고 있다. 북미는 오랫동안 이민자들의 정착 지역이 되어 왔으며, 그 이민자의 수는 세계에서 가장 많은 수준을 유지하고 있다. 북미에서 이민자들이 가장 많이 유입된 3대 도시는 뉴욕, 토론토, 로스앤젤레스이며, 이외에 10만 명 이상의 외국 태생 거주민을 갖고 있는 메트로폴리탄 지역은 60개에 이른다. 캐나다에서도 이민자들은 주로 3개의 주요 도시, 즉 밴쿠버, 몬트리올, 토론토로 들어가고 있다. 그러나 그보다 작은 규모의 오타와 캘거리 등의 도시도 20% 이상의 인구가 외국 태생 이주자들로 구성되어 있다. 미국에서도 유사한 현상이 나타나고 있는데, 이민자들은 워싱턴 D.C., 피닉스, 샬럿, 애틀랜타 등 새로운 관문 도시로 들어가고 있다. 이런 도시들에서는 전통적인 관문 도시들에서보다 외국 태생 인구의 증가가 상대적으로 더 빠르게 진행되고 있다.

그러나 위와 같은 북미 각 도시에 대한 외국 태생 인구 비율 통계만 가지고는 그들 도시 내에서의 이민자 구성 및 분포 특성을 상세하게 들여다볼 수 없다. 어떤 도시는 외국 태생 인구의 '초다양적' 특성을 잘 보여 준다. 하지만 어떤 도시의 경우는 많은 수의 외국 태생 인구를 가지고 있기는 하지만 그들의 출신국이 그리 다양하게 구성되어 있지는 않다. 그런 의미에서 세계에서 초다양성이 가장 높게 나타나는 2대 도시는 뉴욕과 토론토이다. 이 두 도시는 세계 전 지역에서 유입된 수백만 명의 외국 태생 인구를 지니고 있다.

글상자 2.5

알래스카 주, 앵커리지

2010년 현재 29만 2000명의 인구를 보유하고 있는 앵커리지는 알래스카 주에서 가장 큰 도시이다. 이 도시는 알래스카 주 전체 인구의 약 40%를 수용하고 있다. 그런데 최근에는 국제 이민이 크게 증가하고 있으며, 이에 따라 현재 전체 인구의 8.2%에 달하는 약 2만 1000명의 외국 태생 거주자들이 이 도시에서 함께 살아가고 있다. 이는 미국 평균에 미치지 못하는 수치이지만, 알래스카 주 전체 평균인 5.9%보다는 높은 수치이다. 라스베이거스, 워싱턴 D.C. 등의 도시와 마찬가지로, 앵커리지의 외국 태생 주민들 대부분은 1990년 이후에 유입되었다. 이들의 주요 출신 국가들은 필리핀, 한국, 멕시코, 구소련, 캐나다 등이다.

미국의 많은 도시처럼 앵커리지 경제 발전의 역사는 경제의 경기 순환 물결에 따라 그 부침이 있어 왔다. 쿡 만(Cook Inlet)의 입구에 위치한 이 신생 도시는 1915년 알래스카 철도의 건설 항구로 시작되었다. 제2차 세계대전 발발 전까지 이 도시는 그저 자그마한 변경 타운으로 조용히 남아 있었다. 하지만 제2차 세계대전 동안 핵심적 항공 및 방위 센터로 부상하게 되었다. 1950년대 연방정부의 방위 지출이 이곳으로 유입되었고, 이 때문에 인구와 비즈니스 커뮤니티가 크게 증가하였다. 이 기간 동안 앵커리지는 연방정부의 투자에 힘입어 큰 성장을 경험한 붐타운이 된 것이다. 1970년대에는 북알래스카의 프루도 만(Prudhoe Bay) 유전이 개발되면서 또 다른 '경제 호황'이 앵커리지에 불어왔다. 이때 미 연방의회는 트랜스–알래스카 파이프라인 시스템을 승인하였다. 유전의 개발과 파이프라인의 건설로 석유 및 건설 회사들이 앵커리지에 본사를 설립하게 되었고, 현대적 경제 호황은 가속화되었다. 본격적인 도시 건설은 1974년에 시작되었다. 1977년에는 북알래스카의 노스슬로프(North Slope)에서 남알래스카의 부동항인 밸디즈(Valdez)까지 원유의 수송이 가능해졌다. 석유산업은 수천 명에 달하는 숙련 고용 인력에게 일자리를 제공하였다. 1980년대까지 인구, 오피스 공간, 주택 수는 3배로 폭증하였다. 원유의 이익금은 알래스카 주정부의 재정을 튼튼하게 해 주어 앵커리지의 기반시설 건설을 순조롭게 해 주었다. 1980년에서 1987년까지 거의 10억 달러에 달하는 엄청난 자금이 여러 프로젝트에 투자되어 도서관, 시민 센터, 스포츠 경기장, 예술공연 센터 등의 공공시설이 완공되었다.

2000년 이후에도 앵커리지는 원유 가격 상승에 힘입어 다시 한 번 호황을 누리게 된다. 경기 순환 물결의 영향력을 피하기 위해 노력 중인 앵커리지는 그 경제 기반을 소매업과 관광객 지원을 위한 대형 서비스 부문으로 점차 확장해 나가고 있는 중이다. 미국 정부와 석유 회사들의 영향력으로 앵커리지 경제가 그동안 잘 유지되어 왔지만 아울러 건설업, 경공업, 하이테크 및 소프트웨어 개발업, 상업적 어업, 해산물 가공업 등 새로운 경제 기회가 이 도시의 번영에 이바지하고 있다.

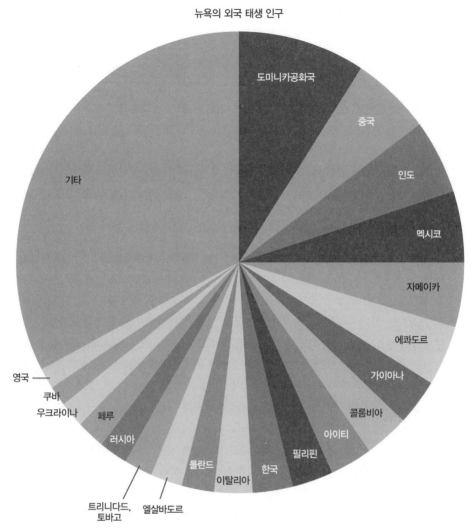

뉴욕의 외국 태생 인구

도미니카공화국

중국

인도

멕시코

자메이카

에콰도르

가이아나

콜롬비아

아이티

필리핀

한국

이탈리아

폴란드

러시아

페루

우크라이나

쿠바

영국

기타

트리니다드,
토바고

엘살바도르

그림 2.15 2005년 뉴욕의 외국 태생 인구. 출처: U.S. Census, 2005

20세기 초 뉴욕이 미국 최대의 이민자 관문 도시였을 당시에 그곳으로 유입된 이민자의 대부분은 유럽 출신이었다. 따라서 언어적으로나 민족적으로 다양성을 지니고 있었다. 하지만 인종적으로는 그렇지 않았다. 하지만 21세기 초의 상황은 사뭇 달라졌다. 뉴욕의 인종적, 민족적 다양성은 세계적으로도 최고 수준을 보이고 있는 것이다. 뉴욕 메트로폴리탄 지역에 가장 많은 이민자를 보내고 10개의 국가들 중 유럽 국가는 단 1개에 불과하다. 이 10개 국가는 도미니카공화국, 중국, 자메이카, 멕시코, 가이아나, 에콰도르, 아이티, 콜롬비

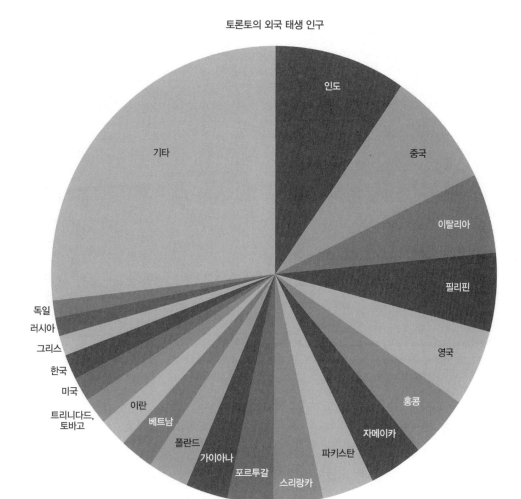

토론토의 외국 태생 인구

인도
중국
이탈리아
필리핀
영국
홍콩
자메이카
파키스탄
스리랑카
포르투갈
가이아나
폴란드
베트남
이란
트리니다드,
토바고
미국
한국
그리스
러시아
독일
기타

그림 2.16 2006년 토론토의 외국 태생 인구, 출처: Canadian Census, 2001

아, 필리핀, 이탈리아 등이며, 이들 국가에서 온 이민자의 수는 전체 이민자 수의 절반가량
을 차지한다(그림 2.15).

유사한 패턴이 캐나다의 토론토에서도 나타난다. 2006년, 이 도시인구의 49.9%는 외국
태생으로서 세계의 어떤 메트로폴리탄 지역보다도 높은 수준이다. 매년 약 170개의 국가로
부터 약 7만 명의 이민자들이 계속 유입되고 있는 것이다. 어떤 하나의 출신국 집단이 지배
적인 다수를 차지하고 있지 않은 상황이 이어지고 있다. 물론 9개의 국가 출신 이민자들이
전체 외국 태생 이민자들의 절반을 차지하고 있으며, 그 9개의 국가는 중국, 인도, 영국, 이

그림 2.17 밴쿠버 도심에 있는 한 표지판은 그곳에서 인가받지 않은 숙소나 상업 활동이 금지되어 있음을 명시적으로 보여 주고 있다. (사진: Elvin Wyly)

탈리아, 필리핀, 자메이카, 포르투갈, 폴란드, 스리랑카 등이다(그림 2.16). 이 외에도 북미에서 초다양적 이민자 특성을 보이고 있는 메트로폴리탄 지역은 워싱턴 D.C., 샌프란시스코, 시애틀 등이다. 이주의 세계화로 인해 이민자들이 매우 다양한 범위의 출신국으로부터 유입되는 경향이 나타나고 있으며, 이러한 과정에서 도시는 인종적, 민족적으로 더욱더 다양해지는 특성을 보이고 있는 것이다.

그런데 모든 이민자 관문 도시가 초다양성을 갖추고 있는 것은 아니다. 로스앤젤레스, 시카고, 휴스턴, 댈러스 등의 도시는 외국 태생 인구의 약 절반가량이 멕시코 출신 이민자들로 구성되어 있다. 수백만 명에 달하는 이들 멕시코 이민자들은 각 도시에 예측 불허의 방식으로 큰 영향을 미치고 있다. 예를 들어 로스앤젤레스 방송 시장의 10대 TV 쇼 중 4개가 스페인어로 진행되는 프로이다. 유사한 특성이 마이애미에서도 나타나는데, 그곳에서는 쿠바 이민자를 위한 방송이 큰 비중을 차지한다. 밴쿠버에서는 중국 본토와 홍콩 출신 이민자들이 외국 태생 인구의 25%를 웃돈다. 북미 도시는 계속해서 세계 각처에서 유입되는 이민자들의 안식처가 되고 있으며, 이는 21세기에도 지속될 전망이다.

보안과 도시 요새화

국내외적으로 잠재적 테러의 가능성이 높아져 가고 이에 대한 대책이 강구되면서 많은 북미 도시가 그 영향을 받아 크게 변모하고 있다(그림 2.17). 도시의 보안(Security)과 감시가 강화되면서 많은 도시의 물리적 경관은 물론이고 상징적 경관도 바뀌어 가고 있다. 전쟁과 갈등의 시기에 가시적인 형태의 요새가 도시경관에 등장하는 것은 흔히 있는 일이다. 도시 공간의 요새화는 최근에 등장한 새로운 현상은 아니다. 그러나 2001년 9·11 사건 이래로 대부분의 북미 도시에서 보안 문제가 가장 주목받는 관심사로 떠올랐다. 도시 공간의 많은 부분들이 접근이 차단된 가치 있는 공공장소로 변모 되어, 상징적인 면에서나 공간적인 면에 있어서 로컬적, 광역적 또는 국가적 정체성을 재현해 주는 곳으로 기능하고 있다. 이러한 경향은 도시 보안의 문제가 많은 시민에게 중요한 관심사가 되고 있음을 분명히 시사하고 있다.

보안 관련 정책의 증가와 도시 공간을 감시하고 조정하는 새로운 방식의 출현은 이미 많은 관심을 불러일으켜 왔다. 데이비스(Mike Davis)는 1990년 그의 저서 『수정의 도시(City of Quartz)』에서 소위 **요새 도시**(fortified city)에 대하여 진단을 내린 바 있다. 그는 원천적으로 국내적 요인에 의해 만연된 도시의 무질서와 부패를 비로소 인지하게 되면서 그에 대한 반응으로 소위 요새 도시가 출현하였다고 주장하였다. 그는 차량 폭탄이 범죄와 테러의 최후 무기가 될 수 있음에 주목하였다. 그리하여 그는 도시 당국자가 그에 대한 대비책으로 요새 형식의 철옹성(rings of steel)을 만들지도 모른다고 예언하였다. 요새라는 은유적 표현은 문이나 벽 같은 물리적 장벽으로 구분된 경관은 물론이고, 거리나 공원, 폐쇄공동체를 감시하는 CCTV 같은 숨겨진 감시 장치가 작동되고 있는 경관을 묘사하고 있다. 이것은 도시가 통제될 수 있음을 보여 준다. 일부 거주민들에게 보안과 감시는 불확실성의 시대를 안심하고 살아갈 수 있도록 해 주는 장치이다. 하지만 어떤 거주민들에게는 그것이 과대망상의 경관인 것이다.

도시는 오랫동안 경찰력과 비상 상황 대비 계획을 이미 가지고 있었다. 하지만 1990년대 초 이전에는 종합적인 안전 및 방위 전략을 잘 갖추고 있는 도시가 거의 없었다. 테러리즘을 막아낼 수 있는 도시 설계 작업이 본격적으로 시작된 것은 취약한 방어의 문제를 환기시킨 여러 사건들이 터진 이후의 일이었다. 오늘날 테러리스트는 글로벌 미디어의 관심을 끌기 위해 세간의 이목을 끌고 있는 굵직한 도시와 그 경관을 공격 대상으로 삼고 있다. 9·11

그림 2.18 검은색 네모 상자 안에 놓인 보안 카메라가 워싱턴 D.C.의 제퍼슨 기념관 위에 설치되어 있다. 자유와 독립을 기념하고 있는 이 공공 공간에서 감시 카메라는 어떤 메시지를 전달하고 있는 것일가? (사진: Lisa Benton-Short)

사건 이래로 역사 기념물, 추모 경관, 랜드마크 빌딩, 기타 주요 도시의 공공 공간 등 공격 대상이 될 만한 상징적인 구조물이 점점 더 위기에 노출되고 있다. 거기에 대한 대비책은 눈에 확연히 드러나는 반테러 장치들을 설치하는 것이다. 가령 뉴욕, 토론토, 로스앤젤레스, 필라델피아 등의 도시에서는 진입 방지용 말뚝(bollards), 벙커, 기타 장애물들이 '고위험'에 처해 있는 특정 공격 대상 가능 경관과 그 주위에 설치되고 있다. 장벽과 울타리 같은 요새들은 박물관, 역사 기념물, 추모 경관, 공원 등과 같은 공공 공간에 사람들이 접근하는 것을 통제할 수 있다. 높아만 가는 요새들을 오히려 공공 공간에 대한 위협으로 보는 사람들도 많다. 보안 장치는 워싱턴 D.C.와 같은 국가의 수도에서 특히 뚜렷하게 확인할 수 있는데, 그러한 요새 건축물은 상징적인 영향력을 발휘하여, 전쟁과 공포, 확고한 신념 등을 인식하는 국가 담론으로 재현되고 있다.

워싱턴 D.C.는 북미에서 가장 두드러지게 요새화된 도시이다. 수 마일에 달하는 울타리, 접근 차단물, 진입 방지용 말뚝이 도시 곳곳의 연방정부 빌딩, 역사 기념물, 추모 경관 주위를 둘러싸고 있다. 그에 더해, CCTV가 거리, 인도, 공공 공간을 감시하고 있으며, 이는 도서관, 쇼핑몰, 은행 등에도 천장과 측면에 부착되고 있다. 보안 카메라는 워싱턴 D.C.의 내셔널 몰(National Mall)에 있는 역사 기념물이나 추모 경관 같은 가장 공적인 공간에도 설치되고 있다(그림 2.18). 이 같은 보안 카메라의 확산은 대중문화를 통한 상업화로 연결되기도 한다. 가령 카메라에 포착되어 '현행범으로 붙잡힌' 사람들이 TV 쇼나 유튜브 같은 비디오 웹사이트에 오락거리로 방영되기도 하는 것이다. 보안 카메라가 실제로 범죄를 억제하고 있는지의 여부와는 상관없이, 점점 더 많은 도시 거주민이 그것에 노출되어 사진이나 비디오에 찍히고 있으며, 매일매일 그 감시하에 살아가고 있다. 이는 논란이 될 만한 문제거리를 제기한다. 즉 오래된 비디오 영상물을 어떻게 해야 하는지, 경찰이 범죄인의 프로필을 만들기 위해 비디오 감시 장치를 사용해야 하는 것인지, 준법적 시민들이 알게 모르게 감시당하고 있다는 사실을 어떻게 해석해야 하는지 등 논란거리는 여전히 남아 있다.

역사 기념물과 추모 경관은 도시경관에서 단순한 장식물에 불과한 것이 아니다. 그것들은 도시 공간에 의미를 불어넣어 주고, 권력의 정치를 재현해 주는 상징적인 기호인 것이다. CCTV, 울타리, 진입 방지용 말뚝 또는 다른 장애물 등이 그러한 기념물들에 설치되어 예전과는 다른 모습으로 바뀌어 가는 것은, 도시의 안전과 테러리즘이라는 상반된 의제를 엿볼 수 있게 해 준다. 그뿐만 아니라 궁극적으로 그러한 변화가 실현될 수 있도록 해 주는 권력 관계의 실천을 엿볼 수 있게 한다. 보안 카메라는 일반인들이 기념물이나 다른 공간에 접근할 때 불편함을 느끼게 해 준다. 그런데 그것만이 논란거리가 되는 것은 아닐 것이다. 보안 카메라는 또한 시민 권리 운동, 반전 시위 행진, 주변화된 사회 구성원의 저항 등 다양한 종류의 진보적 정치 시위을 억제한다. 그러한 저항 주체들의 주장과 외침은 주로 공공 공간에서 표출되었다. 도시를 둘러싼 상황은 비록 바뀌었지만, 도시 안전의 증진을 위한 요구가 수용할 만한 수준의 요새화로 어떻게 나아가고 있는지, 어느 정도 수준으로 자유의 박탈이 이루어지고 있는지, 공공 공간에의 접근을 어떻게 억제하고 있는지, 과도한 안정성 의식의 지배를 받는 새로운 도시 문화를 출현하게 해 그 함축된 메시지를 어떻게 표출하고 있는지 등의 문제에 대해서 여전히 논란이 이어지고 있다. 안전성이라는 개념의 모호한 특성은 미해결의 과제로 남아 있다.

도시 역사 경관의 보존과 재창조

북미에서는 문화적, 건축학적 전통 유산의 진가를 소중히 여기는 전통이 이어져 내려오고 있다. 하지만 도시 역사 지점과 구조물의 가치를 본격적으로 인식하기 시작한 것은 불과 수십 년 전의 일이다. 20세기 내내 이어진 전례 없는 도시 변화, 특히 도시 재생의 과정에 따른 도시 변화와 미국에서의 주(州) 간 고속도로 시스템의 확대, 그리고 기타 대규모 공공

사업과 고층 빌딩의 건설 붐 등이 활발히 전개되고 있는 가운데, 전통 유산 보존 운동은 오히려 더욱더 활성화되었다.

미국에서는 보존 운동이 두 가지의 독특한 경로로 나뉘어 진행되고 있다. 사적 부문을 통한 경로는 중요한 역사 인물과 랜드마크 구조물에 초점을 맞추고 있다. 예를 들어 이러한 사적 부문에서 처음으로 진행되었던 중대한 역사 보존 운동은 워싱턴 D.C.에서 멀지 않은 포토맥(Potomac) 강변에 있었던 초대 대통령 조지 워싱턴의 플랜테이션 부지에 대한 보존 운동이었다.

공적 부문을 통한 경로는 국립공원을 조성하는 것을 핵심으로 한다. 하지만 역사적 건물의 복원 운동도 포함된다. 공적 부문의 노력을 통해 많은 역사 구역이 성공적으로 조성되었다. 가령 1931년에 조성된 사우스캐롤라이나 주의 찰스턴, 1936년에 조성된 뉴올리언스의 프렌치쿼터 구역, 1946년에 조성된 버지니아 주의 알렉산드리아 등이 좋은 사례이다. 1949년에는 몇몇 관련 조직들이 연합해 영국의 영향을 받은 미국 역사보전 위원회(National Trust for Historic Preservation)를 결성하였다. 이 조직의 목적은 사적 부문의 보존 노력을 연방정부의 관련 활동과 연결시키는 것이었다. 특히 연방정부 산하 국립공원 관리청(National Park Service)의 활동이 주된 연결 대상이었다. 역사 보존의 입법화도 추진되었는데, 가장 중요한 성과는 1966년에 발효된 국가 역사 보존법(National Historic Preservation Act)이다. 보존 운동은 이제 하나의 랜드마크만을 보호하는 데 그치지 않고, 도시 내의 유적이 위치한 전 지역을 역사 구역으로 지정하는 경향으로 나아가고 있다. 1970년대와 1980년대를 거치면서 이렇게 지정된 역사 구역은 도시 재생을 위한 중요한 도구가 되었다. 역사 구역은 로컬의 정체성 확보에 이바지하는 독특한 문화적, 경관적 특성이 펼쳐진 지역으로 정의된다. 도시는 여러 개의 역사 구역을 가질 수 있다. 예를 들어 시카고에는 최초의 계획 산업 타운이었던 풀만 구역(Pullman district), 과거 흑인들의 특화 구역이었던 블랙 메트로폴리스 구역(Black Metropolis district) 등 20개가 넘는 역사 구역이 펼쳐져 있다. 블랙 메트로폴리스 구역은 흑인들이 소유하거나 운영했던 사업체와 문화 단체 등이 입주해 있던 9개의 건물들로 구성되어 있으며, 전국적으로 유명세를 탄 바 있다. 지리적으로 더 넓은 범위를 차지하고 있는 역사 유적도 많이 있다. 보스턴의 프리덤 트레일(Freedom Trail)은 시내 한 복판의 붉은 벽돌로 된 역사 건물들 사이로 굽이굽이 4km 길이로 조성된 도보 트레일이며, 이를 따라 걷다보면 16개의 사적지를 거치게 된다. 미국 혁명 당시의 이야기를 접할 수 있는 박물관, 교회, 공회당, 공동묘지, 공원, 바닷가의 배, 역사적 표식 등을 지나게 되는 것이다. 오늘날 미국 도시에는 수많은 로컬의 역사 보존 운동 조직들이 활동하고 있으며, 수많은 사적지, 역사 건물, 기타 역사 구조물들이 보존 대상으로 지정되고 있다.

캐나다의 보존 운동 역사도 비슷한 과정을 거쳐 왔다. 가장 중요한 보존 운동 프로그램은 캐나다 사적지 이니셔티브(Canada's Historic Places Initiative)이다. 이 프로그램은 연방정부, 주정부, 원주민구역정부, 자치정부, 그리고 전통 유산 보존 전문가, 전통 유산 개발가 및 그 외 관심 있는 개인들이 연합해 만든 프로그램이다. 범캐나다 연합체인 이 프로그램은 캐나다의 보존 요망 문화를 발굴하고 그 보존, 개발을 촉진하려는 의도로 추진 중에 있다. 지금까지 이 프로그램 덕택에 1,500개가 넘는 장소와 인물과 사건들이 기념물로 지정되었다.

오늘날 역사 보존은 보존(preservation), 복원(restoration), 재건축(reconstruction), 재활용(rehabilitation) 등 다양한 전략으로 추진되고 있다. 이 중 보존은 대상물을 현재의 상태에서 크게 변형시키지 않은 채 그대로 유지하는 것을 말한다. 대상물에 대해 보존 전략을 추진한다는 것은 정상적인 수리 정도나 또는 추가 훼손 방지를 위한 최소한의 조치 정도만을 시행하는 것을 의미한다. 보존 전략에서 혁신 기술이 적용된 사례는 시애틀의 파이크 플레이스 마켓(Pike Place Market)이다. 오래된 도시 시장인 이곳은 도시 재생 프로젝트를 위해 철거될 위기에 처해 있었다. 그러나 전 시민을 대상으로 한 선거를 통해, 주민들은 도시 생활과 문화의 중요한 부분인 이 시장을 지켜 내기로 결정하였다. 로컬의 농부, 어부, 소상인들에 의해 활발히 운영되고 있는 이 시장의 본래 특성을 유지하기 위해서 시애틀 정부는 그 구조 자체는 물론이고, 그 안에서 벌어지는 활동도 보호·유지하도록 하는 법령을 만들었다.

복원은 어떤 건물을 과거 한 시기의 모습으로 돌려놓는 작업을 말한다. 이를 위해 청소, 크고 작은 수리, 훼손되거나 유실된 부분들의 교체 등의 작업이 진행된다. 예를 들어 캘리포니아 성지 순례 트레일(mission train)*을 따라 건립된 21개의 스페인 성당 및 부속 건물은 정도의 차이는 있지만 거의 대부분 복원되었다. 18세기 스페인 시대의 유산인 이 건물들은 인위적 파괴, 비바람, 지진 등으로 인해 많은 부분이 훼손되거나 방치되어 있었기 때문에 이를 복원할 필요가 있었다. 어떤 대상물이 지닌 특정 시기의 특징만을 복원하려는 경우에는 현재 유실되어 버린 그 시기의 특징을 다시 찾아내고, 다른 시기의 특징들은 역사에서 제거해 버리기도 한다. 비평가들은 이것이 대상물의 '원형의 상태'를 억지로 짜 맞추려는 오

---

* 역주: 과거 캘리포니아 해안 지역에 진출한 스페인 세력은 도시 회랑을 따라 이어진 이 길을 따라 21개의 미션을 건립했는데, 이 길은 남쪽의 샌디에이고에서 시작해 북쪽으로 로스앤젤레스와 샌프란시스코를 지나 소노마(Sonoma)에서 끝난다.

그림 2.19 이곳 필라델피아의 인디펜던스 광장에서는 역사가 '공연'되고 있다. 도시 내 곳곳에는 '국가의 과거 한때 (Once Upon a Nation)'라고 불리는 장소들이 지정되어 있고, 거기에서 배우들은 미국 혁명 시기에 관한 간단한 촌극을 생동감 있게 공연하고 있다. (사진: Lisa Benton-Short)

류로 이어질 수도 있다고 주장한다. 이러한 방식의 복원은 고택, 농장, 교회 등을 복원할 때보다 흔하게 일어난다. 하지만 이러한 전략은 비판을 받기도 한다. 왜냐하면 복원된 구조물의 진정성을 의심받기도 하기 때문이다.

재건축이라는 용어는 복제된 설계도나 자료를 사용해 역사 구조물을 건축하는 것을 의미한다. 역사 구조물이 현재 더 이상 존재하고 있지 않을 경우에는 이러한 방식이 적용된다. 어떤 경우에는 재건축 작업이 복원 작업과 동시에 진행되기도 한다. 그러한 작업의 효시를 이룬 가장 훌륭한 사례가 버지니아 주의 윌리엄스버그(Williamsburg)이다. 록펠러(John D. Rockefeller)는 많은 이들의 설득을 받아들여 1926년에 식민지 타운이었던 윌리엄스버그를 통째로 복원하기로 결정하였다. 가장 중요한 문제는 그 타운의 원형이 역사의 흐름 속에서 이미 많은 부분 사라져 버렸다는 점이었다. 많은 역사적 건물이 타운 안에 그대로 남아 있었지만, 타운의 원형적 모습에서 중심 역할을 했던 건물들은 이미 없어져 버렸다. 계획가들은 1781년에 화재로 소실된 식민지 총독의 궁전을 다시 만들어 내기로 결정하였다. 윌리엄스버그 재건축을 위한 노력에는 많은 비판도 가해졌다. 재건축될 건물을 짓기 위해 기존의 건물들은 제거되어야만 하였다. 그러나 지금 이곳은 미국에서 가장 많은 사람들이 방문하는 역사 구역으로 자리매김하고 있다. 복원과 재건축에서 더 나아가 식민지 시대의 윌리엄 스버그에서는 당대 복장을 착용한 배우들이 역사 이벤트를 라이브로 연기하고 있다. 이런 방식으로 역사적 장소와 유물들을 재현하는 것을 '라이브 역사 박물관(live history museum)' 이라고 부르는데, 최근 점점 더 인기를 끌고 있다. 필라델피아의 인디펜던스 광장(Independence Square)에서 진행되는 공연도 그러한 예라고 할 수 있다(그림 2.19).

마지막으로 역사 건물들이 과거와 똑같은 기능과 용도로 지금까지 사용되고 있는 경우는 거의 없지만, 그 건축적 특성은 그대로 유지되어 오늘날에 이르고 있는 경우가 있다. 이러한 건축물에 흔히 적용되는 전략이 재활용이다. 이는 적응적 사용(adaptive use)이라고 불리기도 한다. 재활용 전략의 목적은 빌딩의 일부를 수정하거나 현대화해 새로운 용도로 사용하고자 하는 것이다. 방치된 공장이 소규모 양조장 겸 술집이나 박물관 또는 주택으로 개조되는 경우처럼 이에 대한 사례는 아주 많다. 재활용 전략은 오래된 도시 구역을 재생하려는 사람들이 점점 더 많이 채택하고 있는 전략이 되고 있다.

역사 보존과 재창조는 점점 더 도시 재개발 전략의 핵심으로 자리 잡아 가고 있다. 많은 도시는 미래를 내다보면서 동시에 그 과거를 기념할 수 있는 방안을 찾고 있다. 어떤 경우에는 역사 보존과 재창조의 노력에 재정적 투자가 이루어져 관광객이 증가하고 상업적, 주거적 관심을 (재)유인하는 등 경제적인 성과가 나타나고 있다. 역사 보존과 재창조가 경제적인 면에서도 도움이 될 수 있다는 것을 많은 도시들이 깨달아 가고 있는 것이다.

스모그 도시

북미 도시의 주민들은 대기오염이라는 현실에 직면에 있다. 1970년대 이래로 미국과 캐나다 정부에서는 자동차와 공장 굴뚝에서 오염 물질이 배출되는 것을 제한하는 조치를 취해 왔다. 촉매 전환 장치는 자동차 연소장치에서 배출되는 오염 화학 물질을 잡아내고, 가스 흡수기의 증기 흡착 장치는 탄산가스가 대기 중으로 증발하는 것을 억제해 준다. 최근에 활발히 개발 중인 전기자동차와 같은 무(無)매연 하이브리드 자동차도 대기오염을 완화시키는 데 이바지하고 있는데, 이는 공적인 이익이나 사적인 이익에 모두 부합하는 기술로 인정받고 있다. 그러나 폭증하는 수요에 따른 화석연료 사용의 증가와 함께 새로운 오염원도 출현하고 있다. 이에 따라 수많은 미국과 캐나다의 도시에서 오염 물질 배출을 줄이려는 노력을 의욕적으로 진행하고 있음에도 불구하고, 대기오염은 여전히 계속 증가하고 있다.

스모그는 대부분의 북미 도시에서 가장 큰 골칫거리가 되고 있다. 이는 공장 굴뚝, 자동차, 페인트, 지표 오존과 상호작용하는 용매제 등을 포함하는 여러 오염원으로부터 발생하는 오염 물질의 조합으로 만들어진다. 스모그는 태양열과 햇빛이 강해지는 여름철에 더 심해지는 경향이 있다. 스모그에 짧은 시간만 노출되어도 눈의 충혈, 천식, 기침, 두통, 가슴 통증, 호흡 곤란 등을 일으킬 수 있다. 장기간 노출되면 폐가 손상되어 그 신축성과 효율성이 줄어들고, 천식이 심해지며, 기도의 감염은 증가된다. 오존은 호흡기관에 깊숙이 침투하기 때문에, 건강이 약한 사람들과 노인들을 포함해 수많은 도시 거주민을 위험 속으로 몰아넣고 있다. 그러나 누구보다도 고된 노동에 종사하는 사람들이 그 영향을 더 크게 받을 수밖에 없다. 미국 전체 인구의 약 1/4가량이 대기 중의 오존 집중도가 허용치를 초과하는 도시 지역에 살고 있다. 미국폐협회에 따르면 미국인 10명 중 6명은 건강을 해칠 수 있을 정도로 대기오염이 심각한 지경에 있는 도시 지역에 살고 있다. 많은 도시 지역이 대기오염을 크게 개선하고 있기는 하지만 아직도 거의 모든 도시에서 대기오염 문제는 여전히 큰 부담이 되고 있다. 미국에서 '환경' 운동이 확대되고 있음에도 불구하고 많은 도시의 대기 상태는 여전히 열악하다. 2009년 미국 최악의 스모그 도시로 꼽힌 곳은 로스앤젤레스, 베이커즈필드(Bakersfield), 프레즈노(Fresno), 휴스턴, 새크라멘토, 댈러스, 샬럿, 피닉스 등이다. 캐나다에서는 윈저(Windsor), 토론토, 몬트리올, 밴쿠버 등이 여름에 평균 10일 이상 오존 허용치를 초과하고 있다.

스모그는 간혹 지리적 특성에 의해 형성되고 악화되기도 한다. 로스앤젤레스처럼 분지나 밸리(valleys) 지역에 위치한 도시에서는 특히나 스모그가 쉽게 형성된다. 일명 마일 하이 시티(Mile High City)라고 불리는 덴버는 로키 산맥의 높은 고도로 더욱 악화된 스모그 및 다른 오염 물질로 인해 어려움을 겪고 있다. 높은 고도로 인해 덴버는 따뜻한 공기가 차가운 공기 아래에 갇혀 오염원의 분산이 차단되는 기온 역전 현상을 자주 경험하고 있다. 그 결과 스모그는 한 번에 여러 날 동안 계속 머물면서 덴버를 감싸는 일명 '스모그 스프(smog soup)'를 형성하고 있다. 덴버는 이 대기오염 문제를 해결하기 위해 노력하고 있으나 2010년 현재 여전히 미국 환경보호청의 기준에는 미치지 못하고 있다. 캐나다의 몬트리올과 토론토에서도 '스모그 지리' 현상이 나타나고 있다. 이 두 도시는 모두 미국 중서부 주요 산업도시의 바람받이 쪽에 위치하고 있고, 따라서 국경 너머에서 발원된 스모그를 일으키는 일부 오염 물질이 이곳으로 운반되고 있다.

북미 도시의 대기 상태는 많이 개선되고 있으나, 인구 증가에 따른 에너지 수요의 증가 및 자동차 사용의 증가로 인해 여전히 어려운 상황에 처해 있다. 북미의 도시들은 수십 년 동안 여러 조치들을 취해 왔지만, 대기오염으로 위험에 처한 거주민들의 건강과 환경의 질 저하의 문제를 완전히 해결하지 못하고 있다.

결론

미국과 캐나다의 도시들은 21세에 들어서면서 복잡한 여러 도전 과제들에 직면하고 있다. 그중 하나는 급속한 경제적, 사회적, 환경적 변화에 어떻게 대처해야 하는지와 관련된 과제이다. 탈산업화와 다양한 서비스 경제 부문의 성장을 포함하는 경제 재구조화는 불균형 발전이라는 결과를 만들고 있다. 자본의 글로벌 회로 속에 편입되지 못한 도시는 탈산업화의 여파를 극복하기 위해 경제를 재조정하고 부흥시키고자 노력하고 있다. 도시들은 그 계층상에서 도시 중심부의 인구를 유지하고, 국내 및 국제 투자와 비즈니스를 유치하며, 다양한 경제를 발전시켜 나가는 등 더욱 치열하게 상호 간 경쟁을 벌이고 있다. 도시 발전 추진 세력들은 올림픽 경기 개최를 통한 인지도의 제고, 수변 공간 재개발, 로컬 주민 및 관광객을 위한 역사 경관의 보존과 재생산 등을 포함한 수많은 재개발 및 성장 전략을 추진해 경제 재구조화의 기반 조성에 힘쓰고 있다. 하지만 경제적 다양화가 반드시 성공을 보장하는 것은 아니다. 도시경제를 흔들어 놓을 다음 차례의 경제성장−쇠퇴 순환 주기에도 굳건히 견딜 수 있는 성장 동력이 무엇인지는 여전히 불분명하다.

사회적 변화도 도전 과제가 되고 있다. 교외 확대 현상은 계속되고 있다. 그러나 모든 교외 지역이 부유한 곳으로 자리매김하고 있는 것은 아니다. 일부 교외는 빈곤 문제의 심화를 경험하고 있다. 이민 문제는 합법 이민과 미등록 이민 모두에 대해 시민권, 인종, 민족성, 젠더 문제를 둘러싼 대중적 논쟁을 더욱 폭넓게 촉발하고 있다(글상자 2.6). 뉴욕과 토론토 같은 전통적인 이민자 도시는 여전히 이민자의 유입이 지속되고 있다. 하지만 이민의 역사가 그리 오래 되지 않은 도시도 대규모의 외국 태생 이주민들을 끌어들이기 시작하였다. 이 같은 새로운 이민자 관문 도시들은 문화적 다양성이 확대되어 가는 것을 적절하게 수용할 수 있는 제도적 장치가 부족한 경우가 많았다. 가령 학교 수업에서의 언어 문제나 병원

글상자 2.6

북미 도시의 퀴어 공간

　내부의 차이가 충돌하고 교섭을 벌이는 지점인 도시는 레즈비언, 게이, 양성애자, 트랜스젠더, 퀴어 집단(통칭해 LGBTQ)의 정체성 형성과 커뮤니티 조성, 그리고 그들의 권익 증진을 위한 중심점으로 오랫동안 자리 잡아 왔다. 흔히 게이 빌리지라는 형태로 조성되는 퀴어 공간은 미국에서 퀴어인의 자유를 증진하고 퀴어 실천주의를 활성화하는 데 있어서 무척 중요한 의미를 지닌다. 맨해튼의 그리니치빌리지는 뉴욕의 여러 게이 근린 및 게이 친화적 근린들 중 하나이다. 이곳에 위치해 있는 스톤월 인 펍(Stonewall Inn pub)은 1969년 경찰 습격 및 소요 사태 동안 게이 자유화 운동이 처음으로 시작된 장소로 알려져 있다. 1970년대와 1980년대를 거치는 동안 퀴어인들은 미국과 캐나다 전역으로부터 그들이 불편함 없이 살 수 있는 곳으로 모여들기 시작했다. 그들에게 안전함을 줄 수 있는 곳, 그들이 자신의 정체성을 '밝히고(come out)' 커뮤니티의 일원이 되어 당당하게 살 수 있는 곳이 바로 그들이 염원했던 목표지였다. 샌프란시스코의 카스트로(Castro), 뉴욕의 크리스토퍼 스트리트(Cristopher Street), 시카고의 보이즈 타운(Boys Town) 등이 바로 그러한 근린 지역이다. 이 근린 지역들은 LGTBQ 집단을 포용하고, 그들의 권익을 증진시킬 수 있는 약속된 땅으로 미국인들의 상상 속에 각인되었다.

　게이 근린들은 1980년대 동안 HIV/에이즈의 퇴치를 위한 중심 장소로 더욱 중요해졌다. 의료 전문가들도 한동안 그 존재를 알지 못했던 이 병은 이들 커뮤니티에 심각한 영향을 미쳤다. 하지만 그 존재가 알려진 후에는 이들 커뮤니티에서 그 병에 대한 연구가 진행되었고, 희생자들에 대한 옹호와 게이 행동주의도 활발히 이루어졌다. 에이즈의 확산이 수그러들던 1990년대에는 재개발, 소비자 활동, 소비 브랜드화 등이 두드러지게 이루어지면서 게이 근린의 새로운 시대가 열렸다. 미국 도시 지역에서 비규범적 섹슈얼리티가 사회적으로 인정받기 시작하자, 자치정부에서도 '핑크 머니(pink money)'를 벌어들이는 데 관심을 갖기 시작하였다. 자치정부는 퀴어 관광객을 위한 도시 마케팅을 추진하였고, 퀴어인들은 이미 여러 근린에서 진행 중이던 젠트리피케이션이 더욱 확고히 추진될 수 있도록 지원하기 시작하였다. 그런데 때로는 이러한 시도가 퀴어 공간에 분명한 표식을 붙이고 상징을 부여하면서 이 공간이 더욱 분명하게 구별되어 버리는 상황이 벌어지기도 하였다. 몬트리올에 있는 '르 빌라주(le Village)'의 메트로 역인 보드리(Beaudry) 역은 무지개 색으로 장식되었고, 시카고의 보이즈 타운에는 11쌍의 무지개 색 아르데코 양식의 탑문이 할스테드 거리(Halsted Street)를 따라 설치되었다. 이러한 과정들이 북미 도시에서 퀴어 공간을 문자 그대로 구체화시키고 있는 것이 사실이다. 이에 대해 많은 지리학자들이 그렇게 구체화된 공간이 게이 커뮤니티를 지나치게 상업화하고 표준화해, 퀴어인 자신들보다는 오히려 외래 관광객들을 위해 꾸며진 공간으로 만들어 가고 있다고 비판한다.

가장 최근에는 무엇이 퀴어 공간을 구성하고 있는지에 대한 논의가 지리학자들 사이에서 진행되고 있다. 전통적 게이 빌리지가 퀴어 정체성에 대해 헤게모니적, 범세계주의적, 계층 상승적, 남성적 비전을 지니고 있는 것에 주목한 지리학자들은 그러한 게이 빌리지로부터 배제되었다고 느끼고 있는 레즈비언, 트랜스젠더, 기타 집단의 사람들이 특정의 장소나 사적인 공간 또는 도시 중심부 바깥의 지점 등에서 대안적 커뮤니티를 만들어 가고 있음을 지적하고 있다. 이러한 경향은 이제 여러 도시에서 분명하게 나타나고 있는데, 이는 사회적 흐름 및 서비스의 분배를 주도하던 특정 구역의 중심성이 이제 약화되고 산재되기 시작하면서 동시에 벌어지고 있는 것이다. 토론토의 처치 스트리트(Church Street)를 따라 형성된 빌리지는 이제 '퀴어 웨스트(Queer West)'라고 흔히 불리는 퀸 스트리트 웨스트(Queen Street West)에 형성된 퀴어 공간 및 퀴어 친화적 공간들과 경쟁을 벌이고 있다. 더 나아가 일부 지리학자들은 집, 교외, 오피스, 주간 보호 시설 등과 같이 일반적인 일상적 공간들에서도, 도시 내의 지정된 퀴어 공간의 바깥에서 자신들의 정체성을 기꺼이 드러내고 있는 개인과 가족들에 의해 점점 더 '퀴어화'되고 있다고 주장하고 있다.

에서의 번역 서비스 같은 다양한 사회 서비스의 제공과 관련된 여러 과제들이 산적해 있다. 도시의 다양성 증대 문제와 관련해 레즈비언, 게이, 양성애자, 트랜스젠더, 퀴어(queer) 등의 커뮤니티가 결혼 합법화를 주장하며 압력을 가하고 있는 것도 현대 도시의 새로운 도전 과제가 되고 있다. 그들은 자신들의 삶과 경험을 반영하는 새로운 도시 공간을 창조해 가고 있다. 마지막으로 테러와의 지속적인 전쟁으로 인해 도시 공간의 물리적 변화가 일어나고 있다. 도시는 주민들의 안전을 보장하고, 외부 피해의 취약성을 극복하고자 노력하고 있는 것이다. 도시는 '국가 안전'을 확보해 국가를 든든하게 유지하기 위해서 최선의 노력을 다해야 한다. 하지만 안전과 공공적 접근 및 의견 표출의 자유가 상호 얼마나 확보되어야 하는지에 대해서도 광범위한 대중적 논쟁이 뜨거워지고 있다.

마지막으로 환경적 요인들도 여러 가지 면에서 도시경관을 변형시키고 있다. 뉴올리언스를 강타한 허리케인 카트리나와 2010년 멕시코 만 원유 유출로 야기된 광범위한 경제적, 생태적 충격은 많은 도시가 환경적 변화와 재앙에 상당히 취약하다는 것을 상기하도록 해주었다. 모든 지리적 입지 지점은 나름대로의 환경적 위험이 있기 마련이다. 따라서 허리케인, 지진, 홍수, 가뭄 등과 같은 환경 재앙에 대비하고, 그것이 발생한 후에는 이를 복구하는 일이 큰 도전적 과제가 되고 있다. 도시 성장 패턴은 그 자연환경이 제약적 요소로 작용할 수 있음을 잘 보여 준다. 그러나 21세기에 살고 있는 우리는 그것을 경시하는 경우가 많으며, 해안, 하천 계곡, 삼각주, 지진 단층선 등 위험 지역에서 개발을 계속해 나가고 있다.

가령 피닉스 같은 도시 지역에서는 담수가 점점 사라져 가고 있다. 도시는 환경의 힘에 종속되어 있지만 또한 그만큼 환경 변화의 행위주체가 되고 있다. 도시는 엄청난 양의 오염물질을 대기와 땅과 물로 배출하고 있다. 북미의 여러 도시는 1970년대 이래로 대기오염을 축소·조정하기 위해 많은 노력을 기울여 왔지만, 그 효과는 여전히 미미하다. 이러한 대기오염 문제는 도시 거주민의 건강에 심대한 영향을 끼치고 있다. 많은 도시가 최근에 인간−환경의 관계가 상호 밀접하게 연결되어 있음을 인정하면서 공원과 수변 공간을 조성하고, 과거 한때 오염되었던 땅과 수로를 정화하는 등 도시의 녹화 계획을 추진하고 있다.

북미의 도시는 끊임없는 변화의 과정에 놓여 있다. 사회적, 경제적, 정치적, 환경적 변화가 계속되면서 지금의 도전적 과제가 계속되고 있을 뿐만 아니라 새로운 과제도 부상하게 될 것이다. 많은 도시가 이러한 과제들에 주목하면서 적극적이고, 때로는 창조적인 조치를 강구하고 있다. 미국과 캐나다의 여러 도시는 세계에서 가장 흥미롭고 역동적인 도시로 자리 잡아 왔다. 또한 세계의 다른 도시가 이제 막 직면하기 시작한 여러 문제들을 먼저 겪어왔기 때문에, 그런 문제들을 어떻게 확인하고 또 어떻게 다룰 것인가에 대해 선도적인 경험을 제시하고 있다.

■ 추천 문헌

- Anisef, Paul, and Michael Lanphier, eds. 2003. *The World in a City.* Toronto: University of Toronto Press. 이 책은 토론토 이민자들의 도전 과제와 지방자치 정책의 가치를 분석하고 있다. 그들의 정착과 통합을 지원해야 하는 근거를 제공하고 있다.

- Fogelson, Robert M. 2003. *Downtown: Its Rise and Fall.* New Haven: Yale University Press. 이 책은 1880년부터 1950년까지 미국의 도시 중심부가 건설, 비즈니스, 교통 등의 영향을 받아 어떻게 변해 왔는지를 기술하고 있다.

- Florida, Richard. 2005. *The Flight of the Creative Class: The New Global Competition for Talent.* New York: Harper Business. 이 책은 도시 성장에 필수적인 역할을 담당하게 되는 숙련 노동자들에 대해, 그리고 미국 바깥에서 그들을 끌어오고 있는 세계화의 힘에 대해 상세히 기술하고 있다.

- Greenberg, Miriam. 2008. *Branding New York: How a City in Crisis was sold to the World.* 이 책은 하나의 브랜드로서의 뉴욕의 변화 과정과 그 때문에 발생하는 도시 정치의 변형 과정을 추적하고 있다.

- Hanlon, Bernadette, John Rennie Short, and Thomas Vicino. 2010. *Cities and Suburbs: New Metropolitan Realities in the US*. New York: Routledge. 이 책은 도시와 교외의 형성, 도시 다양성의 증가, 개발에 따른 환경적 결과 등의 문제를 다루고 있으며, 위기에 처한 교외를 묘사하기 위해 '교외의 교란(suburban gothic)'이라는 용어를 제시하고 있다.
- Hartman, Chester, and Gregory D. Squires, eds. 2006. *There is No Such Thing as a Natural Disaster: Race, Class and Hurricane Katrina*. New York: Routledge. 이 책은 도시계획 및 사회 정의와 관련해 허리케인 카트리나가 어떤 충격과 의미를 던져 주었는지를 다루고 있는 학술적 에세이이다.
- Khan, Matthew E. 2006. *Green Gities*: Urban Growth and the Environment. Washington, D.C.: Brooking Institute Press. 이 책은 거시경제적 분석을 통해 도시환경 '녹화(greening)'의 세계적 흐름을 추적하고 있다.
- Knox, Paul. 2011. *Cities and Design*. New York: Routledge. 이 책은 도시 디자인과 도시환경 간의 복잡한 관계를 탐구하면서 비판적인 평가를 내리고 있다.
- Price, Marie, and Lisa Benton-Short, eds. 2007. *Migrants to the Metropolis: The Rise of Immigrant Gateway Cities*. Syracuse, NY: Syracuse University Press. 이 책은 세계 13개 도시의 이민 문제를 조사해 이민자들이 어떻게 도시 공간을 변형시키고 있는지를 탐구하고 있다.
- Vale, Lawrence J., and Thomas J. Campanella, eds. 2005. *The Resilient City: How Modern Cities Recover From Disasters*. New York: Oxford University Press. 인류 역사에서 자연적, 비자연적 재앙으로 피해를 입은 도시가 이에 어떻게 반응하고, 궁극적으로 이를 어떻게 극복하게 되는지를 분석한 에세이 모음서이다.

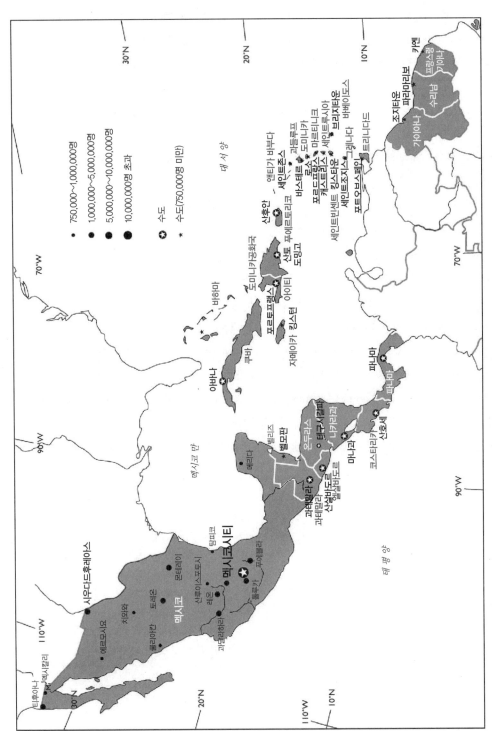

그림 3.1 중앙아메리카와 카리브 해 지역의 주요 도시. 출처: UN, *World Urbanization Prospects: 2009 Revision*, http://esa.un.org/undp/wup/index.htm

3
중앙아메리카와 카리브 해 지역의 도시

주요 도시 정보

총인구	1억 9700만 명
도시인구 비율	71%
전체 도시인구	1억 3900만 명
도시화율이 높은 국가	케이맨 제도(100%), 푸에르토리코(98.8%), 과들루프(98.4%), 버진아일랜드(95.3%)
도시화율이 낮은 국가	트리니다드토바고(13.9%), 몬트세랫(14.25%), 세인트루시아(28.0%)
연평균 도시 성장률	1.8%
메가시티의 수	1개
인구 100만 명 이상급 도시	19개
3대 도시	멕시코시티, 과달라하라, 몬테레이
세계도시	멕시코시티

핵심 주제

1. 멕시코의 도시 체계는 많은 부분이 아즈텍의 도시화 패턴을 기반으로 하여 구축되었다. 스페인은 개종과 광산 채굴이라는 식민지 개척자의 두 가지 임무를 용이하게 수행하기 위해 군사 지배를 하게 된다.

2. 19세기 후반이 되면서 외국인 투자와 고속도로 및 철도 개발이 고무됨에 따라 중요한 지역 중심지들이 새롭게 모습을 드러낸다.

3. 오늘날 멕시코의 도시 성장은 대도시 가까이 입지한 중간 규모의 도시, 미국과 멕시코

국경을 따라 발달한 도시, 대규모 도시 집적지로부터 멀리 떨어진 원격지의 독자적인 도시에서 나타나고 있다.

4. 중앙아메리카와 카리브 해 지역의 도시 체계는 다양한 유럽 세력의 지배 아래 발달하여 식민 지배 시기 농업 주도형 모형과 그 이후의 성장으로 이어졌다.

5. 오늘날 중앙아메리카는 거의 70%가 도시 지역으로, 온두라스와 과테말라 약 45%, 코스타리카 59%, 파나마 66%에 달한다. 최빈국이 최저 도시화 국가라는 점에서 보면, 국가의 빈곤율은 도시화율과 반비례한다.

6. 중앙아메리카 도시에서 사회적, 지리적 분리가 심화되고 있다. 범죄와 폭력은 중앙아메리카와 멕시코의 심각한 문제이다.

7. 오늘날 카리브 해 지역의 도시화에서는 네 가지 패턴이 나타난다. 도시의 종주도가 개개 섬의 특색을 나타낸다. 인구수 100만~500만 명의 도시들은 2배 이상, 중간 규모 도시(50만~100만 명)들은 비슷한 정도의 상대적 비중을 유지하고 있는데 반해, 소규모 도시들은 감소하고 있으며, 많은 섬나라의 경우에는 고립성이 중요한 제한점이다.

8. 19세기 중반 이래로 쿠바는 가장 일탈적인 도시 및 국가 발달의 길을 걷고 있으며, 지난 반세기 동안 사회주의 도시로서 상이한 형태를 보이고 있다.

9. 카리브 해 지역, 중앙아메리카, 그리고 멕시코에서의 자연재해는 도시 빈곤 과제를 악화시키고 있다.

10. 경계를 넘어선 도시화가 전 지역에 걸쳐 불균등하게 진행된다. 샌디에이고-티후아나 모형은 도미니카공화국-아이티 사례와 대비된다. 그러한 도시화 구동 과정은 불균등한 규모의 경제, 미숙련 저임금 노동력에 대한 수요, 그리고 여러 상품과 소매가격 책정의 결과이다.

유럽 정복자들은 아메리카에 대해 대륙 간 노예와 수백만 명의 아메리카 원주민 말살이라는 비극의 장을 촉발시키는 한편, 인류 역사상 가장 극적인 경관 변화를 감행하였다. 그후 5세기에 걸쳐 진행된 인간 드라마는 이 지역 전체에 걸쳐 지속되었으며, 기존 패턴과 도시화 과정을 심하게 변형시켰다(그림 3.1). 본 장에서는 플랜테이션 체계와 노예무역에 의해 구체화되는 카리브 해 지역의 도시화, 멕시코 본토와 중앙아메리카의 도시 발달이 다르게 전개되는 상황을 보여 줄 것이다. 중앙아메리카, 멕시코, 카리브 해 지역에 있는 일부 스페인 취락들은 토착 취락(멕시코시티)으로 대체되고, 나머지 취락들은 전략적인 적환점(산호세,

코스타리카, 콜론, 파나마), 군사적 방어망의 일부인 군사적 전초기지(쿠바의 7개 초기 villa)로서의 역할을 수행한다. 도시 디자인은 '군사 기술자'에 의해 이루어졌는데, 그들은 원주민 법(Law of the Indies)에 기원을 둔 도로 폭과 길이, 블록 크기, 토지이용에 관한 지침을 따랐다. 그러므로 일부 도시는 획일적인 격자형 패턴으로 발달하기 시작하였고, 나머지 도시는 지형 조건이나 엘리트의 기분에 따라 발달하였다. 어떤 경우이든지 간에 모든 도시에서는 공간적, 사회적 주거지 분리가 나타나고, 그 흔적은 50년 후까지 지속되고 있다.

대부분이 아즈텍 도시화 패턴에 따라 구축된 멕시코의 도시 체계는 스페인 군사 지배를 받게 된다. 이는 식민 지배자 스페인이 종교적 개종과 광산 채굴이라는 두 가지 임무를 계속 추진하기 위한 것이었다. 15세기와 21세기의 멕시코는 본토 생산을 위한 경제와 도시의 중추가 되었다. 식민지 시기와 독립국가 시기의 멕시코는 콜럼버스가 아메리카를 발견하던 시기 이전부터 존재하던 광산 채굴과 농업 시스템 덕분에 나머지 지역들보다 먼저 산업혁명의 진입이 가능하였다. 본 장의 뒷부분에서 탐색할 멕시코시티와 몬테레이의 도시지리는 천혜의 자원과 산업이 주도한 도시화 간의 상호 관계를 강조한다.

반면 중앙아메리카와 카리브 해 지역의 도시 회랑(urban corridors)에서는 식민지 시대 농업 모형과 그 이후의 성장을 탐색한다. 수도인 산호세와 파나마의 종주도시 기능은 각각 철도와 운하에 의해 심화되고, 도시와 배후지는 세계시장에 개방되었다. 카리브 해 지역의 도시화는 서서히 진행되었는데, 대부분이 카리브 해 지역의 평탄한 지역에서 나타나며, 설탕 및 바나나, 향신료 같은 단일 작물을 재배한다. 쿠바 아바나의 도시지리도 이와 같은 도시화 과정이 외부의존형 교역, 설탕, 노예 덕분에 진행되었음을 보여 준다.

중앙아메리카와 카리브 해 지역의 도시화에 관한 역사지리학

멕시코

멕시코 도시 체계의 역사는 도시가 처음 건설된 식민지 시대 이전의 시기로 거슬러 올라간다. 콜럼버스 발견 이전의 도시들이 지금까지도 다수 남아 있는데, 아즈텍 왕국의 수도인 테노치티틀란(Tenochtitlan: 지금의 멕시코시티)이 가장 유명하다. 멕시코 계곡에 입지한 테노치티틀란은 스페인 정복 시기인 16세기에 인구가 약 30만 명이었다. **쿨후아-멕시카**로 알려진 테노치티틀란은 아즈텍 왕국에서는 가장 유명한 도시로, 콜럼버스 발견 이전 시기에는 서반구에서 인구 규모가 가장 큰 취락이었다. 아즈텍 왕국은 메소아메리카의 대부분을 차지하고 있었다. 유카탄 반도의 마야, 오늘날의 미초아칸(Michoacán) 주, 할리스코(Jalisco) 주, 콜리마(Colima) 주, 과나후아토(Guanjuato) 주에 해당되는 타라스코(Tarascos), 오늘날의 오악사카(Oaxaca) 주에 해당되는 사포테카(Zapotecas)와 믹세(Mixes) 같은 주요 취락들이 공존하고 있었다.

이들 인구 밀집 취락은 두 가지 측면이 두드러진다. 첫째, 이와 같은 대규모 인구 밀집 지역은 조직 내 '도시-국가' 모델로 채택되었다. 대규모 상업과 종교 취락은 그 배후 지역 내에 위치하는 농촌 사회와 다른 소규모 정치-종교 지역을 지배하였다. 둘째, 주요 도시 문화는 멕시코 중부 지역에서 특히 현저하게 나타났다. 1521년 당시 분산되어 있던 추정 인구수는 약 250만 명이다. 이 지역은 후에 스페인이 인구 밀집 지역을 형성하는 데 있어서 역사적으로 중요한 역할을 수행하였다. 테노치티틀란은 멕시코시티로 재건설되어 스페인 제국의 수도가 되었다.

광업과 농업 중심지는 북부 지역 식민지화의 첫 번째 국면이 된다. 스페인 광업도시는 주요 은 광산 근처에 건설되었는데, 토착 원주민 취락인 탁스코(Taxco), 파추카(Pachuca), 사카테카스(Zacatecas), 과나후아토가 포함된다. 이러한 중심지와 기업 도시(company town)는 엔클레이브 경제로서 기능하였다. 멕시코 중서부에 위치한 바히오(Bajío)는 식민지 시기에 농업과 목축 분야의 주요 근거지로 재건설 되었다. 비옥한 평원이 식민정부의 식품과 섬유를 제공하는 이 지역의 풍부한 천연자원은 식민지화와 장래 도시 성장에 유리한 조건으로 작용하였다.

1821년의 멕시코 독립과 포르피리오 디아스(Porfirio Díaz) 대통령 임기 이후인 19세기 후반이 되어서야 비로소 새로운 주요 지역 센터가 모습을 드러냈다. 이 기간 동안의 완만한 성장은 외국 투자와 철도·고속도로 개발을 통해 고무되었다. 1910년 멕시코 혁명까지, 외국 투자는 철도와 광업에 집중되었다. 항구의 발달은 철도망을 해양 무역으로 연결시켰다. 동시에 이러한 기술적, 상업적 연계는 북부 멕시코의 광업 센터 증가를 유도하고, 결국은 지역 시장과 도시 성장으로 이어졌다.

철도의 확장은 중부와 북부 지역에서 다양한 도시의 성장을 촉진시키는 데 결정적인 역할을 하였다. 상업용 사이잘(Sisal: 용설란과의 여러해살이풀) 플랜테이션 중심지인 메리다, 멕시코 만 연안의 탐피코와 직접 수송망이 연결된 과달라하라(Guadalajara), 베라크루스(Vera-cruz), 몬테레이(Monterrey), 산루이스포토시(San Luis Potosi)는 급성장 하였다. 북부의 구광산도시들은 새로운 도시들과 연결되었다. 한때 '멕시코의 피츠버그'로 알려졌던 몬테레이는 중공업 중심지가 되었다. 주요 수송 결절인 베라크루스는 거의 모든 선박 화물을 취급하였다.

포르피리오 디아즈 대통령 임기 중에 발생한 경제적, 지리적, 정치적 변화는 멕시코 도시체계에 장기적인 영향을 미쳤다. 통신망은 중부와 북부 지역 간의 상호작용을 촉진하였다. 높은 미국 수출의존도는 균형 잡힌 도시 체계의 형성을 저해하였다. 그리고 20세기 초, 최대 인구 밀집지였던 도시들은 그 후에도 경제적, 정치적 우위를 유지하였다.

20세기 첫 10년간 발생한 국내외 상황은 도시 성장을 둔화시켰다. 1910년부터 1921년 사이에 발생한 멕시코 내부 혁명, 1930년대에 발생한 세계적 경제 공황은 수출과 도시 성장을 악화시켰다. 그럼에도 불구하고 1900년부터 1940년 사이에 도시인구는 140만 명에서 390만 명으로 증가하여 총인구보다 훨씬 많이 증가하였다. 도시의 수가 증가했지만 대부분의 도시 성장은 대도시에 집중되었다. 1900년 인구수 10만 명 이상의 도시는 단지 두 개였다. 그때까지 이 두 도시는 멕시코 도시인구의 1/3, 멕시코 총인구의 10.5%를 차지하였다. 1940년까지, 10만 명 이상의 도시는 6개로 도시인구의 20%, 총인구의 12%를 차지하였다. 오늘날 멕시코시티의 인구는 150만 명이고, 종주도가 증가하여, 제2위 도시인 과달라하라의 거의 7배에 이른다.

1970년대 초반, 멕시코시티와 일부 2위급 도시들은 메트로폴리탄 팽창이라는 도시 성장의 새로운 형태를 나타내었다. 1960년대에는 멕시코시티로 약 300만 명이 이주하는 대규모의 이촌향도 현상이 나타났다. 그 결과, 수도의 연간 인구 성장률이 당시로서는 역사적인 기록인 5.7%에 달하였다. 11개의 2위급 도시들도 눈에 띄는 팽창을 경험하게 되었는데, 이들 중 몬테레이, 과달라하라, 푸에블라(Puebla)는 인구 규모가 50만 명 이상이다. 바하칼리포르니아(Baja California) 주의 국경도시인 티후아나(Tijuana) · 멕시칼리(Mexicali), 치와와(Chihuahua)의 시우다드후아레스(Ciudad Juárez)는 눈에 띄게 팽창했으며, 국경 너머 쌍둥이 도시와의 관계가 강화되었다(표 3.1).

제2차 세계대전 동안에는 계약직 이주 노동자에 대한 수요로 인해 국경도시의 중요성이 커졌다. 이는 미국으로 국경을 넘어가야 하는 노동자들의 대기 지역으로 멕시코 국경도시가 선정되었기 때문이다. 1940년대부터 1960년대 초반 사이의 브라세로(bracero) 노동자 프

표 3.1 미국–멕시코 국경 쌍둥이 도시 현상: 인구, 고용, 2009*, 2010**

도시	인구수	공식 고용자 수
엘패소, 텍사스 주*	751,296	313,882
시우다드후아레스, 치와와 주**	1,062,913	396,911
러레이도, 텍사스 주*	241,438	79,008
누에보라레도, 타마울리파스**	373,725	75,210
매캘런, 텍사스 주*	741,152	213,458
레이노사, 타마울리파스**	589,466	191,158
브라운즈빌, 텍사스 주*	396,371	115,855
마타모로스, 타마울리파스**	449,815	126,458

출처: *표5. Metropolitan Statistical Areas의 인구 변화 추정치와 순위: 2008.7.1.~2009.7.1.(CBSA–EST2009–05). 미국인구조사국 인구과, 발표 일시: 2010년 3월
** INEGI, XIII Censo General de Población y Vivienda, 2010 y Censo Económico 2009

로그램(계약 날품팔이 노동자)은 명시된 수만큼의 멕시코 노동자를 미국 기업농장으로 데려다 주었다. 1960년대에 이 프로그램이 중단되었을 때, 멕시코의 쌍둥이 도시에 발달되었던 서비스산업과 잠재 실업 문제에 대한 우려가 커져 갔다. 그에 대한 대응책으로 국경 공업화 프로그램의 일부인 **마킬라도라**(maquiladora) 공장들이 설립되었다. 이 협약은 멕시코가 미국 기업으로부터 제조업 부품을 수입하여, 그것들을 마킬라도라의 부품 조립 공장에서 조립한 뒤, 완제품을 단지 부가가치세만 내고 미국으로 재수출한다. 그러나 1992년의 자유무역협정과 더불어 멕시코 이외 지역을 배제하는 무역 장벽으로 인해 미국과 가깝다는 상대적 입지의 이점이 없어졌다. 표 3.1에서 알 수 있듯이 오늘날 국경도시들은 멕시코의 쌍둥이 도시인 타마울리파스 주의 레이노사를 제외하면, 제조업과 서비스산업 종사자의 비중이 높고, 미국의 상대 도시들보다 큰 노동시장을 보유하고 있다. 따라서 이들 쌍둥이 도시는 국경으로 구분된 불연속 도시라기보다는, 비슷한 제조업과 서비스 부문에 종사하는 하나의 연담도시(conurbation)로 생각하는 것이 더 적절할 것이다(글상자 3.1).

1950년에서 1970년 사이에 멕시코 도시인구는 연간 약 5% 비율로 증가하였고, 반면에 2,500명 이하의 농촌 인구는 단지 연평균 1.5% 비율로 증가하였다. 이 시기 대부분의 인구 요소들은 삶의 질이 향상되었음을 알려 준다. 이러한 진전에도 불구하고, 도시와 농촌 간에는 상당한 차이가 나타난다. 도시 일터를 찾아 수백만 명이 농촌을 떠났다. 농촌 이주자의 거의 절반은 멕시코시티로 갔고, 1/5은 과달라하라와 몬테레이로 갔다.

1980년대 시작까지는 중간 규모 도시들이 대도시보다 높은 성장률을 경험하는 도시 성

글상자 3.1

공업자유지대와 초국가적 도시화

세계화 시대에는 소규모 도시들조차 국제적이 된다. 재화는 원래 국가가 어디이든 간에 완제품 형태뿐만이 아니라, 부품까지 국경을 넘어 수출입된다. 이것은 진정한 국제화이다. 많은 개발도상 국과 마찬가지로 중앙아메리카와 카리브 해 지역에서 가장 명백한 사례는 의류, 전자제품, 의약용 품 등 미국으로 출하하기 위한 선적용 제품을 조립하는 공업자유지대이다. 국지적으로 계약에 따라 다양하게 나타나지만 일반적으로 조립용 부품은 미국에서 면세로 반가공되어 수입되며, 중앙 아메리카와 카리브 해 지역의 주최국들이 보조금을 지급하는 공업 엔클레이브의 임금 노동자들에 의해 조립되어, 미국 판매를 위한 면세용으로 다시 재수출 된다. 이러한 공업자유지대는 비영어권 지역에서는 **조나 프랑카**(zonas francas), **마킬라도라**(maquiladoras) 또는 **존느 프랑쉬**(zones franches)라고 불리는데, 종종 벽이나 담, 그리고 단층의 하얀 건물 지역에 의해 다른 도시의 경관과 구별된다.

공업자유지대는 미국-멕시코 국경지대가 특별한 관심을 끌고 있는데, 도미니카공화국과 아이티 국경에서도 발견된다. 자매도시인 다하본(Dajabón, 도미니카공화국)과 콰나민테(Quanaminthe, 아이티) 인근 국경에서 보다 빈곤한 아이티 쪽에 공업자유지대가 세워지고 있다(그림 3.2). 무심한 관찰자에게는 공업자유지대가 다하본 외곽인 도미니카공화국 쪽에 세워진 것처럼 보인다. 사실 국경은 중앙 코르디예라(Cordillera)부터 남쪽으로 흘러 내려가는 마사크르(Massacre) 강을 따라 형성되는데, 여기서 하천은 갈라져서 아이티에 있는 좁은 도미니카공화국 쪽 하천을 둘러싼다. 공업자유지대는 하천과 국경 사이의 이 좁은 섬 위에 위치하므로 거기서 일하는 아이티 사람들은 일터에 도착하기 위해 매일 하천을 가로지르는 특별한 다리를 건넌다. 도미니카공화국 쪽에 있는 정문을 통해 들어오는 방문자들은 자신들은 모를 수 있지만 국경을 건너고 있는 것이다. 여기서는 조립 공장을 미국 회사만이 아니라 일부는 도미니카공화국이 소유하고 있으며, 멕시코 **마킬라도라**처럼 이 공업자유지대도 아이티 쪽의 대규모 저렴한 노동력을 활용하는 것이다.

다하본과 콰나민테는 깊은 정치적 골의 반대편에 있다. 도미니카공화국과 아이티는 오랜 반목의 역사를 가지고 있다. 예를 들면 국경은 단지 몇 군데만 개방되어 있는데, 모두 도미니카공화국 군인이 잘 지키고 있다. 아메리카 원주민에 대한 스페인의 초기 대학살 때문에 이름 붙여진 마사크르 강은, 콰나민테에 있는 많은 아이티 사람에게는 여전히 살아 있는 기억 속 사건, 즉 라파엘 트루히요(Rafael Trujillo) 도미니카공화국 독재자의 명령으로 1937년 수천 명의 아이티 사람들이 잔혹하게 학살된 장소이다. 그렇지만 두 도시는 상업으로 그 어느 때보다 밀접하게 연결되어 있다. 국경은 일주일에 2번, 장날에 열리는데, 그때 수백 명의 아이티인은 나중에 아이티에서 되팔기 위한 물건을 사러 국경을 넘어간다. 수백 명이 넘는 아이티인은 공업자유지대에서 일하기 위해 매일 국경을 넘는다. 아이티 사람들은 일자리를 찾아 산지와 해안평야에서 콰나민테로 몰려든다. 어떤 도시계획이나 도시 서비스도 없이, 콰나민테의 인구는 1982년의 7,200명에서 2003년에는 4만 명으로 증가하였다. 로잔공과대학의 레나 포세트(Lena Poschet)는 2004년까지 콰나민테가 다하본 도시 예산의 1/12, 인구밀도는 5배라는 것을 발견하였다. 특히 2010년 1월 지진의 여파로 국제구호기관이 아이티에 보다 많은 공업자유지대를 계획함으로써 이와 같은 성장은 계속될 것이다.

그림 3.2 자매도시인 콰나민테(좌측)와 다하본(우측)의 위성 영상. 아이티와 도미니카공화국 사이의 국경은 영상 아래쪽 2/3 정도는 마사크르 강을 따라 형성되고, 위쪽 1/3은 북쪽으로 거의 곧장 달리고 있다. 영상 위쪽의 하천 근처에 줄지어 나타나는 크고 하얀 건물로 보이는 공업자유지대는 국경과 하천 사이의 정치적 중간지대(무인지대)에 있다. 출처: Google—Earth

장의 분산 과정이 진행되었다. 이는 중간 규모 도시가 대도시와 가깝게 입지하고 있어 발생한 이점 때문인데, 저렴한 토지, 보다 새로운 하부구조, 보다 많은 공원과 개방 공간, 덜 혼잡하다는 점 등이다.

2006년까지 멕시코의 1억 300만 명 인구 중 70%가 도시에 거주하고 있었다. 계속 늘어나는 대도시로의 인구 집적은 전국적인 경향이라고 하지만, 모든 도시의 성장률이 감소하고 있다는 것은 주목해야 할 중요한 점이다. 1970년대 이래로 100만 명 이상 도시의 성장률은 전국 인구 성장과 관련되어 있다.

다양한 도시의 팽창과 대도시 지역(metropolitan area)의 성장은 오늘날의 멕시코 도시화

그림 3.3 (주로 젊은) 사람들의 '연결되고자' 하는 수요로 인해 도시 전역에 많은 인터넷카페(Internet cafe)가 생겨났으며, 특히 이는 학교 근처에 위치한다. (사진: Irma Escamilla)

의 특징이다. 이들 도시는 GDP의 75%를 차지한다. 가장 최근인 2005년 인구센서스에서는 56개 대도시 지역이 발견된다. 멕시코 32개 주 가운데 29개 주에 입지하고 있는 대도시 지역들의 인구는 거의 5800만 명으로, 멕시코 인구의 절반 이상(56%), 총도시인구의 3/4(78.6%)에 해당된다.

중앙아메리카

멕시코 계곡에 있는 아즈텍 주민의 정복이 하나의 대도시를 중심으로 진행되었다면, 스페인 통치는 보다 빨리 이루어졌을 것이지만, 멕시코 남부에 분산된 소규모 도시들로 인해 정복이 지연되었다. 콜럼버스가 아메리카 대륙을 발견하기 이전의 과테말라는 마야문명의 주요 중심지였지만, 중앙아메리카에서 주요 도시의 성장은 스페인이 정치-행정구역 구분을 단행한 식민지 시대로 거슬러 올라간다. 신스페인(스페인제국)의 장군은 처음에 과테말라의 안티과(Antigua)를 기지로 이용하였다. 그러나 일련의 지진으로 안티과가 파괴된 후,

수도는 현재의 과테말라시티(Guatemala City)로 이전되었다. 각 식민지의 관할 구역은 주도를 가지는데, 엘살바도르의 산살바도르(San Salvador), 온두라스의 코마야과(Comayagua), 니카라과의 그라나다(Granada), 코스타리카의 카르타고(Cártago), 파나마의 파나마라비에하(Panama la Vieja)이다. 스페인으로부터 독립한 1821년으로부터 얼마 지나지 않아 주도의 대다수는 국가의 수도가 되었다.

식민 시대 초기, 중앙아메리카의 기후 조건은 농업 발달에는 적합하지 않았다. 바람이 불어오는 대서양 쪽은 반대편의 태평양 쪽보다 강수량이 많고, 보다 자주 허리케인이 오고, 보다 많은 밀림과 습지대로 구성되어 있었다. 다수의 원주민이 거주하는 고지대에 취락이 입지하는 주요 요인은 해안 취락이 특히 해적의 공격을 받기 쉽기 때문이다. 이전에 세금 부과와 종교적인 교화를 위해 분산되어 있던 농업 생산자들을 집단화하면서 많은 취락이 형성되었기 때문에 중앙아메리카 도시들은 배후지의 농업 생산에 의존한다.

중앙아메리카에서의 도시화 과정은 크게 두 국면으로 구분할 수 있다. 첫 번째 시기는 1821~1930년이다. 스페인으로부터 독립한 첫 세기와 농업 수출 경제 기반 구축, 그 후의 정점이 포함된다. 두 번째 시기는 1930년부터 현재까지로, 지역의 경제 모형과 도시화가 가속화되는 새로운 국면으로의 이행기이다.

독립 시기에는 지역의 패권이 스페인에서 영국으로 변화되었다. 또한 지역의 도시화 성격에 상당한 영향을 미쳤던 농업 생산의 경우에는 새로운 외부 시장이 열렸다. 몇몇 국가의 경우, 독립 초기 수십 년 동안 다양한 농산품은 수출했으나 거의 독점적인 커피 수출로 이행하게 된다. 1835년 산호세(San José)는 코스타리카의 수도가 된다. 그 배경은 우선은 담배 생산, 나중에는 국가 커피 과두제의 본고장이 되는 커피 생산 때문이다. 과테말라의 식민 수출 기반은 곡물 생산과 돼지 사육에서 19세기 중반에는 커피 생산으로 변화된다. 19세기 말까지 지역 내 모든 국가는 주로 커피 수출로부터 나오는 소득에 의존하였다. 커피 붐은 중앙아메리카 수도를 강화시켰다. 이러한 현상은 특히 중앙정부가 새로운 정치·경제적 역할을 수행하도록 강화시켰기 때문이다. 그 결과 도시인구와 물리적 영역이 확장되는 과테말라시티, 산살바도르, 산호세 같은 지역에서 그러한 상황이 명백히 드러났다.

한편 바나나 플랜테이션에 대한 북미 투자는 가장 먼저 코스타리카, 이어서 과테말라, 마지막으로 온두라스에서 진행되었다. 그 결과 이 지역의 도시화가 가속화되었다. 커피 경제와 함께 바나나 생산으로 도시, 항구, 배후지에서는 농업, 교통, 항만 노동자가 필요하게 되었다. 그리고 새롭게 등장한 도시 중심지는 임금노동자를 필요로 하게 되면서 사회적 차별화가 활발히 진행되었다. 국제 자본은 지역과 도시의 통신, 교통, 상업의 하부구조 중 많은 부분을 끌어들이고 독점하였다. 예를 들어 1875년에서 1885년 사이, 과테말라에서는 철도의 483km 이상을 바나나 농장이 장악했는데, 이 하부구조는 국가자본으로 건설된 것이다. 또한 다국적기업은 과테말라의 푸에르토바리오스(Puerto Barrios)와 코스타리카의 산호세에서 항만과 항구 설비도 지배하였다. 아메리칸 마이너 키스(American Miner Keith) 같은 외국철도 거물은 중앙아메리카에서의 철도 확장, 국제무역 개발에 상당한 경제적, 정치적 영향력을 행사하였다.

중앙아메리카의 도시화 과정으로 인해 농촌 거주자가 일을 찾아 도시로 오는데, 교육·의료·개인의 안전·주거·교통·통신과 같은 삶의 질이 개선된 20세기 중반 무렵에 가장 왕성하게 진행되었다. 경우에 따라서 그들의 기대치에 부응하기도 하지만 실망에 맞닥뜨리기도 한다.

21세기 초반에 중앙아메리카의 도시화율은 70% 이상으로(표 3.2), 온두라스와 과테말라가 40%를 웃돌고, 코스타리카와 파나마는 각각 64%와 74%이다. 국가 빈곤율은 도시화율과 반대이다. 빈곤율은 온두라스(75%)와 과테말라(65%)가 가장 높고, 코스타리카(20%)와 파나마(35%)가 가장 낮다. 동시에 과테말라는 토착민 수가 중앙아메리카 전체 토착민의 80%에 해당되는 약 500만 명인데, 이는 지역 내 어느 국가보다도 많은 숫자이다(그림 3.4). 중앙아메리카의 도시화 수준이 지난 30년간 증가하고 있다고는 하지만(평균 71%까지), 거의 80%수준인 라틴아메리카 평균보다는 여전히 뒤쳐져 있다(표 3.2).

다른 도시와 함께 경제 통합과 인구 수준에 있어서 중요한 역할을 수행하는 중앙아메리카의 가장 크고도 중요한 도시 중심지는 과테말라의 안티과와 니카라과의 레온(León)과 같이 기본적으로는 7개국의 수도와 일치한다. 다음으로 중요한 도시는 코스타리카의 카르타고와 푼타레나스(Puntarenas), 엘살바도르의 아카후틀라(Acajutla)와 뉴산살바도르(New San Salvador), 과테말라의 치치카스테낭고(Chichicastenango)와 에스키풀라스(Esquipulas), 온두라스의 산페드로술라(San Pedro Sula)와 코판(Copán), 니카라과의 치난데가(Chinandega), 파나마의 포르토벨로(Portobelo) 같은 일련의 중간 규모 도시와 소규모 도시이다.

도시와 인구 분포는 대규모 산맥과 화산, 그리고 무수한 하천, 폭포, 호수가 열십자(十)로 교차하는 중앙아메리카 지역의 자연지리적 제약에 부분적으로 순응하고 있다. 또한 중앙아메리카는 불안정한 대륙판이 지표면 깊은 곳에서 충돌하는 지질학적 단층의 영향을 받는다. 기후 현상의 융합을 포함하는 이러한 환경적 상황으로 인해 그 지역에 있는 대부분의

그림 3.4 대부분의 과테말라 원주민 여성들은 여전히 '우이필(huipil)'이라고 불리는 전통 블라우스를 입는다. 이 화려하게 장식된 의상은 전통 베틀로 짜서 손으로 수를 놓는다. 마을과 도시는 각기 독자적인 디자인을 가지고 있다. 이는 특히 정기시장과 지역시장에서 유용한데, 사고파는 사람들은 판매자의 지역사회를 쉽게 인식할 수 있기 때문이다. 결과적으로 어떤 상품과 생산이 그 지역에서 유용한지를 의미하는 것이다. (사진: Bobby Bascomb)

취락은 지진과 화산 분출, 산사태, 홍수, 허리케인 같은 자연재해에 취약하다. 불행하게도 대부분의 국가는 이러한 재해를 방지하고, 준비 또는 관리할 자원이 부족하다. 아직 물과 토지 자원만이 유용한 상황에서 화산토와 범람원 위로 취락의 성장을 유도하게 되고, 또한 기본 경제활동인 농업 발달, 그리고 궁극적으로는 도시화를 허용하게 되었다.

태평양 쪽으로만 면한 엘살바도르와 카리브 해에만 국경이 접한 벨리즈를 제외하면 나머지 중앙아메리카 국가들은 태평양과 대서양 양 해안에 걸쳐 있다. 이는 수출 수익이 항상 국고나 지방 재정으로 확산되지 않는다고 할지라도 국가나 지역 전체로 보면 기본적으로는 경제적 중요성을 지닌 항구도시의 건설을 가능하게 하였다. 파나마가 적합한 사례이다. 독립 후 그레이트 콜롬비아[Great Colombia(또는 **그란 콜롬비아**)]라는 지정학적 프로젝트를 위

표 3.2 중앙아메리카의 도시화 수준(1970~2015)

국가	*도시화 수준(%)				
	1970	1980	2000	**2010	**2015
파나마	47.6	50.4	65.8	74.8	77.9
코스타리카	38.8	43.1	59.0	64.3	66.9
엘살바도르	39.4	44.1	58.4	61.3	63.1
니카라과	47.0	50.3	57.2	57.3	59.0
벨리즈	51.0	49.4	47.7	52.7	55.3
과테말라	35.5	37.4	45.1	49.5	52.0
온두라스	28.9	34.9	44.4	48.8	51.4
*계					
라틴아메리카와 카리브 해 지역	57.2	65.1	75.4	79.4	80.9
중앙아메리카	53.8	60.2	68.8	71.7	73.2
카리브 해 지역	45.4	52.3	62.1	66.9	69.3

국가는 2000년 도시화 수준에 따라 정렬함.

* 총인구에 대한 비율로서의 도시인구

** 2009년 추정치에 기초함. 출처: http://esa.un.org/unup/p2k0data.asp, 2011. 2. 11. 접속. 출처: UN자료, *World urbanization Prospects*, 2009 Revision, http://esa.un.org/unpd/wup/index.htm

해 스페인과 통상 관계를 확립하였다. 그 후의 성장은 기본적으로 대양 간의 교류를 발달시키는 것으로, 처음에는 철도를 통해서 프랑스에 의해, 후에는 운하 프로젝트를 통해 미국에 의해 주도되었다(그림 3.5, 3.6). 운하지대는 85년간 미국에 의한 해외 관리 후, 1999년에 파나마로 복귀되었다.

1930년대로 거슬러 올라가는 팬아메리칸 하이웨이(Panamerican Highway)의 건설 역시 중앙아메리카 전역의 도시 발달을 촉진시키고 있다. 심각한 산사태가 일어나면서 공학적인 측면에서 위태롭기는 하였지만, 팬아메리칸 하이웨이는 모든 수도를 연결한다. 2010년 9월에 발생한 호우는 그 이전의 열대성 폭풍인 아가사(Agatha)의 영향력과 결합해서 산비탈을 유연하게 하더니, 과테말라로 진입하는 주요 경로를 따라 다양한 지점에서 산사태를 만들어 냈다. 지역 뉴스 보도원에 따르면 48km 구간 내에서 팬아메리칸 하이웨이를 잘라내는 30군데 이상의 붕괴가 있었다. 팬아메리칸 하이웨이는 과테말라 수도로 이어지는 주요 도로 중의 하나이다. 이러한 문제점들이 있지만 팬아메리칸 하이웨이에서 나온 지선들이 다른 도시들과 연결되어 있어서 팬아메리칸 하이웨이는 여전히 중앙아메리카의 중추로 남아 있다.

그림 3.5 파나마 운하는 흘수가 깊은 배들이 모든 유형의 물품을 대서양과 태평양 간에 수송할 수 있는 공학 기술의 위대한 개가이다. 또한 도시의 주요 관광 명소 중 하나이기도 하다. (사진: Jorge González)

사전에 항상 계획된 것은 아닐지라도 도시화는 전통적 관광지와 새로운 생태 관광지 간의 이동을 용이하게 해 주는 필수 하부구조를 제공하는 중대한 역할을 수행한다. 최근 모험 여행의 증가는 지역사회 경제, 특히 관광 활동의 통제와 발달을 조절할 수 있는 토착민 경제에 승수 효과를 발생시키고 있다. 관광에 있어서 차별화는 지역 및 국제 관광객을 유인하고, 그 결과 지역의 주요 소득원이 된다.

도시 내부와 도시 주변에서 경제, 문화, 정치가 발달하고 있음에도 중앙아메리카의 도시 파노라마는 장래성이 있어 보이지는 않는다. 우선순위가 종종 고소득 인구에게 제공되는 자산 개발에 주어진다. 1970년대에 수출가공단지가 지협 도처에 뿌리내리고, 이러한 엔클레이브 중심지는 새로운 형태의 도시화를 대변하게 된다. 가족이 어린이를 영세 상업, 서비스 제공, 구걸로 내몰아서 어린이와 청소년 노동이 만연해 있다. 많은 가족들이 구성원 중

그림 3.6 마천루가 밀집된 현대적 파나마는 외견상으로는 현대와 번영의 모습이다.

1명 이상을 대도시나 미국으로까지 이주시켜야만 하는 어려운 결정에 직면하고 있다. 중앙 아메리카, 특히 엘살바도르 여성이 유럽까지 장거리 이동을 하는 것은 흔한 일인데, 유럽에 서 그들은 가족을 경제적으로 지원하기 위해 가정부 또는 도우미로 일한다.

최근 수십 년 동안 중앙아메리카 도시에서 대규모 인구 집단에 영향을 미치고 있는 빈곤 과 배제의 만연은 도시 갱의 증가로 이어지고 있다. 갱들은 전형적으로 어리고, 과테말라 시티, 테구시갈파(Tegucigalpa: 온두라스), 산살바도르 같은 대도시 주변부에 거주하는 경향이 있다. UN 개발계획(United Nations Development Program: UNDP)은 2008년 갱으로 말미암 아 사망한 사람의 수를 10만 명당 온두라스 58명, 엘살바도르 52명, 과테말라 48명으로, 매 우 높은 수치로 나타나고 있음을 보고하였다. 주요 갱은 '마라 살바트루차(Mara Salvatrucha)' 와 '마라(Mara) 18'이다. 그들은 자신의 얼굴과 몸에 큰 문신을 한다. 갱들은 마약과 인신 밀 매, 암살, 강간, 폭행 같은 범죄 행위와 연계되어 있다. 온두라스 4만 명, 과테말라 6만 명,

갱: 폭력적 도시 사회 발달

중앙아메리카 전역에서 나타나고 있는 갱의 확산은 여러 요소의 결과이다. 어떤 이들은 갱이 정체성을 찾는 젊은이들의 투쟁을 반영하는 것이라는 견해를 가지고 있다. 다른 이들은 갱은 광범위하게 확산된 지속적인 빈곤과 정치적 박탈감의 결과라고 주장한다. 대다수의 관찰자들은 삶의 질 개선책을 찾아서, 아니면 이룰 수 없는 무엇인가를 얻기 위해 몇몇 젊은이들이 갱의 폭력에 기댈 수밖에 없다는 데 동의하고 있다. 갱은 조직범죄, 무기 밀매, 위조, 조직 폭력, 강간, 납치, 강탈, 마약 판매와 소비 같은 폭력 및 범죄 활동과 연계되어 있다. 일부 갱의 경우는 버스 기사에게 자기네 영역을 통과하는 세금을 요구하고, 다른 갱들은 자기네 영역에 있는 소규모 기업체 경영주로부터 보호금을 갈취한다.

중앙아메리카에서 가장 악명 높고 폭력적인 갱은 마라로 알려져 있는데, 그중에서도 가장 악명 높은 갱은 '**마라 살바트루차**' 또는 'MS 13'이다. 이 갱은 주로 12~25세 사이의 젊은 남자로 구성되어 있다. 엘살바도르 젊은 갱의 대략 70%에 해당되는 '마라 살바트루차'는 엘살바도르가 주 근거지이지만, 캐나다에서 콜롬비아에 이르는 아메리카 대륙 전역으로 확산되고 있다. 이들은 특히 빈곤한 멕시코 국경 지역과 실현 대체 자원이 몹시 부족한 중앙아메리카 도시들을 장악하고 있다. 갱들은 눈에 띄는 문신을 하고 있는 것이 특징인데, 많은 구성원이 얼굴, 목, 가슴, 손에 신원을 확인할 수 있는 문신을 하고 있다.

마라는 중앙아메리카 젊은 갱을 일컫는 일반 용어가 되고 있다. **마라 살바트루차**는 엘살바도르 시민전쟁을 피해 이주해 온 엘살바도르 청년들이, 로스앤젤레스 거리에서 결성하였다. 마라 살바트루차는 1970년대 로스앤젤레스 민족 갱들의 확산 때문에 엘살바도르 청년들이 경험했던 차별과 희생에 대한 반발로 구성되었다고 전해지고 있다. 나중에 다른 중앙아메리카 이주자들이 갱에 통합되었다. **살바트루차**라는 단어는 '기민한 엘살바도르인'을 의미한다. 현재 중앙아메리카 및 일부 남아메리카에서 폭력적인 갱들이 증가하고 있는 것은 미국으로부터의 대규모 본국 송환과 관련되어 있다는 것이 일반적인 생각이다. 이들 중에는 지역 도시에 만연되어 있는 빈곤 속에서 비옥한 상황을 찾은 다수의 갱이 포함되어 있다. 갱들은 (적어도 대중적, 정치적 상상으로는) 지역의 안전과 민주주의에 대한 가장 심각한 위협 중 하나이다. 많은 중앙아메리카 정부에 의해 형성된 공식적인 정치권력의 진공 상태는 갱의 힘을 강화시켰다. 많은 도시에서 치명적 폭행은 국가 안전의 이슈가 되고 있다. 마라의 확산은 경찰 공권력을 손상시키고, 지역사회를 보호하는 정부의 능력을 약화시켰다.

엘살바도르 1만 명 등, 10만 명 이상의 젊은이들이 이러한 갱에 가담되어 있는 것으로 추정된다(글상자 3.2). 갱의 영향력은 중앙아메리카를 넘어서 멕시코, 스페인, 북미의 도시로 확산되고 있다. 중앙아메리카에서 교육과 직업의 기회 부족, 가족 해체와 같은 사회적, 경제적 불안정은 많은 도시 젊은이가 그들이 선택할 수 있는 것을 단 두 가지 즉, 미국으로 이주하거나 갱에 합류하는 것이라고 믿도록 만들었다.

현재 과테말라 살인율은 10만 명당 46명으로 멕시코의 2배, 온두라스와 엘살바도르의 10배 이상으로 높다. 과테말라, 온두라스, 엘살바도르는 중앙아메리카의 '북부 삼각지대'라고 불리는데, 이 3개국은 최고의 폭력 수준을 나타낸다. 그러나 중앙아메리카의 보다 평온한 3개국(니카라과, 코스타리카, 파나마)이라고 할지라도 최근에 폭력이 증가하고 있다. 2005년 이래로 중등학교 학생의 45%가 중퇴하고 갱에 합류하여 갱의 수는 50% 증가한 것으로 추정된다. 증거는 지금 '마라'가 남아메리카에도 동시에 확대되고 있다는 것이다. 예를 들어 아르헨티나에서 갱이 나타나고, 높은 실업 수준이 유지되는 것은 잠재된 갱 성장의 온상이다.

카리브 해 지역

1496년에 바르톨로메 콜론(Bartolomé Colón)은 히스파니올라(Hispaniola)의 남동 해안 산토도밍고(Santo Domingo)에 아메리카에서는 최초일지도 모르는 유럽인의 영구 취락을 건설하였다. 니콜라스 드 오반도(Nicolás De Ovendo) 총독은 1502년에 신스페인 식민 지배자 2,500명과 함께 도착하여 식민 도시의 항구적인 윤곽을 구축하였다. 약 2세기 동안 스페인은 남쪽의 사나운 카리브 인디언을 피해서 대앤틸리스(Great Antilles) 제도에 그들의 에너지를 집중하였다. 카리브 항구는 항만 방어, 신선한 물과 식량 공급, 그리고 극소수의 광물과 농업 재화를 항구 배후지에서 추출할 때 이를 연결하는 배출구였다.

카리브 해 지역의 식민 지배 이전에 아즈텍과 잉카 제국에 대한 스페인 정복자들의 관심은 본토에 있었다. 스페인 정복자들은 금과 은을 찾기 위해 떼를 지어 섬을 떠났으므로 카리브 해 지역 식민지들은 쇠퇴하였다. 오직 예외는 거대한 바위 요새가 방어하고 있는 아바나(Havana: 쿠바), 산후안(San Juan: 푸에르토리코) 같은 스페인 보물 선단 경로상에 위치한 항구였다. 나머지 270만 km² 이상에 달하는 카리브 해 지역은 스페인의 통제가 미약하였다. 해적과 개인 나포선은 경비 없는 섬에서 스페인 항구와 선박을 공격하기 위해 안티과, 바베이도스(Barbados), 토르튜(Tortue) 섬, 바하마(Bahamas)를 거치는 스페인 선박 경로를 따라

그림 3.7 대중문화에 발맞춰 '해적 홍보' 음료가 카리브 해 지역 전역에서 폭넓게 홍보되고 있다. 카스트로의 쿠바에서조차 아바나의 플라자 비에하 근처에 있는 레드불이라는 강장음료 자판기 옆에 모건 이미지를 꼭 닮은 부카네로(해적) 맥주를 홍보하고 있다. (사진: Joseph L. Scarpaci)

항해하였다. 악명 높은 푸른 수염의 사나이, 프랜시스 드레이크(Francis Drake), 헨리 모건(Henry Morgan) 등의 모습을 낭만적으로 묘사한 무공은 카리브 해와 연안 항구의 대중적 이미지의 일부이다(그림 3.7).

1600년대까지 영국, 프랑스, 네덜란드는 스페인이 확고하게 지배하지 못한 카리브 해 지역의 나머지 지역에 대한 소유권 쟁탈에 성패를 건 모험을 시작한다. 그들이 탐한 부동산은 서부 히스파니올라(현재의 아이티), 자메이카, 소앤틸리스(Lesser Antilles) 제도이다. 그들은 카리브 해 지역에서는 드물게 금과 은이 아니라 삼림, 농장, 소금을 추구하였다. 식민 지배와 도시 정착지의 속도는 1640년대에 바베이도스에서 진행된 설탕 플랜테이션 시스템의 발달 이후 급격히 가속화되었다. 설탕이 영국과 프랑스의 다른 식민지로 확산되면서 최고의 '설탕 섬'을 지배하기 위해 식민지 권력 간에 서로, 그리고 종종 카리브 인디언과 격돌하였다. 동시에 그들은 어마어마한 수의 아프리카 노예를 수입하였다. 1870년 이전에 거의 1000만 명의 노예를 아메리카로 데려왔는데, 거의 절반은 카리브 해 지역으로 왔다. 아프리카 노예의 사망률이 몹시 높았음에도 불구하고, 그들은 대부분의 영국과 프랑스 식민지에서 10:1을 훨씬 웃도는 비율로 백인보다 수적으로 우세하였다. 구세계에서 처음으로 노예와 설탕이 소개된 스페인 식민지에는 이러한 혁명이 늦게 왔지만, 19세기 말에는 쿠바, 도미니카공화국, 푸에르토리코 역시 설탕 산업의 중심지가 된다.

한편 플랜테이션 시스템과 노예무역은 카리브 해 지역의 특이한 지리적 기반을 구축하고, 앤틸리스 제도 도시들의 기본적인 취락 패턴을 설정하였다. 도시는 처음에 무역 중심지로서 보호된, 바람 부는 쪽에 위치한 항구에 건설되었다. 원당, 당밀, 럼주는 항구에서 유럽을 향해 출발하였다. 유럽의 식품, 기계, 자본은 항구를 통해 내륙 플랜테이션으로 들어갔다. 브리지타운(Bridgetown), 포르드프랑스(Fort-de-France), 킹스턴(Kington), 포트오브스페인(Port-of-Spain), 샤를로트아말리에(Charlotte Amalie) 같은 초기의 설탕 항구들은 설탕 대신 관광과 공업자유지대로 대체되기도 하면서, 여전히 중요성을 유지하고 있다.

네 가지 두드러진 패턴이 현재의 카리브 해 지역 도시화와 취락 패턴의 중요한 특징이다. 첫째, 종주도시 없는 카리브 제도는 없다. 아바나(쿠바), 산후안(푸에르토리코)을 제외하고, 바람 부는 쪽 항구에 입지한 대부분의 종주도시는 끊임없이 부는 무역풍의 영향을 받지 않으며, 대체로 깊고 안전한 만을 따라 파묻혀 있다. 이러한 역사적 항구들은 정박지로서 또는 설탕을 싣고, 노예·기계·식량을 내리기에 매우 적합하였다. 식민 개척자들은 해적의 습격과 경쟁적인 유럽 식민 개척자들로부터 지역을 보호하기 위해, 유리한 구릉지 정상과 산등성이에 포격 진지와 요새를 건설하였다.

둘째, 과거 반세기 동안의 카리브 해 지역의 도시화는 중간 규모 도시들(50만 명~100만 명)의 도시 거주자는 상대적으로 비슷한 비중을 차지한 반면, 50만 명 이하의 도시 인구는 감소하고 있다(그림 3.8).

셋째, 100만 명에서 500만 명 규모의 도시들은 두 배 이상이 되었다(그림 3.8). 이러한 현상은 도시 성장에 도움이 되는 만에 면한 지역, 해안 평야, 섬 경관에 아로새겨진 하천 계곡을 따라 제한적으로 발달되고 있는 저지대 도시에서 특히 두드러진다.

넷째, 대앤틸리스 제도 이외의 지역은 고립성이 주요 제한점이다. 바베이도스와 트리니다드를 제외한 대부분의 섬들은 작고, 대다수 특히 화산섬인 소앤틸리스 제도는 산지 지형으로 제약을 받고 있다. 그러므로 카리브 해 지역 도시들의 규모는 다른 라틴아메리카 도시들에 비해 상대적으로 미약하다.

스페인과 영국의 취락 패턴은 오늘날 도시화에 대한 역사적 배경을 제공해 준다. 스페인

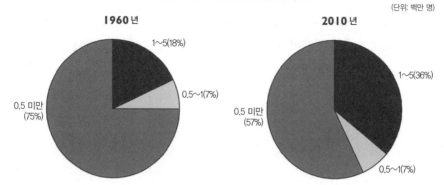

그림 3.8 카리브 해 지역의 도시 규모별 도시화(1960, 2010). 출처: UN, *World Population Prospects: The 2004 Revision*, http://www.un.org/esa/population/publications/WPP2004/wpp2004.htm; *World Urbanization Prospects*, 2005 Revision, http://www.un.org/esa/population/publications/WUP2005/2005wup.htm

취락은 보물 선단 경로상에 위치한 카리브 해 지역과 주요 항구의 바람 부는 쪽 입구를 보호해야 하였다. 이러한 입지는 무역풍을 따라 선박들이 이동하고, 선박 건조와 수리는 삼림 가까운 곳에 의존했던 초기 상륙의 흔적이다. 카리브 해 지역의 스페인 도시는 중남미 스페인 점령지 전역의 도시 디자인을 특징짓는 원주민 법 원칙에 따라 격자형 취락 계획을 따랐다. 도시들은 보통 주 광장을 중심으로 모이는데, 광장 양 끝에는 보통 정부 청사(cabildo)와 교회가 들어섰다. 블록 규모와 도로 폭은 미리 결정되었다. 즉 하치장, 도축장, 묘지 같이 위치상 달갑지 않은 토지이용은 신도시 주변부에 입지하였다. 스페인이 초기에 점령한 카리브 해 지역 항구는 멕시코와 본토 다른 지역에서의 광물자원 추출을 촉진하기 위한 것으로, 16세기 카리브 해 지역 항구에서는 거의 도시 성장이 이루어지지 않았다.

비스페인계 취락의 형태는 정통성이 적고 무계획적이다. 예를 들어 영국계 취락은 특허 제도에 따라 왕실의 은총을 왕정주의자들에게 나누어 준 것이다. 영국 출신 카리브 해 지역 거주자들은 북미의 대서양 연안 취락으로부터 배웠다. 따라서 그들이 중점을 둔 것은 목재를 얻고 농업을 영위하기 위해 토지를 개간하고, 요새를 구축하고, 원주민과 타협하는 것이었다. 영국인은 원래 거주지에 담배, 면화를 심었지만, 점차 설탕 단일 작물 재배에 의존하게 되었다. 영국과 스페인 취락에는 약간의 군사 구조물, 교회, 벽돌과 돌로 요새화된 설탕 플랜테이션 이외에는 식민지 건축물이 거의 남아 있지 않다. 그 이유는 화재, 열대 폭풍, 재건축 때문이다. 다음에 기술하는 미국령 버진아일랜드의 샬럿아말리와 쿠바의 아바나에서는 이러한 역사적 취락 패턴을 설명할 것이다.

대표적인 도시

멕시코시티: 고대 아즈텍 수도, 현대 메가시티

멕시코의 연방특별구(Mexico's Distrito Federal) 또는 수도인 멕시코시티는 14세기 아즈텍에 의해 세워졌다. 콜럼버스가 아메리카 대륙을 발견하기 이전에 테노치티틀란이라고 불리던 이 도시는 곧 중앙아메리카 최대 제국의 중심지가 되었다. 현재는 멕시코의 수도이자 도시의 최대 중심지로서 국가의 경제, 사회, 교육, 정치의 중추 기능을 담당하고 있다. 2010년 현재, 인구 2050만 명의 멕시코시티는 뉴욕-뉴어크보다도 큰 규모로, 서반구에서는 상파울루 다음인 제2의 도시 집적체이다. 멕시코시티의 인구는 20세기에 급증한 것으로, 1950년의 340만 명에서 1970년에는 약 900만 명, 1990년에는 약 1500만 명에 달하였다.

지역 용어로 멕시코시티는 연방의 수도만이 아니라 멕시코와 이달고(Hidalgo) 주까지 포함하는 대도시 지역 전체를 말한다. 21세기 초반에 멕시코시티 대도시 지역은 5,000km² 이상 되는 지역으로 확대되었는데(로드아일랜드 주의 4배 규모), 그중 멕시코시티는 약 30%이다. 멕시코시티는 해발 2,250m의 폐쇄형 배수분지에 위치하고 있다. 멕시코시티는 6개 산맥과 2개의 두드러진 랜드마크인 이즈타치후아틀(Iztacíhuatl) 화산과 포포카테페틀(Popocatépetl) 화산으로 둘러싸여 있다.

현재는 공식적으로 **콘스티투시온 광장**(Plaza de la Constitución)이라 불리는 **소칼로**(Zócalo: 주 광장)가 전통적으로 도시의 중심부였다. 광장 북측의 고대 아즈텍 주 신전 자리에는 메트로폴리탄 대성당이 있다. 스페인 정복자들은 흔히 원주민 신전의 폐허 위에 교회를 재건축해 아메리카 원주민을 예속시켰다. 동측은 고대 아즈텍 황궁 폐허 위에 건설된 **파라시오 드 고비에르노**(Palacio de Gobierno: 정부 주 청사)로, 이는 정치적 힘을 보여 주는 또 다른 상징적 대체물이다(그림 3.9). 식민 도시는 원주민 법에 명시된 지침이 규정한 대로, 광장 주변의 여러 블록으로 질서정연하게 확장되었다. 1494년에 스페인에서 처음 발표된 이 규정들은 군사공학의 본보기가 되었으며, 식민 시대와 독립 시기 동안 이 지역 내 많은 건축물 입지에 관한 권한을 부여하였다. **센트로 히스토리코**(Centro Hostórico)로 알려진 전통적인 도시 핵심부는 원래의 구조와 건축물이 대부분 손상되지 않고 온전히 남아 있다.

일반적으로 멕시코시티는 중앙아메리카와 카리브 해 지역의 도시화 패턴 및 도시화 과정의 전형적인 모습이다. 이 지역의 도시는 대부분 역사지구로 보호되고 있다. 최근 도시화

그림 3.9 멕시코시티의 소칼로(주 광장)는 식민 건축물로 둘러싸여 있는데, 메트로폴리탄 성당과 연방정부 및 수도 본부가 특히 눈에 띈다. (사진: Irma Escamilla)

의 진행은 **센트로 히스토리코** 너머까지 이르고 있다. 북미와 유럽의 도시화 모형과 달리 스페인계 중남미에서는 20세기까지 국가 엘리트의 중심성에 사회적 가치를 두고 있었는데, 그 시기 북미는 혼잡, 자동차, 신건축의 필요성과 더불어 중산층과 고소득층의 느린 교외화 과정이 고무되던 때이다. 결과적으로 멕시코는 식민지구를 기념하는 수많은 세계문화유산을 지니고 있다. 대부분의 중앙아메리카와 카리브 해 지역 도시에서 빈민은 지가가 저렴한 도시 주변부에 집중되는 경향이 있으며, 따라서 자조 주택이 발달한다. 오늘날 멕시코의 경우, 부유한 지구는 서부와 남부의 다양한 지대, 그리고 로마스드차플테펙(Lomas de Chapultepec), 폴란코(Polanco), 페드레갈드산안젤(Pedregal de San Ángel) 같은 멕시코인 거주지에 집중되어 있다(그림 3.10). 이러한 지구는 북부 지대와 베니토 후아레스(Benito Juárez) 국제 비행장 너머의 동부 주변부 불법 정착지의 빈곤과는 선명하게 대비된다. 동부 주변부에는 기본적인 서비스가 부족한 찰코(Chalco)와 익스타파루카(Ixtapaluca) 같은 다수의 커뮤니티가 입지하고 있다(글상자 3.3).

세계 다른 지역과 마찬가지로 교외 소매업이 도시 중심부의 중심적인 소매 지구의 전통적인 역할에 도전하고 있다. 예를 들면 도시 북쪽의 **플라자 사테리테**(Plaza Satélite), 남쪽의 **페리수르**(Perisur, 그림 3.11), 서쪽의 산테페(Sante Fé)가 있다. 식민지 시대 이래로 도시의 주

그림 3.10 도로변의 식민지 시대 건축물과 콜로니아 페드레갈드산안젤(Pedregal de San Angel)의 주택들은 지금까지도 보존되어 있다. 도시 남부에 위치한 이 지역은 가장 고급스러운 지대 중의 하나이며, 중요한 관광명소이기도 하다. (사진: Irma Escamilla)

글상자 3.3

지리정보체계와 도시문제의 해결

멕시코시티의 범위는 20세기 중반부터 계속 확장되고 있다. 1995년부터 도시 남부의 보존 지역으로 지정된 곳의 비정상적인 주거지를 나타내기 위해 혁신적 기술을 사용하고 있다. 지리정보체계(GIS)와 원격탐사 시스템은 육안으로 발견하기 어려운 생물 물리적, 경제적, 사회적 상태를 확인할 수 있게 해 준다.

한 연구는 8,017개의 무단 점유된 주거지(판자촌)를 발견하고, 493개의 표본을 조사하였다. 이는 판자촌이 1995년부터 2005년 사이에 보존 지역의 동부와 서부 주변부로 13.2% 확대되었고, 2000년과 2005년 사이에 서부 중앙과 남부 중앙 지역으로 4.6% 확대되었음을 보여 주었다. 이 연구는 이러한 팽창이 주거 지역의 경계를 넘어서 일어나고 있음을 보여 준다. 이는 도로 건설로 인한 연구 지역 내 거주지들의 뚜렷한 차이뿐만 아니라, 파편화를 나타낸다. 몇몇 전통적인 주거지는 비교적 연속적인 빌딩 지역이지만, 반면에 다른 지역은 주목할 만한 분산을 나타낸다. 무단 점유지는 새로이 확장되고 있는 (합법적으로 구획되고 제한된) 전통적 주거 지역의 절반 이상을 차지한다.

GIS와 원격탐사 기술의 이용은 빈곤 계층과 생태적으로 취약한 지역에 대한 적절한 정책 설계에 공헌할 수 있을 것이다.

그림 3.11 페리수르는 멕시코시티 남부에 있는 대규모 쇼핑몰 중의 하나로, 세계적으로 알려진 유명 상점들의 입지가 세계화를 입증한다. (사진: Irma Escamilla)

그림 3.12 멕시코시티의 센트랄 드 아바스토(Central de Abasto)는 과일, 채소류, 곡류, 종묘, 청소용품, 제약품, 사탕, 담배 같은 다양한 상품의 일일 거래 품목이 수천 가지나 되는 소매업자와 도매업자들을 위한 도시의 주요 상품 집산지이다. (사진: Irma Escamilla)

그림 3.13 11개 노선의 지하철은 하루 200만 명 이상의 승객을 수송하는 도시 대중교통 시스템의 중추이다. (사진: Irma Escamilla)

요 식료품시장 역할을 수행하던 **라 메르세드**(La Merced) 시장은 1980년대에 도시 동쪽의 현대 시장으로 대체되었다(그림 3.12).

1940년대에 시행된 수입 대체 공업화 전략으로 멕시코시티는 국내 최고 공업 중심지가 되어 안정과 번영을 이루었다. 오늘날에는 국내 공업 생산의 30%를 전담하고 있다. 1964년의 국경 공업화 프로그램으로 인해 20세기 후반에는 중공업이 수도에서 북부 국경도시로 이동하기 시작하였다. 많은 미국 공업도시들이 **마킬라도라**의 저임금 노동력 때문에 직장을 잃었듯이 멕시코시티에서도 마찬가지였다. 그 결과, 비공식 무역에서의 불완전 고용과 실업이 나타났다.

멕시코시티는 국내 상업 활동의 45%를 차지하는 경제 중심지이며, 여전히 국내 수송 체계의 중추이다. 5개의 주요 고속도로가 수도와 국내 다른 지역을 연결하는 것은 물론이고, 지금은 70년이나 된 팬아메리칸 하이웨이를 통해 과테말라와 미국과도 연결된다. 하루 200만 명 이상이 이용하는 지하철 시스템을 포함하는 광대한 시내 수송망(그림 3.13)과 다른 유형의 버스 연계망이 있다.

멕시코시티는 언제나 라틴아메리카에서는 가장 중요한 문화 중심지 중의 하나이다. 경쟁 상대인 아르헨티나의 부에노스아이레스와 겨루며, 다수의 중요한 문화 유적, 극장, 영화, 연극, 텔레비전 산업을 뽐내고 있다. 도시 중심부에 위치한 **국립 예술원 궁전**(The Palacio de Bellas Artes)은 중요한 오페라와 콘서트 공연장이며, 남쪽에 위치한 멕시코 국립 자치대학문화센터(the Cultural Center of the National Autonomous University of Mexico)는 국립도서관, 대규모 콘서트홀, 그리고 다양한 공연장을 운영하고 있다. 국립 인류학 박물관은 가장 중요한 인류학 박물관 중 하나이고, 차풀테펙 요새와 독립기념탑은 국가적 상징이다(그림 3.14). 멕시코시티는 중요한 역사를 지닌 메가시티로서, 놀라운 규모와 인상적인 대조적 특징을 보여준다.

몬테레이: 멕시코 '제2의 도시'?

몬테레이는 누에보레온(Nuevo León) 주의 주도로서, 텍사스 주 경계로부터 약 200km 떨어진 곳에 위치하고 있다. 몬테레이는 인구 규모에서 멕시코 제3위의 도시로서 2010년 현재 인구수는 370만 명이다. 몬테레이의 도시화는 미국 국경과의 근접성 때문이다. 이러한 상대적 입지는 멕시코 만 연안 평원과 동부 시에라마드레(Sierra Madre) 산맥이 만나는 곳에 입지하기 때문에 더욱 유리하다. 이와 같이 산지를 통과하는 통로는 몬테레이가 탐피코-알타미라(Tampico-Altamira) 항구가 있는 카리브 해로 직접 접근할 수 있도록 해 준다.

몬테레이는 1579년 **샌루이스레이드프란치아**(San Luis Rey de Francia)로 건설되었는데, 몬테레이 메트로폴리탄 시티로 알려지게 되었다. 몬테레이는 산타카타리나(Santa Catarina) 강 서쪽 제방 위에 건설되었는데, 원주민 법이 제시한 격자형 체계에 따라서 도로는 당시 **플라자 드 자라고자**(Plaza de Zaragoza)였던 중앙광장 근처에서 수직으로 교차한다. 멕시코 중심으로부터 떨어진 거리 때문에 몬테레이의 인구수는 18세기까지 정체되어 있었는데, 19세기가 되면서 도시가 크게 성장하기 시작하였다. 1848년 멕시코가 텍사스 영토를 미국에 양도할 때, 리오브라보 강(Rio Bravo: 미국에서는 리오그란데 강이라고 부른다) 인근의 새로운 국경 지역이 번성하기 시작한다. 미국 시민전쟁 기간 동안에 밀수품과 면화 교역이 몬테레이와 다수의 다른 국경도시들의 성장을 촉진하였다. 1882년에서 1905년 사이에는 몬테레이 산업 발달의 기반을 구축하는 철도가 몬테레이와 텍사스의 러레이도(Laredo), 탐피코, 마타모로스(Matamoros), 멕시코시티를 연결하게 된다.

몬테레이의 최대 산업 발달은 1890년에서 1910년 사이에 진행되었다. 몬테레이의 10대 토박이 세력가 집안 구성원 40여 명은 다양한 경제활동을 하는 260개 이상의 기업과 연계되어 있다. 1910년 멕시코혁명 이후에 이들 집안 구성원의 대부분이 유명한 몬테레이그룹을 구성하였다.

1940년대의 경제 팽창으로 몬테레이그룹은 산업 합병에 박차를 가하게 된다. 산업 투자는 금융과 재무 부문을 강화시켰고, 1943년에는 양질의 대학교육으로 몬테레이 산업의 경영과 관리를 이끌어 갈 미래 세대를 양성하기 위해 몬테레이과학기술고등연구원(Instituto Technológico de Estudios Superiores de Monterrey: ITESM)이 설립되었다. 1960년까지, 수송과 자동차공업에서 현저한 성장이 나타나면서 전자공학산업이 확

그림 3. 14 멕시코시티에 있는 기념물 중 가장 눈에 띄는 것은 파세오드라라레포르마(Paseo de la Reforma)에 위치한 독립천사이다. 이곳은 스포츠 승리 같은 단체 기념행사를 위해 시민이 모여드는 곳이다. (사진: Irma Escamilla)

실히 자리 잡게 된다. 공장들은 도시 주변부와 주변부 교통로 회랑을 따라 확산되었다. 자동차산업은 전통적인 핵심 지역인 미시간 주의 디트로이트뿐만 아니라 성장하는 멕시코 자동차산업을 충족시키기 시작하였다. 1970년대 후반의 오일 붐은 석유 추출 물질·섬유·해양 탐사 굴착 장치·잠수 배관의 생산을 통해 몬테레이에서의 석유화학산업 발달을 촉진하였다.

1980년대 후반, 경제 자유화로 인해 정부가 이전에 몬테레이에 보조해 주던 혜택이 끝났다. 북미자유무역협정의 이행으로 국경 근처에 입지한 도시들이 누리던 마킬라도라 조립단지 입지와 부가가치라는 비교 우위도 없어졌다. 지금은 멕시코 어느 조립단지에서나 마킬라도라와 같이 생산해서 미국으로 보낼 수 있게 되었다. 결과적으로 몬테레이에서는 다양한 기업체가 지분을 매각하고, 합작 투자 전략을 개발하고, 미국·유럽·아시아와의 전략적인 자본 제휴를 하는 등 수출 시장을 찾기 위해 고심하게 되었다.

몬테레이의 경우, 핵심적인 교육·문화·의료·기업과 함께, 국내 및 국제 관광의 중요한

그림 3. 15 인공위성을 통해서 몬테레이를 조망해 보면 거대도시화 과정이 두드러지고, 사진 우측 상단에 있는 도시 북쪽 세로드라실라 산지와 사진 중앙 하단에 있는 메크로플라자의 물리적 특성이 두드러진다. (사진: Google Earth)

오락 명소가 자랑거리이다. 도시의 가장 유명한 랜드마크는 말안장에 올라앉은 모습을 한 **세로드라실라**(Cerro de la Silla) 언덕이다(그림 3.15). **마크로플라자**(Macroplaza)는 몬테레이 심장부에 위치하고 있는데, 공원에 가까운 세계에서 가장 큰 광장 중 하나이다. 광장의 면적은 40ha에 이르고, 녹지, 기념물, 건물이 즐기기 좋게 어우러져 있다. 쇼핑몰 근처에는 상업과 서비스 기능이 밀집되어 있는데, 대부분은 영화관, 레스토랑을 포함하는 다양한 '쇼퍼테인먼트(shopertainment)' 서비스를 제공하고 있어서, 시내는 물론 시외 쇼핑객들을 유인하고 있다.

멕시코의 다른 도시들과 마찬가지로 경쟁적인 마약 갱들 간에, 그리고 경찰과 마약 관련 폭력의 물결이 몬테레이를 강타하고 있는 것은 주목할 만하다. 갈수록 무고한 시민들이 이러한 폭력의 희생자가 되고 있다. 공권력도 이러한 폭력을 파악할 수 없었다. 몬테레이 근처 자치시의 산티아고 시장과 닥터 곤살레스(Dr. González) 시장의 암살이 이를 입증한다. 계속되는 경찰서 공격은 주민들 사이에 불안, 공포, 치안에 관한 관심의 수위를 고조시키고 있다. 마약 폭력은 몬테레이의 풍요로운 공적 공간 효용성에 대한 시민들의 생각에 악영향을 미치고 있다.

코스타리카의 산호세: 여러 문제들로 괴로워하는 문화수도

산호세는 코스타리카의 정치적, 경제적 수도이다. 라틴아메리카 대부분의 도시와 마찬가지로 산호세는 교회가 전면에 있는 시 광장이 중심에 자리하고 있는 격자형 패턴으로 설계되었다. 2006년에 스페인계 중남미 수도 연합은 산호세를 스페인계 중남미 문화수도로 선언하였다. 코스타리카의 상대적인 경제적 번영과 정치적 안정이 산호세를 지역 내에서 가장 안전한 도시로 만들고 있다. 하지만 최근에 범죄가 증가하고 있어 심각한 걱정거리이다.

산호세는 코스타리카의 종주도시이다. 대서양/카리브 해 지역에 입지한 코스타리카 제2위의 도시 리몬(Limón)의 2배 이상 규모이다. 라틴아메리카 대부분의 종주도시와는 대조적으로, 산호세는 코스타리카의 지리적 중심부에 입지한다. 반습윤의 온화한 기후, 비옥한 토양은 집약적 농업에 유리하여, 고급 잎담배 같은 양질의 수출품이 성공적으로 재배되고 있다. 식민지 시대 이래로, 코스타리카의 취락 및 발달은 이 지역으로 집중되었다. 시간이 지나면서 취락은 점차 해안평야 쪽으로 확산되는 패턴을 나타낸다. 이는 대부분의 라틴아메리카 국가들이 경험한 패턴 즉, 취락들이 처음에는 항해가 가능한 해안 항구에 자리 잡지만 점차 내륙으로 이동하는 것과는 다르게 역행하는 패턴이다.

센트럴밸리(Central Valley)에 있는 일련의 구릉들이 산호세의 팽창을 약화시키지 못해서 오늘날 산호세 메트로폴리탄 지역은 인근의 알라후엘라(Alajuéla), 카르타고, 에레디아(Heredia) 커뮤니티를 망라하고 있다. 이 연담도시(conurbation)는 '중심 지역'을 구성하고, 인근의 계곡과 산지 지역으로까지 확대되고 있다. 중심 지역은 국토의 15%에 불과하지만 거주 인구수는 50% 이상을 차지한다. 코스타리카의 광업과 농업 부문에서 산출된 부는 산호세에 위치한 기업 투자와 메트로폴리탄 지역의 지속적인 확산을 지원하고 있다. 스프롤 현상은 소도시와 외진 마을까지 압도할 정도여서 주변부는 주택, 직장, 학교 같은 기본적인 서비스가 부족하다.

대부분의 종주도시와 마찬가지로 거대도시인 산호세는 국내에서 가장 중요하고 규모가 큰 산업, 업무, 거주 지역을 포함한다. 이러한 집적은 토지이용, 사적 부문 투자, 부의 분배 측면에서의 변화를 암시한다. 산호세는 14 칸톤(Canton: 미국의 카운티와 비슷한 행정 단위)으로 구성된다. 대부분의 **칸톤**은 거주 커뮤니티로 기능하는 거주 지역으로, 대부분의 일터·소매업·의료·교육 시설과는 거리가 멀다. 보다 멀리 떨어진 **칸톤**에서는 도시 성장에 대응하기 위해서 직장, 주택, 하부구조에 대한 수요가 증가하고 있다.

집적은 산호세의 종주성을 강화시키고, 저밀도의 인구와 빈약한 공공 서비스로 고통받고 있는 코스타리카 나머지 지역의 불이익을 심화시킨다. 도시 스프롤은 높은 경제적 비용을 부담시키고, 화석연료 소비를 불가피하게 한다. 또한 스트레스가 많은 장거리 통근 형태는 인적 비용이 부과된다. 현재의 사용량을 수용할 수 없는 도로망은 이러한 문제점을 악화시킨다. 더욱이 산호세의 스프롤은 센트럴밸리에 있는 풍부한 농업과 보존 지역을 위협하고 있다. 전반적으로 급속한 성장과 혼잡은 이 수도의 지속가능성을 위협한다.

최근에 코스타리카는 관광 산업이 발달하고 있다. 이곳은 탁월한 기후와 산지·화산·해안·열대우림 같이, 장대한 자연 등 다양한 천연자원의 이점을 지니고 있다. 관광은 북미, 유럽, 아시아 관광객들이 소비하는 경화의 유입으로 국내 경제의 활기를 북돋고 있다. 대부분의 관광은 산호세에서 시작해서 국내 내부로 전개된다. 이러한 관광은 산호세와 배후지의 경제적 승수를 창출하지만 경제적, 환경적 스트레스도 창출한다. 관광 하부구조는 국제적 요구치에 부응하기 위해서 지속적으로 유지, 개선되어야 한다. 산호세는 안전, 보안, 양질의 관광지로서의 코스타리카에 대한 국제적 평판을 수반하는 재정적, 하부구조적, 환경적 압박을 경험하고 있다.

아바나: 카리브 해의 과거, 미래의 중추?

1519년에 디에고 데 벨라스케스 데케야르(Diego de Velázquez de Cuéllar)는 산크리스토발데아바나(San Cristóbal de Habana)를 쿠바 섬 주위의 7개 군사적 전초기지(villas) 중 하나로 건설하였다. 원래 취락 중 카마구에이[Camaguey: 당시 푸에르토 프린시페(Puerto Principe)]와 산티아고의 2개 취락은 양항에 건설된다. 아바나는 섬의 남쪽(카리브 해)에 위치한 바타바노(Batabanó) 만 브로아인렛(Broa Inlet)에 1514년에 최초로 입지하게 된다. 얕은 항구와 습한 (그리고 건강에 해로운) 입지 때문에 정복자들은 좁은 섬의 대서양 쪽인 북쪽으로 직접 재입지시키게 된다. 산티아고데쿠바(Santiago de Cuba)가 16세기 후반까지 섬의 공식적인 수도였지만, 아메리카(주로 멕시코)와 유럽 간의 상품 교역을 위한 주요 적환 경로인 바하마 수로의 발견으로 아바나의 상대적인 입지가 향상되었다. 광물자원이 빈약하고, 노예로 만들거나 전도하기 위한 원주민이 대부분인 아바나는 전략적 재정비 항구와 멕시코와 남미 안데스 산지에서 오는 값비싼 금속의 일시적 집하장으로서 서비스하였다.

군사 기술자들은 이후 250년 동안 요새망을 구축함으로써 이 식민항구의 지위를 향상시켰다. 콜롬비아의 카르타헤나(Cartagena)와 산타마르타(Santa Marta), 파나마의 놈브레데디오스(Nombre de Diós), 멕시코의 베라크루스로부터 나오는 부를 운반하는 소함대는 스페인의 세비아를 향해 대서양을 건너기 전에 아바나의 안전한 해역에 있는 부두에 배를 댄다. 목축, 목재, 선박, 통합 서비스는 식민 도시경제를 의미한다. 페루의 리마와 멕시코시티는 자원이 부족했지만, 아바나는 스페인 식민제국으로 들어가는 활기찬 연계망을 제공하였다. 안정적이고, 신선한 물의 보장은 스페인이 아메리카 취락을 스페인 도시로 인증하는 전제 조건이었다. 1592년 주요 송수로의 완성은 알멘다레스(Almendares) 강으로부터 신선한 물을 서부로 운반하게 되고, 공식 수도로서의 아바나 운명을 인증하게 되었다. 아바나는 곧 지역의 정치, 경제적 중요도에 있어서 산티아고데쿠바를 능가하게 되고, 그 지위는 4세기 이상 양도한 적이 없다.

주머니 모양의 만에 위치한 아바나의 입지는 아바나를 이상적인 창고 및 적환점으로 만들었다. 플로리다 해협에서 항만으로 들어오는 입구는 매우 좁기 때문에 해군 장교들은 종종 야간 불법 침입자를 옭아매서 해협을 가로질러 체인을 끌어당겼다. 완만한 경사면에 순응하는 평탄한 해안단구 평야 위에 입지한 도시는 만이라는 점을 제외하고는 지형적인 제약이 없다(1957년에 터널이 완성되기 전까지는 동쪽으로의 성장이 제약을 받았다). 서쪽 주변부 성벽 건설은 1663년에 시작되었는데, 성장을 제약하였다. 1740년에 마지막 돌을 놓음으로써 9개 요새, 여러 개의 난간형 순찰로, 급경사면으로 구성된 다각형은 도시의 방대한 방어 체계를 완성하게 된다. 그러나 비상대기 영국군 장교들은 만의 동쪽 측면 위 도시를 무방비 상태로 인식하고, 1761년에 아바나 동쪽에 소함대 대원을 상륙시켰다. 한 달 안에 영국은 구도시에 폭격을 가하고, 식량과 물 공급을 가로막은 후, 아바나에 영국제국 국기를 올리게 된다. 다음 해에 쿠바는 스페인령 플로리다와 교환하게 된다.

1760년대의 영국 점령 후, 이어진 설탕 붐은 아바나에 상업과 거주자를 불러들이게 되고, 성벽 안의 혼잡함은 문제점을 악화시켰다. 새로운 근린지구가 성벽 도시 외부에 우후죽순처럼 갑자기 들어서고, 엘리트들은 점차 성벽지구(walled quarter)를 떠났다. 1860년대 초반에 아바나의 성벽은 해체되었고, 도시 발달에 이상적인 광대한 탁 트인 도시 블록이 시작되었다. 쿠바 식민지와 스페인 간의 일련의 시민전쟁은 새로운 건설을 지연시켰다. 1868~1898년 사이의 전쟁은 삶의 질을 악화시키고, 도시의 하부구조를 퇴화시켰다. 1893년에 완성된 알베어 급수 시설을 제외하면 공공사업은 아바나를 거의 향상시키지 못하였다.

1898년 스페인-미국 전쟁 이후, 플랫 수정안(Platt Amendment)에 의해 미국인이 쿠바를 점령했을 때, 그들은 아바나가 활기 없는 장소라는 것을 깨달았다. 투자 시기가 무르익자, 미국 기업 투자가들은 도시로 흘러들어 왔다. 도로 건설, 철로 확대·은행·세관·설탕과 담배 공장 건설, 전화 서비스, 새로 나온 자동차는 미국 투자가들에게 기회를 제공하였다. 미 육군공병들은 특히 해변 산책로 말레콘(El Malecón)을 넓히고, 돋우고, 연장하는 데 도움을 주었다. 말레콘은 아바나 북부 주변부 대부분을 장식하고 있는 매력적인 해변 대로이다(그림 3.16).

20세기 동안, 아바나는 로스앤젤레스와 저밀도의 뉴욕 같은 도시 양식을 갖춘 수평적인 도시가 되었다. 카리브 해 지역 대다수의 항구와 달리, 아바나는 넓은 해안평야를 가로질러 확대될 수 있었다. 만의 서부와 남부에 일련의 교외 엔클레이브들을 발달시켰다. 중산층 사무직 노동자들을 위한 자동차 통근은 이러한 교외 모형을 강요하여, 분산·분리된 도시 성장 패턴을 유도하였다. 한편 전차 노선은 1950년대 초반까지 운영되었고, 이후에는 자동차와 버스가 아바나의 신교외와 준교외를 연결하게 되었다. 1959년의 혁명이 성공했을 때, 주민 20명 중 1명 정도는 판자촌 같은 곳에 살고 있었다. 사회주의 정부는 동유럽과 이전의 소비에트 연방에서 사용하던 것 같은 고층의 조립식 건축 모형을 수입하였다(글상자 1.3 참조). 1959년에 아바나는 인구 100만 명의 도시라고 주장했는데, 50년 후에는 200만 명을 넘어섰다. 같은 기간 동안에 멕시코시티와 페루의 리마는 각각 6배와 3배로 증가하였다.

도시 역사, 전쟁, 혁명에 의해 형성된 격자형 패턴은 21세기의 아바나를 독특한 도시 형태로 규정하고 있다. 아바나는 두드러진 건축 디자인과 토지이용을 보존하고 있는 다핵도시이다. 식민 센터, 공화정부 센터, 신정부 센터, 사회/문화지구가 특징적 도시 결절이다(그림 3.17). 아바나는 무해한 경공업(담배 제조)이 식민정부와 공화정부 중심부를 둘러싸고 있는 라틴아메리카의 몇 안 되는 도시 중 하나이다.

혁명의 첫 30년 동안 아바나는 폐쇄 지역이었다. 소수의 관광객이 방문하였고, 관광객은 주로 구소련 무역권 회원국 출신이었다. 더욱이 다른 곳에서 아바나로의 이주는 식량배급

그림 3.16 베다도에 있는 폭사 빌딩 꼭대기에서 본 말레콘은 플로리다 해협을 따라서 동쪽으로 센트로아바나와 아바나비에하를 향해 달리고 있다. (사진: Joseph L. Scarpaci)

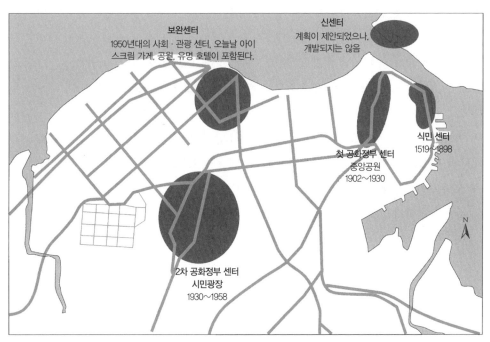

그림 3.17 다핵도시 아바나. 출처: J. Scarpaci, R. Segre, and M. Coyula, *Havana: Two Faces of the Antillean Metropolis* (Chapel Hill, NC: University of North Carolina Press, 2002), 87.

권과 다른 정부 규제로 통제되었다. 어쨌든 1991년 구소련의 종말은 '평화의 시간 중 특별한 시기'라고 불리는 중대한 위기를 초래하였다. 설탕을 소비에트 연방의 기름과 교환할 수 있는 쿠바의 능력이 사라지면서, 쿠바 정부는 휘발유 배급을 긴축하였다. 수천 명의 실업과 불완전고용 쿠바인들이 불법적으로 아바나로 이주하였는데, 주로 설탕 경제가 완전히 파괴된 동부 주 출신이었다. 전형적인 쿠바 유머로, 이들 이주자들은 동부 출신이기 때문에 '팔레스티노(palestinos)'라고 불린다.

아바나에서는 다른 변화도 보인다. 구소련으로부터의 연료 보조금이 끝나면서, 상대적으로 휘발유 비용이 급등하자, 버스 노선이 반으로 축소되고, 교통수단으로 자전거가 붐을 이루게 되었다(자전거 수는 1989년 7만 대에서 1999년에는 100만 대가 된다). 관광은 섬 경제를 유지하는 필요악으로서 1882년 이래 유네스코 세계문화유산이 된 도시의 구아바나지구(아바나비에하)는 최근에 주목할 만한 주요 문화관광지가 되고 있다. 1993년에 아바나의 도시역사가(City Historian of Habana)는 주택·호텔 건설, 도로 포장, 광장 건설, 도시 재생을 담당하는 돈벌이용 법인을 설립하였다. 아바구아넥스(Habaguanex)라는 기업체는 후기소비에트 아바나에서 가장 힘있는 기업체 중의 하나가 되었다. 이 기업체는 아바나비에하에 있는 건축물과 공간을 재생하는 야심찬 프로젝트에 착수하였다. 쿠바의 연간 방문객 수가 1970년대 말 25,000명에서 2010년에 230만 명으로 늘어났는데, 가까운 멕시코 칸쿤이 경험한 관광 성장과 비교하면, 쿠바의 국제 관광이 크게 성장하고 있다. 2010년 10월 라울 카스트로(Rául Castro)는 주의 근로자를 50만 명으로 축소한다고 발표했는데, 그들은 아마 새롭게 확대되고 있는 사적 부문에서 일하게 될 것이다. 2011년 4월 개최된 제6차 쿠바 공산당대회는 주정부의 간섭을 최소화한 민영주택 판매, 100만 명의 공공 근로자 축소, 158개에서 174개로의 사기업 부문 직업 증가 같은 급진적인 자유시장으로의 변화를 공인하였다. 기업가 정신으로 가는 이와 같이 한정된 잠정적인 단계는, 반세기 동안 중앙에서 계획해 오던 도시의 얼굴을 변화시킬 것인지, 그렇지 않을 것인지 시간이 알려줄 것이다.

많은 카리브 해 지역 도시와는 달리 아바나는 세계적인 생명공학 산업의 고향이고, 지역에서 세 번째로 붐비는 공항을 자랑하고 있다. 쿠바는 보다 성장할 수 있는 개방 공간을 보유하고 있다. 이는 북미인의 별장과 쿠바 출신 미국인 추방자의 귀환 형태 또는 규제 없는 미국 관광 시장을 수용할 수 있다. 많은 카리브 해 지역 항구 수도와는 달리, 아바나는 단지 연간 몇 천 명의 크루즈 선박 승객만 유인한다. 주된 이유는 미국 선박 회사가 쿠바에서 사업을 하면 법적인 문제에 직면하기 때문이다. 그럼에도 불구하고 카리브 해 지역은 세계에서 가장 붐비는 해안 교통의 일부를 감당한다. 대략 5만 척의 선박이 그곳을 항해하고, 연간 1450만 명의 관광객을 이동시키고 있다. 아바나는 21세기 성장으로서의 스마트 성장, 지속가능한 개발, 지속가능한 관광에 관심을 갖고 있는 도시 전문가들의 레이더가 될 것이다.

도시의 도전

중앙아메리카와 카리브 해 지역의 최대 메트로폴리스들 중 일부, 특히 멕시코의 경우는 인구 변이, 이촌향도 현상의 감소에 이바지할 수 있는 느린 인구 성장률을 보인다. 그럼에도 이러한 메트로폴리탄의 팽창은 지속적으로 원래의 경계를 상당히 넘어서 확대되고 있다. 그 결과, 도시 패턴은 인근 농촌을 점차 잠식하면서 더욱 분산되고 있다. 도시화는 그 과정에서 다수의 소규모 도시들과 공간적, 경제적, 사회적으로 결합된다. 멕시코의 과달라하라, 푸에블라, 멕시코시티, 코스타리카의 산호세, 과테말라시티는 이러한 과정을 분명히 보여 주고 있다. 도시 및 지역 계획은 이러한 도시화 수준을 관리하기 위해 필요하다(글상자 3.3 참조). 메트로폴리스에서 도시 중심부의 인구 감소 또는 '속 파내기(hohollowin out)'에도 불구하고, 대부분의 국가에서 수도는 계속적으로 군림하고 있다.

한편 중간 규모 도시들은 상당한 인구 성장률을 유지하고 있다. 중간 규모 도시들은 일자리 창출과 대도시에서 제공하는 삶의 질과는 대조적인 삶의 질 향상 가능성이 유망하다. 그렇지만 이러한 도시의 도시계획가와 관리자들은 거대도시 지역에 만연한 문제점이 되풀이되는 것을 피해야 할 것이다. 중간 규모 도시의 성공 가능성은 주로 세계화에 통합되는 정도를 포함하는 그 도시의 경제, 국내 수준과 지역 수준에서 유지하고 있는 분절의 유형, 그리고 비교 우위를 이용할 수 있는 정도에 달려 있다.

지역 도시들에 있어서 사회적, 지리적 분리는 심화되고 있으며, 이는 심각한 문제이다. 배타적 고소득층 지역사회에 대한 수요는 종종 목표가 되는 도시 지역에서 빈민을 내쫓는 결과를 초래한다. 공영주택 프로젝트는 낮은 지가 때문에 도시 주변부로 집중된다. 이는 결국 사회적, 공간적 분리를 악화시킨다. 고소득층 집단들은 점차 방어적으로, 고가의 주택으로 꾸민 폐쇄공동체 속에 고립된다. 그곳은 상대적으로 직장, 학교, 기타 편의 시설과 가까울 뿐만 아니라 매력적인 소매상점가가 위치하며, 엔터테인먼트 및 레크리에이션 시설이용이 편리하다. 빈곤층 가정은 멀리 떨어진 곳, 매립지 근처의 한계지, 공익사업 시설, 공장, 정수처리장, 범람원, 경사지 같이 불안정한 주택에서 계속적으로 거주하게 된다.

2009년 중앙아메리카와 카리브 해 지역 인구의 약 43%는 빈곤선 이하이고, 인구의 17%는 극빈층이다. 게다가 자료는 도시 지역으로의 빈곤층 집중이 증가되고 있음을 보여 준다. 같은 시기에 빈곤층 3명 중 2명은 도시에 거주하고 있는데, 이는 10년 전보다 높은 비중이다. 소득의 심각한 불평등은 지역 내에서도 역시 눈에 띈다. 코스타리카의 빈곤층은 총인구의 약 1/5에 이르고, 멕시코와 파나마는 빈곤율이 35%이며, 과테말라, 온두라스, 니카라과는 60%를 넘는다. 마지막 3개국은 극빈층이 30%를 넘는다. 아이티도 중앙아메리카 국가들과 마찬가지로 지역뿐만 아니라 서반구 전체에서 두드러지는 최빈국이다. 위태로운 판잣집이 하치장(dumps), 협곡, 해안과 강가 갯벌 같은 한계 환경(marginal environment)에 존재한다(그림 3.18).

자연재해는 이 지역의 빈곤을 악화시킨다. 활동성 지진 단층선이 멕시코, 중앙아메리카, 카리브 해 지역을 통과하고, 활동성 화산선이 대앤틸리스 제도를 제외한 단층지대를 지난다. 대다수의 지역들은 정기적으로 강력한 강우나 혹독한 허리케인을 경험하고 있다. 지역 산지의 급하고 불안정한 경사는 홍수와 대규모 산사태를 일으킨다. 각종 자연재해는 이러한 상태를 악화시키고 있다.

아이티 수도인 포르토프랭스는 이를 잘 보여 주는 사례이다. 이 도시는 매우 위험한 상태에 놓여 있다. 도시는 엔리키요-플랜틴 가든(Enriquillo-Plantain Garden) 단층지대 주변부에 해당되는 카리브 해의 허리케인 벨트의 중간, 그리고 급경사의 마시프데라셀(Massife de la Selle) 산지 기슭에 놓여 있다. 제2차 세계대전 이후 도시인구가 폭발하면서, 판잣집과 형편없이 지은 콘크리트 블록 집들이 전통적인 포르토프랭스 경계를 넘어서 급속히 성장하고 있으며, 해안 갯벌, 도시 오수, 도시 바로 뒤편에 불쑥 드러나는 모니로피탈(Morne l'Hôpital) 산지의 경사지를 향해 확산되고 있다. 2010년까지 범람과 산사태는 가장 중대한 위험 요소였다. 보통의 폭풍우조차 가끔 도시의 혼잡한 협곡을 따라 치명적인 홍수로 변하였다.

2010년 1월 12일 어마어마한 지진으로 20만 명 이상이 사망하고, 수십만 명이 집을 잃게 되었을지라도, 이러한 재난들은 잊혀졌다(그림 3.19~22). 2010년 11월 포르토프랭스의 위성영상은 10개월 전 진도 7.0의 지진 때문에 발생한 광범위한 파괴와 난민의 이동 모습을 일부 보여 준다. 지진의 영향은 도시 하부구조의 불안정 때문에 더욱 악화되었다. 프랑스 식민지 시기를 연상시키는 화려한 장식 구조의 대통령 궁이 붕괴되었으며(그림 3.19, 3.20), 다

그림 3.18 아이티의 포르토프랭스 도시 중심부 바로 북쪽 저지대에 있는 2장의 판자촌 조감도. 허리케인 노엘이 2007년 10월 29일~31일에 히스파니올라 섬을 강타한 후, 이 지역에서 홍수가 발생하였다. 폭풍우는 도미니카공화국에서 최소한 30명, 아이티에서 20명의 목숨을 앗아갔다. (사진: Joseph L. Scarpaci)

른 많은 건물도 붕괴되었다. 따라서 도시 중심부 바로 북쪽에 있는 이전의 군사공항에 마련된 천막 캠프로 수천 명의 사람들이 이동하였다(그림 3.21, 3.22). 눈에 잘 띄는 파란 방수 천막 캠프는 공지, 공원, 길가 심지어 골프장에 이르기까지, 공간만 있으면 어디서나 불쑥 나타난다. 난민의 계속되는 역경을 상징하는 캠프 중에서 가장 눈에 띄는 것 중의 하나는, 붕괴된 대통령궁 바로 맞은 편 도로에 위치한 것이다(그림 3.20).

　포르토프랭스를 강타한 지진의 비극적 결과는 특별하다기보다는, 오히려 도시에서 일어난 파괴가 라틴아메리카와 카리브 해 지역 도시에서 자연재해와 인간 재해가 어떻게 함께 작용했는지를 보여 주는 극단적인 사례라고 할 수 있다. 자연은 위험 요소를 제공하고, 도시는 경사를 와해하고, 홍수 정점을 가중시키고, 범람원으로 빈곤자들을 이동시키고, 유용한 산비탈마다 고밀도 집을 짓도록 조장함으로써, 위험 요소를 증폭시켰다. 중앙아메리카

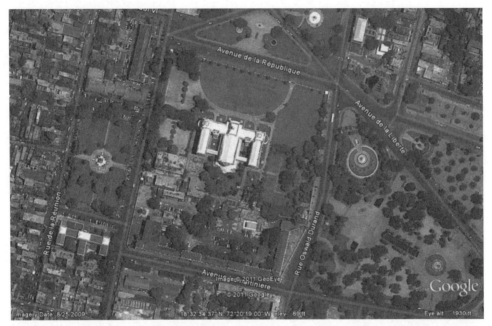

그림 3.19 2010년 1월 지진이 일어나기 5개월 전인 2009년 8월의 포르토프랭스의 대통령궁. (사진: Google—Earth)

그림 3.20 2010년 1월의 지진 발생으로부터 10개월 후인, 2010년 11월 포르토프랭스의 붕괴된 대통령궁과 천막 캠프. (사진: Google—Earth)

그림 3.21 2010년 1월의 지진이 발생하기 6개월 전인 2009년 7월의 포르토프랭스 도시 중심부 북쪽에 위치한 옛 군사공항. (사진: Google-Earth)

그림 3. 22 2010년 1월의 지진 발생 10개월 후인, 2010년 11월의 포르토프랭스 도시 중심부 북쪽에 위치한 옛 군사 공항의 천막 캠프. (사진: Google-Earth)

와 카리브 해 지역에서는 빈곤과 취약함이 자연재해와 밀접하게 관련되어 있다.

중앙아메리카와 카리브 해 지역 전체 도시에 있어서 비상 대책과 재건축을 다룰 경우, 조기 경고 시스템, 역량 있는 관리, 제도·정치적 발달은 기본적인 단계이다. 환경적 지속가능성을 통해 경제적 발달을 이루고자 하는 21세기 목표와 발맞춰, 지역 전체적으로 도시 생활자들의 일상에 영향을 미치는 문제를 다루고자 하는 강한 정치적 의지가 필요하다.

■ 추천 문헌

• Bolay, J.-C. and A. Rabinovich. 2004. "Intermediate Cities in Latin America: Risk and Opportunities of Coherent Urban Development," *Cities*, Vol. 21(5): 407–421. 국내 도시 체계 및 보다 광범위한 세계 시스템 내에서, 중간 규모 도시들이 어떻게 다른 도시들과 관련되어 있는지에 대한 연구이다.

• Brothers, T. S., J. Wilson, and O. Dwyer. 2008. *Caribbean Landscapes: An Interpretive Atlas*. Coconut Beach, Florida: Caribbean Studies Press. 위성 영상, 지상 사진, 문헌을 이용하여 카리브 해 지역의 특색 있는 도시 및 농촌 경관을 연구한 것이다. 마지막 장은 카리브 해 지역의 도시에 중점을 두었다.

• Cravey, A. 1998. *Women and Work in Mexico's Maquiladoras*. New York: Rowman & Littlefield. 멕시코의 단편적인 조립라인 산업에서 경제적 세계화, 젠더, 이주 간의 상관관계를 연구한 것이다. 지리학자 크래비는 이러한 현상을 설명하는 데 경제적, 정치적, 문화지리적 자원을 통해 추론하였다.

• Edge, K., H. Woodfard, and J. Scarpaci. 2006. "Mapping and Designing Havana: Republican, Socialist, and Global Spaces." *Cities*, Vol. 23(2): 85-98. 아바나의 건조환경이 과거의 미국, 구소련, 스페인, 그리고 쿠바 자체의 창조적 유형의 영향력에 대한 창구로서, 어떻게 읽어 낼 수 있는가 하는 도시의 역사적 평가이다.

• Scarpaci, J., R. Segre, and M. Coyula. 2002. *Havana: Two Faces of the Antillean Metropolis*. Chapel Hill and London: University of North Carolina Press. 경제적 발달, 정치적 통제, 건축물에 남긴 흔적에 대한 거울로서 500년간의 도시화와 아바나의 공간 배열에 대한 고찰이다.

• Scarpaci, J. and Portela, A. 2009. *Cuban Landscapes: Heritage, Memory and Place*. New York: Guilford Press. 조경술, 미술사, 역사, 대중문화, 지리학을 포함하는 학문에서 보이는 것 같이 "cubanidad"의 의미를 형성하는 설탕, 노예, 유산, 정치적 풍토의 구성에 대한 연구이다.

• Scarpaci, J., Kolivras, K., and Galloway, W. 2011. Engineering Paradise: Marketing the Dominican Republic's Last Frontier. In S. Brunn, Ed., *Engineering Earth: The Imapacts of Mega-engineering Projects*. Dordrecht Heidelberg London New York: Springer, pp. 1267–81. 카리브 해 지역 최대 규모인 동 히스파니올라의 Cap Cana 프로젝트의 발달을 요약하고 있다. 그리고 도널드 트럼프, 리츠칼튼, 기타 국제 브랜드가 채용하고 있는 장소 판촉 전략을 검토하고 있다.

• West, Robert C., and Augelli, John P. 1989. *Middle America: Its Lands and Peoples*. 3rd ed. Englewood Cliffs, NJ: Prentice Hall. 중앙아메리카와 카리브 해 지역을 연구한 두 명의 유명한 미국 지리학자들이 높이 평가한 저서이다.

그림 4.1 남아메리카의 주요 도시. 출처: UN. *World Urbanization Prospects: 2009 Revision*, http://esa.un.org/undp/wup/index.htm

4
남아메리카의 도시

주요 도시 정보

총인구	3억 8200만 명
도시인구 비율	84%
전체 도시인구	3억 2900만 명
도시화율이 높은 국가	베네수엘라(93.4%) 우루과이(92.5%) 아르헨티나(92.4%)
도시화율이 낮은 국가	파라과이(61.5%) 에콰도르(67.0%) 볼리비아(66.5%)
연평균 도시 성장률	1.73%
메가시티의 수	3개
인구 100만 명 이상급 도시	38개
3대 도시	상파울루, 부에노스아이레스, 리우데자네이루
세계도시	상파울루, 부에노스아이레스, 리우데자네이루

핵심 주제

1. 남아메리카의 도시화율은 매우 높다. 그러나 최근 몇 년간 도시 성장 속도는 느려지고 있다.

2. 2010년 현재 남아메리카에는 인구 규모 1000만 명 이상의 세계적인 메가시티가 3개 있으며, 100만 명 이상 도시는 42개에 달한다.

3. 안데스 지역의 도시에서는 유럽의 영향력이 남아 있는 구역에 소규모의 엘리트 그룹이 거주하고 있으며, 대부분의 도시민은 인종 면에서는 원주민과 메스티소에 속한다.

4. 남부 콘(Cone) 지역의 도시들은 인종 면에서 유럽계 후손의 비중이 높고 도시계획의 전통에서도 유럽의 영향력을 많이 받았다. 그러나 최근 파라과이, 볼리비아, 페루에서 도시로 이주하는 인구는 인종적으로 보다 다양한 양상을 나타내고 있다.

5. 브라질의 도시들은 포르투갈 식민 시대의 유산이 남아 있어, 도시의 형태면에서 스페인 식민 지배를 받았던 도시들과는 매우 다르며, 아프로–브라질(Afro-Brazilian) 문화의 영향력 또한 뚜렷하게 나타난다.

6. 남아메리카 대부분의 국가는 종주도시 현상이 뚜렷하게 나타나는데, 종주도시는 대부분 국가의 수도이다. 반면 과야킬, 메데인, 상파울루와 같은 역동적인 경제 중심지들도 성장하고 있다.

7. 남아메리카의 도시에서는 극명한 빈부격차가 나타나는데, 이는 도시 내부의 토지이용 패턴과 삶의 질에도 반영된다.

8. 사회운동의 확대, 도시민들의 저항, 불평등을 타개하고자 하는 정부의 노력에도 경제적 세계화로 발생한 이익은 도시인구 중 일부 계층에게만 돌아갔다.

9. 최근 수십 년간 심화된 도시 치안의 악화와 범죄율의 증가로 인해 엘리트 및 중산층이 도시의 중심부로부터 이주해 나갔는데, 이들은 주로 시 외곽 지역의 폐쇄공동체, 쇼핑몰, 사무지구로 이주하였다.

10. 급속한 도시화로 인해 심각한 환경문제가 발생했는데, 남아메리카의 많은 도시에서는 특히 대기오염 및 수질오염이 심각하였다. 일부 도시에서는 좀 더 포괄적이고 지속가능한 형태의 도시화를 이루고자 하는 혁신적인 시도가 이루어졌으며, 그 대표적인 도시로는 보고타와 쿠리치바를 들 수 있다.

남아메리카의 도시들은 극적이고, 모순된 이미지를 자아낸다. 리우데자네이루, 부에노스아이레스, 보고타, 카라카스, 리마, 키토, 산티아고 등은 단지 그 이름만으로도 장관을 이루는 자연경관, 숨 막힐 정도로 아름다운 경치, 코스모폴리탄적인 사람들, 그림같이 멋진 식민 시대 건축물, 매력적인 시장, 굉장한 스카이라인 등이 떠오른다. 그러나 그와는 반대로 이러한 도시들은 그 이름만으로도 비참한 불량주택지구, 치유할 수 없는 빈곤, 무작위로 발생하는 폭력 사건, 불행한 거리의 아이들, 꽉 막힌 도로, 아주 더러운 공기, 오염된 강 등을 떠올리게 한다. 현대 남아메리카 도시에 대한 이미지는 이렇듯 상반되지만, 그들의 삶에 대한 정확한 이미지라고 할 수 있다. 남아메리카 대륙 자체가 극과 극의 특성을 지닌 지역인 것처럼 남아메리카의 도시들도 그러하기 때문이다. 남아메리카의 도시들은 외양적으로는 많은 공통점이 있지만, 그 형태, 환경, 문화, 경제적 기능, 정치적 통치 방식, 삶의 질 등에서 매우 다르다(그림 4.1).

남아메리카의 도시는 오랜 기간 세계경제 체제의 일부로서 기능하였다. 식민 시대부터 남아메리카의 도시는 전 세계를 대상으로 하는 주요 생산자이자 소비자였다. 오늘날 남아메리카의 도시는 금융업, 제조업, 서비스 중심의 다국적기업 부문에서 치열한 경쟁을 벌이고 있다. 전 세계에서 유입되는 예술, 건축, 음악, 패션, 음식, 스포츠 경기, 디지털 기술 등 문화 분야의 유행 또한 남아메리카를 휩쓸고 있다. 세계화에 대한 찬성론자와 비판론자 모두 사회-경제, 정치, 문화적 경향이 전반적으로 비슷한 방향으로 나아가고 있다는 점에 동의하고 있다. 그렇다면 이러한 장소들이 일련의 과정을 통해 결국 비슷하게 보이고 느껴지게 된 것은 아닐까? 이러한 질문에 대해 남아메리카의 도시들은 그렇지 않다고 대답한다.

전반적으로 남아메리카의 도시들은 많은 면에서 다른 지역의 도시들과 차이점을 나타낸다. 이 중 많은 점이 남아메리카 대륙 전체적으로 공유하는 특성 때문에 나타나는 것인데, 식민 지배로 인해 도시화 과정에서 이베리아 반도 국가의 영향을 받은 점, 최근의 문화적 취향, 생산 및 기술 측면에서 세계화의 영향을 받은 점, 사회경제적 양극화 현상 및 공간적 분화 현상의 증대와 정보화 사회로의 진행 등이 공통적인 특성이다. 이러한 유사한 경향도 존재하나 국가 및 지역 수준에서의 다양한 경험들 또한 두드러진다. 일부 도시들은 스페인의 침략 과정에서 기원하였으나, 일부 도시들은 포르투갈의 식민화 과정에서 형성되었다. 원주민 문화, 독일 및 이탈리아 등 유럽계 이민자 문화, 노예무역에서 기인한 아프리카 문화 등이 도시로 유입되었다. 그러나 도시들의 형태는 상이하며, 경제발전 수준도 대조적이고, 정부의 형태도 다양하다. 나아가 도시가 발달한 자연환경은 지구 상에서 나타나는 거의 모든 형태의 것이라고 할 수 있을 정도로 도시별로 다양하다.

남아메리카의 도시 패턴

남아메리카의 도시들은 문화 및 생태적으로 세 개의 주요 지역으로 분류할 수 있다. 첫째, 안데스 아메리카(콜롬비아, 베네수엘라, 에콰도르, 페루, 볼리비아), 둘째, 남부 콘 지역(칠레, 아르헨티나, 우루과이, 파라과이), 셋째, 포르투갈 아메리카(브라질)로 분류할 수 있다. 가이아나, 수리남, 프랑스령 기아나 등의 도시는 카리브 해 지역의 도시로 이해하는 것이 적절하다. 대륙 전반에 걸쳐 유사성이 나타나지만, 지역 및 도시별로 많은 차이가 나타난다.

- 안데스 아메리카는 다른 두 지역에 비해 원주민의 비중이 크다. 안데스 지역 도시는 인종에 의해 분화되는데, 도시민의 대다수를 차지하는 원주민 및 **메스티소** 인구와 소수의 유럽계 엘리트 인구가 도시 공간을 나누고 있다. 빠르게 성장하고 있는 안데스 지역의 도시에서는 비공식 부문 및 시장 등과 같은 '대안 경제'가 주를 이루고 있다. 현재 남아메리카에서도 가장 빠르게 도시화되고 있는 안데스 지역의 도시들은 물리적 제약을 지니고 있어 사회, 정치, 환경 및 사회 기반시설 면에서 심각한 위기를 겪고 있다. 한편 보고타와 같은 도시는 도시계획, 대중교통, 지속가능한 프로그램 등 혁신적인 프로그램을 통해 전 세계에 알려져 있다.
- 남부 콘 지역의 도시는 파라과이를 제외하고는 인종 및 도시에서 유럽의 영향력이 매우 강하게 나타난다. 인적 개발 지수 면에서는 상대적인 번영이 나타나기도 하지만 이러한 도시들은 경제 침체, 불안정한 중산층 등의 문제를 안고 있다. 파라과이의 도시들은 원주민의 비중과 사회-경제적 문제 면에서 안데스 국가의 도시들과 비슷한 양상을 보이고 있으나, 남부 콘 지역은 상대적으로 이른 20세기 중반경에 도시화 과정 및 인구학적 변천 과정을 경험하였다. 상대적으로 소득이 높은 이들 국가의 도시화율은 이미 오래전에 정점을 찍었다. 현재 아르헨티나의 부에노스아이레스, 칠레의 산티아고, 우루과이의 몬테비데오 등의 메가시티들의 성장 속도는 브라질 및 안데스 아메리카의 도시에 비해 느리다.
- 브라질의 도시들은 포르투갈의 식민 지배의 유산 및 언어를 지니고 있으며, 스페인의 지배를 받은 지역과는 다른 독특한 대중문화 및 도시 형태를 지니고 있다. 로마어로는 포르투갈을 루시타니아(Lusitania)라고 하며, 브라질의 도시는 루소-아메리카 도시라고 한다. 사회-문화적인 면에서 아프리카계 브라질 인구가 다수를 차지하므

로 흑–백 계층화가 주요한 도시문제이다. 2010년 현재 1억 9000만 명의 브라질 인구 중 약 87%가 도시에 거주하고 있으며, 브라질의 도시화 과정은 빠르게 이루어지고 있다. 심지어 거대한 아마존 지역에서도 인구의 3/4 정도가 도시에 거주하고 있다. 상파울루 대도시 구역은 인구 규모 2000만 명 이상으로, 서반구에서 가장 큰 도시이며 세계에서 세 번째로 거대한 도시이기도 하다. 대도시에서 엄청난 사회–경제적 문제 및 환경문제가 발생함에 따라 소규모 및 중간 규모 도시의 도시화가 가속화되고 있다.

최근의 도시 경향

1세기 전만 해도 남아메리카 인구의 10% 미만만이 도시에 거주하고 있었다. 20세기 중반 무렵 아르헨티나, 칠레, 우루과이 등은 매우 높은 도시화율을 나타내어 인구의 대부분이 도시에 거주하였다. 오늘날 대부분의 국가에서 도시화율이 60%를 넘어서고 있으며 도시화율이 가장 낮은 파라과이는 61.5%, 가장 높은 베네수엘라는 93.4%에 이른다. 도시화율이 80%를 넘는 국가는 5개로, 이 중 아르헨티나, 우루과이, 베네수엘라는 90%가 넘고, 칠레와 브라질 또한 90%에 가깝다. 이촌향도 현상과 인구 증가의 경향이 최근 몇 년간 감소하는 추세임에도 불구하고, 남아메리카의 도시들은 빠른 도시화 과정에서 기인한 심각한 문제들에 직면하고 있다(표 4.1).

산업 발전이 도시를 기반으로 이루어졌기 때문에 오늘날 세계경제의 주변부에 위치한 남아메리카 국가들은 도시에서도 발전한 '중심부'와 발전 정도가 낮은 '주변부'의 특징이 모두 나타난다. 아프리카와 아시아 개발도상국의 도시화도 빠르게 진행되었지만 남아메리카의 최근 도시화율은 북미 및 유럽의 도시화율에 가깝다. 그러나 남아메리카의 도시들은 북아메리카의 도시들에 비해 경제적으로는 덜 윤택하고, 사회적으로는 더욱 계층화되었다. 안타깝게도 도시화와 경제성장이 반드시 동의어는 아니다. 즉 남아메리카의 도시들은 고도의 국제 경쟁 시스템 내에서, 그리고 빈부격차가 매우 심각한 지역적 상황하에서 매우 빠르게 성장하였다. 결과적으로 남아메리카의 도시들은 심각한 사회, 경제, 정치, 환경 문제에 직면하고 있다.

표 4.1 남아메리카 국가의 도시화(1850~2010년)

국가	도시화율(%)				
	1850	1910	1950	1970	2010
아르헨티나	12.0	28.4	65.3	78.9	92.4
볼리비아	4.0	9.2	33.8	39.8	66.5
브라질	7.0	9.8	36.2	55.8	86.5
칠레	5.9	24.2	58.4	75.2	89.0
콜롬비아	3.0	7.3	42.1	56.6	75.1
에콰도르	6.0	12.0	28.3	39.3	66.9
파라과이	4.0	17.7	34.6	37.1	61.5
페루	5.9	5.4	41.0	57.4	76.9
우루과이	13.0	26.0	77.9	82.4	92.5
베네수엘라	7.0	9.0	46.8	71.6	93.4

출처: Clawson, David L., *Latin America and the Caribbean: Lands and Peoples*: McGraw-Hill, 2006, P.350; Population Division of the Department of Economic and Social Affairs of the United Nations Secretariat, UN, *World Urbanization Prospects: 2009 Revision*, http://esa.un.org/undp/wup/index.html

주요 문제

종주도시성 및 대도시의 성장

남아메리카의 도시화 과정의 가장 뚜렷한 특성은 종주도시성이다. 2010년경 42개 도시의 인구가 100만 명을 넘어섰으며, 이들 중 상파울루, 부에노스아이레스, 리우데자네이루, 리마는 세계 30대 도시에 속한다. 남아메리카 도시인구의 대부분은 대도시권에 거주한다. 종주도시와 이외의 도시 간 불균형적인 성장은 역사적인 것으로, 일찍이 식민 시대의 중심지들이 현대에 와서는 외국인 투자자, 산업가, 해외 및 국내의 이주민, 교통 체계, 정부의 사회 기반시설 공급 등에서 관문 역할을 하였다. 남아메리카의 거의 대부분의 국가에서 하나의 거대한 종주도시가 전국에 영향력을 미치며, 대부분의 경우 이 도시는 국가의 수도이다. 볼리비아, 에콰도르, 베네수엘라는 종주도시가 두 개이다. 브라질은 메가시티인 상파울루와 리우데자네이루로 이루어진 거대한 메갈로폴리스에 의해 지배된다. 한편 약 50여 년 전에 형성된 신수도인 브라질리아의 인구도 400만 명에 가까워졌다(표 4.2).

표 4.2 남아메리카 대도시 인구 규모(1850~2010년)

대도시권 순위(2010)	인구 규모(천 명)				
	1930	1950	1970	1990	2010
1. 상파울루, 브라질	1,000	2,334	7,620	14,776	20,262
2. 부에노스아이레스, 아르헨티나	2,000	5,098	8,105	10,513	13,074
3. 리우데자네이루, 브라질	1,500	2,950	6,637	9,595	11,950
4. 리마, 페루	250	973	2,927	5,825	8,941
5. 보고타, 콜롬비아	235	676	2,391	4,905	8,500
6. 산티아고, 칠레	600	1,355	2,647	4,616	5,952
7. 벨루오리존치, 브라질	350	412	1,485	3,548	5,852
8. 포르투알레그리, 브라질	220	488	1,398	2,934	4,092
9. 사우바도르, 브라질	350	403	1,069	2,331	3,918
10. 브라질리아, 브라질	–	36	525	1,863	3,905

출처: Charles S. Sargent, "The Latin American City," in Brian W. Blouet and Olwyn M. Blouet, *Latin America and the Caribbean: A Systematic and Regional Survey*, pp.188; Population Division of the Department of Economic and Social Affairs of the United Nations Secretariat, UN, *World Urbanization Prospects: 2009 Revision*, http://esa.un.org/undp/wup/index.html

경제적 양극화와 사회적 계층화

남아메리카의 메가시티에는 거대한 부가 집중되어 있지만 이러한 부의 분배 상태는 매우 불균형적이며, 이는 스페인 및 포르투갈 식민 시대부터 뿌리내린 계층적인 통치 체제의 영향에 기인한 것이다. 전 세계적인 경제 자유화로 인해 국가 및 지역의 사회경제적 양극화가 극심해졌다. 남아메리카의 사회적 양극화의 증대는 도시경관에도 나타나고 있다. 남아메리카의 도시 거주자 10명 중 4명이 절대 빈곤의 상태인 것으로 알려졌다. 남아메리카 대다수의 국가가 경제의 세계화 과정에 참여하고 있으며 그로 인해 혜택을 받고 있지만, 다수의 도시 거주민들에게 정규직 고용은 요원한 것이다. 많은 이들이 노점상, 가내 제조업, 가사도우미, 건축 현장 노동자, 운송업, 환전 등과 같은 도시의 비공식 경제 부문에서 저임금으로 불안정하게 고용되어 팍팍한 삶을 겨우 이어나가고 있다. 엘리트 및 전문직 종사자들은 출입이 제한된 구역에서 화려한 생활을 하고 있으며, 이곳에는 상업·업무 시설과 오락 시설이 갖추어져 있다. 그러나 대부분의 도시민들은 열악한 주거 환경에서 거주하고 있으며, 그들의 주거지는 위생 상태가 열악하고, 건축물들은 위험한 상태이며 종종 법적으로는 불

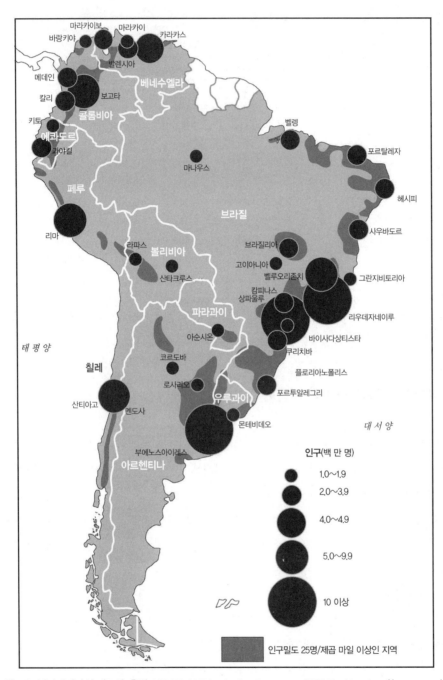

그림 4.2 남아메리카의 대도시. 출처: UN. *World Urbanization Prospects*: *2009 Revision*, http://esa.un.org/undp/wup/index.htm

법 주택이다. 남아메리카 도시에서의 부의 격차가 벌어짐에 따라 폭력 및 범죄율이 치솟고 있다. 따라서 개인의 안전과 정치적 불안정에 대한 관심이 증가하고 있다.

사회 기반시설의 낙후와 환경의 악화

현재 진행 중인 경제적 재구조화에 따라 지역정부는 예산 및 인건비, 정부 서비스 등을 줄이게 되었다. 이러한 재정적 제약으로 인해 도시 경영은 더욱 어려워졌다. 도시 기반시설과 서비스 시스템의 점진적인 붕괴는 이미 압박을 받고 있는 메트로폴리탄 시스템에 거대한 스트레스로 작용한다. 적절한 기반시설이 부족함에 따라 수질오염 및 대기오염이 심해지고, 가정 및 산업 폐기물과 교통 정체는 도시환경의 질을 떨어뜨린다. 무계획적이고 규제되지 않은 성장으로 인해 취약 계층의 환경 재해 및 건강상의 위험에 대한 노출이 증가하고 있다. 많은 이들이 기본적인 서비스를 받지 못하고 대기오염이 만연함에 따라 도시 생활의 질은 지속적으로 악화되고 있다. 실제로 남아메리카의 대도시의 일부 지역에서는 사망률이 증가하고 있다.

사회운동

많은 학자들이 현재 남아메리카 대도시의 문제들을 스페인과 포르투갈의 식민 시대부터 이 지역을 특징지어 온 사회 및 경제적 분리의 또 다른 표현이라고 해석하고 있지만, 다른 이들은 이를 불공정한 세계경제의 징후라고 여기고 있다. 한편 다수의 도시 거주민은 거주, 의료, 서비스 제공 등의 분야에서 자족적 사회운동에 참여함으로써 이러한 문제들을 스스로 해결하고 있다. 자족 운동은 최근 급격히 확산된 것으로, 지방정부가 예산을 축소시키고 도시 서비스를 포기함에 따라 나타나는 공백을 메우고자 하는 것이다. 사회적 불만감이 상승함에 따라 도시민들의 저항, 사회적 긴장감, 정치적 폭력 또한 증가하고 있다. 점점 많은 수의 도시 거주민이 경제적 안정, 인간의 권리, 환경적 정의 등과 같은 전반적인 요구 사항에 동의하고 있다. 전 세계가 실시간으로 소통하면서 그들의 요구는 다른 지역에서도 관심을 불러일으키고 있다.

남아메리카 도시 발전의 역사적 고찰

콜럼버스 이전 시대의 도시

도시는 남아메리카 사회에서 오랜 기간 동안 주요한 역할을 해 왔다. 쿠스코와 마추픽추 같은 잉카 도시는 그 경관이 장관을 이루며 그 아름다움 또한 엄청나다. 그러나 잉카의 도시는 콜럼버스 이전 시대의 안데스 아메리카의 도시 발달사 4,000년 중 겨우 마지막 단계에 해당할 뿐이다. 안데스 아메리카는 현재의 콜롬비아에서 칠레 및 아르헨티나까지 해당된다. 대부분의 관심이 안데스 아메리카의 도시 유적에 쏠려 있지만, 광대한 아마존 생태계에도 대규모의 정주 커뮤니티가 다수 발달하였다. 이 두 지역의 정주 패턴은 매우 다르지만 두 가지 공통적인 특징이 나타난다. 첫째, 다양한 정주지를 얻기 위해 도전과 기회를 적절히 활용했으며, 둘째, 유럽인들의 폭력 및 질병을 통한 침공으로 거의 파괴되었지만, 일부 지역에서는 재건설되었으며, 그 과정에서 새로운 가치 체계를 반영하게 되었다.

글상자 4.1

리우데자네이루 파벨라의 커뮤니티 기반 웹사이트와 지리정보체계

리우데자네이루에 처음 도착한 방문객들은 여러 봉우리들과 해안 지역의 장대한 경관, 온난 습윤한 공기, 무성한 열대 식생에 압도당한다. 파라다이스와 같은 이 매혹적인 경관은 언덕을 따라 펼쳐진 슬럼으로 인해 누그러진다. **파벨라(Favela)**라고 알려진 이 판자촌은 도시 전역에 불안정하게 펼쳐져 있는데, 습지, 오염된 지역 등과 같은 좋지 않은 지역뿐만 아니라 코파카바나(Copacabana)와 이파네마(Ipanema)와 같은 부유한 해변 지역의 주변에도 발달하였다. 지리적 접근성이 높음에도, 명백한 사회-경제적 격차로 인해 사회의 두 양극 간에는 명확한 선이 그어져 있다. 공식적으로, 현재 리우 인구의 20%가 500여 개의 파벨라에 거주하고 있다(2011년 630만 명). 그러나 실질적인 추정치에서는 도시 거주민의 1/3가량이 이러한 부적합한 주거지에 거주하고 있다고 보고 있다.

방문객들은 여타 라틴아메리카 도시에서도 비슷한 경험을 하게 되지만, 지역별로 지형의 영향으로 인해 사회적 분화가 그렇게 뚜렷하게 나타나지 않기도 한다. 도시화가 진행됨에 따라 도시는 점차 사회경제적, 인종적, 민족적 특성에 따라 분화된다. 가장 빈곤한 구역은 주민 스스로 건축한 주택으로 구성되며, 이 지역에서 주민들은 종종 토지에 대한 합법적인 소유권이 없이 무단 점유를 하곤 한다. 이곳 주민들은 제대로 된 생계를 꾸리기 위해, 주거 환경을 개선하기 위해, 상하수도 및 전기와 같은 도시 서비스를 얻기 위해 부단히 노력한다. 공식 통계에서는 이러한 비공식적인 주거지의 존재가 과소 추정되는 경향이 있으나, 그들은 도시경관에서 무시할 수 없는 한 부분을 차지하고 있다. 그들은 지역별로 다양한 이름으로 불리는데, 칠레에서는 버섯 마을(poblaciones callampas)이라 불리고, 아르헨티나에서는 극빈촌(villas miserias)이라고 불리며, 페루에서는 젊은 마을(pueblos jóvenes)이라고 불린다.

정부 기관에서는 슬럼을 부정하곤 하지만 커뮤니티 그룹들은 자신들의 존재를 기록하기 위해 그들의 구전 역사, 사진, 지리정보체계(GIS) 등을 담은 웹사이트를 개발하였다. 비정부 기구(NGO)들은 대중의 편견을 변화시키고 주민들이 자신들의 주거지에 대해 자부심을 갖도록 노력하고 있다. 예를 들어 '비바 리우(Viva Rio)'(www.vivario.org.br)는 도시 폭력에 맞서고 커뮤니티의 발전을 도모하며, '위기에 처한' 젊은이들의 교육에 도움을 주고자 1993년 만들어졌다. 뒤이어 이 NGO는 특히 저소득 주거지에 초점을 맞춘 프로그램인 '비바 파벨라(Viva Favela)'(www.vivafavela.com.br)를 시작하였다. 관련 웹사이트인 '파벨라의 문화유적'(www.favelatemmemoria.com.br)은 커뮤니티의 역사와 현재 진행 중인 투쟁에 대해 알리고 있다. 이 사이트에서는 1920~2000년 동안의 파벨라의 분포에 관한 GIS 분석을 제공하고 있는데, 이에 따르면 부유한 지역인 도시 중심부와 남부에서는 점차 파벨라가 줄어들고 있으나, 북부 및 서부 외곽의 '교외 지역'으로 파벨라가 대거 이동하고 있음을 알 수 있다. 또한 사회경제적 상태(소득, 고용, 문해율)와 도시 서비스 제공(쓰레기 수거, 상하수도) 등을 그래프를 통해 비교함으로써 전 세계도시들과 파벨라의 명확한 격차를 보여 주고 있다.

다른 NGO들은 웹사이트에서 또 다른 내용을 보여 주고 있다. 캐털리틱(Catalytic) 커뮤니티나 캣컴(CatComm, www.comcat.org) 등에서는 빈곤 지역에서 일어나는 일상의 문제들을 커뮤니티에서 해결하는 방안을 제시하고 있다. 캐털리틱 커뮤니티는 스스로를 커뮤니티 지원의 한 수단이라고 표현하면서, 민중들의 커뮤니티를 연결함으로써 다른 이들의 성공 사례로부터 스스로 교훈을 얻고 서로를 도울 수 있는 여건을 마련하고 있다. 2000년 처음 시작된 이래로 캣컴은 9개 국가 130여 프로젝트에 도움을 주었다. 이 프로그램의 창시자인 테레사 윌리엄슨(Theresa Williamson)은 "리우데자네이루의 우리 커뮤니티에서 진행되고 있는 긍정적인 일들을 직접 관찰하기 위해서" 이 일을 시작하게 되었다고 하였다. 비록 언론에서는 도시빈민지구의 대표적인 예로 파벨라를 들고 있지만, 이 때문에 커뮤니티들에서의 긍정적인 사회적 변화가 있었으며, 이 과정에서 파벨라의 생활을 개선시키고자 하는 NGO 커뮤니티 그룹들의 노력이 중요했음을 알 수 있다.

식민 도시: 스페인 지배의 아메리카 vs 포르투갈 지배의 아메리카

최초의 항해 및 발견, 그리고 뒤를 이은 16세기의 정복 과정에서 스페인과 포르투갈은 그들의 새로운 남아메리카 영토를 착취하고 다스리기 위해 정착지를 건설하였다. 스페인과 포르투갈 식민지는 유럽 본국의 도시에서 나타나는 바와 같이 위치의 선정, 지형적 특성, 지정학적 전략 등에서 차이가 나타난다. 그러나 양자 모두에서 식민 도시의 중요성이 지속되어 오늘날까지 종주도시 패턴이 나타나고 있다. 또한 도시의 문화적, 종교적 경관에서는 이베리아 지역의 전통이 배어 있는데, 예를 들어 도시 중심부에 로마 가톨릭 성당이 우뚝 솟아 있고, 그 주변으로 주거지가 형성된 점 등이다.

남아메리카에서 스페인 식민지 세력의 주요 중심지는 페루 부왕령에 있었으며, 페루는 과거 안데스 고원에 번영했던 잉카 제국의 중심지였다. 잉카 제국의 극적인 몰락으로 인해 식민지 세력은 풍부한 노동력, 은, 금 등을 얻게 되었다. 스페인은 이곳에서 시작된 정복을 대륙의 다른 지역에 대한 탐험을 통해 진척시키고자 하였다. 스페인은 해안 지역과 고원 지역에 도시를 건설하였다. 태평양의 카야오(Callao), 대서양의 부에노스아이레스, 카리브 해의 카르타헤나(Cartagena)와 같은 항구도시는 새로운 식민지와 스페인 본국을 연결하였다. 스페인은 원주민 인구밀도가 높은 고원 지역을 정복하여, 그들의 광물, 정교한 농업 시스템, 그리고 다른 자연 자원 또한 정복하였다. 식민 지배자들은 새로운 제국의 도시로서 기능하도록 주요 원주민 중심지들을 재건설하였다. 그들은 **레두시오네스**(reducciones)라는 마을을 임의로 만들어 원주민 인구를 강제로 집중시켰으며, 잉카의 수도인 쿠스코를 재건하였고(그림 4.3), 보고타, 메데인, 키토, 라파스, 포토시와 같은 안데스의 오랜 중심지들을 건설하였다. 도시 건설은 식민화의 중심적인 방편으로 이용되었는데, 도시를 통해 농촌 지역까지 지배하였고 도시 문화를 완벽하게 이식하였다.

식민 초기에는 식민지 건설을 스페인 정부에서 계획하지는 않으나 새로운 도시들은 일반적으로 중세 후기 이베리아 반도 남부의 레콘키스타(Reconquista) 시절에 세워진 일련의 규칙을 따랐다. 스페인 정부는 1573년 식민지 정착과 지배에 관한 명령을 공표하였는데, 소위 "원주민 법"이라고 불리는 이 법은 신세계의 스페인 정착지의 형태와 입지에 관한 명백한 기준을 법률화하였다. 스페인이 지배한 아메리카 도시들은 도시 중심의 광장을 둘러싼 직교 격자형 가로망이 가장 큰 특징이다. 원주민 법에서 제시한 도시의 형태는 사회 통제의 수단으로서 효율적이었다. 즉 도시의 형태와 사회적 계층의 입지가 매우 깊은 관계를 지니고 있었다. 로마 가톨릭 교회, **시청**(Cabildo), 지배자의 궁전 등과 같은 주요한 시설과 상가들이 중심 광장을 둘러싸고 입지하였다. 스페인계 주민들은 도심 주변에 모여 거주했으며, 그들의 주택은 대개 외벽과 폐쇄적인 중정을 지닌 매우 방어적인 건물이었다. 원주민의 주

그림 4.3 스페인 정복자들은 오늘날 페루의 쿠스코와 같은 콜럼버스 이전 도시의 잉카의 석벽 위에 지중해식의 건축물을 건설하였다. (사진: Maureen Hays-Mitchell)

거지와 혐오스러운 토지이용은 도시의 외곽에 주로 자리 잡았다. 이러한 패턴은 현대에 와서도 반복되고 있다. 이러한 특징들로 인해 스페인 지배 아메리카 도시들은 포르투갈에 의해 세워진 브라질의 도시 및 카리브 해의 프랑스, 영국 도시들과 다른 경관을 나타낸다.

식민 초기에 스페인이 지배한 안데스 제국에서는 은과 금이 풍부하게 생산되었고, 거주 원주민 노동력의 규모가 컸으나, 남아메리카 대륙의 동부 해안의 포르투갈 지배 아메리카는 그렇지 않아 상대적으로 덜 매력적인 곳으로 인식되었다. 결과적으로 포르투갈의 지배를 받은 마을들이 규모가 훨씬 작았고, 계획의 정교함도 떨어졌다. 브라질의 초기 거주지는 해안에 가까이 위치했는데, 이곳은 작물이 생산되는 농촌 지역과 포르투갈의 대도시를 연결하는 데 유리했기 때문이다. 1600년 이전에 건설된 모든 도시들은 상파울루를 제외하고는 해안가에 입지했으며, 기본적으로 행정 중심지이자 군사기지, 항구이자 중계무역지, 거주지이자 종교적 중심지로서 기능하였다. 포르투갈 왕정은 전략적 발판을 공고히 하기 위해 1532년 영지(captaincy)를 하사하기 시작하였다. 브라질의 해안선은 영지 제도에 의해 분할되었다. 포르투갈은 영지 제도를 통해 중세적 요소와 자본주의적 요소를 결합했으며, 왕정의 기금은 비교적 적게 사용하였다. 그러나 브라질에 대한 여타 유럽 세력의 공격이 끊이지 않자, 1549년 포르투갈은 좀 더 중앙집권적인 스페인식 제도를 만들어 사우바도르다

그림 4.4 펠로우리노(Pelourinho) 역사지구는 예전에 노예를 벌하기 위해 사용한 '칼(pillory)'에서 그 이름이 유래되었다. 이 지역은 사우바도르다바이아 지역에 강하게 남아 있는 아프로−브라질계의 영향력을 반영한다. 사우바도르다바이아의 이 역사지구는 1985년 유네스코의 세계문화유산으로 지정되었다. (사진: Brian Godfrey)

바이아(Salvador da Bahia)를 수도로 삼았다. 해안 지역 플랜테이션의 사탕수수 재배가 매우 큰 이윤을 남기자 1530년경부터 1650년경까지 아프리카 노예를 노동력으로 수입하였다. 1700년경 사우바도르는 인구 10만 명에 이르러 초기 포르투갈 정착지 중 가장 중요한 도시가 되었으며, 포르투갈령 전체에서는 본국의 리스본 다음으로 큰 도시가 되었다(그림 4.4).

대부분의 초기 정착지가 해안 지역에 입지한 것은 좋은 항구와 방어에 유리한 입지에 대한 중요성을 인식하고 있었기 때문이다. 따라서 정착민들은 언덕 위의 고르지 못한 땅을 선호하곤 했는데, 특히 중부 브라질 해안가를 따라 뻗은 험난한 산맥에 위치한 광대한 세하도마르(Serra do Mar) 지역에 많은 도시들이 형성되었다. 이들 도시는 그 형태가 선형으로 길고 중심지가 여러 개였다. 불규칙한 미로의 가로망은 해안선을 따라 위치한 일련의 광장으로 연결되었으며, 이러한 점은 정형의 격자형 패턴을 지닌 스페인식 도시들과는 매우 대조적이었다. 초기 포르투갈의 도시들은 도시의 가로망이 지형에 적응하느라 매우 혼란스러운 모양을 띠게 되었지만, 공간 원칙에 대해서는 일관성을 유지하고자 했으며, 유연함 또한 잃지 않았다. 초기 식민 도시들은 방어가 가능한 언덕 위에 입지했으며, 이곳을 요새화하고 주요 공공건물과 교회, 수도원, 주거지 등을 건설했으며, 이들은 모두 구불구불한 미로로 연결되었으며, 화려한 공공 광장으로 통하였다. 농촌의 귀족들과 도시의 상인들을 위한 고급 주택이 노예 주거 지역과는 멀리 지어짐에 따라 주거지에서의 계급별 분리가 나타났다. 포르투갈 정부는 관리 감독을 강화하고 더욱 중앙집권적으로 계획되고 통제된 도시를 건설하고자 했으나, 18세기 미나스제라이스(Minas Gerais)를 비롯한 내륙 지역에서의 금과 다이아몬드의 붐으로 인해 부유한 도시들이 새롭게 성장하였다. 식민 후기 브라질의 도시에서는 바로크 예술과 건축물이 번영하였고, 그 흔적이 오루프레토(Ouro Preto), 사우바도르다바이아, 리우데자네이루를 비롯한 여러 도시의 역사지구에 뚜렷이 남아 있다.

신식민주의적 도시화: 정치적 독립과 경제적 의존

1811년부터 1830년까지 남아메리카 대부분의 국가들이 독립하였다(기아나는 제외된다). 그러나 정치적 독립이 이루어진 이후에도 오랫동안 남아메리카 전역에서 식민 시대의 도시형태가 유지되었다. 엘리트 계층이 경제적 성장 활동을 전개하기 시작한 19세기 중반까지 도시는 비교적 그 규모가 작았다. 그 이후 소고기, 광물, 커피, 고무 등과 같은 1차 생산물과 공산품의 수출을 통해 세계경제에 빠르게 통합되었다. 북아메리카 및 유럽과의 무역을 중심으로 경제가 성장하자 인구 증가, 사회적 변화, 도시의 형태적인 변환 등이 일어났다. 새로운 교통망의 형성, 이촌향도 현상, 도시의 기반시설 건설, 전반적인 상업의 발달 등에 힘입어 도시가 성장하였다. 가장 먼저 영향을 받은 것은 리우데자네이루, 몬테비데오, 부에노스아이레스, 산티아고 등과 같은 상업 도시였다. 이들 도시는 제1차 상품을 생산하던 내륙 중심지, 즉, 그들의 배후지에 기술 혁신과 자본 투자를 전파하였다. 새로운 도시 서비스로 인해 일부 도시는 근대도시라는 이미지를 갖게 되었으며, 이 때문에 내륙 지역에서 더 많은 이주민을 끌어모았다.

국내 이주자 및 외국 이민자들이 증가함에 따라 남아메리카의 도시화율은 증가하였다. 1905년경 부에노스아이레스의 인구는 100만 명을 넘어섰으며, 리우데자네이루의 인구도 80만 명을 넘었다. 도시의 인구 규모가 10만 명에서 100만 명 사이인 도시가 여덟 개에 이르렀는데, 상파울루, 산티아고, 몬테비데오, 사우바도르, 리마, 헤시피, 보고타, 카라카스 등이었다. 전국의 인구 대비 가장 큰 도시에 거주하는 인구의 비중 또한 당연히 증가하였다. 상업의 발달과 인구 증가로 인해 도시 주택, 교통, 위생, 공중 보건 등의 공급이 부족했으며, 이는 종종 개혁 운동의 주제가 되곤 하였다. 기업가들이 새로운 빌딩 프로젝트에 투자하고, 도시계획가들이 도시 형태를 합리화하는 공공 프로젝트 사업에 도전함에 따라 근대도시가 등장하였다. 건축가들과 도시계획가들은 유럽의 도시에서 주로 영감을 얻었다. 예를 들어 파리 중심지가 도시 재생 프로그램에 의해 고급 주택지로 바뀌자, 라틴아메리카의 건축가와 엔지니어들도 이와 유사하게 그들만의 **세기말**(fin-de-siécle)의 도시를 조성하였다. 이후 남아메리카의 선두적인 도시로서 서로 경쟁했던 부에노스아이레스와 리우데자네이루는 주요한 도시 재생 프로그램을 진행시켰다. 남아메리카 도시계획에서의 유럽 중심적인 경향은 남아메리카의 신식민주의 세력에 대한 정치·경제적, 문화적인 종속과 함께 진행되었다.

20세기: 도시화의 시대

20세기 들어 남아메리카의 도시화 속도는 더욱 빨라졌다. 농촌이 아닌 메가시티 경관이 이 지역의 대표적인 경관이 되었다. 신식민주의 무역에서의 남아메리카 대륙의 위상으로 인해 산업화가 비교적 빨리 이루어졌으며, 20세기 들어 도시화도 빠르게 이루어졌다. 남아메리카의 도시들은 산업 기반시설과 산업 노동력의 측면에서 '근대화'의 축으로서 육성되었다. 실제로 도시들은 근대화된 엔클레이브로서, 수출을 위한 농산품 및 광물의 추출과 기본적인 생산을 촉진시키기 위해 존재하였다. 무역으로 인해 발생한 이익은 대부분 대도시 지역에 남아 있었고, 도시 이외 지역의 경제에는 거의 영향을 미치지 못했지만, 그들의 운명은 좀 더 선진화된 무역 파트너로부터 기술과 전문가를 넘겨받을 수 있느냐 없느냐에 따라 달라졌다.

1930년대 전 세계적인 대공황의 시대가 도래함에 따라, 이 지역의 제1차 상품에 대한 수요는 급감하였고 실업률이 솟구쳤으며 빈곤이 확산되었다. 1950년대 초까지 남아메리카 대부분의 국가는 경제적 국가주의에 사로잡혀 있어 정부가 국가 경제에 직접적으로 개입하였다. 목표는 수출용 제1차 상품을 생산하는 대신 공산품을 생산해 내수를 충당하고, 나아가 수출로까지 이어지는 방향으로 생산 방식을 바꾸는 것이었다. 국내 산업 발전은 대부분 주요 도시에 집중되어 있었는데, 주요 도시들은 전국 규모의 시장을 제공하며, 노동력이 집중되고, 정치적 영향력 또한 집중되어 있으며, 교통 및 통신 설비와 기반시설이 갖춰져 있기 때문이다. 도시 산업 분야에 대한 투자는 점차 농촌의 농업 분야에 대한 투자를 앞질렀으며, 이에 따라 소규모 농부들은 점점 더 어려워졌다. 수많은 농촌 거주자들이 직업, 주택, 의료 서비스, 교육 등의 기회를 찾아, 그리고 자신과 가족들의 사회적 지위가 높아질 것이라는 희망에서 도시로 이주하였다. 인구 유입과 높은 출산율로 인해 도시는 유례없는 속도로 성장하였다.

초기에는 대부분의 도시가 증가하는 인구를 수용할 수 있었다. 상업, 금융, 공공 서비스 분야에 대한 수요가 증가하고 산업화가 빠르게 진행됨에 따라 제조업 분야의 일자리가 창출되었다. 새로운 교통 형태와 함께 등장한 새로운 건축 기술로 인해 삶의 질은 최소한 만족스러웠다. 의학 기술로 인해 도시는 비교적 생활하기에 건강한 장소가 되었다. 그러나 남아메리카 전반에 걸쳐 도시의 종주성이 증가했으며, 소규모 도시들의 성장은 미미하였다. 급속도로 성장하던 종주도시들은 현대적인 기계 및 부품을 중심으로 외래 기술에 대한 의존도가 그 어느 때보다 높았으며, 이 때문에 외채가 급증하였고 국제수지의 적자가 발생하였다.

이러한 단점들을 보완하기 위해 국가 발전의 방향이 내수산업 발전 전략으로부터 성장거점 발전 전략으로 변화하였다. 성장거점의 발전을 위해 일련의 결과를 목표로 하는 정교한 발전 전략이 수립되었다. 칠레는 이러한 전략을 채택했으나, 결과적으로 기존의 산업화 패턴 및 종주도시성을 더욱 강화시켰을 뿐이다. 브라질은 부유하고 산업화된 남동부 해안 지역과 북부 및 북동부의 빈곤한 농업 지대 간의 생활수준의 큰 간극을 좁혀 보고자 이러한 발전 전략을 택하였다. 성장거점 발전 전략으로 인해 남동부 지역의 산업 지대가 확대되고 아마존 지역에서의 대규모 광산업 및 고속도로 사업이 이루어졌지만, 그로 인해 환경이 파괴되었으며 사회경제적 격차는 여전하다는 비판을 받고 있다. 성장거점 발전 전략의 가장 성공적인 사례는 베네수엘라로, 1961년 오리노코(Orinoco) 강변에 건설된 시우다드과야나(Ciudad Guayana)는 수력발전과 광물 자원을 바탕으로 철강 생산 및 기타 중공업의 중심지가 되었다.

1970년대 중반까지 많은 성장거점이 외국 자본의 단순한 엔클레이브로 여겨지기도 했는데, 투자가들이 지역 또는 국내 경제보다는 북아메리카 지역 기업들과 긴밀하게 연계된 수출산업을 선호했기 때문이다. 따라서 대부분의 이윤이 지역을 떠나고, 연관 기업 및 서비스 부문에 대한 뚜렷한 파급효과가 나타나지 않았다. 발전의 효과는 하위 도시로 흘러내려 가지 못하였고, 오히려 도시로의 대규모 인구 이동을 유발시켜 이미 상당한 규모였던 도시의

그림 4.5 리마 판자촌(푸에블로 호벤)의 목수 일은 전형적인 비공식 경제에 속한다. 비공식 경제는 리마와 여타 남아메리카 도시에 널리 퍼져 있다. (사진: Rob Crandall)

성장을 더욱 촉진하였다. 도시로 몰려든 농촌 출신 비숙련 이주자 대다수는 임금이 높은 제조업의 일자리를 구할 수 없었다. 대부분 임금이 낮고 생산성도 낮은 일자리를 찾아야만 했으며, 이는 남아메리카 전반에 걸쳐 빈부의 격차를 더욱 심화시켰다(그림 4.5).

　이러한 문제점이 존재함에도 불구하고 정부는 해외 차관을 빌려서 산업화 및 사회 기반시설을 중심으로 하는 고비용의 발전 전략에 계속해서 자본을 투입하였다. 북아메리카의 상업 은행들이 남아메리카의 정부 및 민간 부문에 적극적으로 차관을 제공함으로써 거의 모든 나라의 외채가 상당한 수준에 이르렀다. 그러나 각각의 국가들은 경제 및 사회 발전 궤적을 따라 꾸준히 진행하였다. 종주도시는 여전히 가장 중요한 도시였다. 종주도시들은 국가 통치 및 다국적기업의 본부로서 역할을 했으며, 자본의 축적 및 세계화되는 소비 중심 생활양식 확산의 중심지로서 기능하였다. 게다가 종주도시들은 증가하고 있는 노동자 및 빈곤 계층에게 삶의 공간을 제공하였다.

　1950년부터 1980년까지 도시 생활수준의 지속적인 개선이 이루어졌다. 대부분의 도심에서는 중산층이 증가하였고 정부는 주택 소유에 대한 활발한 지원을 하였다. 주택 대출 담보 제도가 훨씬 더 용이해졌고, 도시 기반시설과 서비스도 개선되었다. 수도, 도시 위생, 교육, 보건 및 문화적 여건이 꾸준히 개선되었다. 자동차도로가 신설되고 자동차 소유가 증가하면서 교외의 엘리트 거주지가 성장했으나, 소득이 낮은 도시 거주자들 대부분은 자동차와 주택 담보대출을 얻을 수 없었다. 그 결과 도시들마다 자조 주택(self-help housing) 및 관련 프로그램과 서비스가 폭발적으로 증가했는데, 자조 주택 대부분은 불량 주택이었다.

그러나 1980년대 초반 세계경제는 예상치 못했던 일련의 격동을 맞게 되며, 이 때문에 많은 외채를 지고 있던 남아메리카 여러 국가의 도시민의 삶은 파괴되었다. 국제금융기구는 모든 수준의 국민의 생활에서 금융 규제를 행할 것을 요구했으며, 이는 채무 원리금 상환과 최종 상환을 위한 정부의 수익금을 조성하기 위해서였다. 외채 위기 및 관련 개혁들로 인해 오랜 기간 극심한 불황이 지속되었고, 대부분의 발전 과정은 퇴보하였다. 1990년대까지 대부분의 국가들이 군부 통치에서 민간 통치로 이양되었지만, 민영화 및 규제 완화를 실시한 신자유주의 경제 모델로 인해 사회경제적 양극화는 심화되었다. 공장들이 폐업하였고, 공공 부문에서는 근로자들을 해고했으며, 빈곤층에게 절실한 사회정책 예산이 삭감되었다. 남아메리카 전역에 걸쳐 적절한 주거지와 공공 서비스의 공급이 감소했으며, 사회 기반시설은 악화되었다. 다수의 도시에서 많은 이들이 (자신의 기술을 충분히 활용하지 못하거나 완전 고용을 보장할 수 없는 상태인) 불완전고용 상태가 되었다.

21세기 초 브라질, 아르헨티나, 볼리비아, 베네수엘라, 에콰도르 등에서 사회운동이 일어나고 진보 성향의 민주 정부가 집권하였다. 칠레, 콜롬비아, 페루에서는 다소 보수 성향의 경향이 나타났다. 2004년 12월 남미연합(South American Community of Nations: UNASUR)이 출범함으로써 (비록 회원국들 간의 충돌은 남아 있으나) 이 지역의 정치, 경제적 협력이 증대하고 있음을 보여 주었다. 특히 원유, 광물자원, 대두 및 기타 농산물 무역이 증가하고 있고, 중국의 경제적 영향력이 증대되고 있다. 또한 남아메리카 전반에 걸쳐 빈곤층이 감소하고 내수시장이 성장하고 있는데, 현재 세계 7위의 경제 대국으로 떠오른 브라질에서 그러한 현상이 뚜렷하게 나타나고 있다. 한편 소득 분포는 여전히 매우 불균등하며, 남아메리카 전반에 걸쳐 슬럼이 계속해서 성장하고 있다.

남아메리카의 독특한 도시

남아메리카 도시의 공간 구조는 오랜 기간 도시 비교 연구 분야에서 도시 형태의 대륙별 차이를 나타내는 주요한 주제였다. 스페인과 포르투갈의 서로 다른 도시 전통으로 인해 식민 도시 간에는 차이가 있었지만, 독립 이후에 이어진 급속한 도시화 기간 동안 프랑스, 영국, 미국의 영향을 받았다. 현재 남아메리카의 도시는 고도로 사회-공간적 분화가 이루어져 있다. 즉 도심의 젠트리피케이션, 부유한 교외, 도시 외곽의 상업 도시의 발달로 인해 새로운 지역이 형성되고 있다. 대도시에서는 도시 기능의 분화로 인해 구도심으로부터 떨어진 곳에 다양한 사회경제적 수준의 지역이 형성되었는데, 이 지역들에는 쇼핑센터, 업무지구, 폐쇄공동체 등이 들어섰다.

남아메리카의 현대도시들은 현대적이고 국제적인 외관과 느낌을 주지만, 북아메리카의 도시와는 달리 도시 빈곤의 문제가 여전하다. '이중 도시'라고 부를 만한 이러한 도시경관에는 현대적이고 부유하며 혁신적인 요소들과, 이들과는 전혀 관련이 없는 가난하고 낡고 볼품없는 요소들이 공존하고 있다. 그러나 실제로 현대적이고 세계화된 도시와 빈곤하고 공해에 찌든 도시가 하나의 도시경관 안에 혼재되어 있다. 극도의 부유함과 극도의 빈곤이 이루는 대조적인 경관은 이 지역에서 오랜 기간 지속된 저개발, 경제적 양극화, 사회적 부정의를 단적으로 드러내는 것이다. 브라질 메갈로폴리스의 대표적인 두 도시인 리우데자네이루와 상파울루는 포르투갈계 도시화의 전형을 보여 주며, 아마존 분지에서 성장하고 있는 도시들은 지역적 특성이 강하게 반영되어 있다. 브라질리아는 20세기에 신설된 수도 중 가장 잘 알려진 도시이며, 매우 실험적인 도시계획으로 인해 많은 연구가 이루어졌다. 리마는 안데스 아메리카 지역, 부에노스아이레스는 남부 콘 지역의 스페인계 아메리카 도시화의 전형적인 예이다.

리우데자네이루와 상파울루: 남아메리카 메갈로폴리스의 대표 도시

상파울루-리우데자네이루를 중심으로 이루어진 브라질 남동부의 메가시티 지역에는 브라질 전체 인구의 1/4, GNP의 1/3가량이 집중되어 있다. 오스트리아 정도의 면적에 위치한 이 메갈로폴리스 지역의 인구는 5000만 명에 달한다. 이 중 2/3 정도가 상파울루 주에 거주하는데, 상파울루 주에는 중심 시가지(주도, 2010년 2000만 명 이상)와 연속된 시가지인 캄피나스(Campinas, 500만 명), 해안 저지대에 위치한 산투스(Santos, 250만 명), 상조제두스캄푸스(São José dos Campos, 250만 명) 등의 도시가 있다. 리우데자네이루 지역에는 중심 시가지(주도, 1200만 명), 파라이바 계곡(Paraíba Valley, 200만 명), 코스타베르데, 카부프리우/부지오스 지역(Costa Verde and Cabo Frio/Búzios, 150만 명) 지역 등에 인구가 집중되어 있다. 이웃한 주인 미나스제라이스(Minas Gerais, 500만 명)의 주이즈데포라(Juiz de Fora)의 시가지도 이

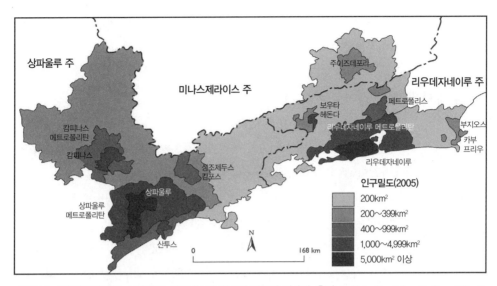

그림 4.6 리우데자네이루-상파울루-캄피나스의 연속된 대도시 시가지. 출처: Institute Brasileiro de Geografia de Estatistica(IBGE); Centro de Informações de Dados do Rio de Janeiro(CIDE); Fundação Sistema Estadual de Analise de Dados(SEADE), 2007. (지도 제작: Brian Godfrey, Laurel Walker)

거대한 도시의 일부를 이루고 있다(그림 4.6).

여러 도시와의 통합이 계속해서 이루어지고 있지만, 상파울루와 리우데자네이루는 그들 만의 독특한 정체성을 유지하고 있다. **카리오카**(Carioca)라고 알려진 리우데자네이루의 거 주자들과 **파울리스타**(Paulista)라고 알려진 상파울루의 주민들은 서로 경쟁적이고 대조적인 경향인 것으로 유명하다.

재미를 추구하고 느긋한 카리오카의 고루한 이미지와 치열하고 열심히 일하는 파울리스 타라는 이미지는 다소 과장되어 있으나, 대개의 고정관념이 그러하듯 특이한 사회적 역사 를 반영한다. 아름다운 바닷가 전망과 삼바, 보사노바, 카니발 축제와 같은 대중문화로 잘 알려진 리우데자네이루는 오랜 기간 동안 세계적으로 유명한 해양 리조트와 부유한 제트족 의 국제 놀이터가 되었다. 1960년대 리우데자네이루가 국가 수도의 지위를 브라질리아에 게 빼앗기자 라이벌인 상파울루는 당시 빠르게 근대화하고 있던 국가의 경제 및 인구 면에 서의 주도권을 쥐게 되었다. 리우데자네이루가 탈산업화 과정을 겪고 관광 산업 및 기타 도 시 서비스에 기반해 크게 성장한 반면, 상파울루는 산업, 상업, 금융 면에서의 역동성에 기 반을 두고 성장했으며, 이 때문에 다국적기업들이 남아메리카 본부의 입지로서 선호하는 도시가 되었다. 브라질과 아르헨티나를 중심으로 이루어지는 공동 시장인 메르코수르(Mercosur)의 업무 수도로 고려될 정도로 상파울루는 도시로서의 매력과 도전을 겸비했으며, 변화가 빠르고, 자원이 풍부하며, 기후가 온화한 대도시이다.

리우데자네이루: 경이로운 도시

포르투갈인은 세계적인 천혜의 자연항 중의 하나인 구아나바라(Guanabara) 만의 주요 지점에 1565년 상세바스티안두리우데자네이루(São Sebastião do Rio de Janeiro)를 건설하였다. 18세기 미나스제라이스에서 금과 다이아몬드가 발견되어 지역의 빠른 성장을 주도하기 이전까지 리우데자네이루는 주변 지역에 발달한 설탕 플랜테이션과 무역으로 인해 인구 규모가 수천 명에 달했으며, 이들 중 대다수는 노예였다. 결과적으로 1763년 식민 수도가 사우바도르다바이아로부터 리우데자네이루로 옮겨졌다. 나폴레옹의 포르투갈 침공 이후 포르투갈 왕조가 리우데자네이루로 피난하자, 이 도시는 1808년부터 1815년까지 포르투갈과 브라질 왕국의 수도로서 기능하였다. 포르투갈 왕정이 도착한 이후 이들에 의해 건물이 신축되고 새로운 기관들이 창설되었다. 리우데자네이루는 구아나바라 만을 따라 뻗어 언덕을 감싸며 확장되어 만을 향하는 선형적인 공간 패턴을 지니게 되었다(그림 4.7).

리우데자네이루는 주요 해항이자 독립국 브라질의 수도(1822~1960)라는 위상으로 인해 한 세기 동안 인구 제1의 도시였다. 수도이자 국가 제1의 대도시로서 리우데자네이루의 항구는 번성하였고, 산업 및 상업도 번영했으며, 문화 또한 꽃을 피웠다. 남아메리카 제1의 세계도시로서 부에노스아이레스와 경쟁하게 되자, 전 시장 프란시스코 페레이라 파소스(Francisco Pereira Passos, 1902~1906)는 리우데자네이루를 '열대의 파리'로 변화시키고자 광범위한 도시 재건을 추진하였다. 황열병의 발생을 계기로 지방지차단체들은 대대적인 공중위생 캠페인을 벌였으며, 수천 채의 건물을 허물고 고층의 신시가지를 건설하였다. 항구는 저지대에 있던 중심지로부터 구아나바라 만 북쪽의 현대식 시설로 옮겨갔다. 20세기 초반 새로운 교통로의 건설로 인해 부동산 개발이 활성화되고 주거지는 사회적 계층별로 분화되어 갔다. 점차 북쪽 지역은 산업 시설과 노동자 주거지의 성격이 뚜렷해졌고, 부유층들은 남쪽의 세련된 지역으로 몰려들었다(그림 4.8).

리우데자네이루가 성장했지만 도시의 사회 계층 간의 장벽은 여전히 남아 있다. 빈곤층은 유색인종이 주를 이루었으며, 중산층 및 상류층은 대부분 백인이었고, 이러한 인종 간 격차는 주거지 분화 패턴과 거의 일치하였다. 남북 간의 뚜렷한 차이가 리우데자네이루의

그림 4.7 리우데자네이루의 전형적인 경관. 구아나바라 만 초입의 설탕 봉우리(Pão de Açúcar)가 보인다. (사진: Brian Godfrey)

사회지리학적 문제가 되었으며, **파벨라**라고 알려진 언덕배기의 판자촌이 멋진 남부 해안 지역에서 발견된다. 파벨라의 기원은 20세기 초반까지 거슬러 올라가지만 파벨라가 번성한 것은 제2차 세계대전 이후이다. 급속한 이촌향도 현상의 결과로 1940년대 후반경 파벨라가 도심 슬럼의 황폐한 공동주택 지역을 차지했으며, 이는 도시 빈곤층의 주요한 주거 형태가 되었다. 오늘날 도시인구의 1/5 이상이 언덕 위에 산재한 600여 개의 파벨라에 거주하고 있다. 일자리에서 가까운 공유지나 분쟁 토지에 무단으로 주택을 지은 파벨라를 정부 당국이 없애려 노력했지만 도시의 영구적인 특징이 되었다.

20세기 말, 오랜 기간 이어진 파벨라에 대한 정부의 무관심으로 인해 마약 유통 조직의 폭력이 증가하였고, 다수의 파벨라가 이들에 의해 통치되고 있다. 도시 및 대도시 행정구역에 대한 연구에서 마약 유통으로 인해 고통받는 빈곤한 슬럼과 변사율 사이에는 높은 연관성이 있는 것으로 나타났는데, 남성 청년층의 경우 특히 그러하였다. 결과적으로 경찰은 파벨라의 마약 조직을 소탕하기 위해 갈수록 강도 높은 군사 방식의 작전을 수행해야 하였다. 2008년부터 2010년 사이 '평화 회복'이라는 이름의 작전을 통해 약 40개 파벨라에서 마

그림 4.8 리우데자네이루의 유명한 관광 명소인 코파카바나 해안. 이 지역은 인구밀도가 매우 높은 주거지이기도 하다. 이 지역을 비롯한 도시 남부의 부촌들은 20세기의 대대적인 공공 및 민간 투자를 통해 조성되었다. (사진: Brian Godfrey)

약 판매상을 추방하고 경찰서를 세웠으며, 이 중에는 영화 "신의 도시(City of God)"로 유명한 호싱냐(Rochina)도 있다. 파벨라의 상황을 개선시키고자 하는 정부 및 비정부 기구의 프로그램들은 사회 기반시설의 개선(도로 포장, 상하수도의 보급 등)과 사회 서비스(병원, 학교, 후생시설 등)를 제공하는 데 초점을 맞추고 있다. 도시의 남쪽에 위치해 가장 눈에 띄고 접근성이 높은 지역들에 '파벨라 관광'이 조직되어 호기심에 가득 찬 외국인 여행자들을 끌어모으고 있다(그림 4.9).

리우데자네이루의 환경문제는 이곳이 현대적인 대도시로 성장함에 따라 악화되었다. 여름의 폭풍우에 의해 불안정하게 언덕 위에 자리 잡은 파벨라는 잦은 피해를 입고 저지대의 길에는 물이 넘치곤 한다. 50여 년 전만 해도 언덕의 빽빽한 식생이 강우를 흡수했지만, 현재는 대부분의 강우가 도시화된 지표면으로 흐르며 불안정한 건축물들을 무너뜨리고 주요 교통망을 마비시킨다. 수질오염 또한 주요한 문제이다. 정부 기관에서는 구아나바라 만과

그림 4.9 리우데자네이루의 남부 지역의 비디갈(Vidigal) 지구의 전경. 비공식적이고, 급조된 리우 파벨라의 특성을 잘 나타내고 있다. (사진: Brian Godfrey)

인기 있는 대서양 해안들의 오염을 제한하기 위한 조치를 취하고 있다. 또한 1992년 UN 환경개발회의, 즉 '지구 서밋(Earth Summit)'을 개최할 정도로 멋진 리우데자네이루의 자연 경관을 보존하는 데 더 많은 신경을 쓰고 있다. 2014년 월드컵과 2016년 올림픽이 리우에서 개최될 예정이며, 이에 따라 최근 리우데자네이루의 명망이 다시 오르고 있다.

상파울루: 현대적 도시화의 내륙형 모델

대부분의 식민 도시들이 해안 지역에 위치한 것과 대조적으로 상파울루는 내륙에 위치한 식민지 기원의 도시이다. 1554년 예수회는 내륙 고원의 완만한 구릉 언덕에 상파울루데피란티닝가(São Paulo de Piratininga)를 세웠다. 이는 전략적으로 해안 지역과 내륙 지역 간 교통의 주요 결절지로서 건설된 것이었으나, 가치 있는 자원이나 이윤이 높은 플랜테이션이 없어 3세기 동안 작은 마을에 머물렀다. 19세기 들어 비옥한 토양과 온화한 아열대 기후로 인해 커피 재배가 번성함에 따라 지역의 중심지인 상파울루의 입지적 이점이 드러나기 시작하였다. 영국 자본에 의해 철도가 건설됨에 따라 상파울루는 이윤이 높은 새로운 환금 작물의 주요 적환지가 되었다. 1888년 노예제도가 폐지됨에 따라 커피 농장의 노동력이 부족해졌고, 이에 이탈리아와 일본 이주민이 유입되었으며, 이 때문에 19세기 말 상파울루가 급속히 성장하였다.

커피 무역 덕분에 발생한 이윤은 도시의 상업, 제조업, 부동산 개발에 투자되었다. 이민자 기업 가문은 식품 가공과 섬유, 기타 초기 산업으로 부를 축적하였다. 1920년대 상파울루는 리우데자네이루를 제치고 브라질의 산업 중심지가 되었다. 1930년대 제툴리우 바르가스(Getúlio Vargas) 대통령 재임 시기에 시작된 수입대체산업화 정책으로 인해 상파울루는 산업 중심지로서의 입지를 굳혔다. 후임인 쿠비체크(Kubitscheck) 대통령이 1956년 개발 계획에서 상파울루를 외국인 주도의 자동차 산업의 입지로 선정함에 따라 폭스바겐사가 브라질의 첫 번째 자동차 완성 공장을 상파울루에 건설하였다. 연이은 브라질 기업 및 다국적기업들의 투자로 인해 상파울루의 산업 기반이 확대되었다.

20세기의 눈부신 발전으로 인해 상파울루의 연속적인 도시 계층이 형성되었다. 20세기 초반 도로 확장을 위해 도시 내부의 공동주택을 철거하자 현대적인 도시의 면모를 갖추기 시작하였다. 1929년, 프레스테스 마야(Prestes Maya, 1938~1945 상파울루 시장을 지냈다)가 그의 저명한 저술인 『대로 계획(Plano de Avenidas)』을 출간하였다. 이는 이후 주요 중심 거리를 건설하는 데 청사진을 제시하였다. 대규모의 철거, 재개발, 새로운 교통로의 건설로 인해 중심지의 화려한 사무실과 상업지구의 발전이 가능하였다. 시 외곽은 철도 및 전차로 연결되었으며, 부동산 투기업자들은 사회적으로 구획된 지역에 주택 건설을 촉진하였다. 중심부의 황폐한 슬럼과 산업 지역 근처에 노동자지구가 형성되었으며, 저지의 하천 유역과 철로 주변 지역에도 형성되었다. 일반적으로 부유층은 도시의 남서부 지역의 고지대를 선호하였다. 1920년대에는 커피 부자들과 사업가들의 타운하우스가 파울리스타 대로를 따라 자리 잡고 있었으나, 제2차 세계대전 이후에는 은행과 기업의 본사가 그 자리에 들어섰다(그림 4.10)

상파울루의 현대적인 고속도로와 지하철 시스템의 건설로 인해 시가지가 시 외곽 지역으로 확장되고 새로운 주거지가 형성되었다. 실제로 현재의 도시교통 문제는 도시의 사회적 불평등을 구체화시킨다. 1950년대 이후 대도시의 교통 정책은 중산층과 상류층의 개인 자

그림 4.10 한때 엘리트들의 고급 주거 지역이었던 파울리스타 대로는 제2차 세계대전 이후 회사들로 가득 찬 '기적의 거리'가 되었다. (사진: Brian Godfrey)

동차 통행에 초점이 맞춰져 간선도로를 신설하는 데 대규모 투자를 하였다. 반면 사회의 빈곤층은 부적절한 대중교통 시스템으로 인해 부당한 대우를 받았다. 노동자지구와 외곽의 판자촌은 복잡하고 신뢰할 수 없는 버스 서비스에 의존하곤 한다.

현재 상파울루는 경제적 재구조화, 탈산업화, 탈중심화의 과정을 겪고 있다. 산업 경제로부터 상업 및 행정 서비스 중심 경제로 변화하면서 과거 시내에 집중되었던 중심지 기능이 두 개의 결절지로 분산되고 있다. 하나는 헤프블리카 광장(Praça da República) 주변의 전통적인 업무중심지구이고, 또 다른 하나는 파울리스타 대로의 금융지구이다. 도시 외곽의 쇼핑몰에는 고객들이 몰리고 있는데, 특히 부유한 중앙-남서부 지역이 그러하다. 교외의 산업 'ABC 지역[산투안드레(Santo Andre), 상베르나르두두캄푸(São Bernardo do Campo), 상카에타누두술(São Caetano do Sul)]'은 자동차 부문이 입지하고 있으며 노조가 강한 것이 특징이었지만, 이웃한 주가 자동차 완성 공장을 유치하기 위해 내놓은 세금 우대 조치와 같은 매력적인 제안

그림 4.11 상파울루 시내의 마천루는 브라질 최고의 상업 중심지이자 대기업 본사 중심지로서의 역동적인 성장을 나타낸다. (사진: Brian Godfrey)

으로 인해 기업들이 이전해 나감에 따라 인원 감축에 직면해 있다. 한편 캄피나스와 상조제두스캄푸스는 공식적인 상파울루 메트로폴리탄 지역을 벗어나 외곽에 입지한 위성도시로서, 대학 도시 및 첨단 기술 지역으로 유명하다(그림 4.11).

상파울루도 역시 급속한 성장 기간 동안 축적된 환경 악화 및 그와 연관된 건강 관련 문제에 직면해 있다. 내륙에 위치한데다 중공업이 집중되어 있고, 자동차와 버스 등이 많으며, 시 외곽의 무분별한 성장으로 인해 상파울루 대도시 구역은 심각한 대기오염 및 수질오염의 문제가 발생하고 있다. 대기오염은 특히 겨울에 악화되는데, 기온역전 현상으로 인해 오염 물질이 저층에 갇힌 채 날아가지 못한다. 정부 기관에서는 오염에 관한 감시를 하고 있으며, 위반 산업체에 대해서는 처벌을 가하고 있다. 현재 주 오염원인 400만 대의 자동차와 버스를 규제하는 것이 더욱 어려워졌으며, 자동차 배기가스는 연방정부의 주요 관심사가 되었다. 여전히 하수 및 오물 처리 시스템이 제대로 갖추어지지 않았으며, 특히 시 외곽의 비공식적인 주거지에서 그러하다. 이곳에서는 처리되지 않은 오물들로 인해 주변 지역까지 오염되고 있다. 이러한 문제들로 인해 대도시 구역을 흘러가는 치에테(Tietê) 강의 오염을 정화하고자 하는 야심찬 계획은 지지부진하다.

브라질 메갈로폴리스의 미래

한 세기 동안 빠르게 성장한 이후, 브라질의 주요 두 대도시 지역은 환경오염, 사회 기반 시설의 낙후, 교통 체증, 대기오염 및 수질오염, 높은 범죄율, 주택 부족, 포화 상태인 구직 시장 등의 문제에 직면하고 있다. 대도시 구역이 탈중심화되고 경제적으로 재구조화되고 있지만, 상파울루와 리우데자네이루가 세계적, 국가적 중요성을 잃거나 각 도시의 주요한 특성을 상실하지는 않을 것이다. 두 도시에서는 생산자 부문의 서비스 및 상업 분야가 성장하고 있으며, 이 때문에 제조업 분야의 상대적인 쇠퇴를 대부분 보충할 수 있을 것이다. 이 두 중심지가 이 거대한 국가의 중심지이자 세계경제의 떠오르는 선도 지역이 되었듯이, 이들 두 도시는 시가지를 확장해 나아감으로써 브라질 남동부의 통합된 메갈로폴리스의 연합 핵을 형성하게 되었으며, 그 인구 규모는 유럽 국가 중 중간 규모 정도에 이른다.

글상자 4.2

도시의 안전과 인권

남아메리카 도시들은 현재 범죄 증가에 촉각을 세우고 있다. 뉴스 미디어, 관광 가이드, 정부의 여행 권고문, 대중 영화 등을 통해 도시 폭력에 대한 공포가 널리 확산되고 있다. 예를 들어 "신의 도시(City of God)"(브라질, 2002)나 "우리의 암살범 여사(Our Lady of the Assassin)"(콜롬비아, 1999) 등과 같이 최근 화제가 된 영화들은 도시 슬럼 지역에서의 성, 마약, 무장 범죄 등으로 가득 찬 자극적인 이야기를 특징으로 하고 있다. 그러한 예들은 폭력을 과장해 다루고, 아프리카계 인종이 주를 이루는 도시 빈민들에게 오명을 씌우기에 충분하다. 도시의 불안감에 대한 걱정으로 인해 공포의 문화가 형성되었으며, 이를 브라질의 인류학자인 테레사 칼데이라(Teresa Caldeira)는 "폭력의 증가, 질서 유지 기관의 실패(특히 경찰과 사법 체계), 보안 및 사법 분야의 민영화, 도시 내에서 지속적으로 늘어가는 장벽 쌓기와 분리…" 등에 대해 이야기하였다. 범죄에 대한 사회 전반의 관심으로 인해 공식적인 민주주의적 권리가 확대되고 있지만 계층 간, 인종 간 구분이 지속되고 있다.

공식 통계에서 발표된 범죄율은 실제보다 훨씬 적은데, 이는 경찰에 대한 불신으로 인해 많은 거주민들이 사고를 신고하지 않기 때문이다. 그럼에도 불구하고 연구에 따르면 지난 30년간 폭력 범죄의 비율이 지속적으로 증가하고 있다. 사망 신고는 강제적이므로 살인 사건의 비율은 가장 신뢰도가 높다. 1980년 브라질과 미국의 전국 살인율은 인구 10만 명 당 10명 정도로 거의 같았으나, 1990년대 후반 브라질의 살인율이 두 배로 증가하였다. 물론 폭력 범죄는 대도시에서 더욱 악화되는 경향이 있다. 상파울루, 리우데자네이루, 헤시피 등은 최근에는 그 비율이 하락했지만 브라질 대도시 구역에서 가장 범죄율이 높은 지역들이다.

상파울루의 현대적인 발전은 광범위한 경향을 나타낸다. 연구에 따르면 상파울루의 살인율은 극적인 상승을 보여서, 1980년부터 2000년 사이 세 배 이상 증가하였다. 여타 브라질 도시에서와 마찬가지로 상파울루에서 보고되는 살인 사건들은 대개 무기와 관련되어 있고, 피해자의 대부분은 15~29세 사이의 젊은 남성이며, 지역적으로는 빈곤 및 마약 거래상의 활동과 깊은 관련이 있다. 일반적으로 거론되는 다른 요인들로는 사회—공간적 분리, 경제 위기 및 높은 실업률, 소득 격차의 확대 등이 있다. 2007년 상파울루의 살인율이 인구 10만 명당 14명으로 감소하였다는 긍정적인 소식이 있으나, 연구자들은 그 원인으로서 더욱 효과적인 치안 방식과 총기 통제 법령의 강조 등을 꼽았으며, 사회경제적 문제는 여전하다.

사회적 맥락에서 도시 폭력의 증가는 인권의 주요한 이슈가 되었다. 현재 폭력 예방, 특히 빈곤 지역의 젊은이들 사이의 폭력 예방을 특징으로 하는 프로그램들이 여러 커뮤니티에서 실행되고 있다. 리우데자네이루에서는 1990년대부터 '비바 리우'라는 NGO 단체가 무기 때문에 발생하는 부상을 줄이고, 사회정의에 힘쓰며, 빈곤 지역의 젊은이들에게 직업훈련을 제공하는 프로그램을 시작하였다. 유사하게 파벨라에 위치한 망게이라 소셜 프로젝트(Mangueira Social Project)는 정규 학교에 다니는 지역의 유소년층에게 방과 후 프로그램을 제공하고 있다. 이들 및 여타 NGO는 인터넷, 언론 활동, 정부 및 대학, 민간 부분과의 공조를 통해 이들 커뮤니티에 대한 인식을 바꾸고자 하는 민중 캠페인을 시작하였다.

브라질리아: 대륙의 지정학과 계획도시

남아메리카의 도시화는 오랜 기간 버림받았던 내륙, 특히 브라질의 **중앙 고원**(planalto)과 아마존 분지, 기타 내륙 지역으로 확산되고 있다. 새로운 내륙 도시의 건설은 현대적인 도시계획과 산업 발전을 위한 좋은 기회가 되었으며, 베네수엘라의 시우다드과야나, 브라질의 고이아니아(Goiânia)와 벨루오리존치(Belo Horizonte) 등이 그러한 예이고, 가장 유명한 예는 브라질리아이다. 1960년 연방 수도를 리우데자네이루에서 브라질리아로 이전한 것은 인구를 해안 지역으로부터 내륙의 계획도시로 재배치한다는 점에서 많은 주목을 받았다. 1956년부터 1961년까지 쿠비체크(Juscelino Kubitschek) 대통령의 재임 기간 동안 이루어진

그림 4.12 브라질리아의 웅장하고 현대적인 건축물. 브라질 건축가인 오스카르 니에메예르가 설계했으며, 연방 수도의 기념비적인 축을 따라 정부 부처의 건물들과 의사당 건물이 들어서 있다. 브라질리아의 '비행사 계획'은 1987년 유네스코 세계 유산으로 지정되었다. (사진: Brian Godfrey)

신수도의 건설은 국가의 도시−산업 발전을 위한 야심찬 계획의 주요한 부분이었다. 신수도의 멋지고 현대적인 디자인과 철저한 토지이용 규제는 자연발생적인 초기 도시들의 불규칙한 도시 성장과는 큰 대조를 이루었다(그림 4.12).

브라질리아 건설은 1957년 해안으로부터 970km 떨어진 중앙 고원 상의 고이아스(Goiás) 주의 황무지 위에서 시작되었다. 브라질 건축가인 루시우 코스타(Lúcio Costa)가 신도시의 청사진을 제시했으며, 그의 동료인 오스카르 니에메예르(Oscar Niemeyer)가 도시의 가장 인상적인 현대식 빌딩들인 대성당, 국회의사당, 외무부의 이타마라티 궁전, 중앙고원 경영 건물, 대통령 궁인 발보라다 궁 등을 설계하였다. 브라질리아에 적용된 코스타의 매우 상징적인 '비행사 계획(Plano Piloto)'은 두 개의 주요한 교차 축을 갖는다. 한 축은 정부 중심이고 한 축은 거주지 중심이며, 이 두 축이 함께 어울려 비행기와 같은 형태를 띤다. 연방정부 건물들은 비행기의 몸통 또는 '기체'에 모여 있으며, 특히 삼권 분립 광장 주변에 모여 있다. 주요 대로의 중앙 교차점 주변에는 버스터미널, 상점, 호텔, 문화 시설들이 위치하고 있다. 멀리 서쪽으로는 스포츠 경기장 및 레크리에이션 시설을 따라 연방 수도의 정부 종합 청사들이 건설되었다. 비행기의 '날개'를 따라 남북 방향으로 건설된 주거 지역은 대부분이 정부

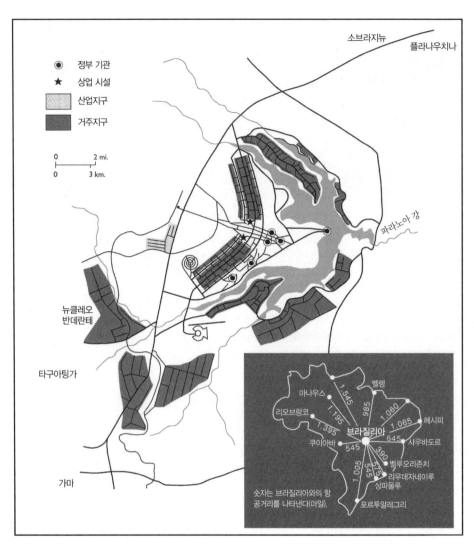

그림 4.13 브라질리아의 지도. 출처: 저자 재작성.

기관 종사자 및 그 가족이 거주하는 6층짜리 아파트 건물로 이루어져 있다. 아파트의 각 단지에는 학교, 놀이터, 상점, 극장 등이 들어서 있다. 비행사 계획의 동쪽에는 고가의 민간 주거지가 건설되었는데, 특히 라고술(Lago Sul)이라고 불리는 남쪽 호수 지역에 집중되어 있다.

　초기 거주민들과 건축 비평가들은 브라질리아가 메마르고 단조로우며, 여타 브라질 도시의 다양한 길거리 문화가 결여되어 있다고 비판하였다. 정부 공무원 중 많은 이가 초기에는 이전의 수도인 리우데자네이루에 집을 남겨 두었다. 그러나 시간이 지나면서 브라질리아는 새로운 도시 어메니티뿐만 아니라 대규모 비즈니스, 다양한 서비스, 매력적인 주거지로 채워졌고, 수도는 명백한 특성을 지닌 도시로 발전하였다. 브라질리아는 국가 통합의 실질적인 상징이 되었으며, 중심부의 계획 지역, 즉 비행사 계획은 1987년 유네스코에 의해 세계문화유산으로 지정되었다. 국제기념물유적협의회(International Committee on Monuments and Sites: ICOMOS)는 "브라질리아의 건설은 도시의 역사에 있어서 주요한 위업임을 의심할 바 없다."고 결론지었으며, "브라질의 신수도는 오늘날에도 완전하게 극복하지 못한 심각한 문제에 직면해 있다."고도 하였다. 브라질리아를 인정한 유네스코의 결정에는 "코스타와 니에메예르의 도시 창조 부분을 반드시 보전하겠다."라는 최소한의 보호 보장에 관한 예방적 주의가 포함되었다. 브라질의 현대적인 수도의 중심이 되는 비행사 계획이 건축 시기로부터 최소한 30년은 역사적으로 보전되어야 한다는 것은 건축적 상징에 대한 예찬 이상의 것을 반영한다. 즉 이는 연방 수도 나머지 지역에서 빠르고 전반적으로 나타나는 무계획적인 도시화에 대한 광범위한 관심을 이야기하는 것이다.

　신도시 중앙의 비행사 계획으로부터 멀리 떨어진 곳에서 '위성도시'라고 불리는 비공식적인 주거지가 빠르게 등장하였다. 이들은 당장 눈에는 보이지 않았지만 도시 중심부로터 통근 거리에 위치하였으며, 집을 짓는 데 건축 인부나 다른 일꾼을 투입하지 않고 가족들끼리 지었다. 따라서 도시 중심의 매력적인 주거 '단지'로부터 다소 떨어진 교외에 이주 노동자들과 그 가족들을 위한 일련의 주거지가 무작위로 들어섰다. 이들 비계획적 주거지들은 주로 저층의, 직접 지은 목재 주택들로 이루어졌으며, 처음부터 금방이라도 무너질 듯한 변두리의 분위기를 자아냈다. 타구아팅가(Taguatinga)와 같은 몇몇 초기 정착지들은 시간이 지난 후 공공 서비스를 제공하는 센터들을 건축했으며, 최근 조성된 지역들은 아직 초기 단계이다. 2010년 현대 대도시 구역에 거주하는 350만 명의 인구 중 연방 수도에 거주하는 260만 명을 제외한 인구가 현재 '외곽 도시'(ciudades do entorno)'라고 불리는 비행사 계획지구 외곽에 거주하고 있다. 초기 브라질리아에 대한 광범위한 비판이 있었지만, 연방 수도의 인구가 지속적으로 증가한 것은 인구 유입지로서 성공적이었음을 나타낸다. 그러나 현대화 체제의 상징인 연방 수도 전체를 효율적으로 계획할 능력이 없었기 때문에 빈곤의 만연, 직접 지은 주택, 비공식 부문과 같은 전형적인 사회문제의 존재를 더욱 강조하게 되었다. 브라질리아의 경험을 통해 소득수준의 격차가 크고 기본적인 공공 서비스가 부족한 개발도상국에서 중앙집중된 계획을 시행하기 어렵다는 것을 알 수 있다.

리마: 남아메리카 태평양 연안의 초도시화

리마와 그 항구인 카야오는 남아메리카의 태평양 연안에 위치하고 있는데, 태평양과 안데스 산맥 사이의 좁은 해안 평야의 중앙부에 위치하고 있다. 이 지역은 잦은 지진, 홍수, 가뭄 및 여타 자연재해에 취약하다. 초기에 스페인과 남아메리카 식민 제국 간의 연락 지점으로서 기능하던 리마는 안데스 내륙에서 생산된 광물, 농산물, 섬유 등의 적환지로 발전했을 뿐만 아니라 높은 문화 수준을 지닌, 스페인 지배 아메리카에서는 그 경쟁 상대가 없는 수도가 되었다.

리마는 원주민 법 이전에 건설되었지만 도시의 기초는 원주민 법을 상당히 따르고 있다.

글상자 4.3

아마존 분지: 도시의 최전선

아마존 분지는 역내 이주와 빠른 도시화로 인해 세계에서 가장 거대한 주거지의 최전선으로 변화하고 있다. 아마존 강과 그 지류들의 유역은 약 700만 km²에 달하는데, 이는 남아메리카 면적의 40%에 해당하는 것이다. 아마존 지역이 볼리비아, 페루, 에콰도르, 콜롬비아, 베네수엘라 등의 국토의 상당 부분을 차지하지만 2/3 정도는 브라질에 속한다. 최근 6개의 모든 아마존 국가의 지역 개발 프로그램들은 국가 주권상의 이익을 위해 인구밀도가 낮은 변방 지역들은 통합하고자 하는 것이다. 이러한 프로젝트로 인해 변방의 무질서하고 때때로 폭력적인 도시화가 이루어졌으며, 원주민, 농업 개척자, 금광업자, 삼림 관련업자, 목축 농장주, 다국적기업, 정부 기관 등이 토지 관련 갈등에 연관되었다. 열대림의 소실에 대한 관심이 가장 높았지만, 도시화 또한 급성장하고 있는 타운과 도시에서의 서비스의 공급, 만연된 보건 문제, 환경 악화 등의 심각한 문제의 원인이 되고 있다.

브라질 아마존은 주로 1970년대에 도시화되었다. 브라질 북부 지방의 7개 주요 주인 아크레(Acre), 아마파(Amapá), 아마조나스(Amazonas), 파라(Pará), 혼도니아(Rondônia), 호라이마(Roraima), 토칸칭스(Tocantins) 등을 살펴보면, 도시인구 비율이 1940년 28%에서 1980년 50%, 2010년 74%로 급상승하였다. 아마존 분지는 불안정한 기반시설, 환경적 취약성, 자원 채취 산업에의 의존 등으로 인해 발생하는 특수한 도시문제에 직면해 있다. 역사적으로 고무, 금, 다이아몬드 및 여타 자연 자원의 벼락 경기로 인해 벨렝(2010년 220만 명)과 마나우스(2010년 180만 명)의 주요 대도시가 발전하였다. 이들 및 여타 도시 중심지는 식민 시대 방어 및 상업 중심지로 개발되었으며, 1870년부터 1910년까지의 천연 고무 무역의 성수기에 급속히 발전하였다. 20세기 말 이들

대도시는 지역 성장거점이자 관광 중심지가 되었다. 유입민이 급속히 늘어나자 중심부의 주거지에 새로운 주택이 일부 건설되었으나 주로 외곽의 저지대에 자조 주택의 형태로 건설되었으며, 이들은 조수 및 강우 때문에 발생하는 수해에 피해를 입기 쉬웠고, 도시 서비스의 공급이 제대로 이루어지지 않았다.

이 지역의 대도시인 벨렝과 마나우스는 전례 없는 대규모 도시로 성장했으며, 현재 내륙 지역의 중소 규모 도시에서 높은 비율의 도시 성장이 이루어짐에 따라 이 지역은 매우 뚜렷한 변화를 겪고 있다. 2010년까지 브라질 북부 지역에는 인구 규모 5만 명 이상인 도시가 63개에 이르며, 이 중 인구 규모가 10만 명 이상인 도시가 20개나 된다. 내륙 신흥도시 대부분이 인구 증가율이 매우 높다. 예를 들어 호라이마 주의 수도인 보아비스타(Boa Vista)의 경우 베네수엘라와의 국경 근처에 위치하고 있는데, 인구 규모가 1970년 17,154명에서 2010년 284,313명으로 증가했으며, 이는 연평균 38.9%의 증가율이다. 이와 유사하게 같은 기간 동안 혼도니아 주의 포르투벨류(Porto Velho)의 인구는 연평균 19.4%씩 증가했으며, 아크레 주의 히우브랑쿠(Rio Branco)의 인구는 연평균 20.8%, 파라 주 남부의 마라바(Marabá)의 인구는 연평균 32.9% 증가하였다. 이러한 놀라운 인구 증가율은 아마존 지역의 여타 도시에서 흔하게 찾아볼 수 있으며, 이 때문에 이들 도시에서는 도시 기반 시설, 주택, 사회 서비스 등의 심각한 문제가 발생하고 있다.

브라질의 아마존 팽창주의가 가장 주목받고 있지만, 안데스 국가에서도 아마존은 거대하고 인구가 희박하며, 역사적으로도 동부의 외딴 지역으로 인식되었다. 1960년대 페루의 대통령인 페르난도 벨라운데 테리(Fernando Belaúnde Terry)가 정글 오지 고속도로(Carretera Marginal de la Selva)를 계획했는데, 이 고속도로는 베네수엘라부터 볼리비아에 이르는 아마존 분지 북부 지역을 순환할 것이다. 범안데스 도로망은 여러 나라를 연결하고, 아마존 북부 지역의 변경 주거지에 계획된 도시화의 단일화된 기반을 제공하였다. 안데스 국가들 간의 영토에 관한 논쟁으로 인해 지역의 계획을 아우르는 주거 프로그램과 야심찬 고속도로망의 완전한 실행은 어렵지만, 여러 정부가 자국 영역 내에 새로운 도로를 건설하고 정주지 건설 계획에 착수하였다. 대부분의 계획은 내륙으로의 이주를 촉진시키는 것이며, 이를 통해 해안 및 고산 도시의 인구 집중을 완화하려는 것이다. 원유, 금, 다이아몬드, 구리 및 기타 광물의 발견으로 인해 아마존 지역으로의 이주는 가속화되었다.

안데스 국가들의 동부 지역의 도시화 과정은 매우 극적인 것이었다. 에콰도르 북동부 지역은 1970년대 소규모 농업 주거지의 형성과 해안 지역으로의 송유관 건설의 결과로 활발하게 개척되었다. 환경 단체, 원주민, 고원 지역의 이주민, 석유 회사 등이 이곳 토지에 대한 권리를 주장하고 있다. 유사하게 1960년대 이후 페루 내륙 지역으로의 도로 접근성이 높아짐에 따라 팅고마리아(Tingo Maria)는 분쟁하에 있는 우아야가(Huallaga) 지역의 교차 도시가 되었는데, 이 지역은 농업이 발달하였으며, 코카 재배가 이루어진다. 과거 볼리비아 동부의 한적한 도시였던 산타크루스데라시에라(Santa Cruz de la Sierra)는 농업 지역의 개척, 천연가스 개발 등과 이웃 국가들과의 교통 요지로서 발달해 2010년 인구가 210만 명에 이르렀으며, 볼리비아 제1의 도시가 되었다.

즉 도로가 중앙 광장으로부터 뻗어서 일정한 동서 및 남북 패턴으로 뻗는 격자 패턴의 가로 망을 형성한다. 도시 발전은 일련의 축을 따라 이루어졌는데, 각 축은 각각의 독특한 특성을 지니고 있다. 카야오 항으로부터 북서쪽 지역으로 뻗은 도로는 도시의 산업 회랑이 되었고, 남서쪽으로 뻗은 해안 지역은 엘리트 주거지로 발전했으며, 동쪽으로는 소규모 산업체들이 노동자 주택들과 뒤섞여 있다. 20세기 중반까지 리마의 구중심부로부터 태평양 안으로 뻗어나간 지역이 대부분 도시화되었다. 곧 도시의 북쪽과 남쪽의 사막 지역에는 판자촌이 광범위하게 들어섰으며, 이는 오늘날 코노노르테(Cono Norte)와 코노수르(Cono Sur)라고 불린다(그림 4.14).

인구 성장, 농업 분야의 침체, 경제적 부정의, 페루 농촌 지역의 무장 폭력 사태로 인해 도시로의 이주가 시작되었다. 제2차 세계대전까지 리마로 이주한 농촌 엘리트들과 농민들은 대부분 이웃 지역 출신이었다. 많은 이들이 고용을 보장할 만한 기술이나 친척이 있었다. 제2차 세계대전 이후 약 2, 30년간 이주는 매우 일반적인 현상이 되었으며, 새로운 산업에 이끌린 이들이 페루의 전 지역에서 도시로 이주하였다. 마침내 1980년대와 1990년대, 정치-경제 위기 시기에 남부 고원 지역으로부터 안전과 피난처를 찾아, 미처 준비가 되지 않은 이들의 이주 물결이 들이닥쳤다. 비교적 짧은 기간 내에 지방 출신의 이주민과 그 자녀들이 리마를 엘리트 중심의 크리올 문화(아메리카 내의 유럽 문화)로부터 현대 페루의 소우주로 변화시켰다. 오늘날 페루의 모든 지역의 음식, 음악, 억양, 의상, 축제 등이 리마에서 발견된다.

인구 증가로 인해 도시의 종주성이 증가하였다. 리마는 국가 생활의 모든 측면을 지배한다. 전국 인구의 77%가 도시에 거주하며, 40%는 리마 대도시 구역에 거주한다. 오늘날 900만 명 이상이 대도시 구역에 거주하고 있으며, 이는 페루 남부에 위치한 제2의 도시인 아레키파(Arequipa)의 인구보다 10배 이상 많은 것이다. 모순되게도 리마의 종주도시로서의 지위는 성장의 원인이자 결과이다. 그 위치로 인해 리마는 오랜 기간 외부 세계와 페루 전역 간의 관문 역할을 해 왔다. 정치적 영향력의 집중으로 인해 자본, 산업, 커뮤니케이션, 노동력, 소비자 등이 모여 있고, 가장 명망 있는 연구 기관, 교육 기관, 문화 기관 등으로 인해 이러한 활동들이 더욱 집중되며, 이를 통해 리마의 종주성이 높아진다. 경제적 성장기에 리마와 여타 지역 간의 격차는 더욱 확연해졌고, 리마와 여타 지역 간의 경제적 시너지는 거의 없었다.

오늘날 리마의 중심부에는 화려하게 장식된 식민 시대 건축물이 현대적인 고층 빌딩과

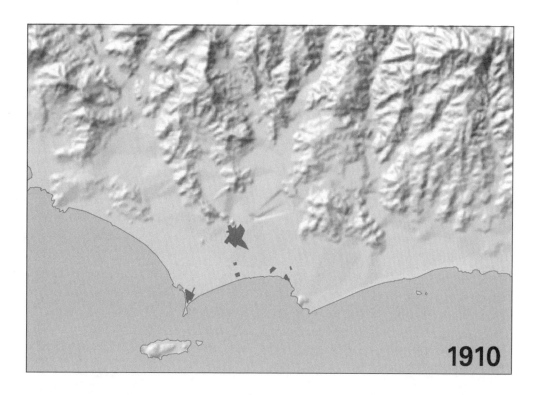

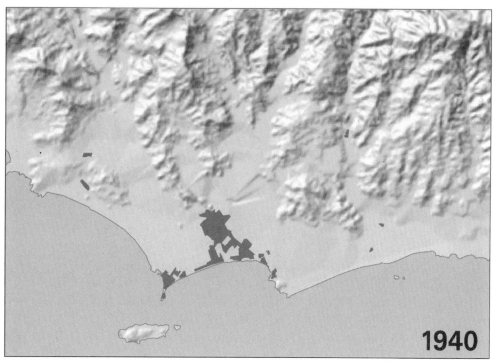

그림 4.14 1910~2000년 리마의 성장. 출처: Centro de Promoción de ka Cartografia en el Perú, Avda. Arequipa 2625, Lima 14, Peru.

1970

2000

그림 4.14 계속

그림 4.15 플라자데아르마스(Plaza de Armas)로 알려진 리마의 중앙 광장은 도시의 형성 시기에 건설되었다. 원주민 법에 따라 광장은 도시의 중심점이며, 가로망이 네 방향으로 뻗어 나간다. (사진: Maureen Hays-Mitchell)

대조를 이루고 있으며 정부 부처, 은행, 법률 회사, 기업 등이 입지해 있다. 남아 있는 식민 시대의 대저택은 작게 세분되어, 빌딩당 많게는 50가구가 거주하는 슬럼 주택으로 변화하였다. 폐쇄형의 나무 발코니는 식민 도시의 전형적인 특성으로 보존 대상이다(그림 4.16). 1991년 유네스코가 리마 중심지의 많은 부분을 세계문화유산으로 지정했지만, 주거지로서 젠트리피케이션의 증거는 거의 없다. 그 대신 많은 민간 부분 기업과 국제기구의 사무실은 덜 혼잡스럽고 보다 안전한 외곽 지역으로 이전하였다. 실제로 리마의 가장 특징적인 경관은 광범위한 **판자촌**(barriadas)으로, 완곡하게 푸에블로 호베네스(pueblos jovenes: 젊은 마을)라고 불렸으며, 최근에는 아센티미엔토스 우마노스(asentimientos humanos: 사람들의 주거지)라고 불린다. 판자촌은 교외 지역의 붉은 지붕 위로, 그리고 리마를 감싸고 있는 붉은 사막 평원 위의 척박한 언덕에 건설되었다(그림 4.17). 대략 도시인구의 절반 정도가 아센티미엔토스 우마노스에 거주하고 있는 것으로 추정되는데, 도시에서 가장 인구가 조밀한 지역인 코노노르테와 코노수르에 거주하고 있다.

오늘날 리마의 사회구조는 그 어느 때보다도 복잡하나 인종, 민족, 계층으로 구분 짓기는 용이하다. 오랜 격차는 부자 및 영향력 있는 집단과 빈곤하고 하찮은 집단 간의 격차이다. 이는 도시경관에서도 나타난다. 리마의 인구가 이동함에 따라 안데스의, 그리고 심지어 아

그림 4.16 식민 시대 건물의 나무로 만든 발코니는 리마 역사지구의 특징이다. 이 지구는 유네스코 세계문화유산으로 지정되었다. (사진: Maureen Hays-Mitchell)

마존의 문화가 리마의 거리와 공공장소에 스며들었다. 오늘날 이주민과 그들의 자녀가 자신들의 문화적 전통을 주장하고 리마가 다문화 도시임을 주장함에 따라 동화에 대한 압박이 줄어들고 있다. 이에 대한 대응으로 부유한 리마인들은 이미 한 세기 이전부터 자신들이 빈곤층으로부터 멀리 격리시키는 정책을 시작하였다. 현재 그들은 전통적으로 더욱 엘리트적인 도시의 서부 구역으로 이주할 뿐만 아니라 동쪽으로의 농촌 같은 환경으로, 또한 더 멀리 북쪽과 남쪽의 해안가 거주지로 이주하고 있다. 부유층이 멀리 이주해 감에 따라 사설 경비, 폐쇄공동체, 개인 운전사 등이 증가하고 있다. 도시정부가 도시 중심부를 행인과 관광객에게 개방하기로 결정했지만, 행상들이 열심히 상행위를 하고 있고, 허름한 차림의 아이들이 돈을 벌기 위해 곡예를 하며, 노약자와 노인들이 구걸을 한다. 이 때문에 공공장소가 도시의 삶의 질을 높여 주는 역할과 도시 정체성의 형성 역할을 하는지에 대한 학문 및 정책적 토론이 첨예하게 이루어지고 있다.

오늘날 리마, 그리고 페루에서는 20년 전부터 경제 및 정치 위기가 대두되고 있다. 광산업, 목재업, 원유 시추, 기업식 농업 등의 천연자원 산업과 관광업 및 건설업의 호황에 힘입어 페루는 5년간 경제성장이 지속되었다. 빈곤율은 감소되었고, 리마의 중산층은 다시 한번 확대되었다. 경제 여건의 개선으로 인해 자본 분야의 기반시설 개선이 이루어졌다. 건

그림 4.17 리마 외곽의 판자촌(Pueblo joven). (사진: Rob Crandall)

글상자 4.4

거리의 여인들

"저를 사세요… 주인님 저를 사세요… 저를 사세요." 그들은 거리를 지나는 잠재적 고객에게 외친다. 이 여인들은 그녀 자신을 파는 것이 아니라 다양한 종류의 음식과 공산품을 파는 것이다. 그들은 남아메리카 도시의 거리를 메운 **행상**(ambulantes)이다. 거리 행상은 매춘과 함께 여성이 거리에서 생계를 꾸릴 수 있는 몇 안 되는 방법 중의 하나이다. '적절하다'고 여겨지는가 아닌가는 행상을 하는 여인이 고려할 만한 사항이 아니다. 그들은 대부분의 남아메리카 국가에서 겪고 있는 만성적인 빈곤과 가난한 여인에게 매우 제한적인 구직 기회로 인해 거리에서 생계를 꾸릴 수밖에 없도록 내몰린 것이다.

경제 위기가 심화됨에 따라 대부분 비공식 경제에 속하는 행상을 하는 사람들은 남아메리카 전역에서 증가하였다. 페루 전역의 도시의 여성 행상과의 인터뷰를 보면 대부분의 여성이 미천한 배경을 지녔지만, 비교적 교육 수준이 높고, 합법적인 고용 기회를 찾지 못한 여성의 비중이 점차 늘어나고 있다. 주 수입원이 행상인 여성의 경우 가장인 경향이 있다. 즉 그들은 나이가 있는, 과부이거나 버림받았거나 미혼모이거나 또는 남편이 수감 중인 경우가 대부분이다. 이러한 여성의 구직 기회는 매우 제한적이다. 또한 점차 실업 상태의 남성이 행상으로 전환하는 경우도 늘고 있으며,

이 때문에 행상 간의 경쟁이 심화되고 있다.

페루 중앙 고원의 번화한 상업 중심지인 우앙카요(Huancayo)는 행상인의 절반 정도가 여성이다. 예상할 수 있듯이 그들은 이성적인 판단을 한다. 그들 중 절반 이상이 도매가격에 공급받을 수 있을 만큼 많은 양의 상품을 거래한다. 많은 양을 거래할 수 없는 사람들은 필요한 수요를 충족시킬 만큼 여러 명이 모인다. 여성이 음식과 가사 서비스의 공급자라는 전형적인 이미지를 좇아 그들은 신선 제품, 따뜻한 음식, 의복, 가정용 제품 등에 특화되는 경향이 있는데, 이러한 생산품은 자본이 매우 적게 들지만 이윤율 또한 매우 낮은 상품이다. 가정용 제품과 준비된 음식을 파는 여성이, 특화된 제품을 팔거나 틈새를 공략하는 경우보다 그들만의 수요를 더 잘 창출하는 경향이 있다. 한편 거의 대부분의 신선 제품은 행상인들에 의해 공급되고 있다. 신선 상품의 판매자가 대부분 여성이지만 남성 행상인에 비해 적은 양을 거래하는 경향이 있으며, 이 때문에 잠재적으로 매력적인 이 시장에서 남성보다 더 적은 이윤을 얻고 있다.

자신들의 이윤을 주장하기 위해 많은 행상인이 정치적 행동을 하기 시작하였다. 거리의 행상인이 모든 행상인의 보호와 더 나은 이윤을 위해 '신디카토(sindicatos)'라고 불리는 교역 노조를 조직하였다. 우앙카요에서 이러한 조직의 지도자 중 다수가 여성이다. 여성은 그들의 조합을 구성하는 데 있어 효율적일 뿐만 아니라 그들의 모임을 진행하는 데 있어 수사적 권고로부터 벗어나 주요한 사업 문제를 다루는 데 뛰어남을 보여 주었다. 이러한 강점이 있지만 여성은 조직 내에서 부차적인 역할로 밀려나는 경향이 있으며, 그들이 이미 해 놓은 많은 일에 단지 첨부를 하는 것과 같은 역할을 하는 경향이 있다.

모든 곳의 여성과 마찬가지로 여성 행상인도 걱정과 관심, 희망과 열망을 함께 나눈다. 특히 날고기와 같은 금지된 상품을 판매하는 이들이나 허가 없이 작업을 하는 이들은 지역 경찰의 괴롭힘에 대해 걱정한다. 그들은 물건을 뺏길 수 있으며 나아가 투자금도 잃을 수 있다. 많은 이들이 불리한 신용 제도에 묶여 있어서 평생 행상을 할 수밖에 없게 된다. 일부 행상인들은 아이를 일터에 데려올 수 있다는 점을 장점으로 여기지만, 많은 여성에게는 아이가 부담스런 짐으로 여겨지기도 한다. 행상은 경쟁이 치열해 늘 경계를 늦추지 않아야 하는 직업이지만, 엄마들은 아이 때문에서 주의가 산만해진다. 아이들은 악천후에 노출되며, 많은 영아가 호흡기 질환에 걸려 죽는다. 걸음마를 시작한 이후에는 거리에서 놀다 부상이 끊이질 않는다. 취학 연령의 아동은 얼마 지나지 않아 행상을 시작한다. 게다가 그들이 살고 있는 도시의 거리는 특히 안전하지 않다. 좀도둑이 늘 설치며, 와치만스(huachimanes: 사설 조합에서 고용하는 야간 경비원)조차도 믿을 수 없다. 그들은 행상들이 꼼꼼하게 문을 닫고 남기고 간 매대에서 주기적으로 좀도둑질을 한다.

설업이 호황을 누리면서 도로가 포장되고, 공공장소에 조명이 설치되었으며, 공원이 복원되었고, 교통시설이 향상되었으며, 상하수도 서비스가 확대되었다. 도시 서비스 및 소규모

그림 4.18 페루 우앙카요에서 행상인이 신선한 채소를 판매하고 있다. (사진: Rob Crandall)

기업과 산업이 뿌리내림에 따라 일부 빈민지구의 경제적 여건도 개선되고 있다.

그러나 리마는 전례 없는 복잡한 분배의 문제에 직면하고 있다. 페루 경제를 세계 시장에 개방하면서 경제 중심지로서 리마의 중요성이 강화되었다. 페루에서 운영되는 주요 국제 기업 및 국내 기업이 수도에 입지하고 있으며, 번영의 결과 또한 주로 리마에 집중되고 있으나 도시 내에서도 불균등하게 분배되고 있다. 대부분의 가난한 거주민들은 세계경제의 긍정적인 효과를 경험하지 못하고 있다. 리마 시민들 중 긍정적 효과를 받는 이들과 그렇지 못한 이들 간의 격차는 크다. 그러나 경제성장은 1980년대와 1990년대 정치−경제 위기 시기에 큰 피해를 입었던 사회 서비스 부문의 재활성화로 이어졌다. 리마의 빈곤 지역에서 생활의 질을 개선하고자 하는 프로그램은 학교, 보건 시설, 도시 기술 등의 질과 접근성에 초점을 맞추고 있다. 무선 전화 서비스도 겨우 한 지역에서 시범적으로 진행되고 있다.

리마의 급속하고 무계획적인 성장은 심각한 환경 악화로 이어졌고, 특히 도시의 수질과 대기오염이 심각해지고 있다. 리마는 사막에 위치한 대도시인데, 안데스 산맥의 빙하가 빠르게 유실됨에 따라 리마의 용수원이 위협받고 있다. 4,000년 전 이곳에 인간의 거주를 가능하게 했던 강은 현재 줄어들고 있고, 광업 및 농업 침출수와 거주 및 산업 폐기물로 인해 오염되고 있다. 도시의 무계획적인 확산은 하천 계곡의 녹색 지대를 잠식했으며, 습지를 없애고 생물학적 다양성을 감소시켰으며, 대도시 지역 내의 미기후에 영향을 미쳤다. 100만 명에 가까운 사람들이 상하수도 시설이 없는 곳에 거주하고 있으며, UN 환경계획(United

Nations Environmental Program: UNEP)에서는 리마 카야오 회랑 지역의 가장 심각한 환경문제로 물을 꼽았다. 점차 빈곤한 지역에서도 수자원 공급과 수질 개선 노력이 이루어지고 있다.

그러나 대부분의 리마 시민들은 대기오염을 가장 심각한 환경문제로 인식하고 있다. 리마 중심지에 거주하거나 특정 지역에 거주하는 시민들은 대기 중의 미립자와 오염 물질을 대량으로 흡입하게 된다. 2005년 한 보고서에 따르면 대기 중의 미립자와 관련된 호흡기 및 심장 질환으로 인해 해마다 6,000여 명이 사망한다고 한다. 2007년 '깨끗한 공기 전략'을 착수해 2010년까지 리마의 대기오염을 감소시키고자 하였다. 정부가 주도한 이 전략은 중고 디젤 차량의 수입을 금지하고, 유황 함량이 높은 디젤유의 판매를 금지했으며, 차량에 대한 기술적 보정을 요구하고, 도시의 교통을 재조직하였다. 지속가능한 도시계획의 경향을 따라(글상자 4.6) 리마는 효율적인 고속버스 시스템인 '엘 메트로폴리타노(El Metropolitano)'를 개발했는데, 이는 천연가스를 사용하며 도시의 남북 회랑(코노노르테와 코노수르)을 연결한다.

자동차를 개조하고 오래된 버스를 폐차하는 것으로는 리마의 대기오염 문제를 해결할 수 없다. 규제가 적용되지 않는 수많은 공장, 가내공업체, 식당 등이 리마의 열악한 환경에 집

글상자 4.5

라틴아메리카 도시의 대기 질에 대한 이야기

라틴아메리카의 빠른 도시화로 인해 자동차 사용이 증가하고 공업 생산이 확대되어 에너지 사용이 증가하였다. 따라서 1억 명 이상의 사람들이 세계보건기구가 정한 기준보다 훨씬 높은 수준의 대기오염에 노출되어 있다. 세계보건기구에 따르면 해마다 수천 명의 조산아가 사망하며, 수십억 달러의 의료 비용이 소모되고, 생산성이 낮아지며, 기후 변화에도 막대한 영향을 미치고 있다고 한다.

남아메리카 전역에 걸친 도시의 대기오염은 수억 명의 건강과 복지에 영향을 미치고 있다. 어린이들의 경우 신체 기관이 발육 중이라 질병이 악화되기 더욱 쉽다. 노인층은 폐암 및 심장 혈관 질환에 걸리기 쉽다. 빈곤층은 거주지 및 작업장의 환경, 그리고 생계 활동의 특성상 암, 심장혈관 질환 및 기타 심각한 질병을 일으키는 것으로 알려진 오염 물질에 오랜 기간 노출될 위험이 훨씬 더 크다. 대기오염은 도시의 자연 및 건조 환경에 영향을 미치는데, 건축물 및 기념물의 상태를 악화시키고, 수목과 초본의 성장을 지체시키고, 공기 정화력을 떨어뜨리며, 바람이 불어 나가는 지역의

곡물 수확량에도 영향을 미친다.

라틴아메리카 지역에서 발생할 것으로 예상되는 기후 변화는 심각하다. 기온 상승 때문에 발생하는 기후 변화가 기후 요소에 영향을 미치고, 라틴아메리카 전역의 '대기 질 악화'의 지속과 빈도에 영향을 미침에 따라 대기오염과 관련된 호흡기 질환의 증가로 이어질 것으로 예상된다. 안데스 산맥의 빙하 및 빙원의 유실로 인해 도시의 상수 공급량이 줄어들 것으로 예상되며, 이미 공급 부족을 겪고 있다. 남아메리카의 주요 종주도시들은 해안 지역에 위치하고 있으며 해수면 상승이 예상됨에 따라 이들 도시는 해안 범람의 위험에 처해 있다.

대기오염 및 기후 변화가 공공의 건강 및 환경에 미치는 영향에 대한 인식이 높아지면서 사회 및 경제 발전 계획에 대기의 질과 기후 변화를 효율적으로 포함시키는 것이 매우 중요해졌다. 2007년 9월, 국제청정공기협회(Clean Air Institute)는 '2007~2012년 라틴아메리카와 카리브 해 지역 도시의 청정 공기 전략(CAI-LAC)'의 초안을 발표하였다. 국제청정공기협회는 2006년 설립된 비영리 독립 조직이다. 라틴아메리카 및 카리브 해 전역에 걸쳐 대도시의 대기오염과 관련된 환경 및 공공 보건에 대해 연구하고, 이 지역이 전 세계적인 기후 변화에 미칠 영향과 기후 변화로 인해 발생하는 지역 변화를 연구하는 여러 이해 관계자의 노력이다.

초안의 서문에서는 많은 공통적인 원인에도 일반적인 대기오염과 온실가스 배출이 한꺼번에 고려된 적이 없음을 밝히고 있다. 이러한 요인들에 한꺼번에 초점을 맞추는 것은 자원이 많지 않고, 뚜렷한 기관 및 기술적 장벽이 존재하는 라틴아메리카 도시에서 특히 중요하다. 또한 주목할 만한 증거에서 대기오염의 사회적 비용이 이 지역의 국가들에 큰 문제로 대두될 것임이 나타나고 있다. 아직 시작하는 단계지만 교통 분야를 비롯한 상업 및 주거 부문에서 청정에너지의 공급을 늘리고 에너지 사용의 효율성을 늘리는 데 주력하고 있다. 수천 명의 목숨이 위험에 처해 있다.

출처: The Clean Air Institute에서 2007년 9월 10일 발표한 "The Clean Air Initiative Strategy for Latin American and Caribbean Cities 2007-2012,"를 수정.

중되어 환경문제를 더욱 심화시킨다. 이러한 비공식 부분의 사업체를 폐쇄시키는 것은 논쟁을 불러일으키는데, 폐쇄는 리마 전역에 입지하고 있는 저소득 지역의 생계에 영향을 미칠 것이기 때문이다. 리마의 평균에 비해서 기대 수명이 짧은 지역을 살펴보면 오염의 정도가 심한 저소득 지역으로, 이는 놀라운 일도 아니다. 국가의 수도이자 종주도시라는 지위 덕분에 리마 시민들은 리마의 경제, 정치, 사회 및 환경 문제는 국가의 문제라며 페루 정부뿐만 아니라 국제사회에도 도움을 요청하고 있다. 최근 이루어진 협정이나 전략을 통해서 리마 시민들은 희망을 얻고 있다.

부에노스아이레스: 남부 콘 지역의 세계도시

부에노스아이레스는 오랜 기간 라틴아메리카에서 가장 큰 도시로 알려졌으며, 아르헨티나 역사와 정체성의 가시적인 상징이었다. 한때 스페인 변방의 식민 전초지였던 부에노스아이레스는 1880~1930년 사이에 인구 유입, 도시 디자인, 근대화의 중심지로서 급속히 성장하였다. 아르헨티나가 농업 및 공업을 바탕으로 성장하면서 아르헨티나의 수도는 넓은 대로와 우아한 광장, 멋진 공공건물 등으로 인해 '남아메리카의 파리'로 알려졌다. 후안 페론(Juan Perón)과 에바 페론(Eva Perón)이 대통령 궁인 카사 로사다(Casa Rosada)의 발코니에서 대중들에게 연설한 것은 매우 유명한 장면이었으며, 이후 기념비적인 부에노스아이레스는 오랜 기간 국가 정치 운동의 무대가 되었다. 최근까지 '5월 광장(Plaza de Mayo, 이하 플라자데마요)의 어머니들'이 군부 독재 기간의 '더러운 전쟁' 당시 '사라진' 자녀들을 위해 시위를 지속해 왔다. 상파울루에 비해 지역 내 중요성이 상대적으로 감소하고 있지만, 부에노스아이레스는 2010년 현재 인구 1310만 명으로 높은 종주성을 띄는 활기 넘치는 대도시이다. **포르테뇨**(porteños: 항구 거주자)라고 불리는 부에노스아이레스의 시민들은 예전부터 유행의 선도자였다. 한편 부에노스아이레스의 대도시 지역은 사회경제적 불평등의 성장 문제, 대중들의 불만과 치안 불안, 공간적 분리 등의 문제에 직면해 있다.

부에노스아이레스의 역사는 1536년 페드로 데 멘도사(Pedro de Mendoza)가 스페인 원정대를 리오데플라타(Río de Plata: 은의 강)로 이끌어서 플라타 강 하구의 남쪽 해안가에 '푸에르토 데 산타마리아 델 부엔아이레(Puerto de Santa María del Buen Aire: 공기 좋은 산타 마리아 항)'를 건설한 때까지 거슬러 올라간다. 강의 입구가 깊어서 흘수선이 낮은 배들의 정박지로서 충분하였다. 이후 라보카(La Boca)라고 알려진 부에노스아이레스의 구항구는 거대한 아르헨티나 팜파스(Pampas)의 북동쪽 가장자리에서 이용할 수 있는 가장 좋은 해양 양륙지로서 기능하였다. 귀중한 광물 및 여타 천연자원이 부족한데다 호전적인 원주민의 끊임없는 공격에 시달렸기 때문에, 식민지 당국은 원정착지를 1541년까지 방치하였다. 1580년, 후안 데 가라이(Juan de Garay)가 지휘한 스페인 군대가 전략상의 요충지로 부에노스아이레스를 재건설하였다. 가라이는 스페인 지배 아메리카의 도시 형태에 따라 신설 도시의 기본 계획을 세웠다. 이후 플라자데마요라고 불린 중앙 광장은 식민지 도시의 중심지로서 기능했으며, 그 주변에 주요 정부 건물, 종교 및 상업 건물들이 들어섰다. 시의회(Cabildo)는 교회 건너편에 자리 잡았으며, 상점가들이 광장의 여러 골목에 들어섰다(그림 4.19).

그림 4.19 식민 시대 시 청사. 현재는 부에노스아이레스의 역사 중심지로 보전되어 있다. (사진: Brian Godfrey)

식민 시대 후반까지 부에노스아이레스 시와 항구는 지역적으로는 고립되었으며, 행정적으로도 관심받지 못하였다. 안데스 지역의 상인들은 오랜 기간 리오델라플라타(Rio de la Plata) 항구보다는 투쿠만(Tucumán)과 같은 내륙 도시를 선호하였다. 18세기 말, 부르봉(Bourbon) 자유 개혁자들이 부에노스아이레스의 직위를 맡게 되었으며, 부에노스아이레스는 1776년 새로이 지정된 라플라타 부왕령의 수도가 되었다. 무역 규제의 완화에 따라 항구는 번성하였고, 도시의 인구도 성장해 1800년에는 5만 명에 이르렀다. 이 시기 부에노스아이레스는 독립운동의 중심지가 되었으며, 지역의 지도자들은 혁명 기간 중 1810년 5월 25일에 독립을 선언하였다. 식민 시기 부에노스아이레스는 전형적인 스페인의 원주민 법 형식의 도시였지만, 독립 이후 도시의 디자인에서 프랑스 및 영국의 영향이 점차 증가하였다. 오랜 기간 지속된 중앙집권주의자 대 연방주의자들의 갈등을 해결하고자 부에노스아이레스는 1880년 부에노스아이레스 주의 지배에서 벗어나 연방정부의 지배를 받게 되었으며, 대통령이 시장을 임명하게 되었다. 78km²의 연방 수도는 급속히 성장하였다. 영국이 자본을 투자한 철로가 팜파스까지 이어지고 냉장 기술의 개발로 아르헨티나의 소고기를 유럽까지 수출할 수 있게 됨에 따라 곡창지대를 세계 무역 시장에 개방하였다.

독립 이후 아르헨티나가 질서와 번영의 전초기지가 됨에 따라 유럽의 이민자들이 아르헨티나로 쏟아져 들어왔는데, 1914년 전체 인구의 30%가 외국 태생이었다. 부에노스아이레스는 연방 수도, 교통의 중심지, 상업 중심지, 문화의 발상지, 이민자가 들어오는 항구로서 전국 도시 체계 내에서 높은 종주성을 나타냈다. 1914년경, 도시가 성장해 인구가 150만 명을 넘어섰는데, 이는 전국 인구의 20%에 이르는 것이었다. 도시인구는 20세기 중반 약 290만 명에서 안정되었으며, 이후 지속적으로 성장해 현재 전국 인구의 약 1/3을 차지하고 있다. 교외화로 인해 도시인구의 약 1/5만이 도시 내에 거주하고 있고, 부에노스아이레스는 1994년 자치도시로서의 지위를 부여받아 자체적으로 시장을 선발하기 시작하였다.

19세기에는 급속한 도시화로 인해 교통 순환, 위생 시설, 주택 공급 등 여러 가지 사회 기반시설 관련 문제가 발생하기 시작하였다. 성장 중인 국가였던 아르헨티나는 세계도시 급의 수도가 필요했기 때문에 아르헨티나의 새로운 부와 포부에 걸맞는 기념물과 공공건물들로 우아하게 꾸며졌다. 1870년 공사가 시작된 5월

그림 4.20 디아고날 노르테(Diagonal Norte). 디아고날 노르테의 공식명은 로케 사엔스 페냐(Roque Sáenz Peña) 대통령 대로이며, 부에노스아이레스 중심가에 위치한 오벨리스크가 매우 인상적이다. (사진: Brian Godfrey)

거리(Avenida de Mayo) 대로는 해체되어 의사당 건물과 플라자데마요, 카사 로사다를 잇도록 설계되었다. 1894년 완성되어 정부 부처들과 국회의사당을 연결했던 새로운 대로는 파리의 샹젤리제 거리를 연상시키는 인상적인 경관을 형성하였다. 20세기 초, 부에노스아이레스 중심지에 여러 개의 대로가 추가로 건설되었으며, 이 중 1936년 건설된 7월 9일 거리(Avenida 9 de Julio)는 세계에서 가장 넓은 거리이며, 도심부 어디서나 볼 수 있는 오벨리스크가 그 중심부에 서 있다(그림 4.20).

1930년까지 바리오라 불리는 지역이 연방 수도를 뒤덮었으나, 공간적 전개에서는 자연적 장애물에 의해 방해를 받았다. 새로운 이주민들은 처음에는 산텔모(San Telmo) 지구나 라보카 지구와 같은 항구 근처에 거주하였다. 이 지역의 이탈리아식 스페인어 방언으로 알려진 룬파르도(Lunfardo)가 이곳에서 생겨났고, 아르헨티나의 '탱고(Tango)'도 탄생하였다.

도시의 남동 지역은 점차 산업 지역 및 노동자 계급 지구가 되었다. 이와 대조적으로 부에노스아이레스의 북서쪽에서는 레콜레타(Recoleta), 팔레르모(Palermo), 벨그라노(Belgrano), 올리보스(Olivos)와 같은 상류층 주거지가 형성되었다. 주거지는 부유한 북서쪽의 중심지와 노동자 계급이 더 많이 거주하는 남동부로 사회적으로 양분되었고, 역사적으로도 그러한 경향이 지속되었으며, 최근 연방 구역 외곽으로의 도시 성장도 그러한 패턴으로 이루어졌다. 아르헨티나 내륙과 볼리비아, 파라과이로부터 빈곤한 이주민들이 대규모로 유입됨에 따라['볼리비아화(Bolivianization)'라고 불림] 궁핍한 이주민들이 광활한 판자촌, 즉 **비야스 미세리아스**(villas miserias: 궁핍한 마을)를 형성하였다. 부에노스아이레스 대도시 구역과 교외 주거지에는 약 640여 개에 이르는 비야스 미세리아스가 있으며, 연구에 따르면 이들 도시 슬럼의 인구 성장률은 전국 인구보다 10배 정도 빠르다.

아르헨티나 사회는 많은 이가 유럽계 후손이고 중산층의 생활수준이며, 교육 수준과 보건의 수준이 높아 오랜 기간 비교적 부유하다고 여겨졌다. 그러나 1990년대 경제 재구조화와 신자유주의 개혁으로 인해 아르헨티나 예외주의라는 환상은 깨져 버렸다. 카를로스 메넴(Carlos Menem, 1989~1999) 대통령 시기, 아르헨티나는 전반적으로는 성장했으나 정부 서비스의 축소, 국영 기업의 민영화, 광범위한 제조업 쇠퇴 등을 겪었다. 엘리트 계층은 번영했으나 대부분의 국민들은 실업 및 빈곤의 증가로 인해 고통받았다. 경제 불황이 1998년 시작되어 2001~2002년 경제 위기에 끝났는데, 아르헨티나는 국제 채무에 대해 불이행을 선언하였고 페소화를 평가절하 하였다. 새로운 사회운동이 성장하여 실업 노동자들이 도로, 다리, 건물들을 점유하는 피케테로(piqueteros)와 같은 대중의 시위가 늘어났다. '실업 노동자 운동'은 경제 위기 기간 동안 협력 시장과 기업으로 분화되었으며, **근린에 기반을 둔 조직**(asambleas populares)이 형성되었다. 2003년 네스테르 키르치네르(Néster Kirchner) 대통령이 당선되면서 정치적 안정과 경제적 성장으로 돌아서자 이러한 민중 운동은 퇴조하였다. 2007년, 상원의원이었던 크리스티나 페르난데스 데 키르치네르(Christina Fernández de Kirchner)가 대통령직에 오른 후 농업 수출세, 도시 토지 침탈, 도시 외곽 지역 토지 소유권의 합법화 등에 관한 논란이 새로운 사회 갈등을 불러일으켰다.

여타 대도시에서와 마찬가지로 부에노스아이레스는 최근 들어 폐쇄공동체가 급속히 증가하고 있는데, 이는 저밀도의 주거지에 울타리를 치고 사설 경호원이 지키는 주거 형태이다. 2000년까지 약 350개의 폐쇄공동체가 부에노스아이레스의 교외에서 약 500km²의 면적에 건설되었는데, 이는 연방 수도 넓이의 약 두 배 반 정도이다. 폐쇄공동체의 거주 인구는 약 10만 명에 이른다. 이러한 부유한 엔클레이브는 고속도로와의 높은 접근성으로 도시로 진입하기 쉬운 교외에 주로 위치하는데, 역설적으로 토지이용 법이 느슨한 빈곤 지역에 위치하는 경향이 있다. 가장 부유한 자치구들은 토지이용을 강력하게 규제하는 반면, 덜 부유한 자치구들은 부동산 개발업자들을 유치하기 위해 건축 규정을 느슨하게 적용한다. 배타적인 폐쇄공동체가 저소득층 지역에 밀집됨에 따라 부유층과 빈곤층이 나란히 놓임으로써 사회적 양극화를 더욱 깊게 하고 있다. 바리오의 사회적 차이가 새로운 것은 아니지만, 최근의 경향은 주거지의 분리의 형태를 더욱 뚜렷하고 확연하게 하고 있다.

교외에 쇼핑센터, 사무지구, 비공식적이고 폐쇄적인 공동체 등이 출현했음에도 불구하고 최근의 재개발 프로젝트들은 도심부에 대해 끊임없는 관심을 나타내고 있다. 예를 들어 푸에르토마데로(Puerto Madero)의 버려졌던 도심의 부두는 1990년대 사무실, 고급 식당, 컨벤션 센터 등이 들어선 수변지구로 변화하였다. 여타 다른 세계도시와 마찬가지로 부에노스아이레스는 제조업에서는 고용의 감소가, 상업 및 생산자 서비스에서는 고용의 증가가 나타났다. 부에노스아이레스가 코스모폴리탄적인 분위기와 문화적 지위를 유지하고 있지만, 최근 들어 사회경제적 불평등과 공간적 분리 현상이 심화됨에 따라 도시의 전망을 어둡게 하고 있다. 부에노스아이레스는 오랜 기간 남아메리카의 여타 도시들과 다르게 생각되었지만, 현재 증가하고 있는 도시문제의 면에서는 비슷한 경향으로 나아가고 있다.

도시의 문제와 전망

도시경제와 사회정의

최근 경제적 세계화의 경향은 일부 국가에는 이익이 되고 있다. 특히 칠레 및 브라질의 경우 중산층이 성장하고 있으며, 빈곤율이 어느 정도 감소하고 있다. 그러나 남아메리카의 대부분의 국가는 그렇게 운이 좋지 못하다. 대륙 전체적으로 빈곤 가구의 비중은 여전히 높다. 도시에서는 경제적 양극화와 사회적 부정의가 오랜 기간 지속되고 있다. 실업, 주택, 환경 악화와 같은 문제는 도시 사회의 어느 계층보다도 특히 빈곤층에게 심각한 영향을 미치고 있다.

도시민이 현금 수입의 절반 이상을 식비, 그것도 겨우 최소한의 생계를 위한 식비에 사용

그림 4.21 오랜 기간 낙후된 채 방치되었던 중심부 쪽 항구인 푸에르토마데로가 최근 개조되었다. 이 때문에 부에 노스아이레스의 중심지에 인접한 수변지구가 재생되었다. (사진: Brian Godfrey)

하는 것은 흔한 현상이다. 실업보험 및 적절한 사회보장제도가 부재한 탓에 많은 남아메리 카인은 실업을 견뎌 낼 수 없다. 대부분의 도시 거주민은 자신의 재산에 기댈 수밖에 없다. 남아메리카의 도시 노동시장에 대한 연구에서는 유급 노동력의 참여가 향상되었음에도 불 구하고 비공식 경제 부문에의 참여가 증가했음을 보여 주며, 이는 저소득층이나 여성 및 어 린이 같은 취약 계층의 경우 특히 그러하였다.

남아메리카의 도시에서 국민 총소득의 증가와 같은 거시적인 측면의 안정화 지표들이 나 타나고 있으나 사회경제적 양극화는 지속되고 있다. 그러한 상태가 사회의 특정 집단이나 지역에 집중되면 사회의 밀집력과 정부의 안정성이 위협받는 불안정한 상태가 발생할 수 있다. 볼리비아 도시에서 일어난 원주민의 정치적, 사회적 저항의 봉기는 이러한 사례 중 하나로, 수도인 라파스와 분리 독립운동이 진행 중인 산타크루스의 거리에서 발생하였다.

자조 주택과 방어의 도시화

남아메리카의 도시는 특이한 사회−공간적 분화 패턴을 나타낸다. 즉 종종 부유한 사람들은 경비가 삼엄한 지역이나 폐쇄공동체에 거주하며, 이를 따라 가난한 사람들이 **파벨라, 아센타미엔토스 우마노스, 비야스 미세리아스** 등의 판자촌에 거주하며 공존한다. 실제로 대규모의 도시화 과정은 결과적으로 방어의 도시화 과정이 되었다. 범죄에 대한 공포 때문에 도시의 엘리트들은 보호된 지역 안으로 후퇴하였다. 즉 경비원이 있는 화려한 아파트 건물이나 교외 주거지로 모여들었는데, 이곳의 안전은 빙 둘러쳐진 벽과 무장한 경비원들에 의해 유지되며, 그들의 자녀들은 개인 운전사가 모는 차를 타고 사립학교에 다닌다. 감시 카메라, 원격조종 출입문, 사설 경비 요원 등의 새로운 안전시설은 남아메리카 전역의 도시에서 번성하고 있다.

오늘날 모든 도시인구의 1/3 내지 2/3 정도가 비공식 부문의 주택에 거주하고 있다. 그들의 고용과 마찬가지로 비공식적인 주택 또한 '공적인' 범위 바깥에 존재하여 주소도 없고, 용도 제한, 소유권, 그리고 기반시설의 기준 또한 없다. 남아메리카에서 비공식 주택은 흔히 '자조(self-help)' 주택이라고 알려져 있는데, 이 용어는 이중적인 의미를 지닌다. 대부분의 경우 자조는 가정의 특성을 의미하기도 하고, 주민들이 주택 건설의 전 과정을 직접 한다는 의미를 지니기도 한다. 자조 주택은 주민들 스스로가 짓고, 주인이자 건축가이며, 거주민이 오랜 기간 동안 쌓아온 단순한, 때로는 위험한 재료로 지어진다. 게다가 이 용어는 빈곤의 이미지를 함께 지니고 있는데, 실행 가능한 다른 선택이 없는 상황에서 도시 거주민이 비어 있던 땅에 '스스로 한 것'이기 때문이다. 자조 주택 마을은 일반적으로 판자촌이다. 대부분의 주거지에는 상하수도, 전기, 오물 수거와 같은 기본적인 서비스가 제공되지 않는다. 주택들은 종종 폐품으로 건설되어 궂은 날씨를 견디지 못하고, 적절한 서비스를 제공받지 못하며, 많은 사람이 거주하고, 토지 소유권 등도 없다. 판자촌 또는 자조 마을은 도시 외곽에 위치하고, 자리 잡은 토지의 질 또한 나빠서 거주에 적절하지 않으며, 많은 경우 건강에 해롭고 위험하다. 판자촌은 종종 유해한 쓰레기 매립지 주변의 오염된 지역에 건설되곤 한다. 판자촌의 과밀한 인구로 인해 질병이 퍼지기도 매우 쉽다. 판자촌은 토석류에 의해 휩쓸리곤 하며, 홍수 및 화재에 매우 취약하다.

형편이 좋으면 자조 마을은 시간이 지나면서 개선된다. 최초의 토지 침입 이후 거주민은 잘 정리되고 잘 조직된 마을로 발전할 수 있다. 건축물은 지속적으로 개선되고, 기본적인 서비스가 제공된다. 시간이 지나면 자치정부는 공식적으로 마을을 인정하고 도시 기반시설을 확대시켜서, 상수도와 전기를 공급하고 도로를 포장하며 공공 교통 노선을 확대한다. 또한 쓰레기 수거 서비스를 실시하고 학교를 세우며 의료진을 공급한다. 많은 도시에서의 자조 운동에 대한 호평도 있지만, 이는 분명 규정된 주택 및 도시 서비스에 대한 부적절한 대안일 뿐이다.

분리, 토지이용, 환경 부정의

남아메리카 도시가 오랜 기간 고도로 분리되었지만, 오늘날의 분리 패턴은 더욱 복잡해졌다. 인구 증가와 다양한 지형으로 인해 서로 다른 사회 그룹들이 친밀한 접촉을 하게 되었다. 중간지대에 거주지가 들어섬에 따라 자조 커뮤니티와 엘리트들의 구역이 나란히 존재하는 경우가 자주 있다. 그러나 주거지 간의 분리가 완화되는 징조는 전혀 나타나고 있지 않다. 실제로 남아메리카의 도시는 생활양식에서 매우 큰 양극화로 특징지어진다. 업무 지구와 엘리트 주거지에는 유리로 꾸며진 고층 건물들과 쇼핑몰이 들어서 있으나 외곽의 판자촌은 폐품으로 지어진 주택에 기본적인 도시 서비스조차 제공되지 않는다.

대도시의 확장과 분산화는 전통적인 도시 중심지의 지배력을 상대적으로 약화시켰다. 산업 활동이 외곽이나 근거리의 농촌 지역으로 옮겨가고 정부 및 전문직 사무실도 교통 혼잡 및 범죄율이 낮은 부유한 교외로 이주하면서 도심부의 고용은 감소하였다. 전통적인 중심부의 역사적 보존지구나 문화유산으로 인해 관광업이 번성하고 있지만, 주거지의 젠트리피케이션이나 고급 상점의 활성화 등은 나타나지 않고 있다. 이제 부유한 거주민은 생활 편의시설과 안전시설이 갖추어진 교외를 선호한다. 실제로 도시의 엘리트는 도시 생활에서 불편한 점 때문에 이주하기보다는 도시 생활의 유리한 점을 누리고 싶어 이주하는 경향이 더 강하다. 부유한 업무 및 주거 지구에서는 상하수도, 전기, 오물 수거 서비스, 대중교통, 포장된 도로, 보도, 공원 등의 서비스가 더 잘 갖추어져 있다. 반대로 저소득층지구는 도시 서비스 및 사회 기반시설이 제대로 갖추어져 있지 않다.

환경적인 면에서도 도시경관이 매우 다르게 나타난다. 일부 도시에서는 대기오염 정도가 세계보건기구가 정한 안전 기준을 초과하는 일이 허다하다. 부유층은 에어컨이 켜진 차 안에서 신호를 기다리며 차량 오디오를 듣기 때문에 이러한 부정적인 외부성을 쉽게 피해 간다. 반면 덜 부유한 계층은 덥고, 시끄러우며, 디젤 가스를 내뿜는 버스를 많은 사람들과 함

지속가능한 도시 개발 계획

안드레스 굴, 브라이언 고드프리(Andrés Guhl and Brian Godfrey)

높은 도시화율과 환경 악화로 인해 남아메리카의 도시는 지속가능한 도시 개발 정책을 추구하는 경향이 높다. 세계적으로 잘 알려진 도시로는 브라질의 쿠리치바와 콜롬비아의 보고타가 있다. 남아메리카의 첨단 주자로서 도시의 지도자와 계획가는 작고, 살 만하며 친환경적인 도시 성장을 고무시키기 위한 혁신적인 정책을 채택하였다. 계획가는 보행자용 가로와 역사적으로 중요한 중심부의 보존, 상업지구의 집중, 공원 및 개방 공간, 환경적 디자인, 자원의 재활용, 교육적 프로그램, 기타 혁신적인 방법들을 강조하였다. 이들 도시에서는 비용이 많이 드는 지하철의 건설 대신, 버스를 이용한 환승 시스템을 적용했는데, 이는 매우 효율적이고 적절해 전 세계의 여러 도시에서 이를 변용하여 도입하였다.

남부 파라나 주의 수도인 쿠리치바는 1960년대 매년 5% 이상의 도시 성장을 예상하고 계획을 시작하였다. 오랜 기간 농업 및 목재 생산의 중심지였던 쿠리치바는 제2차 세계대전 이후 산업화로 인해 이촌향도 현상이 가속화되었다. 도시 성장으로 인해 삶의 질이 위협받을 수 있다는 염려에서 1965년 건축가인 하이메 레르네르(Jaime Lerner)의 지도하에 예비 계획을 수립하였다. 그는 이후 시장 및 주지사를 역임하였다. 쿠리치바 도시 조사 및 계획 연구소(the Institute for Urban Research and Planning of Curitiba: IPPUC)는 종합 계획(Plano Director)을 발전시켜 1966년 공식적으로 채택하였다. 이 계획에서는 교통 혼잡을 최소화하고, 시가지의 비지적 확산을 통제하며, 역사적인 도시 중심부를 보존하고, 공원 및 개방 공간을 마련하며, 효율적인 공공 환승 시스템을 발전시키는 것을 포함하고 있었다. 이러한 계획은 1972년에 시작되어, 도심의 주요 간선도로 중의 하나인 11월 15일 대로(Rau XV de Novembro)를 보행자용 거리로 전환하였다. 처음에는 분노한 운전자가 교통 통제를 무시하겠노라고 위협했지만 시에서 커다란 종이를 펼쳐 놓고 학생들에게 거리에서 그림을 그리게 한, 공공 극장의 유명한 행사로 인해 당초의 계획을 철회하였다.

그 이후 용도구역규제를 통해 간선도로를 따라 발전을 집중해 주요 도로의 교통량을 줄였으며, 상업 중심지를 활성화시키고, 시 외곽의 개방 공간을 확충하였다. 유명한 '트리나리(Trinary)' 도로 시스템은 도심으로 이어지는 다섯 개의 주요 간선도로로 구성되는데, 이 도로들은 양쪽에 각각 두 개 차선으로 구성되어 있으며, 안쪽의 차선은 버스 전용이다. '튜브 스테이션'은 요금을 받는 징수원이 있는 버스 정류소로, 이는 승객이 빨리 진입할 수 있고 버스가 전용 차선으로 빠져나가기 용이하도록 설치된 것이다. 민영 회사가 운용하지만 공공 기관으로부터 보조금을 받는 버스 노선들은 소형 버스부터 여러 종류의 버스로 구성된다. 1980년대 시작된 통합 교통 네트워크(포르투갈어로 RIT)는 도시의 어느 지역에서 환승해도 운임이 같다. 쿠리치바는 또한 도시 생태의 자연 원리 디자인을 추구하였다. 지대가 낮아 홍수의 피해를 입기 쉬운 지역은 공원으로 책정했으며, 이러한 것들을 합해 현재 인구 1인당 50㎡의 녹지 공간을 확보하였다. 외곽 판자촌의 빈곤 및 서비스 제공 문제가 지속되고 있음에도 불구하고 '지식의 등대(Faróis de Saber)' 프로그램을 통해 무료 교육 센터, 도서관, 인터넷 접속 및 여타 사회 및 문화 서비스를 제공하고 있다.

그러나 이러한 성공에 따라 새로운 문제가 발생하고 있다. 2010년, 쿠리치바는 도시의 공식 인구 175만 명, 대도시 구역 인구 350만 명에 이르는 브라질 남부의 주요 정치 및 경제 중심지이다. 2005년부터 2010년 사이 대도시 구역의 인구 성장률은 3.19%에 이르렀는데, 이는 전국에서 가장 높은 것이었다. 같은 기간, 1인당 소득 및 자동차 소유율의 증가도 전국에서 가장 높았다. 이러한 상대적 번영은 성장 압력을 가중시켰다. 버스 전용 노선은 여전히 많은 승객을 수송하고 있지만, 환승 도로를 따라 도시의 비지적 확산이 나타났다. 계획가들이 쿠리치바의 혁신적인 환승 위주의 발전과 환경 보전을 동시에 고려했는지는 향후 주목해야 할 부분이다.

콜롬비아의 보고타도 마찬가지로 감당하기에 벅찬 성장 압력이 있었다. 1950년부터 1965년 사이 수도의 도시 성장률은 연간 7%에 이르는 높은 것이었고, 이는 2005년부터 2010년 사이 2.9%로 훨씬 관리하기 쉬운 비율로 감소하였다(표 4.2). 다행히 콜롬비아의 1991년 헌법에서는 도시의 제도적 뼈대를 변화시켰고, 도시의 행정, 계획, 지역 경영의 합리화를 허용하였다. 이러한 개혁은 1990년대 이후 진보적인 시장 임기 동안에 추진력을 얻었다. 그 결과 보고타 시민들은 도시교통, (수도, 전기와 같은) 공공 서비스, 공공 공간에서의 뚜렷한 개선을 목격하였다. 게다가 보건 서비스와 도서관이 확대되어 현재 전체 어린이의 98.7%가 학교에 다니고 있다.

2000년 보고타는 도시계획(Plan de Ordenamiento Territorial 또는 **토지 정비 계획** POT)을 채택해 2004년 수정하였다. 이는 자원 배분의 최적화 및 삶의 질 개선에 도움을 주었다. 이 계획은 토지이용을 규제하기 위해 명확한 용도지구 패턴을 마련하였다. 이 계획은 또한 도시의 생태적 자산의 중요성을 인식하였다. 20세기 대부분의 기간 동안 도시는 습지를 개간하고, 수로를 오염시켰으며, 하천을 정비하였다. 현재 이러한 것들은 생태계의 구성원으로 인식되고 있으며, 그들을 복원하고 유지하기 위한 노력이 진행되고 있다. POT가 명확한 가이드라인을 제공했지만, 도시계획의 측면에서는 많은 문제점들이 있었다. 도심부에서는 개인용 주택 대신 아파트 건물이 들어섬에 따라 인구밀도가 높아졌고, 보고타 주변의 지자체들은 저밀도의 주택 및 자동차 의존도 증가를 통해 교외화되고 있다.

교통 부문에서의 가장 주요한 변화는 2000년 이후 적용된 직행 버스 전용 차선망인 **트란스밀레니오**(Transmilenio)이다. 쿠리치바의 모델에 기반한 트란스밀레니오는 최종적으로 지하철 시스템과 주변 지자체까지 이르는 철로 시스템을 포함하는 복합 교통 계획의 일부이다. 현재까지 이 시스템은 84km의 버스 전용 차선과 663km에 이르는 버스 노선으로 구성되었다. 현재 20km가 추가로 건설 중이다. 2010년 트란스밀레니오는 도시교통 수요의 23%를 공급했으나, 몇몇 노선은 최대로 가동 중이며, 이용자의 30% 정도만이 이 서비스에 대해 만족하고 있다. 보고타 행정부는 도시 내에서 안전하고 친환경적인 이동 방법으로서 자전거 이용을 권장하고 있으며, 자전거 전용 도로도 건설하였다(그림 4.22). 2010년, 도시에만 344km의 자전거 도로가 건설되었으며, 인구의 약 14%가 이를 이용하였다. 주요 도로가 매주 일요일 아침마다 레크리에이션 공간으로 바뀌는 시클로비아 프로그램 덕분에 약 200만 명의 시민들이 자전거, 롤러스케이트, 여타 놀이기구들을 가지고 거리로 쏟아져 나온다. 불행하게도 우기나 안전상의 문제, 연결성의 부족 등으로 인해 이러한 형태의 교통수단을 매일같이 이용할 수는 없다. 한편 보고타는 공원, 레크리에이션 시설, 보도, 공공 건강 등에 막대한 투자를 하였다. 예를 들어 도시 중심부의 역사적인 거리인 히메네스(Jimenez) 대로는 레저용 걷기 도로로 전환되었다(그림 4.23). 이러한 중재 과정에서 하천 하나의 유로를 변화시켜 **환경적 축**(Eje ambiental)이라고 불리는 직선상의 공원의 일부로 변화시켰다.

쿠리치바와 마찬가지로 보고타 또한 경제 발전과 환경보호의 조화를 통해 시민들의 삶의 질을 극적으로 개선시켰으나, 아직 많은 문제들이 남아 있다. 빈곤선 이하에서 살아가는 인구의 비율이 2002년 39.3%에서 2006년 23.8%로 줄어들었지만, 보고타 시민 네 명 중 한 명은 빈곤층에 속한다. 트란스밀레니오가 실시되고 있지만 최근 자동차의 증가로 인해 이동성은 감소하였다. 대기오염은 여전히 큰 문제이며, 처리되지 않은 대규모의 하수는 여전히 도시의 환경적 자산에 버려지고 있다. 도시 생태계의 복원 및 유지는 한정된 재원과 도시민들의 환경적 자각의 부족으로 어려움을 겪고 있는데, 예를 들어 일부 시민들에게 습지는 개간이 이루어져야 할 늪일 뿐이다. 보고타가 지속가능한 도시화의 방향으로 나아가고자 한다면 좀 더 포괄적이며, 공정하며, 친환경적인 도시를 위한 세심한 계획을 통해 이러한 경향을 공고히할 필요가 있다.

께 타고 다닌다. 저소득층의 주거지는 정화되지 않은 오물이 도시 하수관을 통해 강과 시냇물로 흘러드는 일이 일상적으로 일어난다. 판자촌에 거주하는 어린이들은 소화기 계통 및 호흡기 계통의 질병에 특히 취약하다. 그들의 생활환경을 살펴보면 물이 좋지 않고 위생 설비가 제대로 갖춰져 있지 않으며, 오염되어 있고 쓰레기가 방치되어 있으며, 소각장 쓰레기에 노출되어 있기 때문이다. 이와 반대로, 좀 더 부유한 이들은 덜 오염된 지역에서 생활하며, 자신의 생활환경의 일부 측면을 조절할 수도 있고, 전원의 클럽과 휴가용 주택으로 탈출할 수도 있다. 실제로 여러 증거들은 남아메리카의 도시의 환경 재해에 노출되기 쉬운 정도는 소득 및 사회적 지위와 깊은 관련이 있음을 보여 준다.

그러나 대도시에서 더욱 포섭적이고, 평등하며 친환경적인 형태의 도시화가 진행됨에 따라 변화가 나타나고 있다는 증거가 있다. 역사지구의 보존, 전용 버스, 대중 수송 체계, 보행자 공간, 생태 복원, 생물 정원, 나무 심기 운동 등이 그러한 예이며, 이를 통해 남아메리카 도시의 거주민은 창조성과 지혜의 귀감이 되고 있다.

그림 4.22 콜롬비아 보고타의 자전거 전용 도로. (사진: Andrés Guhl)

그림 4.23 보고타 역사지구의 에헤 암비엔탈. 하천의 수로를 변경해 히메네스 대로를 따라 조성된 선형의 긴 공원의 일부로 만들었다. (사진: Andrés Guhl)

불확실하지만, 아직 낙관적인 미래

남아메리카의 도시는 오랜 기간 전 세계의 도시 네트워크 및 자본주의 경제에서 결정적인 역할을 해 왔다. 이베리아 반도의 정복자가 도착한 이후, 전 세계의 경제적, 정치적, 사회적, 문화적 물결이 남아메리카의 도시를 통해 흘러들어 왔다. 과거와 마찬가지로 오늘날 이러한 세계적인 영향력과 이 지역의 도시는 지속적으로 서로에게 영향을 주고받으며 형성되고 있다. 실제로 세계화의 증가에 따라 불균등한 발전, 산업의 지역적 이동, 환경의 악화, 사회적 양극화, 도시 치안의 불안정과 폭력, 공간 및 환경적 부정의 등의 오랜 도시문제에 새로운 국면이 더해지고 있다. 이러한 도시문제는 경제적 탈중심화를 조장하고, 남아메리카 중소 도시의 성장률을 높였다. 대도시이든 소도시이든, 도시경관에서 이 지역의 고질적인 사회적 분화를 읽을 수 있으며, 이는 아름다우면서도 비극적이다. 남아메리카의 도시에는 지역의 부와 권력이 부적절하게 집중되어 있으며 그들의 도시에 대한 소유권 주장을 포기하지 않는 극빈층의 사람들 또한 불균형하게 집중되어 있다. 최근의 민주화로 인해 남아메리카 전체에 걸쳐 사회운동과 정치적 운동이 급부상하고 있어, 때때로 권력의 균형이 새로운 집단에게 기울기도 한다. 비록 미래는 여전히 불확실하지만 이는 계속해서 논의되고, 경쟁하며, 행동에 옮겨질 것이다.

■ **추천 문헌**

• Browder, J., and B. Godfrey. 1997. *Rainforest Cities: Urbanization, Development, and Globalization of the Brazilian Amazon.* New York: Columbia University Press. A comparative study of urbanization in Amazônia, including a general review of regional patterns and case studies of Pará and Rondônia. 거대한 지역에서의 여러 형태의 주거지에 대한 다양한 모델을 제안하고 있다.

• Caldeira, T. 2001. *City of Walls: Crime, Segregation, and Citizenship in São Paulo.* Berkeley: University of California Press. 라틴아메리카 대도시에서의 도시 내의 분리, 방어적인 디자인, 폐쇄공동체, 널리 확산된 폭력 범죄에 대한 공포 등에 대한 도발적인 해석이다. 현대의 불안정이 어떻게 인종과 계급에 대한 편견을 강화하는지를 강조하고 있다.

• Cifuentes, L., Krupnik, A., O'Ryan, R., and M. Toman. 2005. *Urban Air Quality and Human Health in Latin America and the Caribbean.* Washington: Inter-America Development Bank. 라틴아메리카와 카리브 해 지역 대도시의 불량한 대기의 질이 사람들의 건강에 어떠한 영향력을 미치는지에 대한 상세한 보고서이다. 특히 병원 입원 환자, 생산성 손실, 수명 단축 기간 등에 관해 다루고 있다.

• Dangl, B. 2007. *Price of Fire: Resource Wars and Social Movement in Bolivia.* Oakland, CA: AK Press. 수자원, 천연가스, 코카(Coca), 토지 등의 천연자원에 대한 접근과 관리에 관련해 볼리비아에서 일어난 사회운동에 관한 분석이다. 사회운동과 기업 이익 간의 충돌에 관해서도 다루었다.

• Gilbert, A. 2006. "Good urban governance: evidence from a model city?" *Bulletin of Latin American Research*, vol.25, no.3, pp.392-419. 1990~2005년 사이 콜롬비아 보고타의 도시 거버넌스의 변화에 관한 연구이다. 이 경우는 현재 어떤 면에서는 '최선의 실천'을 보여 준 사례로 꼽

한다.

- Hays-Mitchell, M. 2002. "Globalization at the Unban Margin: Gender and Resistance in the Informal sector of Peru." *In Globalization at the Margins*, ed. J. Short and R. Grant, 93-110. New York: Palgrave Macmillan. 페루의 비공식 경제 부문의 여성 노동에 관한 연구이다. 그들의 작업을 지배적인 경제정책에 대한 저항의 행동으로 보았다.

- Holston, J. 1989. *The Modernist City: An Anthropological Critique of Brailia*. Chicago: University of Chicago Press. 홀스턴은 1960년 이후 브라질의 수도에서 발전에 관한 근대화 이론들이 어떻게 공간적 형태와 사회적 삶을 형성했는지를 강조하고 있으며, 거주민들은 새 도시가 건물, 도로, 공공 공간 등의 친밀한 관계를 무시했음에 분통을 터뜨린다고 하였다

- Keeling, D. J. 1996. *Buenos Aires: Global Dreams, Local Crises*, New York: Wiley. 이 종합적인 책은 아르헨티나 수도의 역사, 도시 구조 및 계획, 정치-경제적 발전 및 문화적 발전에 대해 다루고 있다. 킬링은 도시의 세련된 이미지와 증가하고 있는 정치 및 경제적 문제뿐만 아니라 오랜 기간 유럽의 후손임에 대한 자부심이 강한 이 도시에서의 문화의 '라틴아메리카화' 등과 같은 문제를 다루고 있다.

- NACLA(North American Congress on Latin America) Report on the Americas. 2007. *Space, Security and the Struggle: Urban Latin America*, vol.40, no.4, Washington: NACLA. 가난한 자들에 의해 점유된 라틴아메리카 도시 공간을 중점적으로 다룬 호이다. 이 호에서는 지역적 권력이 어떻게 발휘되며, 안전의 문제가 어떠한가에 대해 다루었다. 특히 온두라스, 브라질, 페루, 볼리비아, 엘살바도르에 대해 집중적으로 다루었다.

- Perlman, Janice. 2010. *Favela: Four Decades of Living on the Edge in Rio de Janeiro*. Oxford University Press. 이 연구의 저자가 일찍이 저술한 뛰어난 연구인 "The Myth of Marginality"의 재연구로, 대부분의 파벨라 거주민들이 물리적 환경의 개선되었음에도 사회적 이동성에 관해 좌절감을 느끼며, 그들의 파벨라 커뮤니티에서 만연한 폭력에 대해 공포를 느끼고 있음을 밝혔다.

- Scarpaci, J. 2005. *Plazas and Barrios: Heritage Tourism and Globalization in the Latin America Centro Histórico*. Tucson: University of Arizona Press. 9개의 라틴아메리카 도시에서의 역사지구 보전에 관한 외부의 요구에 대한 지역의 반응을 다룬 연구이다.

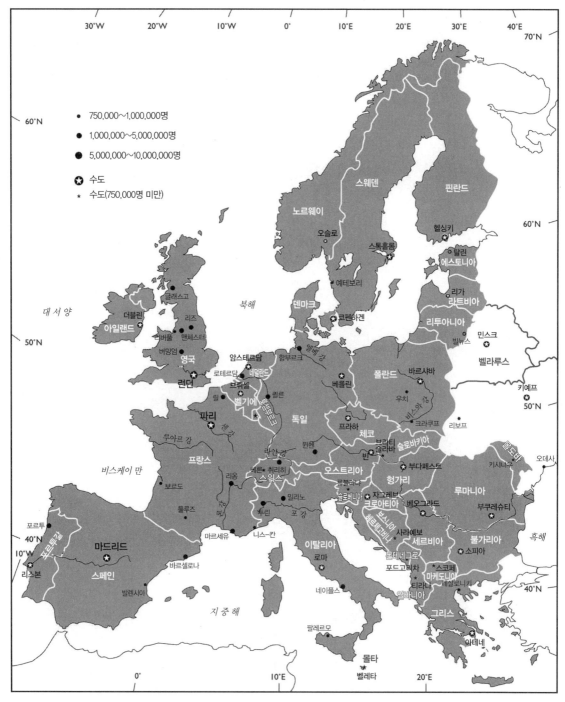

그림 5.1 유럽의 주요 도시. 출처: UN. *World Urbanization: 2009 Revision.* http://esa.un.org/unpd/wup/index.htm

5

유럽의 도시

주요 도시 정보

총인구	5억 9200만 명
도시인구 비율	72.8%
전체 도시인구	4억 3000만 명
도시화율이 높은 국가	벨기에(97.4%), 아이슬란드(93.4%), 덴마크(86.8%)
도시화율이 낮은 국가	보스니아 헤르체코비나(48.6%), 슬로베니아(49.5%), 알바니아(51.9%)
연평균 도시 성장률	0.2%
메가시티의 수	1개
인구 100만 명 이상급 도시	41개
3대 도시	런던, 파리, 마드리드
세계도시	런던, 파리, 브뤼셀, 밀라노, 란스타트, 빈, 마드리드, 취리히, 프랑크푸르트, 베를린, 로마, 더블린
글로벌도시	런던

핵심 주제

1. 유럽은 오랜 역사를 가지고 있으며, 유럽 도시는 전 세계에 매우 많은 영향을 미쳤기 때문에 도시 발달의 연구에 필수적이다.

2. 유럽 도시 체계에서는 과거 대제국 내에서의 지배적인 영향 때문에 세계도시인 런던과

파리가 지배적이다.

3. 유럽은 인구 100만 명 이상의 도시가 일부 있으나, 일반적으로 이 도시들은 세계 다른 지역의 100만 이상의 도시들보다는 성장이 느리다.

4. 유럽 도시는 오랜 역사, 사람과 문화의 복잡한 혼합으로 인해 스타일과 형태가 몹시 다양하다.

5. 서유럽의 저임금 노동에 대한 수요로 발생하는 이민이 대도시에서 새로운 혼합 문화를 창출하고 있다.

6. 유럽 도시 내부의 복잡한 토지이용 형태는 미국 도시와 유사성도 있지만 주요한 차이점도 있다.

7. 유럽연합 내의 도시는 약 5억 명의 인구를 포함하는 국제무역블록의 한 부분이며, 유럽 전체 국민 총소득은 미국보다 크다.

8. 냉전 종식 후, 공산주의 시대 도시는 급격한 변화를 겪었지만 서유럽의 도시들과 더 가까워지고 있다.

9. 유럽은 산업화 기간 동안 규제 없는 성장의 문제에 대응함으로써 현대 도시계획의 발생지가 되었다.

10. 환경보호와 도시교통을 포함하는 지속가능한 도시 관리는 유럽에서 점점 최우선시 되고 있다.

많은 이유에서 유럽은 도시 연구의 핵심이다. 첫째, 유럽의 도시는 그 자체로 흥미롭다. 실제로 유럽을 생각하거나 유럽 여행을 계획할 때 런던, 파리, 로마와 같은 큰 도시들이 떠오른다. 둘째, 유럽의 도시는 상당히 오래되었기 때문에 서로 상이한 경제, 정치, 사회, 기술 시스템의 역사성이 도시에 반영되었다. 셋째, 도시 디자인의 중심지로서 유럽 도시는 다른 지역의 도시경관 이해에 필수적이다. 넷째, 유럽의 도시화 연구는 공산주의 몰락 이후 급격한 변화 때문에 한층 더 흥미롭다.

최근의 역사는 유럽 도시의 특성에 큰 영향을 미쳤다. 예를 들어 제2차 세계대전 이후 소비에트식의 전체주의 정부 당시, 많은 중부와 동부 유럽의 도시는 그 형태와 기능 면에서 서부 유럽의 도시와는 다르게 진행되었다. 20세기 후반 자본주의로 전환하면서 현대 민주주의가 나타날 때, 이러한 사회주의 도시는 새로운 유럽 속으로 재통합되는 것을 목격할 수 있었다(동유럽 도시에서 나타나는 소비에트 시대의 잔상에 대해서는 글상자 1.3을 참조). 오늘날 유럽 연합(European Union: EU) 내의 도시들은 도시민의 삶과 노동 환경에 영향을 미치는 단일경제 및 정치기구에 들어간다. 주로 도시적인 EU는 5억 명 이상의 인구 규모이며, 전체 국가 총소득은 미국보다 크다. 그러나 유럽 전역의 도시는 복잡하고, 붐비는 도시 중심과 집약적 형태 등의 특징도 상당히 유사하지만 토지이용 형태, 도시 기반시설의 수준, 도시계획과 건축 디자인과 같은 분야에서는 차이를 보인다.

유럽의 도시화율은 70% 이상이지만, 도시에 대한 표준 기준은 없다. 그 기준은 노르웨이의 최소 인구 200명부터 그리스의 2만 명까지 국가별로 다양하다. 그럼에도 유럽의 도시인구는 세계 도시인구의 12%에 해당하는 약 4억 3000만 명이다(그림 5.1). 100만 명 이상의 주민이 거주하는 도시가 40개 이상이다. 그러나 국가마다 큰 차이가 있다. 몰도바는 가장 낮은 도시화율(41%)을 보이는 반면, 벨기에는 가장 높은 수준(99%)이다. 도시화와 경제 발전 수준, 역사적 상황, 상대적 위치, 심지어 지형과 기후 같은 요소들 사이의 관련성이 이러한 차이에 반영된다. 그리고 도시인구를 어떻게 규정하는가에 관한 이견이 있는 것처럼 유럽이 어디까지인가에 대한 차이도 있다(글상자 5.1).

도시 발달의 역사적 관점

도시 연구에 관한 많은 흥미로운 점들 중 하나는 거리, 건물, 기념물과 같은 지난 시대의 역사적 경관을 해석하는 법을 배우는 것이다. 역사적 관점은 유럽의 도시 체계 발달을 이해하는 데 필요하다. 왜냐하면 각 도시의 건조환경에 영향을 준 동일한 요인들이 도시가 처음 어디에 입지하여 어떻게 흥망성쇠했는지를 또한 결정했기 때문이다(글상자 5.2).

고대: B.C. 800~A.D. 450년

초기 그리스 문화에서 독립적인 도시국가는 그들의 항해 문화를 반영하여 해안선을 따라, 그리고 격변의 시기에는 방어에 대한 필요성을 반영하여 방어가 유리한 언덕에 입지하였다. 아테네, 스파르타, 코린트와 같은 도시가 성장하면서 식민지 주민은 아드리아 해를 따라 에게 해와 흑해 주변, 그리고 서쪽으로는 멀리 현재의 스페인에 도시를 세우기 위해

어디에서 유럽이 끝나고 아시아가 시작되는가?

아마도 세계에서 최고의 도전은 '7개 정상'을 오르는 것일지 모른다. 엘리트 세계 산악 등반가들은 '7개 대륙'의 최고봉을 등반하는 이러한 획기적인 일을 달성하였다. 적어도 이 도전을 하기 위해 유럽 최고봉의 위치는, 유럽이 어떻게 구성되는지, 그리고 유럽이 어디에서 끝나는지를 결정하기 어렵다는 사실의 좋은 예가 된다. 지리학자들이 유럽 동쪽 경계를 정확히 규정하는 것은 쉽지 않지만 많은 사람들은 우랄 산맥, 보스포루스 해협, 다르다넬스 해협과 더불어 캅카스 산맥이 유럽과 아시아 사이를 물리적으로 쉽게 나누는 선이라고 여긴다. 따라서 캅카스 산맥에서 가장 높은 산인 엘브루스(Elbrus)는 흔히 '유럽의 최고봉'으로 불린다. 그러나 이것이 정말 그런가? 엘브루스는 세계에서 민족적으로 가장 복잡한 지역으로 둘러싸여, 사람들이 매우 적게 거주하는 산악 지방이다. 투르크어는 러시아 또는 그 산의 북사면에 유럽으로 불리는 곳에서 사용된다. 종교에 기반을 둔 순수한 문화적 경계 또한 획정하기 어렵다. 엘브루스의 러시아 쪽 인구는 대부분 이슬람교도인 반면, 남쪽 조지아 쪽의 인구는 대부분 기독교도이고 약 17세기 동안 기독교 세계의 일부로 살아왔다. 이 책에서 범중동 지역에 포함된 아르메니아는 오랜 기간 기독교인 지역이었다. 그래서 유럽의 끝은 어디인가? 등반가들은 서쪽으로 약 2,700km 떨어진 알프스 산맥의 몽블랑에서 등반해야 하는가?

지리학에서 지역을 정확히 규정하기가 쉽지 않다는 점은 다소 어렵지만 중요한 문제이다. 이 책의 시작에 나오는 개괄적인 지도를 보면, 유럽이라고 하는 부분은 실제로는 유라시아라는 대지괴의 반도이다. 7개 정상보다 더 민감한 사항들, 즉 터키의 유럽연합 가입에 관해 브뤼셀에서 이루어진 정치적인 논쟁, 아제르바이잔과 북대서양조약기구에 따라 캅카스 산맥의 경계에 있는 국가들을 유럽에 포함할 것인가에 관한 문제처럼 유럽에 대한 정의는 분명하지 않다. 이 책 각 장 타이틀의 지리적 명칭은 객관적인 것이라기보다는 편의상 정한 것이다. 유럽은 지도에서 명쾌하게 규정된 지역이라기보다는 어떤 문화적 개념에 더 가깝다.

많은 경우 세계 지역의 규정은 다루어지는 주제에 달려 있다. 도시에 대해 교과서에서는 종종 러시아의 서부(모스크바, 상트페테르부르크, 그리고 다른 중요한 도시가 위치해 있다)를 유럽에 포함하기도 하지만, 러시아 도시는 유럽의 서쪽에 있는 도시에 비해 상당히 독특한 특징을 가진다. 따라서 독자들은 책 목록에 러시아를 유럽에서 분리한 편집자의 결정을 이해할 수 있을 것이다.

떠났다.

그리스의 도시는 공통적인 특징을 가진다. 중심에는 **아크로폴리스**(Acropolis)가 있거나 신전과 도시행정 건물이 위치한 하이시티(high city)가 있었다. 그 아래 '교외'에는 **아고라**(시장),

특정 공간 기술을 이용한 과거 알기

얼마 전까지 역사적 도시경관의 복원은 종종 대상 도시의 박물관을 찾아감으로써 살펴볼 수 있었다. 박물관의 첫 번째 전시실에서 당신은, 예를 들어 포럼과 신전, 성벽을 갖춘 콜로니아 (Cologne 또는 köln)의 로마 도시 모형이 들어간 유리 케이스를 보았을 것이다.

박물관은 도시에서 삶이 어떠했는지, 도시 형태가 시간이 지남에 따라 어떻게 바뀌어 왔는지를 보여 주는 아주 좋은 길잡이이다. 그러나 최근 지리 공간에 관한 기술 변화는 도시의 과거를 보다 흥미롭게 한다. 전통적인 고고학적 방법인 발굴과 체계적 조사를 보완하기 위해 건축학자, 지리학자, 고고학자, 역사학자 들은 이전 시대에 유럽의 도시는 어떠했는지를 잘 살필 수 있도록 더 나은 시각적인 효과를 내는 원격탐사, 지층 투과 레이더, 지리정보체계(GIS), 컴퓨터 이용 디자인 소프트웨어를 활용하고 있다.

데이터 레이어는 얼마라도 과거 도시경관을 복원하는 데 포함될 수 있다. 많은 정부와 제국들은 디지털화할 수 있는 역사적 지도뿐만 아니라 정확한 토지대장 기록을 보관하였다. 이 정보들을 GIS에 입력하여 수치고도 모델을 활용함으로써 과거의 어떤 역동적인 시공간적 지도가 만들어질 수 있다. 웹 기반의 상호작용을 통해서는 어떤 도시의 과거를 가상에서 탐구할 수 있다. 거의 물질적인 증거가 남아 있지 않아도 어떤 도시가 어떤 모습이었는지에 관해 다면적으로 조명하는 것이 가능하다.

역사적 호기심 외에 이러한 시각적 모델이 오늘날 얼마나 유용한가? 유럽의 가장 중요한 산업의 하나는 관광이며, 도시는 인기 있는 목적지이다. 문화 및 역사적 관광은 이 산업의 중요한 한 부분이다. 따라서 새로운 지리 공간 기술의 활용은 방문객들이 성벽과 지금은 존재하지 않는 건조환경의 다른 부분을 떠올리는 데 도움을 준다. 스마트폰 또는 태블릿 PC로 다운로드된 도시 주제의 여정에는 이탈리아 나폴리에서 그리스인 사회집단의 주거 지역을 확인하는 것, 프랑스 리옹에서 중세 시대의 시장에서 다양한 좌판 위치를 지도화하는 것이 해당될 수 있다. 어떤 도시를 가더라도 빌딩을 짓고 있는 크레인을 볼 수 있고, 그 속에 역사적 흔적이 남아 있음을 알 수 있다. 특히 최근 역사적 도시 중심을 재건하기 위해 엄청난 노력이 들어간 유럽의 후기사회주의 도시, 예를 들어 크라쿠프(Kraków), 브라티슬라바(Bratislava), 소피아(Sofia)는 가상의 모델이 역사적 보존과 새로운 건설에 매우 유용했음을 보여 준다. 이러한 도시에서 계획가는 어떤 도시의 역사적 형태를 온전히 보존하고자 한다.

관공서, 신전, 병영 시설, 주거지구가 있었다. 도시 시설은 일반적으로 모든 시민이 이용 가능하였다. 이 도시는 북에서 남으로 격자 체계로 조성되었고, 방어벽에 둘러싸여 있었다.

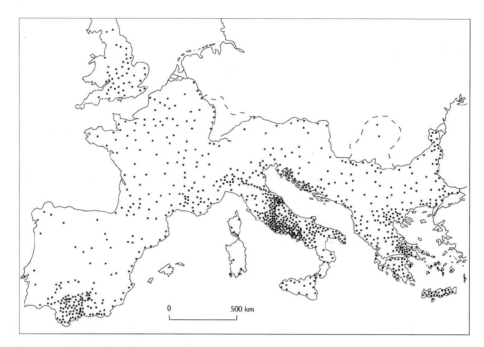

그림 5.2 2세기 유럽의 로마 도시. 출처: Adapted from N.J.G. Pounds, *An Historical Geography of Europe* (Cambridge: Cambridge University Press, 1990), 56, Reprinted with permission

그러나 당시 그리스의 도시는 오늘날 기준으로는 아주 작았다. 아테네는 약 15만 명의 인구가 있었던 것으로 추정되나 도시 대부분은 1만~1만 5,000명 정도였으며, 몇 천에 불과한 곳도 많았다.

그리스 문명은 로마제국의 확장으로 B.C. 2~1세기에 쇠퇴하였다. 폼페이와 같은 로마의 도시 구조는 격자 체계, 중앙 시장(포럼), 방어벽에서 그리스와 유사했지만 주요한 차이점도 있었다. 로마의 도시는 주로 내륙에 위치하였고, 지휘 통제 본부와 같은 기능을 수행하였다. 그들은 엄격한 로마 계급 체계를 반영해 계층에 따라 설계하였다. A.D. 2세기에 로마제국은 유럽 남쪽 절반으로 확대되었다(그림 5.2). 그러나 로마 도시는 상당히 작은 규모였다. 로마의 인구는 100년경 100만 명에 도달했지만, 로마의 큰 도시들은 약 1만 5000~3만 명 정도였고, 도시 대부분은 2,000~5,000명이었다.

5세기경 로마제국의 몰락에 따른 공백은 도시의 삶을 저해한 다양한 집단으로 채워졌다. 대부분 도시 중심은 인구가 감소하였고, 그곳의 파손되어 가는 건물은 농촌 주민의 건축 자재가 되었다. 그와 동시에 계속된 공격의 위협은 성과 방어 시설 건설에 박차를 가하게 했고, 일부 유럽에서는 도시 발달이 더욱 제한되었다.

중세: A.D. 450~1300년

봉건주의는 초기 중세 시대 동안 도시의 발달을 위축시켰다. 왜냐하면 봉건주의에서는 취락의 기본 구성단위로서 자급자족이 가능한 장원 제도가 선호되었기 때문이다. 종교, 무역 또는 방어 중심지만이 번창하거나 겨우 유지된 도시 공간이었다. 1000년 이후 장거리 무역이 재개됨에 따라 많은 중세의 타운은 유럽을 가로지르는 상업 노선을 따라 성장하였다(그림 5.3).

전형적인 중세 도시의 중앙에는 시장광장이 있었다. 큰 도시의 시장광장은 주요 교회 또는 대성당, 시청, 길드 집회소, 궁전, 저명한 시민들의 집으로 둘러싸여 있었다. 중앙과 가까운 곳에는 은행, 가구 및 금속 가공물과 같은 특정한 기능으로 특화된 거리 또는 지구들이 있었다. 그 거리와 골목은 상당히 좁았다. 내부의 벽은 방어를 위해 물이 채워진 해자가 설치되어 있었다. 끝으로 중세 도시는 확실히 비위생적이었다. 비좁은 환경으로 공기 순환이 어려웠으며, 위생 시설이 열악하고 쓰레기 처리 시설이 없었기 때문에 도시인구 1/3의 목숨을 앗아간 흑사병(1347~1351)이 급속히 전파된 것은 놀라운 일이 아니다.

중세 시대 대부분의 도시 발달은 로마 시대의 도시 건물이 남아 있던 서부와 남부 유럽에서 이루어졌다. 도시 발달은 비잔틴 제국 지배하의 남동부 유럽에서는 억제되었고, 반면 동부와 북부 유럽의 대부분은 도시 발달 이전 단계에 있었다. 700년대 초 이베리아로 퍼진 무어인들은 정반대로 많은 도시들을 세우거나 재건하였고, 나중에 스페인이 되는 지역에서는 도시 문화를 꽃피웠다. 중세 시대 말 약 3,000여 개의 도시가 유럽에 있었다. 대부분의 도시인구는 2,000명보다 적었다. 밀라노, 베네치아, 제노바, 피렌체, 파리, 코르도바, 콘스탄티노플의 인구만이 5만 명 이상이었다.

르네상스와 바로크 시대: 1300~1760년

르네상스(1300~1550) 시대에는 경제(봉건주의에서 상업자본주의로 전환), 정치(국민국가 출현), 예술과 철학 등에서 큰 변화가 나타났다. 1300년대 피렌체에서 시작된 이 변화는 서유럽 도처에 퍼져 나갔다. 반대로 동유럽에서는 여전히 봉건주의가 강하였고, 남동부 유럽은 오

그림 5.3 슬로베니아 수도 류블랴나는 용의 다리(dragon bridge)와 성 니콜라스 대성당을 포함한 도시 중심의 중세 요소를 끌어내어 공산주의 체제의 몰락에 활용하였다. (사진: Donald Zeigler)

스만제국의 지배에 들어갔다. 반면 르네상스가 진행될 때, 북유럽의 많은 부분은 그 영향 밖에 남아 있었다.

십자군 전쟁(1095~1291) 동안 향신료와 비단과 같은 사치품의 수요가 증가함에 따라 상인들은 지중해 도시의 무역 기능을 크게 확장시켰다. 이후, 무역 진흥의 목표를 가진 도시 연합체인 한자(Hansa) 동맹과 결합하면서 경제의 중심이 북해와 발트 해를 따라 항구도시로 옮겨졌다.

특히 국민국가의 성장이라는 정치 체계의 변화는 유럽의 도시화에 영향을 주었다. 파리와 마드리드가 그 전형적인 사례이다. 두 수도의 중심적인 위치는 정치적 통합의 과정을 촉진하였다. 결국 사회·경제·정치적 변화의 소용돌이에서 두 도시는 그들의 행정상의 기능과 지위 상승에 따라 성장을 위한 동기를 부여받았다. 지역의 중심지와 카운티 행정의 중심지 또한 전국적인 도시 네트워크가 확대되면서 채워지기 시작하였다.

도시의 전반적인 외형과 구조는 예술, 건축 및 도시계획의 새로운 유형 때문에 변화하였다. 특히 수도에서 유행하던 예술 및 건축의 표현 방식이 공공장소에 있는 조각 작품에 적용되었다. 분수와 기념물 장식과 같은 도시 미화는 바로크 시대(1550~1760)에 그 절정에 달하였다.

화약이 전래된 이후, 거대한 도시 성벽은 무용지물이 되었다. 많은 도시에서 측면 도로를 위한 공간을 만들기 위해 성벽을 제거하였고, 이는 유행이 되었다. 또한 귀족들이 큰 부를 축적하여 많은 도시, 특히 빈과 파리에서 화려한 궁전이 지어졌고, 도시의 일부는 재계획을 하게 되었다. 파리에서 시작된 좁은 중세 거리를 포함한 많은 지구들이 대로를 만들기 위해 해체되었다. 그러한 대로는 방사상으로 뻗어 나가 귀족들을 위해 계획된 정원과 여러 궁전에 연결되었다. 원근법과 고전적 디자인 양식의 재발견이 강조된 것은 중세로부터 벗어나는 중요한 특징이었다. 전반적으로 도시 네트워크는 크게 변하지 않았다.

산업 시대: 1760~1945년

대규모 제조업은 1700년대 중반에 잉글랜드 중부 지방에서 시작되어 벨기에, 프랑스, 독일로 퍼져 나갔고, 1870년대 헝가리에 이르렀다. 직물에서 공작 기계까지 다양한 상품을 생산하는 새로운 공장은 도시의 구조를 바꾸었고, 농촌에서 도시로의 대규모 인구이동을 야기하였다.

많은 도시에서는 굴뚝에서 뿜어내는 연기, 소음이 심한 기계, 시끌벅적한 공장지구가 나타났다. 19세기 중반, 철도는 많은 산업 재료와 생산품을 운반하였다. 새로운 선로, 역, 철도 교통은 도시 발달에 중요한 역할을 담당하였으며, 전차, 지하철과 같은 대중교통은 도시의 외관과 기능을 크게 바꾸었다. 종종 비좁은 노동자 주택단지가 대규모로 건설되었다. 산업 시대는 관공서와 기업 본사가 입지한 중심업무지구의 발달을 예고하였다.

도시 성장은 산업화의 확산과 밀접하게 관련되었다. 1800년대 중반 버밍엄과 글래스고와 같은 잉글랜드의 미들랜드와 스코틀랜드의 산업도시는 각각 인구 10만 명 이상으로 성장하였다. 1만 명 이상의 도시 거주 인구 비율은 30%로 뛰었다. 프랑스, 벨기에, 독일의 산업도시 성장 또한 이와 같은 패턴이었다. 그에 반해 남동부 유럽에서 산업 부문의 확대는 20세기 초 또는 중반까지 나타나지 않았다.

유럽의 도시 패턴

유럽 지도를 들여다보면 도시의 규모와 공간적 배치에서 중심지 이론의 영향이 보인다. 독일 남부에서 가장 큰 대도시권인 프랑크푸르트, 뮌헨, 슈투트가르트는 거의 같은 거리로 떨어진 배치를 이룬다. 헝가리의 중심에 위치한 부다페스트는 지역 중심지인 데브레첸(De-brecen), 미슈콜츠(Miskolc), 세게드(Szeged), 페치(Pécs)에 둘러싸여 있다. 물론 정치, 경제, 문화, 환경, 기술, 그리고 다른 변화에 의해 도시 계층 내에서 어떤 장소의 역할과 순위는 바뀔 수 있다. 그러나 벨기에, 독일, 이탈리아, 노르웨이, 스위스에서 여전히 순위 규모 분포를 경험적으로 관찰할 수 있다. 그 외 국가의 도시 체계에서는 상위 계층에 어떤 변화가 일어나 종주도시가 형성된다. 종종 종주도시는 아테네, 부다페스트, 더블린, 런던, 파리, 레이캬비크, 소피아, 빈 같은 국가의 수도이다.

역사적으로 농촌에서 도시로의 인구 이동은 특히 산업화 기간 동안 도시 성장의 가장 중요한 구성요소였다. 유럽 내에서 이러한 유형의 인구 이동은 많이 줄었다. 그리고 유럽의 도시는 최근 수십 년간 출생률이 상당히 떨어졌는데, 연평균 0.18%로 세계에서 가장 느리게 성장하는 도시에 속한다.

그러나 유럽의 도시는 교통과 통신 기반시설과 병행해 외곽으로 확장하여 연담도시로 통합되기 시작하였다. 유럽에는 인구 100만 명 이상 되는 약 50개의 연담도시가 있다. 런던과 뉴캐슬 사이의 대도시권은 잉글랜드에서 가장 넓은 도시화 지역을 형성하고 있다. 독일의 라인 (강)–루르 (지방) 연담도시의 범위는 서쪽으로 뒤셀도르프와 뒤스부르크에서 동쪽으로 도르트문트까지 직경 약 113km이다(그림. 5.4). 또한 네덜란드에는 북쪽으로 위트레흐트(Utrecht)와 암스테르담에서 시작해 서쪽으로 헤이그와 로테르담, 남동쪽으로 도르드레흐트(Dordrecht)까지 이르는 인구가 조밀한 말편자 모양의 비슷한 직경을 가진 란스타트(Randstad)가 있다(그림. 5.5). 97km 정도 떨어진 이 두 연담도시는 나중에 합쳐져 압도적인 핵심 유럽 대도시권이 될지도 모른다.

전쟁 후 차이 및 수렴

서유럽

제2차 세계대전 이후, 도시 체계는 철의 장막을 경계로 서쪽의 자본주의 진영과 동쪽의

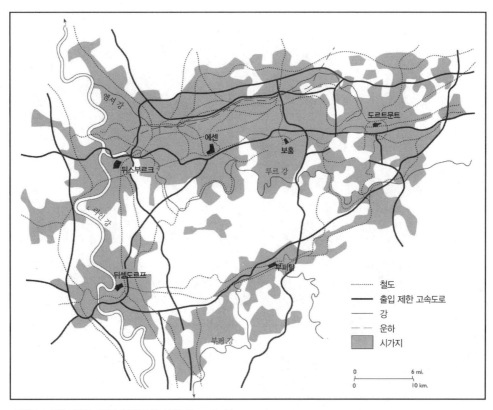

그림 5.4 독일 라인–루르 연담도시. 출처: Compiled from various sources

공산주의 진영으로 분리되어 발전하였다. 서유럽 도시는 자본주의 세계인 미국과 연결되고자 하였다. 그리고 미국은 끔찍한 전시 파괴를 겪은 유럽 도시의 재건을 위해 마셜플랜(Marshall plan: 유럽부흥계획) 자금을 제공하였다. 재건의 노력은 폭격으로 파괴된 도시 지역을 다시 계획하기 위한 기회로 여겨졌다. 로테르담과 도르트문트 같은 가장 큰 피해를 입은 도시 중 일부는 새로운 상업 및 산업 건물을 위해 거리 체계를 전적으로 새롭게 디자인하였다. 쾰른과 슈투트가르트를 포함한 대부분의 도시는 남아 있는 역사적 건축물과 중세 거리 패턴을 제거된 도시의 중심에 포함하였다. 루앙(Rouen)과 뉘른베르크(Nürnberg)는 그 도시의 파괴된 역사적 건물을 완전히 복원할 정도로 나아갔다.

빠른 경제 및 인구 성장은 급속한 도시 성장의 원인이 되었다. 모든 도시가 교외화 때문에 인구뿐만 아니라 그 규모에서도 성장하였다. 그러나 이 시기의 괄목할 만한 도시 성장은 베이비붐 시대가 끝날 무렵 널리 퍼진 경제적 불황 때문에 1970년대 초에는 천천히 진행되

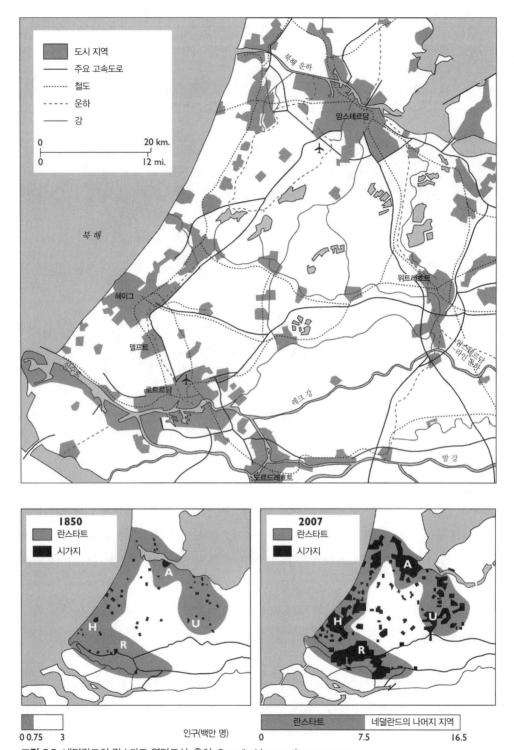

그림 5.5 네덜란드의 란스타트 연담도시. 출처: Compiled from various sources

었다. 게다가 그 외 역도
시화(대도시권 이심화)로 인
근 타운과 농촌 지역의 개
발이 진행된 반면, 도시
중심의 성장은 늦어졌다
(그림. 5.6). 주변 지역은 더
넓은 공간, 적은 오염과
범죄를 바라는 주민과 사
업체들을 끌어들였다. 대
부분 도시 중심은 소매상
과 업무고용을 주변 지역
에 빼앗겼다. 중간 규모

그림 5.6 대도시권 이심화 현상 때문에 불리한 영향을 받은 더블린의 버려진 도시 내부 지역은 퇴락한 빈 주거 및 공업 용도의 건물이 포함되어 있다. (사진: Linda McCarthy)

도시들은 정보 서비스, 첨단 기술 산업 또는 현대적인 유통 활동 부분의 확장으로 고용을 유인하였다. 주요 대도시권 중심 주변의 작은 도시들은 지대가 더 낮고, 교통 혼잡이 덜하면서도 인근의 교통로, 공항, 대학, 숙련된 노동자의 혜택을 누렸다. 탈산업화와 기업의 재구조화는 매우 많은 실업과 전통적 산업 중심지의 도시 쇠퇴를 야기하였다. 노동 집약적인 제조업의 재이전으로 창출된 직업은 아일랜드, 스페인, 포르투갈, 그리스의 일부 도시 지역에 혜택을 주었다. 그러나 지사 공장의 사업체는 국가 세금 우대 정책이 종료되면, 그 지역의 밖에서 이루어진 결정과 회사의 재이전에 취약하다. 1990년대 초반 이후, 투자 유치 경쟁은 생산비가 낮은 중부와 동부 유럽에서 시작되었다.

최근 수십 년간 고용이 금융, 보험과 같은 전문적인 사업 서비스로 바뀌면서 도시 중심은 상당히 중요한 변화를 겪었다. 새로운 발전으로는 화려한 새 고층 사무실, 고급의 콘도와 아파트, 고급 식당가, 바, 부티크 상점과 함께 재생된 근린지구가 포함된다. 런던과 파리 같은 세계도시의 중심업무지구 거리에서 가장 가시적인 집단은 자신의 휴대전화로 통화하는 최신 패션의 옷을 입은 젊은 전문가들이다.

사회주의의 도시화

제2차 세계대전 이후 철의 장벽에 가려진 도시들은 서부 유럽 도시와는 독립적으로 발전하였다. 전체주의 정부는 전면적인 개혁에 몰두하였고, 시장 요인보다는 중앙집권적 계획

그림 5.7 사진에서 볼 수 있듯이 공산주의는 대규모 산업 발달을 가져왔고, 플로브디브(Plovdiv)의 고립을 초래하였다. 그러나 공산주의 이후 휴대전화 네트워크로 불가리아의 신세대들은 세계와 연결된다. (사진: Donald Zeigler)

에 따라 발전한 그들의 도시 체계에는 상당한 변화가 일어났다.

공산주의 정부는 전후 폐허가 된 도시의 재건이라는 절박함과 씨름해야 했다. 이 도시에 남아 있던 피해, 특히 드레스덴(Dresden), 베를린, 바르샤바 지역의 피해는 서유럽보다 컸다. 그러나 마셜플랜의 보조금과 같은 지원은 불가능하였다. 전후 경제 발달의 초기 단계에는 특히 철과 철강, 기계류와 같은 중공업이 급속하게 확장되었다. 농업에서 집단화 및 기계 사용의 증가와 더불어 이런 **광범위한** 산업 발달은 곧 전례 없는 농촌에서 도시로의 인구 이동을 야기하였다(그림. 5.7). 종주성의 심화, 극심한 주택난, 부족한 사회 기반시설과 기초 서비스, **환경의 질적인 저하**를 더해 가면서 도시화는 빠르게 진행되었다.

예를 들어 1960년대 후반 부다페스트는 헝가리 도시인구의 44%를 차지했다. 숫자는 **과소도시화**(underurbanization)라는 새로운 실체를 보여 주지 못하였다. 공업 직종의 수가 주택의 수보다 빠르게 증가해 노동자들은 장거리 통근을 하게 되었다. 그 결과 1970년대 중반부터 공산주의 정부는 경공업과 서비스의 강조, 수도와 대도시에서 더 작은 도시로의 생산 분산, 교통망의 발달 및 도시에서 사회 기반시설 및 주택 생활의 증가를 통해 도시와 농촌의 생활 차이를 없애도록 하였다. 이에 따라 이촌향도 현상은 상당히 늦춰졌다. 이러한 노력이 있었음에도 불구하고 공산주의가 붕괴함으로써 중부와 동부 유럽의 도시 네트워크는 서부 유럽보다 발달이 지체되었다. 국가 수도인 7개 도시만이 인구가 100만 명 이상이었다. 즉 헝가리의 부다페스트 210만 명, 루마니아의 부쿠레슈티 200만 명, 폴란드의 바르샤바 170만 명, 체코의 프라하 150만 명, 동독의 동베를린 120만 명, 불가리아의 소피아 110만 명이었다.

후기사회주의의 변화

1980년대 후반 철의 장벽이 무너진 이후 공산주의 정부는 바뀌었으며, 독일은 재통일되었고, 체코슬로바키아, 유고슬라비아, 소비에트 연방은 해체되었다. 중앙집중식 경제계획은 사회주의 경제에서 민주화 및 시장경제로 나아감에 따라 폐기되었다. 소련의 해체는 서유럽의 투자가 들어오고 사람들이 외부로 나갈 수 있도록 하였다. 이런 변화들은 여러 면에서 도시와 도시 체계에 영향을 미쳤다. 첫째, 혁명가에 고무된 도시 이름, 헝가리의 레닌바로시[Leninváros, 레닌 시, 지금의 티서우이바로시(Tiszaujvaros)]와 독일의 카를마르크스슈타트[Karl Marx Stadt, 지금의 켐니츠(Chemnitz)]는 전쟁 전의 이름이나 1989년 벨벳 혁명과 관련된 사람 또는 사건을 기리기 위해 바뀌었다. 공산주의와 소비에트 지도자의 조각상들은 철거되고, 남은 일부는 조각공원 또는 박물관에 전시되었다. 둘째, 수도를 주요 목표로 한 많은 외국인 직접투자가 유입되었다. 이것은 자본주의로 전환하는 데 힘이 되었고, 화려한 서구 양식의 광고와 주거 발달을 가져왔다. 셋째, 분산화는 도시계획가에게 더 많은 권한을 부여하였다.

그러나 시장경제로의 전환이 쉽게 이루어진 것은 아니다. 일부 도시는 정부 지원금의 손실뿐만 아니라 소련군의 존재로 벌던 수입을 잃었다. 또 다른 일부 도시는 서유럽으로 무역이 전환됨에 따라 경제적 지위를 잃었다. 산업도시들은 구식 공장들의 폐쇄로 심각한 고통을 받았다. 급속하게 진행된 대규모의 민영화는 사회주의 체제하에서는 알려지지 않은 실업률의 급격한 증가를 유발하였다. 공업 종사자의 수는 서비스업 종사자와 비교해 급격하게 떨어졌다. 이런 과정은 특히 대규모의 공업도시에 영향을 미쳤고, 사회 기반시설의 악화, 녹지 공간의 손실, 휴양도시의 과도한 건설을 유발하였다(글상자 1.3 참조). 구유고슬라비아에서 공산주의 시대 이후의 곤경은 전쟁의 피해로 더욱 두드러졌다.

다양한 색깔과 네온 빛은 현재 중부 및 동부 유럽 도시의 특징이 되었다. 간판에서는 광고가 공산주의 슬로건을 대체하였다. 오래되어 초라해진 백화점은 보수되거나 부티크와 쇼핑몰로 대체되었다. 거지뿐만 아니라 카지노와 나이트클럽도 나타났고, 범죄는 증가했으며, 교통은 어디에서나 혼잡하다. 주택에서 사회적 차이가 엄청나게 증가하였다. 민주화와 시장경제는 공산주의 유물을 지워 가고 있고, 그 지역의 도시들은 서유럽 도시처럼 변하고 있다.

핵심-주변 모델

핵심-주변 모델은 종종 유럽의 도시 패턴을 설명하는 데 적용된다(그림 5.8). 핵심 유럽에서 도시와 연담도시가 훨씬 많은 것은 시장 접근성과 같은 경제활동의 입지에 영향을 주는 요소가 월등하기 때문이다. 대도시는 잘 발달된 교통 통신, 통신 체계와 연결되어 있다. 노동력의 질과 정부 정책은 오늘날 기업에게 그러한 중심지가 가장 매력적인 지역이 되도록 한다. 프랑스 지리학자 로제 브뤼네(Roger Brunet)는 런던과 프랑크푸르트 같은 핵심 도시가 포함된 첨단 기술 산업과 서비스의 굽어진 도시 회랑을 '푸른 바나나(Blue Banana)'라고 칭하였다.

중심부와 주변부 도시는 평등한 관계는 아니지만 같이 공생하는 관계로 연결된다. 핵심

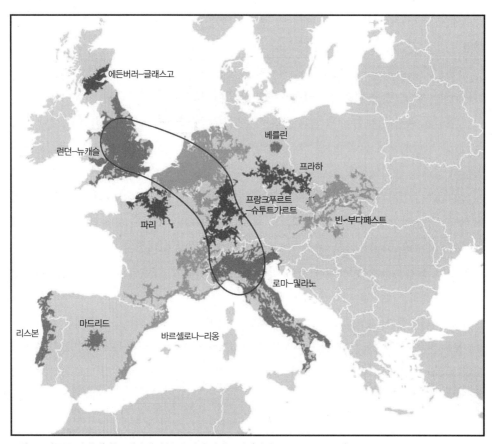

그림 5.8 '푸른 바나나'라는 맥락에서 본 유럽의 연담도시. (사진: Linda McCarthy)

도시는 주변부 지역의 희생을 기반으로 최첨단 제조업과 같은 최첨단 산업 및 다국적기업의 본사와 같은 지휘 통제 기능에 투자하고, 이주자 및 세금을 받아들임으로써 경제적으로 우월하게 발전하며 그 세력을 유지해 나간다. 주변부 도시는 경제적 발전의 잠재성이 제한되어, 관광객과 핵심 도시로부터 자회사에 투자를 유치한다. 그 중간에는 반주변부 도시가 있는데, 이들은 핵심과 주변 모두에 경제적으로 연결되어 있다.

중심지가 최첨단 산업이 성장하는 지역인 남쪽과 동쪽으로 이동하고 있다. 새로운 핵심 도시로는 뮌헨, 취리히, 밀라노, 리옹이 있다. 이러한 남동쪽으로의 이동은 철의 장막이 무너진 후 더욱 촉진되었다. 사람들과 기업은 전체적으로 비교적 생산 비용이 적은 브라티슬라바(Bratislava)와 바르샤바 같은 도시에 매력을 느꼈다. 그러나 런던과 파리는 그 자체의 규모와 주요 국내 및 국제 도시로 확고히 자리 잡은 위상 때문에 여전히 중요한 도시로 남아 있다. 중심지의 계속된 경제력은 주요 국제적인 의사 결정의 중심지로서 대도시의 역할과 그에 따른 많은 정치적 영향에 의해 강화된다.

이민, 세계화, 계획

이민자 통합: 유럽 도시화의 도전

제2차 세계대전 이후, 서유럽 도시의 사회 기반시설과 산업의 재건을 위해 노동력 수요가 급증했는데, 특히 이는 번영한 국가에서 두드러졌다. 1950~1960년대 농촌에서 도시로의 인구이동은 도시 성장을 가져왔다. 게다가 외국인 이주 노동자들은 저임금 조립 라인과 서비스 분야의 직종을 채웠다. 이주 노동자들은 남부 유럽과 과거 식민지로부터 이주해 왔다. 서독은 터키와 유고슬라비아의 이주자들을 불러 모았고, 프랑스는 북부와 서부 아프리카에서 노동자들을 데려왔다. 그리고 영국으로는 인도, 파키스탄, 카리브 해 지역 영연방 주민들이 이주해 왔다.

오늘날 EU 전체 인구의 약 4%(약 2000만)는 EU가 아닌 곳에서 태어났다. 프랑스에서는 이주민의 1/3 이상이 파리권에 집중되어 있는데, 이는 파리 인구의 15%이다. 프랑크푸르트, 슈투트가르트, 뮌헨 같은 독일 도시의 외국 태생 주민들은 약 1/5이다. 모로코, 터키, 가나로부터 오는 큰 이민의 물결로 인해 암스테르담 인구의 절반 이상은 이제 네덜란드인

그림 5.9 깃발을 펼친 쿠르드인들이 헬싱키 의회 앞에 모여 있다. 비록 핀란드는 유럽에서 가장 적은 수의 이민자 사회 중 하나지만 그 수는 증가하는 중이다. (사진: Donald Zeigler)

표 5.1 브뤼셀 대도시권 내 10대 소년과 소녀의 이름

	남아 이름	여아 이름
1.	무함마드(Mohamed)	리나(Lina)
2.	아담(Adam)	세라(Sarah)
3.	라얀(Rayan)	아야(Aya)
4.	나단(Nathan)	야스민(Yasmine)
5.	가브리엘(Gabriel)	라니아(Rania)
6.	아민(Amine)	사라(Sara)
7.	아윱(Ayoub)	살마(Salma)
8.	메디(Mehdi)	이마네(Imane)
9.	루카스(Lucas)	이네스(Ines)
10.	아나스(Anas)	클라라(Clara)

출처: Telegraph newspaper, 2007, http://www.telegraph. co.uk

이 아니다. 심지어 핀란드에서도 이민자 사회가 성장하고 있다(그림 5.9). 전 유럽 도시에서 이민자를 비교할 만한 자료가 부족하다고 하더라도 이민자의 존재는 일부 근린 지역의 상점과 식당의 이름에서 찾아볼 수 있으며, 심지어 브뤼셀과 같은 도시에서는 가장 흔한 아이들 이름 목록에서도 문화적 다양성이 뚜렷이 반영된다(표 5.1).

이주민은 일반적으로 열악한 교외의 고층 아파트나, 교외화 때문에 발생한 도시 내부의 비어 있는 소수민족 거주지에 살고 있다. 도시 내 각각의 소수민족 거주지에는 특정 인종 집단이 두드러진다. 프랑크푸르트와 빈의 소수민족 거주지는 대부분 터키인인 반면, 파리와 마르세유의 소수민족 거주지에는 알제리 또는 튀니지인이 거주한다. 이와 대조적으로 영국의 큰 도시에는 인종 집단이 매

우 혼재되어 있다. 그러나 인종 집단은 각 근린지구 내에서는 상당히 분화되어 있다. 그리고 비록 다수의 아시아인과 서인도 제도 사람들이 있지만, 외국 태생 이주자는 대부분 근린지구에서 약 15~20% 정도이다.

노골적인 차별뿐만 아니라 노동과 주택 시장 때문에 소수민족 거주지는 도시 내부 지역에서 형성된다. 이주자들은 저임금으로 인해 열악한 도시 내부 지역에서 숙소를 임차하게 된다. 인종 집단의 내부의 밀집성 또한 주거지 분화에 영향을 미친다. 기존의 거주자들은 그들 자신의 인종 집단의 구성원과 그들의 주거 지역에서 빈집에 대한 정보를 나눌 가능성이 높다.

유럽인과 세계의 연결

유럽의 도시는 상이한 공간적 스케일에서 작동하는 도시 네트워크의 일부분이다. 1989년 이후 과거 철의 장막 양쪽 도시들은 한층 더 상호 연결되어 왔다. EU의 경제적, 정치적 통합의 증대는 유럽의 도시 체계 발달에 영향을 미쳤다. 예를 들어 유럽 경제의 세계화와 더불어 EU 내 국가 간 무역 장벽의 철거로 국경 지역에서 인구 증가가 촉진되었다. 도시 성장 지역은 네덜란드와 독일 간의 경계, 이탈리아와 스위스의 경계, 그리고 프랑스·독일·스위스의 남부 라인 강 지역에 걸쳐 있다.

일부 도시에는 주요 국제기구의 본사가 있다. 국제기구 본부는 주로 제2차 세계대전 이후 경제적, 정치적 또는 군사 협력을 증진하기 위해 설립되었다. 제네바는 UN의 유럽 중심지이다. 파리에는 경제협력개발기구(Organization for Economic Cooperation and Development: OECD)와 유럽우주기구(Euopean Space Agency: ESA)의 본부가 있다. 빈에는 석유수출국기구(Organization of the Petroleum Exporting Countries: OPEC) 본부가 있다.

중요한 의사 결정 기구들은 EU의 수도인 브뤼셀(협의회와 EU집행기관), 스트라스부르(의회), 룩셈부르크(법원)에 있다. 브뤼셀에는 또한 북대서양조약기구(North Atlantic Treaty Organization: NATO) 본부가 있고 스트라스부르 역시 유럽의회의 본부 역할을 수행한다. 약 50여 개 국가의 기관이 유럽 통합, 인권, 사회 및 경제적 발전을 도모하고 있다.

유럽 역사상 국제적인 은행과 금융의 중심지는 런던과 파리였다. 그러나 지금은 프랑크푸르트, 취리히, 룩셈부르크도 포함된다. 프랑크푸르트에는 독일에서 영향력이 큰 중앙은행인 연방은행도 입지해 유럽의 재정 중심지가 되고 있다.

런던과 파리의 지위는 세계에서 가장 영향력 있는 다국적기업의 일부 본사가 있는 세계 도시에 속한다. 런던에는 BP, HSBC, Lloyds를 포함해 500대 대형 세계적 기업 중 17개가 있다(영국 전체의 58%). 파리에는 AXA, Christian Dior, Vivendi를 포함해 더 많은 세계적 회사 25개가 있다(프랑스 전체의 64%). 게다가 500대 세계 기업 중 4개가 로마가톨릭교회 본산인 바티칸시국을 포함하고 있는 로마에 있다. 밀라노와 파리는 패션과 디자인의 중심지인 반면, 런던은 제1의 보험 중심지이다(그림 5.10).

가장 최신의 교통 및 통신 기술로의 접근성이 향상된 덕분에 일부 도시는 국제적 지위를 강화할 수 있었다. 고속철도망은 런던, 파리, 브뤼셀, 암스테르담, 쾰른의 우위를 더 강화할 수 있도록 해 주었다. 가장 붐비는 공항이 있는 도시는 런던, 파리, 프랑크푸르트, 암스테르담이다.

라인 강 입구에 있는 로테르담은 유럽에서 가장 큰 항구이며, 세계에서 가장 큰 항구 중 하나이다. 이곳의 연간 화물 물동량은 약 400만 미터톤으로 상하이와 싱가포르에 이어 세 번째이다. 로테르담은 강과 파이프라인으로 독일 루르 지방과 연결되어 있기 때문에 유럽의 주요 석유 배송 및 정유의 중심지가 되었다. 안트베르펜, 마르세유, 함부르크 또한 주요 항구이다.

트럭은 화물 육상에서 가장 중요한 운송 수단이다. EU에서 매년 약 4500억 톤의 물류가 철도로 운송되는 것에 비해, 거의 2조 톤이 도로로 운송된다. EU에는 1,000명당 약 500대의 자동차가 있다. 1,000명당 약 600대의 자동차를 보유한 독일과 프랑스의 수준은 이미 캐나다와 맞먹는다. 이탈리아는 이보다 더 높은 650대의 비율이지만, 800대 이상의 수준인 미국보다는 아직 낮은 수준이다. 꾸준한 자동차 소유 증가로 지난 30년 간 통행 거리는 3배로 늘어났다. 이는 지금 현재의 고속도로 수용력을 훨씬 초과해, 유럽 전체 도시 내 및 도시 간 교통 혼잡이 야기되었다.

과거 유럽의 공산주의 지역은 변화하고 있지만, 여전히 교통 체계의 규모와 효율 면에서 뒤처진다. 독일에서는 서독과 동독으로 나누어진 공산주

그림 5.10 세계 패션의 수도 중 하나인 밀라노. 그 증거가 두오모(Duomo) 광장에서 나타난다. (사진: Donald Zeigler)

의 50년 동안 버려진 철도와 도로 연결이 복구되었다. 비록 공산주의 국가들이 상호 간 및 소련과 연합했을지라도 사회 기반시설의 상호 연결은 높은 수준에 도달하지 못하였다. 예를 들어 육로를 통한 부다페스트와 바르샤바 간의 여행은 많은 국경 통과, 통과 사증 요구, 그리고 장시간의 대기가 수반되었다. 또한 여행은 좁고 위험하며, 종종 전쟁 전의 길로 인해 지체된다. EU의 대규모 투자에 힘입어 어느 정도 새로운 여러 개 차선의 고속도로가 건설되고 있지만, 서부 유럽 수준의 교통 연결에는 시간이 걸릴 것이다.

도시 정책과 계획

유럽은 산업 시대 동안 규제 없는 성장에 대한 반응으로 현대 도시계획의 탄생지가 되었다. 계획은 현재 유럽의 도시 생활에 스며들어 있다. 서유럽에서 성장을 위한 전후 계획은 1970년대 초에 끝났다. 인구 성장률의 감소와 널리 퍼진 경제적 불황은 정부로 하여금 대규모의 공적 자금의 프로젝트들을 제고하게 만들었다. 고층 빌딩과 빈터에 관심을 두지 않는 것에 대한 불만 때문에 정책은 보존과 재보수, 그리고 도시 쇠퇴를 막기 위한 계획으로 바뀌었다.

이러한 재평가에는 간혹 상충되는 두 가지 요소가 포함되었다. 예산의 제약으로 인해 정부는 경제 활성화 프로젝트에서 민간 부문의 투자를 모색하게 되었고, 사회적 형평성, 시민 참여, 환경보호, 조형미에 대한 관심의 증가가 그 요소에 해당한다. 이러한 경쟁 요소들은 3개 스케일, 즉 지역, 국가, 세계적 정부 차원에서 상호 대립된다.

지역 정책과 계획

1970년대 초 이후 서유럽의 노후한 산업에서 도시 활성화 정책은 전통적인 제조업에서 벗어난 경제적 재구조화를 촉진하였다. 도시들은 최첨단 기술과 서비스 산업에 민간 부문의 투자를 유치하고자 지역·국가·EU의 자금을 사용한다. 지식 경제로 나아감에 따라 다양한 경제, 고도로 숙련된 노동자들, 주요 대학, 그리고 높은 삶의 질을 가진 대도시 지역이 선호되었다. 2000년대 후반 세계경제가 침체되기 전, 낮은 법인세와 교육에 대한 투자 등 아일랜드 중앙정부의 정책은 EU 자금과 결합되어 '켈틱 호랑이(Celtic Tiger)'라고 알려진 아일랜드의 경이로운 경제성장기에 큰 도움이 되었고, 더블린 지역은 Dell, Intel, Microsoft와 같은 세계적인 정보 기술 기업들을 끌어들였다.

전통적으로 남부 유럽의 저비용 생산 지역에 있는 도시는 노동 집약적인 분공장 산업들을 끌어들였다. 보다 최근에는 프랑스 몽펠리에, 이탈리아 바리, 스페인 발렌시아 같은 도시는 최첨단 산업을 위해 매력적인 환경을 제공하는 데 초점을 맞췄다. 1990년 초 이후 드레스덴, 부다페스트, 바르샤바 같은 공산주의 시대의 도시는 새로운 상업과 산업을 끌어들이고자 노력하였다.

최근 서유럽 대부분의 국가는 도시계획을 위한 힘과 책임을 지방정부로 분산시켰다. 게다가 지방정부의 더 작은 구성단위들은 규모의 경제 달성을 위해 더 큰 지역으로 통합되었다. 이런 변화들은 보다 잘 조정된 지역 계획의 모습을 보여 준다. 란스타트의 '작은 도시' 정책 시도는 경제적 경쟁력을 유지하기 위한 노력을 주요 도시들 내에서 새로운 발전에 집중함으로써 역도시화를 제어하려는 것이다.

국가 정책과 계획

서유럽에서 국가적인 정책은 제2차 세계대전 이후 지역적 분산을 고취시켰다. 애버크롬비(Abercrombie)의 대런던 계획처럼 산업, 상업 활동, 인구는 크게 붐비는 도시에서 신도시로 방향을 바꾸었다. 1970년대 인구 성장의 감소와 대규모 경제 침체로 중앙정부는 신도시의 필요성을 재평가하게 되었다.

1980년대 중앙정부의 정책은 도심 쇠퇴의 심각성과 세계경제에서 성장의 국가적 동력으로서 대도시의 중요성 등의 요소를 반영하는 쪽으로 이동하였다. 영국 정부는 쇠퇴하는 산업과 런던 및 리버풀 같은 항구 지역에 사업을 끌어들이기 위해 도시개발공사를 설립하였다. 즉 비용이 많이 드는 국가적 기획 전략에서 벗어나, 커뮤니티가 재생 프로그램과 그 지방의 변화에 빠르게 대응하는 프로젝트를 수행하는 '커뮤니티 권한'의 사안들로 바뀌었다.

제2차 세계대전 이후 중부 및 동부 유럽의 공산주의 지역에서 정부 계획은 마르크스–레닌주의에 기초해 진행되었다. 도시와 농촌 지역에서 생활수준의 차이를 없애고 계급 차별이 없는 사회를 만들고자 하였다. 도시계획가는 대도시에 과도한 인구 집중을 피하고 균등한 도시 사회 기반시설을 갖추는 것을 추구하였다. 그러나 이런 사회적 목표들은 경제적 지침, 특히 중공업 개발과 종종 충돌하였다.

전반적인 산업 능력을 증가시키고, 서비스가 충분하지 못한 지역에 도시 기능을 제공하기 위해 정부는 기존의 도시에서 떨어진 곳에 신도시 건설 프로그램을 시행하였다. 이러한 신도시들은 일반적으로 철과 제철소 또는 화학 처리 공장 같은 대규모 산업 시설 주변에서 발전하였다. 이러한 신도시로는 동독의 아이젠휘텐슈타트(Eisenhüttenstadt)와 폴란드의 노바후타(Nowa Huta)가 있다. 1970~1980년대 공산주의 계획가는 대규모 산업과 신도시 지향에서, 경공업 발달과 국가도시 체계의 충진(filling-out)으로 관심을 전환하였다. 계획가가 규모와 기능에 따라 특정 지역에 상품과 서비스를 제공하는 여러 도시 계층을 만들려고 할 때, 중심지이론은 많은 국가에서 확실한 가이드가 되었다.

1990년대 초 이후 시장경제로의 전환에는 대규모 국유 주택과 산업, 서비스의 급격한 대규모의 민영화가 포함되었기 때문에 중부 및 동부 유럽 도시들은 급격한 변화를 겪었다. 국가정책은 실업, 범죄, 가난, 노숙자와 같은 과거 사회주의 국가에서 잘 알려지지 않은, 도시 문제를 해결하는 방향으로 변화하였다. 대도시에서 가난한 집시(Roma) 구역은 차별되었다. EU 지원금은 점차 줄어들고 있지만, EU로의 통합은 다양한 도시 재개발 사업을 통해 문제의 일부가 완화되는 데 도움이 되었다.

국제 정책과 계획

유럽은 중요한 국제적인 도시계획과 재정계획의 현장이다. 예를 들어 유럽의회와 EU는 유럽 문화행사의 날을 통해 유럽의 문화유산을 기념한다. 이 행사는 EU 전역의 도시와 타운에서 계획되었으며, 지역의 전통, 기술, 그리고 예술 작품과 건축물을 강조함으로써 유럽 시민들이 함께하는 것을 목표로 하고 있다. EU는 또한 매년 2개 도시를 유럽의 문화 수도로 선정한다. 2011년에는 핀란드의 투르쿠(Turku)와 에스토니아의 탈린(Tallin)이 선정되었다.

EU는 지방정부의 지역 도시환경 개선 노력을 장려하고, 가장 잘 실천한 사례를 소개하기 위해 유럽녹색수도상(European Green Capital Award)을 제정하였다. 첫 수상은 2010년 스톡홀름이, 2011년에는 함부르크가 수상하였다. 보다 측정 가능한 환경의 질 측면인 유럽 녹색 도시 지표(European Green City Index)에서 보여 주는 것처럼 스톡홀름은 코펜하겐에 이어 두 번째로 높게 평가되고 있다(표 5.2).

EU의 통합 노력은 국제적인 정책과 계획에서 전례 없는 업적을 낳았다. 1990년 출판된 『도시환경에 관한 그린 페이퍼(Green Paper on the Urban Environment)』에는 특별히 도시문제 해결을 위한 EU 정책의 필요성이 반영되었다. 확실히 고밀도, 콤팩트 형태, 그 형태와 관련된 걷기에 적합함과 높은 대중교통 사용량에 비추어 보면 유럽 도시들은 일반적으로 '녹색(Green)' 지향이다. 그러나 유럽 도시들에 교통 혼잡과 같은 환경문제가 없는 것은 아니

표 5.2 유럽 녹색 도시 지표 2009: 상위 10개 도시

순위	도시	점수*
1	코펜하겐	87.31
2	스톡홀름	86.65
3	오슬로	83.98
4	빈	83.34
5	암스테르담	83.03
6	취리히	82.31
7	헬싱키	79.29
8	베를린	79.01
9	브뤼셀	78.01
10	파리	73.21

* 30개 지표를 사용해 8개의 카테고리(이산화탄소, 에너지, 건물, 운송, 물, 쓰레기와 토지이용, 대기의 질, 환경정책)에 기초해 100개 도시 중에서 선정.

다. 수년간 EU는 혁신적인 환경 관리 사업에 대한 자금 지원 정책을 채택하였다. 그러한 정책으로는 지역 의제 21(Local Agenda 21)의 이행을 지지하는 연구, 정보 교환, 네트워킹을 포함하는 지속가능한 도시 프로젝트와 최고의 실천 사례 교류를 위해 정책을 제공하는 30여 개국 140개 이상의 주요 도시 네트워크인 유로시티즈(Eurocities)가 있다.

도시 내부의 특징

"우리의 도시들은 역사적인 기념물 같다. 모든 세대, 모든 세기, 모든 문명이 그 기념물의 석조에 이바지하였다."[이데폰스 세르다(Ildefons Cerdà), 1867년 스페인 도시계획가] 오늘날 유럽 도시의 경관은 도시 개발과 시간이 지남에 따른 재개발의 불완전한 목록을 보여 준다. 대표적인 과거 및 현대적 특징은 다음의 내용에 포함된다.

시장광장

그리스, 로마, 중세 타운의 심장부인 타운 광장은 현대의 유럽 도시에서 중요한 공공용지로 종종 존속되었다. 일부 중세 타운 광장들은 지속적인 야외 시장의 전통을 자랑한다. 중부 및 동부 유럽 사회주의 도시의 특징인 넓은 야외 광장은 정치적 집회에 이용되었다. 오늘날 서유럽 도시처럼 많은 중앙 광장과 역사적 건물은 여행사와 고급 레스토랑, 카페와 같은 현대적 상업 기능을 포함한다.

주요 랜드마크

서유럽 도시의 중심에 있는 역사적 랜드마크는 종교적, 정치적, 군사적, 교육적, 문화적

그림 5.11 부쿠레슈티에 있는 과학관(The House of Science)은 중부 및 동부 유럽 도시에서 전형적인 소비에트식 건물이다. 레닌의 거대한 동상이 건물 앞 받침대에 놓여 있었다. (사진: Darrick Danta)

정체성의 상징이 되었다. 많은 대성당, 교회, 조각상은 종종 우세한 스카이라인으로 여전히 나타난다. 시청, 왕궁, 직공 길드 집회장은 도서관, 미술관, 박물관으로 개조되었다. 중세의 성과 도시 성벽은 여행 명소이다. 다른 예로서 다국적기업 사무실과 스포츠 경기장 같은 도시의 주요 랜드마크는 오늘날 경제력의 표현이다.

전쟁 전 랜드마크 외에도 중부 및 동부 유럽 사회주의 도시의 특징으로는 '결혼 케이크' 모양(그림 5.11), 붉은 별, '영웅적' 조각상이 있는 거대한 건물이 있다. 1980년대 후반 이후 사회주의의 정치적 상징은 소비문화에 따르는 요소인 옥외 광고물로 대체되었다.

복잡한 거리 패턴

중세 시대 핵심 지역인 좁은 거리와 골목은 자동차 이전 시대에 발달하였다(그림 5.12). 중세 시대의 교외는 도시 입구에서 밖으로, 방사상으로 긴 거리의 주변에서 성장하였다. 19세기에 뮌헨, 마르세유, 마드리드 같은 도시는 방사상 또는 접선 대로를 그 도시의 계획 교외의 축이 되도록 하였다.

그림 5.12 런던의 루드게이트 힐(Ludgate Hill)에는 방글라데시에서 온 새 이민자가 가장 가까운 맥도널드를 사람들에게 알려 준다. 중세 시대 이 지역은 길을 지나는 좁은 골목이 그림자같이 엉켜 있었다. (사진: Donald Zeigler)

그림 5.13 더블린 중심의 붐비는 보행자 전용 쇼핑 거리. (사진: Linda McCarthy)

과밀과 조밀한 형태

도시 성벽의 제한으로 중세 시대 동안 높은 인구밀도가 유지되었다. 몇몇의 요소들은 지금도 유럽 대도시의 특성인 조밀한 형태를 유지하고 있다. 저밀도의 도시 팽창을 억제한 도시계획의 오랜 전통은 초기 교외에서의 엄격한 도시 건축물 규제로 거슬러 올라간다. 조밀한 도시 형태는 또한 상대적으로 늦은 자동차의 도입과 높은 유가를 반영한다.

붐비는 도시 중심

높은 밀도와 조밀한 도시 유형은 부산하게 활동하는 도시 중심을 만든다(그림 5.13). 많이 이용되는 대중교통 체계인 버스, 지하철, 기차는 핵심에서 모이기 때문에 중심의 기차역은 중요한 특징이 되고 있다.

대도시의 독특한 기능은 특정 지구에서 지배적으로 나타난다. 정부 기관과 대학들은 공공기관 밀집지구(institutional district)에 위치한다. 금융과 사무 구역에는 은행과 보험 회사가 들어서 있다. 보행자 전용의 소매 구역은 종종 철도역으로 이어진다. 문화 구역은 박물관, 미술관, 극장을 갖추고 있다.

도시 중심의 많은 건물은 다목적이다. 아파트는 상점, 사무실, 레스토랑 위에 있다. 런던의 해러즈(Harrods), 프랑스의 프랭탕(Printemps), 베를린의 카데베(Kaufhaus des Westens)와 같은 대형 백화점들은 대부분 도시 중심의 주요 특징이다. 대중교통으로 접근이 용이한, 255개의 점포를 가진 웨스트필드 런던(Westfield London)과 프라하의 팔라스 플로라(Palace Flora)는 중심에 위치한 현대적 쇼핑몰이다.

교외 쇼핑몰은 보편화되어 가고 있다. 또한 많은 해변 또는 강변 도시는 라트비아의 수도 리가(Riga)의 섬, 킵살라(Kipsala)와 함부르크의 하펜시티(HafenCity)와 같이 다목적 수변 개발을 수용하기 위해 낡은 항구와 산업 시설들을 새롭게 단장하였다. 다른 도시들은 런던의 코벤트 가든(Covent Garden)과 같은 낡은 역사적 구조물을 전문적인 상점, 레스토랑, 거리 연주자가 있는 축제 시장으로 보수하였다.

저층 스카이라인

북미 여행객에게 유럽 도시의 구지역에서 가장 눈에 띄는 점은 일반적으로 고층 사무실과 아파트가 없다는 것이다. 도시 중심은 고층 건물에 강화 철재 건축과 엘리베이터가 활용되기 훨씬 이전에 발전하였다. 건축 법규는 화재가 번지는 것을 최소화하기 위해 산업혁명기간 동안 3~5층 사이로 빌딩 높이가 유지되도록 규정하였다. 1795년 파리는 건물 높이를 20m로 고정한 반면, 다른 대도시는 19세기에 빌딩 높이 규정을 도입하였다. 여전히 고도 규제는 파리의 라데팡스(La Défense)와 같은 재개발 지역 또는 도시 주변부에서만 찾아볼 수 있다. 또한 고층 빌딩은 런던을 포함한 대도시의 일부 중심 금융지구에 지어졌다.

유럽의 사회주의 국가에서는 토지의 개인 소유와 도시 토지 시장이 존재하지 않았다. 최근까지 가장 높은 건물들은 대개 공산당 및 국가 행정 건물, 거대한 '인민 의회', 그리고 TV 타워였다.

근린지구의 안정성

서유럽 도시는 놀랄 만한 근린지구의 안정성을 누렸다. 유럽인은 북아메리카인과 비교했을 때 자주 이사하지 않는다. 그 결과 대도시 중심 가까이에 위치한 오래된 근린지구들은 교외화가 많이 진행되었음에도 잘 유지되고 있다.

17~18세기에 부유한 가구를 위해 투기적 개발업자가 지은 대저택 구역, 예를 들어 런던 중심부의 벨그레이비어(Belgravia), 메이페어(Mayfair) 등은 안정적인 고소득 근린지구로 남아 있다. 고소득 교외 근린지구는 오래된 산업도시 서쪽, 공장 굴뚝과 주거지 굴뚝의 반대 방향에서 발달하였다.

실제 부유층들은 산업혁명 이전부터 서유럽의 도시 중심이나 그 가까이에 거주하였다. 도시 토지의 높은 세금은 19세기 후반까지 가난한 사람들을 도시 성 밖으로 밀어냈다. 19세기 중반 파리에서 시작된 이런 전통은 슬럼과 과거 성벽이 넓은 대로와 인상적인 아파트로 교체되면서 더욱 잘 유지되었다.

그러나 18세기 이후 도시 성장이 교외로 확산되면서 독립형 농촌과 타운을 흡수하였다. 그럼에도 여전히 도시 중심에서는 오랫동안 이어져 온 그 도시의 사회 및 경제적 특성과 랜드마크를 유지하였고, 대중교통에 의해 도시 중심이 연결되었기 때문에 도시가 확장되는 가운데서도 이런 분리된 도시 중심은 독특한 지구가 되었다. 19세기 후반 이와 같은 교외의 합병은 그 자체의 쇼핑거리와 정부 기관이 있는 독특한 도시지구를 형성하였다.

지난 몇 십 년 동안 도시정부는 중심 지역 재생 지구에 고소득 주민을 끌어들이기 위해 도시 재생 프로젝트에 자금을 투입하였다. 이런 대규모 재개발의 성공은 그 주변 지역에 젠트리피케이션을 가져왔다. 그러나 고소득 입주자를 위해서 재보수가 가능한 주택 수요는 특정 지역의 부동산 가치를 높임으로써 저소득 주민을 밀어냈다.

주택

아파트 주거는 유럽에서 흔한 일이다. 아파트는 공간이 부족하고 지대가 높을 때 바람직한 토지이용의 선택이다. 도시는 외곽으로 성장하기보다는 고도 제한 규정에 다다를 때까지 건축물을 높게 짓는 것을 선호하였다.

고층 아파트는 르네상스 시대에 북이탈리아의 부유층 주거에서 유래하였다. 18세기 초

아파트는 유럽 대륙과 스코틀랜드의 대도시로 번져 갔다. 엘리베이터가 발명될 때까지 각각의 건물 내 사회적 계층은 수직적이었다. 부유한 가정은 저층에 살았고, 가난한 가정은 그 위층의 작은 공간에 살았다. 수평적 사회계층 또한 아파트 단지 내에서 발달하였다. 넓고 비싼 공간은 전면에 위치하였고, 작고 낮은 임대 공간은 뒤에 위치하였다. 18세기 산업혁명이 도시화의 원동력이 됨에 따라 아파트 단지는 중간 도시로 퍼졌다. 투기자들은 중산층 세입자에게는 표준화된 대규모 공동주택을, 저소득층 주민에게는 볼품없는 주택을 건설하였다.

작은 정원이 있는 2층 단독, 연립 주택은 잉글랜드, 웨일스, 아일랜드에서 두드러지게 나타난다. 1930년대 경기 침체와 함께 시작된 주택 부족은 2차례 세계대전 동안 건설의 부진과 심각한 파괴로 인해 더욱 악화되었다. 공영주택 프로그램은 1930년대 초 빈에서 시작되어 제2차 세계대전 이후 서유럽 전체로 퍼졌다. 현대 건축과 도시 설계는 저비용 공장 생산품과 결합하였다. 전쟁의 피해를 많이 입은 유서 깊은 주택과 다 허물어져 가는 19세기 공동주택은 제2차 세계대전 이후 단조로운 고층 아파트로 대체되었다.

1950~1960년대 대다수의 정부는 대도시권 분산 정책을 채택하였다. 거대한 현대 고층 아파트 단지는 불어로 **그랑 앙상블**(grands ensembles)이라고 하는 주변부의 넓은 주택단지에 집중되었다. 공영주택의 정도는 심각한 주택 부족 도시와 스코틀랜드의 에든버러와 글래스고와 같은 진보적인 지방자치정부의 도시에서 가장 높았다. 그런 곳에서는 공영 가구의 수가 많아져 주택 보유량의 절반이 넘었다. 전통적으로 공영주택은 영국, 프랑스, 독일에서는 전체 주택의 25%, 이탈리아에서는 10%로 구성되었다. 더 부유하고 보수적인 스위스 도시에서는 공영주택의 비중이 5% 또는 그보다 더 낮게 나타난다. 그러나 1970년대부터 공영주택 의존 정도가 정부 비용 절감과 민영화 정책 때문에 점차 낮아졌다.

그에 반해 사회주의 아래서 발전한 도시들은 공간적으로 덜 분화되었다. 사회적 엘리트의 전쟁 전 거주지인 대저택은 당 관리 및 외국 대표가 거주하거나 기관을 수용하기 위한 정치적인 목적으로 사용되었다. 그러나 주택은 상품이 아닌 각 가정이 저렴한 가격으로 가질 수 있는 권리로 여겨졌다.

제2차 세계대전 이후 엄청난 주택 부족난뿐만 아니라 빠른 산업화의 필요성에 직면하면서 공산주의 정부는 대규모 주택단지를 지었다. 조립식 다층 아파트 단지는 상점, 녹지 공간, 그리고 중앙에는 아이들을 위한 놀이 시설을 포함한 **근린주택지구** 그룹으로 건설되었다. 개개의 아파트는 작았다(42~62m²). 사회주의 국가에서 아파트를 구할 수 있는 능력은

글상자 5.3

성장의 힘: 유럽의 도시 농업

지난 십여 년 동안 도시 농업이 전 세계도시에서 부활하였다. 뉴욕 및 다른 세계도시에서처럼 런던과 로마의 아파트 주민들은 완화된 법 때문에 닭을 키울 수 있게 되었다. 옥상과 정원 뜰(patio)이 채소 정원으로 바뀌면서 그 면적이 두 배나 증가하였고, 사람들은 자신들이 먹는 음식의 안전과 품질을 원함에 따라 오래된 주말농장이 새롭게 주목을 받고 있다.

도시 농업은 새로운 것이 아니다. 19세기에 빠르게 산업화된 독일은 도시 농업의 원조이다. 이는 사회적 의식을 가진 귀족과 이후 도시정부가 베를린, 뮌헨, 라이프치히 같은 도시의 열악한 여건에 사는 이주자를 구제하기 위해 시작되었다. 도시의 지역사회 정원은 저소득층 주민에게 자기 스스로 부양할 수단을 제공하기 위한 보다 큰 프로젝트의 한 부분으로 시작되었다. 독일어로 **클라인가르텐**(Kleingärten: 소규모 주말농장) 또는 **슈레버가르텐**(Schrebergärten: 가족용 주말농장: 도시 삶의 해악을 벗어나기 위해서 도시민에게 정원 일을 장려한 내과의사의 이름에서 유래)이라고 불리는 시민농원은 보통 철로 변과 같이 지가가 저렴한 곳에 위치한다. 스코틀랜드에서 1892년에 제정된 "할당 법(Allotment Act)"은 노동자 계층이 시민농원(Allotments garden)을 청원할 수 있는 법적 근거가 되었다. 20세기 전시 동안 시민농원은 식품 생산에서 중요한 역할을 담당하였다. 'Dig for Victory'는 미국 전역에서 생겨난 텃밭(victory garden)과 같이 제2차 세계대전 동안 영국인들의 단체 슬로건이었다. 전후 중부 유럽에서 심각한 식품 부족으로 도시에 영양실조가 만연했을 때, 소규모의 정원은 필요한 야채를 생산하였다.

유럽 전역에서 기아의 공포가 아닌 원래의 뿌리로 돌아가려는 추세 때문에 최근 도시 농업이 상당히 돌아왔다. 이탈리아에서 시작되어 전 세계로 퍼진 슬로우푸드 운동에서는 전반적인 육체적, 정신적 건강은 건강한 먹거리 및 토속 음식과 밀접히 관련된다고 강조한다.

도시농업지리학은 지난 세기 동안 도시 형태의 일반적인 변화를 반영한다. 상품용 채소 농원이 한때 유럽 도시의 주변 지역을 차지했지만, 이 지역들은 교외화가 이미 상당히 진행된 곳이다. 도시의 토지 가격은 매우 비싸기 때문에 정원사들은 농사를 지을 새로운 장소를 찾았다. 한때 암스테르담 운하를 다니던 낡은 관광선은 떠다니는 온실정원 같은 새로운 방식을 찾아냈다. 베를린 장벽의 예전 사람이 살지 않았던 땅은 현재 지역사회 농원이다. 벌이 윙윙거리며 날아다니는 파리의 옥상은 주방과 레스토랑에 꿀을 제공한다. 그리고 19세기 시민 농원은 지속가능한 식품의 현지 공급에 초점을 둔 농업경제의 복구로 활기가 넘친다.

종종 가족의 지위와 관련되었다. 그래서 서유럽에 비해 훨씬 일찍 결혼하고 자녀를 가지는 편이었다. 전형적으로 주택단지는 크게 단위별로 건설되었다. 그런 주택단지는 도시 주변부에 커다란 콘크리트 벽을 쌓았다. 그 결과 도시인구밀도는 실제로 도시 주변부 근처에서 증가할 수 있었다.

유럽 도시의 모델

중심지로부터 거리가 멀어질수록 사회경제적 지위가 증가하는 동심원 형태의 동심원 모델은 영국 도시에 대체로 적용 가능하다. 반면 지중해 도시는 라틴아메리카에서처럼 역전된 동심원 지대 형태의 모습을 띤다. 그러한 도시에서는 엘리트 계층이 주요 교통로 가까이에 위치한 중심 지구에 모여 있으며, 저소득층은 서비스가 열악한 주변부 지역에 거주한다. 유럽에서는 가구당 인구수는 보통 도심에서 멀어질수록 증가한다.

선형 모델은 상이한 소득 집단이 도심에서 외곽으로 나가는 구역에 모이는 사회경제적 패턴을 설명한다. 부유층은 기념비적인 도로 또는 오염원과는 반대 방향의 지역을 선호한다. 저소득 계층은 철도선 또는 중공업 지대를 따라서 양호하지 않은 구역에 거주한다. 끝으로 다핵심 모델은 상이한 집단이 도시 내부의 민족별 지구 또는 주변부 가까이 위치한 고층의 공영주택에 집중 거주하는 민족 분화의 형태를 설명한다.

북서부 유럽의 도시 구조

전산업도시의 중심에는 시장광장, 중세 성당, 시청과 같은 역사적 건축물들이 있다(그림. 5.14). 고소득층 및 중산층 주민은 아파트 건물의 상점 및 사무실 위에 입주해 있다. 좁고 구불구불한 거리는 대략 0.5km 밖으로 뻗어 있다. 일부 넓은 거리는 광장에서 뻗어 나가서 보행자 도로가 되고, 그 보행자 도로는 기차역으로 이어지며, 주요 백화점, 레스토랑, 호텔이 그 도로에 있다. 고층건물은 상업과 금융지구 지역에 집중된다. 그곳에는 역사적인 건물을 개조한 도심 쇼핑몰 또는 축제가 열리는 시장이 있다. 일부 오래된 공업 및 항만 지역은 새로운 소매, 상업 및 주거지 해안 개발로 재개발될지도 모른다.

중심부를 둘러싸고 점이지대가 일부 형성되어 있다. 예전에 성곽이었던 지역은 19세기에 재개발된 원형 지대이다. 일부 낡은 중산층의 주택은 재생되었으며, 반면 다른 구역은 학생과 저소득 이주자에게 저렴한 임대료의 숙소로 이용된다.

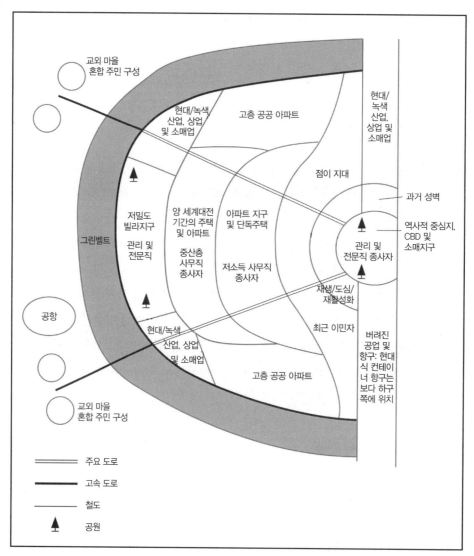

그림 5.14 북서부 유럽의 도시 구조 모델. 출처: Linda McCarthy

이러한 지역의 주변은 사용하지 않는 철길이 있는 구공업 지대인 점이지대이다. 1950년대와 1960년대에 새로운 산업 공장(예를 들면 경공업, 식품 가공)이 버려지고, 오래된 많은 공장과 창고를 대체하였다. 저소득 세입자와 소유주는 황폐한 19세기의 주택에 거주하고 있으며, 몇몇 집은 개조되거나 대체되었다. 어떤 근린지구는 상당히 독특하다. 왜냐하면 외국의 이민자들이 종종 이국적으로 칠한 가게와 레스토랑 위에 거주하기 때문이다.

이 내부 지역을 벗어나서는 20세기 초부터 거주하기 시작한 안정된 저소득 지대인 '근로자 주택' 지대가 있다. 이러한 **시내 전차 교외**에는 차고가 없는 아파트 단지와 주택들이 들어서 있으며, 대체로 소규모 쇼핑 지역, 지역 문화 회관, 도서관, 학교가 있다. 이 지역 너머에는 차고가 있는 아파트와 단독주택이 들어서 있는 중산층의 자동차 교외가 있다. 이러한 지역은 동심원 지대 모델의 보다 나은 주거지와 일치한다. 더 바깥쪽에는 거의 특권층 주민들이 집단적으로 거주한다.

다핵심 모델에서는 기본적인 편의 시설인 상점과 은행이 없는 도시 주변 지역에서 공영 고층 아파트와 새로운 중산층인 '새로운 가구주(starter)'의 집으로 구성된 단지가 설명된다. 주변 지역은 또한 상업 및 산업 활동인 쇼핑몰, 업무 및 과학 단지, 첨단 산업 단지를 포함한다.

20세기 초 런던과 같은 도시는 개발이 금지된 시가지의 가장자리 지역에 개발제한구역을 설치하였다. 개발제한구역은 도시의 스프롤 현상을 방지하고 레크리에이션 공간을 제공하기 위해 설정되었다. 통근자는 동심원 모델에서 통근자 지역과 일치하는 침상 농촌과 소도시의 개발제한구역 바깥에 거주한다. 공항과 호텔, 현대적 공장과 같은 일련의 건물들은 주요 고속도로를 따라 더 멀리 떨어진 곳에 위치한다.

지중해의 도시 구조

지중해에서 산업화 이전 도시의 중심부는 각 도시의 독특한 역사를 반영한다(그림. 5.15). 그리스와 이탈리아의 역사적 중심부는 맨 처음 성곽으로 둘러싸인 그리스 또는 로마의 기원지에서 격자 양식의 거리로 거슬러 올라간다. 이베리아에서 볼 수 있는 아랍 구역의 좁은 골목 흔적은 무어인이 통치하던 시대로 거슬러 올라간다. 중앙 광장은 시장과 축제의 장으로, 스페인의 투우 경기가 그러한 사례이다. 도시 광장 주변의 지역은 대성당, 시청, 그리고 벽으로 둘러싸인 중세 도시의 좁은 길을 포함한다. 저소득 거주자는 1층 상점과 사무실 위의 고밀도 지역에 거주한다. 소매점 통로는 이 오래된 상업 중심지에서 기차역까지 이어져 있다. 오늘날 중심업무지구의 고층 사무실이 인근에 있다. 다핵심 및 선형 모델에서처럼 새로운 산업은 예전의 구공업 지역과 일반적으로 지중해 지역의 일부 교통 하부구조가 잘 갖춰진 위치에 나타난다.

19세기까지 도시 성장은 중세 도시 내부에서의 밀도 증가에 국한되었다. 19세기에 중세

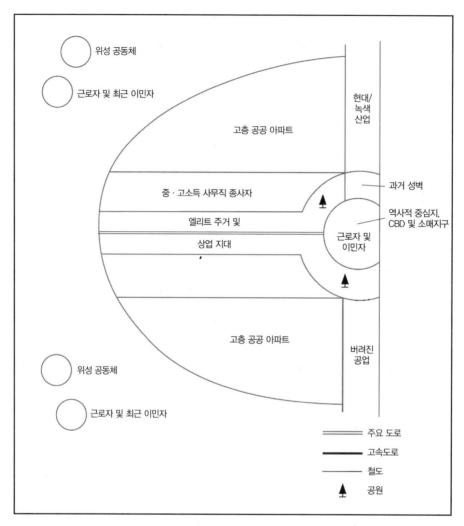

위성 공동체

근로자 및 최근 이민자

고층 공공 아파트

현대/
녹색
산업

중·고소득 사무직 종사자

엘리트 주거 및

상업 지대

과거 성벽

역사적 중심지,
CBD 및 소매지구

근로자 및
이민자

고층 공공 아파트

버려진
공업

위성 공동체

근로자 및 최근 이민자

주요 도로	
고속도로	
철도	
공원	

그림 5.15 지중해의 도시 구조 모델. 출처: Linda McCarthy

도시 성곽을 제거한 바르셀로나처럼 대도시에는 새로운 기념비적인 구역이 조성되었다. 동상과 분수와 같은 공공의 구조물과 나란히 배치된 대규모의 새로운 도로는 도시 밖으로 확장되었다. 이 지역은 선형 모델에서 제시된 바와 같이 상업적 개발과 부유층을 끌어들였다. 공원과 가로수가 늘어선 대로의 엘리트 계층 지역은 중산층 지역으로 둘러싸여 있다.

　20세기 초 교외의 팽창 현상은 특히 공업화와 이촌향도 현상을 겪는 도시에서 문제가 되었다. 무허가 주거지는 도시 외곽을 둘러싸고 있었다. 제2차 세계대전 이후 무허가 주거지는 오늘날 저소득층 가구가 거주하는 값싸고, 고층의 공공 주택으로 대체되었다. 보다 외곽의 자연 자원이 있는 곳이나 공장 근처에는 저소득층 주민과 멀리 떨어져 있고 서비스가 잘 갖추어지지 않은 최근 이민자들의 위성 공동체가 있다.

중·동부 유럽의 도시 구조

제2차 세계 대전 이전의 중부 및 동부 유럽의 도시 내부 구조는 서유럽과 많이 닮아 있었다. 그러나 1940년대 후반부터 사회주의 계획의 도입으로 다른 궤적의 '동구권 블록' 도시가 형성되면서 공산주의 시대의 도시를 잘 보여 주는 몇 가지 특징이 나타나게 되었다.

전형적인 사회주의 도시에서는 정치적 회합을 위한 중앙 광장이 있다. 사회주의의 도입 후 이전의 저택은 정부 용도로 전환되었으며, 종교 시설은 다른 목적으로 사용되었고, 혁명 영웅의 동상이 도시경관에 나타나게 되었다. 주택단지 및 근린지구 클러스터가 공장, 운송 중심지, 소매점과 함께 배치되었다. 토지이용은 경제적 요인보다는 정부의 결정에 기반을 두었기 때문에 이러한 도시는 서구의 도시 구조와 일치하지 않았다. 모든 도시가 동일한 정도의 특징을 보이고 있는 것은 아니다. 몇몇 사회주의 요소가 제2차 세계대전에서 크게 파괴되지 않은 프라하의 중앙에 나타난다. 사회주의 도시 모델은 전쟁 도중 심각하게 손상된 도시(예를 들어 바르샤바) 및 새로운 산업도시와 사회주의 이념이 특히 강하게 나타난 국가에서 명백하게 실현되었다.

1989년 이후 공산주의 시대의 도시 구조에서 발생한 첫 번째 변화 중 하나는 관광 시설의 증가이다. 외국인 관광객을 만족시키기 위한 호텔, 레스토랑, 오락 시설 등이 설치되었다. 특히 수도, 대도시, 관광 중심지의 건축 붐으로 베를린, 부다페스트, 프라하 같은 도시에 공통적으로 외국 자본으로 건설된 사무실용 빌딩, 무역센터, 쇼핑몰이 조성되었다(그림 5.16). 이들은 또한 재개발 지역에서도 나타난다. 기업 로고와 광고판은 매우 눈에 띄는 변화의 흔적이 되었다. 교외화가 매우 빠르게 진행되었다. 그러나 계획 규제의 비교적 엄격한 전통에 따라 역사적 농촌이 종종 교외 개발의 핵심이 되고, 교외 개발 지역은 대중교통으로 도심과 연결되어야 했다. 그럼에도 많은 도시는 순환 도로를 따라 주변 지역에서 대규모 상업 및 사무실 단지 개발이 이루어지는 것으로 보아 점점 자동차 지향이 되고 있다.

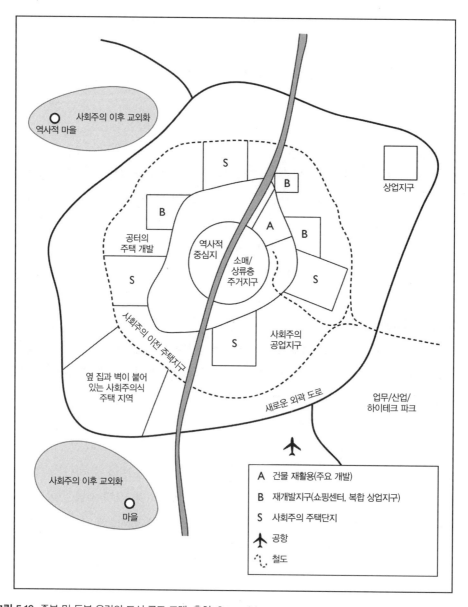

그림 5.16 중부 및 동부 유럽의 도시 구조 모델. 출처: Corey Johnson

독특한 도시

런던: 유럽의 세계도시

대영제국의 중심지로서 런던은 19세기에 세계경제와 정치권력의 중심지가 되었다. 오늘날 런던은 뉴욕, 도쿄와 함께 세계도시의 지위를 누리고 있다. 750만 명 인구가 대런던(Greater London)에 살고 있으며, 대도시의 교외를 포함하면 1900만 명이나 되는 인구가 이곳에 살고 있다. 템스 강의 입구에 위치한 남동부 잉글랜드의 런던은 영국에서 지배적인 역할을 수행하고 있다. 런던은 국가정부의 중심지이며, 영국 입법 체계의 중심이며, 다국적 기업의 본사이며, 금융·보험·광고·출판의 선도적 중심지이다.

1666년의 화재는 도시 전체를 거의 파괴해 버렸으며, 그 후 즉시 건축 붐이 일어났다. 많은 역사적 건축물은 제2차 세계대전 중 폭격을 당할 때까지 유지되었다. 런던의 옛 별명 '스모크(The Smoke)'는 산업 및 국내의 굴뚝에서 나온 오염 안개가 도시 전체에 드리웠던 시절을 상기시킨다. 그 후 런던은 탈산업화를 겪고 서비스와 현대 제조업으로 산업 구조가 바뀌었다. 이러한 변화가 있었지만 런던은 유서 깊은 과거에 확고히 뿌리를 두고 있다.

런던 중심부는 두 개의 핵심 지역을 중심으로 성장하였다. 런던 시(항구와 상업 중심지)와 웨스트민스터 시(정부와 종교 중심지)는 각각 템스 강을 따라 성장하였다. 런던 시는 발트 해와 지중해에 이르는 무역 네트워크에 힘입어 알프스의 북쪽에서 5번째로 큰 도시가 된, 로마 시대의 요새였던 론디늄(Londinium)에서 성장하였다. 중세 시대에는 런던의 방어적 내륙 위치 및 북해와 발트 해 무역의 전략적 입지로 인해 항구 및 상업 활동이 번성할 수 있었다. 부두는 런던탑에서 이스트엔드(East End)까지 뻗어 있다. 특화된 시장 지역은 로마 시대의 원래 도시에서 세인트 폴 대성당(St. Paul's Cathedral) 가까이로 발전하였다. '런던 시'는 현재 세계에서 가장 큰 은행 및 보험 회사의 사무실을 포함하는 금융 구역이다. 또한 증권거래소와 영국은행과 같이 영향력 있는 기관이 위치해 있다.

약 3.2km 상류에 위치한 '웨스트민스터 시'는 중세 시기 웨스트민스터 사원 주위에서 발전해 두 번째 핵심지역으로 성장하였다. 현재의 국회의사당은 19세기 중엽에 만들어졌으며(그림. 5.17), 빅토리아 여왕은 1837년에 버킹엄 궁전을 군주의 저택으로 만들었다. 이러한 기관들은 다우닝 가 10번지의 총리 관저를 포함하는 정부 기관이 있는 화이트홀(Whitehall)을 따라 상업 중심지를 향해 동쪽 방향으로 성장하였다. 서쪽의 왕실 사냥터는 세인트 제임

그림 5.17 국회의사당은 웨스트민스터 시에서 가장 두드러진다. 시계탑(종종 빅 벤이라고 부르기도 함)과 런던지하철은 세계에서 런던을 상징하는 랜드마크이다. (사진: Donald Zeigler)

스(St. James), 그린(Green), 하이드(Hyde), 리젠트(Regent) 공원이 되었다. 이 지역에는 귀족의 저택, 국립 미술관과 같은 문화센터와 고급스러운 상점들이 들어서 있다. 17세기와 18세기 귀족을 대상으로 투기성 목적을 띤 대규모 연립주택 개발이 진행되었다. 웨스트엔드 개발의 마지막인 벨그라비아(Belgravia)는 여전히 부유한 지역으로 남아 있다.

19세기, 주요 소매 중심축은 옥스퍼드(Oxford)와 리젠트(Regent) 거리를 따라 개발되었다. 웨스트엔드 및 시티(The City) 외에도 도심(런던의 32개 자치구 중 13개 자치구)은 19세기와 20세기 초의 교외화 지대로 구성된다. 1840년대 초부터 부유한 가구는 철도 때문에 더 멀리 이사하는 것이 가능하였다. 중심지 가까이에 위치한 고밀도의 빅토리아 및 에드워드 시대의 주택은 이슬링턴(Islington)에서 중산층의 독립 및 연립주택과 이스트엔드의 노동자들의 작은 주택을 포함한다. 산업화의 증대와 새 부두의 놀라운 성장에 의해 이스트엔드는 매우 가난한 이민자들의 주거지가 되었다.

이스트엔드의 원래 주택의 대부분은 사라졌다. 제2차 세계대전 당시 공습으로 파괴되었거나 고층 공영주택으로 대체되었으며, 지금도 쇠퇴하고 있다. 오래된 공장, 창고, 부두, 철도 야적장 가운데 흩어져 있는 기타 주택 또한 열악한 상태이다. 퇴락하고 있는 중산층 주거지의 대부분은 낮은 임대 아파트로 세분화되었다. 하지만 도심 내에서 주민들은 근린지구로 구별되며, 각 지구는 그 자체의 시내 중심가가 있고, 사회경제적 및 인종별 혼합이 이루어지며, 정치적 지지 및 스포츠 팀을 응원한다. 1980년대 초 런던의 넓은 지역인 도크랜드(Docklands)는 공공 및 민간 투자를 통해 재생되었다. 영국 정부는 민간 개발을 촉진하기 위해 공적 자금을 이용한 도시개발공사를 설립하였다. 런던의 최고층 빌딩으로 사무실과 전문 상점이 입주한 50층 타워는 카나리 워프(Canary Wharf)에 건설되었다. 도크랜드 활성화 프로젝트는 런던타워의 동쪽인 상류 계급의 세인트케서린 도크(Saint Kathrine Docks)의 서쪽까지 확대된다. 이러한 도크랜드 개발은 고소득 거주자를 유입해 지역 활성화를 촉진하였다.

런던의 외곽은 양 대전 사이에 개발되었으며, 쇼핑가 및 산업 공원을 갖춘 저밀도 주택 구역이다. 이러한 외부 교외는 나머지 19개의 자치구를 포함한다. 1918년과 1939년 사이 런던 지하철과 개인 차량 이용의 확대는 교외화를 촉진하였다. 중산층 주민들은 정원이 있는 잘 가꾸어진 주택에 거주한다. 이웃으로서의 안정감은 강하다. 2세대 이주자는 오래된 주택 구역으로 이주하였다. 런던의 교통 혼잡에 대한 혁신적인 접근 방식은 도시에서 몹시 붐비는 지역으로 운전하는 운전자에게 일일 교통 혼잡 부담금을 도입한 것이었다. 이를 통해 혼잡 지역으로 진입하는 교통량이 20% 이상 감소했으며, 걷어진 세금은 대중교통에 재투자하기 위한 기금으로 사용되었다.

교외의 외곽은 도시의 스프롤을 방지하고 여가 공간을 제공하는 8~16km폭의 개발제한구역 내에서 급작스럽게 끝난다. 농촌과 소규모 시장 타운은 1939년에 개발제한구역이 설치될 당시 정도만 남아 있다. 성장 압력은 새로운 부유한 주민에 의해 재생된 농촌 주거지에서만 뚜렷하다. 개발제한구역 내 개발 금지는 기존의 시가지 또는 보다 외곽에서 개발이 이루어지도록 하였다. 런던의 넘쳐 나는 인구와 런던 이외의 영국 지역으로부터의 이주자들을 수용하기 위해서 8개의 새로운 도시가 개발제한구역 바깥에 건설되었다. 이 대도시의 교외는 시내 중심에서 80km까지 연장되어 있으며, 길퍼드(Guildford), 레딩(Reading), 루턴(Luton)과 같은 큰 타운이 포함되어 있다. 상대적으로 건실한 경제, EU 내에서 무역 장벽의 제거, 그리고 영불 해협 터널(Channel Tunnel)을 통한 비즈니스는 주택, 정부 인프라, 교통 서비스에 압박을 가하고 있다.

파리: 탁월한 종주도시

대도시 교외를 포함해 1600만 명의 인구가 살고 있는 파리는 유럽에서 두 번째로 큰 대도시 지역이다. 프랑스의 종주도시로서 파리는 국가 도시 체계 및 국가의 경제, 정치, 문화를 지배한다. 탈산업화 이후 파리는 현대적인 산업과 금융의 주요 국제적 중심지가 되었다. 첨단 시설 공장과 연구 및 개발 기업이 외부 교외에 있다. 패션 의류, 보석 등의 고급 아이템이 도심의 워크숍에서 생산된다.

제2차 세계대전 이후 파리는 프랑스의 다른 지역과 과거 프랑스 식민지 국가에서의 인구 이동, 파리의 가임기 성인의 높은 비율 때문에 지속적으로 성장하였다. 이러한 성장의 대부분은 외부 교외 지역에 집중되었다. 도시 중심과 내부 교외 지역은 인구 감소 현상이 나타났다.

파리의 본래 위치는 센 강에 위치한 섬이었는데, 오늘날 **시테 섬**(Île de la cite)이라고 불린다. 로마인은 A.D. 52년 갈리아 부족의 파리시(Parisii)에게서 그 섬을 장악하였다. 그들은 그 도시의 총독을 위한 신전과 궁전을 건설하였고, 수도원과 교회가 그 섬의 취락에 들어서게 되었다. 웅장한 고딕 양식의 노트르담 대성당은 12세기에 시작해 170년의 기간이 걸려 완성되었다.

왕국의 중심지로서, 건축물의 웅대함과 그 계획은 파리를 강렬한 기념비적인 도시로 만들었다. '왕국의 축(Royal Axis)'은 인상적인 파리 진입로이다. 그 축은 샹젤리제(Champs-Élysées)를 따라 루브르(왕궁, 지금은 국립박물관), 콩코드 광장(Place de la Concorde) 맞은편의 튈르리 가든(Tuileries Gardens)에서 개선문(Arc de Triomphe)까지 이어진다. 인근의 에펠탑은 1889년 파리 엑스포를 위해 건립되었다. 파리에서 가장 높은 건축물인 에펠탑은 세계에서 가장 잘 알려진 기념물 중 하나이다. 파리는 여전히 주목할 만한 건축물을 만들어 낸다. 최근 처음부터 논란이 되었던 건축물로는 루브르(그림 5.18)에 있는 19세기 정원의 세련된 유리 피라미드와 퐁피두센터, 다층의 외부 환기와 강철로 된 유리 에스컬레이터로 인해 '예술적 유화 정제소(arrty oil refinery)'라는 별칭으로 불리는 현대 미술 국립박물관이 포함된다.

파리 지방, **일드프랑스**(Île de France)는 8개의 행정단위(Departements)로 구성되어 있다. 그 중 가장 내부 지역은 옛 파리 시와 일치한다. 이 고밀도 지역은 중세 시대 성곽 안에서 발전하였다. 그 지역의 특별 구역에 **시테 섬**이 속한다. 하류 쪽 센 강의 '오른쪽 제방'은 파리 경제의 핵심이다. 이곳에는 사무실, 부유층 상점, 호텔, 레스토랑, 고소득층과 중산층 아파트가 위치한다. 지적, 문화적 삶의 중심지인 '왼쪽 제방'에는 소르본 대학, 서점, 극장, 중산층 및 저소득층 아파트가 있는 오래된 지역인 라틴 쿼터(Latin Quater)가 두드러진다. 런던과 달리, 파리에는 큰 공원이 거의 없다. 파리는 넓은 대로와 나무가 늘어선 강변 길 때문에 개방성과 녹지의 느낌을 준다.

파리의 바깥쪽 부분은 중심지로부터 약 24km 정도 범위이며, 내부 교외의 '작은 링(petite couronne)'이 포함된다. 그 지역은 1800년대 후반과 제2차 세계대전 사이에 개발되었다. 제1, 2차 세계 대전 사이에 일어난 투기성 단독주택은 좋은 위치에서 개발되었다. 그 뒤 시장성이 덜한 곳에 공영의 고층 아파트가 지어졌다. 외부 교외의 '큰 링(grande couronne)'은 16~24km 정도 범위로 전개되며, 전후 낙후된 서비스의 공공 고층 아파트 단지(grands ensembles)가 있다.

장 프랑수 그라비에
(Jean-Francois Gravier)의
『파리와 프랑스 사막(Paris
and the French Desert)』이
출판된 이후, 1940년대 후
반부터 계획가들은 파리
의 특출한 경제 및 인구
의 종주 문제 해결에 중점
을 두기 시작하였다. 국가
의 분산 정책은 파리 지역

그림 5.18 I.M. 페이가 설계한 세련된 유리 피라미드는 파리의 옛 왕궁에 있는 국립미술관, 루브르 박물관의 유명한 새 입구이다. (사진: Linda McCarthy)

내 성장을 제한하고, 혼잡 문제의 해결을 시도하였다. 반면 8개 대도시, 릴-루베-투르쿠앵(Lille-Roubaix-Tourcoing), 메스-낭시(Metz-Nancy), 스트라스부르(Strasbourg), 리옹(Lyon), 마르세유(Marseille), 툴루즈(Toulouse), 보르도(Bordeaux), 낭트-생나제르(Nantes-St.Nazaire)의 개발이 추진되었다. 5개의 신도시, 생캉탱 이블린(St. Quentin-en-Yvelines), 에브리(Evry), 믈룅-나르(Melun-Senart), 세르지-퐁투아즈(Cergy-Pontoise), 마르느라발레(Marne-la-Vallee)는 파리의 북쪽과 남쪽, 성장의 두 동서축을 따라 건설되었다. 그러나 신도시는 파리의 도시 확장으로 성장하였고, 파리 중심으로 출퇴근하는 하루 100만 명 이상의 통근자를 위한 중산층 베드타운이 되었다.

신도시들을 보완하는 4개의 교외 고용 중심지가 있다. 그 가운데 규모가 가장 크고 성공적인 곳은 라데팡스(La Defense)이다(그림 5.19). 다국적기업 본사, 상점, 공공건물, 주택이 포함된 고층 빌딩은 라데팡스에서 그 위용을 자랑한다. 현대적 신개선문(Grand Arche)은 '왕국의 축(Royal Axis)'의 현대적 연장인 샤를 드골 거리를 따라가다가 개선문에서부터 보면 눈에 잘 들어온다.

바르셀로나: 카탈루냐의 수도

160만 명의 인구가 거주하는 바르셀로나는 수도인 마드리드 다음으로 스페인에서 두 번째로 큰 도시이다. 스페인의 북동부 해안에 위치한 바르셀로나는 스페인의 가장 큰 항구이

그림 5.19 파리의 에펠탑의 북서쪽 전경. 앞의 샤오 궁(Palais du Chaillot)은 1937에 국제 엑스포를 목적으로 건설되었다. 멀리 불로뉴의 숲(Bois de Boulogne) 저편에 계획된 교외 업무지구, 라데팡스가 있다. (사진: Linda McCarthy)

며, 주요 산업, 상업, 문화의 중심지이다. 카탈루냐 정부의 청사가 있는 카탈루냐 지방의 지역 중심지인 이곳은 이중 언어를 사용하는 도시이다. 스페인어와 카탈루냐어는 널리 사용되는 공용 언어이다(그림 5.20).

페니키아인이 2,000년보다 더 이전에 바르셀로나를 건설하였다. 도시 거리 계획은 성장의 주요 3가지 단계, 즉 고대와 중세 시대, 19세기에 추가된 것, 20세기 후반과 21세기 초의 교외를 반영한다. 구도시는 바르셀로나를 상징하는 행정 중심지이다. 로마 시대 성곽의 흔적과 격자 형태의 거리는 중세 시대 핵심 지역의 좁은 거리와 겹쳐 있다. 이곳에서 주민과 관광객은 유명한 람블라(Ramblas) 거리를 따라 산책한다. 바르셀로나는 크루즈 선박을 이용하는 200만 명의 관광객을 포함해 연간 600만 명 이상이 찾는 지중해에서 가장 유명한 관광, 항구도시이다.

1859년 이데폰스 세르다(Ildefons Cerdà)는 과거 중세 성곽 지역으로 확장 계획을 세웠다. 그의 선구적인 설계는 격자 형태에 기반을 두었다. 그 격자 형태에는 직선 대로 및 아파트 단지로 둘러싸인 공원이 포함된 독특한 8개의 면으로 구성된 도시 구역이 있다. 투기적 성장이 크게 진행된 19세기와 20세기 초, 그동안 무시되었던 세르다의 계획은 구도시의 북쪽에 만들어진 새로운 지역인 **에이샴플라**(Eixample) 지구에서만 계획대로 실현되었다. 이 새로운 개발에 현대적인 중심업무지구의 고층 사무실과 아파트가 또한 포함되어 있다.

1939년 스페인 내전 말에, 프란시스코 프랑코(Francisco Franco)의 독재하에 바르셀로나의 카탈루냐 문화는 억압되었고, 도시는 적절한 공공 인프라와 서비스가 결여된 상태에서 통제되지 않은 투기적 개발을 겪었다. 농촌에서 도시로의 대규모 이주는 급격한 인구 증가를 가져왔다. 수만 명의 불법 거주자들은 무계획적인 도시 가장자리에 있는 판자촌에 머무르게 되었다. 1960년대와 1970년대, 설계와 서비스가 잘 이루어지지 않은 주변부의 수십만

그림 5.20 카탈루냐 전역에서 카탈루냐인의 민족주의·분리주의 표시가 발견된다. 지로나(Girona)에 있는 이 현수막은 영어로 전 세계에 말하고 있다. (사진: Donald Zeigler)

개의 고층 공영 아파트가 심각한 주택 부족을 해결할 목적으로 건설되었다.

1970년대 중반, 스페인의 의회 민주주의가 이루어진 이후 바르셀로나의 선출 지방자치 단체가 자치권을 더욱 많이 갖게 되면서 지역의 발전과 계획 분야의 재출범에 이바지하였다. 바르셀로나의 도시 재개발 프로그램은 EU의 인프라 지원 자금 혜택을 받았다. 1992년 올림픽촌 건설은 버려진 부두 지역이 해안가 재개발로 인해 활력을 되찾는 데 도움이 되었다. 유명한 세계문화유산 지역에는 1882년부터 개인 기부금으로 자금을 충당한 안토니 가우디(Antoni Gaudi)에 의해 설계된 구엘 공원(Park Güell) 및 그의 미완성 교회인 사그라다 파밀리아(Sagrada Familia)가 포함된다. 또한 가난한 주민들의 지속적인 유입은 주택, 인프라, 서비스에 부담을 주었다. 이 가난한 이민자들은 가난한 도심 근린지구와 외곽의 공공 아파트 단지에서 사회적, 경제적 위치의 측면에서 양극화되었다. 반면 고소득층 주민은 보다 나은 중심지구나 서비스가 잘 갖추어진 교외의 저밀도 지역에 거주한다.

오슬로: 노르웨이의 절제된 수도

오슬로는 도시인구 60만 명과 대도시권 인구 약 140만 명이 살고 있는 노르웨이에서 가장 큰 도시 중심지이다. 오슬로 피오르 입구에 위치한 이 도시는 노르웨이의 수도 및 주요 항구이며, 주요 상업, 통신, 제조업의 중심지이다.

오슬로는 약 A.D. 1000년경 건설되었으며 1299년에 국가의 수도가 되었다. 1624년에 발생한 엄청난 화재 사건 이후, 덴마크의 왕 크리스티안 4세(Christian IV)는 만의 동쪽에 있는 아케르스후스(Akershus) 성에 더 가까운 도시를 또 다른 입지로 지정하였다. 현재 그 도시는 크리스티아니아(Christania 후에 Kristiania)로 불린다. 이 도시는 넓은 거리가 있는 격자형의 체제로 광장은 마을과 성 사이에 위치하고, 성벽은 북쪽 측면을 방어하도록 계획되었다. 화재 방지를 위해서 건물들은 벽돌이나 돌로 건설되도록 했지만, 그 후 시가지 외곽에 대단지 목조주택이 곧 지어졌다. 도시는 서서히 성장하였다. 1661년에 약 5,000명의 인구만이 크리스티아니아에 거주하였다. 1800년대에 인구는 겨우 만 명 정도 증가하였다.

1800년대 중반 도시의 행정 기능은 주로 섬유 및 목재 가공에 기반을 둔 산업에 의해 뒷받침되었다. 많은 랜드마크, 예를 들면 대학, 왕궁, 국회의사당, 국립극장, 증권거래소가 건설되었다. 도시는 주로 계획되지 않은 방식으로 확장되었다. 인구는 1850년에 2만 8000명, 1900년에는 22만 8000명으로 증가하였다. 1925년 도시는 원래의 이름 오슬로로 되돌아갔다. 제2차 세계대전 이후 주로 자가 주거의 주택에 보조금을 지급하는 공공 정책의 결과로 인해 오슬로의 외곽으로 확장은 계속되었다.

오슬로에는 40개의 섬과 343개의 호수가 있다. 도시의 약 2/3는 그림 같은 미관을 제공하는 자연보호 지역으로 설정되어 있다. 주변 숲과 호수 주변의 대부분은 개인 소유지만, 많은 사람들이 그곳의 개발을 강력하게 반대한다. 북유럽에서 흔히 그러하듯 오슬로는 항구 주변으로 확장되었고, 도시의 중앙에는 기차역이 있다. 또한 역사적인 중심지를 내려다보는 왕궁이 있으며, 보행자 중심의 쇼핑 거리가 있다. 버락 오바마(Barack Obama), 국제기후변화패널(IPCC)과 앨 고어(Al Gore), 국경 없는 의사회 등에게 수여한 노벨 평화상은 노르웨이 위원회에 의해 수여되도록 알프레드 노벨(Alfred Nobel)이 결정했기 때문에 오슬로는 노벨 평화상이 수여되는 도시이다(다른 4개 분야의 상은 스웨덴 위원회에 의해 수여된다). 스칸디나비아의 가장 오래된 수도지만 오늘날 오슬로는 절제된 현대 도시이다.

베를린: 과거는 독일의 수도에 항상 존재한다

거의 모든 곳에, 모든 다리를 가로질러, 그리고 거의 모든 독일 지하철(U-Bahn) 역에서 베를린은 매혹적인 역사에 유래한 일말의 흥겨움을 제공한다. 거의 800년 역사를 통해서 상대적으로 주목받지 못한 베를린은 19세기 및 20세기에 상징적 및 실제적으로 중요한 정치 소용돌이에 휘말리게 된다. 최근에 베를린은 재통일된 독일의 수도와 EU의 주요 정치 중심지로서 또 다른 큰 변화의 시대를 겪고 있다.

베를린은 13세기에 북유럽 평원의 빙하작용을 받은 습지대에 위치한 슈프레 강의 편리한 도하 지점에서 평범하게 시작하였다. 베를린은 프로이센 왕국의 중심지로서 그 정치적 운명과 더불어 성장하였다. 베를린이 프로이센의 공식적인 수도가 되었던 1701년 이후, 도시의 건축에 있어서 전성기를 맞았다. 프로이센의 왕족은 베를린이 파리, 빈, 런던과 같이 전통 있는 도시에 부합할 수 있는 인상적인 건축 환경을 모색하였다. 그 도시의 가장 중요한 축, 운터 덴 린덴(Unter den Linden)을 따라 산책을 하면 프로이센을 지배한 호엔촐레른(Hohenzollerns) 왕가의 과시가 보인다. 이 왕가는 19세기 초반에 나폴레옹의 군대를 물리치도록 도와준 후 그들의 자부심을 표출하기 위해 대로를 건설하였다. 그 거리는 프로이센의 권력, 독일 제국의 주장, 냉전 시대의 분할, 그리고 1990년 이후의 독일 재통일 등을 상징하는 기념물인 브란덴부르크 문에서 끝난다. 사람들이 브란덴부르크 문을 통과할 때 그들은 더 많은 역사와 만나게 된다. 남쪽으로는 학살된 유대인 기념관이, 북쪽으로는 연방 의회의 투명성을 상징하는 거대한 유리 돔으로 된 제국의회의사당 건물을 재보수한 독일 정부청사가 있다. 아마도 그곳은 베를린의 다른 어떤 곳보다 현대와 과거, 고통과 즐거움이 거의 초현실적 도시 집합체로서 공존하는 곳이다.

  1800년대 프로이센의 성장 동력은 산업화와 함께 이루어졌다. Siemens와 AEG 같은 대기업이 설립되었으며, 베를린에 기반을 둔 보험회사(예로 알리안츠)와 은행(예로 도이치 은행)은 산업 경제의 급속한 발전을 제공하였다. 변화하는 정치적 운명을 반영하는 다국적기업들은 남아 있지 않다. 하지만 유럽의 주요 산업도시의 하나로서 베를린의 위상은 아직도 살펴볼 수 있다. 산업 전성기 때 노동자 계층의 아파트 주거지는 역사적 중심지를 둘러싸고 있는 베딩(Wedding) 및 크로이츠베르크(Kreuzberg)와 같은 지역에서 찾아 볼 수 있다. 그 도시의 오래된 양조 산업은 독일의 통일 이후 문화와 예술 중심지로 새롭게 변모하였다. 프렌츠라우어 베르크(Prenzlauer Berg)에 있는 슐타이스(Schulthesis) 양조장은 이제 **쿨투어브라우이**(Kulturbrauerei)라고 불리는 문화 센터 및 쇼핑 지역이다. 그리고 노이쾰른(Neukölln)의 킨들(Kindle) 양조장에는 예술가의 스튜디오 및 아파트가 들어서 있다. 또한 베를린은 19세기와 20세기 초 주요 교통의 중심지가 되었다. 주요 간선 철도는 구불구불하게 도심부를 통과하면서 동물원(Zoologischer Garten), 베를린 중앙역(Lehrter Station: 유럽에서 가장 큰 주요 역이다.), 프리드리히슈트라세(Friedrichstrasse), 알렉산더 광장(Alexanderplatz)과 같은 상징적인 역에 멈춘다. 베를린의 경제와 인구의 최고점은 1940년이었다. 그때는 산업, 운송, 제3제국의 정부 중심지였다. 인구는 독일군이 폴란드를 침공하던 1939년에 약 400만 명이었으며, 오늘날은 약 300만 명 정도이다. 전적으로 계획된 것은 아니었지만 나치는 씻을 수 없는 상처를 베를린에 남겼다. 히틀러가 계획했던 과대망상적인 독일제국의 수도로서 베를린 중심을 재건하겠다는 게르마니아(Germania)는 실현되지 않았다. 전쟁으로 가장 두드러진 유산은 파괴이다. 도시 중심은 연합군의 폭격과 전쟁의 마지막 며칠 동안 소련군의 유혈 작전 개시로 95%가 파괴되었다.

  제2차 세계대전 이후 연합군에 의해 베를린은 4개의 구역으로 나누어졌는데, 이곳은 도시에 남아 있던 사람과 동·서 베를린 두 곳의 많은 피난민 집단을 위한 주택 건설이 최우선시되었다. 결과는 건축적인 매력보다는 기능적이었다. 무미건조한 주택단지들은 아직도 뚜렷하지만 일부 냉전 유산 프로젝트들이 남아 있다. 동베를린의 스탈린 거리(Stalinallee, 후에 칼 마르크스 대로로 바뀜)는 공산주의 건축물의 전시장으로 설계되었고, 그 거리는 공산 정권의 미적 사고를 잘 보여 준다. 서베를린의 베를린 필하모니 오케스트라 공연장이었던 문화 포럼과 같은 프로젝트는 현대를 상징한다. 이곳은 서독의 사회, 경제 체제의 장점을 보여 주도록 설계되었다.

재통일 이후 베를린은 역대 가장 큰 도시 재건 노력의 장소가 되었다. 전쟁 전 분주했던 포츠담 광장(Potsdamer Platz)은 1961~1989년 기간 동안 베를린 장벽 지역에 있었다. 1990년대에 이르러 당시 유행하던 철강과 유리로 된 형태로 재건되었다. 베를린 장벽이 한때 둘로 나눈 주요 남북 축, 프리드리히슈트라세(Friedrichstraße)는 베를린에서 가장 고급스런 쇼핑과 사무실 지역으로 거듭났다. 한편, 서독 소비주의의 상징이었던 쿠어쉬어스텐담(Kurfürstendamm) 거리는 1980년대와 같은 모습이다.

베를린의 매혹적인 역사는 또한 적절한 토지이용에 관한 논쟁이 되기도 한다. 거의 모든 주요 건축의 결정에는 과거 고통스러운 시대에 대한 민감한 감정이 수반된다. 최근 슈타트슐로스(Stadtschlos: 도시궁전)의 재건이 아주 좋은 사례일 것 같다. 손상된 19세기의 원형은 동독 정권에 의해 전쟁 후 파괴되었다. 그리고 그 위치에 공화국의 현대적 궁전이 건설되었다. 그 건물에는 프로이센의 군국주의 역사에서 그 장소를 분리하려는 의도가 들어 있었다. 2008년 철거되었지만, 의회는 훔볼트포럼(Humbldtforum) 및 비유럽 예술관으로 명명될 예정의 도시궁전 복제품을 재건하기 위해 투표하였다. 2010년, '독일과 세계 경제 침체의 피해자' 프로젝트는 보류되었다.

부쿠레슈티: 동쪽의 새로운 파리?

북쪽으로는 카르파티아(Carpatia) 산맥 사이에 위치하고 남쪽으로는 다뉴브 강의 저지대 사이의 루마니아 평원에 위치한 부쿠레슈티는 주변 지역에 200만 명 정도의 인구가 거주하는 루마니아에서 가장 큰 도시이다. 이곳은 수도일 뿐만 아니라, 그 국가의 가장 중요한 경제 및 산업도시이다. 베를린과 마찬가지로 부쿠레슈티는 기념비적인 스탈린 건축, 대형 공산주의 시대의 아파트 단지, 그리고 일부 낡은 전쟁 전 건조환경의 형태로 공산주의의 과거 흔적을 갖고 있다. 그러나 제2차 세계대전 이전과 전후 공산주의 시대에 우아한 건축물과 고급문화 계층은 이 도시를 '동쪽의 파리'로 만들었다. 2007년에 EU에 가입한 이후 부쿠레슈티는 그 타이틀을 되찾고자 하는 징후를 보인다.

부쿠레슈티는 유럽의 기준으로는 비교적 젊은 도시이다. 처음으로 그 도시가 언급된 것은 1459년으로 거슬러 올라간다. 1800년대 부쿠레슈티는 교통의 주요 중심지가 되었고, 제조업 기반을 갖추었다. 1862년도에 국가가 형성되었을 때, 부쿠레슈티는 루마니아의 수도가 되었다. 18세기 말경 부쿠레슈티는 자랑스럽게 트램 시스템(전차)과 세계 최초의 전기 가로등을 사용하였다. 이 도시는 제2차 세계대전까지는 지속적인 성장을 하였다. 부쿠레슈티의 전체 인구는 1830년대에 약 6만 명에서 제2차 세계대전이 끝날 무렵에는 100만 명을 약간 넘었다. 1930년대 도시의 마스터플랜은 밀집된 중세 시대의 핵심 지역을 크게 변경해 넓은 대로, 공원, 웅대한 공공건물을 갖춘 베를린과 파리와 같은 확장을 구상하였다. 이것은 전쟁 후의 공산주의 지도자, 니콜라이 차우체스쿠(Nicolae Ceaucescu)에 의해 그 뒤 초석을 다지는 작업이 되었다.

부쿠레슈티는 2차 세계대전 동안 연합군과 나치의 폭격으로 많은 피해를 입었다. 전쟁이 끝난 후, 사회주의 계획에 따라 개발이 진행되었다. 산업 규모는 매우 확대되었으며, 새로운 주택 건설이 이루어졌다. 그리고 이전의 저택은 정부 청사, 외국 대사관으로 바뀌었다. 인구는 1966년에 140만 명으로 증가하였다. 아마 유럽의 어떤 도시도 부쿠레슈티와 같이 축출된 지도자가 자신의 흔적을 남긴 도시는 없었을 것이다. 이 인물은 민주 혁명이 일어난 1989년 재판 후 아내와 함께 처형되었다. 루마니아의 수도는 과대망상증 인격의 영향에 대한 흥미로운 관점을 보여 준다. 도시 재개발, 체계화를 위한 차우체스쿠의 프로그램으로 일부 교외의 단독주택이 아파트 단지로 대체되었다. 그는 기존의 지역에서 주택단지 건설을 크게 확대했으며, 사회주의의 혁명적 미학을 표현하기 위해 인상적인 입구로 특정 대로를 재설계하였다.

1977년 지진으로 상당한 피해를 입은 후, 차우체스쿠는 부쿠레슈티의 중심에 관심을 기울였다. 1989년 유서 깊은 중심 지역의 약 25%를 새로운 시민 센터로 조성하기 위해 불도저로 밀어, 약 4만 가구가 하루아침에 살던 곳에서 쫓겨났다. 개를 키우던 가구에서는 개를 내버려야 하였다(부쿠레슈티에서는 주인 없는 개가 아주 골치 아픈 문제가 되었다). 정부의 새로운 행정부 역할을 할 공화국 의사당이 그 건설 계획의 중심에 있었다. 그것은 세계에서 가장 큰 건물 가운데 하나였다. 약 45m² 이상의 근린지구가 그 기관을 수용하기 위해 철거되었다. 이 건축물이 건축될 때, 국가의 거의 모든 대리석이 이용되었고 수제 목재 패널과 크리스털 샹들리에가 이 건축물의 특징이 되었다. 그 계획의 두 번째 요소는 '사회주의 대로의 승리'라고 하는 것의 건설이었다. 이 정교하게 꾸며진 의식용 거리는 파리의 샹젤리제 거리보다 더 길고 웅장하도록 계획되었고, 그 뒤 이 거리는 화려한 분수로 치장되고, 부쿠레슈티의 최고급 아파트가 배치되도록 하였다. 차우체스쿠의 개조 중에서 다소 이상한 요소로는 교회가 포함되었다는 점이다. 그는 교회를 좋아하지 않았다. 그는 교회를 파괴하도록 지시하여 비난받기보다는 많은 교회를 다른 건물 뒤로 옮기도록 하였다.

1990년대 부쿠레슈티는 차우체스쿠의 실험 계획의 여파로 고통 받았다. 도시는 쇠퇴하였고, '동쪽의 파리'보다는 길을 잃은 개로 더 유명해지게 되었다. 완공된 공화국 의사당은 루마니아의 민주 의회의 중심이 되었고, 과거와의 화해, 그리고 국가와 수도의 보다 미래 지향적인 상징이 되었다. 최근 루마니아는 NATO와 EU에 가입하는 등 유럽에 통합되면서 경제적 혜택을 얻고 있고, 부쿠레슈티는 다시 활기를 띠고 있다. 한때 정권의 권력 장악을 과시하기 위해 사용된 대로는 현재 소비중심주의의 기념물이 되고 있다. 부쿠레슈티에는 아직도 길 잃은 개들(최근 추정으로 약 10만 마리)이 있지만 인접 국가의 많은 도시처럼 부쿠레슈티는 앞으로 유럽 지향의 세련되고 번화한 경제 문화의 중심지로 나가는 것에 만족하는 것으로 보인다.

도시의 도전

세계의 많은 다른 지역의 도시가 직면하고 있는 문제와 비교할 때, 유럽의 도시들은 상당히 좋은 편이다. 그와 동시에 유럽 도시는 테러 위협 등의 세계의 다른 선진 지역과 유사한 문제를 겪고 있다(글상자 5.4).

공업화가 이루어진 최초의 장소로서 서유럽은 탈산업화를 가장 먼저 겪었다. 도심 거주자의 실업률 증가가 장기화됨에 따라 빈곤 및 다양한 사회문제가 구산업도시의 일부 지구에 집중되었다. 또한 이러한 지역은 도시에서 가장 오래되고 열악한 주택 및 도시 기반시설 지역이다. 지출을 줄이기 위한 정부의 공공 주택 민영화 정책은 많은 도시에서 저렴하지만 양호한 주택 부족 현상을 더 악화시켰다.

1990년대 초부터 중부 및 동부 유럽의 정부는 시장 기반 경제로 전환하는 어려운 일에 직면하였다. 사회주의에서 노동자는 공개적으로 고용되었으며, 거대한 공장에서부터 작은 빵가게에 이르기까지 모든 업무는 국가가 운영하였다. 사회주의 아래서 많은 경제활동은 비효율적으로 실행되었다. 그 결과 민영화는 생산 감소, 공장 폐쇄, 이전에 알려지지 않은 실업을 야기하였다.

런던의 테러 예방

도시(특히 런던과 같은 세계도시)는 여러 가지 이유로 테러리스트가 공격하기 좋아하는 장소이다. 첫째, 도시는 상징적 가치를 지닌다. 도시는 사람과 건물이 조밀하게 집중되어 있을 뿐만 아니라 국가의 명예와 군사, 정치, 재정적인 힘의 상징이다. 런던의 지하철 폭탄 사고는 국제적 경계심을 갖게 하고, 세계의 무수한 사람들에게 즉시 전달된다. 둘째, 산업 및 상업 기반시설이 많이 들어서 있는 도시적 자산은 테러리스트에게 많은 목표물을 제공한다. 셋째, 도시는 통신의 광대한 국제 네트워크에서 결절 지점이다(통신망은 그 도시의 힘이 되기도 하지만 취약점이 되기도 한다). 적당한 장소에 설치된 폭발물은 공포를 조장하고 경제적 혼란을 야기함으로써 엄청난 파장을 일으킬 수 있다. 마지막으로, 소문은 고밀도 지역에서 빨리 퍼진다. 이러한 종류의 환경은 테러 조직체들이 조직원을 모으는 기반이 될 수 있다.

런던 중심부는 실제적 및 인지적 테러 공격의 위협을 줄이려 노력하였다. 보안에 대한 물리적, 그리고 보다 기술적인 접근 방식이 더 넓고 많은 규모로 채택되었다. 1989년 영국 총리는 다우닝 가 입구에 일반인 접근을 제한하는 철문 보안 시설을 설치하였다(그림 5.21).

1993년 런던 시 금융지구의 모든 출입이 안전할 수 있도록 보안 저지선이 설정되었다('스퀘어 마

그림 5.21 런던의 다우닝 가 입구의 철문 보안 시설은 총리 관저 가까이로 대중이 접근하는 것을 막는다. (사진: Linda McCarthy)

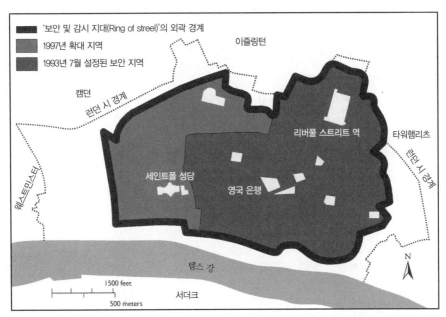

그림 5.22 1990년대 이후 테러 위협이 증가하면서 런던의 금융지구 시티(The City)에서 보안 지대도 증가하였다. (Adapted from J. Coaffee, "Rings of Steel, Rings of Concrete and Rings of Confidence: Designing out Terrorism in Central London pre and post September 11th," *International Journal of Urban and Regional Research 28*, 2004, 204)

일'). 도시로 통하는 30개의 출입구는 7개로 줄어들었고, 무장 경찰관이 직접 검문한다. 시간이 지남에 따라 보안 저지선의 규모는 '스퀘어 마일'의 75%를 관리하기 위해 증가하였다(그림. 5.22).

보안에 대한 영토적 접근 방식의 이 저지선은 CCTV 시스템을 개조해 보강되었다. '카메라워치(CameraWatch)' 협력 활동으로 경찰은 민간 기업이 CCTV를 설치할 것을 장려하였다. 보안 저지선의 7개 입구에서는 24시간 경찰 데이터베이스와 연결된 자동번호판 식별장치(ANPR) 카메라가 설치되었다. 오늘날 런던 시는 1,500대 이상의 카메라에 의해 영국에서 또는 아마도 세계에서 가장 감시당하고 있는 공간이다.

Journal of Urban and Regional Research 28 (2004), 201–11; H.V. Savitch with G.Ardashev, "Does Terror Have an Urban Future?" *Urban Studies 38* (2001) 2515–33.

민영화는 특히 주택 부문에서 문제를 낳았다. 사람들은 주택에 비용을 지출 하는 것에 익숙하지 않았다. 민영화로 인해 토지 시장이 급성장하고, 무법의 상태가 나타나면서 일부 투자자들은 엄청난 이익을 얻었다. 하지만 대부분의 개인은 어려움을 겪었다.

개인의 자동차 소유가 증가함에 따라 교통 혼잡, 특히 중세 시대의 중심지에서 대기오

그림 5.23 유럽의 '스마트 자동차'. 런던 거리에 주차되어 있는 이 사진과 같은 자동차는 유럽에서 좁은 거리와 높은 연료비에 대한 실질적인 대응책이다. (사진: Linda McCarthy)

염은 위험 수준에 도달하였다(그림 5.23). 서유럽의 교통 정책은 고속도로 및 중심 지역의 주차 시설에 대한 투자에서 카풀과 대중교통과 관련된 교통 수요관리로 대부분 바뀌었다. 많은 도시에서 지하철과 경전철 시스템이 건설되거나 확장되었다.

중부 및 동부 유럽 지역 전역의 불충분한 도로 시스템 때문에 1990년 이후 자동차 소유율이 매우 빠르게 증가한 것는 도로와 주차 시설에 상당한 부담이 되었다. 이전에는 대부분의 사람들이 자동차를 소유할 형편이 안 되었으며, 자동차 주문 대기 기간도 길었다. 일부 국가에서는 소유권에 대한 제한이 적용되었다. 주요 과제는 유럽 전체의 교통 네트워크의 일환으로 교통 기반시설을 지속적으로 개선하는 것이다.

상당수의 외국인 노동자와 그 가족의 존재는 서유럽의 문제가 되었다. 언어 차이 때문에 외국인 노동자의 자녀가 많은 국가에서는 교육 시스템의 어려움이 나타났다. 이 학생들은 몇몇 프랑스, 독일, 스위스 도시의 학교 인구에서 10% 이상이다. 경기 침체와 실업이 높아질 때 기존의 편견은 언어, 문화 또는 인종의 차이에 따라 더 심해질 수 있다. 제노포비아(Xenophobia), 즉 반외국인 정서는 프랑스에서처럼 공립학교와 대학교에서 베일 착용을 금지하는 것으로 표출되고 있다. 스킨헤드(skinheads)와 같은 폭력으로 이민자를 향한 잔인한 공격은 특히 일부 독일이나 프랑스 도시에서 발생하고 있다. 프랑스의 최빈곤층인 이민자 교외 지역(banlieue)에서 아프리카 이민자들에 대한 차별, 높은 실업과 기회 부족은 폭동의 도화선이 되었다.

최근 중부 및 동부 유럽의 많은 경제 및 사회 변화는 범죄의 가능성을 증가시켰다. 소매치기와 그라피티와 같은 경범죄의 발생이 증가하였다(글상자 5.5). 조직범죄 또한 성장하였다. 마약, 도박, 매춘과 같은 전형적인 범죄 활동뿐만 아니라 '마피아' 유형의 범죄 조직은 일부 도시에서 흔한 현상이다.

오염은 세계의 거의 모든 도시에서 문제이지만 서유럽의 도시는 다른 곳보다는 양호한 편이다. 실제로 스위스, 오스트리아, 스칸디나비아의 도시는 실제 매일 정화 처리가 이루어지고, 대부분의 시민들은 양심적이어서 쓰레기를 무단으로 버리지 않는다. 이탈리아와 스페인의 많은 거리와 광장에서 정기적으로 물청소가 이루어진다. 예전 중공업 지역의 대부분은 오염 수준이 낮아졌다. 영국 미들랜드 지역의 대기오염 수준은 오염 산업들이 폐쇄되거나 이전한 덕분에 확실히 개선되었고, 심지어 독일의 루르 지방은 맑은 하늘과 깨끗한 호수를 자랑한다.

과거 유럽의 공산주의 국가에서는 미약한 소비에트 시대의 환경 기준의 잔재로 인해 여전히 어려움을 겪고 있다. 위험 요소가 큰 산업의 공정 과정이 활용되고 있으며, 소련이 설계한 노후화 된 원자로에 크게 의존하고 있다. EU의 엄격한 환경 규제는 중부 및 동부 유럽의 상징이었던 연기를 내뿜는 공장의 대부분을 폐쇄시켰다.

1990년대 초 이후 유럽 전역의 주요 도심을 연결하는 개선된 항공, 철도, 도로 교통의 연결은 유럽 전체의 도시 체계가 재통합될 수 있는 토대가 되었다. 2000년대에 EU에 가입한 동유럽 국가(폴란드, 체코, 헝가리, 슬로베니아, 에스토니아, 슬로바키아, 라트비아, 리투아니아, 루마니아, 불가리아)의 기업과 도시정부는 기존 회원국과 밀접한 관계를 맺고 있다.

EU 회원국들은 이전 사회주의 도시가 당면하고 있는 사회적, 경제적 문제를 해결하기 위한 기회를 강화하였다. 세계경제에서 유럽 전체의 미래와 번영은 모든 유럽 도시민에게 어떻게 더 많은 경제적, 사회적 평등 상황을 만드는지에 달려있다.

공동 화폐로서 유로화가 점차 더 많은 국가로 확대되면서 도시 체계는 유럽 및 다른 지역의 도시에서 정부, 기업, 사람들이 변화하는 경제 환경을 활용하기 위해 그들의 활동 방향을 조정해 나갈 때 더 큰 변화를 겪을 것이다. 미래의 어떤 시점에서는 EU의 행정 기능 일부가 동유럽의 도시로 이동하는 것을 심각하게 고려해야 할 것이다. 런던, 파리, 베를린, 프랑크푸르트, 브뤼셀, 밀라노는 주요 금융, 정치, 문화의 중심지로서 계속 주도하겠지만, 바르샤바, 프라하, 부다페스트, 소피아와 같은 도시의 질적 개선으로 핵심–주변부 모델의 무게중심은 21세기가 진행됨에 따라 동쪽으로 더 이동할 것이다.

글상자 5.5

유럽의 도시 그라피티: 벽에 글을 쓰는가?

예술인가, 아니면 꼴 보기 싫은 것인가? 표현의 자유인가, 아니면 고의적 파괴 행위인가? 유럽의 도시는 그라피티의 흔적을 떠안고 있다. 근린지구 주변을 산책할 때 건물, 간판, 버스, 기차에 스프레이 페인트를 볼 수 있다. 많은 사람에게는 미적인 문제가 되고 있는 그라피티는 또한 종종 소수 민족, 사회 경제 또는 세대 간에 갈등과 결합한 정치적 문제가 되기도 한다. 1989년, 스프레이로 칠해진 상징적 이미지가 없는 베를린 장벽이 무너졌다고 상상해 보자. 페인트칠 된 벽 부분은 최근 거의 만 달러에 팔렸다. 반면에 다른 부분은 전 세계 박물관에 전시된다.

도시의 그라피티는 새로운 것은 아니다. 고대 그리스와 로마 도시에서도 그라피티가 있었다. A.D. 79년경에 발굴된 로마 도시 폼페이에서도 야외 벽에 새겨진 정치인 풍자만화가 있었다. 최근에 그라피티는 유럽의 일부 민족 정치의 갈등에 중요한 역할을 하였다. 바스크 분리 단체 ETA 및 그 단체의 명분에 동조하는 사람들은 스페인 내에서 자신들의 자치권이 적은 것에 항의하기 위해 그라피티를 이용하였다. 1975년까지 40년간 스페인을 독재하던 프란시스코 프랑코의 시대 동안 그라피티는 ETA가 할 수 있었던 항의 중 하나였다. 최근 30년간 정치적 주장으로서, 그라피티는 더 많이 알려진 폭력 행위와 함께 계속되었다. 마찬가지로 아일랜드공화국군(IRA) 표시는 '트러블(The Troubles)'의 최고조 동안 흔히 있었으며, 벨파스트와 같은 북아일랜드 도시에서도 존재하였다. 보스니아인과 세르비아인의 정치적 동기에 의한 그라피티는 전쟁이 발발하고 유고슬라비아가 분열된 이후 지난 20년간 사라예보에서 찾을 수 있었다. 그라피티는 힙합과 펑크뿐만 아니라 무정부주의자, 파시스트, 반파시스트와 같은 반문화적인 사람들과도 연관되어 있다. 종종 경찰에 체포되는 것을 방지하기 위해 별칭을 사용하는 유럽 그라피티 예술가들은 때로는 사회적으로 널리 인정되기도 하지만, 지하 세계에서 악명을 떨치기도 한다. 유럽 전역에서 전쟁 반대 및 반체제 활동을 하는 영국의 예술가 뱅크시(Banksy)는 그라피티에 대해 널리 인정받는 다큐멘터리 필름을 제작했으며, 그의 일부 작품은 50만 달러 이상으로 팔렸다. 대부분의 그라피티 예술가는 창고, 주거지, 도시의 상업지구에서 열심히 일하는 것에 만족한다. 그리고 그들은 자신의 작품에 대해 고가의 가격을 받기보다는 공공 기물 파손 혐의로 체포 될 가능성이 더 높다.

그라피티가 모든 유럽인들에게 환영받지 못한다는 것은 별로 놀랄만한 것은 아니다. 그라피티 예술가의 주요 목표가 되는 기차, 정부 건물, 공공 예술품 등은 그들에게는 가치가 큰 캔버스가 되고 있다. 그러나 이러한 활동과 관련해 청소 비용 외에도 중요한 위험 요소들이 있다. 도시 대부분은 비싼 그라피티 제거 작업과 그라피티 행위자를 잡기 위해 CCTV를 사용하는 등 그라피티 문제를 해결하기 위한 프로그램을 시작하였다. 그럼에도 천 년을 거슬러 올라가는 행위인 그라피티는 유럽 도시경관을 계속 채색한다.

■ 추천 문헌

- Beatley, Timothy. 2000. *Green Urbanism: Learning from European Cities*. Washington, DC: Island Press. 지속가능한 도시 개발의 모범 사례를 파악하기 위해서 25개 혁신 도시의 정책을 검토한다.

- Hamilton, F. E. Ian, Kaliopa Dimitrovska Andrews, and Nadasa Pichler-Milanovic, eds. 2005. *Transformation of Cities in Central and Eastern Europe: Towards Globalization*, New York: United Nations University Press. 세계화 및 유럽 통합의 노정에 관한 주요 도시의 많은 경험적 사례를 다룬 개관서이다.

- Kazepov, Yuri, ed. 2005. *Cities of Europe: Changing Contexts, Local Arrangements, and the Challenge to Urban Cohesion*. Malden, MA: Blackwell. 각 장은 분리, 젠트리피케이션, 그리고 빈곤 등의 중요한 문제에 초점을 두고 있다.

- Kresl, Peter K. 2007. *Planning Cities for the Future: The Successes and Failures of Urban Economic strategies in Europe*. Cheltenham, UK: Edward Elgar. 10개의 국제적 네트워크 도시의 도시 경쟁력과 경제-전략적인 계획 간의 관계를 파악한다.

- Florida, Richard, Tim Gulden, and Charlotta Mellander. 2007. *The Rise of the Mega Region*. Toronto: University of Toronto. 유럽뿐만 아니라 세계의 거대 지역을 파악하기 위한 야간 조명 배출, GDP 및 다른 지표들에 관한 데이터를 이용한 연구이다.

- Moulaert, Frank, Arantxa Rodriguez, and Erik Swyngedouw, eds. 2003. *The Globalized City: Economic Restructuring and Social Polarization in European Cities*. Oxford: Oxford University Press. 대규모 재개발 프로젝트와 그것의 사회적 의미에 대해서 아테네의 올림픽 촌 등의 사례 연구를 다룬다.

- Murphy, Alexander B., Terry G. Joran-Bychkow, and Bella Bychkova. 2008. *The European Cultere Area*, 5th ed. Latham, MD: Rowman and Littlefield. 도시, 문화, EU 및 환경에 관한 주요 유럽 교과서의 최신판이다.

- Ostergren, Robert, C and Mathias Le Bossé. 2011. *The Europeans: A Geography of People, Culture, and Environment*, 2nd ed. New York: Guildford. 타운 및 도시에 관한 두 개의 장에서 유럽에 관한 포괄적인 최신 견해를 제시한다.

- Penninx, Rinus, Karen Kraal, Marco Martiniello, and Steven Vertovec, eds. 2004. *Citizenship in European Cities: Immigrants, Local Politics, and Integration Policies*. Aldershot, UK: Ashgate. 이민 정책과 지역 시민사회에서 이민자들의 참여에 중점을 두면서 유럽의 도시에서 시

민권을 살펴본다.

- van den Berg, Leo, Peter M. J. Pol, Willem van Winden, and Paulus Woets. 2005. *European Cities in the Knowledge Economy*. Alershot, UK: Ashgate. 암스테르담, 도르트문트, 에인트호번, 헬싱키, 맨체스터, 뮌헨, 뮌스터, 로테르담, 그리고 사라고사의 사례 연구를 활용해 지식 경제 및 정책 대안의 지역적 영역을 조사한다.

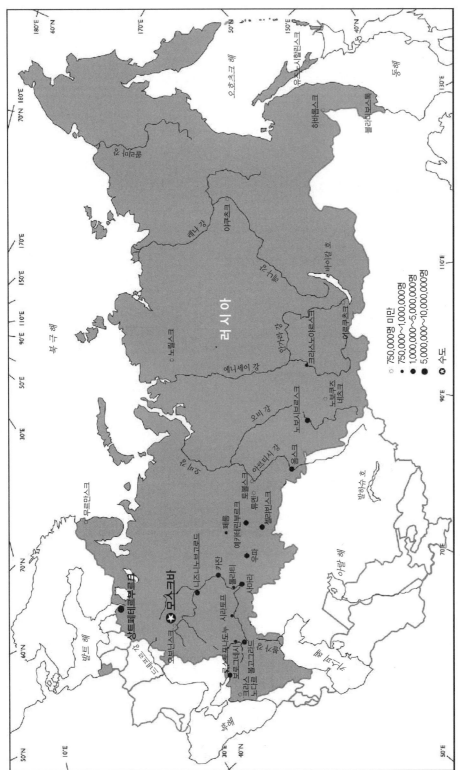

그림 6.1 러시아의 주요 도시 출처: UN, *World Urbanization Prospects: 2005 Revision*, http://www.un.org/esa/population

6
러시아의 도시

주요 도시 정보

총인구	약 1억 4000만 명
도시인구 비율	73.2%
전체 도시인구	약 1억 300만 명
메가시티의 수	1개
인구 100만 명 이상급 도시	12개
3대 도시	모스크바(Moscow), 페테르부르크(Petersburg), 노보시비르스크(Novosibirsk)
세계도시	모스크바

핵심 주제

1. 러시아의 도시 개발은 국가 역사상 서로 구별되는 시대들, 즉 제정러시아(tsarist) 시대, 소비에트(Soviet) 연방 시대, 그리고 소비에트 연방 이후(post-Soviet) 시대의 영향들을 반영하고 있다.

2. 러시아의 도시는 20세기 두 번의 재건 단계를 경험하였는데, 한번은 1917년 소비에트 연방(소비에트 사회주의 공화국 연방)의 결성 이후, 그리고 나머지 한번은 1991년 소비에트 연방이 무너진 시기에 발생하였다.

3. 도시 체계의 주요 양상은 유럽의 도시계획 특성을 잘 반영하고 있는데, 이는 제정러시아 시기에 구축되었다.

4. 20세기 초반, 러시아에서는 급속한 도시화로 인해 지난 수천 년간 이어져 내려온 국가의 도시 성장 및 과밀화 현상이 가속화되었다.

5. 소비에트 연방 사회주의 체제의 붕괴가 빚어낸 범죄 및 부패는 구소비에트 연방의 민주적인 통치의 도래를 방해했을 뿐만 아니라, 특히 농촌 이주민 인구를 단기간에 받아들였던 도시에서 시민사회의 발전을 더디게 하였다.

6. 러시아의 도시가 안고 있는 환경문제는 점점 더 심각하게 받아들여지고 있으며, 소비에트 연방 이후, 시민 단체들의 관심을 필요로 하는 중요한 이슈가 되고 있다.

7. 소비에트 연방 이후, 러시아에서는 도시 지역 및 제도를 개선하고 재조직할 필요성과 관련하여 정부 및 시민의 역할에 관한 새로운 문제들이 제기되고 있다.

8. 소비에트 연방 이후, 러시아의 도시들은 변화하는 인구 특성 및 문화적·종교적 정체성, 다문화주의에 관한 문제 등을 둘러싸고 첨예한 갈등을 겪게 되었다.

9. 소비에트 연방 이후, 러시아의 도시들은 중앙정부의 지원을 거의 받지 못하고 있다. 따라서 많은 도시들이 경기 침체 및 인구 감소, 그리고 적어도 계절적인 탈도시화(deurbanization) 또는 **전원화**(ruralization)를 겪고 있다.

10. 번영하고 있는 러시아의 도시들은 외국인 투자 및 경제적인 성장을 위한 훌륭한 지리적인 위치, 역사적인 전통 또는 매력적인 환경을 지니고 있다.

통상적으로 러시아로 알려진 러시아 연방의 도시경관은 오늘날 제정러시아 시대의 화려하게 장식된 건물과 기념비적인 건축물(궁궐, 교회, 박물관)로 그 특색을 이루고 있으며, 이러한 건축물들은 소비에트 연방 시대에 건축된 콘크리트 및 철근으로 이루어진 실용적인 건물들(사무실용 빌딩, 공동주택, 커뮤니티 센터), 그리고 소비에트 연방 이후 시대에 새롭게 들어선 유럽풍의 세련된 아파트 단지 및 쇼핑몰과 함께 어우러져 있다. 이러한 도시경관은 국가 역사상 서로 구별되는 시대, 즉 제정러시아, 소비에트 연방, 소비에트 연방 이후의 영향을 반영하고 있다.

많은 인종 집단들이 적어도 수천 년 동안 유라시아 지역에 거주해 왔기 때문에 러시아는 지속적으로 다양한 인구 계층을 갖게 되었다. 수 세기 동안 유럽 및 아시아의 영토에서 발생한 여러 문화와 종교, 그리고 역사의 교류로 말미암아 러시아에서는 다문화적인 주거지가 발달하였으며, 이러한 주거지가 제정러시아 시대(1721~1917)에 마을 및 도시로 성장하였다. 1917년부터 1991년까지 존재했던 소비에트 사회주의 공화국 연방(the Union of Soviet Socialist Republics 또는 the Soviet Union: The USSR) 체제하에서 그러한 다문화주의는 지지를 받기도 했지만, 이와 동시에 공산주의가 표방하는 보편주의에 의해 약화되기도 하였다. 즉 표준화된 소비에트 도시 양상이 유라시아 영토를 따라 확산되면서, 이를 기반으로 하여 기존의 도시가 재건되거나 새로운 도시가 형성되었다(글상자 1.3). 1991년 12월 25일, 소비에트 연방의 붕괴는 러시아 전역에서, 특히 도시에서 그 상징적인 현상이 목격되었다. 그날 망치와 낫이 그려진 소비에트 국기가 게양대에서 끌어내려지고, 그 자리에 빨간색, 흰색, 파란색의 러시아(현재 15개 독립국으로 이루어진 러시아 국가 연합 국가들 중의 한 국가)의 국기가 게양되었다.

러시아는 도시 인구가 전체 인구의 1/5 정도 되는 규모에서 20세기를 시작하였다. 1989년에 이르러, 러시아 인구의 74%가 도시 지역에 살고 있었다. 1990년대 후반 그 수치가 73%로 떨어진 이후로 현재까지 그 상태를 유지하고 있다. 소비에트 연방의 종말로부터 20여 년이 흐른 지금에도 소비에트 연방 시대의 도시 정책의 잔재와 형태가 여전히 살아남아서, 현 러시아 연방 및 다른 구소련 국가의 도시 및 농촌을 포함해 국가 전역에 영향을 끼치고 있다(그림 6.1). 도시에 더 큰 문화적, 교육적 기회와 더불어 고용 및 주택을 제공하고자 했던 소비에트 연방의 시도는 특정한 도시경관을 생성시켰다. 즉 이러한 특성이 여전히 남아 있는 러시아는 일련의 경제적, 정치적, 사회적 변화를 경험하면서도, 서구 유럽이 일반적으로 기대하는 것과 반대되는 도시 트렌드를 형성하고 있다. 예컨대 소비에트 연방의 종말 이후에 찾아온 경제 붕괴로 인해 심각한 위기에 처했던 러시아가 세계경제의 파고를 정면으로 맞게 되자, 많은 도시 노동자가 소비에트 연방 시대에 형성된 러시아의 주말농장(dacha)과 마을로 되돌아가서 생계를 자급자족으로 해결하는 결과가 초래되었다. 이러한 현상은 교외화의 과정으로 알려져 있다.

쉽게 상상할 수 있는 바와 같이 면적이 미국의 거의 두 배에 이르는 이 국가에서, 제대로 정착되지 않은 자본주의의 영향과 도시 형성에 끼치는 시각적인 영향이 러시아의 도시에 종잡을 수 없이 확산되어 있다. 러시아의 일부 도시가 지닌 도시환경은 1991년 이후로 급격히 변화했기 때문에, 소비에트 연방 시대의 조용하고 침울한 도시경관에 익숙해져 있는 사람들에게 이러한 도시는 낯설게 느껴질 수도 있다. 사실상 상업 소매용 건물, 민간 교통, 그리고 새로운 주택 건설이 러시아의 사회적, 문화적 도시경관을 완전히 바꾸어 놓았다(그림 6.2). 예를 들면 모스크바의 붉은 광장은 군사 퍼레이드를 기다리는, 거의 버려지다시피 한 공적 공간이 더 이상 아니다. 오히려 이 랜드마크는 변화한 고급 소매 및 관광 공간으로 자리매김하였다(그림 6.3). 이러한 사회경제적 경관은 사람들이 도시환경을 사용하는 방법에

그림 6.2 러시아 도시의 새로운 건설 바람으로 인해 새로운 상업 및 주거 건물이 부동산 가치가 높은 지역에 경쟁적으로 들어섬에 따라 소비에트 연방 시대의 특징을 띠고 있는 도시경관이 그 뒷전으로 밀려나고 있다. (사진: Jessica Graybill)

변화를 가져왔으며, 새로운 문화적 공간을 재탄생시켰다. 이제는 고급 쇼핑 공간을 드나들고 카페를 배회하는 것이 모스크바 시민과 관광객에게 일상적인 활동이 되었다.

제정러시아와 소비에트 연방 시대의 도시 건설은 보도 및 대중교통과 같은 도시계획 원칙에 주안점을 둔 반면에 자동차 운전자들의 요구 사항을 무시하거나 최소한으로 반영하였다. 실제로 과거 러시아 연방 공화국 당시, 전국적으로 세계의 다른 어떤 국가보다 더 발전된 20개 이상의 지하철이 건설되었다. 모든 시민에게 접근 가능한 대중교통을 제공하려는 소비에트 연방의 비전은 현대의 서방에서 인기를 얻고 있는 지속가능한 형태를 염두에 둔 대중교통 프로젝트들보다 훨씬 더 앞선 것으로 평가되고 있다. 하지만 문제는 개인 및 상업용 차량 대수가 소비에트 연방 이후 기하급수적으로 증가한 반면, 도시들은 이를 수용하기 위한 방식으로 개발되거나 재개발되지 않았다는 점이다. 현재 출퇴근 혼잡 시간대의 개념은 많은 의미를 내포하고 있는데, 특히 모스크바를 포함한 러시아의 많은 도시에서 러시아

그림 6.3 최근에 리노베이션이 이루어진 러시아의 붉은 광장에 위치한 GUM 쇼핑센터는 최고급 쇼핑 경험을 추구하는 관광객들과 러시아의 부유층들을 끌어들이는 명소로 자리를 잡아 가고 있다. (사진: Jessica Graybill)

워는 오후 3~4시에 시작해 저녁 시간대까지 확대되고 있다(그림 6.4).

도시 교외에 있는 획일적인 아파트 단지로 이루어진 소비에트 연방 시대의 전형적인 특색을 지니고 있던 지역은 점점 더 혼합되고 있으며, 새로운 고급 아파트 단지들이 작은 주택들과 폐쇄공동체라는 특색을 가진 서구 양식의 교외 개발 지역에 나란히 개발되고 있다(그림 6.5). 소비에트 연방 시대의 작은 도시들은 종종 인종적, 사회경제적으로 서로 혼합되어 있었지만, 오늘날에는 여러 도시 지역들에서 사회경제적 계급 및 때로는 인종에 따른 계층화가 발생하고 있다. 이와 관련하여 상위 계층은 새롭게 건설된, 안전성이 높은 아파트 또는 교외 및 준교외 지역에 살고 있다. 한편 문화적, 사회적 변화로 인하여 공산당의 선전 광고판(이전에는 모든 도시 및 마을에 설치됨)이 사라지고, 소비 제품과 서비스를 위해 밝게 빛나는 네온사인과 배너 타입의 상업용 광고판이 주요 간선도로에 들어서고 있다.

소비에트 연방 이후의 러시아는 여전히 소비에트 연방 시대의 도시 개발에 의해 확립된 공간적인 체계의 유산과 여전히 힘겨루기를 하고 있다. 소비에트 연방의 계획 제도는 종종 주거지를 격리시키거나, 척박한 환경을 개발함으로써 지속가능하지 못한 오지에서의 도시

그림 6.4 공산주의 몰락 이후 모스크바의 자동차 보유율은 급증했으며, 이 때문에 도시의 도로 곳곳이 정체를 빚고 있다. (사진: Alexei Domashenko)

그림 6.5 다양한 건축 양식을 반영한 신거주 지역 개발이 러시아의 교외 모습을 급속하게 변모시키고 있다. 이 사진은 유즈노사할린스크에서 촬영된 것이다. (사진: Jessica Graybill)

성장이라는 부정적인 결과를 초래하였다. 소비에트 연방 이후에 효율성이라는 자본주의 개념에 비추어 볼 때, 도시의 잘못된 위치 선정은 수익성을 떨어뜨리고 산업 생산을 저해하는 요인이 됨으로써 경제적인 쇠퇴와 더불어 인구 이탈을 초래하고 있다. 이러한 유형의 개발은 **열도 도시화**(archipelago urbanization)라고 불리는데, 왜냐하면 소비에트 연방의 도시가 유라시아의 광활한 농촌 지역 오지에서 마치 갑작스럽게 솟아오른 섬들처럼 발생하여 존재해왔으며, 수 세기가 지난 지금에도 겉으로 보기에는 사회적, 경제적으로 변함없이 그대로 남아 있기 때문이다. 광활한 러시아의 영토 내에서 소비에트 시대의 도시들이 이렇게 섬처럼 남아 있는 이유는, 그러한 도시들을 서로 연결하는 교통 시스템의 부재 또는 모스크바를 제외한 다른 도시 지역으로의 이동 가능한 저렴한 도시교통의 부재 때문이다. 예를 들면, 페트로파블롭스크-캄차츠키에서 마가단까지 가는 왕복 항공 요금(1시간 비행)은 이 도시들에서 모스크바까지 가는 왕복 항공 요금(9시간 여행)보다도 일반적으로 더 비싸다. 이는 모스크바시가 여전히 러시아의 다른 도시들에 영향력을 행사하는 중앙집권화된 권력을 가지고 있음을 잘 보여 주는 사례이다.

제정러시아 시대와 소비에트 연방 시대의 많은 도시들은 국가 안보의 필요성에 따라 개발이 확립되었고, 그 위치가 결정되었다. 하지만 이제는 군산 복합체가 도시 개발 투자의 위치 선정과 그 성장을 좌지우지하던 시대는 지나가고 있다. 오늘날 소비에트 연방의 도시 및 경제정책이 선호했던 도시들은 1970년대에 시작된 산업 공동화 기간에 미국 및 유럽의

표 6.1 연방 오크룩(Okrug: 자치구)의 도시인구 비율

연방 오크룩	도시인구 비율						비율 변화	
	1926	1939	1970	1989	2002	2010	1926~1989	1989~2010
중부	19.0	34.2	64.3	78.0	79.1	81.3	310.5	4.3
북서부	29.2	48.0	73.3	82.2	81.9	83.5	181.5	1.6
남부	19.2	31.0	52.1	60.0	57.3	62.4	212.5	4.1
북부 캅카스[1]	–	–	–	–	–	49.1	–	–
프리볼즈스키	12.1	23.8	56.1	70.8	70.8	70.8	485.1	0.0
우랄	21.0	45.4	71.3	80.2	80.2	79.9	281.9	−0.3
시베리아	13.3	32.6	62.5	72.9	70.5	72.0	448.1	−1.3
극동	23.4	46.5	71.5	75.8	76.0	74.8	223.9	−1.4
러시아 전체	17.7	33.5	62.3	73.6	73.0	73.7	315.8	0.1

[1] 북부 캅카스 연방 지역은 2010년 1월 19일 남부 연방 지역으로부터 분리되었다.
출처: 2010 Census Data; www.perepis-2010.ru

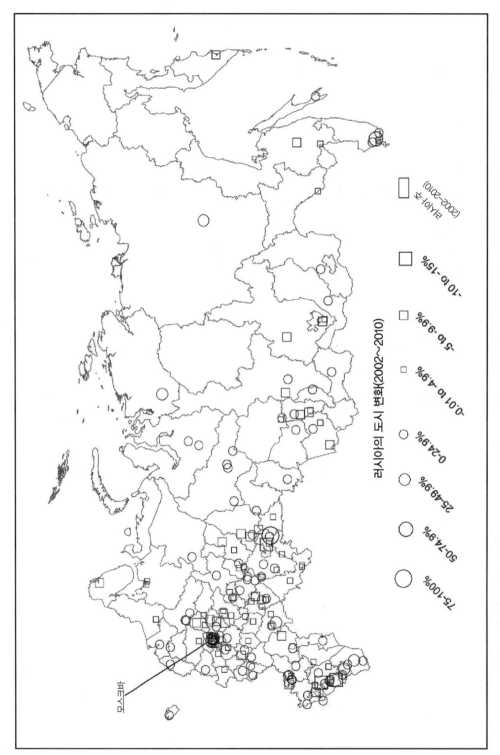

러시아의 국내 인구 변화(2002~2010)

75-100%

50-74.9%

25-49.9%

0-24.9%

-0.01 to 4.9%

-5 to -9.9%

-10 to -15%

상위 축
(2002-2010)

모스크바

그림 6.6 러시아 국내 인구 변화, 2002~2010년. 러시아 인구 센서스 2010년 데이터(www.perepis.ru)를 이용해 저자가 제작해 그려네코빌라에 해 제 저자본.

주요 도시들이 경험했던 것과 별반 다르지 않은 경제적 재건 과정을 경험하고 있다. 예를 들면, 서부 시베리아에 위치한 예카테린부르크와 같은 도시들은 유럽과의 교역을 위한 서비스 기반의 교통 및 기업 중심지가 되어 가고 있으며, 시베리아 동쪽의 **블라디보스토크와 하바롭스크**와 같은, 중국 국경 근처의 관문 도시들은 아시아와의 교역 관계를 변화시키고 있다.

소비에트 연방의 몰락 직후에, 많은 도시들이 빈곤 증가와 경제 붕괴, 그리고 재건 과정에 휩싸이게 되었으며, 구소비에트 연방에 속했던, 보다 낙후된 지역에서 온 난민들의 유입을 경험하였다(표 6.1). 오늘날 도시정부는 국가로부터 보조를 받으면서 상품 및 용역을 구매하는 것에서 벗어나 자급자족의 자본주의 실체로 변모하기 위한 도전에 직면하고 있으며, 도시 내에서 그리고 도시 간에 급속하게 확산된 변화에 의해 빚어진 경제적인 기류 속에서 자신들의 번영을 이끌어 내기 위해 안간힘을 쓰고 있다. 인구의 도시 유입과 개발은 러시아의 서부 및 남부 지역에 위치한 대도시(인구 10만 명 이상)들의 성장을 초래하였다(그림 6.6). 러시아의 역사를 통해 척박한 기후, 형편없이 개발된 도로망과 엄청난 이동 거리가 여전히 러시아의 도시 체계를 악화시키고 있다. 러시아의 도시들은 21세기의 이러한 도전에 맞서 성공적인 해결책을 지속적으로 모색하게 될 것이다.

러시아 도시 체계의 역사적인 발전

소비에트 연방 이전 시기: 도시 체계의 탄생

역사적인 주거 패턴은 물, 교통, 그리고 군사 및 경제 요충지와의 접근성에 영향을 받았다. 러시아의 도시인구는 슬라브족이 최초로 도시를 건설하면서부터 동쪽으로 퍼져 나가기 시작하였다. 이 도시는 9세기 후반 러시아 평원에 있는 발다이 구릉(Valdai Highlands)에서 태동하였다. 광활한 하천 네트워크는 이 도시 지역에 루시(Rus)라고 불리는 연결 통로를 제공함으로써 스칸디나비아, 러시아, 지중해 동부 지방 간의 중요한 교역로를 창출하였다. 바이킹족은 군사 요충지와 무역 중심지에 여러 개의 도시 공국들을 건설하고, 이 지역을 통과하는 상인들로부터 통행세를 징수하였다. 키예프(Kiev: 우크라이나의 수도), 노브고로드(Novgorod), 스몰렌스크(Smolensk)가 바로 이 시기의 초기 도시 주거지에 속한다.

이 지역은 점차 바이킹족으로부터 벗어나 독립적인 형태를 띠기 시작하였다. 특히 키예프는 슬라브족의 정치 및 경제 발전의 중심지가 되었는데, 그 이유는 항해가 가능한 드네프르(Dnieper) 강 주변에 위치한 덕분에 흑해 및 콘스탄티노플로의 접근이 수월했기 때문이었다. 988년 정교회(Orthodox Christianity)가 공식적인 종교로 승인되면서, 다른 종교적 신념(예를 들면 이슬람, 유대교, 이교도, 다신교)의 행사나 용인이 제한되었다. 키예프 루시(Kievan Rus: 러시아 최초의 도시 연합 국가)에 속한 도시 대부분은 하천 주변에 위치하고 있었는데, 이러한 도시들은 원래 주변 도시들과의 끊임없는 전투와 몽골 및 타타르족의 침입으로부터 방호하기 위한 **크렘린**(Kremlin: 요새)의 역할을 수행하기 위해 건설된 것이었다.

방호를 위한 언덕과 통신 선로를 위해 필요한 하천은 이 시기의 많은 도시들이 공통으로 중요시했던 요인이다. 크렘린은 항상 높은 하천 둑 위에 건설되었으며, 도로는 방사상으로 계획되어 군대의 급파를 촉진시키려는 의도를 가지고 개발되었다. 이 중 많은 도시들의 요새가 여전히 건재한 채로 오늘날까지 남아 있다. 모스크바 주변에 있는 유명한 황금 고리(Golden Ring: 모스크바 북동쪽에 있는 고대 도시를 총칭한다. 야로슬라블, 수즈달, 블라디미르) 도시는 키예프 루시에 그 뿌리를 두고 있으며, 오늘날까지 러시아 문화의 중심지로 남아 있다.

1480년 타타르족과의 전쟁에서 승리를 거둔 모스크바대공국(Muscovy)은 새로운 유형의 도시 네트워크를 형성함으로써 루시의 동쪽 지방의 발전을 촉진하였다. 성장을 구가하던 모스크바는 또 다른 하천 체계의 중심지에 위치하고 있었기 때문에 새롭게 부상하는 지역들에 영향력을 행사했으며, 문화적·경제적 성장을 독특한 방향으로 이끄는 역할을 하였다. 볼가 강과 그 지류들에 대한 접근성은 동쪽으로의 도시 확장을 이끌었으며, 서 드비나 강은 발트 해로 이어지고 돈 강과 드네프르 강은 흑해로 이어져 도시 확장을 이끌었다. 모스크바를 제3의 로마로 상상했던 신학자들은 모스크바대공국에 비전을 심어 줌으로써, 그 도시가 기독교의 선교사 전통에 깊게 뿌리내리고 성장하는 한편, 새로운 러시아제국을 건설하고자 하는 사명을 스스로 갖도록 하는 데 기여하였다.

실제로 러시아 도시들은 동쪽으로 확장되어 폭군 이반(Tsar Ivan the Terrible)에 의해 16세기 중엽 카젠의 타타르족을 물리친 것을 마지막으로 아무런 저항 없이 우랄 산맥을 넘어 시베리아까지 퍼져 나갔다. **토볼스크**(Tobolsk)와 **야쿠츠크**(Yakutsk)와 같은 신생 도시는 군사 요충지로 출발하여 소비에트 연방이 확장될 때까지 격리된 국경 도시로 남아 있었다. 당시에 모피 사냥꾼들은 시베리아 지역에서 각종 모피를 약탈했으며, 동쪽과 남쪽 영토에 대한 지도 제작에 나섰던 탐험가들과 과학자들은 시베리아, 극동, 중앙아시아에 거주하는 민족에 관한 이야기와 천연자원을 가지고 돌아왔다.

17세기 말 무렵에, 러시아의 도시 네트워크는 육지에 둘러싸여 있었다. 바다로의 접근성을 확보하고자 했던 표트르 대제는 1703년 상트페테르부르크를 세우고, 웅장한 도시 형태로 탈바꿈시켰다. 러시아의 도시 역사와 일관되게, 상트페테르부르크가 경제적, 안보적 이유에 따라 세워짐으로써 해로의 중요한 접근성을 제공하는 해군 기지 및 상업 항구의 모범이 되었다. 하지만 이 도시는 러시아의 도시 개발의 새로운 특성으로 유럽의 관문 역할을 하는 문화적 목적도 지니고 있었다. 표트르 대제는 또한 서방의 문화 규범을 채택하고자 하였다. 예컨대 그는 도시의 남성들이 그들의 긴 수염을 자르지 않으면 매년 수염세를 납부하도록 요구함으로써 오래된 모스크바공국의 관습과 전통을 멀리하고 새로운 삶의 양식과 관습을 받아들이도록 하였다.

국가의 새로운 수도가 된 상트페테르부르크는 모스크바를 신속하게 대체하였다. 이 도시는 물리적, 문화적으로 서방의 방식을 따랐다. 표트르 대제가 착수한 개혁은 현지 및 장거리 교역을 재활성화하고, 기존의 도시 시장 및 새로운 시장의 성장을 촉진하는 것이었다. 이렇게 새로운 서구 지향의 도시 창조는 국가의 현대화를 신봉하는 사람들과 전통적인 슬라브족의 특성을 강조하는 사람들 사이에 사회적, 공간적 긴장을 불러일으켰다. 러시아의 발전 방향에 대한 현재의 논쟁도 이러한 초기의 논쟁을 반영하고 있는데, 일부는 서구 또는 아시아의 발전 형태를 선호하는가 하면, 일부는 러시아의 순수한 열망으로 발전해 나가는 것을 선호하기도 한다. 척박한 습지 지역에서 태동한 상트페테르부르크라는 도시의 발전은 인간이 경제 번영의 이름으로 자연을 정복할 수 있다는 소비에트 연방의 믿음에 전조가 되었다. 19세기 말엽, 러시아 인구의 약 16%가 도시 지역에 살고 있었다. 모스크바와 몇몇 주변 도시들(예를 들면 트베리, 블라디미르, 이바노보, 코스트로마)의 공장들은 경제적 발전과 도시 개발을 이끄는 데 이바지하였다.

소비에트 연방 시대: 새로운 도시 패턴

러시아 혁명(1917)과 연이은 내전 이후, 공산당은 여러 단계에 걸쳐서 정치권력을 결집하고, 경제의 기틀을 다지며, 세계의 여러 국가들의 체계와는 상이한 정치·경제적 도시 체계을 구축하였다. 1918년 정부는 수도를 상트페테르부르크(1924년에 레닌그라드로 변경됨)에서 다시 모스크바로 이전하였다. 그 조치는 상징적이면서도 전략적이었는데, 즉 표트르 대제에 의해 상대적으로 최근에 지어진, 유럽의 관문 역할을 했던 상트페테르부르크가, 국가의 심장부에 자리 잡고 있어서 방호하기 더 수월하며, 그 이전에도 수도 역할을 수행했던 모스크바에 의해 다시 대체되었다는 사실이다. 이는 또한 국가가 서구 국가들을 더 이상 바라보지 않고 동양과 제국 내부를 중시하게 되었다는 점을 시사하고 있다.

소비에트 연방의 정책은 영국과 프랑스의 모델 및 노동자 주택 실험에 의존해, 공산주의자에게 적합한 환경으로 농촌보다는 도시에 특혜를 주는 입장을 취하였다. 공산주의 사상을 받아들여 공산주의 건설에 도움이 되는 산업화된 노동자 계층을 만들기 위하여 도시화는 필수조건으로 여겨졌다. 1917년 공산주의 시대가 시작된 이후로, 러시아의 도시화가 급진적으로 이루어졌다. 소비에트 연방 시기에 러시아 전역에서 상당한 수준의 도시화가 진행되어 많은 지역에 전기가 들어오고, 실내 배관이 이루어졌다. 1979년에 이르러, 심지어 농업이 주를 이루는 지역에서조차 인구의 절반이 도시 지역에 거주하게 되었다.

공산당은 시장의 힘이 아니라 공산주의와 사회주의 원칙에 따른 새로운 경제 제도를 구축하였다. 이러한 경제 체제는 중앙 통제 경제(command economy)라고 불렸는데, 왜냐하면 모스크바에 있는 중앙정부에 소속된 일련의 계획가들이 모든 결정을 내렸기 때문이다. 중앙정부의 계획가들은 모든 투자 자원을 할당하고, 도시 개발에 관한 기준을 설정함으로써, 지역의 필요보다는 국가의 필요를 우선시하였다. 이것이 의미하는 바는 도시들이 지방의 경제개발, 도시 성장, 그리고 도시 내부의 구조에 영향을 끼치지 못한다는 사실이었다.

사유재산 제도는 폐지되었다. 도시로 유입된 사람들에게, 산업 노동과 더불어 주택을 제공하기 위해, 민간 아파트들은 몰수·분할되어 **공동주택**(kommunalka)으로 탈바꿈되었다. 이전에는 한 가족이 머물던 공간을 여러 가족들이 공유해야만 하는 경우도 발생하였다. 처음에는 사적 공간이 결여된 그러한 공동주택에서의 생활은 새로운 공산 사회를 건설하려는 열망 때문에 참을 수 있는 것으로 여겨졌다. 하지만 시간이 흐르면서 공동주택은 도시 빈민을 위한 슬럼과 같은 주거 공간으로 바뀌어 갔으며, 그러한 주택의 공유는 점차 더 나은 미래를 위한 이상 사회를 위해서가 아니라 경제적인 필요성에 의해 실행되었다.

또 하나의 이상적 원칙을 따라 소비에트 계획가들은 소비에트 전역에, 심지어는 거칠고 척박한 지역에까지 고르게 도시 주거지를 확산시키고자 했다. 이는 프리드리히 엥겔스(Friedrich Engels)의 명령으로 국가 전역에 대규모의 사업을 평등하게 펼치고자 함이었다. 소비에트 계획가들은 유럽과 북미의 도시화 모델을 토대로 알고리즘을 활용하여 산업 발전과 도시 건설을 위해 소위 최적의 위치를 선택하였다. 그 결과, 이전에는 개발이 덜 되고 인구 규모가 더 작은 지역에서 미리 결정된 크기의 신도시가 건설되었다(예를 들면, 5만 명 이하 또는 10만 명 이상 도시). 이러한 방식은 멀리 떨어진 도시들 간에 경제 흐름의 비합리적인 결과를 초래하였다. 즉 공급업자, 중간 생산 업자, 시장, 판매업자 들의 각각의 지리적 위치가 공산주의 체제에서 큰 관심을 끌지 못한 이유는 물류 및 에너지 비용이 국가의 보조금을 받고 있어서 실제 거의 무료라고 인식되었기 때문이다.

도시계획이 지닌 이러한 인위성은 시베리아, 극동 및 극북에서 급속하게 전개되는 도시화에서 특히 두드러지고 있다. 소비에트 계획가들은 사상적으로 이 지역들의 정복을 필요로 할 뿐만 아니라 이것을 영구동토층 또는 스텝 지역의 거친 자연환경을 길들이려는 과학 기술적 역량의 도전으로 간주하였다. 소비에트 연방 시대 이전에는 작은 규모의 자치 형태의 마을들과 토착 주거지들이 러시아의 극북과 극동의 광활한 영토 여기저기에 산재하였다. 소비에트 연방 초기, 이 지역에서 일어난 생활양식의 현대화 과정은 사람들을 그들의 고유 영토에서 쫓아내 공동 마을과 **집단 농장**(kolkhozi)으로 이주시키는 결과를 초래하였다. 도시 및 마을에 대한 중앙정부의 관리 정책과 지역 계획을 완화하기 위하여 작은 마을을 이루어 살아가는 유목민들과 반유목민들을 구소비에트 영토로 이주시키려는 정책은 궁극적으로 소비에트의 산업 노동력을 확장시켰지만, 주거 패턴과 전통적인 삶의 방식을 완전히 변경시키는 결과를 낳았다.

북극과 시베리아 지역의 높은 도시화율은 1959년경부터 시작되어 지금도 계속되고 있다(표 6.1). 심지어 20세기 후반에 이르러 극북 지역(북극 지역) 인구의 약 80%가 도시에 살고 있었는데, 이는 러시아의 도시인구 평균인 73%를 훨씬 웃도는 것이었다. 이러한 과정을 가능하게 만들었던 것은 사상적 기반의 보조금, 즉 높은 봉급 덕분이었는데, 이는 새로운 산업 주거지에서 공산주의 사회적, 물리적 건설에 합세하도록 사람들을 설득하는 데 도움이 되었다. 이러한 관행은 국가의 서쪽 지역에 있는 노동 자원, 시장, 그리고 도시 산업력과 국가의 동쪽 및 북쪽 지역에 있는 에너지를 포함한, 천연자원의 위치 간에 상당한 불일치를 낳고 있다.

제2차 세계대전 이후, 국가 안보의 필요성은 군산 복합체와 연결된 광대한 도시 체계의 형성을 촉진하였다. 외부 방문객에게 폐쇄된 이러한 도시의 경제적인 중요성이 증대되고, 인구가 증가하게 된 유일한 이유는 이 도시들이 군산 복합체에 연결되어 있었기 때문이다. 이 도시들의 산업 기지, 주택 재고, 도로, 학교 및 기타 도시 사회 기반시설에 대한 군수 관련 투자가 수십 년간 계속되었는데, 이는 자본주의 경제에서는 불가능한 방식으로 도시지리에 영향을 끼쳤다(예컨대 그림 6.20에서 살펴볼 수 있는 바와 같이 모스크바 근처에 위치한 독특한 특성을 가진 젤레노그라드 지역).

교통에 대한 정부 보조금은 도시 체계의 연계를 증가시킬 목적을 가진 대형 프로젝트를 중시하였다. 스탈린은 교역을 촉진시키기 위해 북부 유럽에 속한 러시아 지역에 운하망을 건설하려는 계획을 가지고 있었다. 완성되지는 못했지만, 이를 건설하기 위해, 특히 백해-발트 운하(White Sea-Baltic Canal) 영역에 많은 죄수들이 투입되었다. 1970년대, 소비에트 계획가들은 두 번째 시베리아 철도 노선인 바이칼-아무르 간선(Baykal-Amur Mainline: BAM)을 건설하기 시작했는데, 이는 시베리아 횡단철도(Trans-Siberian Railroad)의 역량을 대체하기 위함이었다. BAM은 러시아의 광활한 영토에 매장된 천연자원의 발굴과 상품의 수송을 촉진시켰으며, 중앙 러시아에서 수천 마일 떨어져 있는 도시들에 사회 기반시설을 제공하는 데 이바지하였다. 극북 지역에 있는 도시들을 북극 해안선 또는 시베리아 하천을 따라 생성된 북극해 경로를 사용하는 선박을 주요 교통수단으로 삼았다. 심지어 오늘날에도, 얼어 있는 하천들이 해빙될 때까지 겨울철의 도로로 사용되고 있다. 하지만 중요한 점은 소비에트 연방이 미국 또는 유럽의 국가들이 가지고 있는 고속도로망을 건설하지 않았기 때문에 도시 간의 이동에 있어서 사람들이 큰 어려움을 겪었다는 사실이다.

새로운 이데올로기를 반영하고 정치적, 경제적 의제를 실행하는 것을 돕기 위해, 공산당 정부는 모스크바에 모든 권력을 집중시키는, 이른바 계급에 따른 도시 행정 체계를 구축하였다. **오블라스트**(oblast: 주 또는 도와 비슷한 행정 단위)는 각 지역의 자원 할당 및 이용을 담당하는 모스크바의 중앙정부 계획가들의 명령을 받았다. 당연히 행정 중심지는 중앙정부의 투자 결정으로부터 훨씬 더 많은 혜택을 받았다. 오블라스트 중심 도시는 집중적인 산업 투자를 위한 장소가 되어 빠르게 성장하였다. 모스크바, 야로슬라블(Yaroslavl), 카잔(Kazan)과 같은 유서 깊은 산업 중심지들은 시베리아와 극동 지역의 행정 중심지들(예를 들면, 옴스크, 노보시브르스크, 크라스노야르스크, 이르쿠츠크 및 블라디보스토크)과 핵심축을 형성하게 되었다. 많은 오블라스트 중심 도시들은 투자, 서비스 및 노동이 한 도시에 집중되어 불균형적인 지역 개발을 초래하는, 세계의 여러 지역에 있는 종주도시들처럼 지금도 여전히 그러한 기능을 담당하고 있다.

중앙정부 계획가들은 또한 중화학 공업(예를 들면, 톨리아티의 자동차 산업과 브라츠크의 알루미늄 산업) 또는 천연자원 이용(예를 들면, 노릴스크의 니켈, 수르구트의 석유)을 중심으로 하는 제2차 산업도시 체계를 개발하는 데 투자하였다. 따라서 인구 5만 명 이상으로 이루어진 새로운 도시 체계가 러시아에서 발전되었다. 크기가 클수록 더 좋다고 여기는 이 국가에서, 계획가들과 정치가들은 100만 명 이상의 인구를 가진 도시들에 대해 자부심을 가지고 있었다. 실제로 많은 러시아인들은 문화적인 도시 편견을 가지고 있는데, 그들은 도시에 사는 것이 보다 권위가 있고, 이익이 된다고 생각하고 있으며, 도시 생활이 힘들더라도 전원 지역으로 돌아가는 것을 선호하지 않는다.

중앙정부 계획가들은 특정한 도시에 자원을 편향적으로 투자하는 한편, 이와 모순되는 정책을 추구하였다. 즉 **프로피스카**(propiska: 특정 도시 거주를 허락하는 법적 장치)와 같은 공식적인 통제 장치를 통해 도시의 인구 성장을 제한하였다. 많은 사람들은 이와 같은 법률 체제 속에서도 해당 도시에 살 수 있는 프로피스카를 가진 사람과의 결혼이나 그 도시에서 직장을 구해 프로피스카를 획득함으로써 그 도시에 살 수 있는 합법적인 방식을 찾고 있다. 궁극적으로 생산 증가 압력은 기존 지역에 대한 투자가 더욱더 경제적으로 합리적이라는 사실을 공고히 해 주었다. 하지만 추가적인 생산은 노동의 수요를 증가시켰다. 이것은 의도된 목표보다 더 큰 도시 규모와 더불어 도시 경계 내에서 산업 생산(이는 다시 산업 오염 및 폐기물을 증가시켰다)을 증가시키는 이중적인 결과를 초래하였다.

소비에트 체제하에서 도시 및 지역 계획

중앙정부의 계획가들은 소비에트 도시의 내부 공간에도 영향을 끼쳤다. 사회주의 이상과 일치되는 도시를 만들기 위해, 계획가들은 도시 성장 한계 정책을 채택하는 것을 포함하여 도시계획을 이끌어 갈 구체적인 원칙들을 채택하였다. 도시 성장 한계 정책은 도시 규모를 한정함으로써 소비재·문화재 및 서비스를 사람들에게 공평하게 배급하도록 하며, 직주 거리를 최소화하고, 공간적 이동을 위한 대중교통을 제공하며, 도시의 토지이용을 구분할 수 있는 방식을 가능하게 만들었다. 흥미롭게도 도시 성장 한계 및 통근 시간을 줄이는 정책과 같은 이러한 소비에트 원칙의 일부는 오늘날 러시아에서 폐지되었다. 하지만 그러한 정책은 서구에서 스마트 성장으로 일컬어지고 있다.

소비에트 도시의 기본적인 건물 블록은 **마이크로라이언**(microrayon)이다. 출근 시간을 최소화하기 위해, 공장 및 일터 근처에 세워진 마이크로라이언은 고층 아파트, 상가 및 학교 등으로 이루어져 있으며 아파트 주거 지역에는 8,000명에서 1만 2000명이 살고 있다. 이러한 복합 지역은 주민들에게 소비에트 규범이 요구하는 문화적, 교육적 서비스를 제공한다.

그림 6.7 아파트 단지, 작은 소매점 및 서비스 건물의 인접성은 러시아 마이크로라이언의 특성을 잘 보여 주는데, 이는 종종 산업 중심지(위쪽 그림 왼쪽) 근처에 세워졌다. 노릴스크의 인공위성 사진은 전체적인 규모(위쪽 그림 오른쪽)와 중간 규모(아래쪽 그림은 위쪽 그림의 하얀 네모 상자 부분에 해당됨)로 도시의 거주 공간의 규칙성을 잘 보여 주고 있다. 출처: Google Earth

이러한 도시계획 구조에서는 교육, 쇼핑, 우체국 및 가스와 전기 등의 요금 납부 등 도시 내 모든 일상 활동이 마이크로라이언을 벗어나지 않고도 실행될 수 있어서 어린이, 노동자, 노인을 비롯한 사람들이 도시 공간을 이용하는 방식에 영향을 미치고 있다. 예컨대 같은 도시에 인접해서 사는 사람이라고 할지라도 같은 마이크로라이언에 살지 않으면 공간적으로 상당히 구조화된 도시 생활 때문에 서로 길거리에서 한 번도 마주치지 못하는 경우가 발생할 수 있다.

지역의 환경조건과 무관한 표준화된 계획서를 사용해 건설된 마이크로라이언은 그것이 노보시브르스크에 있든지, 보르쿠타(Vorkuta) 또는 모스크바에 있든지 간에 놀라울 정도로 흡사하다(그림 6.7). 이러한 도시들은 여전히 대규모 고층 아파트에 둘러싸여 있다. 비슷한 건설 자재와 설계가 사용된 과거 소비에트 연합 전역의 다양한 지역들, 예를 들어 지진 위험 지역(카자흐스탄의 알마티), 차갑고 습기가 많은 지역(페트로파블롭스크–캄차츠키), 홍수 위험 지역(상트페테르부르크) 또는 반건조 스텝기후 지역(바르나울) 등에 마이크로라이언이 세워졌다. 소위 종합 계획서에 의해 마이크로라이언이 도시의 어떤 위치에 세워져야 하는지 결정되었다. 이 계획서는 또한 여러 다른 토지이용들을 결정하는 구실을 했는데, 매우 상세하게 기술되어 있어서, 예컨대 빵집으로 지정된 장소에 우유 판매점이 법적으로 들어설 수 없다는 사실까지도 명기하고 있었다. 종합 계획서는 무엇이 만들어지고, 어떻게 만들어지며, 누가 만들고, 누가 최종적인 수여자이며, 그 가격은 얼마인지에 관한 내용을 담고 있는 5개년 경제 계획을 보완하기 위한 목표를 가지고 있었다.

도시환경

소비에트 계획 원칙은 산업 또는 도시 개발의 영향이 환경에 끼치는 영향 또는 환경 억제 정책 실행에 대한 관심을 결여하고 있었다. 계획가와 소비에트의 전반적인 시스템은 과학 기술이 자연을 통제할 수 있다는 믿음을 갖고, 이를 실천에 옮겼다. 이러한 관행이 경제 목표를 달성하려는 열의와 맞물려 러시아는 도시들과 도시 주변의 생태에 관해 거의 완전히 관심을 두지 않는 상태에 이르렀다. 계획가, 지구공학자, 그리고 경제지리학자가 한 팀이 되어 대규모의 개발 프로젝트를 주도함으로써 특히 대도시 지역의 사회를 현대화시키고자 하였다. 예를 들면 댐, 수력 발전소, 산업 복합 시설이 도시 내부 및 교외에 세워졌다. 도시 발전은 도시 산업화라는 말과 다름없었다. 자연은 새로운 사회주 실현을 위한 사회의 도구가 되었다.

예컨대 사할린 섬 오하(Okha) 근처에 있는 내륙 유전 지대는 1900년대 초반부터 개발되었다. 소비에트 시기에는 석유 발굴이 증가했으며, 현재까지도 채굴을 위한 환경 기준이 매우 낮은 실정이다. 지역 주민의 **주말농장**(dacha)이 모여 있는 근방의 마을로 이어지는 도로 상에, 그리고 고층 아파트에서 가까운 지역에 있는 녹슨 기름 펌프들이 헤아릴 수 없을 정

그림 6.8 사할린 섬 오하 교외에 있는 러시아인 소유의 내륙 유전 지대. 수십 년간 계속된 기름 유출과 침투가 발생해 불과 16km 떨어진 오호츠크 해로 흘러들어 가고 있다. (사진: Jessica Graybill)

도로 누출된 검은 기름과 한데 섞인 물웅덩이 안에 세워져 있다. 이 교외의 유전 지대에 세워진 경고 표지판들이 행인들에게 이 지역의 오염에 대해 알려 주고 있지만, 이 표지판들은 종종 글씨가 지워져 있거나 기름 혼합물에 반쯤 잠겨 있다(그림 6.8). 이 혼합물은 지역의 하천으로 흘러들어 마침내 오호츠크 해에 이르는데, 빗물 파이프에서 흘러나온 유출물과 한데 섞여 이 해안 지역의 생태계를 망가뜨리고 있다. 생명체에 해를 주는 이러한 환경 위험은 경제 기류에 밀려 그 중대성을 잃고 있는 실정이다.

　이와 같은 사례들은 러시아의 도시 및 그 주변에서 쉽게 찾을 수 있는데, 환경 및 사회적 부정의의 사례로 이해될 수 있다. 많은 도시 거주자들이 도시 환경문제에 대해 인식하고 있을지라도 소비에트 신문과 과학 전문지는 대부분의 산업 기반의 도시들이 겪는 심각한 **환경 황폐화**(environmental degredation) 문제들에 관해서 침묵하고 있다. 소비에트 연방 후반기에 이르러서야 이러한 심각한 상황이 공개되기 시작하였고, 사람들은 대기, 수질 및 토양 오염에 대한 국가적인 보도가 이루어진 1980년대 후반이 되어서야 공개적으로 환경과 건강 문제에 대한 관심을 표명하기 시작하였다. 환경오염은 호수 및 강에서 물고기 수확량 감

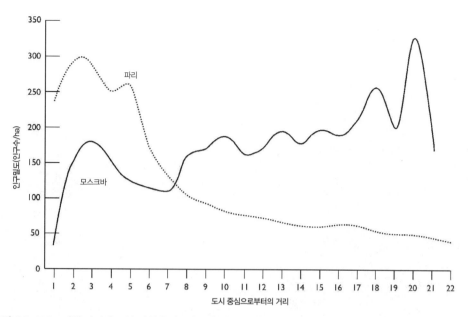

그림 6.9 모스크바와 파리의 도심 지역의 인구밀도 특성 비교. 출처: Beth Mitchneck and Ellen Hamilton

소와 같은 경제적인 피해와 더불어 천식, 신장 및 폐 질환과 같은 인간의 건강 문제를 야기할 수 있다. 도시에 사는 많은 주민들이 1990년대 산업 침체로 인하여 한 줄기 희망을 발견하였다. 즉 도시환경의 급격한 침체로 인하여 환경오염이 일시적으로 줄어들었지만, 또다시 자동차 사용의 엄청난 증가로 인해 대기오염이 증가하기 시작하였다. 경제와 산업 발전이 생태계에 미치는 영향에 대한 무관심은 오늘날까지 계속되고 있는 잘못된 투자 관행을 지속시키는 데 일조하고 있다.

　도시 및 지역 계획의 소비에트 역사는 러시아의 인공 및 자연환경에 지울 수 없는 족적을 남겼다. 그 이유는 건물들과 산업 시설들이 시장의 힘과 환경조건을 고려하지 않고 개발되었기 때문이다. 중앙 통제 경제에서 소비에트 도시의 토지는 매매 대상이 아니었지만, 대체로 사회주의 이념과 위에서 언급한 계획 원칙에 따라 할당되었다. 이는 자유 시장의 부재 상태에서 토지는 시장경제가 원하는 여러 목적으로 거래될 수 없다는 것을 의미하였다. 그 결과, 새로운 건설은 도심에서 외부로 향하는 경향이 지속되어 왔다. 예컨대 그림 6.9는 도심으로부터 거리에 따라 변화하는 파리와 모스크바의 인구밀도를 비교하고 있다. 시장 논리에 따르면 파리는 도시 외곽의 값싼 토지보다 도심 근처의 노른자위 토지에 더 많은 사람들이 집중되어 있다. 그와 반대로 모스크바의 인구밀도가 가장 높은 지역은 도심에서 멀리

그림 6.10 1762년 세워진 발라코보(Balakovo)의 오래된 역사지구가 마이크로라이언에 의해 사방으로 둘러싸여 있다. (사진: Jessica Graybill)

떨어진, 지대가 저렴한 지역이다.

분명히 눈에 띄는 점은 역사적인 개발지구가 오늘날에도 살아남아 있다는 사실이다. 1930년대에는 제정러시아 시대의 도심 외곽에 산업화 운동의 일부로 거대한 공장들이 세워졌다. 그 이후, 특히 1950년대 이후에 거의 재난에 가까운 주택 부족과 더불어, 사람들의 생활환경을 개선하려는 계획에 힘입어 수십 년에 걸쳐 마이크로라이언이 도시 외곽에 건설되는 한편, 도심의 역사적인 건물들은 허물어지기 시작하였다(그림6.10). 중앙정부의 계획가들은 도심의 값비싼 토지에 고층 빌딩을 세우기 위한 과학 기술을 개발하는 대신, 도시 외곽에 고층 아파트를 건설하는 데 진력하여 많은 도시들의 독특한 스카이라인을 만들어 냈다. 역설적이게도, 중심지에 위치한 일부 오래된 역사적 건물들이 토지 가격이 낮은 관계로 소비에트 연방 이후의 시기에도 보존되는 아이러니한 상황을 연출하였다.

소비에트 연방 이후의 시기: 변화의 시작

주도적인 도시 재건 사업은 1991년 소비에트 체제의 경제적, 정치적 몰락 이전에 시작되었다. 1980년대부터 도시환경의 제 모습을 잃어 가는 도시들은 제조업과 산업의 침체를 고스란히 드러냈다. 유럽 쪽에 위치한 러시아의 소도시들은 너무 많은 사람들이 빠져나가 소비에트의 도시 지역 통계 조사에서 더 이상 언급조차 되지 않았다. 이러한 소도시들은 러시아 전역에 퍼져 있기는 했지만, 절반 이상은 모스크바와 상트페테르부르크, 우랄 산맥 근처에 위치한 공업 핵심 지역에 속해 있었다. 하지만 1990년대 중반에 이르러서는 시베리아에 위치한 도시들이 인구 감소를 경험하기 시작하였다. 퇴락해 가는 소도시에서 주민들의 탈출은 서쪽 지역으로 이주하는 새로운 패턴을 만들어 냈고, 이주 인구가 러시아의 대도시로 집중됨에 따라 주택 및 가스와 전기 같은 공익사업을 포함해 부족하고 노후화된 도시 사회기반시설에 더 큰 부담을 안겨 주었다. 따라서 자연적인 인구 감소가 계속되고 있음에도, 특히 러시아 남부 및 서부의 많은 도시들이 급속한 인구 성장을 기록하고 있다. 반면 기타 여러 지역의 도시들은 인구 감소를 기록하고 있다(그림 6.6).

점점 위상을 잃어 가는 도시의 특성에 대한 분석은 도시 체계에 대한 경제 재구조화의 영향을 보여 준다. 광물질과 기타 자원 개발을 둘러싼 급변하는 경제로 인해 광산 도시들은 쇠퇴하는 도시들의 목록에서 대다수를 차지하고 있다(2000년까지 거의 1/4에 해당된다). 군산 복합체와 관련된 도시들 또한 쇠퇴하는 도시 목록에 포함되어 있다. 과거 군산 복합체 도시는 중앙정부로부터 특별한 관심을 받았는데, 이를테면 높은 급료와 더불어 재화 및 용역에 대한 평균 이상의 접근성을 가지고 있었다. 이러한 특별 대접은 오늘날 대부분의 군산 복합체 도시에서 자취를 감추어 버렸다. 예를 들면, 극동의 캄차카의 국경 지역에 있는 군산 복합체 도시는 이 지역의 국경 순찰에 대한 필요성이 사라짐과 함께 거의 유령 도시로 전락하였다.

많은 도시들이 사라진 점과 흥미로운 대조를 이루는 것은 비밀 도시로 알려진, 이전에는 그 존재를 인정받지 못한 도시의 부상이다. 비밀 도시들은 결코 지도상에 표시되지 않았는데, 이러한 도시들의 숫자가 약 40개에 이를 것으로 추정되고 있다. 이 도시들은 러시아 전역에 자리 잡고 있지만, 무르만스크 주(Murmansk Oblast), 극동, 우랄 산맥, 모스크바 주에 집중되어 있다. 한편, 이 도시들의 노동력은 원자력 연구 및 미사일 생산을 포함해 극비의 군수 물자 생산에 집중되어 있다(그림 6.11).

그림 6.11 칼리닌그라드(Kaliningrad)의 잠수함. 구소비에트 연합의 비밀 군사도시였던 칼리닌그라드는 현재 관광지로 사용되고 있다. (사진: Annina Ala-Outinen)

현대 러시아: 도시 체계의 재구성

소비에트 연방 이후의 시기인 1992년 이후부터, 중화학 공업은 자유 시장이 재도입되고, 소비자 지향의 자본주의 시장 모델을 지향하며, 군사 중심에서 멀어지기 시작하면서 심각한 타격을 입었다. 러시아의 국경이 개방됨에 따라 값싸고 품질 좋은 소비재들이 물밀듯이 밀려들어오기 시작하였고, 철강에서 항공기에 이르기까지 국내에서 생산된 상품에 대한 수요는 사라지게 되었다. 많은 도시들이 경제 재구조화 과정을 경험하게 되었는데, 이는 1970년대 탈산업화 기간에 북미와 유럽의 주요 도시들이 경험했던 것과 별반 차이가 없었다. 이와 동시에 많은 지역들이 과거 모스크바에서 유입되었던 재정 지원을 대체하기 위한 새로운 투자 자본을 유치하고자 노력하기 시작하였다. 제조업에서 벗어나 천연자원의 발굴 및 수출에 중심을 둔 경제 재구조화가 의미하는 바는 제조업에 치중하던 도시들이 높은 실업률과 새로운 경제개발 기회가 줄어든 상황에 대비해야 한다는 점이었다. 오늘날 인구가 빠져나가는 도시는 바로 이렇게 탈산업화 과정을 겪고 있는 도시이다.

소비에트 연방 이후, 오늘날 높은 총생산을 가진 지역은 극소수이며, 대개 천연자원이 풍부한 시베리아, 극동 및 모스크바에 자리 잡고 있다. 소비에트의 중앙정부 계획에서 시장 지향의 경제 제도로 변화함에 따라, 시베리아와 북극 지역의 도시, 그리고 중앙아시아와 캅 카스에 있는 신생 독립국의 도시들로부터 유럽부 러시아로 향하는 이주 행렬이 이어졌다. 척박하고 접근성이 떨어지는 곳에 위치한 노릴스크 및 수르구트(Surgut)와 같은 도시들에 시장경제가 도입된 이후에 에너지, 교통, 식료품, 주택 및 산업 생산에 관한 비용이 빠르게 치솟았다. 정부 보조금이 급격히 줄어듦에 따라, 도시 산업 단지들이 폐쇄되고 실업률은 치 솟았다. 이를 견디지 못한 많은 사람들이 다른 지역으로 이주하는 현상이 발생하였다.

경제개혁의 혜택은 공간적으로 고르지 못하게 분포되었으며, 러시아의 도시 체계에 속한 각각의 도시 간에 상당한 차이가 있었다. 일부 도시들은 시장경제를 이행하는 과정에서 번 영을 구가하고 있지만, 지리적으로 그러한 변혁에 참여하기 힘든 지역에 자리 잡고 있는 도 시들은 어려움을 겪고 있다. 하지만 노약자와 극빈자를 포함해 많은 사람들이 자신들의 도 시를 떠나지 못하는 이유는 외딴 곳에 떨어진 섬과 같은 도시에 심어 놓은 사회적 유대 및 친족 유대 관계가 강하기 때문이거나, 소비에트 체제에 대한 강한 신뢰 때문이다. 이러한 사람들이 새롭게 적응한 전통적 경제생활은 사냥, 채집, 어업 및 가내 농업 생산 등이다. 예 를 들면 사람들은 농업 작물을 집중적으로 길러 내고 주택의 공터와 주말농장에서 적극적 으로 가축을 기르기 시작하였다(그림 6.12). 일부 지역에서 수목 관리원이 공동으로 버섯, 산 딸기, 또는 허브와 같은 산림 자원을 대량으로 채집하고 있다. 이러한 방식으로 전통적인 농업 생산 활동이 일상생활 속으로 파고들면서 러시아 전역의 도시 지역의 총규모가 줄어 드는 결과를 낳고 있다.

모스크바, 유즈노사할린스크(Yuzhno Sakhalinsk), 나홋카(nakhodka), 카잔과 같이 성장하는 경제와 증가하는 인구를 가진 지역의 도시들은 러시아의 경기 침체가 심각한 지역에서 온 이주자들에게 매력적인 터전이 되었다. 이러한 현상은 소도시의 인구 및 경제적 영향력을 증가시킴으로써 도시 체계의 계층적 관계를 재배열하는 결과를 초래하였다. 예를 들면, 사 할린 섬의 유전 및 가스 개발과 관련된 일에 매력을 느낀 사람들은 러시아 전역에서 온 이 주자들뿐만 아니라 구소비에트 공화국에서 몰려온 이주자들이었다. 남부 연방 자치구의 도 시인 크라스노다르(Krasnodar), 스타브로폴(Stavropol), 블라디캅카스(Vladikavkaz), 노보로시 스크(Novorossysk)가 성장하게 된 이유는 내전에 찌든 북부 캅카스와 구소비에트 공화국에 서 온 이주자의 대량 유입 때문이었다.

국가적으로 상당한 인구 손실과 구소비에트 시대에 많은 도시 지역들의 인구 감소(표 6.1)

그림 6.12 러시아의 아파트 건물 및 주택 주변의 공간은 짧은 여름철에 농업용으로 활용된다. (사진: Jessica Graybill)

그림 6.13 2010년 유즈노사할린스크에 개업한 시티몰(city mall)은 러시아 극동 지역에서 가장 규모가 큰 쇼핑몰로, 소형 양조장을 갖춘 맥주 전문점이 있으며, 몰 내에서 러시아어와 영어 방송이 실시되고 있다. (사진: Jessica Graybill)

는 도시계획에 대한 공산주의 접근 방식이 실패했음을 보여 주는 명백한 증거이다. 21세기 초, 러시아는 도심의 극적인 재구조화를 경험하고 있다. 중앙 집중화된 권력을 지닌 경제 당국은 주거지의 위치뿐만 아니라 특정 도시의 정치적, 경제적 중요성을 결정했지만, 이제 러시아 국민들은 다양한 형태의 주택들을 스스로 선택해야만 한다. 새롭게 부상하는 추세는 교외화이며 새로운 주택이 도시 외곽에 건설되고 있다(그림 6.5). 상당수의 신도시 주택 지역들은 비디오에 의해 모니터링되고 있다. 타 지역 사람들이 이 지역을 방문하고자 할 때는 보안 요원의 안내를 받아야 하며, 오로지 차량에 의해서만 접근할 수 있다. 이는 통행량을 증가시키는 원인으로 지목받고 있지만, 이러한 생활양식을 즐길 여유가 있는 사람들의 사적 영역에 대한 열망을 만족시켜 주고 있다. 러시아 전역의 교외화 과정에 대한 체계적인 자료는 없지만, 이러한 추세가 이 국가의 유럽부에서 특히 두드러지고 있다. 하지만 과거의 도시화 과정과는 달리 이러한 현상은 동쪽으로 확산되고 있다.

정치적 도시 변화

민주화와 정치적 지방분권화는 소비에트 연방 이후의 도시 지형에 또한 영향을 끼쳤다. 최초의 민주 선거는 소비에트 연방 몰락 직후 러시아 전역의 도시에서 치러졌다. 적어도 이론상으로는 최초로, 지방 정치인들이 상급 정부의 관리 대신에 자신들의 현지 주민을 책임지게 되었다. 1990년대 이러한 책임은 도시 공간 구조에 새롭고도 큰 영향을 끼치게 되었는데, 오늘날 도시지리는 이제 국가의 이익이 아니라, 로컬의 경제적 필요와 사회적 열망을 반영했기 때문이다. 예컨대 1990년대 지방자치의 한 가지 결과는 도시명과 도로명을 다시 짓는 열풍이었다. 잘 알려진 소비에트 지도자들과 관련된 이름들은 과거 제정러시아 시대의 이름으로 대체되었다. 예를 들면 레닌그라드(Leningrad)는 상트페테르부르크, 스베르들롭스크(Sverdlovsk: 현지 지역 공산당 간부의 이름)는 예카테린부르크(Ekaterinburg: 여황제 캐서린 대제의 이름을 딴 캐서린 시를 뜻한다)로 개명되었다. 이와 비슷하게, 도로명도 개명되었다. 예컨대 모스크바의 고키(Gorky) 도로는 소비에트 작가의 이름을 따서 지었는데, 츠베르스카야(Tverskaya) 도로로 개명되었다. 이러한 변화는 도시 및 마을을 재정립하려는 러시아인들의 마음에 영향을 끼쳤다.

소비에트 연방 시대와는 달리, 국민들은 이제 당의 노선을 따르지 않는 도시정부와 주정부에 대해 정치적 비전을 자유롭게 표현할 수 있게 되었다. 예컨대, 특히 비슬라브 민족(아

글상자 6.1

러시아 도시의 증오 범죄

모스크바의 광역도시 철도를 타고 직장으로 출근하는 것을 상상해 보자. 매일 600만 명이 넘는 사람들이 모스크바의 도시 철도를 이용하는데, 이는 세계에서 도쿄 다음으로 번잡한 철도 시스템이다. 종착역에 도착하면 열차 문이 열리고 당신은 플랫폼으로 발을 내딛게 된다. 이때, 갑작스러운 폭발이 플랫폼을 거칠게 파괴한다. 전등이 나가고 대중은 공황 상태에 빠진다. 당신과 수백 명의 동료 승객들이 에스컬레이터를 향해 달려가지만 이내 멈춘다. 공황 상태는 사라지지만, 폭발의 영향을 더듬어 가면서 부상당한 사람들을 돕고, 죽은 사람들을 애도하면서 두려움은 점점 커진다. 경찰은 이에 즉각적으로 대응하는 가운데 불안 상태에 있는 캅카스 지역 출신의 자살 폭탄 테러리스트가 모스크바에서 사람들을 살해하고 도시 사회 기반시설을 파괴할 것이라는 또 하나의 첩보를 공개한다. 몇 시간 후, 통근자들은 풀려나 에스컬레이터를 타고 올라가 밖으로 나가 신선한 공기를 쐬며 새로 산 휴대전화로 그동안 자신의 소식을 애타게 기다린 가족 및 친구에게 연락을 취한다.

1995년 이후로 발생한 23회의 테러 공격은 러시아의 도시들, 특히 모스크바 및 캅카스 지방, 예를 들면 블라디캅카스, 베스란(Beslan), 스타브로폴과 같은 도시의 교통망을 곤경에 빠뜨렸으며, 이로 인해 1,500명 이상의 사망자들과 5,000명 이상의 부상자들이 발생하였다. 공통적인 테러 전술은 자살 폭탄과 인질극이다. 추정에 따르면, 테러 행위는 거의 전적으로 체첸 분리 독립주의자들의 이슬람 신봉을 토대로 한 새로운 이데올로기적 정체성을 확립하고, 북부 캅카스 지방의 자치 영토를 구축하려는 목표를 위해 자행되고 있다. 러시아 시민들에게 폭력을 사용해 그들과 정부의 두려움을 조장함으로써, 테러리스트들은 자신의 정치적 또는 사상적 목적을 달성하고자 한다. 테러리스트의 공격을 받을 가능성은 낮은 상태이지만, 시민들과 도시를 여행하는 관광객들은 무장 경찰의 보호를 받고 있다. 경찰은 시내와 지하철을 순찰하면서 겉으로 보기에는 아무런 이유 없이 신분증을 요구하며, 특히 캅카스 근처의 남부 지방이나 그루지야 출신으로 생각되는 검은 피부의 사람들을 불심검문의 대상으로 삼고 있다. 비평가들은 그러한 인종 프로파일링*을 인권침해라고 간주하지만, 일부 다른 비평가들은 그러한 도시에서 공격의 빈도가 높은 점을 고려하면 정당한 결정이라고 보고 있다. 체첸공화국에서, 러시아와 체첸의 전쟁을 반대했던 작가이자 인권 운동가인 안나 폴리콥스카야(Anna Politkovskaya)는 당시의 대통령이었던 블라디미르 푸틴 대통령을 비판한 것 때문에 2006년 10월 7일에 암살당하였다.

특히 검은 피부를 지닌 민족 또는 소수 종교 단체에 속한 사람들에 대한 작은 규모의 단독 증오 범죄는 소비에트 연방 시대 이후에 증가하고 있다. 예컨대 다민족 배경을 가진 사람들은 한때 소비

---

* 역주: 피부색, 인종 등을 기반으로 용의자를 추적하는 수사 기법

에트 연방의 다민족주의에 의해 포용되었지만, 이제는 급진적인 초국가주의 단체들에게 폭력, 고문 및 신체 손상 등과 같은 공격의 대상이 되고 있다. 이 단체들은 러시아 영토에 거주하는 비러시아인들에게 폭력을 행사하고 있다. 이러한 급진적인 초국가주의는 소비에트 연방의 몰락 이후에 실업, 인플레이션, 그리고 감소한 교육 기회 등과 결부되어 부활한 국가적 자존심의 결과로 종종 해석되고 있다. 소비에트 연방이 해체된 지 20여 년이 지난 지금, 이에 대해 잘 알지 못하고 자라난 청년들은 문화, 정치적 동맹에 대해 새로운 생각을 가지고 있다. 러시아의 젊은이들은 저임금 일자리를 놓고 인근 지역에서 온 이주 노동자들과 경쟁해야 하는 상황에서, 그들의 부모님과 과거 소비에트 연방 시대에 경험해 왔던 것과는 정반대로, 문화적 또는 경제적인 미래에 대한 협력을 공유하지 않고 있으며, 그 대신에 오늘날의 현실에 더욱더 걸맞은 '러시아인을 위한 러시아'라는 슬로건을 내세우고 있다.

프리카인, 아프리카계 러시아인, 특히 구소비에트 연방에 속한 남서부 출신의 사람들)을 목표로 삼는, 극단주의자 및 민족주의자 단체를 가진 도시에서는 종종 무장한 사람들이 폭력을 일으킴으로써 새로운 갈등을 낳고 있다(글상자 6.1).

변화하는 도시 구조 및 기능

눈에 띄는 도시 구조 변화는 도시 내부의 새로운 종류의 충전식 개발(infill development), 교외화, 그리고 슬럼화 등을 포함한다. 도시 기능에 대한 중요한 변화는 다양한 규모의 금융 및 소매상의 증가를 포함한다(그림 6.14). 20세기 대부분의 시기에 경험하지 못했던 것들이 이러한 변화를 주도하고 있는데, 이를테면 시장의 힘과 도시정부 및 지역정부의 적극적인 참여 등이 이에 속한다.

새로운 충전식 개발은 도심에서 일어나고 있는데, 역사적인 도심 주변의 토지 위에 지어진 낡은 공장이 주택(아파트) 또는 소매점과 같은 다른 목적으로 재사용되고 있다. 또한 상태가 좋지는 않지만 위치가 좋은 기존 건물들이 매매되어 재건축된 후 폐쇄공동체 아파트 단지로 탈바꿈되고 있다(그림 6.15). 모스크바와 러시아의 일부 도시들에서 이와 같은 상황은 주택 고급화와 더불어 도심에 살던 장기 거주자들이 쫓겨나는 결과를 초래하였다.

교외화는 눈에 띄는 도시 형태의 변화 중 하나로, 이는 도시의 부동산 시장의 개발 때문에 발생한 결과이다. 20세기 내내 이러한 도시의 개발은 금지되었다(그림 6.5). 철통 같은 보안 시스템을 갖춘 개인 주택들이 소비에트 연방 및 소비에트 연방 이후의 다가구 고층 빌딩

그림 6.14 작은 규모의 도심은 1층 쇼핑 거리를 유명 상품 매장으로 변경하여 급속히 성장하는 소비시장으로 탈바꿈하고 있다. (사진: Jessica Graybill)

그림 6.15 유즈노사할린스크의 도심에 위치한, 소비에트 연방 시대에 건축된 두 개의 건물이 새로운 공학 기술과 건축 설계를 통해 서로 연결되어 고급 아파트로 개발되고 있다. (사진: Jessica Graybill)

그림 6.16 사람들이 쇠퇴한 근린을 떠나 도시의 다른 지역 및 교외 또는 러시아의 다른 지방으로 이사하면서, 수직적인 슬럼화가 페트로파블롭스크–캄차츠키에서 발생하고 있다. (사진: Jessica Graybill)

그림 6.17 모스크바 메트로 지하철역 밖에서 거리 행상인이 다양한 상품들을 팔고 있다. (사진: Jessica Graybill)

을 둘러싸고 있는데, 이와 같은 고급 개인 주택들이 한때는 수많은 **오두막집**(cottage)으로 구성되었던 주택 개발 지역에 우후죽순처럼 생겨나고 있다.

러시아의 도시들 중에서 일부가 슬럼화된 것은 중앙 통제 경제에서 자유 시장경제로 전환됨에 따라 발생한 결과이다. 도심에서 떨어진 낡은 고층 아파트는 공장 근처에 위치한 값싸고 오염된 토지 위에 자리 잡고 있다. 가끔은 전체가 마이크로라이언에 속해 있던 이러한 고층 빌딩들은 부유한 임차인만이 더 나은 곳으로 이주하고, 거의 슬럼가가 되어 버린 이 지역은 가난한 주민만이 남아 있어 빠른 속도로 상황이 나빠지고 있다(그림 6.16).

금융회사 및 은행(특히 국제적인 은행)이 소비에트 연방 이후 대도시의 중요한 특색이 되고 있다. 탈공업 과정에 있는 북미와 유럽의 도시들과 마찬가지로 러시아 도시들의 경제적 기

그림 6.18 모스크바에 있는 세 개의 이케아 매장 중 하나가 시 경계 외곽의 초대형 쇼핑몰 옆에 자리 잡고 있다. 사람들은 이곳에서 상품을 구매하기 위해 미니버스를 이용한다. (사진: Jessica Graybill)

능과 새로운 노동시장은 전반적으로 서비스 산업에 보다 치중하고 있으며, 특히 금융 및 소매 서비스를 향해 나아가고 있다. 국제적인 금융회사들과 은행들은 제조업 또는 천연자원이 많은 곳에 러시아의 지점망을 갖추고 있다. 예를 들면 상당수의 유럽 및 일본계 은행들이 유즈노사할린스크에 지점을 두고 있는데, 이는 작은 주의 수도에서 석유 및 천연자원 개발에 치중하며, 세계화를 향해 나아가는 도시로 변모하고 있는 이 도시의 기능 변화를 잘 대변해 주고 있다. 러시아의 다른 도시들은 적극적으로 외국 투자를 끌어들여 정부 기관과 더불어 지역 및 국제 기업 간의 파트너십을 통해 도시의 구조를 재편하려는 노력을 기울이고 있다.

시장의 힘을 등에 업은 소매업 또한 러시아 도시의 경제 지형을 두드러지게 변모시키고 있다. 이전에 소매업은 주정부가 소유한 상점에서 또는 제한된 수의 시골 시장에서 이루어졌다. 이제는 도시 소매점들의 공간 구조가 극적으로 변화하고 있다. 교통 허브(지하철, 철도역) 근처는 일종의 복합 센터가 되어 몰과 같은 소매점들이 들어서 있고, 행상인들이 물건을 팔기도 한다(그림6.17). 모스크바의 유명한 GUM 백화점은 최첨단 쇼핑몰로 새롭게 단장하였다. 이 주변은 새로운 쇼핑 지역으로 탈바꿈되고 있는데, 이케아(IKEA)와 같은 대형 점포들이 전통적인 소매 중심지에서 벗어난 지역에 들어서고 있어 도시의 소매 공간이 확장되고 있다(그림 6.18).

사회문화적 도시 변화

확실한 사회 변화는 노동 및 여가 구조의 변화를 포함한다. 소비력을 갖춘 중산층이 증가함에 따라, 소비가 증가하고 이에 맞춰 다양한 상품 공급이 이루어지고 있다. 여가 환경이 개선됨에 따라 주요 소비층인 20~30대를 위한 서비스 산업이 호황을 맞고 있다. 하지만 이를 이용하기 위해서는 많은 비용이 필요하기 때문에, 대부분의 사람들이 새로운 환경의 러시아에서 높은 삶의 질을 유지하기 어려우며, 특히 자신의 집에서 독립하거나 대학을 나온 사람들은 아파트 구매와 가구 장만을 위한 비용이 너무 많이 들기 때문에 이를 감당하기 어려운 실정이다.

특정 도시에 거주를 허락하는 법적 증명서인 프로피스카가 더 이상 존재하지 않을지라도, 현재의 등록 시스템은 직업을 찾아서 옮겨 다니는 사람의 희망을 꺾고 있다. 고향을 떠나 일자리를 찾은 사람들은 준합법적인 시스템에 속하는 임시 도시 거주 등록증을 구매해야 하기 때문에 더 많은 생활비를 지출해야 하며, 러시아의 새로운 공간 경제에서 성공할 수 있는 능력에 제한을 받고 있다. 이러한 강제 거주 등록 시스템은 그들을 고용된 도시에서 이류 시민으로 전락하게 만들어, 그들 자신과 그들의 자녀가 의료보험, 교육 또는 고용 서비스와 같은 정부 서비스를 받는 데 가장 불리한 상태에 처하게 한다.

소비에트 연방에서 그 이후 시대로 전환하는 과정은 소비에트 체제에서 성장하고 교육받으며 고용된 사람들에게 어려움을 안겨 주었는데, 왜냐하면 많은 일자리들이 사라지고, 연금은 고갈되었으며, 미래는 불확실하기 때문이었다. 경제 전환기에 희생자가 된 많은 사람들이 생존을 위해 농촌으로 떠났지만, 일부 다른 사람들은 알코올, 절도, 매춘 등에 빠지게 되었다. 어려움에 처한 사람들에게 사회 보장 서비스를 제공하기 위한 러시아의 대응이 늦어졌기 때문에 극빈자, 노숙자, 그리고 권리를 박탈당한 사람들로 형성된 새로운 계층이 오늘날 도시에서 힘겹게 살아가고 있다.

도시정부는 사회 보장 서비스를 위한 재정이 현저하게 부족하다. 예컨대 모스크바에서 2005년 1,600개의 침대가 전체 노숙자 인구를 위해 보호소에 제공되었다(현재 노숙자의 인구는 3만 명에서 100만 명으로 추정되고 있다). 2006년 공식적인 보고서에 따르면, 모스크바에 5만 5000명, 그리고 상트페테르부르크에 1만 6000명의 노숙하는 어린이들이 있는데, 이는 이 두 도시에 국한된 것이 아니라 전국적인 현상이다. 이 수치는 러시아의 모든 도시에서 부모 없이 살아가는 어린이들과 청소년들을 포함하고 있다.

러시아에서 노숙하는 어린이들의 상당수가 지독한 가난, 알코올 중독, 그리고 가정 폭력 및 무관심을 포함한 가정환경에서 도피하기 위해 집을 떠난 것은 잘 알려진 사실이다. 연구에 따르면 이러한 사회적 병폐는 소비에트 연방 이후의 경제 재구조화 과정에서 비롯된 것이며, 가정에서 발생하는 문제이다. 다른 원인은 러시아의 특정 지방에서 일어난 시민 폭동 때문에 발생한 강제 이주와 1990년대 이전 소비에트 공화국에서 러시아의 도시로 이어지던 이주 행렬의 결과이기도 하다. 희망을 품고 도착했던 러시아의 도시에서 종종 그들은 주택 또는 일자리를 찾지 못하였다. 이러한 상황은 특히 그들의 자녀에게 악영향을 끼친다. 길거리의 어린이는 학교에 다니지 않거나 전염병 감염과 같은 건강에 해로운 문제를 경험하거나 불법 활동의 주요 대상이 되기도 한다(글상자 6.2). 그들은 노예와 같은 조건으로 일하거나 청소년 매춘 또는 마약 거래에 빠지기도 한다.

글상자 6.2

인간 안전 문제: HIV/에이즈와 인신매매

2009년, 러시아 성인 사이에서 HIV와 에이즈의 감염률은 1%였는데, 이는 소비에트 시대 이후의 동유럽 국가와 비슷한 수치(우크라이나 0.6%, 에스토니아 1.2%)이기는 하지만, 유럽의 최고 감염률(포르투갈 0.6%)을 웃돌고 있다. 2008년 UNAIDS 보고서에 따르면, 2007년 러시아에서 에이즈에 새로 걸린 사람들 중에서 75%가 15~30세에 속한 연령층이었다. 2001년 국제위기단체 (International Crisis Group)의 발표에서, 러시아의 GDP가 결과적으로 1% 정도 줄어들 것이라고 예상했는데, 이는 노동 생산성에 끼치는 에이즈와 기타 질병의 영향 때문이었다. 몇몇 국제 자선 단체들은 러시아의 HIV/에이즈의 확산 속도를 늦추고자 하는 프로그램들을 운영하고 있다.

UNAIDS(2006)에 따르면, 러시아는 HIV 조사, 임산부에 대한 치료, HIV에 감염된 사람에 대한 사회적 용인을 증가시키려는 활동과 같은 다양한 사회 프로그램의 개발을 승인하고 있다. 높은 수준의 지원이 이루어지고 있지만, 러시아의 에이즈 확산이 정맥을 통한 마약 사용이라는 수단에 의해 주로 확산되고 있는데, 마약 사용 및 중독에 대한 엄격한 법의 적용은 병에 걸린 사람들이 의학적인 치료를 할 기회를 막거나 바늘 교환과 같은 유해 저감 프로그램(여기에 속하는 약 70개의 프로그램들은 거의 200만 명에 해당하는 정맥을 통한 마약 사용자 인구를 위한 것이다)에 참여하는 것을 막고 있다. HIV와 에이즈의 감염 비율은 젊은 여성들 사이에서 증가하고 있는데, 이는 일반적인 이성애자 인구를 통한 확산의 위험성을 가중시키고 있다.

러시아의 도시 현상을 고려해 볼 때, HIV와 에이즈는 경제·사회적 이탈 현상, 마약 사용, 그리고 불법 마약 거래 등과 관련되어 있다. 2006년, 상트페테르부르크는 2만 2000명의 사람들이 HIV에 감염된 상태라고 보도하였다. 칼리닌그라드의 추세가 러시아의 나머지 도시들의 사태를 잘 대변해 준다고 볼 수 있는데, 2001년 이 도시에서 성적인 접촉 때문에 발생한 환자가 약 30%를 차지하였다. 현재, 시베리아의 일부 지방은 칼리닌그라드보다 더 높은 감염률을 보이고 있다. 하지만 유럽부 러시아의 관리는 HIV 감염의 새로운 물결이, 특히 폴란드 및 리투아니아 국경 지대에서 발생하는 매춘과 관련된다는 점을 우려하고 있다.

러시아의 도시는 성매매를 위해 인신매매된 여성 또는 가난 탈피를 위한 여성의 주요 종착지이다. 시장 개혁의 시작, 사유화, 그리고 정부 보조금 축소 때문에 여성들은 매춘을 포함하여 수입을 위한 다양한 활동에 내몰리게 되었다. 상당수의 인신매매범은 고용 대리인이 되어 높은 실업률에 빠진 도시를 노리고 있다. 합법적인 일을 하러 이주한 여성들은 종종 성매매 산업에 빠져들게 되며, 이로부터의 탈출은 매우 어려운 실정이다. 모스크바의 한 조사에 따르면, 88.5%의 매춘부가 모스크바 출신이 아니었으며, 그중 약 절반가량이 모스크바에 거주한 지 1년 정도 된 사람들이었다.

심지어 법 집행 공무원이 마약 거래 및 성매매 활동을 멈추고자 노력할 때에도, 인력 부족과 자금 부족에 시달리는 지방정부는 강력한 인신매매 조직에 대항할 여력이 없다. 정부 자금 지원을 받고 있는 희생자 지원 사회 프로그램이 러시아에는 현저히 부족한 실정이다. 예를 들면 2005년, 동부 러시아에는 단 하나의 여성 보호소도 없었으며, 모스크바의 보호소는 여성들을 인신매매업자들로부터 보호하기 위한 충분한 공간을 가지고 있지 않았다.

HIV/에이즈, 그리고 인신매매와 같은 인간 안전 문제는 소비에트 시대 이후에 경제적, 정치적, 사회적으로 노력을 기울여야 할 중요한 문제이다. 경제적으로, 러시아의 많은 지방들과 주민들은 1991년 이후에 절박한 가난을 경험해야 했으며, 이로부터 그들은 다시 회복의 길을 걷고 있는 중이다. 정치·사회적으로, 마약 사용, 성매매 활동, 그리고 전염성 질병의 연계 등을 다루는 것이 실제로 어려운 문제가 되는 까닭은 상당수의 개인들이 마약 또는 성적 학대 상황을 부인하고 있기 때문이며, 가정, 친구 또는 단체를 통해 그 해결책을 찾을 수 없기 때문이다.

21세기 환경문제

1980년대 후반 최초로 제기되었던 환경문제는 러시아 전역에서 다시금 고개를 들고 있다. 더욱더 많은 출판물이 소비에트 시절의 도시 개발이 남겨 준 해로운 환경의 유산을 이야기하고 있으며, 오늘날 사회 환경 이슈에 관해 더욱더 적극적인 개입을 요구하고 있다. 예를 들면, 도시 지역을 괴롭히는 한 가지 중요한 문제는 쓰레기이다. 소비에트에서 생산된 제품은 종종 종이와 끈만을 사용해 포장되었다. 소비에트 이후 시대에는 각종 포장재를 사용한 수입 제품들에서 나오는 쓰레기를 처리하기 위한 시설을 포함하여, 사회 기반시설의 증설이 요구되고 있다. 각종 포장재는 공공용지가 쓰레기 더미로 넘쳐나는 결과를 초래하고 있으며(그림 6.19), 환경오염과 더불어 시민과 도시정부 간의 긴장을 증가시키고 있다.

자동차 매연과 오염된 물 공급으로 인하여 초래된 화학물질 중독(예를 들어 납 중독) 같은 도시 환경문제는 많은 도시에서 여전히 해결되지 않은 숙제로 남아 있다. 도시 환경문제는 소비에트 연방 이후에 전반적으로 연구가 이루어지지 않아 이에 대한 지식이 축적되지 않

그림 6.19 증가하는 소비와 뒤처진 공공 서비스가 맞물려 러시아의 상당수 아파트 단지들의 주변이 쓰레기로 뒤덮인 결과를 낳고 있다. (사진: Jessica Graybill)

은 상태이다. 많은 사람들은 환경문제를 해결하는 것이 정부의 책임이며, 그러한 환경문제가 개별적으로 대응할 수 있는 문제가 아니라고 생각한다. 왜냐하면 사회·경제·정치적 문제가 그들에게 더욱더 절박한 문제이기 때문이다. 도시 및 지역 성장이 환경적으로 가치 있는 토지를 침범하는 일부 경우에는 갈등이 일어나 시민들이 힘을 합쳐 도시 개발을 비난하거나 막으려고 애쓰고 있다(글상자 6.3). 하지만 그러한 사례가 오늘날 러시아에서 일반적이라고 볼 수 없는 이유는 대부분의 시민들이 정부의 잘못된 개발을 반대할 만한 지식을 소유하고 있지 않으며, 오로지 정부가 사람과 환경을 보호하는 데 책임지는 행동을 하고 있다고 막연하게 생각하기 때문이다.

연방 및 국제적인 수준에서 환경에 관한 논의는 1990년대 중반 이후 지속가능성의 개념을 포함하고 있다. 새로운 환경 정책 운동을 펼치는 데 있어, 러시아의 정책 입안자들은 지속가능한 개발을 이루기 위한 기반으로 생물계와 함께 조화롭게 사는 것에 관한 제정러시아 시대와 서구 세계의 시각을 적용하고 있다. 실제로 인위적인 기후 변화를 해결할 필요성을 인정하는 최근의 법안은 경제적 성장을 성취하는 한편, 사회 환경 목표와 조화를 이루기 위한 정치인들의 실제적인 관심을 반영하고 있으며, 러시아의 시민들도 이러한 생각에 동참하고 있다는 한 가닥 희망을 보여 주고 있다.

독특한 도시

모스크바: 러시아의 과거가 러시아의 미래를 만나다

아마도 모스크바처럼 러시아의 오랜 역사를 생생하게 담고 있는 도시는 없을 것이다. 현대의 모스크바는 자신만만하고 족쇄가 없는 자본주의와 소비에트 연방의 과거가 서로 혼재된 모습을 고스란히 담고 있다. 이러한 모습은 카지노의 불빛과 세련된 양품점, 소비에트 시기에 건설된, 대부분의 시민들이 거주하는 획일적인 아파트 단지, 유리벽으로 치장된 신축 고층 건물들 또는 폐쇄공동체, 그리고 오래된 러시아 양식으로 개축된 건물들 속에서 확인할 수 있다. 새로운 러시아정교회는 (다양한 형태의 기독교 및 이슬람교 같은) 여러 종교들의 예배소들과 도시경관 속에 함께 자리 잡고 있다. 박물관과 극장의 상당수가 소비에트 이후 시대에 새롭게 단장되어 모스크바는 새로운 문화 수도로의 모습을 보여 주고 있다.

모스크바에서 러시아의 과거는 미래와 함께 살아 있다. 키예프 루시가 쇠퇴하던 시기인 약 850여 년 전에 세워진 이 도시는 표트르 대제가 그 수도를 상트페테르부르크로 이전할 때까지 그 중요성을 더해 가며 성장하였다. 1917년 러시아혁명은 그 권좌를 모스크바로 되돌려 놓았다. 1991년 12월 25일, 소비에트 연방의 최후 지도자였던 미하일 고르바초프의 사임으로, 모스크바는 다시 한 번 국제적인 주목을 받게 되었으며, 대규모의 사회·경제·문화적인 변화를 겪게 되었다.

소비에트 연방이 붕괴된 이후, 모스크바는 자본주의 물결에 휩싸이게 되었다. 외국인 투자가 러시아로 몰려들었고, 외국 및 국내의 신규 자본이 비즈니스 센터, 부동산 회사, 그리고 새로운 소매점들을 건설하는 데 사용되었다. 한때 텅 비었던 거리는 밤늦게까지 차량으로 넘쳐 났다. 1990년대 초반, 길거리 위에 매점들이 곳곳에 들어섰으며, 사탕 가게에서부터 보드카, 양말과 장난감까지 실로 다양하고 별난 물건들이 판매되었다. 이제는 번듯한 가게가 매점을 대신해 다양한 소비 제품들과 더불어 음식, 술, 옷, 장난감 등을 팔고 있다. 도시 교외에 있는 대형 쇼핑몰 또한 급조된 가게들을 대신하게 되었다. (역사적으로 정치적, 경제적, 교육적, 문화적, 통신 네트워크의 중심지였던) 모스크바의 신경제는 이곳이 국가의 금융과 소비 수도로 부상함에 따라, 도시의 기존 기능에 그 중요성을 더하게 되었다.

모스크바는 소비에트 정부와 공산당 정부로부터 물려받은 매우 값비싼 부동산 덕분에 대부분의 지역보다 부유하다. 하지만 자본주의의 도입은 도시를 여전히 파편화된 상태로 만들고 있다. 많은 시민들은 매우 힘겨운 삶을 경험하고 있다. 외국인 투자의 결과로 외국인 지역은 그 규모가 계속해서 커지고 있다. 모스크바는 주택, 외식 또는 다른 형태의 소비 측면에서 볼 때 세계에서 가장 비용이 많이 드는 도시 중의 하나이다. 외국인들에게 모스크바는 24시간 쇼핑, 외식, 사업 활동이 가능한 특별한 도시이다.

하지만 대다수의 모스크바 시민들이 생각하는 모스크바는 실로 **평범한**(normal'no: 영어로 normal을 의미한다) 도시이다. 그러한 평범함은 극심한 교통 혼잡, 아침 또는 저녁 출퇴근 시간대의 분비는 지하철, 그리고 자동차 소유자의 폭발적 증가 때문에 발생하는 주요 간선 도로의 질적 저하와 더불어 24시간 운영되는 피트니스, 초밥이나 커피 전문점, 직무 관련 교육을 제공하는 학원(예를 들면, 컴퓨터 또는 외국어 교육)과 같은 일상적 필요를 채워 주는 실로 다양한 서비스를 포함한다. 모스크바는 달리 새로 추구할 만한 것이 더 이상 없는 것처럼 보이며, 문제는 그 많은 선택 사항 중에서 무엇을 선택하는가이다.

이러한 소비 산업의 성장과 더불어, 모스크바는 도심에서 20km 떨어져 위치한 순환 도

글상자 6.3
힘키에서의 마지막 결전: 러시아의 신저항 형태의 교외 숲 사수 작전

미하일 블리니코프(Mikhail S. Blinnikov)

2010년 7월 23일 아침 5시, 하얀 복면을 쓴 괴한이 힘키(Khimki) 숲 안에 위치하고 있는 환경 운동가의 캠프를 갑작스럽게 공격하였다. 그 캠프는 며칠 전에 모스크바 셰레메티예보(Sheremetyevo) 국제공항 근처에 마지막으로 남아 있는 오래된 숲을 관통하는 새로운 유료 도로의 건설에 항의하기 위해 설치된 것이었다. 이 도로는 숲을 가로지르도록 설계되었으며, 진귀한 오크 나무 생태계와 수많은 습지를 파괴할 것으로 예측되었다. 벌목 작업을 하는 회사가 공식적으로 벌목 허가를 받지 않았다는 사실을 환경 운동가들은 알고 있었다. 그들이 예상하지 못했던 것은 벌목 캠프를 해산하기 위해 배치되었던 익명 건달들의 잔학상이었다. 환경 운동가들의 연락을 받은 진압 경찰은 벌목꾼들이 아니라 환경 운동가들을 공격하였다. 환경 운동가들의 캠프는 파괴되었으며, 7명의 환경 운동가들과 7명의 기자들이 체포되었다. 경찰은 2명의 여성에게 심한 폭력을 가하였다. 모스크바에서 발생한 집회 덕분에 메드베데프 대통령이 중재에 나섰고, 8월 말에 벌목 작업은 취소되었다. 이 프로젝트는 2010년 가을에 잠정적으로 중단된 상태이지만, 환경 운동가들은 2011년에 재개될 물리적, 법적 충돌에 대비하였다. 2011년 4월, 정부 패널이 잠정적으로 이 유료도로에 대한 유일한 경로가 그 숲을 통하는 것이라고 주장한 후 벌목 작업은 재개되었다.

힘키 숲은 모스크바 교외에서 오락과 청정한 공기를 제공하기 위해 보호되기 시작하였으며, 1935년 제정된 개발제한구역 내에 위치하고 있다. 이 구역에서 1992년과 2008년 사이에 총 5%에 해당하는 8,200ha가 파괴되어 상가나 주거지 개발을 위해 사용되었다. 모스크바 북쪽, 힘키의 동쪽에 위치한 이 숲은 면적이 1,118ha에 달하는 상당한 크기로 카트린느 대제 이후, 오크 나무 또는 소나무가 한데 뒤섞여 있는 채로 잘 보존되어 있으며, 30만 명의 인구가 이 숲에서 도보로 30분 이내에 살고 있다.

러시아에서 증가하고 있는 교외 통행량을 수용하기 위해서 더 많은 도로가 필요하지만, 이 숲을 통해 유료도로를 건설할 만큼 절박하지도 않으며, 단지 정부 고위 관료와 관계를 맺고 있는 부유한 사업가의 관심에 부응하고자 하는 것이다. 이 숲을 보호하고자 하는 환경 운동가들은 이 경로의 선택은 국제공항, 힘치, 그리고 모스크바 주정부와 관련성을 맺고 있는 소수 부패 공무원들의 개인적 야망의 결과로 보고 있다. 이 숲에 신도로를 건설하는 것은 매우 귀중한 개발제한구역 내 토지의 급속한 사유화를 촉진할 것이다. 또한 20억 달러 이상의 정부 재정 지원이 이 도로 건설에 이용될 것이다.

환경 운동가들의 저항이 국가적으로 중요한 이유는 그러한 저항이 푸틴-메드베데프가 통치하는 러시아에서 발생한, 몇 안 되는 사례에 속하기 때문이다. 이 운동을 통해 현지 주민들은 적어도 잠시나마 환경을 파괴하는 프로젝트를 중단시키고, 국내 뉴스를 통해 전 국민에게 알렸으며, 지방 법원에서 공판할 수 있는 기회를 가질 수 있었다. 상당수의 환경 운동가들은 지역 주민이다. 그들은 청정한 교외 환경을 모든 사람이 소유해야 하며, 평범한 사람들을 희생하는 부패한 개발 계획은 승인되어서는 안 된다는 믿음을 가지고 있다.

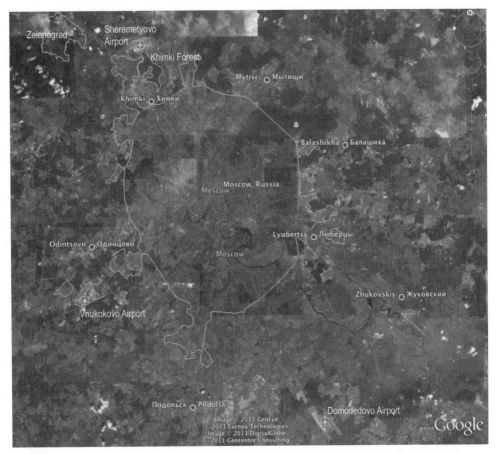

그림 6.20 소매점 또는 주거 지역이 모스크바의 도시 경계를 점점 넘어서 개발되고 있다. 출처: Google Earth

로를 기준으로 하는 도시 성장 경계를 넘어 확장되고 있다. 소비에트 시기의 도시계획가에 의해 결정된 도시 경계 밖의 토지는 (하이킹, 소풍, 캠핑과 같은) 여가 목적을 위한 녹색 지대였다. 대형 쇼핑몰과 단독주택 시장의 개발 때문에 개발제한구역은 서서히 줄어들고 있으며, 도시는 특히 주요 교통 노선을 따라서 급속히 그 경계를 넘어서고 있다(그림 6.20).

항상 다민족 도시였던 모스크바는 오늘날에도 러시아의 여러 지방이나 구소비에트 공화국에서 밀려든 이주자에 의해 그 특색이 더욱 강화되고 있다. 이주자들은 러시아의 다른 여러 도시들 또는 농촌 지역 출신들이 많은데, 특히 남부 지역, 예를 들면 조지아, 체첸, 카자흐스탄 출신 사람들은 모스크바 또는 러시아의 다른 주요 도시에서 인종적 갈등을 일으키고 있다(글상자 6.1 참조). 일부 슬라브족 계통의 사람들은 비러시아인의 증가로 인해 러시아 국가만의 경제·문화 특색이 위협받고 있다고 생각한다. 하지만 대체로 유구한 다문화적인 전통이 그대로 남아 있는 모스크바는 범세계적이며 활기찬 도시이다. 소비에트 이후 시대에, 모스크바는 러시아의 일류 도시이자 세계의 도시로 자리매김하고 있다.

상트페테르부르크: 유럽의 관문─과거의 영광 재현이 가능할까?

표트르 대제는 1703년 러시아에서 유럽으로 가는 관문인 상트페테르부르크를 러시아의 수도로 건설했다. 이 도시는 화려한 궁궐과 굽이진 운하를 넘어가는 고풍스러운 다리들이 특징이다. 도시 건설 과정에서 수천 명의 사람들이 목숨을 잃었다. 현재는 박물관으로 사용되는 오로라(Aurora) 전함은 1917년 차르의 궁전에 발포함으로써 러시아 혁명의 개시를 알렸다. 승리를 거둔 소비에트 지도자들은 경제적, 정치적 자원들을 모스크바에 집중시키고, 이 도시를 다시 수도로 삼았다. 상트페테르부르크는 제정러시아 시대의 관료주의적 분위기에서 벗어나게 되었으며, 1924년 레닌그라드로 개명되었다. 스탈린은 상트페테르부르크에 대해 고의적으로 무관심했는데, 역설적이게도 이 때문에 도시의 녹색 지대와 건축 유산이 고스란히 살아남게 되었다.

레닌그라드는 모스크바처럼 급성장하지는 않았지만, 1971년부터 1989년까지 인구가 두 배로 늘어나 약 500만 명에 이르렀다. 소비에트 이후 시기에, 레닌그라드의 공식 인구 규모는 2006년에 약 460만 명이었지만, 2010년 다시 480만 명으로 증가하였다. 이 도시는 러시아에서 두 번째 큰 도시로 남아 있다. 명성이 있는 은자 박물관(Hermitage Museum)을 포함해 독특한 문화유산을 가진 이 국제적인 도시는, 또한 소비에트 시대에 많은 유명 대학들과 연구 기관들이 위치하였다. 이 도시의 경제는 특히 소비에트 군산 복합체로서 군수 관련 산업과 관련된 교육이나 연구 활동에 상당 부분을 의존하고 있다.

1991년 이후 이 도시는 원래 이름을 되찾게 되었으며, 과거를 찾으려고 노력하고 있다. 교육, 문화, 그리고 특히 국방에 대한 정부 지원이 거의 사라지면서 퇴락해 가는 경제와 재

그림 6.21 2010년 상트페테르부르크에 새롭게 개점된 스톡만 쇼핑센터가 도시의 보수자들에게 큰 충격을 주었다. (사진: Nathaniel Trumbull)

정 상황은 심각한 구조 조정을 필요로 하고 있다. 1990년대 중반, 정치적 격동기에 활동한 변호사였던 아나톨리 소브차크(Anatoly Sobchak) 시장의 리더십으로, 이 도시는 러시아 도시 역사상 최초로 전략적인 계획 과정에 착수하였다. 상명 하달식 소비에트 중앙 계획과는 대조적으로 이 계획은 참여적인 과정을 목표로 지방정부, 민간 기업, 시민이 파트너십을 이루어 도시 개발의 가능한 시나리오를 분석하는 데 치중하였다. 상트페테르부르크의 민간 기업, 주민, 지역 기관들이 머리를 맞대고 진행한 광범위한 논의를 통해 그들은 이 도시가 높은 교육 수준을 지닌 인구, 러시아에서 가장 큰 역량을 가진 항구로서의 위치, 그리고 주요 철도 또는 고속도로와의 훌륭한 접근성을 가지고 있으며, 핀란드 또는 유럽의 여러 국가에서 멀지 않은 최적의 위치와 같은 특징을 가지고 있음을 파악하였다. 그 최초의 기본 문서는 이어지는 종합 계획과 더불어 도시의 구역을 현대화하고 건설과 개발 과정을 표준화하기 위한 새 법령의 기초를 제공하였다. 도시 경영자인 발렌티나 마트비엔코(Valentina Matvienko)는 재직 기간(2003~2010)에 수많은 주요 프로젝트들을 착수하였고, 도시의 외관과 도심의 순환 도로를 포함한 사회 기반시설을 개선하는 데 기여하였다. 상트페테르부르크 정부가 생활수준을 향상시키고 장기적인 구조 조정을 촉진할 수 있을지는 조금 더 두고 볼 일이다. 호텔과 도시 편의 시설을 증가시키려는 시도가 중단된 것은 관광 산업이 예상된 바대로 성장하지 않았음을 시사한다. 반면, 도로 혼잡과 대기오염이 극적으로 증가하게 된 이유는 1인당 자동차 보유 대수가 최근 두 배 이상으로 증가했기 때문이다. 도시는 원활한 차량 흐름을 유지하고 역사지구의 주차 공간을 충분히 확보하기 위해서 노력하고 있다.

상트페테르부르크는 도요타, 포드, 그리고 휴렛 팩커드 등과 같은 기업들로부터 투자를 유인하는 데 어느 정도 성공을 거두었다. 하지만 참여적인 도시 개발 문화로 인해, 이 도시는 최근의 토지이용 선택에 관해 대중의 목소리가 반영되었다. 예를 들면 2006에서 2010년까지, 주정부가 소유한 가스 회사인 가즈프롬(Gazprom)의 소위 오크타 센터(Okhta-Center) 건축 계획에 대한 논란이 벌어졌다. 대성당 첨탑과 같이 고유한 특색을 가진, 전통적으로 저층의 도시 스카이라인에 대한 시민들의 자존심을 등에 업고 중심지 고층 빌딩에 대한 저항 운동은 국제적인 주목을 받게 되었다. 전체 역사 도심이 세계문화유산 목록에 등재되어 있기 때문에, UNESCO는 도시의 역사적 기념물에 끼칠 수 있는 잠재적인 영향을 조사하기 위해, 도시정부에 그 프로젝트를 중단할 것을 권고하였다. 그 건설 계획에 대한 저항은 2007년과 2008년에 전례 없는, 일련의 길거리 데모의 중심 문제가 되었다. 마침내 상트페테르부르크와 모스크바에 있는 저명한 문화 인사가 그 프로젝트의 반대 운동에 참여하였다. 오크타 센터에 대한 계획은 결국 철회되었지만, 이보다 더 작은 규모의 건물 개발은 기업가의 이익 논리가 도시정부에 휘두른 권력의 증거이다. 새로운 스카이라인 변형에 영향을 끼치는 것이 바로 이들의 자본 이익 논리인 것이다. 이러한 건물은 2007년에 건축된 바실리에프스키 섬(Vasilievesky Island)의 증권거래소 건물과 유서 깊은 플로쉬차드 보스타니아(Ploshchad Vosstaniya) 뒤편에 새로이 들어선 스톡만(Stockmann) 쇼핑센터 등을 포함한다(그림 6.21).

블라디보스토크: 러시아의 태평양 수도?

1958년에서 1991년까지 러시아 해군의 태평양 함정의 기지였던 블라디보스토크는 하나의 폐쇄된 도시로, 심지어 소비에트 시민조차도 이 도시에 들어가기 위해서는 당국의 승인이 필요하였다. 이 시기 전에, 블라디보스토크는 국제도시였다. 항구 시설과 더불어 아시아 시장의 근접성으로 인해, 이 도시는 중국인, 한국인, 일본인, 그리고 미국인을 포함한 다양한 국적을 가진 사람들을 끌어들였다. 1991년 이후, 이 도시가 외국 관광객과 기업에 개방됨에 따라 그 사람들이 다시 돌아오고 있다. 실제로 미국과 일본은 블라디보스토크에 영사를 유지하고 있다.

1860년에 건설된 블라디보스토크는 프리모르스키(Primorsky) 지방의 수도이며, 약 60만 명의 인구를 가진, 극동에서 가장 큰 도시이다. 또한 태평양 상에서 가장 큰 러시아 항구도시인 블라디보스토크는 역사적으로 화물 선적과 어업을 위주로 하는 지역의 주요 산업 중심지였다. 모스크바에서 6,430km 떨어져 위치한 이 도시는 시베리아 횡단철도의 동부 종착지이다. 유럽부 러시아까지의 머나먼 거리는 블라디보스토크에 이국적인, 아시아부 러시아의 이미지를 잘 심어 주고 있다. 역사적으로 이러한 이미지는 블라디보스토크 주민들이 자립적이며 모스크바로부터 큰 기대를 하지 않는다는 인상을 갖게 하였다. 실제로 1954년, 블라디보스토크를 최초로 방문한 소비에트 지도자는 니키타 흐루초프(Nikita Khrush-chev)였다. 이 도시에는 14개의 학술 및 연구 기관들로 이루어진, 러시아 과학 아카데미(Russian Academy of Science)의 극동 본부가 있다. 이러한 요인이 블라디보스토크가 새로운 일련의 사업의 도시경제 허브가 될 수 있다는 희망을 사람들에게 심어 주고 있다. 예를 들면, 기업들은 블라디보스토크에 기반을 둔 지역 생태 관광에 대해 야심찬 계획을 가지고 있다. 또한 항구 시설물들은 태평양에서 강력한 수출입 도시를 재건하는 데 주요 자산이 되고 있다. 도시의 언덕에서 바다 쪽을 바라다보면, 역사적인 중심지와 제정러시아 시대의 건물과 기념물에 대한 복원이 필요하다는 생각을 갖게 만드는데, 이것이 제대로 시행되면 상트페테르부르크의 역사 중심지와 라이벌 관계를 형성할 수 있을 것이다. 극동 러시아의 지식수도인 블라디보스토크는 오염을 유발하는 자들을 비롯하여 수많은 불법 활동을 감시할 필요성이 있음에도 불구하고 소비에트 이후의 러시아에 많은 이점을 제공하고 있다.

불행하게도, 블라디보스토크는 1991년 이후에 두 가지 부정적인 경제 개발로 몸살을 앓아 왔는데, 그것은 바로 조직범죄의 상승과 환경오염의 유산이다.

마피아가 이끄는 비공식적 경제의 부상은 합법적이며 세금을 제대로 내는 기업의 성장을 방해하고 있다. 불법적인 중국 이민자들이 이 도시에 흘러들어 소매점 위주의 암시장을 지배하고 있다. 이 도시는 국제공항을 가지고 있으며, 아시아의 여러 도시들과 연결되는 항공 기착지이다. 극동 지역 출신의 러시아인들이 블라디보스토크를 경유해 아시아의 여러 지역으로부터 돌아올 때, 그들은 일반적으로 러시아에서 판매할 물건을 들여온다.

아시아 국가들과의 국제무역이 블라디보스토크를 통해 주로 이루어지고 있기 때문에,

1991년 이후 블라디보스토크와 프리모르스키 지방에서의 조직범죄는 중앙아시아 출신의 러시아 마피아 단체들과 결부되어 있다. 상당수의 선출직 공무원들이 조직 범죄자들에 대항해서 싸우는 것이 아니라 그들과 협력하고 있다. 불법 무역은 중국산 해산물, 일본산 자동차, 중앙아시아산 헤로인의 수입, 그리고 러시아에서 중국 또는 한국으로의 목재 수출 등을 포함한다.

경제적 어려움과 더불어 블라디보스토크는 심각한 대기, 수질 및 토양 오염이 발생하고 있다. 생태학자들은 이 도시의 많은 지역들이 중금속과 더불어 산업 쓰레기(카드뮴, 수은, 비소)와 농업 쓰레기(질산염, 인산염)에 의해 심각하게 오염되어 있다고 보고 있다. 도시가 태평양 근처에 자리 잡고 있음에도 아무르 만(Amur Bay) 지역의 바람과 물의 순환 형태가 인구 밀집 지역 또는 도시 내부의 공업 지역에서 발생한 오염 물질을 제거하지 못하고 있다. 아무런 제재를 받지 않은 오염 물질은 시간이 흐르면서 축적되며, 이것이 인간에 미치는 유해 효과는 서서히 진행되고 있다.

유럽부 러시아와 연방 중심지에서 떨어져 있음에도 블라디보스토크(그리고 기타 시베리아와 극동의 도시)는 모스크바의 문화적, 정치적, 경제적 영향권 아래에 있다. 선진국인 일본과 한국, 그리고 급속히 발전하는 중국의 경제가 유럽부 러시아보다 더 가깝지만, 블라디보스토크는 슬라브 인종(전반적으로 러시아인과 우크라이나인)이 주류를 차지하는 도시이다. 일반적으로 러시아인들은 중국인들이 러시아의 광대한 천연자원 및 토지 자원에 대해 관심이 있는 것에 대해 회의의 눈초리로 바라보고 있다. 러시아와 중국의 국경이 대체로 무인 지대이기 때문에, 많은 중국인들이 러시아에 불법적으로 들어와 자원을 취해 가져가고 있다는 사실이 러시아인들에게 잘 알려져 있으므로, 이 지역의 많은 사람들은 중국인을 매우 싫어하고 불신한다. 따라서 유럽부 러시아와의 문화적인 결속력이 아시아와의 경제적인 유대보다도 훨씬 더 강력하다. 블라디보스토크의 정치 엘리트가 중앙정부에 충직하므로, 이 도시는 연방정부의 대규모 자원 투자라는 보상을 받고 있다. 오늘날 이 도시는 거대 건설 지대에 속하여, 새로운 도시 사회 기반시설(하수도 처리 시설, 지하수 담수지), 고속도로, 다리, 댐, 공항을 건설하기 위한 공사가 진행 중이다. 따라서 블라디보스토크는 아시아·태평양 지역의 국제 협력의 중심지가 되고 있으며, 이는 극동 지역의 인구를 안정시키고 경제를 성장시키는 데 도움이 될 것이다.

유즈노사할린스크: 국제적인 석유 파워

유즈노사할린스크는 러시아 극동의 사할린 섬에 위치해 있으며, 다국적기업의 투자에 의해 활황기를 맞고 있는 석유 신흥도시이다. 이 도시는 오랜 세월 동안 군사 및 천연자원 수출을 위한 허브 역할을 해 왔으며, 오늘날에는 오호츠크 해 연안의 석유 및 가스 유전에 가까이 위치하고 있어, 이 산업에서 러시아의 세계화 시대에 앞장서고 있다. 이 도시가 속해 있는 주는 모스크바 다음으로 외국인 직접투자가 많이 이루어지고 있는데, 이러한 사실은 이 지역에서 생산되는 천연자원의 중요성을 직접적으로 보여 주고 있다. 모스크바에서 약 6,500km, 그리고 일본에서 약 175km 떨어져 있는 유즈노사할린스크는 추방된 죄수를 위한 제정러시아의 주거지로 시작되었는데, 1905~1945년 사이의 일제 지배 동안 남부 사할린 섬은 일본인 마을이 되었다. 제2차 세계대전 이후, 소비에트 사회주의 연방 공화국은 이 섬 전체를 반환받았으며, 유즈노사할린스크는 사할린과 쿠릴 열도를 포함하여 주의 새 수도가 되었다.

유즈노사할린스크는 소비에트 시대 도시의 다민족 특성을 고스란히 가지고 있다. 17만 5000명의 도시인구는 러시아인, 우크라이나인, 그리고 기타 슬라브인, 사할린 원주민인 니브크(Nivkh)·에베니크(Evenk)·오로크(Orok), 그리고 고려인으로 구성되어 있다. 고려인은 가장 늦게 도착한 사람들로 제2차 세계대전 기간 탄광에서 일하기 위해 사할린으로 온 사람들이었다. 석유산업과 관련된 외국인은 1995년 이후 유입되었는데, 이들은 유럽, 북미, 러시아 인접국에서 온 사람들이며, 주로 호텔에 거주하고 있다. 이 도시의 다민족 역사는 도시의 건축양식의 혼합에서 잘 드러난다. 일부 남아 있는 일본 전통 가옥, 제정러시아 시대의 주택, 소비에트 시대의 5층 아파트 건물, 소비에트 이후 교외의 주택, 그리고 회사의 고위직 외국인을 위한 화려한 서양식 사무 건물 및 주택이 한데 뒤섞여 있다. 이전에는 군산 복합체에 연결된 작은 도시였지만, 이제는 외국인이 증가함에 따라 폐쇄된 도시에 큰 변화를 일으키고 있다. 연안 유전 지대는 유즈노사할린스크보다 북쪽에 놓여 있지만, 이 북쪽 지역은 국제 기업을 유치할 만한 사회 기반시설과 정치적 역량을 갖추지 못하고 있다. 따라서 이 주의 중심지로서 유즈노사할린스크는 석유산업을 이끄는 부산한 도심 허브가 되었다. 석유산업과 관련된 새로운 서비스 산업이 섬 전체는 아니지만 이 도시의 노동 시장을 변화시키고 있다. 현재 경제성장의 공간적 양상은 대규모 도심을 선호하는 소비에트의 도시 주거 패턴을 따르고 있다. 이 도시에서 발생하는 경제적 호황은 미래의 지역 경제성장을 위한 희망을 제공하고 있는데, 이는 소비에트 시기 이후의 신선한 변화이다. 소비에트 시기의 정부는 프로피스카 체제를 활용해 국민들을 사할린 섬으로 보내어 노동력으로 활용하였다. 오늘날 이 도시는 러시아의 극동에서 온 젊은 세대와 선망의 직업을 찾아 나선 석유산업과 연관된 국제적인 이주자들의 종착지이다.

유즈노사할린스크가 국제적인 투자를 유치하고 상대적으로 높은 생활 수준을 구가하고 있지만, 많은 주민들은 지역정부가 그들에게 약속한 석유 개발로부터 언제 혜택을 볼 수 있는지에 대해 궁금해한다. 상당수 주민들은 1990년대 중반에 만들어진 섬 개발 계획에 대한 약속이 제대로 이행되지 않을 것이라고 걱정하고 있다. 예컨대 석유 발굴을 허용한 대가로 약속된 사회 기반시설 프로젝트(교통, 교육, 보건 시설)가 제대로 실행되지 않았기 때문에 주민은 여전히 낡은 소비에트 시대의 주거지, 교통 시스템, 서비스를 그대로 이용하고 있다. 외국인 노동자들을 위한 전용 건물은 주변의 난방, 온수 또는 전기가 없는 건물과 대조를 이룬다. 이러한 불평등은 소비에트 이후 시대의 모든 시민들을 위한 공평한 경제성장을 확보하기 위한 도시 및 지역의 정책뿐만 아니라 러시아의 글로벌 경제의 부상하는 허브로서 유즈노사할린스크의 강점에 대한 의구심을 품게 한다. 유즈노사할린스크의 많은 시민들은 소비에트 이후 시대의 급속히 변화하는 사회 경제적, 문화적인 위치를 이해하는 데 어려움을 겪고 있다.

노릴스크: 중화학 산업의 유산

북극 상에 10만 명의 인구를 수용하기 위해 계획·개발되고, 연방의 지원을 받은 노릴스크는 세계에서 가장 북쪽에 있는 대도시이다(인구 17만 5300명). 이 도시의 기온은 영하 58℃까지 내려가기도 하며 연중 70%가 눈으로 덮여 있다. 굴라크(Gulag: 소비에트의 교정 노동 수용소 관리국)의 죄수들이 1920년대에서 1950년대 중반까지 이 도시의 각종 건물, 광산 및 제련 시설을 건설하기 위해 동원되었다. 노릴스크는 폐쇄된 도시로 비러시아인과 외국인의 여행과 주거를 제한함으로써 국가적으로 귀중한 제련과 관련된 사업의 보안을 유지해 나가고 있다. 이 도시는 니켈과 팔라듐의 세계 최고 주산지이며, 백금, 로듐, 구리, 코발트의 세계 주산지 중의 하나이다.

이 도시는 툰드라 지대에 형성된 타이미르 자치구(Taimyr Autonomous Okrug) 토착민의 본거지이며, 현대와 전통이 서로 만나는 곳이다. 에벤크(Evenk) 원주민이 순록이 끄는 썰매를

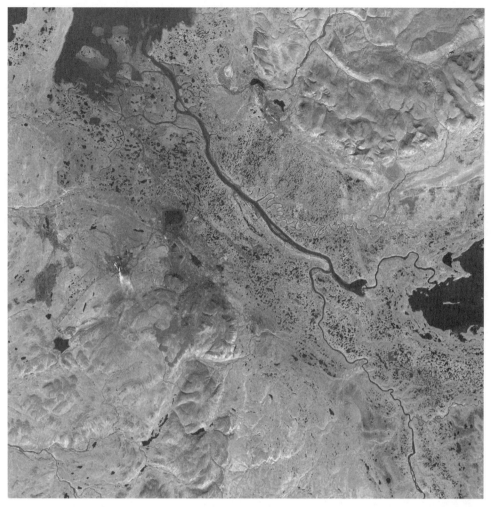

그림 6.22 노릴스크에 대한 적외선 이미지. 분홍 및 보라색(진한 회색)은 나지(예를 들면, 바위 지대, 도시, 채석장)를 나타내는데, 이 지역의 초목은 심한 오염으로 피해를 입고 있다. 밝게 빛나는 초록색(옅은 회색)은 대체로 건강한 툰드라–아한대 숲을 나타낸다. 도시의 남부 및 남서부는 생태계의 일부분 또는 상당 부분이 훼손되어 있다. 하천 그리고 도시 및 산업 중심지에서 떨어진 북동부의 생태계는 훨씬 더 건강함을 보여 준다. 출처: NASA

타고 도시를 지나가는 것을 보는 것은 놀랄 만한 일이 아니다. 소비에트가 건설한 노릴스크의 도시 풍경은 광산 및 제련 시설과 더불어 고층의 콘크리트 패널로 만들어진 마이크로라이언이 주류를 이룬다(그림 6.7). 북위 69도에 있는 이 도시는 영구동토층 위에 놓여 있다. 도시 열섬 효과와 인간에 의한 기후 변화의 결과로서 기반층 아래 영구동토층이 녹고 있으며, 이 때문에 도시의 교통망과 건물 기반이 약화되고 있다.

도시 죄수들과 관련된 노릴스크의 역사가 전설적이기는 하지만, 이 도시는 러시아에서 가장 오염이 심한 도시로 전락할지도 모른다. 전 세계 이산화황 방출의 1%가 노릴스크에서 나오는 것으로 추정되고 있다. 대기, 토양 그리고 수질 오염이 물리적 환경과 모든 시민들의 건강을 위협하고 있다. 예를 들면 철광석을 제련하는 과정에서 이산화황이 방출된다. 이 때문에 산성비가 형성되어 도시에 다시 내리면 오염원(산, 중금속)이 토양과 물속으로 스며든다. 초목 및 수질에 대한 환경 황폐화의 문제가 지역적 차원에서 두드러지고 있다(그림 6.22). 또한, 산성비가 돌과 시멘트를 갉아 먹은 나머지 건물과 기념물의 표면이 부식되고 있어서 특히 문제가 되고 있다. 일부 사업가들은 노릴스크의 도시 토양으로부터 광물 채취 사업을 제안하고 있는데, 왜냐하면 토양 속의 광물 비중이 경제성을 지니고 있기 때문이다. 러시아의 여러 산업도시들과 마찬가지로 (폐암, 천식과 같은) 여러 질환들이 노약자를 위협하고 있다. 이러한 위험에도 많은 주민들이 떠나지 않는 이유는 러시아의 자원 발굴과 (국가 평균의 네 배에 육박하는) 고임금 산업의 중요성 때문이며, 사람과 장소를 연결하는 강한 역사적 뿌리와 사회적 연결망 때문이다. 한때는 주정부 소유였지만 이제는 민간 기업에 넘어간 '노릴스크 니켈(Norilsk Nickel)'의 제련업은 이 지방의 주요 고용 기업으로, 도시의 경제를 이끌어 가고 있다. 계속되는 도시 오염 문제는 모스크바에 본사(이것 또한 중앙 통제 계획의 잔재이다)가 있는 노릴스크 니켈에 의해 점검이 제대로 이루어지지 않은 상태로 남아 있다.

환경적으로 민감한 극북에 위치하고 있으며, 러시아의 천연자원 산업을 위해 경제적으로 중요성을 갖는 이 지역에서, 노릴스크의 환경문제는 매우 시급하게 해결될 필요가 있다. 지역 및 아마도 세계적인 환경(지구적인 기후 변화)을 변화시킬 수도 있는 노릴스크의 역량에 대한 인식이 러시아 및 해외에서 커짐에 따라, 산업 경영자들과 정부는 환경 관리 시스템을 실행하고 있는데, 이는 도시 산업 활동의 환경적, 사회적 영향에 대한 평가를 포함한다. 일부 산업의 총수들은 또한 러시아의 환경법을 현대화해 국제적인 환경 안전 기준을 충족시키기를 바라고 있다. 이러한 기준은 노릴스크의 산업 활동으로부터 지역적, 지구적 환경오염을 줄이는 데 효과가 있을 것이다. 이러한 방식으로, 노릴스크는 극북의 도시 환경문제를 다루는 데 있어서, 특히 산업 오염 및 전 지구적인 기후 변화와 관련해 선두적인 역할을 해야 하는 위치에 처해 있다.

카잔: 타타르스탄의 볼가 항

타타르스탄 공화국 수도인 카잔은 러시아에서 7번째로 큰 도시이며(인구 110만 명), 유럽부 러시아의 외부에 있는 가장 큰 도시 중 하나이다. 카잔은 여러 가지 측면에서 독특한 면을 지니고 있는데, 그중 하나는 1990년대의 정치적 투쟁으로 러시아 연합 내에서 독립운동을 이끈 국가들 중 하나라는 점이며, 이는 공화국 체제를 성립시키는 결과를 가져왔다. 두 가지 최근의 사건들은 볼가 강에 위치한 이 도시에 전 세계의 이목을 집중시켰다. 한 가지는 2000년, UNESCO가 역사적인 도심을 인류의 보편적 가치를 지닌 대상으로서 세계문화유산 명단에 포함시켰다는 사실이다. 그리고 다른 한 가지는 2005년이 그 도시가 건설된 지 1,000년을 기념하는 해가 되었다는 사실이다.

러시아 대부분의 도시들이 대체로 다민족 기반이기는 하지만, 카잔과 이 도시가 속한 공화국처럼 비러시아 인구 규모가 크고 강력한 곳은 없다. 중앙아시아 스텝 지대가 기원인 타타르족은 타타르스탄 공화국의 가장 큰 민족 그룹을 형성하고 있다. 하지만 이 도시에 대한 러시아의 점유 및 지배는 16세기로 거슬러 올라가는데, 폭군 이반이 이 지역을 침략하면서부터 시작되었다. 심지어 오늘날에도 이 공화국에는 타타르족 인구가 많지만, 카잔 시의 인구는 러시아인이 과반수를 조금 웃돌고 있으며, 타타르족은 약 42%를 차지하고 있다. 볼가 지방 출신의 추바시족(Chuvash), 터키족, 마리스족(Maris)이 이 도시에 살고 있다. 1990년대의 이민 행렬은 새로운 민족들, 즉 캅카스 및 중앙아시아 출신의 사람들을 이 도시로 끌어들였다.

타타르 인구는 전통적으로 이슬람교를 믿는다. 유명한 이슬람 도시로서 카잔의 역사는 14세기까지 거슬러 올라간다. 현재 이 도시에는 이슬람교를 러시아인들에게 교육하는 이슬람 대학(The Islamic University)이 있다. 1940년대 이후로, 적어도 40개의 새로운 이슬람교 사원이 이 도시에 건축되었다. 도시정부는 역사적인 요새의 터전 위에 새로운 이슬람교 사원을 건축하는 것에 협조하였다. 이 장소의 정치·사회적 중요성과 도시정부의 선도적인 역할은 러시아로부터의 정치적인 독립뿐만 아니라 문화적인 독립의 상징으로 인식될 수 있다. 이 도시의 문화적인 독립은 이 도시의 환경을 구성하는, 건축의 역사적인 형태에서도 찾아볼 수 있다. 도시의 건물은 바로크 양식에서 무어 양식까지 많은 건축양식을 조합하고 있다. 전통적인 타타르 석수들에 의한 만들어진, 얕은 돌을새김이 이 도시의 건물을 장식하고 있으며, 뾰족탑(minarets)이 스카이라인을 수놓고 있다.

카잔과 그 지방은 러시아 경제에 큰 영향을 끼치고 있다. 이 도시는 유럽부 러시아 속으로 흘러가는 주요 하천인 볼가 강에 있는 주요 항구이다. 이 도시와 지방은 수 세기 동안 교역로였다. 현재 EU는 이 항구의 시설을 현대화하는 데 도움을 주고 있다. 2005년에 이 도시는 세계은행으로부터 직접적인 융자금을 받은 러시아의 몇 안 되는 도시들 중의 하나였다. 이 도시의 경제는 또한 교통 장비 생산과 밀접한 연관을 맺고 있다. 이 도시는 헬리콥터를 포함해 군사용 수송 장비를 생산하며, 대규모 자동차 생산 회사인 카마즈(KamAZ)의 생산 기지이다.

전망

오늘날 러시아의 도시들은 적어도 1,000년 동안 존재해 왔던 많은 민족과 문화뿐만 아니라 제정러시아, 소비에트, 그리고 소비에트 연방 이후 러시아 사회의 산물이다. 이러한 다양한 문화와 역사의 혼합은 다양한 도시경관 및 사회적 특색을 가진 도시를 만들어 내고 있다. 하지만 자연환경은 그 시기 또는 지배 민족과 상관없이, 도시환경의 위치에 대해 큰 영향력을 행사해 왔다. 거친 시베리아의 환경은 처음에는 러시아의 공간 확장 및 거주를 방해하는 걸림돌이 되었다. 하지만 시베리아에 확산된 도시 주거지는 거주로 인해 발생된 환경의 황폐화, 격리되고 척박한 장소에 사람들을 이주시키는 데 투입된 엄청난 사회문화적 비용, 그리고 추정하기 어려운 재정적인 부담이 있었음에도 불구하고, 소비에트의 중앙정부 계획가들이 이루어 낸 하나의 위대한 성취이다. 소비에트 연방 이후의 도시들은 자연을 이용하기 위한 시도로 인해 계속적인 힘겨운 싸움을 벌이고 있다.

도시정부 및 연방정부는 경제적, 정치적, 지리적으로 어려움에 처한 도시를 더 큰 규모의 지리 정치적, 경제적 체계 속으로 통합하려 노력하고 있으며, 이는 러시아의 교통 및 통신 시스템에도 영향을 미칠 것이다. 예컨대 모스크바보다 도쿄 또는 베이징에 더 가까운 도시가 경제적인 방향을 위해 러시아의 내수에만 주로 의존해야 하는가? 또는 그러한 도시가 새로운 시장과 영향력 확대를 위해 아시아에 의존해야 하는가? 소비에트 체제에서 구조화된 도시가 이제는 또 다른 체제 속에서 기능할 때 무슨 일이 발생할까? 공장, 주택, 도로, 학교, 그리고 기타 건물과 같은 기존의 구조물이 시장경제에서 어떻게 새롭게 활용될까? 도시환경의 오염은 어떻게, 그리고 누구에 의해 다루어져야 할까? 북극 및 시베리아와 같은 극한 환경에 놓인 도시가 어떻게 지속가능한 상태가 될 수 있을까? 서로 멀리 떨어져 있는 도시가 어떻게 경제·사회적으로 연결될 수 있을까? 러시아의 도시에 살고 일하는 사람들에게 앞으로 무슨 일이 일어날까? 러시아 정부가 EU와의 통합을 추진해야 하는가? 도시가 소비에트의 주택 체제에서 벗어나기 위해서는 얼마나 더 먼 길을 가야만 하는가? 도시가 토지이용 변화를 얼마나 최적으로 관리할 수 있는가? 현재의 출생률 증가 현상이 러시아 전체 인구의 감소를 막아 줄 수 있을까? 만약 그렇지 않다면, 국가적인 인구 감소가 많은 도시의 재건에 어떤 영향을 끼칠까? 오늘날 러시아인들은 그들의 도시를 재건하는 과정에서 이러한 여러 질문에 관한 해답을 찾아야 할 것이다.

■ **추천 문헌**

• Axenov, Konstantin, Isolde Brade, and Evgenij Bondarchuk. 2006. *The Transformation of Urban Space in Post-Soviet Russia.* London, New York: Routledge. 소비에트 이후 러시아와 동유럽의 도시에서 발생한 사회주의 및 공산주의에서 민주주의 및 자본주의로의 전환 과정에 초점을 맞추고 있다.

• Bater, James H. 1996. *Russia and the Post-Soviet Scene: A Geographical Perspective.* New York: John Wiley. 구소비에트 연방의 인문지리를 고찰하고 있다.

• Chernetsky, Vitaly. 2007. *Mapping Postcommunist Cultures: Russia and Ukraine in the Context of Globalization.* Montreal: McGill-Queen's University Press. 소비에트 이후 시대의 문화 발전에 중심을 두고 이를 국제적인 시각에서 다루고 있으며, 러시아와 우크라이나가 소비에트 이후 시대의 문화 기반을 형성하고 있음을 보여 주고 있다.

• Dienes, Leslie. 2002. "Reflections on a geographic dichotomy: Archipelago Russia." *Eurasian Geography and Economics* 43(6): 443−458. 생기를 잃은 공간에 의해 둘러싸인 메트로폴리탄 지역의 경제에 초점을 맞추고 있으며, 점(node)과 네트워크의 개념을 적용해 소비에트 이후 시대의 양분법적인 개발과 도시 및 농촌의 쇠퇴에 대해 기술하고 있다.

• Feshbach, Murray. 1995. *Ecological Disaster: Cleaning Up the Hidden Legacy of the Soviet Regime: A Twentieth Century Fund Report.* New York: Twentieth Century Foundation. 구소비에트 연방의 보건 및 환경문제 소홀에 대한 초기 보고서이며, 흥미로운 점은 인공위성 사진을 활용하고 있는 것이다.

- Figes, Orlando. *Natasha's Dance: A Cultural History of Russia.* New York: Picador Press, 2002. 제정러시아의 출범에서 소비에트 시대에 이르기까지 유럽부 러시아에 대한 조사서로, 특히 다문화주의 역할, 유럽, 소작농 사회, 그리고 예술의 창조와 시민의 삶에 있어서 차르 및 소비에트 제국의 팽창주의에 초점을 맞추고 있다.

- French, R. Antony. 1995. *Plans, Pragmatism and People: The legacy of Soviet Planning for Today's Cities.* London: University College London Press. 소비에트 연방의 도시가 마르크스의 사회주의 계획을 잘 보여 주고 있다는 전제를 조사하고 있다.

- Hill, Fiona, and Clifford G. Gaddy. 2003. *The Siberian Curse: How Communist Planners Left Russia Out in the Cold.* Washington, DC: Brookings Institution Press. 시베리아의 산업 구축의 실패 사례를 더듬으면서 경제 불안정 때문에 동부 영토를 포기하라는 주장을 담고 있다.

- Hiro, Dilip. 2009. *Inside Central Asia: A Political and Cultural History of Uzbekistan, Turkmenistan, Kazakhstan, Kyrgyzstan, Tajikistan, Turkey, and Iran.* New York: Overlook Duckworth. 고대사, 소비에트 시대, 그리고 1991년 이후의 문화정치적 운동의 부상을 포함해, 중앙아시아의 형성에 관한 역사적 사건을 조사하고 있다.

- Ioffe, Grigorii, and Tatyana Nefedova. 2000. *The Environs of Russian Cities.* Lewiston, NY: Edwin Mellen Press. 러시아 도시의 교외 지역을 살피고, 도시와 농촌 지역이 어떻게 상호작용하는지를 조사하며, 1990년대의 모스크바와 야로슬라블의 사례 연구를 제시하고 있다.

- Stoecker, Sally, and Louise Shelley. 2005. *Human Traffic and Transnational Crime: Eurasian and American Perspectives.* Lanham: Rowman and Littlefield. 러시아와 우크라이나의 인신매매를 둘러싼 사회정치적, 경제적 이슈에 관해 유럽부, 시베리아부, 극동부 러시아 학자의 사회과학적 통찰적인 견해들의 모음집이다.

- Turnock, David. 2001. *Eastern Europe and the Former Soviet Union: Environment and Society.* New York: Oxford University Press. 구소비에트 연방 및 동유럽의 중앙 독재 정부 이후의 변천을 분석하고 있다.

- Utekhin, Ilya, Alice Nakhimovsky, Slava Paperno, and Nancy Ries. *Communal Living in Russia: A Virtual Museum of Soviet Everyday Life.* http://kommunalka.colgate.edu. 온라인상에서 소비에트의 공동 아파트의 사회현상에 관한 민족지학적인 고찰로, 소비에트 시기의 러시아 대도시의 사회적, 인공적 생활환경에 대해 기술하고 있다.

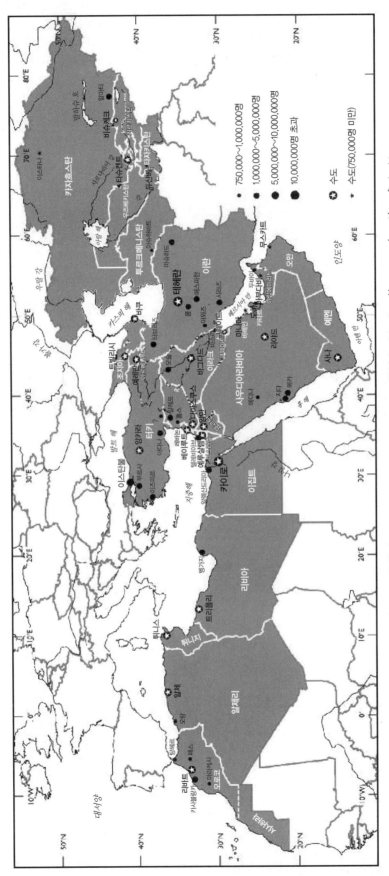

그림 7.1 범종동 지역의 주요 도시. 출처: UN. *World Urbanization Prospects: 2009 Revision*, http://esa.un.org/unpd/wup/index.htm

범중동 지역*의 도시

주요 도시 정보

총인구	5억 3900만 명
도시인구 비중	60.3%
전체 도시인구	3억 2500만 명
도시화율이 높은 국가	쿠웨이트(98.4%), 카타르(95.8%), 이스라엘(91.9%)
도시화율이 낮은 국가	타지키스탄(26.35%), 예멘(31.8%), 키르기스스탄(34.5%)
연평균 도시 성장률	2.34%
메가시티의 수	3개
인구 100만 명 이상급 도시	37개
3대 도시	카이로, 이스탄불, 테헤란
세계도시	이스탄불, 카이로, 예루살렘

핵심 주제

1. 범중동 지역의 도시경관은 자연환경과 종교(주로 이슬람교, 그리고 유대교와 기독교)가 만들어 온 것이다.
2. 도시 입지는 하천, 샘, 지하수대와 같은 용수 구득 가능성이 크게 영향을 준다.

* 역주: 원서에서 말하는 "Greater Middle East"는 '마그레브(Maghreb)'라고도 불리는 북부 아프리카에서 터키 고원 및 아라비아 반도, 그리고 이란 및 중앙아시아까지 포괄하므로 통상적인 '중동' 지역보다는 넓은 범위이다.

3. 세계 최초의 도시는 비옥한 초승달(Fertile Crescent) 지역, 나일 강 지역, 아나톨리아 고원에서 성장하였다.

4. 전통적인 도시 중심부는 성벽을 갖고 있으며, 성채(citadel) 또는 카스바(kasbah)*를 포함한다.

5. 도시경제는 주로 상업에 특화되어 있는데, 이는 중동 지역의 위치가 다른 세 대륙의 결절 부근에 위치해 있기 때문이다.

6. 국가에 따라서 종주도시를 가질 수도 있고, 두세 개의 대도시가 경합하는 예도 있으며, 도시 체계를 이룰 만큼 발달한 도시가 거의 없는 경우도 있다.

7. '도시 삼각 지역(urban triangle)'이란 범중동 지역에서 핵심을 이루는 곳으로 세 개의 대륙과 서로 다른 문화 지역(아랍, 터키, 페르시아 문화 지역)으로 이루어져 있다.

8. 20세기 동안, 석유와 천연가스 수익은 도시화율이 낮은 국가 중 일부를 도시화율이 높은 국가로 변모시켰다.

9. 석유 국가들의 도시인구 지리는 수백만 명의 '외래 노동자(guest workers)', 특히 남아시아 및 동남아시아에서 온 외국인 노동자가 바꾸어 놓았다.

10. 이집트, 리비아, 튀니지, 바레인에서 일어난 최근의 아랍의 봄 혁명은 시리아, 예멘에도 도미노처럼 작용하고 있으며, 다른 아랍 국가의 반정부 운동에 영향을 주고 있다.

11. 이 지역의 주요 도시문제는 급격한 인구 증가와 실업 문제에서 문화 유적 자원의 보존에 이르기까지 광범위하다.

생활양식으로서의 어버니즘(urbanism)은 원래 '중동'이라는 지역에서 기원한 것이다(그림 7.1). 이 지역은 세 개의 대륙이 접하는 곳으로서 서구 도시의 뿌리이다. '*urban*(도시)'이라는 단어가 세계 최초의 도시인 메소포타미아의 우르(Ur)와 우루크(Uruk)의 이름에서 온 것은 우연이 아닐 것이다. 이들 초기의 집락들은 거의 B.C. 5000년을 거슬러 올라가는데, 방어, 안보, 자원(물 따위) 통제 능력, 무역이 이루어지는 곳이었다. 도시 개발이나 도시계획에 대한 관념이 여기에서 탄생하였으며, 그러한 관념은 그들의 상업과 정복 전쟁으로 확산되기도 하였다.

* 역주: 북부 아프리카 지역의 방어용 성채를 일컫는 말이다.

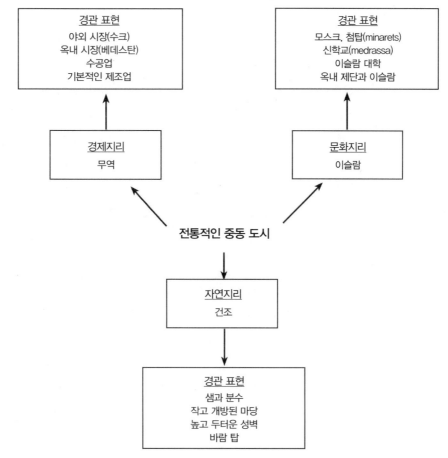

그림 7.2 전통적인 중동 도시. 출처: Donald Zeigler

20세기에 이르러, 이 지역을 일컫는 단어는 '근동(Near East)'에서 '중동(Middle East)'으로 바뀌었다. 이 말이 함축하는 지리적 범위는 좀 더 확대되어 쓰이기도 한다. 본서에서는 '중동'이라는 말을 보다 넓은 '범중동(Greater Middle East)'이라는, 즉 모로코에서 북부 아프리카를 거쳐 서남아시아와 카자흐스탄 스텝 지역을 아우르는 말로 사용하고 있다.*

이 넓은 지역은 지리적 특성이 유사하고 공유할 수 있는 역사가 있다(그림 7.2). 첫째, 자연적 특성에서 중동은 매우 건조하면서, 하천과 오아시스가 있다. 둘째, 문화적 특성에서 중

* 역주: 원래 '중동(Middle East)'은 아라비아 반도를 중심으로 해서, 서쪽으로 이집트, 북쪽으로 터키, 동쪽으로 이란에 이르는 지역을 말한다. 그러나 이 책에서는 건조 지역의 이슬람권을 포괄하기 위해 '범중동(Greater Middle East)'이라는 지역 범위를 설정하고 있다.

동은 이슬람 제국 및 주변과의 교류를 역사적 경험으로 공유한다. 셋째, 위치적으로 중동은 '중간'에 있다. 즉 동반구의 중간으로서 유럽 문명과 동아시아, 그리고 아프리카 문명이 서로 만나는 전선 지점이다. 간단히 말해서, 중동의 도시는 물, 신, 무역으로 설계된 것이다.

중동의 자연지리를 표현하는 말은 건조와 반건조, 연중 건조와 계절적 건조, 사막과 스텝 등이다. 이 지역 대부분은 물이 부족하다. 물은 주로 겨울 동안의 강수나 지형성 강수, 외래 하천, 강, 샘, 지하수층에서 온다. 건조한 지역에서는 물의 위치가 인구 분포에 영향을 미쳤고, 이는 도시와 마을의 입지를 결정하였다. 다시 말해, 건조한 환경은 자연적인 장애였고, 도시는 이를 극복한 곳이다. 불타는 태양, 낮 동안의 고온, 모래바람, 먼지 많은 공기, 부족한 물 등을 극복하기 위한 것이기도 하다. 그래서 사막은 초기 도시의 자연적 한계이기도 하였다. 도시를 둘러싼 사막은 침입자로부터 보호하는 일종의 완충 지대 역할을 하기도 하였다.

오늘날 중동의 도시는 종교라는 공통의 문화지리 요소를 공유한다. 이 지역은 3대 일신교, 즉 유대교, 기독교, 이슬람교의 기원지이다. 이 세 종교는 모두 이 지역에 자신을 확실히 각인하였다. 그러나 이 지역의 대부분은 7세기 초에 발생한 이슬람교를 믿는다. 이 지역의 문화지리는 아랍, 페르시아, 터키, 쿠르드 등 장소마다 다르지만, 결국 이슬람교라는 종교와 그것이 종교적, 사회적, 정치적으로 제도화한 것들로 이루어져 있다. 기독교와 유대교는 물론 소수 종교인 바하이(Bahai)교*, 드루즈교**, 조로아스터교 등도 이슬람 세계 속에 자리를 잡고 있지만 이들은 예외적이다. 모스크의 첨탑(minaret)이 역사적 특징으로 나타나지 않는 경우는 몇 지역 되지 않는다. 중동에서 도시는 영혼의 중심과 지적인 생활의 중심이며, 그것은 또한 신과의 관계뿐만 아니라 사람들과의 관계의 중심이기도 하다. 이슬람교는 원래 메카와 메디나의 도시 중심에서 시작된 종교이다.

중동이라는 상대적인 위치 때문에 이곳의 도시는 세 번째 특징을 갖게 되었는데, 바로 무역과 상업이다. 15세기 이전까지, 즉 아프리카를 돌아 세계로 나가는 해상 경로를 발견하기 전까지, 거대 문명 간의 무역은 유럽과 아시아, 그리고 사하라 이남 아프리카를 구분하던 건조 지역을 통과해야 했었다. 이들 세 지역 간의 무역은 그러한 지리적 필연성 때문에

* 역주: 바하이교는 19세기 페르시아에서 생겨난 종교로서 모든 인류의 영혼적 통일을 강조한다. 전 세계에 약 500 ~600만 명의 신도가 있으며, 별 모양의 문장을 사용한다.
** 역주: 시리아, 레바논, 이스라엘, 요르단 지역에 분포하는 종교로서 11세기 시아파 이슬람교의 일파로 등장하였다. 이슬람교와 유사하지만, 영지주의적, 네오플라톤주의적 성격을 가진다.

중동 지역을 통과하였다. 사실 수륙 분포, 즉 바다의 통과(예컨대 홍해)나 육지의 길목(예컨대 아나톨리아 고원과 페르시아) 또는 반도의 배치(예컨대 아라비아) 때문에 이 건조한 장벽을 건너는 다양한 경로들이 개척되었다. 사실은 부를 창출하고 확장하는 방법에 관한 새로운 사고방식인 자본주의도 이들 도시에서 탄생한 것이다. 이 지역의 시장은 페르시아어로는 바자르(bazaar)라고 하고, 터키어로는 파자르(pazar)라고 하며 아랍어로는 **수크**(souk), 히브리어로는 **쉬크**(shuk)라고 하는데, 세계에서 가장 오래된 시장 형태이다.

요컨대 중동 지역의 도시는 물, 예배당, 시장을 중심으로 발전되어 왔다(그림 7.3). 20세기 후반 석유 경제가 탄생하기 전까지 도시 규모는 이 세 가지 요소로 결정되었다. 큰 도시일수록 담수 구득 가능성, '영적인 수도'와 같은 상징물의 양, 무역의 경계 여부에 따라 발전되어 온 도시였다. 강력한 나라는 강력한 도시를 둘러싸고 이룩한 나라였고, 또 지금도 그러하다. 정치적 힘이 도시에 집중되면서 그 권력이 도시경관 요소로 나타났는데, 그것이 바로 궁전이다. 궁전은 세속 권력의 상징으로서, 사원과 경쟁한다. 오늘날 궁전은 정부 청사 건물로 발전하였다. 왕국 형태이든 공화국 형태이든 정부는 도시의 형태에 많은 영향을 미쳤다. 예컨대 우즈베키스탄과 투르크메니스탄은 1991년까지 구소비에트 연방의 일부였다. 이들 나라의 도시는 주택, 경제활동, 서비스에 정부가 개입하는 사회주의 도시 모델의 영향을 깊게 받았다. 또한 프랑스 식민지였던 아랍 마그레브(Arab Maghreb) 지역(북부 아프리카)의 도시들은 프랑스 도시 문화의 영향을 받았는데, 모로코, 알제리, 튀니지의 도시가 그러하다. **종속이론**은 구종주국과 여전히 연결되는 중동의 아랍 도시에 잘 들어맞는다. 예컨대 리비아와 이탈리아, 튀니지와 프랑스가 그러하다. 또한 1948년 이후 팔레스타인과 이스라엘의 갈등은 예루살렘과 라말라(Ramallah), 그리고 가자(Gaza)와 같은 도시에 전쟁과 폭동을 낳았다.

그럼에도 도시 발전의 절대적 위치(site)를 결정한 것은 역시 자연지리이다. 도시는 구릉, 오아시스나 자연 샘, 작은 곶이나 반도, 항구나 하구, 하천의 영향, 하천이나 협곡을 건널 수 있는 길목 등에서 시작되었다. 예컨대 이스탄불은 반도에 위치했으며, 다마스쿠스는 오아시스에, 알레포는 언덕에, 테헤란은 자연 샘에, 베이루트에는 항구에 입지하였다.

절대적 위치의 특징이 도시의 기초에 영향을 미쳤다면, 상대적 위치(relative location)는 상업 경로, 권력의 위치와 관련된다. 상대적 입지의 특징은 주로 성장하고 번영하며 쇠퇴하다가 소멸하는 것에 영향을 미친다. 어떤 도시는 무역 거점이나 제국의 수도로서 번영할 수 있는 잠재력이 있지만, 다른 도시는 그렇지 못하다. 더욱이 어떤 시대에는 좋았던 위치

그림 7.3 노점상은 수백 년간 이어져 온 업종이다. 이스탄불 카라코이 지역의 그리스 정교회 앞의 한 노점상. (사진: Donald Zeigler)

가 다른 시대에는 나쁜 위치가 될 수 있다. 바그다드는 750년 이슬람 압바스 왕조의 수도가 되어 다마스쿠스를 대체하였다. 1869년 이후에는 수에즈 운하의 개통으로 비옥한 초승달 지역의 도시가 쇠퇴하였다. 지중해 연안의 항구도시 이스켄데룬(원래는 알렉산드레타)은 원래 프랑스령 시리아의 도시였지만 1939년 프랑스 지배하에서 터키 영토로 편입되었다. 레바논 내전(1975~1990) 동안 베이루트의 많은 경제활동들, 주로 보험, 금융 등이 바레인의 마나마(Manama)나 두바이로 이전하였다. 중동은 전반적으로 '죽은 도시'와 고고학적인 **텔** (tell), 즉 고대 선조가 살던 도시 유적이 있는 구릉으로서 여러 민족과 문화 유물들이 혼재된 곳이 많아, 상대적 위치가 도시의 성쇠에 미치는 영향을 배울 수 있는 좋은 사례가 된다.

중동 도시의 기원

중동은 가장 크고 집적되어 있던 세계 최초의 취락이 있던 곳이다. 그러한 취락은 생산과 의례(ritual)와 방어와 무역의 중심지로 발전하였다. 이들 취락은 농촌 지역과 달리 강력한 엘리트와 그들의 고객에게 최고의 삶을 제공하는 곳이었다. 세계에서 가장 오래된 도시는 원도시(proto-urban)라고도 불리는데, 신석기 시대에 나타났다. 이 도시는 농업의 시작과 관련된 곳이다. 그 위치는 이라크, 팔레스타인, 터키를 꼭짓점으로 하는 삼각형의 모양을 하고 있다. 메소포타미아('두 강 사이의 땅'이라는 뜻이다) 남쪽에는 우르, 우루크, 에리두, 키시 등의 도시가 있었다. 이들은 진정한 도시로서 약 B.C. 4000년경 발생하였다. 이들은 바빌론의 등장 이전까지 세계 최대의 도시였다. 고고학적인 유적으로만 남아 있지만, 지금의 중동 도시의 선구자인 이들 도시는 오늘날까지 이어지는 도시 혁명의 연쇄 반응을 촉발시켰다. 그런데 이보다 일찍이, 비옥한 초승달 지역의 다른 쪽인 팔레스타인의 고대 예리코(지금은 요르단 강 서안 지역)에서 성벽과 망루가 B.C. 9000년경에 존재하였다. 예리코는 농업 생산을 혁신할 수 있는 천혜의 자연조건을 갖고 있었다. 건조한 계곡 깊숙한 곳에 위치해 있었고, '야자수의 도시'답게 샘 옆에, 그리고 **와디**에서 멀지 않은 곳에 입지해 있었다. 그리고 그 와디는 유대 산지로부터 요르단 강으로 흘러들어 갔다.

비옥한 초승달 지역 바로 북쪽인 아나톨리아 고원에서는, 최근에 발견된 원도시인 차탈휘위크가 존재한다. 이 도시는 B.C. 6500년까지 거슬러 올라간다. 코니아(Konya) 평야의 작은 하천 옆에 위치했는데, 오늘날에는 오히려 터키에서 비옥하지 못한 곳이다. 대략 5만 명이 거주한 것으로 추정되는데, 아마도 당시에는 세계 최대의 정교한 취락이었을 것으로 보인다. 왜냐하면 이곳 사람들은 밀이나 다른 식료를 성공적으로 작물화하였기 때문이다. 그 규모에 걸맞게 차탈휘위크는 도시경관 발전의 선구자로 여겨진다. 차탈휘위크, 예리코, 우르는 모두 문명과 도시화가 서로 같이 간다는 원리를 입증한다.

이란 고원과 지중해 연안에는 세계 최초의 제국이 등장하였다. 그들의 정복은 도시 역사에서 새로운 장을 열었다. 페르시아 문화는 바빌로니아, 메디아, 프리기아의 도시를 변형시켰고, 그리스 문화는 알렉산더와 그의 후예들의 지배하에서 다양한 동방 문화와 섞여 새로운 헬레니즘 도시를 창출하였다. 페르시아, 그리스, 로마 등이 그 제국인데, 이들은 재화와 사상(ideas)을 거래하였다. 도시 형태와 도시 기능에서의 혁신이 이들 지역의 도시경관에 반영되었고, 정부 제도와 상업과 종교에 영향을 미쳤다. 예컨대 로마 도시에서는 포럼, 바실리카, 경기장(coliseum), 원형극장(amphitheater), 공중목욕탕, 사원 등이 건립되었고, 이들 경관은 오늘날 중동에서의 도시경관의 한 요소로 남아 있다. 튀니지 엘젬(El Djem)이라는 도시는 지금은 작은 도시이지만 로마 전체에서 두 번째로 큰 대형 경기장이 남아 있다. 또한 다마스쿠스의 큰 시장 입구에는 거대한 주피터 사원의 유적이 남아 있다. 이스탄불은 아직도 330년에 지어진 전차 경기장(hippodrome)이 남아 있는데, 이것은 콘스탄티노플이 새로운 로마제국의 수도로 건설될 때 지어진 것이다.

로마제국은 4세기에 기독교를 공인하였다. 그 후 기독교인들은 로마 제국의 문화 경관과 사회지리를 바꾸어 버렸다. 로마의 계승자인 비잔틴제국도 지중해 동부에서 기독교의 수호자가 되었다. 그렇지만 당시 신흥 종교인 이슬람교가 아라비아 반도에서 일어나 비잔틴 영토를 점령하고 서남아시아와 아프리카 지역을 정복하였다. 7세기에서 10세기 사이, 이슬람 세력은 오늘날 우리가 '이슬람 도시'라고 부르는 독특한 도시경관을 창출하였다. 이슬람 도시는 모스크, 마드라사(신학교), 대학의 도시이자 정직한 무역, 관용, 정의의 도시이며, 자유로운 생각과 과학적 진보 위에 건축된 도시이다. 이슬람 도시의 일상과 계절적인 리듬, 건축적 외관, 운영 체제 모두에서 이슬람교의 영향이 강하게 나타난다. **'이슬람 도시'**라는 말은 이슬람 제국 시기에 지어진 역사적 도시 지역에 적용된다. 이슬람 도시는 몇 가지 공동 요소들로 이루어졌다. 모스크, 시장, 성채, 왕궁, 성벽 등이다. 오스만 도시도 이슬람 도시이다.

제1차 세계대전에서 오스만제국이 패한 후, 중동의 많은 부분은 유럽 열강의 지배하에 들어갔다. 유럽의 식민 지배국은 전통 도시 위에 새로운 요소를 덧붙였다. 제2차 세계대전 이후 각 국가가 독립하자, 새로운 정부는 글로벌 양식을 따라 마천루를 건축하였다. 오늘날 중동 도시는 이슬람 도시를 구성하는 역사적인 핵심부를 갖고 있으면서 동시에 유럽의 영향을 받은 부분, 그리고 글로벌 건축의 영향을 받은 부분으로 이루어져 있다. 그러나 이슬람 도시의 핵심적인 특징은 이 지역 전체적으로 지속된다.

20세기에 들어와서 별로 변화를 겪지 않은 몇몇 국가의 사례도 있지만, 이라크, 시리아, 터키, 이집트, 이란, 우즈베키스탄 등 다수의 중동 국가는 수백 년 정도가 아니라 수천 년에 걸친 변화를 거쳤다. 페르시아 만(아라비아 쪽에서는 아라비아 만이라고 한다.)의 부족장들은 최근까지도 도시 생활을 전혀 모른다(글상자 7.1). 페르시아 만의 아랍 쪽 지방은 소규모 어로와 진주를 채취하는 항구들이 많다. 아라비아의 도시인구는 **성지 순례**(hajj)와 관련된다. 메카, 메디나, 지다(Jeddah)가 도시 체계의 정점에 있는 것은 좋은 예다. 우바르(Ubar)와 같이 유향(frankincense) 무역과 관련된 고대 도시는 사막이 되어 버렸고, 아덴이나 무스카트와 같은 몇몇 큰 항구는 국내보다는 외부 수요에 서비스할 뿐이다. 오늘날, 한 나라의 도시가 고대로 거슬러 올라가든 그렇지 않든 중동의 인구는 뚜렷하게 도시화하는 경향이 있다. 그 이

글상자 7.1

아랍에미리트에서 사막 도시의 성장

M.M 야곱(M.M. Yagoub)

알 아인(Al Ain)이 사람들에게 알려지기 시작한 것은 수천 년 전 오아시스, 즉 이용 가능한 지하수가 발견되었기 때문이다. 이곳은 습도가 낮지만 아라비아 만과 내륙 지역을 이어 주는 교통의 요지에 있기도 하다. 그러나 불과 30여 년 만에 이 도시는 사막의 오아시스가 아니라 역동적인 현대 도시가 되었다. 인구도 1975년 51,000명에서 2010년 50만 명으로 급증하였다. 알 아인은 도시 개발과 도시경관 부문에서 국제적인 상을 두 번이나 받았다. 하나는 1996년 스페인에서 수여한 것이고, 다른 하나는 2000년 미국에서 준 것이다.

그림 7.4 알 아인의 오아시스 항공사진(1976). 출처: M.M. Yagoub

그림 7.5 알 아인의 오아시스 항공사진(2004). 출처: M.M. Yagoub

이러한 상을 받은 이유 중 하나는 도시 성장을 모니터링하고 계획하는 데 지리적 도구를 사용했기 때문이다. 즉 지도, 컬러 항공사진, 위성 이미지, 위성항법장치(GPS), 지리정보체계(GIS)을 사용한 것이다. 도시의 변화와 발전은 옛 지도, 항공사진, 위성 이미지(그림 7.4와 그림 7.5)를 비교해 보아도 분명하다. 1976년 이전에 알 아인은 아랍에미리트의 수도인 아부다비 방향인 서쪽 및 서남쪽으로 성장하는 경향이 있었다. 성장은 주로 두 도시를 잇는 도로 네트워크와 물 수송관, 전기 송출선을 따라 이루어졌다. 마찬가지의 요인으로 알 아인 북쪽으로는 두바이를 향해 도시가 확장되었다. 이 두 방향으로의 도시 확장은 중력 모델을 따른 것이었는데, 도로를 따라 기반 시설의 활용 가능성과 경제활동이 분포하였다. 계곡이나 사구, 산지와 같은 지리적으로 제한된 형상과 오만과의 국경 제약, 국내 계획상의 제약, 제도적인 제한도 형태에 영향을 미쳤다. 석유에서 얻은 수입이 발전의 주요 동력이 되었다.

정확한 사회경제적 데이터가 없기 때문에 원격 탐사로는 인구, 물 소비량, 전기, 고체 폐기물 같은 사회경제적 지표를 가지고 시간에 따른 변화를 개략적으로 검토할 수밖에 없다. 아랍에미리트의 정책은 도시 개발을 허용하면서도 농업을 장려하고 환경 보전을 촉진하였다. 지리 공간적 연구에 따르면 알 아인에서는 도시 개발이 농업 지역(오아시스)의 보전 및 사막의 개간과 밀접한 관련이 있다. 오아시스를 보전하는 것은 역사적·사회적 이유 때문인데, 최근에는 생태 관광과 관련된 이유도 있다. 그래서 세계의 많은 도시가 농업을 훼손하면서 팽창하는 반면, 알 아인의 도시 팽창은 농업 팽창의 결과였다. 위성 이미지를 통해 살펴본 결과 알 아인의 농업은 1990년에서 2000년으로 오면서 77%나 성장하였다.

출처: Dona J. Stewart, 2001, New trics with old maps: urban landscape change, GIS, and historic preservation in the less developed world, *The Professional Geograher*, 53(3), 361–373; M.M. Yagoub, 2004, Monitoring of urban growth of a desert city through remote sensing: Al-Ain(UAE) between 1976 and 2000, *International Journal of Remote Sensing*, 25(6): 1063–1076.

유는 유목의 감소, 제한된 경지, 인구 급증, 화석연료 경제의 번영, 교육 기회의 증가, 국제 경제 네트워크에 대한 접근성 증가, 정치 엘리트의 정책 등에 따른 것이다.

도시와 도시 지역

중동 지역은 21세기에 이르러 하나의 주요 도시 지역(majority-urban region)이 되었다. 오늘날 이 지역의 60% 이상이 도시에 거주한다. 다만 국가마다 상당한 차이가 있다. 어떤 나라에서는 10명 중 9명이 도시환경에서 산다. 가장 도시화된 나라는 페르시아 만의 소국이거나 리비아와 같이 석유 자원이 풍부하고 건조한 나라 또는 이스라엘이다. 레바논도 도시화율 87%로 만만치 않다. 중동에서 가장 도시화된 나라는 경제적으로 발전한 나라이다. 도시화율이 낮은 나라는 경제적으로도 덜 발전되었다. 예멘이나 타지키스탄이 그러한데 10명 중 3명 미만이 도시에 산다. 이집트와 시리아는 농업 자원이 풍부해 농촌 인구가 많다. 생계를 유지하게 하는 토지의 능력이 사람들을 제1차 산업에 묶어 두기 때문이다. 이집트의 도시화율은 43%이고, 농촌 거주율은 57%로서 중동에서 지난 30여 년간 가장 변화가 적고 안정적인 나라이다. 중앙아시아 지역은 도시화율이 낮다. 카자흐스탄만 다수의 인구가 도시에 거주할 정도이다. 중동에서 도시 성장을 자극하는 가장 효과적인 요인은 석유로 축적한 부이다. 오만의 도시화율은 1980년에 5%였지만 오늘날에는 72%에 이른다. 사우디아라비아의 경우는 24%에서 현재 81%나 되고, 쿠웨이트는 같은 기간에 56%에서 100%로 증가하였다.

지난 세기에 중동이 급격한 도시화를 겪은 이유는 무엇인가? 인구적 관점에서 두 가지 요인이 작동하였다. 자연 증가와 이주이다. 제2차 세계대전 이후 사망률이 출생률보다 급격히 감소하면서 나라마다 인구 규모가 급증하였다. 시리아, 이라크, 예멘, 팔레스타인 등의 나라는 세계에서 최고의 출산율을 기록하였다. 더욱이 두 가지 종류의 이민자가 도시 순위를 증가시켰다. 바로 농촌 지역에서 온 이주자와(석유 부국과 이스라엘의 경우) 해외에서 온 이민자이다. 예컨대 사우디아라비아 인구의 1/4과 아랍에미리트 인구의 80%는 외국 태생이다. 이스라엘은 1980년대 중반부터 지난 세기 말 사이에 러시아 거주 유대인을 100만 명이나 받아 들였다. 이스라엘은 또한 에티오피아, 아르헨티나, 프랑스, 영국, 미국 등지로부터 이민자를 수용하였다.

중동에서의 급격한 도시 성장은 농촌에서의 생활 변화보다 도시에서의 생활 변화와 관련된다. 기술 발달로 도시에서의 일자리가 창출되었다. 정부는 도시에 서비스를 제공하고, 사람들은 도시의 보건과 교육 서비스에 접근하고자 하였다. 도시인구 성장은 정치적 발전과도 관계된다. 예컨대 요르단의 수도 암만은 1950년 2,000명 수준의 마을이었던 것이 대도시로 성장한 것이다. 이 성장의 많은 부분은 아랍과 이스라엘 간 전쟁 중에 이웃 팔레스타인에서 온 피난민이거나 요르단의 농촌 지역에서 폭력을 피해 온 사람들이다. 이들이 암만 인구를 200만 명이 넘는 도시로 만든 것이다. 난민 커뮤니티들은 시리아와 레바논에도 많다.

중동 도시의 급성장으로 수많은 환경문제가 나타났다. 많은 나라에서 가용 수자원 부족과 수질 저하를 겪고 있다. 여러 곳에서 하수 체계가 부적절하거나 부재해 쓰레기와 폐기물이 수로나 하천 근처에 쌓여 있다. 이들 수로는 보통 목욕물이나 설거지 또는 세탁에 쓰인다. 그리고 그 물은 간혹 음료로 쓰이기도 한다. 산업 활동에 대한 규제도 부족한데, 특히 무두업과 같은 소규모 기업에 대한 규제가 부실해 오염 물질을 수원지에 가중시킨다. 더욱이 중동 지역은 인구 성장 및 경제성장과 더불어 자동차가 증가하고 있다. 이들 자동차는 좁은 옛 도로에 모여드는데, 이들을 수용할 계획은 부실하다. 또한 이들은 대기오염 물질을 배출한다. 자동차가 배출하기도 하고 산업 시설이 배출하기도 하는 납과 기타 중금속을 포함한 물질은 도시민의 건강을 위협하고 있다.

중동 도시의 핵심부는 (지중해, 흑해, 카스피 해, 페르시아 만, 홍해의) 5개의 바다로 둘러싸인

10각형 지역과 (아나톨리아, 캅카스, 이란, 아라비아, 수에즈의) 5개의 육교(land bridge) 지역이다. 이 핵심부의 주변에 세계 20대 대도시 중 3개가 입지한다. 이 세 도시는 대륙·국가·문화 간 도시 삼각 지대이다(그림 7.6).

- 이집트의 카이로는 아프리카 대륙에 있으며 1600만 명 인구로 아랍 지역 최대의 도시이다.
- 터키의 이스탄불은 유럽 대륙에 있으며 1300만 명 인구로 터키 최대의 도시이다.
- 이란의 테헤란은 아시아 대륙에 있으며 1300만 명 인구로 페르시아 지역 최대의 도시이다.

그러나 1950년에는 이 중 한 도시만 인구 100만 명을 넘었다. 1900년에는 인구 100만 명을 넘는 도시가 없었다. 그러나 오늘날 43개나 되는 도시가 인구 100만 명을 넘는다. 이란과 터키에는 6개, 사우디아라비아에는 4개나 있다. 몇몇 중동의 역사적 중심을 예외로 하면 이 모든 것들은 20세기 후반의 산물이다. 그 도시는 신흥 도시이지 오래된 도시가 아니다. 사실상 이들 도시의 성장은 제2차 세계대전 이후의 일이다. 그런데 중동의 삼각 도시 중심을 보유한 나라는 모두 덜 발전된 변방 지역을 갖고 있다. 이란 동부, 터키 동부, 그리고 이집트 상부(남부) 대부분 지역은 도시화가 모든 지역을 도시화하지 못한다는 것을 알려준다.

카이로−이스탄불−테헤란 삼각 지역 바깥에는 100만 명에서 200만 명 사이의 중요한 지역 대도시가 있다. 이중 두 도시만 200만 명을 넘는다. 모로코의 카사블랑카와 우즈베키스탄의 타슈켄트가 그곳이다. 카사블랑카는 아랍 지리학자들이 알 마그레브(Al Maghreb)라고 불렀던 극서 지역이고, 타슈켄트는 중앙아시아 또는 투르키스탄(지역)이라고 불리는 곳에 있다.

중동 지역의 어떤 나라는 단일한 종주도시가 있는 경우도 있다. 예컨대 페르시아 만의 많은 아랍 국가들과 중앙아시아의 모든 국가가 그러하다. 다른 경우는 두 개의 도시가 서로 경쟁하면서 핵심을 이룬다. 이 경우는 대체로 강한 원심력으로 작용하는 힘이 있는 경우다. 가장 대표적인 사례가 바로 시리아의 경우일 것이다. 시리아는 200만 명이 넘는 두 도시 알레포와 다마스쿠스가 있는데 서로 조용히 경쟁한다. 다른 사례로는 예멘의 사나와 아덴이 있는데, 식민지 역사의 결과이다. 이탈리아 때문에 엮어진 리비아는 트리폴리와 벵가지가 경쟁하고, 이스라엘은 텔아비브와 예루살렘이 세속적 수도와 종교적 수도로 경쟁한다. 카

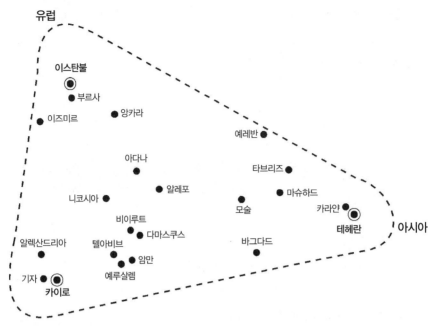

그림 7.6 중동의 도시 삼각 지역은 주요 도시들의 상대적 위치를 나타낸다. 이들 도시는 모두 정확한 위치에 있지만 그 배후의 기본도 없이 제시되고 있다. 출처: Donald Zeigler

자흐스탄은 알마티와 카라간다가 각각 투르크적 문화와 슬라브 문화를 대표하며 경쟁한다. 이라크에서는 뚜렷한 지배적 도시인 바그다드가 있지만, 다른 두 도시, 북부의 모술과 남부 바스라가 경쟁한다. 이들은 서로 다른 문화지리를 보여 준다.

두 극단적인 사례에서 복잡한 도시 계층을 보여 주는 나라가 존재한다. 터키와 이란은 모두 성장하는 대도시, 지역 센터, 소도시, 농촌이 뚜렷하게 분포한다. 모로코도 마찬가지로 큰 도시에서 작은 도시까지 모로코 도시 체계에서 전문화된 역할을 한다. 모로코는 정치적인 수도 라바트가 있고 다른 세 도시, 마라케시, 페스, 메크네스가 역사적 역할을 한다. 모로코는 비공식적인 경제 수도가 있는데, 바로 카사블랑카이다. 카사블랑카는 과거에 외교 수도였고, 탕헤르는 현재에도 유럽으로 가는 관문이다. 남부의 도시 와르자자테는 영화 제작의 수도이기도 하다. 유명한 영화로는 "아라비아의 로렌스", "스타워즈", 실제 레이싱 게임물인 "어메이징 레이스"의 촬영지이기도 하다.

중동의 도시는 인구도 증가하고 그 범위도 증가했을 뿐만 아니라 고트망(Jean Gottman)이 메갈로폴리스라고 부른 형태와 비슷해지기 시작하고 있다. 이들 도시 지역에서는 도시 생

그림 7.7 터키 부르사에 있는 터키 어린이가 아버지가 가게 밖에서 고객과 이야기하는 동안 가족 상점을 지키고 있다. (사진: Donald Zeigler)

활이 고밀도로 이루어지고 있으며, 주요 도로와 관련해 교통 속도와 교통량 면에서 두드러진 점이 나타나고 있다. 21세기에는 아마도 7개의 메갈로폴리스가 중동 지도에 나타날 것으로 보인다. 가장 인구가 많은 곳은 카이로에서 나일 강을 따라 기자(Giza), 알렉산드리아에 이르는 지역이다. 고속도로가 사막을 가로질러 지나가고 있어 발전 속도는 더욱 빨라져 이 161km의 회랑 지역을 채울 것으로 보인다. 두 번째로 인구가 많은 지역은 유럽과 아시아의 경계 지역이다. 이곳은 터키의 마르마라(MarMara) 메갈로폴리스로서 한쪽은 유럽의 이스탄불이고, 다른 쪽은 소아시아의 옛 실크로드 도시인 부르사이다(그림 7.7). 마르마라 메갈로폴리스는 마르마라 해를 사이에 두고 있으며 연안의 항구들이 산업을 끌어들이고 멋진 경관이 거주자와 여가 활동을 유인하고 있다. 세 번째는 모로코 해안으로서 카사블랑카에서 라바트까지 이르는 약 80km 구간이다. 네 번째는 이스라엘 메갈로폴리스로서, 하이파(Haifa)와 아코(Akko)에서 시작해 해안을 따라 텔아비브–야파를 거쳐 예루살렘에 이르는 지역이다. 아랍인 지구가 섞여 있지만, 이 초승달 모양의 지역은 고밀도 유대인 취락 지구이다. 이들 도시는 고속도로로 서로 연결되며 취락을 확장해 가고 있다.

그다음 세 메갈로폴리스 지역은 도시를 연합시키는 형태로 존재한다. 중부 메소포타미아 메갈로폴리스는 바그다드를 중심으로 하면서 티그리스 강과 유프라테스 강 사이로 뻗어 있다. 테헤란–카라얀 메갈로폴리스는 자그로스 산맥 아래를 따라 뻗어 있다. 유일한 국가 간 메갈로폴리스는 사우디아라비아 해안의 석유 산지이며, 세계 최대의 석유 회사인 사우디 아람코의 본사가 있는 다란과 담맘(Dammam)에서 시작해 4차선 도로를 따라 바다를 건너 바레인과 그 수도인 마나마에 걸쳐 있는 지역이다.

중동의 수도

범중동 지역에는 오늘날 27개의 독립국가들이 있고, 따라서 27개의 수도가 존재한다. 수도라는 개념은 원래 이집트와 메소포타미아의 하곡에서 성장한 초기 국가와 제국에서 유래한 것이다. 이집트에서는 멤피스가 세계 최초의 수도 중 하나였다. 멤피스의 위치는 하부 이집트(삼각주 지역)와 상부 이집트(나일 하곡 지역)의 돌쩌귀 지점(hinge)*이었다. 이 위치는 지중해 연안에서 제1폭포에 이르는 나일 강 유역 전체를 통제할 수 있었다. 나중에 이집트의 수도가 되는 테베(오늘날 룩소르)는 약간의 간섭을 제외하고 약 1500년간 수도의 지위를 유지하였다. B.C. 21세기에 시작된 수도의 지위를 역사상 가장 길게 유지한 사례이다. 테베의 기념비적인 건축물들은 수도로 발전하기 위해 필요한 것인데, 이집트의 자랑과 영광에 비하면 그다지 크지도, 아름답지도, 비싸지도 않다. 주권적 권력은 통치자에 대한 존경과 복종을 표현하거나 법을 나타내는 강력한 통치 경관으로 표현된다. 그런 점에서 권력은 건조환경의 상징을 필요로 한다. 테베는 그것과 관련된 한 사례이다. 테베의 건축물은 아직도 경탄스럽고 위엄을 느끼게 한다. 오늘날 보아도 엄청나다는 느낌은 워싱턴, 런던, 모스크바 등 21세기의 수도와 크게 다르지 않다.

중동은 역사적인 수도를 세계에서 가장 많이 가진 지역이다. 멤피스, 카르타고(튀니지), 페르세폴리스(이란) 등은 잘 알려진 도시이다. 지금은 폐허지만 다른 도시, 예컨대 사르디스, 수사, 아수르, 투스파 등은 과거의 지정학적 위치를 떠올리게 한다. 중동의 역사는 주요 국가와 제국의 역사로서 수도를 중심으로 아메바와 같이 발전하였다. 그러나 19세기와 20

* 역주: 일반적으로 '결절점(node)'라고 표현하는 것을 문을 지지하면서 여닫는 축이 되는 '돌쩌귀(hinge)'와 같은 지점이라고 표현하는 이유는 중간 위치에 있으면서도 양쪽에 대하여 통제할 수 있는 지점이라는 정치지리적인 뜻을 더 담기 위해서이다.

세기에 이르러서는 과거와는 달리 중동의 수도가 파리, 런던, 모스크바나 로마와 같은 외부의 의사 결정 중심의 지배를 받게 되었다. 그 직전에는 오스만제국의 이스탄불이 서남아시아의 아랍 땅과 북부 아프리카에 대한 역외 통제자(extra-territorial ruler)가 된 바 있다. 오스만제국의 붕괴에 따라 유럽의 통치가 확대되었다. 사우디아라비아, 오만, 예멘 대부분, 터키, 그리고 이란(논쟁 중)만이 식민지 지배와 보호령 상태를 면하였다. 제2차 세계대전 이후 이 지역 국가들 대부분이 독립했는데, 그와 함께 새로운 수도가 탄생하였다. 카이로는 이집트의 국가 수도로서 일찌감치 기능하였고, 시리아의 다마스쿠스, 레바논의 베이루트, 요르단의 암만과 같은 행정 중심지는 프랑스와 영국의 이익에 충실하였다. 리비아는 서쪽의 트리폴리와 동쪽의 벵가지 중 하나를 결정해야 하였다. 고도로 집중된 단일 국가를 만드는 과정에서 좀 더 큰 트리폴리가 수도로 결정되었다. 터키는 제1차 세계대전 이후 오스만제국의 후신으로 탄생했기 때문에 수도 선정을 위한 선택지가 하나뿐이었다. 바로 오늘날 이스탄불로 불리는 콘스탄티노플이다. 콘스탄티노플은 로마제국, 비잔틴제국, 오스만제국 아래에서 1600년간이나 제국의 수도였다. 그러나 1923년 아타튀르크(Atatürk)는 대통령으로서 처음 한 일중 하나가 그 하나뿐인 선택을 하지 않는 것이었다. 내륙의 앙카라를 수도로 선정한 것이다. 왜 이런 극적인 선택을 했을까? 그것은 옛 제국, 오스만제국의 죽음을 상징하고 새 공화국, 터키 공화국의 탄생을 표현하기 위해서이다. 터키는 더 이상 오스만제국이 아니며, 소아시아의 고원 아나톨리아의 문명에 뿌리를 두고 새로 탄생한 나라라는 것이다. 고대 도시 중 하나인 앙카라를 선택함으로써 현대 국가는 오스만제국 이전의 것에 뿌리를 두고 있다고 강조할 수 있었다. 모스크 건물을 제외하면 앙카라는 오스만제국의 흔적을 거의 갖고 있지 않다.

카자흐스탄은 수도를 옮긴 최근의 사례이다. 현대의 독립 국가로서 카자흐스탄은 1991년 알마티(Almaty)로 개칭한 알마아타(Alma Ata)에 정부 중심을 두고 시작하였다. 알마아타는 카자흐스탄에서 인구가 가장 많은 도시로, 연합 공화국으로 소비에트 통치를 받던 시기의 수도였다(그림 7.8). 그러나 몇 년 후 대통령은 행정부를 아크몰라(Akmola)로 이전하고자 하였다. 아크몰라는 나중에 카자흐어로 '수도'를 뜻하는 아스타나(Astana)로 개칭된다. 이 결정에는 실제적이고도 상징적인 요인이 작용하였다. 알마티는 국가의 중앙에 있지 않았다. 더욱이 중국 국경 가까이에 있는 것도 문제였다. 아스타나를 선택함으로써 이 두 가지 문제를 해결하였다. 또한 아스타나는 유럽에 경도 5도만큼 더 가까워 카자흐스탄을 '유럽-아시아' 국가라고 부르며 대륙의 경계를 자처할 수 있다. 그런데 도시 중심을 벗어나면 소비에트 이

그림 7.8 내부 도시의 발코니가 딸린 아파트는 옛 수도 알마티의 경관 중 하나이다. (사진: Stanley Brunn)

후의 도시와 유사한 형태가 많이 남아 있다(글상자 1.3). 아스타나가 유럽과의 연결을 표방했음에도 카자흐스탄은 그 국가 정체성이 중앙아시아의 스텝 초원에서 왔다. 새로운 수도 아스타나는 스텝 지역에 있으며, 이전 수도도 산악 지역에 있었다.

도시지리학자 장 고트망은 수도를 돌쩌귀에 비유했는데, 아스타나를 선택한 것은 거기에 잘 맞는다. 첫째, 새로운 수도는 소비에트 이전의 과거와 국가 건설 사이의 돌쩌귀와 같은 것이다. 둘째, 희망이지만 아시아와 유럽 사이의 돌쩌귀와 같다. 셋째, 두 가지 사회·문화적 요소, 즉 슬라브인이 많이 이주해 러시아화된 북부와 카자흐인과 우즈벡인이 많이 거주하는 투르크적인 남부 사이의 돌쩌귀이다. 수도를 슬라브 지역 쪽으로 옮김으로써 카자흐스탄은 영토적 통합을 유지하면서 러시아의 미수복지 회복주의(irredentism) 경향에 대응하고자 하였다.

중동은 또한 세계 어디에서도 유례가 없는 특별한 수도가 있다. 바로 3가지 주요 유일신교의 '수도'이다. 사우디아라비아의 메카는 이슬람 세계의 종교적 수도로서 연간 200만 명의 이슬람 **하지**(hajj: 순례자)들이 방문하는 곳이다. 지다(Jeddah)는 메카의 관문으로서 선박과 비행기로 순례하는 사람들이 들어오는 곳이다. 순례자들에게 두 번째로 성스러운 도시는 알마디나 알무나와라(Al-Madinah Al-Munawarah: 빛이 비추는 도시)나 메디나 알나비(Medinat al-Nabi: 예언자의 도시)로서 모두 메디나를 칭한다. 메디나는 이슬람력의 시작이 되는 622년 무하마드가 피신한 곳이다. 메디나는 초기 칼리프 시기 짧은 기간 동안 이슬람제국의 수도

그림 7.9 세 신앙의 경관이 예루살렘의 지붕에서 잘 보인다. 두 젊은 정통 유대인들이 이슬람의 바위 성당을 배경으로 서 있고, 그 뒤에는 기독교인들이 올리브 산이라고 부르는 곳이 보인다. (사진: Donald Zeigler)

였다. 세 번째로 성스러운 도시는 팔레스타인의 알쿠드(Al-Quds: 거룩함)로서 세계적으로는 예루살렘이라고 알려져 있다. 이 세 도시는 전체 이슬람 세계에서 중요한 도시이지만, 시아파 이슬람에게는 성스러운 도시가 두 개 더 있다. 이 두 도시 역시 순례자가 방문하는 곳이다. 바로 이라크 남서쪽에 있는 나자프(Najaf)와 카발라(Karbala)이다. 이슬람교보다 먼저 발생한 유대교와 기독교의 '수도'도 중동에 있다(그림 7.9). 예루살렘은 고대 성벽 도시인데 유대인과 기독교인 모두에게 가장 거룩한 곳으로서 양측에서 순례자가 오는 곳이다. 중세 유럽의 T-O 지도에는 예루살렘이 세계의 중심으로 나와 있다. 오늘날에도 종교적인 의미에서는 그러하다.

중동의 항구도시

항구도시는 세계로 나가는 관문이다. 이집트의 주요 항구도시인 알렉산드리아는 B.C. 331년 알렉산더 대왕이 섬들로 앞이 막혀 있는 천혜의 항구에 설립한 도시다. 이 도시의 배후지는 지중해 분지와 나일 삼각주 및 하곡의 가장 비옥하고 생산적인 땅이다. 알렉산드리아는 처음에 헬레니즘 세계 전체로 향하는 항구였는데, 특히 그리스 에게 해로 연결되었다. 알렉산드리아는 그리스 문명과 이집트 문명의 돌쩌귀 지점이다. 알렉산드리아의 상업적 번영을 상징하는 것은 등대 '파라오'이다. 이 등대는 고대 세계의 7대 불가사의 중 하나였다. 그리고 알렉산드리아의 지적 역량을 상징하는 것은 여러 문화가 만나서 이루어진 알렉산드리아 도서관이다. 이 도서관은 고대에 가장 큰 도서관이었다. 두 가지 모두 현재는 소실되었지만, 어느 항구도시든 등대는 상징적인 역할을 한다. 또한 2002년 이집트는 거대한 도서관 '비블리오테카 알렉산드리나(Bibliotheca Alexandrina)'를 완공하고 지성계에서의 옛 영광을 되살리려 하고 있다.

세계에서 가장 오래된 수도 중, 중동에 있는 몇몇은 세계에서 가장 오래된 항구도시이기도 하다. 지중해 동안의 티레, 시돈, 아코, 야파, 아슈켈론, 가자 등이 그 예이다. 오래된 항구는 현대 국가의 요구를 충족시키기 어렵다. 성서에 언급될 정도의 항구는 오늘날의 상업활동에는 부적절하다는 것을 의미한다. 아코는 하이파에 밀리고 야파는 이웃하는 텔아비브에 밀렸다. 베이루트와 알렉산드리아는 기존의 항구 옆에 새로운 항구를 개척한 경우다. 안티오크(오늘날의 터키 안타키야)는 로마 시대에 지중해 동안의 큰 도시였으나 지금은 그렇지 않다. 가자는 현재 신생 팔레스타인의 현대적 항구가 되었는데, 쉽지 않은 도전에 직면해 있지만, 항구에 관한 지리적 규칙을 예시한다. 모든 나라는 내륙국이 아닌 한 해안 항구를 가져야만 한다. 훌륭한 천혜의 항구가 없다면 인공적인 항구를 조성해야 한다. 국경의 형태는 영토 외적인 의사 결정의 산물이지만 중동 지역의 항구 지리를 형성하는 데 강력한 영향을 미쳤다. 예컨대 시리아(역사적으로 비옥한 초승달 서부 지역)는 유럽인들이 국경을 결정하면서 천연 항구들(터키의 안티오크, 레바논의 트리폴리와 베이루트)을 갖지 못하게 되었다. 그래서 타르투스(Tartous)에 있는 작은 항구를 확장하고, 라타키아(Latakia)에 새로운 항구를 건설하는 대규모 투자를 해야만 하였다.

항구의 지리에서 국경의 역할은 중요한데, 특히 중동 지역의 두 팔과 같은 바다에서 두드러진다. 바로 이라크, 이란, 쿠웨이트가 마주하고 있는 페르시아 만과 요르단, 이스라엘,

이집트, 사우디아라비아가 맞대고 있는 아카바 만이 그것이다. 두 경우 모두 하나의 항구가 규모의 경제로 작동하는 데 하나 이상의 의미를 지닌다. 그러나 정치적 경계는 그것이 그렇게 작동하지 못하게 한다. 아랍에미리트는 중동에서 유일한 연방제인데, 7개의 부족장이 해양 무역과 내부 제조업의 몫을 다투기 위해 경쟁한다. 그래서 인구는 800만 명인데, 상업 항구가 16개나 된다. 여기서 가장 중요한 항구는 두바이 부족 지역 내에 있는 항구이다.

중동에서 항구는 항구도시만을 의미하지 않는다. 역사적으로 중요한 항구는 사막의 가장자리에 있던 '항구'였다. 대상들을 먼 곳까지 보내고 멀리서 오는 상인에게 관문을 열어 주는 그런 도시였다. 대상이 가로지르는 바다는 사막의 바다, 즉 '모래의 바다'(다 모래는 아니지만)였다. 모로코 남부에 있는 시질마사(Sijilmassa)는 지금은 폐허가 되었고 최근에야 발굴되었지만 그런 사막 항구 중 하나였다. 이 도시는 아틀라스 산지의 오아시스와 사헬 지대(사하라 사막의 남쪽 '연안'이라고 볼 수 있다)를 연결해 준다. 지금과 같이 해안을 따라 배를 타고 왕래하는 것이 더 경제적이라는 것이 알려지기 전에 그러하였다. 그러므로 시질마사는 하나의 항구와 같은 기능을 한 셈이다. 그리고 그와 더불어 시질마사가 연결한 사하라 이남의 도시인 팀북투(Timbuktu)도 같은 역할을 하였다. 마찬가지로 다마스쿠스 역시 시리아 사막의 가장자리에 있는 오아시스를 배경으로 성장하였다. 다마스쿠스는 메소포타미아에서 오는 대상들이 모이는 곳이었다. 중앙아시아에서는 사마르칸트가 그러하다. 이 도시는 톈산 산맥 아래에 위치하여 사막의 항구와 같은 역할을 하였다. 그러므로 사하라 사막의 가장자리, 시리아 사막의 가장자리, 그리고 카라쿰 사막의 가장자리에서 항구가 발달해 문명의 경계가 되었다.

도시경관 모델

모든 전통 이슬람 도시의 중심에는 성채가 있다. 일종의 요새로서 **알칼랏**(al-qalat)이라고도 부르는데, 마그레브(북아프리카 서부 지역) 지역에서는 **카스바**(kasbah)라고 부른다(그림 7.10). 성벽의 크기는 몇 에이커 정도로 넓지 않으며, 방어하기 가장 좋은 지점, 보통 언덕 위에 위치한다. 보통 성벽으로 둘러싸여 있으며, 해자로 더 보호하기도 한다. 예전에는 일반적으로 성 안에 왕국이 입지해 행정 중심지가 되는 경우가 많았다. 그러나 오늘날 성채는 역사적 유물로 기능하는 경우가 많다. 과거의 스펙터클이거나, 국가 정체성을 보여 주거

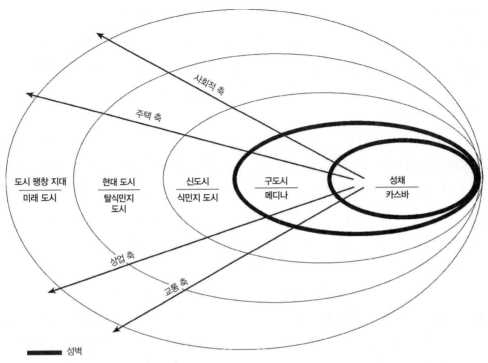

성벽

그림 7.10 중동 대도시 지역의 내부 구조. 출처: Donald Zeigler

나, 역사적 중심을 상징한다. 성채 경관은 과거 장소의 힘이 서려 있으며, 오늘날 사람이 거주할 수도 있고 그렇지 않은 경우도 있다.

성벽을 둘러싸고 구시가지가 존재한다. 구시가지 역시 성벽으로 쌓여 있으며, 장식이 많은 성문을 따라 외부로 연결된다. 마그레브 지역에서는 옛 이슬람 도시를 **메디나**(medina: 아랍어로 '도시'라는 뜻이다)라고 부른다. 이러한 구시가지는 정복이나 재앙, 근대화 과정에서 살아남아 문화재가 되었다. 세계 대부분의 사람들이 보기에 이들 구시가지의 경관은 조밀하고 붐비며, 세포처럼 구획되어 있고, 성벽으로 둘러싸여 있는 전형적인 경관으로 나타난다. 성벽은 망루와 함께 자리 잡고 있는데, 19세기까지는 도시와 농촌 지역을 구별해 주는 경계였다. 성벽 바깥에는 올리브 나무 밭이나 목축지, 공동묘지, 채석장, 정기시장 등이 있고, 잠재적 적들이 있다(그림 7.11). 현대 중동 도시에서 구시가지는 도시인구의 3% 이상을 수용하지 못하므로 대다수 거주자는 과거의 도시 중심지를 이용하기 어렵다.

식민지 시대에 이르러 (영국, 프랑스, 이탈리아, 러시아/소련에 의해) 구시가지 성벽 바깥에 새로운 도시가 발달하였다. 마그레브 지역에서는 이것을 **'누벨비유**(la nouvelle ville: 신시가지)'라

고 불렀다. 신시가지는 두 세계, 즉 전통
세계와 현대 세계의 사이에 있는 도시 시
가지이다. 모스크와 제과점, 공중목욕탕
과 같은 전통적인 도시 형태 요소가 새로
운 시가지와 결합한 것이다. 그러나 그 방
식은 현대적인 어메니티, 현대 건축 스타
일(대규모 상점, 호텔, 넓은 가로, 로터리, 유럽형
교회 건물, 새로운 정부 청사, 기업 건물, 식민지
모국의 문자로 기록된 표지판 등)이 부가되는
방식이었다(그림 7.12)

이러한 신시가지는 점차 현대적이고, 탈
식민지 시기의 도시에 의해 둘러싸이게 되
었다. 마당이 있는 들은 점차 사라지고, 대
신 아파트 단지가 들어서며, 고소득 주택
과 핵가족 주거지가 일상화되었다. 탈식민
지 시기의 도시는 국제 호텔 지대, 기업 본
사 지대, 현대적인 대학의 장소가 되었다.
또한 무허가 주택(squatter settlement)이 주

그림 7.11 중동 도시의 구시가지에 있는 성채의 유물. 사
진에서 보이는 것은 아랍에미리트에 있는 옛 항구의 유물
이다. (사진: Donald Zeigler)

변에 들어서게 되었다(심지어 내부 도시까지 들어서는 경우가 많다). 무허가 불량주택지구는 최근
에 들어온 이주자의 도시 사회 피라미드의 일부로서 기거할 장소가 된다. 터키에서는 무허
가 불량주택지구를 정부가 적극 양성화했는데, 결국 세금 부담의 증가로 이어지고 있다.

현대 도시 지역을 넘어서면 도시 팽창 지대가 나타난다. 이곳은 소규모 농촌들이 존재하
지만, 스스로 도시화를 겪고 있다고 생각한다. 이곳에는 새로운 공업 지역이 형성될 수 있
으며, 새로운 주택 단지가 들어서기도 한다. 특히 이집트와 사우디아라비아의 경우가 그러
하다. 자동차와 휘발유가 풍부한 부유한 나라에서는 그런 곳이 도시 스프롤 지대이다. 대체
로 국제공항이 그곳에 있다.

오늘날 중동의 도시는 시대에 따른 동심원 모양으로 패턴 지어지는데, 성채, 구도시(이슬
람 도시), 신도시(유럽풍 도시), 현대 도시, 그리고 도시 팽창 지대(글상자 7.2와 그림 7.13)로 나타
난다. 맨 안쪽 지대에서 바깥쪽 지대로 하나씩 옮아갈수록 도시 형태 및 기능의 다양성이

그림 7.12 빵은 신선도를 유지하기 위해 사람들이 사는 곳에서 만들어진다. 두 청년들이 마라케시 메디나의 호텔과 상점으로 배달할 빵을 옮기고 있다. (사진: Donald Zeigler)

뚜렷해진다. 이 지대를 따라 무엇이 달라지는가?

- 사회적 축에 따른 변화: 구도시는 점차 주변화되어 왔다. 특히 밖으로 갈수록 부유해진다. 현대 도시는 새로운 근린 투자와 최상의 사회 서비스 면에서 가장 큰 몫을 차지한다. 관광객도 주로 현대 도시에 머물며 에어컨이 돌아가는 버스를 타고 도시의 관문에서 출발해 과거의 도시에서는 잠시 체류한다.
- 주택 축에 따른 변화: 구도시는 대체로 (터키나 예멘을 제외하고) 전통적인 2, 3층 주택으로 이루어졌다. 현대 도시는 중층이나 고층 아파트 지대이다. 실제로 중동 도시의 주거 경관에서 가장 전형적인 요소는 오늘날 다층 아파트이다. 그래서 이를 통해 중동 도시의 건축이 자연환경 및 전통과 얼마나 멀어졌는지를 알 수 있다.
- 상업 축에 따른 변화: 구도시는 여전히 수크, 전통 산업, 소규모 가족 수공업으로 이루어져 있다. 현대 도시는 브랜드 있는 체인점, 국제 프랜차이즈, 영어 표현들이 가득하다(그림 7.14).
- 교통축에 따른 변화: 구도시는 좁은 도로에 보행자, 택시, 나귀 수레 등이 붐빈다. 신

중동 도시 모델: 구글 어스를 통한 메카 탐험

지아 살림(Zia Salim)

세계의 도시에 방문하는 것은 흥미롭고 교육적인 경험이지만, 이 책에 나오는 수많은 장소를 여행할 수 있는 시간이나 수단을 모두가 갖기는 어렵다. 구글 어스와 같은 무료 응용프로그램을 사용하거나 도시의 형태와 패턴을 넓게 조망할 수 있는 비슷한 다른 프로그램을 사용하면 매우 유용하다. 여기서는 구글 어스 이미지를 사용해 중동 도시 모델의 지대를 탐구해 보자. 중동 도시의 4가지 다양성 중에서 두 가지(교통과 주택 축)는 이미지로 쉽게 보인다. 또한 거리와 시간을 생각해 보면 구글 어스는 다른 이유로도 매우 유용하다. 메카에 가는 것은 이슬람교도만 가능하다. 메카는 이슬람 세계에서 가장 거룩한 장소로서 기도자와 순례자를 위한 마스지드 알 하람(Masjid al Haram) 또는 대모스크가 있는 곳이기 때문이다(그림 7.13). 비교하기 쉽도록 이 책에 나오는 모든 이미지는 같은 고도 또는 시각 고도(1,219m)에서 촬영하였다.

중동 도시 모델에서 메디나 또는 구도시는 성채를 둘러싸고 있다. 메카에서는 그 핵심부가 성채가 아니라 대모스크이다. 구도시 부분은 모스크 근처에 보인다. 그런데 모스크가 확장하면서 관련된 개발이 일어나 구도시를 축소시켰다. 구도시 부분은 조밀하게 조직되어 주거 지대를 이루는데, 소규모이고 고밀도인 주택 지대를 이룬다. 좁고 구불구불한 길이 원래 그대로 이어지고 있으며 계획된 흔적이 없다. 구글 어스를 대모스크에서 좀 더 줌아웃해 보면 도시 전체에 대한 조감도를 얻을 수 있다. 도시의 나머지 부분은 더욱 커서 구도시 부분이 더욱 작게 보인다. 어떤 근린은 넓은 가로가 통과하고 근대화되어 있다. 이 지대의 가장자리는 새롭고 고층인 빌딩들로 개발되었고, 접근성이 좋지 않은 산의 경사면에 붙어 있는 주택으로 이루어진 일부 구시가지는 불도저와 크레인의 영향을 받지 않고 남아 있다.

중동 도시 모델에서 볼 때 메카에 나타나는 다음 요소는 식민 도시에서 나타나는 것과 같다. 비이슬람 유럽인은 메카에 식민지를 개척하지 못했지만, 이슬람 제국인 오스만제국이 아라비아 반도의 일부를 식민화하였다. 메카에서는 식민 도시 지구가 소규모로 독립적인 구조를 띠는데, 정부 사무실 단지와 같은 것으로서 오스만제국이 존재하였다는 증거로 남아 있다. 구글 어스로 이 구조물을 찾으려면 도시에 관한 상세한 지식을 갖지 않으면 안 되기 때문에 쉽지 않다. 어쩌면 개별 도시구조들이 구글 어스로 반드시 구별되어야 할 필요는 없다.

다음 지대는 현대 탈식민지 시기의 도시인데, 이 경우는 쉽게 구글 어스로 식별할 수 있다. 이곳이 보통의 메카로서 100만 명이 넘는 인구가 생활하고 일하고 놀고 있는 곳에 관한, 잘 알려지지 않은 곳이다. 현대 도시는 대모스크에서 모든 방향의 계곡 쪽으로 스프롤되어 왔다. 중동 도시 모델에 따르면 이 넓은 지대는 단층 주택 지구, 아파트 지구, 학교, 소규모 공원, 사무실 지구, 업무용

그림 7.13. 첫 번째 사진은 메카의 중심에 위치한 대모스크의 모습을 보여 준다. 두 번째 사진은 메카 주변의 팽창하는 지역의 모습을 보여 준다. 출처: Google Earth

빌딩 지구로 이루어져 있다. 가능하다면 계획된 넓은 가로와 좁은 이면 도로를 찾아볼 수 있다. 보다 규칙적인 가로 패턴이 식별될 수 있을 것이다. 현대 도시는 단층 주택, 2, 3층 주택, 벽이 있는 빌라, 중규모 아파트 빌딩이 혼합된 형태를 띤다. 즉 보다 크고, 보다 계획된 외양의 주택들로 이루어져 있다. 사우디아라비아 정부는 부동산개발기금(Real Estate Development Fund)을 조성하고 민간 건축업자에게 장기 무이자 대부를 제공한다. 그러다 보니 현대 도시에서는 주거 근린 건물 대부분이 (대)가족에 의해 건축되고, 개별 소형 주택은 사라지게 되었다.

중동 도시 모델에서 가장 바깥쪽 지대는 도시 팽창 지대로서, 사우디아라비아와 같은 나라에서는 새로운 주택지구가 형성된다. 메카의 외곽 지역에는 정부 주도로 계획된 대규모 주택 단지 사례가 많다. 계획된 가로망과 주택단지의 모습은 그림 7.13의 아래 그림에서 잘 나타난다. 이 지대는 메카에서 가장 최근에 형성된 곳이면서 가장 소규모의 지구이다.

메카는 중동 도시 모델의 유용한 사례이다. 모델은 일반화한 것이긴 하지만 도시 구조와 형태가 작용하는 방식을 보여 준다. 구글 어스를 사용하거나 다른 이미지 영상을 이용하면 메카와 같이 독특한 경우라도 도시가 어떤 광역적 경향을 갖는지 알 수 있다. 이러한 이미지로는 도시 형태의 패턴을 연구할 수 있고, 도시 기능에 대한 통찰을 얻을 수 있다. 연구 지역에 대한 인간적 경험은 시간이 많이 소모되는데, 구글 어스와 같은 새로운 도구를 사용하면 시간도 절약하고, 거리와 비용, 접근성 제약도 줄일 수 있다.

도시는 자가용이 다니고, 주유소와 주차장과 같은 편의 시설 등이 나타난다.

중동 도시의 이러한 다양성은 어디에나 있는 도시의 역사이다. 중동 도시는 B.C. 21세기와 A.D. 21세기가 공존한다.

그래도 도시의 정체성은 그런 외곽 지역에 있는 것이 아니라 중심 위치의 지역, 즉 구도시, 역사 도시에

그림 7.14 요르단의 수도 암만의 경관은 글로벌 상업화의 모습을 잘 드러내는데, 2개 국어로 표기된 지하철 광고판에서 이를 살펴볼 수 있다. (사진: Donald Zeigler)

있다. 산업화 이전의 핵심부가 이슬람 도시의 원형이 된다. 중동 도시는 모스크와 첨탑으로 유명하기 때문이다. 그러므로 이슬람 도시에서는 첨탑에서 나오는 소리가 퍼지는 범위를 넘어서서 살지도 않고 일하지도 않는다. 이 말은 사람의 목소리를 증폭기로 증폭한다는 것이 아니라 모스크의 네트워크가 매우 조밀하다는 것을 뜻한다. 이슬람 도시에서는 스카이라인이 첨탑에 의해 단절된다. 간혹 기독교 지구의 교회 탑에 의해서 그렇게 되기도 한다. 이른바 금요일의 모스크(Friday mosque)*는 도시 건축물에서 가장 두드러진다. 중동 도시의

* 역주: 금요일 모스크란 한 도시의 중심 모스크를 말한다. 이것은 집회 모스크(Congregational mosque)라고도 한

종교 경관은 코란 학교, 전통 대학, 사당, 이슬람교도들로 이루어져 있다.

　상인이었던 무함마드 이전부터 이 지역에는 상업이 성행했기 때문에 전통 도시경관에서 수크(시장)가 전형적인 요소가 되는 것은 자연스러운 일이다. 수크는 보통 근린 모스크를 포함하고 있다. 자카트(zakat: 구제)의 의무가 있기 때문에 사업체와 거주자는 모스크를 지원하고, 사회 서비스를 제공한다. 중앙 수크는 주로 도시의 대모스크 근처에서 발달한다. 이러한 수크는 상점이 분화되어 있는데, 한쪽에는 구두점, 다른 쪽에는 구두 제화점이 있고, 전통적인 음식들은 전체에 걸쳐서 분포한다. 상인들은 동일 품목끼리 경쟁하기 때문에 정찰가격이 없다. 구매자들은 흥정 기술을 알고 있으며 싼값을 기대한다. 과거에는 수크들이 두 가지 전통에 따라 물건을 공급받았다. 하나는 도시의 수공업자로부터 그릇류, 보석, 카펫 등을 얻었다. 다른 하나는 도시의 **칸**(khans: 대상들의 숙소)에게서 공급받았는데, 칸들은 원격지 무역(낙타 대상을 통한 무역)을 통해 들어온 상품들의 도매상과 같은 역할을 하였다. 칸은 원래 여관인데 상인들과 낙타들이 머무는 곳이다. 지금은 많은 수가 사라졌거나 역사적인 랜드마크로만 남아 있다. 오늘날 도시에서는 전문화된 야외 수크(예컨대 채소 수크, 과일 수크, 어패류 수크, 의류 수크 등)가 중심지와 전통 근린에 퍼져 있다. 그러나 대량생산 제품들도 국지적인 제품들만큼 많다. 전통 도시의 다른 구역에서는 빵집에서 매일 빵을 판다. 또한 공중목욕탕(하맘)은 이제 집집마다 수도가 나오면서 점점 역사적인 장소가 되어가고 있다. 오늘날 미용실이 어디나 있으며, 커피점이 남자들을 위한 바의 역할(코란에 따라 술이 금지되어있기 때문이다)을 하고 있다. 그리고 사적인 생활은 매우 사적인 공간인 집에서 이루어진다(글상자 7.3).

　사실 이슬람 도시는 프라이버시, 특히 여성과 가족의 프라이버시가 잘 보장되도록 만들어졌다. 주택은 개별적인 주택이라고 잘 인식되지 않게 되어 있다. 최대한 하얗게 칠해진 두터운 흙벽에 화려하게 장식된 현관이 있는데, 좁은 길을 따라(통상 막다른 골목이 있다) 문이 엇갈리게 배치되어 있어 우연히 지나가다가 집 안을 볼 수 없게 되어 있다. 창문들은 사람의 눈높이보다 더 높이 달려 있고, 2층 창문은 나무 격자망으로 가려져 있어 밖에서는 안을 잘 볼 수가 없다. 격자형 창문 가리개는 햇볕은 가리면서 바람은 통하게 한다. 주택의 프라이버시가 거리에서는 베일이나 간단한 머리 스카프가 된다. 전통적인 주택은 위가 뚫린 안

다. 아랍어 표현으로 하면 자마 마스지드(Jama Masjid)라고 하는데, '자마'는 집회라는 뜻이 있으며, 금요일 정오를 가리키는 자무아(Jamuah)와 발음이 비슷하기도 하다.

글상자 7.3

테헤란의 가정 공간

파르한 로하니(Farhang Rouhani)

1979년 이후 이란은 친서방 노선을 따르는 근대화를 억제하려고 하였고, 이에 따라 시민에게 엄격한 정책을 부과하였다. 테헤란에서 더욱 그러했는데, 도시 중심에는 공원이나 상업지구와 같은 공공 공간에 국가정책이 영향을 미쳤다. 놀라운 것은 이러한 정책이 가장 사적인 공간인 가정에까지 들어왔다는 것이다.

테헤란에서 가정 공간은 20세기에 들어와 중대한 변화를 겪었다. 전통적인 가정은 남성 공간[비룬(birun): 외부, 공공 공간]과 여성 공간[안다룬(andarun): 내부, 사적인 공간]으로 뚜렷이 구분되었다. 도로에 면한 창문은 거의 없어서 프라이버시를 극대화하였다. 또한 중정이 가정의 중심적 역할을 하였다. 그런데 팔레비 샤(Pahlavi Shahs, 1920년대에서 1979년까지)의 통치하에서 근대화를 겪으면서, 그리고 급격한 인구 성장에 따라 서구식의 고층 아파트 형태의 주거 공간이 도입되었다. 여기서는 젠더에 따른 뚜렷한 공간 구분이 없고 공공 도로에 면한 창문이 더 많았다. 그래도 가족의 프라이버시에 대한 강조는 다른 방식으로 유지되었는데, 단지를 둘러싸고 높은 담을 두른다든지, 초인종을 통해 방문자를 확인할 수 있도록 한다든지 하는 것이었다.

이러한 도시 변화의 정점에는 위성 텔레비전 시청에 대한 정책이 있었는데, 이로써 테헤란의 중산층 가구가 이란의 국가정책의 전면에 서게 되었다. 처음에는 행정부가 1994년 위성 파라볼라를 팔지도 수입하지도 사용하지도 못하게 하였다. 서구 미디어 생산물이 이란 사회, 특히 젊은이들을 타락시킨다는 이유로 말이다.

이란의 자유민주주의 정부가 들어서자, 1990년대 후반 그러한 금지를 완화하였고, 경찰의 가택 수색 시 영장이 필요하게 하였다. 지금은 보다 보수적이고 신정 정치적인 정부가 들어섰는데, 공공 및 민간 도덕성에도 통치 행위를 집행하고 있다. 위성 파라볼라 금지를 유지하고, 주기적으로 위성 파라볼라를 압수하고 있지만, 다수의 테헤란 인구는 위성방송을 다양한 방법(집에서 직접 또는 친구나 가족들로부터)으로 보고 있다. 결국, 국민의 가정에 대한 정책적 규제와 규율은 정치적으로 불안정한 사회에서 두려움을 증폭하게 되었다.

이와 같은 가정에 대한 통제로 인해 이란 사회는 거처로서의 가정의 중요성과 글로벌 미디어의 도덕적 사회적 영향을 둘러싸고 민주주의와 프라이버시의 역할에 관한 다양한 갈등을 떠안게 되었다. 미국 텔레비전 쇼(심슨 가족이나 아메리칸 아이돌과 같은 프로그램)가 가정에 침투하면 거실 가구를 변형시켜 저항의 공간으로 만든다고 생각하는 것도 이런 맥락에서이다.

그림 7.15 모로코 페스에서 볼 수 있는 바와 같이 오래된 구시가지에서는 가죽 무두질과 같은 좋지 않은 시설들이 도시의 변두리에 입지한다. (사진: Donald Zeigler)

마당을 둘러싸고 지어져 있고, 각 채마다 방이 많다. 각 가족은 자신의 집을 거기서 더 깊이 배치할 수 있다. 도로가 좁은 곳에서는 중정(中庭)도 좁아지는 경향이 있다. 그늘도 만들어 주고 걸을 수 있는 자리도 만들어 주기 위한 것이다. 중정의 가운데에는 보통 샘이 있거나 분수대가 있어 습도를 유지하고 공기를 시원하게 한다. 페르시아 만과 이란의 주택에서는 바람 탑도 있다. 바람 탑은 바람을 아래로 내려오게 해 집안에 바람을 만들어 주는 역할을 한다. 중정의 가장자리에는 덩굴 식물을 심어 휴식 공간을 만들며, 그늘과 과일은 덤으로 얻는다. 모스크, 칸, 궁전 등도 중정을 갖고 있는데, 중정들은 '구획식'으로 여러 개 존재해 전통 중동 도시의 특징이 된다. 중정에 보조적인 것은 평평한 지붕(적은 비)인데, 약간 낮은 벽으로 둘러져 있어 카펫을 청소하고 널어 두기도 한다. 지붕에는 빨랫줄이 있고 물탱크 또는 안테나, 위성 파라볼라, 태양광 히터 등이 있다. 여름에는 지붕에 침대 매트리스가 널려 있기도 하고, 밤에는 플라스틱 의자들이 놓여 있기도 한다.

전통 이슬람 도시에서 가장 매력적인 공간은 도시 중심의 경제적인 중심과 사회적 상호 작용의 중심이다. 이것은 바로 궁전과 상인들의 집으로서, 도시경관에서 가장 중심적인 요소이다. 중심 수크도 마찬가지이다. 무두업소와 같은 유해한 업체들은 주변 지역에 있다(그림 7.15). 전통 도시 모델에서 도시의 주거 인구는 특정 지구(quarter)에 집중되는 경향이 있다. 유대인 지구, 유럽인 지구, 기독교 지구 등 소수 민족에 따라, 그리고 지역 또는 농촌 기원지에 따라 집중되는 경향이 있다. 과거에 이러한 '지구'들에는 자신들의 '문'이 있었다. 당시에는 주거 공간의 상호 분화 정도가 높아서 안전성과 사회적 밀집성 측면에서 농촌과 유사하였다. 농촌에서처럼 관습화된 일상생활이 있었고, 주민의 생각이 규율되는 공동체 제

그림 7.16 중동 도시 대부분이 해당하는 건조 기후에서는 물이 귀하다. 카이로에 있는 공공 식수 항아리에서 누구나 같은 컵으로 물을 마실 수 있다. 배경에 정치적 광고 벽보를 보라. (사진: Donald Zeigler)

도도 있었다. 각 지구 내부에는 부유한 사람도 있고 가난한 사람도 있었다. 2층과 3층이 다소 튀어나와 있을 때는 비좁다는 느낌이 더해지는데, 간혹 서로 만나서 터널을 만들기도 한다. 가장 큰 길은 성벽에 있는 성문으로 난 길이고 주로 도시의 중심에 있는 큰 광장으로 연결된다. 큰길은 매우 드물다(이란은 예외적이다). 오래된 도시에 격자형 가로 패턴이 있는 경우도 있는데, 이는 로마 시대나 비잔틴 시대의 유물로서 그 도시의 특성을 보여 주는 것이다. 이러한 가로 패턴은 이슬람 이전의 경관 요소로서 역사적 가치를 지닌다. 로마의 도로가 오늘날의 가로 아래에 있는 경우도 있으며, 넓은 비잔틴식의 가로가 지금은 3개나 4개로의 좁고 평행한 골목길이 되어 수크가 형성되어 있는 경우도 있다. 가장 넓은 가로를 따라서는 화려하게 장식된 음용 가능한 분수대가 있는데(유물로 존재하기도 한다), 보통 공공 소유이지만 간혹 부유한 상인이 제공한 것이기도 하다. 그렇지 않은 경우는 물 행상(네온사인 같은 옷을 입는다)이 붐비는 곳을 돌아다니며 음료수를 판다(그림 7.16).

중동 도시에 대한 예전의 모델은 구시가지에 관한 것이다. 그런데 20세기에 이르러 유전과 천연가스전 때문에 완벽히 새로운 도시가 형성되었다. 쿠웨이트, 사우디아라비아, 바레인, 카타르, 아랍에미리트에 있는 도시가 전형적인 사례이다. 이란이나 이라크, 리비아, 알제리 등의 도시도 석유 수입으로 많이 변형되었지만 말이다. 쿠웨이트에서 두바이까지 이르는 도시경관은 세계 최대의 유전에서 얻은 수입으로 건설된 것이다. 알레포와 같은 역사적 깊이를 갖지는 않았지만, 이들 신흥 도시는 현대 중동 도시가 어떤 모습인지를 잘 보여 준다. 이들 도시는 대체로 1960년대 이후 오일머니로 건설되었다. 일반적으로 이들 도시는 시간에 따라 두 개의 지대로 구분된다. 하나는 항구에 뿌리를 둔 도시 중심으로서 전통적인 부두 구역의 유물이 있거나 부유한 근린 지역이다. 이 중심 지역은 작지만 건축 양식과 외양 측면에서 지역 정체성의 근거가 된다. 다른 하나는 그 핵심 지역을 둘러싸고 있는 지역으로서 탈산업화 시대의 고층 사무실 빌딩과 쇼핑몰, 정원 및 골프장, 아파트 블록, 교외 지역과 모스크 등으로 이루어졌다. 오일머니로 세계 최고의 창의적인 건축물이 지어지고 있어 현대적인 건축물이 전통적인 주제와 혼합되어 건축된다(글상자 7.4). 이들 새로운 도시경관에서 놀라운 것 중 하나는 녹지가 많다는 것이다. 사실, 정원 도시로 돌아가는 것은 두바이 도시계획의 목표였다. 비유하자면 석유가 물로 변한 것이고, 물은 녹지 공간으로 바뀐 것이다. 석유는 또한 새로운 인문지리를 낳고 있다. 석유 경제는 정부 계획이자 경제의 자기력으로서 유목이라는 생활양식을 제거시키고 있다. 농촌 인구는 도시화되었다. 그리하여 석유에 의한 붐타운의 면모도 바뀌고 있다. 쿠웨이트, 담맘, 아부다비 등의 경제적 자기력은 수많은 미숙련 노동자를 인도, 파키스탄, 스리랑카, 필리핀 등지로부터 끌어들이고 있으며, 유럽과 미국, 다른 아랍 지역에서 숙련 노동자를 유입시키고 있다.

페르시아 만의 아랍 도시경관에는 산업 시대가 빠져 있다. 제조업은 아직도 자유무역 항구(대표적인 곳은 두바이)에 수공업과 단순 가공업 정도가 있을 뿐이다. 몇몇 도시, 즉 마나마,

---

글상자 7.4

스펙터클의 도시: 아부다비와 두바이

도나 스튜어트(Dona Stewart)

저명한 도시지리학자인 데이비드 하비(David Harvey)는 도시경관에서 스펙터클(spectacle)이 도시 정체성을 창출하고 주민들에게 일정한 도시 경험을 부여하는 역할을 한다는 점에 주목하였다. 스펙터클한 도시경관을 창출하는 것은 북미와 유럽의 후기산업주의 시대의 자본주의 도시 체계에서는 흔한 일이지만, 저개발국(less developed countries)에서는 그다지 일반적이지 않다.

중동 지역에서는 석유 부국인 아랍에미리트가 스펙터클한 도시 경관을 창출하는 것으로 유명한데, 독특한 디자인으로 세계의 이목을 끌면서 그 작은 토호 국가로 글로벌 투자를 끌어들이고 있다. 이 나라의 최대 도시인 두바이와 아부다비는 수십억 달러에 이르는 비용과 경이적인 높이의 건물들의 스카이라인으로 누가 더 스펙터클한가를 겨루고 있다.

현재 두바이는 세계 최고의 마천루를 짓고 있는데, 이 두바이 타워[부르즈 두바이(Burj Dubai)]는 층수로는 미국 시어스 타워와 타이페이 101 빌딩을 능가하고 높이로는 쿠알라룸푸르의 페트로나스 타워를 넘어설 것이다. 부르즈 두바이의 최종 높이는 아직까지도 비밀에 부쳐지고 있는데, 대략 693m를 넘을 것으로 예상되고 있다. 이 빌딩 타워의 내부는 지오르니 아르마니(Giorni Armani)가 설계한다. 이 타워는 3만여 개의 주택, 쇼핑몰, 인공 호수 등을 포함하는 약 200만 달러짜리 대규모 개발의 일부이다.

　　두바이가 아랍에미리트의 상업의 허브라면 아부다비는 자본의 중심지로서 문화의 중심이 되고자 노력하고 있다. 최근 아부다비는 해안지구에 사디야트 아일랜드(Saadiyat Island: 행복의 섬)이라는 대규모 문화 개발을 진행 중이다. 이곳에 약 10억 달러를 들여 루브르 박물관의 지관을 개설할 예정이며, 또 구겐하임 재단이 세계 최대의 박물관을 지을 예정이다. 구겐하임 측은 여기에 주로 모던 아트와 현대 예술품을 중심으로 전시할 예정이다. 아울러 아부다비의 문화 산업은 포뮬러 원 레이싱 경기, 고급 PGA 투어와 같은 골프 토너먼트를 유치하여 스포츠 분야도 포함하고 있다.

그림 7.17 중부 이스탄불의 공적 공간에 무료 무선 인터넷 구역과 무선 인터넷이 가능한 지역이 늘어나고 있는 모습. 위 사진은 콘스탄티누스 황제에 의해 건축된 성 소피아 성당의 정원으로, 현재는 박물관으로 이용되고 있다. (사진: Donald Zeigler)

두바이, 아부다비는 중동의 은행과 무역의 중심지로서 경제체제상 중요 결절로서 점점 그 역할이 커지고 있어, 지역을 다시 만들고 있을 정도로 약동하고 있다. 아랍 세계의 은행 중심지는 레바논 내전의 결과로 베이루트에서 바레인의 마나마와 두바이로 바뀌고 있다. 카타르의 도하도 지금은 중동에서 가장 인기 있는 위성 텔레비전 알자지라 방송의 본거지이다. 페르시아 만의 항구도시는 1990년대 이래 중앙아시아에 자동차, 전자제품, 기타 첨단 제품을 공급하는 기지가 되었다. 페르시아 만의 도시는 석유가 기반이 되었지만, 산업 부문을 다변화하고, 석유 이후의 경제에 대비한다면 지속적으로 발전할 수 있을 것이다.

글로벌 인터넷의 성장으로 중동의 모든 도시는 **사이버 도시**로 발전해 가고 있다(그림 7.17). 중동의 대학, 제조업체, 무역업자는 점차 유무선 및 광케이블을 타고 들어오는 끊임없는 정보의 흐름과 연결되어 있다. 탈산업 경관에서 모든 컴퓨터 단말기는 그 자신이 항구가 되어 가고 있다. 대중은 이 '항구'에 접안하기를 원하고 있다. 인터넷 카페는 1984년 처음 생겼지만 1990년대 초반까지만 해도 100개도 되지 않았다. 그러나 오늘날 중동에만 수천 개가 존재한다. 터키, 이스라엘, 페르시아 만의 부족장이 인터넷 연결을 주도하고 있고, 이란과 이집트가 따라오고 있다. 아랍에미리트와 두바이는 중동 지역에서 가장 높은 인터넷 대역폭을 갖고 있다(이집트와 모로코가 그다음이다). 쿠웨이트도 석유화학 산업에서는 발전이 더디지만, 사이버 도시화 면에서는 주요 사이버 도시로 발전해 가고 있다.

시민 봉기의 중심지인 아랍 도시

2010년 12월 이래 중동 도시는 경제·정치적 개혁을 요구하는 시민 봉기와 혁명을 경험하고 있다. 아랍 세계 공화국 정부 대부분이 25년 이상 권력을 유지해 왔다. 이 기간에 체제의 후원자는 국가의 자원을 통제하였고, 언론의 자유를 억압하였다. 소득 불균형은 극단화되었고, 부패는 극에 달하였다. 2010년 국제투명성기구(Transparency International)에 따르면, 카타르는 부패 지수(CPI) 19위였는데, 이것이 중동에서 가장 덜 부패한 국가였다. 이라크는 175위였고, 중동에서 가장 부패한 국가가 세계 최하위 4개국 중 하나였다. 놀라운 부패 사례 중 하나는 이집트, 리비아, 예멘과 같은 왕국이 아닌 아랍 국가 지도자 다수가 자신의 가족이 권력을 독점할 수 있도록 아들에게 대통령직을 물려주려 계획하였다는 것이다. 그러한 계획은 하페즈 알 아사드가 죽은 뒤, 그 아들 바샤르 알 아사드가 시리아의 대통령직을 계승한 이후 드러났다. 이러한 세습 계획은 아랍 시민에게 권력 가족과 부패한 후원자, 야만적인 경찰로 이루어진 독재 체제에서 벗어날 희망을 없애는 것이었다. 결국, 튀니지, 이집트, 리비아, 예멘, 시리아, 바레인 등의 아랍 국가들에서 시민 봉기가 일어났다.

튀니지: 재스민 혁명

튀니지인은 수십 년간 부패와 소득 불평등, 실업, 고물가로 고통받았다. 그러나 어떤 특별한 사건이 튀니지 재스민 혁명의 불꽃을 당겼다. 2010년 12월, 경관 한 명이 무함마드 부아치치(Muhamed Bouazizi)라는 한 대학 졸업자를 폭행하였다. 그는 고향인 시디 부치드(Sidi Bouzid)에서 일자리를 구할 수 없자 생계를 마련하기 위해 거리에서 채소를 팔고 있었다. 부아치치가 폭행당한 일은 존엄성의 상실이자 소득의 상실이었고, 이에 그는 공공장소에서 분신자살하였다. 곧이어 시디 부치드에서 봉기가 발생하였고 이것은 전국으로 확대되었다. 경찰은 과도한 폭력을 사용해 가며 이를 막고자 하였다. 그러나 29일간 계속된 저항으로 23년 넘게 통치하던 튀니지 대통령은 사우디아라비아로 도망갔다. 튀니지는 독재에서 해방되어 민주주의를 향한 정부 개혁, 정당 개혁, 경찰 제도 개혁에 착수하였다. 재스민 혁명의 성공은 다른 아랍 국가들의 봉기를 촉발시켰다.

이집트: 청년 혁명

이집트의 활동가들은 튀니지인에게 자극받았다. 그러나 이집트 혁명의 근원은 사실 2005년으로 거슬러 올라간다. 바로 무바라크(Mubarak) 대통령이 그의 5번째 임기를 시작할 때, 그의 아들 가말(Gamal)이 차기 대통령을 준비하면서부터이다. 무바라크는 비상조치법을 사용해 그의 호위군에게 폭넓은 권력을 부여하면서, 그에 따른 책무성은 거의 요구하지 않았다. 이에 '키파이아(Kifaia: 충분함)', '4월 6일단', '변화의 청년'과 같은 정치 운동이 일어나 정치 및 경제 개혁을 요구하고 있었다. 그러나 경찰은 이러한 움직임을 야만적으로 통제하고 있었다. 튀니지에서 부아치치의 죽음과 유사한 사건이 이집트에서 일어날 때까지 말이다.

2010년 6월 6일 알렉산드리아에서 경관 두 명이 칼리드 사이드(Khalid Said)라는 젊은 사업가를 때려죽였다. 시민들은 거리와 온라인에서 그 야만적인 경관에 관한 엄정한 조사와 즉각적인 처분을 요구하였다. 와일 고님(Wael Ghonim)이라는 이집트 활동가는 그의 페이스북에 "우리 모두 칼리드 사이드이다."라고 썼다. 그는 페이스북을 통해 투쟁을 조직하였다. 2011년 1월, 카이로의 타리어(Tahrir: '해방') 광장에서 자유와 정의, 그리고 경제개혁을 요구하는 투쟁이 시작되었고 알렉산드리아, 수에즈, 그리고 다른 주요 도시로 확산되었다. 나중에는 시위대가 무바라크의 하야를 요구하였다. 경찰은 처음에 과도한 폭력을 사용해 혁명을 끝내려 하였다. 그러나 모두가 놀랍게도 경찰들은 3일 안에 사라져버렸다. 시위 18일 후에, 무바라크 대통령은 사임하였다. 이집트의 대중 봉기가 성공한 것은 이집트 군대가 아니었다면 불가능했을 수 있다. 이집트 군부는 시위대의 요구를 지지하였고, 경찰의 기능이 마비된 후에 질서를 유지하였다. 혁명 기간 동안 모든 마을에 '인민 위원회'가 조직되어 재산과 생명을 보호하였다. 인민 위원회는 군대와 함께 질서를 유지했으며, 이는 "인민과 군대는 하나다."라는 혁명의 슬로건을 표명하는 것이기도 하였다. 자유와 공정한 선거가 약속되었다. 이집트 혁명의 '할리우드'식 엔딩은 세계 시민들에게 평화로운 저항의 힘을 보여주었다.

리비아: 봉기에서 내전으로

이집트와 튀니지 혁명의 도미노 효과는 중동을 가로질러 확산되었다. 리비아에서는 시위대가 체제 변혁과 자유선거를 요구하였다. 42년간이나 리비아를 통치하던 무아마르 카다피(Muammar Gaddafi) 대령은 이에 대한 응답으로 군대, 경찰, 민간 보안대를 시켜 무력으로 시위를 진압하라고 명령하였다. 많은 시위대들이 죽자, 어떤 군부대와 정부 관리와 정치인들은 반대 운동에 가담하였다. 3주 만에 시위는 제2의 도시인 벵가지 등 리비아 동부 지역의 대부분을 통제하는 데 성공하였다. 8월에는 저항군이 트리폴리와 다른 도시들을 포위하였다.

카다피가 모든 도시와 마을, 골목에서 싸울 것을 명령하자 리비아의 봉기는 내전으로 전환되었다. 반군은 카다피의 연설 중 하나를 '장가–장가'('골목–골목'이라는 뜻)라는 제목의 힙합 스타일의 노래로 만들어 그의 잔학성을 조롱하였다. 카다피는 반군들이 서방 세계와 알카에다 및 다른 아랍 국가들에 의해 오도되고 마약에 중독되어 그러는 것이라고 선전하였다. 그러나 2011년 여름, 반군은 임시 국민의회를 구성하고 리비아의 합법 정부로서 프랑스, 미국, 기타 EU 국가들의 승인을 얻었다. 시위대들의 사망자가 증가하면서 국제사회는 카다피에게 권력 이양을 요구하였다. 국제형사재판소는 카다피의 반인륜 범죄를 수사할 것이라고 천명하였다. UN 안전보장이사회는 1973년 계획을 채택해 즉각적인 발포 중지와 시민들에 대한 폭력을 중지할 것을 요구하였다. 동 계획은 국제적인 연대에 권한을 부여해 리비아에 대한 비행금지구역을 설정하고 모든 수단을 동원해 시민들을 보호하도록 하였다. 결국 NATO는 다국적군을 파견해 비행금지구역을 설정하고 카다피 군대를 패퇴시켰다.

다른 나라에서의 봉기

2011년 이후, 예멘, 시리아, 바레인 등지에서 대규모 반정부 시위가 있었고, 다른 나라에서도 소규모 시위가 있었다. 예멘에서는 사나와 아덴, 그리고 다른 몇몇 도시에서 몇 주동안 반정부 시위가 지속되었고, 32년간 통치하던 대통령 알리 압둘라 살레(Ali Abdullah Saleh)가 사임하겠다고 공표하고 권력을 '안전한 손', 즉 페르시아 만 협력 위원회가 지명하는 세력에게 이양하겠다고 말하였다. 시리아의 데라(Deraa)에서는 벽에 반정부 슬로건을 쓴 아이들 15명을 체포하면서 반정부 시위가 촉발되었다. 그 후 시위는 수도인 다마스쿠스, 하마, 라타키아, 홈스, 바니아스 등지로 확산되었다. 대통령 바샤르 알 아사드는 폭동에 가담한 외부 세력을 비난하고 자신에게 충성하는 군대를 활용해 반대자들을 진압하려 하였다. 그러나 시위는 더욱 거세졌다. 알 아사드 대통령은 이집트의 무바라크와 튀니지의 벤 알리의 전철을 밟게 될 것으로 보인다. 그는 그들처럼 하야할 것인가, 아니면 권좌를 유지하는 데 성공할 것인가? 이 글을 쓰는 순간에도 시리아 봉기의 운명은 아직 불확실하다.

바레인의 마나마에서도 반정부 시위대가 정부 개혁을 요구하였다. 그들은 왕정에 대한 헌법적 통제를 제도화할 것을 요구하였는데, 일부는 왕정의 종식을 요구하기도 하였다. 다른 나라에서처럼 실업과 부패가 봉기의 주요 이유였다. 그런데 시아파 이슬람인 반대자는 경제적 어려움 이외에 종파적 차별에 불만이 많았다. 바레인의 펄라운드(Pearl Round)에서 시위대들은 왕의 친위대와 충돌하였다. 시위자들이 증가하자 사우디아라비아는 군대를 보내서 바레인 정부를 지원하였다. 흥미롭게도 사우디아라비아에서는 입헌군주제와 다른 개혁을 요구하는 의미 있는 저항은 일어나지 않았다. 그렇지만 왕 압둘라는 시민들의 시위에 대해 경고하면서, 동시에 경제적 어려움을 구제하고 여성에게 투표권을 부여하겠다고 공표하였다. 알제리, 요르단, 모로코, 오만, 바레인, 쿠웨이트, 이란, 팔레스타인에서는 산발적인 시위가 일어났다.

중동 도시에서 사람들은 자유, 민주주의, 그리고 사회정의를 위해 투쟁하였다. 그들은(튀니지, 리비아, 이집트에서처럼) 평화로운 시위가 군대의 지원과 함께 어떻게 독재를 물리칠 수 있는지를 경험하였다. 그리고 (예멘과 시리아에서처럼) 어떻게 독재자들이 권력을 유지하기 위해 내전을 일으키는지를 목격하였다. 중동의 도시에서 현대사는 지금도 쓰이고 있다.

독특한 도시

카이로: 알카히라, '승리자'

아랍어 알카히라(Al Qahirah)는 '승리하는'이라는 뜻이고, 카이로는 아랍 세계와 중동, 그리고 아프리카에서 가장 유명한 도시라는 점에서 승리해 온 도시이다. 카이로 대도시 지역은 약 1900만 명의 인구를 포함하고 있으며, 카이로, 기자, 헬완(Helwan), 10월 6일 시(市), 칼리오비아(Kalyobia)과 같은 도시들로 이루어져 있다. 아마도 세계적으로 가장 큰 대도시 지역 중 하나일 것으로 보인다. 카이로는 1,000개의 첨탑(minaret)이 있는 도시로 알려져 있다. 모스크가 모든 도시 근린에 퍼져 있기 때문이다. 카이로는 영화 산업으로도 유명하며, 매년 국제 영화제를 개최하기 때문에 '중동의 할리우드'로도 알려져 있다. 아랍어 영화와 아랍 대중가요의 중심지인 카이로는 레바논의 베이루트와 함께 아랍 세계의 문화 중심지이다. 카이로의 일간지 "알 아람(Al Ahram)"은 정부 소유인데, 아랍 세계에서 권위가 있으며 그 영어판은 국제적으로 발행된다. 몇몇 민간 신문사, 예컨대 "알 와페드(Al Wafed)", "알 마스리(Al Masry)", "알 윰(Al Youm)", 그리고 "알 소로욱(Al Shorouk)"도 카이로에서 발행되며, 정부 정책에 비판적이다. 카이로는 이집트의 수도이자 아랍연맹의 본부가 있는 곳으로서 범아랍 정치의 중심지인데, 도시 규모로 보나 상대적인 위치로 보나 적절한 곳이 아닐 수 없다. 외국 공관이 다수 입지해 있고, 문화적 중심지이며, 교육 중심지로서, 카이로 대학, 아인 샴스 대학 등 많은 공립 및 사립 대학이 입지해 있다. 특히 알 아자르 대학은 세계에서 가장 오래된 이슬람 대학으로서, 순니 이슬람 교육의 중심 대학이다. 이 대학에는 세계 여러 나라로부터 이슬람교와 다른 학문을 공부하기 위해 학생들이 몰려든다. 카이로는 북부 아프리카의 아랍 세계와 아시아의 아랍 세계의 사이에 입지해 있다.

천년 역사의 카이로는 다양한 층위의 도시이다. 건물과 근린이 다양한 역사적 시기의 영향을 간직하고 있다. 도시 핵심부는 이슬람 도시이다. 카이로는 나일 강 동쪽에서 군사 기지로 시작해 성채와 모스크, 성벽을 지닌 도시로 성장하였다. 오늘날 성벽 대부분은 사라졌고, 도시 경계는 확대되었다. 그러나 원래의 도시 성문 중 세 개는 남아 있어서 관광객들을 끌어모으고 있다. 중세에 카이로는 세계 무역의 거점이었다. 대상들이 사치품과 생필품을 가져와 도시의 유명한 시장에 공급하였다. 오늘날 여행자들은 유명한 칸 알-칼릴리 수크에 몰리는데, 이집트의 파라오 시대의 역사를 반영하는 장신구들과 같은 기념품들을 사거나 이집트의 노벨 문학상 수상자인 내깁 마푸즈(Naguib Mahfouz)가 즐겨 찾던 전통 커피숍에 차를 마시러 온다.

19세기에는 나일 강의 범람을 조절하기 위해 댐을 건설하면서 도시가 제방까지 확장되었다. 이때는 유럽이 해외로 눈을 돌려 아시아와 아프리카에 식민지를 건설하고 정치적 통제를 수행하던 시기였다. 카이로에도 유럽풍 설계에 따른 새로운 근린이 건설되었다. 이탈리아풍의 빌라로 보이는 주택이 지어졌고 공원도 조성되었다. 과연 '새로운' 도심이 파리를 모방해 건설되어 이집트 상류층이 새로운 오페라 하우스에서 공연을 즐겼다. 1871년 여기에서 오페라 한 편이 초연되었는데, 세계 최고의 인기를 얻은 주세페 베르디의 아이다(Aida)였다.

제2차 세계대전 이후 이집트가 공화국으로 독립하자 카이로는 폭발적인 인구 증가를 겪었다. 농촌에서 일자리와 기회를 찾아오는 이주자들이 수도에 넘쳐 났다. 새 정부로서는 이 사태가 거대한 경제적 도전이었다. 조악한 디자인과 열악한 품질로 거대한 고밀도 아파트 단지를 건설하여, 유입된 인구를 수용하였다. 동시에 정부는 카이로의 인구 규모가 커지는 것이 군사적으로 취약하다고 판단하였다.

도시 팽창의 물결이 농업용 토지로까지 확대되는 것을 방지하기 위해 이집트 정부는 성장의 방향을 사막으로 돌리려고 하였다. 그 결과 카이로로부터 멀리 떨어진 곳에 정부 건물과 산업 기반 도시가 건설되었다. 예컨대 열 번째 라마단(10th of Ramadan)이라는 도시는 수에즈 운하로 가는 길에 있는데, 수천 개의 공장이 입지한 산업 기반 도시로 건설되었다. 1970년대 이후에는 이 도시가 일자리와 주택, 기타 서비스를 제공하였다. 그러나 이 신도시는 목표 인구를 수용할 수 없었고, 카이로에 대한 인구 압력을 감소시키지 못하였다. 그래서 새로운 취락을 카이로의 환상 도로를 따라 건설해 인구를 재배치하려고 하였다. 이렇게 형성된 많은 취락들이 중산층과 상류층의 주거지가 되었다. 1990년대 이후 카이로의 경관은 점차 세계화를 반영하게 되었다. Chili's, TGIF, Hardee's와 같은 패스트푸드 체인

그림 7.18 거대한 대도시 카이로는 옛 성채를 기반으로 수평으로 퍼져 나갔다. (사진: Jack Williams)

점이 어디에나 들어서 있다. 대형 쇼핑몰, 초고층 빌딩, 신축 호텔 등이 나일 강을 따라 멋진 경관으로 들어서 있다. 또한 American University of Cairo(AUC)가 1919년 설립되고, German University of Cairo(GUC)와 같은 국제 대학이 들어서서 교육 기회를 국제화하였다. 시티은행, HSBC, 스코티아 은행과 같은 외국계 은행이 입지해 카이로가 글로벌 경제로 통합되었음을 상징하고 있다.

메가시티 카이로는 20세기의 산물이다. 도시가 팽창하면서 수많은 과거의 취락이나 유일한 역사적 경관들과 차이가 커졌다(그림 7.18). 과거에 대한 이러한 수많은 시각적 유물은 카이로를 노천 박물관으로 만든다. 이러한 유물의 분포는 마치 다핵심 모델과 닮아 있다. 20세기에 만들어진 거대한 콘크리트물이 그러한 역사적인 핵을 다음과 같이 분리해 놓았다.

- 기자의 대피라미드와 스핑크스는 나일 강 서쪽 제방에 있는데, 구왕국까지 거슬러 올라가는 유물이지만 도시가 팽창하면서 부지가 잠식당하였고, 처음 방문하는 사람이 피라미드 바로 아래에 피자헛이 있는 걸 본다면 첫 방문의 흥분이 감소할 것이다.

- 공항으로 가는 길에 있는 헬리오폴리스(Heliopolis)는 원래 고대의 종교 중심지였던 곳으로 현재 오벨리스크만 남아 있다. 그런데 지금은 도시 공원의 한복판에 있다.
- 이집트의 바빌로니아로서, 지금은 콥트 카이로라고 알려진 곳(콥트 기독교인들이 다수 거주하기 때문에 붙여진 이름이다)은 세계에서 가장 유명한 가족인 마리아, 요셉, 예수가 피난해 온 곳이라는 역사를 가지고 있다. 이 지역은 현재 마아디(Ma'adi)라는 교외 건너편에 있다.
- 카이로 성은 12세기에 살라딘이 건축한 것인데, 맘룩(Mamluk) 왕조*와 오스만제국 시기에 개축되었다.

최근, 카이로에서는 타리어 광장이 주요 명소가 되었다. 2011년 1월 25일 시작되어 자유와 정의, 경제개혁을 요구한 이집트 혁명의 상징이 된 장소이다. 혁명의 성공으로 이 광장은 이집트인이 더 많은 경제개혁과 정치 개혁을 요구하는 곳이 되었다. 이 광장이 런던의 '하이드 파크의 발언자 코너'와 같은 곳이 된 것이다. 사람들이 언제나 자신의 의견을 말하고 정치적 이슈를 토론하는 곳이 되었다.

인구로 보나 자동차 수로 보나 카이로의 성장은 급격하게 이루어진 것이다. 오늘날 카이로의 교통 소음은 세계적으로 유명하다. 1980년대 후반까지도 카이로는 수백만 명을 수용할 수 있는 장기적인 철도 교통 시스템을 개통하지 못한 상태였다.**

그 후 지하철이 나일 강 아래를 지나 서안 쪽으로 확장되어 왔다. 새로운 철도역은 편리한 곳에 입지해 있고, 조명도 밝고 깨끗하다. 카이로 지하철은 대도시 도심과 교외(아직은 위성도시라고 하기 어려운)를 연결하고, 적어도 1량은 여성 전용 칸으로 운영하고 있다. 차로 가면 약 3시간 걸릴 거리를 이제 30분이면 갈 수 있다. 카이로의 운송 시스템이 점점 좋아진다면 경제 사정도 나아질 것이다.

---

* 역주: 맘룩은 터키 민족의 일부로서 노예였다가 병사가 된 이들을 말한다. 용감하기로 유명하며, 9세기부터 19세기까지 이집트, 레반트 지역, 이라크, 인도 등지에서 활동하였다. 1250~1517년에는 이집트와 레반트를 지배하는 술탄 왕국을 건설하기도 하였다. 이를 맘룩 왕조(Mamluk Sultanate)라고 한다.

** 역주: 카이로의 공공 철도 운송 시스템인 카이로 메트로는 1987년에야 개통되었다. 그나마도 아랍 세계에서는 처음으로 개통된 철도 시스템이다. 현재 3개의 노선이 운행 중이다. 2호선은 1996년에 첫 구간을 개통한 후 1999년에 사다트 역에서 카이로 대학 역까지 구간이 개통되면서 처음으로 나일 강을 건너 확장되었다. 현재까지 나일 강 아래로 통과하는 지하철 노선은 이 노선이 유일하다. 3호선도 나일 강 아래로 통과하는 노선으로 계획되었으나, 현재는 2012년 2월에야 그 첫 구간인 아타바 역에서 아바세야 역까지가 개통되었을 뿐이다.

다마스쿠스와 알레포: 쌍둥이 형제

아랍인들은 이들을 각각 알 샴(Al-Sham)과 할랍(Halab)이라고 부른다. 외부인들은 물론 다마스쿠스와 알레포라고 알고 있다. 각각 200만 명이 넘는 인구가 살고 있으며, 두 도시 모두 시리아에서 인구가 가장 많다. 각각은 한결같이 자신이 최고라고 주장한다. 즉 '지구상에서 가장 오래되었고, 지속적으로 거주해 온 도시'라고 주장한다. 무함마드는 다마스쿠스에는 가지 않으리라고 다짐했었는데, 그 이유는 낙원에는 한 번만 가고자 해서였다고 한다. 알레포는 아브라함(일신교의 조상이다)이 하란에서 남쪽으로 이동하는 중에 소젖을 짜려고 머문 곳이기도 하다. 이러한 이야기들은 그것이 역사적 사실이라기보다는 자신들의 자부심 드러내려는 것이다. 두 도시는 마치 쌍둥이 형제처럼 외양과 특성은 달라도 그 뿌리는 하나라는 것을 알 수 있다.

그림 7.19 우마이야 모스크. 705년 시리아의 다마스쿠스에 건설되었다. 이 거대한 건축을 완성하는 데 10년이 걸렸다. (사진: Amal Ali)

그림 7.20 살라딘 동상. 알 하미디야 수크에 오는 사람들에게 살라딘과 그의 영광의 날과 다마스쿠스를 떠올리게 한다. (사진: Amal Ali)

각 도시의 입지는 그들의 구전 설화에 신빙성을 부여할 만큼 인상적이다. 다마스쿠스의 입지가 훌륭하다는 것은 우마이야 모스크의 모자이크를 보면 알 수 있는데, 이 모스크는 다마스쿠스가 첫 번째 이슬람 제국의 수도가 되었을 때 건설된 것이다. 그리고 이 제국은 이슬람 세계 전체를 정치적으로 통합했던 유일한 제국이었다(그림 7.19).

모스크는 초록색과 황금색 타일로 장식되었고, 모자이크는 생명력 넘치는 푸른 오아시스를 묘사하고 있다. 모스크의 북서쪽 벽 뒤에는 아랍인들을 지도해 십자군에 대항하던 살라딘(Saladin)의 대무덤(mausoleum)이 있다. 또한 알 하미디야 대수크의 입구에는 살라딘의 동상이 그의 위대한 승리를 기념하고 있다(그림 7.20)

　다마스쿠스에는 바라다(Barada) 강이 흘러 세계 최고의 오아시스 도시가 되었다. 바라다 강은 헤르몬(Hermon) 산의 경사면을 따라 굽이쳐 내려온다. 유속이 감소하면서 하도는 작은 지류들로 분기하고, 물은 지하로 스며들어 시리아 사막 가장자리에 오아시스를 형성한 것이다. 고대의 다마스쿠스는 귀중한 농업용 토지를 잠식하지 않으려는 듯이 레바논 산 마지막 자락까지 성장한 도시의 한쪽 면에 위치한다. 서쪽에는 산이 동쪽에는 사막이 이 고대 오아시스 도시를 보호하였다.

　다마스쿠스는 하늘에서 볼 때 볼만하고, 알레포는 땅에서 볼 때 볼만하다. 알레포의 성채는 주변보다 솟아 있는데, 요새화된 언덕 위에 있어 도시의 고유한 특징이 되었다. 시리아 북부 평원은 스텝 지역(초원)인데, 아나톨리아 고원 남서쪽으로 뻗어 나간다. 이 초원 지역은 점차 사라져 시리아 사막이 되었다. 시리아 북부에서는 자연조건이 건조 농업에 적합하였고, 시리아인은 관개를 통해 이를 매우 생산적인 것으로 만들었다. 이 지역은 밀, 올리브, 아몬드, 피스타치오 생산의 중심지이다. 곡창(breadbasket) 지대라고도 하는 알레포의 농업 잠재력은 미래에 더욱 중요하다. UN 국제 건조지역 농업센터가 이곳에 입지해 있다.

　아무리 오아시스가 생산적이었다고 하더라도, 아니면 그 언덕이 비옥했다고 하더라도 다마스쿠스나 알레포 모두 무역로의 교차로에 있지 않았다면 중동 역사에서 핵심적인 역할을 할 수 없었을 것이다. 이곳은 비옥한 초승달 지역(티그리스 강 및 유프라테스 강에서 아나톨리아 고원의 용천대를 따라 지중해 동안의 산악 지대까지 이르는 곳)의 포물선 형태의 지역에서 가장 오래된 무역로에 위치해 있다. 이 길을 따라 이집트와 그 너머로 갈 수 있었다. 비옥한 초승달 지역의 두 팔 사이에는 시리아 사막이 있다. 시리아 사막에는 일련의 동서 지름길이 있는데, 가장 북쪽의 지름길에서 유프라테스 강과 해안 사이의 절반 쯤에 알레포가 있다. 좀더 긴 지름길은 사막 중간쯤의 팔미라(오늘날 타드무어) 오아시스를 지나 다마스쿠스에 이르는 길이다. 알레포와 다마스쿠스 둘 다 남북으로 향하는 무역축 상에 있으며, 초기 역사에서 성장거점이었다.

　다마스쿠스와 알레포는 오늘날에도 근대 도시지만 시리아 정부가 보호무역주의적이고 고립주의적이지 않았다면, 현대적인 도시였을 것이다. 1990년대 초에야 사회주의 계획과 정부 소유의 통치가 완화되었다. 그 결과 두 도시에서 소규모 르네상스가 열렸지만, 너무 많은 규제가 곳곳에 남아 있어 그 부흥 기간은 짧았다. 긍정적인 결과 중 하나는 순수 아랍 전통들이 여행자를 위해 일부러 멋있게 꾸민 것이 아니라 원래 그대로 두 도시에 남아 있다는 것이다. 그리고 글로벌 경제가 과도하게 영향을 미치지 않았다는 것이다. 두 도시는 여전히 자신의 특성을 갖고 있다. 다마스쿠스에서는 시민들이 바트당(독재 정당)의 방침을 대단히 존중한다. 알레포에 가면 권력 지역과 좀 멀어서 다소 자유로운 분위기가 느껴진다. 그래도 여자들은 여전히 완벽하게 가려진 베일을 입으며, 가장 큰 가게가 미국의 세븐일레븐보다 작다. 시리아의 수도인 다마스쿠스는 전체 국가를 독재로 다스리는 중심이다. 그리고 알레포는 시리아와 세계에서의 역할이 더 커지기를 원하는 듯하다.

예루살렘: 종교와 정치의 충돌

예루살렘은 매력적인 위치도 아니고 전략적인 입지도 아니다. 지리적인 시각에서 볼 때 예루살렘은 중심이 아니다. 주요 경로가 아닌 곳에 있다. 그냥 간혹 통과하는 도시이다. 대신 예루살렘은 종교 숭배와 갈등의 진원지이다. 유대교, 기독교, 이슬람교의 세 종교가 예루살렘을 성지로 여긴다. 이슬람교도들에게 예루살렘은 메카, 메디나에 이은 세 번째 성지

그림 7.21 암석의 돔과 서쪽 벽은 종교적으로 분할된 예루살렘을 상징한다. (사진: Donald Zeigler)

이다. 이슬람에서 예루살렘은 무함마드가 신과 대화하기 위해 천국으로 올라간('야간 여행'이라고 한다) 장소이다. 그의 승천을 기념하기 위해 이슬람교도들은 691년 이곳에 바위 돔(Dome of Rock)을 건설하였다(그림 7.21). 이 건축물은 이슬람 건축물 중에서 가장 오래된 건축물 중 하나다. 유대인들에게 예루살렘은 다윗 왕국의 수도였고, 솔로몬의 성전이 있는 곳이다. 성전 자리에 있던 벽이 현재 남아 있는 전부인데, 이를 '서쪽 벽'이라고 하며, 유대인들이 기도하는 장소이다. 바위 돔은 솔로몬 성전 자리에 있다. 기독교인에게 예루살렘은 나사렛 예수가 자신을 메시아로 드러낸 도시이다. 비잔틴제국 시절에, '거룩한 무덤 교회'를 지어 예수가 십자가에 매달리고 무덤에 묻히고 다시 부활한 장소를 덮도록 하였다. 이 교회는 성전의 산과 바위 돔에서 잘 보인다.

통상 예루살렘으로 '올라간다'는 표현을 쓴다. 예루살렘은 비옥한 초승달 지역의 서쪽 끝자락에 있는 언덕 위의 도시였다. 그러나 그곳은 국가를 다스릴 만한 위치가 아니었다. 구도시의 성벽으로 둘러싸인 지역은 북쪽이나 동쪽보다 고도도 낮다. 이 땅의 유일한 장점은 기혼(Gihon)이라고 알려진 샘이었다. 그러나 그 샘이 있던 자리에 살던 여부스족 마을이 유명해지게 될 운명을 타고난 것은 3,000년 전 상황에서의 상대적인 위치 때문이다. 히브리왕 다윗은 그 마을을 정복했는데, 이는 남과 북의 히브리 민족은 중간 위치에 수도를 두어야 했기 때문이었다. 모세의 돌판을 담고 있는 언약궤(the Arc of the Covenant)를 예루살렘으로 옮기면서 이 도시는 종교적 수도의 지위를 얻게 되었고, 3,000년간 정신적 수도의 지위를 보유하게 된 것이다. 예루살렘은 모세와 아브라함의 신이 영원히 거주하는 장소가 되었다. 최초의 이슬람교도들은 메카를 향해 기도하기 전에 예루살렘을 향해 기도했었다. 예루살렘의 중심성은 지리가 아니라 종교가 부여한 것이다.

예루살렘 구시가지의 성벽은 오스만 시기에 만들어진 것이다. 성벽 안의 구시가지는 4개의 민족 주거지, 즉 이슬람, 유대교, 기독교, 그리고 아르메니아 구역으로 나뉜다. 그런데 이렇게만 적어 놓으면 이 도시의 문화지리의 실상을 잘못 전달하는 것이 된다. 실상은 구도시 거의 전체가 아랍인 구역 또는 유대인 구역이다. 더욱이 구역들의 경계는 더 이상 문화적 구분의 경계가 아니다(아마 그랬던 적도 없을 것이다). 주거지 패턴과 이동이 네 구역들 안팎으로 넘나들었기 때문에 그 구역들이 비슷한 세계관을 가진 사람들의 집단으로 균질적인 근린을 형성했을 것이라는 생각은 적절하지 않다. 구도시에서는 이슬람과 유대인이 주요 행위자이고, 기독교인은 감소하고 있으며, 아르메니아인들은 1,500년 동안 해 왔던 대로 기독교 소수집단으로 남아 있다. 이슬람 아랍인은 기독교 아랍인 구역인 기독교 구역으

그림 7.22 예루살렘 구시가지의 유대인 구역은 1967년 이후 전부 재건축되었다. 이스라엘 깃발은 1948년 독립 후 채택되었다. (사진: Donald Zeigler)

로 확장해 가고 있다. 유대인은 유대인 구역의 통제하에 굳게 결속하고 있다. 그러나 그들도 점점 다른 세 구역에서 회당과 이스라엘 깃발과 같은 두드러진 표지를 남기면서 부동산을 취득해 가고 있다(그림 7.22). 구시가지로 들어가는 유대인들은 보다 극단적으로 종교적인 사람들로 보이고, 남아 있는 사람들은 보다 세속적인 사람들인 것 같다. 아르메니아인, 특히 신학생들은 세계로부터 아르메니아 구역으로 들어온다. 1991년 아르메니아가 주권국가로 지도상에 나타나자 자신들의 정체성을 강조하고 있다.

구시가지는 두 개의 예루살렘 중 하나일 뿐이다. 다른 예루살렘은 확장 중에 있는 현대의 대도시이다. 성벽으로 된 도시는 일개 대학 캠퍼스보다 크지 않지만 대도시 예루살렘은 거의 129km²를 차지한다. 예루살렘 대도시 지역은 하나의 행정구역으로 운영되지만 문화적으로는 단층과도 같이 두 개로 분리되어 있다. 서예루살렘은 철저히 유대인들의 지역이고 이스라엘 의회(knesset)가 자리잡고 있다. 동예루살렘은 주로 아랍인(이슬람과 기독교 아랍인들)이 거주하고 있으며 아랍 마을로 이루어져 있다. 이곳은 미래의 어느 날 팔레스타인 국가의 수도가 될 수도 있다. 그러나 현재 '점령된' 동예루살렘은 서예루살렘처럼 동질적이지 않다. 동예루살렘에서는 유대인 정착촌들이 십수 개의 언덕 위를 점거하고 있는데, 그것들은 대부분 새롭게 형성된(1967년 이후) 부유한 정착촌이다. 이스라엘이 더 큰 예루살렘을 계속 통제할 수 있도록 전략적으로 자리 잡은 것이다. 예루살렘의 북쪽과 남쪽, 동쪽에는 이스라엘 군인이 순찰하고 있는 국경 교차점(border crossings)이 있는데, 여기서부터 팔레스타인의 요르단 강 서안 지역이 시작된다. 예루살렘은 이스라엘과 서안 지역 사이에 위치해 있는 도시로 선진국과 후진국이 서로 마주하고 있는 긴장이 팽팽한 국경과 같이 최전선에 있다는 느낌이 나는 곳이다.

예루살렘의 미래는 협상을 통해 갈등을 평화롭게 해소할 수 있는 이스라엘과 팔레스타인의 능력에 달렸다. 그동안 양자 사이에 반복되는 갈등이 라말라와 예닌과 같은 서안 도시의 하부구조를 파괴하고 있다. 이스라엘이 만든 분리 장벽(분리 방벽이라고도 하고, 분리 철책이라고도 한다)은 갈등을 해결할 수 있는 노력을 더 어렵게 만들고 있다. 예루살렘에만 장벽의 길이가 약 90km 정도 되는데, 이 대부분은 1967년 이전의 경계보다 (팔레스타인 땅 쪽으로) 훨씬 깊숙이 들어가 있다. 장벽은 예루살렘을 서안 지역과 분리한다. 이스라엘 사람의 안전을 위해 건설되었지만, 팔레스타인 사람 수천 명이 일자리와 농경지, 의료 서비스에 접근할 능력을 제약받고 있다.

이스탄불: 두 대륙의 결절점

이스탄불은 약 27세기 동안(B.C. 657년부터 지금까지) 존속해 온 도시인데, 그중 16세기 동안은 제국의 수도였다. 원래 이름은 비잔티움이었는데, A.D. 330년 새로운 로마가 들어서면서 이름이 바뀌었다. 바로 콘스탄티노플이라고 불렸는데, 황제 콘스탄틴의 도시라는 뜻이다. 오늘날의 지도에는 이스탄불이라고 나온다. 이 도시는 지중해 동안 지역에서 약 1000년 넘게 지배적인 도시였다. A.D. 1000년에도 인구가 100만 명이 넘을 정도였는데, 위치상 그렇게 될 수밖에 없었다.

이스탄불의 위치는 두 대륙의 돌쩌귀 지점(hinge)이다. 보스포루스 해협의 유럽 쪽에 있으면서 유럽과 아시아 사이의 무역로이자 지중해와 흑해의 해운로이다. 이스탄불이 지배한(로마, 비잔틴, 오스만제국과 같은) 거대한 제국은 아라비아, 인도양, 동아시아까지 진출할수 있었다. 16세기에 아프리카를 돌아가는 해로가 열릴때까지 이스탄불은 동서 무역과 남북 무역을 통제할 수 있었다. 1453년부터는 오스만제국의 수도였는데, 1500년경 술레이만(Suleyman) 황제 때는 (세계적으로 '대제'라고 알려질 만큼 부를 누린) 전성기였다. 당시 그의 도시는 런던, 파리, 빈, 카이로보다 인구가 많았다. 그러나 그 시기에 콘스탄티노플의 권력은 기울기 시작하였다. 오스만은 더 이상 아시아의 실크로드나 지중해 동안에서 페르시아 만에

그림 7.23 이스탄불은 역동적인 근린을 지닌 도시이다. 오후 늦은 시간인데, 현대 튀르크의 아버지로서 존경을 받는 튀르크의 흉상 아래 사람들이 모여 있다. (사진: Donald Zeigler)

이르는 비옥한 초승달 지역의 대상 무역로를 독점하지 못하였다. 해양 기술이 발달해 쾌속 범선이 낙타를 대체하자 최적의 운송 수단이 바뀌어 버린 것이다. 19세기 말에 이르면 오스만은 '유럽의 환자'였고 '스탐불(Stamboul: 이스탄불의 구시가지)'은 쇠퇴하였다. 현대의 터키는 오스만제국의 후예로서 민족주의자 무스타파 케말 아타튀르크(Mustafa Kemal Atatürk)가 주도해 탄생한 나라이다(그림 7.23).

이스탄불의 핵심부는 역사 도시로서 삼면에 깊은 바다를 둔 반도에 위치하고 있다. 반도에 왕관이 씌워진 듯 바다로부터 우뚝 솟은 7개의 언덕이 있는데 마치 로마와 비슷하다. 구시가지 반도는 남쪽으로는 마르마라 해, 동쪽으로는 보스포루스 해협, 북쪽으로는 금각만(Golden Horn)을 두고 있다. 특히 금각만은 거대하고 안전한 항구로서 이스탄불이 선박 무역을 지배할 수 있게 하였다. 보스포루스 해협과 그 형제인 다르다넬스 해협은 바다로 나가는 선박이 유라시아 중앙까지 들어올 수 있게 한다. 흑해의 북쪽 해안에는 고대 그리스의 식민 도시들이 있었다. 이들 식민 도시의 비옥한 배후지는 곡창(breadbasket) 지대로서 헬레니즘 세계의 중심이었던 에게 해에 밀을 공급하던 곳이었다. 물론 그 밀은 보스포루스 해협을 거쳐 시장에까지 이른 것이다. 이 해협을 지배한 최초의 세계도시는 청동기 시대까지 거슬러 올라간다. 그 이름은 바로 트로이였다. 트로이는 다르다넬스 해협의 남쪽 끝에 있었다. 트로이는 당시의 이스탄불이었던 것이다.

20세기에 보스포루스 해협은 소비에트 연방이 세계 대양으로 진출하는 몇 안 되는 출구 중 하나였다. 그래서 냉전 시기에는 전략적으로 중요한 지점이었다. NATO는 이스탄불의 해협을 통제하면서 모스크바가 세계에서 가장 전략적인 위치를 지배하지 못하도록 하였다. 지금도 보스포루스 해협은 우크라이나와 러시아 연방에게 중요한 곳이다. 이곳은 여전히 육지로 막힌 카스피 해의 유전에서 원유를 수송하는 통로로서 새로운 전략적 의미를 갖게 되었다. 보스포루스 해협은 세계에서 가장 바쁜 해협 중 하나다. 보스포루스 해협은 좁은데다 정박지와 해운로로 늘 분주하기 때문에 잠재적인 충돌 위험이 상존한다. 특히 흑해로 흘러가는 조류가 빠른 경우에 더욱 그러하다.

이스탄불 경제에서 석유만이 유일한 상품은 아니다. 20세기 내내 이스탄불의 유럽 배후지는 그리스였다. 철의 장막이 가로막고 있기도 하였고, 바로 이웃이기도 했기 때문이다. 지금은 동유럽이 국경을 개방했지만, 유럽과 아시아의 무역로는 다시 보스포루스 해협에 집중되고 있다. 그래서 터키는 EU 후보국이 되었다. 1974년과 1988년에 보스포루스 해협에 대륙을 건너는 다리가 놓이면서 무역 성장이 트럭 운송 물량의 성장으로 표현되었다. 지금은 여객과 화물을 보스포루스 해협 아래로 운송하는 것을 계획 중이다. 그러면 터키는 언젠가 자신을 유럽에 속하는 나라라고 부를지 모른다. 동시에 이스탄불은 터키인들의 고향이자 터키어의 기원지인 중앙아시아로의 관문으로도 떠오르고 있다.

페스와 마라케시: 제국의 라이벌

모로코의 페스와 마라케시는 국가 도시 체계의 주요 거점으로 성장한 도시였다. 오늘날 둘 다 수도는 아니지만 과거에 둘 다 수도였다. 두 도시 모두 라바트–카사블랑카 메갈로폴리스에 있지 않으며, 해안에도 위치하지 않는다. 그러나 페스는 동쪽으로 모로코의 아랍 이슬람 유산을 지향하고, 마라케시는 남쪽으로 아틀라스 산맥과 아프리카의 사막 오아시스로 가는 길목에 있다.

페스의 시작은 모로코 국가의 시작과 같은데, 아랍의 정복이 있고 나서 얼마 뒤인 790년에 시작되었다. 아랍인들은 타자 회랑(Taza Gap)이라는 곳을 거쳐 모로코에 들어왔다. 타자 회랑은 마그레브 지역과 나머지 북아프리카 사이에 있는 자연적인 회랑 지역이다. 모로코 에서 가장 큰 강 연안에 있는 베르베르인 농촌이 페스 알 발리(Fes al Bali)이고, 이곳에 아랍 인이 들어왔다. 이 도시는 타자 회랑으로부터 동쪽까지 통치하였다. 또한 이곳은 물이 나는 곳에 있었고, 숲이 있는 산지가 북쪽과 남쪽으로 있었으며, 서쪽에는 농경지도 있었다. 무 역이 발달하면서 페스의 수크는 마그레브 지역에서 가장 컸다.

마라케시는 11세기에 설립되었는데, 사하라 원주민이 만년설 덮인 아틀라스 산지 바로 북쪽에 무역 거점으로 설립한 것이다. 도시의 지배자는 권력과 무역로를 안정적으로 지배 해서 마라케시는 곧 수도가 되었다. 이에 따라 마라케시와 페스는 모두 모로코의 역사적 중 심이라고 주장하게 되었는데, 페스는 아랍 문화와 안달루시아 문화(스페인에 이식된 아랍 문 화)에 이바지하였다고 주장하고, 마라케시는 아프리카 사하라 문화에 이바지하였다고 주장 한다.

페스와 마라케시의 문화 경관을 비교해 보면 국가 도시 체계를 구축하는 데 있어서 두 도 시의 역할을 알 수가 있다. 다른 도시처럼 이 두 도시의 특징도 구도시, 즉 메디나(medina) 의 성벽 안을 보면 분명해진다. 모든 모로코 도시는 메디나를 갖고 있다. 그러나 마그레브 지역에서 가장 온전하게 남아 있는 바, 세계에서 전산업도시가 가장 잘 보존된 곳은 모로 코 첫 제국의 수도였던 페스이다. 그리고 두 번째로 온전하게 남아 있는 곳이 있다면 그것 은 모로코 남쪽의 제국의 수도였던 마라케시이다. 페스와 마라케시의 성벽 안 경관은 대단 히 온전해서 UN 세계문화유산 목록에 등재된 첫 번째 도시들이다. 페스와 마라케시는 모 로코적인 문화만을 형성해 왔다. 두 도시의 문화 경관에서 공통적인 것은 수크이다. 수크는 가게와 수공업자가 미로처럼 얽혀 몰려 있으며, 생필품과 고급품, 고차 서비스를 팔기 위해 경쟁한다. 이러한 것이 도시 생활과 농촌 생활을 구분해 준다.

페스와 마라케시는 둘 다 상업, 정치, 종교 생활, 그리고 공공 의례 행사의 중심지이다. 그런데 이러한 고대 성벽 도시가 어떻게 시간의 경과를 막아 왔는가? 이러한 경관이 살아 남은 것은 모로코 자신이 살아남은 것과 관련되어 있다. 모로코는 중동의 다른 장소들보다 외부의 정복을 더 많이 받았지만 그들은 이내 다시 돌아갔다. 북쪽으로는 유럽 왕국들이 확 장해 들어왔다 돌아갔고, 동쪽으로는 오스만제국이 확장해 들어왔다 돌아갔다. 유럽인들은 1912년 프랑스가 모로코를 보호령으로 만들 때까지 모로코의 내부에 거의 관심을 두지 않 았다. 이교도들에게 모로코를 통과하는 것은 마치 티베트를 통과하는 것과 같았다. 그래서 모로코의 메디나들의 다수는 손상되지 않고 남아 있을 수 있었다. 다행스럽게도 프랑스인이 들어와서도 구시가지를 근대화하려 하지 않았다. 대신 새 도시를 구시가지 바깥에 건설하였다. 그래서 중세의 도시경관은 근대화의 변형을 겪지 않았다.

가장 유명한 페스의 상징은 키라우안(Kirouan) 모스크와 안달루시안 모스크이다. 전자는 전체 이슬람 세계에서 가장 존중받는 것이다. 키라우안 모스크는 대학과 같이 있는데, 이는 세계에서 가장 오래된 대학이다. 또한 페스를 설립한 사람의 무덤도 같이 있다. 페스의 정신적이고 지적인 생활은 모로코 문화의 진화에 영향을 미쳤다. 페스와 마찬가지로 마라케시의 메디나에서도 가장 유명한 장소는 카우투비아(Koutoubia) 모스크이다. 이 모스크는 베르베르 왕조가 남쪽에 권력을 다시 집중시키면서 건설한 것이다. 카우투비아 모스크에서는 첨탑이 가장 대단한데, 정치권력의 상징처럼 솟아 있으며, (안달루시아 문화가 살아 있는) 스페인 코르도바에 있는 모스크와 비슷하게 지은 것이다. 마라케시에서는 상업 권력이 정치권력과 혼합되어 있는데, 이는 페스에서 상업 권력과 정치권력이 이슬람 권력과 혼합되어 있는 것과 대조적이다. 수도 기능이 페스로 되돌아오게 된다면 그것은 아마도 페스의 종교 중심으로서의 기능일 것이다.

페스와 마라케시의 자연환경은 도시경관의 영향을 받아 왔다. 페스의 메디나는 좁은 V자 계곡으로 들어가 있는데, 전산업도시의 도시 과밀 현상을 그대로 보여 준다. 좁은 공간을 보면 알 수 있다. 그 결과 보다 북쪽의 높은 고도에 위치한 페스의 기후가 더 춥고 비가 많이 내린다. 반면 마라케시의 메디나는 사막에 집중되어 있다. 바로 남쪽으로 가면 아틀라스 산지의 남쪽이다. 사막이라 공간이 넓은데, 이는 마라케시 메디나의 중심에 보이는 넓은 공공 광장을 보면 알 수 있다. 그러한 개방 공간은 중동 도시에서는 드문 사례다.

타슈켄트: 중앙아시아의 거점

타슈켄트는 200만 명이 좀 넘는 인구로 중앙아시아 최대의 도시이다. 1991년 소비에트 연방에서 독립한 이후, 이 도시는 자신을 지역의 거점이요 관문으로 여겼고, 동서를 연결하여 대륙을 건너는 다리로 생각하였다. 또한 타슈켄트는 중앙아시아의 중심에 있는 국가인 우즈베키스탄의 수도이기도 하다. 우즈베키스탄은 (러시아를 제외한) 다른 모든 나라와 경계를 맞대고 있다. 따라서 인구와 무역로, (천연가스, 금, 우라늄, 면화와 같은) 자원을 둘러싸고 벌어지는 21세기판 '거대한 게임(great game)'에서 결정적인 지정학적 역할을 수행하고 있다.

중앙아시아의 거의 모든 도시는 실크로드의 무역 거점으로 건설되었다. 타슈켄트도 예외는 아니다. 타슈켄트는 사막의 가장자리에 있는 항구였다. 타슈켄트는 (지금은 중국에 속하는) 카스(喀什)로부터 오는 북쪽 경로 상에 있어 카스피 해로 연결하고, 결국 유럽에 이르는 길에 있는 '돌의 도시'였다. 이 도시는 2000년 전 톈산 산맥에서 흘러나오는 시르다리야 강이 흐르는 장소에 건설되었다. 이 지역에서 가장 비싼 자원인 물이 있다는 좋은 조건 때문에 타슈켄트는 오늘날에도 성장할 수 있는 유리한 기회를 얻은 셈이다. 타슈켄트는 과일과 채소 생산량이 많은 페르가나 계곡의 입구와 가까운 곳에 입지한다. 또한 아랄 해로 유입되는 사막 관개 지역에 분포하는 면화 지대를 통제하는 위치에 있다. 이러한 경제적인 매력과 주변의 금 자원 등 때문에 러시아가 정복한 것이다. 미국에서 남북전쟁으로 유럽으로의 면화 공급이 끊기자 1865년 처음으로 타슈켄트가 점령당하였다.

소비에트 연방 시절, 타슈켄트는 우즈벡 소비에트 사회주의 공화국(Uzbek SSR)의 수도로 선정되었다. 1930년에 수도가 사마르칸트에서 옮겨진 것이다. 제2차 세계대전 이전에는 인구가 50만 명 정도에 불과했으나, 소련 정부가 우랄 산맥 동쪽 지역에 산업 시설을 전략적으로 입지시켰다. 그 결과 도시인구가 급팽창하였다. 사실 타슈켄트의 가장 유명한 생산물은 비행기이다. 미국 보잉사의 본사가 있는 워싱턴의 시애틀이 타슈켄트의 자매 도시이다. 소비에트 연방이 붕괴했을 때, 타슈켄트는 국내에서 4번째 도시가 되어 있었다. 그래서 이 도시는 중앙아시아에서도 가장 소비에트적인 도시였다. 이것은 두 가지 요인 때문이었는데, 하나는 공산당 중앙의 계획경제정책이고 다른 하나는 자연의 힘이다. 타슈켄트는 1966년 지진으로 거의 파괴되었다. 소비에트 연방 정부는 이것을 도시경관을 사회주의 양식으로 바꿀 수 있는 기회로 보았다. '새로운 소비에트 인간'을 위한 '새로운 소비에트 도시'를 건설하고자 하였다.

타슈켄트의 고대 유산은 4가지 M, 즉 시장(market), 모스크(mosque), 이슬람신학교(madrassa), 그리고 이슬람(Muslim)으로만 남아 있다. 독립 이후, 다섯 번째 M이 추가되었는데, 타멀레인(Tamerlane: 티무르)의 삶을 다룬 새로운 박물관(Museum)이다. 타슈켄트는 티무르제국의 수도는 아니었지만 독립과 정복의 상징으로서 아미르 티무르를 선정한 것이다. 공산주의를 벗어난 많은 나라들처럼, 우즈베키스탄 역시 소비에트 이전, 그리고 러시아 이전의 시대로부터 영감을 얻기 위한 자료관을 필요로 하였다. 따라서 타멀레인 박물관이 개관하였고, 이것은 그러한 전환을 상징한다. 타슈켄트는 모스크바를 따르는 지역 도시였다. 지금은 독립국가의 수도로서 유럽과 중국 국경까지 지배했던 티무르제국처럼 현대 세계에서 같은 역할을 하고자 노력한다.

　현재 타슈켄트의 경관을 다시 만들고 있는 것은 터키 문화에 뿌리내린 도상(圖像, iconography)이다. 티무르는 아마도 몽골인이었고, 그의 제국의 수도는 사마르칸트였음에도 말이다. 레닌과 마르크스의 도상은 잊혀졌다. 말등 위의 영웅과 다른 스텝의 이미지들이 그 자리를 대체하고 있다. 정부 건물에는 소비에트 연방 시대의 붉은 깃발이 아니라 터키의 푸른 깃발이 펄럭인다. 새로운 건축물은 콘크리트 블록이 아니라 스텝 빛깔의 벽돌로 지어지고 있다. 자동차 5대 중 하나는 한국의 대우 차이다. 파란색으로 장식된 전통적인 돔과 아치가 사회주의식의 수직형 건물을 대체하고 있다. 수십 년간 반종교 선전이 끝나고, 모스크들이 다시 건축되고 있다. 공식어도 러시아어에서 터키어로 바뀌었으며, 키릴 문자 대신 로마 알파벳으로 바뀌었다. 그래서 도시의 언어 경관을 쉽게 읽을 수 있게 되었다.

　그럼에도 여전히 타슈켄트에서는 소비에트 느낌과 외양이 나타난다(글상자 1.3). 인구의 약 1/3은 슬라브인이며 러시아어를 말한다. 9층짜리 아파트 블록이 주거지에서 다수를 차지한다. 유럽 스타일의 공원과 개방 공간, 그리고 사회주의 계획의 긍정적인 측면이 지진 이후의 경관에 결합되어 있다. 오페라, 발레, 인형극 등은 여전히 중요한 공연 예술들이다. 타슈켄트에는 중앙아시아에서 유일한 지하철 시스템이 있어서 모스크바의 전철과 같이 효율적인 서비스와 풍부한 예술 공간을 제공한다. 모스크바로의 비행기 편도 다른 곳의 비행기 편수보다 많다. 끝으로 초국적인 경관 요소도 나타난다. 가게에는 서구 제품들이 있고, 시내에는 다국적기업의 로고가 서 있으며, 미국 패스트푸드 체인점, 국제 호텔, 거대한 상업 광고들, 아시아의 '옛 실크로드'라고 광고하는 국제 여행사도 있다.

핵심 문제

　중동의 도시는 많은 점에서 잘 되고 있다. 첫째, 언어 장벽이 있더라도 대화를 주저하는 방문자에게 쉽게 말을 건다든지, 길거리에서 우연히 대화를 하는 데 시간을 많이 보낸다든지 하는 데서 시민들의 여유 있는 생활을 알 수 있다(그림 7.24). 아랍인, 터키인, 이란인은 세계에서 가장 친근한 사람들로, 그들의 도시에 가면 편안함을 느낄 수 있다. 둘째, 중동의 도시는 대부분 밤낮으로 안전하다. 당신이 그들을 보든 보지 않든 언제나 '길거리의 눈'이 있다. 또한 가족 네트워크도 있고, 엄격한 행위 규약도 있어서 구성원들은 책임감을 가진다. 덧붙여, 이슬람들에게 주류 소비는 금지되어 있어 술 취한 사람은 일상적인 경우가 아니다. 셋째, 여러 세대가 자연스럽게 혼합된다. 노인도 젊은이도 어딘가에 수용된다거나 하지 않는다. 부모가 자녀와 함께 있고 십대가 연장자와 같은 거리에서 다닌다. 도시의 사업장에서 젊은 견습생도 다반사이다. 가구 형태는 대가족이 보통이다. 넷째, 노숙자가 있기는 하지만 서구 도시에서보다 드물다. 어떤 사람이 소득 능력이 없으면 가족이 채워 주거나 이슬람의 부조와 자선이 주어지는 것이 당연하다. 다섯째, 거의 모든 도시는 자신의 음식 문화에 자부심을 갖고 있다. 그것이 식당에서 앉아서 서비스받는 것이든 길거리에서 서서 먹는 것이든 그러하다. 중동의 식당은 민족적인 문화이자 도시적인 삶이다. 더욱이 중동 도시의 음식

그림 7.24 커피 항아리는 아랍 세계 전체에서의 호의를 상징한다. 사진에 보이는 것은 요르단의 수도 암만의 것이다. (사진: Donald Zeigler)

은 건강식이다. 가공 과정이 복잡하지 않고 튀기는 경우가 드물다. 여섯째, 도시에는 다양한 운송 수단이 있어 자동차가 그다지 필요하지 않다. 구시가지에는 자동차가 금지되기도 한다. 도시 버스, 택시, (보통 승객이 12명 정도인) 서비스 택시, (몇몇 도시에 있는) 레일 택시 등을 늘 저렴한 가격으로 이용할 수 있다. 그 외에도 도시들이 워낙 밀도 있게 조직되어 있어 걷는 것만으로도 웬만한 것은 가능하다.

하지만 중동에서의 도시 생활은 유토피아가 아니다. 도시들은 자신의 문제를 갖고 있으며, 어떤 경우는 대책이 없는 경우도 있다. 그러나 그것은 세계의 다른 지역도 마찬가지이다. 이러한 도시의 문제에는 너무 빠른 인구 성장, 오염, 교통 혼잡(주로 자동차 교통의 영향)과 같은 것들이 있다. 그 외에도 범중동의 도시에는 대략 다섯 가지 문제가 있다. 식수의 부족, 실업 및 과소고용, 주택 공급, 문화적 동질성, 문화유산의 보존 문제가 그것이다.

식수

중동에서는 물이 부족하다. 도시가 팽창할 때, 새로운 가정, 사업체, 공장이 사용할 물 자원을 개발해야만 성장이 가능해진다. 대부분의 지역에서 지표수와 지하수 자원은 최대로 사용하고 있다. 심지어 사하라의 '화석 물'까지도 리비아의 북쪽의 도시에 공급하기 위해 사용하고 있다. 페르시아/아라비아 만의 아랍 국가는 이미 해수를 담수화해서 쓰고 있다. 그렇지만 도시 대부분은 수자원을 효율적으로 이용하지 않고 있다. 손상된 파이프를 수리하고, 물 보존 기술을 사용하고, 관개 시설을 덜 사용하고 나면 그 이상은 무슨 물을 더 사용할 수 있을 것인가? 나아가 물 문제는 단순히 양의 문제가 아니라 질의 문제이기도 하다. 모든 도시가 물 처리 공정을 향상하는 데 집중해야만 식수대의 물을 안심하고 마실 수 있을 것이다.

실업과 과소고용

실업은 중동 도시가 당면한 가장 심각한 도전이다. 실업은 식량을 얻고, 적절한 집을 구하고, 교육을 받고, 사회 서비스를 받을 수 있는 시민들의 능력에 직결되는 사안이다. 페르시아 만 국가를 제외하고는 실업률이 거의 8~15%에 이른다. 더욱이 팔레스타인의 경우는 26%나 된다. 실업이 증가하면서 과소고용도 증가한다. 고학력 젊은이들이 자신의 능력에 맞지 않는 일자리나 필요한 수입보다 적게 받는 일자리를 받아들여야 한다. 어떤 중동 국가는 경제개혁을 통해 부자와 가난한 사람들의 차이를 넓혀 소득 불균등을 증가시키기도 한다. 다국적기업은 중동 지역의 저렴한 노동의 이점을 취하려고 한다. 그래서 그들은 일자리와 소득을 제공하지만 많은 경우 낮은 임금만 지불하고, 장시간 노동에 대한 적절한 보상도 하지 않는다.

주택 공급과 인프라

중동 도시에서 주택은 중요한 요소다. 인구의 자연 증가에 점증하는 농촌-도시 이주와 도시-도시 이주가 겹쳐 카이로나 베이루트 등 주요 도시에서 주택 수요가 증가하고 있다. 그러나 공공 주택 프로그램은 감소하고 있어 저소득층이 주택을 감당할 수 없게 만든다. 사실 주택은 중산층에게 문제가 된다. 주택 가격은 오르는데, 임금은 같은 정도로 오르지 않기 때문이다. 그래서 무단 점유지 또는 판자촌(shantytown)이 형성된다. 무허가 불량 주택과 판자촌은 가난한 사람들이 집을 살 수 없어서 대안적으로 마련한 임시 거처이다. 무허가 불량주택지구를 말하는 고유어는 터키에서는 게제콘두(gecekondu: '밤새 지은')이고, 마그레브 지역과 구프랑스 식민지에서는 비돈빌(bidonvilles: '석유 깡통')이다. 이러한 취락은 기본적인 인프라가 부족하고 식수 공급이나 위생 서비스 및 폐기물 처리 등 공공 서비스가 부족하다. 무허가 불량주택지구의 수가 점점 늘면서 정부는 이들 지구에 수도관을 연장하고, 전기선을 제공하여 주민들의 생활 조건을 개선하기 위한 공동체 서비스를 제공하려는 시도를 하고 있다. 그 외에도 카이로, 바그다드, 다마스쿠스와 같은 핵심 도시의 구시가지에도 인프라와 공공시설의 적절성과 효율성을 제고하는 인프라 개선이 필요하다.

문화적 동질화

중동 전체의 트렌드는 문화적으로 동질적인 인구를 지향하면서, 동시에 유럽 양식의 건물이 공존하는 것이다. 이스탄불은 역사상 어느 시대보다 터키인들이 많아졌고 이슬람들이 더 철저해졌다. 알렉산드리아와 카이로는 보다 아랍화되었다. 소비에트 연방으로부터 독립하면서 타슈켄트에서는 많은 슬라브인들이 떠났다. 많은 이스라엘 사람들은 예루살렘을 더 철저하게 유대인의 것으로 만들려고 한다. 종교적 소수자들은 이라크와 이란의 모든 도시에서 점점 밀려나고 있다. 유럽인들을 '식민자'로 보기 때문에 마그레브 지역에서는 그들이 떠났다. 이스라엘 이외의 모든 중동 도시에서 유대인들이 1948년 이후 감소하거나 사라졌다. 이것은 '민족적 순수성'을 추구하는 것으로 보이는데, 어떤 이는 이를 도시의 문화지리의 문제로 보기도 한다.

유물, 유적

중동의 모든 도시에는 근대화로 인해 문화유산 자원들이 위협받고 있다. 새로운 도로가 도시 성벽을 통과하기도 하고, 교외 팽창으로 로마 시대의 농촌이 묻히기도 하며, 부동산 소유자가 역사적 보존에 대한 관점 없이 리모델링하기도 한다. 건축적으로 보면 도시 팽창 지대는 세계 전체가 비슷비슷하다. 대신 구도시경관의 통합적 성격은 쇠락(deterioration)

과 통제되지 않은 리모델링 등으로 훼손되고 있다. 예컨대 베이루트 중앙에 있는 전후 경관 (postwar landscapes)은 '국제 양식'으로 재건축된 곳이다. 이것은 예멘의 수도 사나와는 대조적인 사례로, 사나는 UN의 원조하에 인구가 급격히 성장하였음에도 불구하고 건축적 통합성을 유지하도록 하였다.

다른 경우와 마찬가지로 너무 많아서 언급하기 어려운 이러한 문제들은 중동 도시에만 국한된 것은 아니다. 이러한 문제들은 세계적인 문제이다. 세계 인구의 다수는 도시에 거주하고, 도시의 문제는 점차 모든 인간의 문제가 되고 있다. B.C. 4000년 전 도시가 만들어진 이후 중동의 사람들은 이제 21세기에 도시를 완벽하게 하기 위한 도전에 직면해 있다.

■ 추천 문헌

• Abu Lughod, Janet L. 1971. *Cairo: 1001 Years of the City Victorious.* Princeton, N.J., Princeton University Press. 969년부터 1970년까지의 카이로 연대기로서 도시경관의 의미를 잘 안내한다.

• Benvenisti, Meron. 1996. *City of Stone: The Hidden History of Jerusalem.* Berkeley: University of California Press. 예루살렘 도시경관과 경계, 인구에 대한 균형잡힌 시각을 제공한다.

• Bonine, Michael, ed. 1997. *Population, Poverty, and Politics in Middle East Cities.* Gainesville: University Press of Florida. 다양한 도시들의 프로필과 정치적, 역사적, 젠더 관련 주제에 관한 기사들을 제공한다.

• Elsheshtawy, Yasser. 2004. *Planning Middle Eastern Cities: An Urban Kaleidoscope.* London and New York: Routledge. 카이로, 두바이, 알제리에 대해 장을 구분하면서, 세계화 맥락에서의 도시계획을 제공한다.

• Hitti, Philip K. 1973. *Capital Cities of Arab Islam.* Minneapolis: University of Minnesota press. 역사적인 수도인 메카, 메디나, 다마스쿠스, 바그다드, 카이로, 코르도바에 관한 사려 깊은 프로필을 제공한다.

• Hourani, A. H., and S. M. Stern. 1970. *The Islamic City.* Philadelphia: University of Pennsylvania Press. 다마스쿠스, 사마라, 바그다드를 참조해 가며 '이슬람 도시'라는 것이 있는지에 대한 물음을 파고든다.

• Kheirabadi, Masoud. 2001. *Iranian Cities: Form and Development.* Syracuse, N.Y: Syracuse

University Press. 이란 도시들의 물리적 형태와 공간 구조에 대한 철저한 논의이다.

- Messier, Ronald. *Jesus: One Man, Two Faiths: A Dialogue between Christians and Muslims.* 2010. Murfreesboro, Tenn.: Twin Oaks Press. 예수에 대한 비전에 대해 기독교인과 이슬람교도의 유사성을 검토하면서 신앙 간 분리에 다리를 놓으려는 시도이다.
- Salamandra, Christa. 2004. *A New Old Damascus.* Bloomington: Indiana University Press. 역사적 보존 문제에 초점을 맞추면서 다마스쿠스의 문화인류학적 초상을 제공한다.
- Serageldim, Ismail, and Samir El-Sadek, eds. 1982. *The Arab City: Its Character and Islamic Cultural Heritage.* Riyadh, Saudi Arabia: Arab Urban Development Institute. 도시 형태와 도시계획에 관한 사진, 그림, 텍스트를 제공한다.

■ **추천 웹사이트**
- Middle East Online. http://www.middle-east-online.com/english/ 아랍 세계에 관한 뉴스
- Transparency International. http://www.transparency.org/ 세계 도처의 부패 문제를 다룬다.

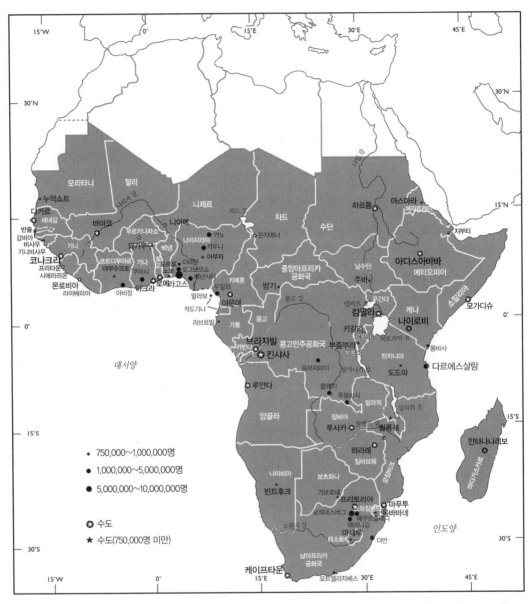

그림 8.1 사하라 이남 아프리카 지역의 주요 도시. 출처: UN, *World Urbanization Prospects: 2009 Revision*, http://esa. un.org/unpd/wup/index.htm

8
사하라 이남 아프리카 지역의 도시

주요 도시 정보

총인구	9800만 명
도시인구 비율	41.9%
전체 도시인구	4억 1100만 명
도시화율이 높은 국가	가봉(86.0%), 지부티(76.2%), 보츠와나(64.6%)
도시화율이 낮은 국가	부룬디(11.0%), 우간다(13.3%), 에티오피아(16.7%)
연평균 도시 성장률	3.39%
메가시티의 수	1개
인구 100만 명 이상급 도시	43개
3대 도시	라고스, 킨샤사, 하르툼
세계도시	요하네스버그

핵심 주제

1. 사하라 이남 아프리카(SSA)는 전 세계에서 가장 도시화율이 낮은 지역에 속하지만 전 세계에서 가장 급속하게 도시화가 이루어지고 있다.

2. 사하라 이남 아프리카의 일부 지역에서 식민 통치가 시작되기 전, 이미 많은 지역에서 도시가 발달하여 그 전통을 찾아볼 수 있다.

3. 식민주의는 도시 발달에 큰 영향을 미쳤는데, 특히 해안을 따라 종주도시를 발달시켰다.

4. 도시 종주성의 비율은 일부 예외적인 사례가 있지만 대체로 높으며, 경제적 생산과 정치력은 종주도시에 집중되어 있다.

5. 대부분의 종주도시가 수도에 해당한다.

6. 사하라 이남 아프리카의 많은 도시들은 소비 패턴의 변화와 같이 문화적 세계화로부터
   큰 영향을 받았다. 그러나 생산과 투자의 측면에서 살펴보면, 경제적 세계화로부터 받은
   영향은 크지 않다.

7. 대부분의 사하라 이남 아프리카 지역의 도시 토지이용 패턴과 도시경제는 비공식 부문
   에 기반을 두고 있지만 '공식적', '비공식적' 도시 구조와 경제가 상당 부분 중복되며, 이
   두 부분은 남성과 여성 간의 구분이 매우 명백한, 젠더화된 공간의 성격을 띤다.

8. 사하라 사막 이남에 위치한 다수의 도시들은 공간적, 사회경제적, 젠더의 문제에 의한
   불평등과 높은 도시 빈민의 비율을 보이고 있다.

9. 문화적 다양성과 창조성이 이 지역의 도시민들에게 매우 역동적인 삶의 경험을 하도록
   만든다.

　사하라 이남 아프리카의 도시 환경문제는 정부와 민간 부문에서의 운영과 감독상의 결
점들로 인해 더욱 심각해졌다. 패트릭(Patrick)은 탄자니아의 다르에스살람(Dar es Salaam)의
중국식 레스토랑에서 셰프로 일하고 있다. 그는 남아프리카공화국의 케이프타운에서 태어
난 혼혈인이다. 패트릭은 수년 동안 유조선에서 요리사로 일했다. 이 유조선의 선원들은 방
글라데시, 필리핀, 탄자니아 출신이었으며, 특히 탄자니아인들은 잔지바르(Zanzibar)나 다
르에스살람 출신이었다. 그는 앙골라 카빈다(Cabinda)의 연안 유전 지대에서 요리사로 일하
다 탄자니아인 친구로부터 다르에스살람에서 급속하게 고급 주택이 들어서고 있는 카리오
쿠(Kariokoo)에 위치한 새로운 고급 레스토랑을 운영해 달라는 제안을 받았고, 이를 수락하
였다. 패트릭은 그의 6번째 언어가 될 스와힐리어(KiSwahili)를 열정적으로 배우고 있지만
전 세계에 흩어져 있는 친구들에게 이메일을 쓸 때는 아프리칸스어나 영어를 사용한다. 그
는 다르에스살람의 퓨전 음식을 좋아하지만 중국식 요리도 선호한다. 21세기 초반부터 중
국이 탄자니아와 아프리카 동부 및 남부에 투자하게 되면서 중국식 요리가 이 지역을 기반
으로 주변으로 확산되고 있다. 패트릭은 그가 일하고 있는 레스토랑이 탄자니아인, 아시아
인, 유럽인 고객들을 확보해 성공하기를 희망하고 있다.

　반면 미국 휴스턴에 살고 있는 나이지리아 태생의 소프트웨어 엔지니어인 자밀라(Jamila)
는 칼라바르(Calabar)에 있는 아버지로부터 집으로 전화를 하라는 문자 메시지를 받는다. 그

녀는 전화를 하라는 의미를 잘 알지만 전화하기 전 아버지로부터 좋은 소식을 듣길 원하기 때문에 전화하는 것을 주저한다. 자밀라는 아버지가 어머니의 장례식을 위해 고국을 방문하라고 이야기하리라는 것을 잘 알고 있으므로 텍사스 주에 거주하고 있는 나이지리아 남동부 출신자 연합회의 간사에게 이메일을 보내 기금 모금을 도와달라는 요청을 다시 한다. 자밀라는 자신의 항공편 티켓을 구입할 돈을 가지고 있지만, 가족들은 그녀가 장례식 비용을 모두 치뤄주길 원하며, 쌍둥이 여동생도 미국으로 데려가길 바란다는 것을 잘 알고 있다. 자밀라는 가족들이 그녀가 집으로 송금을 해 재정적으로 도움을 줄 것이라는 기대를 가지고 자신의 교육과 미국으로의 이민을 위해 큰 투자를 했다는 것을 잘 알고 있기 때문에 갈등하고 있다. 자밀라는 수년 동안 가족들에게 송금하여 그의 부모님이 칼라바르에서 가장 좋은 주택을 지을 수 있도록 했지만, 그녀의 남편이 최근 사망해 배우자를 상실한 슬픔뿐만 아니라 가계 곤란을 겪고 있다. 나이지리아 남동부 출신자 연합회의 간사는 이틀 안에 텍사스 주의 나이지리아인 커뮤니티가 1만 달러 이상을 모금하였다는 것을 알려준다. 자밀라는 모금을 한 사람들이 대부분 그녀를 알지도 못하고 소수의 사람들만이 그녀의 어머니를 만났지만 도움을 주었다는 것에 큰 감사를 느낀다. 자밀라는 "우리가 멀리 떨어진 섬이라고 부르는 타향에서 모국을 돕기 위해 함께 단결해야"하기 때문에 자신도 이들을 위해 같은 일을 하리라 다짐을 한다. 그녀는 칼라바르에 있는 아버지에게 스카이프를 이용해 무료로 화상통화를 해 좋은 소식을 전한다. 자밀라는 스카이프를 통해 자신의 노트북에 설치된 카메라로 아버지가 처음으로 눈물을 흘리는 것을 보았다.

아프리카의 도시화

사하라 이남 아프리카는 오랫동안 전 세계에서 도시화율이 가장 낮은 곳이었다. 그러나 1960년대 이후로 이 지역의 많은 국가에서 급속하게 도시화가 진전되었다(그림 8.1). 급속한 도시의 성장은 경제의 공식 부문에서의 고용 증대나 효율적인 거버넌스 없이 이루어졌다. 아프리카 도시는 또한 점차 증가하고 있는 사회경제적 불평등과 함께 주택, 도시 기반시설, 기본적인 도시 서비스의 부족을 겪고 있다(그림 8.2). 도시에 대한 부정적인 견해는 너무 단편적이지만 만연해 있다. 아프리카 도시는 문화를 변화시키는 창조적 동인이며, 정치적으로 역동적인 중심지이다. 사하라 이남 지역의 도시에 대한 설명은 일상생활의 위기를 넘기

그림 8.2 케이프타운의 카예리샤(Khayelisha)에서는 흑인 타운십이 최근 급격하게 성장하고 있다. 이 타운십의 인구는 100만 명이 넘었는데, 이 사진에서와 같이 대부분 사람들은 빽빽하게 들어선 판잣집에서 빈곤에 시달리며 살아가고 있다. (사진: Stanley Brunn)

면서 무에서 유를 창조하여 살아가는 수백만 명의 보통 사람들의 임기응변, 창의성, 굳건함을 모두 표현하지 못하고 있다.

사하라 이남 아프리카의 도시는 다양하고 이질적이다. 도시 구조 측면에서 '아프리카 도시'의 이상적인 모형을 확립하기 위해 노력을 기울였으나, 모든 사례에 맞는 단일한 프로파일을 찾아내지 못하였다. 일례로 오코너(Anthony O'Conner)는 25년 전 일반적인 모형을 만들려고 하였으나, 한 가지가 아닌 여섯 가지의 모형을 만들 수밖에 없었다. 오코너는 여러 사례를 통해 이 지역의 도시를 원주민 도시, 이슬람형 도시, 유럽형 도시, 식민지형 도시, 이중 도시로 분류하였다. 오코너가 혼성적 도시(hybrid city)라고 이름을 붙인 여섯 번째 범주는 다수의 형태적 특성을 갖춘 거의 모든 도시를 망라할 수 있는 유형이었다. 시간이 흐르면서 아프리카의 많은 도시들이 혼성적 도시가 되어 가고 있는 것으로 보인다.

아프리카의 도시가 혼성적 도시로 변해 가는 과정은 복잡하며 때로는 자가당착적인 면이 있다. 대부분의 도시들은 유럽의 식민 세력이 아프리카 대륙에 교두보를 만들면서 형성되

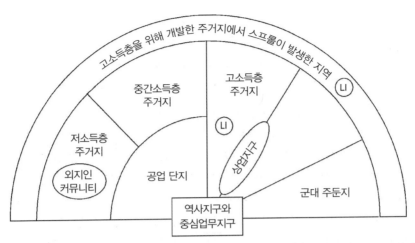

그림 8.3 사하라 이남 아프리카 도시 모형. 출처: Samuel Aryeetey-Attoh, "Urban Geography of Sub-Saharan Africa," in *Geography of Sub-Saharan Africa*, edited by Samuel Aryeetey-Attoh (Upper Saddle River, N.J.: Prentice-Hall, 1997), 193. Reprinted with permission.

었지만, 이와 같은 도시들의 성장과 발전은 일정한 하나의 패턴을 따르지 않았다. 유럽 식민주의의 지배하에 발생한 도시 형성 과정은 아프리카 도시에 본래의 토지 구획, 건조환경, 건축양식에 지울 수 없는 흔적을 남겼다. 그러나 이러한 특성은 시간이 지나면서 알아볼 수 없을 정도로 변형되었다. 그러므로 케이프타운이나 나이로비와 같이 유럽인을 위해 건설된 도시에서는 유럽의 영향이 명백히 드러나지만, 아프리카와 심지어 아시아의 도시성도 반영하였다. 식민주의 도시성 역시 대부분의 도시가 독립된 지 50여 년이 지나면서 급격하게 변화되었다. 마찬가지로 원주민, 이슬람형, 이중 도시 대부분에서도 식민주의와 포스트 식민주의의 영향을 받아 고유한 형태가 사라졌다(그림 8.3).

사하라 이남 아프리카 지역의 도시는 과거 도시 중심부가 정부에 대한 의존도가 높았던 패턴에서 민간 부문과 민간단체에 대한 의존도가 높아지는 패턴으로 변화하였다. 도시정부는 기반시설, 사회적 서비스, 자원에 대한 접근성을 유지하지 못하였다. 수많은 도시민이 소득, 주택, 토지, 사회적 서비스를 얻는 데 있어 경제의 비공식 부문에 의존하게 되었다(글상자 8.1).

외견상 해결 불가능한 것처럼 보이는 광범위한 문제들로 인해 일부 사람들은 아프리카의 도시가 제대로 "작동하지 않고 있다."라고 결론을 내리게 되었다. 도시학자인 시몬(AbdouMaliq Simone)은 창의적인 사람들에 의해 추진되어 진행 중인 과정으로 간주하기도 한

여러 가지 방식의 생계 유지 전략

1970년대와 1980년대 아프리카에 만연했던 경제 위기와 1980년대에 도입된 구조조정 프로그램은 공식 부문의 고용을 포함해 아프리카 도시에서 수백만 명의 생존 전략에 급격한 변화를 초래하였다. 비용 회수 조치의 도입으로 주요 도시 서비스의 가격이 급증했지만, 공식 부문, 특히 공공 부문에 고용되어 있던 사람들의 실질 임금은 오르지 않았고, 오히려 낮아진 경우도 있었다. 더구나 아프리카에서 제한적이었던 민간 부문 일자리 창출의 잠재성은 고용 동결 및 공공 부문에서의 인원 삭감으로 공식 부문에서 고용에 쓰여질 예산을 감소시켰다. 이와 같은 정책은 동시에 도시 지역에서의 빈곤을 심화시켰다. 경제개혁과 도시의 빈곤이 심화됨으로써 공식 부문에 고용된 사람들은 필요에 의한 것이든 선택에 의한 것이든 더 많은 임금을 받을 기회를 얻고 소득의 원천을 다양화하기 위해 비공식 부문에서 일자리를 찾게 되었다.

1990년대 초 이후로 아프리카 국가 및 도시에 대한 연구가 증가하면서 다양한 사회경제적 배경과 지위를 가진 사람들이 다수의 경제활동에 참여해 부수입을 얻는 것이 기록되었다. 이와 관련된 문헌은 다수의 활동에 참여하는 것이 도시 빈민에게만 한정된 것이 아니라 중산층과 전문직 종사자와 같이 다양한 사회적 계층을 포함한다는 것을 보여 준다. 과거에 중산층과 전문직 종사자들은 경제적 변화에 대한 압력의 영향을 받지 않았으므로 자신들의 수입원을 다양화시킬 필요가 없었다. 아프리카 전역에 걸쳐 사람들은 자신들의 고용, 기술, 자원에 대한 접근성, 사회경제적 배경, 주거지에 기반을 둔 거대한 경제적 프로세스에 다르게 반응해 왔다. 기업가들뿐만 아니라 공공 및 민간 부문에 고용된 사람들은 모두 자신들의 수입원을 다양화하려고 노력하였다. 그러나 이러한 노력의 동기는 다양하다. 공식 부문에 고용된 수많은 사람들은 택시 운전이나 소액의 물건 팔기와 같이 비공식 부문의 시간제 일자리로 부수입을 얻었다. 다른 가구원도 유사한 일을 통해 가족의 수입을 보충하였다. 예를 들어 캄팔라(Kampala)의 공무원은 도시에서 농사를 짓고 가축을 사육하거나 택시를 몰고, 작은 매점을 운영한다. 아크라(Accra) 전체 가구의 2/3는 적어도 두 종류 이상의 일자리를 유지하고 있다. 이와 같은 다수의 생계 유지 전략은 많은 아프리카 도시에서 일반화되었고, 그 결과 공식 부문과 비공식 부문 사이의 전통적인 구분은 흐려지고 복잡해졌다.

사하라 이남 아프리카에서 다수의 생계 유지 전략이 늘어나면서 도시경제 연구와 이 지역의 도시계획에 큰 영향을 미쳤다. 첫째, 아프리카 도시 모형이 적법한 도시 활동으로서 도시 농업을 포함할 필요성을 보여 준다. 도시 농업은 계획가와 정책 입안가에게 어려운 문제가 된다. 그 이유는 아프리카의 '도시와 사회경제적 경관에 있어서 농업이 아주 흔하고, 복잡하고 역동적인 특성'이 있기 때문이다. 그러나 농업이 광범위하게 이루어지고 있다는 특성 때문에 아프리카 도시에서 단순히 없어지기를 바랄 수는 없다. 오히려 도시경제, 도시 관리, 도시 개발의 광범위한 맥락 속에서 다루어져야 한다. 도시 농업의 장단점을 살펴보고 이를 도시의 삶에 포함시킬 수 있는 방안을 찾아야 한다. 둘째, 사람들이 다수의 경제활동에 참여함으로써 주거 단위로서 단일 기능을 가진다는 주택의 개념이 점차 많은 아프리카 도시에서 현실과 동떨어지게 되었다는 것을 의미한다. 상이한 사회경제적 배경을 가진 수많은 도시민들은 주거용으로만 계획되었던 주택에서 개인 사업을 운영하고 있다. 아프리카의 도시계획가들은 지구 설정과 주거지 계획을 변화시킬 필요가 있다. 아프리카 도시에서 주택의 다각적 기능과 자택에서 이루어지는 사업이 증가하는 것은 미봉책일 뿐인 것처럼 보인다. 셋째, 다각적인 생계 유지 전략은 전형적인 가구에 대한 정의와 도시와 농촌의 주거지 사이의 차이를 불분명하게 만드는 비전통적인 가구를 등장시켰다. 역사적으로 사하라 이남 아프리카 사람들은, 특히 아프리카 남부의 사람들은 생존을 위한 전략으로서 타 지역으로 이주하였다. 그러나 다수의 생계 유지 전략은 상이하고 창조적인 주거지 형성을 필요로 한다. 특정한 지역 경제의 한계를 극복하기 위해서 또는 활용할 수 있는 방식을 더 많이 얻기 위해 일부 사람들은 다수의 도시 또는 농촌 경제활동에 참여할 수 있도록 유연한 설비와 구조를 갖추고 있다. 마지막 이슈는 공공 부문에 고용된 사람들이 점차 복합적인 다수의 경제활동에 참여하는 비율이 증가하면서 나타난 공공 부문의 효용성과 관련된 부분이다. 아프리카에서 공공 부문에 고용된 사람들의 다수가 경제활동에 참여하는 것은 이 사람들의 삶에 직접적으로 도움이 될 수 있겠지만, 사회 전체에 미치는 영향은 부정적이다. 공무원의 다수가 부수입을 벌기 위한 경제활동에 참여하면서 부업을 하는 공무원을 징계하는 관리자조차 같은 상황에서 일을 하고 있으므로 이들의 도덕적 권위가 약화되었다. 그러므로 공공 부문에 고용된 사람들 사이에 이와 같은 행위가 증가하고 있는 것이 공공 기관의 효용성에 대해 어떤 영향을 미칠 것인지 상세하게 살펴볼 필요가 있다.

출처: Francis Owusu (2007) "Conceptualizing Livelihood Strategies in African Cities: Planning and Development Implications of Multiple Livelihood Strategies," *Journal of Planning Education and Research* Vol. 26 No. 4 pp. 450-463.

다. 모든 도시마다 사람들은 자신의 일상생활을 꾸려 나가기 위해 갖가지 기술을 이용한다. 사하라 이남 아프리카 도시들은 효율적인 거버넌스, 운영, 기반시설, 의사 결정 과정에 국민들의 참여, 지속가능한 생계 수단, 확대된 사회경제적 기회가 필요하다. 그러나 이 도시들은 실패한 도시 이상의 것을 갖추고 있다. 사하라 이남 도시들을 잘 파악하기 위해서는 아프리카 도시의 역사적 특수성과 이질적인 문화적 활기를 이해해야 한다.

도시 개발의 역사지리

　사하라 이남 아프리카가 전 세계에서 가장 도시화율이 낮은 지역이기 때문에 이 지역을 잘 모르는 외부인들은 이 지역 도시들의 역사가 짧다고 생각한다. 또한 유럽 식민주의가 모든 분야에 영향을 주었으므로 아프리카의 도시화가 식민주의에 의해 진행되었다고 생각할 수도 있다. 그러나 사실상 수많은 사하라 이남 아프리카 지역의 도시들은 식민 시기보다 더 오래전에 형성되었고, 아프리카에서 공식적인 식민주의와 도시화 과정 사이의 관계는 겉으로 드러나는 것보다 훨씬 더 복잡하다. 아프리카의 도시는 크게 다음과 같은 범주로 구분해 볼 수 있다. 첫째, 고대 또는 중세의 식민 통치 이전 시기, 둘째, 대서양을 통한 노예무역 및 유럽인들에 의한 탐험의 시기, 셋째, 공식적인 식민 통치의 시기, 넷째, 독립 후의 시기이다. 그러나 이와 같은 범주로 도시를 구분하는 것이 어려워지고 있다. 일례로 탄자니아의 잔지바르(Zanzibar)를 살펴보자. 잔지바르에서 1100년대에 기원한 도시는 1500년대 포르투갈, 1690년대 오만에 의해 지배를 받으면서 바뀌었고, 1700년대와 1800년대에는 유럽과 아메리카와의 노예무역 및 기타 무역의 중심지가 되었다. 이후 영국의 식민 수도가 되었고, 식민 시대가 끝난 후 사회주의 혁명의 상징적 중심지가 되었다. 오늘날 아프리카의 수많은 복합적인 도시와 같이 잔지바르는 위에서 언급한 4개의 시기 모두에 속하는 역사적 요소를 갖고 있다. 도시의 기원에 기반을 둔 도시 유형들 사이에 뚜렷한 구분을 하기보다는 서로 다른 기원의 유형을 나누고, 대부분의 현대 아프리카 도시가 각각의 기원과 관련해 서로 연관되어 있다는 것을 이해하는 것이 중요하다.

고대와 중세의 식민 통치 이전 시기

　아프리카에서 1500년 이전에 발달한 도시들과 서력기원이 시작하기도 전에 발달했던 아프리카의 수많은 도시들은 오늘날 폐허로 남아 있다. 고대와 중세에 발달했던 다른 중심지도 1500년 이후 아프리카와 유럽, 신대륙이 연계되기 시작하면서 나타난 새로운 경제지리적 특성으로 인해 주목을 끌지 못하였다. 즉 유럽의 식민 정복으로 해안을 따라 도시가 발달하기 시작하였다.

　1500년 이전에는 적어도 5곳의 주요 도시가 분포했는데, 고대 나일 강 상류 및 에티오피아의 중심지였던 메로에(Meroe), 악숨(Axum), 아둘리스(Adulis)가 가장 오래된 중심지였다

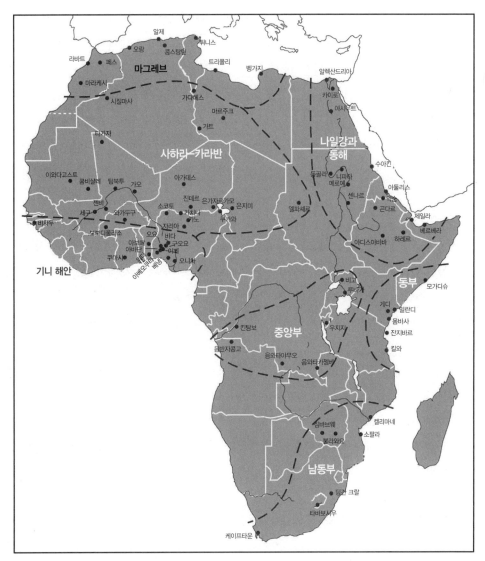

그림 8.4 아프리카의 역사적 중심 도시. 출처: Assefa Mehretu

(그림 8.4). 쿰비살레(Kumbi Salehh), 팀북투(Timbuktu), 가오(Gao), 젠느(Jenne)는 중세 서부 아
프리카의 사헬 지대(서부 수단 지역)에서 대무역 제국으로 발달했던 도시로서, 사하라 사막을
종횡하던 카라반의 경로가 서로 연결되었던 중간 기착지였다. 이 도시들은 중세 제국의 결
절지, 중계무역지 또는 학문의 중심지로서 중요성을 얻었다. 팀북투, 가오, 젠느는 중세 시
대의 학문의 중심지로 여겨졌지만, 15세기 이후 사라지거나 정체되었다. 비록 가오와 젠느

는 이제 더 이상 존재하지 않지만 팀북투는 오늘날 700년 전과 같은 규모의 인구를 유지하고 있으며, 21세기 초에 들어와서야 13세기와 14세기 역사서와 종교서가 보관되었던 중세 도서관을 복원하려는 시도가 이루어졌다.

또 다른 수단 서부에 위치한 초기 중심 도시는 1500년 이후에 전개된 새로운 역사적·정치적 상황 속에서도 유지되었으며, 중요한 취락으로 발달하였다. 예를 들어 오늘날 나이지리아 북부의 하우사(Hausa) 지역의 도시와 니제르 남부의 카노(Kano)가 여기에 해당하는데, 19세기에 들어와 이 도시의 통치자가 이슬람의 **지하드**(jihad) **운동**에서 많은 힘을 얻었기 때문이다.

1500년 이후로 이러한 적응과 성장은 초기 도시화가 일어났던 베냉-요루바(Benin-Yoruba) 지역의 오요(Oyo), 이바단(Ibadan), 베냉과 같은 나이지리아의 수많은 고대와 중세 도시에서 훨씬 더 일반화되었다. 나이지리아 남서부의 요루바 지역 도시에서는 1세기 넘게 전 세계에서 가장 우수한 금속 공예 기술이 발달하였다. 베냉-요루바 지역의 도시들과 그 서쪽의 도시들은 1500년 이후 유럽인과의 새로운 무역을 기회로 삼기에 아주 유리한 입장에 있었다.

스와힐리 해안과 모가디슈, 몸바사를 포함한 동부 아프리카 해안을 따라 무역이 발달했던 일부 도시국가들도 1500년 이후 성장하였다. 그러나 남쪽 내륙(특히 짐바브웨의 도시가 발달한 지역)으로 뻗어 있는 수많은 해안 취락은 대부분 사라졌다. 오늘날 짐바브웨에 있는 대짐바브웨(Great Zimbabwe)의 유적은 중세 제국의 경이로운 건축물의 특징을 보여 준다. 남부 내륙의 도시들은 1500년 전에 수 세기 동안 해안을 따라 위치한 도시들과 무역으로 연결되어 있었다.

홍해와 인도양 해안의 무역 중심지가 고대에 번성했으며, 짐바브웨로부터 북쪽으로 빅토리아 호에 이르는 아프리카 내륙 지역을 아시아의 아랍 및 페르시아 사람들과 연결시켰던 광범위한 무역은 1,000년 이상 번성하였다. 9세기를 시작으로 직물, 귀금속, 그리고 기타 물품과 교환이 이루어진 금, 상아, 노예 수출에 기반을 두고, 아라비아 반도 및 걸프 만 지역과의 무역이 증가하면서 스와힐리 해안의 중요성은 높아졌다. 킬와(Kilwa), 말린디(Malindi), 몸바사와 같은 동아프리카 해안 중심지는 그 도시를 세웠던 아프리카인과 아프리카 내륙에 정착했던 소수의 아랍인, 페르시아인, 그리고 심지어 남아프리카인과의 접촉과 물물교환을 통해 성장하였고, 정치적 조직이 형성되었다. 이 중심 도시의 부상은 스와힐리 문명에 있어서 중세 황금 시기의 일부로 여겨진다. 이 중심 도시 가운데 가장 규모가 컸던 킬와는 오늘날 탄자니아 남부에 유적지로만 남아 있는데, 15세기에 중국과도 외교적 교류를 하였다.

1500년 이후 도시 발달

1500년 이전 거의 모든 사하라 이남 아프리카의 도시는 인구 5만 명 미만으로 상대적으로 매우 규모가 작았다. 사하라 이남 아프리카에 대해 유럽이 영향력을 발휘하면서 주요 중심지의 위치와 규모가 바뀌었다. 유럽인의 영향은 15세기 포르투갈인에 의해 시작되었다. 250년 동안 유럽 출신의 무역인과 아프리카인 간의 접촉은 대부분 해안의 주요 거점에서 이루어졌으며, 유럽인은 이곳으로부터 점차 다양한 열대 산물의 무역 네트워크를 발전시켰다. 노예무역은 1500년부터 1870년 사이 다수의 해안 무역 중심지의 발달에 이바지했지만, 그 영향은 명백히 긍정적인 것이 아니었다. 이 시기 동안 2000만 명의 아프리카인이 아메리카 대륙으로 강제 이주되거나 이동 중 사망하였다. 또 다른 2000만 명은 아프리카에서 사망하거나 난민이 되었다. 그럼에도 불구하고, 특히 서부와 중부 아프리카 해안의 주요 도시와 2차적인 도시들은 대서양을 사이에 두고 이루어진 노예무역으로 성장하였다.

포르투갈인은 1440년대 세네갈 강 어귀에 세인트루이스를 건설했으며, 이후 오늘날의 기니비사우(Guinea-Bissau)에 해당하는 지역에 비사우(Bissau), 앙골라에 루안다(Ruanda)와 벵겔라(Benguela), 그리고 모잠비크에 로렌수마르케스[Lourenço Marques: 오늘날 마푸투(Maputo)]와 같은 중심 도시를 조성하였다. 포르투갈을 선두로 네덜란드, 프랑스, 영국이 그 뒤를 따랐다. 네덜란드인은 1652년 케이프타운을 건설했으며(그림 8.5), 프랑스와 영국은 기니의 코나크리(Conakry)나 나이지리아의 칼라바르와 같은 서부 아프리카의 해안 도시를 건설하였다. 대부분의 도시는 단순히 항구였다. 일례로 아크라는 본래 1650년 네덜란드인에 의해 세워진 항구였던 어셔(Ussher)와 1673년 영국인들이 건설한 항구 제임스(James)가 위치했던 곳이었다.

19세기 대서양을 횡단하며 이루어졌던 노예무역이 감소한 후, 아프리카의 원자재에 대한 이른바 '합법적인 무역'이 발달하였다. 유럽 국가들 사이에 경쟁이 이루어짐과 동시에 무역량이 많았던 도시들이 급격하게 성장하였다. 나이지리아의 이바단(Ibadan)과 같은 식민 통치 이전의 도시가 상당히 성장하였다. 19세기에는 동부와 남부 아프리카에서 새로운 또는 다시 재개된 도시의 성장이 지속되었다. 잔지바르의 도시국가는 그 영향력이 콩고까지 뻗

그림 8.5 남아프리카공화국의 금융, 교통, 통신의 국제적 허브인 케이프타운의 스카이라인은 이 도시의 아파르트헤이트 종식 이후에 일어난 경제성장과 함께 국제적 비즈니스와 이주지로서의 매력을 보여 준다. (사진: Stanley Brunn)

은 상업 제국의 중심지로서 '동부 아프리카의 고립된 메트로폴리스'로 성장하였다. 수단에서는 하르툼이 성장하였다. 오늘날 남아프리카공화국의 주요 도시, 즉 포트엘리자베스, 더반, 블룸폰테인(Bloemfontein), 이스트런던, 프리토리아(Pretoria)는 유럽인들이 정착해 세운 도시이다(글상자 8.2).

글상자 8.2

남아프리카공화국의 도시들에 대한 새로운 지명 부여

남아프리카공화국에서 아파르트헤이트(apartheid)가 반영된 지리적 특징을 제거하기 위한 방안으로 상징적인 지명 설정이 이루어졌다. 그로 인해 오랫동안 바뀌지 않았던 두 지역이 새 지명을 얻게 되었다. 오렌지프리(Orange Free) 주는 프리(Free) 주가 되었는데, 이 지역이 아파르트헤이트 정책을 만들었던 백인 정착민의 선조인 네덜란드인과 연관되어 있음을 지명에서 제거하기 위한 것이었다. 반면에 나탈(Natal) 주는 콰줄루나탈(KwaZulu-Natal) 주가 되었는데, 이곳은 영국 식민지였던 나탈 지역을 줄루족이 다수족인 반투스탄(Bantustan) 지역과 통합시킨 것이다. 일부에서는 새로운 지명이 붙여졌는데, 그러한 지명은 아프리카 고유의 지명이었다. 케이프 주는 웨스턴 케이프, 노던 케이프, 이스턴 케이프로 분할되었으며, 트란스발(Transvaal) 지역은 림포푸(Limpopo: '북쪽 끝에 위치한 강'이라는 의미), 노스웨스트, 음푸말랑가(Mpumalanga: '동부'를 의미), 하우텡(Gauteng: 세소토어로 '금이 있는 곳'이라는 의미)으로 바뀌었다.

또한 남아프리카공화국의 아파르트헤이트 또는 식민 과거를 상징했던 지명을 가지고 있던 도시에 새로운 아프리카 지명들이 붙여졌다. 이와 같은 조치는 종종 과거 백인만 거주하던 도시와 비백인들이 거주하던 타운십을 통합시키는 것도 포함하였다. 이것은 프리토리아(Pretoria)와 같이 과거의 지명을 유지하지만 새로운 메트로폴리탄 자치행정단위에 비백인 타운십을 포함시키는 방식이다. 프리토리아의 경우는 츠와나(Tswana)의 '흑색 소가 분포하는 곳'이라는 의미의 츠와니(Tswane)라는 지명이 붙여졌다. 남아프리카공화국은 이제 츠와니를 포함해 6개의 메트로폴리탄 자치행정단위를 가지고 있다. 포트엘리자베스는 다인종 민주주의 사회의 최초 대통령으로 집권(1994~1999)했던 넬슨 만델라(Nelson Mandela)를 기념하기 위해 넬슨 만델라 자치 구역(Nelson Mandela Municipality)의 일부로 전환되었다. 더반은 이테퀴니(eThekwini: 줄루어로 '만에 위치한'을 의미) 자치 구역, 이스트랜드는 에쿠르훌레니(Ekurhuleni: 총가어로 '평화의 장소'를 의미) 자치 구역의 일부가 되었다. 요하네스버그와 케이프타운은 지명을 그대로 유지했지만 일반적인 대화나 미디어에서는 지역의 별칭을 쓰고 있다. 이골리(iGoli)는 줄루어로 '금이 있는 곳'이라는 의미로 요하네스버그를 지칭한다. 초기의 도시명이 비공식적으로, 심지어 메트로폴리탄 자치행정구역 내의 지역이나 특정 도시의 경우에는 공식적으로 사용되고 있지만, 일부 도시명은 공식적으로나 비공식적으로 모두 바뀌었다. 이와 같은 극적인 예의 하나가 요하네스버그 서쪽에 있는 소피아타운이었다. 아파르트헤이트 정권은 집권 초기 다인종과 소득이 다양한 문화적 거점이었던 소피아타운을 제거했으며, 이는 '흑인이 집중된 지역(black spot)'을 도시 주변의 근린지구와 같은 중산층 백인 교외지구로 만들기 위한 것이었다. 아파르트헤이트 정책 이행자들은 법원이 백인에게 흑인지구를 제거할 권리를 주자 새로운 백인 지역에 아프리칸스어인 트리옴프(Triomf: '승리'를 의미)를 선택하였다. 새로운 남아프리카공화국의 지명위원회는 신속하게 이와 같은 백인들의 오만한 조치를 보여 주는 지명을 새롭게 재통합을 이룬 도시를 상징하기 위해 소피아타운으로 바꾸었다. 지명위원회는 다인종 국가의 새로운 개방성과 발전된 기술을 기반으로 11개의 국어 가운데 어떤 언어든지 관계없이 지명 교체 신청을 온라인으로 받고 있다.

1880년대 유럽인과의 접촉이 이루어진 공식적인 식민 통치 시기 이전에 이미 사하라 이남 지역에서 도시가 형성되었지만, 이는 몹시 제한적이었다. 첫째, 대부분의 유럽인은 해안 지역의 도시 발달에 큰 영향을 미쳤지만 내륙에는 거의 영향을 주지 못하였다. 둘째, 해안 지역의 취락은 무역을 위한 적환지로 건설되었으며, 유럽인을 위한 주거 시설이나 항구

그림 8.6 몸바사의 구중심업무지구는 적도 부근에 위치한 이 도시의 식민 시대 경관을 아직 유지하고 있다. (사진: Jack Williams)

그림 8.7 다르에스살람의 상업 가로를 따라 핫도그, 당구대, 교복, 보석, 초콜릿, 씨앗 판매점이 위치한다. (사진: Assefa Mehretu)

와 방어 시설을 제외하고는 모든 도시 시설들이 부족하였다. 셋째, 유럽인의 기술이 내륙의 토착 도시로 거의 확산되지 않았다. 동부 아프리카에서 자원을 공급하는 배후지는 내륙 깊숙한 곳에 위치했는데, 캄팔라(Kampala), 나이로비, 솔즈베리(Salisbury, 오늘날 하라레)와 같은 도시는 케냐의 몸바사(그림 8.6)와 모잠비크의 베이라(Beira)와 같이 철도로 항구에 연결되었다. 다르에스살람(그림 8.7)과 마푸투(Maputo)와 같은 기타 동아프리카 중심지는 중요한 항구가 되었다.

아프리카 식민 통치 시대의 도시화

아프리카에서 유럽인의 쟁탈전은 1880년대부터 1914년 제1차 세계대전이 발발하기 전까지 지속되었다. 이 시점에는 사실상 거의 전 대륙이 유럽 점령하에 놓이게 되었다. 에티오피아와 라이베리아는 독립국가로 남아 있었고, 남아프리카공화국은 1910년 소수 인종이었던 백인이 통치하는 국가가 되었다. 그러나 영국, 프랑스, 독일, 이탈리아, 포르투갈, 벨기에, 스페인의 식민 세력들은 사하라 이남 아프리카의 나머지 지역을 통치하였다. 도시 개발의 사회적, 물리적 측면이 이와 같은 유럽 국가의 사회적, 물리적 목적에 맞춰졌다. 식민 정권은 공격적으로 식민지 내륙으로 진출했으며, 도시 취락이 건설되거나 기존의 도시로부터 도시 기반시설인 도로나 철도를 따라 광산이나 대규모 플랜테이션 또는 행정 중심지를 필요로 하는 지역으로 확장되었다. 다카르(Dakar)부터 루안다에 이르기까지 사실상 모든 해안의 항구와 철도 종착지가 그들의 주요 기능이었던 외부 지역과의 무역을 통해 해당 지역의 수도나 최고 중심지 도시가 되었다.

남아프리카공화국의 도시 발달 패턴은 이와는 다르다. 내륙의 주요 유럽인 정착지는 대부분 사하라 이남 아프리카의 식민 시대(1880~1960)보다 앞섰으며, 주요 광산과 농업이 발달한 타운이 1900년까지 건설되었다. 그 결과 남아프리카공화국에는 오늘날 대륙의 끝에 위치한 다수의 항구를 통해 물자를 공급받게 된 내륙의 도시를 찾아 볼 수 있다. 내륙 취락과 항구도시 사이뿐만 아니라 고원 지대 배후지의 도시들 사이의 철도 발달이 훨씬 더 집중되어 연결성이 높다.

대부분의 사하라 이남 아프리카 지역에서는 유럽의 식민주의에 의해 실질적인 도시화가 거의 이루어지지 않았다. 식민 정권은 유럽으로의 광물, 금속 또는 기초재의 수출을 우선순위로 두었으며, 잠비아의 코퍼벨트[Copperbelt: 은돌라(Ndola) 또는 키트웨(Kitwe)와 같은 도시]와 콩고의 광산 지역인 샤바(Shaba: 옛 카탕카 주)와 같은 곳에서 산업이 가장 잘 발달하였다. 많은 식민지와 백인이 통치한 남아프리카공화국의 도시 지역은 아프리카인의 거주가 강력하

그림 8.8 이 사진에서와 같이 화려한 공동주택이 케이프타운의 보카팝(Bo–Kapap) 지역의 경관에 특징적으로 나타난다. 이곳은 '케이프 말레이(Cape Malay)' 지역으로 알려져 있다. (사진: Brennan Kraxberger)

게 제한되었다. 아프리카와 유럽 사이에 이루어졌던 무역의 규모를 유지하기 위해 거대한 행정 중심지가 건설되었으며, 제2차 부문의 활동이 상대적으로 감소한 상태로 거대한 서비스 부문이 발달하였다. 도시 서비스는 인종과 계층에 의해 전체적으로 왜곡되었다(그림 8.8).

경제 기회와 이동에 대한 제한의 결과로 다수의 사하라 이남 아프리카의 도시가 제2차 세계대전 이후까지 상대적으로 소규모로 유지되었다. 소비에트 연방의 영향을 받아 아프리카에서 탈식민지화 운동이 발생하지 않도록 투자가 증가하면서 이른바 2차 식민 점령이 이

그림 8.9 잠비아 루사카를 찍은 항공사진은 오늘날 백인으로만 이루어진 로마 타운십의 모습을 보여 주고 있다.
(사진: Garth Myers)

루어졌다. 독립과 함께 이주와 거주 제한의 완화로 사하라 이남 지역에서 인구의 이촌향도 현상이 대규모로 나타났다.

　유럽 식민 정부가 도시 지역에 남긴 유산은 어떤 국가가 식민 통치를 했느냐에 따라 차이가 있었지만 공통점도 있었다. 영국이 통치한 상당수의 백인 취락에서는 엄격한 건축 규제와 토지법으로 인해 프랑스가 지배했던 서아프리카의 식민지 내륙에 건설된 식민 도시보다 훨씬 더 분리된 도시 취락 패턴이 발달하였다. 식민 시대에 상당한 백인 인구를 가지고 있었던 도시들은 기반시설의 건설을 위해 식민정부로부터, 그리고 산업 발달을 위해 민간 부문으로부터 대규모 투자를 얻고자 하였다. 예외적으로 차이가 존재하기는 하지만 도시 지역의 서로 다른 식민 세력의 전략에는 차이보다 공통점이 더 많았다. 동부와 남부 아프리카에서는 아직도 건축물 또는 보다 일반적으로 도시 전반에 있어서 영국적 특징들을 살펴볼수 있다. 아직도 사용되고 있는 많은 식민정부의 건물들은 영국 건축가 허버트 베이커(Herbert Baker)와 그의 문하생들에 의해 설계되었다. 런던과 홍콩에서 볼 수 있는 출입구 간판에서와 같이 엄격한 이용 규제가 있는 중심업무지구와 그 주변 지역에서는 소규모 도시공원들을 살펴볼 수 있다. 인종에 의해 분리된 지역은 오늘날에도 분리되어 있다. 그러나 잠비아의 루사카(Lusaka)에서 1990년대 후반부터 항공사진에 의해 드러난 바와 같이 1964년까지 백인에 한해서, 그리고 분리되어 통치가 이루어진 타운십과 동부 지역 끝에 위치한 응옴베(Ng'ombe)의 비공식 취락이었던 곳에서는 계층에 따라 분리가 이루어졌다(그림 8.9). 오늘날 로마에는 루사카의 아프리카 전문직 계층과 정치적 엘리트층이 집중적으로 분포하며, 이들의 아프리카인 가정부와 정원사는 아직도 응옴베에 거주한다. 과거 프랑스 식민지에는 오늘날까지 건축과 도시계획에 프랑스의 식민 유산이 그대로 남아 있다. 그러나 시간이 흐르면서 탈식민 시대가 사하라 이남 아프리카 지역에 전례 없는 도시 성장을 가져왔기 때문에 이 지역의 모든 도시는 혼성적 도시 형태와 기능에 가깝게 변화하고 있다.

탈식민 시기 이후의 도시화

1960년대부터 1980년대까지 사하라 이남 아프리카 지역에는 전 세계에서 가장 급속하게 도시화가 이루어지고 있는 국가들이 포함되어 있었다. 동부와 남부 아프리카 국가들은 거의 반세기 동안 전 세계에서 가장 빠르게 도시화를 경험하였다. 일부 국가들은 1960년부터 1991년 사이 매년 10% 이상의 도시인구 증가율을 보였다. 1990년대와 2000년대에 아프리카의 도시화가 둔화되었지만 일부 국가는 5% 이상 도시인구의 증가율을 보였다. 약 50년 동안 동부와 남부 아프리카 국가는 거의 전체 인구의 1/2이 도시와 그 주변 지역에 거주하게 되었다.

수많은 도시의 급속한 성장과 대부분의 국가에서 나타난 도시화는 유럽이나 북미와 같이 부유한 국가와는 다른 양상을 보였다. 일부를 제외하고 사하라 이남 아프리카 지역에서 나타난 보기 드문 도시화는 공업과 제조업 중심으로 경제구조가 전환되지 않은 채 발생했다. 일부 국가에서, 특히 남아프리카공화국의 공업 발달은 도시에서 이루어졌다. 그러나 대부

그림 8.10 행상인들이 그레이트 이스트 로드를 따라 물건을 팔기 위해 애쓰고 있는 모습에서 드러나듯이 잠비아 루사카에서는 비공식 경제활동이 이루어진다. (사진: Angela Gray-Subulwa)

분의 사하라 이남 아프리카 지역에서 도시인구가 증가함으로써 사람들이 필수품을 얻고 일상생활을 유지하는 데 있어서 비공식 활동에 대한 의존도가 증가하였다. 비공식 활동은 소규모의 저급 기술에 기반을 둔 제조업, 미미한 도매 거래, 비공식 서비스 공급이 특징적이다(그림 8.10). 대부분의 경제활동의 비공식 부문이 노동에 대한 전통적인 젠더 구분에 따라 분화되고 있다(그림 8.11). 남부 아프리카에서 특히 비공식 부문은 또 다른 문제인 에이즈와 관련되어 있다(글상자 8.3)

최근의 도시화 경향

사하라 이남 아프리카는 다른 지역과 비교하면 여전히 가장 낮은 도시화율을 유지하고

표 8.1 비공식 부문에 고용된 15~24세 사이의 여성과 남성 비율(%)

	여성	남성	통계자료의 연도
베냉	79.8	69.8	2006
부르키나파소	82.8	20.7	2003
카메룬	69.9	62.0	1998
중앙아프리카공화국	96.8	75.2	1994
차드	83.6	60.2	2004
코모로	93.4	54.5	1996
콩고	92.5	52.0	2005
코트디부아르	77.6	35.3	1998
에티오피아	69.9	16.8	2005
가봉	75.6	71.0	2000
가나	85.2	30.1	2003
기니	98.6	–	2005
케냐	63.8	5.3	2003
마다가스카르	77.7	–	1997
말라위	72.6	–	2000
말리	91.2	53.3	2001
모잠비크	70.9	8.5	2003
나미비아	38.0	–	2000
니제르	92.1	57.2	1998
나이지리아	59.0	16.8	2003
르완다	60.0	23.2	2005
세네갈	84.0	23.9	2005
남아프리카공화국	39.3	–	1998
토고	94.3	60.1	1998
우간다	74.4	14.9	2001
탄자니아	70.6	4.7	2004
잠비아	68.7	11.4	2002
짐바브웨	53.6	–	1999

출처: Global Urban Idicators Database 2010

표 8.2 전체 인구에 대한 도시인구 비율

지역	1995년	2010년
아프리카 전체	34.6	40.0
동부 아프리카	21.9	23.6
중부 아프리카	32.8	43.1
남부 아프리카	49.7	58.7
서부 아프리카	36.3	44.9

있다. UN의 추정치에 따르면 2010년 현재 이 지역 인구의 40%만이 도시에 거주하고 있다. 그러나 이 지역은 도시화율에서 상당한 차이가 있다. 서부 아프리카 해안 지역과 남부 아프리카에는 도시 체계가 발달되어 있다. 동부 아프리카는 도시화율이 가장 낮다(표 8.2).

세계화 과정에서 지배적인 역할을 하고 있는 전 세계 다른 지역들과 달리 사하라 이남 아프리카 지역은 세계경제 체제에서 주변부라는 점을 고려할 때 '세계도시'가 부족하다. 요하네스버그가 우세한 역할을 수행하고 있지만, 대부분 사하라 이남 아프리카 도시는 국가 경제의 중심지이다. 이 지역은 세계경제에서 주변적인 위치를 차지하고 있지만, 도시화율은 계속 상승하고 있다. 도시인구 비율은 1950년 15%에서 1970년 25%로 급증하였고, 2025년 47%를 웃돌 것으로 추정된다. 1950~1995년 사이에 사하라 이남 아프리카의 도시인구는 연평균 5%씩 증가하였다. 이는 이 지역의 평균 인구 증가율의 약 두 배이다. 그러나 그 이후로 증가율의 폭은 줄어들었으며, 2030년까지 3% 미만을 보일 것으로 추정된다. 이 지역 국가들의

글상자 8.3

에이즈와 도시 개발

과거 25년 동안 사하라 이남 아프리카에서 새로운 전염병이 나타나 취약한 생존율을 높이기 위해 고군분투하고 있는 국가들을 황폐화시켰다. 에이즈는 전 세계적으로 위협이 되고 있지만 사하라 이남 아프리카에 특히 집중되어 있다. 『세계 에이즈 전염에 대한 2010년 보고서(2010 Report on the Global AIDS Epidemic)』에 따르면 사하라 이남 아프리카의 인구는 전 세계 인구의 1/10에 해당하지만, 이 지역에 전 세계 HIV 보균자의 68%에 해당하는 2250만 명이 분포한다. 약 2300만 명은 15세 이하의 어린이며, 여성은 HIV 감염 성인의 60%를 차지한다. 이 보고서에 따르면 새로운 HIV 감염률이 1990년대 말 최고에 이르렀으며, 특히 케냐, 짐바브웨, 부르키나파소에서 높았다. 남아프리카공화국에는 거의 성인 세 명 가운데 한 명이 HIV 감염자이기 때문에 에이즈 전염병의 진원지인 것으로 보인다. 2010년 기준으로 HIV 감염 성인의 비율이 가장 높은 국가는 스와질란드(25.9%), 보츠와나(24.8%), 레소토(23.6%), 남아프리카공화국(17.8%), 짐바브웨(14.3%), 잠비아(13.5%), 나미비아(13.1%), 모잠비크(11.5%), 말라위(11%)이다. 이 국가들은 아프리카 대륙 남부에 집중되어 있지만 사하라 이남 아프리카의 국가들이 대부분 일정 비율의 감염률을 보이고 있다. 이 지역의 많은 국가에서 임신한 여성의 감염률이 훨씬 더 높다.

사하라 이남 아프리카에서 이와 같은 불균형적인 감염률이 나타나는 이유는 무엇인가? 그 이유는 다음과 같다.

- 사하라 이남 아프리카 국가들은 이와 같은 질병 감염 상태를 인정하지 않고 있다.
- 효과적인 약품의 공급과 혈액 검사 절차를 포함하는 보건 체계가 미흡하다.
- 만연한 빈곤, 문맹, 무지로 인해 사람들에게 질병의 위험과 질병의 감염을 막을 수 있는 방법을 교육하기 매우 어렵다.
- 성적으로 활동적인 노동자, 성 산업 종사자, 이민자, 군인, 트럭 운전사, 주사 바늘을 공유하는 정맥 주사 사용자와 같이 고위험군에 속한 사람들의 비율이 높다.
- 남성이 지배적인 사회에서 여성은 더 높은 위험 상태에 놓여 있다.

HIV 감염률은 사하라 이남 아프리카의 성장하고 있는 도시에서 더욱 높게 나타난다. 남아프리카 도시 네트워크(South African Cities Network, SACN)에 따르면, 불법적인 취락의 성장을 동반한 급속한 도시화가 에이즈를 포함한 질병의 확산을 돕는 환경을 제공한다는 것이 밝혀졌다. 도시는 좁은 지역에 많은 인구가 집중 분포함으로써 HIV를 빠르게 감염시킨다. 유엔에이즈계획(UNAIDS)은 가장 높은 HIV 감염률을 보인 국가에 대한 국제적 연구에서 HIV 감염률이 비도시 지역과 비교해 도시 지역에서 높게 나타나는 뚜렷한 경향성이 있음을 발견하였다. 사하라 이남 아프리카 지역에서 도시와 비도시 간의 차이는 보츠와나, 콩고, 에티오피아, 레소토, 모잠비크, 나미비아, 르완다, 우간다, 잠비아에서 특히 크게 나타난다. 사하라 이남 아프리카 지역에서 HIV 감염률이 도시 지역에서보다 비도시 지역에서 더 높은 것으로 알려진 곳은 라이베리아와 콩고민주화국뿐이었다.

도시에서의 높은 감염률은 이와 같은 국가와 도시를 괴롭히는 수많은 문제를 더욱 악화시키고 있다. 이 질병은 가장 생산성이 높은 연령대의 성인을 감염시키고, 그로 인해 사회적 자본의 개발에 직접적으로 영향을 미치며, 다수의 고아를 발생시킨다. 이와 같은 가공할 만한 문제가 가중됨으로써 사하라 이남 아프리카 국가들이 해외투자를 유인하고 경제적 발전을 이룩하는 것이 훨씬 더 어렵게 되었다. 그러나 사하라 이남 아프리카의 많은 지역에서는 제한적이지만 다양한 선제적 조치가 취해짐에 따라 희망을 찾아볼 수 있다. UNAIDS에 따르면 아프리카 대륙의 감염률은 2001년부터 2009년까지 감소했으며, 이와 같은 감소율은 일부 지역에서는 상당한 수준이다. 일례로 탄자니아의 감염률은 2000년대에 7.1%에서 5.6%로 떨어졌다. 대중들에 대한 교육을 맡고 있는 로컬 단체들의 좋은 사례로는 월라 나니(Wola Nani, wolanani@Africa.com)라고 불리는 케이프타운의 단체이다. 이 단체는 남아프리카공화국의 다양한 언어로 라디오 방송을 하고 있으며, 카운슬링, 자택 요양, 워크숍, HIV 감염자들에 대한 직업교육, 커뮤니티 에이즈 교육, 기타 서비스를 제공하고 있다.

도시 개발의 관점에서 높은 에이즈 감염률은 사하라 이남 아프리카의 일부 도시가 향후 몇 년간 인구 성장을 멈출 것이고, 심지어 인구가 감소할 것이라는 것을 의미한다. 일부 도시에서의 경제적 쇠퇴와 정치적·사회적 불안정은 사람들로 하여금 도시로 이주하는 것을 단념하게 하고, 그로 인해 높아진 도시화의 경향을 늦추거나 심지어 감소시킨다. 그러므로 사하라 이남 아프리카 지역은 전 세계에서 유일하게 21세기 대부분의 개발도상국 도시에서 관찰되는 경향을 벗어난 유일한 지역일지 모른다.

도시인구 성장률에서 상당한 변이를 살펴볼 수 있다.

비록 사하라 이남 아프리카에서 최근 도시인구의 성장률이 감소하고 있지만, 대부분의 도시에서 인구는 계속해서 증가하고 있다. 예를 들어 나이지리아의 대도시권인 라고스의 2010년 인구는 1200만 명 이상이며, 킨샤사—브라자빌은 1050만 명, 요하네스버그 820만 명, 아비장 430만 명으로 추정된다. 1996년에서 2006년 사이에 코나크리는 200만 명으로 두 배 이상 성장했으며, 루안다도 1995년 220만 명에서 2010년 470만 명으로 두 배 이상 증가하였다. 또한 제2의 도시는 수도의 성장을 중단시키기 위한 정부의 의도적인 정책에 기인해 1960년대부터 성장하기 시작하였다.

사하라 이남 아프리카 지역에서 가장 인구 규모가 큰 도시는 대부분 각국의 수도이다. 광산이나 항구와 같은 주요 경제 기능을 수용하고 있는 도시를 제외하고, 대부분의 경우에 수도가 아닌 도시는 인구 규모가 훨씬 작다. 개발 노력과 행정 기능을 포함해 항구, 통신, 공업, 상업, 교육, 문화와 같은 다수의 기능이 국가의 수도에 집중되어 있다.

사하라 이남 아프리카 지역의 많은 도시들은 식민 시대와 탈식민 시대 동안에 발달시킨 기능으로부터 혜택을 얻고 있다. 새로운 계획도시가 탈식민 사하라 이남 아프리카 지역에서 중요한 도시 개발의 일부로 나타났다. 그와 같은 도시의 대표적인 사례는 1960년대 초반 가나의 산업 개발을 위해 건설된 항구도시인 테마(Tema)이다. 몇몇 국가들도 이후 수도와 신도시를 건설했는데, 여기에는 탄자니아의 도도마, 말라위의 릴롱궤, 코트디부아르의 야무수크로, 나이지리아의 아부자 등이 포함된다. 새로운 수도의 건립으로 국가들은 '새로운 출발'을 시작하였고, 기존 도시의 성장은 저하되었다. 그러나 아부자를 제외하고 새로운 수도 가운데 어떤 도시도 50만 명 이상 인구가 증가하지 못했음을 고려하면, 이와 같은 새로운 도시들은 기존 도시의 성장에 어떤 영향도 주지 못하였다. 그리고 아부자의 경우 이 도시가 경험한 경이적인 고성장률은 나이지리아의 계획 역량을 훨씬 앞질렀다(아부자의 인구는 2005~2010년 사이에 130만 명에서 200만 명으로 급증하였다).

사하라 이남 아프리카 도시의 또 다른 특징은 항구의 중요성이다. 내륙 국가와 수도를 새로 건립한 국가를 제외하면, 수도로서 항구도시를 갖고 있는 국가를 쉽게 찾을 수 있다. 이것은 수도의 주요 기능이 대도시권으로의 접근성을 제공하는 것이었던 식민지 시대의 잔재이다. 또한 식민지 시대 자연 자원의 공급지로서 사하라 이남 아프리카의 역할은 자원의 약탈에 기반을 둔 도시 발달로 이어졌다. 잠비아는 구리 광업 중심지로부터 성장한 도시의 좋은 예를 보여 준다. 일례로 칭골라(Chingola)는 은찬가(Nchanga) 구리 광산 주변에서, 키트웨는 은카나(Nkana) 광산 인근에서 성장했으며, 루안샤(Luanshya)는 론 앤틸로프(Roan Ante-lope) 구리 광산에서부터 출발하였다. 사하라 이남 아프리카에서 도시 성장의 또 다른 특징은 관광 도시의 중요성이 증가하고 있다는 점이다. 몸바사는 케냐에서 두 번째로 가장 큰 도시이며, 해안 관광 산업의 중심지로서 관광 산업에서의 고용 기회 때문에 케냐 내륙으로부터 이민자가 계속 들어오고 있다. 다카르 반도 연안에 위치한 고레(Gorée) 섬은 이곳의 노예 역사 때문에 매년 수많은 관광객이 방문하는 곳이다. 마찬가지로 가나의 케이프코스트(Cape Coast)와 엘미나(Elmina)에는 노예들이 신대륙으로 운반되었던 고성이 위치하여 대서양 횡단 노예무역에 관심을 갖는 관광객의 방문이 이어지고 있다.

독특한 도시

킨샤사: 감추어진 도시

콩고민주공화국(Democratic Republic of the Congo, DRC) 인구의 약 35%가 도시에 거주하고 있으며, 이 도시인구 비율은 2025년에는 50%까지 상승할 것으로 예상된다. 킨샤사의 인구는 2009년 기준 1050만 명으로 추정된다. 킨샤사의 인구는 콩고민주공화국 전체 인구의 14%가 넘는다. 불안과 전쟁, 특히 1996년부터 2002년까지 지속된 전쟁은 킨샤사의 경제 발전을 저해했으나, 이로 인해 콩고인이 킨샤사로 집중되었다. 과거 반세기 동안의 급속한 인구 성장은 정부가 필수품을 제공할 수 있는 정치적, 경제적 역량을 능가하였다(글상자 8.4).

사하라 이남 아프리카에서 두 번째로 큰 도시인 킨샤사는 상대적으로 짧지만 극심한 혼란의 역사를 경험하였다. 영국계 미국인으로서 벨기에의 후원을 받은 탐험가였던 스탠리(Henry Morton Stanley)는 1881년 기존의 취락 가까이에 신도시를 건립했으며, 벨기에 국왕인 레오폴드 2세(Leopold II)를 기념하기 위해 이 도시에 레오폴드빌(Leopoldville)이라는 이름을 붙였다. 킨샤사는 항구 마타디(Matadi)와 철도로 연결됨으로써 분지에 위치한 광대한 내륙 지역을 세계경제와 연결하는 중요한 도시가 되었고, 1923년 레오폴드빌은 벨기에령 콩고의 수도가 되었다. 벨기에는 도시의 경계를 확장했으며, 독립 이후 이곳은 킨샤사로 바뀌었다.

킨샤사는 1880년대에 겨우 3만여 명만이 거주했으나 1960년 독립하면서 인구가 40만 명으로 증가하였다. 사하라 이남 아프리카의 많은 도시와 마찬가지로 식민주의 체제하에서 도시 거주에 대한 제한이 이루어지면서 도시인구의 증가가 저지되었다. 독립이 이루어지면서 들어선 콩고 정부는 이와 같은 제한을 철폐하고, 인구가 농촌에서 도시로 이주하는 것을 가능하게 만들었다. 지난 반세기 동안 킨샤사의 연평균 인구 증가율은 10%를 넘는다.

1945년까지 레오폴드빌의 아프리카인 대부분은 도시가 아닌 인근 하천변의 취락에 거주하였다. 제2차 세계대전 이후 새로운 근린지구가 형성되었고, 이 가운데 일부는 식민 정권이 아프리카 노동자를 위해 조성한 지구였다. 이와 같은 도시계획에 의해 조성된 근린지구는 벨기에의 식민 지배 기간 동안 이 도시의 아프리카인 구역에서 유일하게 투자가 이루어진 지역이다. 레오폴드 2세의 콩고자유(Congo Free) 주와 1908년 이를 대체한 벨기에령 콩

킨샤사의 상상력과 생성력

킨샤사는 종종 사하라 이남 아프리카 도시에서 최악의 사례 가운데 하나로 언급된다. 킨샤사는 제조업의 성장 없이 급속하게 인구가 증가했으며, 콩고민주공화국의 심각한 거버넌스의 위기 속에서 수십 년간의 실정을 견뎌 왔다. 이 도시의 스프롤과 열악한 기반시설은 재농촌화의 이유로 지적된다. 재농촌화가 나타나면서 도시는 서로 동떨어져 분리된 일련의 농촌이 되었다. 그러나 이와 동시에 킨샤사는 음악과 예술에 있어서 창조적인 중심지로서의 역할을 지속하고 있고, 이곳 사람들은 도시에서 생존하기 위한 수단을 만들어 내는 데 있어 굉장한 창의력을 보여 주었다. 최근 몇 년 동안 주민들은 묘지에서 작물을 재배했으며, 콩고 강의 말레보 호수(Malebo Pool)를 매립해 경작지로 만들었다. 드 뵈크(Philip de Boeck)는 킨샤사의 사람들이 말레보 호수의 800ha 이상을 매립하였다고 추정하였다. 80개 이상의 농민협회가 정부 통제를 받지 않는 이 거대한 도시 농업 지대를 관리한다. 드 뵈크(de Boeck)가 '도시 생산에 대한 유기적 접근법'이라고 칭했던 이러한 방식이 어떤 분쟁도 없이 이행된 것은 아니지만, 이와 같은 자발성과 혁신성은 메가시티를 통제하기 위한 어떠한 시도에서도 포용될 필요가 있다. 불행히도 킨샤사 주민들의 창의력은 가혹한 탄압, 거리 단속, 해체의 대상이 되고 있다.

민주적으로 선출된 조세프 카빌라(Joseph Kabila) 대통령이 이끄는 정부는 2006년 선거 이후 킨샤사의 도심을 재생하는데 있어 중국, 인도, 파키스탄, 아랍에미리트 또는 잠비아의 엔지니어, 계약자 또는 투자자로부터 상당한 투자를 유치하였다. 곳곳에 산재한 광고판은 콩고 강의 두 개의 인공 섬에 지어질 폐쇄공동체 아파트 단지인 'La Cite du Fleuve(큰 강을 낀 도시)'를 포함해, 킨샤사가 가지고 있는 세계화의 야심을 광고한다. 킹겔레즈(Bodys Isek Kingelez)와 같은 킨샤사의 예술가들은 킨샤사를 다른 모습으로 바꾸고 싶어하였다. 킹겔레즈(Kingelez)의 가장 인상적인 작품인 'Projet pour le Kinshasa du troisieme millenaire(세 번째 밀레니엄을 맞이한 킨샤사를 위한 설계)'는 다음 세기에 해당하는 '세 번째 밀레니엄(Third Millenium)'에 콩고민주공화국의 메갈로폴리스를 위한 멀티미디어로 만든 상상의 도시에 대한 모형이다. 킨샤사의 미래는 광고판의 드림랜드나 화려한 디오라마가 아닌 말레보 호수를 매립해 농경지를 개척하는 농민들에게 속해 있다. 그러나 킨샤사는 사실상 '눈에 보이지 않는' 도시와는 거리가 먼, 잘못된 모든 것의 상징이기도 하지만 콩고민주공화국의 기적과 같은 놀라운 모든 것의 상징이기도 하다.

See: Flip de Boeck, 2010, "Spectral Kinshasa: Building the City through an Architecture of Words," paper presented to the workshop, "Beyond Dysfunctionality: ProSocial Writing on Africa's Cities," Nordic Africa Institute, Uppsala, Sweden.

고는 많은 학자들에 의해 주민의 복지나 안전에 대한 투자가 거의 없는 최악의 식민 통치 사례로 여겨진다. 그러므로 킨샤사의 도시 기반시설 부족의 문제는 탈식민 시대의 실정(失政)으로 인한 결과만은 아니다. 벨기에 식민 정권은 이 도시의 유럽인 구역에 상당한 투자를 했을 때에도 아프리카인 구역에는 도시 서비스를 전혀 제공하지 않았다.

1960년 이후 킨샤사를 통치했던 정부와 콩고의 막대한 자원에 투자를 했던 민간 부문은 이와 같은 도시문제를 개선시키지 못하였다. 정부와 비공식적인 민간 부문은 킨샤사의 주택, 기반시설, 고용 면에서의 요구를 충족시키지 못하였다. 이러한 문제가 있음에도 킨샤사로의 인구 이주가 계속되었다. 킨샤사에 인구가 집중된 이유는 전쟁, 폭력, 기아, 불안정, 농촌의 탈산업화 때문이다. 인구 집중의 원인에 대한 일반적인 인식은 현실과 일치하지 않는다. 킨샤사 노동력의 약 60%가 실업자로 추정되고, 주택의 질과 위생 조건은 열악하며, 환경과 보건 문제는 심각하다.

도시인구 측면에서 가장 규모가 크고 집중된 지역은 계속해서 성장하고 있는 도시의 동쪽 끝과 서쪽 끝이다. 이 지역을 포함한 여러 지역에서 인구 성장은 거의 통제되지 않고 있다. 독립 이후 공공 주택, 금융 또는 교통 서비스를 제공하기 위한 노력들은 1965~1997년 사이에 잔혹하고 비능률적으로 콩고민주공화국을 통치했던 모부투 세세 세코(Mobutu Sese Seko)의 악명 높은 독재 정치 아래에서 총체적 부패, 실정, 태만으로 훼손되었다. 그 결과 킨샤사의 주민은 국가의 권한이나 민간 부문 밖에서, 그들이 비공식적으로 할 수 있는 모든 일을 하고 있다. 물리적, 경제적 측면에서 킨샤사를 구성하고 있는 것의 대부분이 문서로 기록되어 있지 않기 때문에 눈에 보이지 않는 도시(invisible city)라고 언급된다. 지리학자 이옌다(Guillaume Iyenda)와 시몬(David Simon)은 킨샤사 전체 가옥의 3/4이 소유자에 의해 자가 건립된 것(self-built)이라고 추정하며, 이와 같은 가옥들은 서로 가까이 붙어 있어 도로 건설을 어렵게 만든다. 킨샤사의 도로, 철도, 공항, 항만 시설, 하천 교통, 교량, 대중교통 수단은 점차 악화되고 있다.

킨샤사의 산업은 지난 30년 이상 쇠퇴해 왔다. 1990년대와 2000년대 일어난 폭동, 약탈, 폭력이 도시의 산업 발전 역량을 훨씬 감소시켰다. 킨샤사의 제조업 부문은 여전히 음료, 맥주, 담배, 직물, 비누, 성냥, 플라스틱, 신문용지, 기타 값싼 저차 상품을 생산하고 있지만 점차 그 생산량이 감소하고 있다. 서비스 부문은 모든 도시 활동의 3/4을 차지하며 킨샤사의 경제를 지배하고 있다(그림 8.11). 그러나 킨샤사가 아직 높은 도시 종주성을 유지하고 있는 것은 이 도시가 콩고민주공화국의 경제를 계속해서 지배하고 있다는 것을 의미한다.

그림 8.11 임의대로 만든 도로변의 택시와 버스 정류장에서 킨샤사의 노동자들이 기다리고 있는 모습이다. 이 사진에서 열악한 도로 사정과 극심한 대기오염, 그리고 도로변을 따라 만들어진 밭을 주목하라. (사진: Daniel Mukena).

콩고민주공화국의 모든 회사와 상점의 19~33% 정도가 킨샤사에 집중되어 있다.

킨샤사에 대한 대부분 글과 연구에는 부정적인 측면이 반영되어 있지만, 이 메가시티는 예술, 특히 대중음악이 왕성하게 성장하고 있는 중심지이다. 킨샤사의 음악가들은 수십 년 동안 사하라 이남 아프리카 지역과 유럽의 음악 차트에서 상위를 차지하며 댄스홀에서 선호되고 있는 음악을 만들어 왔다. 이들은 새로운 스타일의 음악과 춤을 창작해 왔으며, 이 도시가 가지고 있는 정치적, 경제적으로 불안정한 현실에 새로운 힘을 불어넣었다. 2006년의 민주 선거로 콩고민주공화국에 평화와 안정이 찾아온 것처럼 보이며, 킨샤사는 아마도 사상 처음으로 콩고민주공화국의 거대하며, 개발되지 않은 자연 자원으로부터 혜택을 볼 준비가 되어 있다. 콩고민주공화국은 한때 전 세계 5위의 공업용 다이아몬드 생산국이었으며, 공업용 다이아몬드는 아직도 구리, 코발트, 커피, 야자 오일, 고무 수출과 함께 수출액의 1/2 이상을 차지하는 것으로 추정된다. 이와 같은 풍부한 자원은 잃어버린 기회가 계속 지속되고 있음을 알려 주며 킨샤사에 새로운 가능성을 제공한다.

아크라: 아프리카의 신자유주의 도시?

2009년 가나의 도시화율은 51%였으며, 2020년까지 58%에 이를 것으로 예측된다. 가나에서 가장 중요한 두 도시는 해안가에 위치한 아크라와 내륙에 위치한 쿠마시(Kumasi)이다. 그러나 아크라는 2009년 인구 추정치가 400만 명에 이르러 명백한 가나의 종주도시이다. 아크라의 종주성은 정치·행정·경제·문화적 측면에서도 나타난다. 가나의 개방 경제 정책과 함께 불안정성이 만연한 서부 아프리카 지역 내에서 상대적으로 안정적인 가나의 정치적 상황은 국제적으로 아크라의 영향력을 고양시켰다. 아크라의 비즈니스와 산업은 성장 중이며, 많은 외국인 투자자를 서부 아프리카로 유인하였다. 그러나 동시에 이 도시 거주자의 상당수는 경제적 번영의 혜택을 누리지 못하였다.

아크라는 16세기 후반 해안가에 위치한 가아단브지(Ga-Adanbge)족의 어촌으로부터 출발하였다. 당시 내륙에 정치와 무역의 중심지가 있었지만, 이 도시들이 아크라와 어떤 방식으로든 연결되었다는 증거는 없다. 17세기, 유럽인은 이 지역에 수많은 요새를 건설하였다. 1877년 아크라가 황금 해안의 케이프코스트를 대체해 영국 식민지의 수도가 되면서 이 도시는 중심지로서 부상하기 시작하였다. 다카르와 같은 수많은 사하라 이남 아프리카의 수도가 기존의 경제적 이점 때문에 선택된 것과 달리, 아크라가 수도로 선택된 이유는 풍토병으로부터 유럽인을 보호할 수 있는 새로운 지역을 발견하고자 하는 식민 통치자들의 바람 때문이었다. 아크라가 신수도로서의 지위를 갖게 됨에 따라 많은 상인과 투자자들은 이곳을 매우 유리한 곳으로 여기게 되었으며, 1899년까지 이 도시는 황금 해안에서 가장 창고가 많고 분주한 항구로 바뀌었다. 식민정부는 법률을 제정해 이 도시에서 제조업의 발달을 제한했으며, 이에 따라 1957년 독립 당시 아크라는 공장 도시로서의 명성이 아니라 창고 도시로서의 명성을 가지고 있었다. 아크라는 제2차 세계대전 이후 아프리카에서 첫 번째로 신수도가 된 사례로서 가나와 아프리카에서 중요한, 독립 투쟁을 위한 정치적 중심지가 되었다.

독립 이후 가나 정부는 아크라에 정부 기능과 경제활동을 집중시키고, 쿠마시와 같은 주요 도시들을 배제시킴으로써 계속해서 이 도시의 발전을 이끌었다. 그 결과 아크라는 행정 기능을 국가 전체로 확대할 수 있었다. 이와 함께 항구도시 테마의 개발로 아크라의 상업적 항구 시설을 버려두도록 만들었다. 그러나 가나의 많은 도시들처럼 아크라의 성장은 국가 전체의 경제 위기로 인해 1970년대와 1980년대에 상당히 감소하였다.

가나 정부는 1983년 세계은행의 지원과 경제개혁안을 받아들여 국영기업의 민영화, 통화 시장의 규제 철폐, 민간 부문과 외국인 직접투자의 장려, 공공 부문의 축소, 무역 자유화를 포함하는 자유주의 경제정책을 추구하는 데 동의하였다. 이와 같은 자유 시장 정책은 오늘날 아크라의 도시경제를 이해하는 데 필수적이다. 이 정책은 국가 통제의 비즈니스 환경을 전환시켜 민간 부문의 개발을 촉진시켰다. 건축자재를 포함해 많은 물자를 수입하는 것이 더욱 쉬워졌으며, 이는 급속하게 도시의 주거지를 성장시키고, 자동차의 대수를 급증시켜 아크라의 도로를 혼란하게 만들었다. 게다가 (새로운 주요 간선도로와 입체 교차로의 건설 같은) 주요 도로 건설, 아크라와 테마의 국제공항 시설 개선, 외국인 투자자를 유인하기 위한 수출 가공 공단을 조성하는 것을 포함한 도시 기반시설 확충 프로그램이 이행됨으로써 도시가 눈에 띄게 발전하였다. 아크라는 가나의 경제활동의 중심축이므로 국가적, 다국적 금융 및 비즈니스 기관이 몰려들었다. 이와 같은 경제활동은 구중심업무지구가 이와 같은 기관을 수용할 수 있는 능력을 초과하게 만들었으며, 그 결과 본사 가운데 상당수가 아크라 외곽에 입지하게 되었다.

그러나 아크라의 모든 주민이 자유 시장 정책의 혜택을 볼 수 있었던 것은 아니며, 정책의 부정적 영향이 아크라 도시경관에 드러난다. 대부분의 주민이 가족의 소득 수준으로는 계속해서 치솟는 생활비를 충당하지 못하였다. 예를 들어 빈곤층 가구 수는 1988~1992년 사이 9%에서 23%로 두 배 이상 증가한 것으로 추정된다. 대부분의 주민이 겪는 고용 기회의 부족은 부상하는 소수의 중산층과 다수의 빈곤층 사이의 격차를 증대시켰다. 부의 불균등한 분배는 도시 외곽에서의 새로운 주거지 개발에서 확인되는데, 이곳에서는 폐쇄공동체, 호화 아파트, 값비싼 도시 쇼핑몰, 건축물에 대한 범죄 방지용 보안장치 등이 특징적이다. 아크라의 범죄율은 라고스와 같은 사하라 이남 아프리카의 다른 도시들과 비교했을 때 낮은 편이지만, 이 도시의 사설 보안 산업의 성장은 주민들이 느끼는 불안감을 반영하고 있으며, 이와 같이 새로 발생하는 문제를 언급할 필요성을 말해 준다. 이 도시들과 빈곤은 역시 복잡한 교차로와 유동 인구가 많은 곳에 노점상이 증가하고 있는 것에서도 드러난다. 청년들을 비롯해 빈곤층의 대부분은 노점을 통해 생계를 유지하고 있다. 이들은 얻을 수 있는 모든 것을 팔아 생계를 유지하는데, 심지어 비닐봉지에 물을 담아서 팔기도 한다. 자유주의 정책의 효과와 종합적인 교통 계획의 부재로 아크라 곳곳이 자동차로 뒤덮여 있고, 교통 문제는 해결할 수 없을 정도로 심각해졌다.

2007년 독립 50주년을 맞이한 가나에서는 다양한 경제활동이 활성화되고 있고, 아크라는 단지 수도의 역할뿐만이 아니라 다방면으로 중요한 역할을 수행하고 있다. 2007년 가나는 주빌리(Jubilee) 지대에서 석유를 발견했으며, 2010년부터 원유를 생산하고 있다. 이제까지 아크라의 자유주의 정책으로부터 어떤 혜택도 얻지 못했지만, 이러한 정책의 결과로 나타나는 문제들을 직접 겪어야 했던 대다수의 사람들은 50번째 독립기념일을 통해 얻어진 민족적 자부심과 함께 새로 발견된 석유 자원 덕분에 자신들이 현재 직면하고 있는 도전들을 극복할 수 있으리라는 희망을 가지고 있다.

라고스: 사하라 이남 아프리카의 메가시티

나이지리아 인구의 49% 이상은 도시에 거주한다. 라고스는 2010년 1100만 명의 인구가 거주하고 있고, 2025년에는 1600만 명으로 증가할 것으로 추정되고 있으며, 사하라 이남 아프리카 지역에서 가장 인구가 많은 도시이자 전 세계의 메가시티 가운데 하나로 손꼽힌다. 나이지리아에서는 석유산업이 라고스를 포함한 여러 도시의 발전을 이끌었다. 라고스는 도시의 성장과 역동성을 유럽으로부터 얻었다고 언급되곤 하지만 라고스 개발의 역동성이 초기 아프리카 도시 개발로부터 시작되었다는 것도 사실이다. 라고스는 17세기에 건립되었는데, 이 시기 아와리(Awari)족은 늪지대를 건너 이도 섬(Iddo)의 좀 더 안전한 환경에 정착하고자 하였다. 이들은 후에 더 많은 경작지를 얻기 위해 라고스 섬까지 건너왔다. 이와 같은 방식으로 라고스의 중요한 세 지역이, 18세기 외부로부터의 영향이 미치기 훨씬 전부터 토착민에 의해 어촌과 농촌으로 바뀌었다.

라고스의 발전에 있어서 중요하게 작용한 역사적 요인 중 하나는 1786~1851년 사이 이루어졌던 노예무역에서 찾아볼 수 있다. 이 노예무역에서 아프리카인, 특히 요루바(Yoruba)족이 중요한 역할을 수행하였다. 라고스는 1760년까지 노예시장이 아니었지만 곧 노예무역에서 가장 중요한 서부 아프리카 항구 가운데 한 곳이 되었다. 라고스 섬은 수출될 노예들이 줄을 길게 늘어선 중심지가 되었으며, 노예는 1차 상품, 특히 요루바 의상, 그리고 식량과 함께 멀리는 브라질의 시장까지 팔려 나갔다. 1807년 영국에서 노예무역을 폐지하는 법안이 통과되었지만 라고스의 지리적 위치상의 이점 때문에 1851년 영국이 침공할 때까지 노예무역이 지속되었다. 영국의 라고스 공격으로 이 도시의 인구가 일시적으로 감소하였다. 1861년부터는 라고스에 대한 영국의 식민 통치가 시작되었다.

아프리카인은 내륙에서의 노예제도와 전쟁으로부터 벗어나기 위해 '노예제도가 폐지된 식민지(free colony)'로 계속해서 이주하였다. 해방된 노예가 시에라리온뿐만 아니라 브라질로부터 귀국해 라고스에 정착하였다. 19세기 후반 영국은 내부로부터의 적대감을 제거하기 위해 나이지리아 전체를 보호령으로 만들었다. 1815년 라고스에서 철도 건설이 시작되어 1912년 카노(Kano)까지 이어졌다. 라고스의 배후지가 나이지리아 내륙까지 확장되면서 라고스는 무역과 행정의 중심지로서 훨씬 더 중요해졌다. 1901년까지 라고스는 4만 명 이상의 인구를 갖게 되었으며, 이때부터 '현대적인 메트로폴리스(modern metropolis)'로서의 성격이 형성되었다.

라고스는 과거 40년 동안 급격한 인구 증가와 공간적 확장을 겪었다. 인구는 1960~1970년대 초까지 매년 17%씩 증가하였다. 이와 같은 성장률은 1980년대 말까지 매년 4.5%로 낮아졌으며, 이와 같은 경향은 이 도시의 생활비와 여러 가지 문제들이 증가하면서 지속되었다. 라고스의 도시문제의 상당 부분은 급속한 성장에 기인한다. 과장된 표현이기는 하지만, 라고스는 가장 심각한 재난 지역이라고 불리기도 한다. 이 도시는 교통 정체, 열악한 위생과 주택, 부족한 사회적 서비스, 도시 부패 등의 매우 심각하지만 때로는 이해할 수 없는 문제들을 안고 있다.

라고스는 종주도시이며, 엘리트층과 일반 도시민의 사회경제적 지위에서 나타나는 격차는 매우 크다. 이는 라고스에서 두 가지의 모순된 생활양식으로 삶이 영위되고 있다는 것을 의미한다. 두 가지 생활양식 가운데 하나는 수준 높은 기술에 기반을 둔 사치품을 구매할 수 있는 사람들에 의해 도입된 유럽식 생활양식의 확산이고, 다른 하나는 도시환경에 맞도록 변형된 전통적 생활양식의 확산이다. 아프리카 도시환경 속에 이와 같은 두 가지 생활양식이 독특하게 결합됨으로써 어느 한 가지 생활양식에서 나타나는 장점, 매력, 편의성은 사라지고, 라고스의 교통 체증과 슬럼 주거지와 같은 골칫거리가 발생하고 있다.

라고스는 종주도시로서 인구가 급속히 증가하고 고용 기회가 부족하다는 문제를 안고 있다. 이와 같은 문제들이 미치는 영향은 매우 크다. 이는 도시 임금을 최저 생계 수준으로 낮추고 리고스의 슬럼과 변두리 커뮤니티에 수많은 사회적 문제를 야기할 뿐만 아니라, 생활 편의 시설과 주택 공급에 압력을 가한다. 사실 라고스 주민의 약 64%가 슬럼에 거주한다. 라고스는 아프리카 종주도시의 좋은 예로서, 성장률과 왜곡된 소비 패턴에 부수되는 문제로 인해 취약하고 무계획적인 도시정부가 다룰 수 없는 어려운 상황들이 초래되었다.

그러나 일부의 상황은 긍정적으로 전개되고 있다. 나이저 강과 베누에 강의 합류 지점 부근에 위치한 아부자가 나이지리아의 신수도로 결정되었고, 모든 정부 기능이 국토의 중심에 가깝게 위치한 아부자로 이전하였다. 이는 가나가 지방분권(decentralization)으로 진일보했음을 의미하는 것이며, 라고스로의 기능 집중을 완화시켰다.

라고스에는 심지어 식민 통치 시기에도 외국인 거주자가 5,000명 미만이었다. 그러므로 다카르, 나이로비, 킨샤사와 비교해 라고스의 특징과 공간 조직은 유럽인의 영향을 덜 받았다. 라고스의 도시 변화는 크지 않지만, 과거 유럽인의 엔클레이브(enclave)가 점차 원주민에 의해 점유되고 있는 것은 변화하는 모습이라고 볼 수 있다. 라고스는 진정한 아프리카 도시이며, 비록 무계획적이라고 하더라도 식민 도시환경으로부터 로컬의 도시환경으로 바뀔 수 있다는 교훈을 제공한다.

나이로비: 식민주의 유산 도시

동부 아프리카는 사하라 이남 아프리카에서 가장 도시화가 덜 이루어진 지역으로 간주된다. 최근까지 케냐 인구의 20%만이 도시에 거주하였다. 그러나 케냐의 도시인구 비율은 2007년 43%까지 상승했으며, 2015년까지 50%에 도달할 것으로 보인다. 케냐의 수도이며 종주도시인 나이로비는 현재 인구가 280만 명에 다다른 것으로 추정된다. 나이로비는 국제 외교에서 중요한 곳일 뿐만 아니라 동부 아프리카의 대부분을 연결하는 교통축이며, 많은 국제기구들의 본부가 위치하거나 회의가 열리는 곳이기도 하다. 나이로비는 짧은 역사를 갖고 있지만 주요 산업이 발달함으로써 케냐의 경제 동력으로 성장하였다. 그러나 나이로비는 빈곤층의 비율과 빈부 격차가 크고, 도시 서비스가 충분하지 않은 도시이기도 하다.

나이로비의 형성에는 일부 우연성이 작용하였다. 1890년대 인간이 거주하지 않았던 우림과 늪지대가 대부분이었던 나이로비는 1906년에 이르러 영국령 동아프리카[British East Africa: 1920년 케냐 식민지(Kenya Colony)로 개명]의 신수도가 되었다. 나이로비에는 영국령 동아프리카의 '우간다 철도회사(Uganda Railway)'의 본부가 자리 잡게 되었는데, 여기에는 나이로비 강과 철도 노선의 중앙 지점 주변이라는 매우 편리한 위치가 영향을 미쳤다. 그러나 이곳의 배수와 보건 문제로 인해 식민 통치자들은 이 도시가 새로운 철도회사의 본부가 위치한, 식민지에서 이상적으로 자리 잡은 진보적인 수도라는 점을 인식하지 못하였다.

1906년까지 신수도의 인구는 1만 3000명을 넘었다. 1931년까지 인구는 4만 5000명으로 성장했으며, 이 가운데 약 60%가 아프리카인이었다. 나이로비에 케냐, 우간다, 탕가니카, 잔지바르를 관할하는 영국의 동아프리카 고등 법무관 사무소(Britain's High Commission for East Africa)가 들어서면서 이곳은 동부 아프리카에서 가장 중요한 식민 수도가 되었다. 1948년까지 이 도시의 인구는 10만 명을 넘어섰으며, 이와 같은 인구 성장은 1963년 독립 때까지 지속되었다.

나이로비의 식민 유산은 이 도시를 계속 괴롭혔다. 식민 유산의 첫 번째 요소는 지리적 위치이다. 나이로비의 위치는 철도 행정과 운영에 유리하며 지리적 중심성은 식민 통치의 효율성을 높이는 데 도움이 되었다. 그러나 식민 통치하의 나이로비는 초기 식민 행정관 에릭 더튼(Eric Dutton)이 "이 아름다운 나라를 통치하기에는 적합하지 않은 창조물이다."라고 언급한 바와 같았다. 위생과 도시 서비스는 뒤쳐졌으며, 그와 같은 상황이 지속되었는데, 이는 부분적으로 도시의 많은 지역이 습지나 그 주변에 위치하고 있었기 때문이다.

두 번째 유산은 나이로비를 더욱 훼손시켰는데, 이는 식민지에서의 분리 정책이다. 나이로비는 유럽인 정착자들이 '백인의 나라'라고 불렀던 곳으로, 소수의 인구만을 위한 수도로 건설되었다. 비록 아프리카인이 1922년까지 도시민의 대다수가 되었지만, 대부분의 사람들에게는 식민 통치 아래서 합법적인 도시 거주권이 주어지지 않았다. 식민 정권은 1920년대에 들어와 나이로비에 아프리카인 구역에 대한 계획을 수립하기 시작했는데, 그들은 아프리카인 구역을 도시 내에서 가장 바람직하지 않은, 가장 고도가 낮은 동부 지역에 위치시켰다. 백인들은 나이로비의 도심 서쪽에 위치한 고도가 높은 지역에 자리 잡았다. 식민 정권이 동부 아프리카에 인도인과 파키스탄인의 이주를 장려한 이후에는 나이로비의 중앙부에 아시아인 주거지가 형성되었다.

식민 통치하에서 유럽인은 행정적 기능을 담당하는 사람들과 엘리트층으로 나뉘었으며, 유럽인 인구는 적었지만 케냐의 정부와 자원, 그리고 재정을 운영하였다. 1960년대에 나이로비의 도시화된 지역의 1/2 이상이 아직도 백인 구역이었는데, 이 당시 백인은 도시인구의 5%에도 이르지 못하였다. 식민지 시대에 아시아인은 대부분 상점을 운영하고 무역업에 종사하거나 숙련공으로 일하였다. 결국 동부의 아프리카인 주거지 대부분은 아시아인의 소유가 되었다. 아프리카인들은 처음부터 나이로비에서 사회적 계층과 경제적 지위가 가장 낮았다. 대부분의 아프리카들인은 도시정부나 고용주에 의해 건립된 임대 주택에 거주하였다. 동부의 아프리카인 주거지에서는 높은 이직률과 실업률이 나타났으며, 주거환경의 질이 낮았다.

나이로비의 세 인종 집단 간의 지리적 분리는 독립 이후 48년이 지나면서 약화되었지만, 나이로비는 인종적으로 분리된 도시이다. 서부와 북서부의 교외 지역은 비록 다인종 분포 지역으로 변화하고 있지만, 밀도가 낮은 엘리트층의 주거지로 남아 있다. 일부 아프리카인 엘리트층은 전통적으로 유럽인과 아시아인이 거주하던 곳으로 이주했지만 아프리카인 엘리트층은 정치적으로 상류층을 구성하고 있는 사람들 가운데 극히 일부에 해당한다. '나이로비 힐'의 주거지는 가사를 돌보는 고용인 구역을 갖춘 유럽인의 단독 주택으로 구성되어 있다. 부유한 아시아인들은 유럽인 구역에 가까운 파크랜드에 거주하고 있으며, 아시아인 빈곤층은 이스트리(Eastleigh)에 거주한다. 아시아인 인구의 일부는 나이로비 남부의 두 번째 아시아인 구역으로 이주하였다. 중심업무지구와 중산층 또는 노동자층 구역은 나이로비의 지리적 중심지에 집중되어 있고, 도심 동쪽의 대부분은 불량 주택지로 이루어져 있다. 불량 주택지의 성장은 나이로비의 독립 이후에 이루어진 가장 주요한 경관상의 변화이며, 이는 일반적인 지리적 패턴을 훼손시켰다.

비록 그 성장률과 경제적 건전성은 과거 25년 동안 쇠퇴했지만 나이로비는 아프리카에서 주요한 메트로폴리스가 되었다. 나이로비가 가지는 케냐의 종주도시로서의 역할은 동부 아프리카와 심지어 사하라 이남 아프리카에 국제적인 중심지로서의 역할에 의해 증대되었다 (그림 8.12). 나이로비는 도시의 일부가 세계경제와 통합되어 있지만 나머지 지역은 분리되어 있는, 아프리카의 파편화된 어버니즘(splintering urbanism)의 사례가 된다. 나이로비는 사하라 이남 아프리카 지역의 수많은 도시들과 비교해 볼 때, 1950~1960년대에 산업과 중심업무지구에 중요한 재정 서비스 부문에서 좋은 성과를 보였다. 유럽인과 아프리카인 엘리트층, 아시아인은 나이로비 북부 또는 파크랜드의 안락한 주거 공간에 거주하고, 중심업무지구나 이와 유사한 고립된 구역에서 근무한다. 수많은 아프리카인 주민들은 도시의 핵심적인 기능에 통합되지 않고 나이로비 경제로부터 배제되고 있다고 생각하며, 이에 대해 대부분의 서구인들은 도시의 엘리트층을 위한 폐쇄공동체의 개발로 간주한다. 비공식적 경제 부문이 현재 나이로비에서 고용 기회와 주거 공간을 제공하고 있다.

나이로비의 중심업무지구는 아프리카에서 가장 분주한 지역에 속한다. 이 도시의 가장 두드러진 기능은 상업, 소매업, 관광업, 은행업, 정부, 국제기구, 교육 등과 관련되어 있다. 나이로비는 1998년 미국 대사관과 인근 오피스 빌딩에 폭탄 테러가 발생해 국제적인 악명을 얻었는데, 이 테러로 284명의 사상자가 발생했으며, 이 가운데 10명이 케냐인이었다. 이 테러 행위는 2007년 12월부터 2008년 1월까지 지속된, 대통령 선거 이후에 발생한 대규

그림 8.12 이 사진과 같은 나이로비의 현대적인 오피스 복합 건물은 나이로비가 동부 아프리카의 경제적 관할 및 통제 센터로서 아프리카의 미래를 만들어 나가는 역할을 수행하고 있음을 보여 준다. (사진: Garth Myers).

모 유혈 사태로 인해 다시 상기되었으며, 이 유혈 사태는 수천 명의 나이로비 시민들, 특히 도심에서 멀지 않은 곳에 위치한 악명 높은 키베라(Kibera) 슬럼에 거주하던 사람들을 수개 월 동안 난민으로 지내도록 만들었다. 이와 같은 비극이 있었지만, 나이로비의 중심업무지 구는 아직도 사하라 이남 아프리카 지역에서 가장 아름답고 매혹적인 고층 건축물의 스카 이라인을 유지하고 있다. 가로등이 늘어선 편도 1차선 도로, 승객으로 가득찬 버스, 심각한 교통 정체, 거대한 광고판과 네온사인, 전 세계에서 수입된 자동차들로 인해 나이로비는 케 냐에서 초현대적인 분위기를 자아낸다. 대통령 선거 이후에 발생했던 폭력 사태가 2008년 초 중단됨과 동시에 화해의 조치와 개헌이 이루어지면서 수많은 나이로비 시민들은 새 정 부의 관심과 외국인 투자가 오랫동안 지속된 이 도시의 쇠퇴를 반전시킬 것이라는 희망을 갖게 되었다. 정부는 내각 차원의 나이로비 메트로폴리탄 개발부(Ministry for Nairobi Metro-politan Development)를 신설하고, 민중에 의한, 지방분권화된, 커뮤니티 기반의 도시 개발로 방향을 전환했으며, 2030년까지 나이로비를 세계적인 수준의 도시로 만들기 위한 야심찬 계획을 발표하였다. 나이로비의 도시 쇠퇴가 아직 반전되지는 않았지만, 이 도시는 케냐와 그 주변 지역에 창조적인 문화 중심지로 재부상하고 있다(글상자 8.5).

나이로비의 정치지리와 대중가요

현재 나이로비는 인종과 민족의 다양성이 매우 큰 도시이다. 비록 나이로비의 많은 지역이 계층에 기반을 둔 지대로 분화되어 있지만, 이 도시의 사회경제적 지도를 살펴보면 아직도 식민주의 시대의 인종에 따른 공간 분리가 그대로 유지되고 있음을 알 수 있다. 아시아인, 백인, 아프리카인 엘리트층의 주거지는 서로 오버랩 되어 있지만, 도시민의 대다수를 차지하고 있는 아프리카인 빈민과 노동자들의 주거지와는 동떨어져 있다. 도시 내의 인종에 기반을 둔 지리적 분리가 문화생활에도 반영되어 있다. 냐이로(Joyce Nyairo)의 연구는 나이로비의 가장 유명한 나이트클럽인 카니보어 심바 살롱(Canivore Simba Salon)이 인도 방그라(Bangra) 음악, 키쿠유(Kikuyu) 음악, 서구 팝음악을 선호하는 사람들을 위한 특별한 날을 만들어 고객들을 구분하고 있음을 잘 보여 준다. 반면 나이로비에서 만들어진 새로운 대중적 형태의 케냐 랩은 사회적, 정치적 측면에서도 중요한 역할을 하고 있다. 예를 들어 랩 듀오인 Gidi Gidi Maji Maji가 불러 케냐인들에게 크게 히트한 노래인 "Unbwogable"은 케냐가 독재 통치로부터 벗어나게 된 것을 상징하는 주제가가 되었다. 이 노래의 제목은 중단시킬 수 없는 민주화의 대의를 전달하기 위해 루오어(Luo)와 영어를 혼성해 만든 새로운 단어이다. 은달린 P(Ndalin P)는 "4-in-1"이라는 노래에서 나이로비에서 급팽창하고 있는 이스트랜드에 살고 있는 4명의 사람들, 즉 미니버스 운전기사, 아시아인, 그리고 은달린 P 자신이 포함된 2명의 래퍼의 삶을 노래한다. 냐이로의 연구는 은달린 P가 엘리트층, 정부, 자기 자신에 대해 똑같이 조롱하며 이스트랜드의 거주자가 직면한 박탈의 패턴을 어떻게 그의 노래에 담고 있는지를 잘 보여 준다.

나이로비의 새로운 음악은 엘리트층 사람들이 거의 방문하지 않는 나이로비의 변두리를 찬양하고 있지만 이 도시가 가지고 있는 이질적인 성격을 강조한다. 냐이로가 언급한 대로 이와 같은 새로운 노래의 가사를 통해 "사람들은 변두리 지역의 공간적, 사회적 특성과 함께 이러한 지역에 거주하는 사람들과 매일 자신들의 삶에 윤활제가 되는 기쁨과 꿈에 대해 충분히 이해하게 된다." "4-in-1"과 같은 노래에서 냐이로는 나이로비가 도시계획과 디자인에 대한 세계적인 구상을 모방하는 것에 필적하는, 모방의 목소리를 들을 수 있다고 주장한다. 이는 마치 나이로비만이 고립된 현대적인 공간임을 가정하고 있다고 말하는 것과 같은 것이다. 그러나 사실 나이로비의 특성은 생태 도시를 조성하기 위한 계획을 무산시키고, 인구 과밀화와 무허가 주택지를 도시 개발에 포함된 당연한 부분으로 만들었던 사람들의 비상한 생각으로부터 나온 것이다.

출처: J. Nyairo, "(Re)Configuring the City: the Mapping of Places and People in Contemporary Kenyan Popular Song Texts," in M. Murray and G. Myers (eds.), *Cities in Contemporary Africa* (New York: Palgrave Macmillan, 2006), pp. 71-94.

다카르: 세네갈의 모순 도시

세네갈의 도시화율은 약 43%이다. 인구 280만 명의 다카르는 서부 아프리카의 주요 종주도시이다. 이 도시는 온화한 기후, 뛰어난 입지 조건과 도시 형태뿐만 아니라 도시경관의 아름다움, 현대성, 매력, 양식으로 잘 알려져 있다. 그러나 이와 같은 이미지는 다카르의 일부에만 적용된다. 나이로비와 마찬가지로 다카르는 상당한 모순성을 띤 도시이다.

이 도시는 포르투갈인 항해사가 다카르 반도 인근에 위치한 아주 면적이 작은 고레 섬에 정착했던 1444년에 세워졌다. 1588년 네덜란드인은 고레 섬을 선박의 정박지로 만들었다. 프랑스인이 1675년 고레 섬에 들어왔지만 프랑스인은 1857년까지 본토로 이주하지 않았다. 프랑스인은 다카르를 연료를 재공급받고, 석탄을 저장하기 위한 곳으로 이용하였다. 다카르의 도시 기능은 수많은 개발을 통해 다양해졌으며, 빠른 시간 내에 아프리카 서해안에서 가장 중요한 식민 항구가 되었다. 1885년 다카르는 철도를 통해 포르투갈의 이전 항구였던 세인트루이스와 연결되었다. 1898년 다카르는 해군 기지가 되었고, 1904년 프랑스령 서아프리카 연방의 수도가 되었다. 아프리카 대륙의 서쪽 끝에 위치한 다카르는 선박들이 유럽과 남아프리카 간에, 그리고 아프리카에서 신대륙으로 이동하는 데 전략적인 지점이 되었다. 다카르는 1956년까지 프랑스령 서아프리카의 수도로서 서부의 세네갈로부터 말리, 부르키나파소, 니제르를 포함하는 서아프리카의 프랑스어권 지역의 동쪽 끝에 이르는 배후지를 관할하였다.

프랑스인은 고레 섬으로부터 반도로 이동해 간 후, 아프리카인 마을에 인접해 거주하는 것에 불편함을 느꼈다. 인종 분리 정책이 공식적으로 추진되지 않았으나 프랑스인 정착자들은 항상 백인과 아프리카인 커뮤니티를 분리시키고자 하였다. 결국 아프리카인에게 일어난 재해로 인해 프랑스인들은 자신들만의 배타적인 소유지를 갖게 되었다. 1900년 황열병이 발병하기 전까지 아프리카들인은 살던 곳에서 지속적으로 추방되었다. 유럽인은 위생 조건을 내세워 아프리카인을 북쪽으로 추방하였다. 1900~1902년 사이 수많은 아프리카인 가옥이 '위생 조치'의 일환으로 소각되었으며, 프랑스 식민정부는 거주자에게 보상금을 지급하고, 이들을 타 지역으로 이주시켰다. 1914년 또 다른 전염병이 발병함으로써 남부 지역에서 아프리카인 가옥들이 철거되었으며, 더 많은 아프리카인들에 대한 이주가 단행되었다. 제2차 세계대전이 발발하기 직전 프랑스는 다카르의 도심 전체를 점령했으며, 아프리카인들은 반도의 북부와 중부에 위치한, 아프리카인의 메디나(African Medina)라고 부르는 곳에 모이게 되었다. 이와 같은 프랑스인과 아프리카인의 '동거(cohabitation)'는 추방 운동에 뿌리를 두었다. 비록 식민정부는 인종 분리 정책을 실시하였다고 인정하지 않았지만, 인종에 기반을 둔 시스템을 공개적으로 만들고 적용시키라는 권고를 하였다. 1889년 다카르에 대한 도시 연구 임무를 맡은 위원회가 유럽인과 아프리카인 사이에 분리된 주거 구역을 조성하라는 제안을 하였다. 1901년 또 하나의 보고서가 아프리카인을 도시 외부로 이주시킬 것을 제안하였다. 1950년과 1951년에 이행된 새로운 계획안은 식민지 행정가에게 더 많은 아프리카인을 이주시키라는 구실을 제공하였다.

오늘날의 다카르와 같은 도시 내부 구조는 역사적 배경을 반영한다. 이 도시는 네 개의 주요 지역으로 구성되어 있다. 엄격하고 배타적인 민족별 분리 구역을 더 이상 찾아볼 수는 없지만, 르플라토(Le Plateau)는 아프리카에서 가장 서구화된 지역에 속한다. 다카르는 고층 빌딩, 고급 상점과 음식점, 비즈니스 오피스, 그리고 다수의 유럽인으로 인해 유럽 도시에 쉽게 비견된다. 백색 페인트가 칠해진, 가로수가 늘어선 대로가 특징적인 르플라토는 다카르에서 가장 현대적인 구역으로 상류층의 주거지와 상업과 도매 기능, 정부 기관과 오피스가 위치한다. 이와 대조적으로 메디나는 아프리카인의 고밀도 주택과 빈민촌 지구가 집중된 곳이다. 메디나는 다카르에서 인구가 고밀도로 집중된 곳이며, 수많은 시장과 클럽이 위치해 있다. 이곳은 주거지이지만 상점과 시장, 문화 시설들도 분포한다. 공장 노동자와 비공식 부문에 고용된 사람들은 메디나의 안팎에 거주한다. 메디나와 인근의 빈민촌인 우아켐(Ouakem)과 그랜드요프(Grand Yof)의 주민들은 빈곤하며, 도시 서비스를 거의 제공받지 못하고 있다. 최근 다카르가 팽창하면서 그랜드다카르(Grand Dakar)라고 부르는 구역이 조성되었는데, 이곳에는 부유층에서 중산층과 빈민층에 이르기까지 다양한 계층의 주거지로 구성되어 있어 현대적인 주거 시설과 산업 시설, 그리고 빈민촌이 혼재해 있다. 이와 함께 이 도시의 대부분의 산업 활동이 이루어지고 있는 다카르 산업 지구도 위치한다.

다카르에서 관심을 기울일 필요가 있는 또 다른 곳은 고레 섬이다. 이 섬은 수 세기 동안 아프리카, 유럽, 아메리카 간의 삼각무역에 있어 중요한 부분을 담당하였다. 1776년에 세워진 '노예의 집(Maison des Esclaves)'은 서아프리카에서 악명 높은 노예무역 중심지였던 고레 섬의 역할을 상기시켜 준다. '다시 돌아올 수 없는 문(Door of No Return)'으로 유명한 노예의 집은 아프리카인이 노예로서 신대륙으로 향하는 선박에 태워지기 전에 머무는 곳이었다. 노예의 집은 원형이 잘 보존되어 있으며, 매년 수천 명의 관광객이 방문하고 있다.

다카르는 아프리카의 종주도시로서 급속한 인구 성장 문제에 직면해 있다. 1914년

18,000명이었던 이 도시의 인구는 1945년 13만 2000명, 2010년 300만 명으로까지 증가하였다. 명백히 이와 같은 인구 성장의 대부분은 농촌으로부터 도시로의 인구 이동에 기인하며, 이는 사하라 이남 아프리카 지역의 모든 종주도시에서 특징적으로 나타난다. 다카르 인구의 자연 증가율은 다른 지역보다 나은 위생 상태와 의료 서비스에 기인해 국가 전체 평균보다 훨씬 높다.

다카르의 도시 기능은 세네갈의 국경을 넘어선 지역에까지 미치고 있다. 이 도시의 이상적인 입지 조건은 항공기 노선뿐만 아니라 선박 항로의 중심지라는 점에서 잘 드러난다. 지리적 이점과 쾌적한 도시환경 덕분에 수많은 국제기구가 다카르에 위치하며 다수의 국제회의가 다카르에서 개최된다. 다카르는 무엇보다도 서부 아프리카에서 유럽 관광객, 특히 이국적 환경에 익숙한 기후의 쾌적함을 느끼는 지중해 연안 지역으로부터 온 관광객들이 가장 선호하는 휴양지이다.

그러나 다카르의 미래는 두 가지의 문제를 성공적으로 해결하는 데 달려 있다. 첫 번째 문제는 위성도시의 개발과 이에 수반되는 분산의 문제를 포함하여 농촌 개발 정책을 이행함으로써 인구가 농촌으로부터 도시로 유입되는 것을 저지시켜야 하는 것이다. 두 번째 문제는 아프리카의 여타 종주도시와 마찬가지로 도시의 초현대적인 공간과 빈민촌 사이의 격차를 줄이고 다카르를 진정한 아프리카의 도시로 만드는 것이다.

요하네스버그: 황금의 다핵 도시

남아프리카공화국은 오랫동안 사하라 이남 아프리카에서 가장 도시화율이 높은 곳으로 분류되었다. 국가 전체 인구의 약 58%가 도시에 거주한다. 360만 명 이상의 인구를 가진 요하네스버그는 남아프리카공화국에서 가장 큰 도시이다. 그러나 이 도시의 인구를 측정하는 것은 대부분의 사하라 이남 아프리카 지역의 도시와 비교해 단순하기도 하고 더 복잡하기도 하다. 남아프리카공화국의 경제적 부로 인해 대부분의 사하라 이남 아프리카의 국가들보다 정기적이고 신뢰할 만한 센서스 통계치를 집계할 수 있으며, '남아프리카공화국 도시 네트워크(South African Cities Network)'는 아프리카에서 가장 훌륭한 도시 통계를 갖추고 있다. 반면에 남아프리카공화국의 지방정부 재구조화 과정, 그리고 요하네스버그의 도시 중심성은 요하네스버그의 지리적 경계를 명확하게 규정하는 것을 어렵게 만든다(글상자 8.6). 주요 도시인 츠와니[Tshwane: 옛 프리토리아(Pretoria)]와 에쿠르훌레니(Ekurhuleni: 옛 이스

글상자 8.6

남아프리카공화국의 지리정보체계

1948년부터 1994년까지 지속된, 남아프리카공화국의 백인 소수 집단 정권에 의해 이행된 아파르트헤이트 정책은 이 정책보다 먼저 실시되었던 분리주의 정책에 기반을 두었다. 식민 시기의 도시 정책과 1910~1948년까지 유지된 독립 백인 소수 정권의 정책은 모두 인종을 분리하였으며, 불평등한 사회경제적 개발 정책의 수립과 유지에 있어서 아파르트헤이트와 함께 지리적 요소를 이용하였다. 아파르트헤이트 정권에서 고도로 통제되었던 권위적인 행정 조직들은 남아프리카공화국의 도시에서 질서를 확립하기 위해 점차 첨단 기술에 대한 의존도를 높였는데, 특히 무기의 사용과 경찰의 업무 처리 과정에 첨단 기술이 도입되었다.

1990년대 초반부터 아파르트헤이트를 폐지하고, 동등한 다인종 구성에 따라 사회를 재구조화한다는 명목으로 새로운 지리적 기술들이 매우 새롭고 색다른 방식으로 활용되었다. 지리정보체계(GIS)는 남아프리카공화국, 특히 도시 내부와 그 주변 지역을 다인종 사회로 새롭게 만드는 데 중심적인 역할을 하였다. 이와 같은 공간의 재구조화와 GIS의 역할이 논란의 여지가 없는 것은 아니지만, 남아프리카공화국은 지리학자들에게 사회를 개선시킬 수 있는 GIS의 가능성과 한계에 대한 매우 중요한 사례를 제공한다.

아파르트헤이트에 기초한 홈랜드 정책(Homeland Policy)과 거주 지역 지정법(Group Areas Act)은 20세기 후반 분리 개발이 구체화될 수 있었던 법적 근거를 제공하였다. 홈랜드 정책을 통해 백인 정권은 남아프리카공화국의 흑인을 아프리칸스어로 반투스탄(bantustan)이라고 부르는 척박한 주변 농촌 홈랜드로 이주시키는 것을 제도화시켰다(그림 8.13). 거주 지역 지정법을 통해 아파르트헤이트 정책 입안자들은 흑인이 도시에 거주하지 못하도록 만들었다. 아파르트헤이트 이행 시기의 도시는 인종 간 분리에 기반을 두고 건립되었다. 도시는 타운십에서 '백인 전용 구역(white-by-night)'으로 지정된 곳과 백인 가정의 흑인 가정부 등을 포함해 도시 기능을 유지하기 위해 필요한 흑인 노동자 계층의 구역으로 구분되었다. 컬러드(Colored: 혼혈인)와 아시아인도 각각의 구역으로 분리되었다. 타운십은 물리적 시설물, 철도, 고속도로 등으로 구분선을 두고 도시로부터 일정 거리에 위치하였다. 아파르트헤이트 정권은 이전부터 존재하던 흑인 근린지구가 인종에 따른 지역 구분을 방해할 경우 흑인 구역(black spots)이라고 명명된 곳을 강제로 철거시켰다.

아파르트헤이트의 폐지는 글자 그대로 남아프리카공화국 정부가 인문지리적 특성을 보여 주는 지도를 다시 제작하도록 만들었다. 남아프리카공화국의 4개의 주 가운데 2개의 주가 7개의 새로운 주로 분할되었고, 이 때문에 남아프리카공화국은 9개의 주를 갖게 되었다. 이와 같은 조치는 반투스탄 정부의 해체와 함께 분권화된 민주주의 체제 아래서 모든 인종에 대한 정부의 행정 서비스를 통합하기 위한 노력의 일환이었다. 남아프리카공화국의 도시지리를 재조직하는 것은 훨씬 더 복잡한 일이었다. 모든 지방정부 수준에서 새로운 지리적 경계가 만들어져야 했다. 아파르트헤이트 폐

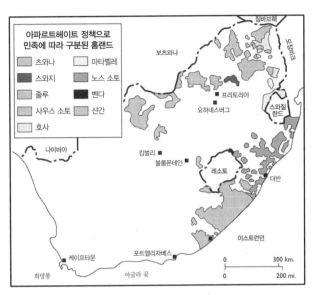

그림 8.13 아파르트헤이트 시기 남아프리카공화국의 아프리카인 홈랜드의 분포. 출처: 다양한 자료로부터 재구성

지 이후 수립된 새 정부는 1998년에 제정된 '자치도시 조직 법'에 따라 1999년 도시 경계 설정 위원회(Municipal Demarcation Board)를 수립하여 지리정보학(Geographic Information Science)을 이용해 아래로부터 도시의 재구조화가 이루어지도록 하였다.

　남아프리카공화국 정부는 새로운 시대를 맞이하며 경계 설정이 민주적으로 이루어질 수 있도록 노력하였다. 인터넷을 이용해 도시 경계 설정 위원회와 주정부 및 지방정부를 위한 부처들은 그 어떤 사하라 이남 아프리카 지역에서 이루어진 것보다 많은 공간 정보를 대중에게 공개하였다. 남아프리카공화국 정부는 심각한 문제들에 대해 기술에 기반을 둔 해결책을 제공하기 위해 GIS 데이터를 이용하고자 하였다. 이와 같은 노력과 막대한 양의 정보를 투명하게 공개한 것에 대해 좋은 평가를 받았지만, 수많은 도시에서 프로세스에 대한 질문들이 제기되었다. 요하네스버그에서 비난이 가장 컸는데, 이 도시에서 과거 '백인 전용 구역'이 주변의 대규모 타운십과 통합되었다. 새로운 대요하네스버그 메트로폴리탄 위원회에 서로 다른 GIS에 기반을 둔 경계 설정에 대해 수많은 제안이 이루어지자 정부는 여당인 아프리카 민족 회의(ANC)의 지도층으로부터 지리학자와 GIS 전문가들이 최대한의 공정성을 확보하고 가장 적합한 경계 설정이라고 간주한 계획을 무시하라는 압력을 받았으며, 결과적으로 어쩔 수 없이 이를 받아들였다. 또한 GIS를 적용해 남아프리카공화국의 도시 빈민 가운데 극빈자를 위한 기본적인 상수 공급 서비스를 제공하는 것과 같은 정책이 왜곡되는 것을 막지 못하였다. GIS 자체는 남아프리카의 도시문제를 상당수 해결하지 못할 것이지만 이는 아파르트헤이트를 폐지하고 민주주의 질서로 대체하는 데 있어서 유용한 도구가 되었다. 특히 도시에서 GIS는 도시 운영의 효율성을 제고하고 새로운 흑인 정부가 도시민을 위한 정책을 수립하는 것을 도왔다.

트랜드)의 총인구는 200만 명이 넘으며, 인구 110만 명의 베레니깅(Vereeniging)은 요하네스버그 메트로폴리탄 지역 내에 포함되고, 또 다른 도시들도 연담해 있다. 요하네스버그 메트로폴리탄 지역에는 820만 명 이상의 인구가 분포한다고 알려져 있다.

남아프리카공화국은 또한 사하라 이남 아프리카 지역에서 도시 계층성이 가장 잘 발달한 곳이다. 아프리카 도시 체계에서 종주성과 관련된 문제는 여기에서 논의할 필요가 있다. 360만 명이 넘는 요하네스버그의 인구는 인구 320만 명의 이테퀴니[eThekwini: 옛 더반(Durban)], 인구 340만 명의 케이프타운에 필적한다. 그리고 넬슨만델라베이(Nelson Mandela Bay: 옛 포트엘리자베스)와 베레니깅의 인구는 각각 100만 명이 넘어 남아프리카공화국의 7개의 자치도시에 포함된다. 7개의 자치도시는 츠와니, 에쿠르훌레니, 요하네스버그, 이테퀴니, 케이프타운, 넬슨만델라베이, 베리니깅이다. 이외에 5개의 도시는 50만 명 이상, 100만 명 미만의 인구를 갖고 있다. 비록 츠와니와 에쿠르훌레니의 근접성을 고려하면 대요하네스버그 도시권과 하우텡 주(Gauteng Province)를 남아프리카 경제의 핵심지로 인정하는 것이 가능하지만 이는 요하네스버그의 종주성을 약화시킨다. 더구나 요하네스버그는 사하라 이남 아프리카 지역에서 유일한 세계도시로 여겨진다. 요하네스버그는 아프리카 대륙에서 가장 규모가 큰 광업과 산업의 중심지이다. 또한 아프리카에서 가장 규모가 큰 증권 거래소, 가장 항공 교통량이 많은 공항, 가장 다양한 제조업 부문, 아프리카에서 가장 악명 높은 인종 차별의 역사를 가진 곳이다.

요하네스버그의 경이적인 성장은 1886년 금이 발견되면서부터 시작되었다. 이곳의 부를 얻기 위해 남부 지역으로부터 이주한 정착민의 커뮤니티가 들어서면서 금이 발견된 지 1년 만에 이 도시의 인구가 1만 명으로 증가하였다. 그 후 약 10년 뒤인 1895년까지 요하네스버그의 인구는 10만 명으로 증가했으며, 이들 가운데 1/2은 유럽인이었다. 요하네스버그에 광산회사가 설립되었고, 이 회사들은 최근까지 도시정부보다 도시의 공간 구조를 결정하는 데 더 많은 관여를 하였다.

황금의 도시 요하네스버그는 사회공학적으로 악명 높은 실험이 이루어진 곳으로서 불행한 역사를 갖고 있다. 이 실험은 백인 이주자들과 아프리카 토착 인구 간에 분리라는 관점에서 출발하였다. 요하네스버그의 분리 정책은 1886년 어떤 토착 부족도 새로운 도시에서 112km 이내에 거주할 수 없다는 정책으로부터 시작되었다. 1903년 토착민에 대한 문제가 처음 발생했을 때, 그리고 1932년 토착민을 위한 경제 위원회(Native Economic Commission)가 만들어지면서 다시 문제가 재발했을 때, 유럽인 정착자들은 요하네스버그가 유럽인을 위해, 유럽인에 의해 건설되었으며, 유럽인만의 것이라고 주장하였다. 이들은 '토착민'이 비숙련 노동에 필요하며, 이 도시에서 노동에 종사하기 위해 왔을 뿐이지 유럽의 문명을 습득할 수 없으므로 거주하기 위해 들어온 것이 아니라고 주장하였다. 이와 같은 방식으로 아프리카에서 가장 규모가 큰 유럽인의 도시가 발달하게 되었다. 아프리카인들은 요하네스버그에 일자리를 가지고 있다고 하더라도 영구적인 거주가 허용되지 않았으며, 고용 기간 동안에는 감시가 이루어지는 구역이나 분리된 타운십에 체류하도록 제한을 받았다. 모든 아프리카인에게 통행증이나 신분증을 요구하는 '통행증 소지법(pass law)'은 1890년에 시작되었으며, 아프리카인을 특정 주거 지역으로 한정시키는 '거주 지역 지정법(compounding system)'은 요하네스버그의 심각한 도시 구조 문제를 더욱 악화시켰다.

요하네스버그는 아프리카에서 가장 큰 제조업 중심지이며 문화와 교육의 중심지가 되었다. 이 도시의 풍요로움은 모든 인종의 노동으로부터 나오지만 백인이 이를 전유하였고, 백인은 전 세계에서 가장 높은 생활수준을 누렸다. 오늘날 이 도시는 깨끗하고 아주 잘 계획된 거리, 고층 빌딩, 매우 호화로운 주거 구역을 갖고 있다. 도심 지역은 수많은 기업, 무역 회사, 정부 기관의 오피스를 위한 고층 건물군으로 인해 유럽이나 북아메리카의 산업도시에 비견된다. 샌튼(Santon)과 같은 요하네스버그 외곽에는 부유한 유럽인을 위한 주택이 위치하는데, 이 주택들의 설계와 편의 시설들은 유럽과 북아메리카의 상류층을 위한 주택들이나 시설들보다 훨씬 뛰어나다.

1948년 백인들만을 대상으로 하는 선거에서 백인 인종차별주의 정당이 집권한 이후 인종에 기반을 둔 분리 개발이 아파르트헤이트라는 이름하에 공식적인 국가 정책이 되었다. 아파르트헤이트는 유럽인들의 특권적 지위를 유지하기 위한 사회공학적이며 패권적인 도구였고, 그로 인해 소수의 백인이 남아프리카공화국에서 생성된 부를 전유할 수 있었다. 아파르트헤이트의 적용은 급속하게 성장하는 요하네스버그 메트로폴리탄 지역에 노동력을 공급하기 위해 수많은 아프리카인을 필요로 했기 때문에, 요하네스버그의 역동적인 환경 속에서 심각한 시련을 맞이하였다. 아파르트헤이트 정책 입안자들은 아프리카인을 홈랜드에 분리시키는, 지속가능하지 않은 제도를 만들어 적용하는 근시안적인 생각을 가지고 있었다. 이들은 후에 요하네스버그의 영향력 아래에서 성장하는 소웨토(Soweto)와 같은 흑인 거주 구역을 용인할 수밖에 없었다(그림 8.14). 아파르트헤이트는 정책 입안자들이 결코 예상하지 못했던 사회적 무질서에 굴복할 수밖에 없었다. 1976년 소웨토에서의 인종 폭동은 인종차별이 폐지된 남아프리카공화국으로 전환되는 계기가 되었다. 전 세계가 잔혹한 백인

그림 8.14 이 사진은 요하네스버그 인근의 유명한 판자촌, 즉 불법 점유지를 촬영한 것이다. 이 취락은 소웨토(사우스웨스턴 타운십)의 일부이다. (사진: Brennan Kraxberger)

정권을 묵인하지 않게 되면서 국외로부터 도덕적 비난과 국내로부터 폭동을 가져왔다. 이와 같은 두 가지 측면에서의 압력과 넬슨 만델라의 도움으로 1990년대 초반, 남아프리카공화국에서 아파르트헤이트가 공식적으로 폐지되었고, 1994년 만델라가 대통령에 당선되면서 악몽으로부터 벗어났다.

요하네스버그와 여타 도시들의 미래는 아파르트헤이트에 의해 만들어진 도시 불안정의 근본적인 원인을 제거하고, 남아프리카공화국에서 가장 중요한 산업과 비즈니스 중심지로서의 지위를 유지할 수 있는가에 달려 있다. 요하네스버그가 직면한 도전적인 문제는 심각한 사회경제적 불평등을 해결하기 위한 시도로부터 발생한 문제에서 드러난다. 아파르트헤이트의 인구 유입 통제법이 효력을 상실하면서 정책 입안자들과 도시계획가들은 인종에 의해 분리된 도시를 통합된 도시로 전환시켜야 하는 어려운 문제에 봉착해 있다. 요하네스버그 시민들은 높은 폭력 범죄율과 지속되는 불안정을 겪고 있다. 요하네스버그는 광산업도시와 산업 지역이 통합되면서 메갈로폴리스로 성장하고 있다. 소웨토와 알렉산드라(Alexandra)와 같이 과거에 주변화된 타운십은 현재 대도시 생활권에 통합되어 있다. 요하네스버그에서는 아직까지 소득 불평등 비율과 폭력 범죄율이 높은 편이지만 이는 계속 감소하고 있다. 요하네스버그의 두 곳의 경기장에서 2010년 FIFA 월드컵 경기의 결승전이 개최되면서 요하네스버그는 남아프리카공화국의 성공적인 월드컵 경기 개최를 상징하게 되었다. 2010년 월드컵 경기는 아프리카 대륙에서 개최된 가장 규모가 큰 세계적 스포츠 행사였다. 빈곤층에게 더 혜택을 가져올 수 있는 도시 개발에 투자를 하는 대신 월드컵 경기 개최에 필요한 경기장과 기반시설에 대규모 투자를 한 것에 대해서는 논란이 지속되었지만, 요하네스버그의 새로운 하우트레인(Gautrain) 도시 고속 수송 시스템은 고속도로 중심의 교통 체계를 개선시켰으며, 2010년 FIFA 월드컵 경기의 흔적이 경관에 상당수 남아 있다. 이와 함께 많은 사람들이 예상했던 재난과 큰 실수 없이 월드컵을 개최할 수 있었던 남아프리카공화국의 역량에 대해 요하네스버그 시민들은 큰 자부심을 느꼈다. 인종차별 없는 중앙정부의 정책과 함께 경제성장을 가져올 풍부한 인적 자원과 자연 자원을 갖춘 요하네스버그는 보다 진보적인 미래를 앞에 두고 있다. 성공은 이 도시에 거주하고 있는 모든 민족 집단이 인종과 민족 관계의 역사를 책임 있게 다루고, 모든 사람들이 새로운 남아프리카공화국의 개발에 참여하는 사회를 만들어 갈 수 있는지의 여부에 달려 있다.

도시의 도전

도시 환경문제

대부분의 사하라 이남 아프리카가 유럽, 아시아, 아메리카에 위치한 유사한 크기의 도시보다 훨씬 더 제한된 공업화 과정을 겪었기 때문에 도시의 환경문제가 보다 심각하다고 생각되지 않는다. 그러나 고형 폐기물 관리, 대기오염과 수질오염, 독성 폐기물의 처리, 보건 문제는 사하라 이남 아프리카 지역의 많은 도시들에서 나타나는 심각한 이슈이다(그림 8.15). 부분적으로 아프리카의 도시에서 공공 부문의 규모가 작고, 제조업의 부가가치 기반 또한 미약하기 때문에 도시 행정을 맡은 정부가 광범위한 도시 서비스를 모두 제공할 수 없다. 여기에는 고형 폐기물 관리, 상수 공급과 오수 처리, 환경 모니터링과 같은 환경 관리 서비스도 포함된다.

결과적으로 사하라 이남 아프리카 지역의 도시에서 공식적인 도시 서비스의 공급은 매우

그림 8.15 잔지바르 외곽에서 촬영된, 토양침식으로 훼손된 지형의 모습. (사진: Garth Myers)

부족하다. 고형 폐기물의 수거와 처리 서비스는 서로 교합된 여러 환경문제들의 일례일 뿐이다. 이 지역의 인구 100만 명이 넘는 도시들에서 주거지의 생활 폐기물의 비중이 매립지의 3~45%만을 차지한다는 보고가 있다. 이것은 대다수의 생활 폐기물이 수거되지 않고 도시 근린 지역에 그대로 방치되고 있다는 것을 의미한다. 초기 소규모 취락에서는 생활 폐기물의 대부분이 생물분해성이어서 생활 폐기물을 매립하거나 소각하는 것이 심각한 문제로 받아들여지지 않았다. 배터리와 가정용 살충제와 같은 유독성 폐기물과 함께 플라스틱과 기타 비유기물이 증가하고, 취락이 급속하게 성장하면서 적절한 폐기물 처리 부족이 심각한 위기를 발생시켰다. 인구밀도가 높은 근린 지역에 매장된 생활 폐기물은 수백만 명의 도시민에게 공급되는 상수를 오염시킨다. 관리되지 않은 불량 매립지로부터 침출된 오염물이 다르에스살람과 루사카, 그리고 기타 도시의 하천 하류에 위치한 농장에 유입됨으로써 수확된 과일과 채소에서도 오염물이 검출되었다. 예를 들어 여성들은 응옴베와 같은 외곽 지역에서뿐만 아니라 루사카의 도심에서도 판매되는 토마토, 채소, 사탕수수를 재배하는데, 로마(Roma)와 응옴베의 경계 지역을 따라 분포하는, 하수로 오염된 습지를 텃밭으로 이용한다. 지표에서 소각된 폐기물은 근린 지역 대기의 질에 심각한 피해를 발생시킨다. 도랑에 내버려진 폐기물은 배수를 막아 홍수나 말라리아를 옮기는 모기의 번식 장소가 된다. 아프리카 도시에서 수개월 동안 수거되지 않은 폐기물 더미는 공공 보건에 심각한 악영향을 끼치는 해충의 서식지가 된다.

아프리카 도시에서 상수, 하수, 폐기물, 대기의 질, 보건과 같이 서로 연관된 환경의 문제는 동남아시아나 중앙아메리카의 메가시티와 비교해 심각하지 않은 것처럼 보이지만 실제로는 훨씬 더 심각한 편이다. 이는 환경문제가 관리나 개선이 이루어지지 않은 상태에서는 확대되기 때문이다. 나이지리아의 원유가 풍부한 나이저 삼각주, 잠비아의 구리광산 지대, 남아프리카공화국의 하우텡 주와 같이 주요 산업의 발달이 아프리카의 도시화와 연관되어 있는 곳에서는 식민주의, 초국적 자본주의, 억압적인 정부 또는 아파르트헤이트 정책이 환경문제의 해결을 지연시키고 있다. 예를 들면 잠비아 구리광산 지대에서 하천의 중금속 오염 정도는 상상을 초월하며, 용광로에 의한 대기오염과 수질오염을 막거나 감소시킬 수 있는 기술이 존재하지만, 과거 식민정부와 독립 이후에 들어선 정부에서는 오랜 기간 동안 잠비아의 전체 수출 소득의 90% 이상을 제공하는 광산업에 대해 환경을 고려한 조치를 취하지 않았다. 그러나 수많은 아프리카 도시들은 현재 환경의 위기를 겪고 있는 지역을 관리하기 위해 상당한 노력을 기울이고 있다. 개발 모델과 함께 많은 도시에서는 시험적으로 환경과 연관된 분야를 포함해 민간 부문에 의존해 도시 서비스를 공급하고 있다. UN의 지속가능한 도시 프로그램이 시험적으로 이행되고 있는 도시인 다르에스살람은 고형 폐기물 관리 서비스를 민영화했으며, 생활 폐기물의 처리 비율을 10% 이하에서 40% 이상으로 증가시켰다. 다른 도시들도 상수 공급과 하수 처리 서비스를 민영화하였다. 많은 도시에서 공공과 민간의 파트너십을 통해 민간 부문 기업들이 정부의 도시 서비스를 분담하고 있다. 그러나 모든 혁신들이 민간 부문에 의해 이루어지는 것은 아니며, 친환경적이지도 않다. 예를 들어 아파르트헤이트 정책 폐지 이후 남아프리카공화국 정부는 기본적인 상수도 무료 공급 정책을 폈고, 그로 인해 빈민층에 대한 깨끗한 물의 공급을 증대시킬 수 있었다. 다른 도시에서 도시환경 관리에 변화의 동력이 되고 있는 것은 나이로비의 마타레 스포츠 클럽(Mathare Sports Club)과 같은 커뮤니티 그룹이다. 마타레 스포츠 클럽은 지역의 환경 관리와 의식화로 1992년 리우데자네이루에서 개최된 세계환경 정상회의에서 세계적인 관심을 받았다. 그러나 어떤 방식을 선택하든지 아프리카 도시의 힘겨운 환경문제를 해결하기 위해서는 더 많은 변화가 필요하다.

종주도시

도시의 종주성은 아프리카에서 탁월하게 나타난다(그림 8.16). 실제로 제2차 세계대전 이후 아프리카 국가의 독립이 이루어진 후 도시를 변화시킨 가장 중요한 요인 가운데 하나는 종주도시의 급격한 성장이었다. 종주도시는 사하라 이남 아프리카에서 전체 도시인구의 25% 이상을 차지한다. 레소토, 세이셸, 지부티와 같은 국가에서는 종주도시의 인구와 전체 도시인구의 비율이 같다. 사하라 이남 아프리카에서 종주도시는 부르키나파소 또는 기니비사우와 같은 작은 국가에 한정된 것이 아니라 앙골라나 모잠비크와 같은 영토가 큰 국가에도 적용된다. 일반적으로 오랜 도시화의 역사를 갖고 있는 국가에서 종주도시의 비중이 낮다. 그러나 종주성의 정도는 아프리카의 도시 개발에 있어 오랫동안 중요한 패턴으로 지속되었다.

1960년대에 아프리카의 종주도시 대부분은 도시인구의 약 10%를 차지하였다. 2000년까지 킨샤사, 루사카, 아크라, 나이로비, 아디스아바바, 루안다, 다카르, 하라레와 같은 도시가 각각 국가 전체의 도시인구 가운데 20% 이상을 차지하였다(그림 8.17). 최근 들어 종주도시의 인구는 해당 국가의 전체 도시인구의 30% 이상을 점유하고 있다. 1980년대 후반 이후로 종주도시로부터의 분산 징후가 나타났으며, 종주도시에 거주하는 도시인구의 비율이 안정되고 있는 것도 주목할 만하다. 일례로 1990년과 2005년 사이 몇몇 국가의 종주도시에서 도시인구의 비중이 감소하였다. 인구 규모가 큰 도시에서 도시인구 비율의 감소가 가장 컸는데, 앙골라, 부르키나파소, 기니가 포함된다.

사하라 이남 아프리카에서 종주도시의 탁월성은 식민지 시대의 행정 정책에서부터 시작

그림 8.16 사하라 이남 아프리카의 주요 도시. Source: UN, *World Urbanization Prospects*: 2001 Revision, http://
www.un.org/esa/population/publications/wup2001/wup2001dh.pdf

수도의 인구
· 750,000명 미만
● 750,000~1000,000명
● 1000,000~5000,000명
● 5000,000~10,000,000명

되었지만, 식민지 시대가 종식되고 각국 정부는 종주도시를 현대적인 개발과 거버넌스의 중심지로 만들었고, 그 결과 이와 같은 패턴이 지속되었다. 이들 도시는 정치적인 프로세스에 지배적인 영향을 미치고 있는데, 기존의 상태를 강화시키기도 하지만 경우에 따라 변화를 가져오기도 한다(그림 8.18). 예를 들어 일부 도시에서 도시 정치의 프로세스는 전문직 여

그림 8.17 이발을 하는 것은 일상생활에서 제공받을 수 있는 기본적인 서비스 가운데 하나이다. 루사카의 카운다 광장(Kaunda Square) 주변에 게시된 광고판을 통해 이곳 사람들이 이발소에 전화 서비스를 비즈니스로 포함시켜 소득을 높이고 있음을 알 수 있다. (사진: Angela Gray-Subulwa)

성에게 새로운 활동 영역을 제공하였다. 부룬디, 모잠비크, 르완다, 탄자니아, 앙골라, 우간다, 남아프리카공화국에서는 의회 의원의 30%가 여성이며, 니제르, 부룬디, 모잠비크, 감비아, 우간다, 레소토, 보츠와나에서는 25%가 여성이다. 이에 비해 미국 의회 의원 가운데 여성의 비율은 20% 미만이다. 이들 도시에서 활동하고 있는 여성의 공식, 비공식 연대 기구들이 변화의 주요 기제로 등장하였다. 예를 들어 라이베리아의 평화 운동은 여성들의 연대 조직에 의해 영향을 받았으며, 그 결과 2006년 엘렌 존슨 설리프(Ellen Johnson Sirleaf)가 사하라 이남 아프리카에서 최초의 여성 대통령으로 취임하였다.

사하라 이남 아프리카의 종주도시들은 국가의 수도일 뿐만 아니라 종주도시의 인구 규모에 의해 예상되는 것보다 더 많은 영향력을 발휘하고 있다. 이들 도시는 정치, 경제, 도시 기반시설, 문화 등의 측면에서 우위를 점한다. 이들 도시의 영향력은 사회와 산업에 대

그림 8.18 잠비아의 루사카는 사람들의 행태를 변화시키기 위해 광고판을 이용하고 있는데, 이 도시를 국가 전체의 역할 모델로서 친환경적인 수도로 만들기 위해 노력하고 있다. (사진: Angela Gray–Subulwa)

한 투자의 상당 부분을 선취할 수 있게 만든다. 이처럼 도시에 권력이 집중됨으로써 이곳에 거주하고 있는 사람들과 종주도시가 아닌 곳에 거주하는 사람들 사이에 생활수준에 있어서 큰 격차가 발생하였다. 이들 도시는 또한 이 지역에서 가장 심각한 도시문제를 갖고 있다. 이와 같은 문제에는 증가하고 있는 실업률과 그 결과로 나타나는 범죄율 및 청년 실업률의 증가가 포함된다. 심각한 주택 부족 문제는 슬럼과 불법 주거지의 확산과 인구 집중을 반영한다. 모잠비크, 니제르, 앙골라, 차드, 중앙아프리카공화국, 시에라리온에서는 도시인구의 80% 이상이 슬럼에 거주한다. 그리고 상수, 하수, 교통과 같은 도시 기반시설과 서비스의 부족 문제도 심각하다.

인구의 이촌향도 현상

농촌으로부터 도시로의 인구 이동이 급증하는 현상이 사하라 이남 아프리카 국가의 공통적인 특징이다. 사하라 이남 아프리카에서 50~60%의 도시 성장률은 일자리와 생계수단을 찾아 청장년층이 농촌에서 도시로 이주하면서 발생한다. 이와 같은 이주는 현재 아프리카 국가가 직면하고 있는 가장 심각한 문제들 가운데 하나이다. 아프리카 국가가 식민 통치로부터 벗어난 이후, 권력과 투자의 중심지가 되었던 소수의 도시로 대규모의 인구가 유입됨으로써 대부분의 도시에서는 부양 능력이 감소하였다. 사하라 이남 아프리카의 도시화율에 대한 우려는 높은 농촌 인구 비율을 고려하면 정당화시킬 수 없다. 그러나 종주도시와 그와 같은 중심지의 높은 성장률이 특징적으로 나타나고 있는 도시 성장 패턴은 도시의 사회경제적 시스템의 고용 기회, 주택, 사회적 서비스를 제공할 수 있는 능력을 넘어선다. 결과적으로 종주도시는 대부분의 경우에 있어서 전반적인 개발 프로세스를 취약하게 만들었다.

개발도상국의 도시에서 인구의 이촌향도 비율이 실업률의 증가에도 불구하고 계속해서 증가하고 있다는 역설적인 사실은 농촌과 도시의 소득 격차에 기초한 이주 이론을 이끌어 낸다. 이 이론은 이주가 근본적으로 경제적 현상이고, 잠재적인 이주자들은 다양한 가능성으로부터 높은 기대 소득을 실현시키기 위해 계산된 조치를 취한다고 가정한다. 이 이론에 따르면 도시와 농촌의 큰 소득 격차는 이주자가 도시에서 장기간의 고용을 확실하게 할 수 있는 가능성이 있다는 사실과 함께 농촌에서 도시로의 이주가 증가하고 있는 동인을 설명한다. 개발도상국에 적용된 구조 조정 프로그램들은 농산물의 수출 가격을 증가시키고, 도시민에 의해 소비되는 무료 또는 정부의 보조금이 지급된 서비스에 대한 지불을 제도화함으로써 이와 같은 도농 간 격차를 줄이려는 노력의 일환으로 이행되는 것이다.

사하라 이남 아프리카 지역의 인구가 농촌으로부터 도시로 이주하는 것은 농촌의 배출 요인과 도시의 흡인 요인과 관련지어 설명할 수 있다. 배출 요인은 농경지가 부족한 것을 포함하여 농촌에서 악화되고 있는 사회경제적 조건을 말하는데, 이는 사람들이 농촌을 떠나도록 만든다. 흡인 요인은 도시에서 이용 가능한 사회경제적 기회를 말한다. 농촌의 사회적 통제로부터 벗어나는 것을 포함해 도시에 대한 사회적, 문화적, 심리적 요인뿐만 아니라 경제적 기회가 사람들을 도시로 유인한다.

사하라 이남 아프리카에서 이촌향도가 주로 이주를 통해 얻을 것으로 예상되는 기대 임금의 격차에 의해 발생하는지 또는 배출 요인과 흡인 요인 사이의 균형에 의해 발생하는지는 논쟁의 여지가 있다. 최근에는 사하라 이남 아프리카에서 농촌으로부터 도시로의 이주가 감소하고 있을 뿐만 아니라 오히려 도시로부터 농촌으로의 이주가 이루어져 일부에서는 농촌으로부터 도시로의 인구 이주를 넘어섰다는 점을 주목할 필요가 있다. 일례로 가나와 잠비아의 수많은 도시들에서 1970년대와 1980년대에 도시인구가 감소하였다. 잠비아의 센서스 자료에 따르면 일부 도시에서는 1990~2000년 사이에 인구가 감소했는데, 이는 2위 도시의 성장뿐만 아니라 도시 거주자와 은퇴자를 유인하기 위해 계획된 대규모 농장과 재정착 프로그램에 기인한다. 유사한 패턴이 서부 아프리카의 프랑스어권 국가인 부르키나파소, 기니, 코트디부아르, 말리, 모리타니, 니제르, 세네갈에서 나타났으며, 수많은 2위 도시에서는 1988~1992년 사이에 인구 유출이 나타났다. 이들 국가에서 농촌 인구의 순 이주율은 이촌향도의 이주가 기대했던 것보다 중요하지 않을 수 있다는 것을 제시하거나, 역이주가 증가하였다는 것을 의미한다.

이촌향도 이주가 감소하였다는 것은 중요하지만 사실상 사하라 이남 아프리카의 종주도시들은 도시와 농촌 간의 생활수준의 격차가 주요 요인이 되어 형성되었다. 경제적 기회와 정치력의 독점으로 이촌향도 이주자의 입장에서 확실하고 즉각적인 사회경제적 개선의 기회를 얻을 것이라는 인식을 가져왔으나, 실제로 이와 같은 생각은 거의 현실화되지 않는다. 무허가 판자촌과 불법 주거지의 경이적인 성장과 사하라 이남 아프리카 도시에서 비공식 부문의 고용이 증가한 것은 이와 같은 잘못된 계산의 결과이다.

희망적인 미래

나무시(Namushi)는 잠비아 서부의 마붐부(Mabumbu) 마을에서 태어났으며, 그녀의 가족은 (4명의 형제와 2명의 자매, 그리고 어머니까지) 총 7명이다. 나무시와 가족은 그가 어렸을 때 돈을 벌기 위해 임시적인 일거리를 찾아야 했고, 경작지에서 작물을 키워 생계를 유지하였다. 나무시의 가족은 하루에 한 끼 이상의 식량을 얻기 위해 일을 하였다. 20세가 된 나무시는 4명의 오빠와 함께 좀 더 나은 삶을 살고자 하는 희망에서 수도 루사카로 이주하는 잘못된 계산을 하였다. 나무시는 루사카에서의 삶이 제공하는 사회경제적 가능성에 대한 확신을 가지고 떠났다.

루사카로 이주한 후, 나무시는 곧 루사카에서의 삶에 대한 그녀의 믿음과 생각이 잘못되었다는 것을 깨달았다. 나무시는 잠비아 서부의 농촌에서 자랐기 때문에 루사카에서의 복잡한 도시의 삶을 유지할 만한 언어와 능력을 갖추지 못하였다. 나무시는 냔자어(Nyanja)와 영어를 배우기 위해 노력하면서 루사카에서 성공하는 것이 마붐부에 있는 가족 전체의 성공을 가져오는 것이라고 생각하였다. 처음 며칠 동안 나무시와 오빠들은 버스 터미널에서 숙식을 해결했으며, 매일 아침 일자리를 찾아 나갔다. 운이 좋게도 나무시는 1년 동안 가정부로 일을 하며 수입의 상당량을 집으로 송금하였다. 이 일을 하며 나무시는 영어를 배울 수 있었고, 이 때문에 나중에 새로 문을 연 주유소에서 좀 더 나은 일자리를 얻을 수 있었다. 나무시는 주유소에서 근무하면서 마붐부의 가족들에게 자신의 수입을 계속 송금한다면 자신의 계획을 실현시킬 수 없다는 것을 깨달았다. 나무시는 가족들에 대한 송금액을 줄이고 수입의 대부분은 카운다 광장(Kaunda Square)에 작은 상점을 열겠다는 계획으로 저축하였다. 나무시는 1년여의 기간 동안 충분한 자금을 모아 작은 노점상[카템바(Katemba)]을 열었고, 이 노점상에서 채소, 캔디, 양초, 소금 등과 생활용품을 팔았다. 상점 운영이 안정되면서 나무시는 계속해서 저축하였고 매일 인근 시장에서 더 규모가 큰 식료잡화점을 열수 있길 희망하였다. 3년간 자금을 모으고 잡화점 운영을 익힌 후, 나무시는 마침내 2005년 카운다 광장에서 자신의 상점을 열었다.

나무시는 루사카에서의 성공이 마붐부의 할머니로부터 배운, 생존을 위한 굳은 결심, 계속된 위험 요소들과의 협상과 계산의 결과라고 이야기한다. 나무시는 자신이 직면했던 도전을 이겨냈다는 것, 즉 농촌 출신으로 비공식적인 도시경제에서 생계를 유지하고, 어떤 도움이나 인적 네트워크도 없이 여성으로서 모든 일을 해냈다는 것에 큰 자부심을 느낀다. 나무시는 도시에서 젊은 미혼의 농촌 출신 여성을 이용하려는 사람들로부터 자신을 지켜 내기 위해 거칠게 행동할 수밖에 없었다. 나무시가 비공식 부문에서 여성으로서 일하면서 직면했던 또 다른 문제는 도매상으로부터 상품을 운반하는 일이었다. 나무시는 대부분이 남성인 트럭 운전사들에 의해 이용당할 우려없이 안전하게 물품을 운송하기 어려웠다. 이와 같은 두려움은 단순히 비용을 높게 책정받을 것이라는 우려에서부터 도난과 강간에 대한 걱정도 포함된다. 또 다른 장애는 루사카의 도매시장이 대부분 인도인 계통의 남성에 의해 지배되고 있기 때문에 도매상으로부터 겪는 문제였다. 예를 들어 나무시는 도매시장에 가장 먼저 도착했지만, 가장 나중에 물건을 살 수 있었다. 남성이 도매상으로부터 구매를 할 때는 약간의 외상과 융자를 얻을 수 있었지만 나무시는 그와 같은 혜택을 얻지 못하였다. 이 모든 어려움에도 나무시는 2005년 카운다 광장에 위치한 채소 시장 인근의 통행자가 많은 코너 자리에 자신의 잡화용품점을 열었다(그림 8.19).

2010년까지 나무시는 가장 먼저 열었던 잡화용품점을 확장하고, 3개의 잡화용품점과 3개의 화장품 및 약품 판매점을 포함해 추가로 6개의 상점을 카운다 광장에 열었다. 나무시

그림 8.19 루사카 카운다 광장에 위치한 나무시의 잡화용품점. (사진: Angela Gray-Subulwa)

는 마붐부에 있는 4명의 오빠들을 루사카로 데리고 왔다. 오빠들이 나무시가 상점을 운영하고 확장하는 것을 돕고 있으며, 루사카의 비공식 부문의 경제에 남아 있는 젠더에 따른 제약 문제를 해결해 주고 있다. 나무시의 오빠들이 상점 운영을 도와주고 있지만 나무시는 조카들이 더 큰 일을 하리라는 희망을 갖고 조카들을 학교에 보내고 있다.

■ **추천 문헌**

- Bryceson, Deborah F. and Deborah Potts, eds. 2006. *African Urban Economies: Viability, Vitality, or Vitiation?* London: Palgrave MacMillan. 이 책은 다수의 학자들이 선정한 아프리카 도시의 경제에 대해 논의한다.

- Coquery-Vidrovitch, Catherine. 2005. *The History of African Cities South of the Sahara: from the Origins to Colonization.* Trans. by Mary Baker. Princeton, NJ: Markus Wiener Publishers. 이 책은 아프리카에서 식민 시대 이전의 도시 발달을 살펴본다.

- De Boeck Filip, and M. -F. Plissart. 2004. *Kinshasa: Tales of the Invisible City.* Antwerp: Ludion. 이 책에는 낡고 절망적이지만 활력이 넘치는 도시인 킨샤사에 대해 최신의 이론을 적용해 분석한 내용이 담겨 있다.

- Enwezor, Okwei, et al., 2002. *Under Siege: Four African Cities: Freetown, Johannesburg, Kinshasa, Lagos.* Ostfildern-Ruit, Germany: Hatje Catz. 이 책에서는 유명한 건축가, 도시 연구자, 예술 비평가들이 4개의 아프리카 도시에서의 삶에 대해 살펴본다.

- Hansen, Karen T. and Mariken Vaa, eds. 2004. *Reconsidering Informality: Perspectives from Urban Africa.* Uppsala, Sweden: Nordic Africa Institute. 이 책에는 북유럽, 서유럽, 아프리카 출신 전문가들에 의해 이루어진, 비공식 부문에 대한 통찰력 있는 분석이 담겨 있다.

- Locatelli, Francesca, and Paul Nugent, eds. 2009. *African Cities: Competing Claims on Urban Spaces.* Leiden: Brill. 이 책에는 21세기 아프리카 도시를 형성하고 있는 프로세스에 대한 문제 지향적 검토 내용이 담겨 있다.

- Murray, Martin J, and Garth A. Myers, eds. 2006. *Cities in Contemporary Africa.* New York: Palgrave Macmillan. 이 책에는 아프리카에서 인구 규모가 큰 도시들, 즉 라고스, 킨샤사, 요하네스버그와 자주 분석되지 않는 도시들, 즉 불라와요, 카노, 루안다에 대한 분석들이 담겨 있다.

- Myers, Garth A. 2011. *African Cities: Alternative Visions of Urban Theory and Practice.* London: Zed Books. 이 책에는 새로 형성되고 있는 아프리카 도시 연구에 대한 최신의 다학문적 이론에 근거한 분석과 12개 이상의 도시들에 대한 사례 연구를 포함해 저자 자신의 연구와 아프리카에 대한 연구들을 리뷰하고 분석한 내용이 담겨 있다.

- Simone, A. M. 2004. *For the City Yet to Come: Changing African Life in Four Cities.* Durham and London: Duke University Press. 이 책에서는 두알라, 다카르, 요하네스버그, 그리고 사우디아라비아 내에 위치한 아프리카 순례단 커뮤니티에 대한 이야기와 정책 중심적 분석을 함께 제시하고 있다.

- Simone, A. M. and A. Abouhani. 2005. *Urban Africa: Changing Contours of Survival in the City.* London: Zed Books. 이 책에서는 아프리카의 사회 연구 주제 개발을 위한 위원회(Council for the Development of Social Research)가 발전시킨 학제 간 연구와 다국적 연구의 유형에 대한 사례를 제시하고 있다.

■ 추천 영화

- The Constant Gardener (2005) 이 할리우드 영화는 나이로비의 상류층 아프리카인의 관점에 일부 결점이 있다는 것을 드러내지만 나이로비의 엘리트층과 이 도시의 무허가 판자촌인 키베라 (Kibera)에 대한 잊을 수 없는 영상을 제공한다.

- In a Time of Violence (1995) 이 영화는 요하네스버그의 소웨토와 힐브로우(Hillbrow) 지역을 배경으로 남아프리카공화국이 아파르트헤이트 정책으로부터 벗어나기 위해 노력했던 험난한 과도기를 그려 내고 있다.

- Tsotsi (2005) 이 영화는 한 사기꾼의 일생을 보여 주고 요하네스버그에서의 삶과 생존에 대한 생생한 이미지를 제공한다.

- Pray the Devil Back to Hell (2008) 이 영화는 내전을 끝내고 평화를 가져오기 위해 고국을 찾은 용감한 라이베리아 여성들의 이야기를 담고 있다.

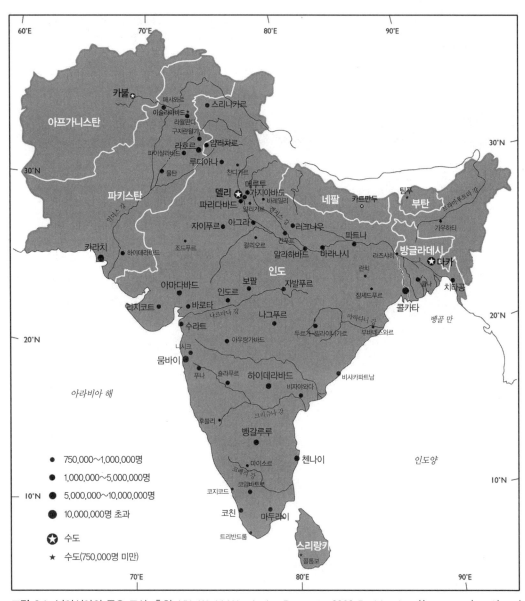

그림 9.1 남아시아의 주요 도시. 출처: UN, *World Urbanization Prospects: 2009 Revision*, http://esa.un.org/unpd/wup/index.htm

9

남아시아의 도시

주요 도시 정보

총인구	16억 4000만 명
도시인구 비율	29.9%
전체 도시인구	4억 9200만 명
도시화율이 높은 국가	파키스탄(35.9%), 부탄(34.7%), 인도(30.0%)
도시화율이 낮은 국가	스리랑카(14.3%), 네팔(18.6%), 아프가니스탄(22.6%)
연평균 도시 성장률	3.41%
메가시티의 수	5개
인구 100만 명 이상급 도시	61개
3대 도시	뭄바이, 델리, 콜카타
세계도시	뭄바이

핵심 주제

1. 언어, 민족성, 종교적 신념의 생동감 넘치는 모자이크 내면에 존재하는 빈곤 속의 번영이라는 이중성이 남아시아의 도시를 독특하게 만들고 있다.

2. 남아시아 도시에는 세 가지 기본적인 유형이 있다. 잡화 시장 기반 도시, 식민지 기반 도시, 계획도시.

3. 남아시아의 도시 발전에 영향을 미치는 다섯 가지 주요 요인이 있었다. 인더스 계곡 문명, 아리안 힌두스, 드라비디안스, 이슬람교도, 그리고 유럽인

4. 최근의 도시 체계는 식민지 시대 동안의 통치도시 지배를 가장 뚜렷하게 반영한다.

5. 남아시아 도시의 형태는 두 가지 기본 모델로 나타난다. 식민지 기반 도시 모델과 잡화시장 기반 도시 모델이며, 두 모델은 혼합된다.

6. 인도는 상대적으로 균형적인 도시 계층성을 가지지만, 파키스탄은 지배적인 남부의 한 개 도시와 북부의 한 개 도시를 가진다. 다른 모든 남아시아의 국가는 종주도시의 특성을 가진다.

7. 최근 10년간 대량의 이촌향도는 도시인구의 폭발적 증가를 초래하였고, 인구의 급증은 도시 체계를 압도하였다.

8. 가장 최근의 스리랑카와 아프가니스탄에서의 내전과 정치적 불안정은 지난 10년간 도시 지역 불안의 주요 요인이었다.

9. 계획된 도시와 신도시는 중요한 역할을 했지만, 오랜 기간 동안 파키스탄의 이슬라마바드와 인도의 찬디가르의 최근 사례에서처럼 종속적인 역할을 담당하기도 하였다.

10. 경제 개혁의 채택으로 시작된 세계화는 중산층 증가에 영향을 미쳤으나, 도시 빈곤을 심화시켰고, 가난한 사람들의 공간적 배제와 도시 폭력을 야기하기도 하였다.

글상자 9.1

콜센터와 경제특구 및 노동착취공장

당신은 최근에 다음 중 어느 하나를 해 본 적 있는가? 렌터카를 예약하기 위해 전화해 본 적 있는가? 당신의 새 컴퓨터에 대한 기술적 도움을 받으려고 전화해 본 적 있는가? 신용카드 문제를 해결하기 위해 전화로 누군가에게 통화해 본 적 있는가?

만약 당신이 그러한 경험을 해 봤다면, 전화선 너머의 통화 상대자가 인도에 있었다는 것을 아는 좋은 기회를 얻게 될 것이다. 실제로 이런 경험은 당신이 전 세계적으로 비즈니스가 행해지는 방식을 변화시킨 현상인 '아웃소싱'과 개인적으로 접하는 기회였을 것이다. 자유 시장 정책의 채택으로 회사들은 지금 그들 국가 외부에서 생산 활동을 시행하는 자유를 얻고 있고, 회사가 더 많은 이득을 얻게 되는 모든 장소에 아웃소싱을 하고 있다. 그 결과 중공업이나 조립라인 공장 기반의 제조업이 해체되고 있고, 보다 유연한 형태의 생산의 시작이 지리적으로 확산되고 있으며, 생산 과정의 다른 부분이 하청될 수 있다. 첫 번째 아웃소싱은 미국 자동차 업체의 주목을 끌게 되었고, 미국의 자동차 업체는 자동차 부품을 미국의 다른 회사에 **하청**을 주기 시작하였다. 예를 들어 포드사는 아마도 가까운 도시에 있는 보다 작은 독립 기업과 자동차 바퀴조립을 계약할 수 있었다.

해외의 아웃소싱은 한 기업이 해외로 이전하거나 해외에서 시행할 때 시작되었다. 미국과 유럽 및 일본의 거대 회사는 저렴한 노동력과 세금 혜택 및 완화된 환경 규범 등의 경제적 이득에 더 근접할 수 있기 때문에 아웃소싱을 선호한다. 비즈니스 과정의 **아웃소싱 회사**(BPOs)의 부상은 서비스 부문의 고용까지 하청될 수 있다는 점을 보여 준다. 비즈니스 과정의 아웃소싱은 회계 기능과 소비자 서비스, 컴퓨터 프로그래밍, 그리고 회사 외부와 해외의 다른 활동을 포함한다.

인도는 BPO 기회를 위한 매력적인 장소가 되는 여러 장점을 가지고 있다. 첫째, 인도는 우수하게 교육된 인재와 기술적으로 자격 있는 인재의 공급이 원활한 종합대학과 기술 단과대학이 잘 개발되어 있다. 둘째, 영국 식민지 시대의 전통으로 영어에 능숙하기 때문에 '콜센터'에서 일하는 데 필요한 언어 능력을 가진 직업 졸업생을 배출할 수 있다. 셋째, 인도의 노동자를 고용함으로써 미국 노동자를 고용하는 비용에 비해 1/10가량을 절감할 수 있다. 이것은 모든 회사가 무시하지 못할 잠재적인 비용 절감을 보여 준다. 마지막으로 전화와 인터넷 등의 근대 정보통신 기술의 발전으로 거리는 붕괴되고, 원거리를 넘어 사업을 하는 비용은 여러 방식으로 줄어들었다. 벵갈루루, 뭄바이, 푸나, 하이데라바드와 첸나이는 중요한 BPO 대상지이다. 액센투어, 씨티은행, 델, IBM, 인포시스, 마이크로소프트, 오피스 타이거, 버라이존, 와이프로 등의 회사는 이들 지역에 회사를 설립하였다. 그곳의 콜센터 직원들은 1-800번 전화로 응답하는 소비자 서비스 대표자의 역할을 담당한다. 그들은 발음 훈련을 받고, 미국 스포츠에 대한 간단한 교육을 받으며 소비자와 예의바르게 말할 수 있는 미국 날씨에 대한 교육을 받는다. 그들은 종종 데이브(Dave)나 낸시(Nancy)와 같은 소비자에게 친숙한 이름을 가진다.

아웃소싱은 노동과 환경에 대한 영향이 논쟁적이기 때문에 열띤 논쟁의 주제가 되어 왔다. 하청된 직업의 대부분은 유연한 제조업 행태를 포함한다. 아웃소싱된 제품이 미국의 소비자에게 되돌아오기 전, 셔츠는 중국에서 자수될 수 있으며, 과테말라에서 상표가 박음질되고, 단추는 멕시코에서 달리게 된다. 한편, 이것은 아웃소싱한 국가의 일자리 손실을 의미하며, 아웃소싱을 받은 국가에게는 정치적 쟁점의 초점이 되어 왔다. 다른 한편으로, 더 값싼 위치의 아웃소싱 회사는 아웃소싱된 노동과 환경을 착취하는 것으로 비난받는다. 그 결과는 노동착취공장(Sweatshop)의 세계와 경제특구의 세계이다. 인도의 경제적 통합 이래로 경제특구는 빠른 속도로 확대되었다. 이러한 경제특구는 최소 1,000㏊의 거대한 땅을 필요로 하고 수출품의 가공을 위해 사용될 주요 도시에 인접한 농지의 점유를 초래한다. 경제특구는 비경제자유구역에서의 직업보다 임금이 34% 낮은 착취 임금률을 적용하는 것으로 알려져 있다. 노동자는 적은 임금을 받으면서 더 많은 일을 하도록 강요받는다. 여성과 어린이는 이러한 착취를 감내한다. 왜냐하면 경제특구는 초라하고 순종적으로 보이는 여성과 어린이를 더 선호하기 때문이다.

시 당국은 종종 나이키, 리복, 아디다스 같은 회사의 투자를 독려하기 위해 토지를 제공하거나 세금 혜택을 부여하고, 완화된 환경법을 적용하기도 한다. 왜냐하면 아웃소싱 사업이 수출 이득을 얻는 데 도움이 된다고 여기기 때문이다. 남아시아의 수제 축구공 제조업은 논쟁적인 사례가 되었다. 파키스탄 도시의 5~14세 어린이들은 거의 노예적인 조건에서 하루에 20시간 일하는 나이키 같은 글로벌 기업에 고용된다. 노동착취공장에 반대하는 학생연합(USASS)은 대학교 옷이 노동착취공장에서 생산되지 않도록 각 대학에 압력을 넣는 학생들의 국제적인 풀뿌리 조직이다.

남아시아의 도시에는 생기 있는 낙천주의와 새롭게 발견되는 신뢰가 풍부하다(그림 9.1). 2억 5000만 명의 강력한 인도 중산층에 의해 주도되는 열정적인 소비주의는 경솔한 자기 확신과 희망감을 표현한다. 어떤 이는 밝고, 화려하며, 웅장한 자동차 전시장에 발을 들여놓을 필요가 없다. 그곳에서 중상의 소득자는 단순히 차를 구입하는 것이 아니라 어떤 경우에는 5번째 가족용 차를 사거나 인도 1인당 총소득 평균의 46배 보다 많은 2만 3000달러 이상의 차를 구입한다. 구찌나 프라다 같은 명품 소비재가 지배적인 거대 쇼핑몰과 디자이너의 옷을 판매하는 명품 판매점은 힙합 젊은이로 가득 차고, 맥도널드와 피자헛은 미국의 경험과 놀이공원 및 최근의 디지털 기술에 의해 운영되는 극장을 원하는 어린이로 넘쳐난다. 미용실과 스파는 극단적으로 세계화되는 남아시아 도시의 경관을 정의한다. 세계화는 여기에 머무르며 증가하는 남아시아 중산층은 더 많은 세계화를 원한다. 컴퓨터 교육, 소프트웨어에 능숙함과 사업 관리 기술은 중산층의 젊은 요소이고, 중산층은 세계적인 대기업의 지역 사무소에서 수지맞는 직업을 지속적으로 구한다. 국가를 건설할 수 있는 과학자, 기술자, 의사를 배출하는 1947년 이후인 후기 독립 시대의 엄격한 결정은 미국 중산층의 소비적 삶의 스타일을 대변하는 CEO, 회계사, 소프트웨어 전문가를 생산하는 세계적 꿈으로 서서히 대체되고 있다. 인도의 지배적인 금융, 상업, 영화의 중심지인 뭄바이는 대량의 금융과 상업적이며, 문화적인 흐름을 보내고 받기 때문에 1차의 세계도시로 간주된다. 인도의 델리, 벵갈루루, 하이데라바드, 콜카타와 방글라데시의 다카, 스리랑카의 콜롬보와 파키스탄의 카라치, 라호르 또한 세계도시이다. 이들 도시는 경제적으로나 문화적으로 재화, 투자, 이미지와 사람이 세계적 흐름으로 통합되기 때문이다. 1980년 말부터 남아시아의 국가들은 관세 장벽과 라이선스, 쿼터를 통해 국내 시장을 보호하는 보호주의 경제체계를 해체하였다. 인도에 알려진 '라이선스 라즈(License Raj)'는 폐지되었고, 신자유주의 경제 정책 또는 자유 시장 세계화가 구조 조정을 통해 채택되었다. 이러한 정책의 채택은 남아시아 시장을 개방하였고, 사람들의 글로벌 기업에 대한 투자를 가능하게 하였다. 경제적 개혁은 글상자 9.1의 모순적이고 논쟁적인 많은 부분에서 도시에 영향을 미쳤다. 중산층이 세계의 노동력이 되는 동안 도시 빈민의 대다수인 콜센터 종사자와 외국 기업 및 회사원은 경제특구의 조건과 유사한 노동착취공장의 노동자로 전락하였다. 대부분의 사람들은 자유 시장 기조에서 세계 경쟁력을 따라 갈 수 없는 제조업에서 공식 부문의 일자리를 잃었다. 여전히 많은 사람들은 도시 녹화와 미화, 슬럼 철거 정책으로 퇴거의 고통을 겪고 있다.

　연중 도시 성장률이 지역에서 늦춰지는 반면 광범위한 농촌 빈민의 도시로의 이동은 도

그림 9.2 도시가 사람으로 채워질수록 도로는 자동차와 자전거뿐만 아니라 낙타로 인해 더 혼잡해진다. (사진: George Pomeroy)

시 기반시설에 엄청난 압력이 되었다. 도시 빈곤의 증가는 빈곤이 눈에 띄는 경관을 초래하는 저임금 비공식 부문 일자리의 증가와 연결되었다. 위에서 알 수 있듯이, 부유함을 가장 잘 나타내는 도시인 뭄바이는 가장 압도적인 도시 빈곤을 나타낸다. 대략 670만 명의 슬럼 거주자는 전체 도시인구의 54%에 달한다. 뭄바이 대도시권을 대상으로 했을 때, 이 수치는 더 늘어난다. 60만 명(아마도 100만 명)의 인구를 가진 다라비(Dharavi)는 216ha의 면적에 집중해 있는 뭄바이의 가장 큰 슬럼이며, 아마도 가장 잘 알려진 슬럼이다. 그러나 소문과는 달리 세계에서는 상위권에 속하는 슬럼도 아니며, 심지어 남아시아에서 가장 크지도 않다. 피난처가 전혀 없는, 도로의 연석에서 잠자는 도로 거주자는 그 수가 60만 명에 달한다. 이는 지역의 메가시티를 통틀어 부적절한 피난처, 깨끗한 물이 없고 삶의 조건이 열악한 빈곤의 조건에서 사는 사람들이 어마어마하다는 것과 같다. 이미 비고용과 실직 상태에 찌든 빈민은 매일 새로운 도시 이주민으로 넘쳐나고 있다(그림 9.2).

남아시아의 언어, 민족성, 종교적 신념의 생기 넘치는 모자이크에서 빈곤을 따라 흐르는 번영의 이중성은 이지역의 도시를 독특하게 만든다. 남아시아를 통틀어 도시는 희망의 은신처이며, 사회적·경제적 변화의 강력한 동력으로 작동하고 있다.

지역 규모에서의 도시 패턴

남아시아는 4억 9400만 명의 도시 거주민을 가지고 있으며, 그 수치는 2030년 8억 5300만 명으로 증가할 것이다. 이것은 남아시아의 도시인구가 미국이나, 캐나다 및 멕시코의 인구를 합친 것보다 많아진다는 것을 의미한다. 도시인구의 대부분은 인도, 파키스탄, 방글라데시에 있으며, 이들 국가는 가장 많은 인구가 거주하는 국가의 세계 2위, 6위, 7위에 해당된다. 또한 이들 세 개의 국가는 남아시아 전체 인구의 95%를 구성하며, 4명 중의 3명은 인도에 거주한다.

거대한 인구를 가진 인도는 30%가 도시인구이며 남아시아의 평균을 결정한다. 파키스탄은 3명 중 1명 이상이 도시에 거주하고, 방글라데시는 4명 중 1명이 도시에 거주하고 있다. 인구가 더 적은 국가인 아프가니스탄과 네팔, 스리랑카는 더 적은 도시인구 비율을 가진다. 전체 인구가 적지만 부탄은 최근 10년 동안 도시인구가 증가하였다. 부탄의 도시들은 연중 4.8%의 성장률을 보이고 있다. 남아시아의 대부분은 꾸준한 도시화를 겪고 있지만, 아프가니스탄, 스리랑카, 네팔은 내전과 혁명, 정부 전복으로 고통받고 있으며, 도시 성장과 발전은 어려우며 변덕스럽다.

남아시아의 모든 규모의 도시에서 인구가 증가하고 있지만, 다섯 개의 메가시티에서 가장 많이 성장하였다. 뭄바이는 이미 세계에서 가장 큰 5개 대도시권 중 하나이며, 인구가 2000만 명이 넘는다. 뭄바이는 다음 10년까지 2400만 명 이상으로 성장할 것으로 예측되며, 인구 면에서 도쿄에 비견되는 세계 2위의 도시가 될 것이다. 인도의 델리와 콜카타는 세계에서 가장 큰 메가시티 중 6위와 8위에 오를 것이다. 방글라데시의 수도인 다카와 파키스탄의 카라치는 각각 9위와 11위에 위치할 것이다. 또한 남아시아의 61개 도시는 최근에 100만 명 이상의 인구를 가진 도시이다. 이들 100만 명 이상의 인구를 가진 도시의 48개가 인도에 위치하며, 파키스탄에 8개, 방글라데시에 3개, 네팔과 스리랑카에 각각 1개가 위치해 있다. 그중 12개 도시는 인구 500만 명 이상으로 인도에 8개, 파키스탄에 2개, 방글라데시에 2개가 있다. 그 지역에 12개의 대도시권이 있으며, 각각은 500만 명 이상의 인구를 가지고 있다. 50만 명 이상의 도시인구를 고려한다면 그 수치는 197개 이상이 된다.

인도의 도시계층은 6개의 메가시티가 지배한다. 뭄바이, 델리, 콜카타는 북부에서 도시 삼각형의 중추이고, 첸나이, 벵갈루루, 하이데라바드는 남부에서 도시 삼각형을 형성한다. 이들 6개의 도시는 인도 도시인구의 1/5 이상을 차지한다. 두 개의 삼각형 도시들은 황금의

4변형으로 알려진 거대 고속도로 건설 계획에 의해 모두 연결된다(그림 9.3). 황금의 4변형은 미국의 주 간 고속도로 체계를 본뜬 인도 버전의 주요 부분이다. 이 프로젝트는 독립 이래 교통 기반시설을 향상시키기 위한 국가의 야심찬 계획 중 한 요소이다. 황금의 4변형 고속도로는 인도의 13개 주를 관통할 것이며, 4차선과 6차선의 고속도로로 총길이 5,794km의 도로 연장을 가지고 국가의 4개 주요 도시를 연결할 것이다. 고속도로 건설은 거의 완료되었다. 전체적 목표는 15년간에 걸쳐 고속도로의 길이를 64,374km로 확대하고 포장하는 것이다.

표 9.1 남아시아의 12개 메가시티(2010)

국가-도시	인구(만 명)
인도-뭄바이	2,000
인도-델리	1,700
인도-콜카타	1,560
방글라데시-다카	1,470
파키스탄-카라치	1,300
인도-첸나이	756
인도-벵갈루루	723
파키스탄-라호르	700
인도-아마라바드	676
인도-아마다바드	572
인도-푸나	501
방글라데시-치타공	501

중심축으로서 황금의 4변형 고속도로를 가지는 개편된 고속도로 체계는 지역 간 교역과 상업을 촉진시키고, 교통 비용을 절감하며, 일반적으로 경제적 효율성에 공헌하도록 의도되었다. 트럭 교통은 인도 GDP의 4%를 차지하며, 수송 시간에 대한 40%의 절약 가능성은 의미 있는 절약으로 해석된다. "뉴욕타임즈"(2005년 12월 4일자)의 "미시적인 획득이 거시적인 이윤을 만든다."라는 보도에서 시장 통근 시간을 90분에서 1/3로 줄이는 우유 판매업자와 통학 시간을 반으로 줄인 어린이, 통행 시간을 반으로 줄인 트럭 운전사의 이야기에 주목하였다.

황금의 4변형 고속도로 건설은 규모뿐만 아니라 어떻게 건설되었는지에 대한 측면에서 놀라움을 자아냈다. 1990년대 이전 인도의 외국인 투자에는 제약이 있었다. 지난 20년 동안 무역 자유화와 탈규제가 일어나면서, 외국 재화와 서비스 계약의 존재는 극적으로 확대되었다. 황금의 4변형 고속도로를 건설함에 있어서 35개의 주요 프로젝트 중 19개 프로젝트는 외국과 계약을 맺었다. 고속도로 체계를 위해 30개 이상의 건설 회사가 참여하였다.

파키스탄의 도시 계층은 인구 2000만 명 이상의 두 개 도시에 의해 지배된다. 카라치는 남부 파키스탄을 지배하며, 카라치보다 인구가 적은 라호르는 북부 파키스탄을 지배한다(그림 9.4). 종주도시는 지역의 나머지 국가에서도 특징이 된다. 방글라데시의 다카는 두 번째 메가시티 치타공의 규모에 3배 이상인 중력의 중심지이다. 아프가니스탄의 카불과 네팔의 카트만두는 국가의 수도이고, 차하위 대도시 크기의 6배 이상이다. 가장 극단적인 사례

그림 9.3 황금의 4변형 고속도로는 거의 완성되었다. 이 고속도로는 인도 도시계층의 주축 도시들인 델리, 뭄바이, 콜카타와 첸나이를 연결한다. 출처: 여러 자료로부터 재구성

는 스리랑카의 수도인 콜롬보로 차하위 메가시티 인구 규모의 11배 이상이다.

남아시아 도시는 **전통 도시**, **식민지 도시**, **계획도시**의 세 개의 기본적 유형으로 구분되기도 한다. 전통 도시는 종교 순례지 또는 행정의 중심지나 무역과 상업의 중심지와 같은 서구 식민지 시대 이전에 번성했던 도시 체계의 도시이다. 예를 들어 바라나시는 남아시아에서 힌두교와 자이나교의 선두적인 순례 중심지로, 매해 수백만 명의 순례자를 끌어들인다. 또는 인도 서해안에 있는 수라트와 같은 교역 중심지로 종종 특징지어진다.

지역의 여러 메가시티, 특히 뭄바이, 콜카타, 첸나이 등은 영국 식민지의 산물이다. 1947년 독립 이후 시기에 여러 전통적인 식민지 도시가 지역의 국가 개발 계획과 팽창하는 경제를 뒷받침하기 위해 상업과 산업도시로 진화하였다.

남아시아의 세 번째 기본적인 도시 유형은 두 가지 종류로 새롭게 계획된 도시이다. 이는 파키스탄의 이슬라마바드와 인도의 찬디가르와 같은 정치와 행정 중심지와 인도 웨스트벵골 주의 두르가푸르와 비하르 주의 잠셰드푸르와 같은 중공업과 철강 관련 산업 중심지로 나누어 볼 수 있다. 이슬라마바드는 파키스탄의 수도로, 카라치를 대신하기 위해 1960년

그림 9.4 파키스탄 라호르의 거리 모습에서 나타나는 희망사진. 도시 빈민을 도와주는 UNICEF 프로그램의 일환인 '대로변의 경계석 위에 어린이를 위한 실외 교실'을 이용하는 교사. (UNICEF의 사진사용허가–John Issac)

대 건설되었다. 찬디가르는 또한 인도의 새로운 펀자브 주의 주도로서 독립 이후에 건설되었다. 새로운 주가 1960년대 펀자브에서 설계될 때 찬디가르는 경계를 확정하고, 펀자브와 새롭게 형성된 하리야나 주의 주도로 기능하였다.

남아시아의 도시 조직에서 최근에 눈에 띄는 변화는 인도에서 나타난다. 번영과 성장의 측면에서 도시 회랑의 발전은 고트망(Jean Gottman)이 말한 미국의 메갈로폴리스와 광범위하게 닮아 있다. 새로운 고속도로의 건설에 의해 형성된 도시-지역들은 교통 회랑을 따라 출현하고 있다.

도시 발전에 관한 역사적 관점

남아시아 도시의 기본 구조인 문화, 언어, 종교적 다양성은 다섯 가지 특징적인 영향으로 파생된다. 연대기적으로 문화, 언어, 종교의 다양성은 첫 번째, B.C. 3000년에서 1500년까지의 인더스 문명, 두 번째, B.C. 1500년 이래로 아리안 힌두스 문명, 세 번째, B.C. 200년경의 드라비디안 문명, 네 번째, 8세기 이후의 이슬람 문명, 마지막으로 15세기 이후의 유럽 문명이다.

인더스 계곡 시대

인더스 계곡은 문명의 요람이자 세계에서 가장 오래된 도시 발생지 중 하나이다. 현재 파키스탄에 위치한 인더스 문명, 모헨조다로와 하라파의 탁월한 도시들은 B.C. 3000년경 계획된 커뮤니티로 건설되었다. 이 도시들은 대략 1500년 동안 번성하였다. 그 지역의 가장 큰 도시 중심지로서, 도시들은 최소 3개의 다른 대도시 중심지와 아마도 900개의 소도시를 포함하는 광범위한 취락을 형성했을 것이다. 1921년에 첫 번째로 발굴된 모헨조다로의 유적지는 고도로 조직화되고 복잡한 사회를 반영하는 세심하게 건설된 도시임을 드러냈다. 인더스 문명 이외의 어떤 다른 도시도 높은 삶의 질을 의미하는 하수도와 정교한 위생 시스템을 가지지 못하였다. 이런 도시 문명은 인더스 민족보다 전쟁에 능했지만 덜 문명화된 아리안이 새롭게 도착했던 때인 B.C. 1500년경 종말을 맞이하였고, 남아시아 영역의 북부 지역은 목축과 정착 농업의 혼합지로 바뀌었다.

아리안 힌두의 영향

무역, 상업, 행정, 요새화의 요구는 결국 갠지스 평야의 중앙부에 규모가 큰 도시 중심지의 설립을 촉진하였다. 5세기 요새로 시작한 파탈리푸트라(Pataliputra)는 인도의 고대 제국인 마우리아(Maurya) 왕조(B.C. 321~181)의 수도로 발전하였다. 마우리아의 위치는 현재의 파트나의 위치와 일치한다. 파탈리푸트라는 힌두 왕국 수도의 기능적 필수 사항을 충족하기 위해 조직되었는데, 주거지 패턴은 필수적으로 왕립 행정을 필요로 하는 4단계의 카스트 사회 체계를 기반으로 하였다.

도시의 현대적인 주거지 패턴을 결정하는 데 있어 파탈리푸트라만큼 중요하지는 않지만, 카스트 제도는 오늘날 사회적으로 중요하다. 부모의 카스트를 통해 출생 후 사회적 지위가 결정되는 카스트 제도는 사람을 **브라만**, **크샤트리아**, **바이샤**와 **수드라**로 나누는 네 가지 계

그림 9.5 세탁부인 도비왈라들은 실외의 자연 건조를 통해 옷을 세탁하면서 생계를 유지한다. (사진: George Pomeroy)

급의 하나로 규정한다. 수드라 계급은 아주 낮은 카스트의 사람을 말하며, 심지어 카스트에서 제외되는 사람이나 지위가 없는 사람을 말한다. 그 사람들은 카스트가 없다는 의미에서 오늘날 **달리트**(Dalit)라고 불린다. 과거에는 달리트가 만지거나 심지어 달리트 그림자를 높은 카스트의 사람에게 드리우면 오염된다고 믿었기 때문에 '손댈 수 없는 불가촉천민'으로 종종 불렸다. 전통적으로 각 카스트와 하위의 카스트 계급은 예를 들어 세탁부인 **도비왈라**(dhobi-wallah)와 같은 특정한 직업을 가졌다(그림 9.5). **브라만**(승려 계급)이 최상위에 위치하고, **크샤트리아**(전사 계급)가 그다음에 위치하며, **바이샤**(상업과 농업 계급), **수드라**(단순노동 계급)의 순으로 위치한다. 카스트 제도는 사회에서 여전히 중요한 역할을 담당한다. 결혼은 일반적으로 같은 카스트 계급 내에서 이루어지며, 한편으로 카스트 계급 사이에서, 다른 한편으로 소득, 삶의 질, 사회적 연결에서 광범위한 연결이 이루어진다. 이러한 폐해는 인도 독립운동의 정신적 지도자인 마하트마 간디와 같은 지도자에 의해 주도된 광범위한 사회적 캠페인과 미국의 확정 실천과 유사한 제한 시스템의 법적 개혁 이후에도 상존한다. 심지

그림 9.6 낮은 카스트 계급의 힌두인이 그들은 이슬람교로 개종시키기 위한 인형극을 보기 위해 대기하고 있다(사진: John Benhart, Sr.)

어 오늘날에도 도시 토지이용 패턴과 사회경제적 구조는 카스트 제도를 일부 반영한다(그림 9.6).

고대 파탈리푸트라에서는 누구나 카스트의 공간적 분포를 명확하게 볼 수 있었다. 중심 근처와 동쪽으로 조금 치우쳐진 곳에는 사원과 상위 계급인 브라만과 왕립의회 장관들의 주거지가 위치하였다. 훨씬 동쪽으로 부유한 상인과 전문 장인의 크샤트리아 주거지가 위치하였다. 남쪽으로 정부 관리와 창녀, 음악가 및 바이샤의 계급이 위치하였다. 서쪽으로는 불가촉천민인 하층 계급과 평범한 장인과 낮은 계급의 바이샤들이 거주하는 수드라의 거주지가 위치하였다. 마지막으로 북쪽에는 장인과 브라만이 위치하고 사원은 도시의 허울 뿐인 신성지로 유지되었다. 제대로 조직된 도시정부, 계층적인 도로 체계, 정교한 하수 체계는 파탈리푸트라의 기능적인 인구 분포를 따랐다.

B.C. 2세기, 마우리아 제국의 붕괴 이후 굽타 제국(A.D. 320~467)의 지배자들은 파탈리푸트라를 수도로 만들었으나, 그 도시는 이후에 중요성을 잃게 되었고, 결국에는 갠지스 강과 손 강의 퇴적지 아래에 묻혔다. 옛 도시의 일부분이 최근에 발굴되었다. 인도 북부와 남부에 개발되었던 다른 힌두 수도는 파탈리푸트라에서 사용된 대부분 도시 형태를 변화, 수정

한 형태이다.

드라비디안 사원 도시

아대륙 북부와 대조적으로 남인도의 힌두 왕국은 역사적 시기 대부분 동안 상대적인 통치력을 가졌다. 특징적인 도시 개발의 힌두 형태가 지속적으로 발달하였다. 남인도의 지배자들은 사원과 물탱크를 정주의 핵심으로 건설하였다. 사원 주변에서 상업적인 잡화 시장이 성행하였고, 브라만의 승려와 학자의 취락이 형성되었다. 지배자들은 종종 사원 인근에 궁전을 지었고, 사원 도시는 왕국의 수도로 변해 갔다. 마두라이(Madurai)와 칸치푸람(Kancheepuram)은 우뚝 솟은 광대한 사원 도시의 예이다. 그러한 도시 형태는 동남아시아로도 수출되었다. 캄보디아의 앙코르와트(A.D. 802~1432)가 하나의 사례이다.

프톨레마이오스에 의해 언급된 남인도 힌두 판디아(Pandya) 왕국의 두 번째 수도인 마두라이는 대략 기독교 시대의 시작과 함께 한다. 비록 마두라이가 현재 짧은 이슬람 시대와 오래된 영국의 식민지로부터 이식된 옛 성곽도시 크기의 여러 배 규모이지만, 마두라이의 종교적인 중요성은 최고의 힌두 순례 중심지인 북인도의 바라나시에 거의 비견할 만하다.

이슬람의 영향

아대륙에 의미 있는 영향을 미친 첫 번째 영구적인 이슬람의 점유는 A.D. 11세기에 시작되었고, 중동과 중앙아시아의 많은 이슬람 정서를 남아시아의 도시경관에 이식하는 결과를 가져왔다. 샤자하나바드(Shahjahanabad)는 이슬람 영향의 특히 좋은 사례이다. 무굴 황제 샤 자한(Shah Jahan)은 타지마할을 아그라에 있는 그의 아내의 무덤(그림 9.7)으로 계획하고, 수도를 아그라에서 델리(약 200km)로 옮겼으며, 야무나 강의 오른쪽 둑 위에 새로운 도시인 샤자하나바드를 건설하기 시작하였다. 그 도시는 여러 개의 이전 수도의 부지 근처에 건설되었는데, 완성하는 데 거의 10년(1638~1648)이 걸렸다. 샤자하나바드의 건축물은 이슬람과 힌두의 영향을 받은 융합체였다. 비록 아치형의 둥근 천장과 돔을 가진 왕궁과 모스크가 이슬람 양식을 고수한다고 하더라도, 힌두 양식이 조합되어 건설되었다. 이슬람 지배자들은 왕족 주거지와 법원의 근엄성 및 요새의 장엄함에 가장 관심을 두었다. 이러한 특색은 샤자하나바드에서 가장 생생하게 나타난다. 해자가 없는 회반죽 성벽으로 둘러쳐진 도시는

그림 9.7 타지마할은 인도의 가장 눈에 띄는 상징이 되었다. 타지마할은 샤 자한의 아내를 위한 묘로서 아그라에서 건축되었고, 현재는 UNESCO 세계문화유산이다. (사진: George Pomeroy)

완벽히 요새화되었다.

레드 포트(Red Fort)는 도시의 동쪽 끝에 위치하였다(그림 9.8). 강을 제외한 모든 사면에 구덩이와 대량의 붉은 사암 벽으로 둘러친, 평행사변형으로 계획된 요새는 거의 완벽한 방어체였다. 내부에는 화려한 법원과 왕의 사적인 궁전, 정원 및 음악 관람석이 있었다. 모든 것은 붉은 사암이나 하얀 대리석으로 건축되었다. 레드 포트는 오늘날 정치적 선언과 관광객에게 잘 알려진 명소로 대접받는 델리의 중심적인 특징으로 남아 있다. 주요 도로인 찬드니 초크(Chandni Chowk: 은시장)는 레드 포트에서 도시의 라호르 문을 향해 서쪽으로 뻗어 있었다. 찬드니 초크는 동양의 위대한 잡화 시장 중 하나였다.

샤자하나바드는 영국의 식민 지배가 18세기에 시작되었을 때 인도의 수도, 더 정확하게는 북인도의 수도로서의 역할은 중단되었지만, 기능적인 도시로 지속되었다. 오늘날 그 지역은 구델리로 알려지고 있으며, 델리 대도시권의 일부이다. 레드 포트의 모든 기본 구조물과 자마(Jama) 모스크가 여전히 손상되지 않은 채로 남아 있지만, 도시 성곽의 대부분은 사라졌다. 찬드니 초크는 바쁜 전통적인 잡화 시장으로 지속되고 있다. 힌두인과 이슬람교도가 혼재해 인구밀도가 아주 높다(그림 9.9). 구델리의 대부분은 서서히 상업과 소규모의 상점

그림 9.8 구델리에 있는 레드 포트는 국가주의의 강대함으로 남아 있다. (사진: Donald Zeigler)

용도로 전환되고 있다.

식민지 시기

바스쿠 다가마(Vasco da Gama)가 아프리카의 희망봉을 통해 대양 항로를 발견하고, 1498
년에 인도의 남서해안에 상륙한 이후 포르투갈, 네덜란드, 프랑스와 영국 등 유럽 열강은
남아시아를 연결하는 확고한 무역로를 개발하는 데 큰 관심을 가졌다. 초기에는 4개의 열
강이 인도에서 몇 가지 종류의 발판을 획득했지만, 영국의 빈틈없는 외교와 분리−지배 정
책은 인도의 대부분 지역에서 다른 유럽인을 추방하는 데 성공하였다. 결국 영국인들은 봄
베이(현재 뭄바이), 마드라스(현재 첸나이)와 콜카타 등의 세 개의 의미 있는 중심지를 구축하
였다.

영국인은 모국으로부터 군대를 지원받기 위해, 그리고 무역의 편리성을 위해 바다 항구
라는 확고한 발판을 필요로 하였다. 봄베이, 마드라스와 콜카타는 항구였다. 따라서 이들
세 도시는 영국이 남아시아를 행정적인 목적으로 나누는 세 개의 다른 정복의 본부로 설계
되었다. 결국에 이 도시들은 통치도시라고 불렸다. 1990년대 세 도시는 고유의 문화를 반

그림 9.9 좌측으로 이슬람 근린이 위치하고 우측으로, 구델리의 힌두 근린이 위치한다. (사진: John Benhart, Sr.)

영하고 인도의 식민지 유산을 벗기 위해 뭄바이, 첸나이, 콜카타로 각각 재명명되었다.

통치도시

뭄바이, 첸나이, 콜카타와 콜롬보가 통치도시로 구축되었을 때, 그들 도시의 핵심은 요새였다. 이들 요새 바깥으로 도시가 있었다. 도시 내부에는 두 가지 다른 삶의 기준이 두 가지 다른 주민 계급을 위해 설정되었다. 즉 유럽인과 원주민의 계급으로, 각각은 도시에서 그들 자신의 부분을 가졌다. 부자는 농촌 지역에서 온 지주, 대부업자, 사업가, 새롭게 영어 교육을 받은 엘리트와 점원으로 구성되었고, 가난한 사람은 하인, 수공업 노동자, 청소부, 짐꾼으로 구성되었다. 부자는 가난한 사람이 제공하는 서비스를 필요로 했기 때문에 대부분의 경우에 원주민의 부자 주택은 서비스 제공자인 가난한 사람의 주택 근처에 지어졌다.

지역 산업이 19세기에 성장함에 따라 새로운 노동자 계급이 성장하였다. 콜카타의 산업

그림 9.10 인도의 가장 큰 도시의 특징적 상징인 '인도의 관문'은 1911년 조지 5세의 상륙을 기념하기 위해 뭄바이 항구에 건축되었다. (사진: George Pomeroy)

노동자는 주로 섬유 공장과 지역 공장을 위해 일하였다. 뭄바이에서는 면화와 직물 관련 산업에 종사하였다. 첸나이에서는 직물과 직조에 종사하였다. 이들 교역이 증가함에 따라, 통치도시는 내륙 교통을 수로에서 철도나 도로 교통으로 변화시켰다. 철도 서비스는 1852년에 남아시아에서 시작되었다. 통치도시는 또한 식민지 경제의 수요를 맞추기 위해 거대한 주변지를 개발하였다. 그 주변지는 세 개의 항구를 통해 영국으로 수출하기 위한 원재료를 공급하였다. 반대로 영국인들은 같은 항구를 통해서 소비 재화를 보냈다. 따라서 통치도시는 식민지 상업 시스템의 주요 초점이 되었다.

식민지 건축은 서구의 고딕과 빅토리아 양식으로 설계되었다(그림 9.10). 통치도시에서 대부분의 공공건물은 이러한 디자인으로 건축되었다. 몇 가지 인도 양식과 조합된 건축양식을 이용한 최적의 사례 중 하나는 콜카타에 있는 빅토리아 기념 건물(1906~1921)이다. 그 건물은 유럽의 디자인을 가진 하얀 대리석으로 건축되었는데, 건축가들은 웅장한 존엄성을 가진 타지마할을 압도할 의도로 건축하였다.

도시 구조 모델

초기 남아시아의 도시 연구에서 몇몇 이론가들은 적용 가능성과는 별개로, 기계적으로 버제스의 동심원 지대 같은 모델을 적용하려고 하였다. 비록 세 개의 기본 모델이 남아시아 도시의 특징을 설명하는 것으로 주장되었다고 하더라도, 원래의 도시 구조의 성장 패턴을 설명하는 종합적 모델(잡화 시장 기반 도시 모델, 식민지 기반 도시 모델, 계획도시 모델)이 제공되지 않았다. 세 가지 유형의 도시에 대한 기본 특징은 표 9.2에 요약되어 있다. 그러나 어떤 모델을 사용하더라도, 두 가지 기본적 영향력인 전통과 식민지적 특성이 남아시아의 기존 도시를 창출하는 데 조합되었다는 사실을 주목하는 것이 중요하다.

식민지 기반 도시 모델

식민지 기능을 수행하려는 욕구는 다음의 특징을 생산하는 아대륙과 관련된 특정한 도시 성장의 형태를 요구한다(그림 9.11).

1. 교역과 군사적 강화의 욕구는 식민지 권력이 유럽에서부터 작동하기 때문에 대양 함선에 접근 가능한 친수 입지를 필요로 하였다. 최소한의 항구 시설이 필수 조건이며 도시의 출발점이었다.
2. 성곽 요새는 방어 시설과 백인 병사 및 장교의 병영, 작은 교회 및 교육 기관을 가진 항구에 인접하여 건설되었다. 때때로 요새 내부의 공장들은 모국에 선적될 농업 원재료를 가공하였다. 따라서 요새는 군사적 요충지일 뿐만 아니라 식민지 교역의 핵심이 되었다.
3. 요새와 공지 너머에는 과밀의, 비위생적이며, 계획되지 않은 취락으로 특징지어지는 원주민 타운 또는 원주민을 위한 타운이 개발되었다. 중심업무지구와 행정 활동이 요새와 원주민 타운 근처에서 개발됨으로써 원주민 타운은 요새와 식민지 행정을 지원하였다.
4. 서구 양식의 중심업무지구는 요새와 원주민 타운에 인접해 성장하였다. 중심업무지구에는 상업 사무소 기능, 소매 교역과 저밀도 주거 지역이 고도로 집중되었다. 행정 본부는 통치자인 총독의 주택, 주요 정부 사무소, 대법원, 중앙 우체국으로 구성되었

표 9.2 남아시아 도시의 위상적 특징

	잡화 시장 도시	식민지 기반 도시	계획도시
지가	도심에서 가장 높고 주변으로 갈수록 낮아진다.	도심에서 가장 높고 주변부로 갈수록 서서히 낮아지지만, 원래의 도시와 비교했을 때 유럽식의 도시가 상대적으로 더 높다.	다른 위치의 사전 결정 가치에 따라 다를 수 있다.
인구밀도 경사율	도심에서 가장 높고 주변으로 갈수록 낮아진다.	인구 공동화 현상으로 인해 중심 업무지구에서 가장 인구밀도가 높고 도심에서 최저의 밀도를 보이며, 주변부로 갈수록 밀도가 낮아진다.	도시의 다른 입지에 따라 달라질 수 있으나, 초기 계획은 저밀도이다.
물리적 측면	도로를 점유하는 도심에서의 협소한 가로, 상업시설, 이 전후에 위치한 2~3층의 주거지, 일반적으로 혼잡하고 지저분함.	부유한 외관의 정원을 가진 도심과 유럽 타운에서 넓은 도로, 반면 협소하고 가는 도로로 특징지어지는 원주민 타운은 일반적으로 초라한 조건.	조직화되고 일반적으로 쾌적한 외관.
도심의 토지이용 구성	고밀도 주거와 조합된 제한적 여가를 가진 소매업과 도매업.	큰 열린 공간, 호텔, 소매업과 여가활동 및 주거용도를 가진 사무실, 은행, 주요 우체국, 교통 본부, 정부 청사.	체계적인 유행을 반영하는 소매업과 사무실 여가 시설의 조합.
역사적 뿌리	고대, 중세 또는 최근에 기원할 수 있으며, 주변부에서 부가적으로 드라비디안, 힌두, 이슬람 또는 서구 양식으로 이식되기도 함.	16세기 이후 기원: 빅토리아, 신고딕과 다른 서구 양식이 압도적이며, 원주민의 양식도 이식됨.	모든 역사 시기에서 기원될 수 있으나 시간이 지남에 따라 만약 제약이 엄격하게 고수되지 않는다면, 잡화 시장의 특성이 중심지를 지배하기 시작할 것임.
세 가지 형태의 혼합	잡화 시장 도시가 식민지 특성과 함께 이식될 때, 준계획적인 도시 라인이 부가됨, 계획된 근린의 유사한 부가는 또한 독립 이후 주변부가 되기도 함.	중심업무지구에 특히 인접하며 원주민 타운에의 몇몇 특정한 입지를 보이는 식민지 도시의 부분들은 잡화 시장 중심부의 특성으로 진화하며, 계획된 근린이 부가되고, 특히 독립 이후 유럽인 타운의 주변부에 위치함.	주변부에 도시 라인의 부가를 가진 계획적 타운과 잡화 시장의 중심 형태는 하나 또는 그 이상의 입지로 진화함.

출처: A. K. Dutt and R. Amin, "Towards a Topology of South Asian Cities," *National Geographic Journal of India* 32 (1995): 30–39.

다. 중심업무지구에는 영국 왕족과 귀족의 특별한 동상뿐만 아니라 서구 양식의 호텔, 교회, 은행, 박물관들이 있었다(그림 9.12).

5. 유럽식 타운은 원주민 타운과 다른 방향으로 성장하였다. 유럽식 타운은 넓은 목조

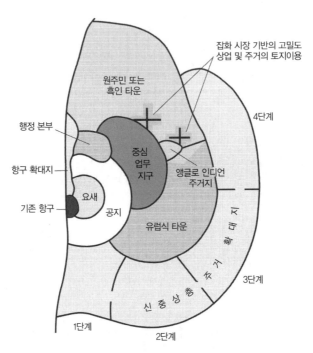

잡화 시장 기반의 고밀도
상업 및 주거의 토지이용

원주민 또는
흑인 타운

행정 본부

항구 확대지

요새

기존 항구

공지

중심
업무
지구

앵글로 인디언
주거지

유럽식 타운

주거 확대지

신 중 상 층

4단계

3단계

1단계

2단계

그림 9.11 남아시아의 식민지 기반 도시 모델. 출처: Ashok Dutt

단층집, 우아한 아파트, 계획된 도로 양쪽에 나무가 있는 일반적으로 유럽식 모습을 갖춘 주택을 가졌다. 오후와 저녁에 함께 모이는 클럽은 유럽식의 실내외 여가 시설, 즉 다른 종파의 교회, 정원 같은 묘지를 가졌다.

6. 요새와 유럽식 타운 사이에 또는 적당히 가까운 위치에, 군대 행진과 경마, 골프장, 축구 및 크리켓과 같은 서구식 여가 시설을 위한 넓은 **열린 공간**(maidan)이 확보되었다. 예를 들어 토요일에 백인과 소수의 돈 많은 원주민은 도박으로 경마를 하는 일이 빈번하였다.

7. 국내의 상수도 공급, 전기 연결과 하수 연계가 이용 가능하거나 기술적으로 가능할 때 유럽식 타운의 주민들을 그 시설을 전부 이용했지만 원주민 타운은 이용에 아주 제한적이었다.

8. 흑인 타운과 백인 타운의 중간적인 위치에 앵글로 인디언의 식민지가 개발되었다. 그들은 유럽인과 인도인의 혼혈이고, 기독교도였다. 그들은 원주민 또는 유럽인 공동체 어느 곳에서도 완벽하게 받아들여지지 않았다.

그림 9.12 1889년 알라하바드 대학교에 건축된 첫 번째 건물의 하나는 고딕과 인도 건축양식이 융합된 영국 식민지 구조물의 전형이다. (사진: Ashok Dutt)

9. 19세기 말에 시작된 식민지 도시는 새로운 삶의 공간이 특히 원주민 엘리트와 부자를 위해 필요한 만큼 커졌다. 도시의 확대는 저지대를 개척하거나 기존 비도시 지역을 준계획적인 방식으로 개발함으로써 만들어졌다.

10. 식민지 도시의 시작부터 인구밀도는 유럽인이 거주하는 중심부에서 아주 낮았으나, 대부분 원주민 그룹은 식민지 중심부 바깥에서 살았다. 유럽인의 중심이 서서히 서구 양식의 중심업무지구로 대체될 때인 19세기 후반부에는 중심지의 인구 감소가 있었고, 이는 도심의 공동화 현상을 야기하였다.

식민지 체계가 인도의 아대륙에서 깊게 뿌리내리고, 광범위한 철도 네트워크가 작동하면서, 대양 함선이 접근 가능한 수변 입지는 더 이상 식민 본부의 선결 요건이 아니었다. 콜카타, 뭄바이, 첸나이, 콜롬보는 고도의 행정을 위해 아대륙에 적합한 유일한 장소가 아니었다.

군대 주둔지(cantonments), 철도 식민지, 산간 피서지 마을(Hill Station)들은 특정한 목적에 부합하도록 아대륙에 도입된 식민지 도시 형태였다.

군대 주둔지는 구역을 의미하는 프랑스어인 칸톤(canton)에서 유래하였다. 19세기 중반까지 전체 군대 주둔지 중 114개에서는 수많은 유럽인과 원주민 병사가 거주하였다. 계급과

그림 9.13 심라는 델리를 위한 친숙한 산간 피서지 마을로 대접받으며 오늘날 대중적인 명소로 남아 있다. 2,300m 의 고도는 저고도의 열기로부터 안식을 제공한다. (사진: Ashok Dutt)

민족성에 의한 엄격한 분리는 이들 캠프에서 행해졌다.

철도 식민지는 건축물의 설계에서 엄격한 분리를 가진 철도의 운영과 행정을 위한 철도역이나 지역 본부 주변에 위치하였다. 종종 도심 근처에 위치한 철도 식민지는 결국에 더 큰 도시 지역의 부분을 형성하였다.

산간 피서지 마을은 고도 1,067~2,440m 사이에 위치하며, 유럽인이 평지에서의 더운 여름을 피하고 보다 배타적인 유럽인 공동체에서 시간을 보내는 리조트 타운의 역할을 하였다. 독립 때까지 심라와 다르질링과 같은 산간 피서지 마을이 80개 있었다(그림 9.13).

잡화 시장 기반 도시 모델

전통적인 잡화 시장 도시는 남아시아에 퍼져 있으며, 전식민지 시대의 특색을 가진다. 도시는 보통 농작물 교환, 사원 입지, 교통의 중심지 또는 여러 행정 활동에서 기원하는 교역기능을 가지고 성장한다(그림 9.14). 사업은 주로 상품 판매가 압도적인 주요 교차점에 집중된다. 북인도에서 **초크**라고 알려진 그러한 교차점 주변에는 부자의 주택이 집중된다.

잡화 시장 또는 도시 중심지는 도시의 중심지 기능을 공급하는 혼합적 토지이용으로 구성된다. 중심에서 압도적인 상업적 토지이용은 소매와 도매 활동을 구성한다. 대부분의 가정은 냉장 시설이 부족했기 때문에 매일 싱싱하게 사들이는 야채, 고기, 생선과 같은 부패하기 쉬운 물품은 잡화 시장의 특정한 곳에서 팔린다. 이들 지역은 종종 둘러쳐진 벽이 부족한 대신에 공동의 지붕을 가진다. 잡화 시장의 진화 과정에서 소매업의 기능적인 분리가 일어났다. 직물 가게는 재단사를 끌어들이기 위해 함께 모이며, 곡물 가게는 부패하기 쉬운 물품 상점 근처에 군집되며, 전당포는 보석 가게에 인접한다. 노점은 잡화 시장 거의 모든 곳에 있다.

도매업 시설도 잡화 시장 경관의 일부분을 형성한다(그림 9.15). 접근성이 좋은 입지에 위치한 도매업 시설은 도시의 규모에 의존하는 채소, 곡물, 옷과 같은 거래 상품에 따라 분리되는 경향이 있다. 전통적으로 공적, 비영리적 여관은 명목상의 요금을 받고 잡화 시장에서 숙박을 제공한다. 그러나 오늘날에는 서구의 영향으로 중도시나 대도시에 호텔이 위치한다. 잡화 시장에서 저녁 오락의 원천인 매춘부나 무희들은 영화로 대체되었고, 영화는 텔레비전, VCR과 DVD 플레이어의 홍수로 인해 쇠퇴하였다. 전통적으로 국가가 만든 술을 파는 가게는 결코 잡화 시장에 위치하지 않는다. 왜냐하면 공공장소에서 술을 마시는 것은 힌두교와 이슬람교 사회 양쪽에서 옳지 못한 일로 간주되기 때문이다. 단지 최근에 서구의 바와 주류 가게가 도심에서 출현하기 시작하였다. 실외에서 작업하는 데 익숙한 이발사는 현재 서구 국가의 이발소와 같은 정규 가게를 가지지만, 여전히 많은 이발소가 보도 위에서 운영된다. 인터넷 접속 기업을 따라 장거리 개인 전화 센터가 도심의 공통 장소가 되었다.

이러한 내부의 핵심을 넘어, 두 번째 지대에서 부자와 가난한 하인들이 얽혀 살고 있지만 동일한 구조는 아니다. 부자는 가정부, 청소부, 가게 점원이나 짐꾼 등 가난한 사람을 필요로 한다. 세 번째 지역에 있는 두 번째 지대를 둘러싸고 있는 가난한 사람들의 주거는 토지 수요가 적고 토지 가격이 낮다. 세 번째 지대를 넘어, 도시 라인이 영국의 식민지 지배 동안 설정되었다. 특히 독립 이후에 원주민 부자와 중산층이 근린에 정주하였고, 빈민촌이 도시 라인을 따라 성장하였다.

잡화 시장 도시가 성장함으로써 민족적, 종교적, 언어적, 카스트적 근린이 개발 가능한 토지의 이용 가능성과 취락의 시기와 조화되어 특정 지역에서 형성되었다. 때때로 불가촉천민의 거주 지역 너머로 다른 주택이 개발된다고 하더라도, 불가촉천민은 항상 도시 주변

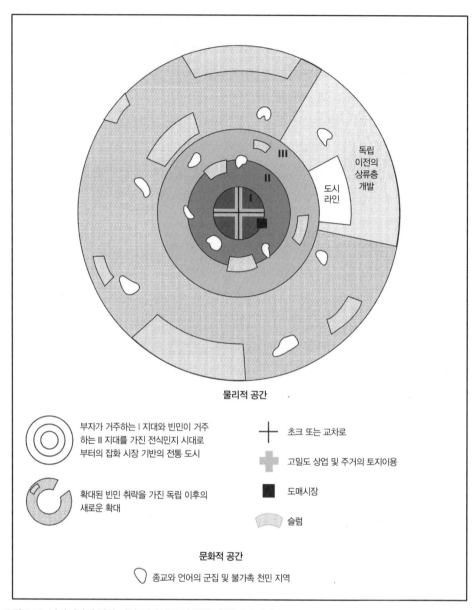

독립
이전의
상류층
개발

도시
라인

III

II

I

물리적 공간

부자가 거주하는 I 지대와 빈민이 거주
하는 III 지대를 가진 전식민지 시대로
부터의 잡화 시장 기반의 전통 도시

확대된 빈민 취락을 가진 독립 이후의
새로운 확대

초크 또는 교차로

고밀도 상업 및 주거의 토지이용

도매시장

슬럼

문화적 공간

종교와 언어의 군집 및 불가촉 천민 지역

그림 9.14 남아시아의 잡화 시장 기반의 도시 모델. 출처: Ashok Dutt

부를 점유하였다. 인도의 힌두교도가 지배적인 지역에서 이슬람교도는 항상 분리된 근린을
형성하였다. 마찬가지로 이슬람교도가 많은 스리나가르와 다카에서 소수의 힌두교도들은
구도시의 엔클레이브에서 살았다. 다른 언어 지역에서 온 이주자들은 종종 특정한 그들 자

그림 9.15 첸나이의 생산물 가판대는 잡화 시장 기반 도시의 전형적인 예이다. (사진: George Pomeroy)

신의 근린을 형성하였다.

계획도시

모헨조다로와 파탈리푸트라와 같은 아대륙의 여러 계획적인 역사 도시가 있었지만, 그 도시들은 생존하지 못하였다. 그러나 전식민지, 식민지, 독립 시기 동안 계획된 다른 도시가 있었으며, 생존했을 뿐만 아니라, 주요 도시 발전의 중심지를 형성하였다. 자이푸르는 전식민지 시대의 사례이고, 잠셰드푸르는 영국 식민지 시대의 사례이다. 인구 230만 명으로 추정되는 인도의 12번째 대도시인 자이푸르는 1727년에 계획도시로 형성되었다. 거리의 계층은 자이푸르를 구역과 근린으로 나누었다. 비록 계획된 도시가 5km²를 덮고 현재 대략 35km²의 건조 지역으로 둘러싸여 있지만, 18세기 계획에 의해 제공된 도시 형태는 지속되었다.

유사한 사례는 잠셰드푸르에서도 나타나는데, 잠셰드푸르는 뭄바이에 기반을 둔 타타스의 산업 가문에 의해 아대륙에서 첫 번째 강철 제련소를 위한 회사 도시로 계획되었다. 잠셰드푸르는 대략 콜카타의 남동쪽 90km에 있다. 철광, 석탄, 석회암의 제련을 위한 원료는 가까이에서 발견된다. 이 도시는 식민지 시기와 독립 이후의 시기 동안 4개의 다른 계획을 경험하였다. 이 도시가 100주년 기념일에 다가감으로써, 인구는 150만 명에 근접하고 있다. 계획도시 모델의 전형인 자이푸르 및 다른 도시들과 마찬가지로 잠셰드푸르는 시간이 지남에 따라 변형을 겪는 계획적인 중심핵을 가지며, 계획되지 않은 전통적 개발과 독립 이후의 준계획적인 확대에 의해 둘러싸여 있다.

식민지 모델과 잡화 시장 모델의 혼합

식민지 유형, 잡화 시장 유형, 계획도시 유형에서의 활동으로 창출된 기능적인 수요는 도시 유형 간의 상호작용을 발생시켰다. 전통적인 도시에서 영국 행정의 요구 사항은 일반적으로 도시 주변부에 도시 라인의 설립을 초래하였다. 도시라인은 고등 행정과 공무원을 위한 법원, 국고, 감옥, 병원, 도서관, 경찰서, 클럽하우스와 주거지 본부로 구성되었다. **도시라인**의 가로는 잘 계획되고 포장되었으며, 도로 양쪽에 나무가 심어져 있었다.

20세기 동안, 지역의 부자들은 자신의 집을 건축할 필요가 있을 때인 독립 전후에 여러 정부 및 준정부적이고 협력적이며 개인적인 기관들은 전통 도시 주변의 개발을 계획하였다. 그 결과, 많은 전통 도시들의 주변부는 새로이 확대·개발되었다. 그러나 대부분의 식민지 도시는 그들의 식민지 주인이 인식하듯이 결코 성장하지 못하였다. 전통적인 요소가 식민지 형태를 개선하는 데 피할 수 없는 역할을 하였다. 원래의 도시경관에 내재된 전통적인 잡화 시장은 항상 다른 도시 형태와 상호작용하였다. 잡화 시장은 중심업무지구 옆에서 번성하였다. 그 결과 콜카타, 뭄바이, 첸나이와 콜롬보와 같은 고전적 식민지 도시를 올바르게 모델화하기 위해서는 식민지 도시에 미친 전통적인 잡화 시장의 영향을 고려하는 것이 필수적이다. 잡화 시장 도시가 식민지의 기능적 수요에 의해 영향 받았듯이 모든 식민지 도시는 잡화 시장 형태로부터의 흔적을 가진다. 계획도시도 마찬가지로 팽창하면서 종종 식민지 도시와 잡화 시장 도시의 형태를 부가하며, 때때로 두 개의 후자 도시 유형은 그들의 확대된 부산물로 새로운 계획적 전체성을 창출하였다.

독특한 도시

뭄바이: 인도의 문화와 경제 수도

뭄바이는 인도에서 가장 큰 도시 집적체이자 국가의 가장 큰 코스모폴리탄 도시이다. 두 가지 차원이 뭄바이의 우위성에서 중요한데, 첫째는 상업이고 둘째는 문화이다. 나리만 포인트(Nariman Point) 지역의 마천루는 도시와 국가의 기업과 금융 부문의 심장이며, 이는 국가 경제에서 단일의 가장 중요한 명령과 통제점이라는 도시의 역할을 의미한다. 뭄바이에서 2개의 거대 증권거래소는 국가 주식 거래의 압도적인 양을 처리하며, 가치와 양의 측면에서 세계에서 가장 큰 주식시장으로 꼽힌다. 부가적으로 국가 해외 교역의 40%가 뭄바이를 통해서 행해진다. 뭄바이는 또한 세계에서 가장 크게 번성하는 영화 산업을 통해 국가의 문화 수도로 출현하였다. 발리우드에서 생산된 영화는 인도의 대중이 관람할 뿐만 아니라 중동과 아프리카, 방글라데시에서 열렬히 소비된다.

1672년에 뭄바이는 인도의 서해안에 있는 모든 영국 점령지의 수도였다. 영국 점령기인 17세기 무렵에 현재 뭄바이의 옛 부분을 형성하는 7개 섬에 항구가 건설되었다. 항구 너머로 위생 시설이 참혹하게 열악하고, 하수에 심각한 문제를 가진 원주민 타운이 성장하였다. 유럽식 타운은 고지대의 요새 주변에서 성장하였고, 방벽이 유럽식 타운 주변에 세워졌다. 원주민이나 흑인 타운은 영구 주택에서 자유롭게 유지되는 빈터에 의해 유럽식 타운과 구분되었다. 뭄바이 발전의 주요 동기는 1860대 미국의 남북전쟁 동안 영국의 면화 공급이 일시적으로 줄었을 때 일어났다. 인도는 면화의 중요한 공급원이 되었고, 대다수의 면화는 뭄바이를 통해서 이동하였다. 이는 뭄바이 기반의 기업가가 거대한 자본을 축적할 수 있도록 하였고, 도시는 그 영역에서 주요 면직의 중심지가 되었다. 1853년 철도의 개통은 마침내 서인도의 거의 모든 부분을 포함하는 주변지를 뭄바이와 연결시켰다. 뭄바이는 1869년 수에즈 운하의 개통으로 더욱 번성하였고, 유럽으로부터의 거리를 보다 감소시킴으로써 도시 무역의 장점을 더욱 강화하였다. 이러한 근접성으로 인해 뭄바이는 '인도의 관문'이라는 별칭을 얻게 되었다.

요새 지역이 서구 양식의 중심업무지구로 개발되었을 때, 영국인들은 부유한 인도인을 따라 섬의 남서 부분에 있는 말라바르 힐(Malabar Hill), 컴발라 힐(Cumballah Hill)과 마하라크쉬미(Mahalakshmi)로 이동하였다. 이들 세 지역은 오늘날 배타적인 근린으로 남아 있다.

그림 9.16 뭄바이의 여가 지역은 당신이 사람이나 노점 판매상을 찾을 때 마린 드라이브를 따라 있는 차우파티(Chaupati)에서 찾을 수 있다. (사진: Ipsita Chatterjee)

1940년대에, 부자는 백베이(Back Bay)를 따라 놓인 또 다른 매력적인 섬 지역인 마린 드라이브(현재 이름이 바뀌었다)의 정착하였다(그림 9.16). 1970년대 이후 요새 지역에서의 상업 및 주거 용지의 지속적인 수요와 협소한 반도, 섬 도시의 토지 부족 때문에 수십 개의 마천루가 미국 맨해튼의 축소판과 같은 스카이라인을 연상시키는 나리만 포인트에 세워졌다. 비록 구요새 지역이 여전히 중심업무지구의 주요 핵심지로 간주된다고 할지라도, 최근에 뭄바이의 상업적 토지이용의 변화 현상은 사무와 금융 관련 활동이 새롭게 세워진 나리만 포인트의 고층 건물로 부분적으로 전환된다는 것이다. 뭄바이는 사무실 임대 비용 측면에서 세계에서 6위를 차지할 만큼 높고 사업을 수행하는 데 비싼 도시이다. 빈민, 중산층, 소수의 원주민 사업가는 주로 도심에 정착하거나 섬의 북쪽에 정착하였다. 현재 유럽 취락에 의해 창출된 식민지의 영향은 도시의 남부 지역에서 관찰할 수 있다. 전통적인 영향은 북부에서 더 관측된다. 가난에 찌든 주거지이자 빈약한 재료로 지어진 비위생적인 슬럼은 도시 너머 모든 곳에서 번성한다.

남아시아의 주도이자 가장 큰 대도시로서 뭄바이는 전체 아대륙의 가장 거대한 항구가 되었다. 뭄바이는 해외 교역의 대부분을 처리할 뿐만 아니라 인도 면세 수입의 60%를 수집한다. 비록 면직 제조업의 고용이 중요하지만, 일반공학, 실크, 화학, 염색 및 표백과 정보통신을 포함하는 다른 부문은 현재 중요한 고용의 원천으로 출현하고 있다. 전체 산업 고용은 쇠퇴하였고, 서비스 부문의 증가가 현저하다. 여전히 뭄바이 대도시권은 인도의 산업 고용과 고정자본의 상당 부분을 설명하며, 뭄바이-푸나 경계는 인도 정보통신 부문의 고용에서 두 번째로 중요한 중심지이다.

뭄바이는 인도의 서쪽과 중앙 부분으로부터 거대한 이민을 끌어들이고 있으며, 남아시아의 다른 모든 도시를 압도하는 종교적·언어적 다양성을 보이고 있다. 그러나 뭄바이는 다른 남아시아 도시들과 몇 가지 종교적인 특성을 공유한다. 예를 들어 1947년 영국령 인도에서 인도와 파키스탄으로의 분할로 초래된 이슬람 인구의 감소는, 서파키스탄(현재 파키스탄)에서의 힌두교도와 시크교도의 대량 탈출과 인도에서의 이슬람교도 탈출에 기인한다. 분할은 또한 현재의 동파키스탄(현재 방글라데시)으로부터 많은 힌두교도의 인도로의 탈출을 초래하였다. 오늘날, 뭄바이 인구의 69%는 힌두교도이고, 14%는 이슬람교도이며, 7%는 시크교도이고, 기독교도, 자이나교도, 불교도는 소수이다. 두 개의 다른 소수 종교 그룹은 숫자를 넘는 사회경제적 역할을 한다. 첫째로, 조로아스터교도 또는 뭄바이에서 불리는 이름인 파르시스교도는 매우 의미 있는 소수민족이다. 뭄바이에서 심지어 그들의 숫자가 작다고 하더라도 파르시스교도는 세계의 어느 곳에서보다 이곳에 더 많이 살고 있다. 또한 자이나교도도 의미 있는데, 이들은 뭄바이의 증가하는 상업적 매력에 의해 끌린 구자라트주 가까이에 거주하는 이민 사업가이다. 언어적 특성 측면에서 아대륙의 어떤 대도시도 뭄바이만큼의 독특함을 가지지 않는다. 지역 언어인 마라티(Marathi)는 인구의 절반 이하에서 사용된다. 뭄바이는 인도에서 그 자체로 언어의 소우주이다.

벵갈루루와 하이데라바드: 인도의 경제 신천지

남아시아의 경제적 성공 이야기를 확인하는 질문을 받을 때 두 도시가 즉각 떠오르는데, 2006년까지 **방갈로르**였던 벵갈루루와 하이데라바드이다. 세계화는 두 도시를 번영하게 하고 각 도시가 정보통신 기술의 중심지이자 기업 과정의 아웃소싱 중심지가 되게 한 원동력이다. 각 도시의 성공은 비용과 거리를 감소시킨 기술과 세계화 힘의 조합으로, 능력 있고 기술적으로 능숙하며 영어에 유창하지만 고용되지 않은 대학 졸업자의 국가적 공급에 의해 시작되었다. 이들 두 도시에서 특징적인 다른 요소는 기업가 정신과 정부의 유연성, 기반시설에 대한 중점 투자의 시행이다. 두 도시는 또한 주도로서 기능한다.

벵갈루루와 정보통신과의 연관은 1980년대 텍사스 인스트루먼트사의 도착으로 거슬러 올라간다. 그러나 심지어 그 이전, 도시는 인도의 우주와 방위 산업의 중심지였다. 1990년대 말까지, 많은 다국적기업이 이곳에서 설립·운영되었고, 도시는 인도의 실리콘밸리로 명명되었으며, 이는 벵갈루루가 국가 소프트웨어 수출의 1/3 이상을 설명하기 때문에 적절한 별칭이라 할 수 있다. 수반되는 복지와 부는 벵갈루루에 코스모폴리탄이라는 트렌디한 명성을 주었다.

하이데라바드가 정보통신 중심지로 출현하게 된 데에는 부분적으로 1990년대 말 동안 주(州) 장관의 선견지명적인 노력이 있었다. 주 장관은 높은 기술 관련 발전을 위해 인센티브와 기반시설을 제공하는 등 장애물을 제거하였다. 오늘날, 하이데라바드의 자긍심은 스스로를 사이버라바드라고 부르는 데 있다. 하이데라바드는 게놈 밸리와 나노 기술 단지를 유치하는 등, 국가의 의약 산업에서 도시의 주도적 역할을 넘어 성장하고 있다. 대다수의 다국적기업과 더불어 워싱턴의 레드먼드 외곽에 있던 마이크로소프트사의 가장 큰 개발 센터가 이곳에 위치한다.

델리: 델리를 지배하는 자가 인도를 지배한다

인도의 수도 지위를 가진 델리는 식민지와 근대 형식의 깊은 뿌리를 가진 역사적 유산의 조합이다(그림 9.17). 수도로서 델리의 매력은 남아시아의 지형, 선진 문명 중심지, 이주와 침입의 경로라는 입지에 뿌리를 두었다. 델리는 과거에 문명과 권력이 가장 뚜렷한 중심지로 발전했던 인더스와 갠지스 평야의 가장 생산적인 농업지 사이에 나누어진 평평한 유역을 점유한다. 델리의 통치는 대중적 속담인 '델리를 지배하는 자가 인도를 지배한다.'는 측면에서 북인도의 통치에 매우 중요하였다.

이전에 샤자하나바드였던 구델리는 주요 상업 중심지로서 찬드니 초크를 가진 전통적인 잡화 시장 유형의 인도 도시이다(그림 9.18). 위생은 이곳의 주요 문제 중 하나였지만, 독립 이후에 지하 하수도와 관으로 연결된 상수도가 완전하게 공급되었다. 부유한 상인과 평범한 근로자는 서로 인접해 거주한다. 주요 도시와 다리로 연결된 야무나 강의 서쪽은 독립 후의 준계획적인 지역일 뿐만 아니라 델리 인구의 1/3이 거주하는 상수, 하수, 전기 또는 포장도로의 기본적 시설을 갖추지 못한 지저분한 슬럼이 있다.

구델리의 남쪽에 위치한 뉴델리는 영국령 인도의 수도가 콜카타로부터 이전해 온 이후 신도시로 나타난 거대한 식민지의 창조물이다. 수도는 뉴델리가 들어서기 전(1931)인 1911년의 군대 주둔지와 델리의 도시 라인으로 일시적으로 이전하였다. 뉴델리는 영국 건축가

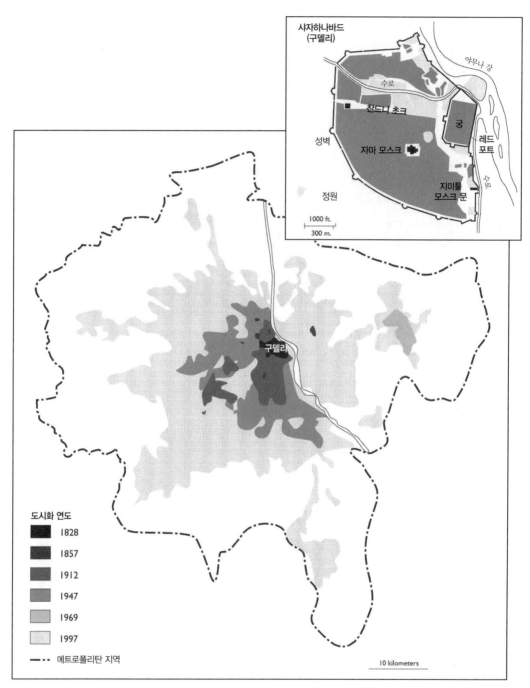

도시화 연도
▇ 1828
▇ 1857
▇ 1912
▇ 1947
▢ 1969
▢ 1997
─··─ 메트로폴리탄 지역

10 kilometers

그림 9.17 델리와 샤자하나바드(구델리). 출처: Ashok Dutt and Geoge Pomeroy

그림 9.18 보도 거주자는 델리와 남아시아 도시 전역의 일반적 장면이다. (사진: Ipsita Chatterjee)

그림 9.19 이 광대한 도로는 에드윈 루티엔스에 의해 델리에 가혹하게 찍힌 제국의 기하학적 상처를 나타낸다. 멀리 보이는 돔 형태 건물은 대통령의 주거지인 라쉬트라파트 바반(Rashtrapat Bhavan)이다. (사진: John Benhart, Sr.)

그림 9.20 델리에서 보이는 임시방편 재료의 이용은 슬럼 주택의 척도이다. (사진: John Benhart, Sr.).

인 에드윈 루티엔스(Edwin Lutyens)에 의해 계획되었는데, 육각형, 원, 삼각형, 직사각형과 직선을 조합한 기하학적 형태로 계획되었다(그림 9.19). 광대한 도로, 현재의 대통령 궁인 화려한 총독 주거지, 현재의 국회의사당인 원형 의회, 인상적인 사무 빌딩, 가운데 거대한 개방 공간을 가진 서양식 쇼핑센터(Connaught Place), 거대한 부속 건물을 가진 중간 관리자의 주거지, 정원 같은 분위기는 뉴델리의 주요 요소를 형성하였다. 새로운 수도는 개방 공간에 의해 구델리의 일반적인 열악한 조건과 교통 혼잡, 비위생으로부터 분리되었다.

뉴델리의 주요 경제 기반은 정부 서비스다. 인도의 독립 이후, 증가하는 주택 수요는 뉴델리의 초기 취락 주변에 대규모 공공 주택 개발을 초래하는 새로운 공무원들에 의해 창출되었다. 그러한 개발 중 가장 눈에 띄는 특색은 정부에 의해 고용된 자와 외국 주민들의 지위에 따른 더 큰 근린의 분화였다. 카스트보다는 계층이 새로운 근린 구성을 결정하였다. 델리는 델리개발청이 혁신적인 리볼빙 펀드 개념을 가진 토지개발과정을 조율하고 작동함으로써 계획된 방식으로 확대되었다. 이런 전략의 어두운 측면은 서민과 중산 계급이 구매할 수 있을 만한 주택의 선택 없이 쫓겨나게 된다는 점이다(그림 9.20). 슬럼에 거주하는 5명의 델리 주민 중의 1명은 어떠한 혜택도 받지 못한다.

델리의 문제는 대기오염과 관련해 세계에서 가장 열악한 5개의 도시로 꼽힐 만큼 극히 심각하다. 자동차는 산업활동에 따른 대기오염의 주요 원인이다. 지난 10년 이상 동안 이 문제를 개선하기 위해 취해진 단계로 납 휘발유의 사용 금지, 압축천연가스(CNG) 버스로의 전환, 저황 디젤 원료의 강제적 이용, 그리고 보다 엄격한 다른 배출 규제를 포함한다. 이러한 조치로 오염 수준은 안정화되었다.

콜카타: 최상위 통치도시

콜카타의 대중적 이미지는 외국의 비평가들에게 있어 시대를 통틀어 수많은 별칭으로 불렸다. 지리학자인 로즈 머피(Rhoads Murphey)의 늪의 도시, 도미니크 라피에르(Dominique LaPierre)의 기쁨의 도시, 러디어드 키플링(Rudyard Kipling)의 세계의 콜레라 수도와 도로 거주자의 도시 등이 그것이다. 콜카타는 식민지 시대 대부분 동안 행정수도로서, 그리고 전식민지 이래 중요한 상업 중심지로서 남아시아 도시 이미지의 색깔을 설정하였다.

늪의 도시는 심지어 오늘날의 도시도 적절하게 묘사한다. 강둑으로부터 경사진 동쪽과 서쪽의 제방 위에 놓여진 64km 길이의 대도시 구역은 대부분이 해수면 위로 7m밖에 되지 않는다. 이런 홍수에 취약한 고도는 강의 최고위 수위와 일치하는 6월과 9월 사이에 도시의 연중 강수량인 1,600mm를 내리는 몬순에 의해 훨씬 심화된다. 침수된 토양과 광범위한 홍수는 실질적으로 대다수의 슬럼 거주자들에게 영향을 미친다. 이런 물리적 단점이 있지만, 갠지스 강의 지류인 후글리(Hugli) 강 위의 도시 입지는 산업 성장의 장점을 제공한다. 벵골 만으로부터 97km 상류에 위치한 입지는 19세기 대양 함대의 접근을 허용하였고, 풍부한 광물과 농업 자원을 가진 인기 있는 주변지를 제공하였다. 그 도시의 항구는 대도시의 가장 의미 있는 활동이 되었던 황마 산업을 위한 도매 기계류의 수입을 촉진하였다. 마침내 1756년 영국에 의한 군대 주둔지와 무역 기지의 설립은 무역이 그 도시를 통해 수행되는 메커니즘을 제공하였다.

도시의 공간적 성장과 특히 사업지구는 원래의 요새에 집중되었고, 여러 해 뒤 이전이 일어난 이후에도 그곳에 집중이 지속되었다. 유럽식의 요소는 남쪽 끝에서 성장하였고, 원주민 타운은 북쪽에서 성장하였다. 원주민 타운은 중심업무지구의 북부 모퉁이에 남아 있는 부유한 중산층을 포함하였다. 잡화 시장인 이 지역은 전통 잡화 시장을 연상시킨다(그림 9.21). 남쪽으로 서구 양식의 중심업무지구가 위치하며, 주로 저밀도의 거주 인구를 가진 사무실, 행정과 상업지구이다. 도시가 성장함에 따라 도시의 북부 지역은 더 많은 전통적 특색을 나타냈다. 이에 반해 남부 지역은 보다 유럽적인 모습을 보였다. 새로운 지역은 이후

그림 9.21 생선 장수는 콜카타에서 흔하다. 콜카타는 거대한 소비 인구를 가졌을 뿐만 아니라 해안을 따라 입지한다. (사진: Ipsita Chatterjee)

주의 원주민 거주자인 부유한 벵갈인들이 거주하는 도시의 남부와 동부로 개척되었다.

독립 이후 제조업 활동은 아대륙의 분할에 의해 상처를 입었다. 즉 공급 지역과 도시 황마 공장의 단절은 도시의 관련 공업의 쇠퇴에 기여했다. 오늘날에는 공학 산업이 지방 경제의 중요한 요소이다. 다른 중요한 산업은 종이, 제약과 합성섬유이다. 정보기술 회사와 관련된 고용은 성장하고 있지만 벵갈루루와 뭄바이–푸나 경계가 콜카타를 앞선다. 상업적으로 콜카타는 현재 뭄바이에 이은 2위 도시이다. 콜카타는 원주민 기업, 은행, 그리고 국제 회사의 본부를 가진다.

분할 전에, 콜카타는 북부 인도와 현재의 방글라데시인 동파키스탄의 많은 다른 지역으로부터 이주민을 끌어들였다. 따라서 콜카타는 다언어 인구를 보여 준다. 인구의 2/3가 벵갈어를 구사하며, 또 다른 1/5은 힌두어를 구사하고, 10명 중 1명은 우르두어를 사용한다. 힌두교도는 인구의 83%이고, 나머지의 대부분은 이슬람교도이다.

카라치: 항구와 옛 수도

대략 1300만 명의 인구를 가진 인더스 강 삼각주의 서부 모서리에 위치한 카라치는 파키스탄에서 가장 큰 도시이며 옛 수도였다. 카라치는 고도로 공업화되고 있으며, 경제적 기반으로 면직물, 철강, 공학에 의존한다. 카라치는 국가의 주요 항구로 남아 있고, 교육과 의학서비스의 중요한 중심지가 되었다. 금융과 무역의 코스모폴리탄 중심부이지만, 카라치는 무법으로 악명 높은 국제적 평판을 얻었다.

미국 영사관으로부터 한 블록 아래의 모퉁이에서 자동차 폭탄으로 진동이 크게 일었고, "월스트리트저널"의 기자인 대니얼 펄이 사라진 레스토랑이 있다. 세 블록 떨어진 쉐라톤 호텔에서는 또 다른 자동차 폭탄으로 11명의 프랑스 기술자들이 죽었다. 거기에서부터 단지 100야드 떨어진 다리에서 AK-47 자동소총을 가진 한 남성이 직장으로 가는 4명의 휴스턴 오일사 감사들을 살해했다. 그리고 이곳은 카라치의 최고 근린이다 (출처: "워싱턴 포스트", 2002년 6월 24일자 기사, '위험한 꿈의 도시에서의 생존 법칙').

카라치의 구직 기회는 분할 이후의 특정한 시기에 인도를 떠나는 무수한 이슬람 피난민과 파키스탄인에게 도시의 흡인 요인으로 작용하였다. 1960년대에 카라치 주민의 단 16%가 현지 태생이었던 반면에, 18%는 파키스탄의 다른 지역에서 온 이주민이었고, 66%는 1940년대 말부터의 인도계 이슬람 이주민이었다.

카라치가 1947년의 분할 효과와 인구 유입의 결과로 보다 종교적으로 균일해지는 동안 이 도시는 또한 언어적·민족적으로 다양해졌다. 분할은 모든 사람들의 이전을 초래했지만, 수천 명의 신디 힌두인들은 남은 반면에, 우르두어를 사용하는 이슬람교도들은 인도의 북쪽과 남부에서 대다수가 유입되었고, 이곳에는 분할 이전 시대 이래로 인도로부터 구자라티 이슬람 이민자들의 기존 기반이 있었다.

그래서 영어와는 별도로 세 개의 언어, 즉 우르드어, 신디어, 구자라티어가 카라치에서 우세하다. 북서 개척 지방으로부터 상당히 많이 유입된 푸슈툰(Pushtu)어를 사용하는 파탄인과 1980년대의 아프가니스탄인은 인도로부터 우르두어를 사용하는 이민자와 종종 충돌하였다. 1980년대 아프간 전쟁 동안 미국에 의해 제공된 무기의 이용 가능성과 관료주의적 사법 제도, 그리고 비효율적이며, 부패한 법 집행에 의해 악화된 언어, 종교, 민족적 차이의 조합은 경고 수준의 폭력을 낳았다. 이런 폭력은 오늘날 점증적으로 지속되고 있으며, 고용 기회가 감소하고 기반시설이 산산조각 나면서 도시의 불안과 무정부 상태를 초래하였다.

카라치 중심부는 여전히 활발한 잡화 시장 모델, 즉 높은 인구밀도, 상업과 소규모 산업 활동의 집적, 그리고 상대적인 부자의 높은 집중을 나타낸다. 도심으로부터 동쪽으로는 1839년으로 거슬러 올라가는 영국 점령기에 기원한 계획적인 군대 본부들이 있었다. 독립 이후에, 새로운 교외의 주거 개발이 식민지 도시의 동부 2/3 주변에서 일어났지만, 계획적인 산업 단지는 주로 북부와 서부의 주변지를 향해 건설되었다.

다카: 자본, 항구, 종주도시

현대의 다카는 방글라데시에서 가장 큰 도시이자 수도이다. 국가의 중심에 위치한 다카는 메그나(Megnna)-갠지스 수계의 지류 왼쪽 둑 위에 위치한다. A.D. 7세기에 건립된 다카는 이후 간헐적인 지방의 수도 역할을 했으며, 거대한 상업적 중심지의 역할을 했던 9세기부터 힌두인인 세나(Sena) 왕과 1203년에서 1764년 이슬람 통치자에 의해 지배되었다. 17세기 말 이후 다카는 인구 100만 명 이상을 가졌고, 길이는 19km이었으며, 폭은 13km이었다. 1706년 지역의 수도 지위 상실은 식민지 시대에 지속된 쇠퇴를 예측 가능하게 하였다. 식민지 수도이자 무역 중심지로서의 콜카타 지위는 다카의 경제적, 정치적 영향력을 감소시켰다.

20세기 초와 일시적인 지방 수도로서의 다카의 지위는 1901년 10만 4000명의 인구에서 1941년 23만 9000명의 인구를 보이는 성장의 부활을 초래하는 중요한 변화를 야기하였다. 1947년의 분할은 인도로부터 대규모의 이슬람교도의 유입을 촉발하였고, 거의 존재하지 않던 기반으로부터의 산업 성장을 자극하였다. 산업 성장의 선두는 황마 가공이고, 황마 가공은 콜카타 황마 공장에 효과적인 장벽을 제공하는 새로운 국제 경계로 인해 현재 방글라데시에서 일어나고 있다. 직후에 다카의 우르두어 사용자의 수가 증가하였다. 이후, 다카는 방글라데시의 국가 수도가 되었고, 서파키스탄(현재 파키스탄)과 분리되었으며, 1971년 독립하였다. 수반되는 여러 방면의 행정-상업 활동은 다카의 역사에서 가장 빠른 성장을 촉발하는 필수적인 유인 요인을 제공하였다. 오늘날 다카 대도시권의 인구는 약 1400만 명으로 남아시아에서 4번째로 큰 도시이다(그림 9.13). 그러나 빈부 격차가 매우 크다(글상자 9.2).

도시인구의 90% 이상인 이슬람교도와 함께 모스크가 너무 많아 혹자는 다카를 모스크의 도시라고 부른다. 힌두인은 약 8%로 가장 중요한 소수집단이고, 나머지는 기독교인과 불교인이다. 언어적으로 다카는 매우 동질적이며, 95% 이상의 인구가 원어인 벵골어를 사용한다.

글상자 9.2

소액신용대출이 주요 도로로 나오다.

어떠한 것도 상보다 좋은 아이디어를 정당화하지 못하며, 어떠한 상도 노벨평화상보다 클 수 없다. 그래서 방글라데시의 무함마드 유너스(Mohammed Yunus)와 유너스가 설립한 그라민(Grameen) 은행이 2006년에 노벨평화상을 받았을 때, 그의 엄청난 업적에 대해 인식하고 있었다. 그와 그의 은행은 소액신용대출의 혁신적인 아이디어를 개척하였다. 일단 농촌 지역에서만 유용할 것으로 생각되었을 때, 이러한 가난을 완화하는 전략은 현재 도시에서 성공적인 모습을 보이고 있다.

소액신용대출의 아이디어가 한 세기 이상 있어 왔지만, 현재의 모델은 유너스와 그의 은행에 의해 확실히 자리 잡았다. 대나무 가구를 만드는 42가구에 27달러를 대출한 유너스의 첫 번째 대출은 방글라데시가 참혹한 자연재해로 고통을 겪었던 직후인 1976년에 이루어졌다. 그때 이래로 그의 은행은 여성 대출의 97%를 차지하였고, 2,000개 이상의 분점을 설립했으며, 95% 이상의 대출 회수율을 가진다. 오늘날 그 모델은 개발도상국 전역에서 발견된다.

소액신용대출 또는 소액대출은 은행과 같은 표준적인 금융기관으로부터 신용대출을 받을 수 없는, 정규적인 고용 또는 신용 기록이 부족한 사람에게 소규모의 대출을 해 주는 아이디어이다. 소액신용대출을 받을 때 차용자는 자신의 비공식 또는 공식 부문의 소규모 사업에 돈을 투자한다. 차용자가 자금 조달과 합쳐진 이미 가질 수 있는 사업적 판단력은 많은 기업가들을 번창하게 한다. 실제로 이러한 개인들은 "믿을 수 있다." 그들은 표준적인 금융 채널을 통해 대출을 얻을 수 있는 공식적 자격을 단순히 소유하지 못하였을 뿐이다. 소액신용대출이 성공적으로 보이는 한 가지 이유는 상환률이 매우 높다는 점이다. 은행에 의해 대출된 초기 자금은 원조 기관으로부터의 교부금과 대출에서 시작할 수 있지만 때때로 초기 자금은 지방 빈민이 모은 기금의 일부로 구성된다. 상환을 확인하기 위해 소규모의 비공식적인 차용자 지원 집단들, 은행가, 그리고 다른 사람들은 1주나 2주 간격의 모임에 참석할 필요가 있다.

소액신용대출에는 많은 장점이 있다. 첫 번째는 소액신용대출이 차용자가 극단적 빈곤에서 탈출할 수 있을 만큼의 부를 축적하게 해 준다는 점이다. 소액신용대출은 전통적인 대출에 접근하기 어려운 여성, 소수 인구, 그리고 빈민들을 돕는다. 남아시아에서 이것은 낮은 카스트 계급, 특히 낮은

카스트계급의 과부들을 포함한다. 차용자가 보조금으로서 도움을 받지 않는 만큼 가치 또한 강화된다. 대신에 그들은 누군가를 대신해서 그들 자신의 창출로서 정직하게 성공을 볼 수 있다. 마침내, 빈민과 다른 사회적으로 배제된 집단의 사회경제적 지위는 강화된다.

소액신용대출은 남아시아의 도시와 농촌에서 성공을 거두었다. 예를 들어 방글라데시에서 어려움에 부닥친 여성을 위한 샤크티 재단은 치타공과 다카에서 그라민 은행 모델을 사용하고 있다. 다카에서 105,000명 차용자의 1/3은 현재 국가의 빈곤선을 넘어섰다. 남아시아의 도시가 팽창하고 도시의 불안전 고용이 지속됨으로써 소액신용대출의 모델이 도시 설립에 적합해질 것이라는 것은 명확하다.

카트만두, 콜롬보, 카불: 주변부 도시

콜롬보, 카불, 카트만두는 각각 스리랑카, 아프가니스탄, 네팔의 국가 수도이자 상위 도시이다. 그러나 공식적으로 스리랑카의 수도는 콜롬보 대도시권 내에 위치한 스리자야와데네푸라(Sri Jayawadenepura)로 이전하였다. 옛 수도로서 콜롬보는 행정과 의사 결정의 지위를 지속하고 있다. 남아시아의 주변에 있는 이들 도시들은 인구 규모 면에서 매우 다르다. 카불은 300만 명, 콜롬보는 66만 명, 그리고 카트만두는 100만 명의 인구를 가진다.

카불은 3,500년 전의 힌두 경전인 **리그베다**(Rig Beda)와 2세기 프톨레마이오스에 의해 언급될 정도로 가장 오래된 도시이다. 카불 강의 측면과 유명한 키버패스(Khyber Pass)의 서쪽 관문에 위치한 카불의 전략적 위치는 도시에 큰 정치적, 무역적인 의미를 주었다. 해발 1,800m에 위치한 카불은 가장 잘 알려진 무굴 제국(1504~1526)의 수 세기 동안과 1776년 독립 아프가니스탄 이후 수많은 정권의 광역적, 국가적인 수도 역할을 하였다. 이후 러시아와 영국의 국가 정복과 수도의 지정 시도는 실패하였다. 1880년 이후, 근대의 건축물과 정원이 건설되었지만, 옛 잡화 시장 도시의 정체성을 줄이지는 못하였다.

카불은 1970년대 이래로 그들의 뒷마당에서 일어난 국제적 분쟁으로 인해 매우 고통받았다. 1974년 왕정의 전복은 소비에트 지원 정부의 등장과 직후 친소비에트 정부(1970년대)에 대항한 무자헤딘(아프간 반군)을 무장화하기 위한 미국의 간섭, 1989년 약한 꼭두각시 정부의 등장, 1992년 군벌 혼란의 시기, 1996년 탈레반 정권의 등장 등 일련의 사건이 시작되었다. 아프가니스탄의 험준한 물리적 지형과 극단주의자들을 위한 동정적인 탈레반 정권의 은신처 제공이 2001년 9월 11일 미국의 세계무역센터를 공격하게 만들었다는 주장은 카불과 칸다하르 및 다른 도시를 강하게 폭격하는 데 주도한 미국의 복수를 불러일으켰다. 거의 끊임없는 분쟁에 뒤이어, 카불은 정부가 도시를 재건할 것인지, 그리고 안정적인 사회경제적 환경을 제공할 것인지의 기로에 서 있다. 탈레반 이후 정권은 안정과 민주주의를 결정한 것처럼 보이지만, 카불 주변 너머의 국가 통치는 명목적으로만 남아 있다.

같은 이름의 계곡에 있는 카트만두는 해발 약 1,350m 히말라야 중산간 지역에 위치한다. 카트만두는 네팔의 중앙을 점유하며 네팔에서 가장 중요한 상업, 비즈니스, 행정의 중심지이다. 네팔을 정복한 이후, 구르카(Gurkha) 민족 집단은 1768년 카트만두를 수도로 지정하였다. 1934년의 엄청난 지진과 제1차 세계대전 이후의 재건과 발전 노력으로 많은 건축물을 추가했지만, 도시의 더 오래된 부분은 잡화 시장의 성격을 유지하였다. 카트만두 주민의 대다수가 힌두인이지만, 몇몇은 불교인이다. 과거 왕의 독재 지배와 마오주의(Maoist) 게릴라에 의한 산발적인 폭력은 불안한 상황을 만들었다. 2008년, 군주제가 폐지되었고, 마오주의자 주도의 정부가 민주적으로 들어섰다. 카트만두는 남아시아 관광지의 주요 중심지이자 히말라야 산맥의 등반을 위한 시작점이다.

예전에 서양에 실론(Ceylon)으로 알려진 진주 형태의 스리랑카 섬의 서쪽 해안에 위치한 콜롬보는 최소 5세기 이래로 중요한 항구도시로 기능하였다. 그럼에도 불구하고 스리랑카의 핵심 항구로서 콜롬보의 실질적인 성장을 시작한 포르투갈인의 정착이 시작된 서구 접촉은 1517년이었다. 네덜란드가 1656년에 항구를 점령했지만, 영국이 1796년에 네덜란드인을 대체하였고, 콜롬보는 스리랑카의 주요 행정, 군사, 무역의 장소로 변화되었다. 1948년 독립 이후, 콜롬보는 국가의 수도가 되었지만, 불교도인 신할리즈족과 힌두교도인 타밀족이 스리랑카 역사의 대부분을 차지하는 수수께끼 같은 국가에서 단일 민족성을 건설하는 데 도전받고 있다.

콜롬보는 비즈니스, 행정, 교육, 문화의 측면에서 스리랑카의 가장 중요한 도시가 되고 있다. 콜롬보는 식민지 기반 도시이다. 이전 식민지 시대의 요새 지역 내에 위치한 최상위 정부 기관과 함께 중심업무지구 같은 중심지가 도시의 옛 부분인 페타(Pettah: 타밀어로 요새 바깥의 마을이라는 뜻이다)의 측면에 위치한다. 페타는 잡화 시장 엔클레이브의 특성을 나타낸다. 네덜란드 시대의 계수나무 성장 지역인 시나몬 가든은 상류층의 저밀도 주거 단지로 변화되었다. 콜롬보는 독립 이후 크게 확대되었고, 주요 산업 콜롬보의 항구를 통해 수출되는 원재료를 가공하는 산업이다. 산업화를 통해 국가 경제를 다양화하기 위해서, 수출 지향의 경제자유구역이 콜롬보 항구 근처에 설정되었다.

세계화와 도시 마케팅 및 도시 폭력

남아시아 도시의 현대 지리는 세계화와 세계화에 따른 여러 가지 경제적, 문화적, 정치적 영향에 의해 정의된다. 남아시아의 도시경관은 세계 영향과 지방 특이성의 복잡한 혼합을 보여 준다. 세계화는 현재 지역적 사건들이 원거리 사건에 의해 형성되는 만큼 이전에 훨씬 멀었던 장소와 사람 사이의 상호작용을 강화하는 것으로 정의되어 왔다. 자유 시장 개혁을 향한 움직임인 경제적 자유화와 정보통신 기술 혁명은 증가된 공간적 상호작용을 추진하는 원동력으로 인식된다. 텔레마케팅, 전자뱅킹, 플라스틱 머니, 초고속 인터넷은 국가의 경계를 의미 없게 만들었다. 경제적 자유화는 관세 장벽의 철폐를 이끌었고, 국경선 전역으로 투자의 자유로운 흐름을 촉진하였다. 그 결과로 남아시아의 도시는 회사 사무실, 수출 가공 노력, 호텔, 친숙함, 정신적이고 중세적인 관광과 소매 산업의 형태로 세계 비즈니스를 두드리는 능력을 증가시켰다. 선진국의 본사로부터 투자와 재화의 세계적 흐름은 남아시아의 점증하는 중산층을 위해 출현하는 마케팅을 탐색한다. 세계적 기업 또한 인구가 많은 남아시아의 도시에서 비조직화된 값싼 노동력 시장을 찾는다. 에릭 스윈지도우(Eric Swyngedouw)는 이런 도시들 간의 주고받음을 세계화라고 부르는 것을 허용하였다. 즉 이는 지역적으로 특정한 방식으로 도시와 같은 국지적 장소가 세계적 흐름 또는 장에 연관됨으로써 도시와 세계 양쪽의 흐름이 변화하는 것을 말한다. 예를 들어 세계의 패스트푸드 체인점인 맥도널드가 소고기를 먹지 않는 힌두교도들에게 빅맥을 대신해서 소고기 없는 햄버거인 마하라자(왕) 버거를 파는 것을 인도의 도시에서 세계화라고 할 수 있다.

남아시아의 도시는 현재 지역적 권위와 세계적 힘 사이의 긴장을 상징화하는 혼성화가 명백히 나타난다. 시당국들은 재원을 찾기 위해 세계로 가자고 급히 촉구한다. 이것은 외국 기업과 투자를 얻기 위한 도시 간 경쟁의 새로운 도시정치학을 초래한다. 예를 들어 인도의 중앙정부는 2002년 자와할랄 네루 도시 재개발 미션(Jawaharlal Nehru National Urban Renewal Mission: JNNURM)을 시작하였다. JNNURM의 목적은 63개의 도시를 선정하여 "세계로 가자"라는 구호 아래 이윤 추구 기업의 자금을 받을 수 있도록 하는 것과 이 도시들을 뉴욕, 도쿄, 런던과 같은 세계적 도시가 되도록 하는 데 있다. JNNURM은 도시정부가 빈곤 지향의 사회적 의제(예를 들어 슬럼의 개선이나 값싼 기반시설을 제공하는 것)를 덮어 두고, 대신에 시장성에 초점을 두도록 한다. 부의 집중을 통제하기 위한 장치인 임대료 통제와 같은 재분배 척도는 번성하는 기업주의와 개인 투자를 허락하기 위해 폐지되었다. 이런 도시 기업가주의를 향한 압력은 도시별로 다르게 작용했지만, 지배적인 전략은 세계 자본에게 매력적인 장소를 만들기 위해 도시 지역을 다시 포장하는 장소 마케팅이었다. 하나의 장소 마케팅 전략은 휘발유 대신에 압축천연가스(CNG)로의 전환, 미화된 교통 섬의 도입, 도시 정원과 공원의 개발, 녹화, 청소를 포함하는 녹색 기업주의를 포함한다. 이런 아이디어는 외국의 기업과 관광객에게 매력적이며, 환경 친화적이고, 지속가능하며, 스마트한 도시의 세계적 이미지를 제공한다. 이런 녹색 기업가주의는 논쟁이 되었다. 왜냐하면 녹화는 종종 빈민의 퇴거와 더 값비싼 압축천연가스의 채택을 강요하는 반면에, 도시 부자에게는 휘발유로 운행되는 자동차의 수를 배가하도록 함으로써 여러 가지 문제를 수반하였기 때문이다. 녹화는 또한 부유한 근린이 공원과 열린 공간을 얻는 반면에 빈곤한 근린은 경기 침체로 고통을 지속적으로 받는다는 도시 내에서의 불균등한 지리를 구체화한다(글상자 9.3). 녹화 전략에 의해 야기된 이런 배타성은 종종 부르주아 환경론, 또는 엘리트주의적 환경론으로 비난받아 왔다. 예를 들어 인도의 아마다바드에서 녹색협력프로그램하의 녹화는 서아마다바드의 부자들에게 더 많은 이득을 주었지만, 동아마다바드의 빈민에게는 개방 공간의 부족

글상자 9.3

도시 녹화

와쿠아 아흐드(Waquar Ahmed)

환경오염의 증가는 산업과 경제성장에 필수적인 것으로 판명되었다. 인도가 급속한 경제성장의 길을 시작함으로써 인도의 도시는 더 많이 오염되었다. 정부의 환경산림부가 출판한 델리의 오명에 대한 백서에 따르면, 1989년과 1996년 사이 델리의 공기에서 이산화황의 집중은 118%가량 증가하였고, 이산화질소는 82% 증가하였다. 대기오염에 대한 세계은행과 아시아개발은행에 의해 수행된 협동 연구에서 뉴델리는 2000년과 2003년 사이에 20개 주요 아시아 도시 중에서 가장 오염된 것으로 분류되었다. 콜카타와 뭄바이 또한 상위 10개의 오염 배출 지역 중 하나였다.

심지어 델리의 대기오염이 증가함으로써 오염원은 변화를 겪고 있다. 1970년 델리의 대기오염에 지대한 영향을 미친 원천은 가정의 오염원, 산업, 자동차로, 각각 21%, 56%, 23%를 차지하였다. 2000년까지 가정의 오염원, 산업, 자동차의 오염 수치는 각각 8%, 20%, 72%로 변하였다. 이륜과 사륜 구동 차량의 증가는 도시의 호흡기 건강의 독이 되었다.

델리의 급락하는 대기의 질에 대한 관심은 법원의 지원에 의해 환경적인 행동주의를 일으켰다. 델리의 열악한 대기 질을 수용한다면, 환경적 행동주의와 그것의 부수적 결과는 이상적으로 환영

그림 9.22 토지가 아마다바드에서 사바르마티(Sabarmati) 강변 공간의 개발을 위해 철거되고 있다.

받는 발전이어야만 하였다. 그러나 이것은 그 사례가 아니었다. 환경적인 행동주의와 사법적인 조정은 사실 그것의 명시성에서 관료적이었다. 달리 말해, 델리의 열악함에 대한 관심에 해로웠다. 도시의 환경단체에 의해 제기된 공익 소송에 반응하고, 2년 전인 2001년 인도의 대법원에서 만들어진 사법 결정을 확인하였는데, 그것은 델리의 교통수단을 즉시 오염 없는 압축천연가스로 운행되는 버스 엔진의 도입으로 대체하는 것이었다. 이런 대법원의 결정은 도시를 혼란으로 빠뜨렸는데, 수천 대의 버스들이 도로를 달릴 수 없게 만들었으며, 교통에 더 빈곤한 인구의 교통수단을 박탈하였고, 또한 그들의 삶을 박탈하였다. 델리에서 다른 모터 자동차와 같이 대중버스는 대기오염을 악화시켰다. 하지만 대중버스로 통근하기 위해 델리 전체 인구의 1/3, 특히 저소득 인구가 이용한다는 것을 감안한다면, 이러한 일화에서 델리의 환경 운동과 법원의 역할은 관료주의적 성격을 가정한 것일 뿐이었다. 여기에서 주목해야 할 또 다른 요점은 1999년까지, 델리 통근자의 14%, 특히 고소득 인구가 일상적인 통근을 위해 스쿠터와 이륜 오토바이를 사용하였다는 점이다. 이런 이륜 오토바이는 델리 전체 교통수단의 2/3를 구성하며, 탄화수소의 70% 이상을 차지하고, 일산화탄소 배출의 50%를 설명한다. 심지어 대중교통이 배제되고, 혼란에 빠지면서, 이륜 오토바이를 포함하는 개인의 교통수단이 압도적이게 되었다.

을 가져왔다. 델리의 압축천연가스를 강요하는 배타적 정치학도 또한 잘 기록되어 왔다.

또 다른 마케팅 전략은 도시 재개발을 통한 도시 미화이다. 미화는 도시를 새롭게 단장함으로써 효율적인 성장 동력의 이미지를 투영하는 것을 의미한다. 단장된 도시는 잠재적으로 투자를 유치하는 데 있어 다른 도시와의 경쟁에서 이길 수 있다. 따라서 도시정부는 산책로, 대로, 호수 공원, 예술 사무소, 쇼핑몰, 주차장, 고속 대중교통 회랑을 가진 개선된 도시를 가정하는 민간 건설회사에게 공공 토지를 파는 방식을 추구한다. 그 문화적 영향은 종종 독특한 경관의 동질화이다. 뭄바이, 델리, 콜롬보와 카라치의 소규모 사업, 지역 음식 문화, 전통 수공예와 자수법이 세계의 맥도널드와 베네통을 위한 길을 만들면서 사라지게 됨으로써 문화적 다양성의 손실을 보여 준다. 예를 들어 델리는 도시의 청소(정화) 프로젝트 아래에서 가판 노점상을 퇴출하는 정부 정책에 도전하는 행상의 점증하는 풀뿌리 운동을 발생시켰다. 도시 재개발의 더 문제적인 차원은 슬럼 거주자를 위한 어떠한 보상도 없이 공간을 자유화함으로써 이루어진다는 점이다. 뭄바이, 델리, 아마다바드는 광범위한 철거의 지배적 장소가 되었다. 후기자유주의 시대에서, 이들 도시의 대부분은 세계적 수준이 되기 위해 개별적인 종합계획을 수립하였고 서로 경쟁하려는 열렬한 노력으로 폭력적인 퇴거를 견인하는 공사 파트너십의 다양한 형태를 생산하였다. 이들 도시의 시 당국은 민간 건설회사의 수행자가 어려운 공사를 하도록 야심차게 추진하는 반면에, 인간의 얼굴을 가진 자유주의의 미사여구를 유지하는 대중적 정체성을 나타냈다. 아마다바드에서 사바르마타 강변 프로젝트라고 불리는 거대한 프로젝트가 빠른 통로의 세계적 수준의 회랑으로 강변을 개발하기 위해 시작되었다(그림 9.22). NGO들은 6,000가구 이상이 이 프로젝트에 의해 철거될 것이라고 주장한다(글상자 9.4).

도시 마케팅은 또한 미국 중산층의 좋은 삶을 모방하는 체육관, 스포츠 시설, 수영장, 그리고 쇼핑단지로 채워진 폐쇄공동체를 구현한다. 성장하는 소프트웨어 전문가 집단이 빠르게 인도의 실리콘밸리에서 부자가 되는 벵갈루루의 폐쇄공동체는 사회적 이동성의 공간을 보여 준다. 상당한 규모의 매각 소득을 가진 전문 엘리트들은 지속적으로 주택-주차장-수영장을 가진 삶의 스타일인 세계화에 의해 유혹된다. 이러한 부유한 공간은 배타적 공간으로 비난받았다. 그들은 지리적으로 도시 부자와 빈민 사이의 점증하는 격차를 물질화한다. 폐쇄공동체는 또한 부자의 위생적인 공간에 더는 들어가도록 허락되지 않는 가판 노점상과 행상들의 비공식 경제를 휘청거리게 만든다.

세방화(glocalization)에서 세계-지방 간의 긴장은 부와 빈곤의 불균등한 지리로 명백할 뿐

아마다바드 도시의 재개발

　새로운 도시정치학과 경제적 자유화를 따라감에 있어, 구자라트 서부 주에 위치하는 인도의 아마다바드는 가혹한 장소 마케팅 정책을 시작하였다. 그 목적은 뭄바이와 델리를 포함하는 인도의 모든 다른 도시보다 경쟁력을 가지며 지역 최고의 세계화 도시가 되는 것이다. 아마다바드 공사는 깨끗하고 아름다운 비즈니스 종착지의 도시 비전을 투영하고 있다. 2007년 이래로 세계적 투자 정상회의가 외국인 투자가들을 대접하기 위해 매년 개최되어 왔다. 사바르마티 강변 개발 프로젝트는 도시를 재생하기 위해 시작되었다. 사바르마티 강은 도시를 동서 아마다바드로 나누며, 16,000명의 가난한 힌두인과 이슬람이 강둑을 따라 형성된 슬럼에서 거주한다. 이들은 중고 옷 판매상, 가정부, 가판 노점상, 짐꾼 등과 같은 저임금 비공식 업종에 종사하며, 6,000가구는 철거될 예정이다. 아마다바드 공사는 강의 양 둑을 토양으로 채워 간척하고, 간척된 땅을 민간의 건설 회사에 팔려고 계획한다. 그 목적은 이런 강줄기를 큰 기업이나 도시 엘리트를 위해 상업회랑으로 변화시키는 것이다. 호텔, 위락공원, 워터파크, 정원, 대로, 산책로가 도시에 활력을 주기 위해 건설될 예정이다. 그러나 사바르마티의 강둑 위에 있는 빈민들은 이러한 도시 재개발의 비전이 관료주의적이고 배타적이라고 주장한다. 도시 빈민들은 매립과 정원 개발의 비용에 비교했을 때, 수복을 위한 예산의 배정이 낮다고 주장한다. 주민들은 원래의 계획이 철거될 사람들을 위한 지원 주택을 개발하는 데 강둑의 부지가 유보되었다고 주장한다. 그러나 현대의 도시정치학은 힌두의 빈민들이 도시 바깥으로 이전될 것이라는 데 무서워하며, 이슬람 빈민들은 아마다바드 공사가 극우 힌두 근본주의자에게 주어져서 이슬람들이 전혀 재거주하지 못하게 될 것이라고 두려워한다. 끝없는 행진과 데모, 연좌 농성 및 항의가 결과를 도출하지 못할 때, 사바르마티 강둑의 대표자 집단은 아마다바드 공사에 대항하는 대중적 관심 연대를 형성하였다 사회운동이 빈민들 사이에서 출현하였다. 하지만 이런 운동은 종종 통합을 분열시키는 민족적, 카스트적, 그리고 언어적 차이로 결코 통합되지 않는다. 아마다바드가 세계적 수준의 도시로 세계화하는 동안 이 도시의 미래를 주장하는 투쟁은 사바르마티 강둑 위에서 벌어지고 있다.

만 아니라 폭력의 지형이다. 그래서 남아시아의 도시는 일상적인 배제의 폭력을 내재화할 뿐만 아니라 때때로 지역 공동체 간의 폭동과 세계적인 테러리즘의 장소이다. 인도에서 힌두인은 다수의 종교 집단을 차지하며, 이슬람은 약 13%의 가장 큰 소수민족 공동체를 차지한다. 힌두인과 이슬람은 인도의 분리와 파키스탄의 독립, 그리고 그로 인한 지독한 폭력인 분리와 지배라는 식민지 정책으로 인해 경쟁의 역사를 공유한다. 독립 이후의 맥락에서 힌두인-이슬람 간의 폭력은 도시에 집중되었다. 1992~1993년의 뭄바이 폭동과 2002년의 아마다바드의 폭동은 인도 분리 이후 가장 치명적인 것이었다. 뭄바이 폭동은 2,000명의 생명을 앗아갔다. 지역의 극우 정당이 폭동을 주도하는데 이들의 주장에 따르면 이슬람에 대한 지독한 잔학 행위에 책임이 있는 것으로 전해진다. 대부분의 이슬람은 힌두인에 의해 죽임을 당하였고, 다른 많은 사람들이 그곳을 떠났다 아마다바드에서의 2002년 폭동은 두 달 반 동안 지속되었고 이슬람의 주택, 재산, 사업의 체계적인 파괴가 있었다. 또 다른 극우 정당의 문화적이고 정치적 연대에 의해 주도된 폭도들이 폭동을 계획하였다. 희생자들은 폭동 주도자들이 이슬람 주택의 주소 목록을 가지고 나왔다고 주장하며, 2,000명의 이슬람 이 살해당하고 10만 명이 이주했으며, 모스크는 파괴되고 사원과 도로는 뒤바뀌었으며, 현 재 이주한 주민은 도시 바깥의 모든 이슬람 게토에 산다. 인도에서 도시 폭동의 메커니즘 은, 힌두주의는 인도주의와 같으며, 그래서 다른 종교적인 소수민족은 침입자이자 외국인 으로 간주된다. 따라서 그들의 애국주의는 항상 의심받는다고 믿는 정치적 이념에 의해 주 입된다. 9·11 이후의 맥락에서 '테러에 대한 전쟁'의 세계적인 해석과 '테러리즘 및 이슬람 에 대한 공포'가 또한 채택되고 지역화된다. 이런 '힌두인의 인도라는 황금 시대'는 세계경 제 통합과 세계적인 테러리즘의 담론으로부터 분리하여 상상할 수 없다. 지역의 정치학은 비힌두 외국 자본과 외국 회사가 환영하는 경제개혁과 병행한다. 지역의 이슬람 공포는 또 한 테러리즘의 세계적 해석과 병행한다. 세방화의 세계-지역 긴장은 도시 공간에 독창적 으로 새겨진다.

한편 스리랑카의 맥락에서 과거 경제 자유화 정부 아래에서 소규모 자가 기업으로 이득 을 얻은 대다수 신할리즈 불교 공동체는 후기 경제 자유화의 맥락에서 원주민 기업의 집중 으로 인해 증가된 고난에 직면하였다. 도시 곤경의 증가는 1983년 콜롬보를 포함한 다른 지역에서 일어난 소수의 힌두 사업 공동체를 목표로 한 다수의 불교 공동체의 민족적 폭력 과 같은 1980년대의 증가된 민족적인 양극화 현상에 기인한다. 국가적 충돌과는 별도로 남 아시아의 도시들은 또한 국제적 테러의 핫스팟이 되었다. 2008년 뭄바이에서 타지마할 호 텔의 총격 사건은 인도의 9·11로 언론에 의해 비난받았다(글상자 9.5).

도시와 테러

2008년 11월, 테러리스트들이 뭄바이의 타지마할 호텔을 공격하였다. 동시에 또 다른 테러리스트 팀은 또 다른 호텔, 유대인 센터, 철도역, 병원, 식당과 영화관을 공격하였다. 많은 사람, 특히 영국과 미국인 손님이 타지마할 호텔에서 인질로 잡혔다. 밤새 지속된 전투는 인도 특수 부대와 테러리스트 사이에 이어졌다. 100명 이상의 사람들이 살해되었고, 9명의 무장 괴한이 죽었다. 언론은 타지마할 호텔 사건을 인도의 9·11로 명명하였다. 수많은 정보 기관의 노력으로 왜 뭄바이가 선택되었고, 타지마할 호텔이 공격의 대상이었는지 밝혀졌다. 일반적으로 뭄바이의 세계도시 지위가 테러리스트들이 이용하고자 했던 어떤 상직적인 가치와 세계적 노출을 준 것으로 믿어진다. 타지마할 호텔은 인도와 국제적인 명사들에 의해 선호되는 장소였다. 외국의 사업가와 투자가가 그곳에서 만남을 가졌고, 외국인 여행객들은 타지마할 호텔의 인도식 친절함을 세계적 수준으로 꼽았다. 테러리스트들은 세계화되는 인도와 모든 것이 잘 되지 않는다는 것을 세계에 알리고 싶었다는 것을 주장하였다. 남아시아의 금융 수도로서, 거대한 영화 산업의 중심지로서, 관광과 경제적 투자의 중심지로서, 반이슬람 폭동(1992~1993)의 과거 역사로서 뭄바이의 상징적인 중요성은 테러리즘의 지리를 정의하는 중요 변수였다. 2001년 9월 11일, 공격 목표로서의 뉴욕 선정은 전략적으로 유사한 것이라고 주장될 수 있다. 세계적인 금융의 흐름과 넘쳐 나는 투자의 허브인 세계무역센터는 미국 자본주의의 위치를 의미하였다. 다른 한편으로 국방성은 미국의 군사적 힘의 중심지를 나타냈다. 2004년 마드리드에서 통근 기차와 2005년 런던에서 지하철과 버스는 유사하게 상징적인 관점에서 중요하였다. 뭄바이와 같은 빽빽한 도시 집적체는 삶, 기반시설, 부동산의 측면에서 경이적인 파괴의 잠재력을 제공하며, 따라서 테러리스트들에게 세계적 주목을 끌 능력을 제공한다. 뭄바이와 같은 큰 도시들은 또한 위장하는 데 좋은 장점을 가진다. 그들은 밀도 높은 환경을 선호하며, 느슨한 보안과 산만함을 선호한다. 마침내 큰 도시들은 휴대전화와 인터넷 통신의 그림자 네트워크를 위한 다양한 원천을 가지며, 테러를 위해 적절한 기반시설을 발생시키는 검은 자금을 가진다. 그러나 중요한 것은 왜 어떤 집단이, 테러리스트들로 하여금 그들의 삶을 포기할 정도의 선택된 표현의 동기로서 테러리즘을 채택하도록 강요받는지에 관한 깊은 이해이다. 경제적 개혁과 세계화는 보통 사람들에게 부정적인 영향을 미친다는 것이 주장된다. 어떤 사람은 컴퓨터 사용 능력과 영어 표현 능력과 같은 기술 때문에 향상될 수 있지만 다른 사람은 실업, 퇴거, 이전, 문화적 철폐에 직면한다. 그 대립은 마이크 데이비스(Mike Davis)가 제국의 도시화라고 부른 현상으로 세계도시들 속에서 가장 견고화되었다. 식민지의 오랜 곤경은 모든 사람에게 현재의 현실이 되었다. 새로운 제국은 기업과 도시 엘리트들에 의해 강화된다. 계급 간, 공동체 간, 지역 간, 도시 간, 도시 내의 격차는 커진다. 심오한 경제적 고난과 문화적 단절에 직면해 도시의 많은 빈민들은 비폭력 사회운동, 정의 운동, 환경 운동, 도시에서의 권리 운동을 형성할 수 있지만, 대부분 다른 사람들은 극단주의에 의지할 수 있다. 남아시아의 도시들은 세계화의 경제적이고 문화적인 영향에 의해 야기된 증가하는 모순에 직면해 있다. 도시 폭력은 그러한 모순이 충돌하는 새로운 양상이 될지 모른다.

도시의 도전

세계화와 경제적 성장의 도취감은 남아시아 도시가 직면한 흉악성을 안타깝게도 가린다. 대부분의 국가에서 빈곤과 극단적인 농촌과 도시의 이분법에 대한 식민주의적 법령을 세습하였다. 현대적 측면에서 도시 실상은 부와 빈곤의 동시적인 대립을 나타낸다. 팽창하는 중산층, 쇼핑몰의 침투, 극단적인 빈곤, 부적절한 주택, 공공 서비스의 부족, 실업, 환경적 타락이 남아시아 도시경관에 새겨져 있다.

후기 식민지 시대에, 대부분의 남아시아 국가는 정부에 의해 지원받는 기본적인 산업 발전과 자급자족을 추구하였다. 그 생각은 보완적인 산업의 허브로서 행동하는 타운과 도시를 가진 농촌 마을을 개발하는 것이었다. 그러나 농지 분배는 식민지 시대에 결코 수정되지 않았던 봉토 세습 제도로 인해 극히 불균형적이었다. 후기 독립 시대에 강제된 토지 개혁 시도의 무능력으로 인해 농촌 빈곤은 악화되었다. 그런 맥락에서 이미 식민지 시대에 기반 시설의 발전을 경험했던 종주도시들은 독립 이후의 시기에 농촌 빈민을 대량으로 지속적으로 끌어들였다. 비록 제조업이 대부분 나라에서 주요 활황기를 이루었고, 정부는 수입 대체 산업화를 시작했지만, 제조업 일자리의 성장률은 이촌향도를 따라잡지 못하였다. 더욱이 대부분의 농촌 이주자는 미숙련공이었고 따라서 근대 산업에 고용될 수 없었다. 그 결과 짐꾼, 인력거꾼, 가정부, 건설 노동자와 다른 육체 노동자와 같이 보장이 전혀 되지 않는 저임금 일자리로 구성된 비공식 부문의 팽창을 낳았다. 이런 비공식 노동자들은 종종 포장된 도로, 철로, 버스 정거장에서 살았다. 이 외의 사람들이 이미 과잉된 슬럼에서 하나의 방을 찾는 것은 행운인 것 같다.

도로 거주자 수의 추계는 광범위하게 다양하다. 뭄바이에서만 25만 명에서 200만 명에 이를 정도로 다양하다. 대부분의 장소에서 도로 거주자는 도시 중심부에 집중되며, 불규칙적으로 최소 임금을 받는 미숙련 직업에 고용된다. 콜카타에서는 대략 도로 거주자의 절반이 운송업에 종사한다. 그들은 18세에서 57세의 남성이며, 거의 1/3은 어린이이고 그들의 대부분은 구걸과 청소 또는 어린이 노동자로 일함으로써 가족의 소득에 보탬을 준다.

슬럼 또는 **버스티**(bustees)는 남아시아의 거의 모든 도시에서 번성하였다. 버스티라는 이름은 콜카타와 다카에서 사용되며, **주끼**(jhuggi)는 델리에서 사용되고, **촐**(chawl)은 뭄바이에서 사용된다. 이들 버스티는 낙후, 과밀, 결점 있는 배열, 통풍, 빛과 위생 시설 부족의 이유에 의해 안전, 건강, 도덕적으로 치명적인 주거지로서 1954년 인도 정부의 슬럼 지역 법에 의해 정의되었다. 더욱이 슬럼은 주로 최소한의 위생과 수도 공급 시설을 가진 일시적이거나 준영구적인 오두막집으로 구성되며, 건강하지 못한 수로 지역에 주로 위치한다. 슬럼은 중심업무지역으로부터 떨어진 거대 슬럼 지역에 집중되어 있었지만 대도시권에 산재해 발전한다. 슬럼은 일시적인 취락으로 시작하며, 때때로 지주에 의해 시작되었지만 다른 공지, 공원, 철로의 양옆이나, 공지 위에 불법적인 점유로 시작되었다. 뭄바이에서는 인구의 거의 60%가 슬럼에서 거주하는 것으로 추산되며, 이 비율은 남아시아에서 가장 높다.

남아시아 국가들은 세계은행과 국제통화기금의 강요로 구조 조정 프로그램을 포용하도록 압박받았다. 이들 프로그램은 자유 시장경제의 정책 아래에서 남아시아 경제의 개방을 강요하였다. 정부들은 경제에 대한 통제를 낮추고, 산업과 건강이나 교육과 같은 다른 부문의 지원을 멈추는 것으로 가정하였다. 발전은 시장의 손에 맡겨졌다. 시장의 개방으로 도요타와 맥킨토시의 콜센터 직종과 소비적인 삶의 스타일을 꿈꾸기 위해 외국 기업을 유치하게 되었다. 영어 교육을 받고 컴퓨터에 익숙한 중산층은 경제개혁으로 이득을 얻었다. 대부분은 선진국의 상대자와 같은 월급을 받는 직업을 얻었다. 빈곤 국가에서 이렇게 상승된 월급은 눈에 띄는 작은 별장(방갈로)과 폐쇄적 고립 장소(엔클레이브)에서의 소비와 삶을 가질 수 있게 하였다. 그들의 소비는 더 많은 세계적 비즈니스를 도출하였다. 외국 투자와 국내 소비의 활황에 의해 용기를 얻은 건설사는 도시의 재개발을 밀고 나갔다. 오래되고 추하며 가난한 사람들은 화려하고 부유한 사람들에게 양보하였다. 시당국은 종종 시장 지향적이 되고 탈중심화됨으로써 중앙정부로부터 인센티브를 얻었다. 시장 마케팅과 도시 재개발은 세계적 수준의 도시 지위를 성취하기 위해 채택되었다. 이런 경향은 맨해튼화, 상하이화로 표현되었다. 어떤 사람들은 부르주아 도시주의라고 부른다. 장소 마케팅은 늘어나는 중산층과 세계적 비즈니스 및 서비스 산업이 틈새를 발전시킬 수 있도록 부유한 공간을 창출하기 위해 도시를 녹화하고, 청소하고 미화하는 것을 요구한다. 문화적으로 이것은 도시들이 그들의 개성과 독특함을 잃고 맥도널드화의 영향을 통해 동일화되는 것을 의미한다. 정치적으로 이것은 남아시아의 도시들이 상징적 수도를 얻게 되면 폭력의 세계적 지정학에 더욱 통합되며, 종종 극단주의 집단의 현저한 공격 목표가 된다는 것을 의미한다. 사회적, 경제적으로 그것은 부자와 빈민 간의 증가된 격차와 그들이 점유하는 장소의 격차를 의미한다. 빈민들은 위로나 수복의 어떤 전제도 없이 그들의 이미 빈약한 **버스티, 주끼, 촐**을 파괴하는 도시 재개발, 녹화, 미화 개념을 통해 쫓겨난다는 것을 발견한다. 도시 빈민의 권리 투쟁은 남아시아의 대부분 도시들에서 일어나고 있다. 이들 투쟁은 도시를 개척하고, 도시 개발의 비전을 변경하고, 보다 내재적인 도시주의를 추구하는 것을 목표로 한다. 그래서 남아시아 도시들은 지역적 통제와 세계적 압력 사이의 긴장을 구체화한다.

■ **추천 문헌**

• Ahmed, Waquar. Amitabh Kundu, and Richard Peet. 2010. *India's New Economic Policy: A Critical Analysis.* New York and London: Routledge. 인도의 도시들을 재형성하는 경제적 힘에 대한 비평이다.

• Das, Gucharan. 2002. *India Unbound: The Social and Economic Revolution from Independence to the Global Information Age.* New York: Anchor. 인도의 급속한 발전에 통찰력을 제공하는데 유용한 책이다.

• Chapman, Graham P. 2003. *The Politics of South Asia: From Early Empires to the Nuclear Age*, 2nd ed. Aldrshot, Eng.; Ashgate. 범위에서는 일반적이지만 남아시아의 역사, 문화, 발전의 이해에 아주 유용한 소개서이다.

• Chapman, Graham P., Ashok K. Dutt, and Robert W. Bradnock. 1999. *Urban Growth and Development in Asia: Making the Cities*, 2 volumes. Aldershot, Eng.: Ashgate. 남아시아의 도시, 도시화, 발전, 계획에 헌신하는 수많은 장을 포함하는 역서이다.

• Luce, Edward. 2007. *In Spite of the Gods: The Strange Rise of Modern India.* New York: Doubleday. 인도의 급속한 경제개발을 신문기자의 관점에서 살펴본다.

• King, Anthony D. 1976. *Colonial Urban Development: Cultre, Social Power, and Environment.* London: Routledge and Kegan Paul. 뉴델리의 식민지 도시 형태, 심라의 산간 피서지 마을, 그리고 군대 주둔지의 종합적 분석을 다룬다.

• Nair, Janaki. 2005. *The Promise of the Metropolis: Bangalore's Twentieth Century.* New York: Oxford University Press. 세계화와 가장 밀접하게 관련되는 남아시아 도시에 대한 시기적절하고, 잘 쓰여졌으며, 정보적이고 경험이 풍부한 사례 연구이다.

• Noble, Allen G., and Ashok K. Dutt, eds, 1977. *Indian Urbanization and Planning: Vehicles of Modernization.* New Delhi: Tata McGraw-Hill. 선도적인 지리학자와 계획가에 의해 공헌된 20장 이상을 포함하는 고전적인 연구이다.

• Ramachandran, R. 1989. *Urbanization and Urban Systems in India.* New Delhi: Oxford University Press, 1989. 인도의 도시를 직접적이고 종합적으로 다루고 있다.

• Turner, Roy, ed. 1962. *India's Urban Future*. Berkeley and Los Angeles: University of California Press. 이런 고전적 논문에서 특히 흥미로운 것은 John E. Brush가 쓴 '인도 도시의 지형학'에 의한 공헌이다.

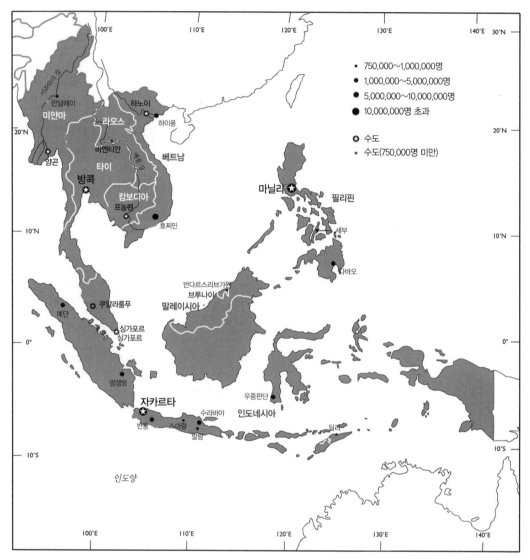

그림 10.1 동남아시아의 주요 도시. 출처: UN, *World Urbanization Prospect: 2009 Revision*, http://esa.un.org/unpd/wup/index.htm

10

동남아시아의 도시

주요 도시 정보

총인구	5억 9000만 명
도시인구 비율	41.9%
전체 도시인구	2억 4700만 명
도시화율이 높은 국가	싱가포르(100%), 브루나이(75.7%), 말레이시아(72.2%)
도시화율이 낮은 국가	캄보디아(20.1%), 동티모르(28.1%), 베트남(30.4%)
연평균 도시 성장률	2.88%
메가시티의 수	2개
인구 100만 명 이상급 도시	18개
3대 도시	자카르타, 마닐라, 방콕
세계도시	싱가포르

핵심 주제

1. 동남아시아 지역의 도시경관은 중국, 인도, 말레이시아의 영향을 받았고, 식민주의와 보다 최근의 세계화와 같은 국제적 영향력에 의해 형성되었다.

2. 전 세계의 주요 종교가 동남아시아 도시경관에 재현되고 있다.

3. 이 지역의 모든 주요 도시들은 독립 후, 급격한 인구 성장을 경험하고 있다.

4. 자카르타, 마닐라, 방콕과 같은 종주도시가 지역을 주도하고 있지만, 핵심적인 중심 도시는 도시국가인 싱가포르이다.

5. 외국인 직접투자를 통한 외세의 영향이 오늘날 이 지역에 중요한 역할을 하고 있다.

6. 도시 확장 공간을 제공하기 위해 항만 지역의 토지 개발이 점차 증가하고 있다.

7. 도시의 토지이용 패턴은 지역 전체에 걸쳐 매우 유사하게 나타나고 있다.

8. 많은 도시들이 IT 도시가 되기 위해 경제를 재구조화하고 있다.

9. 싱가포르를 비롯해 세계에서 가장 큰 화물 항구들이 이 지역에 위치하고 있다.

10. 국제적 경계를 넘어서는 영향력을 가진 초국적 도시가 보다 중요해지고 있다.

유리로 둘러싸인 우뚝 솟은 고층 빌딩들, 번쩍이는 코카콜라 네온 간판, 맥도널드와 같이 세계 중심 도시들의 점차 일반화된 상징들은 동남아시아 도시, 특히 대도시에서 매우 잘 나타나고 있다. 이것들은 도시에 기만적인 친숙함을 부여한다. 하지만 도시를 보다 세밀하게 관찰하면 때로는 많은 미세한, 때로는 작지 않은 차이들이 존재한다. 전체로서 동남아시아는 수백 가지의 다른 언어와 다양한 고유 종교를 가진 문화의 보고이다. 동남아시아는 두 개의 지배적인 문화적 고향인 중국과 인도 사이에 자리 잡고 있으며, 역사가 된 식민지 과거를 가지고 있어 지역 고유의 요소와 외세적 요소가 혼합된 지역이라고 할 수 있다. 이러한 다양성은 자연스럽게 방콕 불교 사원에 있는 연꽃 모양의 탑에서 싱가포르의 밝게 채색된 힌두교 사원, 쿠알라룸푸르의 황금 돔 이슬람 사원에서 마닐라, 호찌민의 로마 가톨릭 성당에 이르기까지 지역의 도시경관에 지속적으로 새겨져 왔다.

이 지역을 여행하는 많은 여행객에게 여전히 동남아시아 도시 지역의 범위는 놀라움으로 다가온다. 이 지역에 대한 전형적인 이미지는 주상 가옥 형태의 오두막과 물소와 함께 선명한 녹색 벼가 자라는 논이 생각나는 농촌이다. 하지만 실제는 매우 다르다. 마닐라나 방콕, 호찌민을 하늘에서 내려다보면 마치 로스앤젤레스나 뉴욕, 도쿄 위를 보는 것과 같다. 도시 경관은 삼중으로 덮인 밀집된 녹색 정글이 아니라, 아파트 단지, 쇼핑몰, 금융가, 놀이공원이 밀집된 콘크리트 정글로 나타난다.

동남아시아의 주요 도시는 정치, 경제활동의 결절지이자 상업적 유통과 교류의 중심지이다(그림 10.1). 호찌민, 하노이, 프놈펜과 같은 '후기사회주의' 도시는 엄청난 정치적, 경제적 변화를 겪고 있는 반면, 랑군(양곤)과 같은 도시는 광범위한 세계적 경향에서 동떨어져 있다. 또한 동남아시아의 도시는 부유층과 빈곤층, 건강한 사람과 영양이 충분하지 못한 사람 사이의 엄청난 불평등이 존재하는 곳이다. 방콕, 마닐라, 자카르타에는 판자촌과 미처리하수만큼 도요타 랜드크루저와 루이비통 디자이너 상점 역시 도시경관의 한 부분으로 자리 잡고 있다.

동남아시아의 많은 중소 규모 도시가 종주도시를 능가하고 있다. 필리핀의 세부와 타이의 치앙마이, 치앙라이 같은 많은 도시는 스스로 지역의 중요한 도시 중심지로 빠르게 거듭나고 있다. 한편 베트남의 중부 고원과 같이 대부분이 농촌인 다른 지역은 고유한 토지이용 관습과 국가 도시 정책 사이에서 야기되는 논쟁과 갈등의 현장이라고 할 수 있다.

동남아시아의 도시와 도시화되고 있는 지역은 단순한 사람과 물자의 컨테이너 이상의 의미를 가진다. 이들은 스스로 움직이는 주체이며, 지역이나, 국가, 세계적 흐름과 계속적으로 영향을 주고받을 것이다.

지역적 스케일에서의 도시 패턴

캄보디아 수도인 프놈펜의 도심에서는 겨자색의 중앙 시장(그림 10.2)이 특징적으로 나타난다. 1930년대의 아르데코 스타일로 지어진 시장은 중앙의 동굴 같은 돔에서부터 방사형으로 뻗어 나가는 네 개의 홀을 가진 십자형으로 디자인되었다. 시장 내부에는 수백 개의 노점상이 물건을 부지런히 팔고 있다. 손으로 짠 실크나 전통 크메르 스카프(크라마로 알려져 있음)를 사고 싶은가? 신선한 야채나 돼지고기를 먹고 싶은가? 식성에 상관없이 원하는 것은 어떤 것이든 프놈펜의 중앙 시장에서 다 찾을 수 있을 것이다. 만약 그렇지 않다면, 오토바이를 타고 조금만 이동해 프놈펜의 러시아 시장을 방문하면 된다. 외견상으로는 두 시장이 아주 비슷해 보인다. 예를 들어 같은 과일, 채소, 기념품 가게를 많이 보게 될 것이다. 하지만 중앙 시장의 곡선형의 아치와 아치 형태의 천장은 러시아 시장의 희미한 불빛과 밀실 공포증에 대한 느낌으로 바뀌게 된다. 러시아 시장은 쇼핑객이 상인이나 관광객을 팔꿈치로 서로를 거칠게 밀고 밀치는 토끼굴과 같다. 내부 공기는 너무 많은 사람과 생선과 야채, 끓고 있는 많은 냄비가 뒤섞여 숨이 막힐 지경이다.

동남아시아의 어떤 전통 시장이든, 심지어 지역의 새로운 시장 안으로 들어가는 것은 마치 엘리스가 이상한 나라로 들어가는 것과 같다. 호찌민의 빈 떠이(Binh Tay) 시장의 답답한 통로에서 서성거리거나, 약간 나은 방콕의 리버시티 쇼핑 콤플렉스에서 윈도우 쇼핑을 하거나, 싱가포르 오차드 로드(Orchard Road)를 따라 쇼핑하면서 아이스커피를 마시더라도 분

그림 10.2 프놈펜 시내에 있는 중앙 시장은 1937년에 아르데코 양식으로 지어졌다. 중앙 시장은 도시의 정신이며, 원하는 어떤 것이든 살 수 있는 장소이다. (사진: James Tyner)

명 새로운 광경과 소리, 냄새들로 눈이 휘둥그레질 것이다. 백단유의 취할 듯한 향기와 신선한 과일과 야채, 향신료의 냄새가 함께 혼합되어 다른 어떤 곳에서도 찾을 수 없는 향취를 자아낸다. 북아메리카의 조용하고, (동남아시아에서도 점점 많이 나타나고 있는) 깨끗한 쇼핑몰과 달리, 캄보디아, 타이, 베트남 등의 복잡한 시장은 그 지역 도시지리의 많은 부분을 구체적으로 보여 주는 것처럼 보인다.

전체적으로 동남아시아는 여전히 세계에서 가장 도시화율이 낮은 지역 중 하나이다. 싱가포르, 브루나이, 말레이시아, 필리핀 4개국만 50% 이상의 도시화율을 달성했으며, 다른 국가는 특성상 농촌에 상당히 가깝다. 예를 들어 캄보디아, 라오스, 미얀마, 베트남은 모두 30% 미만의 도시화율을 나타내고 있다. 하지만 최근 몇 년 동안 대규모의 성장을 보여 주고 있다. 많은 국가가 연간 3%를 넘어서는 놀랄 만한 도시인구 성장률을 보여 주고 있으며, 특히 캄보디아, 라오스는 6% 이상의 인구 성장을 나타내고 있다.

이러한 도시 성장은 동남아시아에서 그리 새로운 것은 아니다(그림 10.3). 포르투갈인이 말라카에 도착하기 이전 또는 스페인인이 필리핀에 상륙하기 이전의 동남아시아는 세계에서

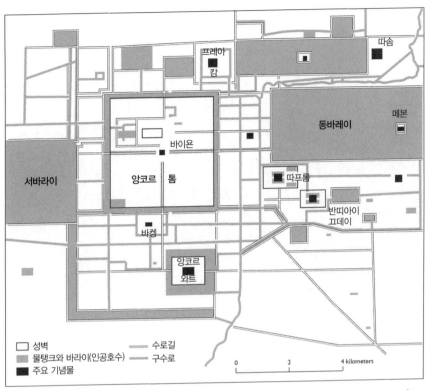

그림 10.3 "A.D. 1200년경 캄보디아 앙코르 지구 계획", 출처: T. G. McGee, The Southeast Asian City(New York: Praeger, 1967), 38

가장 인상적인 도시, 캄보디아의 앙코르, 시암(현재 타이)의 아유타야, 라오스의 루앙프라방의 본고장이었다. 이들 도시의 이름은 과거 무역과 정복의 풍성한 역사를 지속적으로 떠올리게 한다. 역사적인 향료 무역도 동남아시아를 통해서 이루어졌고, 중국과 인도, 그 너머 지역으로부터 물건을 가득 실은 배도 동남아시아를 통해 항해하였다. 그 전후로 동남아시아의 도시는 경제적, 종교적, 문화적 교역의 중심지가 되었다.

이 지역은 역사적으로 하나 또는 두 개의 도시 지역에 의해 지배되었다. 예를 들어 앙코르 왕국은 9~14세기 사이에 오늘날 캄보디아, 라오스, 타이의 많은 지역에 영향력을 행사해 왔고(그림 10.4), 말라카 도시국가를 중심으로 한 스리비자야(Srivijaya) 제국은 14세기 후반부터 16세기 초까지 동남아시아의 많은 섬들을 지배하였다. 오늘날까지도 동남아시아 대부분의 국가는 계속해서 아주 높은 도시 종주성을 보여 주고 있다. 타이에서는 수도 방콕이 제1의 도시로 우뚝 서 있으며, 이에 질세라 자카르타와 마닐라도 인도네시아와 필리핀에서

그림 10.4 1113년에서 1150년 사이, 수르야바르만 2세에 의해 지어진 앙코르 사원은 캄보디아 전역에 걸쳐 존재하는 수백 개의 사원 중 하나이다. 하지만 이 사원은 캄보디아 역사의 황금기를 상징하고 있기 때문에 국기에서도 그 이미지를 발견할 수 있다. (사진: James Tyner)

각각 높은 종주성을 보여 주고 있다.

그러나 21세기, 동남아시아의 도시 패턴은 이전의 시대와 상당히 다른 점들을 보여 주고 있다. 많은 초기 도시가 조밀한 형태로 인구가 밀집되어 있는 반면, 오늘날 동남아시아의 도시는 인구가 밀집되어 있지만 스프롤 형태를 보이고 있다. 즉 마닐라, 방콕, 프놈펜, 자카르타, 호찌민의 주변부에서 빠른 도시 성장이 나타나고 있다. 이러한 성장 중 어떤 것은 계획된 것이기도 하고, 또 어떤 것은 그렇지 않기도 하지만, 이는 토지이용에 대한 갈등을 일으키고 있다. 예컨대 도시 스프롤은 한때 주요한 농업용 토지를 위협하기도 하였고, 토지 투기나 미토지 소유와 같은 부수적인 경제적 문제를 부추겼다(그림 10.5).

교통 체증, 공해, 실업과 같은 과잉 도시화로 인해 끊임없이 나타나는 문제를 해결하고자 동남아시아의 지방정부 관료는 지역 경제 개발 프로젝트를 시작하였다. 이러한 프로젝트는 종종 다목적성의 범위를 띠고 있다. 즉 보다 주변 지역(예를 들어 타이의 북동부)에서의 경제성장과 개발을 권장하며 종주도시의 부담을 경감시키고자 하였다. 하지만 몇몇 정부는 여전히 명확한 이유 없이 전체 도시를 재배치하고 있다. 예를 들어 비밀주의적 정부의 선두라고 할 수 있는 미얀마는 최근 수도를 랑군(양곤)에서 핀마나라는 내륙의 준농촌 도시로 이전하

그림 10.5 새로운 거주지, 여가 장소, 상업지구가 과거에 사탕수수 플랜테이션 장소였던 마닐라의 변두리 지역에서 나타나고 있다. (사진: Arnisson Andre Ortega)

그림 10.6 베트남의 쁠래이꾸(Pleiku)에서 한 여성이 이른 아침 시간에 신선한 과일과 채소를 (미국 슈퍼마켓에 당당히 진열된 것처럼) 쇼핑객에게 팔면서 살아가고 있다. (사진: James Tyner)

였다. 운 좋게 새로운 미얀마의 수도, 핀마나의 새로운 이름 네피도['황도(皇都)']를 충분히 방문할 수 있었던 몇몇 기자들은 북아메리카에서 볼 수 있는 교외 개발을 생각나게 하는 광대한 주거 지역과 인상적인 오피스 빌딩을 기술하고 있다. 하지만 아무도 거기에 살고 있지 않으며, 거리는 비어 있다. 그 이유는 미얀마 사람들 대부분이 신도시로의 접근이 제한되어 있기 때문이다.

프놈펜처럼 동남아시아의 도시들은 과거와 미래를 함께 보여 주고 있다. 또한 상업 활동과 문화적 교류가 집중된 중심지이며(그림 10.6), 많은 공통성을 갖는 동시에 프놈펜의 중앙시장과 러시아 시장과 같이 현저한 차별성들을 보여 주고 있다.

도시 개발의 역사적 관점

전식민지 시기의 도시화 패턴

동남아시아의 특징은 아마 세계에서 가장 많은 해안선일 것이다. 이러한 해안의 대부분에서 해운이 가능하기 때문에, 바다가 동남아시아의 도시화 과정에 상당히 이바지하였다는 것은 충분히 이해가 가능하다.

하지만 동남아시아 지역, 특히 동남아시아 핵심부의 대부분은 인구 밀집 취락을 형성하는 비옥한 하천 유역을 포함하고 있다. 여러 지류들과 함께 차오프라야(Cho Praya)강, 이라와디 강, 메콩 강, 레드 강이 이에 해당한다. 방콕, 프놈펜, 하노이, 호찌민 모두 이러한 하천 간선로의 중요성을 계속적으로 보여 주고 있다.

동남아시아의 자연지리, 즉 하천 시스템과 복잡한 해안선은 중국, 인도, 그 외 지역 사이의 중요한 무역 교차점으로서 이 지역을 매우 중요하게 만들었다. 이러한 요인은 동남아시아의 도시화 과정을 촉진하였다. 16세기에 시작된 세계경제에 대해 말하는 것은 진부할지 모르지만, 아메리카, 아프리카, 아시아를 식민지화하기 시작한 영국이나 스페인과 같은 유럽 국가들보다 훨씬 이전에 국제적 교역이 존재하였다는 것을 인식하는 것은 중요하다. 중국과 인도 사이의 장거리 무역이 실제로 존재하였고, 첫 번째 밀레니엄(A.D. 1~A.D. 1000) 초기에 이들 지역은 멀리 있는 아프리카 지역까지 연결되었다. 실제로 인도양의 동부 지역과 남중국해 지역 간의 장거리 무역의 중요성 때문에 말레이 반도의 해안과 수마트라와 자바 섬에 일련의 도시와 도회지가 출현하였다. 이 무렵의 동남아시아는 세계에서 가장 큰 도시 중심지 중 매우 중요한 지역이었을 것이다. 유럽 식민주의 시대(16세기 초~20세기 중반) 이전의 동남아시아는 실제 세계에서 가장 도시화된 지역 중 하나였다. 예컨대 15세기 앙코르(현재 캄보디아)의 인구는 18만 명이 넘지만, 파리의 인구는 12만 5000명에 불과하였다.

동남아시아의 지리적 위치는 동남아시아 지역을 자연적 교차점과 세계무역, 인구 이동, 문화적 교류의 장으로 만들었다. B.C. 1세기가 시작되었을 때 항해가, 상인, 성직자들이 여러 지역을 돌아다니며 도시화 과정에 이바지하였고, 다음에는 동남아시아의 초기 도회지와 도시가 종교적, 문화적, 정치적, 경제적으로 새로운 아이디어의 확산을 통해 학식의 중심지로 성장하였다. 베트남과 필리핀을 제외하고 대부분 동남아시아 사회는 주로 인도의 영향을 받았다. 이러한 영향력은 이 지역의 종교적, 행정적 시스템에 가장 뚜렷하게 나타난다. 그러나 '인도화' 과정은 유럽인의 북아메리카 이동과 같은 대규모 인구 유입에 의해 나타난 것은 아니었다. 또한 동남아시아의 토착 문화를 인도의 요소로 대체하는 과정도 아니었다. 동남아시아에 대한 인도의 영향력은 오히려 보다 점진적이고 불균등한 노출과 순응의 과정을 보여 준다. 중국은 다른 주요한 문화적 자극을 제공했는데, 물론 베트남에 가장 크게 영향력을 미쳤고, 남중국해를 접하고 있는 다양한 동남아시아 해상 왕국들과 조공 관계를 통해 영향을 미쳤다.

전식민지 시기의 동남아시아에는 두 가지의 주요한 도시 형태가 나타났다. 하나는 **종교 도시**이며, 다른 하나는 **시장 도시**이다. 두 유형의 도시 모두 종교적 기능과 경제적 기능을 수행했지만, 많은 차이점이 나타난다. 첫째, 종교 도시는 대개 인구가 많이 집중되어 있었고, 농촌 배후지로부터 잉여 농업 생산물과 노동력을 제공받음으로써 도시의 부를 축적할 수 있었다. 대조적으로 시장 도시는 장거리 해상 무역을 통해 유지되었고, 진주, 실크, 주석, 도자기, 향신료와 같은 아시아의 귀중품이 시장 도시를 통해 유통되었다. 둘째, 종교 도시는 행정적, 군사적, 문화적 중심지인 반면, 시장 도시는 대개 경제활동의 중심지이다. 물리적 배치에서 종교 도시는 계획적이고, 현세의 인간 사회와 신의 영향력 사이의 상징적인 연결을 반영하기 위해 개발되었다. 일반적으로 기념비나 벽돌 사원들이 도시 중심을 점유하였다. 대조적으로 시장 도시는 해안가에 위치하는 경향이 있어 보다 제한된 배후지를 가지고 있었다. 이러한 도시는 항구 지역과 관련된 경제활동과 함께 공간적으로 보다 조밀하게 배치되었다. 마지막으로 종교 도시와 비교해서 시장 도시는 인종적으로 보다 다양하며, 무역업자, 상인, 다른 지역에서 온 여행자로 붐볐다.

동남아시아에서 출현한 가장 초기 도시는 메콩 강 삼각주의 저지대를 따라 위치한 오늘날 베트남의 옥에오(Oc Eo)라고 할 수 있다. 1세기~5세기 사이 번성한 옥에오는 화물과 아이디어, 혁신을 교환하는 중요한 중심지였다. 중국과 인도의 무역업자뿐 아니라 저 멀리 아프리카, 지중해, 중동으로부터의 항해자에게도 중요한 도시의 역할을 수행하였다.

옥에오의 쇠퇴 후에 스리비자야가 중요한 해상 제국으로 출현하여 7세기~14세기 사이에 번성하였다. 스리비자야는 국제적인 해상 무역과 독립을 보장해 주는 대신 중국 황제에게 공물(재화와 돈)을 바치는 조공 관계를 통한 중국의 지원에 의존하였다. 수마트라 섬의 말라카 해협에 위치한 스리비자야는 순다 해협을 포함해 많은 중요 해상 교통로를 통제하였다. 스리비자야 왕국은 여러 개의 수도를 가지고 있었다고 알려져 있는데, 수마트라 섬의 남쪽 가장자리에 위치한 팔렘방이 그중 하나였다. 팔렘방은 훌륭한 피항지 역할을 하였고, 불교

그림 10.7 말라카는 동남아시아에서 가장 오래된 도시 중 하나로 통치자와 식민지 권력의 계승이 왔다 갔다 하면서 이 지역의 지배권이 여러 번 바뀌었다. 오늘날, 말라카는 말레이시아의 중요한 상업 및 관광 도시이다. (사진 허가: 말라카 정부)

의 중요한 순례지 역할을 하였다. 오늘날까지 팔렘방은 인도네시아에서 중요한 항구도시이 자 상업 중심지로 남아 있다.

시장 도시의 또 다른 예는 말라카이다(그림 10.7). 약 1400년경, 말레이 반도의 서쪽에 세 워진 말라카는 팔렘방과 함께 짝을 이루었고, 중요한 중계항이자 향료 무역의 핵심 결절지 역할을 하였다. 비록 말라카가 항상 수천 명 이상의 인구를 가졌던 것은 아니지만, 말레이 원주민뿐만 아니라 많은 외국인이 거주하는 매우 활기찬 도시였다. 말라카의 다문화적 유 산과 동양과 서양의 문화를 혼합해 온 역할을 인정받아 최근 이 도시는 유네스코 세계문유 산으로 지정되었다. 동남아시아의 다른 중요한 시장 도시들로는 트르나테(Ternate), 마카사 르(Makasar), 반탐(Bantam), 아체(Aceh)가 있다.

종교 도시는 대개 내륙에 보다 많이 위치하고 있다. 가장 초기의 종교 도시 중 하나는 자바 섬에 위치한 보로부두르였다. 보로부두르에는 세계에서 가장 큰 불교 사원이 있다. A.D. 778∼856년 사이에 지어진 10층짜리 보로부두르 사원은 대승불교에서 말하는 우주 내 부분들을 의미하며, 동남아시아의 가장 위대한 문화유산 중 하나이다. UN이 지원하는 한 프로그램은 미래 세대를 위해 이 유적지를 보호하도록 수십 년 전에 이 유적 단지를 재건하였다.

모든 내륙 종교 도시 중에서 가장 잘 알려져 있고, 가장 유명한 도시는 아마도 앙코르일 것이다. 톤레사프(Tonle Sap) 호 유역의 북부 가장자리에 중심을 두고 있었던 앙코르 제국은 오늘날 캄보디아를 비롯해 라오스, 타이, 베트남의 일부 지역들을 포함하고 있었다. 앙코르 왕국은 A.D. 802년에 세워져 12세기까지 수십만 명의 인구가 있었다. 일부 역사학자들에 따르면, 100만 명이 넘었을지도 모른다. 지금까지 알려진 70개 이상의 앙코르 사원은 힌두교 유적을 대표하기 위해 디자인되었고, 이후에는 불교의 우주관을 반영하도록 디자인되었다.

한때 융성했던 내륙 종교 도시는 16세기에 이르러 쇠퇴하기 시작하였다. 내부적 갈등과 경제적 붕괴, 그리고 외세의 개입이 앙코르와 다른 제국의 몰락을 촉진하는 데 일조하였다. 하지만 해안의 시장 도시는 해상 무역으로 계속 번창하였다. 그러나 동남아시아 전체에 있어서 이후 벌어질 유럽의 식민 지배 시기가 결정적으로 이 지역의 도시화 방향을 바꿨다.

식민지 시기의 도시화

너트맥(nutmeg), 클로버, 계피, 백단향은 수백 년 동안 세계경제를 이끌었던 훌륭한 상품들이었다. 또한 이것은 동남아시아에서 유럽이 식민지 활동에 박차를 가하도록 한 상품이었다. 500년의 식민지와 후기식민지적 영향력은 동남아시아 도시에 엄청난 영향을 미쳤다. 세계의 다른 지역과 비교했을 때, 동남아시아는 비교적 유럽 식민주의 시기에 도시화가 이루어졌다. 16세기에는 적어도 인구 10만 명이 넘는 6개 이상의 무역 의존적 도시가 있었다 [말라카, 베트남의 탕롱, 시암(현재 타이)의 아유타야, 수마트라의 아체, 자바의 반탐과 마타람]. 다른 6개 도시는 적어도 5만 명의 인구를 가지고 있었다. 주요 해상 교통로에 비해 주변적인 위치에 있던 필리핀만이 유일하게 도시적 전통이 부족한 지역이었다. 하지만 그곳조차도 16세기 초에는 도시화가 시작되었다. 브루나이 술탄의 지위는 필리핀 군도로 확장되었고, 이 때문에 이슬람의 확산을 가져왔다.

그러나 1511년에 포르투갈 함대가 말라카의 항구도시를 최초로 점령하였고, 따라서 거의 500년간의 유럽 식민주의를 선도하게 되었다. 포르투갈인은 원래 유리한 향신료 무역을 위한 접근성과 통제권을 획득하기 위해 들어왔다. 그들 이후로 스페인(1521), 영국(1579), 네덜란드(1595), 프랑스(17세기 중반)가 뒤를 따랐다. 종교적 개종과 같은 다른 식민지적 활동도 있었지만 이 시기에는 크게 중요하지 않았다.

동남아시아에서 유럽 식민주의의 초기 시절은 아프리카와 아메리카에서 볼 수 있는 식민지적 행태와 유사하였다. 유럽인은 해안 도시를 점령하거나 요새를 건설하였고, 지방 통치자와 협정을 맺었다. 이 때문에 동남아시아의 도시화 과정은 새롭게 전환되었다. 기존의 도시를 비롯해 이전의 많은 제국과 왕국들은 엄청난 인구 감소를 겪었다. 예를 들어 말라카 해협의 최고 중계항이었던 말라카는 포르투갈의 점령 후, 규모와 중요성에 있어 크게 쇠퇴하였다. 인구가 절정에 달했을 때는 10만 명 이상이었지만, 매우 단시간에 3만 명으로 그 규모가 축소되었다.

식민지 시절 초기 3세기 동안, 유럽의 영향력은 스페인 지배하에 있던 필리핀의 마닐라와 네덜란드의 지배를 받았던 인도네시아의 자카르타에서 가장 잘 나타났다. 최초 스페인 취락 지역인 산티시모(예수 마을)가 1565년에 필리핀 세부 섬에 건설되었다. 5년 후, 스페인은 마닐라 만과 가까운 파시그(Pasig) 강에 위치하고 있는 루손 섬의 북쪽 지역을 점령하였다(그림 10.8). 또한 마이닐라드(현재 마닐라의 옛 이름)와 톤도(Tondo)라고 불리는 두 개의 어촌도 점거해 점령지를 확대시켰다. 초기 도시계획에서는 종종 접근성보다는 방어가 중요한 고려 사항이었다. 예를 들어 스페인은 필리핀에서 유럽 내 라이벌인 네덜란드, 포르투갈과 경쟁해야 하였고, 더욱이 중국의 해적들과도 경쟁해야 하였다. 결과적으로 1576년 이후 **인트라무로스**(Intramuros: 성곽 도시)로 알려진 요새화된 구조를 건설하는 데 착수하게 되었다. 때를 맞춰, 마닐라는 필리핀의 상업적 거점이자 인도에서부터 멕시코에 이르는 스페인 상선 무역의 핵심 결절지가 되었다.

유럽 군대의 주둔은 인도네시아 자바 섬에도 나타났다. 17세기 동안 네덜란드 동인도 회사는 몇몇 취락 지역을 건설하였고, 그중 바타비아는 이 지역에서 가장 큰 도시가 되었다. 바타비아는 현재 자카르타로 알려져 있다. 바타비아는 본래부터 여러 가지의 환경적 이점을 갖추고 있었다. 예컨대 지리적으로 순다 해협과 말라카 해협 가까이에 위치하고 있기 때문에 접근성 측면에서 해상 무역에 용이하였다. 1611년, 도매상점과 주거지가 복합되어 있는 최초의 네덜란드 건물이 건설되었고, 1619년 도시계획이 시작되었다. 초기 바타비아의 대부분은 네덜란드의 도시를 모방하고 있었다. 운하가 만들어졌고, 다층의 좁은 네덜란드식 주거지가 만들어졌다. 하지만 유럽에서 볼 수 있는 건축 양식은 자바와 같이 덥고 습한 지역에는 적절하지 않았다. 따라서 열대 환경에 보다 적합하도록 건물 양식을 변경하였다. 바타비아는 자바의 유력한 도시로 성장하였고, 네덜란드의 동남아시아 제국의 핵심 결절지

그림 10.8 1500년대 스페인에 대항해 도시를 수호했던 이슬람 왕자인 라자 솔레이만(Raja Solayman)을 기념하는 마닐라의 동상. (사진: Arnisson Andre Ortega)

역할을 하였다.

오늘날 동남아시아의 많은 대도시들의 기원은 유럽 식민주의 시대로 거슬러 올라간다(그림 10.9). 예를 들어 싱가포르(말레이시아어로 singa는 사자를 의미하고, pura는 도시를 의미한다)는 말라카 해협의 남쪽 관문으로 말레이 반도의 남쪽 섬에 위치한 작은 교역소로 시작하였다. [영국 동인도 회사의 스탬퍼드 래플스 경(Stamford Raffles)과 조호르(Johl) 술탄이 영국의 교역소를 건설할 수 있도록 하는 조약을 맺은 해인] 1819년 이전에 싱가포르는 테마섹(Temasek: 해양 도시)으로 알려져 있었다. 전략적인 위치와 깊은 자연항과 같은 유리한 지리적 조건을 가진 초기 싱가포르는 수많은 이민자와 상인, 무역업자를 끌어들이기 시작하였다. 영국 식민지로서 싱가포르는 세계 최고의 무역 도시 중 하나로 성장하였다. 이러한 도시 기능은 오늘날까지 유지되고 있다.

프랑스령 인도차이나의 수도가 된 사이공(현재 호찌민)도 마찬가지로 성채와 요새를 포함하고, 베트남의 농촌으로 둘러싸인 작은 취락 지역으로 시작하였다(그림 10.10). 세계에서 가장 큰 벼농사 지대 중 하나인 메콩 강 삼각주 지역에 있는 사이공의 지리적 위치는 농산물을 취합·처리·분배하는 중심지로서 중요한 기능을 수행하였다. 프랑스는 또한 프랑스 문

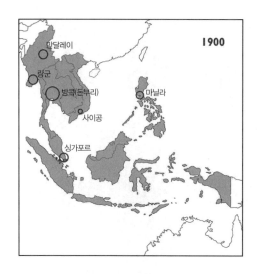

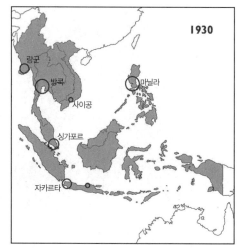

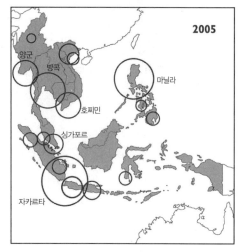

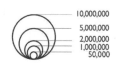

그림 10.9 1900년~2005년 사이 동남아시아의 도시 성장. 출처: 다양한 출처로부터 재구성

명의 축소판으로 식민지 수도를 개조하는 데에도 전념하였다. 1880년에 프랑스는 사이공의 중심부에 노트르담 성당을 세웠고, 이를 위해 석재를 수입하였다. 10년 후에는 프랑스인이 건설한 사이공의 중앙 우체국이 완성되었다. 철제와 유리로 된 천장을 갖춘 이 구조물은 귀스타프 에펠(Gustave Eiffel)에 의해 디자인 되었다.

현재 타이의 수도인 방콕은 한번도 유럽 열강의 식민지가 된 적은 없지만, 도시는 서구의 영향력을 상당히 반영하고 있다. 방콕 도심은 비교적 신도시라고 할 수 있는데, 이는 1782년까지는 건설되지 않았다. 이 기간 이전 시암의 수도는 차오프라야 강을 끼고 있는 톤부리

그림 10.10 동남아시아 도시들의 거리에서는 패스트푸드 또는 '좋은 패스트푸드'를 쉽게 이용할 수 있다. 이 사진은 호찌민에서 이른 아침 식사가 제공되고 있는 모습이다. (사진: James Tyner)

에 위치하고 있었다. 하지만 1780년대 초반 차오프라야 강의 동쪽 기슭에 위치한 톤부리의 반대편 지역이 개발되기 시작하였다. 이 지역은 방어에는 용이하지만 습한 지역이었다. 이후 주요 공공사업이 서구의 지원 및 자문과 함께 시작되었다. 특히 철도와 도로망, 항구 시설, 전신 서비스의 확장에서 뚜렷하게 나타났다.

식민주의의 가장 큰 영향은 이후 종주도시로 성장하게 되는 방콕, 마닐라, 바타비아, 사이공, 랑군(양곤)과 같은 도시 결절지의 개발이었다. 지리적으로 이러한 도시는 바다나 하천에 대한 접근성이 좋은 지역에 위치하고 있다. 따라서 이 지역은 유럽 식민주의자에게 편리한 접근성을 제공하여 배가 동남아시아로부터 1차 생산품을 수출하고 유럽과 다른 곳에서 2차 생산품을 수입할 수 있도록 하였다. 해상 무역에 대한 의존과 위의 도시로 정치 · 경제적 기능의 집중은 다른 많은 내륙 도시의 쇠퇴를 가져왔다. 이런 식으로 도시 개발이 해안에 집중되고 내륙은 제한되면서, 동남아시아의 도시 체계는 해안에서 내륙으로 발달하게 되었다.

또한 종주도시는 다중적인 기능을 수행하였기 때문에 정치적, 경제적, 재정적, 심지어 종

그림 10.11 화교들은 동남아시아, 특히 도시에 널리 퍼져 있다. 이 중국 사원은 말라야에서 영국의 식민 지배가 시작된 초기 해협 취락 중 하나인 조지타운(페낭)에 있으며 중국인들을 이곳으로 불러들였다. (사진: Jack Williams)

교적 활동도 이러한 도시 지역에 집중되었다. 예를 들어 사이공은 인도차이나의 지배적인 무역항이었을 뿐만 아니라 행정적 중심지이자 제조업 중심지였다. 증가된 경제적, 정치적 기능으로 인해 국내 및 국제 이동을 끌어당기는 자석과 같은 역할을 하게 되면서 종주도시의 규모는 점점 커졌다. 게다가 종주도시 내 인구 특성도 다양하였다. 많은 식민지에서 식민주의자들은 계약 노동을 조장하였다. 예를 들어 영국은 중국과 인도 대륙으로부터의 노동력 수입을 활발하게 추진하였다(그림 10.11). 19세기까지 이민은 싱가포르, 마닐라, 방콕과 같은 도시에 중국 커뮤니티, 싱가포르에 인도 커뮤니티의 성립을 촉진하였다. 결과적으로 사이공의 촐론(Cholon)이나 마닐라의 비논도(Binondo)와 같은 차이나타운과 격리된 외국인 주거지가 형성되었다. 일반적으로 이러한 격리 지역은 유럽인의 강압이나 편견의 결과로 나타났다. 예를 들어 마닐라에서 스페인 정부는 거의 예외 없이 모든 중국인, 일본인, 심지어 필리핀인이 해질녘 도시 문을 닫기 전에 마닐라의 인트라무로스 구역을 떠나도록 명령하는 일련의 법령들을 발의하였다. 게다가 스페인 당국은 인종적 격리와 상업적 활동을 강행하는 규정들을 법제화하였다.

종주도시의 건설을 제외하고, 동남아시아 도시에 대한 유럽 식민주의의 두 번째 영향은 보다 작은 도시의 건설이나 도시의 전환이었다. 말레이시아의 이포와 같은 광산 도시나 수마트라 섬의 메단, 말레이 반도의 조지타운과 같은 지역 행정 중심지의 건설이 이에 해당된다. 또한 고지대의 리조트 센터나 산간 피서지 마을의 출현도 주목할 만하다. 저지대의 숨막히는 열기와 다습함을 피하기 위해 식민지 열강은 도시를 산악 지역의 높은 곳에 건설하였다. 예를 들어 자바 섬의 깊은 산지 계곡에 위치한, 작은 도시 반둥은 네덜란드인에 의해 건설되었다. 반둥의 서늘한 기후는 열대 기후로부터 반가운 위안 역할을 했으며, 세계적으로는 '자바'로 한층 더 알려져 있는 커피나 퀴닌(말라리아 특효약)을 위한 기나(cinchona), 차와 같은 작물의 경작을 촉진하였다. 산간 피서지의 다른 사례로는 베트남 중앙 고지대의 해발 고도 1,463m에 위치하고 있는 프랑스인이 건설한 달랏이나 20세기 초 미국인에 의해 개발된 필리핀의 1,493m 고원 지대 정상에 위치한 산악 리조트인 바기오, 그리고 말레이 반도의 카메론 고지대를 들 수 있다.

마지막으로 유럽 식민주의는 동남아시아 내의 지역 교통과 도시 체계 발달에 상당히 영향을 미쳤다. 예를 들어 말레이 반도를 따라 영국인이 건설한 철도가 페락(Perak) 주석 광산 지역에서부터 해안까지 이어졌고, 이후에는 페낭과 싱가포르에 있는 항구와 주석 제련 시설에 대한 접근성을 제공하기 위해 남북 축을 따라 확장되었다. 결과적으로 쿠알라룸푸르, 이포, 써렘반(Seremban), 싱가포르와 같이 말레이 반도의 서부 해안을 따라 분포하는 주요 도시 지역은 오늘날에도 뚜렷하게 남아 있는 상호 연결된 도시 체계를 형성하였다. 이와 유사한 패턴을 인도네시아에서도 볼 수 있는데, 도로와 철도망이 자원 채취를 위한 장소(플랜테이션과 광산)와 항구 사이의 접근성을 반영하고 있다. 보다 작은 규모이지만 유사한 식민지적 기반 시설이 필리핀과 이전 프랑스령 인도차이나에 남아 있다. 한편 식민지 열강은 또한 정치적, 경제적 통제를 지속적으로 행사하고, 행정 기능을 연결하고, 자원 채취 장소에 대한 접근성을 제공하기 위해 내부 교통 체계로 미얀마(현재 미얀마)의 이라와디 강과 같은 하천 체계도 이용하였다.

최근 도시화 경향

1940년에는 동남아시아의 어떤 도시도 인구 100만 명 이상을 넘지 못하였다. 1950년까지 단지 두 개의 도시만이 인구 100만 명을 넘었다. 하지만 2000년에는 13개의 도시가 100만 명을 넘어섰다. 자카르타(1370만 명), 마닐라(1180만 명), 방콕(1030만 명)과 같은 세 개의 메가시티도 등장하였다. 이러한 거대한 도시 집적체는 지역의 불균형적 도시인구 분포를 내포하고, 전형적인 종주도시의 형태를 보인다. 예를 들어 방콕은 타이 도시인구의 54% 이상을 차지하고 있으며, 마닐라는 필리핀 도시인구의 거의 1/3을 차지하고 있다. 이와 같은 성장은 20세기에 걸쳐 나타난 동남아시아에서 특징적인 도시화 패턴이라 할 수 있다.

최근 동남아시아의 도시 성장은 세 가지 기본적인 인구학적 과정의 결과라 할 수 있다. 첫째, 동남아시아의 도시 지역은 출산율이 사망률보다 많아지면서 인구 규모가 증가하였다. 일반적으로 이러한 자연 증가는 동남아시아 도시의 약 절반에 해당하는 도시인구 성장을 설명해 준다. 하지만 전체적인 자연 증가율이 **도시 성장**에는 기여하더라도 **도시화**, 즉 농촌 지역에 대한 상대적인 도시 지역 거주 인구의 증가 비율에는 크게 기여하지 않을 수 있다는 것을 인식해야 한다.

둘째, 동남아시아 도시의 인구는 농촌에서 도시로의 인구 이동을 통해 증가하였다. 여러 연구는 전체적으로 보다 큰 지역적, 세계적 스케일의 경제 변화가 이촌향도의 인구 이동을 야기했으며, 결과적으로 지난 20여 년 동안, 동남아시아에서 급격한 도시화와 도시 성장에 주요한 역할을 하게 되었다고 말한다. 예를 들어 타이에서 내부 이동은 도시 성장에 매우 중요하였다. 1990년의 타이 센서스에서 150만 명 이상이 농촌에서 도시로 이동하였는데, 이는 농촌에서 농촌으로의 이주의 2배 이상이었다. 현재, 대략 타이 도시 거주자의 7명 중 1명은 최근 이주자로 분류된다. 말레이시아에서는 쿠알라룸푸르와 조호르에 집중된 경제 성장으로 인해 최근 몇 년 동안 이 도시로 수많은 이주자가 유입되고 있다. 베트남의 중앙 고지대는 정부 주도적 이주와 자발적 이주 모두에 의해 급격한 도시 성장을 경험하였다. 예를 들어 20세기 초, 중앙 고지대를 구성하고 있는 꼰뚬(Kontum), 잘라이(Gia Lai), 닥락(Dak Lak), 럼동(Lam Dong) 4개의 주는 대략 24만 명의 인구를 가지고 있었으며, 현재 이 지역의 인구는 400만 명을 넘어서고 있다. 전체의 약 75%에 해당하는 이 지역 거주자의 대부분은 저지대에서 온 이주자와 아이들, 난민으로 구성되어 있다. 불행히도 이러한 엄청난 인구 성장은 토지를 둘러싼 갈등과 정치적 충돌을 심화시키는 결과를 낳았다(글상자 10.1).

셋째, 이민이 동남아시아의 도시 지역 성장에 기여하였다. 이것은 일반적으로 해외 이민자는 농촌 지역보다 도시 지역으로 이동하는 경향이 있기 때문이다. 싱가포르와 보다 적게는 쿠알라룸푸르 정도가 동남아시아에서 이민자를 잘 받아 주는 주요 지역이다. 그 말은 싱가포르를 비롯해 많은 동남아시아 정부가 이민자의 영구 거주를 대체로 막으려 한다는 것이다. 하지만 전체적으로 보았을 때, 동남아시아에서 내부 이동을 통한 도시 성장은 상대적으로 별로 중요하지 않은 요소이다. 한편 타지로의 이민의 영향은 도시경관에서도 나타나고 있다(글상자 10.2).

중앙 고지대의 갈등

베트남의 중앙 고지대는 동부 캄보디아의 평원, 북부 베트남의 안남 산맥, 중서부 베트남의 해안 저지대 사이에 위치하고 있다. 히말라야나 알프스 산맥만큼 웅장하지는 않지만, 해발 고도 1,524m 의 봉우리를 가지고 있는 중앙 고지대는 매우 인상적이다. 중앙 고지대에는 눈부신 벼농사 경관이 울창한 정글로 우거진 산림을 압도하고 있으며, 빗물이 모인 폭포는 계단처럼 떨어지며 하얗게 뒤 덮인 강을 향해 뻗어 가고 있다. 서늘한 계곡 아래에는 주상 가옥들이 분포하고 있다.

중앙 고지대는 약 100만 명에 이르는 원주민들의 삶의 터전이 되고 있다. 일반적으로 '산악 부족' 을 의미하는 프랑스어 **몽타냐르족**으로 알려진 사람들은 사실 공식적으로 54개의 인구 그룹으로 구성되어 있다. 이중 가장 많은 수는 자라이족, 라데족, 바나르족, 코호족 사람들이다. 전통과 관습 에 따라 농업용 토지는 가족 소유권에 따라 규정되었고, 개울이나 목초지, 식수원과 같은 집합적 토지는 마을 원로들에 의해 관리되었다. 프랑스 식민주의로 인해 23만~40만 명으로 추정되는 고 지대 사람들은 복음주의 개신교의 신도이다.

하지만 역사는 중앙 고지대의 원주민에게 가혹하였다. 미국에서 베트남 전쟁으로 알려진 오랜 인

그림 10.12 베트남 중앙 고지대에 있는 쁠래이꾸는 베트남 전쟁 동안 중요한 지역이었다. 이 지역은 북베 트남으로부터 들어오는 많은 유입 인구의 핵심 지역이었고, 베트남인과 산악 거주민 사이의 갈등으로 인해 주변 지역은 봉쇄되었다. (사진: James Tyner)

도차이나 전쟁 동안 고지대의 많은 지역이 전투기 폭격의 대상이 되었고, 고엽제가 광범위하게 사용되었다(그림 10.12). 미국과 북베트남 모두 원주민을 정찰이나 스파이, 군인으로 이용하기 위해 징병하였다. 전쟁이 끝난 후에도 전쟁에서 승리한 베트남민주공화국(월맹)은 계속 중앙 고지대를 잠재적인 민족적, 종교적 분쟁 지역으로 보았다.

베트남의 도시 정책은 이 지역의 긴장을 더욱 가중시켰다. 추정하건데, 남베트남과 북베트남 저지대에 인구밀도가 증가하고 도시가 발달함에 따라, 정부는 **킨족**으로 알려진 많은 베트남 소수민족을 중앙 고지대에 재정착시켰다. 이러한 정부 주도의 인구 이동은 꽤 많은 자발적인 이동을 동반하였다. 정부는 재정착이 국가 전체의 경제 발전에 이바지한다고 주장하지만, 이러한 재정착은 정치·경제적 갈등들을 수반하게 된다. 토지는 이러한 갈등의 중심에 있다.

킨족이 중앙 고지대로 계속 이주함에 따라, 고지대 주민이 전통적으로 이용하던 토지는 늘어나고 있는 커피, 고무 플랜테이션으로 전환되었다. 실제로 베트남은 세계에서 두 번째로 큰 커피 수출국으로 부상하였다. 하지만 원주민은 이러한 경향에 따른 경제적 이익을 피부로 느낄 수 없었다. 더욱이 토지 보안 취약이나 정부의 토지 몰수 확대, 결과적으로 미토지 소유의 증가는 고지대 주민을 상당히 불안에 떨도록 만들었다. 또한 원주민은 교육과 고용의 기회에 있어 정부로부터 무시당해 왔다고 비난하였다. 항의가 빗발치는 것에 대해 베트남 정부는 공세적으로 반응하였다. 이 때문에 많은 고지대 주민 대표들이 체포되고 구금되었으며, 언론은 고문이나 정부에 의해 자행되는 다른 형태의 보복들에 대해 보도하였다.

전통적인 농업 토지가 중앙 고지대의 계곡과 사면에 늘어서 있는 커피나무로 전환된 것은 종교적 자유, 민족 자치, 경제개발, 도시 성장은 치열한 싸움이 수반된다는 것을 가시적으로 상기시켜 준다.

글상자 10.2

일상생활의 지리

몽 보라(Mong Bora)는 12살짜리 남자아이다. 보라는 엄마, 아빠, 그리고 4명의 누이들과 주상 가옥에서 산다. 보라가 사는 마을은 프놈펜에서 북쪽으로 거의 한 시간 거리에 있다. 우기 동안에는 이 지역의 대부분이 침수되기 때문에 기둥을 세워 높게 위치시킨 가옥에 살 필요가 있다. 보라가 살고 있는 마을의 주변 지역은 벼농사와 어획을 위한 습지로 덮여 있다. 보라의 식사는 전형적인 크메르인들과 같다. 쌀과 생선을 주식으로 하고, 신선한 과일과 야채를 함께 먹는다. 보라는 특히 잘 익은 망고, 수박, 파파야를 좋아한다.

보라의 마을은 프놈펜으로부터 도시 스프롤에 의해 점점 잠식당하고 있다. 이는 보라의 마을에

은총임과 동시에 저주로 여겨진다. 한편으로는 마을 사람들은 어떻게 하면 자신들의 삶의 방식을 그대로 유지할 수 있을지에 대해 걱정하고, 또 다른 한편으로는 도시 성장이 보다 나은 경제적 기회들로 바뀔 수 있다는 것을 인식하게 되었다. 예를 들어 프놈펜의 많은 거주민은 도시의 정신없는 혼잡함으로부터 휴식을 찾기 위해 이곳으로 주말 피크닉을 온다. 따라서 많은 마을 주민이 이러한 주말 피크닉족들로부터 더 많은 소득을 얻을 수 있다. 보라의 엄마를 비롯한 마을 주민들은 간식으로 연꽃 씨앗이나 생수를 판매한다. 또 다른 사람들은 방문객들이 강한 열사를 피할 수 있도록 '카바나스'나 텐트 천막을 임대해 주고 있다.

보라의 집은 두 개의 언덕 아래 근처에 위치하고 있다. 두 언덕 중 큰 것은 프놈 리치 쓰롭 (Phnom Reach Throp) 또는 '왕실 재산의 언덕'이라 불린다. 여기에 사는 이유 중 하나는 이 언덕을 찾아오는 지역민이나 외국 관광객 때문이다. 1618년에서 1866년 사이 캄보디아의 수도는 이 위치였다. '전승'을 의미하는 우동(Udong)으로 알려진 구수도는 한때 지역 경관을 장악하였다. 하지만 오늘날 우동의 옛 영광은 거의 남아 있지 않다. 전쟁과 학살로 보낸 대부분 세월은 우동의 옛 위대한 건축물들을 황폐하게 만들었고, 오늘날에는 몇몇 사리탑이나 거대한 부처상들이 남아 있을 뿐이다. 크메르루주(Khmer Rouge)에 의해 파괴된 부처상과 많은 **사리탑**은 현재 활발하게 복원 중에 있다.

아침마다 보라는 프놈 리치 쓰롭 다른 편에 있는 학교에 가기 위해 2km를 걷는다. 보라가 가장 좋아하는 수업은 영어이다. 또한 캄보디아의 고대 역사와 지리에 대해 배우는 것을 좋아한다. 보라는 이러한 과목이 나중에 자기가 선택한 직업에 도움을 줄 것이라 기대하고 있다. 보라가 학교에 가지 않거나 친구들과 축구를 할 때에는, 우동을 방문하는 많은 여행객을 대상으로 비공식 여행 가이드를 하고 있는 것을 볼 수 있을 것이다. 지역민이든 외국 관광객이든 보라는 함께 걸으면서 구수도의 특징들, 예컨대 하나의 사리탑에서 다음 사리탑까지 계단 수, 부처상의 높이, 이전 왕들의 시대에 대해 즐겁게 설명해 준다. 보라는 영어를 연습해야 하고, 가족을 돕기 위해 여윳돈을 벌어야 한다.

만약 나중에 우동의 고대 유적지를 여행하게 된다면, 아마 여행 가이드를 해 주겠다고 제안하는 보라라는 어린 아이가 접근할지 모른다. 꼭 받아들이길 바란다. 왜냐하면 우동은 그 아이에게 고향이기 때문이다.

마지막으로 살펴볼 도시 **변화**의 요소는 '재분류'이다. 도시인구는 관료적 의사 결정의 결과에 따라 행정적 법령을 통해 단순히 변화될 수도 있다. 예를 들어 말레이시아에서 도시로 분류될 수 있는 지역의 인구수가 1970년 1,000명에서 1만 명으로 바뀌었다. 그러한 통계적 변화는 도시화에 대한 사람들이나 정부의 인식을 변화하고 있음을 반영하고 있다.

지난 20여 년 동안 동남아시아 내 도시 성장의 가장 중요한 부분들은 이주와 재분류가 결

표 10.1 동남아시아 도시 성장의 요소(도시 성장률, %)

	1980~1985		1990~1995		2000~2005	
	자연적 증가	이주 및 재분류	자연적 증가	이주 및 재분류	자연적 증가	이주 및 재분류
동남아시아	49.1	50.9	44.9	55.1	41.7	58.3
캄보디아	70.9	29.1	49.5	50.5	30.6	69.4
인도네시아	35.2	64.8	37.0	63.0	36.7	63.3
라오스	43.8	56.2	44.7	55.3	43.8	56.2
말레이시아	22.0	78.0	38.0	62.0	40.0	60.0
미얀마	110.0	−10.0	63.2	36.8	44.5	55.5
필리핀	66.0	34.0	62.4	37.6	57.0	43.0
싱가포르	100.1	−0.1	100.1	−0.1	98.9	1.1
태국	39.6	60.4	31.4	68.6	31.2	68.8
베트남	71.7	28.3	50.5	49.5	38.1	61.9

출처: Graeme Hugo, "Demographic and Social Patterns," in *Southeast Asia: Diversity and Development*, edited by Thomas R. Leinbach and Richard Ulack, 74~109(Upper Saddle River, NJ: Prentice Hall, 2000), table 4.17

합된 요소들로 설명될 수 있다(표 10.1). 또한 국가마다 상당한 변이가 존재하였다. 예를 들어 미얀마, 필리핀, 베트남의 도시 성장은 일차적으로 자연적 증가를 통해 나타난 반면, 캄보디아, 타이, 말레이시아, 인도네시아에서는 자연적 증가가 덜 중요한 역할을 하였다. 물론 캄보디아의 도시화 과정에서 내부 이동이 중요해진 것은 잔혹했던 크메르루주 정권 동안 도시 기반 인구의 강제적 재배치의 결과라고 할 수 있다(글상자 10.3). 한편 100% 도시국가인 싱가포르의 인구 성장은 대부분 자연적 증가에 의해 이루어지고 있다.

이와 같은 합계는 현재 진행 중인 중요한 사회·경제적 변화들을 숨기고 있다. 예를 들어 동남아시아에서 내부 이동은 점차 여성 이주자에 의해 진행되고 있다. 이러한 과정은 중국을 비롯한 세계 다른 곳에서도 나타난다. 예컨대 1980년대 타이는 여성 이주자가 전체 방콕 이주자의 62% 이상을 차지하였다. 타이에서 내부 이동의 여성화가 증가하는 것은 농촌과 도시 지역 모두에서 나타나고 있는 구조적 변화와 관련이 있다. 대부분 20대 초반인 이주 여성의 대다수가 타이에서 가장 가난한 지역 중 하나인 북동부 지역에서 이동해 왔다. 가난한 농촌 지역에서 기대할 수 있는 희망이 매우 적기 때문에 이 지역 여성들은 공장이나 서비스 부문 또는 비공식 부문에서 일자리를 얻기 위해 방콕으로 점차 모여들고 있다. 이 여성들 중 일부는 성매매업에서 일자리를 찾다 결국 창녀촌이나, 마사지 업소, 스트립클럽 등에서 일하게 된다. 이와 유사하게 자카르타, 마닐라, 프놈펜에서의 내부 이동 역시 이 도

글상자 10.3

학살에 의한 황폐화

1975년 4월 17일, 캄푸치아 공산당(Communist Party of Kampuchea: PK)인 크메르루주는 캄보디아의 수도, 프놈펜의 뜨겁고 먼지 나는 거리를 행진하였다. 이들의 출현은 향후 4년간의 상상할 수 없는 공포의 시작과 거의 300만 명 또는 캄보디아 총인구의 거의 1/3에 해당하는 사람의 대학살이 시작됨을 알렸다.

스스로 폴 포트(Pol Pot)라고 칭하는 신비스러운 사람이 이끄는 크메르루주는 캄보디아를 사회주의 유토피아로 바꾸고자 시도하였다. 크메르루주의 혁명은 완성되리라 기대되었다. 사회적, 공간적 변혁을 위한 광범위한 프로그램이 착수되었고, 이전의 모든 사회적, 정치적, 경제적 관계를 뿌리채 뽑기 위해 디자인 되었다.

수년간의 내전의 승리로 의기양양해진 크메르루주는 프놈펜과 캄보디아의 다른 주요 도시에 살고 있는 사람들을 강제로 철수시키기 시작하였다. 왜냐하면 크메르루주의 이데올로기에 따르면 도시는 부도덕과 악습, 타락의 거점이기 때문이다. 또한 크메르루주에 따르면 도시는 외국인이 우세한 지역이었다. 예를 들어 프놈펜은 베트남계 크메르족과 중국계 크메르족과 같은 꽤 큰 소수민족을 포함하고 있었다. 또 크메르루주는 도시를 자신들의 혁명에 저항하거나 반대하는 사람들, 왕족, 외국인, 상인들의 본거지로 간주하였다. 이러한 강제적인 철수는 잠재적인 반대파들을 해산시키고, 새롭게 출범한 정부의 안전을 보장하기 위한 가장 효과적인 수단으로 여겨졌다. 결국, 도시 지역의 인구를 감소시키는 것은 크메르루주 정권하에서 시작된 집단농장에 이용할 수 있는 잉여 노동력을 제공하는 것이었다.

1979년에 크메르루주는 베트남 군대의 침공에 패배하였다. 이어 고통스러운 10년 동안의 재건이 시작되었다. 하지만 이러한 재기에는 대가가 필요하였다. 대학살 이후, 수천 명의 생존자가 도시로, 특히 프놈펜으로 돌아왔다. 하지만 이 난민 중 많은 이들은 가진 것이 하나도 없는 사람들이었다. 이들은 판자촌을 형성하였고, 이러한 많은 임시 야영지들은 수도에서 합류되는 바삭 강, 메콩 강, 톤레 강의 진흙 퇴적층을 따라 위치하면서 거의 30년간 유지되었다. 그러나 현재 정부는 판자촌 거주민들을 퇴거시키고 있다. 이곳에 새로운 고급 주택 프로젝트가 진행되고 있다. 하지만 프놈펜 거주자의 대다수가 이러한 고급 주택이나 아파트의 비용을 절대 지불할 수 없을 것이다. 또한 증가하는 해외 관광객으로부터 돈을 벌 수 있을 것이라는 기대로 덜 부유한 사람들이 거주하던 토지들은 5성급 호텔로 빠르게 개발되고 있다.

캄보디아나 캄보디아 도시들의 미래는 불투명하다. 10년의 내전, 대학살, 점령, 그리고 현재 도시 토지이용과 관련된 갈등들은 크메르인들로 하여금 대가를 치르게 하였다. 한 가지는 확실하다. 캄보디아의 도시들, 특히 프놈펜은 여전히 투쟁의 장소로 남아 있을 것이다.

시들에서 나타나고 있는 구조적 변화로 인해 점점 여성에 의해 진행되고 있다.

모든 내부 이동이 영구적이지는 않다. 실제, 특히 방콕과 호찌민을 제외한 많은 동남아시아의 도시는 매일 또는 계절에 따른 순환적인 인구 이동에 의해 영향을 받고 있다. 그 이유로는 쉽게 세 가지 요인을 들 수 있다. 첫째, 순환은 도시의 비공식 부문의 일에 매우 적합하다. 이주 노동자들은 계절에 따라 농촌과 도시 지역 사이를 왔다 갔다 할 수 있기 때문에 순환은 노동 수요의 계절성에 유연한 해결책이 될 수 있다. 노동자는 농번기에는 근처의 농장에서 일할 수 있고, 농한기에는 같은 노동자들이 도시의 비공식 경제에 종사할 수 있다. 둘째, 순환적 이동은 가족의 소득 창출을 위한 활동을 다양하게 만든다. 도시와 농촌 지역 간 상대적인 경제력에 따라 노동자들은 자신들의 경제활동을 변경할 수 있다. 셋째, 교통 시스템의 발달과 함께 순환적 이동은 보다 실행 가능한 선택 사항이 되었다. 포장도로와 대중 수송 버스 노선과 같은 대중교통 시스템의 개선은 사람들이 보다 쉽게 이동할 수 있도록 해 주었고, 따라서 교외 주거 지역의 성장에 이바지하였다. 호찌민의 남부와 서부에서의 눈부신 도시 성장은 이러한 과정을 잘 보여 주고 있다.

세계화, 도시화, 그리고 중산층

지난 몇 십 년 동안, 세계경제에서 가장 중요한 발전은 경제활동의 확대된 세계화라고 할 수 있다. 다국적기업의 초국적 운영은 새로운 국제 노동 분업을 가져왔다. 선진국에서 개발도상국으로 제조업 부문 기업들이 옮겨 왔으며, 기업 본사 활동과 생산자 서비스, 연구 개발을 위한 새로운 지역이 출현하였다. 예컨대 오디오-비디오 장치의 최종 조립과 테스트는 싱가포르와 말레이시아 페낭에서, 조립과 포장, 저숙련의 노동 집약적 활동은 방콕, 자카르타, 마닐라에서, 그리고 마케팅과 판매 기능, 중간 및 고급 제조 단계는 싱가포르에서 이루어진다. 동남아시아에서 진행되는 이러한 광범위한 변화는 프놈펜 조립 공장의 눈부신 성장과 말레이시아의 멀티미디어 슈퍼 회랑지대(Multimedia Super Corridor)의 허브를 형성하고 있는 첨단 도시, 사이버자야(Cyberjaya: '동양의 실리콘 밸리')의 출현에서 명백하게 드러난다.

동남아시아 경제구조의 변화는 사회적, 직업적 변화 또한 현저하게 가져왔다. 농업 종사자의 감소는 서비스와 제조업 중심지에 고용된 종사자 수의 증가치와 일치한다. 결과적으로, 특히 사무원, 판매원, 서비스 종사자의 비중이 증가한 것은 재정의된 사회적 유형으로 해석할 수 있다. 특히 두드러진 변화 중 하나는 신흥 중산층의 등장이다. 많은 경제적 전환이 불균형적으로 동남아시아의 도시 지역 내에서만 나타난 것을 감안하면, 동남아시아의 신흥 중산층 역시 도시에 기반하고 있다는 것은 별로 놀랍지 않다.

동남아시아의 새로운 도시 중산층의 성장은 도시경관을 극적으로 변화시켰다. 인구학적으로 동남아시아의 중산층은 보다 핵가족화되는 경향이 있으며, 경제적으로 높은 소비수준을 가지고 있고, 고급 승용차와 같은 비생필품에 많은 비용을 지출하는 경향이 있다. 이러한 신흥 계층에 속하는 많은 사람들은 자신들의 새로운 사회적 지위를 물질적으로 보여 주기 위해 '서구적' 중산층에 대한 환상들을 표출하고 있다. 주택과 관련해 동남아시아의 중산층은 보다 넓은 공간과 사생활 보장을 요구하고 있다. 이는 단독주택이나 반단독의 1인 가구 주택과 같은 서구식 주택에 대한 수요를 창출하고 있다. 자동차를 구매할 수 있는 능력을 가지고 있는 중산층은 직장까지 보다 먼 거리로 통근할 수 있고, 또한 그러길 원하고 있다. 이에 따라 전통적인 농촌 배후지로의 도시 스프롤을 부추기고 있다. 한편 어떤 사람은 전통적인 시내 지구에 가까이 살기를 원하고 있어 콘도나 아파트 단지의 증가를 부추기고 있다. 중산층의 등장과 이들 소비력의 증가는 또한 우후죽순 들어서는 쇼핑몰과 컨트리클럽, 그리고 레저 활동과 나이트클럽에 잘 반영되고 있다. 또한 고급 레스토랑, 커피숍(스타벅스가 너무 많이 퍼지고 있다), 극장, 갤러리, 부티크의 성장에서도 잘 나타난다.

역사적으로 동남아시아의 도시는 인종에 따라 분화되어 있었다. 식민지 시절 동안 영국, 프랑스, 스페인, 미국 정부는 각 식민지의 인종적 분류에 따라서 주거지와 상업적 활동을 제한하였다. 예를 들어 스페인은 필리핀인이 마닐라 인트라무로스에 거주하는 것을 허락하지 않았고, 프랑스는 사이공에서 베트남인의 거주지를 제한하였다. 오늘날까지 남아 있는 이러한 분화된 지역들은 종종 계층적 차이를 가장 잘 반영하고 있다. 이러한 격리는 폐쇄공동체의 출현에 의해 전형적으로 나타나고 있다.

새로운 중산층 사이에서 나타난 폐쇄공동체에 대한 열망은 개인의 사생활 보호, 안전, 사회적 명성에 대한 요구로부터 기인한다. 이러한 새로운 거주지는 무장한 사설 경호원이 완벽하게 지키고 있으며, CCTV로 감시되는 엄격하게 통제된 출입문을 갖추고 있다. 폐쇄공동체의 입구는 고유한 사진 ID를 가진 거주민이나 거주민의 친구와 지인들에게만 출입이 허용된다. 또한 이러한 많은 마을들이 서구와 관련된 이름과 건축들을 가지고 있고, 테니스코트, 클럽 하우스, 골프장, 수영장, 대저택과 같은 최고 수준의 시설들을 충분히 갖추고 있다. 심지어 어떤 곳은 거주민을 위한 헬리콥터 승강장을 제공하기도 한다. 이러한 커뮤니티에서의 일상생활은 주택 디자인에서부터 통행 금지 시간에 이르기까지 집 주인이 만든 규칙에 의해 심하게 통제받는다.

동남아시아 중산층의 성장은 도시 스프롤의 주 원인이라고 할 수 있다. 예를 들어 폐쇄공동체 건설의 핵심 선행 조건은 토지이다. 자카르타, 호찌민, 마닐라 지방정부는 도시 주변 지역 신흥 중산층 커뮤니티의 확산과 도시에서 중산층 콘도를 위한 노후화된 토지 변경을 허가하고 있다. 예컨대 프놈펜의 많은 저가 주택은 중산층을 위한 보다 고가의 아파트와 콘도를 짓기 위해 파괴되었다. 마닐라에서도 비공식적 취락들은 철거되었고, 또는 토지이용이 혼합된 새로운 중심업무지구에 대한 도로를 만들기 위한 미심쩍은 방화들로 파괴되어 갔다. 결국 그러한 변화들은 갈등을 야기하였다.

종종 신흥 중산층 커뮤니티는 끊임없이 증가하는 도시 빈곤층과 함께 살기도 한다. 이들 도시 빈곤층은 구직을 위해 계속 도시로 이주하고 있다. 토지의 부족과 농업의 기계화로 인해 쫓겨 온 농촌–도시 이주자들은 도시의 한정된 자원으로 인해 부유층과 경쟁해야 하고, 지금은 중산층과 경쟁해야 한다. 빈곤층은 대개 주름진 양철이나 판자, 합판 등으로 만든 임시 구조물의 주택을 스스로 공급해야 한다. 종종 이러한 구조물은 골프장이나 부유층의 폐쇄공동체 바로 옆에 뚜렷하게 구축되어 있다. 결론적으로 동남아시아의 도시경관은 보다 거대한 변화들 속에 걸쳐 있는 지역의 사회경제적 전환을 반영하고 있으며, '가진 자'와 '가지지 못한 자' 사이의 불균등이 매우 현저하게 나타나고 있다.

도시 구조 모델

동남아시아의 도시화에 대한 생각은 30년이 넘도록 맥기(T. G. McGee)의 도시 구조 모델로부터 발달해 왔다(그림 10.13). 북아메리카의 도시 모델링에 대한 오랜 전통을 바탕으로 개발된 맥기의 모델은 먼저, 동남아시아 대도시의 토지이용을 특징짓는 어떠한 명확한 구역화도 없다고 가정하였다. 다만 두 개의 지대, 즉 항구 지대와 도시 주변부의 집약적 시장 원예 지대는 비교적 항구적으로 남아 있다고 제안하였다. 이 두 지대 사이에는 선형의 상류층 거주 지역이나 불법적 집적지와 같은 지배적인 토지이용을 가진 다른 지역들과 혼합된 경제활동이나 토지이용이 나타나고 있다.

동남아시아의 도시는 급격한 도시 성장을 겪고 있는데, 이는 세계경제로의 보다 강한 통

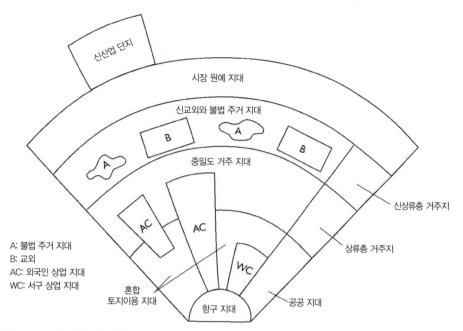

그림 10.13 동남아시아 대도시의 주요 토지이용에 대한 일반 모델. 출처: T. G. McGee, *The Southeast Asian City* (New York: Praeger, 1967), 128

합과 일부 관련된다. 이러한 변화에 따라 이 지역들에 대한 이해도 상당히 바뀌었다. 맥기의 초기 모델의 특성이 항구 지대나 혼합 토지이용 패턴에서 여전히 나타나고 있는 반면, 다른 측면들은 급진적으로 변화하였다. 도시학자들은 이를 두고 **대도시권**(extended metropolitan region: EMR)이라고 말한다. 아시아의 도시화에 있어 이러한 독특한 형태는 (동남아시아에만 한정되지 않는) 아시아 도시가 세계경제로 통합되는 방식에서 그 기원을 찾을 수 있다. 식민지의 영향을 받은 종주도시는 점점 더 주변의 배후지들을 침투하고, 농촌을 도시화하고, 농촌 인구를 도시경제로 점점 더 깊숙하게 끌어들이고 있다. 어떤 점에서는 동남아시아의 EMR이 미국의 대도시 지역과 유사하지만, 이 지역의 EMR은 도시 핵심부와 이를 둘러싼 농촌 주변부 모두 엄청난 인구밀도를 보이고 있다는 점에서 미국 대도시 지역과는 다르다고 할 수 있다.

EMR은 세 가지 기본 유형으로 구별될 수도 있다. 첫 번째 형태는 **팽창형 도시국가**이다. 싱가포르가 유일하게 해당될 수 있는데, 최근 10년 동안 싱가포르는 인도네시아와 말레이시아와 같은 이웃 국가의 영역까지 정치적, 경제적 영향력을 확장하였다. 두 번째 유형은 쿠알라룸푸르에 해당하는 **저밀도** EMR이다. 이러한 유형은 지배적인 도시 지역 주위의 가장자리를 형성하는 위성도시의 성공적인 개발을 통해 비교적 낮은 인구밀도를 유지할 수 있었다. 다시 말해, 저밀도 EMR은 여타 도시의 보다 급속하고 비계획적인 성장과 반대로, 통제되고 관리된 성장을 반영하고 있다. 호찌민 역시 저밀도 EMR의 특성을 반영하고 있다. 세 번째, 가장 우세한 유형은 **고밀도** EMR이다. 자카르타, 마닐라, 방콕과 같은 덩치 큰 도시에 의해 전형화될 수 있는 이 형태는 농업 토지가 주거 및 공업용으로 전환되는 과정과 함께 도시의 경제 기능이 농촌 배후지로 혼란스럽게 퍼져 가는 것을 보여 준다.

EMR과 관련해 **데사코타**(desakota)라는 새로운 도시 형태가 맥기에 의해 확인되었다. 이 용어는 마을(desa)과 도시(kota)를 뜻하는 인도네시아 단어로부터 파생되었으며, 도시화가 주변의 배후지를 침투해 가는 과정을 의미한다. 많은 요소들이 데사코타와 관련되어 있다. 첫째, 이러한 도시는 상당히 다양한 토지이용을 보여 주고 있다. 데사코타 지역은 주거와 산업뿐만 아니라 인구 집약적인 벼농사 지역으로 혼합된 토지이용이 도시를 둘러싸고 있다. 게다가 데사코타 내에서는 마을과 도시 간의 상당한 상호작용이 있다. 이것은 높은 수준의 인구 이동성을 가능하게 하는 통합 교통 시스템에 기인한다. 실제로 방콕의 일일 통근 패턴의 증가는 데사코타 내의 확대된 순환 패턴을 입증해 주고 있다. 둘째, 이 지역들은 세계경제와 강하게 통합되어 있다. 다국적기업이 즉시 이용 가능한 많은 노동 잉여를 요구함에 따라 이 지역에서는 일반적으로 외국인 투자가 중요하다. 결국, 데사코타의 **형성 과정**이 데사코타의 패턴 그 자체보다 더 중요할지 모른다. 왜냐하면 주변의 농촌 지역이 흔히 말하는 이촌향도와 같은 인구 전환 없이 도시화가 진행되고 있기 때문이다. 대개의 경우, 농촌 지역의 도시 전환은 농민이나 다른 농촌 거주민들에 대한 강탈이나 퇴출과 관련된다. 예컨대 마닐라 대도시와 인접한 지역에서 농업 토지를 산업 단지, 생태 관광 개발, 폐쇄공동체로 변경하는 대규모의 사업이 있었다. 이러한 개발은 많은 농민 커뮤니티를 효과적으로 퇴출시켰고, 종종 저항하는 농민과 군인, 그리고 지주의 경호원들 사이에 폭력 사태를 야기하기도 하였다(글상자 10.4).

도시 변화 과정은 글로벌 세계에서 동남아시아 도시를 전형화하는 보다 광범위한 정치적, 경제적, 사회적 전환을 보여 주고 있다.

글상자 10.4

아시엔다에서 복합 교외로

개발 회사의 건설자 대표가 피켓을 들고 서 있는 한 농민 그룹에게 "너희들은 소유권이 없어!(Wala Kayong Karapatan!)"라고 소리쳤다. 2010년 5월 21일, 전문적인 개발 지지자들 그룹(건설자, 측량 기사, 군인과 지방 경찰)과 분토그(Buntog)의 저항 농민, 필리핀 라구나(Laguna) 주 깐루방(Canlubang)에 있는 고지대 커뮤니티 사이에 폭력 사태가 발발하였다. 이 사건으로 약 100명의 농민과 농민 활동가들이 다쳤다. 한 명의 임산부와 70살의 할머니를 포함해 11명이 비합법적으로 투옥되었고, 2명이 경찰에게 몹시 구타당했으며, 한 노인은 심장 발작을 일으켰다. 이는 과거 10년 동안 도시 개발에 저항하던 농민이 겪어야 했던 많은 폭력 사례 중 하나일 뿐이다.

분토그는 예전의 깐루방 사탕수수 농장 또는 율로 아시엔다(hacienda)의 일부로 7,200ha에 달하는 사유지를 필리핀의 가장 유력한 엘리트 가문 중 하나가 소유하고 있다. 하지만 그 지역이 임자 없는 산림이었던 1900년대 초부터 줄곧 분토그의 농민들이 그곳에서 살아왔다. 초기에 농민은 산림을 개간하였고, 코코넛 나무와 다른 작물을 경작하였다. 몇 년 후에 분토그 근처의 광대한 토지가 깐루방 사탕수수 농장을 설립한 미국의 복합 기업인 어만-스위처(Ehrman-Switzer)에 팔렸다. 이후 민족주의자는 독립을 요구하고, 제2차 세계대전은 토지가 필리핀 엘리트 가문의 손에 넘어갈 수 있는 효과적인 상황을 제공하였다. 마침내 호세 율로가 전쟁 배상 융자를 이용해 그 토지를 구매하였고 '깐루방 사탕수수 농장'이라고 이름 붙였다. 전쟁이 끝난 후, 분토그 농민들은 자신들의 토지에 대한 소유권을 얻기 위해 공식적인 탄원서를 제출했지만, 놀랍게도 율로의 사탕수수 농장이 자신들의 커뮤니티로 확장하였다는 것을 발견하였고, 그 과정에서 농민들은 자신들이 사탕수수 플랜테이션 노동자로 고용된 것을 알게 되었다.

1988년, 필리핀은 대규모 토지를 소작 농민에게 재분배하는 포괄적 농업 개혁 프로그램을 발의하였다. 하지만 깐루방의 율로 가문은 다른 계획을 가지고 있었다. 사실, 그들은 토지 개혁이 있기 10년 전에 이미 토지 전체를 산업용 부지와 골프장으로 변경하기 시작하였다. 그들은 지역을 산업용 토지로 분류하는 데 성공하였고, 따라서 그 지역의 농민들에게 자신들의 땅을 재분배하는 것에 대해 면제를 받았다. 1996년에 설탕 농장은 문을 닫았고, 토지의 많은 영역에서 농업이 금지되었다. 율로 가문은 자신들의 많은 협력사들을 통해 폐쇄공동체, 골프장, 상업지구를 결합하는 복합 도시 프로젝트를 개발하기 위해 최상위 부동산 회사들과 함께 합작 투자 협정에 가입하였다. 가장 야심찬 개발 프로젝트는 아얄라 기업과 합작 투자해 종합 계획한 1,700ha의 타운쉽 프로젝트인 누발리(Nuvali)이다. 이 '미래 도시'는 필리핀의 첫 번째 '생태 커뮤니티'로 소개되고 있으며, 복합 비즈니스와 소매 허브, 학교와 대학, 인공 호수, 조류 보호 구역, 중·상류층 거주민을 위한 4개의 주거 커뮤니티 등을 갖춘 '환경적으로 지속가능한' 주거, 상업, 레크리에이션 개발의 혼합이라고 떠벌리고 있다. 누발리 근처에는 깐루방 골프장, 카멜레이 산업 단지, 소규모 폐쇄공동체가 있다.

흥미롭게도 이러한 지속가능한 도시 개발은 이전에 농민 커뮤니티들이 점유하고 있던 토지에서 이루어지고 있다. 이러한 프로젝트를 시작하고 농민들을 자신들의 커뮤니티에서 강제로 내몰기 위해, 토지 소유자들은 농민들에게 자신의 집을 '스스로 철거하고' 이사하도록 푼돈을 주거나, 강제적으로 토지에서 끌어내리려고 군인과 지방 경찰을 통해 물리력을 행사하였다. 남아서 저항하는 농민들은 여러 명의 농민 활동가를 심지어 죽음으로까지 내몰았던 계속되는 협박과 괴롭힘에 당당히 맞섰다.

분토그는 개발을 기다리고 있는 깐루방에서 거의 남아 있지 않은 토지들 중 하나이다. 이곳은 골프장을 확장하고, 생태 관광 요소들과 주거지 개발이 혼합된 단지를 지어 추후 다른 관광 볼거리와 연계할 계획을 갖고 있다. 이 때문에 최근 몇 년간 측량 기사와 건설자가 군인과 경호원을 동행하며 이 지역을 철저하게 조사하고 지도를 만들어 왔다. 수없이 많은 군인들의 협박과 코코넛 나무의 비합법적인 벌목 사례들이 보도되어 왔다. 토지 전체가 분토그 거주민의 이동을 통제하기 위한 감시 초소들로 어질러졌다. 또한 농민들은 농산물을 근처 시장에 가져갈 수 없게 되었고, 집수리를 위해 꼭 필요한 물건들을 가져오지도 못하게 되었다. 게다가 커뮤니티의 물탱크 시설 프로젝트는 모든 토지가 자신의 '개인' 재산이라고 주장하는 토지 소유자들에 의해 중단되었다. 이러한 억압에 대한 반응으로 분토그 농민들은 전국적인 필리핀 소작농 운동(Kilusang Mangbubukid ng Pilipinas)에 동참하였다. 또한 군인과 지주의 경호원의 압제에 대항하기 위한 방법을 논의하고, 국가 내 다른 농민 단체와 함께 항의 행진이나 시위에 참여하기 위해 정기적으로 만나는 SAMANA BUNTOG(Samahan ng mga taga-Buntog)라는 커뮤니티 조직을 구성하였다. 많은 분토그 농민은 죽을 때까지 토지에 대한 싸움을 계속할 것이라는 결의를 확고히 하였다.

분토그의 사례가 유독 특별한 것은 아니다. 필리핀에 있는 과거의 많은 아시엔다(예를 들어 율로 가문의 깐루방, 코후앙코스의 루이시타, 그리고 다른 대토지 소유들)에게 토지 용도 변경과 도시화는 지주들이 토지 개혁을 교묘히 빠져나가고, 토지에서 이윤을 얻을 수 있도록 하는 효과적인 수단이 되었다. 마닐라와 주변 지역 일대에서도 많은 새로운 복합 도시 개발이 강탈과 폭력의 고통스러운 역사를 지닌 토지에서 이루어지고 있다.

독특한 도시

싱가포르: 동남아시아의 세계도시

싱가포르 같은 도시는 정말 세계에서 찾아보기 힘들다. 두드러지는 현대성, 질서 정연함,

디즈니랜드와 같은 청결함은 비현실적으로 보일지 모른다. 특히 누군가가 방콕, 자카르타, 마닐라와 같이 마구 퍼져 있고, 무질서하며, 불쾌한 도시로부터 막 도착하였다면 더욱 그러할 것이다. 싱가포르는 효율성, 잘 손질된 잔디, 효율적인 대중교통, 계획된 개발의 정형화된 모델이다. 한편 어떤 사람에게 싱가포르는 마치 유토피아를 가장하는 듯한 엄중한 경찰국가로 인식되고 있다. 물론 현실은 이 둘 사이 어디쯤에 있으며, 보는 사람들의 개인적인 취향과 가치에 따라 다를 수 있다.

싱가포르는 하나의 도시이자 그 자체가 하나의 주권국가인 점에서 동남아시아 내, 그리고 세계에서 매우 독특하다 할 수 있다. 또한 크기가 매우 작아 640km²밖에 안 되는데, 이는 로드아일랜드 주의 1/5에 해당한다. 매우 좁은 면적이지만, 싱가포르는 매우 부유하다. 1인당 소득이 아시아 전체에서 일본 다음으로 2위를 차지하고 있다. 싱가포르 경제의 성공은 일면 지리적인 위치와 관련이 있다. 예전이나 지금이나 싱가포르는 전략적 위치와 수려한 자연항으로부터 혜택을 얻고 있다. 게다가 효과적인 정보 정책과 역동적인 리더십은 싱가포르를 동남아시아의 선도적 항구, 산업, 금융 및 상업의 중심지로 발돋움하게 만들었다. 실제로 싱가포르는 도쿄, 홍콩과 함께 오늘날 세계경제 체제에서 3개의 핵심 도시 중심지 중 하나로 자리 잡고 있다.

싱가포르의 경제는 강력한 제조업 부문(처음에는 고무와 같은 원자재를 취급하였고, 보다 최근에는 전기 및 전자 생산품을 취급한다)을 비롯해 정유, 금융 및 비즈니스 서비스, 관광업에 기반하고 있다. 싱가포르의 경제적 성공은 곧 매우 높은 삶의 질로 해석될 수 있다. 싱가포르 지역은 가장 높은 1인당 소득뿐만 아니라, 가장 낮은 유아 사망률과 인구 성장률을 보여 준다. 이러한 삶의 질은 정부 보조의 의료 지원과 의무적인 퇴직 프로그램을 통해 촉진되었다.

싱가포르는 진정한 국제적인 세계도시이다. 싱가포르의 풍요로움은 싱가포르의 주요 쇼핑 및 관광 회랑인 오차드 로드를 따라 생생하게 느낄 수 있다. 1830년대 이 지역은 과수원, 육두구 플랜테이션, 고추 농장들의 본거지였다. 하지만 지금은 망고나 육두구, 고추들은 사라지고 보석, 디자이너 의류, 향수 등으로 대체되었다. 오차드 로드는 현재 2.4km에 이르며, 주요 쇼핑센터, 고소득층을 위한 부티크, 고급 호텔, 전통적인 래플스 호텔 근처에 건설된 래플스 빌리지(래플스 호텔은 과거에 가장 좋은 호텔 중 하나였고, 최근 정성스럽게 복원되었다)와 같은 오락 센터들이 줄지어 위치하고 있다.

동남아시아의 중심지라는 위치에 걸맞게 싱가포르의 도시경관은 다양한 인종적 유산을 반영하고 있다. 싱가포르 인구의 거의 75%는 중국인이며, 말레이인과 인도인이 각각 15%

그림 10.14 싱가포르에 있는 이 번쩍거리는 인도 사원은 싱가포르에서 가장 잘 알려진 문화적 랜드마크 중 하나이자, 소수 힌두교의 중심지이다. (사진: James Tyner)

와 7%를 차지한다. 이에 따라, 싱가포르는 4개의 공식 언어(영어, 중국어, 말레이어, 그리고 남부 인도와 스리랑카의 언어인 타밀어)를 사용하고 있다. 싱가포르의 이민 역사 역시 도시국가의 건축에 잘 보존되어 있다(그림 10.14). 예를 들어 싱가포르 강어귀에 위치하고 있는 싱가포르의 차이나타운은 1821년에 건설되었다. 이 무렵 최초의 중국 이민자는 중국 푸젠 성(福建省)의 샤먼(廈門)으로부터 왔다. 1842년 중국 이민자는 시안혹켕(Thian Hock Keng) 사원을 완성해, 바다의 여신인 마추포(마조)에게 바쳤다. 근처에는 인도 남부로부터 온 이슬람 이민자에 의해 건설된 나고르 두르가(Nagore Durgha) 사원이 있으며, 도로 좀 더 아래에는 1850년에서 1855년 사이에 지어진 인도 이슬람 사원으로 알려져 있는 알 아브라(Al-Abrar) 사원이 있다. 현재는 토지 재개발 프로젝트로 지어진 싱가포르 금융지구의 초현대식 고층 빌딩이 차이나타운의 해변 조망을 가리고 있다.

수많은 역사적 사원과 유적이 있다는 점을 고려할 때, 싱가포르에서 도시 보존은 중요한 일이라고 할 수 있다. 예컨대 1960년대와 1970년대 동안 많은 옛 빌딩이 보다 많은 현대식 기반시설을 위한 공간을 마련하기 위해 파괴되었다. 하지만 이후 국가적 명성과 관광을 명분으로 싱가포르 도시 역사를 보존하기 위한 운동이 시작되었다. 현재는 콜리어(Collyer) 부두와 보트(Boat) 부두를 따라가는 수변을 비롯해 많은 지역들이 재정비되고 있다(사진 10.15).

싱가포르의 공공 주택 프로그램 또한 본받을 만하다. 1960년대 초, 싱가포르 정부는 주로 주택 개발 위원회(Housing Development Board: HDB)의 노력을 통해 국민을 위한 적절한 주택을 보장하기 위한 조치를 강구하였다. 이러한 결과로 수많은 뉴타운과 택지지구가 건설되었다. 예를 들어 싱가포르의 중앙에 위치하고 있는 퀸스타운(Queenstown) 주택지는

그림 10.15 싱가포르의 창시자인 스탬퍼드 래플스 경의 동상이 콜리어 부두를 따라 서 있다. 반대편에는 싱가포르의 화려했던 과거를 회상할 수 있도록 복원된 주택들이 위치하고 있다. (사진: Jack Williams)

HDB에 의해 개발된 가장 초기 택지 중 하나이다. 북동부 지역에 위치하고 있는 타오파이오(Tao Payoh)와 앙모키오(Ang Mo Kio) 뉴타운은 각각 1965년, 1973년에 건설되었다. 보다 최근의 개발은 싱가포르 북부 해안에 위치하고 있는 우드랜드(Woodlands) 신도시이다. 이러한 뉴타운은 수천 명의 인구를 부양할 수 있는 자급자족적 커뮤니티로 조성되었다. 나아가 싱가포르 정부는 싱가포르의 인종적 다양성을 인식해 과도 격리 민족 집단의 출현을 막기 위해 인종에 따른 점유율을 규제하였다. 2000년까지, 싱가포르 인구의 거의 90%가 HDB가 건설한 고밀도 주택지 중 하나에 살고 있었다.

이러한 성공에도 불구하고 싱가포르의 도시화는 두 가지의 자연적 장애로 인해 여전히 유지되고 있으며, 지속될 것이다. 첫째, 싱가포르는 작은 섬이기 때문에 쉽사리 또는 값싸게 영역을 확장시킬 수 없다. 이에 따라, 싱가포르 정부는 토지 재개발 계획을 활용하였고, 정치적 경계를 넘어 이웃하고 있는 말레이시아와 인도네시아로 경제성장을 확대시키는 데 노력해 왔다. 이런 식으로 싱가포르 정부는 싱가포르와 이웃 국가에 대한 비교 우위를 활용할 수 있기를 기대하고 있다. 둘째, 아마 싱가포르가 직면한 보다 직접적인 장애는 물이다. 싱가포르는 섬이기 때문에 물을 집수할 수 있는 큰 하천이나 호수를 거의 가지고 있지 않으며, 따라서 거의 400만 명의 주민에게 물을 제공하기 위해서는 저수지와 빗물을 수집할 수 있는 연못에 의존할 수밖에 없으므로 물 부족은 매우 심각한 문제라고 할 수 있다. 대부분의 물은 말레이시아에서 공급받고 있다. 말레이시아의 제한된 수자원에 대해, 싱가포르는 이중 전략을 취하고 있다. 첫째, 물 절약 장치나 물 재활용 프로그램, 그리고 물 소비 세금과 같은 일련의 보호 방책들을 시작하였다. 둘째, 제염 식물 재배, 저수지 확충, 인도네시아로부터 물 공급 가능성 모색 등 물을 얻기 위한 여러 다른 방법들을 강구하였다.

쿠알라룸푸르: 트윈 타워와 사이버 공간

쿠알라룸푸르의 스카이라인은 모든 동남아시아의 지역에서 가장 잘 인식될 수 있는 경관 중 하나이다. 파리에 에펠탑, 상하이에 미래 TV 타워가 있다면 쿠알라룸푸르에는 88층짜리 페트로나스 트윈 타워(Petronas Twin Towers)가 있다. 거대한 이중 구조의 벌집처럼 서 있는 페트로나스 트윈 타워는 말레이시아의 수도를 압도하고 있다(그림 10.16). 이 타워는 쿠알라룸푸르의 특징적인 경관이며, 말레이시아 정부가 계획한 고고한 목표를 상징하고 있다.

쿠알라룸푸르는 클랑(Klang) 강과 곰박(Gombak) 강이 합류하는 습지에서 중국 주석 광산 업자들에 의해 1857년에 건설된 비교적 신흥 도시이다. 사실 '쿠알라룸푸르'라는 이름은 '진흙 합류지'로 해석된다. 이후 취락이 빠르게 성장하였고, 1880년에는 말레이 반도의 슬랑오르(Selangor)국의 수도가 되었다.

점점 커져가는 정치적 중요성에도 불구하고 20세기 초 내내 쿠알라룸푸르는 북쪽으로는 조지타운, 남쪽으로는 싱가포르를 비롯해 말레이 반도를 따라 분포하는 다른 도시에 의해 여전히 가려져 있었다. 1963년에 말레이시아 연방정부의 수도로 선정되었지만, 쿠알라룸푸르는 반도에서 지배적인 상업 중심지인 싱가포르와 조지타운의 뒤를 쫓기만 하였다. 그러나 1972년, 쿠알라룸푸르는 도시의 지위를 얻게 되었고, 연방 영역(워싱턴 D.C.와 유사한 형태)으로 선언되었다.

쿠알라룸푸르는 20세기 후반 동안 엄청난 인구 성장을 겪었다. 현재 인구는 거의 200만 명이다. 하지만 방콕, 마닐라와 달리, 쿠알라룸푸르는 도시 성장을 관리하기 위해 보다 많은 협력을 기울였다. 예를 들어 계획 위성도시들이 수도의 도시 밀집을 억제하기 위해 디자인 되었다.

1950년대, 페탈링자야(Petaling Jaya)라는 위성도시가 건설되었다. 이 도시에는 현재 50만

그림 10.16 1999년에 준공된 쿠알라룸 푸르의 페트로나스 트윈 타워. 2004년까 지 세계에서 가장 높은 빌딩이었다. (사진: Richard Ulack)

명 이상의 인구가 거주하고 있으며, 주요 산업 센터의 본거지가 되었다. 그 주위에 애초 반 주거지, 반산업 지역으로 계획된 샤알람(Shah Alam)이라는 위성도시가 1970년대에 건설되 었다. 쿠알라룸푸르의 일부 지역에서 판자촌들을 볼 수도 있지만, 전체적으로 동남아시아 의 어떤 도시보다 조용한 질서 정연함을 보여 주고 있다.

쿠알라룸푸르의 경제구조는 제조업과 서비스 활동의 다양한 혼합이라고 할 수 있다. 이 러한 산업은 쿠알라룸푸르 서쪽 방향으로 페탈링자야와 샤알람에서 클랑 항에 이르는 도시 회랑인 클랑 계곡 연담도시에 집적되어 있다. 또한 쿠알라룸푸르는 동남아시아에 출현하고 있는 지식 정보 경제를 가리키는 말레이시아의 '멀티미디어 슈퍼 회랑지대'의 핵심 도시이 다. 멀티미디어와 정보 기술 회사를 유치하기 위해 계획된 멀티미디어 슈퍼 회랑지대는 말레이시아의 경제를 글로벌 정보 시대로 이끄는 촉매제라고 할 수 있다. 개발과 관련해 쿠알라룸푸르 남쪽에 두 개의 신도시가 건설되었다. 하나는 말레이시아의 '새로운' 행정 수도인 푸트라자야(Putrajaya)이며, 또 하나는 멀티미디어와 정보 기술 회사를 유치할 수 있는 첨단의 통합 기반시설을 갖춘 '지성 도시'인 사이버자야이다.

자카르타: 인도네시아의 메가시티

인도네시아에 오는 대부분 방문자들은 가장 먼저, 자바 섬의 북쪽 해안에 위치한 무질서하게 팽창하고 있는 대도시 자카르타에 도착한다. 싱가포르의 약 2.5배의 크기인 자카르타는 동남아시아에서 인구 규모와 면적이 가장 큰 도시이다(그림 10.17).

순다 클라파(Sunda Kelapa)라고 불리는 작은 항구도시에서 시작한 자카르타 특별 수도권(Daerah Khusus Ibukota 또는 DKI Jakarta)은 지난 50년 동안 경이로운 성장을 경험하였다. 1950년에는 200만 명이 채 안되던 자카르타의 인구는 2000년에 1300만 명 이상으로 팽창하였다. 이러한 도시 성장은 동남아시아의 많은 종주도시처럼 주변 배후지로 불규칙적으로 확대되었다. 정부는 이러한 스프롤을 인식하고, 1970년대 중반 이 지역 전체를 자카르타, 그리고 인접한 보고르(Bogor), 탕그랑(Tangerang), 베카시(Bekasi) 지역의 머릿글자를 따서 자보타벡(Jabotabek)이라 부르기 시작하였다. 자보타벡 전체 지역을 감안한 자카르타 대도시 지역의 인구는 놀랍게도 2000만 명에 달한다. 다른 주요 도시와 마찬가지로 자카르타의 인구 또한 계절적 통근과 일일 통근에 영향을 받는다. 즉 자보타벡 지역의 새 주거 지역에 살고 있는 수천여 명의 근로자가 매일 자카르타로 출근하고 있다.

자카르타는 인도네시아에서 가장 크고 중요한 대도시 지역이다. 이곳은 국가 수도이며, 군도에서 제1의 행정 및 상업 중심지라 할 수 있다. 자카르타는 또한 인도네시아의 국내외 무역에서 절대적인 역할을 하고 있으며, 외국인 직접투자가 불균형적으로 나타난다. 우선적으로 제조업과 건설, 서비스 부문에 초점이 맞춰진 이러한 투자는 자카르타 경제의 승수효과로 작용하고 있다. 이는 또한 중산층의 급격한 성장과 이에 따른 도시경관을 설명해 주고 있다. 하지만 어떤 점에서는 자카르타 역시 런던과 같은 세계의 다른 도시들과 유사한 탈공업화 시기를 겪고 있다. 다시 말해 자카르타가 여전히 중요한 제조업 중심지로 남아 있더라도, 경제성장은 대부분 제3차, 제4차 산업 부문(특히, 금융 서비스, 교통, 통신)의 증가에 의해 설명되고 있다.

그림 10.17 옛 것(동남아시아에서 가장 큰 이슬람 사원)과 새 것(도시의 교통 혼잡을 줄이기 위해 디자인된 고속 통행로)을 동시에 보여 주는 이러한 조감 사진을 통해, 자카르타의 스프롤을 뚜렷이 확인할 수 있다. (사진: Jack Williams)

경제적, 사회적 변화는 또한 토지이용 패턴을 변화시키고 있다. 자카르타의 핵심부는 지난 10년 동안 중요한 변화를 겪었는데, 주거용 토지가 고밀도의 상업 및 사무용 부지, 고급 고층 아파트 토지이용으로 전환되었다. 자보타벡 지역 또한 [리포 시티(Lippo City), 치카랑 (Cikarang) 뉴타운, 폰독게데(Pondok Gede) 뉴타운과 같은] 신도시나 이와 유사한 규모의 주택지 구 개발로 인해 이전의 농업용 토지가 도시적 공간으로 변화하였다. 해마다 자보타벡 지역 에 8만 개 이상의 새로운 주택이 추가되고 있다. 또 다른 변화로는 보다 규모가 큰 산업용 토지나 (골프장과 같은) 레저와 관련된 토지이용이 등장하고 있다는 것이다.

한편 자카르타는 공공 주택의 부족, 교통 혼잡, 대기오염 및 수질오염, 하수 처리, 의료, 교육, 가스, 전기 등의 공적 서비스와 같은 종주도시에서 특징적으로 나타나는 도시 문제 또한 가지고 있다(그림 10.18). 증가하는 인도네시아의 정치적, 사회적, 경제적 불안정성을 언급하지 않더라도, 메가시티의 규모 그 자체로 인해 자카르타의 문제는 위험 수준까지 확 대되고 있다.

그림 10.18 자카르타 시민들 중 소수 일부만 상수원에 접근할 수 있기 때문에, 사진에서처럼 물장수들이 값비싼 생수를 팔면서 거리를 천천히 걸어 다닌다. (사진: Jack Williams)

마닐라: 필리핀의 종주도시

싱가포르나 쿠알라룸푸르의 잘 통제되고 정돈된 거리를 걷는 것과 달리, 마닐라 내에서 돌아다니는 것은 그 자체가 엄청난 경험이다. 실제로 방콕을 제외하고 동남아시아의 어떤 도시도 마닐라만큼 교통으로 유명하거나 악명 높은 곳은 없다. 낮 내내, 때로는 밤에 더 심하게, 마닐라의 과중한 도로망을 구성하고 있는 토끼굴 같은 고속도로와 골목길에 차들이 천천히 다니고 있다. 디젤을 뿜어내는 **지프니**, 낡은 버스, 그리고 고급 스포츠 유틸리티 승용차 모두 범퍼카처럼 경쟁하고 있다(그림 10.19). 차선 변경 신호나 정지 신호는 대개 무시된다. 하지만 로스앤젤레스의 간선도로를 부끄럽게 만드는 무질서와 혼잡함을 넘어, 마닐라는 자신만의 매력을 보여 주고 있다. 실제로 마닐라의 매력 중 많은 것은 틀림없이 외관상 혼란스러운 현상에서 비롯되고 있다.

정치적, 사회적, 경제적으로, 그리고 총인구에 있어서 마닐라는 필리핀의 다른 모든 도시를 훨씬 능가하고 있다(그림 10.20). 타이를 제외하고 동남아시아의 다른 어떤 국가들도 필리핀보다 높은 종주성을 보이는 곳은 없다. 현재 마닐라의 인구 규모는 필리핀에서 두 번째로 큰 대도시인 세부의 거의 9배에 이른다. 또한 마닐라 대도시 지역은 자카르타의 자보타

그림 10.19 낡은 미국 지프를 개조해 만든 마닐라의 독특한 지프니는 제2차 세계대전 이후부터 시작된 도시 운송 형태이다. 화려한 장식으로 치장한 지붕이 있는 지프니는 마닐라에서 중요한 역할을 담당하고 있으며, 마닐라의 상징이 되었다. (사진: Jack Williams)

벡과 같이 다양한 정치적 단위들로 구성되어 있다. 마닐라 대도시 지역은 기존의 4개의 정치적으로 분리된 도시, 즉 마닐라, 케손시티(Quezon City), 카로오칸(Kaloocan), 파사이(Pasay)와 13개의 자치시를 통합함으로써 형성되었다. 마닐라 대도시 지역의 관리와 행정의 기본 방향은 이멜다 마르코스(Imelda Marcos) 시장이 이끈 중앙집권적인 마닐라 대도시 위원회(Metro Manila Commission: MMC)에서부터 현재 감시·조정 기관의 역할을 하고 있는 마닐라 대도시 개발청(Metro Manila Development Authority: MMDA)에 이르기까지 처음 시작된 이래 수년 동안 바뀌어 왔다.

해리스와 울만의 다핵심 모델을 떠올리게 하는 마닐라 대도시 지역은 많은 독특한 특성을 가진 다핵심 지역이라 할 수 있다. 예를 들어 파시그 강 옆에 위치하고 있는 비논도는 원래 스페인 식민 시절 동안 기독교 중국인의 상업지구였고, 오늘날까지 마닐라 차이나타운의 핵심 지역으로 남아 있다. 근처에 있는 톤도는 현재 빈곤층이 밀집한 임대 블록 지구이다. 이곳은 스페인인이 도착하기 이전에는 이슬람 마을들이 모여 있던 곳이다. 남쪽으로는 마닐라 만에 접하고 있는 에르미타(Ermita)가 있다. 이곳은 한때 작은 어촌이었지만 현재는 가장 중요한 관광 여행지로 개발되었고, 술집이나 나이트클럽, 스트립쇼, 마사지 업소로 채워졌다. 하지만 최근 몇 년 동안 이러한 업소는 에르미타에서 문을 닫게 되었고, 마닐라

그림 10.20 도시가 급격하게 팽창하는 인구를 부양하기 위해 점점 고층화되고, 도시의 거리로 뻗어 나감에 따라 현대의 마닐라는 전통적인 마닐라의 모습과는 매우 대조적이다. (사진: Arnisson Andre Ortega)

의 다른 지역으로 이전하였다. 마지막 사례로, 원래 작은 시장 마을이었던 마카티(Makati)는 현재 많은 은행과 다국적기업 및 국내 기업이 입지한 마닐라의 주요 금융 중심지이다. 또한 마카티는 마닐라에서 가장 비싼 주택지구와 점차 늘어나는 박스형의 쇼핑센터들과 5성급 호텔들을 가지고 있다.

마닐라 대도시권 내에는 케손시티가 있다. 마뉴엘 케손(Manuel Quezon: 1934~1946년까지 필리핀 연방의 대통령)의 이름을 딴 이 도시는 1948년부터 1976년까지 필리핀의 국가 수도였다. 현재는 많은 주요 정부 빌딩, 의료 센터, 필리핀 대학교 주 캠퍼스와 아테네오 마닐라 대학교를 비롯한 여러 대학의 본거지이다. 또한 케손시티는 무장한 경호원이 경비를 서고 있는 고소득층의 폐쇄공동체로 구성되어 있다. 중산층과 상류층의 주거지인 이 단지는 고급 냉방 시설의 주택, 테니스장과 야구장, 골프장, 수영장 등을 갖추고 있다. 그러나 마닐라의 복잡한 토지이용과 필리핀 사회의 극단적인 양극화를 반영하듯, 이러한 폐쇄공동체 바로 바깥에는 수많은 불법 주거지가 형성되어 있다.

　동남아시아의 다른 큰 도시의 특성처럼, 마닐라는 점차 증가하는 소비자 공간을 보여 주고 있다. 최근 몇 년 동안, 부상하는 중산층의 수요에 부응하기 위해 대형 쇼핑몰이 지어졌다. 많은 방문객에게 이러한 쇼핑몰은 미국이나 유럽에서 볼 수 있는 것들과 놀라울 정도로 비슷할 것이다. 주요 백화점이 쇼핑몰을 지탱하고 있으며, 수십 개의 특산품 전문점, 푸드 코트, 오락 시설이 그 사이에 위치하고 있다. 예를 들어 SM 메가몰은 수많은 상점과 레스토랑을 비롯해 아이스링크, 볼링장, 12개의 스크린 극장, 아케이드 공간 등을 포함하고 있다. 한편 국내로 들어오고 있는 필리핀 교포나 도시 전문직을 겨냥해 고층의 복합형 콘도가 마닐라 곳곳에 건설되었다. 대개의 경우, 이러한 콘도는 쇼핑몰이나 쇼핑 단지 옆에 지어졌다. 예를 들어 카지노, 콘도, 쇼핑몰의 복합 레저 단지로 제안된 마닐라의 위락 도시는 마닐라 만 근처의 간척지에 건설되도록 계획되었다.

　자카르타나 방콕과 비슷하게, 필리핀에 대한 외국인 직접투자의 집중 증가는 마닐라의 경제뿐만 아니라 토지이용에 있어 급격한 변화로 해석될 수 있다. 1990년대에 마닐라 대도시 지역과 주변 지역은 산업 및 제조업의 엄청난 성장을 겪었다. 그러나 이러한 성장은 마닐라의 농촌 배후지의 희생을 통해 나타난 것이었다. 마닐라 대도시는 사실 필리핀의 주요 쌀 생산 지역의 중심에 가까이 있으며, 계속된 도시 스프롤은 이러한 농업 지역을 급속하게 잠식해 나갔다.

　도시 빈곤과 미토지 소유는 계속적으로 마닐라의 주요 사회문제가 되었다. 하지만 문제의 규모는 여전히 논쟁적인 이슈로 남아 있다. 예컨대 빈곤층의 수에 대한 추정치는 1600만 명에서 4500만 명 이상으로 매우 다양하다. 그러나 확실한 것은 마닐라에서 토지 소유는 분명히 불균형적이며, 대다수의 인구는 토지를 소유하고 있지 않다는 점이다. 도시의 높은 지가는 대다수의 거주민이 합법적인 주택을 얻을 수 없다는 것을 의미하고, 계속되는 높은 인구 전입률은 상황을 더욱 악화시키고 있다. 결국, 그들은 불법 주택에 의지할 수밖에 없고, 철도나 공터를 따라 도시 가장자리 지역에 거주할 수밖에 없게 되었다. 불법 주거 지대의 거주민은 위생과 상수도 시설에 대한 접근이 불충분하기 때문에 비참한 보건 상태와 오염 문제에 직면하고 있다. 이들은 종종 순회하는 물장수로부터 물을 구매한다. 시간이 흐르면서 불법 주거지는 철거되어 왔고, 주민들은 퇴출되었다. 보다 최근에서야 필리핀 정부는 민간 개발자와의 합작 투자 협정을 통해 도시 빈민층을 위한 저가 주택을 공급하고 있다. 그러나 도시로부터 멀리 떨어진 재이주 지역들의 위치와 충분하지 못한 주택 공급으로 인해, 많은 퇴거민은 대도시 지역으로 다시 돌아오는 것을 포기하고 있다.

빈곤을 제외하고도 마닐라는 다른 심각한 문제에 직면해 있다. 예를 들어 물에 대한 접근성의 문제가 점차 크게 나타나고 있으며, 또한 심각한 대기오염 및 수질오염뿐만 아니라 불충분한 하수도 시설 문제에도 직면하고 있다. 실제로 항구 지대나 톤도의 거리처럼 우기에는 홍수 때문에 마닐라의 많은 거리를 통과할 수 없다.

방콕: 열대의 로스앤젤레스

타이에서 2번째로 큰 도시 규모의 34배나 되는 방콕은 도시 종주성의 교과서적인 사례이다. 국가의 단지 1/5만 도시화가 된 반면, 도시인구의 2/3는 방콕 대도시권(Bangkok Metropolitan Region: BMR)에 집중되어 있다. 현재 방콕의 핵심부는 약 600만 명의 인구를 가지고 있으며, 전체 BMR 지역을 고려하면 1000만 명을 넘어서고 있다. 게다가 해양의 조수처럼 방콕의 인구는 매일, 그리고 계절적으로 왔다 갔다 한다. 거의 100만 명의 인구가 매일 방콕으로 통근하고 있으며, 수십만 명의 근로자가 도시 전역에 걸쳐 비공식 부문에서 임시 직장을 구하기 위해 계절적으로 순환한다. 이러한 계절적 인구 이동은, 특히 농한기인 덥고, 건조한 2, 3월에 격심하게 발생한다.

방콕의 공식적 이름은 '천사의 도시'(로스앤젤레스와 같은 뜻)로 해석되는 끄룽텝(Krung Thep)이다. 많은 면에서, 특히 교통, 공해, 도시 스프롤 등에서 타이는 동남아시아의 로스앤젤레스로 여겨질 만하다. 그런 점에서는 로스앤젤레스도 미국의 방콕으로 간주될지 모른다.

현재 방콕은 국제 통신 및 금융 중심지, 아시아의 주요 교통 허브로 거듭날 태세를 유지하고 있다. 초기 방콕 성장의 많은 부분은 베트남 전쟁 당시에 미국이 개입함에 따라 야기된 엄청난 투자와 관련되어 있다. 특히, 1960년대에 방콕은 주요 군사 보급기지로 역할을 하였고, 이후 10년간 많은 외국 투자를 유치하였다. 1979년과 1990년 사이에는 타이의 모든 외국 투자 프로젝트의 거의 70%가 BMR에 집중되었다. 방콕은 값싼 노동력, 우호적인 감·면세 조치, 최근까지 정치적 안정성을 경제적으로 잘 이용하였다.

자카르타나 마닐라와 마찬가지로 방콕은 다핵 도시이다. '구도심'이 여전히 방콕의 행정적, 종교적 핵심부에 남아 있지만, 상당한 도시 확장이 주변 지구들에서 이루어졌다. 방콕 역시 도시의 주거 지역이 상업적 토지로 변환되고, 이전의 작은 주택들이 고층의 오피스 빌딩과 대형 쇼핑 단지로 바뀌는 등 급격한 토지 변화를 겪었다.

그림 10.21 개인 자동차 소유가 만연한 방콕은 도시 고속도로가 건설되었음에도 세계에서 가장 교통난이 심각한 곳 중 하나이다. (사진 허가: 방콕 정부)

방콕의 과도시화는 심각한 환경문제를 야기하였다. 최근 몇 년 동안 대기오염과 수질오염이 심화되었고, 고형 폐기물 처리가 현재 진행 중인 문제로 부각되고 있다. 또한 방콕은 점점 가라앉고 있다. 우물을 과도하게 끌어 씀에 따라 도시의 토지가 침하되고 있으며, 해발고도 역시 연간 약 10cm씩 떨어지고 있다. 실제로 어떤 지역은 1950년대 이후, 0.91m 이상 침하되었다. 따라서 방콕의 도시계획가들은 지구온난화에 대한 생각을 마음속에 단단히 갖고 있어야 할 것이다.

방콕은 또한 심각한 교통 문제로 골머리를 앓고 있다. 오토바이를 제외한 자동차 수는 1972년 24만 3000대에서 1990년 100만 대 이상으로 증가하였다. 동시에 주요 도로들은 단지 약 80.4km만 추가되었다. 결과적으로 방콕 대부분의 도로에서 평균 속도는 시간당 9.6km 이하로 나타난다(그림 10.21). 도로 용량 측정, 대중교통 시스템 개선, (예를 들어 통근 교통 피크를 줄이기 위한 시차제 고용과 같은) 교통 통제 시스템 개선, 교통량 제어 전략을 비롯해 수많은 제안과 전략이 교통 혼잡을 개선하기 위해 제기되었다. 정부 역시 지역 경제성장을 촉진하고, 방콕의 인구 집중에 대한 방안으로 위성도시의 성장을 고무시키고 있다.

프놈펜, 호찌민, 하노이: 과도기의 사회주의 도시

이른 아침 프놈펜의 먼지 나는 거리는 물고기 떼처럼 밀어닥치는 시끄러운 오토바이 무리로 북적거린다. 고급 승용차와 스포츠 유틸리티 승용차들이 오토바이들과 한정된 공간 속에서 서로 경쟁을 벌인다. 길가를 따라서는 개조된 트랙터들이 지척거리며 지나간다. 이 트랙터는 녹색, 흰색의 똑같은 유니폼을 입고 있는 20명의 젊은 여성을 목재 트레일러에 태워 도시 주변부를 에워싸고 있는 외국 소유의 조립 공장으로 실어 나르고 있다. 이 역시 프놈펜 교통의 기계화된 광란을 피하기에는 헛된 시도일 뿐이다. 10여 년 전의 거친 혁명과 대학살 이후, 세속적이고 무질서하게 재건되고 있는 도시가 바로 21세기의 프놈펜이라고 할 수 있다. 호찌민, 하노이와 함께 프놈펜의 경험과 도시경관은 도시화가 혁명을 비롯한 광범위한 사회적 활동과 밀접하게 연계되어 있다는 것을 명확하게 보여 주고 있다.

동남아시아 사회주의 도시는 자본주의 기반의 도시와는 다른 도시화의 패턴을 경험하고 반영하고 있다. 동남아시아의 사회주의 국가, 예를 들어 미얀마, 캄보디아, 라오스, 베트남의 도시화 과정은 3단계 모델로 분석될 수 있다. 첫 번째 단계는 주요 도시의 인구가 감소하는 탈도시화 과정이라고 할 수 있다. 예를 들어 1975년에 크메르루주가 캄보디아를 지배하면서, 사회주의 정부는 수도인 프놈펜으로부터 사람들을 강제적으로 철수시키기 시작하였다. 이 시기 이전에 프놈펜의 인구는 1970년에 약 70만 명에서 1975년에는 거의 250만 명으로 규모면에서 엄청나게 팽창해 있었다. 이러한 인구 증가의 대부분은 전쟁을 피하려는 농촌 난민의 유입에 따른 결과였다. 하지만 1975년 크메르루주는 프놈펜과 캄보디아 전역의 다른 도시와 마을을 물리적으로 비우도록 하였다. 이러한 탈도시화 과정은 거의 300만 명의 목숨을 앗아간 크메르루주 통치 시기에 일어난 한 사례일 뿐이다(글상자 10.3).

오늘날 프놈펜은 잔혹했던 과거의 상처가 서서히 치유되고 있지만, 여전히 이러한 상처를 안고 있다. 2001년에 포장되지 않고 곳곳이 웅덩이들로 울퉁불퉁했던 프놈펜의 거리는 현재 새로운 아스팔트로 검게 반짝거리고 있다. 한때 전쟁으로 파괴되고 방치된 텅 빈 건물이 서 있던 곳에는 지금 새로이 도색된 아파트와 쇼핑 단지가 들어서 있다. 어려움이 없지는 않지만, 프놈펜은 실제로 재건되고 있으며, 이러한 도시 성장은 세계경제를 향한 새로운 방향성을 반영하고 있다. 예컨대 프놈펜과 캄보디아의 포첸통(Pochentong)을 연결하는 주요 도로를 따라 국제공항과 다국적기업의 조립 공장과 같은 경관을 형성하고 있다.

이보다는 덜하지만 베트남에서도 비슷하게 탈도시화 과정이 나타났다. 프놈펜처럼 사이공(현재 호찌민)의 인구도 내부 인구와 난민의 유입으로 인해 눈부시게 증가하였다. 1975년 사이공의 추정 인구는 약 450만 명이었다. 하지만 공산당이 승리한 이후, 베트남민주공화국의 새로운 정부는 약 100만 명의 사람을 재배치하였다.

이러한 사회주의 국가의 탈도시화 과정에는 종종 도시경관의 개조도 함께 이루어졌다. 초기에는 서구식 시설과 풍습들이 검소하고 딱딱한 환경으로 대체되었다. 이는 하노이에서 가장 뚜렷하게 나타나는데, 도시들이 모두 똑같은, 박스 같은 빌딩들로 채워져 매우 단조롭고 지루하였다. 점차 사회주의 이데올로기에 순응하면서, 새로운 정부는 상점이나 레스토랑, 호텔과 같은 사적 부문을 몰아내려 하였고, 서비스 부문은 대개 정부 기업이나 협동조합을 통해 운영되었다. 결과적으로 자본주의 도시에서 일상적인 대중 광고나 소비 미관이 결여되어 있는 것이 이들 도시의 전형적인 특징이 되었다. 그뿐만 아니라 새 정부는 상징적인 변화를 불러일으켰다. 프랑스에 대항해 전투를 이끌고, 베트남에 공산당을 건설한 명예로운 호찌민의 이름으로 바꾼 사이공은 이와 같은 변화를 가장 뚜렷하게 보여 주는 사례라고 할 수 있다.

사회주의 도시와 자본주의 도시 간의 또 다른 가시적인 차이는 교통이다. 하노이의 거리는 이따금씩 보이는 구소련 시대의 리무진과 찌그러지고 덜컹거리는 몇 대의 버스를 제외하고는 사실상 자동차가 없는 것이나 마찬가지이다. 대신에 오토바이가 떼지어 거리를 활보하고 있으며, 특히 시민들이 직장이나 학교로 왔다 갔다 하는 피크 시간 동안에는 더욱 그러하다.

이러한 초기 단계를 지나면 사회주의 정부는 두 번째 단계, 즉 사회주의 도시화의 장기적 전략이 구현되는 관료화 단계에 진입한다. 특히 베트남에서 사회주의 정부는 대도시의 문제를 개선하기 위해 식량, 고용, 주택의 충분한 공급을 비롯한 공간 전략을 개발하였다. 또한 인구 이동성을 제한하기 위한 정책을 법제화하였고, 이 때문에 호찌민, 다낭과 같은 큰 도시의 기반시설 부담이 경감되었다.

세 번째 단계는 사회주의 개혁으로 구성된다. 1979년 베트남에서 경제개혁이 가장 먼저 도입되었지만, 정부의 새로운 개발 전략 슬로건인 **도이모이**(doi moi: 개혁개방)가 시작된 1986년 전까지는 실제적인 개선이 나타나지 않았다. 도이모이는 사적 소유권, 외국인 투자, 시장 경쟁과 같은 자본주의 요소의 점진적인 도입을 함의하고 있다. 베트남은 정치적으로는 사회주의 체제를 명확하게 고수하고 있지만, 경제적으로는 자본주의로의 전환과 세계경제로의 보다 높은 수준의 통합을 보여 주고 있다(그림 10.22).

그림 10.22 호찌민의 상점과 상인을 통해 알 수 있듯이, 1986년에 시작된 도이모이라고 알려진 개혁의 결과로, 베트남은 사적 기업들에 대해 처음에는 관대해졌고, 나중에는 장려하기까지 하였다. (사진: Jack Williams)

지리적으로 경제개혁은 애초에 베트남의 남부 지역, 특히 호찌민에 집중되었다. 이는 호찌민이 자유 시장경제의 아주 오랜 전통과 외부 세계와의 연결성을 가지고 있었기 때문이다. 베트남으로 들어오는 모든 외국인 투자의 거의 80%가 남부 지역을 향하였다. 보다 큰 도시 지역에는 관광, 조립, 제조업 등에 대한 투자가 집중되었다. 따라서 많은 시민들이 여전히 사이공이라 부르고 있는 호찌민은 정부 운영 호텔과 나란히 경쟁하는 고급 호텔(하얏트, 라마다, 힐튼 등)을 포함해 전쟁 이전의 자본주의 특성으로 곧바로 회귀하게 되었다.

한때 조용하게 통제되고, 억제되어 왔던 베트남의 정치적 수도인 하노이도 스스로 중요한 경제적 전환을 겪었다. 21세기에 하노이는 세계화의 결과를 점점 더 보여 주고 있고, 현재는 남부에 있는 라이벌과 같은 특성과 역동성을 보여 주고 있다. 또한 하노이는 호찌민 능, 호찌민 박물관과 같은 베트남 국가주의의 상징을 계속해서 드러내고 있다. 그러나 하노이 또한 호텔, 레스토랑, 술집, 나이트클럽, 디스코텍의 도시 숲으로 이루어진 번잡한 대도시가 되어 가고 있다. 베트남민주공화국의 심장부를 보고 싶어 하는 수천 명의 해외 방문객을 포함한 관광은 이러한 변화를 선도하고 있다.

도시의 도전

　동남아시아의 도시는 심각한 문제에 대한 면역성을 갖추고 있지 않다. 그래서 위생에서부터 환경문제에 이르기까지 갖은 도전이 있다(글상자 10.5). 틀림없이, 동남아시아 도시가 직면한 가장 심각한 이슈는 충분한 고용과 주택을 얻는 것에 대한 도시 거주자들의 무력감이 점점 심각해지는 것이다. 예를 들어 2000년대 초, 마닐라에서는 도시인구의 거의 40%가 불법 주거 지대에 살고 있는 것으로 추정되었고, 또 다른 45%는 슬럼 지역에 살고 있는 것으로 추정되었다. 방콕에서는 인구의 23%가 슬럼과 불법 주거 지대에 살고 있는 것으로 추정되었다. 또한 쿠알라룸푸르와 자카르타 모두 불법 거주민이 인구의 거의 25%에 달하였다. 하지만 슬럼 거주민에 대한 대부분의 추정치가 국가 수준에서 측정되었다는 것을 인식할 필요가 있으며, 따라서 불법 주거/슬럼 거주민들의 정확한 수와는 당연히 일치하지 않을 수 있다.

　불법 주거지의 증가는 인구 증가 외의 다른 요인에 의해 설명될 수 있다. 예를 들어 부동산 투기로 발생한 토지 가격 급등은 주택문제를 더욱 악화시킨다. 인위적으로 발생된 토지 부족 현상도 주택문제를 악화시킬 수 있다. 예컨대 마닐라 대도시에서는 매우 넓은 토지가, 심지어 마카티의 도심에 있는 토지조차도 텅 비어 있다. 마지막으로 보다 비싼 콘도들과 폐쇄공동체로 대체된 저가 주택 지구의 해체도 불법 주거 지대의 증가를 일으키고 있다.

　슬프게도 많은 정부가 불법 주거 지대에 맞서는 가장 효과적인 수단을 철거와 퇴출이라고 인식하고 있다. 예를 들어 필리핀에서는 1986~1992년 사이에 매년 10만 명 이상의 사람들이 마닐라로부터 퇴출되었다. 도시 바깥으로 34~80km 떨어진 지역에 불법 거주민을 이주시키는 정책과 이들을 고밀도 주거 아파트에 살게 하는 것은 비효과적이라고 판명되었다. 유일하게 싱가포르만 공공 주택의 공급에 있어 상당한 성과를 거두었다. 나머지 도시, 특히 마닐라, 방콕, 프놈펜은 애처롭게 그 뒤를 따르고 있다. 이 도시들의 정부가 공공 주택 개발을 책임지고 있는 기관들을 가지고 있지만, 대부분 필요로 하는 경제적 자원들과 유효한 정치적 결단이 부족한 실정이다.

　또한 많은 동남아시아 정부들은 깨끗한 물이나 하수도, 그리고 다른 공공 설비와 같은 충분한 공적 서비스를 제공할 수 없다. 예를 들어 미얀마 인구의 단지 7% 정도만이 상수원에 접근할 수 있다. 자카르타에서는 인구의 1/4만이 고형 폐기물 수집장을 가지고 있으며, 도시의 나머지에서는 폐품팔이들에 의해 수집되고 있다. 이러한 문제에 대한 효과적인 전략

글상자 10.5

HIV/에이즈

에이즈를 일으키는 바이러스인 HIV는 현재 세계적으로 4000만 명을 감염시켰다. 2006년, 동남 아시아에는 약 720만 명이 HIV/에이즈를 가지고 살고 있다고 추산되었다. 세계에서 아프리카를 제외하고 두 번째로 높은 수치이다. 타이에만도 58만 명 이상의 HIV/에이즈 환자가 있으며, 1.4%의 성인 유병률을 보인다. 다른 나라들의 통계 또한 소름끼친다. 예컨대 미얀마 36만 명, 캄보디아 13만 명, 라오스 3,700명, 베트남 26만 명의 HIV/에이즈 환자가 집계되고 있다.

HIV/에이즈는 다양한 경로를 통해 확산되고 있다. 이성이나 동성 교제, (예를 들어 헤로인과 같은 마약을 주입할 때) 감염된 주사 바늘의 사용 등으로 전염될 수 있다. HIV/에이즈는 또한 어머니로부터 자식에게 태내에서 감염되거나, 출생 또는 모유 수유 시에도 감염될 수 있다. 또한 감염된 혈액의 수혈을 통해서도 전염될 수 있다.

동남아시아에서는 핵심적인 사회적, 경제적, 정치적 요인이 HIV/에이즈 확산에 이바지하였다. 하나의 주요 요인은 이민 근로자의 내부적 또는 국제적 이동성이다. 동남아시아의 모든 국가에서 거대하고 복잡한 초국적 이민 이동이 시작되고 있다. 예를 들어 미얀마와 라오스로부터 100만 명이 넘는 근로자가 타이에서 직장을 구하고 있는 한편, 수천 명의 노동자가 라오스와 캄보디아에서 일하기 위해 중국과 베트남을 떠나고 있다. 또한 필리핀, 인도네시아, 타이의 수백만 명의 노동자는 유럽이나 북아메리카에서 직장을 찾고 있다.

이러한 이민 노동자 네트워크는 다른 초국적 네트워크, 다시 말해 성매매 종사자를 거래하는 네트워크와 자주 교차한다. 동남아시아, 유럽, 그 외 지역들 도처에서 많은 여성(그리고 남성)이 성노동을 강요받고 있다. 어떤 이들은 이민 노동자를 상대로 하는 창녀촌에서 일하고 있다. 2002년 한 조사에 따르면, HIV에 감염된 전체 필리핀인의 28%가 해외에서 돌아오는 계약 노동자들이었다. 이러한 이민 노동자와 성 노동자가 자신들의 고향 집으로 돌아갈 때, 아마 질병도 함께 옮겨갈지 모른다.

인구 이동성의 또 다른 형태는 지역 및 해외 관광 여행이다. 필리핀과 타이를 포함한 동남아시아의 많은 나라들에서 섹스 관광은 중대한 비즈니스라고 할 수 있다. 그 결과로 이성과 동성을 통한 HIV/에이즈의 전염이 급격하게 증가하고 있다.

HIV/에이즈의 확산은 마약 사용의 보급과도 관련이 있다. 동남아시아는 헤로인의 세계적 유통의 핵심 결절지이며, 감염된 주사 바늘이 이 지역 HIV/에이즈의 증가에 결정적인 요인으로 밝혀지고 있다.

이러한 다양한 전염 경로가 마닐라, 방콕, 치앙마이(타이), 프놈펜과 같은 주요 도시에서 함께 발생하고 있다는 것은 별로 특별하지 않다. 결국, 사람들이 계속 이동함에 따라 동남아시아의 도시는

'전염병 펌프'의 역할을 하고 있다. 이러한 이유로 베트남, 캄보디아, 타이 정부는 많은 예방 전략을 도시에 집중시키고 있다. 그러한 노력에는 교육 캠페인, 혈액 검사 키트의 제공, 콘돔과 깨끗한 바늘의 배급 등이 포함된다. 하지만 비참하게도 HIV/에이즈의 확산은 동남아시아의 다른 많은 부수적인 문제, 예를 들어 사회적 갈등, 억압, 검열, 정치적 부패, 정부 태만, 빈곤 등이 해결된 후에야 늦춰질 수 있을 것이다. 이러한 상황으로 인해 동남아시아의 도시는 에이즈와의 전쟁터로 계속 남아 있을 것이다.

중 하나는 인도네시아의 캄풍 개선 사업(Kampung Improvement Program: KIP)이라고 할 수 있다. 이 사업은 본래 기반시설과 공공 시설물 개선에 전력을 기울이는 원대한 계획이었다. 특정 프로젝트에는 보행 도로, 보조 도로, 하수구, 학교, 공중목욕탕, 샤워 시설, 의료 클리닉 등을 포함하고 있다. 이 사업이 시작된 이후, KIP는 인도네시아 전역에 걸쳐 200개 이상의 도시로 확대되었고, 350만 명 이상이 혜택을 받았다.

한편 대기오염 및 수질오염 모두 동남아시아 도시의 거주민과 방문객에게 심각한 건강 문제를 일으키고 있다. 예를 들어 자카르타는 연간 170일 이상 부유 미립자의 대기 수준이 보건 기준을 넘어서고 있다. 게다가 지형적 특성이 오염 문제를 더욱 가중시킨다. 예를 들어 쿠알라룸푸르 근처 클랑 계곡의 주변 언덕과 마닐라를 에워싸고 있는 산들은 오염 물질을 가두어 두기 때문에 대기오염을 더욱 심화시킨다.

마찬가지로 수질오염도 동남아시아 도시의 삶의 질에 주요한 장애로 남아 있다. 마닐라의 파시그 강, 방콕의 차오프라야 강, 자카르타의 칠리웅(Giliwung) 강을 비롯한 많은 하천들이 생물학적 재해로 간주될 수 있다. 특히 방콕의 운하와 하천은 산업과 가정의 배출물로 인해 상당히 오염되어 있다. 도시인구의 단 2%만이 방콕의 제한된 하수 시스템에 연결되어 있다. 결과적으로 대부분의 고형 폐기물이 하천에 그대로 방류되고 있다. 하루에 버려지는 쓰레기의 15% 이상이 수집되지 않은 채로 버려진다는 사실은 문제를 더욱 가중시키고 있다.

부가적인 문제는 교통 혼잡이다. 방콕과 마닐라의 교통 문제는 앞에서 이미 논의한 바 있다. 이와 비슷하게, 자카르타에서는 개인 자동차 소유가 도로 건설을 훨씬 앞지르고 있다. 교통 혼잡과 공해와 관련된 비슷한 문제가 현재 250만 대 이상의 오토바이들의 본거지인 호찌민과 프놈펜에서도 점점 감지되고 있다. 말레이시아와 인도네시아를 비롯한 몇몇 정부는 교통 혼잡을 줄이기 위해 유료 도로를 활용하고 있다. 또 다른 노력은 마닐라와 쿠알라룸푸르에 있는 경전철 시스템과 같은 대중 수송 시스템의 개발에 집중되고 있다. 그러나 이러한 프로젝트는 비용이 매우 많이 들고, 많은 프로젝트들이 일시적으로 중지되었다. 지금까지도 절반만 완성된 방콕의 고가도로와 다리들, 그리고 미완성된 마닐라의 철도 시스템은 계속된 저개발에 대한 무언의 암시들을 보여 주고 있다.

이러한 모든 문제의 한가운데에는 지역 사업가와 더불어 지속가능한 도시 개발을 촉진하기 위한 정부의 노력도 있다. 예를 들어 공해를 줄이고자 하거나 기후 변화의 이슈들에 반응하고자 하는 국가에서 여러 가지 환경 관련법들이 통과되고 있다. 어떤 도시에서는 최근에 도시 재생과 지속가능한 도시 삶의 촉진과 관련된 도시계획 프로그램들이 적소에 마련되었다. 예를 들어 싱가포르에서는 국가 개발부(Ministry of National Development)가 지식, 문화, 우월성의 지속가능한 도시를 창조하려는 정책과 기반시설 프로젝트들의 계획과 구현에 적극적으로 관여하고 있다. 다른 도시에서는 세계적 환경 기준을 만족하는 새로운 개발 프로젝트들이 고안되고 있다고 소개되고 있다. 하지만 진짜 도전은 이러한 프로그램들과 정책이 실제로 지속가능한 도시의 삶을 위해 이바지할 수 있도록 시행하는 것에 달려 있다. 실제, 많은 거주민이 도시 재생 프로젝트라는 미명하에 사실상 쫓겨나고 있다.

'도시 지속가능성'을 촉진하려는 새로운 형태의 도시 개발이 출현했지만, 이러한 도시의 많은 거주민은 여전히 빈곤의 수렁에 빠져 있다. 예컨대 1990년대 초, 마닐라 대도시인구의 30% 이상이 절대 빈곤으로 살고 있었고, 인도네시아는 도시인구의 거의 30%가 절대 빈곤층이었다. 실제로 인도네시아의 빈곤 수치는 국가의 모든 것들이 불안정 속에서 허우적거림에 따라 2000년에서 2001년 사이 급격하게 증가하였다.

만성 빈곤은 정치적 불안, 폭력, 테러리스트 활동을 포함한 다른 심각한 문제의 원인이 되고 있다. 최근 몇 년 동안, 동남아시아 도시는 사회 계급에 기반을 둔 정치적 긴장과 시위를 목격하고 있다. 방콕에서는 주로 농촌의 노동자 계급과 추방된 탁신 친나왓(Thaksin Shinawatra) 총리를 지지하는 사람들로 구성된 '붉은 셔츠' 시위자들이 도시 중산층으로 구성된 '노란 셔츠' 시위자들과 격렬하게 충돌하였다. 한편 마닐라에서는 2001년 초 국가의 사회경제적 불평등과 계급 기반의 정치적 긴장을 반영하는 두 개의 혁명이 발발하였다. 예컨대 시민사회 그룹들과 중산층으로 조직된 시위대는 당시 필리핀 대통령인 조지프 에스트라다(Joseph Estrada)를 부패의 책임으로 내쫓았다. 넉 달 후에는 도시 빈민 시위대와 운동가들이 비슷한 시위를 계획하였고, 결국 대통령궁으로 돌진하게 되었다.

동남아시아 도시에서 잠재적인 폭력은 다른 형태로 나타나고 있다. 몇몇 학자와 지역 전문가에 따르면, 많은 동남아시아 도시에서 도시 삶에 대한 주요한 '테러리스트' 위협은 알카에다와 아부사야프와 연결된 제마 이슬라미아(Jemaah Islamiah: JI)와 같은 급진적인 이슬람 세력과 연계되어 있다. 지난 10년 동안, JI는 202명의 사망자를 낸 2002년 발리 폭탄 테러와 11명이 사망한 2004년 자카르타 폭탄 테러와 같은 동남아시아 주요 도시의 폭탄 테러와 연관되었다. 마닐라에서는 아부사야프가 여러 폭탄 사건과 연관되었다. 그러한 테러리스트의 위협에 대응해 동남아시아의 많은 도시가 보안 프로그램과 정책을 수립하였다. 싱가포르에서는 북극성 V 훈련이라는 대규모 전시 대비 훈련이 이루어졌다. 그 훈련은 동시다발적인 테러리스트의 폭탄 공격 상황을 가정하고, 수천 명의 정부 직원과 시민들을 참여시켰다. 마닐라에서는 사람들의 출입을 통제하는 무장한 보안 요원들이 쇼핑몰과 MRT, 그리고 다른 시설물들에 대한 경계를 서고 있다.

미래에 대한 견해

프란츠 카프카의 소설, 『변신(The metamorphosis)』에 나오는 그레고리 잠자(Gregor Samsa)처럼, 동남아시아의 도시는 어지러운 꿈속에서 깨어나 자신들이 잠재적으로 기괴한 무언가로 변해 가고 있다는 것을 알아차렸다. 밀집되어 있는 고층 빌딩과 길거리 상인들, 호화로운 거주지구와 빈곤한 불법 주거 지대, 과중한 공공 설비들, 부진한 수송 시스템….

동남아시아 도시의 미래에 어떤 것들이 유지되고 있을까? 세 가지 주제가 떠오른다. 첫째, 계속된 인구 압박과 환경적 쇠퇴는 농촌에서 도시로의 인구 이동을 극도로 가속화시킬 것이고, 따라서 과도시화 문제들이 더욱 악화될 것이다. 결과적으로 동남아시아 도시는 지리적으로 계속 확장될 것이다. 그러나 이러한 개발이 어떻게 나타나고, 또 정부가 어떻게 이러한 성장에 반응하고 관리하는지는 이들 도시의 생존력에 크게 영향을 미칠 것이다. 성장이 무계획적이고 아무렇게나 계속 지속될 것인가? 탈중심화 전략과 성장 전환 수단이 원하는 변화를 가져올 것인가? 경제적으로 빈곤한 국가나 엄청난 외채를 지고 있는 국가에서는 아마 재정적 능력과 관리, 그리고 정치적 동기가 이러한 시도를 방해할지도 모른다.

두 번째 주제는 동남아시아 도시가 세계경제로 계속 통합되어 갈 것이라는 점이다. 이것은 특히 프놈펜, 호찌민, 하노이와 같은 사회주의 도시에서는 틀림없을 것이다. 결국, 국지적 스케일에서 세계화 과정의 표현이 점차 뚜렷해질 것이다. 예를 들어 맥도널드, 스타벅스, KFC와 같은 프랜차이즈들이 우후죽순 계속 등장할 것이다. 그러나 이러한 표면상의 변화를 뒤로 하고도 외국 자본의 유입에 따라 보다 깊고 구조적인 변화들이 나타날 것이다. 정치적 혁명이 사회주의 국가의 도시 지역에 영향을 미쳤던 것처럼, 신흥 도시 중산층의 출현과 같은 사회적 변화가 도시의 전환으로 인해 나타날 것이며, 반대로 이들이 도시의 변화를 가져올 것이다.

동남아시아는 전략적 위치와 세계경제와의 오랜 연계로 인해 앞으로 보다 중요한 지역으로 성장할 것이다. 동남아시아의 도시는 계속 변화할 것이며, 보다 광범위한 세계적 변화에 의해 전환될 것이다.

■ 추천 문헌

• Chulalongkorn University, *A Look at various facets of Thailand's primate capital*.
• Berner, Erhard. 1997. *Defending a Place in the City: Localities and the Struggle for Urban Land in Metro Manila*. Quezon City, Philippines: Ateneo de Manila University Press. 과중화된 마닐라의 토지 소유권과 불법 주거에 대한 복잡한 이슈를 검토한다.
• Bishop, Ryan, John Phillips, and Wei Wei Yeo. 2003, *Postcolonial Urbanism: Southeast Asian Cities and Global Processes*. New York: Routledge. 글로벌 어버니즘 맥락에서 성, 건축, 영화, 테러리즘과 같은 토픽들을 탐색하는 에세이 전집이다.
• Dale, Ole Johan. 1999. Urban Planning in *Singapore: The Transformation of a City*. Oxford: Oxford University Press. 싱가포르 강기슭에서의 초기 성장부터 현재까지 싱가포르의 도시계획 과정에 대한 연구이다.
• Evers, Hans-Dieter and Rüdiger Korff. 2000. *Southeast Aisan Urbanism: The Meaning and Power of Social Space*. Singapore: Institute of Southeast Asian Studies. 도시화 과정과 관련해 슬럼 지역에서 나타나는 문화적 창조와 같은 다양한 주제를 검토하고 있다.
• Ginsburg, Norton, Bruce Koppel, and T. G. McGee, eds. 1991. *The Extended Metropolis: Settlement Transition in Asia*. Honolulu: University of Hawaii Press. 다양한 저자가 아시아의 핵심 도시들의 다양한 측면들을 살펴보고 있다.
• Logan, William S. 2000. *Hanoi: Biography of a City*. Seattle: University of Washington Press. 하노이의 건조환경과 도시의 형태가 어떻게 변화하는 정치적, 문화적 경제적 환경들을 반

영하는지에 대해 탐색하고 있다.

• McGee, T. G. 1967. *The Southeast Asian City: A Social Geography of the Primate Cities of Southeast Asia*. New York: Praeger. 도시지리학 고전이다.

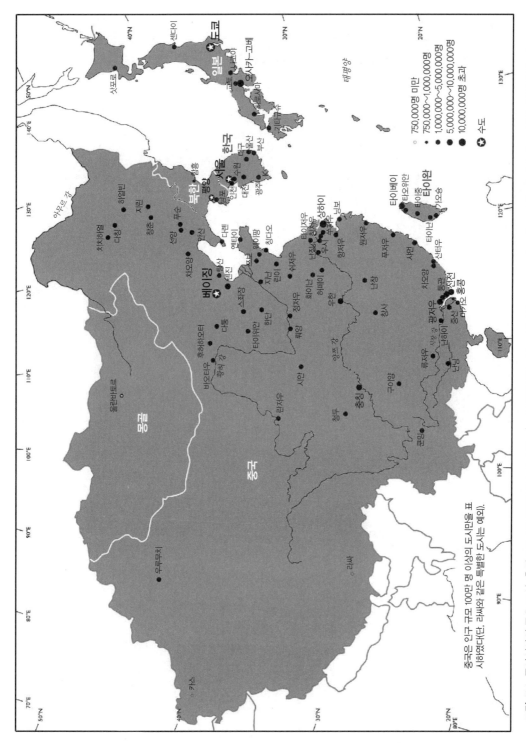

그림 11.1 동아시아의 주요 도시. 출처: UN. *World Urbanization Prospects: 2005 Revision.* http://www.un.org/esa/population/publications/WUP2005/2005wup.htm

11
동아시아의 도시

주요 도시 정보

총인구	15억 6000만 명
도시인구 비율	50.2%
전체 도시인구	7억 8500만 명
도시화율이 높은 국가	한국(83.0%)
도시화율이 낮은 국가	중국(47%)
연평균 도시 성장률	2.18%(중국 2.62%, 나머지 0.88%)
메가시티의 수	4개
인구 100만 명 이상급 도시	106개(중국에 89개가 있고, 나머지에 17개가 있음)
3대 도시	도쿄, 상하이, 오사카-고베
세계도시	도쿄, 오사카, 베이징, 상하이, 홍콩, 서울
글로벌 도시	도쿄

핵심 주제

1. 중국은 역사적인 도시 기원지를 가지고 있으며, 세계에서 가장 오랫 동안 지속적으로 거주해 온 도시도 있다.

2. 중국 다수의 대도시는 식민지 시대에 조계항(treaty port)이었다. 세계의 다른 지역과 비교할 때, 동아시아의 도시 개발에서 식민주의는 상대적으로 커다란 역할을 하지 못하였다. 홍콩과 마카오는 식민 정책의 유산이었으며, 이 지역의 식민주의는 21세기 직전에 공식적으로 마무리 되었다.

3. 일본, 한국, 홍콩/마카오, 타이완은 이미 고도로 도시화되어 있고, 세계경제에 깊이 관

련되어 있다. 또한 서비스 기반의 경제와 주요 첨단 기술 부문을 보유한 탈공업화 단계가 이미 도시에 반영되어 있다.

4. 1970년대 후반부터 중국은 급속하게 공업화 및 도시화되고 있으며, 이제 세계의 공장으로서 세계경제에서 중요한 역할을 담당하고 있다.

5. 중국은 지구에서 가장 많은 인구를 가진 국가이며, 약 절반가량의 인구가 도시에 거주하고 있다. 중국은 가장 많은 도시인구와 100만 명 이상급 도시를 가지고 있으며, 농촌 호구와 도시 호구라는 이중 체제를 실시하고 있다.

6. 동아시아의 최상위 계층의 세계도시는 도쿄와 홍콩이다. 상하이, 베이징, 서울, 타이베이는 두 번째 층위에 속해 있지만 빠르게 성장하고 있다. 대도시는 해당 지역의 부를 상징하고 있다.

7. 북한은 동아시아에서 유일하게 폐쇄적인 국가로서, 국가 내의 도시와 경제 발달에 있어서 지나치게 엄격하고 고립적이며 사회주의적인 체제를 고수하고 있다. 이러한 체제에서 탈바꿈한 중국 및 몽골과는 대조적인 모습을 보인다.

8. 동아시아 지역의 도시 개발은 냉전으로 인해 많은 영향을 받았고, 이러한 냉전은 한반도에서 오랫동안 계속되었으며, 타이완과 중국 본토 사이에서는 여전히 지속적인 긴장이 맴돌고 있다. 국제무역은 지난 20년간 동아시아 대도시의 주요한 성장 동력이 되었다.

9. 동아시아 지역의 가장 주요한 도시의 토지이용 패턴은 동심원 모델과 다핵심 모델을 보이고 있다.

10. 동아시아 도시 대부분은 환경오염, 소득 양극화 (특히 중국에서는 내부적인 양극화), 국제 이주 등의 도시문제를 겪고 있다

동아시아는 권력과 성공이 가장 특징적인 요소이다. 동아시아의 도시는 지난 반세기 동안 경제성장의 중심지로 급성장해 오늘날 북아메리카와 유럽의 도시와 경쟁 관계를 형성하고 있다. 동아시아는 세계 경제 대국인 중국과 일본이 위치해 있으며, 또한 세계의 주요 수출 지역이기도 하다. 다른 어떠한 지역도 도쿄, 베이징, 상하이, 서울, 홍콩, 타이베이와 같은 동아시의 대도시처럼 눈부신 성장을 이루지는 못하였다(그림 11.1). 또한 이들 도시는 세계 최대 도시에 속한다. 실제로 도쿄는 지난 30년 동안 세계 최대의 대도시로 인식되었으며, 상하이는 이제 세계 최대의 무역항이 되었다. 세계의 다른 영역, 특히 어려움을 겪고 있

는 개발도상국의 대도시와 비교할 때, 동아시아의 도시는 급격한 성장 및 인구 집중에 성공적으로 대처하였다. 경제적 부가 커다란 차이를 만들어 낸 것이다.

동아시아는 도시화 측면에서 중국과 그 외 국가로 구분할 수 있다. 중국은 일당 체제하에서 급격하게 도시화되고 있지만 아직 절반 정도 수준에 그치고 있는 반면, 그 외 국가는 이미 70% 이상 도시화가 진행되었다. 이러한 이분법은 도시의 성격, 과거 및 현재의 도시를 형성한 정책과 프로세스를 포함한 많은 방식에 반영되어 있다. 우리는 최근의 동아시아에서 중국 경제의 급격한 성장과 한국의 기술적 발전을 확인할 수 있으며, 일본의 심각한 재정 및 금융 문제와 함께 2011년에 있었던 충격적인 자연재해인 지진-쓰나미를 살펴볼 수 있다.

도시의 진화

전통적 또는 전산업 시대의 도시

동아시아, 특히 중국은 세계 역사에서 도시 기원지 중 하나이다. 중국의 많은 도시의 기원은 2,000년 이전으로 거슬러 올라간다. 중국의 전통적 역사 도시는 다른 문화 지역의 초기 도시에 영향을 미쳤다. 중국 역사 도시는 의식적, 행정적 중심지로서 상징성을 나타내고자 정형화된 양식으로 계획되었다.

이상적인 형태의 전통적 중국 도시는 고대 중국의 범우주적 개념 및 천국과 현세 사이의 중개인으로서의 황제 역할이 반영되어 있다. 이러한 이상적인 개념은 국가적 중심지에 가장 뚜렷하게 반영되었고, 보다 낮은 행정적 수준의 소규모 도시에서도 이상적 요소(격자형 배치, 고도로 정형화된 디자인, 주위를 둘러싼 성벽과 전략적으로 배치된 문 등)를 많이 찾아볼 수 있다. 당 왕조(A.D. 618~906)의 수도 장안(현재의 시안)은 전통적인 중국의 수도를 가장 잘 보여주는 도시였다. 그러나 현대적 도시 개발로 인해 적어도 도시계획가의 관점에서는 대부분의 성벽을 철거해야 했기 때문에 과거의 다채로운 유산이 파괴되었다. 오래된 성벽이 있던 장소는 대개 새롭고 넓은 대로로 바뀌었다. 원래의 성벽이 대부분 온전히 남아 있는 몇 안 되는 도시 중 하나가 시안이며, 시안은 역사적인 측면에서 중요했기 때문에 성벽이 보존될 수 있었다.

모든 역사적, 전통적 도시 중에서 가장 유명한 도시는 중국의 현재 수도인 베이징이다. 이 도시는 수 세기 동안 그 자리에 있었지만, 쿠빌라이 칸(Kublai Khan)이 자신의 겨울철 수도로 1260년에 베이징을 재건설했을 때 의미가 더해졌다. 마르코 폴로(Marco Polo)가 목격한 것이 바로 베이징이었다. 베이징은 몽골이 쇠퇴하고 명 왕조가 1368년에 수립됨과 동시에 파괴되었다. 그 이후 난징이 짧은 기간 동안 수도로 지정되었지만, 1421년에 수도는 재건설된 도시로 다시 옮겨졌으며(그때 베이징으로 명명되었다), 그 이래로는 거의 중단 없이 수도로 남아 있다. 명 왕조 시기 베이징은 황궁(자금성), 도성, 내부 도시, 외부 도시 등 네 부분으로 구성되어 있었다. 오늘날 고궁박물관으로 불리는 예전의 황궁을 부분적으로 볼 수 있다.

모델로서의 중국 도시: 일본과 한국

일본은 중국의 수많은 특징(도시계획을 포함)을 받아들이고 각색해 새로운 문명으로 만들었다. 일본의 도시는 중국의 도시인 장안을 모델로 하여 계획되었다. 710년에 헤이조쿄(平城京: 현재의 나라)의 건설과 함께 도시의 형태가 나타나기 시작하였다. 현재의 나라(奈良)는 비교적 작은 현급 도시이지만, 나라 시대(710~784)에는 중심부로서 위상을 갖추고 있었다. 헤이안쿄(平安京: 현재의 교토)는 초기 일본 도시계획의 가장 좋은 사례이다. 794년부터 1868년까지 수도였던 교토는 직사각형 형태, 격자형 패턴, 중국 장안으로부터 모방한 여러 특징을 여전히 지니고 있다. 그러나 도시와 산업 성장으로 도시 규모가 커져 원래 형태가 대부분 불분명하게 되었다. 또한 (엄격한 대칭 및 정형화된 상징주의인) 중국의 도시 형태학은 일본 문화에 맞지 않았다. 사실 평탄한 토지가 부족한 일본에서는 중국의 도시 모형을 완전히 표현할 수 없었다.

한국도 중국의 도시계획 제도를 도입하였다. 1394년에 건설된 조선의 수도인 서울에 중국의 도시 모형이 반영되었다. 서울은 그 이후 수도로서 영향력을 잃지 않았다. 서울의 초기 모습을 그린 지도에서 중국 도시 형태의 흔적을 찾아볼 수 있다. 한강 북쪽의 한정된 지역 안에 위치해 있던 서울은 도시 주변의 산지 때문에 중국의 도시 형태를 부분적으로 활용할 수밖에 없었다. 일제강점기(1910~1945)와 한국전쟁(1950~1953)을 겪으면서 도시의 역사적, 기원적 형태와 오래된 건축물이 대부분 사라졌다. 서울은 사라진 옛 도시의 모습 위에 새롭게 건설되었으며, 현재 세계 최대의 도시 중 하나로 발전하였다. 일부 왕궁 및 성문을 포함한 과거 역사적 건물이 남아 있는 서울에서는 현재에도 역사적인 건축물 복원 작업이 활발하게 이루어지고 있다.

식민 도시

동아시아에서의 식민주의 영향은 동남아시아와 남아시아 안에서 일어났던 것보다는 상대적으로 약하였다. 그러나 우리가 주목해야 할 부분도 많이 있다.

첫 거점: 포르투갈인 및 네덜란드인

포르투갈인과 네덜란드인은 동아시아에 도착한 첫 번째 유럽 식민지 개척자들이었다. 포르투갈인은 이 지역에서 훨씬 큰 영향력을 발휘했으며, 네덜란드인의 영향력은 동남아시아로 대개 국한되었다. 16세기 후반 포르투갈인은 교역과 기독교 전파를 목적으로 나가사키 항을 통해 일본 남부에 들어왔다. 그들은 무기와 군사 기술을 일본에 전해 주기도 하였다. 이 때문에 일본 **다이묘**(大明: 봉건 통치자들)는 강력한 군대를 가질 수 있었으며, 그 이후 영향력이 큰 **다이묘**는 영토 중심에 큰 성을 구축하기도 하였다. 중세 유럽의 요새를 모델로 한 다이묘의 성은 대개 전략적으로 높은 곳에 위치하였다. 이 성을 중심으로 주변에 **다이묘**의 무사 집단과 상업 도시가 발달하였다. 이러한 중심지는 현대 일본의 많은 도시의 핵심으로 기능하고 있다.

포르투갈인은 또한 중국으로 들어가기 위해 많은 노력을 하였다. 1517년에 광저우에 정박한 포르투갈인은 무역을 위해 그곳에 주둔하려고 했지만, 중국의 요구에 따라 광저우의 남쪽 주장(珠江) 강 어귀에 있는 작은 반도인 마카오를 선택할 수밖에 없었다. 중국은 장벽을 세워 마카오 반도를 분리했으며, 포르투갈인은 1849년에 마카오가 중국과는 별개라고 선언할 때까지 그 영토에 대해 임대료를 지불하였다. 마카오는 면적이 26km²에 불과하지만 17세기에 일본 남부에서 포르투갈인의 사업체가 쇠퇴한 이후, 동아시아에서 유일한 포르투갈 거점으로 남아 있었다. 마카오는 무역 중심지 및 난민들의 피난처로 가장 중요하였다. 19세기에 주장 강 하구의 반대편에 위치한 홍콩이 성장하면서 마카오는 점차 쇠퇴하였으며, 그 이후로 온전히 회복하지 못하였다(그림 11.3).

1950년대 이후, 마카오의 경제는 관광 산업과 카지노 산업으로 유지되었다(미국 라스베이거스의 소규모 아시아 버전). 1990년대에 마카오는 현대적 산업화를 시도하였고, 국경 바로 너머에 있는 주하이(珠海) 경제특구와 경제적으로 통합되었다. 1999년에 중국으로 반환된 이후, 마카오는 카지노와 관광에 주안점을 두고 있고, 미국 네바다 주 카지노 관계자들의 추가적인 투자를 적극적으로 유치하고 있다. 또한 재개발된 항구 주변에 새롭고 호화로운 카지노를 건설해 많은 관광객(특히 호황기를 누리고 있는 중국의 **신흥 부자**)을 끌어들이고 있다. 새롭게 들어선 카지노 단지 인접 지역에는 옛 마카오의 역사적 중심부가 위치해 있다. 중심부 지역은 식민지 시대의 건축물이 복원되어 있으며, 관광 산업을 위해 보행자 전용 구역으로 바뀌고 있다.

중국의 조계항

18세기와 19세기에 중국에 도착해 현대 중국의 도시 성장에 가장 큰 영향력을 미친 것은 다른 서양 식민국이었다. 가장 큰 영향력을 미친 국가는 영국과 미국이었지만, 프랑스, 독일, 벨기에, 러시아와 기타의 국가 및 19세기 말경에 식민지 개척에 합류한 일본도 관련되어 있었다.

홍콩 및 다섯 개 항구(광저우, 샤먼, 푸저우, 닝보, 상하이)에 주둔할 수 있는 권리를 영국에게 양도한 1842년의 난징 조약으로, 모든 것이 공식적으로 시작되었다. 뒤이은 기간 동안 이루어진 이 조약의 추가적인 개정은 영국과 동일한 권리를 다른 식민국에게 주었다. 뒤이어 벌어진 일련의 전쟁과 조약(1856~1860)은 추가의 항구를 개항하도록 하였다. 1911년까지 양쯔 강 하곡까지 전체 해안을 따라, 그리고 중국 북쪽과 만주 지방에 있는 약 90개의 중국 도시가 조계항이나 개항항으로 개방되었으며, 이러한 도시에는 30만 명 이상의 외국인이 거주하였다(그림 11.2).

조계항에서는 전통적인 중국 사회와 다른 새로운 제도가 실시되었다. 이 지역에서 서양인에게는 서양의 법적 절차에 따른 보호가 보장된 치외법권이 적용되었다. 조계항을 지배하는 식민국은 점차 조세, 경찰력 및 기타 특권을 요구하였다. 외국인들은 또한 조계항에 있던 조계 지역을 중국 정부에 약간의 임대료를 지불하면서 영구적으로 임차하고 있었으므로, 조계항에 대한 중국의 통치권은 약화될 수밖에 없었다.

상하이

가장 중요한 조계항은 2,000년 동안 작은 정착지로 존재하던 상하이(上海)였다. 18세기까지 상하이는 대략 20만 명의 인구가 거주하며, 전통 중국식 성벽이 있었던 중간 규모의 행

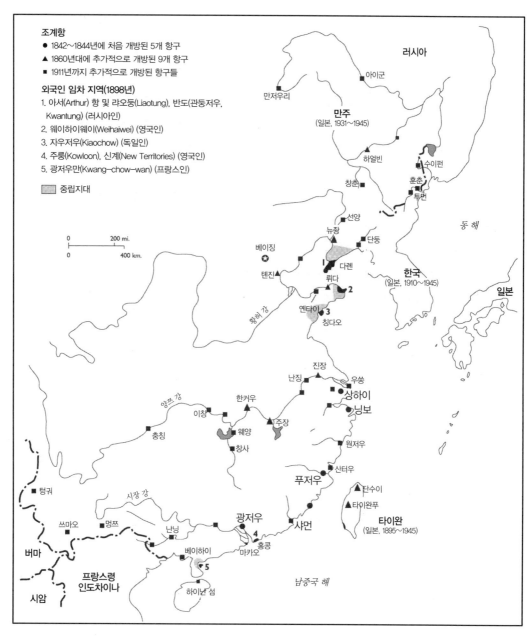

조계항
● 1842~1844년에 처음 개방된 5개 항구
▲ 1860년대에 추가적으로 개방된 9개 항구
■ 1911년까지 추가적으로 개방된 항구들

외국인 임차 지역(1898년)
1. 아서(Arthur) 항 및 랴오둥(Liaotung), 반도(관동저우, Kwantung) (러시아인)
2. 웨이하이웨이(Weihaiwei) (영국인)
3. 자우저우(Kiaochow) (독일인)
4. 주룽(Kowloon), 신계(New Territories) (영국인)
5. 광저우만(Kwang-chow-wan) (프랑스인)

▨ 중립지대

러시아

만주
(일본, 1931~1945)

아이군

만저우리

하얼빈

수이펀

창춘

훈춘

투먼

선양

뉴장

단둥

베이징

1 다롄

텐진

뤼다

2

한국
(일본, 1910~1945)

일본

황허 강

옌타이

3

칭다오

동 해

진장

난징

우쑹

양쯔 강

한커우

상하이

이창

닝보

충칭

주장

웨양

원저우

창사

산터우

푸저우

텅궈

단수이

시장 강

타이완푸

쓰마오

멍쯔

난닝

광저우

샤먼

타이완
(일본, 1895~1945)

버마

베이하이

4

홍콩

마카오

프랑스령
인도차이나

5

시암

하이난 섬

남중국 해

0   200 mi.
0   400 km.

그림 11.2 19세기 및 20세기 초반 제국주의 국가들이 침투한 중국 지역. 출처: J. Fairbank et al., *East Asia: Tradition and Transformation* (Boston: Houghton Mifflin, 1973), 577을 재구성.

정 중심지였다. 그러나 수 세기에 걸쳐 양쯔 강의 토사가 퇴적되어, 상하이 항구는 더 이상 바다에 직접적으로 면하지 않게 되었다. 상하이는 양쯔 강으로부터 24km 떨어진 지류 하천인 황푸(黃浦) 강 변에 위치한다.

상하이에 대한 서양 지배는 1846년 영국 조계(British concession)로 시작되었고, 수년에 걸쳐 확장되어 도시의 대부분을 장악하였다. 1863년, 영국과 미국의 조계 지역들은 상하이 국제 정착지(International Settlement)를 형성하기 위해 합쳐졌고, 1920년대의 전성기에는 6만 명의 외국인들이 거주하여 중국에서 외국인들이 가장 밀집해 있던 지역이었다. 상하이뿐만 아니라 다른 조계항들은 부유한 중국 사업가들 및 수백만 명의 빈곤한 농민들에게 매력적인 장소였다. 부유한 중국인들은 제조업 분야와 상업 경제 분야에 투자하였고, 농민들은 풍부하고 저렴한 노동력을 제공하였다. 19세기 말부터 제2차 세계대전이 발발하기 이전까지, 상하이는 중국 해외무역의 절반을 취급하였고, 중국에 있는 기계화된 공장의 절반을 차지하였다. 상하이는 400만 명에 달하는 도시인구로 인해 세계 최대 도시 중 하나가 되었으며, 당시 수도인 베이징과 공업 도시인 톈진보다 두 배 이상 규모가 컸다.

상하이는 양쯔 강 삼각주 어귀 가까이에 위치한 자연적 입지로 혜택을 보았으며, 중국에서 가장 인구가 많은 유역의 무역을 처리하였다. 20세기에 수로 운송의 편리성과 저렴함 때문에 상하이의 제조업은 중국에서 새로 부상하던 다른 제조업 중심지와의 경쟁에서 성공할 수 있었다. 이러한 성공은 (깊은 하천 퇴적층, 높은 지하수면, 배수 불량, 불충분한 상수도, 연약한 지반, 준설이 필요한 항구 등의) 열악한 환경을 극복하고 달성한 것이다. 따라서 상하이는 물리적으로 불리한 절대적 입지 조건을 유리한 상대적 입지 조건으로 극복해 훌륭한 도시로 만들 수 있다는 것을 보여 주는 가장 좋은 사례 중 하나가 되었다.

물론, 중국의 다른 도시에도 식민주의의 영향력이 존재했으며, 특히 일본이 상당한 영향력을 행사하였다. 일본이 1930년대에 장악한 만주 지방에서는 일본이 1868년 이후에 일본의 도시를 개발하는 데 채택했던 서양 철도선을 따라 많은 주요 도시가 현대화되고 개발되었다. 일본은 만주 지방의 풍부한 자원, 특히 철, 석탄, 목재, 농작물을 이용하기 위해 먼저 그 지역으로 침투해 세력을 확장하였다. 산업은 일본이 건설한 철도망으로 연결된 일련의 주요 도시, 특히 하얼빈(哈爾濱), 창춘(長春), 선양(瀋陽)에 집중되었다. 따라서 이 지역에도 새로운 서구식 산업도시가 생겨났으며, 반면 전통적인 옛 중국 도시는 점차 과거의 잔유물로 남게 되었다.

일본의 영향력

일본 역시 동아시아 안에 있는 두 개의 식민 지역의 도시경관에 상당한 영향력을 끼쳤다. 타이완(1895~1945)과 한국(1910~1945)을 통치하는 동안, 일본은 서구식 도시계획을 일본인의 관점으로 수정해 도입했으며, 만주 지방의 도시에 적용하였다. 무명의 중국 지방 행정중심지였던 타이베이는 타이완의 식민지 수도가 되었으며, 현대적인 도시로 변형되었다. 도시를 둘러싼 성벽이 완전히 철거되었고, 도로와 인프라가 개선되었으며, 많은 식민정부 청사들이 건설되었다. 가장 눈에 띄는 빨간 벽돌탑의 총독 관저는 옛 타이베이의 중심부에 여전히 위치해 있으며, 현재는 대통령 집무실 및 타이완 정부 청사로 사용되고 있다. 일본은 타이베이처럼 서울을 한반도 식민화에 필요한 형태로 변형시켰다. 일본 식민정부는 일본의 점령에 대한 한국인의 저항을 짓밟기 위한 목적으로 전통적인 궁궐과 역사적 건축물을 고의적으로 해체하고 일본의 식민 통치 건물로 채워 나갔다.

홍콩

홍콩(香港)에서는 중국 통치권의 요구가 거의 없었다는 점에서 다른 조계항들과는 다르다 (중국 정부는 홍콩이 중국의 일부라고 1949년 이후 주장했다). 홍콩은 상하이가 1840년대 초반에 개방됨과 동시에 영국에게 양도되었다. 상하이가 식민지 시대의 차후 세기 동안 중국 해안에서 가장 중요한 수출입항이었기 때문에, 홍콩은 상하이에 이은 두 번째 층위의 항이었다.

홍콩의 중요성은 쉽게 찾을 수 있다. 1842년, 광저우에서 하류로 113km가량 떨어진 인구밀도가 희박한 바위섬인 홍콩을 영국이 인수함과 동시에 도시가 시작되었다(그림 11.3). 항구 건너편의 주룽 반도는 1858년에 별도의 조약으로 획득하였다. 1898년에 새로운 영토, 즉 넓게 트인 섬 및 주룽의 커다란 북쪽 반도에 있는 토지로 확장되었다. 홍콩은 1997년에 중국에 반환되었다. 총면적이 대략 1,040km²인 식민 지역이 만들어졌다. 홍콩의 성장을 아주 유리하게 한 환경 요인은 홍콩 섬과 주룽 반도 사이에 위치한 세계 최대의 천연 항구 중 하나인 빅토리아 항구이다. 사실상 이 항구의 여러 이점으로 인해 도시 확장을 제한하는 평평한 토지의 부족, 부족한 상수도와 농지 등 환경적 단점들을 보완할 수 있었다. 중국 남쪽의 주요 배수 지역 어귀에 위치한 입지적 조건은 홍콩에게 커다란 배후지를 제공했으며, 이러한 배후지는 1920년대에 남북 철도가 베이징으로부터 광저우까지 놓였을 때 크게 확장되었다. 그러므로 대략 1세기 동안, 식민지 시대의 커다란 두 창조물인 상하이와 홍콩은 중국의 해외무역과 외부 세계로의 연결을 크게 주도하였다.

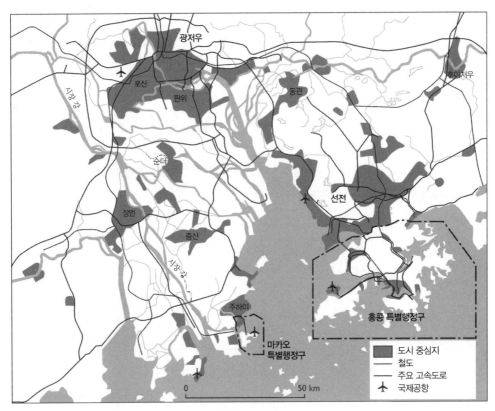

그림 11.3 홍콩 및 주장 강 삼각주. 출처: 여러 자료들을 이용해 재구성.

일본: 아시아의 예외

8세기 경, 전통적인 수도인 나라(奈良)와 교토(京都)가 생겨난 이후, 주로 봉건 세력들의 근거지를 중심으로 한 도시가 뒤이어 생겨났다. 이러한 도시 중 대부분이 일시적으로 존재하였다가 사라졌지만, 현대까지 남아 있는 도시도 있다. 오늘날 가장 잘 보존된 역사적인 도시들 중 하나는 동해와 접해 있는 호쿠리쿠(北陸) 지방의 가나자와(金澤)이다. 가나자와는 1868년 이후에 진행된 일본 현대화의 영향을 받지 않았으며, 산업적·군사적 중요도가 전혀 없었기 때문에 제2차 세계대전의 초토화를 피할 수 있었다. 1960년대 이후로 이루어진 역사적 보존은 다수의 아름다운 19세기 건축물과 옛 도시의 특성이 간직되도록 했기 때문에 이 도시는 대부분 아시아에서 발견되는 도시 개발 패턴의 드문 예외이다.

일본은 식민 지배를 당한 경험이 거의 없으므로 아시아의 예외로 언급된다. 사실 일본은 아시아에서 주요한 식민 강대국이었다. 이러한 이유로 일본의 도시 역사는 전근대적, 전

그림 11.4 혼슈 중앙의 시가(滋賀) 현에 있는 히코네(彦根) 성. 이 성은 일본의 봉건시대 도성의 고전적 사례로 아름답게 복원된 것이다. (사진: Jack Williams)

통적인 도시로부터 상업/산업도시로 거의 바로 진화된 사례이다. 일본 역시 1858년 미국과 체결한 조약으로 인해 자국에 조계항들과 치외법권이 생겨났고, 이 때문에 중국에서처럼 외국인들이 일본에 거주하게 되었다. 일본은 서양 문물에 저항하기보다는 모방해 내부체계를 변화시키고 영토 보전을 재확립할 수 있었다. 일본이 서양의 제국주의 국가와 동등한 파트너로 부상함에 따라, 일본 내의 치외법권은 1899년에 공식적으로 종료되었다. 에도(江戸) 시대(1603~1867) 동안의 점진적인 정치적 통합은 일본 도시 간에 영구적인 네트워크를 수립하였다. 도성은 도시 성장을 위한 주요 기폭제로 작용하였다. 이 시대에 세워진 도성 중 중요한 성은 오사카(大阪)에 있다. 1583년, 오사카에 커다란 성이 세워졌으며, 이 성은 오사카의 중심으로 기능하였다. 1630년대 중반 이후의 다양한 정책(해외무역 금지, 작은 봉건 영주 성 파괴, 각 지방에 한 개 이상의 성 축조 금지)이 오사카와 다른 도시의 성장을 자극하였다. 이러한 정책은 정착지를 통합하고, 시민들을 보다 중요한 도성 공동체로 이주하도록 고무시키는 효과를 가져 왔다.

오사카와 같은 새로운 도성은 이상적인 곳에 자리 잡았다(그림 11.4). 도시의 경제적, 행정적 기능 때문에 도성들은 일반적으로 도시 성장에 유리한 평탄한 곳에 위치한다. 따라서 오사카는 에도 시대에서 주요한 사업적, 재정적, 제조적 중심지로 부상하였다. 일본 도시들은 무역과 도시 성장을 자극하는 고속도로망을 통해 함께 연결되었다. 이러한 초기 도로들 중 가장 유명한 것은 오사카로부터 동쪽으로 나고야(名古屋)를 거쳐 도쿄까지를 잇는 도카이도(東海道) 고속도로이다.

아시아의 주요 도시 중에서 도쿄는 상대적으로 나중에 출현하였다. 도쿄는 15세기에 작은 봉건 영주가 해안 절벽에 성을 지으면서 시작되었으며, 현재는 이 부근에 황궁이 위치해 있다. 도시의 주변 환경은 도시 건설에 적합하였다. 방어 요새로 이용할 수 있는 지형과 항구가 있었으며, 도시 배후에 위치한 넓은 간토(關東) 평야는 도시 확장이 가능하게 만들었다. 도쿄는 사실상 이미 시작되었지만 1세기 이후, 그 당시 통치자였던 도쿠가와 이에야스(德川家康)가 에도(지금의 도쿄)를 수도로 정하기로 결정하였다. 도쿄의 일부분은 이에야스와 그의 후손들이 배치한 원대한 설계의 흔적을 여전히 간직하고 있다. 이들은 도시의 중심부에 도성, 공원과 해자 등을 계획적으로 배치하였다. 오늘날 도쿄의 중심부가 위치해 있는 토지의 대부분은 당시 항만으로부터 간척되었다. 이러한 도시 확장 방법은 이 당시부터 이어진 일본 도시 건설의 특징으로, 대체로 평탄한 토지가 부족한 상황에서 좋은 항구 시설을 갖고자 하는 일본인이 고안해 낸 결과이다. 일본에서 가장 장대한 성으로 둘러싸인 에도는 17세기 초반경에 이미 15만 명의 인구를 가지고 있었다. 18세기경, 인구는 100만 명을 훨씬 넘어섰으며, 에도는 세계 최대 도시 중 하나가 되었다.

에도의 성장은 도로망의 확장으로 다른 도시와 연결되어 있던 정치적 중심지로서의 역할에 기반을 두었다. 상업적 중심지인 오사카와 정치적 중심지인 도쿄 사이에는 일찍이 이분법이 성립되었다. 1868년 메이지 황제의 복위와 함께 일본의 근대 시대가 시작되었다. 황제의 궁궐은 교토에서 에도로 옮겨졌으며, 에도는 정치적 국가 수도로서의 역할을 나타내기 위해 도쿄(東京: 동쪽의 수도)로 개명되었다. 이러한 정치적 기능의 이전 및 1870년대부터 시행된 산업화 프로그램을 통해 도쿄는 20세기 동안 놀랄 만한 성장을 이룰 수 있었다.

동아시아 도시의 내부 구조

동아시아 도시의 내부 구조를 일반화하는 것은 쉽지 않다. 이는 부분적으로 오랜 기간 이 지역의 특징이었던 사회주의 도시 체계와 자본주의 도시 체계 사이의 기본적인 분할 때문이다. 또한 서양의 도시 모형을 이 지역의 비사회주의 도시에 적용하기 적합하지 않기 때문이기도 하다. 대부분 동아시아에서, 그리고 1979년 이후 중국에서 도시가 형성되고 형태가 유지되도록 하는 동력은 서방 세계의 것들과 유사하지만, 현지 조건에 따라 수정이 필요하기도 하다. 이러한 동력은 다음과 같은 요인을 포함한다. 첫째, 도시에 집중된 급격한 산업화가 도시 거주자와 농촌 거주자 사이의 불균등을 점점 증가시켜, 경제 선진국(일본, 한국, 타이완)에서는 이제 점점 줄어들고 있지만 중국(및 몽골)에서는 확대되고 있는, 농촌에서 도시로의 높은 이주율을 초래한다. 둘째, 비사회주의 국가에서 재산의 사유화 및 지배적인 개인 투자 결정이 토지이용에 영향을 미치고 있다. 셋째, 높은 생활/소비수준과 아주 양호한 대중교통 체계가 갖추어졌지만, 운송 수단으로 자가용(또는 오토바이)에 점차 의존하고 있다. 넷째, 상대적으로 높은 수준의 인종적(민족적) 동질성(그러나 때로는 사회경제적 계급으로의 현저한 계층화)이 나타난다. 이러한 요인과 다른 요인들은 도시의 성장 및 공간이 도시에서 어떻게 이용되는지와 도시문제의 유형과 심각성에 다양한 정도의 영향력을 미쳐 왔다.

대표적인 도시

홍콩과 마카오를 제외한 동아시아에서의 식민지 시대는 1945년에 일본이 패배함으로써 끝이 났다. 1940년대 후반 중국과 북한에서 공산주의 정부가 출현하였고, 이미 공산주의 정부였던 몽골(1920년대에 수립됨)이 합류함에 따라, 이 지역은 두 개의 현저하게 다른 도시 개발(및 국가 개발) 경로로 나뉘었다. 이는 중국, 북한, 몽골의 사회주의 도시들의 경로 대 일본, 한국, 타이완, 홍콩, 마카오의 시장경제 도시들의 경로로 나눌 수 있다. 이는 최소한 1970년대 후반까지 이 지역 도시에 대한 기본적인 분류법이 되었으며, 냉전 시대가 이 지역에 미친 영향을 반영하기도 하였다. 1970년대 후반에 중국은 마오쩌둥(毛澤東) 이후 시대 또는 개혁·개방 시대에 접어들었고, 이 당시에 시장 원리가 경제개발과 도시 개발에서 상당한 역할을 담당하기 시작하였다. 오직 북한만이 엄격하고 정통적인 사회주의 경로를 고집했으며, 현재에도 그것을 고집하고 있는 세계에서 얼마 되지 않는 국가 중 하나이다.

이 지역의 주요 도시는 기능과 규모에 기반해 분류할 수도 있다. 이러한 관점에서 여러 도시는 독특한 유형을 보여 준다. 메갈로폴리스(megalopolis) 또는 거대 연담도시(super conurbation)인 도쿄, 최근에 탈식민지화한 도시인 홍콩, 종주도시인 서울, 지역 중심지인 타이베이, 그리고 변형을 겪고 있는 사회주의 도시인 베이징과 상하이로 나누어 볼 수 있다.

도쿄 및 도카이도 메갈로폴리스: 일극 집중화

일본은 거대 연담도시 또는 메가시티 현상을 특히 잘 보여 준다. 일본 도시 패턴의 독특한 특징은 작은 국가의 상대적으로 작은 부분에 주요 도시가 집중되어 있다는 것이다. 1세기 이상 산업화가 진행되었지만, 일본은 제2차 세계대전 이후까지 도시인구 비율이 50%에 도달하지 않았다. 1950년에서 1970년 사이, 5만 명 이상의 인구를 가진 도시 안에 살고 있는 사람의 비율이 33%에서 64%로 늘어났고, 총도시인구가 미국과 비슷한 수치인 72%에 도달하였다. 다시 말하자면, 미국에서 달성하는 데 수십 년이 걸린 도시화 과정을 일본은 단지 25년 만에 달성하였다. 1970년 이래로 도시인구의 비율은 계속 증가했지만, 차츰 더디게 증가하여 1990년대 후반경에 78%에 도달하였다. 도시인구가 극적으로 성장함에 따라, 일본 도시의 수와 규모도 극적으로 성장하였다. (10,000명 미만의) 작은 소도시와 마을은 수와 인구에 있어 급격하게 감소한 반면, 일본의 경이적인 경제성장의 결과로 인해 중간 규모와 대규모 도시들은 급속히 증가하였다.

거의 모든 주요 도시는 핵심 지역 안에서 찾을 수 있다. 이 지역은 일본의 주요 섬들을 나누는 세토나이카이(瀬戸內海)의 서쪽 끝에 있는 후쿠오카(福岡), 기타큐슈(北九州), 시모노세키(下關)의 세 도시로 이루어진 도시 교점으로부터 시작하여 혼슈(本州)와 시코쿠(四國)의 양쪽 해안을 따라 도쿄 지역까지 뻗어 있다. 그 사이에, 특히 혼슈의 남쪽 해안을 따라 히로시마(廣島)와 같은 일련의 산업도시가 있으며, 이 도시들은 지난 세기 동안 중요성이 증가하였다 (그림 11.5).

이러한 핵심 지역 안에 일본 총인구 1억 2800만 명의 44% 이상을 보유한 도카이도 메갈로폴리스라고 알려진 내부 핵심 지역이 있으며, 이 지역은 약 3000만 명 이상이 거주하는 **게이힌**(京濱: 도쿄-요코하마), 약 1600만 명 이상이 거주하는 **한신**(阪神: 오사카-고베-교토), 약 900만 명이 거주하는 **주쿄**(中京: 나고야)의 세 도시/산업 교점들로 구성되어 있다. 일본에는 전통적인 중심-주변 지역 간 불균형을 보여 주는 뚜렷한 두 부분, 즉 도쿄를 중심으로 한 개발된 수도권과 (상대적인 의미에서) 저개발된 지역(그림 11.6)이 실제로 존재한다. 1950년대 후반부터 1970년대 초반까지의 급속한 성장은 농촌 지역에서 대도시로의 이동을 야기하였다. 그때부터 이어진 이주와 성장은 일본의 나머지 지역(도쿄의 오랜 라이벌인 오사카를 포함)의 희생으로 도쿄에 점점 집중되었으며, 이러한 현상은 도시종주화(urban primacy)로 불린다. 도쿄는 다른 지역으로부터 사람과 자본 투자를 유입하여 계속 확장하고 있는 반면, 다

그림 11.5 원자폭탄 돔(공식적으로는 히로시마 평화 기념관)은 현재 세계문화유산 목록에 올라 있다. 이것은 1945년 8월 6일 히로시마에 투하된 핵폭탄에도 파괴되지 않았다. 현재 핵무기를 없애야 할 필요성에 대한 상징으로 여겨진다. 2011년 후쿠시마 원자력 발전소 폭발 사고는 이 기념물에 새로운 의미를 부여하였다. (사진: George Pomeroy)

른 지역은 침체되고 있다. 오사카 지역은 철강, 조선과 같은 굴뚝 산업을 대체할 새로운 산업의 성장을 많이 이루지 못한 반면, 오사카의 사업체들은 계속 도쿄로 이전하고 있다. 이러한 요인의 결합으로 집단적 이주가 나타나지만, 개인 소비는 침체된다. 나고야는 고용과 도시 중심의 활력을 다소 유지하고 있다는 측면에서 오사카보다는 나은 상황이다. 현대 일본의 주류에 속하고자 열망하는 사람들에게는 도쿄 또는 도쿄 인근에 사는 것이 필수적이다. 물론 이러한 추세는 2011년 3월 11일 도쿄에서 북쪽으로 대략 200km 떨어진 후쿠시마에서 발생한 진도 9.0의 지진과 쓰나미로 인해 변화할 수 있다(그림 11.7). 이 재해로 인해 2만 4000명이 사망(실종 포함)했으며, 원자로의 노심 용융과 같은 심각하고 즉각적이며 여전히 완전하게 알려지지 않은 장기간의 피해 결과를 초래하고 있다.

도쿄는 일본의 종주도시이며, 도쿄의 영향력에 관해서는 반박의 여지가 없다. 도쿄에 집중된 일본 총인구의 대략 1/4은 국가 총토지 면적의 거의 4%에 집중되어 있다. 어떠한 정량적인 측정법을 채택하든지 간에 노동자, 공장, 주요 기업의 본사, 금융 기관, 고등교육 기관, 공업 생산, 수출 및 대학교 학생이 도쿄에 불균등하게 위치하고 있다. 국가 수도로서 도쿄는 모든 주요 정부 기능을 보유하고 있다. 또한 중앙정부와 효과적인 연락망을 유지하기 위해 47개의 모든 현립 정부가 도쿄 안에 지점을 가지고 있다. 어떤 사람은 이러한 상황을,

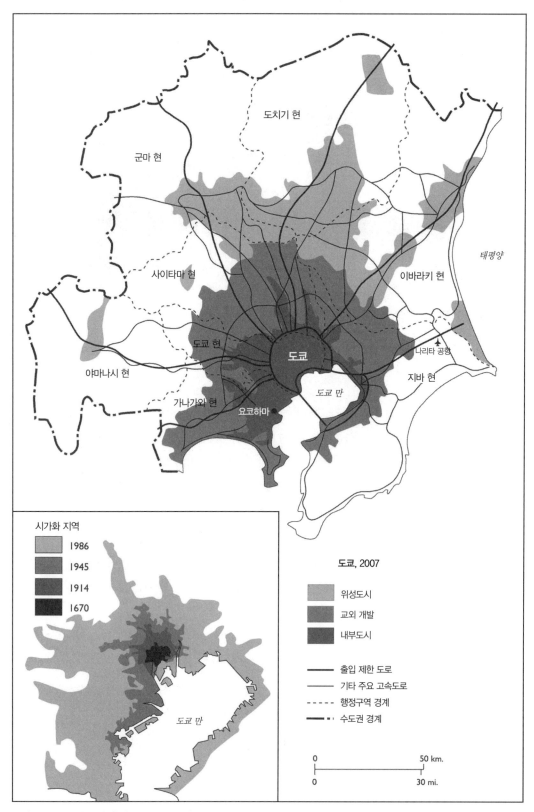

그림 11.6 도쿄 수도권. 출처: Tokyo Metropolitan Government.

그림 11.7 한 미국 신문의 1면 제목에서 2011년 3월 11일에 발생한 후쿠시마의 강진과 뒤이은 쓰나미로 일본 북동 해안 지역이 초토화된 참상을 읽을 수 있다. 출처: The Seattle Times, 2011년 3월 12일

도쿠가와 쇼군의 권력을 유지하기 위한 수단으로 지방 봉건영주가 에도에 (사실상 인질로서) 두 번째 가정을 유지해야만 했던 18세기의 도쿠가와 시대의 상황에 비유한다. 새로운 형태

일지라도, 도쿄에 대한 순종과 경의는 여전히 존재한다.

도쿄만이 아주 미미하게 인구가 증가한 반면, 23개의 중심 도시는 실제로 인구가 감소하였다. 그와 대조적으로 세 개의 핵심적 주변 행정 지역들(사이타마, 지바, 가나가와)은 중요성이 증가했으며, 외곽 지역으로 뻗어 있는 수많은 위성도시와 소도시가 이를 입증한다. 도쿄는 토지가 매우 귀하고 비싸기 때문에, 도쿄 만의 사실상 전 주변이 현재 개발된 토지로 구성되어 있다.

서구의 영향력은 전쟁 이전 도쿄의 개발에 일부 역할을 담당하였다. 불행히도 1923년에 지진이 발생하여 빠르게 재건설을 해야 했기 때문에 서양의 도시계획 아이디어가 광범위하게 채택되지는 못하였다. 제2차 세계대전의 핵폭격은 이와 동일한 영향을 미쳤다. 전쟁 이후에 원대한 계획이 즉시 세워졌음에도 거의 시행되지 않았다. 그 결과 도시는 급속하게 성장하는 경향을 보였고, 이 때문에 혼잡하고 체계적이지 못한 도시 배치 및 분명한 중심업무지구의 부족을 초래하였다. 여러모로 도쿄는 미국의 로스앤젤레스를 닮게 되었지만, 그보다 높은 인구밀도와 상당히 우수한 대중교통 체계를 가지고 있다. 도시 성장은 신주쿠(현재 도시정부 청사가 위치한다)와 시부야와 같은 핵심 부도심 주변 및 황궁의 옛 역사적 중심지(지바 지구)로부터 사방으로 퍼지는 주요 운송 경로(철도와 고속도로)를 따라 집중되었다. 긴자는 도쿄 안에서 가장 호화스러운 쇼핑 지역이다(그림 11.8). 도쿄는 다핵심 모형의 요소가 혼합된 뚜렷한 동심원 패턴을 보이고 있다. 또한 1980년대 토지 가격이 급상승한 결과, 중산층이 알맞은 가격의 교외 주택을 찾아 떠났기 때문에 미국 양식의 도넛 모델의 요소를 가지고 있기도 하다. 그러한 사람들은 주간에는 일하기 위해 중심 도시로 통근하지만, 야간에는 교외로 돌아간다. 그러나 미국 도시와는 달리, 소수집단 **부라쿠민**(部落民: 최하층민, 완고하게 남아 있는 일본 봉건시대의 사회적 유산)과 자신들의 주거 지역 안에서 모여 사는 경향이 있는 한국인 소수집단을 제외하고는 심각한 인종적 주거 패턴이 존재하지 않는다. 주거용·상업용 토지의 가격이 1980년대 초반의 가격보다 200~300%씩 올라 최고조에 달했던 지가가 1990년대 초반에 급격하게 무너지기 시작하면서 일본의 거품경제도 붕괴되었다. 지가는 가파르게 하락하여 2000년대 초반에는 1980년대 초반의 가격수준 이하로 떨어졌다. 최근에 있었던 대지진과 쓰나미는 이미 내리막을 걷고 있던 일본 경제에 더 많은 문제점을 추가하였다. 도쿄, 광범위하게 말하면 일본은 1923년과 제2차 세계대전 이후 누렸던 호황기를 후쿠시마 쓰나미 이후 다시 회복할 수 있을 것인가? (글상자 11.1)

그림 11.8 긴자는 도쿄에서 가장 호화롭고 값비싼 쇼핑 지역이다. 주요 백화점과 수백여 개의 고급 상점이 아시아에서 가장 부유한 일본 상류층의 지갑을 열고자 경쟁하고 있다. (사진: Kam Wing Chan)

글상자 11.1

일본은 어떻게 되살아날 것인가

나는 바로 며칠 전만 해도 깔끔한 항구도시였지만, 현재는 세상에 종말이 온 듯 폐허로 변한 곳 위를 걸으면서 내 할머니를 생각하였다. 수 킬로미터씩 이어진 쓰레기더미 속에서 알아볼 수 있는 몇 안 되는 형체 중 하나는 금속으로 된 휠체어였다. 일본은 지구 상에서 가장 급속하게 노령화되고 있는 사회이다. 낮은 출산율 때문에 2050년경에는 인구의 1/4가량이 줄어들 것으로 예상된다. 지진과 쓰나미에 사망한 사람 중 다수는 너무 나이가 많아서 대피할 수 없었던 사람들이었다. 양로원은 가장 긴급하게 원조를 필요로 하는 장소 중 하나이다. 대피소로 대피한 노령의 일본인은 젊은 세대의 도움에 의존하였다. 일본은 유교적으로 노인을 존중하는 국가이다. 우리 가족 중에 젊은 사람이 없었더라면, 우리는 아무것도 알 수 없었을 것이라고 84살의 키미 사카와키 씨는 말하며, 그의 아들이 집에서 인터넷을 검색해 요네자와(米澤) 체육관의 대피소를 찾아냈다고 이야기하였다.

> 3월 11일의 대지진과 쓰나미에서 살아남은 노인들은 조국이 얼마나 빨리 회복할 수 있는지를 다른 일본인들보다 잘 알고 있다. 나의 할머니는 제2차 세계대전 기간 동안 수도의 절반을 폐허로 만든 미국이 도쿄에 퍼부었던 폭격을 회상하곤 하였다. 그 시절의 사진은 현재 일본의 북동부로부터 나온 사진과 믿을 수 없이 닮아 있다. 그러나 2세대 이내에 일본은 패전의 폐허로부터 세계에서 두 번째로 큰 경제 대국을 만들어 냈다. 소득은 상대적으로 동등하게 분산되었으며, 빈곤층이 거의 없다는 것이 이를 증명하였다. 일본은 만족스럽고 편안한 곳이 되었다.
>
> 출처: Hannah Beech/Akaushi, Time, 2011년 3월 28일 p.46

베이징: 금단이 풀리고 있는 도시

수 세기 동안 거대한 북쪽의 수도였던 베이징은 1840년대 이래 해외 침략과 내전이 있었던 한 세기 동안 크게 주목받지 못하였다. 1949년에 신중국이 시작된 이후 지난 60년간의 혁명적 재건과 현대화로 인해 옛 도시의 장엄함이 상당한 빛을 잃었지만, 아직도 베이징은 과거 중국의 위엄을 간직하는 훌륭한 건축물과 예술적 보물을 지닌 수평적이고 조밀한 도시이다. 옛 자금성(황궁)이 중심에 있는 베이징은 거대한 국가의 정치적 중심지로서의 기능과 관계가 있는 세련된 문화 및 정제된 사회로 유명하였다. 베이징의 영향력을 설명하자면, 마지막 왕조가 1911년에 몰락한 이후 베이징 방언(만다린)이 국가 표준어(普通话)가 되었다. 베이징의 정치적·문화적 영향력이 컸음에도 불구하고 산업이 거의 없었으며, 상대적으로 적은 수의 인구가 분포하였다.

1949년, 베이징은 새로운 공산주의 정부의 국가 수도로 지정되었다(난징이 1920년대 후반부터 1949년까지의 공화주의 시대 동안 국가 수도였다). 공산주의가 점령한 이래로, 베이징은 여러 차례의 해체와 건설 및 확장을 겪었다. 행정적 단위로서 오늘날의 베이징은 16,800km²의 거대한 면적을 포함하고 있고, 도시화된 중심부를 포괄하고 있으며(고밀도 건물 밀집 지역), 산재해 있는 수많은 소도시 및 거대하게 뻗어 있는 농촌 지역으로 둘러싸여 있고, 총인구는 1960만 명에 달한다(2010년). 그러나 베이징은 거대한 행정 지역으로, 종종 실수로 잘못 생각되곤 하는 수도권(metropolitan area)은 아니다. 통근 지역(교외)과 도시화된 외곽 지역들을 대략 제외하면, 2,500~3,000km²의 지역과 1200만~1300만 명의 인구를 가진 훨씬 작은 베이징 시가 된다. 자연적인 인구 증가와 더불어 보다 중요한 요인인 베이징으로의 이주 및 교외화가 도시 경계선을 바깥쪽으로 확장시켰다. 1960~1970년대에 존재했던 베이징으로의 이주 제한은 국가 내에서 가장 엄격하게 통제한 정책 중 하나였다. 높은 교육을 받고 중앙정부에서 필요로 하는 사람만이 베이징으로 이주할 수 있었으며, 나머지 사람에게 베이징은 여전히 금단의 도시였다.

베이징이 중국의 핵심 공업 중심지 중 하나가 됨에 따라 기능적으로는 **생산**도시로 변화하였으며, 정부, 문화, 교육의 중심지로서의 기능도 계속해 유지하였다. 베이징은 그 당시 소비에트 연방과 매우 유사한 중앙 계획과 5개년 계획에 맞춰 조정되는 계획경제였으므로, 상업 및 서비스와 같은 다른 기능은 상당히 축소되었다. 모스크바가 옛 소비에트 연방에서 담당했던 역할과 유사하게 베이징은 중국의 권력 중심지로서의 역할을 담당했기 때문에 더욱 유사하였다.

베이징의 전통적인 도시경관은 마오쩌둥 시대(1949~1976년) 때 크게 변화했지만, 지난 20년 동안에도 계속해서 현저한 변화가 이루어졌다. 마오쩌둥의 혁명 시대 동안, 옛 것을 파괴하고 새 것을 짓자는 슬로건 아래에서 새로운 사회주의 수도를 위한 공간을 내어 주기 위해 옛 도시와 도시 성벽의 많은 부분이 철거되었다. 이러한 변화는 베이징의 원래 형태를 완전히 산산조각 냈으며, 건축적인 특성을 영원히 바꾸어 버렸다. 마오쩌둥이 집권할 때의 베이징은 일직선으로 넓은 대로와 거대한 스탈린 양식의 정부 청사를 가진 도시로서, 통일성과 최소한의 장식, 가능한 한 최저의 건축 비용을 강조한 장식 없고 저층으로 이루어진 서민용 아파트 지구가 외관상 끝없이 나열되어 있었다. 도시 중심은 인간적인 매력을 없애고, 국가권력을 강조하도록 의도적으로 설계되었다. **천안문**(天安門) 앞에 있는 거대한 공간은 세계의 어느 도시보다 커다란 광장을 만들기 위해 깨끗이 비워졌다. 천안문 광장은 정부가 조직하는 방대한 행사, 시가행진과 집회를 여는 공간이 되었다. 마오쩌둥과 다른 정당 고위자는 현대판 궁중과 같은 천안문의 꼭대기에서 그러한 장면을 지휘하곤 하였다. 1976년에 마오쩌둥이 사망하자 그의 시신은 방부 처리되어 크리스털 전시관에 넣어진 뒤, 천안문 광장의 남쪽 끝 고궁박물관을 가로지르는 남북 축을 일직선으로 따라 있는 거대한 묘에 안치되었다. 모스크바의 붉은 광장(Red Square) 안에 레닌의 시신이 전시된 것과 유사하게 마오쩌둥의 시신을 전시한 것은 제국 전통 및 중국의 중심지로서의 베이징의 역할과 마오쩌둥을 연결시키기 위한 노력의 일환이었다. 천안문 광장은 권력층에 의해 설계되었고 대부분 그들에 의해 사용되었지만, 1919년에 있었던 유명한 5·4운동부터 1989년의 실패한 민주화 운동까지 학생, 지식인 근로자가 조직한 대규모 시위를 여는 공간이 되기도 하였다

그림 11.9 학생 민주화 운동을 탄압한 지 5개월 후인 1989년 12월의 어느 추운 아침, 걷고 있는 인민해방군 군인들 뒤로 천안문 광장의 인민영웅기념비가 어렴풋이 보인다. 이 광장은 베이징의 중심부에 있으며, 현대 중국의 많은 부분을 상징한다. (사진: Kam Wing Chan)

(그림 11.9). 도시의 다른 곳에서는, **후통**(蕺同: 골목) 안에 있던 수많은 중산층의 전통적인 마당집이 가지고 있던 매력은 다세대를 위해 주택 공간을 세분해야 하는 필요성으로 인해 완전히 상실되었으며, 때로는 개발이나 정비가 필요하지 않아도 파괴되었다(그림 11.10).

중국 정부는 특히 주택을 제공하고 기본적인 인간의 욕구를 충족함에 있어서 문제에 직면하고 있다. 역사적 보존은 대부분의 국가에서처럼 보다 긴급한 현실적인 요구에 밀리는 경향이 있다. 더욱이 정부는 자금성(그리고 장엄한 천단 공원과 베이징 북서쪽에 있는 고풍적인 이화원과 같은 다른 국가 사적)을 보존하였고, 과거 왕조로부터 내려온 미술품들을 소장하고 있는 예전의 궁전, 절과 기타의 건축물로 이루어진 **고궁박물관**을 만들어서 과거의 위엄을 복원하기 위해 노력하였다. 동기는 정치적인 것에서 기인했으나, 실제적인 결과는 역사적인 보존으로 이어졌다. 고궁박물관은 현재 세계 최고 문화재 중 하나이다.

마오쩌둥 시대의 중국의 대도시는 제조업 생산 중심지인 동시에 국가적, 광역적, 지방적 자립에 초점을 둔 경제계획 시스템의 행정적 중심지였다. 업무와 상업 기능은 축소되었다. 대부분 도시는 상대적으로 종합적인 산업구조를 구축하고자 노력했으며, 이는 시장경제에서 발견되는 것보다 훨씬 낮은 분업과 교환을 초래하였다. 지방자치 지역 안에 포함된 거대

그림 11.10 옛 베이징의 후퉁(골목) 안의 전통적인 한 세대 가옥. 오늘날에는 대부분 다세대가 거주하고 있다. 이러한 집들은 고층 아파트와 빌딩을 짓기 위한 개발이 이루어지면서 급격하게 사라지고 있다. (사진: Kam Wing Chan)

한 주변 농촌 지역(교외 자치구)은 도시에 야채, 곡물 등의 식량을 제공한다. 일부 위성 소도시로는 대도시의 공장이 이전되기도 하였다. 토지가 국유화된 중국에서 많은 자족 직장 단위 지역이 대도시의 두드러지는 경관이 되었고 동심원 지대로 확장되었다. 베이징도 이와 같은 현상에서 예외가 아니었다(그림 11.11).

마오쩌둥 이후 새로운 정책은 위의 약점 중 일부를 해결하고, 일련의 시장 개혁을 통해 중국 도시를 변형시키고자 하였다. 이러한 개혁은 특히 해안 지방과 연해 도시에 경제적으로 윤택한 생활을 가져다 주었으며, 1980년대와 그 이후의 도시적 소비 호황에 반영되었다. 이 때문에 베이징에서는 그림 11.12에 나타나는 것과 같은 거대한 쇼핑몰을 포함해 새로운 매장과 식당이 급증하였다. 베이징은 이제 현대 건축물과 값비싼 매장들이 위치한 분주한 쇼핑 지역인 시단(西單)과 1999년에 새롭게 단장한 옛 상점들이 위치한 왕푸징(王府井)과 같은 주요한 상업적, 경제적 지역을 포함하고 있다.

주민들의 증가하는 소득과 마오쩌둥 시대로부터 이어온 억눌렸던 수요는 최근의 광분적

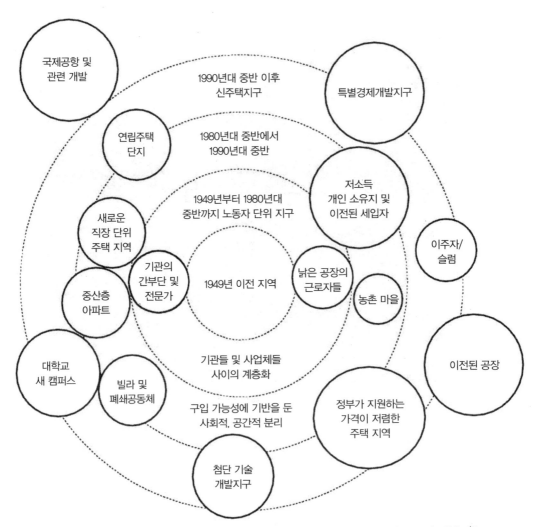

그림 11.11 중국의 도시 모형. 출처: Ya Ping Wang, Urban Poverty, housing and Social Change in China(New York: Routledge, 2004)로부터 각색.

투기와 결합하여, 지난 30년간 지속적으로 주택 수요를 발생시켜 왔다. 베이징은 사방으로 팽창했으며, 고층 아파트, 고급 단독주택 및 간혹 노후된 이주자 마을로 구성된 교외 통근 지역을 개발하기 시작하였다(그림 11.13).

산업을 끌어들이기 위해 베이징 정부는 12개가 넘는 개발지구를 설립하였다. 예를 들면 도시의 북서부 일류 대학 가까이에 위치한 중관촌(中關村)은 중국의 실리콘밸리이다. 도시 팽창은 또한 소득 격차 및 사회분화의 현저한 증가를 수반한다. 베이징 북쪽의 변두리에는

그림 11.12 세계 최대 쇼핑몰 중 하나인 베이징의 Golden Resources Shopping Mall. (사진: Kam Wing Chan)

그림 11.13 베이징의 외곽에 있는 저장 지방 출신자의 지역사회인 저장 빌리지의 점심시간. 이곳은 중국 북쪽의 주요 의류 도매 센터이기도 하다. (사진: Kam Wing Chan)

국외 거주자와 신흥 재벌이 거주하는 값비싼 서양 양식의 단층 단독주택들이 나타났다. 이와 동시에 1980년대 중반 이후 이주 제한이 완화됨에 따라, 베이징은 이제 수백만 명에 이르는 거대한 이주민 인구를 가지고 있다. 이러한 대부분 농촌 이주자는 현지인들이 피하는 낮은 수준의 노동을 한다. 그러나 그들에게는 베이징에 거주할 수 있는 법적 거주 자격(도시 호구)이 주어지지 않으며, 다수의 도시 서비스를 이용할 수 없는 경우도 있다(글상자 11.2). 또한 (다른 도시에서 왔기 때문에) 베이징 **호구**를 가지고 있지 않은 젊은 대학 졸업생도 여기에 정

글상자 11.2

눈에 보이지 않는 벽을 가진 도시: 중국의 호구 제도

1949년 공산주의 혁명 이후에 중국은 농업 축출을 기반으로 하여 급격한 공업화를 이루는 스탈린주의 성장 전략을 선택하였다. 이러한 공업화 전략은 사실상 중국이 이중 구조를 만들어 내도록 초래하였다. 즉 한쪽은 도시 계층으로서 그들은 우선권이 있고 보호되는 산업 부문에서 일하면서 기본적인 사회복지의 혜택과 완전한 시민 자격을 가졌으며, 다른 쪽은 농민층으로서 산업화를 위한 잉여농산물을 생산하는 토지에 묶여서 스스로를 꾸려 나가야만 하였다. 이는 반대급부적으로 농촌 이탈을 막기 위한 강력한 방법을 필요로 하였다. 1958년, 인구 이동을 통제하기 위한 종합적인 **호구**(가정 등록) 제도가 마련되었다. 각 개인은 농촌이나 도시로 분류된 **호구**(등록 상태)를 가지며, 자신이 애초에 머물던 지역에 속해 있다. 모든 국내 이주는 관련 지방정부의 승인을 받아야 한다고 해당 규정에 명시되어 있지만, 그러한 승인은 거의 이루어지지 않았다. 본질적으로 **호구** 제도는 과거 소비에트 연방에서 사용된 **프라피스카**(propiska) 제도 및 베트남의 **커우**(khau) 제도와 유사하게, 내부 여권 시스템으로 기능하였다. 중국의 옛 도시 성벽은 1950년대까지 거의 철거되었지만, 새롭게 건립된 이주 장벽은 눈에 보이지는 않았지만 효과적인 도시 성벽으로 기능하였다.

1970년대 후반 이후, 시장 개발 및 세계 시장을 위한 저임금노동 생산을 위해 저렴한 노동력이 많이 필요해짐에 따라 일부 이주 제한이 줄어들었다. 농촌 이주자는 이제 도시 안에서 도시 주민들이 꺼리는 노동을 할 수 있게 되었지만, 기본적인 도시 사회 서비스 및 교육 프로그램에 대해서는 여전히 자격을 부여받지 못하고 있다. 1990년대 중반까지, 농촌 **호구** 이주자 노동력은 중국 수출 산업보다 일반적으로는 제조 부문의 근간이 되었다. 2010년에는 대략 1억 5000만 명의 사람이 이러한 농촌 이주자 노동력의 카테고리에 포함될 것으로 예상된다. 이러한 도시 시민권의 이중 제도 및 이주자 인구에 대한 불평등한 취급에 대해 중국 안팎에서 많은 우려가 제기되고 있다. 이주 노동자들은 도시 안에서 현지 **호구**를 가지고 있지 않기 때문에 인구와 고용 조사에서 종종 배제된다. 이 때문에 많은 도시 통계에서 심각한 부정확성과 오류가 나타나고 있다.

착해 가정을 이룬다. 여러 이주자 공동체가 저장(浙江) 빌리지(그림 11.13), 신장(新疆) 빌리지처럼 베이징의 교외에서 생겨났다. 이러한 공동체는 그곳에 속한 거주자의 출신 지방을 따라서 이름이 지어졌으며, 도시 내에서 출신 지역에 기반을 둔 집단 주거지를 만들었다. 이러한 이주자 마을 안의 생활 조건은 부유한 이웃과의 생활 조건과는 극명한 대조를 보여 준다. 도심 지역에서는 파산 상태 기업들의 해고 근로자들인 현지 베이징 주민들이 점차 새로운 도시 빈곤층을 형성하고 있다.

지난 20년간 도시정부는 도시를 아름답게 하기 위해 수많은 대규모의 프로그램을 시행하였다. 이러한 프로그램은 강철 공장을 도시로부터 이전시키고, 대기오염과 수질오염 수준을 낮추기 위해 자동차 사용을 제한하기 위한 엄격한 조치를 시행하며, 다수의 오래된 후통 주택을 철거하고, 수만 명의 도시 빈민을 쫓아내는 것에서부터 아주 값비싼 수많은 초현대식 건물을 건축하는 것(비평가들은 이를 이미지 프로젝트라고 부른다)에 이르기까지 다양하다. 2008 베이징 올림픽은 도시 미화 노력과 인프라(새로운 고속도로와 지하철 노선, 새로운 공항터미널 등) 개선 및 세계 최상급의 스포츠 경기장 건설을 위한 커다란 자극을 제공하였다.

상하이: 중국의 뉴욕?

많은 사람들은 상하이를 중국에서 가장 흥미롭고 활기찬 도시라고 생각한다. 이는 상하이의 독특한 식민지 시대 유산 때문이기도 하며, 사회적, 경제적 행동 변화 및 뉴프런티어의 중심지이기 때문이기도 하다. 또한 상하이는 여전히 중국에서 가장 규모가 크고, 아마도 최고의 국제도시이며, 최고의 생활수준을 가진 도시 중 하나이기도 하다. 상하이 시는 그 자체가 상하이 행정구역의 일부이다. 이러한 행정구역은 도시화된 핵심부, 교외들과 외진 농촌 지역들로 구성되어 있으며, 총면적은 6,300km²이고, 2010년 현재 2300만 명의 인구를 가지고 있다. 어떤 추정치를 살펴보면 이 대도시 지역의 인구는 2003년에 대략 1600만 명이었다.

상하이는 마오쩌둥 시대에 진정한 생산도시에 가장 가까웠다. 그 당시 정부 세입은 국유기업(SOEs)에 대한 세금에 주로 의존하였다. 국유 기업의 주요 중심지인 상하이는 그러한 세입을 많이 거둘 수 있는 곳이었다. 따라서 중앙정부는 이러한 세입을 많이 창출하는 사업을 크게 선호하였고 상당한 보호를 제공하였다. 중국의 스탈린 방식의 경제성장 전략은 농업보다는 공업에 우선권을 주었으며, 따라서 그러한 전략은 마오쩌둥 시대에 국가 경제의

그림 11.14 1990년대 초반 이후, 상하이의 새로운 중심업무지구는 강 건너 푸둥에 만들어졌으며, 동방명주탑(전파 송출 타워)을 중심으로 하여 그 주변에는 초현대식 고층 건물들이 생겨났다. 푸둥 중심업무지구는 중국의 주요한 두 재정 중심지들 중 하나이다. (사진: Alana Boland)

선두 지위를 유지하던 상하이에게 크게 유리하였다. 그 당시의 많은 도시와 함께, 상하이의 공업에 많은 투자가 이루어졌지만, 주택 및 인프라와 같은 비생산적 설비에는 거의 투자가 이루어지지 않았다. 도심 지역, 특히 주요 서양 식민 정착자가 무역상사, 은행, 영사관, 호텔 등을 건설한 와이탄(外灘)은 1930년대 할리우드 영화세트와 같은 경관을 가지고 있었다 (그림 11.15). 1934년, 도시의 중심에는 22층의 파크 호텔이 건설되었다. 그것은 그 당시 아시아에서 가장 높은 건물이었으며, 고층 건물들이 다시 건설된 1983년까지 거의 반세기 동안 상하이에서 가장 높은 건물로 남아 있었다. 실제로 그러했던 것은 아니지만, 마오쩌둥의 정책이 반(反)도시라는 인상을 준 것은 상하이를 포함한 많은 도시를 상대적으로 방치했기 때문이었다.

1970년대 후반의 개방정책 아래 중국이 재개방함에 따라 그 당시 중국 정부의 초청으로 해외투자자가 중국으로, 특히 남쪽 광둥(廣東) 지방의 해안지구로 되돌아왔다.

상하이는 1984년에 해외투자를 유치하기 위한 14개 개방 도시 중 하나로 지정되었지만, 사실상 광둥 성(廣東省)이 해외(홍콩을 포함) 자본과 공동으로 개발된 최초의 지역이었다. 1989년 천안문 탄압의 여파로 정부가 해외투자자들의 신뢰를 다시 얻기 위해 분투하는 과정에서 상하이는 1990년에 거대한 개발 동력을 얻었다. 중국은 1990년에 옛 상하이 중심부의 동쪽에 있는 근본적으로 농경지였던 푸둥(浦東: 상하이 시를 양분하는 황푸 강의 동쪽)을 개방하기로 결정하였다(그림 11.14). 적극적으로 홍보된 세계박람회 2010이 푸둥에서 개최되었으며, 7300만 명의 방문자 수를 기록하였다.

그림 11.15 제2차 세계대전 이전 상하이 번화가에 세워진 웅장하고 아름다운 건물. (사진: Kam Wing Chan)

그림 11.16과 그림 11.17 이 두 사진은 마오쩌둥 시기(후반)와 이후 시기의 도로 모습을 극명하게 보여 준다. 위 사진은 1970년대 중반 상하이 난징루의 모습으로, 건물과 도로변에 각종 사회주의 구호가 쓰인 간판을 볼 수 있다. 아래 사진은 1990년대 말의 상하이 주요 가로의 모습으로 도로 위의 수많은 쇼핑객과 다양한 상품 선전과 상점 간판이 내걸린 건물을 볼 수 있다. (사진: Jack Williams)

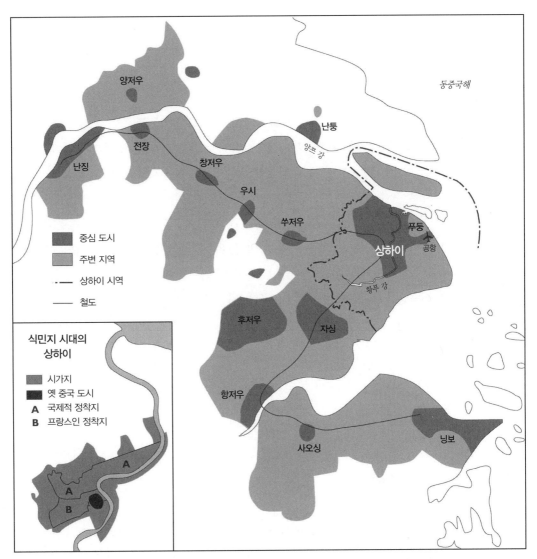

그림 11.18 상하이 지역. 출처: Gu Chaolin, Yu Taofang, and Kam Wing Chan, Extended Metropolitan Region: New Feature of Chinese Metropolitan Development in the Age of Globalization, Planner 18, no.2 (2000): 16-20으로부터 재구성.

푸둥 개발 프로젝트는 중국의 가장 야심찬 사업들 중 하나였다. 그러한 개발 프로젝트는 해외 자본을 끌어들이기 위한 인프라에 대한 (새로운 공항과 연결되는 30km의 자기부상 철도를 포함한) 대규모 투자 및 중국의 경제특구에 대한 것들과 유사한 일련의 선호 정책을 포함하였다. 또한 보다 낮은 세금, 토지에 대한 임차권 및 세입 유보를 포함하기도 하였다. 푸둥은 단순한 수출물 처리보다는 첨단 기술 산업과 금융 서비스에 주안점을 두었다. 해외투자자 중에서 타이완 사업가들은 상하이 지역에 수천 개의 기업을 가지고 있으며, 대략 25만 명의 타이완인이 인근에 거주하며 일하는 것으로 추정된다. 푸둥의 장장(張江) 하이테크 파크에 작은 타이베이가 생겨났다.

중앙정부의 전폭적인 후원과 함께 상하이는 새로운 시대에서 중국의 주요 경제 및 금융 중심지로서의 역할을 다시 담당하게 되었다(그림 11.16~18). 1990년에 열린 상하이 증권거래소는 (시가총액으로 측정했을 때) 중국 최대의 주식시장일 뿐만 아니라 2010년 현재 세계에서 다섯 번째로 큰 주식시장이다. 푸둥의 스카이라인은 초현대적이며, 푸둥과 신중국의 아이콘이 된 동방명주(전파 송출 타워)를 포함해 깜빡거리는 네온사인 유리와 강철로 된 고층 건물들이 위치해 있다(그림 11.14). 이것은 강의 반대쪽에 있는 신고전주의적 와이탄과 매우 대조적이다. 상하이는 혁명 이전에 누렸던 화려함의 일부를 확실히 되찾았다. 매장들 및 일부 구획의 건축물은 매우 세계주의적인 느낌을 가지고 있으며, 상당한 국외 거주자 공동체가 다시 자리 잡고 있다. 물론 가장 눈에 띄는 사실은 아니지만 빈곤층 또한 존재한다(글상자 11.3).

글상자 11.3

상하이의 인상

캄윙첸(Kam Wing Chan)

2005년 12월 17일

상하이는 꽤 춥지만(2℃) 정말로 매력적이다. 오늘 아침 나는 반짝반짝 빛나는 현대식, 초현대식 고층 건물들이 창문을 통해 보이는 파크 호텔 안의 따뜻하고 커다란 침대에서 눈을 떴으며, 고층 건물 뒤로는 태양이 떠오르고 있었다. 내가 알고 있던 9년 전의 상하이와는 얼마나 다른가!

상하이는 또한 강렬하였다. 나는 어젯밤 늦게 상하이에 도착하였다. 호텔에 체크인한 후 식사를 하기로 결심하였다. 근처에 있는 지하 푸드코트에서 내가 가장 좋아하는 쇠고기 탕면과 상하이 완탕을 쉽게 먹을 수 있었다. 대형 체인 레스토랑들이 즐비한 이러한 유형의 푸드코트는 예전에는 볼 수 없었던 것이었다. 맥도널드, 버거킹, 피자헛과 융허(Yonghe: 타이완의 국수 체인)가 이 국제도시 안의 작은 지하에서 한 몫 이익을 보기 위해 서로 마주하며 치열한 생존경쟁을 벌이고 있었다. 이러한 모든 것들과 내 뒤에는 6~7세가량의 아이들이 뛰어다니고 있었다(그 아이들은 어디에서 왔을까?). 가까이 살펴보니 그 아이들은 테이블 위에 남아 있던 국수와 음식을 잡아채서 게걸스럽게 먹고 있었다. 한 명은 내게 다가와서 내가 여전히 먹고 있던 스프 안의 쇠고기를 먹으려고 하였다! 그 아이들은 분명히 배가 고파 보였지만 게임을 하는 것처럼 그러한 행동을 즐기고 있는 것으로 보이기도 하였다. 그 아이들은 뛰어가며 킥킥 웃었다 이건 행복한 건가, 슬픈 건가?

푸드코트에서 나왔을 때, 내가 중국에서 가장 바쁜 보행자 쇼핑거리인 난징루(南京路)에 서 있다는 것을 알게 되었다. 오후 10시에 가까운 시간이었지만, 이 장소는 여전히 사람으로 가득 차 있었고, 많은 가게는 여전히 열려 있었다. 난 산책을 하면서 이 도시의 느낌을 만끽하기로 결정하였다. 겨울 코트를 입고 스카프와 모자를 쓰고 부츠를 신은(부츠가 유행인 것 같다) 날씬한 여성들이 많았으며 그들은 꽤 세련되어 보였다. 나는 빛나는 옛 서양식 신고전주의 건물의 사진을 찍었지만, 곧 다양한 종류의 이방인이 다가와 귀찮게 하는 것을 계속 물리쳐야 하였다. 시시덕거리는 세 명의 여성은 친구가 되길 원하였고, 꽤 집요했던 네 명은 여행 가이드였으며, 세 명은 구걸하는 거지였다. 이 모든 것들은 20분 이내에 벌어졌다. 얼마나 바쁜 도시인가! 중국에서 보낸 수년의 경험으로, 나는 거리의 중국인 군중 속에 어우러져 눈에 띄지 않을 거라고 생각했지만 그럴 수 없었다. 아마도 내 재킷 색상(검정)은 맞게 선택한 것 같았지만, 이 거리에 있는 보통의 사람들보다 난 좀 나이 들어 보였다. (내가 더 나이가 들었었나?) 난 내 캉골 모자를 호텔 방에 두고 왔다. 아니면, 아마도 금요일 밤에 혼자 산책하는 싱글 남성이 눈에 띄는 목표였을 수도 있다.

많은 문제점, 즉 현지 정부 간의 심각한 관할권 경쟁, 푸둥 신국제공항의 부적절한 위치, 과열된 부동산 개발, 심각한 교통 혼잡 및 심각한 대기오염과 수질오염이 계속 상하이 시와 이 지역을 괴롭히고 있다. 아마도 가장 중요한 것은 시민들의 권리를 진정으로 보호하고 관료들의 권력 남용을 억제할 수 있는 잘 수립된 법적 체계가 상하이에는 부족하다는 점이다. 이는 오늘날의 중국 전체에 해당하는 문제일 수 있다.

홍콩: 여느 때와 다름이 없다?

1997년 6월 30일 자정을 알리는 소리와 함께 홍콩은 공식적으로 중국에 반환되었으며, 홍콩 특별행정구가 되었다. 이것은 아시아에서 식민지 시대가 끝났음을 알리고, 중국의 권한이 부상한 역사적으로 경이적인 사건이었다. 홍콩은 20세기 후반까지 아시아 전역에서 마지막까지 식민 정착지로 남아 있던 두 지역 중 하나였다. 또 다른 식민지인 마카오는 홍콩과 비슷한 시기인 1999년 12월에 포르투갈에서 중국으로 반환되어 마카오 특별행정구가 되었다. 따라서 중국은 새로운 세기에 진입함과 동시에 외세의 침략적 식민주의 아래의 굴욕적 경험이 거의 160년 만에 끝이 났다.

1997년은 중국에서 하나의 국가, 두 개의 체제로 알려진 제도가 시작된 해이다. 중국은 홍콩이 향후 50년 동안 내부 문제 및 자본주의 체제에 대한 완전한 자율성을 가진다고 약속하였다. 두 개의 체제란 중화인민공화국의 사회주의 체제(하나의 정당 시스템이 존재하며 그 정당이 경제를 통제하는 것을 의미함)와 홍콩의 **자유방임** 자본주의 체제를 말한다. 중국은 홍콩의 방위 체제와 외교 관계에 대해서만 통제권을 지니며, 홍콩이 홍콩 사람에 의해 통치될 수 있는 권리는 남겨 두었다. 반환이 이루어지기 오래전부터 가장 우려되었던 사항은 1997년 이후에 어떤 일이 벌어질 것인가였다. 사실 반환 이전 10년간, 이러한 우려 때문에 (대부분이 부유한 전문직 종사자였던) 50만 명가량의 홍콩인이 캐나다(특히, 밴쿠버와 토론토), 오스트레일리아, 미국으로 이민을 갔다.

1949년, 상하이와 중국의 나머지 부분이 공산주의자에게 점령되었을 때만 하더라도 홍콩이 영국 통치 아래에서 오랫동안 살아남을 것이라고는 거의 아무도 생각하지 않았다. 한국전쟁 동안 중국에 대한 UN의 금수 조치는 홍콩과 중국 사이에 발생하는 중계무역 대부분을 효과적으로 중단시켰다. 극심한 내란 및 공산주의자가 중국을 장악함에 따라 도망쳐 온 피난민으로 인해 홍콩의 인구는 1946년 50만 명에서 1950년 200만 명까지 치솟았다. 거대한 불법 거주 정착지가 생겨났고 경제는 비틀거렸다. 영국은 (상하이와 중국의 다른 지역으로부터 도망친 많은 부유한 실업가를 포함하는) 중국인 사업가와 협력해 홍콩의 경제를 호전시키기 시작하였다. 그들은 수출을 위해 홍콩산 제품을 개발해 조금씩 경제를 호전시켰다. 그것은 대단히 성공적인 변화였으며, 일본, 미국, 유럽 및 바다 건너 중국에서부터 투자가 쏟아졌다. 홍콩은 저렴하고 열심히 일하는 노동력이 풍부하였다. 환경적 제약은 거대한 매립 프로젝트로 인해 극복되었으며, 신선한 물과 식량을 인근 광둥 지방으로부터 구매하였다.

1950년대와 1960년대의 냉전 시대 동안, 홍콩은 지정학적 위치에 있었다. 홍콩의 모순 중 하나는 중국이 자국의 존재를 유지하고 번창하기 위해 서양 자본주의와 식민주의의 상징인 홍콩을 계속 허용하였다는 것이다. 중국인은 부분적으로는 홍콩으로부터 많은 돈을 벌었기 때문에 그렇게 할 수밖에 없었다. 중국이 홍콩으로 수출하는 수출량으로부터, 그리고 은행과 상업에 투자하는 것으로부터 벌어들이는 외국환 거래가 1년에 수십억 달러에 달하였다. 게다가 고립된 사회주의 중국은 홍콩을 통해 바깥세상으로 문틈을 열어 두는 반면, 당시에 현존하던 홍콩의 충격적인 문제를 해결할 책임을 지지 않는 데서 오는 현실적인 이점을 알고 있었다. 중심지구에 들어선 은행가는 홍콩이 가졌던 금융적 능력을 상징하였고,

그림 11.19 항구 건너편의 주룽 지역에서 찍은 홍콩 섬. 이 사진은 오늘날 홍콩의 현대성과 부유함을 보여 준다. 1997년 중국과 영국 간 홍콩 반환 행사가 개최된, 물결 모양의 컨벤션 센터 위로 뻗은 Central Plaza Building이 보인다. (사진: Kam Wing Chan)

여기에는 중국은행, HSBC, 차타드 은행이 나란히 줄지어 있었다. 처음 두 개는 오늘날 가장 중요한 20세기 건축 구조물에 속하는 것으로 여겨지며, 어떤 면에서는 홍콩이 진정한 세계도시로 부상했음을 상징하기도 한다.

세계 최고의 관광 명소 중 하나인 홍콩은 처음 가든지 수백 번 가든지 간에 어느 기준으로 비추어봐도 매우 아름다운 경관을 지니고 있다(그림 11.19). 해안선을 따라 그리고 비탈 위로 나란히 들어선 화려한 초현대식 고층 건물로 이루어진 스카이라인은 특히 밤에 장관이다. 매우 작은 공간조차 이점을 극대화해 사용할 수밖에 없어서 홍콩에서는 공간을 통해 돈을 많이 벌 수 있다. 홍콩은 좁은 면적으로 인해 독창성을 발휘한 토지이용이 많이 나타난다. 본토 쪽의 주룽 지역은 상대적으로 많은 토지를 가지고 있지만, 거기에서도 엿볼 수 있는 도시 설계의 복잡함이 인상적이다. 국제공항이 1997년에 란타우 섬의 북쪽 해안에 있는 첵랍콕으로 옮겨진 이후(현재 세계에서 가장 좋은 공항 중 하나로 여겨진다), 주룽 지역에는 건물 높이 제한이 없어졌다. 주룽 지역은 이제 홍콩의 맨해튼과 같은 도시경관을 띄고 있다. 건설 붐 및 새 건물과 기타 건축물 수요에 제한이 없는 것으로 보인다. 홍콩은 믿을 수 없을 만큼 여전히 역동적이다.

보통의 관광객에게는 별로 눈길을 끌지 않을 수 있지만, 그 자체가 인상적인 사회적 유산은 홍콩의 공영주택 프로그램과 신도시 프로그램이다. 이 두 프로그램은 중국으로부터 유입되는 수많은 피난민 문제를 해결하기 위한 조치로서 1950년대에 동시에 시작되었다. 이것들은 점차 세계 최대 프로그램 중 일부로 확산되었다. 오늘날, 700만 명의 홍콩 인구 중 절반가량이 공영주택에서 살고 있다. 훨씬 저렴한 임대료 때문에 공영주택은 주요 도시 지역 밖으로 인구를 분산시키기 위한 중대한 방법이었다. 개척은 도시를 위한 새로운 토지를 만들기 위해 사용된 주요 전략이었다. 샤틴(Shatin), 튠문(Tuen Mun)과 같은 새로운 대도시 중 다수가 거의 빈 땅에서 세워졌다.

1980년대 후반까지 가급적 많이, 그리고 빨리 돈을 버는 것을 목표로 하던 경제는 소비재 제조와 수출, 특히 직물, 전자제품과 완구류에 크게 기반을 두었다. 최고의 수출 시장은 미국, 유럽과 일본이었다. 그러나 중국이 1970년대 후반에 개방됨에 따라 중국과의 통합이 급속히 확대되었다. 홍콩은 주장 강 삼각주의 저렴한 토지와 노동력을 재빨리 활용하였고, 제조업을 그 지역으로 점차 이전시켰다(반면 회사 본사는 홍콩에 남아 있다). 현재, 10만 개가 훨씬 넘는 홍콩 기업이 주장 강 삼각주 지역에서 운영되고 있으며, 수백만 명의 근로자를 고용하고 있다. 경제적 측면에서 주장 강 삼각주 지역과 홍콩은 고도로 통합된 지역이고, 세계 주요 글로벌 수출 중심지 중 하나이며, 홍콩은 상점으로서, 삼각주는 공장으로서 기능하고 있다(그림 11.3). 수만 명의 사람이 일을 하러 또는 쇼핑을 하러 홍콩과 선전(深圳) 사이의 경계를 매일 넘나들고 있다.

홍콩은 1970년대 후반 이후 중국 무역뿐만 아니라 많은 국제 기업의 지역 본사가 위치한 금융과 투자의 중심지이다. 홍콩은 중국과 세계 사이의 중개인으로서 중요한 역할을 담당하였고, 타이완과 중국 간 거대한 경제 거래의 중간상으로서 기능하였다(타이완이 중국과 보다 밀접한 경제적 결합을 구축하기 위해 노력함에 따라 최근에는 이러한 역할이 약화되었다). 관광 산업은 여전히 홍콩의 핵심이고, 오늘날 많은 수의 관광객이 본토에서 오고 있다. 상하이, 베이징과 같은 대도시는 점차 여러 측면(상점, 고층 건물, 쇼핑몰 등)에서 홍콩과 매우 유사해 보이거나 때로는 더욱 화려하기도 하지만, 다수의 중국인 관광객에게 홍콩은 실제 서양 자본주의 세계를 처음 경험하게 되는 곳이기도 하다.

반환 직후에 있었던 1997~1998년 아시아의 금융 위기는 홍콩을 불황 속으로 밀어 넣었고, 이러한 경기 후퇴는 9·11 사건 이후로도 지속되었다. 뒤이은 일련의 사고는 새로운 특별행정구 정부에 대한 시민의 신뢰를 저하시켰다. 다른 중국 도시(특히 상하이, 선전, 광저우)

와의 경제적 측면의 경쟁은 홍콩이 자신의 강점과 생활수준을 유지할 수 있을지에 대해 많은 사람들이 의문을 품도록 하였다. 그 이후 불황으로부터 빠져나왔지만, 다음과 같은 다수의 문제점이 계속 남아 있다. 첫째, 현재 특별행정구에 홍콩을 대변할 강력한 정치적 리더가 부족하다는 인식이 널리 퍼져 있으며, 이러한 약점은 여러 행정적, 정치적 실수(예를 들면 조류독감과 약어 S.A.R.S.로 알려진 심각한 호흡기 질병의 발생으로 인해 제기된 공중 보건 불안감)와 주거지 권리 및 정치 전복 방지 법률의 제정과 같은 이슈에서 입증되었다. 둘째, 환경문제, 특히 대기오염과 수질오염이 2000년 이후로 상당히 심화되었다. 오염의 상당한 부분은 최근 주장 강 삼각주 안의 급격한 제조업 팽창과 실제로 관련되어 있다. 셋째, 광둥과 그 도시들이 강력하게 성장하고 있으며, 특별행정구가 현재 지배하는 항구와 다른 기능에 대한 경쟁이 이미 존재하고 있다. 홍콩은 점차 세계경제의 거대한 일부로 진화하고 있는 중국에서 자신에게 꼭 맞는 자리를 여전히 찾아야 한다. 넷째, 서비스 기반의 경제로 경제가 변화함에 따라 신소도시들은 일부 활력을 잃었다. 사람들이 매일 중심 도시로 갈 필요 없이 안에서 살고 일하는 자립적 중심지인 영국의 전원도시 개념을 본 딴 것으로 주장된 신도시들은 잘 계획된 교외라는 것 이외에는 점차 특별한 점이 없어지고 있으며, 근로자들은 때때로 직장까지 먼 거리를 통근해야 한다. 한때 번창했던 신도시의 공장은 이제 거의 창고로 사용되고 있거나 비어 있다. 다섯째, 부유층과 빈곤층 간의 소득 격차는 놀랄 만큼 높은 수준으로 상승하였다(UN의 2009년 조사에 따르면 선진국 중에서 최고이다). 분석가들은 지난 2년간의 여러 대규모 시위(일부는 매우 과격했다)를 확대되는 빈부 격차와 정부가 지나치게 친기업적이라는 서민들 사이에 팽배한 인식과 연결지어 설명한다.

아마도 홍콩의 가장 중대한 이슈는 본토 중국과의 관계에서 균형을 유지하는 것이며, 이는 매우 민감한 사안이다. 홍콩 안팎의 많은 사람들은 특별행정구의 정치적, 법률적 자율성에 대해 우려하고 있으며, 따라서 홍콩의 오랜 숙원인 정치적, 언론적 자유를 보호할 수 있는 능력에 대해 본토 도시의 사람들은 즐기지 못하고 있고, 중국의 통치자들은 때로 회의적으로 바라보고 있다. 어떠한 일이 생기든지, 홍콩의 미래는 중국의 미래와 불가분하게 묶여 있다.

타이베이: 정체성을 찾고 있는 중?

지역적 중심지가 동아시아 전역에 걸쳐 발견되지만, 특히 좋은 사례는 최근 지역의 보호막으로부터 벗어나 세계 최상의 도시 모습을 띄고 있으며 홍콩의 발자취를 따르고 있는 타이베이이다. 1950년 이후 타이베이는 망명정부인 중화민국(ROC)의 임시 수도가 되었고, 따라서 만약 중국에 속한 한 섬의 지방 수도로서 이루었을지 모르는 성장을 뛰어넘어 경탄스러운 성장을 경험하였다. 확실한 것은 1950년에 공산주의자가 바라던 것처럼 타이완을 함락하는 데 성공했더라면, 타이베이는 오늘날 아주 다른 장소가 되어 있을 것이며, 아마도 타이완 해협 건너에 있는 오늘날의 샤먼(廈門)과 비슷한 곳이 되어 있을 것이다. 그 대신에 타이베이는 1945년 25만 명이 살던 그다지 대단하지 않던 일본의 식민지 수도에서, 현재는 타이베이 분지를 완전하게 채우고, 북동쪽으로는 지룽(基隆) 항구, 남동쪽으로는 해안 소도시인 단수이(淡水: 현재 고층의 교외 위성도시), 그리고 남서쪽으로는 타오위안(桃園)과 국제공항까지 뻗어 있는 600만 명 이상의 대도시로 급성장하였다. 기능적으로 타이베이는 식민지 시대의 행정적·상업적 중심지에서, 전후 세계에서 가장 역동적인 경제국 중 하나인 타이완을 위한 통제 중심지로 방향을 바꾸었다.

중화민국 정부가 1950년에 본토 중국에서 타이완으로 퇴각했을 때, 타이중(臺中)으로부터 멀지 않은 타이완의 중심에 있던 지방 수도는 이러한 목적을 위해 명백히 새로 건설된 신도시로 점차 변화되었다(그림 11.20). 타이베이는 이론적으로 국가적 업무와 관련이 있었으므로, 모든 국가적 정부 청사가 이곳에 재건설되었다(난징으로부터 행정 관료와 입법부를 옮겨 왔다). 지방 수도는 농업적 업무 및 그와 유사한 현지 업무들을 처리하였다. 중화민국 정부가 전 중국의 합법적 정부라는 점을 지키기 위해 고안된 이러한 인위적인 양분법은 정부가 마침내 본토에 대해서는 관할권이 없음을 공개적으로 인정한 1990년대 초반까지 계속되었다. 이는 수십 년에 걸쳐 타이베이에 상당한 영향력을 행사하였고, 거대한 관료 체제 및 도시 내에 수도 수준의 건물이 건설되는 결과를 가져왔다. 1945년 이후 타이완 정부는 일본인이 점유했던 토지를 인수하였고, 국민당(KMT) 아래의 단일 정당 독재적 정치체제를 통해 공개적인 공청회를 거의 열지 않고, 정부가 바라는 방식으로 도시를 개발하도록 허용하였다. 1975년 장제스(蔣介石) 총통이 사망한 이후, 타이베이 중심지 안에 있던 거대한 면적의 군사 토지는 장제스를 기념하기 위한 거대한 기념물로 변형되었으며, 이것은 타이완에 있는 최대 공공 건축물 중 하나가 되었다. 타이완의 정치체제가 지난 20년간 민주화됨에 따라, 이러한 유형의 기념물 및 장제스 아래의 국민당 통치에 대한 기타의 기념물은 공격을 받았고, 특히 오늘날에도 타이완 정치에서 강력한 야당으로 남아 있는 친타이완 독립 정당인 민주진보당(Democratic Progressive Party)이 정권을 잡았던 2000~2008년 동안에는 더욱

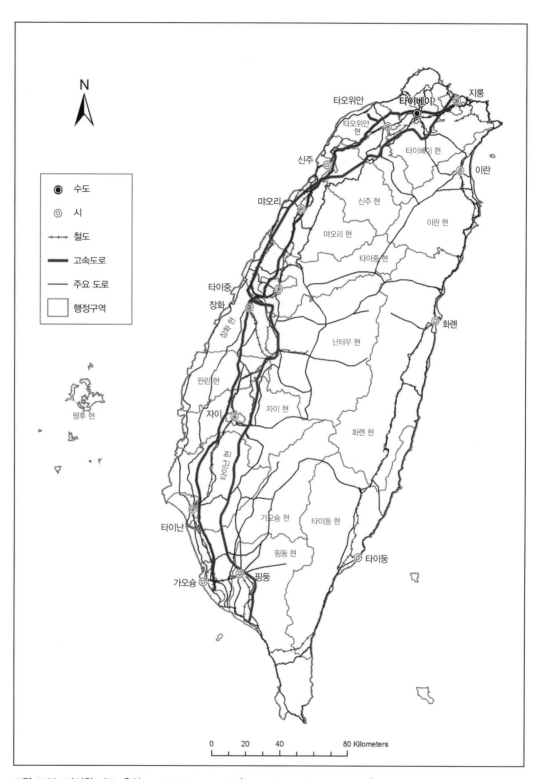

그림 11.20 타이완 지도. 출처: Jack Williams and Ch'ang-yi David Chang, *Taiwan's Environmental Struggle: Toward a Green Silicon Island* (New York: Routledge, 2008).

그러하였다.

인구가 약 650만 명인 타이베이의 수도권은 섬에서 두 번째로 크고 주요 중공업 중심지가 위치한 남쪽의 가오슝(高雄) 대도시권의 크기보다 통계학적으로는 단지 3배지만, 종주도시로서의 많은 기능을 떠맡았다. 1990년대에 타이완 중심에서 지방정부가 점점 해체됨에 따라 더는 국가 수도로 선전되지 않는 타이베이는 국제무역과 투자의 중심지로 남아 있으며, 커다란 국외 거주자 공동체를 포함하고 있다. 문화, 엔터테인먼트 및 관광이 모두 타이베이에 중심을 두고 있다. 일본인은 타이완의 식민지 유산 때문에 특히 타이완에 방문하기를 좋아하며, 도시의 문화는 뚜렷하게 일본적 기호를 가지고 있다. 수도권은 또한 타이완의 핵심 산업 지역 중 하나이다. 대부분 제조업이 아직 수도의 서쪽과 남쪽에 있는 다수의 위성도시 안에 집중되어 있지만, 현저한 비율이 현재 중국 본토로 이전되었다. 한때 일본과의 핵심 연결점이었던 옛 항구 지룽은 이제 본토와의 교역을 위한 항구로 기능하고 있다. 서울처럼 지난 50년간에 걸쳐 진행된 타이베이의 거대한 인구 증가의 대부분은 인구가 조밀한 농촌 지역으로부터 이주한 결과이며, 최근의 이주는 주로 교외 위성도시로 이어지고 있다. 세계 무역 센터 주변의 이스턴 타이베이(뉴 타이베이)는 놀랄 만큼 성장했으며, 수백 개의 고급스러운 고층 아파트 건물과 오피스 타워가 새롭게 들어서 있다. 또한 타이베이는 2004년에 101층의 '**타이베이 101**'이 개장함에 따라 세계에서 가장 큰 빌딩을 가진 장소가 되기도 하였다. 부유한 여피족이 북쪽 교외나 남쪽으로 이동함에 따라 대규모의 교외화가 이루어졌다. 타이베이는 동심원 모델과 다핵심 모델의 요소가 결합된 구조가 나타난다. 타이베이는 현대식 건물, 넓고 나무가 늘어선 대로 및 높은 생활수준 측면에서 규모는 작지만 서울과 닮아 있다. 타이완의 정치제도가 민주화됨에 따라 1990년대에 환경 개선이 상당히 진행되었고, 도시 개발은 대중이 견해를 밝히는 공개적인 절차를 거쳐 진행되었다. 최근 타이베이는 수많은 오토바이와 자가용 차량이 증가하고 있음에도 효과적인 교통 체계를 갖춰 교통문제를 해결하고 있다.

서울: 종주도시의 불사조

서울은 특히 극심한 형태의 도시 종주성을 지닌 도시이다. 서울을 포함한 한국의 수도권은 총인구 4800만 명 중 대략 절반인 2300만 명이 거주하는 곳이며, 이는 세계의 메가시티들 중 상위에 위치한다. 서울 수도권은 인천과 주변의 경기도를 포함하며, 주거 기능과 상업 기능의 중심지로 이루어진 네트워크를 가지고 있다. 1950년 서울의 인구가 두 번째 도시인 부산의 인구보다 조금 많은 100만 명가량이었던 것을 고려할 때, 서울은 놀랄 만한 인구 성장을 보여 준다. 2010년에 부산의 인구는 350만 명으로 증가했을 뿐이다.

서울은 현대 한국의 정치적, 문화적, 교육적, 경제적 중심부이다. 서울은 또한 삼성, LG, 현대자동차와 같은 세계 선두 기업의 본사가 위치한 곳이다. 아직 도쿄나 뉴욕과 동등하지는 않지만, 서울은 여전히 주요 세계도시 순위에 항상 위치하고 있다. 지난 20년에 걸쳐 서울은 점차 범세계적이 되었으며, 한국의 민주화 및 세계화의 폭넓은 프로세스에 긴밀히 관련된 자본과 사람의 흐름을 통해 세계와 연결되었다.

서울이 세계 최대 도시 중 하나가 된 급격한 성장은 입지적 관점에서 볼 때 놀라운 일이 아니다. 한반도의 서쪽 해안을 따라 중간 지점에 위치한 도시의 입지는 분단되기 이전의 한국 수도가 위치하던 이상적인 장소였다. 그러나 1940년대 후반 한반도가 분단되고, 1953년 이래로 북한과 남한 사이에 비통한 교착 상태가 지속된 이래로, 비무장지대(DMZ)로부터 단지 32km 떨어진 서울의 위치는 도시를 취약하게 만들었다. 서울은 북한이 이 도시를 두 번 점령했던 한국전쟁 동안 거의 파괴되었다. 1970년대에 서울을 둘러싼 개발제한구역이 설정되었으며(도심부로부터 대략 15km), 서울의 공간적 팽창을 제한하였다. 이는 도시 팽창을 억제하기 위해서일 뿐만 아니라 도시를 북한의 공격으로부터 보호하기 위해 이루어졌다. 1980년대의 도시계획 정책은 한강 너머 남쪽으로 개발을 이끌었는데, 이는 국가의 방어적 우려 사항을 고려한 전략이기도 하였다. 보다 남쪽으로, 그리고 보다 방어적인 장소로 수도 기능을 옮기자는 제안은 항상 무관심이나 노골적인 반대에 부딪쳤다. 도시 방어에 대한 우려와 지난 40여 년간의 성장 억제 정책을 실시했지만, 인구와 경제활동이 서울에 집중되었다.

1960년대 이후의 성장은 한국을 도시/산업 사회로 변형시켰으며, 농촌에서 도시로의 거대한 인구 이동을 이끄는 요인이 되었다. 한국은 1960년대에 수출 지향 공업화 전략을 통해 경제 도약을 이룩하였다. 이후 도시화가 가속되면서 1977년에 도시인구가 50%를 넘어섰다. 서울은 점차 팽창해 한강 이남이 완전히 시가화가 되어 현재 싱가포르와 동일한 면적을 갖게 되었다. 강남의 시가지 팽창에 따라 과거 2개였던 한강 다리가 20개 이상으로 늘어나 강남과 강북을 연결하고 있다. 서울의 도시경관은 다소 중심이 없는 것으로 보이며, 밀집된 개발 지역과 고층 빌딩들이 전 수도권에 걸쳐 나타나는 다핵심 패턴을 형성하고 있다 (그림 11.21).

그림 11.21 서울의 도시경관에서는 고층 아파트군, 중간 높이의 주거용·산업용 건물들, 오래된 1~2층의 건물들이 어지럽게 섞여 있는 모습을 볼 수 있다. 이러한 혼합 패턴은 도시 전역에 걸쳐 나타나며, 도시에 중심지가 없다는 느낌을 주기도 한다. (사진: Lawrence Boland)

주거 개발과 산업 개발을 통해 경제 기능을 분산시키기 위한, 강북을 넘어선 시가화 지역의 확대는 정부가 정책적으로 개입해 주도하는 방식으로 이루어졌다. 이러한 팽창 정책의 첫 시작은 1970년대에 일어났다. 새로운 개발 정책은 고층 아파트 복합 단지, 밀집한 소매 지역, 새로운 기업 본사, 행정 기능의 이전 등으로 나타났으며, 교외화를 가져왔다. 두 번째 변화는 주택 수요에 대한 대책으로 1990년대에 일어났다. 다섯 개의 대규모 신도시가 서울 교외에 건설되었다. 약 20~25km 떨어진 이 신도시들의 위치는 기존에 있던 서울 교외의 지속된 성장을 막기 위한 방안으로 지정되었던 개발제한구역의 영향을 받았다. 1992~1999년 동안 약 20% 또는 200만 명에 달하는 인구가 서울 중심에서 이 지역으로 이동하였다. 이들 신도시는 대부분 산업 기반이 약했기 때문에 서울로 통근하는 인구가 거주하는 교외 주택지로서의 기능하였다. 서울의 옛 도심은 두 변화로 인해 공동화 현상을 맞이했으며, 이후 도시 재개발 계획이 추진되었다. 도심에는 새로운 고층 빌딩이 들어서고 있으며, 환경을 개선하려는 의도의 대규모 재개발 프로젝트가 진행되고 있다. 도시 내부 재생 및 개선된 보행자 편의 시설에 대한 이러한 새로운 변화를 상징적으로 보여 주는 것은 청계천 복원 사업이다. 이 사업은 2005년 시작해 단 2년의 작업으로 도로를 산책로로 바꾼 프로젝트였다.

서울의 건축 형태 및 사회 경관의 변화는 경제 변화와 병행해 이루어졌다. 서울의 초기 도약은 저렴한 노동력을 기반으로 한 제조업을 통해 이루어졌다. 그러나 이제 서울의 경제 구조가 금융과 생산자 서비스, 부동산 등으로 바뀌었으며, 최근에는 첨단 기술과 창의적 산업이 보다 많이 집중되어 있다. 따라서 탈공업화된 대도시로 서울을 묘사하는 것이 더욱 적절하다. 이러한 변화와 함께 도시정부는 최첨단 하이테크 및 환경 친화적 도시로 이미지를 새롭게 하기 위해 더욱 노력하고 있다. 도시 성장 억제에 실패하고 상당히 확산된 교외 팽창을 초래한 것으로 비판을 받았던 개발제한구역은 이제 밀집된 수도권에서 중요한 녹지 공간이 되고 있다. 한때 경제 기반을 서울에 의존했던 신도시들은 독립적인 상업 중심지가 되었고, 이는 통근 때문에 발생한 교통 혼잡을 완화시키는 데 일조하고 있다. 개선된 대중교통으로 인해, 교외에서 통근하기 위해 자가용에 의존하는 비율이 점차 감소하고 있다. 1988년 서울 올림픽의 요건을 갖추기 위해 건설된 대중교통 체계는 이제 지하철과 버스 운송 체계로 확대되어 통합되어 있다. 이러한 교통망의 개선을 바탕으로, 서울은 수준 높은 교통 시설을 갖춘 도시 중 하나가 되었다(글상자 11.4). 서울이 디지털 기술을 잘 활용하고 있다는 것을 도시 곳곳에 있는 인터넷 카페를 통해 확인할 수 있다. 서울이 혁신과 창의적 산업에 주력함에 따라 앞으로도 서울의 경제적, 문화적 역동성은 디지털 발전과 긴밀하게 연결되어 나타날 것이다.

글상자 11.4

디지털 서울

서울의 건조환경은 아시아의 다른 대도시와 닮아 있을지 모르지만, 가상 환경 측면에서는 볼 때 매우 특별하다. 서울은 초고속 통신망을 통해, 다양한 무선 기술을 통해 최첨단 수준의 연결성을 도시민과 방문객들에게 제공한다. 이러한 발전은 1997년 아시아 금융 위기를 극복한 이후 시작되었으며, 정부는 최첨단 디지털 기술과 시설에 집중 투자하였다. 한국은 LG, 삼성, KT와 같이 세계 최대 통신 기업의 본사가 있는 곳이다. 한국의 초고속 인터넷 가입률은 90% 이상으로 매우 높으며, 광범위한 무선 네트워크를 통해 도시의 거의 모든 곳에서 낮은 비용으로 온라인에 접속하는 것이 가능하다.

이러한 인프라가 구축됨에 따라 정보와 엔터테인먼트의 유용성은 상승하였다. 스마트그리드(smart grid)를 통해 기업과 소비자 사이에 정보가 소통되고 있다. 집 밖에서도 원격으로 에너지 절약 시스템을 가동할 수 있게 되었다. 또한 서울에는 거주자가 자신의 휴대 장치를 통해, 또는 도시의 전역에 있는 공공 접속 터치스크린을 통해, 대기 청정도와 교통 상태를 확인할 수 있도록 하는 유비쿼터스(ubiquitous) 시스템이 구축되어 있다. 새로운 버스 정보 관리 시스템은 모든 버스의 이동을 추적하며, 통근자가 휴대 장치로 직접 예상 도착 시간 및 대기 시간을 검색할 수 있다. 또한 유사한 정보가 서울의 거대한 지하철 시스템을 통해 표준 모바일 보이스 및 데이터 서비스와 함께 이용 가능하다. 이러한 계획은 대중교통을 보다 편리하고 매력적인 대안책으로 만들기 위한 도시의 폭넓은 노력을 바탕으로 한다.

서울에서는 인터넷을 사용할 수 있는 인터넷 카페를 쉽게 찾을 수 있다. 젊은이들이 온라인 게임과 비디오 채팅을 하는 데 많은 시간을 보내고, 무리지어서 어울리는 온라인 게임방 또는 PC방이 도시 전역에 걸쳐 약 26,000개가 넘는다. 노래방과 비디오방 등 다양한 방은 도시민에게 사회적으로 어울려 즐길 수 있는 대안 공간이 되고 있다. 그중에서도 PC방은 한국인들의 공동체 전통으로 인해 생겨난 가장 최신 형태의 오락 공간이다. 또한 서울의 밀집된 주택은 브로드밴드 설치가 가속화될 수 있는 기반이 되었으며, 시민들은 더욱 저렴한 비용으로 통신 시설에 연결할 수 있었다. 이 도시의 주택 대부분이 상대적으로 새 것이라는 사실도 브로드밴드 인프라의 확산을 위해서는 좋은 조건이다. 이러한 현대식 건물 구조 안에서는 필수 업그레이드를 시행하기가 보다 용이하기 때문이다.

남보다 뒤지지 않기 위해, 동아시아의 많은 다른 도시들도 디지털 네트워크의 확산 정책을 추진하고 있다. 예를 들면 타이베이에서는 도시의 대부분이 세계 최대 wi-fi 망으로 둘러싸여 있다. 베이징은 그 안에 있는 사업 지구 중 하나의 전역에 유사한 네트워크를 최근에 만들고 있다. 동아시아의 많은 다른 도시처럼, 베이징에 최근에 구축된 지하철은 승객들이 지하 운송 네트워크를 통해 고품질의 3G 데이터와 음성 전송에 접속할 수 있도록 설계되어 있다. 아직 서울처럼 발달되지는 않았지만, 동아시아의 다른 도시들도 도시 관리를 돕고, 새롭고 창의적인 디지털 경제성장을 지원하기 위해 최첨단 통신 시스템을 개발하고 있다.

도시문제 및 해결책

1970년대에 동아시아 지역을 특징지었던 중국, 북한과 몽골의 사회주의적 경로와 동아시아 나머지 부분의 비사회주의적 경로 사이의 상대적으로 뚜렷한 이분법은 더는 유효하지 않다. 하나의 정당 통치 체제가 여전히 남아 있지만, 중국은 최소한 겉으로 보기에는 정통적인 사회주의를 포기하였다. 북한은 가끔 변화와 개혁을 암시하기도 하지만, 바깥 세계에 대한 불신으로 스탈린주의적 체제로 다시 되돌아가곤 한다(글상자 11.5). 몽골은 러시아처럼 사회주의 체제뿐만 아니라 단일 정당 통치도 포기하였고, 이제 세계에 합류하기 위해 분투

고립: 주변부 도시

고립은 도시에게 불리한 조건일 수 있지만, 자연 및 인공적 요인 모두에 의해 야기될 수 있다는 점에서 상대적인 개념이다. 동아시아에 있는 네 개의 도시, 평양, 울란바토르, 우루무치, 라싸는 지리적·상대적 위치 면에서, 그리고 세계 다른 곳과의 연결성 측면에서, 아직까지 고립되어 있다. 하지만 각각의 지역에서 중요한 역할을 담당하고 있다.

평양은 아마도 네 도시 가운데 가장 이례적인 도시일 것이다. 평양은 2200만 명의 인구를 가진 북한의 수도이다. 평양에는 약 350만 명이 거주하고 있는 것으로 추정된다. 평양은 높은 종주성을 지니고 있는데, 두 번째와 세 번째 도시인 남포와 함흥보다 세 배 이상의 인구 규모를 가지고 있다. 옛 소비에트 연방과 마오쩌둥 시대의 중국 및 공산주의 몽골은 현재 개방된 국가가 되었지만, 북한은 여전히 중앙정부의 계획하에 운영되는 사회주의 체제가 지속되고 있다. 한국전쟁(1950~1953) 동안에 폐허가 된 평양은 넓은 대로와 거대한 정부 청사를 가진 진정한 사회주의적 도시 모델로 완전히 재건설되었다. 사회주의 체제를 가시적으로 전시하고 있지만, 평양을 방문한 외국인들은 기이한 경관을 목격하곤 한다. 평양은 북한 통치자들의 의도에 따라 좌우되는 거창한 기념물에 지나지 않는다. 이 도시는 지리적으로는 동아시아의 중심부에 위치하고 있을 수도 있지만, 시베리아의 한 가운데에 있는 것과 같을지도 모른다.

이와는 대조적으로 몽골의 수도인 울란바토르는 약 80만 명이 거주하는 도시이며, 외부 세계와 통합하기 위해 가능한 모든 것을 하고 있는 국가의 중심부이다. 주요 문제점은 몽골의 적은 인구(290만 명)와 넓게 퍼져 있는 국토, 지리적인 고립 등이다. 또한 울란바토르는 종주도시로서 두 번째 도시인 다르항(Darkhan, 인구 약 7만 명)보다 수십 배나 크다. 몽골은 사회주의 체제를 버리고 민주화를 추구함으로써 급격하게 도시화되고 있다. 몽골 정부는 경제 규모를 키우기 위한 경제 활성화 대책을 찾고자 부단히 노력하고 있다. 관광 산업도 성장하고 있지만, 관광 산업의 비중이 상당한 비중을 차지할 확률은 낮다. 국가의 지리적 제약을 극복하기 어려울 것으로 예측되기 때문에, 울란바토르는 작은 지역적 중심으로 남을 것이다.

우루무치는 중국 신장웨이우얼 자치구 수도이다. 고대부터 발달한 우루무치는 최근 중국 정부가 '서부대개발'을 추진하는 과정에서 서부의 중심지로 급성장하였다. 약 200만 명이 넘는 인구가 거주하고 있으며, 이 인구는 거의 한족으로 구성되어 있다. 우루무치는 지난 수십 년 동안에 중국 동부 연해 지역의 대도시와 같은 도시 특성과 물리적 외형으로 바뀌어 가고 있다. 네 개의 주변부 도시 중에서 지리적으로 가장 고립되어 있지만, 우루무치는 최근 중국의 급속한 경제성장에 힘입어 외부 세계와의 접촉이 늘고 있다. 이 도시는 대규모 관광 산업, 제조업 및 석유 관련 산업, 지하자원 개발의 중심지이다. 중국 정부는 신장의 많은 이슬람 인구(특히 위구르족) 사이에서 일고 있는 분리주의 경향을 억제하기 위한 일환으로 우루무치에 집중적으로 투자하고 있다. 따라서 이 도시

그림 11.22 티베트의 수도인 라싸에서는 티베트의 전통적 통치자인 달라이 라마의 거처였던 웅장한 포탈라 궁(Potala Palace)을 볼 수 있다. (사진: George Pomeroy)

의 지정학적 중요성은 경제적 역할을 훨씬 뛰어넘을 수 있다.

티베트의 수도인 라싸는 약 30만 명의 인구를 가진 작은 규모의 도시이지만, 여러 면에서 우루무치와 유사하다. 세계에서 가장 높은 곳에 위치한 도시 중 하나이기 때문에(약 3,658m), 중국의 통치가 아니었더라면, 라싸는 훨씬 더 지리적으로 고립되었을 것이다. 라싸는 고대 도시로서 (현재는 인도에 망명 중인) 달라이 라마의 통치 아래 독특한 티베트 불교문화를 유지하고 있었던 중심지이다. 라싸는 1950년대 중국이 점령함에 따라 점차 현대 세계 속으로 나오게 되었고, 티베트의 분리주의를 억제하기 위한 중국 노력의 중심지가 되었으며, 그 과정에서 많은 국제적인 관심을 끌었다. 라싸는 우루무치와 마찬가지로 본질적으로 급속하게 중국 도시가 되어 가고 있고, 한족 인구가 점차 증가하고 있으며, 전통적인 티베트의 도시 형태는 대부분 중국의 현대 도시 형태로 변해 가고 있다. 티베트는 중국에서 가장 빈곤한 지역 중 하나로 남아 있다. 라싸의 경제는 주로 관광 산업과 서비스에 의존하고 있다. 신장과 티베트 같은 중국의 주변부 자치구 지역은 이들을 중국에 남아 있게 하기 위한 정책의 일환으로 베이징 정부로부터 막대한 재정 보조금을 받고 있다. 이러한 사례로 티베트와 중국의 다른 부분을 (칭하이 성을 통해 북쪽으로) 연결하는 첫 철도가 2006년에 개설된 것을 들 수 있다. 티베트 독립주의자는 이 철도를 중국 정부가 티베트를 움켜쥐고 있는 여러 촉수들 중 하나로 바라본다. 반면에 베이징의 권력자는 티베트를 현대 세계로, 그리고 최종적으로는 중국에 더욱 가깝게 만들기 위한 필수적인 도구로 간주하고 있다.

결과적으로 이 네 도시는 역사적 맥락에서뿐만 아니라 최근의 개발 측면에서 고립을 극복하는 것은 결코 쉬운 일이 아님을 보여 준다.

하고 있다. 식민 시대는 이제 이 지역에서 완전히 끝이 났다. 이제 이러한 모든 변화의 결과로 생긴 도시의 문제점과 그에 대한 해결책은 새로운 양상을 띠며, 북한을 제외하고는, 이 지역 전반에 걸쳐 다소 유사한 것처럼 보인다.

중국의 방식

1979년 이전 공산주의 통치 아래에 있던 중국은 스탈린주의 양식의 산업화 프로그램을 추구하였다. 개인 소비를 억제하고 도시의 급격한 산업 성장에 필요한 자금을 조달하기 위한 정책이 실시되었다. 도시와 농촌 사이의 거대한 불균형을 해소하기 위해, 호구(가구 등록) 제도를 실시하여 도시로의 이주를 엄격히 제한하였다. 도시 거주민은 일정 정도 기본적 복지를 누렸고 직장이 보장되었으나, 그들의 생활은 다양한 정책적 조치를 통해 감독되었다. 이러한 정책으로 중국인의 생활수준은 동아시아 국가 중에서 하위에 머물렀으며, 농촌 지역은 빈곤에 시달려야 하였다. 1976년에 마오쩌둥의 사망 이후 이러한 체제는 변화되기 시작하였다.

1970년대 후반부터 중국 지도자는 국가 정책 전반에 대해 개혁을 시작하였다. 일당독재의 권위주의적 정치체제, 시장 통제 정책 등은 여전히 남아 있지만, 마오쩌둥 시대의 핵심 경제정책 중 일부는 크게 변화되었다. 주요한 정책 변화는 외국인에게 중국 내 투자, 무역, 관광, 기술 지원 및 다른 경제적 교류를 허용하는 **대외 개방**이었다. 반면 자립자족 정책은 폐기될 수밖에 없었다. 외부 세계와의 연계와 더불어 이루어진 급속한 성장은 깊은 영향을 미쳤으며, 특히 개방 정책을 비롯한 여러 특혜 정책은 연해 지역의 도시와 도시 발전에 적용되었다. 외국인 투자를 유치하기 위해 세제 혜택 정책 실시와 수출 자유 지역의 설치에 따라 1979년에 광둥 성과 푸젠 성에 4개의 경제특구(선전, 주하이, 샤먼, 산터우)와 1984년에 14개의 '연해개방도시'가 지정되었다. 1980년 말에는 하이난 섬이 다섯 번째의 경제특구로, 그리고 1990년에 상하이 푸둥신구가 '개방'지구로 지정되었다. 1990년대 중반 이후 대부분의 연해 지역에는 외국인 투자를 유치하려는 수천여 개의 '개방지구'가 설치되었다.

또 다른 주요 변화는 1980년대 초기에 시작된 농업의 탈집단화로, 사적 농가 제도의 도입(농가책임경영 시스템)이다. 이 변화로 인해 농업 생산성이 높아졌으며, 수억 명에 달하는 농민들의 삶의 질에도 향상이 이루어지게 되었다. 농촌에서 수많은 노동력이 더 이상 필요하지 않게 된 만큼, 정부는 지역 간 인구 이동 제약을 완화해 달라는 요구를 받게 되었다.

제약에 대한 완화로 이주 노동자를 일컫는 '유동 인구'가 등장했는데, 이들은 2010년에 1억 6000만 명에 달하는 것으로 추정되고 있으며, '세계의 공장'이라는 중국 제조업에 풍부한 노동력으로 공급되고 있다. 이주자들은 도시 내에 제조업과 서비스업에 종사하고 있으나 **호구 제도**하에서 이들은 일반적인 도시 거주자들이 누리는 시민의 권리와 사회적 혜택을 받지 못한다. 도시 시민과 불평등한 대우를 받는 이주자의 두 층위는 주요한 관심의 대상이자 도시 내 수많은 문제의 원인으로 작용하고 있다(글상자 11.2).

개방 정책과 농촌의 탈집단화의 중요한 결과 중의 하나는 선전과 같은 새로운 도시의 창조이다. 선전은 홍콩과 인접해 있는 수출 가공 지역으로 과거에는 매우 작은 어촌에 불과했지만, 지난 20여 년 동안 수백만 명의 인구를 가진 도시로, 젊은 이주자(지역 **호구** 지위가 없는)들이 대부분을 차지하는 도시로 변화했다. 현재 이곳의 인구는 1000만 명이 넘었으며 인접한 홍콩보다 더 큰 도시가 되었다. 오늘날 선전은 홍콩 특별행정구에서 볼 때 놀라운 광경을 연출하는 지역이 되었다. 홍콩에 바로 인접한 대부분의 지역은 자연보호구역 또는 아직 개발되지 않은 농촌이지만, 조금만 벗어나 안쪽으로 들어가면 맨해튼과 같은 도시화된 지역이 나타난다.

중국의 개방정책의 부정적인 측면에서 볼 때 자본주의와 결합한 방식과 일당독재는 도시와 농촌 간, 지역 간, 사회 계층 간의 불평등을 심화시키고 있다. 몇몇 도시에서의 삶은 동아시아의 여타 도시 지역과 같은 수준의 윤택함 지니고 있으며, 많은 대도시에서는 마오쩌둥 시대와는 매우 대비될 정도로 높은 수준의 소비재와 서비스를 공급받고 있다. 사실, 중국 대도시의 몇몇 구역들은 오늘날 홍콩 또는 타이베이 같은 도시보다 더 부유한 지역으로 알려져 있다(그림 11.20). 수많은 사람들에게 도시 생활은 최근 몇 년 동안 주택 가격의 급격한 상승에 직면하여 매우 바쁜 일과로 채워지고 있다. 경제적·사회적 양극화는 분명하게 나타나고 있다. 중국에서 도시 이주 노동자와 국유기업의 파산 등에 따라 나이 많은 노동자와 같은 도시 빈곤층의 비중은 점차 확대되고 있다. 급속히 고령화되는 상황에 직면하여 실업률도 심각한 문제가 되고 있다.

중국은 자국 경제가 일자리를 제공할 수 있는 수보다 너무 많은 인구를 보유하고 있다(그림 11.23). 농촌 지역, 특히 노년층의 노동력 잉여는 여전히 심각하다. 더욱이 부유층이건 빈곤층이건 상관없이 모든 사람에게 사실상 영향을 끼치는 것은 심각한 환경 상태이다. 알려진 바에 따르면 오늘날 세계에서 가장 오염된 10개의 주요 도시 중 다수가 중국 내에 있다. 이러한 사실은 간과되지 않았으며, 정부는 모든 수준에서 도시의 환경조건을 개선하는 데 집중적으로 투자하고 있다(이후의 논의를 참조).

동아시아의 대안 경로

전 세계의 대도시처럼 동아시아의 산업도시도 과밀 거주, 오염, 교통 혼잡, 범죄 및 주택 부족과 기타 편의 시설의 부족 등 심각한 문제를 겪고 있다. 이들 도시는 최근 수십 년간 매우 빠른 경제 성장과 현대화가 이루어져, 도시의 많은 거주자는 이제 높은 생활수준(주택 제외)을 보유하고 있다. 모든 종류의 소매점이 부유한 주민에게 상상할 수 있는 모든 소비재를 제공한다. 도시의 밤은 화려한 네온사인으로 반짝이는데, 그중에서도 가장 두드러지는 곳은 일본이다. 이러한 발전의 이면에는 빈부 불균등의 확대가 심각한 문제로 대두되고 있다. 빈곤층은 노약자, 이민자 또는 농촌에서 온 이주자가 대부분이다. 이러한 문제는 특히 중국에서 심각하며, 중국의 국내 이주 노동자는 2010년에 대략 1억 5000만 명에 달할 정도로 엄청나다. 그들 중 다수가 아주 최저의 생활수준으로 도시에서 일하며 살고 있다.

값비싼 토지는 이러한 도시 개발에 중대한 제약 조건이다. 따라서 주요 도시는 고층 신드롬을 가진 다른 대도시의 발자취를 따라가고 있다. 최고층 빌딩을 가지는 것이 마치 우월한 지위를 나타내는 것처럼, 동아시아의 도시 사이에서는 최고층 건물을 건설할 수 있는지에 대한 경쟁이 벌어지고 있다. 이러한 경쟁은 상하이, 홍콩, 타이베이, 서울 및 다른 도시에 지어지는 고층 빌딩에서 엿볼 수 있다. 지진 위험 때문에 상대적으로 낮은 스카이라인으로 오랫동안 특징지어졌던 일본의 도시조차도 고층 빌딩 건설을 지향하는 경향을 맞춰 가고 있으며, 도쿄 신주쿠 지구의 도시정부 복합단지 주변을 중심으로 한 50층 이상의 건물군 및 요코하마 항구 안의 새로운 고층 도시경관은 이러한 경향의 사례들이다. 일본 도시와 동아시아의 다른 도시는 지하 공간을 최대한 활용하고 있으며, 거대하고 복잡한 지하 쇼핑몰이 지하철 시스템으로 상호 연결되어 있다.

도시의 교외화는 도시의 고층화 또는 지하화에 대한 유일한 대안이다. 교외는 저렴하고 쾌적한 환경의 주택을 구할 수 있기 때문에 이 지역에 주택 단지를 포함한 새로운 공동체들이 생겨나고 있다(하지만 교외에서 거주하면 직장으로 통근하기 위해 보다 먼 거리를 이동해야 할 수도 있다). 이 지역 대부분의 대도시는 상대적으로 좋은 대중교통 시스템이 발달해 있다. 그럼에도 자동차 문화가 급속하게 번지고 있으며, 사람들은 편리함뿐만 아니라 사회적 지위를 나타내기 위해서 자가용을 많이 구매하고 있다. 일본에서는 자동차 문화가 1960년대에 강력

그림 11.23 농촌 출신 노동자들이 중국 내륙 지역의 최대 도시 중 하나인 우한(武漢)의 거리에서 신발을 닦고 있다. 2010년 대략 1억 5000만 명에 달하는 농촌 이주 근로자들은 이제 중국의 모든 주요 도시에서 미숙련 노동력으로 일자리를 찾고 있다. 세계의 공장으로 성장한 중국의 원동력은 이들의 저렴한 노동력이다. (사진: Kam Wing Chan)

히 확산되었으며, 이후 다른 국가에서도 자동차 문화가 뒤따라 나타났다. 이제 중국조차도 자가용 시류에 편승해 2010년에는 세계 최대 자동차 시장으로 부상하였다.

격차 줄이기: 일본의 분권화

일본인들은 도시 체계를 분산시키고 도쿄의 높은 영향력을 줄이기 위해 수십 년 동안 노력해 왔지만 대체로 성공하지 못하였다. 이러한 과제는 두 가지 측면을 포함한다. 첫째는 도쿄의 생활 조건을 향상시키는 것이고, 둘째는 도시 체계를 물리적으로 분산시키는 것이다. 도쿄에서 과밀 거주 및 여전히 높은 지가에 대한 해결책은 해안을 확장하고 도쿄 만을 최대한 활용하기 위한 지속적인 매립 프로젝트 등을 통해 새로운 토지를 만들며, 도쿄 지역 안의 덜 개발된 지역으로 나가는 데 있다. 후자에 대한 가장 적절한 사례는 도쿄 만의 중심을 가로질러 (북쪽과 서쪽에서) 도쿄로 연결되는 도쿄 만 해안 고속도로로, 이 때문에 지바 현은 동쪽과 남쪽 해안을 따라 개발을 향상시키기 위한 거점이 되었다. 이 프로젝트의 최종 목표는 도쿄 시 맞은편의 전체 반도를 점유하고 있는 지바 현이 새로운 세 핵심 도시(첨단 가즈사 아카데미 파크, 마쿠하리 신도시, 나리타 공항 주변 지역)의 새로운 성장 축으로 성장하는 것이다.

많은 사람들이 지지하는 대안책은 분산화이지만, 어떻게 분산하느냐의 문제는 의견 일치가 쉽지 않다. 수십 년에 걸쳐 일본은 연속적인 국가 개발 계획을 시행하였고, 그것들 모두는 지역 균형 개발에 대한 필요성을 어느 정도 다루었지만, 도쿄 밖으로 수도를 이전하기 위한 제안은 아무런 성과를 보지 못하였다. 다양한 종류의 부도심 활성화가 시도되었지만, 어떠한 것도 도쿄의 흡인력을 축소시키는 데 실질적으로 성공하지 못하였다. 도쿄의 나리타와 경쟁하기 위한 노력으로 1990년 인공 섬에 새로운 간사이 국제공항을 개설했지만, 간사이 같은 지역의 쇠퇴를 막지는 못하였다. 2001년에 정부는 간사이를 재생하기 위해 상당한 노력을 시작했지만 현재까지의 성과는 제한적이다. 물론 앞에 서술한 것처럼, 최근의 후쿠시마 지진 및 뒤이은 쓰나미 피해와 방사능 오염은 일본이 이러한 노력을 재고하도록 이끌 것이다.

서울: 종주성 때문에 발생하는 문제

서울은 교통 혼잡 및 주택 부족과 같은 도시 종주성의 전형적인 문제에 시달려 왔다. 지난 수십 년에 걸친 분산 개발 패턴은 이러한 문제 및 관련 이슈를 해결하기 위한 것이었다. 팽창의 대부분은 1990년대 서울 중심부 밖에 신도시를 계획해 세우는 것이었지만, 이러한 새로운 소도시의 주변 지역 역시 토지 투기로 인해 무계획적이고 비정상적인 개발을 경험하였다. 처음에 신도시들은 자급자족이 부족하다는 점에서 비판을 받았다. 이는 거주자가 직장, 쇼핑, 서비스, 문화생활을 위해 서울 중심부로 여전히 정기적으로 통근해야 하기 때문에 교통 혼잡이 더욱 심해지는 것을 의미하였다. 그러나 점차 신도시들이 상업적, 업무적, 교육적 시설을 확충함으로써 거주자가 서울로 가야 할 필요성이 줄어들었다. 이는 서울 도심부 밖의 지속적인 대중교통망 확대 및 버스 전용 차선 확립과 결합해, 서울 수도권 전역의 교통 조건 향상을 가져왔다. 서울 주변에 계획된 신도시와 연계된 대중 운송 수단은

그림 11.24 서울 중심부 안의 청계천 복원 프로젝트. 청계천은 도시의 중심부를 가로지르며 독특한 개방 공간을 제공하는 5.8km의 도시 산책로로 기존의 도로를 대체하는 데 단지 2년이 걸렸다. (사진: Lawrence Boland)

필요한 만큼 건설되었지만, 신도시 주변에 생겨난 무계획적인 교외 개발 지역이 산재해 있기 때문에 혼잡한 상황이 계속되고 있다. 서울이 봉착하고 있는 개발 관련 문제의 대부분은 교외에 나타나고 있는 이러한 요소 때문이다.

　도시정부와 중앙정부는 2000년대 초 이후로 개발이 서울에 집중되는 추세를 상쇄시키기 위해 노력하였고, 도시정부는 핵심 지역 안의 쇠퇴를 피하기 위해서도 노력해 왔다. 그러나 (2 ~5층 건물을 고층 아파트로 재건축하기 위한) 고도화 및 보다 많은 실외 공공용지를 제공해 도시의 오래된 지역들을 재생하기 위한 노력의 과정에서, 많은 저소득 거주자가 그들의 오래된 주거지로부터 쫓겨났다. 일부 지역들에서는 새롭게 건설된 건물을 구입하거나 임대할 수 없는 저소득 세입자와 소규모의 가족 경영 사업체가 대거 쫓겨났다. 청계천 복원 사업과 같은 대규모 도시 재생 프로젝트는 편의 시설 공간을 향상시켜서 서울 중심부의 도시 재생 프로세스를 한층 가속시키며, 따라서 부동산 가치와 임대료를 상승시킨다(그림 11.24). 도시 재생 프로세스 및 보상이 어떻게 이루어져야 하는지에 대한 논쟁이 활발하게 제기되고 있다. 2009년 서울의 용산 지역 강제 철거에 맞선 시위는 폭력 사태까지 낳게 되었고, 이 때문에 6명의 사망자가 발생하였다. 급속하고 극적인 재개발을 겪고 있는 다른 도시와 마찬가지로, 작지만 전통적인 모습을 간직한 지역이 동아시아 도시의 새로운 모습인 고층 아파트와 넓은 대로로 대체되고 있기 때문에, 서울이 이러한 지역 안에 존재했던 보다 전통적인 방식의 생활양식과 사회적 다양성을 유지할 수 있을 것인지는 불확실하다.

타이베이: 균형 있는 지역 개발을 향해

타이베이는 내재하는 도시문제 중 일부를 해결하는 데 최근 극적인 진전을 보이고 있다. 빠르고 거대한 수송 체계의 완성 및 교통법규의 엄격한 집행은, 한때는 교통마비 측면에서 아시아 최악의 도시 중 하나였던 타이베이에 질서를 가져왔다. 오염(특히, 대기오염)은 다양한 정책에 의해 크게 줄어들었다. 주택은 여전히 비싸지만 상대적으로 보다 적정한 가격이 되어 가고 있다. 전반적으로 타이베이는 더욱 깨끗해졌고, 생활하기에 좋은 장소가 되어 가고 있다. 많은 사람이 교외로 이동했지만, 다수의 거주 인구가 여전히 도시 중심에 살고 있으므로, 도심 공동화 모델은 타이베이에는 적합하지 않다. 타이베이의 도시 구조는 다핵심 모델에 해당할 것이다.

부분적으로 타이베이의 인구 과잉 문제를 해결하기 위해 중앙정부는 1970년대 초반에 타이완 전반에 걸쳐 지역 계획에 착수하였다. 최종 결과는 섬을 네 개의 계획 지역으로 분할하고, 각 지역에 핵심 도시를 중심에 두는 계획이었다. 타이베이를 중심으로 한 북부 지역은 타이완 총인구의 대략 40%를 차지하고 있다. 농촌 지역 산업화, 대량 인프라 투자 및 삶의 질과 다른 도시와 소도시의 경제 기반을 향상시키기 위한 프로그램을 포함한 다양한 정책을 통해, 타이완은 타이베이의 성장을 완화시키고(도쿄나 서울만큼 심하지 않았다), 일부 도시화를 분산시킬 수 있었다. 예를 들면 타이완은 일본형 고속철도를 개량해 자국에 적합한 기술을 개발하였다. 타이완의 고속철도는 2006년 후반에 운행을 시작하였고, 타이베이와 가오슝 사이의 이동 시간을 90분으로 단축시켰다. 타이베이와 가오슝 사이의 경쟁은 때로는 극심하다. 역사적으로 이 두 도시는 서로 경쟁하는 정당들인 국민당(KMT)과 민주진보당(DDP)에 의해 지배되었으며, 이러한 정당은 각기 북쪽과 남쪽에 권력 기반을 가지고 있다. 국민당 정권의 현재 중앙정부 정책은 중국의 저렴한 노동력과 지가를 활용하기 위해 타이완 산업의 상당한 부분을 중국 본토로 위탁하였다. 다른 동아시아 경제국의 경험에서 알 수 있듯이, 이것은 타이완의 경제구조화를 가져왔으며, 타이완의 도시 및 경제구조에 긍정적인 영향력을 미칠 것이다.

동아시아 도시의 녹화

　동아시아의 도시는 다양한 발전 경로를 개척했기 때문에 다양한 형태의 환경적 도전 과제에 직면하고 있다. 증가하는 인구, 급속한 산업화 및 최근 수십 년간 이루어진 고소비 생활양식으로 인해 발생한 보편적인 변화는 대기, 수질 및 토지 자원에 대한 부담으로 작용하고 있다. 이 지역의 도시가 거주자의 삶의 질에 상당한 주의를 기울이기 시작한 것은 불과 몇 년이 되지 않았다. 이러한 변화는 환경오염 때문에 발생하는 보건·사회적 비용이 증가하고 있다는 것에 대한 자각과 연관되어 있다. 또한 이제 서비스와 최첨단 사업이 주도하는 도시경제의 폭넓은 변화와도 관련되어 있다. 유사한 개발 패턴이 전 세계의 도시에서 일어났지만, 동아시아에서 주목할 것은 빠른 개발 속도이다. 그리고 이러한 현상이 가장 두드러지게 나타난 곳은 아마도 중국의 도시일 것이다.

　중국은 가장 오염된 도시에 대한 다양한 목록에서 때로는 지나칠 정도로 많이 언급된다. 흔히 인용되는 사례는 가장 오염된 대기를 지닌 20개 도시들 중 16개가 중국에 있다는 2006년 세계은행의 발표이다. 오염의 심각성은 최근의 다양한 지속가능한 도시 정책의 시행에서 입증되듯이 모든 수준의 중국 정부에서 인식되고 있다. 하나의 공통 전략은 현재 도시 지역에 위치한 오염 공장을 폐쇄하거나 이전시키고, 겨울 난방을 위해 사용되는 석탄 보일러를 교체하는 것이었다. 종종 국제적으로 자금을 지원받는 다른 프로그램은 새로운 폐수처리 시설의 건축 및 하수 정화용 준설과 산업적, 농업적 활동에 대한 향상된 제어를 통한 도시 수로 정화와 같은 수질 개선 계획과 관련이 있다. 도시들은 환경의 질을 향상시키기 위한 또 다른 전략으로 공원과 생태 공간을 넓혀 나가고 있으며, 새로운 지하철 구축은 많은 주요 도시에서 대중 수송 역량을 증가시키고 있다. 상하이는 가장 야심찬 도시로서, 단지 15년 만에 세계적인 지하철 네트워크를 보유하게 되었다.

　환경 개선 노력으로 많은 도시가 성과를 올렸으며, 거주자들은 환경의 질에 변화가 이루어졌음을 일상생활에서 직접 체험하고 있다. 그러나 일부 도시문제는 생산도시에서 소비도시로 전환됨에 따라 더욱 다루기 힘든 것으로 입증되었다. 이러한 점에서 가장 눈에 띄는 것은 자동차 이용의 놀랄 만한 증가 및 주요 도시의 외곽에 쌓인 외견상 끝이 없어 보이는 폐기물이다. 베이징에서만 평균 2,000대의 새로운 차량이 매일 등록되고 있다. 중국 서부의 청두(成都)와 같은 지방 대도시에서도 자가용 수요가 급증하고 있으며, 매일 1,000대 이상의 새로운 차량이 거리로 쏟아져 나오고 있다. 도시 주변의 농경지가 새로운 주택 개발,

골프 코스 및 대규모 공장 설립으로 인해 식량을 생산하지 못하게 되는 것도 심각한 문제이다. 다른 도시문제는 그 원천이 도시 경계 너머에 있다. 이러한 문제를 상징적으로 보여 주는 것이 베이징과 중국의 다른 북부 도시 및 한반도를 괴롭히는 황사이다. 이 심각한 황사는 때로는 상하이를 포함한 보다 남쪽의 도시까지 영향을 미친다. 또한 급증하는 자가용의 배기가스 및 공장에서 배출되는 미세한 오염 물질도 심각한 대기오염 문제를 낳고 있다.

유사한 추세가 동아시아의 다른 도시에서 환경적 이슈와 관련해 나타나고 있다. 홍콩, 도쿄, 타이베이, 서울과 같은 도시는 모두 유사한 변화, 즉 보다 깨끗한 공기 및 수질, 그리고 공공녹지와 같이 보다 환경적인 편의 시설에 대한 요구와 투자 증가에 따라 보다 덜 오염적인 형태의 경제활동으로의 변화를 겪어 왔다. 서울의 경우, 청계천 복원 계획은 도시 관리를 위해 지속가능한 패러다임을 채택해 도시의 이미지를 새롭게 하기 위한 그 당시 새 시장의 전략들 중 일부였다. 이러한 프로젝트는 다소 황량한 가로 풍경이 되어 버린 도시의 옛 핵심부에 새로운 활력을 주고자 했던 도시 재생 노력과 잘 들어맞았다. 이 프로젝트는 초기에는 비판을 받았지만, 단지 2년만에 도시 중심부를 가로지르던 6km의 복개 도로는 복원된 하천으로 대체되었고, 측면에는 보행자와 자전거 이용자를 위한 선형 공원이 만들어졌으며, 차량 교통은 산책로의 옆쪽에 있는 도로로 제한되었다. 차도를 보충하기 위해, 버스 전용 도로를 확대시켰고, 서울의 기존 지하철 시스템과의 연결성을 개선시켰다. 청계천 복원은 시행 속도 및 시내 인근 지역에 대한 대체로 긍정적인 효과라는 두 가지 측면에서, 직접적인 환경적 효과와 초기의 교외화 물결로 인해 거리의 활력을 잃었던 옛 도시 중심지로 사람들의 흐름을 증가시킨 것에 대해 아직까지 찬사를 받고 있다.

서울의 도시 하천 복원은 분명한 환경적 이득을 가진 야심찬 다목적 도시 재개발 제도를 나타내고, 동아시아는 생태 도시(eco-city)의 창조에 기반을 둔 더욱 야심찬 도시환경 계획으로 점점 더 알려지고 있으며, 이러한 도시 중 일부는 처음부터 다시 건설될 예정이다. 계획된 생태 도시는 한국의 송도 신도시, 중국 상하이 인근의 둥탄(東灘), 베이징 인근의 톈진이 있다. 대부분 경우, 이러한 계획은 첨단 기술의 조사와 기술을 강조하는 최첨단 녹색 기술을 사용한 주거 공간, 상업 공간, 산업 공간의 통합을 필요로 한다. 생태 도시 프로젝트는 거주 예상 인구가 수십만 명에 이르는 대규모의 거대한 계획이다. 이러한 거대한 규모는 동아시아 지역에서 주류를 이루는 일반적인 도시화 특성인 고층/고밀집 개발 패턴과 일치한다. 계획된 생태 도시 중에서 둥탄이 가장 주목을 끄는 프로젝트였지만, 취소된 게 아니라면 지연되고 있는 것으로 보인다. 다른 도시는 건설을 위해 앞으로 나아가고 있으며, 때로는 국제 디자인/엔지니어링 컨소시엄과 협력해 계획과 논의가 진행되고 있다. 이러한 프로젝트의 지지자들은 그러한 도시가 실현되기까지 오랜 시간이 걸릴지라도 다른 도시의 도시 비전에 긍정적인 영향을 미치며, 저탄소 자원 효율 난방과 같은 도시 녹색 기술의 개발을 견인하도록 돕는다고 주장한다. 그러나 일부 비평가들은 이러한 이상적인 녹색 공동체가 정부 관료들과 설계 회사의 이미지를 향상시키기 위한 것이기 때문에 원래의 야심찬 목표를 달성하지 못할 것이라고 우려한다. 다른 비평가들은 계획대로 건설될지라도, 새로운 생태 도시들은 교육 수준이 높은 부유한 사람들만이 거주할 수 있을 것이며, 가난한 사람들은 동아시아의 지속가능한 도시 미래의 혜택을 즐길 수 있는 기회가 제한될 것이라고 우려한다.

전망

전 세계에 있는 많은 빈곤한 도시의 시민들은 동아시아의 번창한 도시들을 부러워할 것이다. 그러나 이 지역의 시민, 특히 도시계획가에게 있어서 대부분의 동아시아 도시의 전반적인 문제점은 그것이 여전히 기대에 훨씬 미치지 못한다는 것이다. 한 일본 도시 연구가는 다음과 같이 지적하였다.

- 일본의 유명한 도시의 중심지는 유럽의 도시 중심지가 지닌 특성과 비교해 볼 때 부족한 측면이 많다. 반면, 일본의 중심지는 끊임없이 건설 중에 있는 것으로 보인다.
- 도시 재개발에 대한 거대한 잠재적인 요구가 존재한다.
- 일본의 도시계획은 주거 환경에 대한 비전을 거의 제시하지 않는다.

이것은 (아마도 서양식 교육 때문에 선입견을 갖고 있는) 이상적인 계획가로부터 나온 과도하게 냉혹한 비판일 수 있다. 하지만 위와 흡사한 비판이 동아시아의 나머지 지역에도 해당될 수 있다. 역사와 특성은 거의 남겨 두지 않는 지속적인 파괴와 건설은 급속한 성장과 경제적 성공의 대가이다. 그러나 동아시아의 도시는 여러 측면에서 높은 인구압과 희소한 토지라는 상대적으로 불리한 환경 내에서, 쾌적한 도시 주거 공간을 만들기 위해 노력한 여러 세대에 걸친 사람들의 독창적인 디자인이라고 말하는 것도 옳을 것이다.

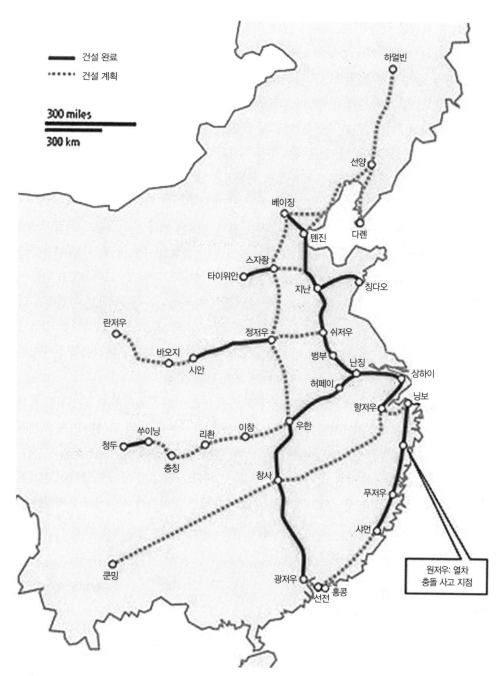

그림 11.25 중국의 고속철도망 건설 계획. 2011년 중반에 50% 이상 건설이 완료되었다. 출처: World Bank

그렇다면 이러한 국가와 도시는 여기서부터 어디로 나아갈까? 동아시아는 높은 경제성장을 지속하고, 대부분의 국가들은 친기업적인 전략을 추구할 확률이 높다. 도시화는 중국에서 계속될 것이다. 이 지역에는 도시 개발과 도시 인프라 건설 및 정보 기술의 이용 증대를 위한 엄청난 양의 자본이 존재한다. 그러나 도시 생활의 질을 최대화하고 보다 공평한 성장을 촉진하기 위해 그러한 자본을 어떻게 집결할 것인지는 이러한 모든 국가가 직면한 주요 도전 과제로 남을 것이다. 일본에서 처음 개발된 고속철도와 같은 최첨단 기술은 이제 중국 및 동아시아의 다른 지역들에서 빠르게 확산되고 있지만(그림 11.25), 그러한 최첨단 기술은 대중에게 유익할 것인가 아니면 오직 부유층에게만 유익할 것인가?

거의 전적으로 정부에 의해 자금이 조달되는 현재 중국의 거대한 고속철도 프로젝트에 대한 분석은 훨씬 높은 운임을 지불할 수 있는 (수입 소득자들의 상위 25%에 해당하는) 부유층과 중산층에게 대단히 유익하게 기능했음을 보여 준다. 이러한 프로젝트는 고속철도가 만들어짐에 따라 많은 저비용의 완행열차가 운행을 중단했기 때문에 저소득층에게는 부정적인 영향을 주었다. 중국의 2011년 설날(춘절) 연휴 동안 기차와 버스를 이용해 고향으로 갔다가 다시 돌아온 대략 1억 1000만 명의 이주자들이 겪어야 했던 추가적인 어려움과 문제점은 일부 현대 프로젝트의 퇴행적 속성을 명료하게 보여 준다.

동아시아의 많은 도시, 특히 홍콩과 중국 본토의 중산층 이하 시민들의 요구가 점차 커지고 있으며, 그들은 이제 과거처럼 항상 무시될 수는 없다. 동아시아의 도시는 21세기 세계 정세에서 선도적 역할을 담당할 운명일 수 있으며, 현재 그러한 것처럼 세계경제의 세 개의 권력 중심지들 중 하나에 속할 것이다. 모든 일들이 제대로 된다면, 아마도 중국이 선두적인 지위를 차지할 것이며, 중국의 대도시들은 20세기에 초 동아시아 지역에서 우세했던 일본의 도시들을 대체할 것이다.

■ 추천 문헌

• Brandt, Loren, and Thomas G. Rawski, eds. 2008. *China's Great Economic Transformation*. Cambridge and New York: Cambridge University Press. 중국의 공간적 발전 측면을 포함해, 중국 경제성장의 다양한 요인을 비교 분석하였다.

• Chan, Kam Wing. 1994. *Cities with Invisible Walls: Reinterpreting Urbanization in Post-1949 China*. Hong Kong: Oxford University Press. 중국의 사회주의 도시의 주요 형태를 분석

한 책으로, 특히 산업화 전략과 인구 이동 통제 체제를 다루고 있다.

- Golonym, G. S., Keisuke Hanaki, and Osamu Koide, eds. 1998. *Japanese Urban Environment*. New York: Pergamon. 일본의 도시계획과 도시 정책 과정에서 성공한 사례를 학문적으로 설명하고 있다.

- Karan, P. P. and Krtistin Stapleton, eds. 1997. *The Japanese City*. Lexington: University of Kentucky Press. 일본 도시 발전의 역사적인 측면과 현재 도시의 다양한 측면을 설명하고 있다.

- Kim, W. B. et al., eds. 1997. *Culture and the City in East Asia*. New York: Clarendon Press. 지리학자와 도시계획가의 안목에서 (홍콩과 타이베이를 포함한) 동아시아 도시들의 역사, 발전 과정에 대해 설명하고 있다.

- Solinger, Dorothy. 1999. *Contesting Citizenship in Urban China*. Berkeley: University of California Press. 농촌에서 도시로 몰려든 수많은 노동자로 인해 중국 도시가 직면한 문제에 대해 논의하고 있다.

- Sorensen, Andre. 2002. *The Making of Urban Japan: Cities and Planning from Edo to the Twenty-First Century*. London, New York: Routledge. 일본 도시의 초기 모습에서 현재까지의 과정을 분석하였다.

- Wu, Fulong, JiangXu, and Anthony Gar-On Yeh. 2007. *Urban Development in Post-Reform China: State, Market, and Space*. London, New York: Routledge. 중국 도시계획과 도시 발전에 대한 다양한 요인을 상세하게 분석하였다.

- Wang, Ya Ping, 2004. *Urban Poverty, Housing and Social Change in China*. New York: Routledge. 개혁·개방 이후 중국 도시의 빈곤과 주택 문제에 대해 다루고 있다.

- Yusuf, Shahid, and Kaoru Nabeshime. 2006. *Post-Industrial East Asia Cities*. Standford: Stanford University Press and World Bank. 제조업 중심에서 벗어난 동아시아 도시들의 기술 혁신에 대해 다루고 있는 책이다.

- Zhang, Li, 2010. *In Search of Paradise: Middie-Class Living in a Chinese Metropolis*. Ithaca, NY: Cornell University Press. 중국의 새로운 중산층의 자가 주택 소유 과정을 다양한 사례를 들어 설명하고 있다.

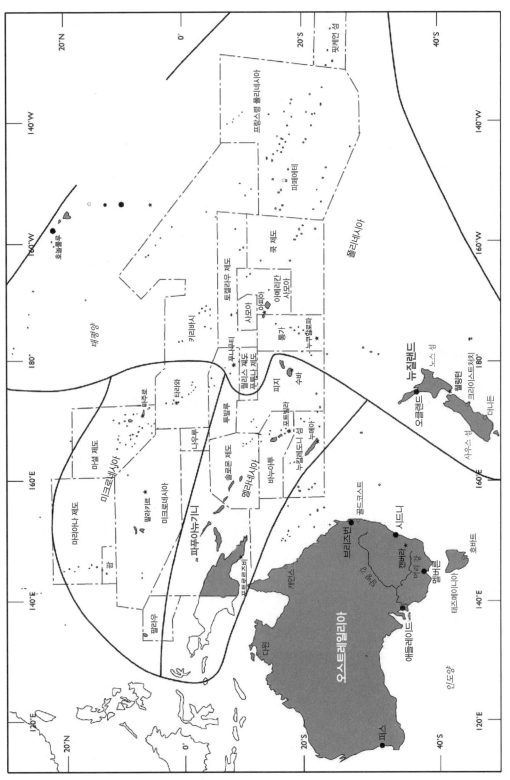

그림 12.1 오스트레일리아와 태평양 도서 지역의 주요 도시. 출처: UN. *World Urbanization Prospects: 2009 Revision*, http://esa.un.org/undp/wup/index.htm

—— 12 ——
오스트레일리아와 태평양 도서 지역의 도시

주요 도시 정보

총인구	3500만 명
도시인구 비율	70.2%
전체 도시인구	2500만 명
도시화율이 높은 국가	나우루(100%), 괌(93.2%), 미국령 사모아(93.0%)
도시화율이 낮은 국가	파푸아뉴기니(12.5%), 솔로몬 제도(18.6%)
연평균 도시 성장률	1.57%
메가시티의 수	없음
인구 100만 명 이상급 도시	6개
3대 도시	시드니, 멜버른, 브리즈번
세계도시	시드니

핵심 주제

1. 이 지역의 도시들은 독특한 특성을 지닌 두 가지 부류로 나눌 수 있다. 첫째는 오스트레일리아와 아오테아로아/뉴질랜드의 도시이고, 둘째는 태평양 도서 지역의 도시이다.

2. 이 지역의 모든 국가는 종주도시를 특징으로 한다. 다만 오스트레일리아의 종주도시는 연방 내 각 주의 주도이다.

3. 오스트레일리아와 아오테아로아/뉴질랜드는 미국과 같은 다른 선진국의 도시 특성을 상당히 많이 지니고 있다.

4. 태평양 도서 지역의 도시 특성은 개발도상국가의 도시와 유사하지만, 상대적으로 규모가 더 작고 인구 성장률 또한 낮은 수준을 유지하고 있다.

5. 시드니는 단연 글로벌 연계가 가장 뛰어난 도시이고, 이 지역의 경제 중심지이다.

6. 이 지역의 많은 도시는 식민지 수도나 국가 수도로 세워졌고, 도시 패턴과 특성도 이러한 정치적 영향과 관련되어 있다.

7. 오스트레일리아에서 많이 사용되는 대중적인 어휘인 '해양 변화(sea change)' 현상은 사람들이 대도시로부터 해안가의 작은 마을로 이주하는 경향을 지칭한다.

8. 교외화와 젠트리피케이션은 오스트레일리아와 아오테아로아/뉴질랜드 도시에 있어서 주거 지역의 변화를 야기하는 핵심 요인이며, 세계화는 도시경제의 핵심 추동력이다.

9. 다문화 인구는 이 지역의 대부분 도시들에서 점차 규범으로 자리 잡고 있으며, 특히 오스트레일리아아와 아오테아로아/뉴질랜드에서 두드러진다.

10. 도시에 미치는 환경의 영향에 대한 인식이 나날이 강해지고 있기 때문에 도시계획의 틀이나 일상생활을 지속가능하게 바꾸려는 시도가 일어나고 있다.

11. 태평양 도서 지역의 도시에서 환경 취약성은 점차 핵심적인 문제가 되고 있고, 특히 기후 변화에 의한 직접적, 간접적 영향이 두드러진다.

태평양 지역은 다양한 크기의 수많은 섬으로 이루어져 있다(그림 12.1). 이 지역에서 지리적, 경제적으로 가장 지배적인 국가는 (섬 대륙인) 오스트레일리아와 (마오리인과 파케하인을 총칭하는) 아오테아로아/뉴질랜드이다. 그러나 멜라네시아, 미크로네시아, 폴리네시아로 불리는 광대한 태평양 권역에 수많은 섬들이 포함되어 있다. 이 지역은 사회적, 경제적, 인체·생물학적 측면에서 상이한 도시들이 포함된 여러 지역으로 구성되어 있다.

이 지역의 도시들은 크게 두 가지로 분류될 수 있다. 첫째는 오스트레일리아와 아오테아로아/뉴질랜드의 도시들이고, 둘째는 태평양 도서 지역의 도시들이다. 전자는 선진국 도시의 특징을 많이 갖고 있다. 대체로 경제적으로 부유할 뿐만 아니라 사람, 자본, 정보, 서비스의 글로벌 흐름과 연계되어 있다. 이 두 국가의 도시들은 다음의 두 가지 특징을 공유한다. 첫째, 이 두 국가는 도시적이다. 현재 오스트레일리아 인구의 88%가, 아오테아로아/뉴질랜드 인구의 86%가 도시 지역에 거주하고 있다. 둘째, 이 두 국가는 오랫동안 종주도시와 수많은 작은 도시로 이루어져 왔다. 대략적으로 볼 때, 아오테아로아/뉴질랜드 인구의 1/4이 오클랜드 한 개 도시에 집중해 있고, 오스트레일리아의 경우 멜버른과 시드니에 전체 인구의 38%가 거주하고 있다(표 12.1).

표 12.1 오스트레일리아와 아오테아로아/뉴질랜드: 국가 인구 분포의 변화

국가	도시	1981년 국가 총인구 중 도시인구 비중(%)	2006년 국가 총인구 중 도시인구 비중(%)
오스트레일리아	시드니	21.8	20.7
	멜버른	18.6	18.1
	브리즈번	7.2	8.9
	퍼스	6.2	7.3
	애들레이드	6.3	5.6
	호바트	1.1	1.0
	다윈	0.4	0.5
	캔버라	1.6	1.6
아오테아로아/ 뉴질랜드	오클랜드	26.1	29.2
	크라이스트처치	10.1	8.7
	웰링턴	10.8	9.6
	더니든	3.6	2.7

출처: *New Zealand Official Yearbook, 88th ed.; Year Book Australia; new Zealand Census of Population and Dwelling 2006; Australian Census of Population and Housing 2006*

미크로네시아, 폴리네시아, 멜라네시아의 도서 지역은 이와는 대조적인 특징을 갖고 있다. 이 지역은 대체로 비도시인구의 비중이 높다. 신뢰도 높은 자료를 구하기는 어렵지만, 대략 35%의 인구가 도시에 거주하고 있는 것으로 추정되며, 2025년에 이 비율은 50%를 웃돌 것으로 예상된다. 인구 5,000명 이상의 마을이나 도시는 35개 정도이다. 남서 태평양 권역 도시 주민들 중 2/3가 인구 밀집 지역인 파푸아뉴기니와 피지에 분포한다(표 12.2). 이 지역에서 가장 큰 도시로 파푸아뉴기니의 포트모르즈비(Port Moresby), 뉴벨칼레도니 섬의 누메아(Nouméa), 피지의 수바(Suva) 등이 있지만, 이들은 전 세계를 기준으로 할 때 매우 작은 도시들에 불과하다. 또한 이 도시들의 인구 증가율은 매우 미미한 수준이며, 경제적 기회도 매우 제한되어 있다. 이 지역 주민들의 사회적 지위와 신분은 도시보다는 농촌 및 토지와 밀접하게 관련되어 있다.

표 12.2 태평양 도서 지역의 인구

국가/도시	인구(2010)	국가 총인구 중 도시인구 비중(%)
피지	841,387	
나시누	88,566	10.5
수바	85,754	10.2
나우소리	46,811	5.6
키리바시	100,062	
바이리키	47,946	47.9
타부라오	4,321	4.3
본리키	4,005	4.0
마셜 제도	54,185	
리타	20,144	37.2
에베예	9,581	17.7
라우라	2,905	5.4
바누아투	248,935	
빌라	47,510	19.1
루간빌	13,799	5.5
포트올리	2,897	1.2
통가	102,368	
누쿠알로파	24,310	23.7
무아	5,190	5.1
나이아파	3,965	3.9
솔로몬 제도	530,735	
호니아라	63,343	11.9
아우키	6,811	1.3
문다	4,850	0.9
사모아	181,718	
아이파	36,440	20.1
바이텔레	7,333	4.0
팔레아시우	3,858	2.1
파푸아뉴기니	6,740,586	
포트모르즈비	307,103	4.6
라에	96,242	1.4
멘디	43,005	0.6

출처: Country Watch 2010 *Country Profiles*, http://www.countrywatch.com/country_profile.aspx

어버니즘의 역사적 토대

오스트레일리아, 아오테아로아/뉴질랜드, 태평양 도서 지역에는 4만년 이상의 역사를 지닌 원주민들이 거주하고 있다. 오스트레일리아의 애버리지니가 그 대표적 사례이다. 그에 반해 이 지역의 도시 역사는 매우 짧다. 도시 정주가 시작된 것은 18, 19세기 동안 많은 식민지 정착민이 도착하면서부터이다. 오스트레일리아는 1788년에 공식적으로 영국의 식민지가 되었고, 그 이후 시드니, [태즈메이니아의 호바트(Hobart) 근처에 있는] 포트아더(Port Arthur), 브리즈번 등으로 많은 죄수가 정착하였다. 죄수들의 해안 지역 정착과 아울러, 식민지 통치, 상업, 무역을 목적으로 멜버른과 애들레이드와 같은 도시들이 형성되기 시작하였다. 이러한 과정에서 오늘날 대도시 종주성의 토대가 형성되었다. 이러한 영국의 식민 수도는 19세기 내내 독자성을 가지고 발달하였고, 후에는 각 주의 주도가 되었다. 식민 수도는 유럽으로의 상품 수출입에 있어 핵심 항구로 기능하였고, 농촌 배후지에 서비스를 공급했을 뿐만 아니라, 식민 통치의 중심지로 기능하였다. 식민 수도 간의 경쟁은 도시의 종주성을 더욱 심화시켰다. 개별 도시들은 각 도시의 영역에 기반을 둔 정치력을 바탕으로 경제적 성장을 지속시키는 데에 주력하였다. 이 때문에 새로운 대안적 도시 중심지들의 성장이 어렵게 되었다.

19세기 중반과 후반에 두 가지의 큰 변동으로 인해 오스트레일리아의 6개 식민 수도의 규모, 기능, 중요성은 더욱 크게 부각되었다. 우선, 식민 수도들을 중심으로 철도가 건설됨으로써 도시와 배후지 간의 효율적 연계가 촉진되었다. 산업화 또한 이러한 해안 지역의 식민 통치 도시들을 중심으로 일어나게 되었다. 물론 뉴사우스웨일스 주의 울런공(Wollongong)과 뉴캐슬, 그리고 사우스오스트레일리아 주의 화이앨라(Whyalla)는 예외적인 도시들이다. 19세기 말, 당시 오스트레일리아의 인구는 400만 명이 채 되지 않았다. 시드니와 멜버른의 인구는 각각 50만 명 정도였고, 애들레이드, 브리즈번, 퍼스의 인구는 10만 명이 채 되지 않았으며, 호바트의 인구는 3만 5000명 정도로 적었다. 결국 식민주의는 오스트레일리아 특유의 도시 종주성과 정주 패턴을 낳았고, 이는 적어도 다음의 두 가지로 요약될 수 있다. 첫째, (죄수이든지, 자유민이든지) 유럽인들의 정착지는 해안에 위치하고 있어 무역 기능을 갖출 수 있었고, 이는 식민지의 형성과 그 이후의 성장에 기반이 되었다. 둘째, 개별 식민지 수도의 행정적 기능과 경쟁은 새로운 도시 중심지를 낳기보다는 기존 도시의 성장을 가속화하였다.

20세기 초반, 오스트레일리아의 도시는 영국의 식민주의에 의해 형성된 공간적 패턴 속에서 성장하였다. 1920년대에 시작된 제조업의 활황은 각 주도의 종주성을 강화하였다. 이 시기에 오스트레일리아의 도시는 체계적인 교외화의 과정을 경험하였다. 중심 도시에서 멀리 떨어진 쾌적한 환경 주변에 중산층의 교외화가 일어났고, 이는 토지 개발업자와 주택 건설업자의 활동뿐만 아니라 중심 도시에서 방사상으로 뻗는 대중교통망의 발달이 있었기 때문에 가능한 것이었다. 오스트레일리아의 경우 영국의 도시들에 필적할 만큼 내부 도시에 슬럼이 나타난 것은 아니었지만, 도시 내의 사회적 분화는 도시교통망에 따라 선형으로 나타나거나 자연경관 특징의 영향을 받았다.

20세기가 도래하면서 캔버라라는 새로운 도시 건설 계획이 시작되면서, 기존의 도시들에게 위협이 되었다. 오스트레일리아의 식민령 연방은 단일한 국가로의 통합을 지향하였다. 식민 수도는 새로이 탄생될 오스트레일리아 연방을 구성하는 각 주의 주도가 되었고, 오스트레일리아 전체 도시의 종주성을 지배하던 두 도시인 멜버른과 시드니 사이에 새로운 계획도시인 캔버라가 국가의 수도로서 건설되었다. 캔버라가 두 도시 사이에 입지하게 된 것은 일종의 타협의 산물이었다. 오스트레일리아 의회는 1927년까지 공식적으로 캔버라로 이전하지 않았고, 캔버라는 오늘날 인구 40만 명이 채 안 되는 상대적으로 작은 도시로 남아 있다(그림 12.2). 캔버라가 오늘날의 지배성을 갖추게 된 것은 공식적인 도시계획에 의한 것이었다. 미국인이었던 월터 벌리 그리핀(Walter Burley Griffin)은 마스터플랜을 짜면서, 캔버라를 큰 호수에 인접한 '전원도시'로 개발할 것을 계획하였고, '의회 삼각지구'의 건설과 작은 독자적 중심지를 갖춘 위성형 교외 지역 건설에 초점을 두었다. 1947년 당시 인구는 겨우 1만 6000명에 지나지 않았을 정도로 캔버라의 성장은 매우 느렸다. 그리고 초창기 도시경제는 공공 서비스의 외교 기능에 의존하였다. 오늘날 캔버라의 도시경제는 오스트레일리아 국립 대학교를 포함한 많은 국립 및 사립 고등교육기관에 다니고 있는 학생 인구에 의해 보충되고 있다.

아오테아로아/뉴질랜드의 경우, 유럽인들의 정착과 근대 도시화는 1840년 영국인과 마오리족 사이에 와이탕이 조약(Treaty of Waitangi)이 맺어지면서 본격화되었다. 오스트레일리아가 죄수들의 정착지가 되었던 것과는 달리, 아오테아로아/뉴질랜드에는 이주와 투자 동기가 있는 자유민들이 정착함에 따라, 오늘날 양과 소 사육 중심의 목축업 중심의 경제로 발전하게 되었다. 오스트레일리아와는 달리, 19세기 아오테아로아/뉴질랜드에서는 도시의 종주성이 나타나지 않았다. 왜냐하면 이들의 정착 패턴은 분산적인 특징을 띠고 있었고, 도

그림 12.2 독특하면서도 논란이 되고 있는 캔버라의 국회의사당. 이 건축물의 상당 부분은 지하 구조로 되어 있어서 외관상으로 평가하기 어렵다. 내부는 오스트레일리아의 전통 예술 작품들로 채워져 있는 등 깜짝 놀랄 만하다. (사진: Donald Zeigler)

시에 정착하게 된 이유도 다양하였다. 예를 들어 웰링턴과 크라이스트처치와 같은 초기 도시들은 무역과 종교적인 이유로 발달하였다. 오클랜드는 자연항이 발달한 이상적인 항구였다(그림 12.3). 더니든(Dunedin)은 골드러시로 성장하게 되었다. 1911년까지 도시인구는 오클랜드가 10만 명, 크라이스트처치가 8만 명, 웰링턴이 7만 명, 더니든이 6만 5000명 정도였고, 마오리족을 제외한 전체 인구의 절반 이상이 도시에 거주하였다. 19세기와 20세기 초반 동안 마오리족은 농촌을 중심으로 거주하였다.

오세아니아 또한 오스트레일리아나 아오테아로아/뉴질랜드와 마찬가지로 오랫동안 원주민들이 거주하고 있었고, 마찬가지로 식민주의적 맥락 속에서 도시 체계의 근간이 형성되었다. 오세아니아는 식민화가 매우 늦은 지역이었는데, 19세기에 걸쳐 영국, 프랑스, 미국, 네덜란드 등의 식민주의 권력이 피지, 사모아, 통가, 바누아투 등의 지역에 식민지를 건설하였다. 유럽인들의 초기 정착지는 기존의 거주지와 가까우면서도 항구로서 개발되기 유

그림 12.3 오클랜드는 지협에 위치하면서도 넓은 배후지에 인접해 있다. 오늘날 주요 세계도시에서 볼 수 있는 활동을 유치하고 있으며, 도시의 스카이라인을 지배하고 있는 스카이타워와 카지노가 유명하다. (사진: Donald Zeigler)

리한 곳을 중심으로 무역항으로 개발되었다. 초기 정착지의 성장은 느린 편이었고, 피지의 레부카(Levuka)와 같은 몇몇 지역은 상대적으로 접근성이 낮은 까닭에 점차 쇠퇴하게 되었다. 초기 정착지의 규모는 크지 않았다. 1911년 당시 수바의 인구는 6,000명이었는데, 이는 피지 전체 인구의 5%에 불과한 것이었다.

20세기 초반에는 도시의 기능이 보다 다양화되었고, 산발적인 도시 성장이 이루어졌다. 산업화가 본격적으로 이루어지지는 않았지만, 설탕과 같은 농산물 가공업과 광산업을 통해 자원 채굴 산업은 경제 기반을 다양화하였고, 이는 피지나 뉴기니의 도시 성장을 유발하였다. 피지와 뉴기니의 광산촌은 포트모르즈비의 식민 수도만큼 컸다. 미크로네시아의 경우 일본의 강도 높은 식민주의로 인해 팔라우 섬에 코로르와 같은 도시가 가파르게 성장하였다. 다른 통치 수도는 느리게 성장하였다. 20세기 중반까지 도시화는 매우 제한적으로 진행되었다.

현대 도시 패턴 및 과정

오늘날 오스트레일리아, 아오테아로아/뉴질랜드, 태평양 도서 지역의 도시 체계는 그 이전에 형성된 패턴에 토대를 두고 있다. 이 지역에 대한 경제적, 사회적, 정치적 영향은 도시의 종주성을 강화하였다. 도시화 과정, 지역의 도시 패턴, 지역별 도시의 특성은 결코 유사하지 않다. 태평양 도서 지역 도시들의 경우, 관광, 정치적 독립과 불안, 이주, 환경 재해 등의 영향을 크게 받는다. 반면 오스트레일리아와 아오테아로아/뉴질랜드의 경우, 공업화와 탈공업화, 세계화, 국제 이주, 도시 거버넌스, 농촌/도시의 인구 변동에 크게 영향을 받고 있다.

태평양 도서 지역

이 지역은 대체로 비도시 지역으로서, 과거 도시 종주성의 역사적 패턴이 오늘날 도시 지리의 특징을 이룬다(표 12.2). 1960년, 피지의 수바와 프랑스령 누벨칼레도니 섬의 누메아의 인구는 2만 5000명이 채 되지 못하였고, 오늘날에도 여전히 인구 규모가 작다. 식민 지배국으로부터의 정치적 독립은 1970년대가 되어서야 시작되었다. 프랑스령 누벨칼레도니 섬과 같은 몇몇 식민령은 여전히 식민 지배국에 의해 통치되고 있다. 정치적 독립은 이 지역의 도시 체계에 큰 영향을 끼쳤다. 식민 통치는 더 이상 이 지역 도시의 주요 기능이 되지 못했지만, 독립과 관련된 과정은 이 지역 도시들의 종주성의 근간이 되었다. 포트모르즈비와 같은 몇몇 도시들의 경우, 독립이 도시 주택 및 서비스에 새로운 투자를 유발했기 때문에 도시 성장을 촉진하였다. 독립 이후 도시 생활에 대한 부정적 인식이 사라지거나 (가령, 바누아투의 포트빌라와 같은) 몇몇 국가가 조세 피난처로 개발되었기 때문에, 전체적으로 볼 때 이 지역의 도시 성장은 독립 이후에 가속화되었다고 볼 수 있다. 또한 독립으로 인해 국가의 수도에 관료 체제가 구축되었기 때문에 이들 지역으로 교육 및 생계를 위해 이주하는 인구가 늘어나게 되었다.

토지 및 토지 소유 체계는 태평양 도시들의 특징에 결정적인 영향을 끼친다. 멜라네시아,

폴리네시아, 미크로네시아의 오랜 토지 소유 체계 관습은 도시에서의 삶의 질과 아울러 도시 성장, 주택, 하부구조 공급을 막는 요인으로 작용한다. 가령 포트모르즈비에서는 도시 전체 면적의 1/3이 전통적인 방식으로 소유되고 있는데, 이 지역의 전통상 토지는 공동체의 자산으로 인식된다. 결과적으로 전통적인 토지 소유 체계로 인해 도시 주민들을 위해 제공할 수 있는 토지 규모가 제한되어 있을 뿐만 아니라 거주 비용도 높은 편이다. 전통적인 토지 소유 체계가 자본주의적 도시 성장을 가로막는 현실에 대한 여러 가지 정책들이 제안되고 있다. 가령 관습적으로 소유된 토지를 임대하게 하거나 (단순히 보상을 하는 것 이외의 방식으로) 소득을 거둘 수 있도록 토지를 이용하게 하는 방식이 그 사례이다. 그러나 지역 전체적으로 도시 거버넌스의 역량이 매우 제한적이기 때문에 이러한 제안은 쉽게 실행되지 못하고 있다.

전통적인 토지 소유 체계는 이 지역 도시의 일반적인 주거 특성에도 영향을 끼친다. 웅장한 주택들도 존재하는데, 이들은 해외 국적자들이 소유하고 있으며, 폐쇄공동체를 이룬다. 오스트레일리아와 아오테아로아/뉴질랜드에서 일반적으로 발견되는 주거 형태들 또한 많이 존재한다. 그러나 이런 유형보다 일반화되어 있는 것은 비공식 주택들이다. 비공식 주택의 비율이 높은 이유는 도시 내 빈곤층이 상당히 많고, 고용 기회도 제한되어 있기 때문이지만, 주택에 대한 수요가 높기 때문이기도 하다. 공공 주택도 있기는 하지만, 여기에 입주하기 위해서는 매우 오랜 시간을 기다려야 한다.

마지막으로 태평양 도서 지역 도시들의 현재와 미래는 환경적 위험과 맥락을 고려하지 않고서는 이해될 수 없다(글상자 12.1). 인구의 도시 정주로 인해 재해에 취약한 해안 환경이 계속 악화되고 있다. 도시 거주자들이 필요로 하는 담수와 이들이 유발하는 쓰레기는 이미 상당히 악화되어 있는 생태계를 더욱더 위협하고 있다. 도시에 공급되는 담수는 지하수에

글상자 12.1

도시화와 인간의 안전

"현행의 (가령 소득 불평등, 환경 파괴, 서비스 부족과 같은) 불안정성은 도시화 과정의 촉매재이다(그림 12.4). 그러나 농촌에서 도시로의 이동으로 인해 도시 내에서 오염, 위험 물질에의 노출, 자원 고갈, 불평등에 대한 취약성은 점차 증가하고 있다. 취약성은 인체·생물학적, 사회적 측면을 가지고 있다. 인체·생물학적 취약성은 환경 위협 때문에 발생하는 잠재적 손실 그 자체를 일컫는다.

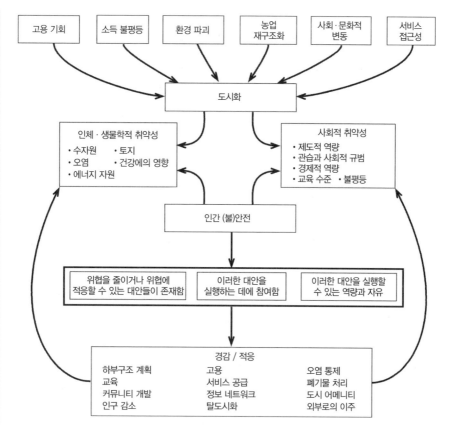

그림 12.4 도시환경에 살고 있는 사람들은 자신들의 안전과 관련해 더 큰 인체·생물학적, 사회문화적 위협에 직면하고 있다. 출처: Chris Cocklin and Meg Keen, "Urbanization in the Pacific," *Environmental Conservation*, 27 (2000), 395

··· 사회적 취약성은 환경 위협에 따른 영향 정도와 이에 대처할 수 있는 능력을 결정짓는 사회적, 제도적 역량을 지칭한다. ··· 사회적, 인체·생물학적 취약성은 특정 장소의 취약성에 영향을 미친다. 다음의 그림은 특히 도시화의 맥락에서 인간 안전을 설명하고 있다. 이 그림은 인간의 안전이 환경 위협에 의해 결정될 것이라는 점을 보여 준다. 환경 위협은 곧 인체·생물학적 취약성을 일컫는데, 이는 도시환경 아래서 물, 토지, 에너지와 같은 기초 자원의 부족과 환경 질의 악화를 포함한다. 이러한 위협은 수많은 방식으로 인간의 안전을 잠식할 수 있는 잠재성을 가지고 있다. 무엇보다도 사람들의 건강, 신체적 안녕, 경제적 복지, 영양 수준, 적절한 수준의 주거 환경 등에 대한 영향의 문제가 가장 크다."

출처: Chris Cocklin and Meg Keen, "Urbanization in the Pacific: environmental change, vulnerability and human security." *Environmental Conservation* 27 (2000), 4, pp.392–403의 내용을 요약한 것임.

서 공급되는데, 과도하게 퍼 올리는 경우 해수가 유입되어 사람들이 이용할 수 없게 된다. 섬의 지질적 특성으로 인해 쓰레기 처리 또한 환경에 영향을 끼친다. 화학물질이나 하수는 담수를 오염시킴으로써 인간의 건강에 심각한 위협이 되고 있다. 21세기 모든 도시에서 가장 큰 위협이 되고 있는 것은 지구온난화라는 기후 변화이다. 이 지역의 도시는 대체로 해발 고도가 낮은 곳에 입지하고 있기 때문에 해수면 상승에 따른 범람의 위기에 직면해 있다. 또한 기후 변화는 폭풍 발생 빈도의 증가, 해안 침식의 가속화, 담수원으로의 해수의 침입, 폭풍 시 파도의 내륙 침입 강도 강화의 원인이기도 한 것으로 알려져 있다. 이러한 각각의 현상은 도시의 하부구조를 파괴함으로써 도시민들의 생계에 큰 위협이 되고 있다. 나아가 환경 재해는 도시계획을 실행할 수 있는 제도적 역량과 같은 사회적 취약성으로 인해 그 피해가 더욱 악화되고 있다. 투발루의 부수상이 2010년 칸쿤(Cancún)에서 개최된 UN 기후 변화 협약회의(UN Framework Convention on Climate Change)에 참가해 기후 변화가 '삶과 죽음이라는 생존의 문제'라고 외칠 정도로, 기후 변화는 태평양 도서 지역의 생존 그 자체를 위협하고 있다. 투발루의 수도가 위치한 섬에서 가장 높은 지점의 고도는 해수면으로부터 불과 4.3m밖에 되지 않는다.

글로벌 경제 맥락은 태평양 지역의 도시경제에도 영향을 끼친다. 피지와 같은 많은 국가가 경제적 생존을 위해 관광으로 눈을 돌림에 따라 도시에서도 변화가 나타나고 있다. 부유한 해외 국적자의 증가, 글로벌 상품의 증가, 광산업의 활성화 등은 파푸아뉴기니의 도시 계층의 근간을 이룬다. 국제 이주 중 특히 인구 유출은 도시 내의 사회적, 경제적, 환경적 압력을 다소 완화하는 데에 이바지하고 있다. 특히 통가의 경우 많은 사람이 아오테아로아/뉴질랜드, 오스트레일리아, 미국으로 이주하고 있는데, 이는 통가 주민들로 하여금 기회가 제한된 번잡한 도시보다 해외 지역에서의 경제적 기회로 눈을 돌리게 함으로써 도시의 '안전밸브'로 작동하고 있다. 또한 이러한 안전밸브는 도시의 새로운, 비공식적 경제활동의 일부가 되고 있다.

다시 말해, 태평양 도서 지역의 도시는 취약성과 기회를 동시에 가진 곳이다. 많은 지역의 경우, 효율적인 도시계획은 이루어지지 않고 있거나 많은 문제를 가지고 있다. 그럼에도 불구하고 많은 주민들은 도시에서의 삶을 여전히 더 나은 생활을 영위하기 위한 기회라고 생각하고 있다. 공식적으로 많은 문제를 안고 있기는 하지만, 비공식 주택에서의 생활은 아직까지도 매력적인 부분이 있는 것이다.

오스트레일리아

오스트레일리아의 도시 체계의 특징은 연방 내 주도들이 우세하다는 점이다. 20세기 도시 개발의 주된 동력이었던 공업화, 이주, 세계화는 이 도시들의 인구를 증가시키고 지배력을 더욱 강화시켰을 따름이었다. 1947년부터 1971년까지 오스트레일리아의 5개 대도시의 인구는 2배로 증가하였고, 그 이후로도 성장이 계속되고 있다. 역사적으로 시드니(뉴사우스웨일스 주의 주도)와 멜버른(빅토리아 주의 주도)은 오스트레일리아 대륙에서 가장 크고 경제적으로도 가장 활발하며 지배적인 도시이다. 제2차 세계대전 이후 오스트레일리아의 제조업은 멜버른을 중심으로 성장해 왔고, 최근에는 오스트레일리아에 있는 대기업 본사 대부분이 이곳에 집중하고 있다(그림 12.5). 이 외의 다른 주도는 상대적으로 경제 규모도 작고 다양화되어 있지 않지만, 농업을 비롯한 제1차 산업에 기반을 둔 배후지에 서비스를 공급하고 있다. 다만, 예외적으로 애들레이드는 전쟁 이후 오스트레일리아의 자동차 공업의 중심

그림 12.5 멜버른은 오스트레일리아에서 두 번째로 큰 도시이자 가장 중요한 산업 기지로서 오랜 경쟁 도시인 시드니의 활기와 비교해 매우 전통적이라는 점을 자랑스럽게 내세운다. (사진: 오스트레일리아 정부 제공)

지가 되었다.

　오스트레일리아의 원주민들은 다른 인구 집단에 비해 도시에 거주하는 비율이 낮다. 이들은 대도시보다는 작은 농촌에 거주하는 경향이 강하다. 오스트레일리아의 원주민은 시드니의 경우 전체 인구의 1%를 약간 넘고, 퍼스의 경우 전체 인구의 1.7% 정도에 지나지 않는다. 원주민들은 일시적으로 대도시로 이동하는데, 이는 농촌 지역과의 친족 및 친구 관계에 따른 것이다. 원주민들은 대도시의 변두리에서 평균 수준에 미치지 못하는 주택에 거주한다. 도시 내에서 이들의 거주지는 공공 주택의 공급이 원활하고, 원주민들의 정체성이 강한 곳을 중심으로 형성되어 있다. 대표적으로 시드니의 내부 도시인 레드펀(Redfern)에 '더블록(The Block)'이라고 불리는 곳이 있는데, 이곳에는 공공 주택 및 기타 문화적 서비스가 집중되어 있다.

　오스트레일리아의 주요 대도시들은 지난 25년간 경제 및 인구 성장에 있어서 몇 차례의 변동을 겪었다. 도시 체계의 이러한 변동에 영향을 미친 것은 크게 두 가지이다. 첫 번째 요인은 오스트레일리아의 도시들로 유입된 국제 이주민의 흐름이다. 지난 20년간 연간 10만 명 이상의 이주민들이 세계 전역에서 오스트레일리아로 이주해 왔는데, 이들의 대부분은 시드니, 브리즈번, 퍼스와 같은 주도들을 중심으로 유입되었다. 애들레이드나 호바트와 같이 이주민의 유입이 거의 이루어지지 않은 도시는 상대적으로 쇠퇴하였다. 두 번째 요인은 세계화이다. 오스트레일리아의 경제가 상품, 자본의 국제적 흐름에 보다 밀접히 연결되고 영향을 받을 뿐만 아니라 글로벌 네트워크로 연결된 대기업에 더욱 의존하게 됨에 따라, 도시의 기능 또한 변화하고 있다. 세계화로 인해 시드니는 오스트레일리아에서 가장 돋보이는 유일한 세계도시로 부상하였다. 오스트레일리아 기업들의 본사와 다국적기업의 지역 거점이 점점 더 (멜버른보다는) 시드니로 집중하는 경향을 보이고 있다. 같은 시기 동안 브리즈번과 그 주변 지역의 상대적인 성장은 오스트레일리아 내부 (특히 시드니로부터의) 이주민의 유입, 관광 산업의 부상, 아시아–태평양 지역과의 경제적 관계 강화, 오스트레일리아의 선벨트로서 퀸즐랜드 주정부의 기업 유치를 위한 인센티브 정책 등에 힘입은 바가 크다.

　오스트레일리아의 주도들은 국제 기준으로 볼 때, 교외화 정도가 높고 지리적으로 넓게 팽창되어 있다(글상자 12.2). 역사적으로 이 지역 주민들은 단독주택을 선호해 왔기 때문에, 브리즈번에서 골드코스트(Gold Coast) 사이 60km에 달하는 지역과 같은 교외 연담도시의 팽창이 진행되어 왔다(그림 12.7). 교외 주택 지역이 계속 성장함에 따라 이들 지역은 현재 몇 가지 위협에 직면해 있다. 우선 교외 지역 생활에 필요한 막대한 에너지 소비(가령 자가용

그림 12.7 위 사진에서처럼 시드니는 교외 지역과 단독주택으로 이루어진 도시로 잘 알려져 있다. (사진: Robyn Dowling)

글상자 12.2

시드니 교외에서의 일상생활의 지리

오스트레일리아는 교외 지역으로 이루어진 국가이다. 도시 통합 및 젠트리피케이션이 더욱 증대되고 있음에도, 시드니 인구의 72% 이상이 단독주택에 거주하며, 도시 중심에서 15km 이상 떨어진 지역에 인구의 33%가 거주하고 있다. 시드니의 교외는 북아메리카의 교외와는 달리 이질적인 특징을 띤다. 시드니에서 이주민이 가장 많이 집중한 곳이 교외에 위치하고 있는 것에서 알 수 있듯이, 시드니의 교외는 부유층 근린지구들과 빈곤층 근린지구들이 고립적으로 공존하고 있다. 이처럼 분화되어 있는 세계도시에서 일상생활은 과연 어떨까?

시드니의 교외는 건설된 시기도 다르고, 다양한 디자인의 주택들로 이루어져 있다. 신규 건축 주택들은 대체로 넓은 편으로서 평균적으로 1인당 83m²의 면적을 차지한다. 27%의 주택들이 4개 이상의 침실, 2개의 차고, 접대용 및 사적 용도의 거실, 자녀를 위한 별도의 방, (많은 경우) 게임이나 TV 시청용 방, 그리고 크리켓 캐치볼을 할 수 있을 정도의 뒷마당을 갖고 있다. 어른이든지 자녀들이든지 간에 모든 가족 구성원은 동네 주민들과 알고 지내면서 스포츠나 여가 활동을 함께 즐긴다. 이러한 교외 근린지구는 사회화의 대부분이 동네 내에 한정되어 이루어지는 등 점차 폐쇄적으로 변하는 경향이 있다. 가족의 쇼핑은 때때로 동네 일대나 대로변의 작은 상점에서 이루어지기도 하

관리 도구로서의 자동차

그림 12.6 지난 30년간 오스트레일리아의 도시에서는 여성의 새로운 역할과 새로운 문제가 대두되고 있다. 출처: Robyn Dowling 제공

지만, 대개는 큰 쇼핑몰의 슈퍼마켓에서 이루어진다. 쇼핑을 하면서 일주일에 필요한 물품을 구입하고, 동시에 외식을 함께 하거나 영화관에 가기도 한다.

일일 통근 패턴은 점차 공간적, 사회적으로 복잡해지고 있다. 성인의 경우(보통 남성의 경우), 금융 및 사업 종사자들은 중심업무지구로, 생산직 근로자들은 교외로 출퇴근하는 경향이 있다. 여성은 주거지를 포함한 인근 교외에서 주로 소매업이나 은행, 병원, 교육 등 서비스업에 종사한다. 시드니의 대중교통은 몇몇 지역의 경우 접근이 어렵고, 교외 지역 간에 교통 서비스가 발달해 있지 않기 때문에 대체로 (71%에 달하는) 자동차 교통에 의존한다. 청소년 자녀를 둔 엄마들은 일터로 출근할 때 학교나 보육 기관에 들러 자녀를 맡기고, 퇴근할 때 다시 자녀를 데리고 스포츠 등 기타 사회 활동 장소에 들러야 하기 때문에 자동차에 대한 의존율이 특히 높다(그림 12.6). 교외에서 자동차 교통 시간 및 비용은 점차 더 큰 부담이 되고 있지만, 이를 경감시킬 수 있는 대안을 발견하기란 쉽지 않은 상태이다.

글상자 12.3

지리정보체계를 활용한 도시 통합 분석

1980년대 후반 이후, (주거 밀도와 인구밀도를 높이려는) 도시 통합은 시드니의 공식적인 도시계획 정책이 되었는데, 이는 변두리 지역의 개발을 최소화하고, 자동차에 대한 교통 의존율을 낮추며, 자원 활용 및 오염 물질 배출을 억제하고, 주거 기회를 확대하려는 것에 목적을 두고 있다. 시드니의 전통적인 저밀도 커뮤니티는 환경적으로 유리한 잠재력이 있지만 도시 통합에는 부정적인 반응을 보여 왔다. 이는 특히 고밀도 주거 단지가 근린지구의 도시 특성이나 경관을 고려하지 않는 것처럼 보이는 지역에서 두드러졌다. 커뮤니티의 생태적 필요성과의 조화를 꾀하면서 도시 통합 정책을 추진하는 것은 고밀도 주거 지역 개발의 입지, 밀도, 면적, 특징 등에 대한 세부적인 공간 정보와 분석을 필요로 한다. 웨스턴시드니 대학의 연구자들은 지리정보체계(GIS)를 활용하여 이러한 분석을 시도해 왔다. 이들은 1981년 이후 인구 및 주택 센서스 자료에 다양한 주택 건설 신청에 대한 승인 자료와 지방정부의 정보를 연동시킴으로써 도시 통합이 시간에 따라 주변 지역에 어떤 영향을 끼치는가를 분석하였다. 이 연구의 대상 지역으로는 시드니 남부와 남서부에 위치한 3개의 지방정부권역(LGA)인 캠벨타운(Cambelltown), 서덜랜드(Sutherland), 허스트빌(Hurstville) 등이 포함되었다.

이들은 고밀도 주거지의 일반적 분포를 조사한 후, 시드니 중부 및 남부, 서부 중심부, 남부 중심부, 동부 교외, 그리고 (특히 철도 노선을 중심으로 한) 간선도로 일대 등의 고밀도 주거 지역에 통합이 집중되어 있다는 점을 보여 주었다. 보다 중요한 점으로, 이 연구는 지방정부가 주택의 이중 점유나 소규모 택지로의 분할 개발을 허락하는 정책을 취하기 때문에 교외 지역의 중심부에서 고밀도 주거 형태가 확산되고 있다는 점을 보여 주었다. 그러나 연구자들은 시드니의 통합 과정에 각 LGA의 맥락이 어떻게 상이한 영향을 끼치는지를 이해하고자 하였다. 이는 곧 각 LGA의 상이한 역사, 그리고 각 지방정부가 취하는 상이한 정책의 차별적 영향을 고려하고자 한 것이었다. 시드니 남부의 허스트빌이라는 오랜 교외 지역은 공한지 개발(in-fill)과 낡은 건조환경에 대한 재개발을 통해 통합되었음을 보여 주었는데, 이는 특히 철도 등의 교통망 주변을 따라 아파트나 연립주택을 건설함으로써 이루어졌다. 이 근린지구는 전통적인 목조 단층 주택이나 3층짜리 연립주택이 고층 아파트로 대체되었다는 점이 특징이라고 할 수 있다. 허스트빌에 인접하고 있는 서덜랜드 일대의 도시 통합은 1990년대까지 주로 녹지대와 저밀도 단독주택지구를 중심으로 이루어졌는데, 교외 중심부, 철도 주변, 해안가 주변부 등에 고밀도 주택지구가 들어서게 되었다. 반대로, 캠벨타운은 시드니의 남서부 변두리에 위치하고 있기 때문에 녹지대 중심의 저밀도 개발이 이루어진 곳이어서 고밀도 개발은 거의 진행되지 않았다. 이 때문에 지방정부의 개발 당국은 중밀도 주택 지구를 분산적으로 개발하는 방식을 취하였다.

GIS를 적용함으로써 시드니의 도시 통합에 대한 개별 커뮤니티의 우려를 직접적으로 바꿀 수 있었던 것은 아니지만, 이 연구는 통합에 있어서 시장의 힘과 개발 정책이 지난 20여 년간의 다양한 주거 패턴을 어떻게 반영하면서 추진되었는지를 세밀하게 기술하는 데에 도움이 되었다. 나아가 각 LGA의 독특한 환경에서 도시 통합이 어떻게 상이한 특성을 갖고 차별적으로 이루어졌는가를 비교하는 데에도 도움이 되었다.

출처: D. Holloway and R. Bunker, "Using GIS as an aid to understanding urban consolidation," *Australian Geographer*, 41 (2003), pp.44–57.

의 사용, 냉난방, 대형 주택이 필요로 하는 막대한 상수도 사용량 등)가 문제시되고 있다. 새로운 교외 지역에서 이용할 수 있는 토지는 제한되어 있고, 사회적 · 물리적 서비스의 공급 비용도 높기 때문에, 국가 전체적으로 도시를 통합하려는 정책이 추진되고 있다(글상자 12.3). 과거 산업지구의 토지가 주택 및 상업이 복합된 기능 지역으로 개발되는 사례가 늘어나고 있고, 어떤 해에는 단독주택보다 아파트 단지가 더 많이 건축되기도 하였다. 또한 내부 도시에서의 삶이 문화적, 경제적 측면에서 재평가되고 있다는 점도 중요하다. 오스트레일리아의 내부 도시는 활력 넘치는 범세계주의적 공간일 뿐만 아니라 상업적, 사회적, 오락적 기회가 풍부하게 내재되어 있다. 또한 대중교통에 대한 접근성도 매우 높다는 이점이 있다.

오스트레일리아 도시들의 내부 구조 역시 지난 30여 년간 변화해 왔다. 대도시의 사회적, 경제적 특징에 대한 분석에 따르면, 대도시는 크게 7개의(이 중 3개는 유리하고, 4개는 불리한) 하위 지역으로 구분할 수 있다(그림 12.8). **신경제 지역**은 사람들이 새로운 글로벌 산업에 종사하고, 교육 수준이 높은 전문가의 비율이 높다. **젠트리피케이션** 지역은 오스트레일리아 내부 도시 곳곳에서 발견되는데, 이 지역에는 세계경제와 관련된 직종의 종사자들과 저소득층 거주자들이 혼재하는 특징을 띤다. **중산층 교외 지역**은 교육 수준이 높은 전문직 종사자들이 많이 거주하지만, 세계경제와의 연계 정도가 상대적으로 낮다. **저소득층 노동 계급 커뮤니티**에는 대체로 주택을 소유한 소매상들이 거주하고, **저소득층 가족 커뮤니티**는 한부모 가구나 단독 가구의 비율이 다른 지역에 비해 높다. **구경제 지역**은 제조업의 쇠퇴로 실업률이 높은 곳으로서, 특히 애들레이드의 교외 지역이 이의 대표적인 사례이다. 마지막으로 **도시 주변부 지역**은 대도시의 변두리 지역으로서 저렴한 주택이나 은퇴 후 거주지를 찾는 사람들을 끌어들이는 곳이다.

일반적으로 오스트레일리아의 주도들은 계속 성장하고 있는 반면, 이외의 작은 도시들

구경제권
(12%)

저소득층
주거지
(23%)

도시 주변권
(12%)

노동 계급
커뮤니티
(15%)

신경제권
(10%)

젠트리피케이션
발생권
(12%)

중산층 교외권
(16%)

그림 12.8 오스트레일리아에서 지난 30년간의 변화는 새로운 형태의 도시 내 로컬리티들을 낳았다. 출처: Scott Baum, Kevin O'Connor, and Robert Stimson, Faultlines Exposed의 통계 자료를 저자들이 재구성한 것임 (Melbourne: Monash University ePress, 2005)

의 성장 패턴은 매우 상이하다. 농촌 지역의 소도시들은 원래 배후 농업 종사자들에게 서비스를 공급해 왔지만 점차 인구가 감소하고 있다. 농가의 소득 감소, 공공 서비스 및 (은행과 같은) 상업 서비스의 폐쇄, 청년층의 고용 및 교육 기회 제약 등으로 인해 다른 대도시들로의 (특히, 주도들로의) 인구 유출이 계속되고 있다. 오스트레일리아의 해안 지역에서는 이와 반대되는 현상이 뚜렷이 나타나고 있다. 21세기 들어서 자원 가격의 상승이 뚜렷해짐에 따라, 해안 지역의 주거지에는 인구가 급격히 증가해 주택 부족 및 주택 가격의 가파른 상승이 계속되고 있다. 도시 거주자들이 도시의 빠른 생활양식, 교통 과밀, 높은 주거 비용 대신 해안 지역의 작은 도시에서 좀 더 여유로운 생활 리듬과 저렴한 주택을 선택하는 비율이 높아지고 있는데, 이는 소위 '해양 변화(sea change)' 현상이라고 불리며 더욱 뚜렷해지고 있다. 이 현상은 초기에는 고령자를 중심으로 나타났지만, 지금은 보다 저렴한 주택에 거주하려는 부유층이나 대도시를 벗어나 사업을 할 수 있는 청년층에까지 퍼져 나가고 있다. 뉴사우스웨일스 주의 바이런베이(Byron Bay), 콥스하버(Coffs Harbour), 포트맥콰리(Port Macquarie), 빅토리아 주의 바원헤즈(Barwon Heads), 웨스트오스트레일리아 주의 덴마크(Denmark) 등이 이러한 해양 변화로 부상한 대표적인 도시들이다. '삼림 변화(tree change)'는 이와 유사한 보다 최근에 나타난 현상으로, 도시 거주자들이 삼림이 우거진 녹색 지역을 찾아 이주하는 현상을 가리킨다. 태즈메이니아의 농촌 지역, 뉴사우스웨일스 주의 내륙[오렌지(Orange), 머지(Mudgee) 등], 빅토리아 주의 내륙[데일스포드(Daylesford) 등] 등이 대표적이다.

아오테아로아/뉴질랜드

제2차 세계대전 이후 아오테아로아/뉴질랜드의 도시 성장은 대체로 오스트레일리아와 유사한 궤적을 보여 왔다. 4개의 대도시인 오클랜드, 웰링턴, 크라이스트처치, 더니든은 계속 성장하고 있고, 이 중 오클랜드의 종주성은 지속되고 있다(표 12.1). 이러한 과정이 계속되는 원인에는 여러 가지가 있다. 첫째, 1980년대 이후 시장 개혁에 따른 이 지역의 경제적, 문화적, 사회적 관계의 세계화로 인해 대도시들은 변화되어 왔다. 둘째, 처음에는 태평양 지역을 중심으로, 그리고 보다 최근에는 중국 및 인도를 중심으로 한 국제 이주민 유입은 특히 오클랜드와 크라이스트처치에 큰 영향을 끼치고 있다. 셋째는 경제활동에 있어서 내적 변동 요인을 들 수 있다. 20세기 후반 이후 아오테아로아/뉴질랜드의 탈공업화가 계속되어 왔는데, 특히 웰링턴, 크라이스트처치, 더니든의 제조업 종사자 수 감소가 두드러졌다. 반면 오클랜드는 일부 제조업체들이 이전해 가기도 하였다. 넷째, 기업가주의적 도시 거버넌스 과정으로 인해 도시를 보다 매력적으로 만들어 인구 감소를 저지하려는 정책들이 전개되고 있다. 예를 들어 웰링턴의 경우 공공 및 민간 자본을 투입해 수변지구에 대한 재개발을 실시하였다. 이는 도시를 국제회의의 중심지로 만들고자 하는 것으로서, 정부는 테파파 국립 박물관(Tepapa National Museum)을 새롭게 이곳으로 이전시켰다.

아오테아로아/뉴질랜드 도시의 인구 밀도는 낮은 편이다. 그러나 교외 지역이 유일한 주거 대상이 되지 않는 대신 높은 아파트가 더욱 일반화되고 있는 실정이다. 아오테아로아/뉴질랜드의 도시 지역에 거주하는 마오리족들은 나머지 도시인구 비율에 필적하는 수준으로 증가해 왔다. 왜냐하면 마오리족 소유의 토지가 점차 감소함에 따라 농촌에서 도시로의 이주 흐름이 강해지고 있기 때문이다. 마오리족은 도시 내에서 상당한 불이익을 경험하고 있다. 가령 실업률은 높고, 주택 소유 비율과 교육 수준은 낮은 편이다. 민족적 다양성이 점차 이 지역 도시들의 특징으로 자리 잡고 있다.

독특한 도시

시드니: 오스트레일리아의 세계도시

시드니는 오스트레일리아에서 가장 인구가 많고 번성 중인 도시로서, 현재 인구는 450만 명이고 2031년까지 570만 명으로 증가할 것으로 예상된다. 시드니에는 오스트레일리아를 상징하는 많은 랜드마크가 있는데, 하버브리지(그림 12.9), 오페라하우스(그림 12.10), 본디 해안(그림 12.10) 등이 대표적이다. 시드니에는 국제 금융시장이 있고, 많은 기업의 본사가 점차 집중하고 있으며, 오세아니아 지역 전체에서 경제적 가치가 가장 큰 세계도시이다. 또한 시드니는 현대 오스트레일리아 도시 생활을 대표하는 몇 가지 특징을 갖고 있는데, 여기에는 교외 지역, 선진화된 서비스 경제에 토대를 둔 도시경제의 번영, 다문화주의, 환경 위험 등이 포함된다.

시드니가 뉴사우스웨일스 주에서 가장 고차위 서비스를 공급하는 중심지이자 종주도시로 부상한 것은 20세기에 들어서이다(그림 12.11). 유럽인들이 처음으로 이주한 지 123년밖에 지나지 않은 1911년에 시드니의 인구는 65만 2000명이었고, 이미 그 당시에 교외 지역이 형성되어 있었다. 제2차 세계대전 덕분에 발생한 시드니의 '장기 호황'은 전례 없는 경제적 성장과 인구 증가를 가져옴으로써 오늘날 도시 형태의 근간을 형성하였다. 1947년부터 1971년 동안의 인구는 65% 증가한 280만 명이 되었고, 2006년에 410만 명이 되었다. 시드니의 성장은 광대한 교외 지역의 개발을 낳았는데, 주로 도시의 서쪽 교외 지역에 걸쳐 진행되었고, 대규모의 공공 주택 단지의 건설과 함께 이루어졌다. 이러한 성장은 도시의 대중교통망의 구축과 함께 진행되었지만, 도시의 팽창 속도가 빠르고, 자동차 소유 비율도 급증함에 따라 교외 지역은 대중교통망보다는 고속도로망으로 복잡하게 얽힌 자동차 지향적 형태를 갖게 되었다. 또한 부동산 투기 자본이나 주택 소비자 모두 저밀도의 단독주택을 선호함에 따라 시드니는 스프롤 현상이 지배하는 대도시가 되었다. 따라서 중심업무지구를 중심으로 방사상으로 뻗은 철도망은 이러한 팽창을 뒷받침하지 못하고 있다(그림 12.12). 지난 20년간의 도시 통합 정책으로 인해 스프롤은 더 이상 확대되지 않았지만, 인구의 지속적인 증가로(1990년대 이후 연간 5만 명씩 인구가 증가해 왔다) 변두리에서의 팽창은 국지적으로 계속되어 왔다. 시드니의 고용 규모, 소매업, 서비스업은 1970년대 이후 계속 탈중심화 경향을 보여 왔다. 대신 라이드(Ryde), 노스시드니(North Sydney), 파라마타(Parramatta), 펜리스(Pen-

그림 12.9 시드니의 하버브리지는 1932년에 완공되어 도시의 북쪽 해안가 개발을 열어 젖혔다. 1998년 이후 관광객들은 밧줄에 매달려 번지 점프를 할 수 있게 되었다. (사진: Donald Zeigler)

그림 12.10 현재 유네스코 세계문화유산으로 등재된 시드니 오페라하우스는 오스트레일리아 대륙 전체의 상징물이 되었다. (사진: Donald Zeigler)

그림 12.11 1916년 시드니 정부는 시드니 하버에 타롱가 동물원을 세우기로 결정하였다. 이 결과 기린처럼 목이 긴 동물은 시드니의 도심 경관을 사람들보다 훨씬 더 잘 조망할 수 있게 되었다. (사진: Donald Zeigler)

그림 12.12 오스트레일리아는 개방 공간의 땅이다. 넓게 펼쳐진 교외 지역이 이러한 지리적 사실을 반영한다. (사진: Rowland Atkinson)

그림 12.13 세계도시의 전형을 보여 주는 시드니의 스카이라인이 시드니 항구의 경관을 지배한다. 시드니타워 (Sydney Tower)는 어디에 있을까? (사진: Donald Zeigler)

rith), 리버풀(Liverpool)과 같은 지역별 상업 중심지 개발로 도시는 점차 다중심적 형태로 변해 왔다. 오늘날의 대도시계획 전략은 시드니를 '도시들의 도시'라고 명명하고 있다.

　시드니는 저층의 교외 지역을 특징으로 하지만, 도시 중심은 고층의 업무용 빌딩, 세계적인 관광 경관, 그리고 세계에서 가장 아름다운 항구를 낀 지역에 건설된 고층 아파트군을 특징으로 한다(그림 12.13). 1960년대 말 이후, (사무용 빌딩 및 호텔 개발을 포함한) 일련의 부동산 투자 파동으로 인해 중심업무지구의 건조환경은 크게 변화하였다. 오늘날 시드니의 경제적 기반은 글로벌 네트워크로 연결된 금융업과 고차 서비스업이 주도하고 있다. 시드니는 아시아—태평양 권역에서 가장 중요한 금융 중심지 중의 하나로서, 오스트레일리아 정보통신 시장의 40%를 차지한다. 세계도시 부문이라고 할 수 있는 금융, 보험, 부동산, 사업 서비스업의 고용은 600개 정도의 다국적기업이 입지하고 있는 도시 중심부 인근에 집중되어 있다. 이들 다국적기업의 아시아 태평양 지역 담당 본부가 시드니에 클러스터를 이루고

그림 12.14 '잭슨스 랜딩(Jackson's Landing)' 재개발 사업이 시드니 내부 교외 지역 중 하나인 피어몬트(Pyrmont)에서는 과거에 설탕 제조 공장이 있었던 곳에 추진되고 있다. (사진: Rowland Atkinson)

있고, 아울러 200여 개에 달하는 오스트레일리아 상위 기업들의 본사가 입지해 있다. 도시 중심부의 경제 규모는 시드니 광역 대도시권 경제 총생산의 30%를 담당하고 있으며, 오스트레일리아 대도시의 전체 고용 중 28%를 차지하고 있다. 특히 전문직 및 관리직 고용처럼 임금이 높은 부문들이 고도로 집중되어 있다.

시드니의 도시 중심에 고임금의 전문직 서비스업 종사자들이 집중하는 현상은, 글로벌 연계망이 발달함에 따라 나타나고 있는 젠트리피케이션 과정, 최근의 고층 호화 주택 단지의 부흥, 세계화된 소비 공간의 급증과 관련되어 있다. 19세기에 건설된 내부 교외 지역은 최근 재생의 과정을 거치고 있다. 새로운 고위 주택 시장이 중심업무지구 주변부에 들어선 고층 빌딩에 형성되고 있고(그림 12.14), 중심업무지구에도 일련의 고층, 고밀도 건축물이 들어서고 있다. 이러한 개발의 결과, 시드니의 내부 도시에 거주하는 인구는 1996년 이후 40%나 증가하였다. 전 세계의 관광객과 내부 도시 주민 모두를 위한 글로벌 소비 공간의 등장도 도시 중심을 변화시키고 있다. 1980년대에 뉴사우스웨일스 주의 정부는 달링하버의 컨테이너 화물 터미널을 국제회의센터, 축제와 쇼핑, 오락지구 등으로 재개발하였다.

1990년대에는 월시베이(Walsh Bay)의 오랜 부두를 독립적인 주거, 사무, 레스토랑 지구로 재개발할 수 있는 특별 법안이 통과되었다. 현재 주정부는 중심업무지구의 바로 남쪽에 위치한 레드펀-워털루(Redfern-Waterloo) 지역에 대한 대규모 도시 재개발 사업을 추진하려고 계획 중인데, 이는 재개발로 위협을 받고 있는 내부 도시의 취약한 주민들의 필요와 '세계 도시'의 공간 수요 간의 갈등이라는 측면에서 논란이 될 것으로 보인다. 특수 목적 법인인 레드펀-워털루개발국(RWA)은 이 광대한 공유지를 시드니를 세계도시로 만들 수 있는 주거, 상업, 소비 공간으로 재개발하려고 계획하고 있다. 논란이 되고 있는 것은 바로 현재 이 광대한 공유지의 상당 부분에 공공 주택이 들어서 있다는 점이다. 보다 논란이 되고 있는 점은, 이 재개발 지역이 시드니의 원주민 커뮤니티이자 도시 내 원주민 정체성을 상징하는 곳인 '블록'으로 불리는 원주민 소유의 토지를 포함한다는 사실이다. RWA는 이 지역에 대한 개발을 독점적으로 수행할 수 있는 배타적 권한을 위임받았기 때문에 역사 유산 보호법의 적용 대상에서도 면제되어 있다. 정부 계획과 커뮤니티의 요구 사이의 정치적 갈등은 불가피할 것으로 생각된다.

세계도시로서 시드니의 위상은 국가 전체 해외 이민자의 40%가 거주하고 있다는 점에서도 드러난다. 이는 이 도시 지역의 인구가 오랫동안 지녀온 다문화적 특징을 더욱 심화시키고 다양화하고 있다. 시드니 거주자의 10명 중 8명이 외국 태생이거나 이민자의 자녀들이다. 영국, 중국, 아오테아로아/뉴질랜드가 이들의 주요 기원지이지만, 베트남, 레바논, 인도, 필리핀, 이탈리아, 한국, 그리스 출신의 이민자들도 상당한 비율을 점유하고 있다. 역사적으로 볼 때, 비영어권 출신의 몇몇 이민자 집단들은 초기에, 특히 시드니 교외에 정착하는 경향을 보여 왔다. 가령 1950년대와 1960년대에 그리스 출신은 매릭빌(Marrickville)에, 이탈리아 출신은 라이카트(Leichardt)에 정착했었고, 1970년대와 1980년대에 베트남 이민자들은 카브라마타(Cabramatta)에 정착했었으며, 1990년대에는 레바논 이민자들이 오번(Auburn)에 정착했었다. 그러나 최근의 연구에 따르면, 시드니는 소수민족집단이 특정 지구로 집중되기보다는 (오번과 같은) 다민족적 교외를 특징으로 하고 있고, 민족집단의 분화보다는 다양한 소수민족집단들이 주류 집단과 어울려 살아가고 있다. 즉 시간이 지남에 따라 이주민들이 다문화적 도시에 공간적, 사회적으로 동화되고 있는 것이다.

시드니에서도 양극화가 더욱 가중되고 있음을 뒷받침하는 증거들이 늘어나고 있다. 시드니의 도시계획 당국과 시민들은 이러한 추세가 계급이나 민족에 따른 사회·공간적 격리를 더욱 심화시킬 것인지에 대해 우려하고 있다. 많은 글로벌 도시에서 공통적으로 나타나는 것처럼, 시드니에서의 거주 비용 중위값은 1996년에 비해 2003년에 100%나 증가하였다가 최근 안정세를 보이고 있는 추세이다. 시드니에서 주거 스트레스를 받고 있는 가구는 (가령, 주거 비용으로 총소득의 30% 이상을 지출하는 가구) 현재 17만 가구에 이른다. 주택 가격이 급격히 상승함에 따라, 최근의 이민자들을 포함한 저소득층은 월세 주택이나 고용 기회 및 서비스가 매우 제한적인 교외에 거주한다. 시드니의 사회적 양극화가 전통적으로 미국의 도시 수준에 한번도 근접한 적이 없었지만, 앞으로 점차 뚜렷하게 부각될 것인지는 두고 볼 일이다.

그럼에도 시드니는 여전히 삶의 질이 높은 것으로 잘 알려져 있다. 전 세계의 도시에 대한 물질적, 문화적 생활양식 평가에 있어서 시드니는 오랫동안 상위권을 유지해 오고 있다. 그러나 시드니의 아름다운 자연환경, 개방 공간, 국립공원은 최근 자동차에 대한 의존율과 인구압 상승 때문에 환경오염이 진행되고 있다는 사실을 (특히, 대기오염과 상수도 공급과 관련된 문제를) 은폐된다. 자동차 소유는 보편적인 현상이 되었고, 출퇴근의 71%가 개별 자동차 교통에 의해 이루어지고 있다. 이에 따라 대기의 질은 오존을 발생시키는 광화학스모그로 인해 악화되고 있는데, (최근 개선되는 경향이 있기는 하지만) 오존 농도 과잉이 4시간 이상 지속되는 날이 1년에 21일이나 나타나고 있다. 또한 1인당 상수도 사용량이 급격히 줄어들고 있음에도 불구하고, 시드니의 인구 증가는 도시로의 적절한 상수도 공급량에 위협을 가하고 있다(글상자 12.4). 2002년의 경우, 시드니의 상수도 소비량은 유역분지가 지속가능한 수준에서 공급될 수 있는 양의 106%에 달하였다. 도시 개발이 지속됨에 따라 시드니의 상수도 공급은 중대한 위협에 직면하고 있다.

글상자 12.4

더위, 화재, 홍수

오세아니아 도시들이 산불, 가뭄, 기후 변화의 영향 등 일련의 무시무시한 환경적 위협에 직면하고 있다는 점은 (지리적 입지, 환경조건, 인간 활동을 포괄하는) 자연과 문화 두 측면 모두에서 드러나고 있다.

오스트레일리아에서 계절적으로 발생하는 산불이 도시환경에 영향을 미칠 때, 그 결과는 매우 파국적이다. 1950년대 후반 이후 시드니 지역에서는 총 8번의 대규모 산불이 발생했는데, 이 원인 중 대부분은 인간에 의한 것이었다. 이 산불은 엄청난 재산, 야생동물, 생명을 앗아갔다. 1993년에서

그림 12.15 뉴사우스웨일스 주의 도시 뉴캐슬 중심부에 설치된 이 기후 감시(CmiateCam) 게시판은 도시의 전력 소비량을 나타내고 있다. 게시판의 표시 값은 한 시간마다 업데이트가 되는데, 도시 주민들에게 자원 소비, 온실가스 배출량, 기후 변화에 대한 경각심을 일깨우고 있다. (사진: Kathy Mee)

1994년 사이에 발생한 산불로 4명이 사망하고 206명이 집을 잃었다. 이 산불로 역사적으로 유명한 시드니의 로열 국립공원의 대부분을 포함한 80만 ㏊가 불에 타버렸다. 산불이 크게 번져서 시드니 중심업무지구 반경 10km까지 달하게 되자, 연기로 인해 25,000명의 주민들이 대피하였고, 검은 재의 흔적들이 시드니의 유명한 해변을 뒤덮었다. 2001년부터 오스트레일리아 동부에 발생한 유례없이 극심한 가뭄이 산불의 강도를 더욱 높임에 따라 많은 산불이 '더는 손을 쓸 수 없는' 산불이 되었다. 2003년 1월 18일 오스트레일리아의 수도 캔버라는 가뭄으로 메말라 버린 식생들로 번진 화마에 거의 삼켜질 뻔하였고, 이는 수일 동안이나 지속되었다. 높은 온도와 강한 바람으로 인해 산불이 도시 지역까지 도달하면서 더는 손을 쓸 수 없는 지경이 되었다. 도시 주민들이 대피했음에도 불구하고, 4명이 사망하고 500여 채의 가옥들이 불에 탔다. 또한 많은 사람이 연기에 질식되거나 관련된 질병이 발생해 치료를 받았다. 오스트레일리아의 도시 주변부는 보다 나은 자연환경을 찾아 이주해 온 많은 사람이 거주하고 있기 때문에, 화재에 취약한 생태계는 도시 개발과 더욱 밀접하게 관련되고 있다. 이에 따라 산불에 따른 위협은 오스트레일리아의 도시 생활에 중대한 특징이 되고 있다.

이 외에도 기후 변화로 인해 발생하는 환경 위협은 많다. 1999년까지 오스트레일리아는 1인당 온실가스 배출량이 가장 높은 국가에 속했는데, 온실가스의 절반 이상이 석탄 에너지 소비와 관련된 도시 활동에 기인한 것이었다. 연구 결과에 따르면 탄소 가격제의 도입, 석탄 에너지 활용 기술 개발, 재생 가능한 에너지원으로의 소비 유도 등을 통해 이산화탄소 배출량이 상당히 감소할 수 있다고 하지만, 이러한 변화를 일으키기 위한 국가의 정치적 움직임은 매우 미약한 편이다. 그러나 개별 도시들은 온실가스 배출량을 줄이기 위해 다각적인 노력을 하고 있다(그림 12.15). 오스트레일리아의 도시들과 태평양 도서 지역 국가들은 기후 변화에 따른 위협에 공동으로 대처할 수 있는 방안을 모색하고 있다. 태평양 도서 지역 국가들에게 있어서 가장 중대한 문제는 해수면 상승으로서, 이미 이 때문에 관광 산업과 주민 생계가 피폐해지고 있으며, 지역 주민들은 해외의 다른 곳으로 이주하고 있는 실정이다. 오스트레일리아의 도시는 강도 높은 폭풍 때문에 발생하는 홍수와 해수면 상승에 매우 취약한 실정이다. 특히 국가 전체 인구 중 상당수가 해안가 도시에 집중적으로 거주하고 있다는 점에서 더욱 우려할 만하다. 동시에 기온 상승으로 인해 강도 높은 광화학스모그, 상수도 부족, 폭염 일수의 증가와 같은 문제가 더욱 부각될 것이다. 이는 결과적으로 도시 주변부의 심각한 화재 발생 가능성을 지속적으로 높일 것이다.

퍼스: 고립된 백만장자

인구 170만 명이 거주하는 퍼스는 세계에서 가장 고립된 대도시이다(그림 12.16). 오스트레일리아의 서해안에 위치한 퍼스는 1829년 스완 강(Swan River)가에 건설된 도시로서 식민 통치 계획에 의거해 격자형 가로망 패턴에 따라 만들어졌다. 퍼스는 전체 주가 연방으로 통합된 1901년까지 웨스턴오스트레일리아 주의 식민 수도였고, 초기 100년 동안은 매우 느린 속도로 성장해 왔다. 퍼스는 역사적으로 광업 및 농업 배후지를 유지하면서 금과 보크사이트와 같은 중요한 광물 자원을 생산해 왔다. 최근 50년 동안에는 광업의 부흥과 글로벌 연계망이 발달하면서 도시가 빠른 속도로 변화해 왔다. 1960년대와 1970년대의 광업 호황 및 영국과 동남아시아로부터의 이민자 유입으로 도시의 경제 및 인구 성장이 가속화되어 왔다. 광산업체 및 이와 관련된 서비스 업체의 사무실들이 도시 중심부의 스카이라인을 형성하는 고층 빌딩에 입주하고 있다(그림 12.17). 오스트레일리아에 있어서 1980년대는 정부와 민간 기업 모두가 기업가주의 정신을 강조했던 시기였다. 이 시기, 퍼스에서는 소비 및 여가 관련 경제가 부상하였고, 특히 1987년 도시정부가 아메리카컵챌린지(America's Cup Challenge) 대회를 유치함으로써 이를 뒷받침하였다. 지난 20년간 퍼스의 경제는 광업과 관

그림 12.16 퍼스는 오스트레일리아의 남서부 해안가의 장엄한 자연환경에 고립되어 있는 도시로서, 광대하면서도 인구가 희박한 이 지역의 종주도시이다. (사진: 오스트레일리아 정부 제공)

광 산업을 기반으로 성장을 거듭하였고, 상당한 규모의 이민자 유입으로 성장이 더욱 강화되었다.

웨스턴오스트레일리아 주의 수도인 퍼스의 오늘날 모습은 식민 초기와는 상당히 다르다. 현대적인 고층 빌딩들이 도시 중심부의 스카이라인을 지배하고 있을 뿐만 아니라, 1980년 대와 1990년대의 기업가주의적 거버넌스의 등장으로 도시 내 쇠퇴지구가 관광 및 여가를 위한 공간으로 재개발되었다. 퍼스 중심부의 과거 스완 브루어리(Swan Brewery) 부지는 이러한 재개발 과정을 단적으로 보여 주는 사례이다. 주정부의 개발 기구는 한때 퍼스에서 가장 유명했던 맥주 공장을 재개발 지구로 선정하였다. 이 맥주 공장 부지는 오늘날 극장, 외식, 사무 공간, 주차장 등 수많은 기능을 포함한 복합지구로 재개발되었다. 오스트레일리아 전역에서 이러한 재개발은 다양한 논란을 불러일으키고 있다. 스완 브루어리 재개발 계획을 둘러싼 갈등은 오스트레일리아 도시 내부에 거주하는 토착 주민들의 공간 확보를 위한 투쟁을 단적으로 보여 준다. 특히 애버리지니 주민들은 이 재개발 지구의 상징적 중요성

그림 12.17 퍼스의 킹스파크(Kings Park)의 스카이라인은 웨스턴오스트레일리아 주와 인도양 연안에 대한 상업적 관심을 반영하고 있다. (사진: Stanley Brunn)

에 주목하면서, 스완 브루어리의 건물들을 모두 해체하고 공원으로 바꿀 것을 요구하였다. 애버리지니 시위대는 11개월 동안이나 재개발 지구에서 노숙 투쟁을 벌였다. 그러나 이들의 시위는 실패로 끝났고, 단지 주정부와 개발 기구는 재개발 지구 내에 애버리지니의 문화적 요소들을 디자인에 반영하기로 하였다. 그러나 또 다른 한편에서는 도시 세계에서 애버리지니의 존재감을 불러일으키는 과정은 그 자체로서 성공적이었다고 볼 수도 있다.

다른 오스트레일리아의 도시들과 마찬가지로 퍼스 역시 도시 스프롤 현상을 경험하고 있다. 인구 증가로 인해 처음에는 동쪽으로 도시가 확대되다가 최근에는 남쪽으로 만두라(Mandurah) 인근까지 확대되고 있다. 20세기에는 이러한 도시인구 성장을 자동차 교통이 충분히 뒷받침할 수 있었다. 그러나 최근 들어, 좀 더 나은 대중교통을 도입할 필요성이 강해지고 있다. 이에 따라 새롭고 쾌적하면서도 저렴한 교외 철도선이 개발되어 운영되고 있다. 또한 퍼스는 다른 지속 가능한 교통 체제를 다양하게 시도하고 있는 곳으로 알려져 있다. 대표적인 것은 '트래블스마트(TravelSmart)' 프로그램으로서 고용주, 학교, 대학, 공장 등 다양한 행위자들이 참여하고 있다. 이 프로그램은 사람들로 하여금 자동차 이외의 교통수단으로 이동하도록 독려하기 위해 인센티브를 제공하기도 한다. 이는 오클랜드의 '도보 스쿨버스(walking school buses)'와 마찬가지로 자동차 교통 의존율을 낮추는 데에 성공했을 뿐만 아니라, 도시의 귀중한 환경에 대한 대중적 인식을 확산하는 데에도 이바지하였다.

골드코스트: 관광 도시화

오스트레일리아의 사회학자인 패트릭 멀린(Patrick Mullin)은 '관광 도시화(tourism urbanization)'라는 용어를 사용해 관광업에 기반을 둔 도시 성장 시나리오를 제시했는데, 이러한 도시에서는 다음의 두 가지 특징이 나타난다. 첫째로 도시 개발이 주로 관광객들의 오락을 위한 재화와 서비스 소비에 기반을 두고 있고, 둘째로 도시 형태가 여가 공간으로서의 도시 기능에 의해 형성되어 있다. 오스트레일리아의 퀸즐랜드에 있는 골드코스트는 이러한 관점에서 이해될 수 있다.

오스트레일리아의 골드코스트는 퀸즐랜드 주의 주도인 브리즈번에서 남쪽으로 40km나 뻗어 있는 지역을 일컫는데, 1840년대에 백인들이 벌목과 농업 개발을 위해 정착하면서 형성된 도시 지역이다. 이미 1870년대에 브리즈번의 부유한 주민들은 이 지역을 사우스코스트(South Coast)라고 지칭하면서 여가 목적으로 이용해 왔다. 1930년대에 브리즈번으로부터 철도 노선이 개발되면서 이 지역의 매력이 보다 높아지게 되었고, 소규모의 해안 리조트 단지가 개발되기 시작하였다. 이 지역이 오늘날의 '골드코스트'라는 이름을 얻게 된 것은 1950년대의 호황기에 오스트레일리아에서 최고의 관광 휴양지로 개발되기 시작하면서부터이다. 그동안 여러 차례의 경기 침체를 경험했지만, 관광객을 위한 숙박업, 소매업, 외식업, 유흥업을 중심으로 한 대대적인 부동산 투자가 56km에 달하는 장대한 해안을 따라 이루어져 있다. 이에 따라 골드코스트는 오스트레일리아에서 가장 높은 밀도로 개발된 해안 휴양지이자 국제적 관광 중심지가 될 수 있었다.

1980년대까지 이 지역은 [특히, 골드코스트의 핵심부라고 할 수 있는 서핑파라다이스(Surfing Paradise) 일대는] 느슨한 사회적 규범, 눈에 거슬릴 정도로 호화로운 네온사인 경관, 일확천금을 얻을 수 있는 부동산 투자 등으로 미덥지 않은 명성을 얻고 있었다. 그러나 1980년대에 일본을 중심으로 한, 그리고 보다 최근에는 중동을 중심으로 한 해외 국가들로부터 대규모의 해외직접투자가 이루어지게 되면서 서핑파라다이스 일대의 소비 경관과 관광 상품이 엄청나게 다양화되었다. 현재 이 지역에는 마리나미라지(Marina Mirage)나 골프를 테마로 한 생츄어리코브(Sanctuary Cove) 등의 종합 관광 리조트, 퍼시픽페어(Pacific Fair)와 같은 대형 쇼핑몰, 콘라드주피터(Conrad Jupiters)와 같은 카지노, 여러 개의 골프 코스, 무비월드(Movieworld), 시월드(Sea World), 드림월드(Dream World), 웨트앤와일드워터월드(Wet'n'Wild Waterworld)와 같은 복합 테마파크 등이 개발되어 들어서 있다.

골드코스트는 1959년 이후 시로 편입된 이후 급속하게 인구가 유입되어 현재의 인구는 50만 명에 달한다. 호텔과 서비스 숙박업체의 총객실은 13,000실을 넘은 상태이고, 매년 350만 명의 국내 관광객과 80만 명의 해외 관광객이 찾고 있다. 해외 관광객은 주로 아시아 국가들과 아오테아로아/뉴질랜드에서 유입되고 있다. 그러나 오늘날의 골드코스트는 소비 중심의 관광업 경제 이상으로 발전하고 있다. 또한 오스트레일리아에서 성장률이 가장 높은 도시로서 연평균 2%의 인구 증가율을 보이고 있다. 매력적인 생활양식으로 인해 오스트레일리아 전역에서 인구가 몰려들고 있고, 이들의 상당수는 해안가의 고층 빌딩 배후에 위치한 운하 주변의 저밀도 주택지구로 집중하고 있다. 보다 최근 들어, 골드코스트의 시역이 확장됨에 따라 로비나(Robina)와 같은 교외 지역이 새로운 주거 지역으로 개발되어 남서쪽으로 팽창하고 있다. 이러한 현상으로 인해 (어떤 작가가 골드코스트를 '신의 대기실'이라고 명명할 정도로) 은퇴자 중심이었던 기존의 유입 인구보다 20~29세 사이의 청년층 중심의 유입 인구가 수적으로 압도하고 있다. 도시인구는 2031년에 789,000명에 달할 것으로 예측되고 있다. 또한 골드코스트의 팽창이 남동부 퀸즐랜드(SEQ)의 도시 지역까지 달하게 되면서, 누사(Noosa)의 남서부에서 브리즈번과 골드코스트를 거쳐 뉴사우스웨일스 주의 북부 지역인 트위드(Tweed)까지 무려 240km에 이르는 연담도시를 형성하고 있다. SEQ의 인구는 300만 명에 근접한 상태로서, 퀸즐랜드 전체 인구의 2/3을 차지하고 있다. SEQ의 인구는 2031년 440만 명에 달할 것으로 예측되고 있다.

이처럼 골드코스트가 주변 도시 지역과 병합되면서 경제 또한 다양화되고 있다. 관광 관련 산업은 저숙련, 저임금, 한시적 고용을 창출하고 계절적 변동에 취약한 경향을 띤다. 현재 주정부가 지원하고 있는 태평양 혁신 회랑(Pacific Innovation Corridor) 계획은 지역 내에 첨단 기술, 생명공학, 컴퓨터, 멀티미디어 등과 관련된 산업을 유치함으로써 글로벌 지식 경제권에 진입하는 것을 목표로 하고 있으며, 브리즈번의 거대한 경제권과 연결하기 위해 철도망 및 도로망을 구축하고자 한다. 그럼에도 불구하고 골드코스트는 오스트레일리아에서 소득수준이 가장 낮은 도시 중 하나이며, 오스트레일리아의 다른 도시들에 비해 사회경제적 취약 계층의 비율이 매우 높다. 이는 부분적으로 도시의 직업 구조의 결과라고 할 수 있다. 관광 주도적 경제로 인해 저임금 직종이 많고, 고등교육의 비율이 낮으며, 저임금의 한시적 고용 비율이 높고, 실업률도 높다. 또한 연담도시가 확대됨에 따라 취약 계층에 대한 지원, 경제활동의 다양화, 도로 및 대중교통망 건설, 환경보호와 개발 사이의 조화 등 새로운 도전에 직면하고 있다.

오클랜드: 아오테아로아/뉴질랜드의 경제 중심

오클랜드는 아오테아로아/뉴질랜드의 수도는 아니지만 19세기 후반 더니든과 크라이스트처치를 따라잡고 가장 큰 도시로 자리 잡은 후, 이 지역의 도시 체계를 지배하고 있는 도시이다. 시드니와 마찬가지로, 오클랜드는 아름다우면서 동시에 경제적으로도 이점이 많은 항구를 개발해 왔고, 오늘날 아름다운 자연경관으로 잘 알려져 있다. 역사적으로 이 도시는 배후에 풍부한 농업 및 산림 지역을 끼고 성장해 왔다. 1980년대 취해진 국가 경제의 탈규제는 오클랜드에도 변화를 가져왔고, 그 결과 오클랜드는 이 지역에서 가장 번성하고 역동적인 경제를 형성하게 되었다. 이미 1990년대에 오클랜드는 국가 전체 제조업, 운송, 정보통신, 사업 서비스업 고용의 1/3 이상을 차지하였다. 오클랜드는 국가 경제가 세계경제와 교류함에 있어서 전략적인 교두보의 위치를 점유해 가고 있다. 또한 이곳은 다국적기업, 국제금융거래, 글로벌 부동산 투자의 중심지이자 전 세계의 관광객이 유입되는 핵심 장소이다. 아오테아로아/뉴질랜드 도시의 생활을 설명하는 데에는 국지적 연계보다 글로벌 연계가 더욱 중요하다.

1980년대에 오클랜드는 주거 지역 및 상업 지역의 경관에 큰 변동이 일어났다. (남반구에서 가장 높은 빌딩으로 유명한 스카이타워와 같은) 초고층 주택이 중심업무지구 주변에 들어섰는데, 이들은 대체로 해외의 건축가들이 설계하고 글로벌 부동산 개발 회사들이 건축한 것들이다. 주거용 고층 빌딩이 더욱 대중화되었고, 중밀도 주거용 빌딩들이 도시의 밀도를 높이고 있다. 또한 미국에서 도입된 '뉴어버니즘' 사상에 입각한 새로운 교외 지역들이 형성됨에 따라 작은 주택, 격자형 가로망, 공동체적 개방 공간을 갖춘 전통적 경관들이 변화하고 있다. 엄밀한 의미에서 폐쇄공동체라고까지 말할 수는 없지만, 이러한 새로운 교외 지역은 사회적 배제를 촉진하고 있어서 논란이 되고 있다. 동일한 논란이 젠트리피케이션이 진행되는 내부 도시 근린지구에서도 일어나고 있다(글상자 12.5).

글상자 12.5

젠트리피케이션과 오클랜드의 폰슨비로드

젠트리피케이션이 바야흐로 글로벌 현상이 되고 있다는 주장이 옳든지 그르든지 간에, 이러한 도시화 과정은 오스트레일리아와 아오테아로아/뉴질랜드의 많은 내부 교외 지역을 새롭게 재편하고 있다는 사실에는 틀림없다. 젠트리피케이션 과정은 주요 대도시 지역 내에서 주로 노동계급이 거주하던 내부 도시 근린지구가 중산층 유입에 따라 개조되는 현상을 지칭한다. 젠트리피케이션은 단지 주거 현상에 국한된 것이 아니라 주민들의 미학, 정신, 소비 패턴 등이 동네 거리에 반영되면서 로컬 쇼핑가, 여가 및 휴양 시설, 근린지구 서비스를 재편하고 있다. 이러한 현상은 시드니 뉴타운(Newtown)의 킹 스트리트(King Street), 멜버른 피츠로이(Fitzroy)의 브런즈윅스트리트(Brunswick Street), 브리즈번 웨스트엔드(West End)의 바운더리로드(Boundary Road), 뉴캐슬 쿡힐(Cooks Hill)의 다비스트리트(Darby Street), 오클랜드 폰슨비(Ponsonby)의 폰슨비로드(Ponsonby Road)에 특히 두드러지게 나타나고 있다.

폰슨비 교외지구는 오클랜드의 중심업무지구로부터 서쪽으로 1마일도 채 안 되는 곳에 위치하고 있다. 제2차 세계대전 이후, 폰슨비의 많은 부유층 주민은 외부 교외 지역으로 주거지를 옮겼고, 대신 소득 수준이 낮은 태평양 도서 지역 출신 이주민들과 마오리족 주민들이 폰슨비로 유입되었다. 그러나 1970년대에 시작된 젠트리피케이션 물결로 인해 이 지역의 저렴한 주택, 낮은 임대료, 사회·민족적 다양성 등에 매혹된 젊고 교육수준이 높은 다양한 (유럽 혈통의 뉴질랜드인인) 파케하(Pakeha)인 집단이 몰려들기 시작하였다. 역설적이게도 이러한 다양성은 젠트리피케이션 과정 그 자체에 의해 위협을 받게 되었다. 폰슨비의 경우 1990년대에는 오클랜드 전역에서의 주택 경기 호황과 부동산 가격 인플레이션이 젠트리피케이션에 중첩되었다. 이 결과 소득 및 교육 수준이 낮은 주민들의 상당수가 높은 임대료와 주택 가격을 감당하지 못하고 이 지역에서 쫓겨났다. 이후 폰슨비의 인구 구성에서 '백인' 중심의 고소득층 주민 비율이 뚜렷이 높아지게 되었다. 그러나 부동산 가격의 인플레이션에도 불구하고 여전히 이 지역은 상대적으로 젊은 세입자들이 많이 거주하고 있는 편이다.

그러나 폰슨비로드의 소비 공간과 공공 문화의 극적인 변화가 다양성을 특징으로 한다는 사실에는 틀림이 없다(http://www.ponsonbyroad.co.nz/ponsonbyroad/). 폰슨비의 젠트리피케이션은 상업 시설에 대한 허가 규정 개정과 함께 일어났는데, 이 결과 90개 이상의 카페, 레스토랑, 바, 전문 상점, 친환경 식품점, 정육점, 신문 판매점 등이 폰슨비로드에 들어서게 되었다. 앨런 라탐(Alan

생활양식 및 주거와 관련된 다양한 TV 프로그램들과 잡지들이 엄청나게 유행하고 있고, 이에 따라 가정용품들에 대한 지출이 증가하고 있으며, 오클랜드 및 주변 교외 지역에서 많은 주택 개량 사업이 진행되고 있다. 교외 지역 주택의 뒷마당은 점차 좁아지는 추세에 있지만 여전히 아이들이 뛰어 놀고, 채소를 재배하며, 심미적 여유를 즐기기 위한 중요한 공간이다. 새로운 이민자 중 일부는 이러한 교외 지역의 이상을 열망하고 실현하기 위해 멀리 떨어진 단독주택에 거주하려는 경향을 보인다. 또한 이민자의 유입은 교외 경관을 변화시켜 왔다. 샌드링엄(Sandringham)과 같은 교외 지역은 종교와 소비가 어우러진 새로운 공간으로서 많은 아시아계 이민자가 유입되고 있는 곳이다.

많은 학자와 정책가는 오클랜드와 같이 크고 역동적인 도시의 지속가능성에 대해 관심을 두고 있다. 자동차 교통에 대한 높은 의존도와 강한 환경 의식 간의 모순으로 인해 '도보 스쿨버스' 프로그램이 널리 채택되고 있다. 이는 자녀를 개별적으로 자동차에 태워 등하교를 시키는 대신, 학부모들의 지도하에 학교까지 걸어서 등하교 할 수 있는 특정 지점에 자녀를 승하차하게 하는 프로그램이다. 도보 스쿨버스 프로그램은 오늘날 오클랜드의 많은 지역 중, 특히 중산층 중심의 교외 지역에서 널리 시행되고 있다. 이 프로그램의 결과 자동차 교통량과 대기오염 물질이 감소하고 있고, 비만 아동들이 줄어들고 있으며, 공동체성이 육성되고 있다. 도시정부의 공식적인 지속가능성 정책으로 인해 이미 중밀도 주택단지나 생태발자국이 작은 주택들이 들어서고 있다. 오클랜드에서 도시의 지속가능성과 관련된 새로운 정책들이 최근 더욱 활발히 논의되고 있다.

포트모르즈비와 수바: 도서의 수도

포트모르즈비와 수바는 각각 파푸아뉴기니와 피지의 정치 수도이자 가장 큰 도시이다(그림 12.18). 이 두 도시는 역사, 도시 패턴, 도시의 영향력에서 상당히 유사하다. 이 두 도시는 현재 정치적으로 불안정한 상태에 있지만, 많은 부분에서 태평양 도서 지역 도시의 특징을 전형적으로 보여 준다.

파푸아뉴기니나 피지는 경제적 번영을 구가하고 있지 못하고 있다. 제조업 부문이 취약하고, 농업도 세계화 수준이 낮아 비효율적인 상태에 있으며, 정치적 불안에 시달리고 있다. 이에 따라 포트모르즈비와 수바의 경제적 토대는 매우 취약한 편이다. 도시의 인구는 급속히 증가하고 있지만, 고용 기회는 그렇지 못해서 실업률이 높다. 어떤 통계에서는 포트모르즈비의 실업률을 60%로 추산하고 있기도 하다. 이와 같이 취약한 경제적 환경으로 인해 태평양 도서 지역 도시들의 가장 큰 특징인 무허가 주택을 포함한 비대한 비공식 경제 부문, 정치적 불안과 소요 등이 나타나고 있다(그림 12. 19).

무허가, 무단 점유 주택 형태는 이들 도시에서 공통적으로 나타난다. 포트모르즈비에는 기준 이하의 불량 주택들이 집중한 빈곤 지역이 84개에 달한다. 수바는 이보다 약간 적은 수준이다. 상하수도, 전기, 쓰레기 수거 등과 같은 도시의 기본적인 하부구조는 거의 없거나 간혹 있더라도 지극히 최소한의 상태로 유지되고 있다. 도시 빈곤이 급격히 증가함에 따

그림 12.18 수바의 중심업무지구에 위치하고 있는 구시청 건물에는 현재 태평양 환경 보전의 핵심 단체인 그린피스가 입주해 있다. (사진: Richard Deal)

그림 12.19 누메아는 프랑스령이기 때문에 파리의 의사결정이 누메아의 노동자들에게 영향을 끼친다. 이 사진은 노동조합의 시위에 참여하고 있는 노동자들을 보여 주고 있다. (사진: Richard Deal)

라 길거리에서 살아가는 아동들이 증가하고 있다. 성매매와 같은 비공식 고용이 공식 부문의 고용 규모를 훨씬 능가하고 있다.

수바와 포트모르즈비가 도시 빈곤 및 주변부에 대해 취하는 정책은 매우 미미하며, 이 또한 매우 문제가 많다. 기본적인 하부구조 구축을 위한 자본이 적다. 빈곤 지역이나 거리에서 이루어지는 성매매에 대한 반감이 널리 퍼져 있다. 성매매, 거리의 떠돌이 아이들, 비공식 주택 부문에 대한 정부의 대응은 대체로 부정적이다. 파푸아뉴기니의 경우, 불량 주택은 개량되는 것이 아니라 불도저로 밀려 사라진다. 보다 일반적인 측면에서 이 도시들은 사회적, 정치적 소요에 직면하고 있는데, 이는 도시 내부 구조에도 영향을 끼친다. 예를 들어 포트모르즈비의 경우 안전 문제로 인해 유럽인들이나 기타 외부 출신 거주자들의 주택은 도시의 외곽의 언덕 사면에 위치하고 이는 바리케이드에 둘러싸여 있다.

경향과 도전

오스트레일리아와 태평양 지역의 많은 도시는 취약한 생태계로 둘러싸여 있고, 특히 기후 변화에 따른 다양한 위협에 심각하게 노출되어 있다. 또한 오스트레일리아의 대도시들

그림 12.20 오스트레일리아의 도시 거버넌스가 직면하고 있는 문제 중 하나는 거리의 치안 유지이다. 시드니에서는 모든 사람들이 안전을 우려하고 있기 때문에 그림에서와 같은 표지판이 점차 급속하게 늘어나고 있다. (사진: Donald Zeigler)

이 기후 변화에 따른 강수량 감소의 영향이 심각한 지역에 위치하고 있다는 사실도 중요하다. 모든 대도시들은 해수를 사람들이 마실 수 있는 담수로 바꿀 수 있는 담수화 공장을 건설하고 있거나 거의 완공 상태에 있다. 또한 도시 지역이 지리적으로 팽창함에 따라 농토가 줄어들고 있고, 생물종이 감소하고 있으며, 에너지 소비가 증가하고 있다. 모든 도시들은 에너지 소비와 오염 물질 배출을 줄이는 한편, 재생 가능한 에너지의 사용량을 점차 늘려 나가고 있다.

　도시 거버넌스는 모든 지역에서 다양한 도전에 직면하고 있다. 환경 및 안전과 관련된 문제를 해결하고 긍정적인 결과를 낳을 수 있는 효과적인 도시 정부의 필요성이 더욱 증대되고 있다(그림 12.20). 사회적 결집력을 강화하기 위한 도시 거버넌스 과정 또한 중요하다. 오스트레일리아와 아오테아로아/뉴질랜드의 도시 거버넌스는 시장에 의한 해결에 바탕을 둔 신자유주의 정책을 특징으로 한다. 이러한 거버넌스가 어느 정도까지 공평할 수 있을지는 두고 볼 일이지만, 이러한 틀 내에서 '정의로운' 도시를 만들려는 시도는 여전히 계속되고 있다. 이들 도시가 원주민들의 입장에서 얼마나 공평한 결과를 낳을 것인가의 문제 또한 중요하다.

　마지막으로 이 지역 모든 도시들에 있어서 주거에 적절한 수준의 주택을 마련하는 것 또한 시급한 문제이다. 시드니와 멜버른의 경우 주택 가격이 급속히 상승함에 따라 주거 환경 수준이 역사적 저점 상태에 있다. 주택 담보에 대한 스트레스가 (즉, 주거 비용이 가구 소득의 30% 이상을 차지하는 가구의 비율이) 특히 교외 지역에서 매우 높은 상황이다. 주거에 적절한 수준의 주택을 마련하는 것이 위기 상태에 처함에 따라, 많은 청년층과 저소득층 노동자들은 생계비가 높은 도시 지역에서 쫓겨나고 있고, 도시 중심은 이에 따른 노동력 부족을 경험하고 있으며, 주택 담보대출 때문에 발생하는 개별 가구의 부채 부담이 증가하고 있다.

■ 추천 문헌

- Baum, Scott, Robert Stimson, and Kevin O'Connor. 2005. *Fault Lines Exposed: Advantage and Disadvantage across Australia's Settlement System.* Clayton, Victoria: Monash University ePress. 글로벌 변화 과정으로 인해 이익을 받고 있는 사람들과 불이익을 받고 있는 사람들이 살고 있는 장소를 범주화하기 위한 계량분석에 유용하다.

- Connell, John, and J. P. Lea. 2002. *Urbanisation in the Island Pacific.* London: Routledge. Third edition. 11개의 독립 도서 국가의 도시화를 개관하고 있다.

- Forster, Clive. 2004. *Australian Cities: Continuity and Change.* South Melbourne: Oxford University Press. 태평양 도서 지역에서의 도시 경험을 탐구하는 책으로서, 국가 발전과 세계화의 중심으로서 도시의 역할에 대해 논의하고 있다.

- Jacobs, Jane M. 1996. *Edge of Empire: Postcolonialism and the City.* London and New York: Routledge. 세계화와 후기식민주의 세계에 의해 형성된 관계가 도시의 구성을 어떻게 형성, 재형성하고 있는지를 분석하고 있다.

- Le Heron, Richard, and E. Pawson. 1996. *Changing Places: New Zealand in the Nineties.* Auckland: Longman Paul. 뉴질랜드의 지리적 변동을 개관하고 있는 책으로서, 세계화의 맥락에서 도시와 지역에 대해 논의하고 있다.

- Major Cities Unit. 2010. *State of Australian Cities 2010.* Infrastructure Australia. Canberra: Australian Government. 오스트레일리아의 주요 도시를 인구학적, 경제적, 사회적, 환경적 특징 및 거버넌스의 동학이라는 측면에서 세부적, 경험적으로 고찰하고 있다.

- McGillick, Paul. 2005. *Sydney, Australia: The Making of a Global City.* Singapore: Periplus. 시드니의 건조환경의 역사를 사진과 곁들여 기술하고 있다.

- McManus, Phil. 2005. *Vortex Cities to Sustainable Cities: Australia's Urban Challenge.* Sydeny: University of New South Wales Press. 오스트레일리아 도시의 지속불가능성이 어떤 역사와 의사결정에 의해 빚어졌는가를 다루고 있다.

• Newton, P. (ed) 2008. *Transitions: Pathways toward Sustainable Urban Development in Australia*. Canberra: CSIRO Publishing. 오스트레일리아의 인구학적 변화와 발전 흐름을 개관하고 있는 책으로서, 지속가능한 도시 발전으로 나아가기 위해 어떤 자원이 필요하고 어떤 잠재적 미래가 있는지를 개관한다.

• O'Connor, Kevin, Robert Stimson, and Maurice Daly. 2001. *Australia's Changing Economic Geography: A Society Dividing*. Melbourne: Oxford University Press. 오스트레일리아 전역에서 일어나고 있는 경제적, 사회적 변화의 영향에 대해 다루고 있는 책으로서, 세계화와 경제활동의 공간적 패턴에 관한 내용도 포함하고 있다.

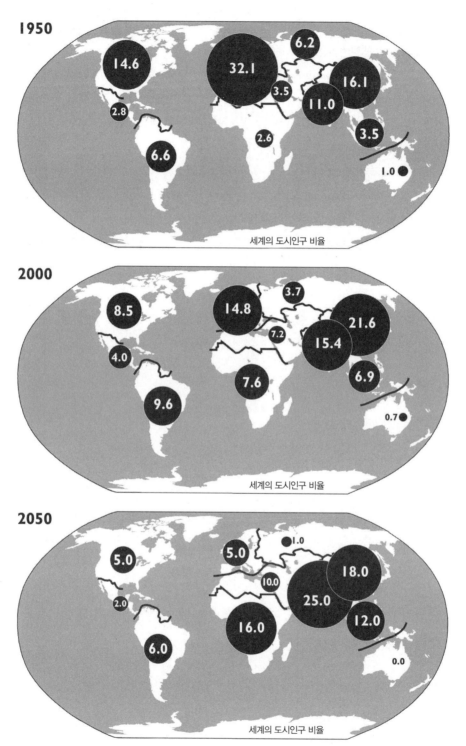

그림 13.1 도시인구: 1950년, 2000년, 2050년, 출처: UN. *World Urbanization Prospects: 2001 Revision*. http://www.un.org/esa/population/publications/wup2001/wup2001dh.pdf. 2050년 전망치는 저자가 예측한 것임.

미래의 도시

주요 도시 정보

2010년부터 2025년까지 전망에서 가장 인구가 많은 도시	도쿄(3710만 명), 델리(2860만 명), 뭄바이(2580만 명), 상파울루(2160만 명), 다카(2090만 명), 멕시코시티(2070만 명)
거주 인구가 가장 많이 증가할 도시	델리(640만 명), 다카(630만 명), 킨샤사(630만 명), 뭄바이(580만 명), 카라치(560만 명), 라고스(520만 명)
가장 빠른 연성장률을 보이는 도시	와가두구(8.5%), 릴롱궤(7.1%), 블랜타이어-림베(7.1%), 야무수크로(6.9%), 니아메(6.7%), 캄팔라(6.6%)
가장 느린 연성장률을 보이는 도시	드니프로페트롭스크(-0.25%), 사라토프(-0.20%), 도네츠크(-0.17%), 자포리츠헤(-0.15%), 아바나(-0.11%), 볼고그라드(-0.09%)
가장 급격하게 쇠퇴하는 도시	드니프로페트롭스크(3만 7000명), 아바나(3만 5000명), 사라토프(2만 4000명), 도네츠크(2만 4000명), 상트페테르부르크(1만 8000명), 자포리츠헤(1만 7000명)

핵심 주제

1. 도시에 대한 두 가지의 추세가 지속될 것이다. 즉 선진국에서의 고령 인구 증가와 저성장과 제로 성장 추세, 그리고 개발도상국에서의 유년 인구 연령층의 급격한 성장이다.

2. 지역적 규모와 세계적 규모에서의 이민이 지속될 것이다. 즉 오스트레일리아와 유럽, 북미와 남미 지역에서 아시아인과 아프리카인의 이주가 뚜렷할 것이다.

3. 문화적 동질성의 증가가 아랍, 중국, 일본, 인도 지역의 도시에서 특징적인 현상이 될 것이며, 문화적 다양성의 증가가 유럽, 오스트레일리아, 미국, 캐나다의 도시에서 특징적인 현상이 될 것이다.

4. 문화적, 사회적, 경제적 측면의 세계화는 핵심과 주변의 도시 입지에서 유사한 도시 건조환경을 만들어 내는 반면, 원주민의 문화와 문화 행위에 대한 보전과 보존은 더욱 어려워질 것이다.

5. 세계화의 영향을 지켜볼 때, 지식 경제와 생존 경제가 더욱 중요하게 될 것이다. 세계화 하에서 일상생활, 기업 및 제도적 삶, 통치 구조 내의 유동성과 역동성은 당연한 것이 될 것이다.

6. 정보와 통신 기술의 비약적인 진보에 따른 시간과 공간의 수렴 현상은 주요 은행과 보건, 교육 기관의 입지에 더욱 유연성을 부여할 것이며, 전통적으로 주변에 맴돌았던 인구 집단에게도 새로운 힘을 더해 줄 것이다.

7. 반세계화와 반서구적인 세계관 및 국가 간의 빈부 격차는 카리브 해 지역, 미국과 멕시코의 국경 지대, 지중해와 동남아시아 등 주변부 지역의 도시들에서 잠재적인 인종적, 문화적 갈등으로 터질 것이다.

8. 지역적이고 세계적인 규모에서 벌어지는 지구온난화, 대기오염, 고형 폐기물 관리, 수자원의 질과 이용에 대한 환경문제들은 전 세계 도시들의 미래를 계획하는 데 중심적인 과제들이 될 것이다.

9. 인간의 안전과 관련된 논의는 숙련되거나 반숙련된 노동력을 개발도상국으로부터 이민으로 공급받고, 식량과 수자원 등을 수입하는 도시들이 직면할 수밖에 없는 주요 문제가 될 것이다.

10. 세계적 규모의 도시문제를 해결하기 위해서는 지식 경제를 성장시키고 수출하는 것뿐만 아니라 국제적으로 훈련받고 경험을 갖추고 자유롭게 세계를 누비는 새로운 인구 집단에 더해 사회의 기저에서부터 창조적인 역량 강화를 할 필요가 있다.

우리는 앞선 장들에서 역사적이고 현대적인 시각에서 도시에 대해 접근해 보았다. 이제 미래에 대해 생각할 시간이다. 금세기의 첫 십년을 지내면서 예측할 수 있는 하나는 세계 인구의 대부분이 도시 지역에 살고 있다는 것이다. 2007년 어느 시점에 이미 그 이정표를 지났다. 농촌 주도형에서 도시 주도형으로 변화하는 것은 세계적 수준에서 지극히 중요한 것이지만, 인구의 절반 이상이 반세기 이상 도시에서 거주해 온 선진국에서는 새삼스러운 일은 아니다. 예를 들어 미국은 1920년에 이미 인구의 대부분이 도시에 거주하는 단계를 지났다. 개발도상국에서도 2020년 이전에 인구의 대부분이 도시에 거주하게 될 것이다. 이러한 세계에서 우리 인류를 기다리고 있는 미래는 어떤 것인지, 현재와 같은 경향이 지속될 것인지 아니면 도시적 생활의 본질을 뒤바꿀 큰 변화가 있을지, 선진국 도시들의 인구는 더 안정되고 결국에는 쇠퇴할 것인지, 반면 개발도상국은 지속적으로 높은 인구 성장을 겪을 것인지, 도시경제와 통신과 교통, 인사 조직 등의 측면에서 다양한 경로로 발전해 온 결과는 무엇인지, 이러한 질문들이 21세기 초에 도시지리학자들이 적극적으로 탐색할 과제가 되고 있다.

표 13.1 2025년 대규모 도시 집적지의 인구 전망

순위	도시	인구(만 명)	순위	도시	인구(만 명)
1	도쿄(일본)	3,709	16	로스앤젤레스−롱비치(미국)	1,368
2	델리(인도)	2,857	17	카이로(이집트)	1,353
3	뭄바이(인도)	2,581	18	리우자네이루(브라질)	1,265
4	상파울루(브라질)	2,165	19	이스탄불(터키)	1,211
5	다카(방글라데시)	2,094	20	오사카−고베(일본)	1,137
6	멕시코시티(멕시코)	2,071	21	선전(중국)	1,115
7	뉴욕−뉴어크(미국)	2,064	22	충칭(중국)	1,107
8	콜카타(인도)	2,011	23	광저우(중국)	1,096
9	상하이(중국)	2,002	24	파리(프랑스)	1,088
10	카라치(파키스탄)	1,873	25	자카르타(인도네시아)	1,085
11	라고스(나이지리아)	1,581	26	모스크바(러시아)	1,066
12	킨샤사(콩고공화국)	1,504	27	보고타(콜롬비아)	1,054
13	베이징(중국)	1,502	28	리마(페루)	1,053
14	마닐라(필리핀)	1,492	29	라호르(파키스탄)	1,031
15	부에노스아이레스(아르헨티나)	1,371	30	시카고(미국)	994

도시인구: 승자와 패자

UN은 도시의 미래에 대해 정기적인 보고서를 발간해 오고 있다. 특히 이 보고서는 도시인구, 주택, 식량, 보건, 환경의 질에 중점을 두고 있다. 2010 UN 보고서는 세계의 주요 지역과 국가들의 인구 전망 자료를 내놓았는데, 여기에는 2009년 75만 명 이상의 인구가 살고 있는 595개의 인구 집적지에 대한 자료가 포함되어 있다. 이들 도시에 대한 자료는 1950년, 2005년, 2025년의 연도별 자료와 함께, 2025년에 13개의 가장 큰 규모의 도시 집적지에 대한 자료를 제공하고 있다.

제1장에서 제시한 1950년, 1975년, 2000년의 30개 인구 집적지에 대한 표와 2025년의 인구 전망에 대한 표의 가장 큰 차이점은 두 가지로 나타난다. 첫째는 선진국과 개발도상국의 인구 집적지의 수가 혼재되면서 변화하고 있다는 것이다. 1950년 선진국에 해당하는 인구 집적지는 19개로서 대부분 북미와 유럽 지역에 있었는데, 2000년에는 이 수가 9개로 줄어들었다. 2025년에는 겨우 7개가 선진국에 분포할 것으로 예상된다. 이에 비해 개발도상국은 급격한 증가세를 보이고 있는데, 남아시아, 동남아시아, 동아시아뿐만 아니라 중동과 사하라 이남 아프리카에서 그 수가 크게 늘어났다. 두 번째 급격한 변화는 1950년과 2025년 사이에 지구 상에서 가장 큰 13개의 인구 집적지에 거주하는 인구수에서 찾을 수 있다. 1950년에 이들 13개의 도시에 살고 있는 인구수는 1억 1700만 명이었지만, 2000년에는 그 수가 3억 4700만 명으로 늘었고, 2025년에는 4억 7900만 명으로 증가할 것으로 전망된다. 이런 인구수의 증가는 대부분 이전 장에서 살펴본 바와 같이 개발도상국에서 일어났는데, 특히 500만 명 이상이 거주하는 도시들에서 일어났다. 2010년에 인구 500만 명 이상의 도시는 53개이며, 2025년까지 그 수가 72개로 늘어나고 거기에 살고 있는 인구도 모두 7억 5300만 명으로 전망된다. 72개의 도시 중 과반수에 해당하는 37개의 도시는 남아시아, 동남아시아, 동아시아에 분포한다.

이들 대규모의 인구 집적지에서 주목할 점은 계속 명단에 남아 있는 도시들과 초기에는 명단에 있었다가 사라진 도시, 그리고 최근 몇 십 년 사이 새롭게 명단에 포함된 도시들이다. 1950년에 가장 큰 규모의 인구 집적지는 1200만 명 이상이 살고 있는 뉴욕-뉴어크였지만, 이 숫자는 2025년에 20위에 해당하는 오사카-고베의 인구수에 지나지 않는다. 글래스고는 1950년 176만 명의 인구가 사는 13번째 큰 도시 집적지였지만, 2025년 중국에서는 동일한 인구를 가진 도시가 60개나 된다. 오늘날 주요 세계도시라고 여겨지는 도시도

순위에 포함되지 못하는 경우가 발생한다. 파리는 1950년 4번째 큰 도시였지만, 그 순위는 2025년에 24번째로 내려앉으며, 런던도 1950년에 3번째 순위였지만 2025년에서는 30위 안에도 들지 못한다.

2010~2025년의 75만 명 이상이 거주하는 도시 집적지를 살펴보면 두 가지 패턴이 뚜렷하다(표 13.2). 첫째, 세계적 규모에서 보면 '명백한 패자'에 해당하는 도시들로 2010년과 2025년 사이에 실제적인 인구 감소가 일어나는 도시들이다. 둘째, 상당한 수의 도시들은 저성장을 경험한다. 셋째, 많은 수의 도시가 실제적으로 급격한 성장을 경험할 것이라는 점이다. UN 자료를 분석하면 다음과 같은 결과를 얻을 수 있다.

- 15개 도시들의 인구가 실제적으로 감소할 것이다. 이중 9개는 러시아 도시들로 사라토프, 상트페테르부르크, 사마라, 옴스크, 페름 같은 중공업도시들이다. 3개는 우크라이나에 있는 유사한 성격의 도시들인, 드니프로페트롭스크(Dnipropetrovsk)나, 도네츠크(Donetsk), 하르코프(Kharkiv)로서 모두 인구 감소를 겪으며, 전체 15개 도시의 인구 감소분은 30만 8000명에 이를 것으로 예상된다.
- 64개 도시는 2010~2025년 사이 10만 명 이하의 인구 증가를 겪을 것으로 예상되는데, 유럽의 오래된 산업도시(42개)들과 동아시아의 산업도시(한국 11개, 일본 7개) 들이 여기에 해당한다. 64개 도시를 합한 인구 증가는 270만 명으로, 2010~2025년 사이 아비장(Abidjan)의 예상 인구수와 비슷하다.
- 80개 도시는 2010~2025년 사이 10만 1000~20만 명 사이의 인구가 증가할 것으로 예상된다. 이들 중 30개는 미국과 캐나다에 있으며, 14개는 남미, 10개는 중미 지역에 위치한다. 이들 80개 도시의 총예상 증가분은 1180만 명에 불과하며, 이는 같은 기간 델리와 다카에서 늘어난 인구수보다도 적다.
- 71개 도시 집적지는 100만 명 이상의 인구를 매년 더하고 있다. 이들을 모두 합치면 8230만 명으로 새롭게 100만 명 이상의 인구를 더하는 도시들을 가진 국가로는 중국(14개), 인도(11개)이며, 유럽이나 북미 지역의 도시들은 여기에 해당하는 곳이 한 군데도 없다. 500만 명 이상 인구가 늘어나는 도시들로는 델리(640만 명), 다카와 킨샤사(각각 630만 명), 뭄바이와 라고스(각각 570만 명), 그리고 카라치(560만 명)가 있다. 이들 도시는 2010~2025년 사이 3600만 명의 인구가 더해질 것이다. 델리의 급속한 성장을 다른 시각에서 이해하면, 매달 10만 명이 늘어나고, 하루에 3,500명, 한 시간

표 13.2 도시인구 증가에 대한 승자와 패자 전망, 2010~2025년

각 지역에서 75만 명 이상이 거주하는 도시 수

지역	인구 감소 예상*	중간 증가 예상**	급격한 증가 예상***
사하라 이남 아프리카	0	2	24
동아시아	0	22	14
남아시아	0	2	16
동남아시아	0	3	6
범중동 지역	0	10	6
남아메리카	1	13	3
중앙아메리카	1	2	1
미국과 캐나다	0	40	0
유럽	1	38	0
러시아와 우크라이나	12	1	0
오스트레일리아/태평양	0	1	0

* 인구 감소가 예상되는 도시 수
** 20만 명 이하의 인구 성장이 예측되는 도시 수
*** 100만 명 이상의 인구 성장이 예측되는 도시 수
출처: UN, *World Urbanization Prospect: 2009 Revision*, http://esa.org/unpd/wup/index.htm

에 145명씩 주민이 늘어나는 것이다. 델리에서 2010~2025년 사이에 늘어나는 인구는 1950년의 파리 인구보다 더 많을 것으로 예상된다.

• 52개 도시는 2010~2025년 사이 50% 이상의 인구 성장을 보일 것이다. 이들 대부분은 사하라 사막 이남의 아프리카 지역의 도시들이다. 부르키나파소의 와가두구, 말라위의 릴롱궤와 블랜타이어–림베, 니제르의 니아메는 100%가 넘는 인구 성장을 보일 것으로 전망된다. 또 다른 7개 도시들은 50~99% 성장할 것이다. 이와 극단적인 대조를 보이는 것이 10% 미만의 성장을 보이는 101개 도시들이다. 이들 대부분은 유럽, 러시아, 일본, 한국의 도시들이다. 보통 30% 정도의 성장을 보이는 도시는 중국과 인도의 도시들로 예측되며, 10~15% 정도 성장을 하는 곳은 미국과 캐나다의 도시이다.

1950년 도시 거주민은 대략 7억 5000만 명에 육박하였다. 이 수치는 2000년에 28억 명이었고, 2050년에는 65억 명으로 예상된다. 1950년 아프리카와 서남아시아는 전체 도시 거

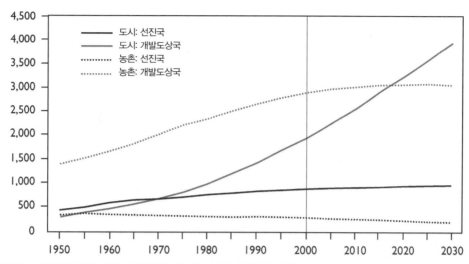

그림 13.2 선진국과 개발도상국의 도시와 농촌 인구, 1950~2030년. 출처: UN, *World Urbanization Prospect: 2001 Revision*, http://www.un.org/esa/population/publications/wup200/wup2001dh.pdf

주민의 6%에 그쳤으며, 유럽은 32%, 아시아는 30%의 비율을 나타냈다. 1950년에서 2000년 사이에 아프리카의 도시 거주민은 거의 두 배 가깝게 증가했으며, 아시아의 도시인구는 40% 증가하였다. 2000년에 세계도시 거주 인구에서 유럽이 차지하는 비중은 15% 정도로 감소하였고, 북미 지역은 오직 8.5%를 차지하는 데 불과하였다. 2050년에는 도시 거주민의 4명 중 한 명 이상이 아프리카나 중동 지역 도시에 살고 있을 것이며, 두 명 중에서 한명은 아시아 도시에 살고 있을 것이다. 유럽과 남미 지역은 비슷한 수의 도시 거주 인구를 나타내며, 미국과 캐나다의 도시인구는 거의 서부 아프리카의 도시 지역에 거주하는 수와 비슷할 것이다. 통계에서 보면 현재 개발도상국에서는 도시 거주민보다 농촌 거주민이 더 많지만, 2020년에는 이런 추세가 역전될 것이다. 개발도상국 도시, 특히 아시아의 도시들은 세계 도시인구에서 가장 큰 비중을 차지하고 있으며, 그 비중은 계속 늘어나고 있다.

　2050년 세계에서 가장 큰 도시들 대부분은 개발도상국, 특히 아시아 도시들이다. 이런 변화들이 인간과 자연 자원의 기반과 인류의 미래에 어떤 시사점을 던져 주는지는 중요한 의문점이 된다. 인구 2700만 명의 도쿄는 세계에서 가장 큰 도시 지역으로 남을 것으로 예측되지만, 개발도상국에 있는 다카, 뭄바이(각각 2300만 명의 인구), 상파울루(2100만 명), 델리(2000만 명) 등의 도시가 그 뒤를 이을 것으로 기대된다.

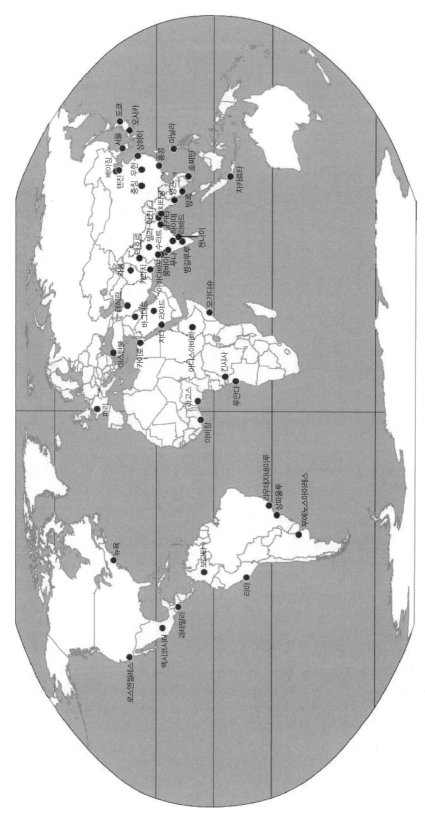

그림 13.3 2050년 세계 50개 대도시. 출처: UN, *World Urbanization Prospect: 2001 Revision*, http://www.un.org/esa/population/publications/wup200/wup2001dh.pdf

글상자 13.1

지구촌 마을

세계 인구의 조성이 지난 반세기 동안 어떻게 변해 왔는가? 이 질문에 대해 의미 있는 답을 하는 한 가지 방법은 UN 자료를 이용하여 1950년, 1975년, 2000년, 2015년의 가장 큰 30개의 도시인구 집적지를 인구 100명이 사는 지구촌 마을로 바꾸어 생각해 보는 것이다.

우리 마을에서 첫 해인 1950년에 가장 많은 주민이 사는 곳은 뉴욕으로 10명의 주민이 살고 있다. 그러나 다음 해인 1975년에는 도쿄에 더 많은 주민이 산다(그 수는 9명에서, 2000년 8명으로, 다시 2015년 7명이 된다). 두 도시 모두 매년 주민 수가 줄어들고 있으며, 2015년 뉴욕에는 4명의 주민만이 살고, 도쿄에는 7명만이 살게 될 것이다.

이 장에서 이미 살펴보아서 예측할 수 있듯이 유럽과 미국 도시의 인구는 줄어드는 반면 개발도상국의 인구는 늘어날 것이다. 유럽과 미국은 1950년 전체 주민의 절반이 살고 있는 곳이었지만, 2015년에는 모두 합해도 13명에 불과하다. 맨체스터, 버밍엄, 라인-루르, 보스턴은 더 이상 주민이 살지 않는 곳이 될 것이다. 1950년 동아시아에는 19명의 주민이 살았지만, 그 수는 1975년에는 30명, 2015년에는 29명이 될 것이다. 새로운 마을 주민이 가장 많이 사는 곳은 남아시아와 동남아시아로, 그 수는 1950년 6명 전원이 남아시아에 살았고, 2015년에는 남아시아와 동남아시아의 10개 도시에 사는 36명으로 늘어날 것이다. 새로운 마을 주민의 대부분은 2015년 각각 다카(5명), 뭄바이(5명), 델리(4명)에 살 것이다.

1975년 이후 러시아에 살고 있는 마을 주민은 없다(1975년 모스크바에 4명이, 상트페테르부르크에서 2명이 살았다). 오세아니아에는 아무도 살지 않으며, 사하라 이남 아프리카에는 1950년에는 아무도 살지 않다가, 2015년 라고스와 킨샤사에 6명의 주민이 살 것이다. 카이로에는 1950년 1명의 주민만이 살았고, 1975년에는 중동 지역에서 테헤란 한 곳만이 유일하게 1명의 주민이 살고 있는 곳이었다. 이들 두 도시에 살고 있는 주민은 2015년이 되면 6명이다. 멕시코시티는 남미에서 유일하게 사람이 살고 있는 곳으로서, 1950년 2명이 살았으며, 1975년에는 5명이 살았다. 남미는 항상 부에노스아이레스와 리우데자네이루가 대표 도시였지만, 나중에는 상파울루, 리마, 보고타가 대표 도시들이 되었다. 2015년에는 이들 5개의 남미 도시에 모두 15명이 사는데, 상파울루에 대부분이 거주한다. 지구촌 마을에 속한 도시들 중 선진국에 속한 도시의 수는 줄어드는 반면에 개발도상국 도시의 수는 늘어나고 있다. 1950년에 북미, 유럽, 러시아에 있는 18개 도시들에 61명이 살고 있었지만, 2015년에는 이들 지역에 있는 4개의 도시에 겨우 13명이 살게 된다. 이와는 대조적으로 개발도상국 도시에 사는 주민의 수는 계속 증가하는데, 1950년 100명의 마을 주민 중에 39명이 개발도상국의 12개 도시들에 살았지만, 2015년에는 그 수가 87명, 26개 도시로 증가할 것이다(이 경우 일본은 동아시아에 포함했지만, 만약 선진국에 속하게 하면 그 수는 다소 변한다).

21세기 초의 열 가지 인문지리학적 특징

어떤 지역의 경제적, 사회적, 정치적 미래는 지역의 문화와 사건뿐만 아니라 외부 지역과 글로벌한 활동과 제도 등에 의해서도 영향을 받는다(글상자 13.2). 이런 미래의 특징은 먼저 대도시들에서 표면화되며, 그 영향력의 정도는 순서를 매길 수 있는 것은 아니다.

글상자 13.2

발로 걸으며 도시 보기

도널드 지글러(Donald J. Zeigler)

세계의 도시는 당신의 방문을 기다립니다. 그럼 이제 도시지리를 배워 봅시다. 도시지리는 발로 걸으면서, 주의를 기울여 상세히 살펴보며, 여러분이 할 수 있는 만큼 넓은 각도의 렌즈를 사용하여, 경관에 내재하는 패턴과 변화 과정을 보고, 미래가 어떻게 될 것인지 기록하는 방법을 가르칩니다. 지리학자들은 여행하면서 새로운 것들을 연구합니다. 그러면 어떻게 하는지 알아볼까요.

사진 찍기: 사람과 경관을 찍어 보세요. 일상 경관과 특별한 경관 모두 사진에 담아 보세요. 모든 것을 다 담을 수는 없겠지만, 개인적으로 흥미 있는 주제를 몇 개 찾아내고, 도시마다 그 주제를 담아 보세요. 예를 들어 스카이라인, 수변 공간, 표지판, 거리 공연, 광장, 기념물, 경관 위의 지도 등이 좋은 주제입니다. 큰길 번화가를 꼬불꼬불 천천히 헤매 보세요. 도시가 여러분에게 무슨 이야기를 하고 싶어 하나요? 답사노트의 주인이 되어 사진으로 그들이 이야기를 말하게 도와 주세요.

일기 쓰기: 당신이 관찰한 것을 글로 남겨 놓으세요. 커피나 점심을 먹으며 잠깐 쉴 때 일기나 노트, 때로는 노트북이나 태블릿 PC를 꺼내 메모하거나 감상을 적으세요. 매일 일과의 끝에서 여러분이 배운 것을 정리해 놓으세요. 훈련이 필요하겠지만, 여러분의 에세이만큼 기억을 돌아오게 하는 건 없답니다. 여행의 첫 번째 격언을 기억해 놓으세요. "적어 놓으면 생각하는 데 도움이 된다."

귀를 열어라: 여러분의 귀를 기울여 새로운 언어와 음악, 거리의 소음을 들어 보세요. 모든 도시는 자기만의 소리로 하는 사인을 가지고 있습니다. 여러분이 방문한 지방의 이름을 어떻게 발음하는지 귀 기울여 보세요. 어떤 CD가 가장 빨리 팔리는지 찾아보세요. 만나는 사람과 이야기해 보고, 그들의 억양을 들어보고, 의무적으로 하는 말뿐만 아니라 어떻게 자신들의 이야기를 하는지 관심을 기울여 보세요. 여러분이 할 수 있는 만큼 기록해 놓으세요.

미각을 훈련시켜라: 먹는 것은 학습 활동의 하나입니다. 여러분이 방문하는 도시는 여러분을 가르치기 위해 안달합니다. 지방의 음식 문화를 배우세요. 그 지역만의 술 문화를 맛보세요. 농부들이

여는 장터에도 가 보세요. 신토불이 음식을 맛보세요. 먹는 음식에 대해 지역민들에게 물어보고, 기억을 되살릴 수 있도록 사진을 찍어 놓으세요. 여러분의 미각에 대한 기억을 되살릴 수 있도록 답사노트에 기록하는 것도 잊지 마세요.

기억을 만들어라: 기억을 선택하세요. 그림엽서를 구경하고, 지역 신문을 사 보고, 지역 언어 사전을 찾아보고, 아이들의 그림책도 보세요. 동전과 지폐도 모으고, 우체국에서 우표도 사 보세요. 우체국을 혼자 방문하는 것은 색다른 경험이 될 겁니다. 한 상자의 시리얼을 사러 슈퍼마켓에도 들려 보고, 시리얼도 먹어 보고, 그 상자도 보관해 두세요. 선물을 사러 관광객 전문상가도 들려 보고, 여러분의 방문국에서 직접 만들어진 특색 있는 상품을 찾아보세요.

1. **도시화되는 세계:** 도시화는 상대적으로 적은 땅덩이에 집중적으로 인구 증가를 유발하면서 지속될 것이다. 도시인구의 집적지는 그 규모가 더욱 커질 것이며, 도시적인 제도는 농촌 지역을 점차 압도할 것이다. 지역 간의 상호작용과 연합은 도시와 농촌 배후지보다도 가깝거나 먼 도시 간에 더욱 증가할 것이다.

2. **도시 연결성, 혼란, 비장소성:** 고속 교통, 정보통신 기술은 사람들로 하여금 장소감을 상실하도록 만든다. 그 결과는 소외와 사회적 불안정과 같은 혼란이 될 수 있다. 휴대전화, 팩스, 인터넷, 무선 통신 기술은 장소의 중요성을 감소시킨다(그림 13.4).

3. **일상생활 속의 세계와 지역이 얽힌 그물망:** 지리적 규모로 이루어진 촘촘한 그물망은 모든 상업적 거래와 사람 간의 상호작용 속에 분명하게 자리 잡을 것이다. 어디에서 일하는지, 누구와 일하는지, 호화판 곡물류, 통신 장비, 디지털화된 건강 기록 또는 컴퓨터나 자동차와 같은 세계적 상품들의 부품을 포함한 상품과 서비스의 최종 목적지가 어디인지는 지리적 규모의 그물망과 관련이 있다. 어떤 도시의 주민들은 주로 지역 내 연결이 우세한 반면, 다른 도시의 주민들은 세계적인 규모 또는 초국가적 규모에 연결되어 있다.

4. **유럽화된 세계에서의 아시아화와 아프리카화:** 현재 진행되고 있는 문화의 세계화 과정 중 하나가 전통적으로 유럽화된 세계에서 아시아와 아프리카 디아스포라가 뚜렷해지는 것이다(그림 13.5). 비록 비아시아 집단의 이민도 세계적으로 많이 이루어지고 있지만, 유럽이나 북미, 오세아니아에 위치한 관문 도시에 이주한 많은 수의 아시아 이민자가 뚜렷하게 눈에 보이는 영향을 미치고 있다. 아시아 이민자들은 숙련 또는 비숙련 노동자로, 합법 또는 불법 이민자의 형태로 이들 관문 도시에 거주한다. 아프

그림 13.4 Wi-Fi라고 알려져 있는 무선 수신기는 1997년부터 사용되어 온 국지적 네트워크이다. 이것은 작은 도시라도 인터넷 허브로 탈바꿈시킨다. 웨스트팜비치에서 유선이 아닌 무선으로 인터넷에 연결하고 있다.

리카의 이민 집단도 또한 라틴아메리카, 아시아, 오스트레일리아의 도시들에서 새로운 이민 공동체를 형성하고 점점 커지고 있다. 이들의 새로운 문화는 음식, 음악, 연예, 지적인 다양성을 도시 생활에 더해 준다.

5. **높아지는 지역적·세계적 인식**: 정보통신 기술의 확산과 주요한 위기에 대해 즉각적인 세계 보도가 이루어짐에 따라 문화, 국가, 정치적 경계가 허물어지고 있으며, 전 지구적인 관심과 자각을 불러일으키고 있다. 세계화에 따라 국제적으로 국경의 의미가 퇴색하고 있다. 예를 들어 상품, 서비스, 노동, 자본의 자유로운 이동이 유럽연합 내에서 이루어지고, 세계적이거나 지역적인 환경 조약이 중요시되며, 여성과 노인, 장애인, 문화 소수자에 대한 인간의 기본권 보장 압력이 거세지고 있다.

6. **경쟁력이 높아지는 지식 경제(K-economics)**: K는 지식을 의미하며, 하드웨어에서 브레인웨어(brainware)로의 변화와 함께 상품 소비에서 이미지와 상징이 중요해진다. 이런 두뇌 경제의 중요성은 전 세계적으로 경쟁 도시들과 창조 도시들에서 더욱 증가하고 있다.

7. **경쟁적인 법률 구조**: 국경을 넘나드는 도시 체계와 도시 순환의 크기와 밀도가 증가하면서 일상생활에서의 국가정부와 전통 도시들의 효율성에 의문이 제기될 것이다.

여기에는 개인 대 집단의 권리와 함께 영주권자와 임시 거주민에게 영향을 미치는 법률적 구조 등이 포함된다. 재산이나 국적이 없는 이주민에 대한 권리, 비정부 국제기구의 지원, 자연자원과 문화재에 대한 소유권 등은 추가적인 합의가 필요한 쟁점이다.

그림 13.5 오스트레일리아의 베트남 이민 첫 세대는 남베트남이 붕괴된 1975년 이후에 도착하였고, 유럽 세계로의 연속적인 이민이 시작되었다. 브리즈번에서 찍은 이 사진에서 2개의 국기를 확인할 수 있다.

8. **규범과 비규범에 대한 재정의**: 여러 집단들에서 도시의 문화적·정치적 충돌이 때로는 미묘하게, 때로는 폭력적으로 발생할 확률이 높아질 것이다. 직장과 삶, 생활양식, 사회적 공간에서 다양성과 인내를 요구하는 집단 대 종교와 농촌적인 가치에 바탕을 둔 전통 규범을 추구하거나 퇴색한 형태의 권위를 추구하는 집단 간의 갈등이 존재할 수 있으며, 극단주의자들이 미래의 도시 생활에 깊은 영향을 미칠 수 있을 것이다.

9. **지속적인 과학기술의 돌파구와 한계**: 현재 우리가 누리고 있는 고속 교통과 거의 즉시적인 통신 시설에도, 높은 고정비용과 정부의 안전을 위협하는 것 같은 역기능적인 사회적 영향이 문화에 미치기 때문에 새로운 기술의 채택과 전파에 제한이 있을 수 있을까? 부를 소유한 집단과 그렇지 못한 집단 사이에 기술의 격차가 줄어들기 시작할 것인가? 비약적인 혁신을 경험한 문화가 미치는 영향은 무엇일까? 예를 들어 유선망을 땅위에 설치하지 않거나, 태양에너지를 이용하거나, 화석연료에 의존하지 않고 무선과 디지털 세상을 경험한 문화는 어떤 사회적인 영향력을 행사할까?

10. **다양성 사이에 옅게 자리 잡은 동질성**: 맥도널드 세계 또는 서구의 세계화된 소비자 세상을 지배하는 서구적인 음식, 음악, 유행, 연예 상품 등은 많은 도시경관에서 비슷한 모습을 연출한다. 그러나 개발도상국에서 서구적이고 미국적인 유산의 아이

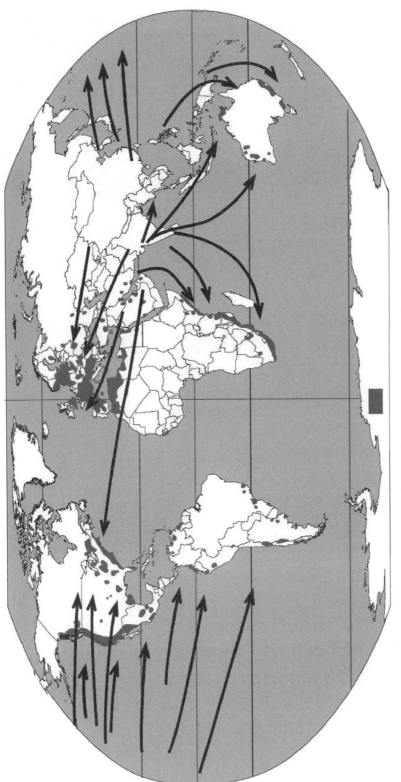

그림 13.6 유럽화된 세계로의 아시아화. 출처: Stanley Brunn

콘과 이런 서구적인 경관의 기저나 평행선상에는 역사적, 문화적으로 오랫동안 지역을 지켜 온 풍부한 문화의 모자이크가 함께 자리 잡고 있을 것이다.

이제 우리는 미래의 도시와 도시생활에서 뚜렷하게 보이는 특징을 살펴볼 것이다. 이런 다양한 사고들은 선진국의 사회과학자, 계획자, 공학자들로부터 나온 것으로 이들은 새로운 건조환경과 과학기술, 도시 인프라를 계획하고, 정부 및 대학과 함께 일하면서 개발도상국에 자문을 하고 있는 사람들이다. 이들은 또한 선진국의 삶을 증진시킬 수 있는 새로운 접근법을 학습하는 사람들이기도 하다.

세계화와 도시 연계망

통신 및 교통 체계와 구조는 항상 부분적으로 도시의 형태를 만들어 낸다. 운하와 전차, 지하철과 고속도로는 모두 물리적 거리의 변형에 큰 영향을 미칠 뿐만 아니라, 두 개의 연결된 도시들의 여행 시간을 바꾼다. 도시 내에서 또는 도시 간에 사람, 상품, 정보가 이동하는 시간에 따라 유리한 장소와 불리한 장소가 만들어진다. 여러 개의 다양한 프로그램, 그리고 지역 인식과 이해, 활동을 촉진하는 계획을 통해 도시들 간 현재의 연계망과 미래의 연계망을 살펴볼 수 있을 것이다. 연계망의 사례는 국제적이거나 기업적 수준에서, 조직과 집단의 스케일에서, 또 다른 한편으로는 지역적 수준에서 많이 존재한다. 글로벌 세계나 로컬 세계에서 유동성이 높아지고, 상향식이나 하향식의 계획들이 혼재하면서 직장이 있는 장소와 소비품을 공급하는 장소, 그리고 여가 시간과 돈을 쓰는 장소들이 서로 연결되고 있다. 우리는 여기에서 여러 개의 사례 제시를 통해 도시들 간에 존재하는 네트워크와 연계망을 살펴보고자 한다.

세계화와 반세계화

세계화는 현재와 미래에서 계속되며, 21세기에 가장 자주 언급되는 주제 중의 하나이다. 도시가 경제적 문화적 정치적으로 더욱 글로벌하게 연결되어 있다는 생각은 희망, 욕망, 공포, 절망의 근원이 되어 왔다. 세계화는 과학기술, 경제성장이라는 공동의 발전을 이끌어

그림 13.7 맥도널드는 세계 전역에서 세계화의 상징이 되고 있다. 그러나 반세계화의 물결은 '골든 아치'가 없는 미래를 꿈꾼다.

낼 수 있을 뿐만 아니라, 과거 단절되었던 사람들과 장소들 간에 철학적, 정치적, 미학적 사고의 교환을 이룰 수 있다. 그러나 이런 연결성이 증가는 한편으로 경제·정치적 수탈과 문화적 교환이 파괴되는 결과를 낳을 수 있다(그림 13.7).

세계화는 안개가 언덕들을 넘어 피어오르는 것과 같이 지표면에 퍼져가는 어떤 것이 아니라, 특정한 시간과 공간에서 분명하게 발생하는 현상이다. 다시 말해, 세계적인 연결성으로 인해 변화를 경험하는 도시로 예를 들어 보면, 이 도시는 이런 변화의 시발점에 공간적으로 가깝게 위치해 있어야 할 필요가 없으며, 또한 비슷한 변화를 경험한 다른 도시에 공간적으로 인접해 있을 필요가 없다. 웜홀의 개념을 통해 이들 도시를 개념화하는 것이 아마도 유용한 사고법일 것이다. 지리학자 에릭 셰퍼드(Eric Sheppard)는 도시 간 연결성이 장소들 사이에 있다는 것을 무시하면서, 도시 간에 어떻게 구체적으로 연결되며, 특정 조건에 따라 종속적으로 연결되는지를 생각하였다.

가장 널리 반복되는 생각은 세계화가 없으면 글로벌한 불평등이 생긴다는 것이다. 즉 어떤 도시가 세계적인 과정과 무역의 흐름에서 단절된 채 남아 있다면 높은 생활수준을 누리지 못할 확률이 크다는 것이다. 이런 생각은 보통 비자유주의적(non-liberal) 경제이론에 근거한 것으로 시장 논리에 의존한다. 즉 사회가 글로벌 시장을 조절하는 대신에 글로벌 시장이 사회를 조절하게 만들어, 시장의 힘이 효과적으로 모든 참여자들을 통제하고 부를 창출함으로써 가난한 도시에 사는 주민들에게 부를 가져다준다는 주장이다. 이와 반대되는 견해는 세계화가 지속적으로 진행되고 도시들 간의 통합이 고도화될수록 세계적인 불평등이 심화된다는 주장이다. 세계화된 경제 안에서 자본과 고용은 한 장소에서 다른 장소로 빠르게 이동할 수 있지만, 실제적으로 도시인구는 도시에 깊게 뿌리를 박고 남아 있다. 세계화 과정의 효과로 일부 학자들은 '밑바닥으로의 경주(race to the bottom)'를 언급한다. 이것은 같은 고용수준을 유지하기 위해서는 사람들이 더 낮은 임금과 낮은 수준의 혜택을 수용할 수밖에 없다는 것이다. 반세계화에 대한 이런 생각은 시애틀에서 WTO 회의를 반대한 반세계화 운동과 같은 대규모의 세계적인 저항 운동에 기름을 붓고, 세계화에 의해 심화되고 유발된 불평등을 부각시키는 데 일조하였다(그림 13.8).

항공 연결망

세계화를 측정하는 중요한 방법 중의 하나는 항공 운송을 통한 사람과 물자의 이동을 고찰하는 것이다. 그러나 가장 세계화된 공항이 항상 높은 수준의 세계적 연계성을 갖춘 사람들이 살고 있는 도시에 입지하는 것은 아니다. 2010년 세계에서 가장 대규모의 항공 화물을 취급하는 공항 세 개 중 하나는 놀랍게도 미국 테네시 주에 있는 멤피스 공항이었다. 멤피스 위로는 홍콩이 있을 뿐이었다. 멤피스는 페덱스(Fedex)의 중요한 허브 기지이며, 세계 2위로 많은 항공 화물을 처리한다. 멤피스 다음은 상하이와 서울이었으며, 그다음은 놀랍게도 북아메리카와 아시아를 대권 항로로 연결하는 교차점에 있는 앵커리지였다. 유럽에서 항공 화물 처리를 주도하는 공항은 프랑크푸르트, 파리이다. 중동 지역에서는 두바이가 주요 화물 공항이다.

도시 간의 항공 여객 운송을 고려하면, 세계경제에서 도시들이 어떻게 연결되어 있는지 보다 익숙한 그림을 그릴 수 있다. 대체로 유럽과 북미 지역의 도시들이 높은 순위를 차지하고 있다. 순위가 높은 일부 도시들은 주요 항공사의 허브이기 때문에(예를 들어 애틀랜타는 델타항공의 허브이다) 높은 연결성을 보이는 반면, 런던이나 뉴욕과 같은 도시들은 세계경제와 관광객의 이동에서 중심지적 역할을 수행하면서 높은 연결성을 보이고 있다. 2010년 유럽에서는 런던의 히드로 공항이 1위였으며, 북미에서는 애틀랜타와 시카고가 가장 높은 순위를 차지하였다. 또한 아시아에서는 베이징과 도쿄가 높은 순위에 올랐다.

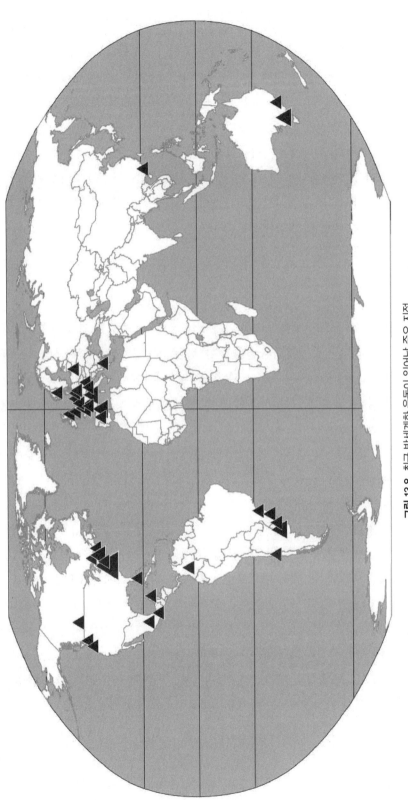

그림 13.8 최근 반세계화 운동이 일어난 주요 지점

삶의 질과 비용

　개인, 기업, 조직, 정부 모두 삶의 질을 측정하는 데 관심을 기울이고 있다. 삶의 질에 대한 지표는 특정 도시가 다른 도시에 비해 어느 정도 위치를 차지하고 있는지를 나타내 줄 뿐만 아니라, 도시의 투자 환경을 촉진하는 데 사용된다. 또한 삶의 질에 대한 자료는 각종 국제회의와 스포츠 대회를 유치하거나 예술가, 과학자, 부유 은퇴층, 관광객 등 특정 집단이 방문하도록 매력도를 높이는 데 유용하다. 머서 컨설팅 그룹(Mercer Consulting Group)이 2010년 221개 도시의 삶의 질에 대한 순위를 매겼는데, 측정 지표로 개인의 건강과 안전, 경제와 물리적 환경, 교통과 통신, 공공서비스, 전반적인 정치적 풍조 등을 포함하였다. 예상했던 대로 높은 순위의 도시들은 유럽의 고소득 국가의 도시들이었으며, 여기에 더해 캐나다, 오스트레일리아, 뉴질랜드의 도시들이 높은 점수를 받았다. 상위의 도시들로는 빈, 취리히, 제네바, 밴쿠버, 오클랜드가 차지하였다. 가장 높은 순위의 미국 도시는 호놀룰루였는데 31위를 차지하였고, 샌프란시스코가 32위였다. 가장 낮은 순위의 도시는 바그다드였고, 뒤를 이어 아프리카의 브라자빌(Brazzaville), 방기(Bangui), 하르툼(Khartoum)이었다. 이전보다 순위가 상승한 도시로는 빈이 3위로 올랐고, 워싱턴 D.C.가 44위로 순위가 상승하였다. 순위가 하락한 도시들로는 오슬로가 26위에서 31위로, 마드리드가 42위에서 45위로 내려앉았다.

　2010년 머서 컨설팅 그룹은 물의 이용 가능성과 운반성, 폐기물 처리, 하수도, 대기오염, 교통 체증 등을 기초로 생태 도시 순위를 집계하였다. 상위 5개의 생태 도시로는 캘거리, 호놀룰루, 오타와 , 헬싱키, 웰링턴이 선정되었다. 북유럽 국가의 도시들의 순위가 매우 높았으며, 동유럽의 도시들은 서유럽의 도시들에 비해 순위가 낮았다. 미국과 캐나다의 도시 순위도 높았다. 아시아 태평양 지역에서 애들레이드, 고베, 퍼스, 오클랜드의 순위가 가장 높았고, 다카의 순위가 가장 낮았다. 중동과 북아프리카에서는 케이프타운, 무스카트, 요하네스버그가 높은 순위를 차지하였고, 안타나나리보와 바그다드가 꼴찌였다.

도시 체계의 유형

　미래의 도시와 도시 체계는 오늘날과 유사한 일부 특징과 함께 전혀 새로운 특징을 가질 것으로 예상할 수 있다. 많은 도시가 하나 이상의 도시 형태를 보여 준다고 한다면 미래의 도시 체계의 단면은 다음과 같을 것이다(그림 13.9).

- **주요 도시 단독 클러스터에서 도시들의 수, 밀도, 영향권이 증가할 것이다.** 개발도상국의 종주도시들이 여기에 포함되며, 이들 도시들로는 아디스아바바, 나이로비, 모가디슈, 마닐라, 호찌민, 테구시갈파, 리마 등을 들 수 있다.
- **같은 국가 내에 있는 소도시와 대도시들이 지역적인 클러스터를 형성하며, 이들은 점차 연합하게 될 것이다.** 이런 사례들로는 브라질 남동 지역, 한국의 동남 지역, 갠지스 강 유역, 나일 강 하류, 나이지리아 서남부, 오스트레일리아 남동부, 미국 대부분의 지역(그림 13.10)을 들 수 있다.
- **여러 개의 국경 지대를 가로질러 초국경적 지역 체계가 형성될 것이다.** 예를 들어 엘패소–시우다드후아레스(El Paso-Ciudad Juarez), 디트로이트–윈저 (Detroit-Windsor), 타슈켄트 –오쉬 회랑 (Tashkent-Osh corridor), 말레이 반도 들이 여기에 속한다.
- **신해양과 육지 개척지의 접근이 쉬운 곳에 새로운 국제 관문 도시들이 투자와 고용의 기회를 제공하며 발달할 것이다.** 예를 들어 남미의 '남부 콘(Southen Cone)' 지역, 아마존 강 유역, 동북아시아 지역을 들 수 있다.
- **접경 도시들이 대칭적 또는 비대칭적인 성장을 유지하면서 지속될 것이다.** 예를 들어 브라자빌과 킨샤사, 부에노스아이레스, 몬테비데오, 샌디에이고, 티후아나, 시애틀, 밴쿠버, 러시아와 중국 접경의 블라디보스토크, 중국과 한국의 접경 지대의 연길 등을 들 수 있다.
- **변경 도시(frontier cities)가 새로운 천연 광물 자원이나 관광·은퇴 등의 인문적 자원 개발, 그리고 새로운 교통 통신망의 허브로서 출현할 것이다.** 이런 사례로는 브라질의 순환고속도로 상의 도시들, 남극의 더니든, 동남아시아의 다윈, 중앙아시아의 카스와 우루무치, 티베트의 라싸, 남미 남부 지역의 우수아이아와 푼타아레나스, 그리고 동북 시베리아의 오호츠크 연안의 마가단 등이 있다.
- **회랑 도시 체계로서 도시가 철도, 고속도로, 하천을 따라 불규칙하게 분포하는 형태가 나타날 것이다.** 이들 '실에 꿴 구슬' 형태의 도시들은 비대칭적인 성장을 경험한다. 이런 사례로는 시베리아 횡단 철도, 아마존 횡단 고속도로, 이스탄불과 앙카라 사이의 고속도로, 회생하고 있는 구실크로드 상의 도시, 다카–몸바사–카이로–케이

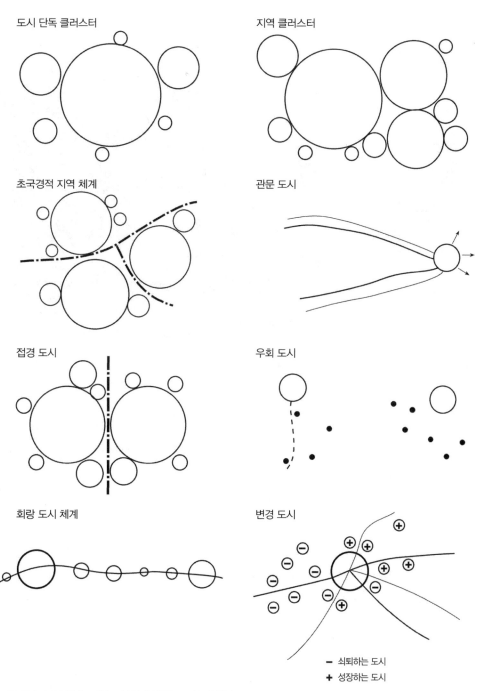

도시 단독 클러스터

지역 클러스터

초국경적 지역 체계

관문 도시

접경 도시

우회 도시

회랑 도시 체계

변경 도시

－ 쇠퇴하는 도시
＋ 성장하는 도시

그림 13.9 도시 체계: 기존 도시와 출현하는 도시. 출처: Stanley Brunn

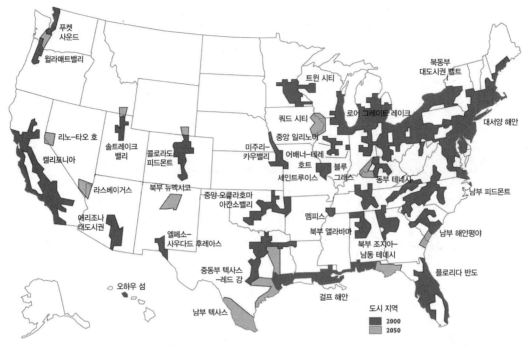

그림 13.10 2050년 미국의 도시 지역 출처: Stanley Brunn

프타운을 연결하는 아프리카 종단 고속도로, 헤시피–포르투알레그리(Porto Alegre)를 연결하는 브라질의 '메갈로폴리스' 지역, 인도의 신사변형 도시(New Urban Quadrilateral) 등이 있다.

- **우회 도시(bypassed cities)는 인구 감소와 젊은층 인구 유출, 고령 인구, 도로·철도·교량 등의 사회간접자본의 노후화를 겪을 것이다.** 이들은 동부 유럽, 시베리아, 캐나다 해안 지역, 애팔래치아 등에 있는 중공업 중심 도시나 광업도시 들일 것이다.

- **혹독하고 접근이 어려운 자연환경이나 교통·통신망의 종착지에는 고립 도시(isolated cities)가 남게 될 것이다.** 예를 들어 시베리아에 있는 단일 자원 채굴을 위한 도시나, 사하라 사막, 안데스 고원과 중앙아메리카, 카리브 해 동부, 태평양 도서 지역의 수도가 여기에 속한다.

- **짧은 기간만 유지되는 단명 도시(ephemeral cities)는 계절별 고용과 더불어 인구의 변동이 심할 것이다.** 이들은 특화된 대학, 군사 방어, 순례자, 관광객, 위락 중심의 도시이다.

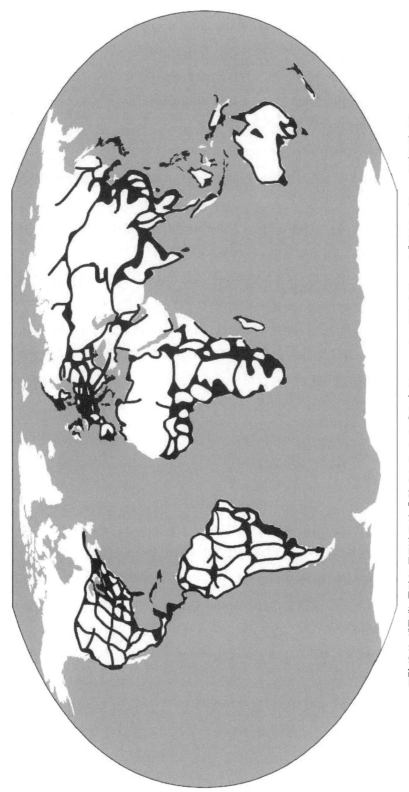

그림 13.11 에쿠메노폴리스: 글로벌 도시. 출처: C.A. Doxiadis, "Man's Movement and His Settlements," Ekistics 29, no. 174(1970), 318.

- 역사 보전 도시들은 과거의 영광을 기리며, 관광, 은퇴자, 역사적 보전을 위한 투자 등에 그들의 유산을 활용해 수입을 창출할 것이다. 미국 버지니아 주의 윌리엄스버그, 빈, 말리의 팀북투, 페스 등의 도시가 여기에 해당한다.
- 오락 도시(fun cities)는 다양한 즐거움을 주는 향락 활동의 중심지로서 연예와 여가 산업을 통해 경제적 번영을 구가할 것이다. 예를 들어 디즈니월드가 있는 플로리다의 올랜도, 카지노 도박 산업의 라스베이거스·리노·모나코·마카오·두바이, 테마파크를 갖추고 정규적인 스포츠 경기가 열리며 법에서 비교적 자유롭게 향락 기능을 갖춘 도시가 여기에 속한다.
- 세계도시(world city)는 조밀한 상업적·문화적 네트워크를 갖추고, 지역 내의 금융·투자·관광·예술·문화에서 주도적인 역할을 할 것이다.
- 글로벌 도시인 도쿄, 런던, 뉴욕은 국제 비즈니스 네트워크의 순위에서 최정점을 차지한다.
- 주거학(Ekistics) 개념의 창시자인 콘스탄티노스 독시아다드(Constantinos Doxiadis)가 제창한 에쿠메노폴리스(Ecumenopolis)는 주요 교통과 통신 회랑 위에서 주요한 인구 밀집 지역을 모두 연결한 세계적인 도시 체계를 기술하는 데 유용한 개념이 될 것이다(그림 13.11). 이런 대륙을 넘어서는 도시가 나타날 확률도 배제할 수 없다.

시공간 변형

인터넷과 사이버 공간은 매우 새로운 시공간 역동성을 불러왔다. 통신 기술의 발달에 따라 정보 통신망에 연결된 모든 장소에서 시공간의 수렴 현상이 일어났다. 이론적으로 보면 정보 이동에 있어서 모든 장소가 인터넷으로 연결되었을 때, 이들 간의 시공간 거리는 제로가 된다. 모든 도시와 도시 내 지구가 같은 사이버 공간 안에 연결되어 있으며, 초기에 구축되었던 경쟁력 있는 장점은 점점 소멸하는데, 이는 사회적 교류에 필요한 시간이 줄어들기 때문이다. 그러나 이런 사실들이 미래 도시에 있어서 시공간의 축소를 통해 도시 간의 물리적 거리가 무의미해진다는 것을 의미하는 것은 아니다. 세상이 비트(bits)와 바이트(bytes) 이상의 의미로 지속하는 한, 물리적 거리는 도시에서 강력한 영향력을 행사할 것이다. 그러나 새로운 과학기술이 초래한 시공의 축소 현상에 의해 시간과 공간의 재구조화가 진행되는 것은 개인의 이동뿐만 아니라 대도시의 환경과 사회에 근본적인 변화를 유발하는 것은 분명하다. 다음 절에서는 이런 시사점들 다루어 보고자 한다.

디지털 기술과 도시

현실적인 도시와 더불어 선진국에서는 새로운 도시 형태가 출현하고 있다. 이런 디지털 도시는 디지털 기술, 특히 지리정보체계(GIS)에 의해 도시환경에 대한 계획과 건설, 관리가 이루어진다(글상자 13.3). 1970년대 초부터 GIS는 북미, 서부 유럽, 일본과 오스트레일리아의 도시계획에서 일상적인 업무로 자리 잡아 왔다. 이런 GIS는 개발도상국의 도시, 구체적으로 인도, 중국, 남아프리카공화국, 세네갈, 가나, 브라질, 멕시코의 도시에도 깊숙이 스며들어 왔다. GIS는 과학이자 기술로서 방대한 데이터베이스를 경위도와 같은 지리좌표와 통합해 지도를 만들고, 위성 이미지와 항공사진을 마련하는 데 도움을 주고 있다. 이런 자료를 이용해 연구자들과 계획가들은 모델링, 시각화, 디자인에 대한 모의실험 등을 포함해 다양한 범위의 통계적 분석과 공간 분석, 도시환경에 대한 계획과 관리를 수행하였고, 미래의 시나리오를 제안할 수 있었다. GIS는 쉽게 위성항법장치(GPS)와 연동해 고도로 정확한 공간 분석을 실시할 수 있게 한다. 또한 손에 가지고 다닐 수 있는 이동 장비를 GIS 프로그램과 결합해 원격지에 대해서도 실시간 분석을 수행할 수 있다. GIS는 선진국의 도시계획에서 시민 참여를 위해 공통으로 사용된다.

또 다른 디지털 기술은 무선으로 '클라우드(Cloud)'에 접속해 도시경제성장과 거버넌스에 핵심적인 요소로 활용하는 것이다(그림 13.12). 많은 도시는 유선망을 통해 사업과 가구를 연결시켜 방대한 범위의 첨단 디지털 전송을 통한 경쟁력을 확보하기 위해 재구조화되고 있다. 샌프란시스코, 시애틀, 샌디에이고, 산호세, 로스앤젤레스, 뉴욕, 워싱턴 D.C., 시카고, 보스턴, 마이애미는 인터넷 이용에 있어 선두를 달리는 미국 도시이다. 인터넷은 자본과 비즈니스를 유인하기 위한 목적뿐만 아니라 안전성을 위한 목적으로도 사용된다. 예를 들어 웹 카메라는 런던의 거리의 금융 지역을 모니터하는 데 이용된다. 개발도상국에서도 인터넷은 선진국으로부터 경제적 투자를 유치하기 위한 심사숙고한 전략 중 하나로서 사회에 깊숙하게 파고들고 있다. 델리, 뭄바이, 벵갈루루는 모두 인도를 세계화된 경제에 연결하는 연결 도시이다.

국가와 도시의 디지털 경제에 많은 투자를 아끼지 않는 대표적인 국가로는 싱가포르, 에스토니아, 슬로베니아, 그리고 산유국 이후의 경제계획의 일부로서 디지털 경제를 추진하는 걸프 연안국, 홍콩, 아일랜드, 자메이카, 트리니다드토바고 등이다. 디지털 도시는 컴퓨터 하드웨어와 소프트웨어 디자인에 투자하고, 대기업과 중소기업뿐만 아니라 정부 간 협력체(IGO), 비정부 기구(NGO), 정부 기구 등이 다양한 디지털 업무를 처리할 수 있도록 지원한다. 여기에는 도서관, 법원, 병원, 고용 센터와 환경 센터 등이 포함된다. 디지털 도시에는 카페, 음악 감상실, 사진, 교육, 치유, 회의, 관광 등을 위한 다양한 토지이용이 이루어지고 있다.

글상자 13.3

지구의 미래를 설계하라

스탠리 브룬(Stanley D. Brunn)

지구는 대형 공학적 설계 프로젝트로 가득 차 있다. 이들은 서로 크기도 다르고, 재정 비용도 다르며, 환경에 미치는 영향도 서로 다르다. 우리는 일반적으로 이런 거대한 프로젝트를 광역 교통계획, 댐, 공항, 하천 정비, 관개를 위한 프로젝트와 연결하면서, 테마파크나 골프장, 스포츠 시설 등의 위락 공간, 새로운 수도, 마천루 건물을 포함시킨다. 그러나 지구를 공학적으로 설계하는 것에는 또한 사회적 본질을 갖는 프로젝트를 포함시킬 수 있다. 유전자 변형 농산물, 구글 어스, 지리정보체계(GIS), 인터넷, 페이스북 등도 지구를 공학적으로 설계하는 데 우리가 선택할 수 있는 것이 아닌가? 그뿐만 아니라 사회공학적인 프로젝트로서 폐쇄공동체, 국제적으로 정형화된 쿠키 커터(Cookie Cutter) 교외 지역, 외부 이주민을 위한 재정착촌, 정부에 의해 피부색, 종교, 민족에 따라 집단을 분리하는 사회적 분리 프로젝트 등은 어떠한가? 이런 프로젝트의 다양한 사례는 전 대륙에서 찾아볼 수 있으며, 이들 프로젝트는 사회적·환경적·정치적으로 앞으로 다가올 세기에 더욱 큰 영향력을 미칠 것이다.

대형 프로젝트의 미래를 살펴보면 세 가지 쟁점이 떠오른다. 첫째, 더 클수록 더 좋은 것인가? 오늘날 사회는 선진국이든지, 개발도상국이든지 규모와 비용에서 방대한 규모의 프로젝트에 빠져 있는 듯하다. 중국의 싼샤 댐이나 두바이에 건설된 세계에서 가장 큰 타워인 부르즈칼리파(Burj Khalifa), 브라질의 아마존 횡단 고속도로, 거대 원자력 발전소, 역외 원유전, 포스트모던한 마천루의 스카이라인, 색다른 모습으로 디자인한 신수도가 모두의 마음속에 떠오를 것이다. 즉각적으로 당면한 에너지 문제나 교통 문제를 해결하기 위해 거대한 꿈과 계획을 수립하거나, 정부 지도자의 초자아를 실현시키기 위한 대형 프로젝트는 그 끝이 없는 듯하다. 우리가 거대한 계획을 세우고 생각하는 것은 거대하게 고정된 규모에서 문제가 해결되고, 장래의 사용자들을 만족시킨다고 믿기 때문이다.

둘째, 대형 프로젝트들의 영향은 무엇인가? 각 프로젝트에서 댐을 디자인하거나 재생에너지 또는 비재생에너지 사업을 실시하거나, 하천 유로를 변경하거나, 신도시를 건설하는 것은 환경적 외부 효과뿐만 아니라 사회적 외부 효과를 발생시킨다. 원자력에 의존하거나, 하천의 유로를 변경하거나, 환경에 민감한 습지나 침식에 취약한 경사지에 주거지를 계획할 경우 단기적이고 장기적으로 어떤 결과가 발생하는가? 만약 젊은층이나 부유층이 비인간적인 페이스북, 아이팟, 휴대전화, 인터넷에 중독될 경우 사회적으로 어떤 일이 벌어질까? 세계에 모든 사람과 물건에 개별적인 코드가 부여되고 정부의 GIS에 등록되는 일이 벌어진다면? 우리는 정말로 모든 것이 지도화되고, 모두가 24시간 어디에 있는지를 지도화하는 세상을 원하는가? 과학기술이 우리를 구원할 것이라고 믿는 고정관념을 가지고, 금융과 공학적 설계를 통해 문제의 해법을 찾을 때, 우리는 환경적·인간적으로 어떤 영향이 있는가를 너무 자주 잊어버린다. 사회적, 환경적, 토목 공학적인 설계는 평행 우주에서 작동하는 것처럼 느껴진다. 오늘날 우리의 사회적 물리적인 공학 설계 프로젝트는 미래 세대에서 큰 위협적 요소가 될지도 모른다.

셋째, 우리의 미래는 어떨까? 과거와 현재처럼 미래도 공학적으로 설계될 것이다. 누가 이렇게 총체적으로 공학적 설계에 책임을 지는지, 우리가 원하는 것이 무엇이며, 그것으로부터 무엇을 기대하는지는 그 자체가 또 다른 의문이다. 포스트모더니스트들은 우리에게 우리가 원하는 미래에 대해 계획하고 디자인할 수 있는 자유와 유연성을 갖추고 있다는 사실을 환기시켜 준다. 이것은 사실이지만, 한편으로는 엘리트 의식과 이기주의, 물질주의적, 자기도취적인 견해일지도 모른다. 현재와 미래의 세계는 겨우 생존하는 상태로 남아 있는 생명체로 이루어질 것이다. 가난한 세계이든지 부자들의 세계이든지 그들의 일상생활은 불확실성과 좌절, 낙심으로 채워져 있으며, 도덕적 지침이 결여되어 있다. 이런 조건이 존재하는 곳에 어떻게 우리는 희망을 설계해 제시할 수 있을까? 아마도 인류가 처한 조건은 고도로 가시적이고 국제적인 금융 공동체에 의해 많은 재정 투자가 이루어진 프로젝트보다는 지역과 공동체, 지속가능성에 바탕을 두고, 경제적·사회적으로 소규모로 설계한 프로젝트에 집중함으로써 보다 나아질 수 있다. 확실한 것은 지구온난화, 생물 다양성의 감소, 금융 위기, 사회 성취도의 저하, 지정학적 중요성, 표면 일치 효과, 사회적 불안 등이 현재 우리가 직면한 미래라는 것이다. 미래 세대에게 어떤 것을 넘겨줄 것인지는 젊은층과 노년층, 지도자와 그 추종자 들이 하는 결정에 달려 있다. 지구의 자원과 인구를 어떻게 공학적으로 설계하고, 어떤 약속을 지키고, 어디에 힘을 실어 주는가를 결정해야 한다.

* 브룬이 편저한 『지구를 공학적으로 설계하기: 대규모 공학적 프로젝트의 영향(Engineering Earth: The Impacts of Megaengineering Projects)』, Dordrecht, Netherlands: Springer, 2011에는 100개 이상의 대형 프로젝트의 사례가 실려 있다.

그림 13.12 친민주주의적인 시민 봉기가 2011년 시리아의 도시뿐만 아니라 시리아에서 추방된 사람들이 살고 있는 이곳 런던을 포함해 세계 전역의 대도시에서 일어났다.

　과거 도시는 세계 무역의 흐름 속에서 상대적인 위상을 바탕으로 번성하거나 쇠퇴하였다. 대부분 대도시는 아직도 그들의 경제적 부를 도로, 운하, 공항과 같은 교통 시설에 의존하고 있다. 위상성은 미래의 도시에도 중요하며, 대안적인 구조에 도시의 부를 의지하는 비중이 점점 높아질 것이다. 특정한 물리적 공간에 케이블과 위성 안테나를 설치하는 것은 시공간의 압축화를 위한 필수 조건이다. 이런 네트워크와 도시민들이 이런 네트워크에 접속할 수 있는 사회·경제·정치적 기회는 지구 상에서 매우 불균등하게 분포하고 있다. 초고속 인터넷 연결망은 동아시아, 유럽, 북미에 그 연결이 집중되어 있다. 고도로 네트워크에 연결된 도시로는 서울, 런던, 보스턴 등이 있으며, 이들 도시들은 초고속 네트워크에 연결되어 있지 않는 평양이나 킨샤사와 같은 도시보다 시공간 압축에 의해 초래되는 변화를 겪을 확률이 더 높다.

포섭과 배제

어떤 도시들은 다른 도시들보다 글로벌 네트워크에 더 많이 연결되어 있다. 그러나 이런 물리적인 연결이 도시 거주민의 대부분이 세계화된 네트워크로부터 혜택을 받고 있는 것을 담보하지는 않는다. 고도로 연결된 많은 집단이 네트워크에서 단절된 채로 남아 있는 경우도 허다하다. 인터넷에서 대세를 이루는 언어인 중국어, 스페인어, 영어에 익숙하지 못하다면 의미와 가치를 찾지 못한 채 그냥 물리적으로만 연결되어 있게 된다. 비슷하게 사회적 성의 역할인 젠더, 민족, 종교 등의 문화적이고 정치적 제약에 의해 많은 사람이 정상적인 인터넷 사용에서 배제된다. 예를 들어 어떤 도시에서는 여성들이 남성 우위의 인터넷 카페에서 시간을 보내는 것이 적절하지 않다. 마지막으로 경제적 장애물은 가장 강력하게 인터넷으로부터 배제시키는 요인이다. 컴퓨터나 이동통신기기와 같은 수단과 시간당 요금, 매월 사용료 등의 접근 비용은 인터넷에 고도로 연결된 도시에서조차 많은 사람들에게 부담이 될 만큼 비싸다. 포섭과 배제에 대한 질문은 도시들에서 더욱 중요한데, 그 이유는 원거리 정보와 통신에 대한 불평등한 접근으로 도시의 불평등성이 더욱 증가하기 때문이다.

그림 13.13 카메라 폰은 1990년 발명된 이래 시장을 지배하고 있다. 아테네에서 퍼레이드 사진을 멀리 있는 친구와 공유하고 있다.

혼성적 공간

앞에서 의미하는 바는 시간과 공간의 변형이 도시에서 일어나는 규모가 대도시 수준에서만 일어나는 것이 아니라 항상 개인이나 집단의 수준에서도 존재한다는 것이다. 도시는 서로 다른 주민에게 매우 다른 장소가 된다. 다른 사람들이 물리적으로 가까운 현존 공간에서 머물러 있다면, 어떤 사람들은 가상 공간과 물리적 공간의 혼성적 공간(Hybrid City)에 존재한다. 이것을 어떤 지리학자들은 '디지털 장소(DigiPlace)'라고도 표현하였다. 예를 들어 샌프란시스코 케이블카를 타고 통근하는 두 사람이 어떻게 같은 도시에서 살면서 전혀 다른 경험을 하는지 상상해 보자. 첫 번째 사람은 휴대전화나 노트북, 개인 통신기기 등을 가지고 있지 않고, 가까운 도시경관에서 직접적으로 체험하는 제한적 경험을 하고 있다. 다른 승객과 대화를 하거나, 창문으로 경치를 보거나, 광고, 신문 등을 보면서 통근하고 있다. 이와 대조적으로 두 번째 사람은 다양한 기능이 있는 휴대전화를 소지하고 있다(그림 13.13). 통근 시간은 그녀가 지나가는 물리적 사이버 공간에 푹 젖어 있다. 더구나 그녀는 그녀가 살고 있는 도시에서 물리적 공간과 사이버 공간 모두에서 경험하는 진정한 '디지털 장소'와 상호작용할 수 있다. 이런 디지털 장소는 식당에 대한 평이나 지역의 채팅방, 포럼, 지도나 위상 이미지, 검색 엔진의 순위, 이외에도 셀 수 없이 많은 경험일 수 있다.

혼성적 공간은 도시환경을 구성하는 많은 요소의 의미와 중요성을 변형시킨다. 앞의 예로 돌아가 보자, 좋은 식당을 찾고자 할 때 첫 번째 사람은 친구에게 물어보거나, 광고지를 살펴보거나, 번화가에서 식당을 찾아볼 것이다. 두 번째 사람도 거리의 광고판에서 식당을 찾아볼 수 있지만, 일상적인 온라인 평을 검색하거나, 구글 맵이나 야후 맵과 같이 지역의 검색 엔진에서 나온 식당 명부에서 두드러진 곳을 찾아 최종 식당을 결정할 것이다. 디지털 장소가 확대되고 보다 일반적으로 사용됨에 따라 도시 조직에서의 광범위한 변화를 볼 수 있다. 도시는 벽돌과 모르타르로 존재할 뿐만 아니라, 끝없이 변화하는 전자정보의 우아한 장식으로도 존재한다. 디지털과 물질세계는 도시 일상생활에서 점점 더 섞이고 경계가 모호해지고 있다.

거리라는 안개를 초월해

시공의 변형은 새로운 정보통신 기술의 변화에 의해 유발되었으며, 도시 내와 도시 간의 관계를 규정하는 거리에 대한 의미를 변화시켰다. 거리는 과거 항상 강력한 사회적 변화를 일으키는 힘으로 간주되어 왔다. 거리는 멀리 떨어진 장소에 대해 상세한 정보를 얻는 것을 방해할 만큼 강력하고, 멀리 떨어진 지역과 의사소통을 가로막는 장애물이었다. 그러므로 지리학자들은 '거리라는 안개(fog of distance)'로 부르기도 하였다. 사람들은 멀리 있는 도시나 다른 지역의 사람들보다는 자신의 동네에 있는 사람들과 더 많이 교류한다. 이렇게 상호작용이 지역 내에서 이루어지고, 지식 공간이 규정되기 때문에 전통, 방언, 유행, 음식, 철학, 음악 스타일 등이 생겨났다. 그러나 빠르고 값싼 교통과 사이버 공간이 결합하면서 사람들은 다양한 방식으로 이런 거리의 안개에서 벗어나기 시작하였다. 값싼 교통의 발달은 도시경제에 막대한 영향을 미쳤다. 즉 도시경제가 다른 지역의 생산품에 의존하는 비율이 높아지고, 대중 관광을 통해 대량의 문화적 교류가 일어나게 되었다. 이런 변화는 수 세기 동안 점진적으로 발전한 교통 기술의 발달에 힘입어 서서히 발생하였다. 그러나 인터넷의 활용이 확산되면서 거리가 도시 생활에 영향을 미치는 방식에서 혁신적인 변화가 일어났다. 앞에서 언급한 대로 온라인에서 사용할 수 있는 다양한 수단들로 인해 개인과 집단은 가보지 않고도 원거리 지역과 도시들의 상세한 지역 정보를 얻을 수 있다. 예를 들어 '맵 퀘스트'나 '구글 어스'와 같은 지도를 이용해 멀리 떨어진 원격지에 대한 표준화된 비전을 얻을 수 있다. 우리는 맨해튼의 거리를 보는 그림에서부터 바그다드의 도시 평면을 보는 인공위성 이미지까지 몇 번의 클릭으로 이들 정보를 얻을 수 있다. 친사용자 환경을 제공해 주는 위키 트레블, 위키 체인, 마이스페이스, 페이스북은 거리라는 안개를 초월해 가상 경험을 할 수 있는 대안적인 수단을 제공한다. 즉 이들을 이용하면 세부적이고 지역적인 수준에서 다른 장소에 있는 사람과 장소, 경관에 대한 설명을 얻을 수 있다.

기술이 완전하게 거리의 중요성을 제거할 수는 없지만, 점차 거리 때문에 생기는 모호함을 제거하는 데 도움을 주고 있다. 사이버 공간이 근본적으로 공간과 시간 관계에 변화를 초래하면서, 거리는 새로운 의미를 가지고 되었고, 도시 문화가 창출되고 재생산되는 다양한 방식에 거꾸로 영향을 주고 있다.

도시 변화

시공간의 변형은 의심할 여지없이 전 세계적인 차원에서 새로운 도시 형태에 중요한 영향을 미칠 것이다. 어떤 지역에서는 사무실 고용자가 컴퓨터로 재택근무를 하기 때문에 교외화가 더욱 촉진되는 경우가 있다. 사무직이 대거 집중되어 있는 도시에서는 고용자들이 일주일에 하루나 이틀 정도만 사무실에 출근하기 때문에 수백 킬로미터 떨어진 곳에서 거주할지도 모른다. 오늘날 많은 직장은 특정 도시에 국한해 고착되어 있지 않고 어디서나 근무할 수 있다. 이런 발달로 말미암아 로마나 라스베이거스, 태국의 푸껫 등에서 나타나듯이 도시로 전입하는 인구는 더욱 늘어날 것이다. 통신 기술의 발달을 통한 시간과 공간 관계의 변화는 기업 전체가 인건비와 생산비가 저렴한 도시로 대거 이주하는 배후 요인이 되고 있다. 그에 따라 이들 도시에서는 고용 기회가 대거 확대되기도 한다. 백오피스나 콜센터 등이 저렴한 비용의 도시로 몰리는 것과 같이 특정 유형의 일자리가 크게 늘어나는 것은 '지리적인 비고착성'이 도시의 고용을 재정의하고 있는 증거이다. 동시에 도시는 전자적으로 가장 최적의 업무를 수행할 수 있는 특정 기능에 강하게 특화될지도 모른다. 예를 들어 마닐라는 디지털 건축 설계 중심지가 되고 있으며, 벵갈루루는 콜센터의 허브가 되고 있다.

지리정보체계를 통한 역량 강화

지리정보체계(GIS)의 사용으로 인해 시민에게 기반을 둔 서민 조직들이 점차 대중화되고 있다. 그 이유는 GIS가 공동체 계획을 위한 참여자들이 더 많은 정보를 갖추고 더 강력하게 활동할 수 있는 기반을 제공하기 때문이다. '대중 참여적 GIS(PPGIS)'는 GIS 연구자들에게는 비판적인 영역이다. 과거 기술적 복잡성과 높은 비용 탓에 GIS에 접근 할 수 없었던 사회 주변부 집단들에게 직접적으로 공간 자료와 GIS 기술에 대해 차별 없는 접근을 허용할 것인지는 쟁점 사항이다. 대학, 정부 기관, 비정부 기관과 같은 중간 매체가 되는 기관을 통해 자료와 GIS에 자유롭게 접근함으로써 더 넓은 대중적인 지지 기반을 확보할 수 있게 되었다.

대중 참여적 GIS의 핵심은 자연 자원의 관리와 보전을 위한 노력, 공동체 기반의 계획, 도시 지역에서의 마을 재생, 지역적·국가적·세계적 등 다양한 지리적 스케일에서의 대중 운동을 위해 GIS가 사용된다는 점이다. 이런 노력에는 지역적이고 정성적인 지식을 정량적인 공공 자료 세트와 통합하고, 인지지도와 스케치맵을 공식적인 수치지도, 항공사진, 위성 이미지와 통합하는 것이 포함된다. 비서구 사회에서 전통 사회에 대한 수많은 프로젝트에 이런 작업들이 적용되었다. 여기에는 지역에서의 지식과 문화적 행위들을 구전 역사와 노래, 춤, 세계에 대한 대안적인 상징화 등을 통해 보전하려는 다양한 노력이 포함된다.

한 예로 케냐의 한 프로젝트에서는 마사이족의 노래와 춤, 스케치맵, 인지지도를 디지털 비디오 녹화, 사진, 인공위성 이미지와의 통합을 시도하였다. 이 프로젝트의 목적은 마사이족이 가지고 있는 환경에 대한 지식과 목축 행위들을 이해하여 공동체의 보전과 발전 계획을 수립하고, 생태계 관리 정책을 만들려는 것이었다.

　서구 사회에서 마을 재생을 위한 맥락에서 커뮤니티 조직자들은 GIS를 통한 공공 자료 세트를 지역에 대한 지식을 정당화시키고 알리고 행동하고 전략을 수립하고, 동네의 상태를 모니터하고, 변화를 예측하며, 조직화된 작업을 준비하고 사람들을 동원하기 위한 재원 마련과 그들 자신의 경험에서 축적된 지식에 비탕을 둔 새로운 정보를 창출하고, 서비스를 넓은 지역에 제공할 수 있는 능력을 강화하며, 도시의 정책을 재조정하고 변화시킬 수 있는 공간적 관련성을 탐구하는 데 사용한다. GIS 분석은 또한 이들 커뮤니티 조직자들에게는 쇠퇴하는 주택 여건에 맞서 싸우기 위해 부동산 기록을 통해 부재지주를 찾아내고, 범죄 집중 발생 지역을 분석해 범죄에 대항하며, 토지이용 자료를 분석해 놀고 있는 땅이나 가설 주택을 찾아내고, 위생과 쓰레기 처리를 위한 자료 추적과 인구 자료를 주택 담보대출 자료와 결합해 차별화된 투자 행태를 밝히며, 커뮤니티의 복지 수준의 변화를 측정하기 위해 정교하고 다양한 축척의 지도를 만들어 다양한 커뮤니티 지표를 도출할 수 있도록 하는 데 유용한 수단이 되고 있다. 대중 참여적 GIS 활동은 또한 구글 어스와 같은 고해상도의 인공 위성 이미지를 전 세계 어느 지역이나 수 분 내에 무료로 누구나 접근할 수 있는 인터넷 지도 사이트의 출현으로 도움을 받고 있다. 구글 지도가 얼마나 강력한 힘을 가지는지는 남부 브라질의 수루이(Surui)족의 사례에서 잘 나타난다. 이들 부족의 추장인 알미르 수루이(Almir Surui)는 구글의 고해상도 지도를 이용해 부족이 소유한 60만 에이커의 보호구역에서 벌어지는 불법적인 채굴이나 벌목을 감시하고 있다. 고해상도 지도는 이미 오래전부터 불법행위를 추적하거나 지식을 기록하는 데 사용되어 왔지만, 아마존 부족이 그들의 영토에 대한 비전을 세계 다른 지역과 구글 어스를 통해 공유한 것은 처음일 것이다. 서구 사회에서 다양한 정부 기관들이 인터넷 GIS 사이트를 통해 대중들이 쉽게 공공 데이터베이스에 접근할 수 있도록 하고 있다. COMPASS라는 사이트는 밀워키 주민들이 무료로 부동산 상세 정보, 건강 정보, 범죄 정보, 공동체 자산 정보, 인구 정보에 접근하여 보고, 질의하고 지도화할 수 있도록 하고 있다. 이런 사이트들은 특히, 자체적으로 GIS를 관리하고 시스템을 구축하기에는 어려움이 있고, 재원이 충분하지 않은 여러 기관들에게 유용한 곳이다.

도시 환경문제

도시의 환경문제가 어떤 규모와 어떤 범위로 발생하는가를 확인하고 해결책을 모색하는 주요한 출처는 월드워치(Worldwatch Institute)가 발행하는 지구환경보고서(State of the World)이다(표 13.3). 2007년 보고서에서 두드러지진 사실은 다음과 같다.

- 거의 8억 5000만 명의 사람들이 굶주리고 있으며, 16억 명으로 추정되는 전기와 현대적인 에너지 서비스가 결핍된 사람들의 15%가 도시 지역에 살고 있다.
- UN의 밀레니엄 프로젝트 추정에 따르면 1억 명에 달하는 슬럼 지역 주민들의 삶의 질을 향상시키기 위해서는 향후 17년 동안 8300만 달러의 비용이 들 것이다.
- 국제노동기구(ILO)에 따르면, 지구 상 1억 8400만 명이 직업이 없다. 이 숫자는 불완전 취업 인구를 고려한다면 10억 명이 될 것이다.
- 고소득 국가의 1인당 생태 발자국은 저소득 국가의 8배나 된다.
- 2000년 세계보건기구(WHO)가 116개 도시를 평가한 내용에 따르면 도시 거주민의 43%만이 상수도를 이용하고 있다.
- 북미, 유럽, 러시아에 있는 292개의 대형 하천 중 42%가 인공적인 저수와 하천유로 변경 등의 강력한 영향을 받고 있으며, 그 결과 인간과 동식물 종이 위협받고 있다.
- 1970년에 세계적으로 2억 대의 자동차가 있었고, 2006년 그 수는 8억대로 증가했으며, 2030년에는 두 배가 될 것으로 예상된다.
- 세계보건기구의 추계에 따르면 매년 12억 명이 교통사고로 사망하고, 5000만 명이 부상당한다.
- 세계에서 이산화탄소 배출의 거의 대부분이 지표면의 0.4%에 불과한 도시 지역에서 발생한다.

다음에서는 국지적, 광역적, 세계적 규모에서 관심이 되고 있는 문제들을 논의하고자 한다. 이것은 식량 생산, 위생과 폐기물 처리, 자연재해, 대중교통 계획에서부터 건강과 질병, 슬럼과 빈곤, 지구온난화에 이르기까지 다양하다.

표 13.3 선택된 세계도시들에서 환경문제와 사업 계획

도시	도시 농업	자연 재해	대중 교통	물	슬럼과 불량 주거	재생 에너지	보건 위생	시민 운동	녹색 도시	지구 온난화	도시 폭력	폐기물과 쓰레기	대기 오염
아크라	■			■			■	■					
방콕	■		■					■					
베이징	■		■			■		■	■				
보스턴			■		■			■		■			
부에노스아이레스	■			■					■				
카이로	■											■	
코펜하겐								■					
시카고			■						■				
델리		■		■				■					
다카					■								■
하노이	■						■						
휴스턴			■							■			
자카르타			■		■		■	■	■			■	
카라치			■		■		■	■					
콜카타		■			■		■	■				■	■
라고스					■		■					■	
로스앤젤레스			■										
런던		■						■	■				■
멜버른						■			■	■			
멕시코시티	■		■									■	■
뭄바이		■	■		■		■	■					
나이로비			■				■		■				
뉴올리언스		■											
뉴욕			■					■					■
퍼스			■										
포르트프랑스		■						■					
리우데자네이루						■		■					
샌프란시스코	■	■						■				■	
산살바도르		■					■	■					
상파울루		■					■	■			■	■	
산토도밍고		■		■				■					
서울			■						■				
상하이	■		■			■							
싱가포르			■				■		■				
시드니			■			■			■				
토론토	■		■						■				
밴쿠버			■					■					

명암은 중요도를 나타낸다. 검은색: 문제 있음, 흰색: 보고되지 않음

출처: Worldwatch Institute, State of the World 2007: Our Urban Future. (Washington, DC, 2007).

자연재해와 지구온난화

자연재해는 여전히 지구의 대도시에 영향을 미치는 주요 문제로 남아 있다. 여기에는 홍수, 허리케인, 지진, 해일 등이 포함된다. 월드워치의 보고서에 따르면 자연재해와 다른 재해의 증가에 따라 매 10년마다 인명 손실이 더욱 늘어나고 있다. 과거 25년 동안에 자연재해로 인해 부상을 입은 사람들의 98%는 세계은행에서 저소득, 중소득 국가로 분류한 112개 국가의 국민이었다. 이들 국가는 자연재해에 의한 인명 손상의 90%를 차지한다. 지진하나를 보아도 선진국보다 개발도상국에서 피해가 더 크다. 지구온난화의 결과 발생하는 해수면의 상승에서도 마찬가지 결과가 일어난다. 미국 지질조사국의 추계에 따르면 1990년대 400억 달러가 자연재해 예방을 위해 투자되었더라면, 자연재해로 발생한 경제적 손실액이 2800억 달러 감소했을 것이다. 개발도상국 주민의 3% 미만이 보험에 가입했는데, 이것은 부유한 선진국에서 30%가 보험에 가입한 것과는 대조적이다. 빈곤층이 주택, 곡식, 가축, 가구 등의 손실로 인해 더 크게 고통받는다.

다양한 자연재해에 취약한 대도시와 소도시들의 사례는 수없이 많다. 홍수는 멜버른, 뉴올리언스, 다카, 포르토프랭스, 뭄바이, 델리 등에 영향을 미친다. 지진에 취약한 도시는 샌프란시스코, 상하이, 테헤란, 자카르타, 도쿄 등이다. 일부 주민들은 조기 경보 체계에 의해 목숨을 구하기도 하지만, 해일은 태평양 서부와 동부의 연안 도시에 영향을 미친다. 자연재해가 발생하면 도시는 언제 어떻게 파괴되거나 손상된 사회간접자본을 복구할지를 결정해야만 하고, 어떻게 주민을 지원해 집으로 돌아가게 할 것인지, 안전 체계를 강화하기 위한 어떤 최적의 실행 수단을 마련할지를 결정해야 한다.

지구온난화 역시 북미, 유럽, 아시아의 해안 도시에 영향을 미치고 있다. 세계에서 가장 큰 대도시와 가장 빨리 성장하는 도시를 표시한 지도와 얕은 근해의 대륙붕을 표시한 지도를 비교해 보면, 현재 번성하고 있는 보스턴, 마이애미, 휴스턴과 같은 미국의 도시들은 해수면이 2m 상승하면 큰 영향을 받게 된다는 사실을 알게 된다. 북유럽과 북서 유럽에 있는 도시 또한 취약하며, 마찬가지로 갠지스 강 하구에 자리한 도시와 말레이 반도, 동남아시아의 해양과 반도 지역, 동남아시아, 중국의 동부, 일본의 도시도 해수면 상승에 취약하다.

건강관리와 질병

건강관리와 질병이라는 제목에는 위생 체계, 음용수의 질, 공기, 물, 토양 오염 방지를 위한 프로그램뿐만 아니라 사람끼리의 접촉과 동물, 음식 소비에 의한 질병 확산 등이 포함된다. 또한 부적절한 도시 폐기물과 쓰레기 처리는 질병의 확산과 도시 생활의 전반전인 질에 영향을 미친다. 모든 연령의 인구가 국경을 넘어서 직장을 구하거나, 관광 또는 학습을 위해 이동하며, 그 수는 증가하고 있다. 그 결과 국지적인 전염병이 세계적인 규모로 확산될 확률이 더욱 높아지고 있다. 새로운 질병이 발생하였다는 보고나 도시의 물 공급이 오염되었다는 보고는 매해 빠지는 법이 없다. 어떤 도시는 주민에게 오염의 정도가 높고 위험하다는 경고를 하고 있다. 대기오염은 한 해 80만 명의 목숨을 빼앗아 가고 있으며, 중국에는 20개의 가장 오염된 도시들 중에서 16개가 위치하고 있다.

유럽과 북미, 오스트레일리아, 일본의 도시들은 일상생활, 노동, 레저 환경의 질을 보호하기 위해 야외나 실내 활동을 막론하고 특별히 고안한 프로그램을 실시하고 있다. 하지만 많은 개발도상국에 있어 건강에 대한 문제는 경제 발전의 목표에 밀려서 흔히 중요도에서 하위 순위로 밀려난다. 자동차 교통이나 산업 활동 때문에 발생한 대기오염은 마치 오염된 음용수나 곳곳에 쌓여 있는 쓰레기 더미만큼이나 일상사에 지나지 않는다. 생태적 문제들은 어디에나 흔하게 나타나는데, 여기에는 질병의 발생, 건강 백신의 부족, 그리고 간헐적인 공공 안전 경고등이 포함된다.

슬럼과 빈곤

개발도상국의 많은 지역에서 사람이 살 만한 수준 이하의 주택에서 생활하고 있는 사람들이 늘어나고 있다는 것은 일상사의 하나에 불과하다. 수많은 가난한 동네에서 전기와 상수도, 충분한 음식과 에너지가 부족하다. 이렇게 빈곤을 초래하는 요인들로는 비공식 부분에서의 고용, 일자리를 찾는 효율적인 도시 네트워크의 부족, 여러 명으로 이루어진 가구 구성원의 저임금, 높은 문맹률, 직업 숙련도의 부족 등을 들 수 있다. UN 개발 프로그램의 예측에 따르면 지구 상의 8억 명 이상이 도시 농부로, 이들 대부분은 중국과 인도에 거주하고 있다. 약 2억 명이 시장에서 음식을 구입하지만, 대부분은 자체적으로 식량을 해결하고 있다. 이 보고서에 따르면 식량을 재배하는 일은 지구 상 대부분의 인구에게는 취미 활동이 아니다. 도시 빈민은 하루에 8개의 여행 가방에 해당하는 물을 그들이 살고 있는 집으로 날라야 한다. 도시 빈민은 부정기적이고 예측할 수 없는 전기와 물의 단전·단수 경험, 취사와 난방을 위한 안전한 연료 부족, 야외에서 화장실을 해결하고, 살고 있는 거주지에서 추방되는 끊임없는 공포 속에서 살며, 소득원과 일자리의 상실, 일터와 조심성이 없는 운전자들로부터 받는 부상의 위협, 범죄 집단이나 경찰로부터 무작위로 일어나는 폭력에 노출되어 있다.

권한 부여와 녹지화

개발도상국에 있는 대도시나 소도시에서 도시의 물리적, 인간적 환경의 질을 향상시키기 위한 서민들의 노력이 지속되고 있다. 많은 개발도상국의 계획은 권리를 박탈당하거나 힘 없는 집단의 노력으로 이루어져 왔다. 이들 집단은 정부 공무원과 기관이 그들의 삶의 질을 향상하는 데 무관심하다고 보고 있다. 이들 집단이 주로 관심을 가지는 문제는 안전한 물을 공급하고, 안전한 거리를 위한 가로등을 설치하며, 아이들이 뛰어놀 수 있는 녹지 공간을 제공하는 일, 직장까지 갈 수 있는 안전한 교통, 폐기물을 재활용하고, 동네의 쓰레기를 정기적으로 수거하는 일, 도로변이나 언덕 밑에 도시 농업을 촉진하는 일, 아이들을 위해 동네에 음악, 예술, 스포츠 프로그램을 운영하는 일, 특히 여성들이 돈을 빌릴 수 있는 소규모의 신용 기관을 설치하는 일 등이다. 선진국에서도 도시 녹지화를 촉진하기 위한 여러 단체들이 활동하고 있다. 이들 단체는 도시에 나무를 심거나 자전거 도로를 만들고, 대중교통망을 설치하기 위한 공공 투표, 거리에 자동차 통행을 금지해 보행 공간을 확보하거나 재생 가능한 에너지원을 지원하고 촉진하는 일, 효과적인 재활용 프로그램을 옹호하는 일 등을 하고 있다. 많은 프로젝트들은 또한 자매도시 의제에 들어 있다. 재향군인회는 이런 서민들의 권한 강화를 위한 사례이기도 하다. 방글라데시의 그라민 은행은 여성들에게 소액의 돈을 빌려 주며, 파키스탄의 비정부 기관인 오렌지 파일롯(Oranji Pilot) 프로그램은 빈곤한 동네에 위상 프로그램을 운영하고 있다. 리마의 빌라 마리아 델 트리엄포(Villa Maria del Triunfo)는 도시 농업을 지원하며, 뭄바이의 국가 슬럼 거주민 연맹(National Slum Dwellers Federation), 필리핀의 메트로 세부 도시 조림 계획(Metro Cebu urban forestry initiative), 브라질의 리우데자네이루의 파벨라 청소년 음악 프로그램, 슬럼/샤크 주민 인터내셔널(Slum/Shack Dewellers International), 케냐, 스리랑카, 스와질란드 등의 지역에서도 다양한 단체들이 서민들의 권한 강화와 도시 녹지를 위해 활동하고 있다. 선진국에서도 마이애미, 필라델피아, 시애틀, 토론토, 퍼스, 암스테르담 등지에서 많은 단체가 지역과 국가 정부 기관, 그리고 민간 부문과 협동해 다양한 도시 녹화 사업을 실시하고 있다.

지속가능한 도시

여러 도시들이 보전, 재생, 지속가능한 경제, 환경 윤리 등을 실천하고 있다. 이것은 도시가 미래 세대를 위해 자원을 현명하게 사용하고, 윤리적으로 재활용과 재생을 실천하며, 사회정의, 양성 평등, 실질 임금, 적정한 주거, 모든 주민의 교육과 보건 서비스 수혜 등을 중요한 사회적 이슈로 여기고 있다는 의미이다. 지속가능한 도시 발전에서 빠질 수 없는 것이 생태와 경제, 공동체, 사회적 통합성을 함께 결합하는 것이다. 지속가능한 도시에서 전형적인 물리적 특징은 주거지 개발에서 압축적인 형태, 복합적 토지이용, 대중교통의 이용, 보행자와 자전거도로의 광범위한 사용, 풍력과 태양력의 집중적 이용, 자연 물순환 체계의 보호, 습지와 삼림, 자연 공지와 서식지 보호, 자연 퇴비 사용, 통합적인 질병 관리, 자연 방식에 의한 하수도 처리, 폐기물 절감, 폐기물의 재활용, 재사용, 복원 등을 들 수 있다. 이들 도시들은 시민의 참여뿐만 아니라 비즈니스와의 연합을 강력하게 장려하고 있다.

UN의 지속가능한 도시 프로그램은 수도인 도시에서 운용되고 있는데, 이 프로그램은 환경 계획과 관리를 위한 지역의 능력 개발을 목적으로 하고 있다. 그 이유는 관리가 제대로 되지 않은 도시화로 인해 심각한 환경문제와 사회문제가 발생하기 때문이다. 도시정부 차원에서 개발의 쟁점은 수자원과 수자원 공급 체계의 관리, 환경적인 보건 문제의 위기관리, 고형이나 액체 폐기물의 관리와 해당 지점에서의 위생적 처리, 대기오염과 도시교통, 하수 시설과 홍수, 산업 재해, 비공식 부문의 활동, 도시 농업과 공지를 생각한 토지이용의 관리, 관광과 연안 지역의 자원 관리, 광산 관리 등을 포함한다.

인간 안전

인간 안전 문제는 사회과학과 정책에서 중요한 주제로 떠오르고 있다. 안전에 대한 관심은 개인의 일상생활에 영향을 미치며, 어디에 거주하고 일하며 휴식을 취하는가에도 영향을 미치기 때문에 도시를 연구하는 학자들에게도 중요한 주제이다. 안전은 국지적 수준이나 광역적 수준에서 정부와 비정부 기구의 관심 대상이기도 하다. 인간 안전에 대한 관심은 단순히 집에 경보 시스템을 설치하거나, 도난 방지 보험을 드는 것 또는 폐쇄공동체를 선호하는 것 등 여러 차원에서 테러리즘을 다루는 것 이상의 내용을 포함한다. 초국가적인 테러리즘이나 생물학적, 환경적인 테러리즘은 국가와 국가연합의 의사 결정자들이 최우선순위에 두는 문제이다. 많은 공무원은 위험한 개인, 상품, 물질 등이 자기 나라의 공항이나 항구, 국경을 넘지 않도록 촉각을 곤두세운다. 또한 음식물이나 음료수 등의 오염된 상품이 자국에 들어오거나 음식 공급망, 가축, 공공 수자원 체계, 그리고 관광객을 끌어들이는 독특한 자연환경을 위험에 빠트리지 않도록 항상 경계를 늦추지 않는다. 안전 산업은 금세기에서 가장 '성장 산업' 중에 하나이며, 이것은 벌써 이미 공항이나 철도역, 항구, 국경 지역에서 그 증거가 분명하게 나타난다.

부유한 국가에 사는 주민에게 안전은 개인 안전을 위한 물품을 구입하는 것으로 이해된다. 예를 들어 주택에 경보 시스템을 설치하거나 방범창과 문을 설치하는 것, 정책을 만들고, 법을 집행하는 것 등이 여기에 포함된다. 개발도상국에서 안전은 다른 측면에서 파악된다. 이것은 충분한 음식, 안전한 주거, 불이 들어오는 거리, 안전한 음용수 등에 대한 일상적인 관심으로 작용한다. 또한 안전은 남성과 여성이 좋은 직장을 위한 직업 교육을 받는 프로그램, 성적 접촉에 의해 전염되는 질병의 확산을 막는 일, 동네와 도시정부에서 서민 집단을 대표하고 권위를 강화하는 일, 전염병에 대한 백신을 맞는 것을 포함하는 기초적인 의료 서비스, 여성과 아이들을 가정 폭력에서 보호하는 일, 갱단이나 준군사 조직, 규율을 지키기 않는 도시 경찰이 만드는 폭력의 확산을 방지하는 일, 마약이나 치명적인 무기 소지를 줄이고 없애는 일 등을 포함한다. 이들 중 어떤 이슈는 여성과 아이들의 주요 관심사이고, 어떤 것은 새로운 이민자나 오래 거주한 주민들에게 주요한 관심거리이며, 또 다른 이슈는 종교나 인종, 소수민족에게 중요한 쟁점이 된다. 국경을 넘어와 안전하게 살고, 일하고, 기도하고, 휴식할 장소를 찾는 정치적, 환경적 난민들에게는 또 다른 이슈가 중요한 관심거리일 것이다.

도시문제의 해결

모든 문제는 해결책을 가지고 있다. 우리가 제안하는 어떤 해결책의 기저에는 막대한 재정 투자, 지방에 대한 권한 부여, 민간 지도력, 그리고 국가적·세계적 규모에서 창조적인 생각을 고집스럽게 실천하는 것들이 필요할 것이다.

새로운 기반시설을 위한 투자

새로운 교통과 정보통신망의 회랑을 구축하는 데 투자함으로써 지금은 통합되어 있지 않은 도시들을 서로 연결하는 노력이 필요하다. 이런 예로는 안데스와 아마존 지역, 아프리카의 서부와 동부, 중앙아시아를 동북아시아로 연결하는 광역적이고 대륙적인 체계를 구축하는 것 등이 있을 것이다.

개발도상국에서 선진국으로의 투자

새롭게 출현하고 있는 부유하고, 천연자원의 수혜를 받고 강력해진 개발도상국인 중국, 인도, 브라질, 멕시코, 카자흐스탄, 사우디아라비아, 이란, 남아프리카공화국 등이 자연 자원의 채굴에서 얻은 수익을 사용해 유럽의 주변부에 있는 도시들을 도와주는 것이 필요할 것이다. 또는 다른 지역에 대출을 하거나 신용을 부여해 경제적 재구조화를 돕는 노력이 필요할 것이다.

여성의 권리 강화

문맹률을 낮추고, HIV/에이즈를 뿌리 뽑고, 아동노동력 착취를 없애며, 직장과 가정에서의 폭력을 줄이고, 지역의 서민들을 위해 투자하며, 지역 정치를 지원하는 노력을 강력하게 실천하는 곳과 시대에 변화의 바람이 불어올 것이다.

대안적인 구조를 갖춘 생활

엄격한 순종을 요구하는 획일적인 정책 대신에 정책 입안과 참여, 행정을 위한 대안적인 모델을 모색하는 집단과 공동체가 있을 것이다. 어떤 집단은 매우 전통적이고 지역적인 정부 형태와 집단 참여를 선택한 반면, 다른 집단은 고도의 전체주의나 조화를 무시한 체계를 선택할 수도 있다.

도시들의 기업 소유

도시들은 식량이나 에너지 공급, 산업 상품과 같이 국제 금융시장에서 사거나 팔릴 수 있을 것이다. 또한 전통적인 정치 정당이나 국가에 의해 행정이 이루어지기보다 초국적 기업에 의해 관리될 수 있을 것이다.

등급을 매겨 계획하는 전략

부유한 국가나 가난한 국가의 정부 공무원들은 도시와 도시 지역을 세 가지 집단으로 구분할 수 있을 것이다. 이는 건강한 경제와 사회를 갖춘 도시, 숙련 노동력과 자본의 단기적 투입에 반응하는 도시, 암울한 미래와 함께 자신의 운명에 맞서도록 남겨진 도시로 구분된다.

거대한 외침

두 개의 새로운 집단이 도시 거버넌스에서 참여와 대표성을 늘리고자 노력할 것이다. 하나는 선진국에 새롭게 유입된 라틴아메리카, 아프리카, 아시아 디아스포라 공동체이고, 다른 하나는 최근 개발도상국 도시로 이주한 가난하고 아무것도 소유하지 못한 농촌 이주자이다.

초국경 지대의 통치 체계

도시정부가 연합해 계획하는 새로운 형태의 시스템이 가난하거나 부유한 세계도시에서 출현할 것이다. 이들은 국제적으로 접경 지역에 걸쳐 있으며, 벌써 수많은 일상 통근자로 연결되어 있다. 이에 따라 교통 체계, 쓰레기, 보건, 공공 보안 프로그램 들이 통합되어 운영될 수 있을 것이다.

세계적인 도시정부 조직

세계의 대도시들이 연합한 조직이 독자적으로 운영되거나 UN과 함께 운영될 것이다. 이 조직은 선진국과 개발도상국이 당면한 여러 가지 문제들, 예를 들어 접경 지역의 오염, 수자원과 보건 위생 문제, 교통과 통신 체계를 포함한 문제를 다루게 될 것이다.

환경에 대한 인식

자연재해나 기술적인 재난에서 인명 손실과 주택 파괴, 다른 사회간접자본의 파괴를 완화하기 위해서는 재난을 대비하고, 재난 이후의 분배 시스템을 구축하며, 효율적인 재건 계획을 대중 참여적 GIS 체계 등의 도움을 입어 구축하는 데 투자를 늘려야 할 것이다.

초국가적인 도시 대응팀

전 세계의 전문가들로 이루어진 도시 대응팀을 만들어 이들이 폭력적인 저항에 직면하거나 질병이 발생한 공동체, 수자원 체계가 파괴된 공동체, 대량 난민이 발생한 곳, 산업 사고와 교통사고가 발생한 곳, 사회적 갈등이 지속되거나, 정부와 안전망이 붕괴된 공동체를 돕도록 할 수 있을 것이다.

생태 발자국의 측정

환경 파괴가 동네와 공동체, 도시, 도시 체계에 미친 영향이나 생태 발자국을 정확하게 측정하고 지도화하는 지속적인 노력이 반드시 필요하다.

미래를 지향하며

현재의 도시들이 2050, 2100, 그 이후에 어떻게 될 것인가를 생각해 보면 많은 의문점이 생겨난다. 더욱 빠르고 저렴한 교통수단이 발달한다면 미래의 인간에게 과연 도시가 필요할 것인가? 도시 조직에서 다양성이 오랫동안 현저한 특징이 되어 왔지만, 문화적 전통, 민족성과 계층보다도 스포츠나 생활양식과 같이 새롭게 사람들이 선호하는 단위에 바탕을 두고 사회적 분화와 정체성을 이루는 새로운 형태의 도시가 출현할 가능성은 없는가? 영역 기반의 도시 대신에 경계를 넘나드는 초도시적 성격의 새로운 형태가 나타날 가능성은 없는가? 글로벌 정보통신 기술을 매개로 하여 장소에 기반을 둔 공동체 소속감이 탈장소적 특성을 대체하지는 않는가? 도시의 미래가 평화로운 미래가 될 것인가?(글상자 13.4)

무선 통신이 사생활과 도시 문화에 어떤 영향을 미칠 것인가? 초이동성에 기반을 두고 새로운 행동 규범이 발달할 것인가? 신기술이 젠더, 계급, 간(間)문화적인 평등성을 촉진할 것인가? 목소리를 내지 않고 눈으로만 보는 인터넷 세계가 직면한 도시문제를 해결할 것인가? 아니면 오히려 문제 해결에 장애가 될 것인가? 공간보다도 시간에서의 유동성이 21세기 중반의 도시 거주민을 정의하는 기준이 될 것인가? 영어가 국제 비지니즈를 하는 주요 수단이 되고, 중국어가 국제 통상에서 제2의 주요 언어가 된다면, 세계의 언어 조직은 어떻게 될 것인가? 고령화가 진행되면서 한 자녀 가구가 도시인구에 어떤 영향을 미칠 것인가? 아프리카와 아시아의 농촌과 도시 인구의 HIV/에이즈 발병률이 증가한다면 장기적으로 어떤 영향을 미칠 것인가? 증가하는 상업 여행객과 신종 음식과 관련해 한번도 보지 못한 전염병이 빠른 속도로 세계적으로 확산된다면 장기적으로 어떤 영향을 미칠 것인가?

농촌적 생활양식은 사라질 것인가? 농촌을 대신해 야생이라는 단어가 도시라는 단어의 반대적인 의미로 사용될 것인가? 농촌이 미래 도시민들에게 환상적인 장소이자 '미래의 박물관'이 되지 않겠는가? 또한 농촌은 쉽게 사라지지 않는 전통주의자들과 사회로부터의 추방된 사람들, 받아들일 수 없는 생활양식을 가진 사람들이 사는 곳이 될 것인가? 농촌에서의 생활양식을 유지하고, 도시에 식량을 공급했던 식량 생산이 화학공장과 약품 공장에 의해 대체되고, 이것은 농촌 생활의 종말을 고하는 징표가 될 것인가?

2001년 9·11 사태와 같은 급변 사태에 의해 도시는 어떻게 영향을 받을 것인가? 도시의 작업 환경이 달라질 것인가? 마천루 빌딩들이 더욱 높게 올라갈 것인가? 도시민들이 서로 더 의지가 되고 도와주는 태도를 갖게 될 것인가? 새로운 이민자 공동체가 공포에 대한 새로운 도시경관이 될 것인가? 증가하고 있는 국내·국제적 테러리즘을 자각하면서 생활양식과 교통수단, 소비생활이 변할 것인가? 환상과 별난 것을 추구하는 관광 활동이 건강한 여가 경제를 침몰시키지는 않겠는가? 어떤 새로운 장소와 생활 유형들이 새롭게 출현할 것인가? 어떤 미래학자들은 바다에 줄지어 떠 있는 주거 지역과 함께 번영하고 있는 대형 도시

글상자 13.4

프랑스 파리: 평화 기념관

그림 13.14 프랑스 파리: 평화 기념관.

모든 사람의 입에서 평화라는 단어를 모두 모아 보세

당신도 지구의 미래를 갈등 없는 세상이라고 보는 사람 중의 한 명으로 느끼지

언어를 뛰어 넘어 에펠탑은 유럽의 힘의 상징.

실망시키지 않았던 파리 축전의 중심점으로서 다시 돌아온 생명의 시작.

에펠탑 관광이 새로 떠오르네.

끊임없는 분쟁에 종언을 고하는 유럽의 상징,

이제 평화로운 삶을 위한 길을 가리키고 있네

–도널드 지글러

들의 연안과 관광객이 몰리는 강에 둥근 원을 그리면서 떠 있는 수상 도시를 그리기도 한다. 다른 사람들은 어디서나 원유 시추선처럼 떠 있는 거대한 영구 또는 임시 주거 지역 모형을 생각한다. 또한 어떤 사람들은 세계적인 부유층은 세계 여러 나라에 주택을 소유하고 순회하면서 글로벌 유목민으로 생활할 것이라고 말한다. 지하 공간이 더 일상적으로 이용될 것인가? 이런 대안적인 환경들은 부유하고 강력한 힘을 가진 엘리트 계층을 유치하는 데 사용될 수도 있지만 바람직하지 않고 원하지 않는 것일 수도 있다.

미래의 중요한 정치적 의제들이 민족국가보다 도시들에 의해 주도될 것인가? 또는 세계적인 정치적 의제들이 선진국보다 개발도상국의 거대한 도시 집적지들 안에서 다루어질 것인가? 부유한 선진국과 그들의 대도시들이 경제적으로 발전하지 못한 남반구의 세계에 의해 주도되는 'South World' 구도에 적응할 수 있을 것인가? 세계적으로 개발 격차가 남북 문제보다 도농 문제가 될 것인가? 중국이 더욱 도시화되고 세계적으로 인식되고 부유해진 다면 중국 도시의 미래는 어떻게 될 것인가? 중국과 인도, 인도네시아가 21세기 후반 글로벌 성장 삼각지(Global Growth Triangle)를 형성할 것인가? 사하라 이남 아프리카 지역에서의 인종적 다양성은 갈등의 도가니인가, 아니면 협력을 위한 새로운 모델이 될 것인가?

도시의 동질성은 아프리카와 아시아의 인구 집적지에서 나타나듯이 또한 갈등을 유발한다. 1000만 명, 2000만 명, 3000만 명이 사는 도시가 효율적으로 통치될 수 있을까? 50개의 경쟁자를 가진 미래의 대형 도시가 효율적으로 그들의 잠재력과 금융 자원을 찾아서 이용할 수 있을까? 도시 영역이 행정구역상 기준선에서 벗어나, 새롭게 등장하는 초국적 기업이나 새로운 이민 공동체, 그리고 지역 스포츠라는 단위들로 대체될 수 있을까? 대형 도시가 현재 당면하고 있는 소득, 공식과 비공식 경제, 종교와 인종 다양성이라는 거대한 차이에 대한 문제의 해결책을 어디에서 찾을 수 있을까? 선진국의 도시가 개발도상국의 도시에서 무엇을 배울 수 있을까? 또 그 반대도 가능할까? 서구 사회가 경험한 도시 성장, 경제발전, 교통, 공동체 계획 모델을 아프리카, 라틴아메리카, 아시아의 도시들에 적용할 수 있을까?

세계적인 대형 도시와 소도시가 자연재해와 기술적인 재해에 어떻게 대비해야 할까? 개발도상국에서 하향식 접근법과 상향식 접근법이 인명 손실과 주거지 파괴, 도시 기반시설의 파괴를 성공적으로 방지할 수 있는 길은 무엇일까? 어떻게 GIS와 대중 참여적 GIS 계획을 공동체와 지역에 통합해 효율적으로 반응하게 할까?

도시와 중앙정부뿐만 아니라 비정부 기관, 정부 간 대출 단체들의 식량 공급, 양질의 보건, 물과 위생 시설 네트워크, 취약 계층에 대한 보호가 국내와 국제 테러리즘을 줄이고, 위험한 무기를 폐지함으로써 인간의 안전 상황을 높이는 데 지극히 중요한 요소라고 고려될 것인가? 여성과 갱단, 스포츠팀, 예술가, 종교 단체에 의한 자구 노력을 어떻게 하면 증오와 공포, 테러리즘의 물결을 막는 데 성공할 수 있을 것인가?

미래의 인간의 주거지가 어떻게 될 것인가를 상상해 보는 것은 어려운 일이 아니다. 전산업사회로부터 내려온 유산이 포스트모던 도시들과 병존하고 있으며, 안전하지 않은 도시와 안전한 도시, 그리고 정보망에 연결되지 못한 우회 도시가 정보망에 연결된 도시들과 공존하고 있다(그림 13.15). 더욱이 통치 가능한 장소와 통치가 어려운 장소, 혁신적인 장소와 혁신에서 뒤떨어진 도시가 한 지역에 공존하고 있다.

도시의 미래에 대한 비관론은 앞 장에서 자세히 살펴본 문제들을 바탕으로 보면 당연하며, 이것을 한 마디로 요약하면 희망을 포기해야 한다는 것이다. 그러나 인류는 희망 위에서 살아남을 수 있다. 도시의 미래도 희망을 바탕으로 해야만 생존할 수 있다. 오늘날의 도시들은 역사상 최초의 도시들이 가졌던 그 양질의 특징을 지속함으로써 공존할 수 있을 것이다. 수천 년 동안 인류는 여러 가지 크기의 취락에 모여 사는 방식을 선택해 왔다.

그러므로 도시는 앞으로도 항상 종교와 인종, 생활양식에서 풍부한 문화적 다양성을 유지하는 화려한 주단, 새로운 정체성이 전통적인 사회 계층과 지방과 지역의 정체성으로 전승되는 장소·문화·경제·정치성·통치 조직에서 도시 발전의 초기 형태를 비약적으로 뛰어넘는 혁신의 장소, 모든 연령층의 거주민의 생활의 질을 향상시키는 기회의 근원, 기존의 사회·정치·문화적 정체성과 그 경계를 뛰어넘는 정보통신 기술의 통합망이 될 것이다.

모든 주민이 행복하고, 만족하며 평화로운 도시는 이 지구 상에 어디에도 없었고, 앞으로도 없을 것이다. 유토피아는 이룰 수 없는 꿈이다. 그러나 새로 이사 왔든지, 이사 온지 오래되었든지 모든 주민들이 스스로 자각해 상황을 보다 좋게 만드는 노력을 기울일 수 있다. 또한 도시에 사는 사람의 삶의 질을 최대한 좋게 만들기 위한 인식을 함께 할 수 있다. 이런 목적을 달성하기 위해 국제적인 협력과 기회를 잘 활용한다면 지구 상에 살고 있는 현재와 미래 세대의 도시 주민에게 기회가 될 수 있다.

세계 시간 지역

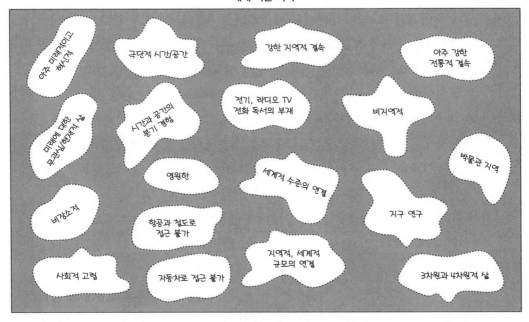

2000년대 문화 시간 지역의 사례

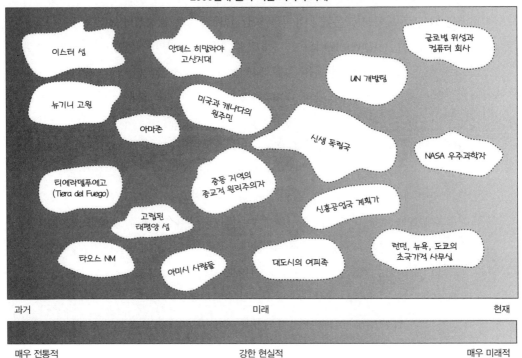

그림 13.15 세계의 시간 지역. 출처: Stanley Brunn, "Human Rights and Welfare in the Electronic State," in Information Tectonics, ed. Mark I. Wilson and Kenneth E. Corey (New York: Wiley, 2000), 60.

■ 추천 문헌

- Brunn, Standly D., 2011. "World Cities: Present and Future," In Joseph P. Stoltman, Geography for the 21st Century. Thousand Oaks, CA: Sage Publications, pp.301-314. 세계의 도시들이 직면하고 있는 문제들과 인구 추세에 대한 연구이다.

- Castells, Manuel, 2001. *The Internet Galaxy: Reflections on the Internet, Business, and Society*. New York: Oxford Univeristy Press. 인터넷 문화와 상업 활동의 전문가 중에 하나로 어떻게 인터넷이 도시계획과 사회에 영향을 미치고 있는가에 대한 문헌이다.

- Craig, Willaim J., et. al., eds. 2002. *Community Participation and Geographical Information Systems*. London: Taylor and Francis. 커뮤니티 집단이 GIS를 사용해 어떻게 권한을 강하고 공공 정책에서 목소리를 내는지 다양한 사례를 모은 책이다.

- Graham, Stephen, ed. 2004. *The Cybercities Reader*. London: Routledge. 건조환경, 일터와 생활 터전, 기술과 정책 등에 대한 뛰어난 장단편의 에세이집이다.

- Hall, Peter G., 1988. *Cities of Tomorrow, An Intellectual History of City Planning in the Twintieth Century*. Oxford, England: Blackwell. 도시계획의 이론과 실천에 대한 역사를 다룬 책으로, 루이스 멈퍼드(Luis Mumford)의 『도시의 역사』를 계승한 책으로 알려져 있다.

- Kotkin, Joel, 2000. *The New Geography: How the Digital Revolution Is Reshaping the American Landscape*. New York: Random House. 디지털 혁명이 어떻게 우리의 생활과 일터를 변화시켜 왔는지, 도시의 역할을 포함해서 고찰한 책이다.

- Leinbach, Thomas R., and Stanley D. Brunn, eds. 2001. *The Worlds of E-Commerce: Economic, Geographical and Social Dimensions*. New York: Wiley. 은행과 금융, 소매업, 구직, 정부 정책과 국제 개발 부분의 발전을 다루고 있는 책이다.

- Ruchelman, Leonard I. 2006. *Cities in the Third Wave: The Technological Transformation of Urban America*, 2nd ed. Lanham, MD: Rowman and Littlefield. 새로운 공간 적응 컴퓨터 기술이 도시와 새롭게 출현하는 도시 형태에 미치는 영향을 고찰하고 있다.

- Worldwatch Institute, 2007. *State of the World 2007*. Washington DC: Worldwatch Institute. 도시에 사는 인류가 당면하고 있는 문제에 대한 가장 뛰어난 단행본이자 참고 서적으로 유용한 표와 주석, 참고 문헌을 담고 있다.

- Zook, Matthew, 2005. *The Geography of the Internet Industry: Venture Capital, Dot-coms, and Local Knowledge*. Malden, MA: Blackwell. 글로벌 인터넷 네트워크의 역사와 현재의 경제, 사회, 지리학에 미친 영향을 탐구한 서적이다.

• Zook, Matthew, and Mark Graham, 2007. "From Cyberspace to DigiPlace: Visivility in the Age of Information and Mobility," In: H. J. Miller, ed. *Societies and Cities in the Age of Instant Access*. London: Springer, 231-244. '디지털 장소'를 소개하면서 이것을 자연적이고 가상적인 요소로 구성된 혼성 공간을 통한 흐름을 개념화하는 하나의 방식으로서 제시한다.

■ 추천 웹사이트

- 지속가능한 도시 개발 센터(Center for Sustainable Urban Development), www.earth.columbia.edu/csud 지속가능한 개발에 대한 전 세계적인 연구 논문과 프로젝트를 확인할 수 있다.
- 메가시티 프로젝트(Mega-Cities Project), www.megacitiesproject.org 세계 대형 도시들의 문제를 언급하면서 이 처한 도전 과제와 계획들을 확인할 수 있다.
- Mercer Cost of Living Survey, www.mercer.com/press-releases/quality-of-living-report-2010 221개 도시를 주택, 교통, 음식, 의복, 오락 등의 비용에 따라 순위를 매기고 있다. 생태 도시 순위.
- Places On Line(미국지리학회), www.placesonline.org/ 전 세계의 웹사이트에 대한 지도 기반의 포탈 사이트.
- Sister Cities International, www.sister-cities.org 세계 자매도시 연감.
- UN Sustainable Cities Programe, www.unhabit.org/ 도시환경에 대한 뛰어난 자료원.
- Urban Age: A Worldwide Investigation into the Future of Cities, www.urban-age.net. 지속가능한 도시 개발을 위한 사고와 실천방안을 만들기 위한 목적을 가진 웹사이트
- Wikitravel, www.wikitravel.org/en 무료이며, 완전하고, 지속적으로 업데이트가 되는 신뢰할 만한 여행 안내 사이트

부록: 2005년 현재 75만 명 이상의 인구가 밀집한 도시 지역 일람(2025년 추정치)

국가/도시 지역	인구(천 명)			
	1950	1975	2010	2025

북아메리카 지역

미국

도시	1950	1975	2010	2025
내슈빌–데이비드슨	261	484	911	1,034
뉴올리언스	664	1,021	858	1,044
뉴욕–뉴어크	12,338	15,880	19,425	20,636
댈러스–포트워스	866	2,234	4,951	5,421
데이턴	350	637	800	909
덴버–오로라	505	1,198	2,394	2,662
디트로이트	2,769	3,885	4,200	4,608
라스베이거스	35	325	1,916	2,147
로스앤젤레스–롱비치–산타아나	4,046	8,926	12,762	13,677
로체스터	411	604	780	888
롤리	69	179	769	879
루이빌	476	751	979	1,108
리버사이드–샌버너디노	139	645	1,807	2,021
리치먼드	260	558	944	1,070
마이애미	622	2,590	5,750	6,275
맥앨런	31	121	789	901
멤피스	409	720	1,117	1,262
미니애폴리스–세인트폴	996	1,748	2,693	2,984
밀워키	836	1,228	1,428	1,603
버지니아비치	391	996	1,534	1,720
버펄로	899	1,041	1,045	1,181
보스턴	2,551	3,233	4,593	5,034
볼티모어	1,168	1,650	2,320	2,579
브리지포트–스탬퍼드	415	703	1,055	1,193
샬럿	142	315	1,043	1,183
새너제이	182	1,103	1,718	1,922
새크라멘토	216	714	1,660	1,861
샌디에이고	440	1,442	2,999	3,316
샌안토니오	454	859	1,521	1,707
샌프란시스코–오클랜드	1,855	2,590	3,541	3,900
세인트루이스	1,407	1,865	2,259	2,511
솔트레이크시티	230	573	997	1,129
시애틀	795	1,663	3,171	3,504
시카고	4,999	7,160	9,204	9,936
신시내티	881	1,216	1,686	1,887
애틀랜타	513	1,386	4,691	5,153

국가/도시 지역	인구(천 명)			
	1950	1975	2010	2025
엘패소	139	394	779	887
오스틴	137	320	1,215	1,373
오클라호마시티	278	573	812	923
올랜도	75	427	1,400	1,575
워싱턴 D.C.	1,298	2,626	4,460	4,891
인디애나폴리스	505	829	1,490	1,674
잭슨빌(플로리다 주)	246	564	1,022	1,157
캔자스시티	703	1,079	1,513	1,697
콜럼버스(오하이오 주)	441	813	1,313	1,478
클리블랜드	1,392	1,848	1,942	2,166
탬파–세인트피터즈버그	300	1,094	2,387	2,653
투손	77	368	853	970
포틀랜드	516	925	1,944	2,173
프로비던스	703	963	1,317	1,482
피닉스–메사	221	1,117	3,684	4,063
피츠버그	1,539	1,827	1,887	2,106
필라델피아	3,128	4,467	5,626	6,135
하트퍼드	425	700	942	1,067
호놀룰루	250	511	812	923
휴스턴	709	2,030	4,605	5,051
캐나다				
몬트리올	1,343	2,791	3,783	4,165
밴쿠버	556	1,150	2,220	2,479
에드먼턴	163	543	1,113	1,274
오타와–가티노	282	676	1,182	1,333
캘거리	132	457	1,182	1,364
토론토	1,068	2,770	5,449	6,029

중앙아메리카와 카스피 해 지역

국가/도시 지역	1950	1975	2010	2025
과테말라				
과테말라	287	715	1,104	1,690
니카라과				
마나과	110	443	944	1,192
도미니카공화국				
산토도밍고	180	911	2,180	2,691
멕시코				
과달라하라	403	1,850	4,402	4,902
레온	123	589	1,571	1,791
메리다	143	351	1,015	1,164
멕시칼리	66	302	934	1,075
멕시코시티	2,883	10,690	19,460	20,713
몬테레이	356	1,589	3,896	4,351

국가/도시 지역	인구(천 명)			
	1950	1975	2010	2025
산루이스포토시	132	378	1,049	1,206
살티요	70	217	801	928
시우다드후아레스	123	474	1,394	1,575
아과스칼리엔테스	94	233	926	1,073
에르모시요	44	232	781	909
치와와	87	344	840	971
케레타로	49	159	1,031	1,198
쿨리아칸	49	230	836	950
탐피코	136	378	761	871
토레온	189	556	1,199	1,367
톨루카데레르도	54	309	1,582	1,776
티후아나	60	355	1,664	1,915
푸에블라	227	858	2,315	2,620
아이티				
포르토프랭스	133	575	2,143	3,246
엘살바도르				
산살바도르	194	596	1,565	1,891
온두라스				
테구시갈파	73	292	1,028	1,493
코스타리카				
산호세	148	440	1,461	1,923
쿠바				
아바나	1,142	1,848	2,130	2,094
파나마				
파나마시티	171	528	1,378	1,758
푸에르토리코				
산후안	451	1,069	2,743	2,763
남아메리카				
베네수엘라				
마라카이	58	342	1,057	1,266
마라카이보	282	787	2,192	2,593
바르키시메토	127	475	1,180	1,413
발렌시아	126	546	1,770	2,103
카라카스	694	2,342	3,090	3,605
볼리비아				
라파스	319	703	1,673	2,156
산타크루스	42	234	1,649	2,261
브라질				
고이아니아	53	527	2,146	2,439
그란지비토리아	85	493	1,848	2,109
그란지상루이스	120	342	1,283	1,440

국가/도시 지역	인구(천 명)			
	1950	1975	2010	2025
나탈	108	367	1,316	1,545
론드리나	51	263	814	944
리우데자네이루	2,950	7,557	11,950	12,650
마나우스	90	411	1,775	2,009
마세이오	123	342	1,192	1,353
바이사다상티스타	246	770	1,819	2,045
벨렝	242	706	2,191	2,460
벨루오리존치	412	1,906	5,852	6,463
북/북동 카타리넨스	64	278	1,069	1,230
브라질리아	36	827	3,905	4,474
사우바도르	403	1,341	3,918	4,411
상파울루	2,334	9,614	20,262	21,651
아라카주	69	231	782	902
주앙페소아	117	362	1,015	1,151
캄피나스	152	773	2,818	3,146
쿠리치바	158	922	3,462	3,953
쿠이아바	27	162	772	861
테레지나	54	276	900	1,004
포르탈레자	264	1,136	3,719	4,170
포르투알레그리	488	1,727	4,092	4,469
플로리아노폴리스	68	221	1,049	1,233
헤시파	661	1,867	3,871	4,259
아르헨티나				
로사리오	554	883	1,231	1,354
멘도사	246	537	917	1,016
부에노스아이레스	5,098	8,745	13,074	13,708
산미겔데투쿠만	224	424	831	924
코르도바	429	905	1,493	1,638
에콰도르				
과야킬	258	890	2,690	3,328
키토	206	628	1,846	2,316
우루과이				
몬테비데오	1,212	1,403	1,635	1,657
칠레				
발파라이소	328	581	873	973
산티아고	1,322	3,138	5,952	6,503
콜롬비아				
메데인	376	1,536	3,594	4,494
보고타	630	3,040	8,500	10,537
부카라망가	110	408	1,092	1,375
카랑키야	294	830	1,867	2,255

국가/도시 지역	인구(천 명)			
	1950	1975	2010	2025
카르타헤나	107	332	962	1,223
칼리	231	1,047	2,401	2,938
쿠쿠타	70	265	774	963
파라과이				
아순시온	258	654	2,030	2,715
페루				
리마	1,066	3,696	8,941	10,530
아레키파	128	348	789	953
유럽				
그리스				
아테네	1,347	2,738	3,257	3,346
테살로니키	292	617	837	886
네덜란드				
로테르담	764	927	1,010	1,057
암스테르담	851	978	1,049	1,110
노르웨이				
오슬로	468	644	888	1,019
덴마크				
코펜하겐	1,216	1,172	1,186	1,238
독일				
뮌헨	831	1,296	1,349	1,413
베를린	3,338	3,130	3,450	3,499
쾰른	598	908	1,001	1,018
함부르크	1,608	1,721	1,786	1,825
루마니아				
부쿠레슈티	652	1,702	1,934	1,963
벨기에				
브뤼셀	1,415	1,610	1,904	1,948
안트베르펜	759	868	965	985
불가리아				
소피아	522	977	1,196	1,215
세르비아				
베오그라드	432	975	1,117	1,168
스위스				
취리히	494	713	1,150	1,217
스웨덴				
스톡홀름	741	1,015	1,285	1,345
스페인				
마드리드	1,700	3,890	5,851	6,412

국가/도시 지역	인구(천 명)			
	1950	1975	2010	2025
바르셀로나	1,809	3,679	5,083	5,477
발렌시아	506	695	814	873
아일랜드				
더블린	626	833	1,099	1,337
영국				
글래스고	1,755	1,601	1,170	1,245
뉴캐슬어폰타인	909	838	891	954
런던	8,361	7,546	8,631	8,816
리버풀	1,382	1,018	819	878
맨체스터	2,422	2,370	2,253	2,364
버밍엄	2,229	2,365	2,302	2,415
웨스터요크셔	1,692	1,618	1,547	1,637
오스트리아				
빈	1,615	1,583	1,706	1,801
이탈리아				
나폴리	1,498	2,096	2,276	2,293
로마	1,884	3,300	3,362	3,376
밀라노	1,883	3,133	2,967	2,981
토리노	1,011	1,838	1,665	1,680
팔레르모	594	783	875	896
체코				
프라하	935	1,126	1,162	1,173
폴란드				
바르샤바	768	1,444	1,712	1,722
크라쿠프	339	644	756	756
포르투갈				
리스본	1,304	2,103	2,824	3,009
포르투	730	1,008	1,355	1,473
프랑스				
니스-칸	400	698	977	1,059
리옹	731	1,173	1,468	1,575
릴	751	936	1,033	1,107
마르세유-엑상프로방스	756	1,253	1,469	1,577
보르도	430	614	838	913
툴루즈	269	511	912	1,003
파리	6,522	8,558	10,485	10,884
핀란드				
헬싱키	366	582	1,117	1,174
헝가리				
부다페스트	1,618	2,005	1,706	1,711
러시아				

국가/도시 지역	인구(천 명)			
	1950	1975	2010	2025
러시아				
노보시비르스크	719	1,250	1,397	1,398
니즈니노브고로드	796	1,273	1,267	1,253
로스토프나도누	484	874	1,046	1,038
모스크바	5,356	7,623	10,550	10,663
보로네시	332	732	842	838
볼고그라드	461	884	977	964
사라토프	473	816	822	797
사마라	658	1,146	1,131	1,119
상트페테르부르크	2,903	4,325	4,575	4,557
예카테린부르크	628	1,135	1,344	1,377
옴스크	444	933	1,124	1,112
우파	418	887	1,023	1,016
첼랴빈스크	573	966	1,094	1,095
카잔	514	942	1,140	1,164
크라스노야르스크	290	734	961	999
페름	498	937	982	972
벨라루스				
민스크	284	1,120	1,852	1,917
우크라이나				
도네츠크	585	963	966	941
드니프로페트로브스크	536	981	1,004	967
오데사	532	982	1,009	1,011
자포리츠헤	315	730	775	758
키예프	815	1,926	2,805	2,915
하리코프	758	1,353	1,453	1,444
<div align="center">**범중동 지역**</div>				
모로코				
아가디르	11	100	783	1,020
카사블랑카	625	1,793	3,284	4,065
페스	165	433	1,065	1,371
마라케시	209	367	928	1,198
라바트	145	641	1,802	2,288
탕헤르	100	225	788	1,030
레바논				
베이루트	322	1,500	1,937	2,135
리비아				
트리폴리	106	580	1,108	1,364
사우디아라비아				
담맘	20	136	902	1,197
리야드	111	710	4,848	6,196

국가/도시 지역	인구(천 명)			
	1950	1975	2010	2025
메디나	51	208	1,104	1,456
메카	148	383	1,484	1,924
지다	119	594	3,234	4,138
시리아				
다마스쿠스	367	1,122	2,597	3,534
알레포	319	879	3,087	4,244
하마	125	215	897	1,307
홈스	101	312	1,328	1,881
아랍에미리트				
두바이	20	167	1,567	2,076
샤르자	19	54	809	1,096
아르메니아				
예레반	341	911	1,112	1,143
아제르바이잔				
바쿠	897	1,429	1,972	2,291
알제리				
알제	516	1,507	2,800	3,595
오랑	269	466	770	970
카이로	2,494	6,450	11,001	13,531
예멘				
사나	46	141	2,342	4,296
요르단				
암만	90	500	1,105	1,364
우즈베키스탄				
타슈켄트	755	1,612	2,210	2,616
이라크				
모술	145	397	1,447	2,092
바그다드	579	2,620	5,891	8,043
바스라	116	350	923	1,267
술라이마니야	37	163	836	1,249
아르빌	30	191	1,009	1,447
이란				
마슈하드	173	685	2,652	3,277
시라즈	128	418	1,299	1,590
아와즈	85	313	1,060	1,317
에스파한	184	767	1,742	2,161
카라얀	7	124	1,584	2,038
케르만샤	97	274	837	1,029
쿰	78	227	1,042	1,299
타브리즈	235	662	1,483	1,814
테헤란	1,041	4,273	7,241	8,387
이스라엘				

국가/도시 지역	인구(천 명)			
	1950	1975	2010	2025
예루살렘	121	343	782	944
텔아이브–야파	418	1,206	3,272	3,823
하이파	204	350	1,036	1,195
이집트				
알렉산드리아	1,037	2,241	4,387	5,648
조지아				
트빌리시	612	992	1,120	1,138
카자흐스탄				
알마티	354	860	1,383	1,612
쿠웨이트				
쿠웨이트	63	688	2,305	2,956
키르기스스탄				
비슈케크	150	485	864	1,034
터키				
가지안테프	104	299	1,109	1,341
부르사	148	345	1,588	1,906
아다나	138	471	1,361	1,635
안탈리아	27	128	838	1,022
앙카라	281	1,709	3,906	4,591
이스탄불	967	3,600	10,525	12,108
이즈미르	224	1,046	2,723	3,224
코니아	97	247	978	1,186
튀니지				
튀니스	384	551	767	911

<u>사하라 이남 아프리카 지역</u>

국가/도시 지역	1950	1975	2010	2025
가나				
아크라	177	738	2,342	3,497
쿠마시	99	397	1,834	2,757
기니				
코나크리	31	534	1,653	2,906
나이지리아				
라고스	325	1,890	10,578	15,810
마이두구리	50	300	970	1,480
베닌시티	49	233	1,302	1,992
아바	48	258	785	1,203
아부자	19	77	1,995	3,361
오그보모쇼	132	428	1,032	1,576
이바단	450	980	2,837	4,237
일로린	114	323	835	1,279
자리아	50	320	963	1,471
조스	31	224	802	1,229

국가/도시 지역	인구(천 명)			
	1950	1975	2010	2025
카노	123	855	3,395	5,060
카두나	35	408	1,561	2,362
포트하커트	60	358	1,104	1,681
남아프리카공화국				
더반	484	1,019	2,879	3,241
베러니깅	117	372	1,143	1,313
요하네스버그	900	1,547	3,670	4,127
이스트랜드	546	997	3,202	3,614
케이프타운	618	1,339	3,405	3,824
포트엘리자베스	192	531	1,068	1,222
프리토리아	275	624	1,429	1,637
니제르				
니아메	24	198	1,048	2,105
라이베리아				
몬로비아	15	226	827	932
르완다				
키갈리	18	90	939	1,690
마다가스카르				
안타나나리보	177	454	1,879	3,148
말라위				
릴롱궤	2	71	865	1,784
블랜타이어–림베	14	191	856	1,766
말리				
바마코	89	363	1,699	2,971
모잠비크				
마톨라	52	161	793	1,326
마푸투	92	456	1,655	2,722
베냉				
코토누	20	240	844	1,445
부르키나파소				
와가두구	33	150	1,908	4,332
카메룬				
두알라	95	433	2,125	3,131
야운데	32	292	1,801	2,664
앙골라				
루안다	138	665	4,772	8,077
우암부	15	95	1,034	1,789
에티오피아				
아디스아바바	392	926	2,930	4,757
세네갈				
다카르	201	782	2,863	4,338
소말리아				

국가/도시 지역	인구(천 명)			
	1950	1975	2010	2025
모가디슈	69	445	1,500	2,588
수단				
하르툼	183	886	5,172	7,953
시에라리온				
프리타운	92	284	901	1,420
우간다				
캄팔라	95	398	1,598	3,189
잠비아				
루사카	31	385	1,451	2,267
짐바브웨				
하라레	143	532	1,632	2,467
차드				
은자메나	22	231	829	1,445
케냐				
나이로비	137	677	3,523	6,246
몸바사	94	298	1,003	1,795
코트디부아르				
아비장	65	966	4,125	6,321
야무수크로	1	38	885	1,797
콩고				
브라자빌	83	329	1,323	1,878
콩고민주공화국				
루붐바시	96	396	1,543	2,744
음부지마이	70	327	1,488	2,658
카낭가	24	374	878	1,583
키상가니	38	262	812	1,461
킨샤사	202	1,482	8,754	15,041
탄자니아				
다르에스살람	67	572	3,349	6,202
토고				
로메	33	257	1,667	2,763
<div align="center">남아시아</div>				
네팔				
카트만두	104	180	1,037	1,915
방글라데시				
다카	336	2,221	14,648	20,936
라즈샤히	39	150	878	1,328
치타공	289	1,017	4,962	7,265
쿨나	41	472	1,682	2,511
아프가니스탄				
카불	129	674	3,731	6,888
인도				

국가/도시 지역	인구(천 명)			
	1950	1975	2010	2025
가우하티	43	252	1,053	1,445
괄리오르	237	465	1,039	1,423
나그푸르	473	1,075	2,607	3,505
나시크	149	330	1,588	2,165
단바드	71	525	1,328	1,812
델리	1,369	4,426	22,157	28,568
두르그–빌라이나가르	20	330	1,172	1,604
라이푸르	88	255	943	1,298
라지코트	126	356	1,357	1,855
란치	103	342	1,119	1,533
러크나우	489	892	2,873	3,858
루디아나	151	479	1,760	2,387
마두라이	361	790	1,365	1,856
마이소르	237	404	942	1,293
메루트	228	432	1,494	2,035
모라다바드	160	302	845	1,166
뭄바이	2,857	7,082	20,041	25,810
바도다라	207	571	1,872	2,536
바라나시	349	680	1,432	1,947
바레일리	207	374	868	1,192
뱅갈루루	746	2,111	7,218	9,507
보팔	100	491	1,843	2,497
부바네스와르	16	144	912	1,258
비사카파트남	105	452	1,625	2,206
비완디	25	93	859	1,186
비자야와다	155	419	1,207	1,647
살렘	197	458	932	1,281
솔라푸르	272	445	1,133	1,552
수라트	234	642	4,168	5,579
스리나가르	248	494	1,216	1,662
아그라	369	681	1,703	2,313
아마다바드	855	2,050	5,717	7,567
아산솔	93	289	1,423	1,941
아우랑가바드	65	218	1,198	1,641
알라하바드	327	568	1,277	1,742
알리가르	139	280	863	1,189
암리차르	340	520	1,297	1,771
인도르	302	663	2,173	2,939
자발푸르	251	621	1,367	1,862
자이푸르	294	778	3,131	4,205
잘란다르	166	340	917	1,262
잠무	82	187	857	1,184

국가/도시 지역	인구(천 명)			
	1950	1975	2010	2025
잠세드푸르	214	538	1,387	1,891
조드푸르	177	388	1,061	1,454
찬디가르	40	301	1,049	1,440
첸나이	1,491	3,609	7,547	9,909
칸푸르	688	1,420	3,364	4,501
캘리컷	156	412	1,007	1,378
코임바토르	279	810	1,807	2,449
코친	163	532	1,610	2,184
코타	64	266	884	1,216
콜카타	4,513	7,888	15,552	20,112
트리반드룸	182	454	1,006	1,377
티루치라팔리	287	522	1,010	1,383
티루푸르	59	176	795	1,101
파트나	277	642	2,321	3,137
푸나	581	1,345	5,002	6,649
하이데라바드	1,096	2,086	6,751	8,894
후블리다르와르	192	437	946	1,299
파키스탄				
구지란왈라	118	427	1,652	2,464
라왈핀디	233	670	2,026	3,008
라호르	836	2,399	7,132	10,308
물탄	186	599	1,659	2,474
이슬라마바드	36	107	856	1,295
카라치	1,055	3,989	13,125	18,725
퀘타	83	190	841	1,272
페샤와르	153	347	1,422	2,128
파이살라바드	168	907	2,849	4,200
하이데라바드	232	667	1,590	2,373
동남아시아				
라오스				
비엔티안	121	205	831	1,501
말레이시아				
조호르바루	47	183	999	1,382
쿠알라룸푸르	208	645	1,519	1,938
클랑	42	148	1,128	1,603
미얀마				
네피도	–	–	1,024	1,499
만달레이	167	442	1,034	1,484
양곤	1,302	2,151	4,350	6,022
베트남				
다낭	63	249	838	1,291

국가/도시 지역	인구(천 명)			
	1950	1975	2010	2025
하노이	465	806	2,814	4,530
하이퐁	194	972	1,970	2,722
호찌민	1,213	2,431	6,167	8,957
싱가포르				
싱가포르	1,016	2,263	4,837	5,362
인도네시아				
말랑	208	457	786	959
메단	284	876	2,131	2,586
반다르람풍	28	228	799	972
반둥	511	1,304	2,412	2,925
보고르	113	406	1,044	1,344
수라바야	679	1,736	2,509	2,923
스마랑	371	783	1,296	1,528
우중판당	223	502	1,294	1,621
자카르타	1,452	4,813	9,210	10,850
팔렘방	277	660	1,244	1,456
페칸바루	37	148	769	967
캄보디아				
프놈펜	364	100	1,562	2,427
타이				
방콕	1,360	3,842	6,976	8,470
필리핀				
다바오	124	488	1,519	2,080
마닐라	1,544	4,999	11,628	14,916
삼보앙가	107	209	854	1,201
세부	178	415	860	1,162
동아시아				
몽골				
울란바토르	70	356	966	1,202
북한				
평양	516	1,348	2,833	2,941
일본				
교토	1,002	1,622	1,804	1,804
나고야	992	2,293	3,267	3,295
도쿄	11,275	26,615	36,669	37,088
삿포로	754	1,751	2,687	2,721
센다이	538	1,566	2,376	2,413
오사카−고베	4,147	9,844	11,337	11,368
후쿠오카−기타큐슈	954	1,853	2,816	2,834
히로시마	503	1,774	2,081	2,088
중국				

국가/도시 지역	인구(천 명)			
	1950	1975	2010	2025
광저우(광둥 성)	1,049	1,698	8,884	10,961
구이린	126	346	991	1,317
구이양	249	754	2,154	2,679
난닝	143	509	2,096	2,669
난양(허난 성)	44	154	867	1,135
난징(장쑤 성)	1,037	1,589	4,519	5,845
난창	343	688	2,701	3,436
난충	156	212	808	1,078
난퉁	243	328	1,423	1,850
네이장	185	250	883	1,165
닝보	282	401	2,217	2,959
다롄	716	1,294	3,306	4,132
다칭	181	442	1,546	2,112
다퉁(산시 성)	201	493	1,251	1,602
단둥	133	320	795	1,014
둥관(광둥 성)	92	125	5,347	6,852
둥잉	22	137	949	1,334
란저우	336	945	2,285	2,896
롄윈강	130	239	878	1,183
루펑	16	95	889	1,276
루저우	74	167	850	1,123
뤄양	145	459	1,539	1,999
류저우	118	370	1,352	1,788
르자오	7	64	816	1,086
린이(산둥 성)	15	89	1,427	1,827
마오밍	21	62	803	1,053
몐양(쓰촨 성)	74	163	1,006	1,331
무단장	137	321	783	1,000
바오딩	174	361	1,213	1,628
바오터우	104	801	1,932	2,388
번시	335	559	969	1,215
벙부	168	310	914	1,222
베이징	1,671	4,828	12,385	15,018
사오관	75	154	845	1,066
사오싱	40	103	853	1,153
산터우	270	380	3,502	4,222
상하이	4,301	5,627	16,575	20,017
샤먼	193	445	2,207	3,112
샹탄(후난 성)	171	315	926	1,236
샹판(후베이 성)	57	227	1,399	1,786
선양	2,148	3,291	5,166	6,457
선전	3	36	9,005	11,146

국가/도시 지역	인구(천 명)			
	1950	1975	2010	2025
셴양(산시 성)	127	225	1,019	1,334
쉬저우	341	588	2,142	3,015
스자좡	272	825	2,487	3,235
시닝	70	371	1,261	1,761
시안(산시 성)	575	1,063	4,747	5,726
신샹	155	340	1,016	1,355
쑤저우(장쑤 성)	457	530	2,398	3,021
안산(랴오닝 성)	455	878	1,663	2,120
안양	113	261	1,130	1,417
양저우	170	270	1,080	1,529
옌청(장쑤 성)	46	175	1,289	1,731
옌타이	92	234	1,526	1,958
우루무치	102	715	2,398	3,231
우시(장쑤 성)	366	682	2,682	3,405
우한	1,069	2,265	7,681	9,347
우후(안후이 성)	163	304	908	1,252
원저우	151	853	2,659	3,650
웨양	15	98	1,096	1,408
웨이팡	129	319	1,698	2,271
이양(후난 성)	83	127	820	1,043
이창	59	244	959	1,210
이춘(헤이룽장 성)	335	663	779	917
인촨	59	199	911	1,312
잉커우	120	253	848	1,148
자무쓰	132	305	817	1,092
자오쭤	87	223	900	1,236
잔장	152	314	996	1,281
장먼	88	143	1,103	1,448
장자커우	214	386	1,043	1,384
전장(장쑤 성)	199	257	1,007	1,399
정저우	196	645	2,966	3,734
주저우	116	250	1,025	1,330
주하이	3	25	1,252	1,516
중산	55	188	2,211	3,114
지난(산둥 성)	576	1,150	3,237	4,044
지닝(산둥 성)	79	159	1,077	1,394
지린	394	672	1,888	2,489
지시(헤이룽장 성)	111	335	1,042	1,366
지에양	5	46	855	1,158
진장	8	38	858	1,303
진저우	160	347	857	1,068
징저우	77	190	1,039	1,392

국가/도시 지역	인구(천 명)			
	1950	1975	2010	2025
짜오좡	130	220	1,175	1,574
쭌이	94	157	843	1,198
쯔궁	189	287	918	1,142
쯔보	164	434	2,456	3,192
창더	89	164	849	1,064
창사(후난 성)	577	811	2,415	3,066
창저우(장쑤 성)	149	397	2,062	2,624
창춘	765	1,426	3,597	4,673
청두	646	1,860	4,961	6,224
충칭	1,567	2,402	9,401	11,065
취안저우	104	136	1,068	1,462
츠펑	112	212	842	1,092
치시	3	43	781	994
치치하얼	313	693	1,588	2,019
친황다오	91	203	893	1,165
칭다오	751	933	3,323	4,159
쿤밍	334	515	3,116	3,915
타이안(산둥 성)	4	65	1,239	1,653
타이위안(산시 성)	197	829	3,154	4,043
타이저우(장쑤 성)	58	109	795	1,101
타이저우(저장 성)	315	612	1,338	1,671
탕산(허베이 성)	448	692	1,870	2,487
톈진	2,467	3,527	7,884	9,713
판진	54	179	813	1,101
포산	112	233	4,969	6,242
푸닝	15	42	911	1,255
푸순(랴오닝 성)	637	906	1,378	1,647
푸신	172	375	821	1,070
푸양	46	93	874	1,119
푸저우(푸젠 성)	301	638	2,787	3,727
푸톈	79	186	1,085	1,327
핑딩산(허난 성)	5	121	1,024	1,307
하얼빈	727	1,738	4,251	5,080
하이커우	107	239	1,586	2,065
한단	69	245	1,249	1,764
항저우	610	1,083	3,860	4,735
허페이	145	588	2,404	3,029
헝양	97	272	1,099	1,488
화이난	253	555	1,396	1,854
화이베이	45	144	962	1,364
후루다오	6	77	795	1,120

국가/도시 지역	인구(천 명)			
	1950	1975	2010	2025
후이저우	49	119	1,384	1,828
후허하오터	122	419	1,589	2,258
화이안	64	179	998	1,278
중국, 홍콩특별행정구역				
홍콩	1,682	3,943	7,069	7,969
타이완				
가오슝	256	986	1,611	1,971
타이난	320	518	777	959
타이베이	503	2,023	2,633	3,102
타이중	198	537	1,251	1,642
한국				
고양	39	122	961	1,026
광주	174	601	1,476	1,525
대구	355	1,297	2,458	2,481
대전	131	501	1,509	1,562
부산	948	2,418	3,425	3,409
부천	31	108	909	961
서울	1,021	6,808	9,773	9,767
성남	54	268	955	984
수원	74	220	1,132	1,194
울산	29	246	1,081	1,117
인천	258	791	2,583	2,631
오스트레일리아와 태평양 도서 지역				
뉴질랜드				
오클랜드	319	729	1,404	1,671
오스트레일리아				
멜버른	1,332	2,561	3,853	4,261
브리즈번	442	928	1,970	2,245
시드니	1,690	2,960	4,429	4,852
애들레이드	429	881	1,168	1,307
퍼스	311	770	1,599	1,810

출처: Population Division of the Department of Economic and Social Affairs of the United Nations Secretariat, World Urbanization
Prospects: The 2009 Revision, http://esa.un.org/unup, Wednesday, May 25, 2011.

색인

저자 및 편집자

아말 알리(Amal K. Ali)는 메릴랜드 솔즈베리 대학(Salisbury University) 지리 및 지구과학과 조교수로 재직 중이며, 계획과 세계도시에 대한 다양한 과목을 가르치고 있다. 주요 관심 분야는 공원, 개방 공간, 계획 과정에 있어서 의사 결정의 탈중심화, 국제 개발이다.

리사 벤튼-쇼트(Lisa Benton-Short)는 조지 워싱턴 대학(George Washington University) 지리학과 조교수로 재직 중이며, 도시, 세계화, 도시계획, 도시의 지속가능성에 대해 가르치고 있다. 도시 지리학자로서, 도시의 지속가능성, 도시의 환경문제, 공원 및 공적 공간, 기념물과 추모물에 대해 관심을 가지고 있다.

알라나 볼란드(Alana Boland)는 토론토 대학(University of Toronto)에서 지리학과 및 계획 과정 조교수로 재직 중이며, 중국, 환경 및 개발에 대해 가르치고 있다. 중국 도시들을 대상으로 경제 및 환경 사이의 관계 변화 사례를 연구해 왔으며, 최근에는 특히 커뮤니티 수준에 있어 도시환경 상태의 개선을 위한 국가 규제 실천 방안에 대해 연구하고 있다.

팀 브라더스(Tim Brothers)는 카리브 해 일대에서 인간과 환경의 관계를 전공한 자연지리학자이다. 주로 도미니카 공화국, 쿠바, 아이티에 대해 연구해 왔다. 그의 저작인 『카리브 해의 경관(Caribbean Landscapes, 2008)』은 인공위성 사진, 사진 자료, 해설집을 기반으로 해, 카리브 해 지역의 가장 특징적인 자연과 인문 경관을 잘 보여 주고 있다.

스탠리 브룬(Stanley D. Brunn)은 켄터키 대학(University of Kentucky) 지리학과 교수로 재직 중이며, 세계도시, 미래 도시, 정치지리, 정보와 커뮤니케이션에 대해 가르치고 있다. 60여 개국을 여행했으며, 15개국에서 가르쳤다. 최근에는 장소의 이미지, 창조적인 지도 그리기, 지리학사, 월마트, 9·11 이후의 세계, 글로벌 금융 위기, 메가엔지니어링 프로젝트에 대해 연구하고 있다.

캄윙첸(Kam Wing Chan)은 워싱턴 대학(Washington of University) 지리학과 교수로 재직 중이며, 중국의 도시화, 이민, 고용, 그리고 가구 등록 체계에 대해 연구해 왔다. 최근에는 UN, 세계은행, 아시아개발은행, 맥킨지 사(Mckinsey & Co.)에서 다수의 정책에 대한 자문위원으로 활동해 왔다. 그의 최근 논평과 인터뷰는 BBC, 중국국제방송, CBC 라디오, PBS, 『시애틀 타임즈』, 『카이신(Caixin)』과 여타 매체에서 확인할 수 있다.

이프시타 차터지(Ipsita Chatterjee)는 텍사스 대학(University of Texas)의 지리 및 환경학과 조교수로 재직 중이며, 세계화, 도시 변화 과정, 도시 재생, 갈등과 폭력, 사회운동과 관련한 주제에 관심을 가져왔다. 주로 계급과 인종 분리, 게토화, 다른 형태의 도시 내의 배제를 연구하고 있다.

메건 딕슨(Megan L. Dixon)은 지리와 러시아 문학 박사학위를 취득했으며, 아이다호 대학(College of Idaho)에서 지리학, 지질학, 글쓰기 과목의 시간 강사를 맡고 있다. 지금까지 러시아의 도시지리와 문화지리에 대해 연구해 왔으며, 특히 상트페테르부르크로의 중국인 이주가 끼친 영향과 소비에트 시기와 소비에트 연방 해체 이후 녹지 공간 개념의 변화에 대해 연구해 왔다. 관심 분야는 서부 산간 지역(중부 아이다호)의 장소와 토지이용 개념을 둘러싼 경합을 포함한다. 그녀는 1989년 베를린 장벽이 무너진 직후에 칼리닌/트베리(Kalini/Tver) 방문을 기점으로 러시아인 및 러시아 경관에 대해 계속 관심을 두고 있다.

로빈 다울링(Robyn Dowling)은 오스트레일리아 시드니 매쿼리 대학(Macquarie University) 도시문화지리학자로서, 주요 연구 분야로는 젠더, 가정, 교외를 중심으로 한 도시 일상생활 문화이다. 그녀는 주택보유자, 교외 젠더 정체성, 교통의 문화 등에 관한 광범위한 주제에 관한 책을 저술하였고, 최근에는 시드니 주거 생활에서 사유화와 사유주의의 형태를 탐색하는 연구를 수행하고 있다.

아쇼크 더트(Ashok K. Dutt)는 오하이오주 애크론 대학(University of Acron)에서 지리, 계획, 도시 연구의 명예 교수로, 인도 도시에서의 종교, 언어, 개발, 범죄, 의료 지리에 관해 연구해 왔다. 그는 저자, 공저자, 편집자, 공편집자로서 23권의 책, 60여 개의 장, 80여 편의 논문을 저술하였다.

이르마 에스카미야(Irma Escamilla)는 멕시코 국립 자치대학(National Autonomous University of Mexico: UNAM)에서 지리학 박사과정을 밟고 있으며, UNAM 부속 지리학 연구소에서 사회지리학 분야의 연구원으로 활동하고 있다. 주요 연구 분야는 도시-지역 지리, 도시 노동시장, 인구지리, 젠더에 관한 지리, 역사지리이다.

라이나 고스(Rina Ghose)는 위스콘신 대학(University of Wisconsin) 지리학과 조교수로 재직 중이며, GIS, 남아시아, 도시지리 분야를 가르치고 있다. 그녀는 공공 참여 GIS, 지방정부와 비서구 사회에 관한 GIS, 협력적인 계획 프로그램에서 내부 도시 시민들의 참여와 관련한 광범위한 연구를 수행하고 있다.

브라이언 고드프리(Brian Godfrey)는 바사 대학(Vassar College) 지리학과와 도시 연구 전문가 과정의 교수로서, 전공분야는 역사 · 도시지리이다. 특히 미국, 라틴아메리카, 브라질, 아마존 분지를 포함하는 아메리카 대륙의 도시들에 관심을 가지고 있다. 그는 세계도시, 공동체 변화, 역사적 보존과 기억, 지속가능한 개발, 공적 공간에 관한 문제들을 다루어 왔고, 최근에는 브라질

내 역사적으로 유명한 도시에서 일어나고 있는 헤리티지 기반의 재개발에 관한 책을 쓰고 있다.

마크 그레이엄(Mark Graham)은 옥스퍼드 대학(University of Oxford) 산하 옥스퍼드 인터넷 연구소(Oxford Internet Institute)의 연구교수로 재직 중이며, 기술이 경제, 사회, 공간에 미치는 영향과 네트워크화된 커뮤니케이션의 공간성에 대해 연구하고 있다. 켄터키 대학(University of Kentucky)에서 박사학위를 취득했으며, 20여 편의 논문과 책을 저술하였다.

앤절라 그레이-수불와(Angela Gray-Subulwa)는 위스콘신 대학교(University of Wisconsin) 지리학과 조교수로 재직 중이며, 개발, 젠더, 정치, 문화지리와 관련지어 강제 이주 과정에 대해 연구하고 있다. 그녀의 연구 대부분은 잠비아에 중심을 둔 남아프리카 지역에 초점을 맞추고 있다.

제시카 그레이빌(Jessica K. Graybill)은 콜게이트 대학(Colgate University) 지리학과 조교수로 재직 중이며, 환경지리, 도시지리, 도시의 생태에 있어서 학제적 강의와 연구를 수행해 왔다. 그녀는 미국 도시 중 급속하게 성장하는 지역(태평양 북서 지역)과 쇠퇴하는 지역(뉴욕 북부)의 도시 생태에 관한 연구를 수행해 왔다. 구소비에트 국가(특히 러시아)에 대한 장기적인 관심은 모스크바에서 러시아 극동 지방에 이르기까지 도시의 안팎에서 벌어지는 환경에 대한 인간의 경험을 이해하도록 추동하는 원동력이 되었다.

모린 헤이스-미첼(Maureen Hays-Mitchell)은 콜게이트 대학(Colgate University) 지리학과 조교수로 재직 중이며, 국제 개발, 정치지리, 페미니즘, 공간 정의에 대해 연구하며 가르치고 있다. 그녀는 안데스 아메리카(Andean America)의 주민에 관한 현지 답사를 통해 도시의 비공식 경제와 소기업 발전에 관한 연구를 수행했으며, 최근에는 라틴아메리카 국가들의 분쟁 이후의 경관, 진상규명위원회, 분쟁 이후의 화해와 재건을 젠더적 관점에서 바라보는 것에 관심을 가지고 있다.

코리 존슨(Corey Johnson)은 노스캐롤라이나 대학(University of North Carolina) 지리학과 조교수로 재직 중이며, 유럽, 유럽연합, 정치지리, 도시지리 분야를 가르치고 있다. 그는 독일에서 거주하며 연구해 왔고, 최근에는 에너지의 지정학, 유럽연합의 국경, 동독의 도시 변화 과정에 대해 연구하고 있다.

너새니얼 루이스(Nathaniel M. Lewis)는 캐나다 온타리오 주 킹스턴에 위치한 퀸즈 대학(Queen's University)에서 박사과정을 밟고 있으며, 주요 관심 분야는 도시지리, 건강, 섹슈얼리티, 정신 건강과 이주 간의 관련성이다. 또한 도시 개발에 있어 거버넌스, 특히 상업지구 활성화 제도(business improvement districts)와 '창조 도시' 전략에 관심을 가지고 있다.

린다 매카시(Linda McCarthy)는 위스콘신 대학(University of Wisconsin) 지리 및 도시학과 조교수로 재직 중이며, 공인 계획가이기도 하다. 그녀는 유럽, 도시, 세계화에 대해 가르치고 있으며, 주요 연구 분야는 경제 개발과 계획이다. 최근 그녀는 지역 간 협력, 자동차 생산 시설에 지급된 정부 보조금, 환경 정의, 세계화에 대한 내용을 담은 서적들을 발간하였다.

폴린 맥거크(Pauline McGuirk)는 오스트레일리아 뉴사우스웨일스 주의 뉴캐슬 대학(University of Newcastle) 인문지리학과 교수이자 도시 및 지역 연구 센터의 센터장이다. 그녀는 메트로폴리탄 도시들의 정치, 개발, 거버넌스에 대해 주로 관심을 가지고 있지만, 도시 개발, 도시정치, 계획, 도시 정체성, 장소 마케팅과 같은 다양한 방면의 저술들을 집필하였다. 최근 시드니를 사례로 한 새로운 형태의 거버넌스와 주택지구에 대한 연구를 수행하고 있다.

가스 마이어스(Garth A. Myers)는 캔자스 대학(University of Kensas)의 아프리카/아프리카–아메리카학 교수이자 캔자스 아프리카 연구 센터의 센터장이다. 아프리카 도시에 관해 3권의 책을 저술하였고, 네 번째 책은 공저자로 참여하였다. 그는 아프리카 도시 개발에 관한 36개 이상의 논문과 책을 저술하였고, 아프리카와 관련된 다양한 분야를 가르치고 있다.

아니슨 앤드루 오르테가(Arnisson Andre Ortega)는 워싱턴 대학(University of Washington) 지리학과 박사과정을 밟고 있으며, 주요 관심 분야는 도시지리, 인구지리, 문화지리이다. 그는 인생 대부분을 필리핀에서 보냈고, 미국에 오기 전 필리핀 국립 대학(University of the Philippines)에서 강의를 하기도 하였다. 최근 신자유주의, 부동산 붐, 필리핀과 관련된 차이의 문화지리에 대해 연구하고 있다.

프랜시스 오우수(Francis Owusu)는 아이오와 주립 대학(Iowa State University)에서 커뮤니티 및 지역개발학과 조교수로 재직 중이다. 그는 아프리카 국가에 대한 연구를 해 왔으며, 도시 내 생계 전략, 개발 정책, 공공 부문 개혁에 관한 광범위한 저술들을 집필하였다. 아프리카 지리를 포함한 지리와 계획 분야를 가르치고 있다. 그의 출신지는 가나이다.

조지 포머로이(George Pomeroy)는 펜실베니아 시펀스버그 대학(Shippensburg University of Pennsylvania)에서 지리–지구과학 교수로 재직 중이며, 토지이용 계획, 환경 계획, 남아시아와 동아시아에 관련된 과정들을 가르치고 있다. 그는 뉴타운 계획과 지방정부의 계획 활동을 위한 역량 강화와 관련된 분야에 관심을 가지고 있다.

조지프 스카파시(Joseph L. Scarpaci)는 웨스트버지니아 주의 웨스트 리버티 대학(West Liberty University) 내게리 웨스트 경영대학(Gary E.West college of business) 마케팅학과 조교수로 재직 중이고, 쿠바 문화와 경제 연구 센터의 이사를 맡고 있으며, 버지니아 공과대학(Verginia Tech)의 지리학 명예교수이다. 에밀리오 모랄레스(Emilio Morales)와 함께 『마케팅 없는 광고: 쿠바를 사례로 한 브랜드 선호와 소비자의 선택(Advertising without Marketing: Brand Preference and Consumer Choice in Cuba, 2012)』을 저술하였다.

제임스 터너(James Tyner)는 켄트 주립 대학(Kent State University) 지리학과 교수로 재직 중이며, 동아시아와 동남아시아, 정치지리, 사회지리, 인구지리, 도시지리 분야를 가르치고 있다. 최근에는 동남아시아의 정치적 폭력과 국제적인 인구 이동에 대해 관심을 가지고 있다.

도나 스튜어트(Dona J. Stewart)는 조지아 주립 대학(Georgia State University) 산하 중동 연구소의 전임 소장이었고, 중동연구 및 지리학과 교수였다. 풀브라이트 교수(Fullbright scholar)로서 요르단에 방문하기도 하였고, 『오늘날의 중동: 정치적, 지리적, 문화적 관점에서(The Middle East Today: Political, Geographical and Cultural Perspectives)』의 저자이기도 하다. 최근 그녀는 연구와 정책 분석을 하는 컨설팅 회사인 피델리스 분석 및 리서치(Fidelis analytics and research)사를 운영하고 있다.

도널드 지글러(Donald J. Zeigler)는 버지니아 해변에 위치한 올드 도미니언 대학(Old Dominion University) 지리학과 교수로, 중동, 문화지리, 도시지리 분야를 가르치고 있다. 모로코, 시리아, 요르단에서 펠로우쉽을 거쳤으며, 최근에는 중동의 도시, 사회적 지도(maps in society), 지중해 세계의 지리와 역사의 연관성에 대해 관심을 가지고 있다.